生物の進化 大図鑑
PREHISTORIC

マイケル・J・ベントン他［監修］　　小畠郁生［日本語版総監修］

河出書房新社

DK

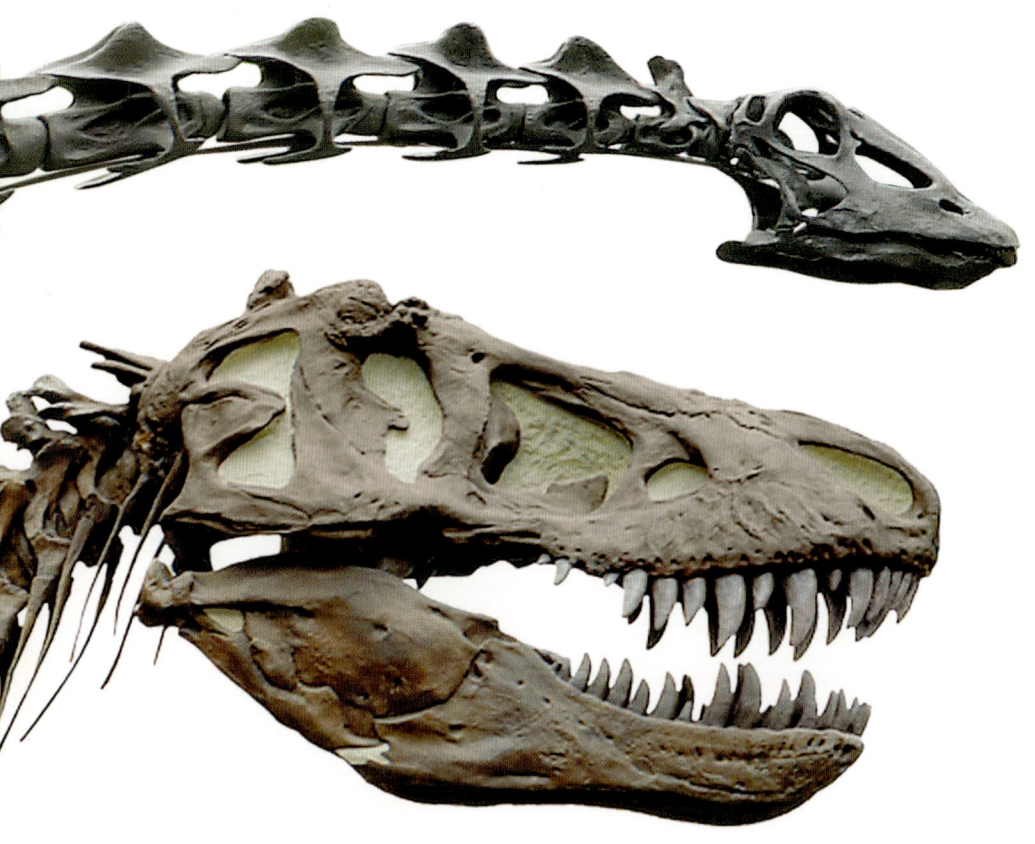

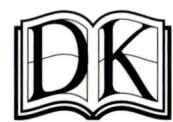

PREHISTORIC
生物の進化大図鑑

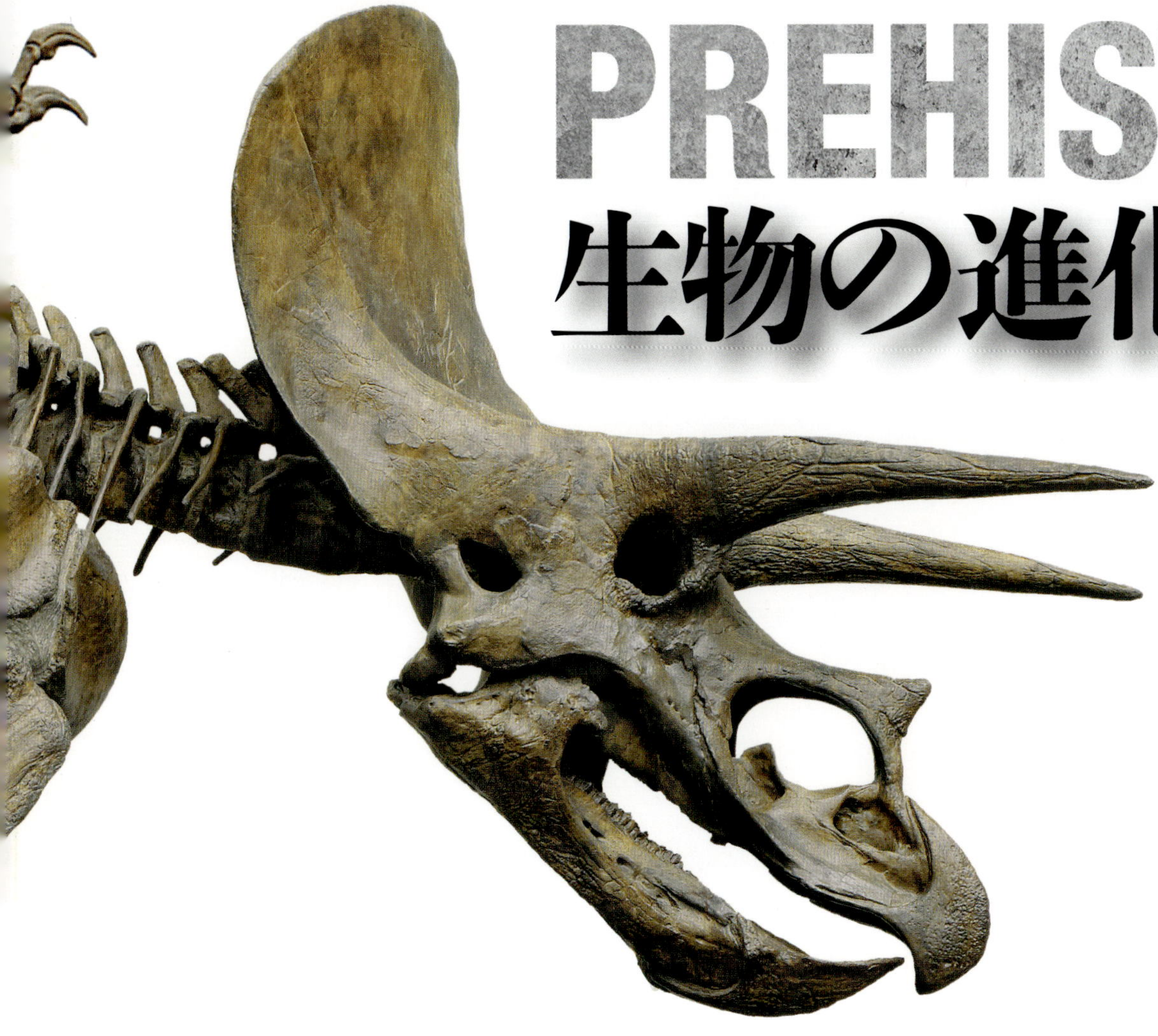

マイケル・J・ベントン他［監修］
小畠郁生［日本語版総監修］

河出書房新社

日本語版序文

私たち人間は、それぞれの民族や文明がどのようにして生まれ発展してきたかを記し、個別の歴史やグローバルな歴史を編んできた。ところが、そのような歴史のはるか以前にも、人類そのものの歴史を含めて長い長い地球上の生物たちの、いわば先史時代があったことを、現在の地球科学や生物科学が証明している。地球の年齢は46億年、生命の歴史は37億年、人類の歴史は700万年にも及ぶというふうに地質学的時間が明らかにされているのだ。

私たちの住むこの地球は数々の事件を経験している。地球の過去は信じがたいほどの生物の多様性をかいま見せてくれる。地球も、私たち人類を含む生物も、いうなれば"共進化"してきた運命共同体である。そのことを私たちに的確に伝えてくれるという意味で、本書はまさに草分けとなる革新的な出版物であろう。原著は24人の各種専門家により執筆され、ほかに12人の専門家を顧問として作られており、今後、貴重な参考文献となることに疑いない。

変化する地球を舞台にして行われてきたこの壮大なドラマ——生物の生成・変化・発展・消滅の実験の中から、本書では、757属772種を選び化石実物写真や復元図をイラストとして個別に解説している。この豪華なパレードには目を見張るばかりだ。生物分類については、リンネ式階級分類名と分岐分析によるクレード名が併用され、さらには非公式ながら有用なグループ名までが使用される一方、アフリカ獣類のように分子生物学的証拠に基づく分類名も紹介されている。これは、今日の生物分類では、さまざまなアプローチが試みられ努力が重ねられていることの証左であり、現在はむしろ改革の段階にさしかかっている時期であるからだという点で諒とされることを願いたい。

地球科学の分野では、とくに地質年代の決定に関して付言しておきたい。国際地質科学連合（IUGS）は国際層序委員会（IGS）の決定を受け、2009年6月に、第四紀・第四系と更新世・更新統の下限の定義について勧告を発表したが、日本学術会議・日本地質学会・日本第四紀学会は2010年1月にこれを正式に受け入れた。したがって、日本語版では原著中に示された地質年代表を改訂し、この新しい年代表を示すことにした。

小畠 郁生（日本語版監修）

Original Title: Prehistoric
Copyright © 2009 Dorling Kindersley Limited, London
A Penguin Random House Company

Japanese translation rights arranged with
Dorling Kindersley Limited, London
through Fortuna Co., Ltd. Tokyo.

For sale in Japanese territory only.

Printed and bound in China

A WORLD OF IDEAS: SEE ALL THERE IS TO KNOW

www.dk.com

執筆者

創生期の地球
ダグラス・パーマー ― 科学ライター／英国ケンブリッジを拠点に講演活動を行う

微生物
マーティン・ブレイザー博士 ― オックスフォード大学、純古生物学教授

植物
デイヴィッド・バーニー理学士 ― 受賞歴のある自然史ライター

クリス・クリエル ― ウェールズ国立博物館、植生史主任

サー・ピーター・クレイン教授 ― 王立学会特別会員、キュー王立植物園園長（2006年まで）、シカゴ大学、地球物理学科教授

バリー・A・トーマス教授 ― アバリストウィス大学（ウェールズ）、名誉教授

無脊椎動物
キャロリン・バトラー博士、ジョン・C・W・コープ教授、ロバート・M・オーウェン博士 ― ウェールズ国立博物館地質学課

脊椎動物
ジェイソン・アンダーソン博士 ― 古脊椎動物学者／カルガリー大学（カナダ）、獣医解剖学助教授

ロジャー・ベンソン博士 ― ケンブリッジ大学、古生物学者

スティーブン・ブルサット博士 ― アメリカ自然史博物館（ニューヨーク）、古脊椎動物学者

ジェニファー・クラック教授 ― ケンブリッジ大学、動物学博物館古脊椎動物学教授、キュレーター

キム・デニス=ブライアン博士 ― 古生物学者、ライター、オープン大学（ロンドン）講師

クリストファー・デュフィン博士 ― 古生物学者／教諭（ロンドン）

デイヴィッド・ホーン博士 ― 古脊椎動物学者、中国科学院古脊椎動物与古人類研究所（北京）

ゼリーナ・ヨハンソン博士 ― ロンドン自然史博物館、魚類化石キュレーター

アンドリュー・ミルナー博士 ― ロンドン自然史博物館、古脊椎動物学者／研究員

ダレン・ネイシュ博士 ― 科学ライター／ポーツマス大学名誉研究員

カティ・パーソンズ博士 ― 生物学者／自然史ライター（ロンドン）

ドナルド・プロセロ博士 ― オキシデンタルカレッジ、地質学教授／カリフォルニア工科大学、講師（ロサンゼルス）

徐星博士 ― 古生物学者、中国科学院古脊椎動物与古人類研究所（北京）

時代紹介
ケン・マクナマラ ― 純古生物学者、ケンブリッジ大学地球科学科

人類の起源
フィオナ・カワード博士 ― ロンドン王立ハロウェイ大学、研究員

用語集
リチャード・ビーティ

監修

創生期の地球
サイモン・ラム博士 ― オックスフォード大学地球科学科、講師

フェリシティ・マクスウェル理学士 ― フリーの環境コンサルタント／科学ライター

植物
サー・ピーター・クレイン教授 ― 同上

ポール・ケンリック教授 ― ロンドン自然史博物館、古生物学リサーチャー

無脊椎動物
ユアン・N・K・クラークソン ― エジンバラ大学（スコットランド）、古生物学名誉教授

脊椎動物
マイケル・J・ベントン教授 ― ブリストル大学（英国）、古脊椎動物学教授

スティーブン・ブルサット博士 ― 同上

ロバート・カー博士 ― オハイオ大学、比較解剖学／一般生物学講師

ジェニファー・クラック教授 ― 同上

ゲレス・ダイク博士 ― 古生物学者、ユニバーシティ・カレッジ・ダブリン（アイルランド）、講師

クリスティン・ジャニス教授 ― 哺乳類古生物学者、ブラウン大学講師（米国、プロヴィデンス）

人類の起源
カテリーナ・ハーヴァティ博士 ― 古人類学、マックス・プランク研究所（ドイツ）

⑧ **序文** マイケル・J・ベントン

⑩

45億6000万年前に誕生した地球は、比類ない出来事の連続と地質の変化によって生命を維持できる惑星となった。

創生期の地球

- ⑫ 過去の地球を探る
- ⑭ 地球の起源
- ⑯ 地球誕生からの5億年
- ⑳ プレートテクトニクス
- ㉒ 気候の変動
- ㉖ 生命と進化
- ㉚ 分類
- ㉜ 大量絶滅
- ㉞ 化石の種類
- ㊳ 化石がもたらす情報
- ㊷ 主要な化石の産出地
- ㊹ 地質年代区分

大きさと縮尺

地球上の生物と人類の起源に描かれる動物や植物には、大きさがわかるように(ほぼ最大寸法)右のようなイラストを施した。ただし植物のページは、信頼性が高く、復元された全植物のなかでも参考資料が容易に入手できるもののみに限られる。

4cm / 18cm / 1.8m

YOUNG EARTH

48

地球上のもっとも古い生命体は約35億年前に現れる。三葉虫から木生シダ類、ハドロサウルスから人類まで、ここでは驚くほど多くの種をその進化に沿って解説する。

地球上の生物

50 **始生代**
52 地球の黎明期

54 **原生代**
58 微生物
60 無脊椎動物

64 **カンブリア紀**
68 微生物
70 無脊椎動物
78 脊椎動物

80 **オルドヴィス紀**
84 無脊椎動物
92 脊椎動物

94 **シルル紀**
98 植物
100 無脊椎動物
106 脊椎動物

108 **デヴォン紀**
112 植物
122 無脊椎動物
128 脊椎動物

140 **石炭紀**
144 植物
154 無脊椎動物
162 脊椎動物

LIFE ON EARTH

contents
目　次

440 人類の進化の物語は700万年に及ぶ。多くの種のなかで、私たち自身、すなわちホモ・サピエンスだけが今でも生き延びている。

170 ペルム紀
- 174 植物
- 178 無脊椎動物
- 182 脊椎動物

194 三畳紀
- 198 植物
- 202 無脊椎動物
- 206 脊椎動物

222 ジュラ紀
- 226 植物
- 234 無脊椎動物
- 244 脊椎動物

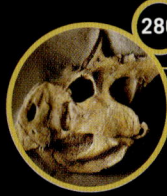

280 白亜紀
- 284 植物
- 296 無脊椎動物
- 304 脊椎動物

358 古第三紀
- 362 植物
- 368 無脊椎動物
- 374 脊椎動物

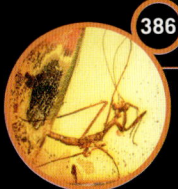

386 新第三紀
- 390 植物
- 396 無脊椎動物
- 404 脊椎動物

414 第四紀
- 418 植物
- 424 無脊椎動物
- 430 脊椎動物

人類の起源 — THE RISE OF HUMANS

442 人類の類縁動物

444 人類の祖先
- 446 サヘラントロプス・チャデンシス
  オロリン・トゥゲネンシス
- 447 二足歩行
- 448 アルディピテクス・ラミドゥス
  アルディピテクス・カダバ
  アウストラロピテクス・ガルヒ
  アウストラロピテクス・アナメンシス
  アウストラロピテクス・バルエルガザリ
- 449 アウストラロピテクス・アフリカヌス
  ケニアントロプス・プラティオプス
- 450 アウストラロピテクス・アファレンシス
- 452 パラントロプス・エチオピクス
  パラントロプス・ロブストゥス
- 453 パラントロプス・ボイセイ

454 現生人類の紀源
- 454 ホモ・ハビリス
- 455 ホモ・ルドルフェンシス
- 456 ホモ・エルガステル
- 458 最初の人類移動
- 460 ホモ・エレクトゥス
- 462 ホモ・アンテセソール
  ホモ・ハイデルベルゲンシス
- 464 ホモ・ネアンデルターレンシス
- 468 初期のホモ・サピエンス

470 出アフリカ

474 ヨーロッパの狩猟採集生活者

476 旧石器時代の洞窟芸術

478 氷河期が過ぎて

480 用語解説　　498 索引

486 恐竜リスト　　510 出典

考えたが、その洞察は正しかった。ここから古代の生命を研究する古生物学が始まったといえる。他の哲学者たちが、このような化石の存在を人為的な「自然の戯れ」に見せかけたものか、ローマ軍の兵士が食事の後に捨てたものだと説明している時代に、レオナルドは近代科学の演繹的な推論を用いていたのである。

化石は美しく驚異に満ちたものといえよう。恐竜の骨格の下にたたずんだことがある人なら、あるいは岩を砕いて1億年以上昔に息絶えた貝の真珠色に輝く殻を太陽にすかして見たことがある人なら、この驚きの感覚を理解できるだろう。恐竜の骨格はかつては筋肉と皮ふをまとっており、貝は海水から養分を濾しとりながら海底で暮らしていた。そうした事実に基づいて、私たちは化石が物語るはるかな別の時代と接することができるのだ。

19世紀までには、地球の年齢を正確に測るすべはまだなかったものの、ほとんどの自然科学者は地球が非常に古い歴史をもっていることを認めていた。また化石として見つかる多くの動植物が現実に絶滅していること、また時間軸に沿って岩石や化石が途切れることなく連なっていることも認めていた。さらにそれから2世紀の時をかけて、自然科学者は岩石の年代を明らかにする手法を改良し、堆積物から古代の環境を読み取り、古生物の食生活や習性を理解できるようになってきた。

現代の古生物学者は現場での観察に加え、化学研究所での実験やスーパーコンピューターによるシミュレーションも行っている。試行錯誤を経て、今ではある種の恐竜の食物や特定の大量絶滅の規模と影響などについて実態に迫り、想定をシミュレートしたりすることが可能となっている。古生物学は化石に対する素朴な疑問から発展してきたが、それは力強い科学でもあり、研究者たちは過去の生命の驚異に光を当てようと、シャーロック・ホームズのようにさまざまな手がかりを組み合わせて謎の解明に取り組んでいる。

本書は古生物学を専門とする世界の現役研究者の手で書かれており、現代科学の成果を地球上の生命進化の驚くべき物語として豊かに織りなしていくものだ。

マイケル・J・ベントン

YOUNG EARTH
創生期の

過去の地球を探る

これまで200年以上にわたって続けられてきた科学的研究により、地球の46億年におよぶダイナミックな歴史と発展については、じつに多くのことが解明されてきた。地質時代が測定されて区分が設けられ、その環境と生命が再構成されることとなった。毎年のように研究に関する新発見と新技術が地球の地質時代の経てきた深みと過程に関する新しい考え方を生みだしているが、その一方で地質学は比較的若い科学であり、まだまだ探求し解明していかなければならない事柄が山積している。

現在と過去

40億年以上昔に地球を原始の状態から造り変えていった地質学的なプロセスは、岩石や鉱物にその記録を残している。地球の歴史に関する私たちの知識のほとんどは、地表またはその付近で発見された岩石や化石から得られたものだ。さらに、そうした岩石の一部には生物の遺骸や痕跡だけでなく、生命体が関与していた環境に関する情報も保存されている。この岩石と化石の記録を解読し、そこに秘められた情報を解釈し、地球とそこに暮らす生命の歴史を再構築することに数百年の時が費やされてきたが、その努力はまだまだ完成からは程遠い。

斉一説
現代の砂丘の断面(⇨左)には、2億年の時を刻んだ砂岩の断面(⇨上)と同様のパターンの、斜層理と呼ばれる堆積層が見られる。これらの形成には同じプロセスがあったと考えられる。

人物伝
チャールズ・ライエル

スコットランドの地質学者、チャールズ・ライエル(1797〜1875)は、法廷弁護士としての修養を積んだが、地球の地質時代の歴史を理解し再構築するため、証拠を調べて論拠を提示する弁護士としての技能を、次々と明らかになる地質情報を検証するために活用した。斉一説と呼ばれる原則的な考え方を一般に広めたが、それによると地質学的な過程は過去においても今日と同様の速度と強度で生起していたとされる。これは聖書の大洪水のように、地球が短期間のうちに天変地異によって形成されたとする、当時主流となっていた考え方を否定するものであった。

不連続の記録

18世紀にスコットランドで農場を営んでいた地質学者、ジェームズ・ハットンは、シッカーポイント(⇨上)の灰色の頁岩と赤い砂岩の層に「不整合」、もしくは不連続な部分があるのに気づいた。彼はこのように岩石に記録された不連続性から、造山、浸食、堆積などの活動がずっと以前からあり、地球の歴史は当時の定説よりずっと古いものだと推論した。

地球の構造

地球が層状の内部構造を有していることは、さまざまな証拠から示されている。地震が引きおこす振動の研究から、地球はタマネギのように多層構造であることがわかった。加えて、火山岩と隕石の研究から、高温で部分的に液状の核から低温の表層にあたる地殻まで、明確な組成と物理的特性の違いのある多様な層の存在が知られるようになった。

核から地殻まで

鉄とニッケルからなる非常に高温の核は、固体の内核と液体の外核に区分される。その外側には密度の高いケイ酸塩岩からなるマントルの層がある。ほとんど固体ではあるが、高温で延性の岩石には対流がある。もっとも外側の層が、火成岩、変成岩、堆積岩などの多様な組成をもつ低温で薄い地殻である。

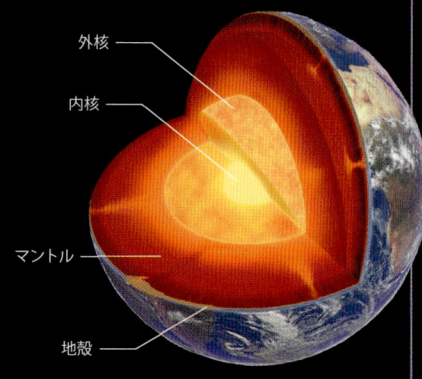

13 過去の地球を探る

岩石と化石の記録

ほとんどの岩石はその生成のしかたに応じて3種類の岩石のいずれかに分類される。火成岩は溶融状態から冷却し結晶したものであり、火山の溶岩として地表に噴出し急冷した、きめの細かい火山岩から、5km以上の地下の深部で時間をかけて冷却したきめの粗い花崗岩のような岩石まで、さまざまな種類がある。岩石の風化と浸食により生みだされた堆積物は、内陸の盆地や海洋へと運ばれ、沈降して連続する層を形成する。時間の経過とともに圧力と熱の作用により、そうした層は堆積岩へと変化するが、こうした岩石には化石が含まれている場合がある。火成岩または堆積岩が極度の高温と圧力にさらされた場合、それらは変成岩へと「変容」をとげる。

火成岩
地球の大陸型地殻の深部で溶融した岩石はマグマを形成、それが徐々に冷却しこのようなきめの粗い花崗岩へと結晶した。

変成岩
岩石が地殻の深部へと押しこまれた場合、熱と圧力の作用を受けて変形し、写真の片麻岩のような変成岩へと再結晶する。

堆積岩
アリゾナのペインテッド砂漠の「レイヤー・ケーキ」のように見える地形は、じつは2億年以上前に沈降した、植物と恐竜の化石が眠っている一連の堆積物である。

発掘された化石
化石は岩石の年代を特定するのに用いられる。一例として、南アフリカのカルー地帯の岩層で見つかったリネスクスと呼ばれるワニに似た大型両生類のあご骨の存在により、岩石が2億6500万～2億6000万年前のものであることが判明している。

年代測定法

地球の岩石の年代特定には、時代区分が明らかになっている堆積層で共通に発見される化石を用いるのが当初の方法だった。種の進化のために時代を経るにしたがって化石の種類も変わる。地球の年齢とその形成に要した時間の計算が何度も試みられたが、正確な答えを出すには19世紀末に放射性壊変を用いた年代推定が可能になるまで待たねばならなかった。放射能の濃度は時間の経過とともに減衰し放射性元素が減っていくという事実が明らかになり（⇒下）、その測定から火成岩に含まれる一定の鉱物の形成年代を特定できるようになり、時間軸に沿った地球の歴史を確立することが可能になった。

化石の年代測定
化石の放射年代測定は、もっとも近い位置にある溶岩や地層の一部として堆積した火山灰などの適切な火成岩の年代測定をよりどころとしている。化石の上下に位置している溶岩を測定することで、その年代の幅を推定することができる。

岩石の放射年代測定法

ウランのような放射性元素は、形成された時点から電子（各原子に存在する負の電荷をおびた粒子）を放出することにより崩壊の過程をたどる。この減損は一定の速度で時間の経過とともに進行し、同位体（アイソトープ）とも呼ばれる一連の「娘原子」を生みだす。同位体の占める比率を計測することで、岩石の形成から経過した時間を計算することができる。

比較される原子
● ウラン235
● 鉛207

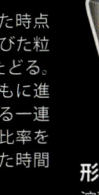

形成時点
溶融岩が結晶してできた鉱物が含有するウラン235は、放射性壊変をおこして鉛207に変化する。

比率
ウラン235：1
鉛207：0

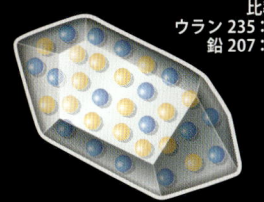

7億年後
ウラン原子の50%が鉛207に変化している。したがってウラン235の半減期は7億年ということになる。

比率
ウラン235：1
鉛207：1

14億年後
残るウラン235のさらに50%がこのときまでに崩壊し鉛207に変化する。この時点でウランと鉛の原子の比率は1：3となっている。

比率
ウラン235：1
鉛207：3

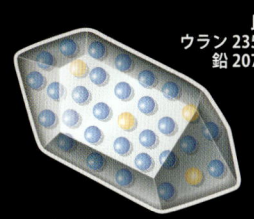

21億年後
地質学者はこの時点の岩石のウランと鉛の比率（1：7）を測定し、半減期を3回迎えた21億年がこの岩石の年齢であると判定する。

比率
ウラン235：1
鉛207：7

地球の起源

約45億6000万年前に宇宙のガスと塵から生まれた地球は、その後劇的な変遷をたどった。科学者は隕石と地球自体に残された証拠に加え、遠い星や星雲を直接観察することでその初期の状況を再構築しようとしてきた。しかし、私たちの地球のもっとも遠い過去におきた出来事については、いまだ完全には解明されていない。

太陽系の起源

約45億6000万年前に巨大なガスと塵からなる雲、すなわち分子雲が重力の作用で凝縮、ここから太陽系の形成が開始された。凝縮の過程で分子雲は非常に高速で回転する円盤状となり、中央部のふくらみが熱をおびて密度が高まり太陽を形成した。軌道上を回る砕片は太陽系の内側で岩石主体の4つの惑星を形作り、温度の低い円盤の外側では4つの大型の木星型惑星（ガス惑星）が形成され、次いで冥王星を含む小型の矮惑星、そして多数の彗星が生まれた。これら全体で構成される太陽系は太陽から6兆kmの範囲にわたっている。

2 原始太陽の形成
当初低速で回転していた分子雲が、重力の影響により収縮しはじめ、それにより回転も高速化していった。分子雲は凝縮して円盤状となり、その中心に密度と温度および輝度の非常に高い部分（原始太陽）ができ、円盤の周辺部（原始惑星円盤）とわかれた。

3 リングと微惑星体
回転の速度が増すにつれて、低温のガスと塵が原始惑星円盤内のリングに凝集するようになる。塵と氷の粒子が衝突して塊を形成し、それ自体の重力が増してさらに多くの物質を引きよせ、微惑星体を形成した。

4 地球型惑星
原始太陽に近い位置にあった微惑星体は岩石や鉄などのもっとも耐熱性の高い稠密な物質で構成されていた。重力により微惑星体がたがいに引きあい、衝突をくり返して4つの地球型惑星の形成にいたった（写真の金星もその1つ）。

星を形成する分子雲
初期の宇宙は水素やヘリウムで構成されており、その雲のなかで最初の星が生まれた。その誕生（⇨上）と死（⇨右）が炭素、酸素、ケイ素、鉄などの新しい元素を生みだした。

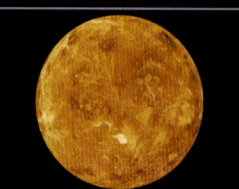

超新星の爆発

地球の形成

星雲説として知られる、太陽系の誕生に関するもっとも一般的な理論によると、成長途上の太陽の周囲を同じ軌道で回っていた岩石と氷塊が、冷却付加と呼ばれるプロセスで重力により凝集した。軌道上の各リングのなかで最大の天体がほとんどの物質を引きつけて、微惑星体という均質な構造の岩石と氷塊からなるゆるい塊を作った。微惑星体が大きくなるにしたがいその引力がますます強まって堅固に密集する状態となり、さらに強い引力で周囲の岩石を引きこみ、集中的な岩石の衝突と成長の時期を迎えた。内側の地球と他の3つの地球型惑星（岩石型惑星）はこのようにして約45億6000万年前に形成された。

衝突が生んだ水星表面のクレーター
最小の岩石型惑星である水星は部分的に月に似た、暗い溶岩の平原の広がりにクレーターが目立つ表面を有している。こうしたクレーターは、約35億年前まで続いていた地球と同様に、集中的に隕石が衝突した時期の痕跡である。

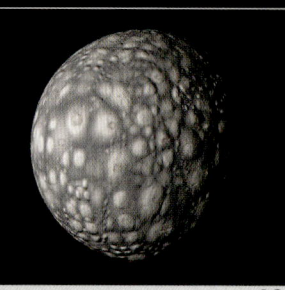
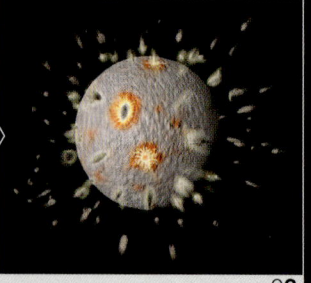

>>01　>>02　>>03

惑星の誕生
>>01　同じ軌道上を回る岩石と氷塊からなる砕片が引力によりたがいに引きよせられ、微惑星体と呼ばれる塊となってその後継続的に成長していく。>>02　大きさ、質量を増していくにしたがい重力場も強まって、徐々に球形が完成していく。>>03　宇宙の岩石が原始惑星に引きよせられ、衝突する速度が加速して莫大なエネルギーが発生し、局所的な高熱と溶融状態をもたらす。散在していた微惑星体のほとんどが凝集して重力場が強力になり、圧縮された惑星となるまでそうした激しい隕石の衝突が続いた。

1 太陽星雲の形成
星雲ははじめ、現在の太陽系の数倍の大きさをもつ冷たいガスと塵の濃い巨大な雲であった。ガスと塵はさらに古い星の死からももたらされ、それが実質的に再生されたものと考えられる。

星雲説
18世紀後半にフランスの数学者ピエール・ラプラスとドイツの哲学者イマヌエル・カントが唱えた学説。ここに示した6つの段階は太陽系に関する事実の多くを説明するものとなっている。たとえば、なぜほとんどの惑星の軌道がほぼ同一の平面上にあるのか、また、なぜすべての惑星が太陽の周りを同じ向きに回っているのかといった現象を説明している。

太陽系内の地球
太陽系における地球の大きさ、軌道、位置というすべての条件がそろってこの青い惑星の生命の進化が可能になった。太陽から3番目の惑星として地球は唯一生物の生存圏にあり、生命に適した条件をそなえている。太陽からの距離、質量、重力、内部の熱が適切であったため、酸素の豊富な大気と豊かな表面水の発達と維持が可能になった。対照的に地球の小さな衛星はほとんど内部に熱をもたず、実質的な大気も表面水もなく、生命は存在しない。地球の軌道は楕円形だが、その自転とほぼ円形の通り道のおかげで、太陽の放射に対する季節ごとの変化が、生命を絶滅させるほど極端にならずにすんでいる。

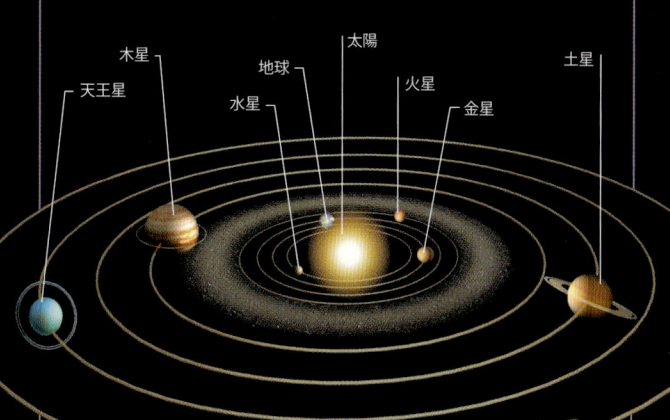

5 木星型惑星
小惑星帯の外側に位置する原始惑星円盤の低温のリングでは氷とガスが存続することができた。太陽系の外周に近い位置では岩石と氷からなる微惑星体が大きく成長できたので、厚みのあるガス雲を引きつけそれに包まれる形となった(⇨上)。4つの木星型惑星が形成され、その後まもなく原始太陽が完全な恒星へと成長した。

6 残存する砕片
惑星の形成後、依然として一部のガスや物質が原始惑星円盤内に取り残されていた。そのほとんどは太陽の核融合から発生する放射により吹き払われ、それでも残った微惑星体が遠く離れた太陽系の外縁に、彗星の故郷となる広大なオールトの雲(J. H. オールトがその存在を提唱した彗星群)を形成した。

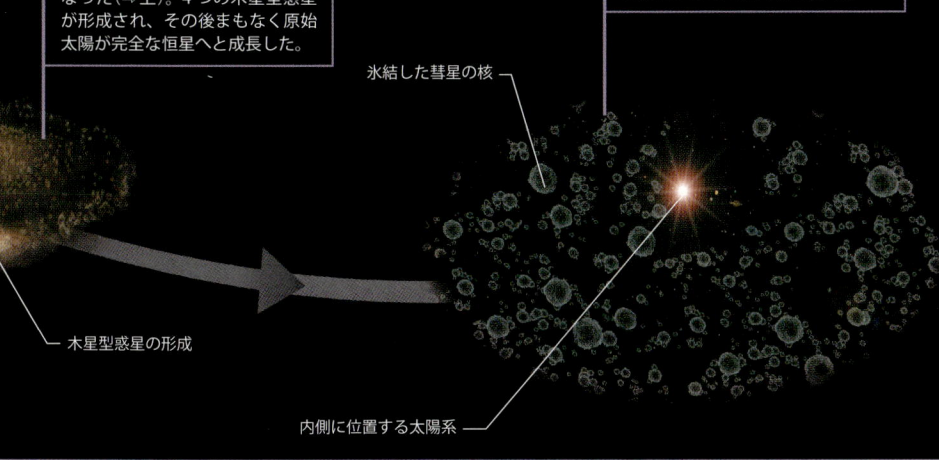

氷結した彗星の核

木星型惑星の形成

内側に位置する太陽系

太陽系の惑星

名称	太陽からの平均距離
水星	5790万km
金星	1億820万km
地球	1億4960万km
火星	2億2790万km
木星	7億7830万km
土星	14億3000万km
天王星	28億7000万km
海王星	45億km

月の形成
最古の月の岩石は信頼のおける研究により約45億年前のものであるとされ、地球の誕生からまもない時期に形成されたことをうかがわせる。巨大な小惑星が若い地球に衝突し、その表面から大きく削りとられた部分が月を形作ったとする衝突起源説が、天文学界ではおおむね支持されている。その後約10億年にわたり激しく隕石が降りそそいだ結果、月の岩石の表面はクレーターだらけの状態となった。次いで火山活動の時期が訪れ、地殻の裂け目から溶岩が流出して低位置にあるクレーターを埋めた。溶岩が固まって月の海と呼ばれる広大な暗い領域が形作られ、今日でも地球から観察することができる。

月の石
アポロ計画で380kg超の岩石がもち帰られた。そのほとんどが火成岩であったことから、溶融物質(マグマ)の冷却によって固体化したものと考えられる。地球の岩石との関連性が高いにもかかわらず、月の岩石にはナトリウムやカリウムなどの揮発性元素が欠けている。

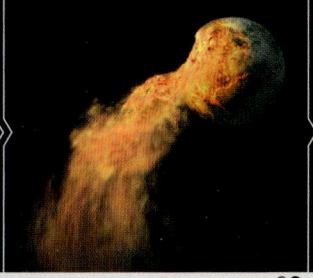

>>01　>>02　>>03　>>04

月のなりたち
>>01　約45億年前に火星ほどの大きさの小惑星が地球に衝突、その表面から大量のケイ酸塩岩を削りとっていった。>>02　大量のガス雲と岩石の砕片が宇宙空間に放出され、急速に冷却した。>>03　地球の引力の作用で、放出された物質が円形の軌道に留まり、密度の高いリングが形成された。>>04　それらの岩石が衝突し塊となり、地球を回る直径3400kmを超える単独の衛星へと成長した。

地球誕生からの5億年

地球の創生期の歴史は荒々しくドラマに満ちている。その主要部は今から45億年よりも少し前に形成されはじめた。最初の5000万年で核が形作られ、次いで磁場が形成された。しかし生物が進化し、繁栄できる環境となるには、大気と地殻の表面が比較的安定する約38億年前まで待たねばならなかった。

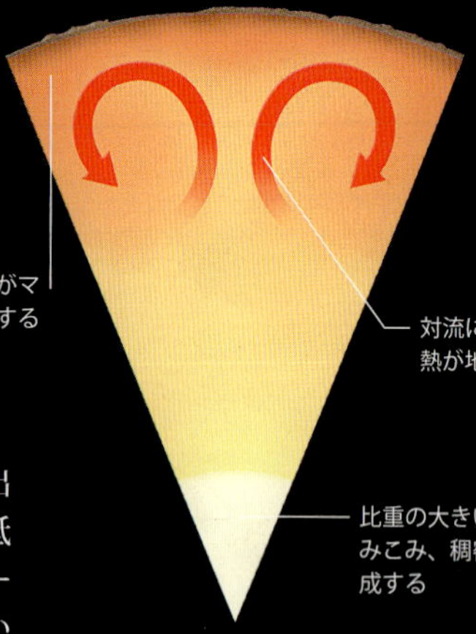

地球の核（コア）とマントル

地球が形成されるとすぐに、ほとんどの鉱物質が均質な球体から非常に高温の金属の核と、比較的温度の低い岩石からなるマントルに分離した。比重の測定、隕鉄の化学組成、地球の磁場などから、核は鉄とニッケルで構成されていると考えられる。さらに磁場の存在により、核の一部が液体で、導電性の溶融鉄が対流し磁気を発生させているものと考えられている。

地震波を解析すると、核の外側の部分（外核）は液体で、内側の部分（内核）は固体であることがわかる。その境界の部分で、鉄が固体から液体に変化する際にエネルギーが放出され、外核内の対流を促進する。マントル内では高温と低温の岩石の比重の違いに応じて重力が働き、一定のパターンの対流を引きおこしている。比較的低温で比重の大きい物質はマントルの奥深く沈降し、とりわけ沈み込み帯ではその動きが活発である。この下向きの流れとバランスを取りながら、高温で比重の小さいマントルが、ホットスポット下のプルームあるいは中央海嶺における隆起として上昇している（⇨ p.20~21）。

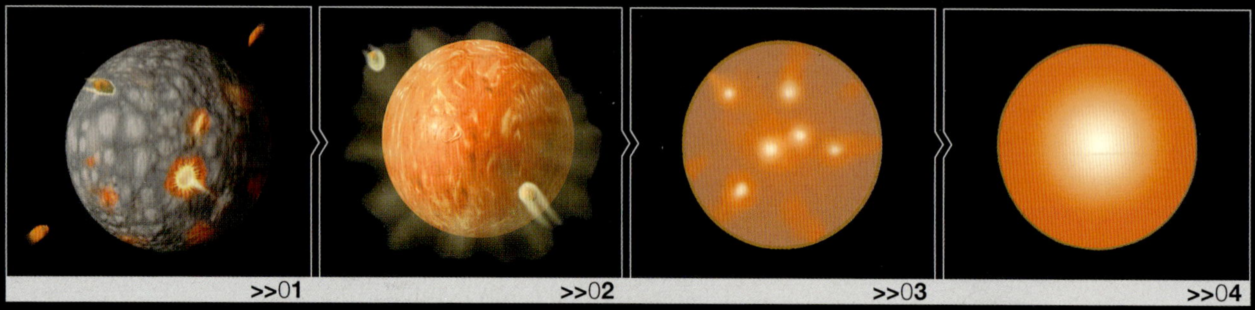

比較的軽い物質がマントル内を上昇する

対流により内部の熱が地表に伝わる

比重の大きい物質が沈みこみ、稠密な核を形成する

対流と分離
地球の鉱物質が金属質の核と岩石質のマントルに分離した結果、磁場が形成され、比較的比重の小さい高温の岩石がマントル内を上昇する際に、核から熱エネルギーが伝達されていった。

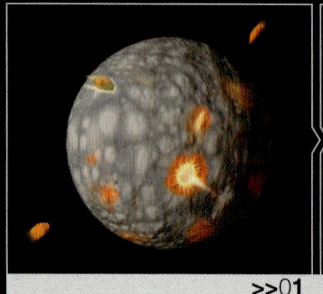 >>01  >>02 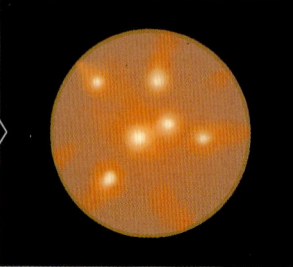 >>03 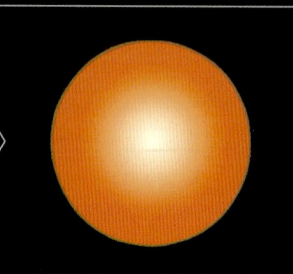 >>04

鉄の激変
>>01 約45億6000万年前、引力が比較的低温の星雲状物質の凝集を引きおこした。>>02 この動きが継続する過程で、地球はそれ自体の重力により収縮し、徐々に高温化していった。>>03 その結果、不安定な地球で比重の大きい鉄とニッケルは中心部へと深く沈み、核の形成が始まる。>>04 こうした物質の沈降と凝縮はさらに多くの熱を放出し、マントルにおける溶融を引きおこしたと考えられる。

酸化鉄の堆積と大気中の酸素
25億年前に水中に沈積したこれらの堆積物は、いつから大気と海洋に酸素が含まれるようになったかを知る手がかりとなる。酸化鉄は不溶性であることから、鉄が酸化されない形で溶けこんでいたことがわかる。こうした現象は、大気と海洋に酸素がほとんど存在しない場合にのみ発生しうるものだ。

地球の磁気

2つの極をもつ地球の磁場は、ちょうど棒磁石の生みだす磁場に似たものであるが、地球の場合、外核内の対流が発生させる電流により形成される。ここでは、機械の作動によるエネルギーを電磁エネルギーに変換する発電機のようなメカニズムが働くものと考えられる。地球の磁場は平均すると50万年に1回その極性を反転させているが、最新の反転がおこったのは約78万年前である。磁極軸は、地球の自転軸とは方向が若干異なっている（現在2つの軸のあいだには11度のずれがある）。磁場の強さは変動しているが、地表に形成されたある種の岩石に含まれる鉄分に富む微粒子を、コンパスの針のように同じ方向にそろえる程度の強さは保っていた。このようにして、固まった溶岩その他の岩石にはそれらが形成された時代の磁場の極性が記録された。こうした「化石」、つまり古地磁気の磁場の測定から、地球の磁極の反転を示す歴史が明らかにされた。

地球の磁場
地球の磁場は巨大な棒磁石のようで、ドーナツ型（トロイダル）をしており、その長大な軸は地球の自転軸に近いが完全に一致してはいない。磁極は地理上の極点から若干ずれている。

磁気で行動するサメ
ホホジロザメの鼻にそなわった感覚器官は、獲物などの発する微弱な電磁場を探知する。またサメは地球の磁場を感知し、磁力線に沿って自身の位置を知ることで泳ぐ方向を決定することもわかっている。

オーロラ
極地方の夜空に輝くオーロラは、地球の磁場が太陽風によって太陽から送りこまれた荷電粒子を捉えたときにおこり、大気中の粒子に作用して一連の色彩をおびたオーロラを出現させる。

地殻（ちかく）

地殻は地球の表面にあたる薄い層で、厚さは海洋地殻の部分で5〜11km、大陸地殻の部分で25〜90kmと変化に富んでいる。現存する地殻でもっとも古い時代のものは約40億年前にさかのぼるが、原始の海洋地殻はそれよりも古く、地球が形作られてまもない時期に形成された可能性が高い。この海洋地殻が形成されると、再びマントルに向かって沈み込み（⇨ p.20）がおこった。その一方、火山活動と地殻変動の過程でマントル由来の岩石が風化、堆積、沈み込みの動きにさらされた。沈み込みにより海中の堆積物はマントルの奥へと引きこまれ、そこで溶解した溶融岩は比較的比重が低いため地殻に向かって上昇し、新しい大陸の物質を構成するに至った（⇨ p.19）。成長する大陸地殻の基部ではゆっくりと溶解が進み、ケイ酸に富むマグマがたまって、それが冷却され固化した結果、結晶質の岩石が生じた。

大気の形成

原初の大気の組成は、地球の現在の酸素に恵まれた大気とは非常に異なっていて、水素、ヘリウムその他の揮発性ガスからなっていた。太陽の形成の後期にこの原始の大気は強力な太陽風（たえず太陽から吹きだしている原子の粒子の流れ）によって吹き飛ばされ、その後、地球が進化し成長するにしたがって、第2のより安定した大気へと生まれ変わった。激烈な火山活動は膨大な量の揮発性ガスを噴出した。アウトガスとして知られるこの過程で、豊富な窒素、二酸化炭素、水蒸気に加え、アンモニア、メタン、少量のその他のガスが地上に放出された。大気中の酸素量は、微生物が二酸化炭素を光合成で酸素へと変換する活動によって徐々に増大していったと考えられている。水蒸気は凝集して雲となり、雨を降らせ、地表水と最初の海を形作った。

原始大気
星雲物質が降着して地球が成長している時期に、水素やヘリウムなどの軽いガスから最初の大気が形成されたが、強力な太陽風により吹き払われてしまった。

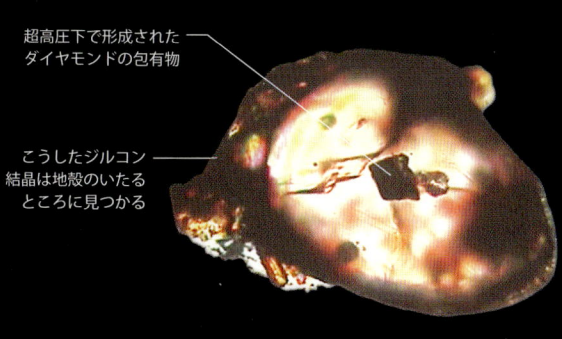

地球でもっとも古いダイヤモンド
西オーストラリアのジャックヒルズ地方で、ジルコン結晶に閉じこめられた形で見つかったマイクロダイヤモンドは、40億年以上前に生まれたもので、地殻で発見された最古の微小なダイヤモンドである。このダイヤは地球の誕生から3億年以内に高圧下で結晶化したものと見られている。

- 超高圧下で形成されたダイヤモンドの包有物
- こうしたジルコン結晶は地殻のいたるところに見つかる

古細菌
古細菌はバクテリアに似た生物だが、ほとんどが嫌気性で酸素を必要としない。左のピュロコックス・フリオススは、沸騰温度に近い海中の硫黄熱水噴出孔付近で繁殖する。こうした嫌気生物は、地球の最初の生命形態に属していたと思われる。

シアノバクテリア
地球の初期の海は、この藍藻もしくはシアノバクテリアに類似する微生物で満たされた。こうした生物は、地球の大気に酸素を供給するうえで非常に重要な役割を果たした。

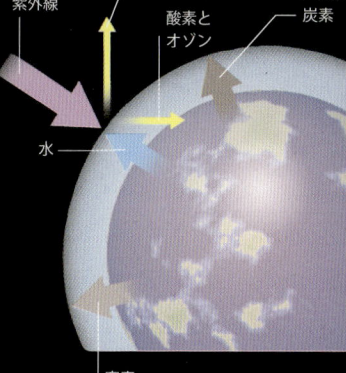

第2の大気
水蒸気、二酸化炭素、窒素などからなる地球の第2の大気は、火山のアウトガスの結果形作られたと考えられている。紫外線光が水分を分解して水素、酸素およびオゾンをもたらした。

海洋の形成

地球は大気と、湖や海洋のような地表の水塊とのあいだをたえず循環する豊富な表面水を保持している点で、太陽系の惑星のなかでも比類のない存在である。今日では地表の約3分の2は海水でおおわれており、海洋と大気の相互作用はこの惑星の気候と生命を維持するうえで不可欠のものとなっている。海洋の形成は、おそらく地球が生まれてから最初の5億年のうちに始まったものと考えられる。それは、まず地球上で水の分子が凝集し、地上に降りそそぎ、独立した水塊として存続することが可能になるまで、惑星が冷却する期間であった。水中に沈降したジルコンの結晶が40億年以上も経過していて、当時すでにある程度の表面水が存在していたことをうかがわせる。グリーンランド西部で発見された「枕状溶岩」は地球の最古の岩石に数えられるが、その多くは最大38億年もの年齢を重ねており、海底噴火によって形成されたものである。初期の海洋水は大気中の二酸化炭素と化学反応をおこし、炭酸カルシウムと炭酸マグネシウムの石灰岩を堆積させた。最初の大陸塊の岩石からは、風化により水溶性の塩分が海水へと浸出していった。微細な藍藻（シアノバクテリア）が形成した、オーストラリアのストロマトライトとして知られる石灰岩の層を調べた結果、約35億年前に全体的に塩分を含んだ海洋が存在したことがうかがわれる。

サンゴ礁
サンゴ礁は現代の生物多様性のホットスポットであり、海洋にあって熱帯雨林に相当するものである。サンゴ礁は、そこに生息するサンゴ虫の骨格や殻が海底をおおい、生物学的にまた物理的に海中の環境を変えてしまうほどの規模となる、地球で最大の生物構造物である。

激しい潮の干満
月の引力は地球の原始の海に潮汐現象を引きおこし、その結果時速480kmで海岸に激しく打ち寄せる潮津波が発生した。こうした強烈な潮流は陸地の岩石を削り、風化させ、浸食して、海の堆積物を根こそぎにした。

サイエンス
1日の長さの変化
多くの生物はその殻や骨格に成長の速度の変化を示す痕跡を残すため、日ごと、月ごと、さらに季節ごとの成長のサイクルを知ることができる。たとえば、サンゴは石灰質の新しい層を毎日重ねていき、とくに太陰月の成長サイクルの影響を受ける。右の写真にあるようなデヴォン紀前半（約4億年前）のサンゴの化石を調べたところ、サンゴの成長線に基づいて、この時期の地球では1年が410日であったことがわかった。太陽を回る地球の軌道は一定していることから、デヴォン紀の1日の長さは現在より短く21時間しかなかったこと、また地球が現在よりも速く自転していたことが明らかになった。

時速 480km　初期の地球の海岸に打ち寄せる潮津波の速度

初期のプレートテクトニクス

重力が引きおこすマントルの対流の結果、低温で強固な地球の表面に近い層（リソスフェアと呼ばれる、たえず動いている層）からなるいくつかの構造プレートが形成された。初期のプレートが動いてたがいに離れると、マントルから新たな地殻物質が地表に上昇してくる。地球自体の体積は変わらないため、新たに生成された地殻と同量の地殻がマントルに戻る必要がある。こうして、あるプレートが沈み込み帯と呼ばれる部分で別のプレートの下にもぐりこむ現象があちこちでおこる。このようなプレートの活動は、地殻が形作られるまでに地球が冷却した約40億年以上前から始まった。このプロセスにかかわった最古の岩石は約38億年前のものだが、地殻再生の動きは初期の海洋地殻のすべてを破壊しており、現在の海洋下に存在する海洋地殻のなかで知りうるかぎり最古のものは約1億8000万年前のものである。

変貌する地球
さまざまな方面からの証拠に基づいて、地質学者は過去の地球の海洋と大陸の配置を再現することができる。この地図は、約6億5000万年前の地球の表面がどのように見えていたかを推定したものである。これより古い年代となると、正確な地図を作成するだけの十分な証拠が残されていない。

初期の地殻変動
初期の地殻変動プロセスは、現在進行しているものとは異なると推定されている。地球の初期の歴史において、マントル内の対流は現在に比べて活発で、地殻移動はもっと速く、各プレートの規模は小さく、火山活動は旺盛であったと見られる。

オフィオライト
オフィオライトは、この場合2つのプレートが地殻変動で衝突することで大洋底の一部が海面上に突出したものである。オマーンで観察されたこの茶褐色の岩石の造形は現在、風化が進んで険しい丘陵地帯となっており、地殻変動の状況をよく伝える希少な例となっている。

最初の大陸

現在、大陸は地球の面積の約3分の1を占めているだけだが、この惑星でもっとも古い約38億年前の岩石を保持している。そうした岩石を分析すると、さらに時代をさかのぼり40億年以上前に形作られたジルコン鉱石の存在が明らかになる。ジルコンとその内部に含まれる岩石小片を地球化学的に研究した結果、それらは火山帯の島弧のような収束型のプレート境界において、水分とケイ酸の豊富な溶融物質のなかで、比較的低い圧力と温度のもとに形成されたことがわかった。このことから、40億年前よりもさらに古い時代からプレートの動きと沈み込みがおこっており、また液体の水と大陸地殻が存在していたと考えられる。原始地殻の岩石の沈み込みの結果、徐々に熱と深度が大きくなるのに応じて一部の岩石の溶融がおこった。もっとも融点が低く比較的比重の低いケイ酸塩鉱物がまっ先に融解し、マグマとなって地殻内に上昇して固化し、地表近くに花崗岩体を形成した。初期の島弧や大陸型小岩盤に加え、それらの花崗岩体が集結し一体化するにしたがって、より大きな陸地へと成長していったのである。

バーバートン緑色岩帯

南アフリカのバーバートン緑色岩帯(⇨左)には約35億年前に形作られた枕状溶岩と堆積物が見られ、大陸地殻の形成初期にかかわった火山帯における島弧の岩石のなごりが保たれている。コマチアイトと呼ばれるマグネシウムに富んだ火山岩から、当時すでに液体の水が存在したことがわかっている。初期の大洋底に溶岩が噴出し、急冷して針状の結晶を生みだした(写真上)。この溶岩の噴出から当時のマントルは今よりも高温でどろどろしており、流動性をおびていたことがうかがわれる。

大陸地殻の発達

最初の大陸地殻は、原始地殻がすでに形作られてマントル内の対流が開始されたのちに形成されたものと見られる。大陸地殻は、マントル内の岩石が溶解しその後固化してマントルと分離する過程で形成された。このプロセスは沈みこむマントルの上ではとくに速く、たえずマントルの岩石が供給されていて、分離のペースを遅らせる上向きのマントル流の上では比較的ゆっくりしたものであったと考えられる。

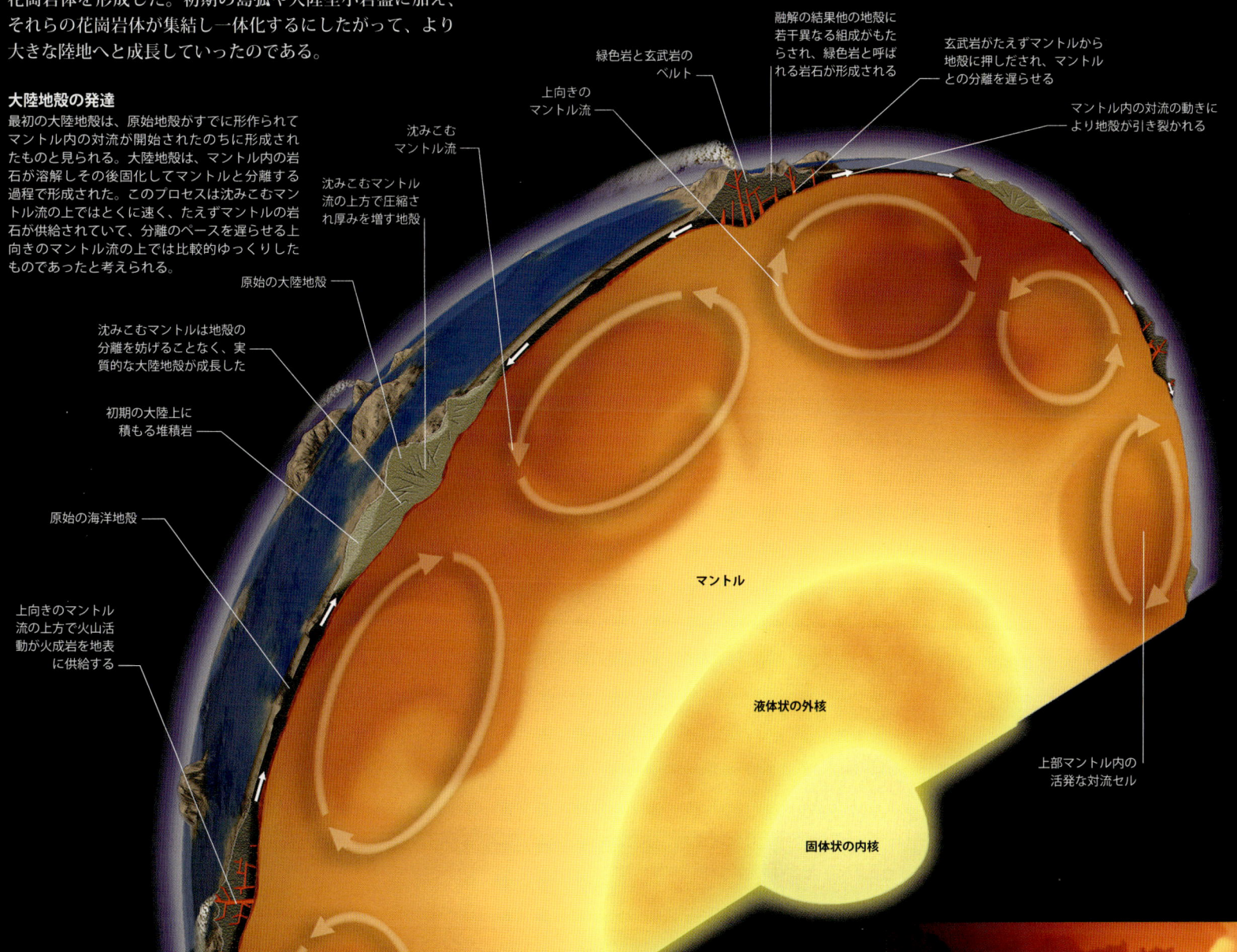

溶岩

火山活動は、地球の創生期からその形成にかかわってきた。溶岩とは、マントル上層部の溶融した岩石が地殻を貫通して地表に噴出したマグマのことである。また溶岩流が冷えて固体化してできる岩石のことも指す。

プレートテクトニクス

地球の表面をおおう薄い地殻と約100〜300kmの深度のマントル上部は、大陸の大きさのプレートにわかれてひしめきあっている。プレートの移動にともなって海洋の形成や消失がおこり、また火山や山脈が形成された。

発散型境界

海洋プレートはその下のマントルより低温で密度が高いため、重力にしたがって移動する。その過程でマントル流が上昇して地殻が隆起、断層のある弱い部分に沿って亀裂が走り、ついには分裂する。圧力が解放されると高温の地殻が溶解してマグマとなり、隆起した海底の頂上から溶岩となって噴出する。このプロセスが続くと、分裂したプレートが開いて分離する、つまり発散していずれかの側に海嶺や谷間が形作られる。徐々に冷却が進んで収縮がおこると、海嶺の側面が沈降し、その表面は堆積層の沈積のために平坦なものとなる。

紅海
アラビア半島からアフリカ大陸が離れる際に、2つのプレートの裂け目が紅海となったが、将来は大洋の一部となるであろう。

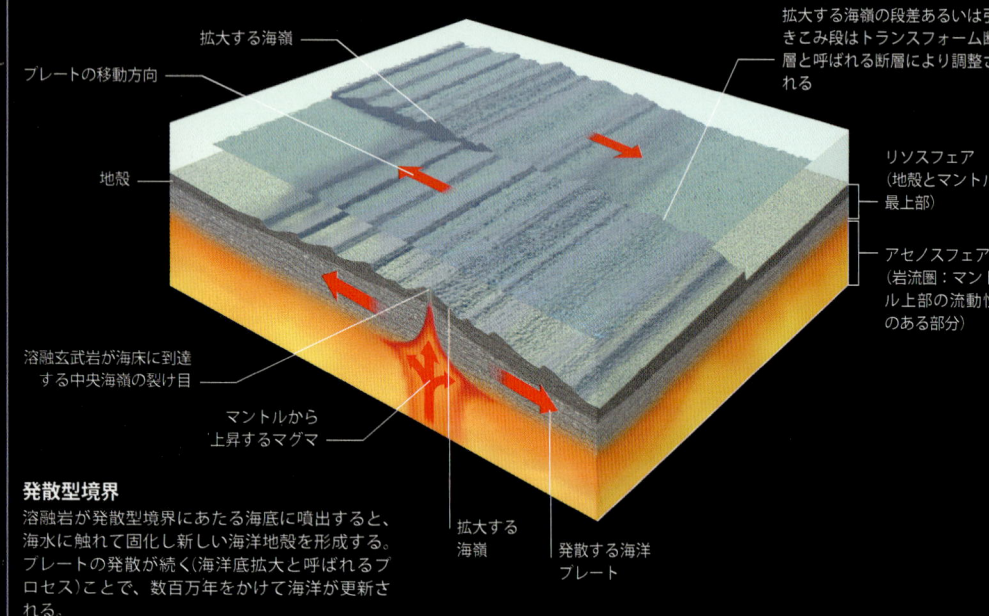

発散型境界
溶融岩が発散型境界にあたる海底に噴出すると、海水に触れて固化し新しい海洋地殻を形成する。プレートの発散が続く(海洋底拡大と呼ばれるプロセス)ことで、数百万年をかけて海洋が更新される。

収束型境界

拡大する海嶺で新しい地殻が生まれる一方、地球の体積は変わらないので、ある場所での発散は別の場所での収束につながる。地殻は平均的にマントルより密度が低く、海洋プレートは地殻の部分が薄いため大陸プレートより密度が高い。そのため海洋プレートと大陸プレートがぶつかる場所では、重い海洋プレートが大陸プレートに乗りあげられる形となってマントルに沈みこみ、溶解してマグマとなり地表に噴出する。

海洋プレートと海洋プレート
海洋プレートどうしがぶつかる境界では、比較的古く、低温で若干密度の高いほうのプレートが沈みこみ、マントルの深くに沈降する。マグマが海上に噴出し写真のような火山列島を形成する。

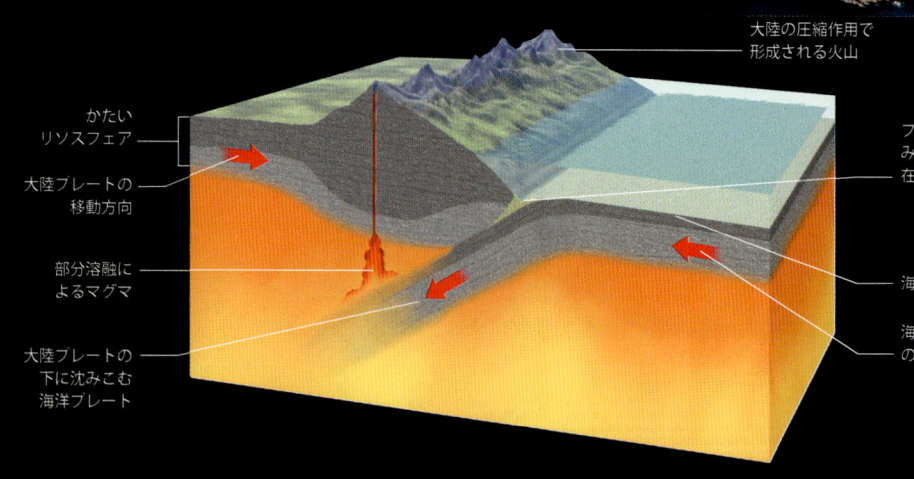

海洋プレートと大陸プレート
密度の異なるプレートが出合うと密度の高いほうのプレートが他方のプレートの下に沈みこみ、数百キロメートルの深度のマントル内へと沈降する。沈みこんだプレートから発生する水が上部マントルの溶融を引きおこすため、通常これが地震や火山活動の原因となる。

大陸プレートと大陸プレート
大陸プレートどうしがぶつかる境界では、沈み込みはおこらない。かわりに収束によって地殻が褶曲し、上方に突きあげて造山活動がおこる。ヒマラヤ山脈(→上)もこのようにして形作られた。

大西洋中央海嶺
大西洋中央海嶺が海面上に隆起しているアイスランドでは、典型的な活動中の拡大する海嶺の火山岩と構造が見られる。噴火時には溶岩が写真のような長い地の裂け目から流れでる。

火山と地震

火山と地震は、地球内部の活力の荒々しい表現といえる。その大半はプレート境界付近に発生し、プレートどうしのせめぎあいと密接な関係がある。発散型境界のプレートは引きのばされちぎれることで、浅い地震と火山の噴火を引きおこすが、そのほとんどが海底にのびる海嶺でのできごとである。そして、おもに玄武岩から成るマグマを噴出する。これに対し収束型境界のプレートは、地下 700km に及ぶ地震を発生させる。マグマが地殻を貫通して岩石物質を同化しその組成を変えながら上昇、地表の火山の爆発的な噴火を引きおこし、時には火山島を形成することもある。

海洋火山
火山はプレート境界から離れたマントルのホットスポット上の海底から隆起することもある。キラウエア火山はその一例で、継続的に溶岩を流出させている。

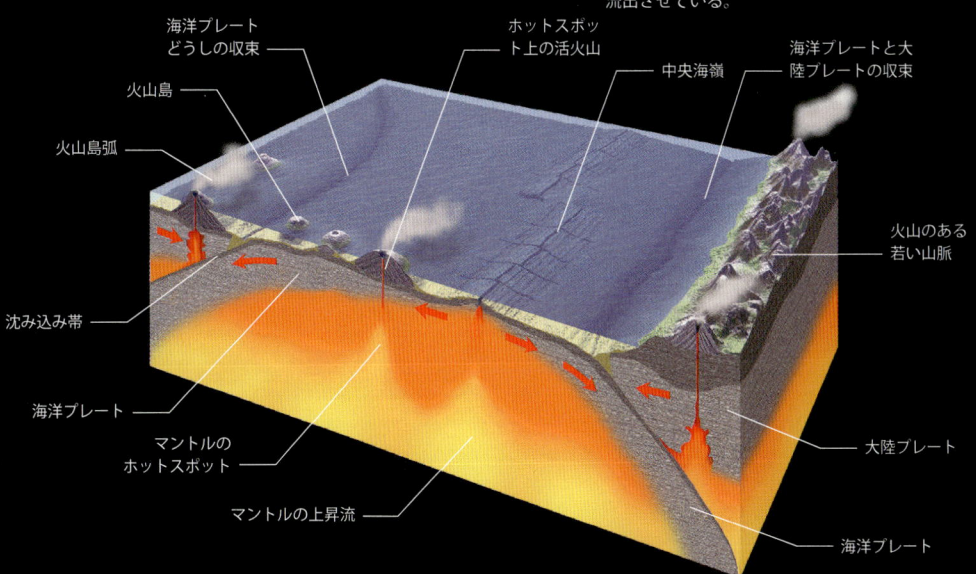

火山とプレート
地球の大半の活火山はプレート境界に沿った位置にあり、そのほとんどが海底拡大域にある。沈み込み帯と関連する火山の活動はさらに顕著だ。またプレートの中央付近、マントルの深部から溶融岩のプルームが上昇するホットスポット上で噴火する火山もある。

サンアンドレアス断層
太平洋プレートと北米プレートとの継続的なせめぎあいの影響はカリフォルニア州の全長 1300km にわたるサンアンドレアス断層帯にもっとも顕著に現れている。断層に沿って年に 35mm の横ずれの動きがあり、1906 年にはサンフランシスコ大地震を引きおこした。

地質構造と生命

プレートの移動は生物の進化と分布に大きな影響をもたらした。プレート収束は異なる種の生物を競争状態に置き、その一方、プレート発散は種のグループを引きはなし、異なる条件で進化する環境をもたらした。5 億 4200 万〜 4 億 8800 万年前に形成された超大陸と呼ばれるゴンドワナがその一例である。進化途上の生命形態がこの巨大な大陸全体に現れて化石を残し、その結果、現在は遠く離れた各大陸の岩石から同じ種の生物の化石が発見されることとなった。ゴンドワナ大陸が分裂してそうした生物をたがいに引きはなして初めて、それぞれのグループは異なる進化の道をたどりだしたのである。

三畳紀に生息していた陸生爬虫類である**キノグナトゥス**の化石

三畳紀に生息していた陸生爬虫類である**リストロサウルス**の化石

ペルム紀に繁茂し、絶滅した**グロッソプテリス**の化石

ペルム紀に淡水に生息した爬虫類の**メソサウルス**の化石

ヴェーゲナーの大陸移動説
1915 年に、ドイツの気象学者アルフレート・ヴェーゲナーは地質学上の証拠と化石を収集し、南半球の大陸がかつては 1 つの超大陸を構成していたことを示した。しかし、当時はなぜそうなっていたのか説明する理論がなかった。

ウォレス線
アルフレッド・ラッセル・ウォレスは、ボルネオ島のアジア・ヒロハシとスラウェシ島のオーストラリア・キバタンがもともとプレート移動によって共存するようになったことに気づいた。その生物分布境界線は現在ウォレス線と呼ばれている。

気候の変動

地球の気候が時とともに変化したことは明確な裏づけがあり、長期にわたり氷床が極地方に存在した寒冷期（氷河期）と、極地方にほとんど氷が存在しなかった温室期は、その顕著な時期である。長期にわたる気候の変化の原因はプレート移動、火山活動、海流の変化などが原因となっている。氷河期には太陽を回る地球の公転周期および温室効果ガスの変動が促進要因となった。

岩石に刻まれた証拠

19世紀前半からの岩石と化石の調査により、過去にくり返された、時に劇的な気候の変化が裏づけられてきた。古代のサンゴの礁の石灰岩、熱帯雨林および熱帯湿地の石炭層、砂漠の砂岩、氷河堆積物などはすべて岩石に刻まれた気候に関する指標となる。しかし、地球規模の変化を証明する前に気候帯を横切る構造プレートの移動を考慮する必要がある。極地以外でも氷河期と間氷期の交互に連続する堆積物が見いだされるのは、気候の変化をもっともよくあらわす、岩石に記録された指標となっている。地質年代（⇨ p.44～45）において何度も氷河期の時期を迎えたことが確認されている。先カンブリア時代の氷河期の証拠は低緯度地方でも発見されている。ここから当時、地球はほぼ全面的に氷雪におおわれていたとする学説が唱えられ、論議を呼んでいる。

氷礫（ドロップストーン）
約6億3500万年前に溶けた海氷から海底の堆積物のなかに直径8cmの岩石が沈みこんでいるのが、ナミビアの北西部で発見された。プレートテクトニクスに基づく考察ではナミビアは当時赤道直下に位置しており、低緯度地帯にも氷山が存在したことが考えられる。

石炭紀の石灰岩の崖
ウェールズ、ガウアー半島の石灰岩の崖は、そのサンゴの化石が示すように熱帯の海の堆積岩から形成された。これは、熱帯性気候が「ウェールズにまでおよんだ」のではなく、大陸移動で英国南部が熱帯の緯度まで動いたからである。

氷河の残した景色
スイス・ラウターブルンネンのU字型の渓谷は、ほとんど垂直に切り立った岩壁と懸谷を特色としている。膨大な量の岩石が削りとられていることから、この渓谷を形作るには途方もない規模の氷河が流れたにちがいない。

化石に残された証拠

18世紀に北アメリカとヨーロッパでゾウの化石が発見され、気候の変化と聖書の洪水についての議論が交わされた。19世紀までに、その化石が実は寒冷な条件に適合した動物の遺骸であることが判明した。それらはすでに絶滅したネアンデルタール人と同じように、北ヨーロッパと北米をおおった氷河期を生きていた。熱帯の動植物の化石が高緯度地方で見つかったり、古代の氷河堆積物が低緯度地方で見つかったりするのも、過去の気候変化が広範囲におよんだことを物語っており、またさまざまな時期に異なる気候帯に大陸を運んだプレートテクトニクスの理論で、すべてではないが多くの矛盾点を説明することができる。それでも地球の歴史を通して気候がくり返し寒冷と温暖のあいだを行き来したことを証明する確かな証拠がある。

キョクチチョウノスケソウ
バラ科の**キョクチチョウノスケソウ**はツンドラ地帯の高山植物である。その花粉は1万2000年ほど前のヨーロッパの、氷河が関わった堆積物のいたるところに見つかる。

シダの化石
約1億年前、南極大陸は現在と近い位置にあったが、万年雪におおわれてはいなかった。恐竜が森の見える極地の風景のなかを歩きまわり現在は絶滅したシダなどの植物を食べていた。

酸素同位体

同位体(アイソトープ)とは、原子核が「親元素」と同じ数の正電荷の陽子をもっているが、中性子の数が異なる元素の原子のことである。酸素は水の分子のなかに2つの同位体、すなわち酸素16と酸素18として存在している。酸素16は酸素18よりも軽く、短時間のうちに蒸発する。氷河期に酸素16を豊富に含む水蒸気が氷雪となって降り、この同位体が海洋で減少し、かわりに酸素18が豊富となった(⇨下図)。一部の海生生物が海水由来の炭酸カルシウム骨格を形成するようになり、その殻の酸素成分は当時の水温だけでなく、海水中の軽い同位体と重い同位体の比率を反映していた。有孔虫の化石の殻でその比率を知ることで、海水の酸素の構成を計算して当時の気候を明らかにすることができた。

有孔虫の化石
ミリメートル単位の大きさで巻貝のような形状と多数の室をもつ炭酸カルシウムでできた殻は、海中に多数生息する有孔虫と呼ばれる単細胞の微生物が生みだしたものである。

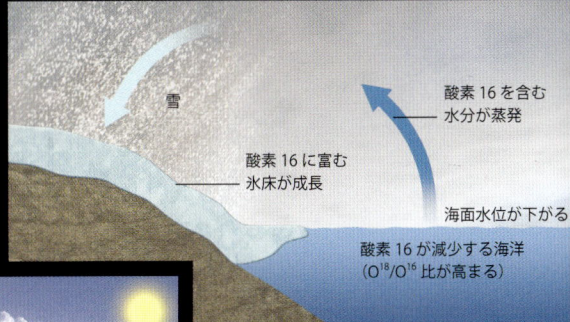

氷河期
軽い酸素16同位体が優先的に蒸発して大気中の水蒸気となり、それが氷雪となって降りそそぐことにより、海水中の酸素16が減少し、酸素18に対する比率が下がる。

間氷期
氷河と氷床が融けて、酸素16に富む膨大な量の淡水が海洋に流れこみ、海水中の酸素同位体の比率が変化する。

公転周期

長期的には多くの要因が地表に達する太陽の放射量を調節し、気候に影響し、いわゆるミランコヴィッチ・サイクル(⇨右、人物伝)に結びついている。地球の軌道はほぼ円形からやや楕円形へと変形しており、公転軌道の離心率の変化は約9万～12万年および41万3000年となっている。また自転軸の傾きは4万1000年で21.8～24.4度のあいだをゆれ動いている。その傾きが最大になると、夏季の太陽放射が大きく気温が高くなり、一方冬季の放射は少なく気温も低くなる。自転軸にもまた、太陽と月に加え、木星や土星のおよぼす重力のために歳差運動と呼ばれるゆれがある。その結果2万6000年ごとに北半球・南半球の太陽の放射量と季節の長さが変化する。

人物伝
ミルティン・ミランコヴィッチ

セルビア人の数学者(1879～1958)。天文学的な周期、太陽放射、気候変化の関係を科学的に理解するうえで貢献した。地表温度と気候に影響する地球軌道の離心率と太陽の変化の関係を最初に論じたのは、スコットランドのジェームズ・クロール(1821～90)だが、ミランコヴィッチは地球軌道の変化に関するもっと正確なデータを得てその理論をさらに発展させた。1920年には地球表面における日射量曲線に関する概論、太陽熱放射の周期的な熱効果に関する数学的理論を発表、自身の国際的な評価を確立した。ミランコヴィッチはさらに地球の極の動きについて、今日ミランコヴィッチ・サイクルとして知られる、氷河期の理論と関連づけた考え方を発展させた。

軌道の離心率
太陽を回る地球軌道は木星や土星の重力の影響を受けて変化する。その結果、太陽の放射量と季節の長さが変化する。

傾斜
地球自転軸の傾き(傾斜角)は4万1000年ごとに周期的に変化し、傾きが最大の24.4度になると、夏季の気温が高くなり、冬季の気温は低くなる。

歳差運動
固定した星に対する相対的な地球自転軸の歳差運動と呼ばれるゆれにより、2万6000年ごとに北半球・南半球の季節の長さと日照の強さが変化する。

大気の組成

ミランコヴィッチ・サイクルは気候変動の外的な原因であるが、地球自体のさまざまな要因による変化もある。大気の組成もその1つであり、ことに二酸化炭素、メタン、水蒸気といったガスの濃度でそれが顕著に現れる。これらは温室効果ガスとして知られ、地表から放射される赤外線を吸収し、地表に再放射する。それらの濃度が高まると大気の温暖化が進む傾向がある。温室効果ガスの濃度変化の主因として、生物活動、火山噴火、岩石の風化（⇨下）があげられる。生物は呼吸や光合成の際に大気と二酸化炭素を交換する。二酸化炭素は火山噴火でも大気中に放出され、また多くの種類の岩石が二酸化炭素と水に反応して新しい鉱物を形成し、大気から二酸化炭素を減少させる。

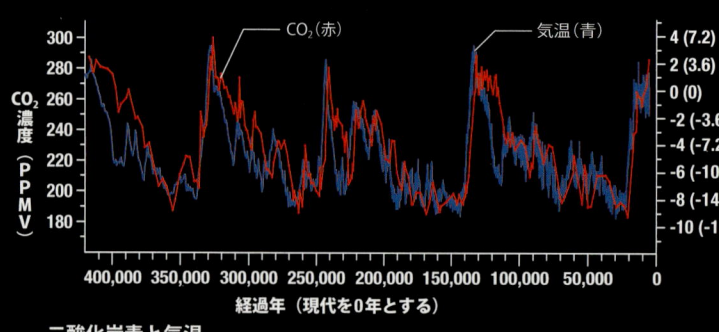

二酸化炭素と気温
二酸化炭素の濃度変化は氷に閉じこめられた気泡で測定することができる。グラフは南極の雪氷コアで測定したもので、二酸化炭素と気温との密接な関係を示している。グラフに示された期間に4回の氷河期があったことがわかる。

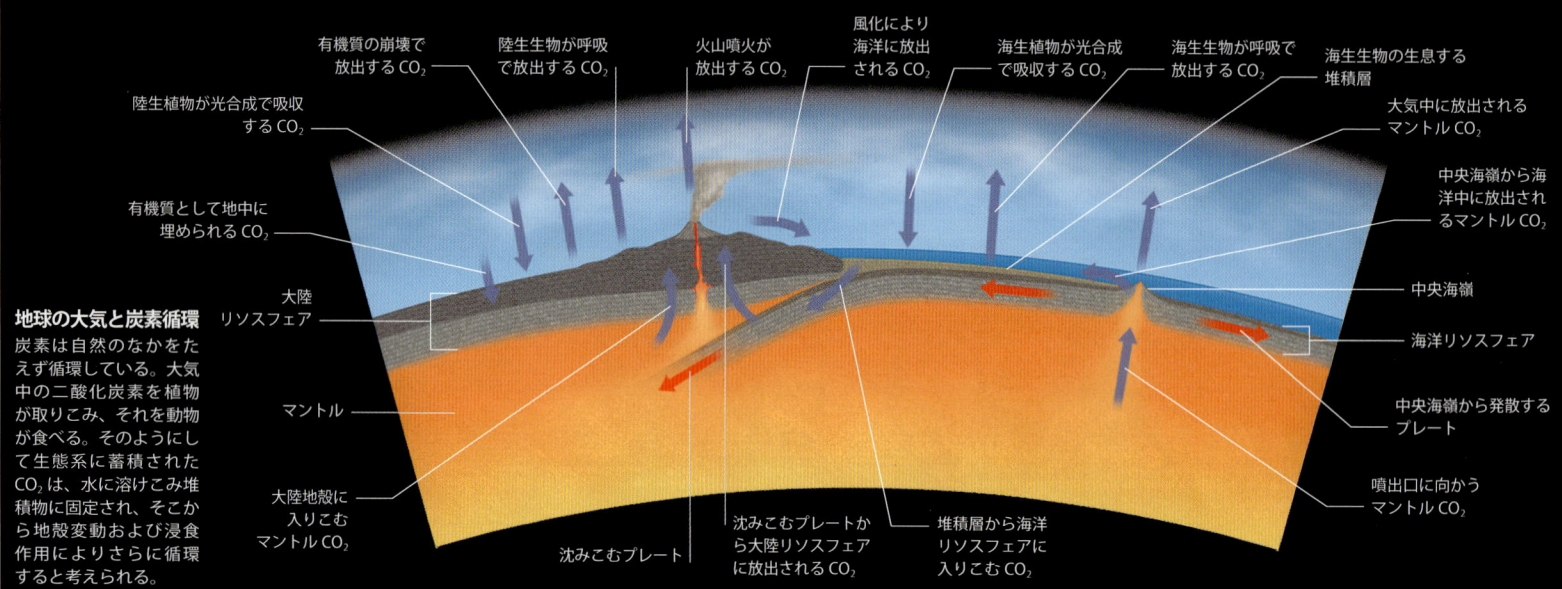

地球の大気と炭素循環
炭素は自然のなかをたえず循環している。大気中の二酸化炭素を植物が取りこみ、それを動物が食べる。そのようにして生態系に蓄積された CO_2 は、水に溶けこみ堆積物に固定され、そこから地殻変動および浸食作用によりさらに循環すると考えられる。

地形の変化

海洋水の地球規模の循環は大気中に熱と水分を再分配することで気候に影響をおよぼす。熱帯の表面水は日射により熱せられ極地に運ばれるので、高緯度地方の陸地および大気を暖めることになる。たとえば、北西ヨーロッパの沿岸地域は冬になるとメキシコ湾流とそれに付随する暖気により暖められる。仮にメキシコ湾流が停止したり向きを変えたりすると北西ヨーロッパは今よりずっと寒い冬を迎えることになるだろう。循環のパターンは部分的に海洋盆と大陸の配置によって決定されるので、その配置に何らかの変化があると地域の気候に影響が現れる。したがって、プレート移動は気候変動をもたらす可能性がある（⇨下図はその一例）。

中生代の海流
1億年前の熱帯の海流はテティス海（古地中海）を抜けて東から西に流れていた。テティス海は東南アジアから現在の地中海と南北のアメリカのあいだを抜けて太平洋にのびていた。

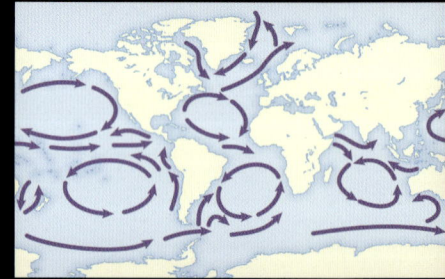

現代の海流
地殻プレート移動の結果、アフリカはアジアとつながり、南北アメリカが接続し、地球規模の海流は古代よりも細分化されたものとなった。

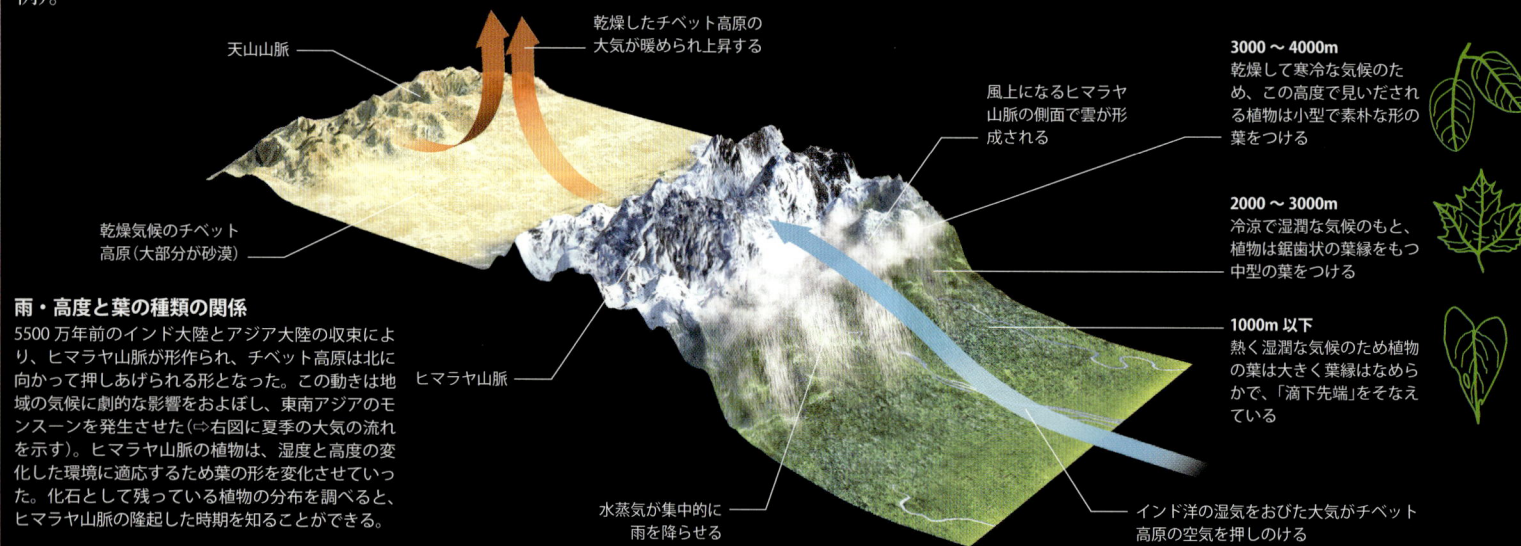

雨・高度と葉の種類の関係
5500万年前のインド大陸とアジア大陸の収束により、ヒマラヤ山脈が形作られ、チベット高原は北に向かって押しあげられる形となった。この動きは地域の気候に劇的な影響をおよぼし、東南アジアのモンスーンを発生させた（⇨右図に夏季の大気の流れを示す）。ヒマラヤ山脈の植物は、湿度と高度の変化した環境に適応するため葉の形を変化させていった。化石として残っている植物の分布を調べると、ヒマラヤ山脈の隆起した時期を知ることができる。

3000〜4000m
乾燥して寒冷な気候のため、この高度で見いだされる植物は小型で素朴な形の葉をつける

2000〜3000m
冷涼で湿潤な気候のもと、植物は鋸歯状の葉縁をもつ中型の葉をつける

1000m以下
熱く湿潤な気候のため植物の葉は大きく葉縁はなめらかで、「滴下先端」をそなえている

沈水海岸

ヴェトナムのハロン湾には浸食された石灰岩の光景が広がり、現代の温暖化した気候の影響を知ることができる。氷河と氷床の融解によって海面が上昇、起伏のある地形は一連の奇岩島が散在する景色となった。

温暖期

極地に氷がほとんどないかまったくなく、海面上昇がおこった「温室期」は、地球の歴史を通して何度も出現しており、大気中の温室効果ガス濃度の著しい高まりと関連づけられている。たとえば、白亜紀には南極やアラスカ北部にも植物が豊かに生い茂り、恐竜の食料に事欠かなかったことが化石の研究からわかっている。温暖な極地の気候は低緯度地方の温暖化も促進させ、赤道付近の広大で浅い海のある地域に、季節によって乾燥地帯を出現させたと考えられる。

置き去りにされた生物
オーストラリアのウォンバット(⇨上)のような有袋類は、現在よりも冷涼で湿潤だった大陸で進化した。そのため乾燥化の進む環境条件にたえず適応しつづける必要がある。

ミズーラの洪水
アメリカ・ワシントン州のドライ・フォールは世界最大の滝だった。前回の氷河時代に、120mもの深さで大洪水のように流れ落ちていた滝は、世界すべての河川の約10倍の水力があったと考えられる。

寒冷期

地球の気候はくり返し氷河期を経験しており、1回の氷河期は数百万年も続いた。氷河時代のなかでも交互に、比較的寒冷な時期(氷期)と温暖な時期(間氷期)がくり返された。地質学的な根拠に基づき、先カンブリア時代に少なくとも2度の、低緯度地方にまでおよんだ「全球凍結」と呼ばれる大がかりな氷期があったことがわかっている。最近の氷河時代は3500万年前に始まり、最終氷期の終了は1万1000年前にすぎない。氷河時代と関連する急速な気候変動が、生物、海面の高さ、陸上の環境などに、地球規模でいかに劇的な影響をおよぼしたかを化石から知ることができる。

マンモスの歯の化石
北ユーラシアと北アメリカ全体の氷河堆積物から発見される、寒冷気候に適応したマンモスの歯の化石。氷河期の極寒の気候の広がりを反映している。

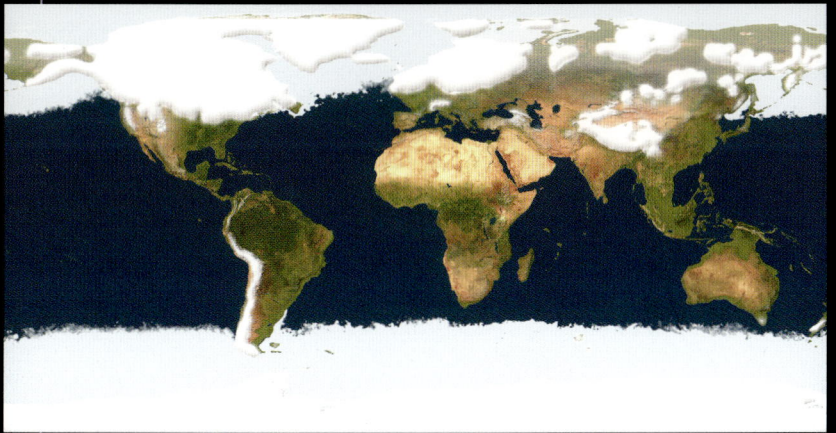

最近の氷河時代
最近の氷河作用による氷食と沈積の痕跡が各地の景観と堆積物に残っている。地質学ではそれらを利用して、当時の氷河と氷床の範囲を再現している。

生命と進化

生命が、海洋に生息する微小な細菌から地球上の生息可能なあらゆる環境に定住する千数百万もの種へと、過去35億年にわたって進化し、多様化し、変貌していったことは、遺伝学や生物学の研究および化石が証明している。この驚嘆すべき偉業は進化によってなしとげられた。

生命とは何か

生命とは、複雑で高度な秩序をもつ構造を更新できる能力により、無機的で命のない物質から、有機的で命をもつ物質を区別できる状態、と定義することができる。この能力には変化、成長、生殖できる機能が含まれ、その構成要素が分解して環境に戻る死の時を迎えるまで機能性を維持する。生命は、自身を維持するためにエネルギーと原料を環境から得るとともに、成長、修復、複製に必要なあらゆるものを生産できなくてはならない。生体組織を形作ることがわかっている唯一の元素は炭素であり、炭素どうし、または窒素、酸素、水素などの他の元素と結びついて、非常に多様で複雑な分子を形成することができる。生体には4つの主要な有機炭素化合物のグループがあることがわかっている。すなわち、エネルギー源となる炭水化物と脂肪、細胞組織を形作るアミノ酸で構成される蛋白質、遺伝子の基本構成要素である核酸である。

光合成
植物は葉緑素という色素を利用して日光を食物に変える。葉緑素がとらえた光のエネルギーは、水、二酸化炭素、鉱物を「化学的エネルギー」(植物が養分とする糖分) と酸素に変換し、他の形態の生命に恩恵をもたらしている。

有性生殖
上の写真の交尾を行うトンボのように、有性生殖は2つの生殖細胞(配偶子)、すなわち雄の精子と雌の卵子の融合により新しい個体を生みだす。

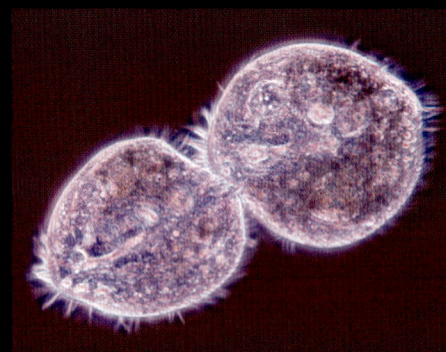

無性生殖
写真のような繊毛のある原生動物のように、生殖細胞(配偶子)をもたずに生殖を行う生物もいる。この原生動物の場合、DNAを複製し2つの体にわかれる二分裂という生殖の方法をとる。それぞれの子は「親」のDNAの複製を保持している。

過去の生命
おびただしい数の動植物種が進化しては絶滅し、化石の形としてのみ残っている。最初の恐竜は三畳紀に進化したものだが、そのグループは白亜紀末期には絶滅している。

進化とは何か

進化とは、動植物が時間の経過とともに、地球の環境変化に対応するために世代を重ねて修正と適応をはかることで遺伝学的に変化していく、とする科学的な理論である。この生物学的過程には、生殖、多様化、適応の3つの要素がある。1837～39年に自然選択説をまとめあげたチャールズ・ダーウィン(⇨ p.28)は、この過程を「変化をともなう継承」と呼んだ。長い時間をかけて生物学的特徴の修正を重ねつつ、共通の祖先の血を受け継いできたという意味である。自然選択は与えられた環境にもっともよく適応した生物が生き残るという「適者生存」に基づく、進化のカギとなるプロセスである。

腕と水かき
解剖学によって別種の動物の祖先が共通であることが明らかになる場合がある。たとえば、チンパンジーの腕はイルカの水かきとは外見が非常に異なっている。しかし肩から続く単一構造の上腕骨に、一対のとう骨と尺骨が続き、さらに一連の手根骨と指の骨が続く構造は両方の動物に共通して見られる特徴である。

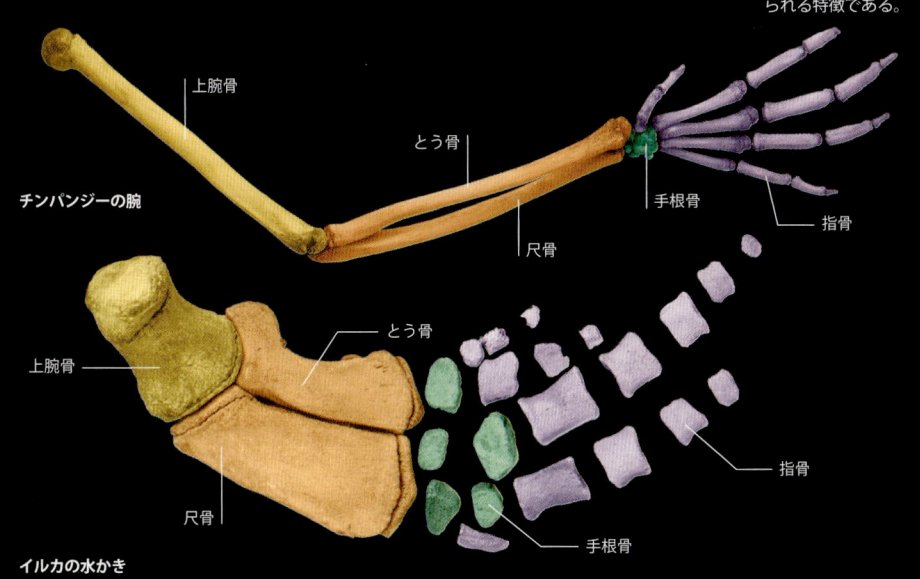

チンパンジーの腕 — 上腕骨、とう骨、手根骨、指骨、尺骨
イルカの水かき — 上腕骨、とう骨、尺骨、手根骨、指骨

遺伝子とDNA
単細胞のアメーバからクジラにいたるまで、あらゆる生物のあらゆる細胞に、一連の分子レベルの命令書がある。各細胞の機能はコード化されて細胞内の糸状の染色体に書きこまれており、遺伝情報が遺伝子の形で保持されている。人間の各細胞には約2万から2万5000個の遺伝子があり、その一つひとつが個々の特徴を担う独自の命令書をもっている。コードは主として、対の配列となった塩基と呼ばれる化学物質を含む分子(DNA)に記録されている。1個の遺伝子は一定の順序で連ねた塩基の対によってコード化されている。

DNAの分子1つで構成される染色体

DNA分子は4種の異なる塩基が結合するらせん状(二重らせん)を形成する

二重らせん
DNAの2本鎖のコイルをほぐすと、2本の別々の糸が現れる。それぞれの糸が、新たなDNAを構成するパターンをもたらし、世代から世代へと情報を伝達する働きをもっている。

進化を促進するもの
進化を促進するのは、おもに選択と競争のプロセスである。種がこの影響を受けると、これに対応して変化の情報を受けついだ子孫を残す。ほとんどの種が生存可能数以上の子孫を生みだす傾向にある。そこで自然選択がおこり「適者生存」をうながす。つまり、特定の気候や捕食者の回避といった物理的・生物学的な環境にもっともよく適応したものが生き残る。そうした生存者が同様に適応した配偶者を選択し、新しい世代を生みだすうえで、より多くの個体として生存していける子孫を残そうとするのである。

オオシモフリエダシャク
青白い色と地味な暗い色の変種に、遺伝学的な変化が見てとれる。暗い色のほうは産業によって汚染された環境では、黒ずんだ樹木のカムフラージュとして利用できるため、青白い親戚よりも生存に有利である。

求愛行動のライバル
雄のヘラクレスオオカブトムシは、雌の獲得をめぐって争う時の武器となる、大型の釘抜きのような角をそなえている。この角は負けた相手の丈夫な外骨格を破ってしまうほど強力である。

順応性
順応性がなければ生命は海を出ていくことができなかっただろう。しかしその順応性もおおむね因果律にしたがっている。生物は将来の必要を予見できない。そのかわり、遺伝学上の変化と突然変異(たとえば複製エラーなどにより、ランダムな変更が遺伝子コードに加えられて発生する)により個体に新たな形質が発現することがある。それが生存に好適なものであれば、自然選択により将来の世代への伝達が促進される。たとえば、指のあいだまたは周囲に広がる膜を用いた翼竜(プテロサウルス)やコウモリの飛行能力は、まず捕食者から逃げるために滑空するという行動から生まれ、のちに自力で飛行するまでに順応を発展させたものと考えられる。

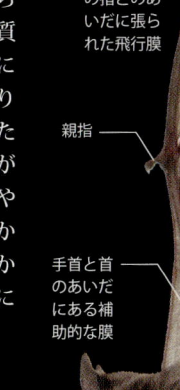

かたい尻尾の末端にあるダイヤモンドのような形状の皮ふのフラップが舵取りの役割を果たした

第4指が支える飛行膜

手首と首のあいだにあった補助的な膜

翼竜

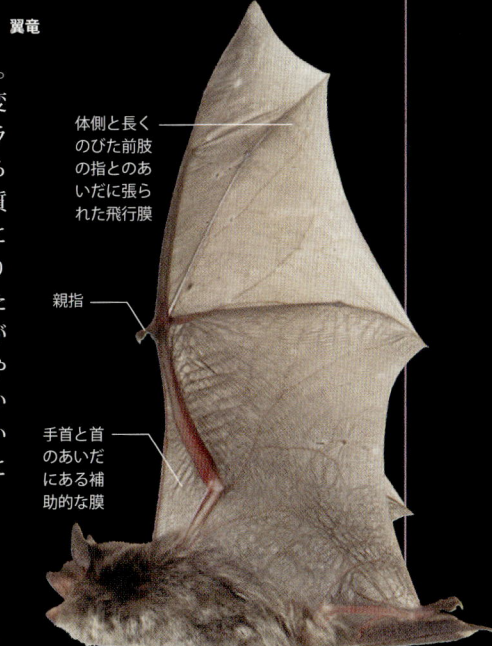

体側と長くのびた前肢の指とのあいだに張られた飛行膜

親指

手首と首のあいだにある補助的な膜

コウモリ

飛行能力の発展
飛行能力を獲得した順応は、ジュラ紀の爬虫類である**ディモルフォドン**などの絶滅した翼竜(⇨上)、哺乳類ではドーバントンのコウモリ(⇨右)など、多くの動物で見られる。

種の分化と絶滅

地球の歴史を通じて、生物の種が進化し絶滅したことは化石の記録が物語っている。進化した種の大多数は絶滅しているが、その遺伝子は現生の子孫たちに受けつがれている。種の分化は祖先種から新たな種が進化するプロセスであり、そのあり方はさまざまである。たとえば、環境の変化により群れがばらばらになり、地理的にまた遺伝学的に別々のグループへと分離する場合がある。長い年月が経過するうちに、遺伝学上の変化と新しい環境への順応がそうしたグループの遺伝子プールを変えていく。そのため、仮にわかれる前の仲間と出会う機会があったとしても、すでに別の種へと進化してしまっているため、異なるグループのメンバー間では生殖を行って繁殖力のある子孫を残すことすらできないほどである。さらに、さまざまな地域および地球規模の環境の激変が生物に打撃を与え、大量絶滅を引きおこした。ペルム紀末期におこった最大規模の大量絶滅では、地球上の種全体の96％が死に絶えたが、それでも生命は繁栄を取りもどしたのである。

人物伝
チャールズ・ダーウィン

英国の裕福な医師の家に生まれたダーウィン（1809～82）は、医学を学んだ後に牧師としての修養を積んだが、その関心はおもに自然史にあった。1831～36年に海軍測量船ビーグル号に乗りこむ機会があり、その知識を増進するまたとない経験を得た。そこでの観察と種の収集から、生物の性質とその起源および歴史に関する豊富な思想と疑問がもたらされた。1858年、同様の思想を抱くアルフレッド・ラッセル・ウォレス（⇨p.21）と共同で進化に関する概論を発表したが、1859年に『種の起原』と題された著書の形でその理論を著し、拡大したのはダーウィンであった。

退行的進化

クジラ、ヘビ、ダチョウのように形態の多様化した動物も、基本的には四肢を歩行に用いていた陸生の祖先をもつ、四足類（四肢動物）である。長年のうちに、非常に異なった生活様式と生息環境に順応するのにともなって、その外肢と体形に根本的な変更が加えられた。クジラの前肢は泳いだり舵を取ったりするための水かきとなったが、後肢のほうは、後肢帯の痕跡は残っているもののまったく見えなくなっている。四肢をすべてなくしたヘビは、体を投げだすようにS字型にくねらせてウロコの摩擦を利用して前進するという、異なる動きかたに順応した。飛べないダチョウは、前肢を翼に変えた空を飛ぶ鳥を祖先としている。こうして元々あった四肢を失った状態は、退行的進化と呼ばれる（とはいえ、進化とは着実な進歩というよりは耐えざる順応のプロセスである）。

飛行能力の喪失
インド洋のレユニオン島およびモーリシャス島に飛来した、ハトの親戚にあたるドードーは、退行的進化をたどって飛行能力を失った。自然の外敵がいない状況で、島の植物を食べて繁栄していたが、1590年代に人間がやってくるとそれから100年もしないうちに狩猟の対象となって絶滅してしまった。

バク
アメリカバク（ブラジルバク、⇨上）とマレーバク（⇨右）はどちらも草食の豚に類する共通の祖先の子孫として生きのびているが、現在の両者は地理的、遺伝学的に際立った違いを見せている。こうした「生きた化石」は約3500万年前に今よりもずっと広範囲に生息していた原始的な哺乳類の祖先グループのなごりである。彼らはその臆病な性格と深い森に隠れ住む生活様式のおかげで生きのびることができた。

海への回帰
アザラシやセイウチ同様、オーストラリアアシカも陸上で進化した哺乳類のグループに属すが、退行的進化をとげている。四肢は、長いあいだに祖先が歩行に使っていた足から、食料となる魚を捕らえるためにすばやく泳げる、高度に効率化した水かきへと変化した。

共進化

2種類以上の種が長期間にわたりたがいに影響しあう場合、相互に有益な順応、すなわち共進化の可能性が出てくる。たとえば、有花植物が昆虫を引きつける色の花びらをもつ花を咲かせる一方で、昆虫は植物が種子を作れるように異花受粉を手伝うという関係である。異なる花の種の形態が共進化して、特定の昆虫、またときには鳥を引きつけるようになる場合もある。さらに、多様な、魅力的で滋養に富む、多肉質の果実の進化のおかげで、さまざまな鳥および果実を食べる哺乳類が、こうした恵みを利用する食性を身につけるようになった。植物にとっては、その種子が動物の消化器官内を無事に通過して、天然の肥料とともにあちこちにまかれることが利益となった。

ミツバチ
花に引きつけられるミツバチは、その毛深い体に花粉をつけて同種の別の花に届け、その受粉に役立った見返りに蜜を与えられる。

くちばしと花
ハチドリはある種の有花植物とともに共進化した。花が深めのトランペット状となる一方で、ハチドリのくちばしと舌は奥深くの蜜の源に届くことができるよう長くのびた。つぶさに見ると、鳥のくちばしの形は特定の種の花の形状に適合するよう順応している。

大進化と小進化

新しい種を生みだす遺伝学上の変化は小進化と呼ばれる。分類上高いレベルのグループ（科など）およびその進化のパターンの変化は大進化と呼ばれる。例をあげれば、イエスズメの個体群（⇨右）を分離した、あるいは共通の祖先をもつ**セグロカモメとニシセグロカモメ**を隔てた小規模の変化などは、小進化である。それに対し、アシカのような哺乳類とその卵生の遠い祖先とのあいだにおこった変化は大進化である。アシカは水生哺乳類であるが、陸上で出産し授乳する。カモノハシは単孔類で哺乳類のもっとも古い目に属し、アヒルのようなくちばしをもっていて卵生であるが、子に授乳する点は同じである。

殻つきの卵
原始的な四足類は、体外受精を目的として水中に無防備な状態の卵を産んだ。体内受精（雄の精子が直接雌の体内に送りこまれる受精）と殻つき卵の産卵は、水の外での生殖を可能にした。それはワニや鳥のような四足類を明確に特徴づけた革新的な進化だった。

カモノハシ
興味深い卵生の原始的な哺乳類である。子が卵からふ化すると、現代の哺乳類全般と同じように母親は授乳して育てる。

イエスズメの大きさ
19世紀に北米に出現してから、イエスズメの個体群は、大陸全体に分布したことで地域によって体の大きさなどで異なる形質を進化させた。

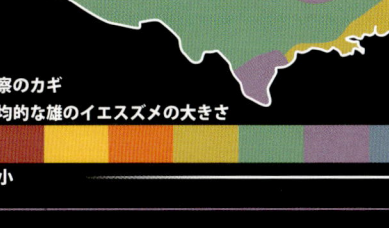

考察のカギ
平均的な雄のイエスズメの大きさ

最小　　　　　　　　　　　最大

地質時代の進化

生命の進化が35億年におよび、数千万年の規模を超えて生き残る種は滅多にいないこともあり、地球に存在した種の99.99%以上が絶滅している。最初の30億年は、「生命」といえば微小な海生生物だった。生物が淡水に移りすみ、さらに上陸したのはようやく4億7000万年前になってからであり、また植物が乾燥した高台に生育できるようになったのは3億年前である。生物のグループ全体が進化と絶滅を経験したが、一部は大量絶滅の時期に遭遇した。化石を調べると爆発的な種の進化と拡散、そして絶滅のパターンを知ることができる。ときには徐々にバックグラウンドで進行する進化の変化とともに、進化する集団の波がせめぎあうさまを垣間見ることもできる。進化における革新は新たな領域を切りひらき、ある種が絶滅して空白となった領域には新たに進化しつつあるグループが活動を拡げていった。以上に加え、気候変化、海面水位の変化、大規模な火山活動、プレート移動などがすべて、時期と場所を変えながら進化に影響をおよぼした。

サイエンス
断続平衡説

ダーウィンは、海洋の微生物の出現から始まるすべての大進化による変化が実現するのに、進化が非常な時間を要したと想定した。しかし、米国の古生物学者、S・J・グールド（⇨右）は爆発的な進化の後に変化がほとんど見られない不活性の時期、言いかえれば「均衡状態」の時期が続いたと主張した。断続平衡説と呼ばれるこの理論は検証が困難であったが、三葉虫のような継続的に進化する関連種の大がかりな試料の詳細な小進化研究により、そのような状態がおこりうることが判明した。

分類

地球上には千数百万種もの生物が生息していると考えられており、その多くが絶滅の危機に瀕している今、驚くべき生物の多様性のもつ意味を知っておく必要がある。単なる種の確認のための手がかりにとどまらず、現代の分類法は共通の祖先からのすべての生物の進化上のつながりと系統を明らかにすることをめざしている。

リンネと系統発生的分類

生物の科学的分類は18世紀のスウェーデンの植物学者カール・リンネによって創始された。リンネは、神の与えた秩序を示す階層のなかで、似たものどうしを分類することを、種に基づいて試みた。この分類法は進化生物学者が採用し、自然群と進化的関係を反映する試みに用いられた。これにしたがい、鳥綱に属する羽の生えた鳥は爬虫綱と同レベル、同階層に位置することになる。しかし、化石は鳥が爬虫類の恐竜から進化したことを物語っており、鳥の「綱」は爬虫類の「綱」のなかに収まることになる。系統発生的分類はこうした矛盾を、他にはない共有の特徴に基づいて、共通の祖先をもつ一連の子孫のグループを区別することで解消しようとする。

魚のグループの現生種と絶滅種

リンネの魚綱が本当の分類単位ではないことは化石が物語っているが、それでも非公式な区分としては有用である。系統発生図は、魚の現生種と絶滅したグループの進化的な関係と系統を示している。各グループは、他のグループにない新たな特質を獲得するとたがいに枝わかれしていく。

凡例
- 絶滅種
- 現生種

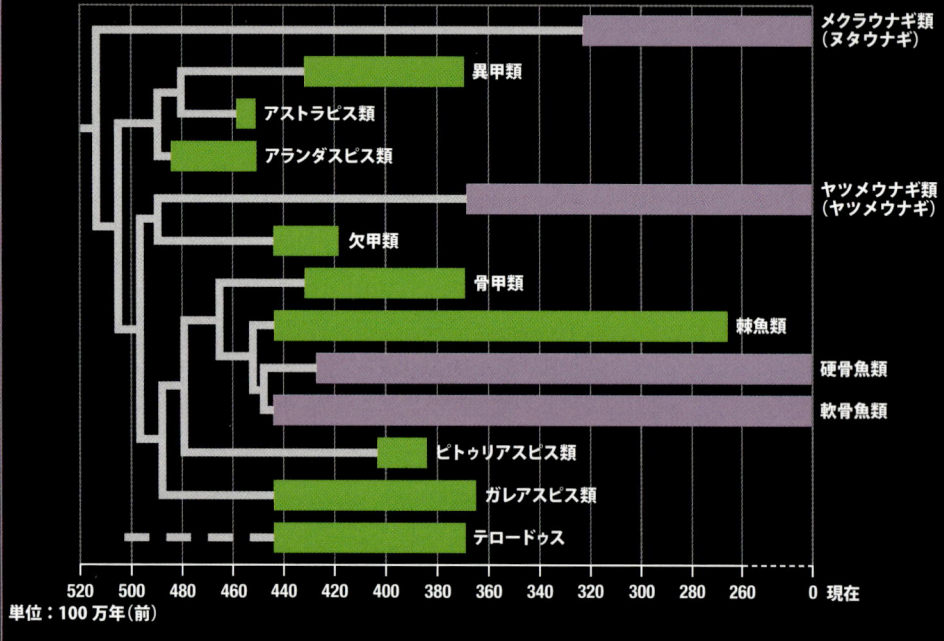

単位：100万年(前)

リンネ式階層分類

リンネ式階層は、種と属の2つのラテン語名を用いて区別する生物種から始まる。1つの属には1つ以上の近縁関係のある種が存在する。属はその系統を上るにしたがって、進化の観点から有意な同系性を反映する目的で、科、目、綱、門、界、ドメイン(域)に分類される。

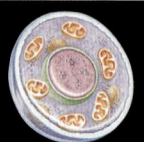

真核生物(ユーカリア)ドメイン
1990年に提案されたドメインは、生物の分類における現行では最高の区分であり、古細菌、真正細菌、真核生物の3つからなる。真核生物の特徴として、細胞内に膜でおおわれた細胞核と呼ばれる構造をもっている。

動物界
かつては動物界と植物界の2つしかなかった界が、いまや28以上を数えるにいたっている。動物をおもに構成しているのは、主要な食料源として他の生物を消費する多細胞の真核生物である。

脊索動物門
動物界の主要な下位区分であり、さらに下位の綱で構成される。たとえば脊索動物門は、背骨の先駆体である脊索を、その成長のある段階で保持する動物で構成される。

哺乳綱
分類上の綱は、目とさらにその下位区分の亜目で構成される。たとえば哺乳綱は、単一の顎骨(歯骨)、毛髪、乳腺をもつことで、他の脊索動物と区別される。

クジラ目
それぞれの目は1つ以上の科およびその下位区分で構成されている。たとえばクジラ目(クジラとイルカ)は、後肢を喪失し尾ビレが発達した海生の哺乳類である。

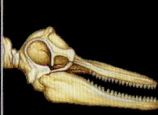

マイルカ科
科はそれぞれ1つ以上の属およびその下位区分で構成されている。たとえばマイルカ科には、くちばし状のあごをもつすべてのイルカ(クジラ類ハクジラ亜目)が属している。

マイルカ属
属は科の下位区分である。イルカの体形や色はかなり変化に富んでいるように見えるが、遺伝子分析によるとマイルカ属は基本的に2、3種の種だけで構成されているという。

マイルカ種
このグループは、野生の状態で同系交配を行える類似の個体群で構成されている。マイルカ、すなわち短いくちばしをもつ一般的なイルカは、その体表の黒と白の模様とくちばしの大きさに特徴がある。

分子時計

分子時計は、進化にかかわる変化が規則的な間隔で発生するとする考えかたである。そこでは、生物のDNAにおける遺伝子の変化(突然変異)の速度は長期間にわたり一定している、あるいは少なくとも平均値を求めることができると仮定する。分子遺伝学的な差、言いかえれば2つの種のあいだの「距離」を測定し、それらの遺伝学的な変化を推量できるにちがいない。後者の考えは既知の祖先種の化石を対象とする放射年代測定法(⇨ p.13)に基づいている。これにより、2つの種が共通の祖先からいつ分岐したのかを計算することができる。

5000万年前
共通の祖先のDNAに見られる、孤立した10の塩基配列(⇨ p.27)

系統の分岐
化石の記録から、約5000万年前に生息していたある霊長類(絶滅種)がキツネザルとガラゴの共通の祖先であることが確認された。

2500万年前
子孫の系統に分岐がおこり、それぞれが1つの塩基に突然変異をおこし、したがってたがいに2つの塩基が異なることになった。

現代
さらにもう1つの塩基に突然変異がおこり、子孫の系統がふたたび分岐し、その時点で4つの塩基でたがいに相違することになった。

キツネザルとガラゴ
樹上生活を送るこれら近縁の霊長類は現在、遺伝的な分岐を重ねたために、地理的に隔たり、遺伝学的に著しく異なる生物となっている。

生物の分類

学界では依然として、分類学上の区分が熱い議論の対象となっており、世界的に認められるこれといった方式がないのが現状である。平行進化や収れん進化の結果、多くの生物が類似する解剖学的な特徴を獲得したという知識が広まったことから、リンネ式階層分類の問題点がここ1世紀ほどのあいだに論議の的となってきた。対照的に、1950～60年代にドイツの昆虫学者のヴィリ・ヘニヒが創始した系統発生的分類もしくは分岐学は、新しい特徴をそのもっとも可能性の高い進化の順序で識別し、共通の祖先をもつ生物グループの関連を明らかにするものだ。本書ではすべての生物を、真正細菌、古細菌、真核生物の3つのドメインに分類する。下記の原生生物と無脊椎動物は、便利な非公式のグループ分類だが正統の分類名ではないため、点線で囲まれている。

真正細菌

ドメイン：真正細菌
界：10界
種：数百万種

この単細胞微生物の一大グループは、明確な細胞核をもたない。その形態は豊富な多様性があり、地殻の深部や海底の堆積物から、大部分の生物の生体組織にいたるまで、ほとんどあらゆる場所に生息している。真正細菌は動物の消化系に不可欠であるが、致死的な疾病の原因となる種もある。ほんの少量の土にも数百万の細菌がすんでおり、栄養素の再循環に非常に重要な役割を果たしている。

古細菌

ドメイン：古細菌
界：3界
種：数百万種

微細な単細胞生物である古細菌は、明確な細胞核をもたず、また特定の構造もない。グループとしての特徴づけは分子データに基づいたもので、極限の環境に対する驚くべき適応力とエネルギーを得る手段の多様性のために、近年ようやく集中的に研究が進んだところである。エネルギーは光合成（日光をエネルギー源に変換する）のほか、金属イオン、炭素、水素を「食物」源に換える多様な化学合成によって得ている。

真核生物

ドメイン：真核生物（ユーカリア）
界：15界以上
種：200万種

もっともなじみ深い生物が真核生物で、単細胞の微生物アメーバからセコイアの巨木やシロナガスクジラまでを包含している。この広範な生物のグループはその全体組織に共通の特徴をもっている。真核生物の細胞は膜でおおわれた明確な細胞核をもつ複雑な構造が特徴となっている。また、呼吸とエネルギー生産の生化学的なプロセスをつかさどるミトコンドリアを含んでいる。真核生物の生殖では、複製された染色体が分裂する。

原生生物

界：10界以上
種：10万種以上

単細胞の原生生物は多様な微生物を含み、従来は主要な生物群とみなされていたグループだが、詳細な生物学的研究により、共通した要素があまりないことが判明してきた。植物の性質をもつもの、動物のような性質、さらには粘菌・変形菌の性質をもつものもあり、それぞれ別の進化系統をもつと考えられる。

紅藻

界：紅色植物界
綱：1綱以上
種：5500種

紅藻、褐藻、緑藻の進化的関係は長らく問題となってきた。現代の研究で、それらはかけ離れたグループに属するものとされている。紅藻は、もっとも古く広範囲にわたる真核生物のグループの1つであり、12億年以上昔からの化石の記録が、存在している。

褐藻

界：褐藻植物界
綱：1綱
種：2000種

おもに大型で多細胞の冷水域に生息する生物。60mに達するものもあり、沿岸水の生態系において重要な役割を果たす。海中を浮遊して熱帯水の海藻サルガッスムの集合する他に類のない生息地を形成する種もある。このグループは、遺伝子情報および光合成を行う細胞小器官である葉緑体によって区別される。

植物

界：植物界
門：6門
種：28万3000種

植物は非常な繁栄と多様性を誇り、緑藻、コケ、芝生からセコイアの巨木にいたるまで、あらゆるなじみ深い形態を見せている。ほとんどの植物は光合成で日光からエネルギーを得ているが、生殖の形態に根本的な違いがあるために、単一の進化系統をもつものではないと考えられる。

菌類

界：菌界
門：4門
種：60万種

多様性に富み、繁栄しているグループであり、デヴォン紀にまでさかのぼる化石が残っている。微小で単細胞のものから、マッシュルームのように目に見える多細胞の種や、何メートルにもおよぶ子実体を生ずる種もある。通常は生殖のために胞子を生じ、細胞壁はセルロースよりもキチンで作られている場合が多い。

動物

界：動物界
門：約30門
種：150万種以上

このグループの「動物」という名称は、私たちの言語および文化一般に深く根づいているが、そのルーツは古典時代にまでさかのぼる。語源となったラテン語の意味は「息をすること」であり、伝統的に植物と区別するために用いられてきた。しかし、従来考えられていたよりもむしろ植物組織が脊索を柔軟にしており、その両側に対になっており原始的な動物が複雑なものであるという科学的認識が定着してからは、植物と動物を区別する境界線はあいまいなものとなってきた。したがって、現代の「動物」という用語は、食物として他の生物を消費する必要がある多細胞の真核生物に限定される傾向がある。

無脊椎動物

門：約30門
種：100万種以上

このグループの名称は、背骨をもたないという否定的な属性に基づいて、つまり脊椎動物ではないすべての動物を区別するのに用いられている。したがって、現代の系統発生的分類での正式な区分ではないが、海綿や扁形動物から節足動物や棘皮動物などを含む約30の門に対して一般に総称的に今でも用いられている。

脊索動物

門：脊索動物門
亜門：3亜門
種：5万1550種

脊索動物にはすべて明瞭な体制が、少なくとも胚の段階でそなわっているが、成長するにしたがい消失する場合もある。棒状に硬化した脊索は、前方から後方へと背部に沿ってのびている。繊維質の細胞組織が脊索を柔軟にしており、その両側に対になった筋肉質の区画があって、泳ぐのに都合がよいように脊索を横方向に曲がりくねらせる働きをしている。脊索の上部には中空となった背部の神経索があり、下には腸がのびている。脊索動物はその成長の途上でエラ孔と尻尾をもつものがほとんどである。

ナメクジウオ

亜門：頭索動物亜門
綱：1綱
種：50種

平たい葉のような形のナメクジウオは、成長すると体長約8cmになる。明確な形のヒレや頭部はなく、食事と呼吸のため海水を吸入する鰓裂のくぼみによって頭を識別する。海水をこして養分を取るが、海底に尻尾からもぐって生活する。わずかながらカンブリア時代の化石も残っている。

尾索類（ホヤ貝・サルパ）

亜門：尾索動物亜門
綱：4綱
種：2000種

海水から養分をこし取って生活をする小型の脊索動物で、成長すると15cmに達し、幼生期の遊泳可能な段階の脊索と尾部に特徴がある。通常は、成長すると体形に著しい変化があらわれる。ホヤは海底に定着し、サルパは尾部と脊索が消失するが引きつづき遊泳することができ、またオタマボヤは引きつづき遊泳することができるだけでなく、尾部と脊索も保持したままである。

脊椎動物

亜門：脊椎動物亜門
綱：7綱
種：4万9500種

脊椎動物の場合、脊索は節のある骨格に囲まれて、さらに強度の高い関節のある脊椎を形成する。心臓の神経制御、眼を動かす筋肉、側線の感覚組織、内耳の三半規管などを特徴としている。脊椎動物は有頭類と無頭類の2つの主要グループに区分されている。

大量絶滅

ダーウィンが生きていた当時は、生物が時とともに根本的に変化していったことを示す多くの証拠はあったが、地球の全生物のかなりの割合が消滅した大規模な絶滅のために、進化が深刻な中断を余儀なくされたことを示すものはほとんど見いだされなかった。しかし現在、生物全体の多様性が拡大する途上で、いく度も大規模な後退を強いられたことが知られており、とくに2億5100万年前のペルム紀末期の大量絶滅は、その打撃から回復するのにほぼ1億年を要したほどのものであった。

原因

最近の5億4000万年で少なくとも5回の大量絶滅が発生している。大量絶滅がふたたびおこらないという理由はないことから、その原因を探る研究に多大な労力が費やされた。もっともよく知られた絶滅は白亜紀末期におこったものだが、隕石の衝突と火山噴火が原因とされる。その他にも多くの影響が認められたが、直接絶滅と結びつけられるものはなかった。もっとも一般的な絶滅の要因は、大規模噴火による溶岩と火山ガスの流出、および海洋での酸素欠乏である。火山ガス、なかでも二酸化炭素は、短期間の地域的温暖化、中期的な酸性雨とオゾン量減少、長期的な地球温暖化と関連づけられている。大気と海洋の関係は、隕石の衝突や氷河作用が要因である場合も、もっとも可能性の高い大量絶滅の原因となりうる。

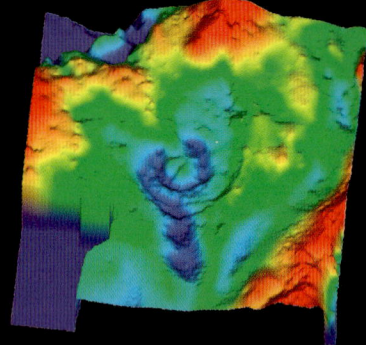

ユカタン半島のチチュルブ・クレーター
6500万年前にメキシコ湾に小惑星が突入、直径10km前後の物体の衝突は、幅240kmのクレーターを残すほどの威力をもつもので、大量絶滅の引き金となった。

ペルム紀と三畳紀の境界
イタリアの崖で資料採取に向かう科学者たち。2つの紀の境界付近は暗褐色の層となっていて、ペルム紀末期に突然滅亡した植生を示している。

K-T境界
写真に見える薄い灰色の層は、小惑星の元素であるイリジウムが豊富で、世界各地で観察される。白亜紀末期の大量絶滅を引きおこした小惑星衝突の証拠となっている。

ゴッシズ・ブラフ
オーストラリアのゴッシズ・ブラフと呼ばれる丘陵は、1億4200万年前に隕石の衝突でできたクレーターのなごりで、もとは22kmの幅があった。岩石を分析するとこの衝突によりどのような破壊が生じたかがわかるが、大量絶滅との関連は見いだされていない。チチュルブ・クレーター（⇨右上）はこれに比べ10倍の規模がある。

主要な大量絶滅

19世紀末以降、生命の歴史は徐々に進行する種の発生と絶滅という背景とは別に、進化上の「ブーム」と破壊的な絶滅を呼ぶ「破綻」の時期もたびたび訪れたことを示してきた。もっとも著名な「破綻」は、白亜紀末期におこった。その結果、恐竜、さまざまな海生爬虫類のグループ、飛行性の翼竜類、多様な無脊椎動物が絶滅し、大規模な小惑星の衝突や火山活動と関連づけられた。しかし、ペルム紀末期に同様の大規模な絶滅が発生しており、最大96％の海生種、70％の陸生の脊椎動物種、83％の昆虫の種が滅亡した。さらに早い時期の大量絶滅としては、万年雪の成長と融解が関連する急激な海面の降下と上昇の時期とが一致する、オルドヴィス紀末期のものがある。

絶滅の記録
化石の保存状態は、絶滅関連のデータの分析を非常にむずかしくする。もっとも信頼できる継続的な記録は、アンモナイトなどの海の生物の遺骸から得られる。

恐竜の最期
体長10mほどの、植物を主食とするコリトサウルスは、地上最後の恐竜の1種であると化石が物語っている。

黄鉄鉱
グリーンランドの海底岩石には、酸素が欠乏した状態で形成された黄鉄鉱が含まれている。ペルム紀末期の絶滅の要因となった当時の低酸素の状態を今に伝えている。

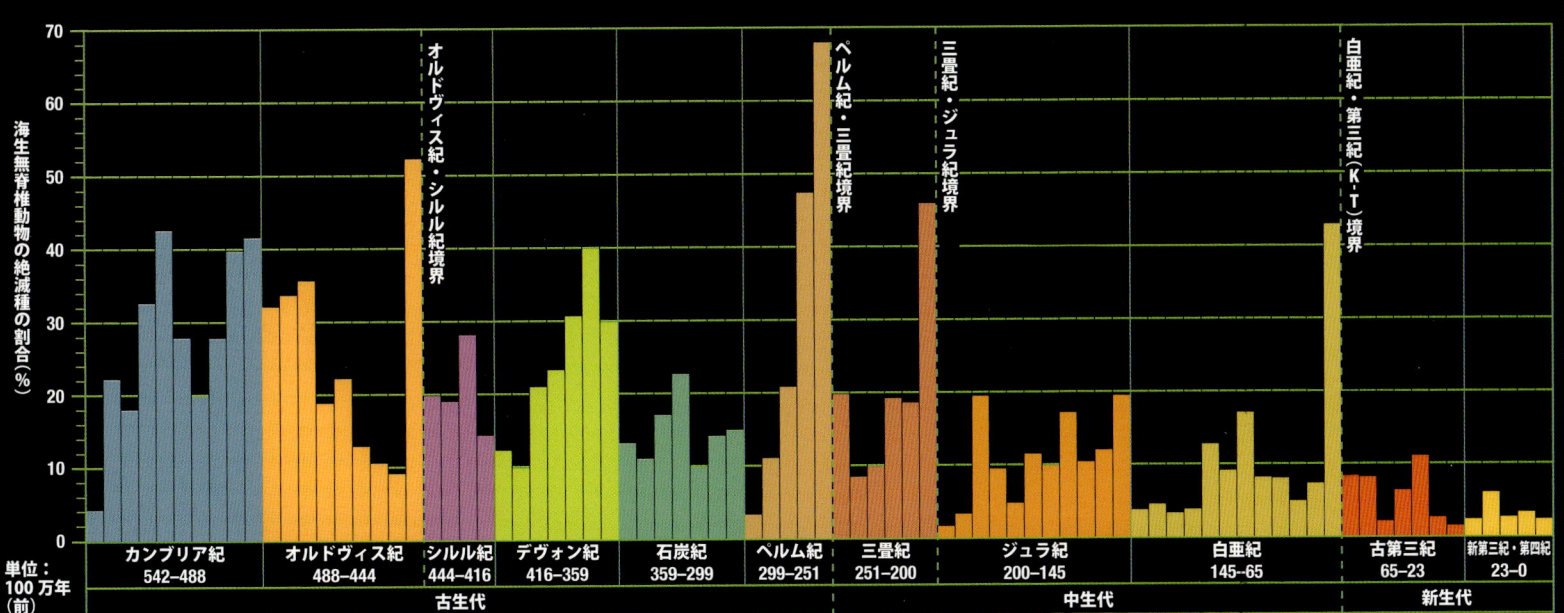

大量絶滅からの回復

化石の記録は大量絶滅を裏づけるが、その後の生物の回復のようすも伝えている。たとえば、サンゴ礁はとくにペルム紀末期の絶滅の波をかぶっている。その壊滅は海洋の食物連鎖に多大な影響をおよぼしたが、新たな骨格を形成するサンゴが進化し、サンゴ礁を徐々に再建していった。同じように、白亜紀末期の陸上生態系の崩壊で恐竜が絶滅したが、植生の回復はシダの胞子が証明している。植物は環境災害に順応して生きのびた。

ペルム紀から三畳紀へ
ペルム紀の絶滅では陸動物が多大な打撃をこうむった。植物を主食として繁栄したディイクトドンも滅亡し、巣穴で身を寄せあうような2頭の化石(⇨左)が見つかっている。しかし、その進化した子孫であるリストロサウルス(⇨上)は生きのびた。

カルー地域における脊椎動物グループの化石の産出期間
ペルム紀末期の絶滅の規模は、南アフリカのカルー地域に残されていた陸生動物の豊富な化石に反映されている。いくつかのグループは完全に姿を消したが、生きのびた者たちだけでも生命を継続するには十分であった。

脊椎動物グループ		ペルム紀	三畳紀
キノドン類	プロキュノスクス		
	ガレサウルス		
	トリナクソドン		
無弓類	プロコロフォン		
	オーウェネッタ		
双弓類	ヤンギナ		
	プロテロスクス		
テロケファルス	モスコリヌス		
	テリオグナートゥス		
ディキノドン類	ディイクトドン		
	エミドプス		
	プリステロドン		
	リストロサウルス		
	ディキノドン		
ゴルゴノプス類	キュアノサウルス		
	プロルビドゲア		
	ルビドゲア		
	ディノゴルゴン		

近代の絶滅

前回の氷期極相期以降、アフリカ大陸に残る種を除いて、地球のほとんどの大型陸生動物が姿を消した。気候の変化が毛深いマンモスや毛サイ、オオツノシカなどの寒冷な気候に適応した動物の滅亡につながったと考えられていた。しかし、滅亡時期の研究から、それらの滅亡は各地域への現生人類の出現と同じ時期にあたることがわかった。ニュージーランドの巨鳥モアは1250年ごろの人間の移住から1～2世紀を経て絶滅した。それでも、地域によっては気候の変化が影響した可能性がある。

オレンジヒキガエル
両生類は現代においてとくに絶滅が危惧される生物である。1966年にコスタリカの山岳地帯の熱帯林で発見されたオレンジヒキガエルは、1989年以降姿を消してしまっている。

毛サイ
毛サイ(ケブカサイ)は氷河時代に北アメリカおよびユーラシア大陸に生息した。約1万年前の、人類が出現した時期以降に絶滅した。

化石の種類

化石は非常に多様な地質学的プロセスを経て保存されるため、その形態と外見はかなり誤解を招く場合がある。実際、化石がどのように形成されるかを、またそれを正確に解釈する方法を専門家が理解するのに、200年以上の研究が必要となった。

化石とは何か

化石は、かつて生きていた生物の遺骸が地に葬られ、岩石中に保存されたものである。化石(fossil)という言葉は、「掘り出した」という意味のラテン語(fossa)に由来する。化石は当初、有機物と無機物の両方で構成されると考えられたが、17世紀末までに、学界ではその起源が純粋に有機的なものであるとの見かたで一致するようになった。化石には、体化石、生痕化石、化学化石の3種類がある。体化石には、殻、骨、歯のようなかたい部分や植物性の物質などがある。生痕化石は、硬化した堆積物のなかに残された、足跡などの過去の生活を裏づける痕跡を指す。また化学化石は、骨や歯から採取された化石のDNAなど、生物体の分子由来の分解した有機物質からなる化石である。形態はどのようなものであれ、多くの化石が種のレベルで識別可能である。

アイスマン（エッツィ）
5300年前の新石器時代の狩人が、チロル・アルプス地方の氷河で凍結遺体となって発見された。保存状態が大変よく、当初警察の手で収容されたほどである。しかし、長い歳月を経てはいても、家庭の冷凍庫に保存された肉と同様に、化石化のプロセスを経ていないため化石とはいえない。

良好な保存状態
ジュラ紀の魚竜類、**ステノプテリギウス・メガケファルス**は実物の化石となっている。ほとんど完璧に保存されているような外観だが、皮ふのように見える部分は微生物の膜に置きかえられている。

体化石と生痕化石

もっともわかりやすく、なじみのある化石は何百万年も前に浅い海で生活していた動物の殻や骨格から形成された体化石であろう。微生物もまた体化石を残している。顕微鏡を使わないと見ることができないが、それらには植物および藻類の、非常に多くの花粉や胞子などの構成要素が含まれている。動物の巣穴や、植物の根系が残した空間などの生痕化石もよく見られるが、それを形作った生物とともに保存されることはまれであり、したがってそれらを取りあつかうには、まったく異なる命名体系を構築する必要があった。それでも生痕化石は、生物学的・生態学的情報を得るうえで、とくに恐竜などの絶滅した動物に関しては、有益な情報源となる。たとえば恐竜の通った跡の研究は、恐竜がどのくらい速く走ることができたかの結論を出すのに役立っている（⇨ p.38）

生痕化石
アイルランド・ヴァレンシア島で発見された4億年前の四足類の足跡の化石(⇨上)、**ティラノサウルス・レックス**のコプロライト（糞石）として知られる(⇨中)。これらは絶滅した動物の日常生活を解明するうえで、貴重な手がかりとなっている。

体化石
体長20cmのジュラ紀の爬虫類、**ホメオサウルス**(⇨右)の化石から、そのトカゲのような骨格がよくわかる。現代のホホジロザメの絶滅した祖先、**カルカロドン・アウリキュラトゥス**の残した化石は1本の歯だけである(⇨左)。サメの軟骨性の骨格は通常、化石として残らないが、1本の歯だけでもサメの種を特定するのに十分である場合が多い。

化石が形成されるまで

生物の遺骸が化石になる過程はさまざまである。ほとんどの場合、遺骸は朽ちて埋まり、圧迫され、ときには焼かれるなどして情報を喪失するものである。運がよければ羽毛のようなやわらかい組織が化石になることもあるが、足跡のような生痕化石しか残らないこともある。どのような遺骸であれ、化石化する機会は実際のところかなりまれであり、生物が殻や骨のような保存に適したかたい部分をもたない場合はなおさらである。化石になる生物の遺骸は通常、静止した、あるいは流れが緩やかな水中のような干渉されない場所に保存される。

低酸素や低温、あるいはタールや樹脂のような天然の防腐剤によって腐敗が遅らされ、あるいは停止すれば、繊細な組織も保存することができる。

日の目を見た化石
風雨が周囲の土を削って化石を地表にさらすことがある。アリゾナ州では、三畳紀の針葉樹の化石化した幹が陽光にさらされることになった。

不変の保存

とくに長期にわたり劣化しない鉱物質のかたい部分がある場合、遺骸がそのままの状態で保存されていることがある。たとえばヒトデのような棘皮動物に見られる、カルサイトでできた殻や骨格は、軟体動物に見られるアラゴナイトでできた殻や骨格よりも安定している。ある種の海綿や、珪藻などの微小な藻類に見られるシリカも安定した鉱物である。基本的に有機物質は不安定なため、貝殻は軟組織だけでなく、その色も失われるが、表面が樹脂でおおわれるなど、特殊な条件下に置かれればその色は保持される。それでも、微生物が化石をむしばんでいく可能性はあるが、外観はそのままに保たれる場合がある。

珪藻の化石

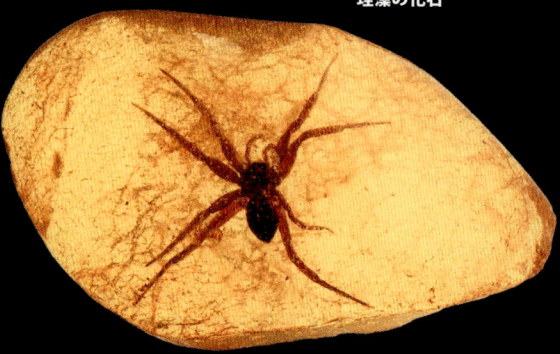
琥珀に閉じこめられたクモ

ホラガイの貝殻　　**ホラガイの化石**

再結晶

多くの化石が再結晶（新たな結晶の形成）の結果保存されている。とくに骨格や殻が、アラゴナイトのような不安定な結晶質鉱物から、近縁関係のもっと安定した形態へと組成が変わる場合が見受けられる。アラゴナイトは軟体動物の殻やサンゴの骨格の材質としてよく見られるものだが、通常もっと安定した鉱物で、若干異なる原子構造のカルサイトへと再結晶する。このプロセスは化石表面の細部を変えることもなく、そればかりか、さらに内部の細部を保存する場合もあり、これによって化石の識別や、その構造と成長の研究が可能になる。

テコスミリア（六放サンゴ）のコロニー

上から見たエウオムファルス

エウオムファルスの断面

炭化

植物組織を形作っている複雑な有機化合物は、炭化という化学変化をおこしやすく、結果的に水様の成分を失うが、長年にわたり非常に安定する炭素が残留することになる。植物が堆積物でおおわれると、埋もれたために高圧がかかり、また高温にさらされる場合もある。圧力が液体とガスを植物からしぼりだし、細胞組織を平たく押しつぶし、また高熱にさらされた場合、植物は木炭化し、圧縮化石の形で炭素だけが残る。長い年月が経つとこの残留炭素さえも失われて、植物組織のあった場所にその輪郭と印象が残るだけになる。きめの細かい堆積岩だと、それだけでも種を特定するのに必要な情報を保存するのに十分である場合が多い。また、このプロセスは植物の葉や繊細な動物の形態を保存するうえでことに効果的である。

ネウロプテリス・ショイヒチェリの葉の化石

アメリカ菩提樹の葉柄と液果の化石

置換化石

生物の構造が別の物質によってまったく入れかわってしまうことを置換という。化石化あるいは石化の長く複雑なプロセスで置換はよく見られる現象である（⇨ p.36〜37）。化石となる遺骸の埋没や周囲の堆積物の岩石への変化の過程で、物理的な変化と堆積物を浸す地下水の作用による化学的な変化がおこる。地下水は、溶けこんでいた化学物質を、もともと化石に含まれていた鉱物と原始レベルで入れかえるが、化石の細部の形状はそのままであることが多い。樹木の化石の茎の細胞内はシリカに置換されることが多く、またアンモナイトのような軟体動物の殻のアラゴナイトは、硫化鉄の一種である黄鉄鉱に置換される。

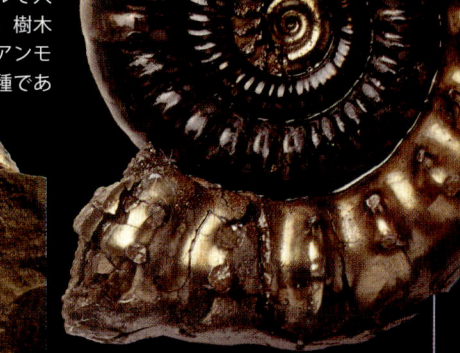

石化した木の幹の断面　　アンモライト（真珠貝の化石）　　黄鉄鉱で置換されたアンモナイト

押し型、雌型と雄型

生物がやわらかい堆積物に押しこまれた場合、くぼみができて、その生物の体表の細部が圧痕として記録される。この圧痕は化石の輪郭を再現する外側雌型の役割を果たすため、圧痕を埋める堆積物、あるいは貝殻や頭骨のすきまのような、化石自体の内部の空間を埋める堆積物があれば、生物本体の形のレリーフとして細部を保持する雄型となる。周囲の堆積物が硬化したのちに、化石の物質が分解して消失してしまっても、この雄型が化石の内部および外部の構造を保持する記録となる。こうした天然の雌型や雄型を利用して、人工的に「失われた」化石の形を再現し、その構造をかなり詳細に研究することができる。

始新世のポプラの葉の印象

キュクロスファエロマの外側雌型

キュクロスファエロマの外側雄型

ミオフォレラ（三角貝）の内側雄型　　本来の貝殻　　二枚貝の貝殻の内側雌型　　砂岩の貝の化石

サイエンス
仮想の化石

従来、古生物学者は堆積物の塊をわざわざ地表に掘り出して化石を調べる準備をしていた。このやりかたは困難なだけでなく、とくに繊細な構造物をあつかう場合などは不可能であった。それでも、小型のこわれやすい化石を発掘するのに、従来より化石を傷つけずにすむ手段を探るため大きな努力が払われた。化学洗浄が効果的な場合があったが、つねに採用できるというわけではない。しかし、非破壊的なコンピューター支援の断層撮影法（CTスキャン）およびデジタル処理を採用した新技術を用いて、連続的な2次元のX線スキャンから3次元の画像を作成できるようになった。それでもX線が化石とその周囲の岩石を識別できない場合、化石の物理的な複数切片の研磨から一連の画像を作成し、それを電子的に1個の仮想化石へと変換することができる。

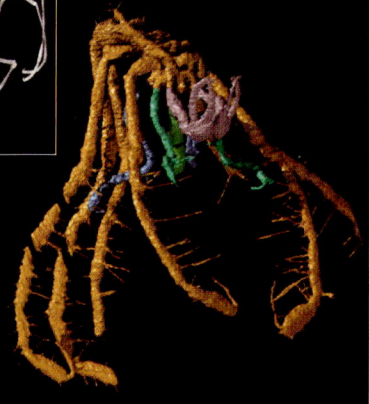
実物とデジタルの再構築
現生種のウミグモ、ニンフォングラシル（⇨上）は、そのシルル紀の祖先であるハリエステス・ダソス（⇨右）と非常に姿が似通っている。後者の姿は化石の複数切片の研磨によってデジタル処理で再構築された画像である。

化石はどのように生まれるか

海水および淡水は、生物の生活を支えるだけでなく、その遺骸を水底の堆積物に埋める形で保存することができる。堆積物と水の境界の条件に大きく左右されるが、きめの細かい泥状の堆積物が積もっている場所なら保存状態はかなり良好となる。たとえば、海洋魚の1種であるシーラカンスの本体とヒレをおおっているかたいごつごつしたウロコは、酸素が乏しくて死骸をあさる動物が生息していない水域に遺骸が沈んだ場合、その頭骨ともども無傷で保存される可能性がある。ここでは化石化のプロセスを段階を追って示すことにする。逆に酸素の十分な水域では、清掃動物が遺骸を食べつくして、一部の骨とそれらの排泄した糞の化石にウロコが残される形となるだろう。

生きているシーラカンス

化石となったシーラカンス

生魚から化石へ
シーラカンスは、肉厚のヒレと厚い武骨なウロコをもった原始的な種類の硬骨魚である。魚体の石化は死後数十年で進行するが、化石の周囲の岩石が形成されるには数百万年を要するであろう。

死

このシーラカンスのような生物の死は、捕食や疾病、あるいは自然災害などが原因となりうる。死の初期には、遺骸は体内の腐敗から発生するガスが浮力をもたらして、海上に浮かびあがる。体腔が破裂することで、遺骸は海底堆積物の表面にとどまるまで沈んでいく。魚が死んだ直後から、清掃動物が動きだしてやわらかい部分を食い破るかもち去ろうとするかもしれない。ウロコははがれ落ちて骨格が露出するだろう。例外的な環境にない限り、長期間存続して化石になる可能性が高いのは、骨、歯、ウロコといったもっとも丈夫な部分だけである。他の生物の攻撃に加え、遺骸は波や潮流の動きがもたらす物理的な損傷をこうむるおそれもある。

埋没

生物の遺骸が埋められる場所、その様態、そして埋没するまでの時間は、その化石としての保存状態に大きく影響する。シーラカンスが静かな礁湖のきめの細かい泥に沈みこんだなら、ウロコでおおわれた魚体のほとんどが保存される可能性がある。しかしふつうは、水の動きが干渉して、埋没する前に遺骸はばらばらに分解してしまうであろう。右の図は堆積物におおわれたウロコの断面を示している。

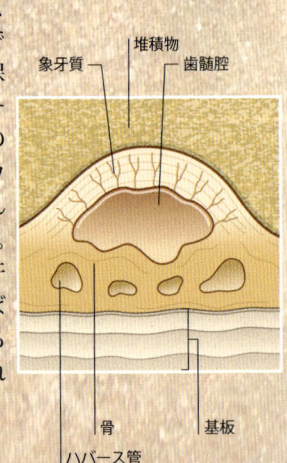

生物の遺骸が埋められる場所、その様態、そして埋没するまでの時間は、その化石としての保存状態に大きく影響する。

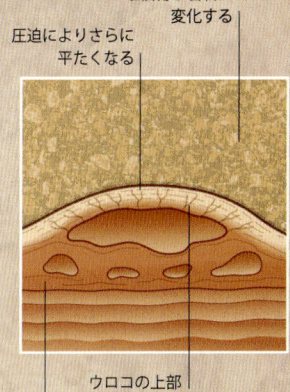

腐朽

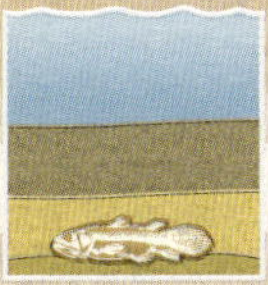

腐朽は死の瞬間から、最終的に岩石に閉じこめられた鉱物質の残留物である化石となるまで継続するプロセスである。埋没までに要する時間によって、軟組織のほとんどの腐朽と損耗は埋没までに進行してしまう。堆積物中には細菌などの生分解を行う生物が多数生息していて、遺骸が埋没した後でも腐朽と変化のプロセスを継続し、軟組織のあらゆる痕跡を消してしまうだろう。しかし、堆積の生化学的環境は水上とは異なっている場合が多く、違う化学変化がおこり、エラ、筋肉、腸などの軟組織が残っていればその細部を保存するケースもありうる。遺骸の腐朽が進行するあいだも、堆積物は積もり続け、また新たな堆積層を形成していく。

置換

体組織の鉱物成分は、堆積物の水分が供給する炭酸カルシウムやリン酸塩などの別の鉱物に置きかえられるであろう（⇨右）。継続的に積み重ねられていく堆積層が遺骸を圧迫する。この圧迫の前に水分が遺骸にしみこんでいれば、もとの体形のまま保存されるが、圧迫のあとからだと平たく圧縮された形で保存されることになる。

ウロコの表面とすきまは堆積物の重みで圧迫される

堆積物を通じて浸透する水分は、溶けこんだ鉱物を取りこみ、ウロコのすきまを満たす

岩石の形成

最終的にかたい層状の岩石が形成される。堆積物と化石は、遺骸のすきまを満たし、もとの物質を置きかえた鉱物によって固定される。丈夫なシーラカンスのウロコは、シャケ科の魚のように、進化した硬骨魚の多くの種に見られる薄いウロコに比べ、保存状態のよい化石となる。

堆積物が岩石に変化する

圧迫によりさらに平たくなる

もとのウロコの骨質の部分は、原子レベルで液体から結晶した鉱物に置換されている

ウロコの上部の象牙質では置換は比較的少ない

化石がもたらす情報

化石は、古代の生命についてとほうもない驚異に満ちた詳細を明らかにしてくれる。当時の生物の外見、活動のようす、生活環境について知識をもたらしてくれる。また、化石が発掘された岩石の年代を推定する手がかりともなる。

過去の生物

化石となって残っているのは、地球上に生きた生物のほんの一部にすぎないが、先史時代の生物と、地球のたえず変化する環境のなかで生物がとげた発展について、私たちが得ることができるデータのほとんどが化石からのものである。化石として残りやすいのは、かたい、保存に適した部分をもつ生物であるが、それでも化石は、絶滅した三葉虫、アンモナイト、恐竜、シダ種子類、そして人類の初期の祖先など、主要な生物グループの歴史と進化の輪郭を浮かびあがらせてきた。いまや過去6億年にわたって進化の記録をたどれるようになっており、海洋で生命が発展し、陸上に進出したようす、また初期の植物と動物のあいだで生態学的な関係がどのように確立されたかを知ることができる。いく度かの壊滅的な種の絶滅の時期があったにもかかわらず、生物は進化し、深海から山頂にいたるまで、地球の生息可能なあらゆる場所に順応し、満ちあふれている。

魚を捕食する魚
ワイオミング州のグリーン・リヴァー層で発見された、肉食魚である**ミオプロスス・ラブラコイデス**の化石。5000万年前にその餌食を欲張って飲みこもうとしている姿のまま残っている。ほかにあまり見つかっていないことから、この種は単独行動の捕食者であったと考えられる。

足跡の化石
写真の恐竜の足跡のような、地上に残された痕跡を研究すると、古代の動物の行動についてかなりの情報が得られる。イギリスのオックスフォードシャー、アードレイ採石場のジュラ紀中期地層で見つかった足跡は、180mにわたって続いている。こうした化石の調査は、恐竜などの絶滅した動物の歩行速度を計算するのに役立つ(⇨下)。

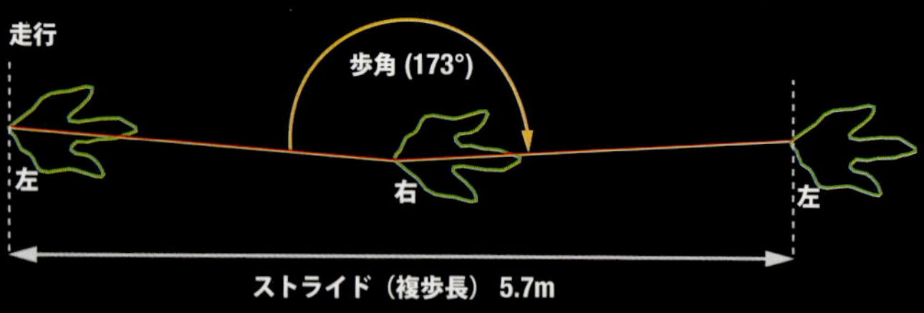

恐竜の移動
アードレイ採石場に残る通行跡の1つから、大型の捕食性の獣脚類が歩調や速度を変えたようすが初めて確認された。獣脚類は、**ティラノサウルス・レックス**のような巨大な肉食動物を含む恐竜のグループである。足跡の化石から、二足歩行の獣脚類が歩行中に突然走りだしたことがわかるという。計算の結果、恐竜は時速6.8kmから29.2kmへと加速したことがわかった。

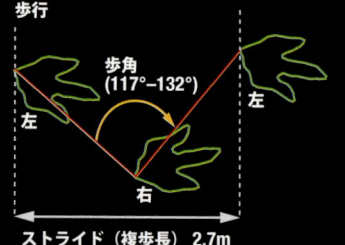

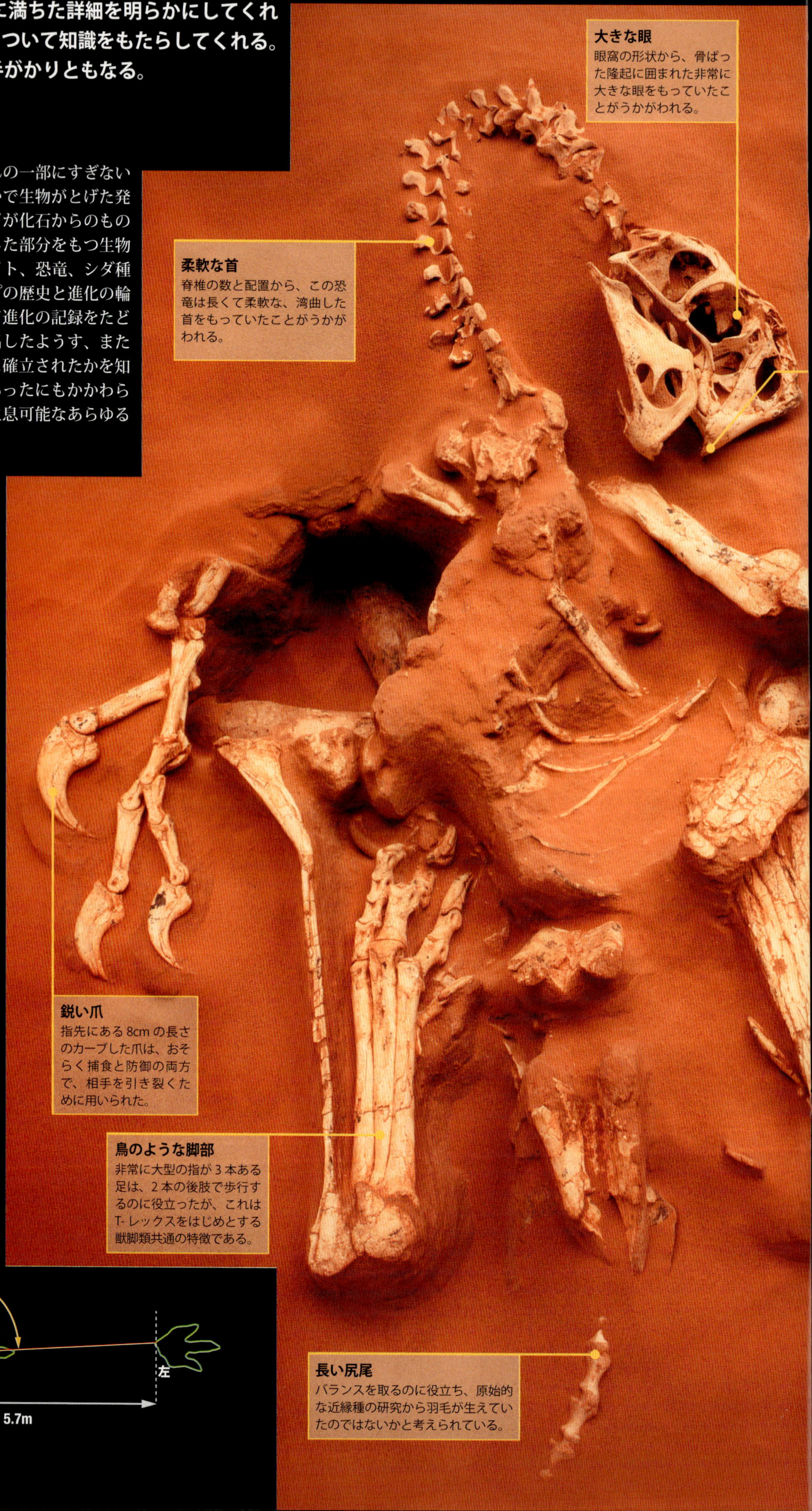

歩行
歩角 (117°–132°)
左 左 右
ストライド(複歩長) 2.7m

走行
歩角 (173°)
左 右 左
ストライド(複歩長) 5.7m

大きな眼
眼窩の形状から、骨ばった隆起に囲まれた非常に大きな眼をもっていたことがうかがわれる。

柔軟な首
脊椎の数と配置から、この恐竜は長くて柔軟な、湾曲した首をもっていたことがうかがわれる。

鋭い爪
指先にある8cmの長さのカーブした爪は、おそらく捕食と防御の両方で、相手を引き裂くために用いられた。

鳥のような脚部
非常に大型の指が3本ある足は、2本の後肢で歩行するのに役立ったが、これはT-レックスをはじめとする獣脚類共通の特徴である。

長い尻尾
バランスを取るのに役立ち、原始的な近縁種の研究から羽毛が生えていたのではないかと考えられている。

年代の決定

ダーウィンとウォレスが進化論を提唱する以前の段階でも、時間の経過とともに化石が変化しており、岩石層が異なれば化石も異なっているという認識はあった。19世紀前半までに、地質時代の連続する区分と期間を特徴づけるために化石が利用されていた。たとえば、ある種のウニ、アンモナイト、二枚貝が白亜紀を特徴づけるものとされていた一方で、特定の三葉虫や腕足類がカンブリア紀に特有のものとされていた。関連する化石を用いた年代決定は、基準点となる「指標種」を用いることで精度が高まった。指標種は、グラプトライトやアンモナイトのように、一般的に見られ、世界各地にあり、識別が容易で、進化の速度が速いものが理想的である。また、岩石層の明確な時間的間隔を識別するために研究に利用されている。しかし、そうした間隔に対応する正確な年代を見いだすには、層序学的な岩石記録において適切な岩石の放射年代測定を行うことが必要となった。現在では、過去5億4200万年前までの記録に関して、相当の精度で年代測定が実現している。

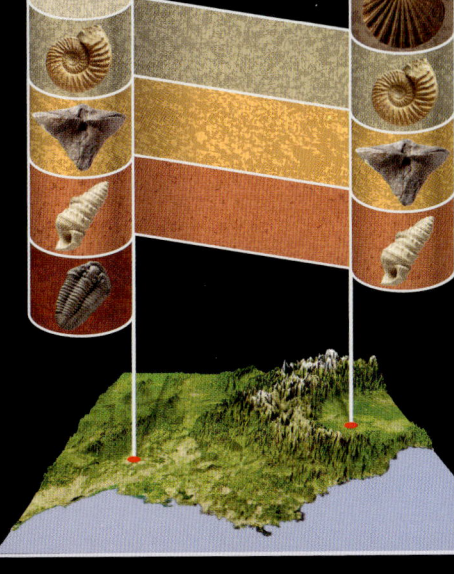

化石の組み合わせ
示準化石のない一連の岩石層では、他の化石のグループが年代を示す場合がある。こうした化石はその年代の範囲が重なっている場合、とくに有効である。また含まれる化石が多いほど、岩石の年代決定の精度があがる。

示準化石
層序学的な順序で連続する化石は、環境と時間の経過に応じて変化する。特定の環境と時間的区分を特徴づける化石は、示準化石として知られており、同じ種類と年代の層を一致させるために用いられる。

過去の環境の再現

化石記録の解釈は、環境と長年にわたるその発展を再現するうえで不可欠のものである。このような解釈は、あらゆる生物には生存し生殖を行うのに必要な光、熱、水の量などで、一定の固有の制約があるという知識に基づいている。

サンゴ礁を形成するサンゴ、ウミユリ、石灰藻など、熱帯の海洋の化石を含む層が、浅い熱帯の海に堆積するのは、その一例である。したがって、こうした化石を含むイギリスおよびアイルランドの石灰岩は、これらの地域が低緯度の亜熱帯水域に位置していた、シルル紀とジュラ紀前半のあいだに形成された。対照的に、寒冷気候に順応したマンモスやオオツノジカの骨が、ずっと新しい堆積層(100万年以内)で見つかるのは、寒冷で高緯度の地域であることを示すものである。化石の堆積から見つかる花粉と甲虫の遺骸を分析すると、高地のツンドラ型の環境に生息地が限られている種が裏づけられ、そこから第四紀の氷河時代と関連する気候変化が読みとれる。

イチョウ
イチョウ(ギンクゴ・ビロバ)(⇨右)は、その祖先(⇨上)が、恐竜の食料として供された生きた化石である。温暖な気候を好み、ジュラ紀のイギリスで繁栄していた。その後姿を消したことは、同地の気候変化と対応している。

化石記録の偏り

化石は過去の生物の公平な資料を保存するものではない。なぜなら、化石化に際して、殻、骨、歯やある種の丈夫な植物の組織をはじめとする保存に適した部分をもつ生物が有利だからである。そのうえ、岩石記録は過去の海面水位の変化やプレート移動を反映して欠落だらけである。浅瀬の大陸棚の海と内陸の湖水盆地の堆積物についても岩石記録は偏りが見られる。陸地や浅海に比べて海洋は広大であるにもかかわらず、プレート移動の引きおこす沈み込みのため(⇨ p.18)、海洋底の岩石や化石が保存されることはほとんどない。全体としてみると、化石記録は過去の海底の生物、陸上の高地の生物、クラゲのようなやわらかい体の生物、花のような繊細な組織などについては、あまり情報を残さない傾向がある。しかしながら、このことを理解したうえで、古生物学者は化石記録の少ない環境の標本をつとめて探しだし、バランスの是正をはかっている。

骨まで平らげる
化石の形成をはばむ要因はほかにもある。自然界では、食料になりそうなものはほとんど、専門的な清掃動物が平らげてしまう。現代では微生物から、丈夫なあごで骨の髄までかみくだくハイエナ(⇨上)にいたるまで、さまざまな生物がそれを担っている。

子を守って
化石は絶滅した動物の形状と、その生活のようすを教えてくれる。この成竜のオヴィラプトルは、小型の獣脚類の恐竜であるが、鳥のような特徴を持っていた。20個ほどの卵を守って砂嵐の中で息絶えたものだが、子を守る親の行動を記録したものとして他に類がない。

強力なくちばし
歯はないが力強いあごには、オウムのようなくちばしがついている。かたい木の実や、捕食した生物のかたい殻をくだくのに使ったと思われる。

保護の姿勢
卵をおおうように前肢を広げる姿は、地上に営巣する多くの鳥の取る姿勢と同じものである。前肢に羽毛が生えていれば、卵をおおって外界から保護していたであろう。

巣の中の卵
保護下の約20個の卵をおおって体を丸めている状態を見ると、この恐竜には鳥に近い営巣の習性があったことがうかがえる。

ダイナソー・クォーリー
1915年に国定天然記念物となったアメリカ・ユタ州のダイナソー・クォーリーは、世界でも恐竜の骨がもっとも豊富に出土する場所の1つ。古生物学者は、かつて河道だったこの地で、ジュラ紀の恐竜数種の骨を数百もの規模で発掘した。そのなかには巨大で首の長い四足歩行の竜脚類の骨も含まれている。

主要な化石の産出地

数世紀にわたる科学的探究は、世界各地で豊富な化石を証拠資料として発掘するにいたった。とくに数カ所の発掘現場で、過去へと光を投げかける発見が進化についての理解をおおいに前進させた。そうした産出地を選んでここに紹介する。

ジョギンズ（カナダ）
ユネスコの世界遺産に指定されているこの地は、3億1300万年の時を経て化石化した石炭紀の森林があり、山火事がたびたび発生した。初期の卵生のトカゲに似た動物の化石が化石木のうろで発見された。

バージェス・シェイル（カナダ）
1909年にアメリカの古生物学者、チャールズ・ウォルコットが発見、ユネスコ世界遺産に指定されている。約5億500万年前のカンブリア紀中期の海生生物の化石が多数発掘されており、エラのようなやわらかい部分も保存されているものが多い。

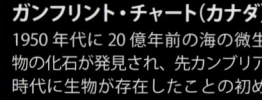

ガンフリント・チャート（カナダ）
1950年代に20億年前の海の微生物の化石が発見され、先カンブリア時代に生物が存在したことの初めての確かな証拠となった。

グリーン・リヴァー（アメリカ）
5400万年の時を経た、グリーン・リヴァー層の湖の堆積物はカメ、ヘビ、魚類から植物や昆虫まで、始新世の幅広い化石を保存している。

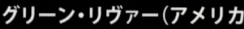

ライニー・チャート（イギリス）
4億800万年前の堆積層のチャートから、原始的な植物や初期の節足動物を含む、世界最古の泥炭地の生態系の化石が発見された。

モリソン層（アメリカ）
ジュラ紀後期の層（1億5500万〜1億4800万年前）から、**ディプロドクス**や**アパトサウルス**といった、大型の竜脚類の骨や足跡と食料としていた植物を含む、陸上の氾濫原の化石がつぎつぎと発見された。

ラ・ブレア・タール・ピッツ（アメリカ）
更新世時代のタールに閉じこめられた剣歯虎やコンドルなど、数千もの動物の状態のよい骨が、なかには全身の骨格が残っているのも含めて、発見されている。

ジュラシック・コースト（イギリス）
ジュラ紀の海生および飛行性爬虫類の化石が、19世紀前半に化石収集を専業とするアニングとその家族により初めて発見された。中生代の地層と化石が海岸の崖地に保存されている同地は、ユネスコ世界遺産に登録されている。

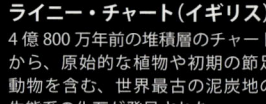

ドミニカの琥珀
多数の熱帯森林の昆虫が、古第三紀の植物樹脂に閉じこめられて化石化しており、もとの色彩がそのまま残っているものもある。アリ、ミツバチからゾウムシやゴキブリまで、みな約4000万〜3000万年前に生きていた昆虫である。

サンタナ（ブラジル）
白亜紀のサンタナ層とさらに古いクラト層では、軟組織が保存された標本を含めて、魚、昆虫、植物の多様なグループの化石が見つかっている。同地では化石を求める採掘が行われており、その多くは商業的に取り引きされている。

キースタディ
南極の化石産出地

南極はかつてゴンドワナ大陸の一部であった。そこで繁栄していた**グロッソプテリス**植物群がペルム紀に石炭化し、現在の南極の山脈で見つかっている。こうした堆積は三畳紀にも継続し、哺乳類に近い爬虫類である**リストロサウルス**の遺骸がソテツやイチョウの化石とともに発見されている。ゴンドワナ大陸が離散しはじめた白亜紀までに、南極は現在の極地に近い位置に移動している。全地球規模の温暖な気候は、こうした高緯度の地域でも森林の成長を可能にした。冬季には夜の長い期間が続くにもかかわらず、植物を食料とする恐竜が栄えていた。

主要な化石の産出地

メッセル・ピット（ドイツ）
ユネスコの世界遺産に登録され、5200万年前の、始新世の原始的な馬その他の絶滅した哺乳類の化石記録を火山湖の内外に残している。

ゾルンホーフェン（ドイツ）
ユネスコの世界遺産に登録された石灰岩地帯は、浅い潟湖の内外にジュラ紀の豊富な化石がみごとな形で保存されている保護地区である。**始祖鳥**から小型恐竜や魚類まで幅広い化石が見いだされる。

人物伝
徐星
中国の古生物学者（1969年生まれ）。最近数十年のあいだに、新たに中国で発見された注目すべき恐竜に関して、もっとも目覚ましい活動を続けている研究者の1人である。国内の同僚および欧米の専門家と協力して、30属を超える新属の恐竜と関連する化石に関する著述を発表している。そのなかには、**ティラノサウルス・レックス**と類縁の**ディロン**（体長1.6m）のような羽毛をもつ恐竜、前後肢に翼のような羽をもつドロマエオサウルス科の**ミクロラプトル**（同80cm）、鳥のような眠りの姿勢で見つかったトロオドン科の**メイ**（同50cm）などが含まれている。

コリマ川（ロシア）
1977年、シベリアの金鉱採掘者がこの地の永久凍土層に眠っている4万年前のマンモスの子どもを発見した。毛におおわれた全身が完全な形で残っていた。

ゴビ砂漠（モンゴル）
1920年代に、ロイ・チャップマン・アンドリューズが発見した白亜紀後期の堆積層から、その後続々と恐竜の全身骨格や小型哺乳類を含むみごとな化石が見つかった。

熱河（中国）
羽毛恐竜や鳥、初期の哺乳類など、白亜紀前期（1億2800万年前）の非常に幅広い種類の動物の化石が遼寧省で発見された。

リヴァーズレイ（オーストラリア）
オーストラリアの古代の有袋類の骨が、2300万年前の、非常に保存状態のよい新生代の湖の堆積物から発見された。

陡山沱（ドウシャンツオ）（中国）
原生代後期のアクリタークの胞子（⇒下）は、この地域で見つかった5億9000万～5億6500万年前の微化石の1つで、ほかにも海藻、海綿、刺胞動物（クラゲ、アネモネ・フィッシュ、サンゴなどを含む）が発見されている。

オルドゥヴァイ峡谷（タンザニア）
更新世前期の湖畔の堆積層で、ルイスとメアリーのリーキー夫妻は、もっとも初期（180万年前）のある種の石器と、2種類の人類の祖先の遺骸を発見した。

人類の揺りかご（南アフリカ）
ユネスコ世界遺産に登録されているスタークフォンテインと当地の洞窟は、ロバート・ブルームが1930年代に、200万～300万年前のアウストラロピテクス・アフリカヌス（最初期の猿人）の化石を発見して有名になった。

カルー地域（南アフリカ）
石炭紀後期からペルム紀前期（3億1000万～2億9000万年前）の地層で、氷河作用、最初の複雑な陸上生態系の発展、現代の哺乳類の祖先としての単弓類の進化を裏づける化石が見つかっている。

スーム・シェイル（頁岩）（南アフリカ）
4億5000万年前の冷水堆積物から、大型のコノドント動物で、ウナギに似た形状の原始的な無顎類のプロミッスム（体長40cm）をはじめとする、他に類のないオルドヴィス紀の動物の化石が見つかっている。

ゴーゴー累層（オーストラリア）
3億8400万年前のデヴォン紀のこの地層は、同時代の世界でももっとも豊富で、多様性に富んだ、保存状態の良好な魚類の化石を埋蔵している。四足類の総鰭亜綱の祖先を含む、有顎魚の初期の進化をそこからうかがい知ることができる。

エディアカラ・ヒルズ（オーストラリア）
オーストラリアの地質学者、レッグ・スプリッグは1940年代に、5億7500万～5億4200万年前のクラゲ、**モーソニテス・スプリッギ**（⇒下）を発見した。これは原生代後期のこの生物の最初の標本であり、その後ほかにも世界各地で発見されている。

地質年代区分

地質年代区分は、地球の歴史を区分してそれぞれの名称ごとの単位で取りあつかうための枠組みである。階層的な体系に基づき、もっとも大きな単位から順に「累代」、「代」、「紀」、「世」、「期」のように区分していく。標準的な年代区分は地質学者にとって必須の手段であり、それを使わないのは、年表もなしに歴史を学習するようなものである。現代の年代決定法を用いて地質年代区分の精度を高めたことで、地質学者は地球の歴史における生命の進化とその他の事象の正確な年表を作成することができるようになった。

年代区分の歴史

地質年代に関する初期の考えかたは、好奇心と鉱業の実用主義にしたがったものとなっていた。18世紀後半にドイツの鉱物学者アブラハム・ヴェルナーは世界的な大洪水によって一連の岩石が堆積したとする説を発表した。それによると、まず原始の火成岩が堆積し、続いて第2の層が堆積し、ついで第3の表層が堆積した。しかし19世紀に入ると、科学者たちは地層がそこに含まれる化石によって特徴づけられることに気づいた。この知識に基づき、彼らは最初の地質図を作成した。そこには、ヨーロッパ全体に分布する石炭や石灰岩のような、連続する岩石種の堆積に関する相対的な年代区分を国ごとに示す、縦の断面図が含まれていた。地球の地質時代を確立しようとする試みがなされたこともあったが、依然として岩石自体の年代を決定する手段がないままであった。化石層が国境を越えて一致するものであるという知識から、地質年代という国際的に認識される区分を発展させる動きが生まれた。化石の層序はカンブリア紀から第四紀までの一連の期間の区分に用いられ、古い年代の岩石は先カンブリア時代のものとされた。下位の区分(世と期)および上位の区分(代と累代)は、あとから設けられたものである。

最初の地質図
最初の近代的なイギリス全国土の地質図は、1815年に同国の地質学者で測量士のウィリアム・スミスが作成した。スミスは地層の年代を確立するのに化石を初めて用いた。

現代の年代区分

現代の地質年代区分は、38億年を超える地球の歴史について、国際的に認められた年表を提示している。この年代区分は地質学者が世界のどこに行っても有効であり、地層を調査し、そのなかの化石を識別し、国際的な枠組みにしたがってその所属する時代を判定できるようになっている。またそれによって、地質学者どうしで情報や意見を交わす際に、自分たちが同じ出来事、同じ地層、同じ時期について話していると確信することができる。現代の年代区分は複数の枠組みを統合したものとなっている。すなわち、岩相層序学(堆積岩の種類の変化と順序を基盤とする)、生層位学(化石の進化に基づく)、年代層序区分(放射年代測定)、磁気層序区分(地球磁場の極性変化)、それに堆積岩の記録に残された海洋と大気の化学的性質の地球規模の変化の歴史、という各要素を取りいれている。始生代以前の年代を非公式の区分で冥王代と考える年代区分もある。

累代	先カンブリア時代												
	始生代				原生代							
代	暁始生代	古始生代	中始生代	新始生代	古原生代			中原生代			新原生代		
紀					シデリアン	リヤシアン	オロシリアン	スタテリアン	カリミアン	エクタシアン	ステニアン	トニアン	クリオジェニアン	エディアカラ
単位:100万年(前)	4,000	3,600	3,200	2,800	2,500	2,300	2,050	1,800	1,600	1,400	1,200	1,000	850	635	542

累代	顕生代											
代	古生代							中生代				
紀	石炭紀					ペルム紀			三畳紀			ジュラ紀	
世	ミシシッピ亜紀			ペンシルヴァニア亜紀		キスラリアン	ガダリュービアン	ロビンギアン	前期	中期	後期	前期	中期	後期
	前期	中期	後期	前期	中期	後期									
期	トゥルネージアン	ヴィゼアン	サーブコヴィアン	バシュキーリアン	モスコヴィアン	カシモーヴィアン	グゼーリアン	アッセリアン	サクマーリアン	アルチンスキアン	クングーリアン	ローディアン	ワーディアン	キャピタニアン	ウキアビンギアン	チャンシンギアン	インドゥアン	オレネキアン	アニシアン	ラディニアン	カーニアン	ノリアン	レーティアン	ヘッタンギアン	シネムーリアン	プリンスバッキアン	トアルシアン	アーレニアン	バジョシアン	バトニアン	カロヴィアン	オクスフォーディアン	キンメリッジアン
単位:100万年(前)	359.2	345.3	328.3	318.1	311.7	307.2	303.4	299.0	294.6	284.4	275.6	270.6	268.0	265.8	260.4	253.8	251.0	249.5	245.9	237.0	228.7	216.5	203.6	199.6	196.5	189.6	183.0	175.6	171.6	167.7	164.7	161.2	155.6	150.8

年代区分の決定

19世紀半ばには、地質学者は地球の歴史の層序学的記録のよりどころとなる岩石層が数十キロメートルの厚みがあることを考えると、それだけ堆積するまでに数億年を要したに違いないと認識するようになっていた。しかし依然としてその年代を決定する信頼できる手段がなかった。たとえば、イギリスの物理学者、ウィリアム・トムソンの経験主義に基づく手法だと、地球の歴史はおそらく2000万年から1億年ほどということになった。放射線の発見から、トムソンの手法では地球の年齢が短くなりすぎる理由が明らかになった。放射年代測定法のおかげで、特定の鉱物の結晶年代を計算できるようになった。1904年に、アーネスト・ラザフォードは鉱物を用いた放射年代測定で5億年という結果を得た。1911年までに初の放射年代が編纂された。今日の数千個もの測定値を基盤とする年代区分は、層序学的な岩石記録と連携して国際層序年代表を作成しているが、そこで放射年代測定に基づく年代が、層序学的な境界の識別に応用されている。

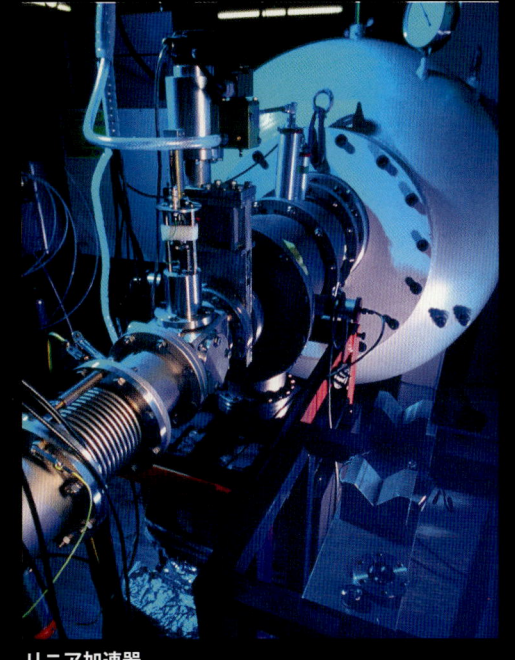

リニア加速器
この設備は、最大5万年までの古さの炭素を含有する物質について、放射性炭素の同位体14C（炭素14）の原子数を判定することができ、したがってその年代を決定することができる。

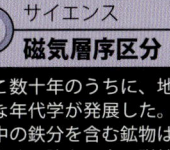

サイエンス
磁気層序区分

ここ数十年のうちに、地球磁場の周期的な極性反転に基づく、新たな年代学が発展した。火山岩と堆積岩が形成されるときに、岩石中の鉄分を含む鉱物はその時点で支配的な磁場に合わせた方向を向く。陸上の岩石磁性の整列を、放射年代測定とあわせて研究した成果に基づき、地質学者は極性反転の年代区分を作成した。この年代区分は海底の岩石の年代決定に利用された。拡大する海嶺（⇒下）の両側にある、類似する磁性をおびた岩石の年代決定により、プレートテクトニクスの理論を裏づける重要な証拠が得られたことは特筆すべきである。

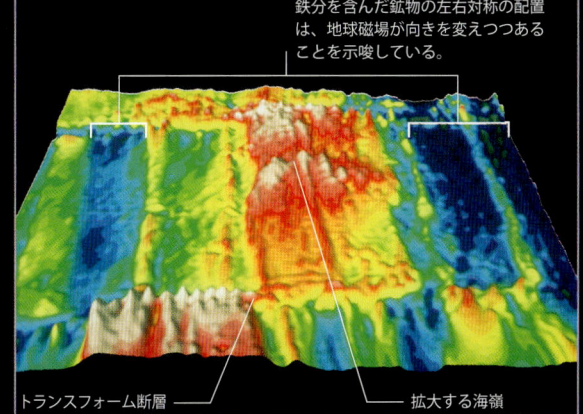

鉄分を含んだ鉱物の左右対称の配置は、地球磁場が向きを変えつつあることを示唆している。

トランスフォーム断層 ／ 拡大する海嶺

地質年代区分

累代	顕生代				
代	古生代				
紀	カンブリア紀	オルドヴィス紀	シルル紀	デヴォン紀	
世	テリヌヴィアン / 第2世 / 第3世 / フロンギアン	前期 / 中期 / 後期	ランドヴェリ / ウェンロック / ラドロー / プリドリ	前期 / 中期 / 後期	
期	フォルツニアン / 第2期 / 第3期 / 第4期 / 第5期 / ドルミアン / グザンギアン / パイビアン / 第9期 / 第10期	トレマドキアン / フロイアン / ダピンギアン / ダーリウィリアン / サンドビアン / カティアン / ヒルナンティアン	ルッダニアン / アエロニアン / テリチアン / シェインウッディアン / ホメリアン / ゴースティアン / ラドフォーディアン	ロホコヴィアン / プラーギアン / エムシアン / アイフェリアン / ジヴェーティアン / フラスニアン / ファメニアン	

542 / 528 / 521 / 515 / 510 / 506.5 / 503 / 499 / 496 / 492 / 488.3 / 478.6 / 471.8 / 468.1 / 460.9 / 455.8 / 445.6 / 443.7 / 439.0 / 436.0 / 428.2 / 426.2 / 422.9 / 421.3 / 418.7 / 416.0 / 411.2 / 407.0 / 397.5 / 391.8 / 385.3 / 374.5 / 359.2

単位：100万年（前）

顕生代			
中生代	新生代		
白亜紀	古第三紀	新第三紀	第四紀
前期 / 後期	暁新世 / 始新世 / 漸新世	中新世 / 鮮新世	更新世（前期・中期・後期） / 完新世
ティトニアン / ベリアシアン / ヴァランギニアン / オーテリヴィアン / バレミアン / アプチアン / アルビアン / セノマニアン / チューロニアン / コニアシアン / サントニアン / カンパニアン / マーストリヒシアン	ダニアン / セランディアン / タネティアン / ユプレシアン / ルテティアン / バルトニアン / プリアボニアン / ルペリアン / チャティアン	アクィタニアン / ブルディガリアン / ランギアン / セラヴァリアン / トルトニアン / メッシニアン / ザンクリアン / ピアセンジアン	ジェラシアン / カラブリアン / イオニアン / タランティアン

150.8 / 145.5 / 140.2 / 133.9 / 130.0 / 125.0 / 112.0 / 99.6 / 93.6 / 88.6 / 85.8 / 83.5 / 70.6 / 65.5 / 61.1 / 58.7 / 55.8 / 48.6 / 40.4 / 37.2 / 33.9 / 28.4 / 23.03 / 20.43 / 15.97 / 13.82 / 11.608 / 7.246 / 5.332 / 3.600 / 2.588 / 1.806 / 0.781 / 0.126 / 0.0117

訳注：2009年に国際地質科学連合＝IUGSの勧告により、ジェラシアンは第四紀に含まれることになった。

悠久の時間の層
ほんの数百万年ほどのあいだに、アメリカ・コロラド川の水は岸を削ってグランド・キャニオンを形作った。コロラド平原の堆積岩層を1800mの深さまで掘り下げ、18億年もの昔の先カンブリア時代の深みを切りひらいて、地球の長い歴史を垣間見せてくれる。

LIFE ON EARTH
地球上の

51

始

生

代

始生代
（しせいだい）

始生代（累代）は、地球史の40億〜25億年前に相当する。これは、恣意的に特定した年代だが、この累代の初頭は、いわゆる地球で「微惑星大衝突」が発生した時代の末期と一致し、その末期と一致するのが、「大酸化事象」が発生した時代で、そのときに地球の大気の基本的性質が一変し、今にいたっている。

コマティ川渓谷
金鉱床があることで知られるアフリカ南部のバーバートン緑色岩（グリーンストーン）帯では地球最古級の火山性地殻の岩石が見られる。

海洋と大陸

始生代の初頭は、地球に微惑星（隕石）が衝突した時代の末期と重なる。このような太古の大陸や海洋の位置を特定することは、非常にむずかしい作業である。この時代の岩石は、ほとんど残っていないし、残っていても著しく変質していることが多い。最古の岩石の間接的証拠となるのが鉱物ジルコンの結晶で、これは、浸食作用により花崗岩から分離したジルコンがそれよりも若い堆積岩中に再度堆積したものである。この結晶が形成されたのは前期始生代かその前の冥王代である。そのなかで最古のものは、オーストラリア西部でただ1個見つかった結晶だが、これは40億年以上前のものであり、地球史上これほど太古の時代に岩石の結晶化や大陸地殻の石板形成がおきていたという説や、同じように重要な点として、地球に水があったという説を裏付けるものである。しかし、かなりの大きさの大陸が形成されたのは30億年ほど前になってからと思われる。それ以前は、できたばかりの大陸がおそらく合体したあと、急速に浸食されるか沈みこんだため、岩石記録にはわずかな痕跡しか見られない。岩石が残っている最初の大陸は、「ウル」と呼ばれていた。この大陸は、古代クラトンからなり、アフリカ中南部、オーストラリア西部のピルバラ地域、インド、南極大陸のごく一部に見られる楯状地としても知られている。約5億年後の始生代末期に形成された「アークティカ」という第2の大陸は、現代のカナダ、グリーンランド、シベリアのクラトンから形成されていた。地球上でこれらの初期の大陸があった場所を復元することは非常にむずかしい。始生代後期のウル大陸は、高緯度に位置していたとも考えられるが、アークティカ大陸は、低緯度に位置していた。現在と比べると始生代では大陸が小さかったので海洋が今よりも広かったと思われる。また、現代の海洋と異なり、塩分が約1.5〜2倍多かった。さらに、溶存酸素が含まれていなかった。この海洋では酸素を必要としない、おそらく嫌気性細菌や古細菌といった単細胞生物の形態でしか生命を維持できなかったと考えられる。それらの存在を証明しているのが、現在のオーストラリアや南アフリカにおいて34億9000万年も前の岩石中で見つかったストロマトライトという糸状細菌や構造体の化石である（⇨次ページ）。

オーストラリアのピルバラ地域
オーストラリア西部の鉱物資源が豊富なピルバラ地域で約35億年前の世界最古級の堆積岩や火山岩が見つかっている。

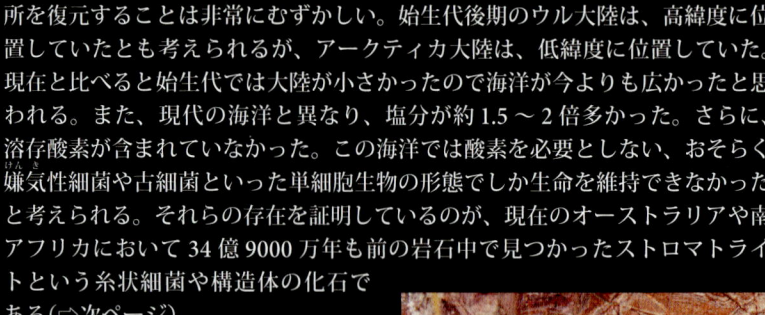

化石化した泥池
バーバートン緑色岩帯にある化石化した泥池のガス漏出構造からは、高温を好む細菌が35億年も前の初期海洋地殻でコロニーを形成していたことが見てとれる。

気候

始生代の大半において地球の大気中には酸素がなかったと考えられている。大気の主成分は、窒素、メタン、二酸化炭素だった。当時は、太陽が今よりもはるかに弱く、放出される放射線量も少なかった。そのため、これらの温室効果ガスがなかったならば、世界は凍結した岩の塊だったであろう。実際、とくにこの時代初期には温室効果ガスを大量に含む大気のために地球の気温が著しく高かったことが研究によって証明されている。55〜80℃の範囲内であった可能性がある。それにともない海洋温度も高かったので、高温で塩分の多い海で生息できた生物は、好熱性の嫌気性細菌と古細菌だけだった。気候は、全体的に気温が非常に高かったが、29億年ほど前に、比較的短期間のうちに気温が急激に低下したようであり、地球は、最初の氷河作用を経験した可能性さえある。地質学的証拠が示すように、始生代の最後の2億〜3億年で気温が以前のように高レベルに戻った。

火山の状態
火山の多くは海底に存在し、それらが高温ガスを噴出して原初の大気が形成されたが、始生代末期までは大気中に遊離酸素がほとんど存在しなかった。

始生代の生物

始生代におそらく生息していた生物は、現生する真正細菌や古細菌のように非常に強く微小だったと思われる。それらの現生生物のDNAを調べた最近の研究によれば、現在確認されているなかでおそらくもっとも原始的な生物である。それらは、地球の岩石や鉱物内に蓄えられているエネルギーを、生命の基礎単位を作りだすエネルギー源として使うことがわかっている。この時代の化石は、非常に希少であるが、どのようにして地球が生物の生息できる惑星になったかを知るうえできわめて重要である。始生

ブラックスモーカー
海底の噴出口から硫化鉄を多く含む黒煙がまっすぐに噴き出ているが、ここの温度は、400℃に達する場合がある。始生代に多く存在したこのような噴出口周辺で生物が出現し繁殖していった可能性がある。

代の岩石中に残された細胞の最古級の証拠が南アフリカとオーストラリア西部で見つかっている。それらの古代岩石は、34億9000年～34億3000万年前のものであり、酸素はないがシリカや金属硫化物を多く含む環境、とくに火山環境で単純な細菌がおそらく生息していたことを示す。この時代の微化石は、いずれも議論の的となっているが、アフリカ南部のコマティ川沿いのチャートやオーストラリアのピルバラ地域にあるスティルリープール周辺のチャートで単純な糸状体が見つかっている。最近、玄武岩質枕状溶岩中でおそらく細菌が作りだしたと思われる微小の管状微細穴が見つかった。オーストラリアのサルファースプリングズでは、硫化鉄（黄鉄鉱）中に残されたそれよりも多少若い糸状化石塊が見つかっている。

32億年ほど前にできたこの沈積物は、海底温泉周辺に形成された硫化物を豊富に含むチャートであり、現代のブラックスモーカーのチャートに非常によく似ている。化石自体は、幅約1ミクロンの微小な円筒形糸状物で、ブラックスモーカーチムニーの一部だったとも考えられる硫化鉄層間に閉じこめられていた。第2の証拠となるのがストロマトライトである。微生物ストロマトライト（⇨上）は、しばしば際立った波状の層を形成するが、この種のストロマトライトは、岩石記録では約30億年前以降でしか見られない。知られているように最古の標本のいくつかは、スティルリープールチャートで見つかった約34億3000万年前のものだが、微生物由来のものと同様の波状の層は見られない。シアノバクテリア化石の出現は約26億年前以降になってからで、それにより光合成によって大気中で酸素が蓄積されていたことがわかった。それ以前は生物が広範囲に分布していた可能性もあるが、その大半は、若い地球が放出する大量の内部エネルギーを糧として生息していたと思われる。

ストロマトライト
現在でもオーストラリア西部のシャーク湾内で形成されつつある生きたストロマトライトを目にすることができるが、これは、シアノバクテリア集落の産物だというのが一般的な見かたである。

枕状溶岩
南アフリカのクルーガー国立公園周縁部で見られるこれらの岩石は、約34億9000万年前のものである。枕状岩石に介在する黒色チャートには細菌の微化石に似た微小構造体が含まれる。

単純な糸状体
オーストラリアのピルバラ地域で見つかったこの微化石には、現生鉄細菌に似た炭素でできた細胞様構造をもつ折れた糸状体が見られる。

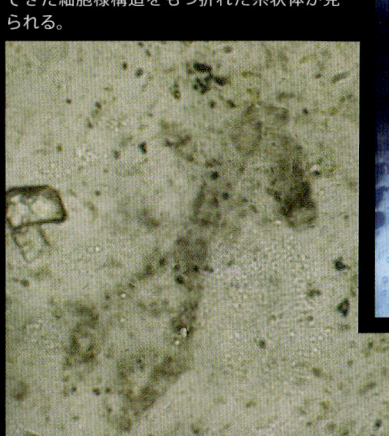

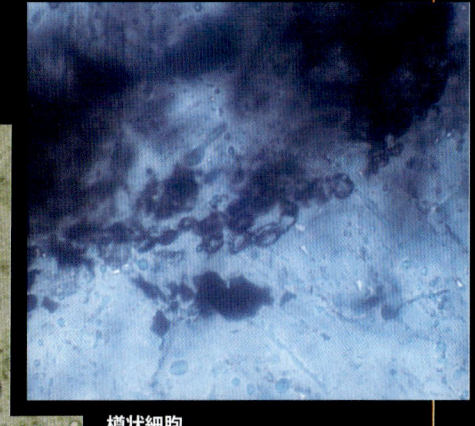

樽状細胞
ピルバラ地域のスティルリープールチャートで見つかった微化石には、現生紅色細菌に似た細胞様構造体の連鎖が見られる。

原生代

- 58 微生物
- 60 無脊椎動物

原生代
げんせいだい

原生代（累代）は、想像できないほど長い期間で25億〜5億4200万年前に相当する。光合成微生物の活動が始生代に始まり、その結果、地球は、酸化傾向の大気と海洋をもつ惑星となった。それにより、その後、海中、陸地、空気中で生物が進化する状況が整った。細菌や古細菌に加えて、最初の単純な動物や植物が出現した。

花崗岩ドーム
アメリカのテキサス州エンチャンティッドロックにあるピンク色の花崗岩露頭が形成されたのは原生代。この古代の底盤（貫入火成岩体）は、10億年前のものと推定される。

海洋と大陸

原生代の20億年のあいだに、大陸は進化し分裂したが、岩石中にその痕跡が残っており、研究者は当時の地球のようすを復元できるようになった。大陸間の衝突によって隆起し大昔に浸食された初期の山脈の年代を特定すれば、世界地図の全体像を解明できる。当時、大陸は始終移動していた。ウル大陸は、15億年前まで成長しつづけ、現在のジンバブエ、インド北部、オーストラリア西部にあるイルガン地塊を吸収した。約16億〜13億年前、アークティカがさらに多くの大陸地塊を合体し、ヌーナというさらに大きな大陸ができた。第3の大陸であるアトランティカが形成されたのは20億年ほど前のことで、約13億年前にタンザニア地塊がそれに合体した。おそらくウル、ヌーナ、アトランティカが合体し、コロンビア大陸が形成され、その後約10億年前にそれが分離して再合体し超大陸ロディニアができた。次に3億年後にそれが分裂し、パンサラッサ海ができた。原生代末期には、これらの分離した大陸地塊が超大陸パノティアに再度合体されていた。大陸がつねに形を変えるなかで、新しくできた山脈が浸食されてミネラルが豊富に含まれる堆積物が海洋中に沈殿していった。浅い海にすむ微生物がしだいに大気組成を変えていき、原生代末期には、軟体動物が海底にその存在の痕跡を残しはじめるようになった。

ストロマトライト
オーストラリアのシャーク湾では、ストロマトライトという細菌コロニーが光合成の副産物として酸素を放出する。原生代の大陸周辺の浅い海域ではストロマトライトが多く生息していた。

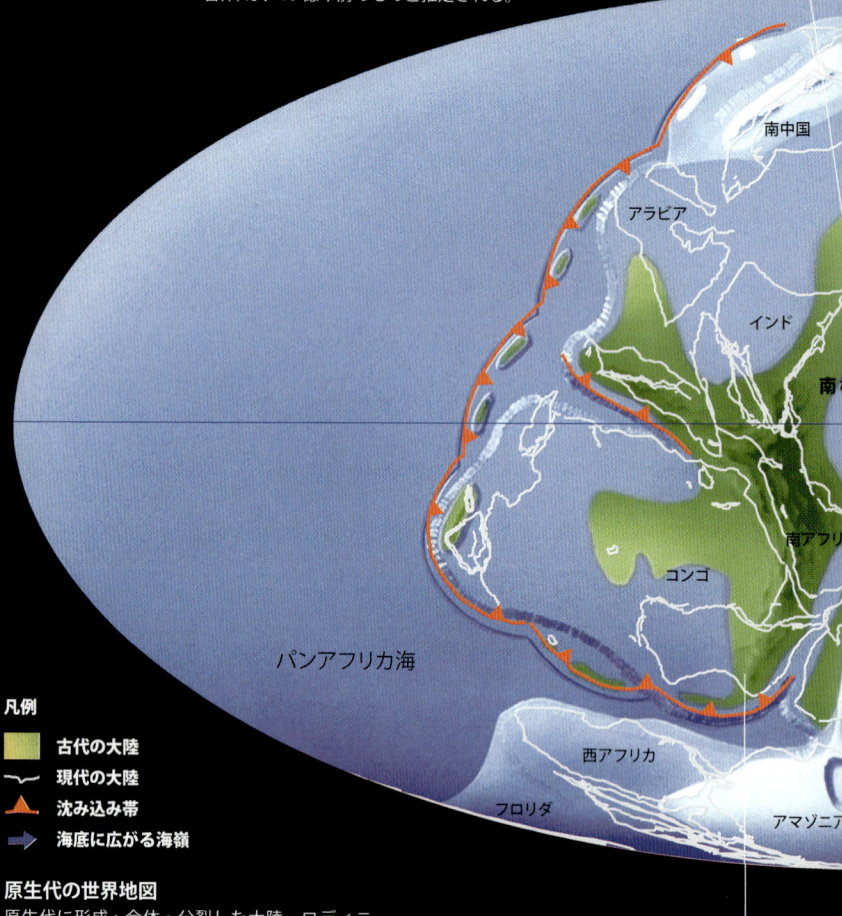

ロディニアの北半分（南極大陸、オーストラリア、インド）が回転して北方に移動

凡例
- 古代の大陸
- 現代の大陸
- 沈み込み帯
- 海底に広がる海嶺

原生代の世界地図
原生代に形成・合体・分裂した大陸。ロディニアが分裂したとき、その北アメリカ部分が南極に向けて南方に移動した。

アトランティカは現在の西アフリカ、コンゴ地域、南アメリカ北東部に相当

古原生代

単位：100万年前　　2500　　　　　　　　　　　　　　　　2000　　　　　　　　　　　　　　　　1500

微生物
- 2400 最初のシアノバクテリア（核のない光合成単細胞微生物 – 原核生物）
- 2700-2300 酸化事象
- 1850 最初の真核生物（細胞または細胞を含む核と他の細胞器官をもつ生物）

グリパニア

無脊椎動物
- 2000 最初のアクリターク（類縁関係が不明な微化石）

原生代

紅藻類
ケニアのマガディ湖面の紅藻類は、化石記録中で最古の多細胞属として知られるカナダ北極圏の一地域産の**バンギオモルファ**と非常によく似ている。

気候
原生代前期は、おそらく始生代よりもわずかに気温は低かっただろうが、それでも地球の気温は、40℃ほどはあったと思われる。気温は急激に下がり、24億～22億年前には大規模な氷河作用事象が発生したようである。この急激な寒冷化がきっかけで、光合成シアノバクテリアが進化したのかもしれない。22億～9億5000万年前の長期温暖化期の後に、地球は、ふたたび一連の大規模氷河作用に見舞われたが、その多くは地球全体で発生したと思われる。現存する全大陸でそれを示す証拠が見つかっている。かつて低緯度に位置していた一部の大陸で見られる氷河作用の痕跡をもとに、世界中が凍結状態にあったという「スノーボール・アース」のシナリオが生まれた。だが原生代の最後の2億～3億年間は、とくに低緯度ではしばしば熱帯状態であった。深刻な氷河期がおそらく100万年続いたのちに「温室」期となり、地球の気温が上昇した。原生代末期に、氷河作用前の気温レベルに戻った。

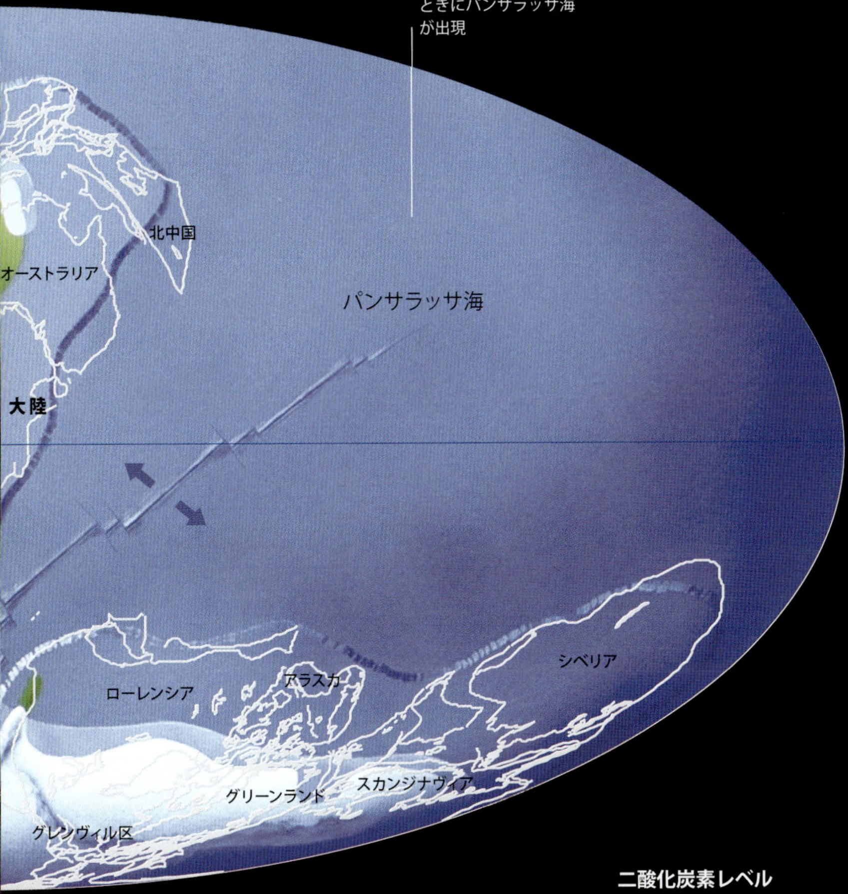

ロディニアが分裂したときにパンサラッサ海が出現

オーストラリア
北中国
パンサラッサ海
大陸
ローレンシア
アラスカ
シベリア
グリーンランド
スカンジナヴィア
グレンヴィル区

ブラチナ渓谷
南オーストラリア、フリンダース地域のブラチナ渓谷にある厚さ4kmの氷礫岩（氷成堆積物）シーケンスでは原生代後期に発生した広範囲にわたる氷河作用の痕跡が見られる。

二酸化炭素レベル
長期にわたり温暖期が続いたあとに、地球の気温が低下した。原生代に二酸化炭素レベルが上昇した。

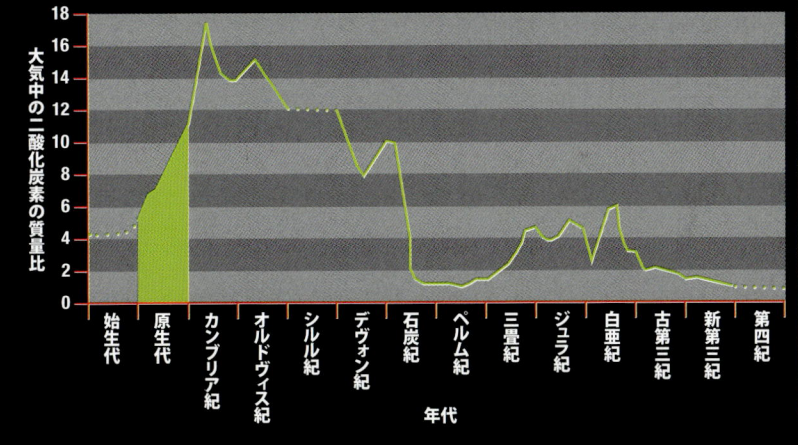

中原生代	新原生代	
1500	1000	500　単位：100万年前

- **1500** 構造が複雑な最初の真核生物、おそらく真菌類
- **1400** ストロマトライトの多様性の急増大
- **1200** 陸地での微細コロニー形成。最初の多細胞紅藻類（⇨下）
- **1100** 最古の渦鞭毛藻類（鞭毛をもつ単細胞真核微生物）
- **1000** 最初の黄緑藻類（パラエオウアウケリア）
- **750** 最初の原生動物（単細胞非光合成真核生物）例：メラノキュリッリウム
- **750-700** 最初の石灰藻類
- **713-635** 後生動物の最初の間接的証拠（多細胞動物）。化学バイオマーカーによれば普通海綿
- **560** 最初の菌類

微生物

ストロマトライト

バンギオモルファ

- **565-540** 最初のエディアカラ動物群（例：ディッキンソニア）
- **555** 最初の花虫類
- **550** 有櫛動物（クシクラゲ類）、海綿動物の最初の証拠。最初の花虫類（サンゴ、イソギンチャクを含むグループ）

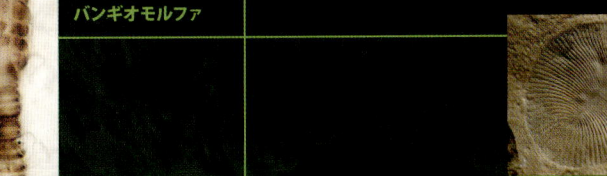
ディッキンソニア

無脊椎動物

原生代の微生物

原生代には、進化といえばほとんどが細胞が大きく進化したことを意味していた。すなわち、核が発達し、酸素発生型光合成を行うようになり、有性生殖能力を身につけるようになった。このようにして生まれた分化細胞が菌類、植物、動物の祖先となった。

原生代初期の生物は、もっぱら微小で単細胞であった。キャベツ状に増殖した細菌が化石化したものがストロマトライトという岩石で、そのなかにこの時代の微化石がよく見つかる。それらは、現代の塩湖中や温泉周辺に現存する細菌に似ていた。その細胞には核がないし、有性生殖の痕跡もないことから原核細胞（「無核」という意味）と呼ばれている。原生代の細菌のなかには酸素を必要としなかったものもあり、地球の表面が非常に有毒な状態にあったことがうかがえる。その他の細菌は、シアノバクテリアという酸素を生産する「藻類」に似ていた。その最古の例は、大気中で急激な酸素蓄積がおきて、地球がはるかに生息しやすい環境となった時期とほぼ同時期に出現した。細胞はしだいに大型化、多様化、分化していった。この複雑な細胞を真核細胞（「有核」という意味）という。単純な細胞がこのようにより高等な細胞に変化することは、進化のなかでおそらくもっとも長く困難な一歩だっただろう。原生代末期になると、体の大きな軟体生物が海底でコロニーを形成していた。

ガンフリント・チャート
チャート中には初期の微化石が残る。これらの岩石には、最初期に記録された化石のいくつかが含まれる。このガンフリント・チャートの薄片には細菌が形成した柱状ストロマトライトが見られる。

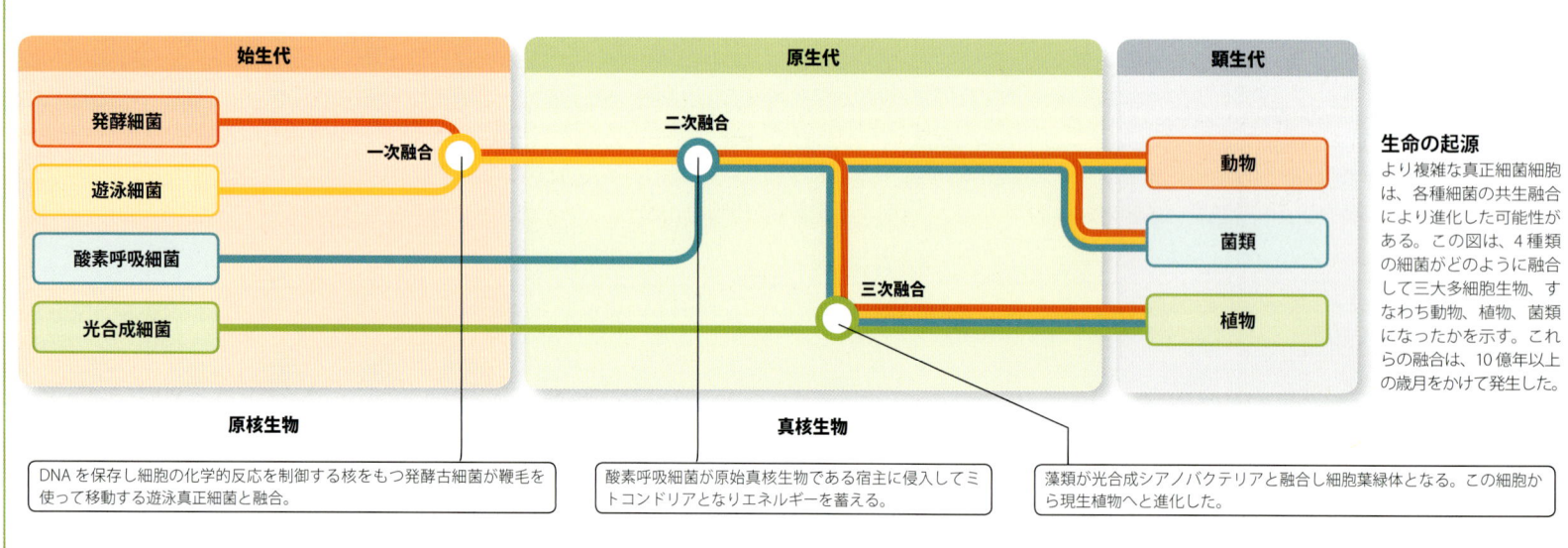

生命の起源
より複雑な真正細菌細胞は、各種細菌の共生融合により進化した可能性がある。この図は、4種類の細菌がどのように融合して三大多細胞生物、すなわち動物、植物、菌類になったかを示す。これらの融合は、10億年以上の歳月をかけて発生した。

グループ概観

原生代の化石記録から見てとれるように、当時、世界は微細菌に支配されていた。19億年前以降に生命を維持できる十分な酸素が存在するようになって初めて、複雑な真核生物が出現した。その後、7億5000万年前ごろに摂食という大きな進化をとげ、約5億4500万年前に消化管をもつようになった。

シアノバクテリア
初期の化石のほとんどは、光合成細菌細胞である。体幅が2ミクロンもないが、集合すると微生物マットとなりストロマトライト形成につながった。これらの細胞のおかげで、地球は現在のような生息しやすい惑星となり、生物は、常時日光から食物を確保できるようになり、酸素も作りだされるようになった。

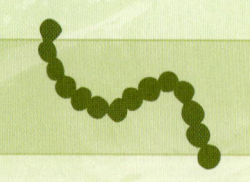

藻類
より大型の複雑な光合成藻類細胞は、14億年前以降に出現した。体幅が20ミクロン以上で、進化をとげてはるかに大きなコロニーを形成するようになった。枝や根状組織をのばしてシアノバクテリアが占める生態ゾーンを広げていった。4億5000万年前になると、その一部が陸地に移動して最終的に現生植物グループに進化をとげていた。

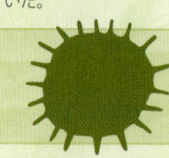

原生動物
原生動物は、単細胞で他の生物を摂食することができた。微小なフラスコ状の殻が特徴で、出現したのは7億5000万年前以降になってからである。摂食できるように進化したことで、原生代後期の藻類が生みだす有機物をより迅速に再利用できるようになった。一部の原生動物は、コロニーに融合され、そのコロニーが初期の菌類や動物に分化した。

海綿類
特異組織に分化して単純な動物となる細胞コロニーが出現したのは、原生代末期になってからである。確認できたなかで最古の化石は、海綿骨針であり、約5億4300万年前にはすでに存在していた。海綿類はろ過摂食動物で、先カンブリア時代末期に水中や海底を「浄化する」働きをしていた。

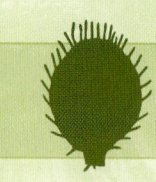

ガンフリンティア

グループ	シアノバクテリア
年代	原生代から現代
大きさ	幅5ミクロン
産出地	カナダ、オーストラリア

岩石記録のいたるところで多数見られる最初の化石。酸素を生産する最初のシアノバクテリアの1つである。この種の光合成生物が大気中の酸素レベルを上昇させる働きをし、そのおかげで地球は、のちに出現する原生動物、植物、動物などの酸素使用生物にとって生息しやすい場所となった。

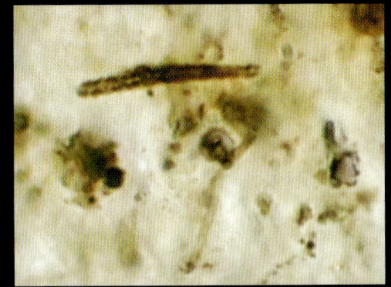

よく見つかる化石
ここではガンフリンティアの糸状体と一緒に丸い球状のヒューロニオスポラが見られる。ガンフリンティアは、よく見つかる微化石である。

エオエントフサリス

グループ	シアノバクテリア
年代	原生代から現代
大きさ	幅5ミクロン
産出地	世界各地

浅い水域にある原生代のチャート岩石中には化石化した**エオエントフサリス**が広く存在する。現在でも浅い塩湖で目にすることができる**エントフサリス**という現生の球状シアノバクテリアとよく似ている。細菌は、単純な構造であるが、その生息のしかたは、きわめて汎存種的である。

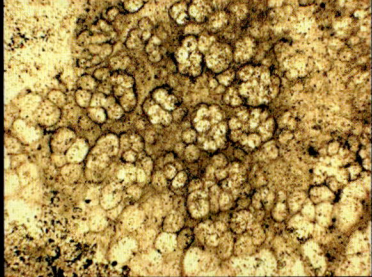

ブドウの房
シアノバクテリアの微化石がすべてガンフリンティアのような糸状というわけではない。**エオエントフサリス**はブドウの房状である。

トッリドノフュクス

グループ	緑藻綱
年代	原生代から現代
大きさ	幅20ミクロン
産出地	スコットランド

ここに示すこの藻類の微化石は、アクリタークという丸いボール状の構造体から脱出しつつあるようすだが、このアクリタークが閉じこめられていた生物を寒さ、乾燥、酸素欠乏状態から保護する働きをしていた。この藻類の存在は、はるか10億年前から、春になると地面が緑化しはじめていたことをあらわしている。

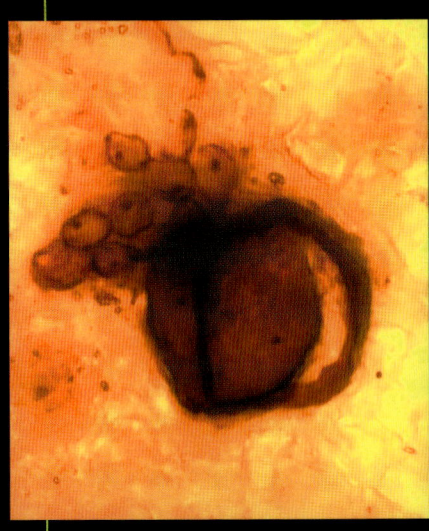

緑藻類
各細胞内の黒い斑点は、分化したサブユニット(細胞小器官)の残骸の可能性もあると考えられ、これは、真核性緑藻類であると思われる。

バンギオモルファ

グループ	紅藻綱
年代	原生代から現代
大きさ	幅20ミクロン
産出地	カナダ

現生紅藻に見られると同様の多細胞糸状体は、約12億年前に初めて出現した。**バンギオモルファ**は、分化した生殖構造と、それを海底に固着するとともに日光に向かって浮上できるようにする原始的な付着根をもっていた。有性生殖と細胞分化の進化は、植物と動物がより複雑な体制を獲得するようになるまでの長い道のりをあらわしていると解釈できる。

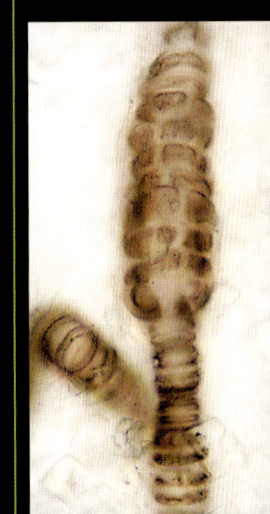

積層細胞
この化石化した**バンギオモルファ**では、現生紅藻類に一般的に見られる細胞に似た大型細胞が山積みした板のような形で積み重なっている。

メラノキュリッリウムの1種

グループ	アメーボゾア
年代	原生代後期から現代
大きさ	全長60ミクロン
産出地	アメリカ、北ヨーロッパ

有殻アメーバという現生の単細胞生物グループに似ている。アメーバのように、核、ミトコンドリア、弾力性のある体壁をもつほか、他生物を捕食するときに使う仮足をもつ。別に外殻もあり、それが乾燥や攻撃から身を守る保護具の働きをしていた。

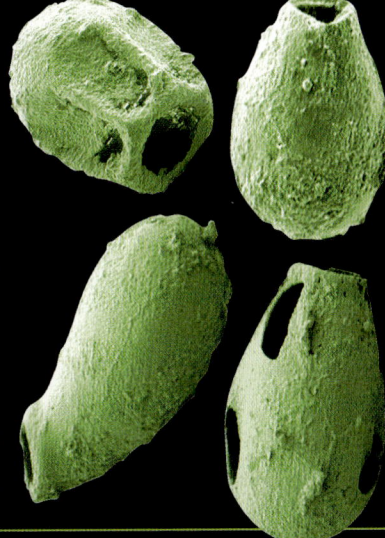

有機物でできた袋
これらの花瓶の形をした微化石は、一般には有機物でできたフラスコ状の袋である。なかには、そのほかに泥粒子や分泌シリカスケールが付着したものもある。

メガスファエラ

グループ	推定では動物界
年代	原生代後期
大きさ	幅500ミクロン
産出地	中国

当初は緑藻類と見なされていたが、現在では初期の動物の卵や胚あるいはおそらく硫黄酸化細菌細胞であると考えられている。保存状態が非常によいが、その類縁関係については今でも議論がなされている。岩石記録でそれらのすぐ上に記録されたエディアカラ生物群の海綿動物の胚である可能性もある。

動物の胚?
彫刻に似た模様のある壁の内部には、動物の胚の初期分裂段階に似た細胞塊が見られる。

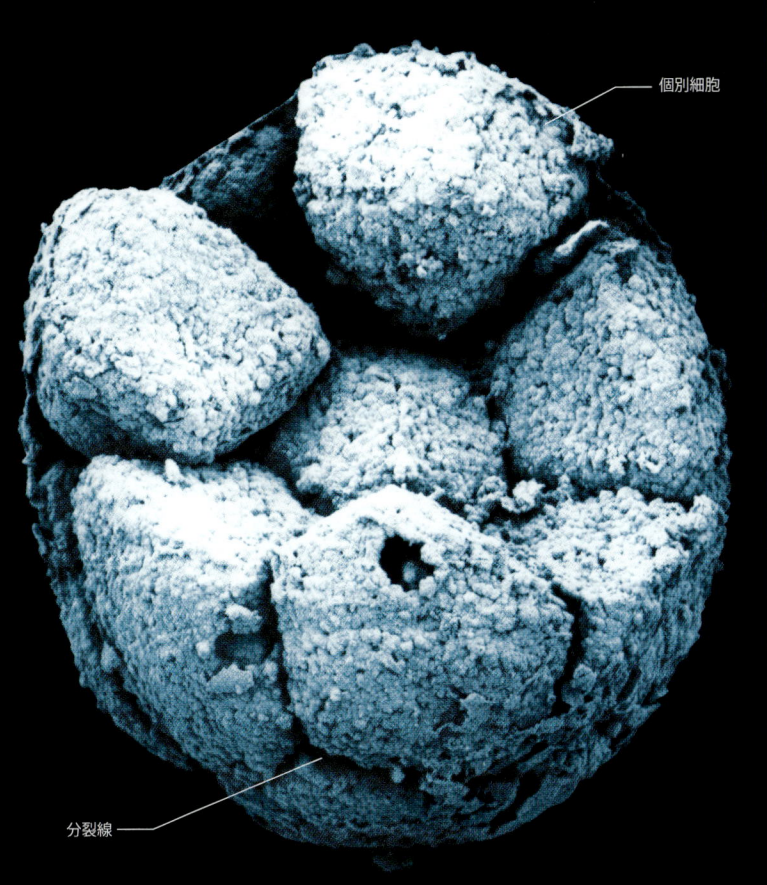

個別細胞

分裂線

プロトスポンギア

グループ	海綿動物門
年代	原生代後期からカンブリア紀
大きさ	全長1mm
産出地	世界各地

現生海綿動物は、最古の細胞群体の子孫であり、そのような細胞群体が現生動物に進化していったというのが広く一致した見かたである。海綿動物の最古の化石証拠が微小な海綿骨針で、これは、原生代のほぼ末期に初めて出現した。カンブリア爆発が始まったころの激しい生存競争の時代におそらく保護具や支持具として進化したのであろう。(⇒ p.68)

独特の形状

独特の形状
海綿骨針のなかにはきわめて独特なものもあり、とくに十字状のものは、エディアカラ紀末に初めて出現した。

微生物

原生代の無脊椎動物

1946年まで、原生代のものとして知られている化石は藍藻の成長により形成されたストロマトライトという層状堆積物のみであった。しかし、1946年にオーストラリアでエディアカラ動物群が発見されたことで、先カンブリア時代後期の自然についてまったく新しい見かたが打ちだされた。

エディアカラ動物群

先カンブリア時代後期は、一般に食物連鎖の短い単純な生態系の時代で、細菌、藻類、原生生物が存在したが、それらは、化石化しなかった。また、連続的に氷河作用が発生した時代でもあり、あまりに深刻な氷河作用のため地球が氷でおおわれたこともあったので「スノーボール・アース」の仮説が生まれた。しかし、約5億8000万年前には、エディアカラ動物群（⇨ p.63）が繁栄しはじめた。その動物群は、形状や大きさの異なる多種多様な生物から構成されていたが、そのほとんどは、表面に「キルト模様」があり消化管はなかった。30以上の属が確認されているが、それらがクラゲ、ウミエラ、蠕虫などの現生動物の遠い祖先なのかという点や、それらが進化実験の失敗のなごりであり現生生物とは無関係で、ほとんど別の惑星から来た生物のような存在だという点については、今でも意見が分かれる。もし後者が事実ならば、知られているようなヴェンドゾアは、おそらくその組織内に光合成藻類が存在していたかもしれないし、あるいは、表面全体で栄養素を吸収するという方法で摂食していたのかもしれない。

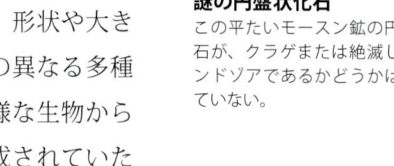

謎の円盤状化石
この平たいモースン鉱の円盤状化石が、クラゲまたは絶滅したヴェンドゾアであるかどうかはわかっていない。

エディアカラ・ヒルズ
南オーストラリア、アデレードの北方に位置し、1947年に先カンブリア時代後期のさまざまなエディアカラ動物群化石が記録された。

良好な保存状態

これらの先カンブリア時代後期の化石は、オーストラリアのエディアカラ・ヒルズの他に、カナダ、ロシア、イギリスなどの世界の他の地域でも発見されている。エディアカラ・ヒルズからは、何千もの標本が産出されているが、それらは、極細砂中に保存された状態であった。それこそが化石の存続にとって重要な要素である。それらが見られる場所は、薄いシルト層とかたい砂岩の界面であり、干潮時に現れる干潟または浅い潮だまりに生きた動物が取り残され、砂でおおわれて保存されたと思われる。エディアカラ紀にはすべての生物が日当たりのよい浅い水域に生息していたので、必要に応じて光合成を行うことができた。

海底に生息する生物
多く見つかっているエディアカラ紀の化石カミオディスクスは、表面に「キルト模様」があり、海底に定着して垂直に浮上する生物だった。

カルニア

グループ	未分類
年代	先カンブリア時代後期
大きさ	全高0.15–2m
産出地	イギリス、オーストラリア、カナダ、ロシア

1957年に、ロジャー・メイソンという子どもがイギリスのレスターシャーで先カンブリア時代後期岩石中で化石を発見した。1年後におそらく藻類ではないかとして記載されたが、それ以降は八放サンゴの1種である現生ウミエラと類似するという見かたが一般的に受け入れられている。先カンブリア時代後期に進化をとげたキルト模様のあるヴェンドビオンタという一般名をもつ生物の1種であるという解釈も存在する。左右対称の羽根の形をした葉状体をもち、全長にわたって一連の側枝がたがいに接合している。これらの枝は、垂直軸に対して約45度の角度で並び、さらに整然と細分化されている。この生物がウミエラに似たものであれば、そのなかにポリプが内包されていたであろう。標本のなかには、基部に茎がある状態で見つかったものもあるが、近縁種の化石カルニオディスクスの場合、茎が足盤につながっている。その例をもとに、円盤状の化石アスピデッラ（⇨ p.62）とメドゥシニテスは、カルニアに似た葉状体の付着盤であるという説が生まれた。通常は生物が死ぬと葉状体は崩壊するが、それらの円盤状構造体は、堆積物のなかにすでに埋まっていたため化石化した。カルニアがウミエラに似ているという説は、最近疑問視されているが、群体先端での出芽のしかたが現生ウミエラとは異なっているようだというのがその理由である。

生きていたときのカルニア
カルニアの葉状体は、そのなかに生息する光合成藻類や細菌のために日光を取りこめる形状だったため、緑色をしていたといわれている。

カルニアの1種
先カンブリア時代のほとんどの化石と同様に、カルニアに関する知識は、やわらかい堆積物中に残された体外面の圧痕から得られたものである。内部構造はいっさい残っていない。

細分化された側枝

無脊椎動物

キュクロメドゥーサ

グループ 推定では刺胞動物
年代 先カンブリア時代後期
大きさ 直径2.5–30cm
産出地 オーストラリア、ロシア、中国、メキシコ、カナダ、イギリス諸島、ノルウェー

1946年に南オーストラリア、フリンダース地域のエディアカラで見つかった。エディアカラ化石のなかで最初に記載された化石の1つである（⇒次ページのコラム）。最初はカンブリア紀のクラゲであると誤って識別され、1950年代になって初めて先カンブリア時代のものであると特定された。多く見つかっている化石であるが、ほとんど解明されていない。通常、体が円形で、同心円状の隆線と放射模様がある。2つ以上中心のある独特な形状の標本も見つかっており、1個体の成長が、近くに存在した別の個体の成長に影響を与えたと思われる。

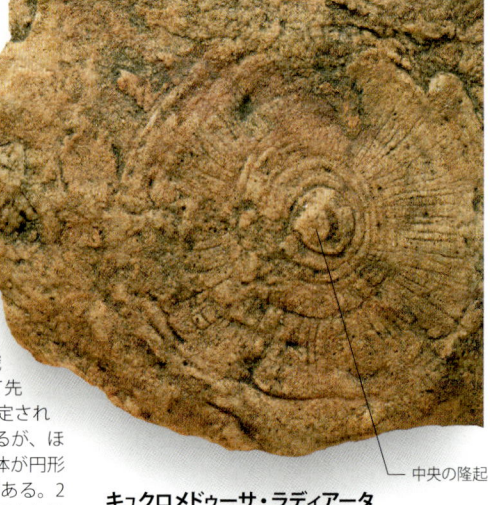

キュクロメドゥーサ・ラディアータ
中央の隆起が破断していることが多く、キュクロメドゥーサがそれより大型の生物の付着盤でしかなかったという説に説得力を与える。

― 中央の隆起

サイエンス
初期のクラゲ？

キュクロメドゥーサの圧痕は、円形のクラゲに似ているが、クラゲの特徴はあまり見られない。実際のクラゲは、四放射相称であるが、キュクロメドゥーサはそうではない。キュクロメドゥーサには触手もないが、これは、おそらくその触手が非常にもろかったためだろう。実際のクラゲの化石が非常に少ない一因もそのもろさにある。では、なぜこれほど多くの化石が見つかっているのだろうか？

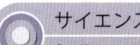

アスピデッラ

グループ 推定では刺胞動物
年代 先カンブリア時代後期
大きさ 直径0.1–5cm
産出地 カナダ、イギリス諸島

1872年にカナダで発見されたアスピデッラが、初めて記載された先カンブリア時代の化石である。のちに地質学者はそれを偽化石、つまり堆積過程でできた化石に似た圧痕であると判定した。アスピデッラの再鑑定が行われたのは、1960年代にオーストラリアのエディアカラ動物群が記載されたあとで、地質学者によって実際に化石であるとの結論が下された。当初クラゲと分類されたが、現在ではカルニアなどの葉状体に似た生物の付着盤だったと考えられている（⇒p.61）。この理論の問題点は、葉状体よりもはるかに多い数の円盤状構造体が見つかっている点にある。場所によっては数百のアスピデッラの円盤状構造体が産出しているが、化石化した葉状体はいっさい見つかっていない。

アスピデッラの1種
この化石は、小型の円盤状構造体で、中央の隆起が高く放射状や同心円状の隆線があることが多い。

ユエロフイクヌス

グループ 未分類
年代 先カンブリア時代後期
大きさ 全長1–15cm
産出地 カナダ、ロシア、イギリス諸島、中国、オーストラリア

ユエロフイクヌスの1種
高い隆線は、照明をローアングルに撮影すると見えやすくなる。

これらのえたいの知れない化石は、当初は摂食痕であると考えられていた。その蛇行の特徴から読みとれるのは高度の摂食方法で、動物（ほとんどが環形動物または軟体動物）が海底すれすれに規則正しく通りながら表面の餌を捕食していったと思われる。しかし、保存状態が良好なユエロフイクヌスの標本は、別の説を示唆する。実際の摂食痕とは異なり、この蛇行模様には分かれ目のあとがない。むしろ、これらの化石は、こわれて切断された管のように見える。渦巻状構造の生物、おそらく藻類だというのがごく最近の説である。

ディッキンソニア

グループ 推定では板形動物
年代 先カンブリア時代後期
大きさ 全長1–100cm
産出地 オーストラリア、ロシア

発見されているエディアカラ動物群のなかでもっとも不思議な化石の1つである。一見、体節動物のようだが独特の頭部と尾端をもつ。そのため、体節に分かれたマリンワームだと信じられていた。全成長過程を映しだすさまざまな保存状態の標本がこれまでに数百収集された。知られているなかで最大の標本は、全長約1mある。しかし、確かな消化管や他の内部構造は見つかっていない。そのため、ディッキンソニアは、体の下面全体を通して餌を吸収するという摂食方法を用いていたと結論づけられた。ごく最近では、この不思議な動物が板形動物（現生種が1種類しか存在しない動物グループ）であるとの説もある。板形動物には4種類の細胞しかなく、それらが2層をなして存在する。海綿動物から真の組織と分化細胞をもつ動物真正後生動物に進化する過程の中間点にあたる生物である可能性もある。

― 中央の溝
― 成熟終点
― 体節

ディッキンソニアのどちら側が頭部か、そもそも頭部があるのかは**不明**である。

ディッキンソニア・コスタタ
中央の溝から多数の体節が放射状にのびていた。一方の端の体節のほうが大きく、反対端の体節よりも成熟していた可能性がある。

パルウァンコリナ

グループ	未分類
年代	先カンブリア時代後期
大きさ	全長1〜2.5cm
産出地	オーストラリア、ロシア

独特の頭部と思われる盾形前端をもつエディアカラ化石。体には長さの方向に沿って中央に軸隆線がのび、体節に分かれていた痕跡が見られる。一部のパルウァンコリナの化石では最大10対の付属肢と思われるものが確認されている。また、その多くが独特の成長過程を映しだす。多くの標本は、頭甲が水流方向に向いている状態で見つかっているが、これは、ある種の捕食戦略と思われる。カンブリア紀のマッレラに形がよく似ている（⇨ p.74〜75）。

パルウァンコリナ・ミンカミ
頭部が盾形であることからパルウァンコリナは、三葉虫類の祖先といわれている。

トゥリブラキディウム

グループ	未分類
年代	先カンブリア時代後期
大きさ	直径2〜5cm
産出地	オーストラリア、ロシア、カナダ

謎の多いエディアカラ化石。円盤状の生物で、表面に盛りあがった「腕」が3本あり、輪郭も盛りあがっている。縁周辺に剛毛に似た構造体があるようにも見受けられる。体は三放射相称、すなわち、3つの線に沿って左右対称である。顕生代には三放射相称動物はいっさい存在しなかったが、五放射相称の棘皮動物が出現する前に、三放射相称動物が存在していた可能性がある。しかし、トゥリブラキディウムには棘皮動物の特徴である石灰質の骨板がなかった。

トゥリブラキディウム・ヘラディクム
一説では、トゥリブラキディウムは、カルニアに似た標本の付着根だったといわれている（⇨ p.61）。

スプリッギナ

グループ	未分類
年代	先カンブリア時代後期
大きさ	全長3cm
産出地	オーストラリア、ロシア

はっきりとした頭部と尾端と思われるものをもつ体節動物。頭部は馬蹄形で、体は40ほどの体節に分かれ、背中に沿った目立つ正中線と小さい尾がある。見つかった化石は、度合いの違いはあれ湾曲しており、体に柔軟性があったことがうかがえる。スプリッギナの正体については今でも議論が続いている。現生の海生環形動物に似ているという意見もあれば、三葉虫類の頬棘に似た棘が頭部にあることから、原始三葉虫かもしれないとの意見もある。現時点では、おそらく左右相称動物、すなわち、生活環のいずれかの時点で体が左右対称となる動物グループに分類するのが最善であろう。

重要な発見
エディアカラ動物群

1946年に地質学者レジナルド・スプリッグは、南オーストラリアのフリンダース地域で鉱脈を探査していたときにエディアカラ・ヒルズで化石群を発見し、その軟体動物をカンブリア紀前期のクラゲであると記載した。だがすぐに実際には先カンブリア時代のものであると年代の特定がなされ、スプリッギナを含むこの多様な動物群は、エディアカラ動物群として知られるようになった。

蠕虫か、原始三葉虫か、それともそのどちらともまったく無関係か？スプリッギナについての議論は今も続く。

スプリッギナ・フラウンダーシ
スプリッギナが原始三葉虫または他の節足動物であるという説の大きな問題点の1つは、その体節が左右対称に並んでおらず、正中線の下方でたがいに少しずれていることである。

無脊椎動物

カンブリア紀

- 68 微生物
- 70 無脊椎動物
- 78 脊椎動物

カンブリア紀

カンブリア紀とは5億4200万～4億8800万年前の期間で、急激な大陸移動が発生した時代の1つである。もっとも重要なのは、動物の多様性がとくに爆発的に増大したことである。これらの新しく出現した種類の多くは、生物が鉱物を形成する能力を進化させた。これは、おそらく捕食動物の進化にともない発生したのであろう。この時代の軟体動物は、カナダのバージェス・シェイルや中国の澄江などの地域に化石として残っている。

現在のカザフスタン
中央アジアにある陸地に囲まれた広大な乾燥した国。カンブリア紀には微小大陸の集合体であった。これらの乾燥した丘陵は、縮小しつづけるアラル海の東方に位置する。

海洋と大陸

カンブリア紀初頭になるとパノティア大陸が分裂しはじめていたが、もう1つの超大陸ゴンドワナは、肥大化しつつあった。ゴンドワナは、現在の南アメリカ、アフリカ、マダガスカル、インド、オーストラリア、南極大陸の大部分を含んでいた。当時、大陸は、年間約30cmという比較的速い速度で移動していたようである。パノティア大陸が分裂したとき、ローレンシア大陸(現在の北アメリカ)、バルティカ大陸(北ヨーロッパ)、シベリア大陸のあいだにイアペタス海が出現し拡大していった。ローレンシアの北方にはパンサラッサ海が広がっていた。カンブリア紀前期～カンブリア紀中期に、ローレンシアが極地から熱帯緯度に向けて移動し、赤道をまたぐ格好となった。それらの他大陸の東方に位置していた最大の大陸ゴンドワナは、南極から赤道まで続く広大な大陸だった。地球の地殻プレートの移動で、この大陸が90度回転した。他にもカザフスタン、中国、現在の東南アジアの一部などの小大陸地塊も存在していた。ほとんどの大陸が比較的低い起伏で、広大な浅い海に囲まれていた。海水面の上昇がおきたときに山の多いゴンドワナ、シベリア東部、カザフスタン以外の大陸は水没していった。温暖な浅水域の海洋環境下で生物が繁殖し、海綿動物、腕足動物、サンゴ、軟体動物、棘皮動物、節足動物などの鉱化骨格をもつ複雑な動物が出現した。海洋の化学的性質の変化、食物連鎖の根幹でのプランクトン種の多様性の増大、捕食動物からの圧力のすべてがカンブリア爆発に寄与した可能性がある(⇨ p.70)。

アパラチア山脈
アメリカ・アパラチア山脈の隆起した岩石は、堆積物が固化したものだが、この堆積物は、カンブリア紀初頭ごろ(5億4200万年前)にイアペタス海岸で堆積したものである。

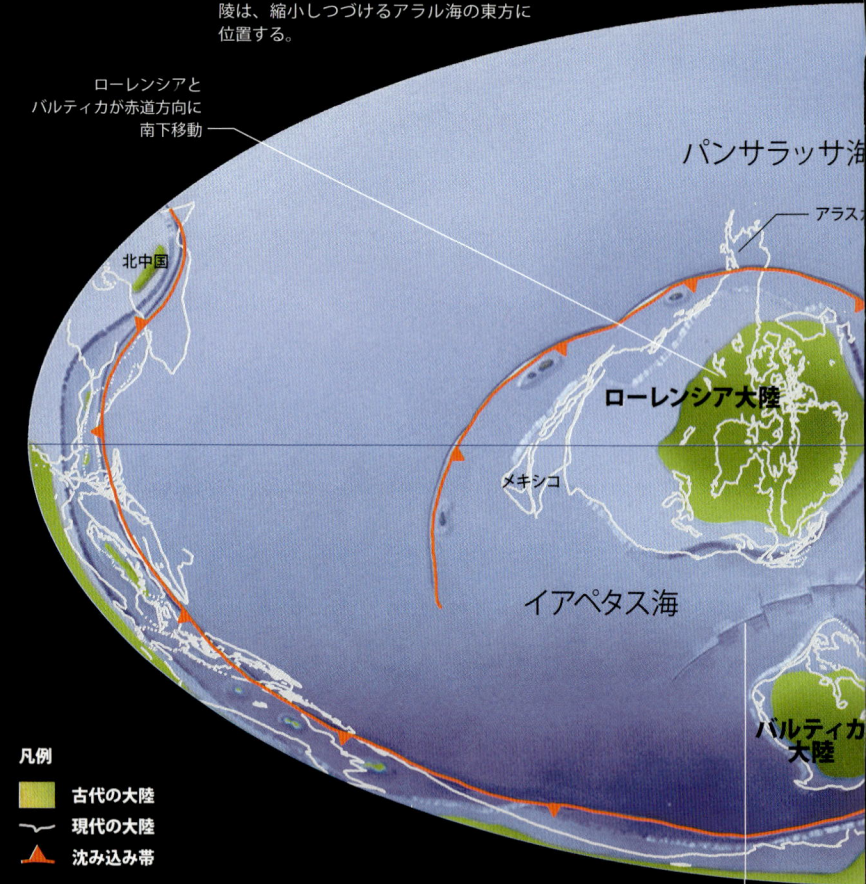

凡例
- 古代の大陸
- 現代の大陸
- 沈み込み帯

カンブリア紀の世界地図
カンブリア紀末期になると、北部の大半はパンサラッサ海におおわれていた。イアペタス海が出現し、ゴンドワナ大陸が回転していった。

ローレンシア大陸(現在の北アメリカ)とバルティカ大陸(現在の北ヨーロッパ)のあいだにイアペタス海が出現

テリヌヴィアン		第2世
単位：100万年前　540	530	520

微生物

無脊椎動物
- 540 最初の微小有殻化石群：トンモティア類、ハルキエリア類、ウィワクシア類
- 535 最初の三葉虫類(⇨下)。他の節足動物：貝形虫プラトリア類、腕足動物(オルキス類)、甲殻類、軟体動物(単板類、二枚貝類)、棘皮動物、頭索動物、刺胞動物コヌラリア類、葉足動物類、鰓曳虫類、線虫、鋏角類、吻殻類、有爪動物(海生)、有孔虫、放射虫
- 530 最初のロムビフェラ類と最初の座海星類(絶滅した棘皮動物)。海底に残された最初の節足動物の生痕化石
- 525 最初の筆石類(例：ディクテュオネマ) 澄江生物群
- 520 最初のヘンタメルス類腕足動物(チョウチン貝)

微小有殻化石群

オレヌス・ギボースス

ディクテュオネマ

脊椎動物
- 535 最初の脊索動物(無顎類の魚)

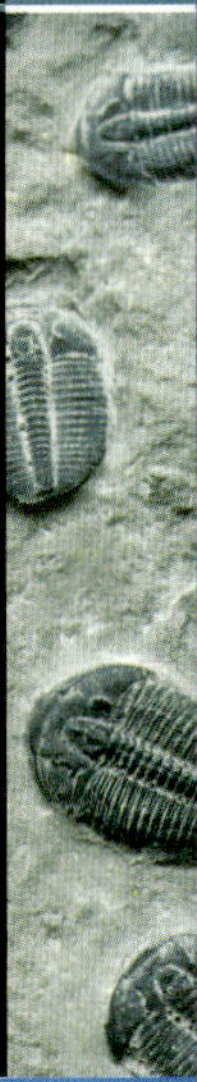

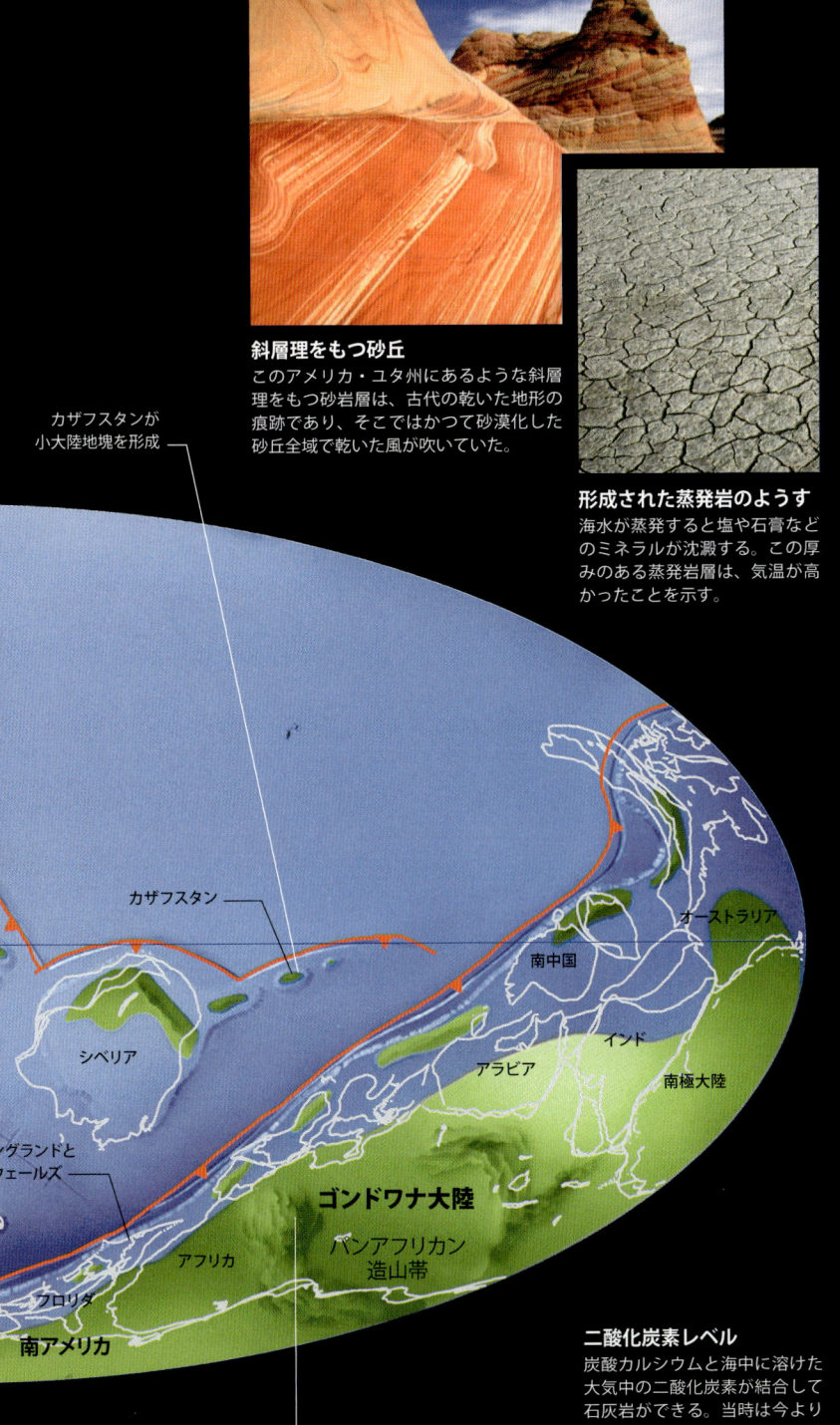

斜層理をもつ砂丘
このアメリカ・ユタ州にあるような斜層理をもつ砂岩層は、古代の乾いた地形の痕跡であり、そこではかつて砂漠化した砂丘全域で乾いた風が吹いていた。

形成された蒸発岩のようす
海水が蒸発すると塩や石膏などのミネラルが沈澱する。この厚みのある蒸発岩層は、気温が高かったことを示す。

気候

カンブリア紀における地球の気候についてはあまり詳しくはわかっていない。二酸化炭素レベルは高く、最大で現在の 15 倍はあった。また、蒸発岩の巨大な堆積物が存在していたことがわかっている。これらの両要素から、地球の気温が高かったことがわかる。ある推定によると、カンブリア紀後期になると平均 50 ～ 60℃もあったことになる。多くの低海抜大陸は、陸地から吹きよせる風と少ない降雨量のために乾燥状態であった。カンブリア紀の地質記録には高温多湿の気候を示すものはほとんど見られないが、そのような条件下でローレンシア大陸の熱帯地方で形成されたといわれているラテライトとボーキサイトの標本が存在する。一方、アジアブロックのとくに西端に沿った地域では、乾燥気候が発生しやすい降雨量、地形条件、風条件がそろっていた。乾燥地帯と多湿地帯のいずれもが赤道近くの低緯度に位置していた。ちょうど極地に位置する大陸は存在せず、地球の大部分（現在の約 70% に比べて当時は約 85%）を海洋が占めていたので、気候は全体的に比較的穏やかだったと思われる。極地から熱帯地方にいたるまで、気温の変化は現在よりも小さかったようだ。状態は、熱帯や亜熱帯が主流で氷河作用は発生しなかった。緯度 50 度地点まで石灰岩沈澱物が存在するという事実がその説を裏づけている。

カザフスタンが
小大陸地塊を形成
カザフスタン
オーストラリア
南中国
シベリア
インド
アラビア
南極大陸
イングランドと
ウェールズ
ゴンドワナ大陸
パンアフリカン
造山帯
アフリカ
フロリダ
南アメリカ
複数の大陸が合体して
ゴンドワナ超大陸を形成

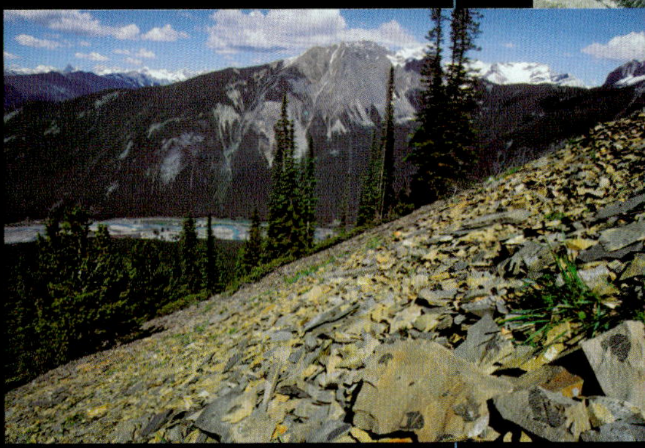

バージェス・シェイル
カナディアンロッキー山脈のバージェス・シェイル地域は、古代ローレンシア大陸の一部だった。ここに残っている壮観なカンブリア紀動物群は、赤道のすぐ南方の温暖な海で生息していたと思われる。

大気中の二酸化炭素の質量比
18
16
14
12
10
8
6
4
2
0
始生代
原生代
カンブリア紀
オルドヴィス紀
シルル紀
デヴォン紀
石炭紀
ペルム紀
三畳紀
ジュラ紀
白亜紀
古第三紀
新第三紀
第四紀
年代

二酸化炭素レベル
炭酸カルシウムと海中に溶けた大気中の二酸化炭素が結合して石灰岩ができる。当時は今より石灰岩鉱床が多く見られ、二酸化炭素レベルが高かったことを物語る。

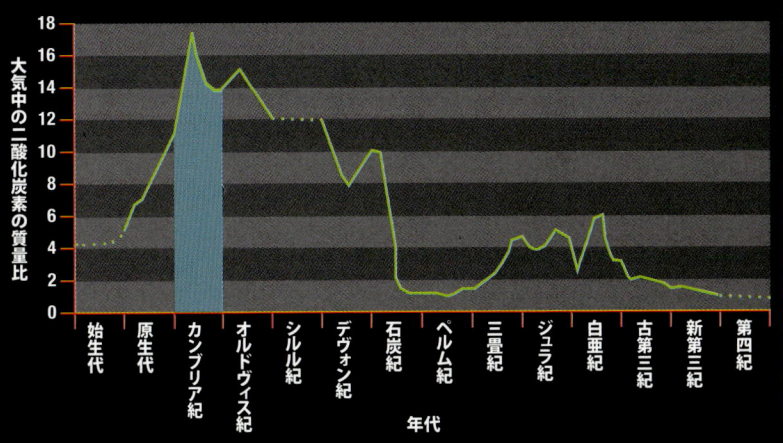

第 3 世	フロンギアン

510 500 490 単位：100 万年前

微生物

無脊椎動物

● **510** 最初の頭足類（オウムガイ類）とヒザラガイ類（多板綱）

● **505** バージェス・シェイルの化石化（例：**マッレッラ**と**ウィワクシア**）

マッレッラ

ウィワクシア

● **500** 最初のコノドント、原始腹足目（海産巻貝類）。最初のベレロフォン（巻貝類）と貝虫類（微小な甲殻類）。陸地に残された最初の節足動物の生痕化石。

脊椎動物

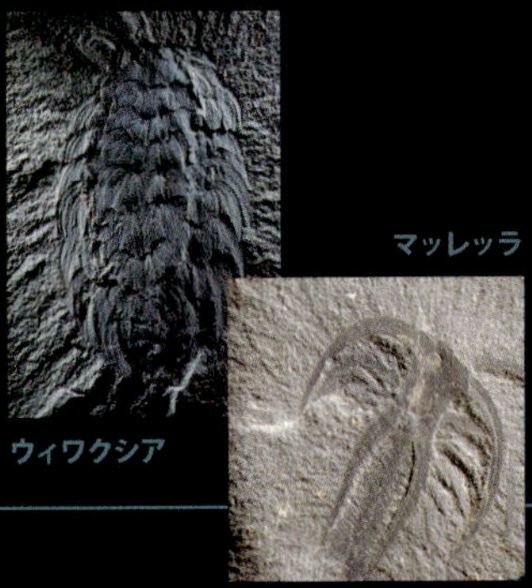

カンブリア紀の微生物

カンブリア紀初頭には驚くほどの進化事象が発生し、わずか数百万年のあいだに、蠕虫類から魚類までさまざまな動物グループが出現した。これらの生物の遺骸は微化石としてきわめて良好な保存状態で残っている。その微小有殻化石群から雪崩のような進化がおきたことがうかがえる。

カンブリア紀以前は、ほとんどの動物があごも消化管ももっていなかった。これは、肛門がなかったことを意味する。そしゃくや捕食の進化にともなって生存競争が始まり、世界中の生態系が急変した。

あごと防護機能

最初に現れた歯に似た要素の1つがプロトヘルトジーナに見られるが、この生物は、現生の矢虫に似ていた。身を守るために外骨格が急激に進化している。たとえばマイクハネッラの帽子状微小殻は、骨針というとげの集まりからできていた。のちに腕足類などの他の動物は、骨針を合体し、1つのかたい殻を作りあげた。カンブリア紀のリン酸鉱物中ではシアノバクテリアや他の藻類を含む軟組織の化石が見つかることがあるが、カンブリア紀以降はそのような注目に値する化石はほとんど見られなくなってしまった。これは、おそらく海底での清掃が激化していたせいだと思われる。

カンブリア紀の進化の連鎖

新たに出現したプランクトンと総称される無数の微生物が、カンブリア紀の海や大洋を自由に移動しはじめることにより食物連鎖が変化した。大洋は、有効な分散手段となると同時に、草食動物や捕食動物からある程度身を守ることも可能にした。漂流する他の微生物を餌として捕食できる場所では、もろいシリカ骨格をもつ放射虫の動物プランクトンが現れ、やがてそれらは、放射虫チャートという生物シリカ沈殿物を形成しはじめた。また、多様な種類の植物プランクトンが日光を利用し、光合成で栄養を取りながら繁殖していった。多くは、休眠嚢胞という保護器官を分泌していたので、海底に落下しても保存されやすく、カンブリア爆発期には、これらの生物のすべてが大量の餌となって、新種の動物が出現した。

カンブリア紀の露頭
シベリアにあるこの赤い石灰岩の露頭には、カンブリア爆発期ごろに出現した無数の新種の遺骸が、微化石となって大量に含まれている。

グループ概観

この時代の微化石記録を見ると、世界で消化器系をもつ多細胞動物の影響力が増していたことがわかる。これらの生物を左右相称動物という。カンブリア紀の石灰岩を実験室で弱酸に漬けて分解させると、それらの最古の遺骸が微化石として見つかることがよくある。

プロトコノドント
プロトヘルトジーナの微小なあごは、一部の現生の捕食性矢虫のものに似ている。この生物は、カンブリア紀最初期に世界各地に出現した。ものすごいあごをもっていたため、他の生物が保護殻をまとったり海底に身を隠したりするようになり、一種の「生存競争」が始まったことでカンブリア爆発がおきた可能性がある。

微小有殻化石群
最古の保護骨格は多くの場合、飲料用ストローに似た管状である。これが何の種の遺骸なのかを解明することはむずかしいかもしれないが、現生サンゴのポリプ、海生ケヤリ虫、さらに深海熱水噴出口に生息する蠕虫類とも類縁関係にある生物の遺骸のようだと思われる。進化により三葉虫類や他の清掃動物が出現するまでは、それらの生物が海底に多く生息していた。

微小貝類
カンブリア紀に突入するとすぐに、多数の骨でできた正体不明の骨格や微小な帽子形軟体動物の骨針が大量に出現した。それらがまとっていた殻の形状は非常に多様で、ハマグリやカタツムリに似たものもあったが、証拠によれば、これらの微小な軟体動物には古生代後期の軟体動物に見られる特徴の多くが見あたらない。

微節足動物
爆発的に多様化した節足動物が残した、リン酸塩化した遺骸には脚、エラ、軟体部が含まれることもある。カンブリア紀の節足動物が急激にさまざまな肢を進化させたことが走査電子顕微鏡の画像によって確認されている。その後出現した種は、現生のクモ、カニ、ロブスターに見られるような分化した付属肢をもつようになった。

プロトヘルトジーナ

グループ	毛顎動物
年代	カンブリア紀前期
大きさ	全長2mm
産出地	世界各地

カンブリア紀の岩石の基底近くではこのような微化石が見つかる。歯に似た「プロトコノドント」は、いずれもリン酸カルシウムでできており、固着するための中空基部をもつ。断面が盾形で、湾曲した長いとげをもつ。ときにはひとかたまりになって見つかることもあり、落とし格子に似た現生矢虫のあごによく似ている。したがって初期の捕食動物と思われる。

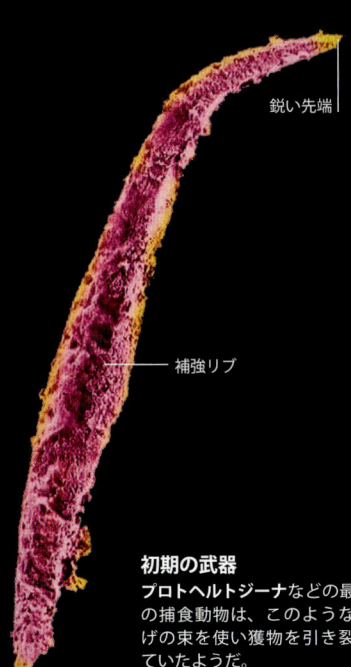

鋭い先端

補強リブ

初期の武器
プロトヘルトジーナなどの最古の捕食動物は、このようなとげの束を使い獲物を引き裂いていたようだ。

アナバリテス

グループ	推定では刺胞動物
年代	カンブリア紀前期
大きさ	全長5mm
産出地	世界各地

この管状の化石にはアラゴナイトでできた石灰質の殻がある。その断面は、独特の三葉クローバーの葉の形状をしている。カンブリア紀前期の多くの微小有殻化石群と同様に、その生物学的類縁関係は依然不明であるが、刺胞動物のクラゲやサンゴといったグループに近かったかもしれない。堆積物中に埋まるように形成されたコロニーで生息し、水中の有機物を餌にしていたとも考えられる。

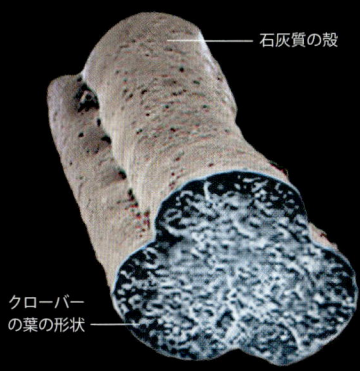

石灰質の殻

クローバーの葉の形状

独特の形状
アナバリテスの殻は、断面がめずらしい三葉の形状で、現生生物とはかなり異なる。このようなリン酸カルシウムからなる微化石は、カンブリア紀初頭に見られる。

マイクハネッラ

グループ	軟体動物
年代	カンブリア紀前期
大きさ	全長2mm
産出地	世界各地

この帽子形化石には弱鉱化した殻があるが、この殻は、死んだあとにリン酸塩化したものである。このパイナップルに似た殻は、骨針というとげが密集してできている。最初は、この例に見られるように、骨針は強く結合してはいなかった。ばらばらの状態で見つかることもあり、それを**シーフォーゴーヌキテス**または**ハルキエリア**と呼ぶ。数百万年の進化を経て、このとげが強く結合し1つのかたい殻になったが、その形状は現生カサガイの殻に似ていた。グリーンランドで見つかった標本の場合、殻の持ち主はナメクジに似た生物で、**マイクハネッラ**に似た帽子を2個背負い、その周縁はシーフォーゴーヌキテスに似た骨針でできていた。この複雑な配列は、当時でも壮大な実験が進行していたことをうかがわせる。**マイクハネッラ**は、おそらくカンブリア紀の海底に生えた藻類を餌にしていたと思われる。

カタツムリの祖先
マイクハネッラは、最古の軟体動物の1つである。現生の巻貝や頭足類は、ここに示すような形態（直径わずか1mm）から進化したと考えられている。

オルステンの節足動物

グループ	節足動物門
年代	カンブリア紀後期
大きさ	全長3mm
産出地	スウェーデン、中国

カンブリア紀は、三葉虫類の時代として知られているが、他にも多くの節足動物グループが存在した。その一部は、リン酸塩団塊のなかで驚くほど良好な状態に保存されていた。その団塊を崩しとり弱酸に漬けると、それより後期の岩石中ではめったに見つかることのないみごとな化石が姿を現した。走査電子顕微鏡を使って調べると、それらの生物の微小な脚や羽のようなエラの細部を見ることができる。この貝虫類に似た小型化石は、おそらく暗く冷たい海底に沈殿形成されたスープ状の層を餌にしていたと思われる。

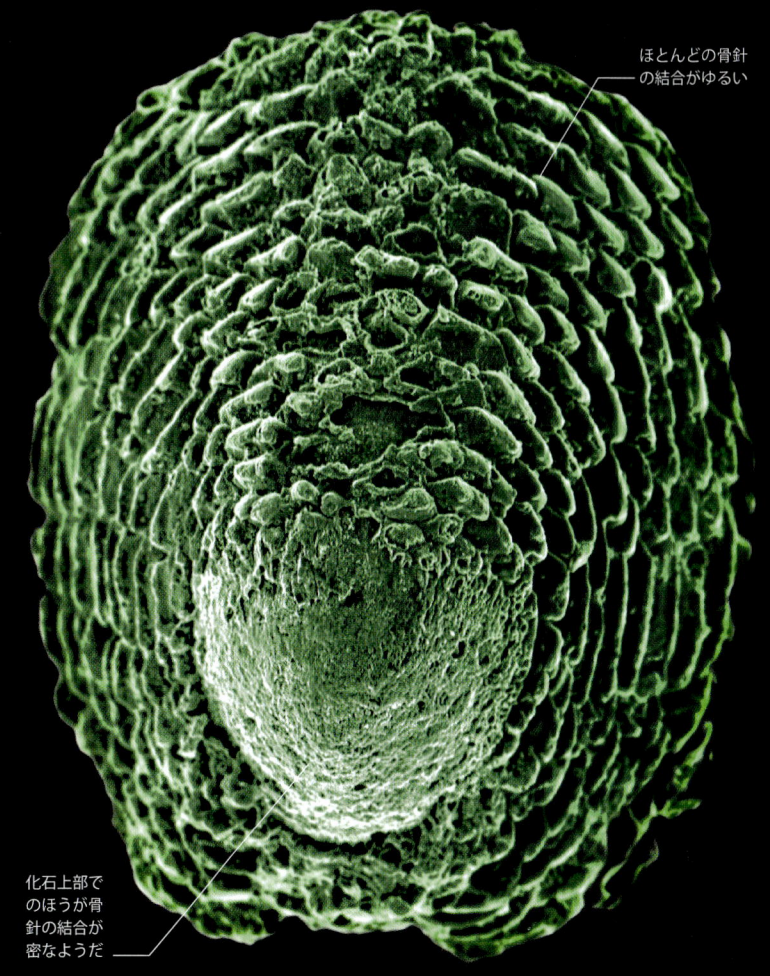

ほとんどの骨針の結合がゆるい

化石上部でのほうが骨針の結合が密なようだ

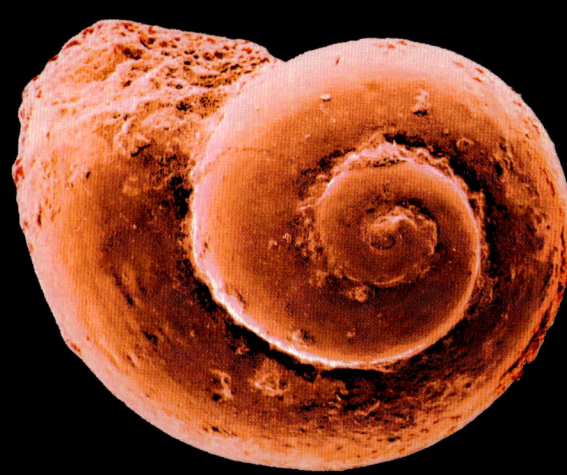

アルダネッラ

グループ	軟体動物
年代	カンブリア紀前期
大きさ	幅3mm
産出地	世界各地

カンブリア紀前期に軟体動物の殻が驚くほど急激な進化をとげ、現生種に似たものとなった。ここに示すようなコイル状の殻がカナダから中国にいたるまでの広い地域で現れた。同時期に出現した他の軟体動物は、はるか後期に生息していた二枚貝やコイル状の頭足類にやや似ている。小型の**アルダネッラ**は、現生カタツムリに似ているが、腹足類と近縁関係にあることを示す証拠は存在しない。この殻の持ち主は、おそらくカンブリア紀の海底面近くでデトリタスを餌にしていたと思われる。

オックスフォードで発見
この**アルダネッラ**の殻は、約5億3000万年前に化石化した。イギリス、オックスフォードの掘削孔で石炭探査従事者によって発見された。

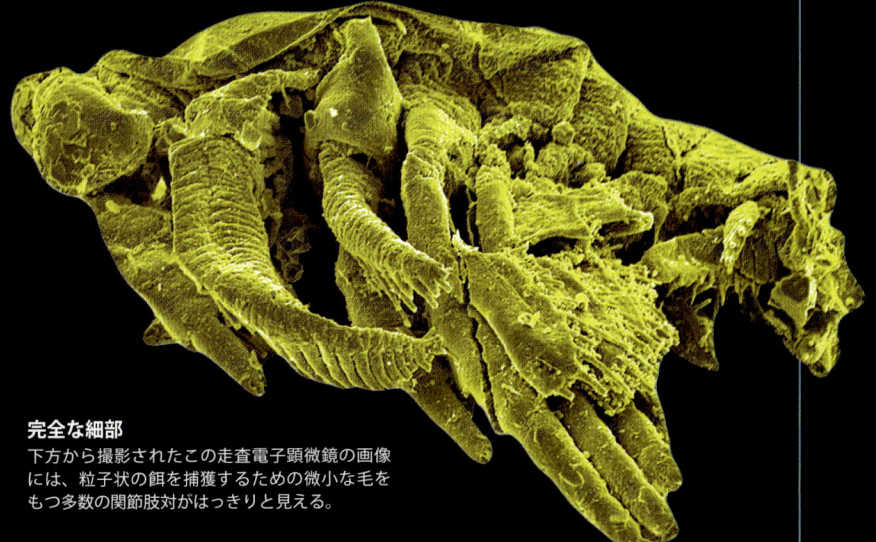

完全な細部
下方から撮影されたこの走査電子顕微鏡の画像には、粒子状の餌を捕獲するための微小な毛をもつ多数の関節肢対がはっきりと見える。

カンブリア紀の無脊椎動物

カンブリア紀は、進化史のなかでも多様な海生無脊椎動物が出現しはじめた非常に重要な時代である。それらの動物の一部は眼と強いあごをもっていたので、最初の活発な捕食動物として生存できた。カンブリア紀には三葉虫類などの他の進化動物群も繁栄したが、それらはオルドヴィス紀以降には衰退した。

生命の「爆発」

カンブリア爆発は、生命史初の非常に重要な進化事象であり、かたい殻をもつ海生無脊椎動物の出現と繁栄をもたらした。まず、約5億4300万年前にエディアカラ動物群(⇨ p. 63)が絶滅したあとに「微小有殻化石群」が出現したが、それは、リン酸塩でできた触手、コイル、板、管を特徴としてもっていた。5億2500万年前ごろまで生き残ったが、そのころになると、最初の三葉虫類、無関節腕足類、他のかたい殻をもつ化石が出現しはじめた。しかしそれらは、カンブリア紀に存在した多種多様な生物のごく一部でしかない。1909年にカナダのブリティッシュ・コロンビアで発見されたカンブリア紀中期のバージェス・シェイル動物群(⇨ p.74)と1984年に中国雲南省で発見されたカンブリア紀後期の澄江動物群によって証明されているように、保存のまれな、とくに節足動物や陸生カギムシの**ペリパトゥス**などの「葉足動物」には多くの体制が存在する。

バージェス・シェイルの節足動物
この小さな節足動物は、バージェス・シェイルから産出したマッレラ・スプレンデンスである。同地で多数発見された各種節足動物の1つにすぎない。

有殻化石
これらの小さな有殻化石は、ヒオリテスといい、カンブリア紀の進化動物群のなかで不可欠な存在で、多数見つかっている。

カンブリア紀の海中における多様性

バージェス・シェイル動物群や澄江動物群のほとんどは、軟体部または未鉱化殻をもつ多様な海生無脊椎動物であった。よく知られた三葉虫類もそれらと同時期に存在し、当時はどこにでもいた。カンブリア紀の海にはそのような軟体動物が多く生息していたと思われるが、それらの遺骸が残っている可能性は低い。カンブリア紀後期になると、甲殻類や他の動物群も現れはじめた。

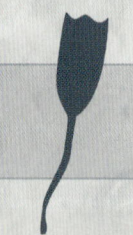

カンブリア紀中期の三葉虫
この三葉虫は、エッリプソケファルス・ホッフィで、チェコで発見された。この種は、多数が集団をなして見つかることが多い。

グループ概観

多くの海生無脊椎動物グループは、カンブリア紀に初めて出現した。多様な動物群には初期の種の海綿動物が含まれていたが、それらは、カンブリア紀末期まで生き残ることはなかった。対照的に、腕足動物の種は、現代でも生息している。カンブリア紀初頭には三葉虫の最古種が出現したが、棘皮動物も多く存在した。

古杯類
この化石は、絶滅した海綿動物であり、存在していたのはカンブリア紀前期から中期に限られる。一般に体が円錐形で、穴のあいた2つの円錐形の殻(一方が他方に収まる入れ子構造)が隔壁によってつながり、当初はその裏が摂食細胞でおおわれていた。小さな礁を形成することが多かった。

無関節腕足類
これらの腕足動物の一部の種は、今日でも生息している。2つの殻と1つの筋肉茎をもつ。懸濁物食者で、周辺の海水から粒子状の餌をろ過摂食する。「生きた化石」の**リンギュラ**などの一部の属は、5億年前とほとんど変わっていない。

棘皮動物
カンブリア紀の棘皮動物は、現生のウニ類やウミユリ類にはあまり似ていなかったようだが、石灰質の保護板の構造は同じだった。棘皮動物は、カンブリア紀の進化動物群のなかで重要な存在である。

三葉虫類
現在では絶滅した生物だが、その起源はカンブリア紀前期にさかのぼり、ペルム紀まで生息していた。典型的な3つの肋葉からなる石灰質の殻と複眼をもつ節足動物であった。脚とエラが非常にもろく、それらが残っているのはごく少数の種の化石に限られる。

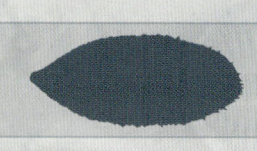

古杯類

グループ	古杯動物
年代	カンブリア紀前期から中期
大きさ	全長5〜30cm
産出地	南極大陸、オーストラリア、北アメリカ、南ヨーロッパ、ロシア

礁を形成する最初の生物であった。生息地が熱帯地域に限られ生息期間が比較的短かったが、この時代に急激に多様化した。単独生活の種と集落を作る種がいた。石灰質の2つの円錐形の殻をもち、一方の殻に他方の殻が入る入れ子構造で、そのあいだにすきまがあった。そのすきまを石灰質の隔壁が横断することで、円錐形の殻どうしが分離していた。また、外側の円錐形の殻が基部の根に似た構造体を通して海底に固着していた。

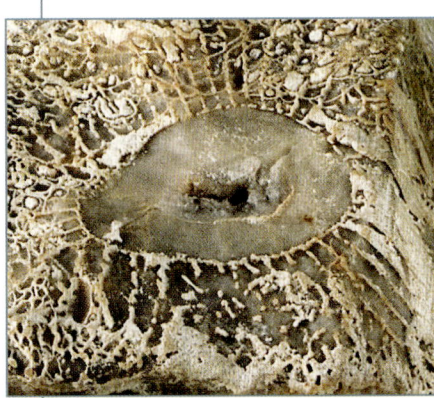

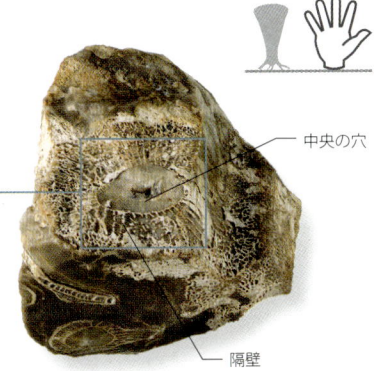

中央の穴

隔壁

古杯動物
この海綿動物に似た生物は、穴のあいた2個の逆円錐形の殻を持っていた。これらは、餌と酸素を運ぶ手段として水流に頼っていたが、対照的に一部の海綿動物は、自ら水流を発生させることができた。

オットイア

グループ	蠕虫類
年代	カンブリア紀中期から現在
大きさ	全長4〜8cm
産出地	カナダ

カナダのバージェス・シェイルで発見された化石の1つで、現生動物の1グループである海底鰓曳虫類と類縁関係にあると見ることができる。バージェス・シェイルでもっとも多く見つかっている鰓曳虫類で、知られているだけでも約1500の標本が存在する。吻という管状器官を使い餌を捕獲するが、そのとげの生えたかぎ状突起物が付いた器官は裏返すことができた。多くの化石標本で体が大きく湾曲していることから、現生種と同様にU形の巣穴内で生息し、吻をのばして獲物を捕獲していたといわれている。消化管の内容物がそのまま残った状態の標本が、いくつか見つかっている。内容物のなかには殻をもつ小型のヒオリテスや同種の生物も含まれており、共食い性があると思われる。

泥の墓
オットイアは巣穴のなかで隠れすんでいたといわれる。海底地すべりによって深海に運ばれ、そこで最終的に泥に埋まって大量死した可能性がある。

エクマトクリヌス

グループ	花虫類
年代	カンブリア紀中期
大きさ	触手から下が幅2.5cm
産出地	カナダ

珍しい化石でカナダのバージェス・シェイル地層中でしか見つかっていない。円錐形の長い体の表面は、不規則に並ぶ多角形の薄い殻板またはウロコでおおわれていた。体の上部には板状の腕または触手が7〜9個付いていた。その腕からは左右交互に鉱化していない長くて薄い枝がのびていた。分類がむずかしい生物で、最初に記載されたときはウミユリと考えられたが、五放射相称などの棘皮動物独特の特徴が見られないことから解釈が変わった。古生物学者のあいだでは、実際には八放サンゴ（サンゴの亜綱）ではないかという意見もある。

エクマトクリヌスは、分類がむずかしい生物であった。最初に記載されたときウミユリと考えられたが、実際には八放サンゴかもしれない。

分枝
エクマトクリヌスは、体が長く円錐形で、薄い枝でおおわれた触手を多数もっていた。体は下になるほど細く、最下部を底質に固着させていたと思われる。

微小有殻化石群

グループ	微小有殻化石群
年代	カンブリア紀前期
大きさ	最大幅1cm
産出地	世界各地

微小有殻化石群は、幅広い種類の化石を指す名称で、そのなかには世界各地のカンブリア紀最古の岩石中に存在する微小殻群も含まれる。海底の水流によって殻がひとかたまりになって流された場所で、厚さ2cmほどの層を形成していることがある。そのような化石のなかには生物の全身の化石もあるが、多くは、生物の体の一部、たとえば、軟体動物または絶滅した複数の正体不明の海生無脊椎動物グループの殻板やとげなどの化石である。

ヒオリテス

微小管
この標本にはヒオリテスという扁平な円錐形微小管が数多く見られる。上方に向けて色が黒ずんでいるが、これは、リン酸塩鉱物が豊富に存在することが原因で生じたものである。

無脊椎動物

カンブリア紀

リングレラ

グループ	腕足類
年代	カンブリア紀前期からオルドヴィス紀中期
大きさ	全長1–2.5cm
産出地	世界各地

無関節腕足類で、歯や腔ではなく筋肉を使って殻を所定の位置に固定していた。茎殻(下殻)の穴から出てくる肉茎を使い底質に固着。殻は細長く、殻頂部は先がとがっていた。殻の表面には細かい成長線があり、化石の内側の層にかすかな放射条線が見られる。

化石化した底質／先のとがった殻頂

垂直の巣穴
現生する近縁種同様に、**リングレラ**は、おそらく垂直の巣穴に生息していたと思われる。この標本は、生息場所で化石となった。

近縁関係の現生種
リングラ

現生の腕足類であり、その起源は、シルル紀にさかのぼることができる。腕足類には珍しく、海底の堆積物に埋まって生息する。2枚の殻のあいだから長い肉茎を出し、それを使って固着する。**リングレラ**のような特殊な穴はない。**リングラ**には適応性があり、海流活動によって妨げられたときは固着しなおすことができる。

ボヘミエッラ

グループ	腕足類
年代	カンブリア紀中期
大きさ	全長1–2cm
産出地	チェコ

古生代に生息していた有関節腕足類の1グループ、オルチス類腕足貝に属する。その殻は、横に細長かった。腕殻(上殻)よりも茎殻(下殻)のほうがくぼみが浅く、ときにはほぼ扁平だった。茎殻には1対の小さな歯があり、腕殻にはそれに対応する腔があった。内側の縁にある長い突起で歯を所定の位置に固定していた。

茎殻

殻の内側
茎殻の内型には生きていたときに閉殻筋が付いていた跡が見られる。

ウィワクシア

グループ	軟体動物または蠕虫類
年代	カンブリア紀中期
大きさ	全長3–5cm
産出地	カナダ

印象的な動物で、その体は、長さ方向に左右対称、上から見ると楕円形で断面がほぼ四角であった。上面には、それをおおうように何列もの保護器官に似た骨針という保護板が重なりあうように並び、2列の長いとげがあった。下面には保護物はいっさい付いていなかった。口のなかには餌を集める器官があり、それには2、3列の後ろ向きの円錐形の歯が並んでいた。おそらくそれらの歯を使って海底から藻類や細菌をすくい取ったり、周辺の海水から粒子状の餌を集めたりしていたのであろう。この器官と軟体動物の歯舌とのあいだに類似点があることから、軟体動物と類縁関係にありえると考えられる。別の仮説は、蠕虫類と類縁関係にあるとしている。

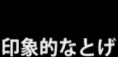

謎めいた化石
ウィワクシアは、謎めいた化石である。バージェス・シェイル化石層で発見された約5億年前のもの。殻板やとげは、鉱化しておらず、繊維質の組織だったようである。

印象的なとげ
最大全長が5cmしかないが印象的な動物で、保護器官でおおわれた体と上方に突きでたとげをもつ。口は、体の下側にある。

プロイエタイア

グループ	二枚貝類
年代	カンブリア紀前期
大きさ	長さほぼ1–2mm
産出地	オーストラリア

カンブリア紀前期の二枚貝類は、きわめて少なく、知られているのは2属のみだが、体も非常に小さい。現時点ではプロイエタイアがこれまでに発見されたなかで最古の二枚貝である。ほぼ円形の殻をもち、それぞれの殻に輪郭のはっきりとした殻頂とまっすぐな蝶番線があった。殻の外面には、成長線と不鮮明だが放射肋がいくつか見られ、殻の内側には殻を開閉する2つの閉殻筋があった。蝶番には5、6個の歯がついており、それぞれの殻にある腔に歯が収まることにより殻が合わさる構造になっていた。

ヘリコプラクス

グループ	棘皮動物
年代	カンブリア紀前期
大きさ	全長2.5–4cm
産出地	アメリカ

奇妙な棘皮動物で、非常に初期の体制をあらわしているが、この体制は最終的にうまくいかなかった。他の棘皮動物とは異なり、放射相称がいっさい見られなかった。微小な殻板が渦巻き状に並ぶ殻は、休眠時には洋梨のような形だった。化石においては殻板がばらばらの状態で見つかることが常で、たがいに結合していなかったと思われる。むしろ、伸び縮みできる体で、膨張時に殻板が落下したと思われる。

頁岩
ヘリコプラクスの化石は通常頁岩上で発見される。

構造
膨張する体

ヘリコプラクスは、殻板がしっかりと結合していなかったので、体が膨張できたのかもしれない。最近の説によれば、体のとがったほうが部分的に海底に埋まり、体が膨張することで捕食や呼吸が行いやすいしくみになっていたようだ。

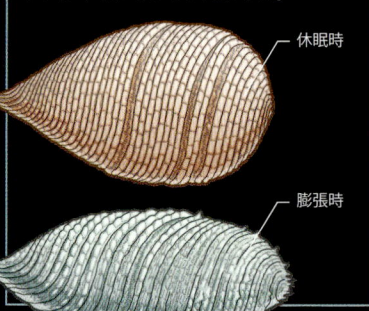

休眠時／膨張時

ハルキゲニア

グループ	節足動物
年代	カンブリア紀中期
大きさ	最大全長 2.5cm
産出地	カナダ，中国

1970年代に初めて研究がなされたとき，復元によりこの動物が竹馬に似た頑丈な「歩肢対」をもち，その背中上面に沿って1列に肉質突起が並んでいたことが示された。それ以前にこの種の動物が発見されたことはなかった。しかしのちに，初期の復元は，逆さまにした状態であったことが判明した。体が細長く，一方の端に丸い「頭部」があり，他方に長い肉質の「尾」が付いていた。体の上側に沿って7対のかたい先のとがったとげが並び，後端近くには小さな突起のかたまりがあった。

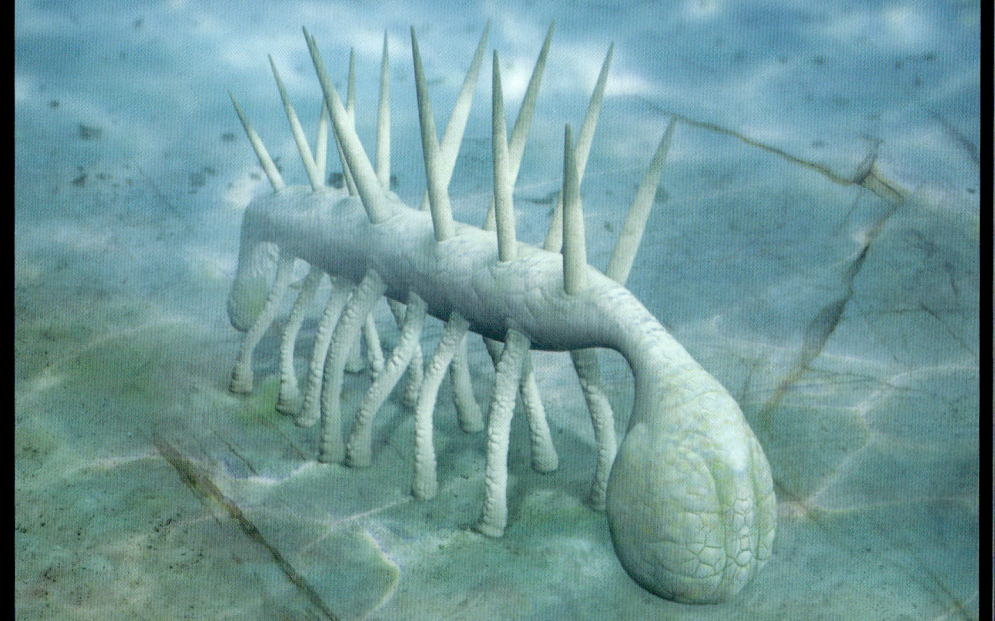

 **カギムシ**
復元された姿では下側に肉質の肢をもつ**ハルキゲニア**は，カギムシと見なすことができる。現代の海洋にはカギムシの現生近縁種が生息する。

オパビニア

グループ	節足動物
年代	カンブリア紀中期
大きさ	全長約6.5cm
産出地	カナダ

カナダのバージェス・シェイル化石層で見つかったなかでもっとも珍しい動物の1つで，これに似た動物はほかには存在しない。頭部には突きでた5つの眼（2対の眼と中央に1つの眼）があった。頭部前部からは長いしなやかな木の幹状の部位，すなわち，吻がのび，その先端にはおそらく獲物をつかむために使用したと思われる小さなとげの生えたやす状の器官がついていた。獲物を口に運ぶときには吻を使っていたのであろう。細長い体は，16の体節に分かれ，それぞれの体節にフラップに似た側葉があり下側にはエラがあった。また，尾の両側からそれぞれ3つのフラップが突きでていた。

 **奇妙な姿**
オパビニアの形態は，あまりにも奇妙で，1972年12月にイギリスのオックスフォードで開かれた古生物学会会合でその復元像が発表されたとき，その姿を見た聴衆から笑いがおきた。

マッレッラ

グループ	節足動物
年代	カンブリア紀中期
大きさ	最大全長2cm
産出地	カナダ

バージェス・シェイルでもっとも多く見つかっている化石で（⇨下）、わかっているだけでも1万5000の標本が存在する。不思議なことに、世界中でもこのカナダのバージェス・シェイルでしか発見されていない。その「羽のような」姿から、アメリカの古生物学者チャールズ・ウォルコット（⇨p.77）は**マッレッラ**に「レース蟹」という非公式名をつけた。独特の大きな2対のとげが後ろ向きに生えているが、一方の対は、体に沿ってのび、もう一方の対はその上方に位置していた。体前部から生える2対の触角のうち一方の対が非常に長く、もう一方の対のほうが短く頑丈だった。体は、20の体節に分かれ、各体節にまったく同じような複数対の脚と鰓枝があった。どの脚もまったく同じような形状であることから原始節足動物だったと思われる。

マッレッラの1種
上に示す標本では頭甲と2対の後方にのびるとげがはっきりと見える。甲殻類、三葉虫類、鋏角類の共通祖先から派生した子孫である可能性がある**マッレッラ**の発見は、とくに重要である。

海底の清掃動物
マッレッラは、海底に沿って遊泳するか海底のすぐ上を遊泳しながら有機微粒子を捕食していたと考えられている。関節のある脚の内部には羽のような鰓枝があるが、これは呼吸器系の一部であった。このイラストでは内側の対のとげにある歯に似た突起がはっきりと見える。

主要な産出地
バージェス・シェイル

カナダ、ブリティッシュ・コロンビアにある5億1000万年前の地層バージェス・シェイルは、非常にめずらしいことに生物のやわらかい体が良好な保存状態で埋まっている世界でもっとも重要な化石産出地の1つである。豊富な種類の化石が存在するカンブリア紀の生物多様性の全容を解明する機会はここでしか得られない。バージェス動物群からは海生生物の急激な多様化をもたらした「カンブリア爆発」説を裏付ける重要な証拠が得られる（⇨p.70）。

オレネッルス

- **グループ** 節足動物
- **年代** カンブリア紀中期
- **大きさ** 最大全長6cm
- **産出地** 北アメリカ、グリーンランド、スコットランド

半円形の頭甲と先が細くなった頭鞍(とうあん)(頭中央部のふくらみ)をもつ三葉虫で、頭鞍には後方にのびる4対の溝があった。三日月形の眼をもち、その前端が頭鞍の前頭葉とつながっていた。胸部は18体節に分かれ、3番目の体節がもっとも幅広く長く、体節の側端にはとげが生えていた。地質記録にある最古の三葉虫類の1つである重要な化石で、カナダの地質学者ツゾー・ウィルソンはこの化石を使い、かつては北アメリカ大陸、ニューファンドランド西部、イギリス諸島北部の大半とニューファンドランド東部やイギリス諸島南部とのあいだに「現在の大西洋の初期段階にあたる海洋」が存在したことを証明した。

オレネッルス・トムソニ
頭部がよく発達し、三日月形の大きな眼をもっていた。**オレネッルス**の尾は、小さく貧弱だった。

オレヌス

- **グループ** 節足動物
- **年代** カンブリア紀後期
- **大きさ** 最大全長4cm
- **産出地** イギリス諸島、ノルウェー、スウェーデン、デンマーク、ニューファンドランド、テキサス、韓国、オーストラリア

低酸素レベルの環境下で海底に堆積した、黒みがかった泥岩中でよく見つかる三葉虫化石である。最大15の胸部体節に分かれ、非常に幅広の側葉をもつ。そのような環境の下でできるだけ大量の酸素を吸収できるようにするために、のびたエラを側葉が支えていたと考えられている。証拠によれば、**オレヌス**やその近縁種は、硫黄細菌と共生関係を築いていた可能性もあり、硫黄細菌を直接捕食するか、あるいは、硫黄細菌から直接栄養を吸収するという手段を用いていたと思われる。

オレヌス・ギッボースス
オレヌスの円形の頭甲には楕円形の頭鞍(中央部)と小さな三日月形の眼があった。頭甲よりも尾のほうがはるかに小さかった。

エッリプソケファルス

- **グループ** 節足動物
- **年代** カンブリア紀中期
- **大きさ** 最大全長4cm
- **産出地** スウェーデン、チェコ、モロッコ、カナダ

この三葉虫の化石は、チェコ・プラハ地区のカンブリア岩石中で大きなひとかたまりになってよく見つかる。多くの標本は、完全体だが自在あごが欠けていることから、それらが脱皮殻であり、この動物が集団で古い外骨格を脱ぎ捨てて体を成長させていたと思われる。頭甲から突き出てたすべすべした頭鞍に少しぼんだ眼が付いていた。**オレヌス**(⇨上)同様に、眼は小さく三日月形。頭甲の縁どり部が狭く、やや幅狭の浅い溝がその輪郭を描きだしていた。

エッリプソケファルス・ホッフィ
その胸部は、輪郭のくっきりした12体節に分かれていた。

パラドキシデス

- **グループ** 節足動物
- **年代** カンブリア紀中期
- **大きさ** 最大全長45cm
- **産出地** ヨーロッパ、北アメリカ、イギリス諸島、モロッコ、トルコ、シベリア

知られている三葉虫類の属のなかでも最大属の1つで、おそらくカンブリア紀の食物連鎖の上位に位置した捕食動物だったと思われる。頭鞍のもっとも幅広部の下方に口円錐があり、これが大きな板状構造で胃を支えていたが、胃の大きさと形状から捕食活動をしていたことがうかがえる。

パラドキシデス・ボヘミクス
パラドキシデスの胸部は、18〜21の体節に分かれ、全体節の側端に長いとげが生えていたが、尾端のとげがもっとも長かった。

エルラシア

- **グループ** 節足動物
- **年代** カンブリア紀中期
- **大きさ** 最大全長4.5cm
- **産出地** アメリカ合衆国西部

エルラシア・キンギイ
エルラシアの外骨格は、頁岩中に保存されていたので一般に扁平である。

北アメリカでもっともよく知られた三葉虫類の1つである。半円形の頭甲には短い円錐形の頭鞍と2対の短く浅い溝があった。頭鞍から少し離れた前部近くに三日月形の眼がついていた。胸部が13体節に分かれ、頭甲よりも尾甲のほうがはるかに小さかった。アメリカ西部ユタ州パーバントに住むインディアンのユテ族は、**エルラシア・キンギイ**の化石を魔よけのお守りに使っていた。

トマグノストゥス

- **グループ** 節足動物
- **年代** カンブリア紀中期
- **大きさ** 最大全長2cm
- **産出地** スウェーデン、デンマーク、イギリス諸島、チェコ、ニューファンドランド、アメリカ合衆国東部、シベリア、オーストラリア

ほぼ全世界に多く分布するアグノストイド三葉虫類の1つで、広い地域に存在するカンブリア紀岩石間の対比を行ううえで貴重な存在である。おそらく外洋に生息していたと思われるが、各地で「土着」の三葉虫類をともなった化石となっている。アグノストイドは、三葉虫グループのなかでも著しく分化した独特な存在である。

トマグノストゥス・フィッスス
頭甲と尾甲は、大きさと形状がほぼ同じであった。

アノマロカリス

グループ	節足動物
年代	カンブリア紀中期
大きさ	最大全長1m
産出地	カナダ,中国南部

カンブリア紀の生態系のなかで最大の動物で、現在のカナダのブリティッシュ・コロンビアのバージェス・シェイル地域で化石となった。頭部には2つの眼があり、その前方には分節に分かれ、下方に曲がった1対の付属肢がのびていた。これらの付属肢の各分節には下側に1対の棘状突起があった。頭部の下側にある口は、輪状に並ぶ細長い板でできていた。それぞれの眼の後方には3つの小さなフラップが並んでいる。8つの体節に分かれる体の各体節には側方フラップがあり、小さな尾部には複数の上向きのフラップが扇状に並んでいた。アノマロカリスのばらばらになった体のかけらは、当初はそれぞれ別の動物に属すると考えられていた。前の付属肢は、エビに似た甲殻類の体節に分かれた腹部であると解釈されていたし、円形の口器は、クラゲであると考えられていた。

アノマロカリスの1種

体節に分かれる体をもつこの標本を見ると、カナディアンロッキー山脈で発見されたときに科学者がなぜエビまたは甲殻類の一種と思ったのか納得がいく。事実、その属名は、「特異なエビ」という意味であり、その理由は、本当のエビとは異なり付属肢が分節に分かれていないことにあった。

アノマロカリスの最大標本は、長さが **1m**。体が大きいうえ、ものすごい口器をもっていたので、カンブリア紀の海で最強の捕食動物だった。

最強の捕食動物

アノマロカリスは、おそらく最速の遊泳動物というわけではなかっただろうが、カンブリア紀の海の食物連鎖において最上位に位置していたというのが多くの科学者の見かたである。最大全長1m以上と体が大きく、しかも円形のものすごい口器をもっていたので、三葉虫類などの小型の獲物を簡単に捕獲できた。

人物伝
チャールズ・ウォルコット

アメリカの無脊椎動物の古生物学者チャールズ・ドリトル・ウォルコット(1850〜1927、中央)は、少年のころから熱心に化石を収集していた。正規の教育をほとんど受けていないが、スミソニアン協会会長およびアメリカ地質調査所所長など輝かしいキャリアを築いた。発見した化石のなかでもっとも有名なのは、1909年バージェス・シェイルでの保存状態が良好なカンブリア紀動物の化石で、そのなかには**アノマロカリス**も含まれていた。

カンブリア紀の脊椎動物

カンブリア紀前期は、地球の生命史においてきわめて重要な期間で、この時代に動物の多様性が爆発的に増大した。約5億4000万年前、海で新たな動物グループの第一陣が出現したが、その一部は最終的に絶滅し、残りは最初の脊椎動物の進化につながった。

カンブリア紀初頭、海の堆積岩中でそれ以前の岩石中では見られなかった多種多様な動物形態が現れた。おもな動物グループや動物の体制のほとんどは、この多様性の爆発的増大の産物である。そのなかには、最初の脊索動物(生活環のいずれかの時点で背骨の原型である脊索を有する動物)および最初の脊椎動物が含まれていた。

最初の脊椎動物

脊椎動物は、動物グループの1つで、脊索を包んで体を支える背骨(脊柱)をもつ。また、脳、眼、臭覚器、内耳を包みこむ頭骨(頭蓋)をもつ。脊椎動物には他にも頭部の一部、鰓弓、神経が神経堤細胞からできているという重要な特徴がある。この細胞は、胚発育の初期段階で神経索から動物のさまざまな部分に移動し、そこでそれらの構造を形成する。脊椎動物の他の特徴としては、神経によって心臓を制御している点、筋群(外来筋)が眼の移動を制御する点、内耳内に少なくとも2つの半円形管がある点、感丘という感覚器をもつ側線系が頭部と体に沿って走っている点がある。絶滅したあごのない魚は、脊椎動物である。現生の2グループのなかでヤツメウナギは、脊椎動物と考えられているが、メクラウナギについては脊柱があまり発達していないことから脊椎動物ではないというのが多くの権威筋の見かたである。しかし、メクラウナギには頭蓋がある。

ごく最近まで、脊椎動物は、オルドヴィス紀に出現したと考えられていた。1984年に中国雲南省澄江で注目に値するカンブリア紀前期の化石産地が見つかった。そこで発見された180以上の種のほとんどは、無脊椎動物であるが、1999年に5億3000万年前の脊椎動物2体が世界に公表された(⇨下と次ページ)。

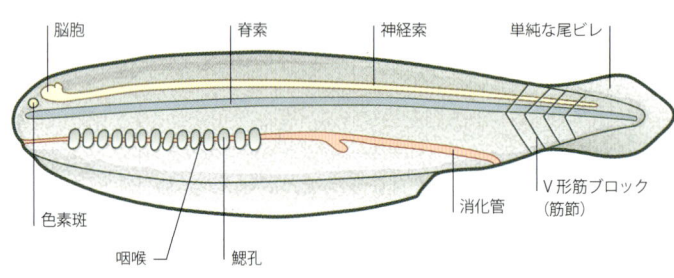

非脊椎動物と脊椎動物
これらの2つの図は、非脊椎脊索動物と仮説的な原始脊椎動物の基本的体制を比較したものである。注目すべきは、後者において頭蓋で保護された脳、感覚器官、鰓弓が存在するという点である。

グループ概観

カンブリア爆発により最初の頭索動物と脊椎動物が生まれたが、両者とも脊索動物門に属する。どの脊索動物も少なくとも胚形成期には独特の体制をもつ。背側には脊索という補強棒が前後に走る。脊索の上方には中空の神経索があり、下方には消化管がある。

頭索動物
成体でも脊索をもつ頭索動物だが、脊柱や神経堤細胞はない。最初の頭索動物ピカイアは、約5億3000万年前の海で遊泳していた。現生する唯一の頭索動物ナメクジウオ(別名ブランキオストーマ。⇨右)とよく似ていて、鰓孔をもつほか、V形に体筋が並ぶ。

ミロクンミンギア類
最初の脊椎動物ミロクンミンギアとハイコウイクチスは、しばしば同じ分類群に分類される。それらに関する知識は、澄江の頁岩中で見つかった500以上の標本から得られたものである。それは、最初の脊柱(背骨)に相当する小さな脊椎骨をもっていた。脊椎動物らしい特徴として、ほかにも輪郭のはっきりした頭部や鰓孔を支える構造体をもっていた。

ナメクジウオ
長い葉に似た体で、通常は堆積土砂に半分埋まり、頭を突きだしてろ過摂食する。体の両側に沿って並ぶ特徴的なV形筋ブロックが透明の表皮を通して見える。

ピカイア

グループ	頭索動物
年代	カンブリア紀前期
大きさ	全長5cm
産出地	カナダ

約5億3000万年前に生息していた海生動物で、知られているなかで最古の脊索動物。頭索動物亜門(⇨前ページ)に属する。姿は現生ナメクジウオに似ているが、唯一異なる点として、頭部に触角に似た1対の構造体があった。小さく華奢な体の背部に神経索が前後に走り、その下には支持器官である脊索が走っていた。また、扁平な体の側面に沿ってV形筋肉が並んでいた。体の後ろ3分の2には幅狭の鰭膜があり、それが幅広となって1つの尾ビレを形成していた。尾ビレは、先がしだいに細くなり先端がとがっていた。

カナダで産出した化石
ピカイアは、ブリティッシュ・コロンビアのバージェス・シェイル堆積地層中で見つかった(⇨p.74)。そこでさまざまな無脊椎動物と混じり生息していた。

祖先である可能性は低い
ピカイアの姿は、あまり魅力的ではないかもしれないが、科学者にとっては非常に興味深い存在である。すべての脊椎動物の進化において見られるおもな特徴である脊索、背部神経索、筋ブロックの痕跡がはっきりと見られる。

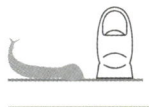

- 扁平な体に沿って走る筋ブロック
- 幅狭の鰭膜
- 尾は先がしだいに細くなり先端がとがっている

ミロクンミンギア

グループ	ミロクンミンギア類
年代	カンブリア紀前期
大きさ	全長2–3cm
産出地	中国

最古の脊椎動物ミロクンミンギアとハイコウイクチス(⇨下)は、他の脊椎動物よりも約3000万年は古く、あごのない非常に小さな海水魚であった。ミロクンミンギアは、形状がハイコウイクチスに似てはいたが、体がハイコウイクチスよりも細くなかった。頭部が独特で、体にはV形筋ブロック(筋節)が後ろ向きに並んでいた。しかし、5～6つのエラをともなう袋状の構造体をもつという点ではハイコウイクチスと異なる。ハイコウイクチスには鰓板(そしておそらくより多くのエラ)があった。ミクロンミンギアは、その化石から読みとれるように軟骨頭蓋といくつかの原始的な脊椎骨をもっていた。消化器系の一部が残っているが口は残っていない。また、尾は、かけらも見つかっていない。頭部のすぐ後ろにゆるやかに上方に傾く三角形の背ビレがあった。それよりさらに後方の体下側には鰭ひだ(ヒレの原型)があった。

ハイコウイクチス

グループ	ミロクンミンギア類
年代	カンブリア紀前期
大きさ	全長2.5cm
産出地	中国

あごのないもっとも原始的な魚(無顎類)の1つと考えられている。5億3000万年前の澄江の海底堆積物(⇨前ページ)で見つかったもので、他の無顎類とは似ていない。頭部には丸い拡張部があり、そのなかに感覚器官、すなわち、眼およびおそらく鼻嚢や聴覚と関連する耳嚢が収まっていた。体の側面には少なくとも6つ、最大おそらく9つの鰓孔があり、鰓板がそれを支えていた。V形筋ブロックをもっていたが、現生ヤツメウナギに見られるような脊椎に似た要素があった形跡も存在する。体の下部に多数ある円形構造体は、メクラウナギにも見られることから粘液分泌器官だった可能性がある。

つながっているヒレ
ハイコウイクチスには目立つ背ビレがあるが、横骨が背ビレを支えていた形跡がある。背ビレが尾ビレとつながり、尾ビレがそれより狭い腹側の鰭ひだとつながっていた。

ハイコウイクチスとミロクンミンギアの生息年代は、**5億3000万年前**。
最初の背骨に相当する小さな**脊椎骨**をもっていた。

オルドヴィス紀

84 無脊椎動物

92 脊椎動物

オルドヴィス紀

この期間に海の動物相は劇的に変化した。カンブリア紀の動物群は、オルドヴィス紀中期にさらに多様な生物たちに取ってかわられ、また節足動物が最初に陸地をすみかとした動物となった。オルドヴィス紀末期に、植物界と動物界の五大絶滅の1回目が発生した。三葉虫、棘皮動物、腕足類、筆石類、コケムシ類、サンゴなど造礁生物がとくに打撃を受けた。

節足動物の歩行跡
写真の歩行跡はぬれた、さざなみ状の砂地に約4億5000万年前に初期の節足動物がつけたもので、西オーストラリアのタンブラグーダ砂岩に残されている。

海洋と大陸

カンブリア紀の急速なプレート移動と火山活動が続き、大陸と海盆の位置が大幅に変動した。大陸棚にあって、海底がほとんど平坦な広く浅い海が、主要な大陸を取り巻いていた。まだほとんど植物の生えていない不毛の山脈地帯から、浸食により膨大な堆積物がそうした海に流れだした。海面が上昇し、構造運動で規模の小さい大陸は一連の群島に形を変えていった。ゴンドワナ、ローレンシア、バルティカ、シベリアという4つの主要な大陸が存在したが、オルドヴィス紀中期までに南半球にあったシベリア大陸が北半球に移動して、赤道をまたいでいたローレンシア大陸に近づいていった。依然として広大なパンサラッサ海が、これらの大陸の北方に広がり、ゴンドワナ大陸が赤道の北側から南極にまでのびていた。オルドヴィス紀を通じて、ゴンドワナは時計と反対方向に回転し、その端部にあったのちのオーストラリア大陸と南極大陸の一部を北半球へと移動させた。小さな群島だった南中国は、ゴンドワナの西端の沖合いにあった。ゴンドワナとローレンシアのあいだに横たわる古テティス海には、比較的小規模なバルティカ大陸があって低緯度へと移動していた。その一方で、イアペタス海は拡大しつづけていた。オルドヴィス紀の大陸の眺めは殺風景で、火山の噴火と地震が頻繁に発生し、海岸線はたえず形を変えている。広大な浅海にはサンゴ礁が広がり、海生の非常に多様な無脊椎動物が繁栄していたが、その多くがオルドヴィス紀末期の大量絶滅で姿を消していった。

セントヘレナ山の噴火
1980年、アメリカ・ワシントン州のセントヘレナ山が噴火し、大量の灰が噴出した。オルドヴィス紀には大規模な火山活動があり、これまでで最大の降灰量であったと考えられている。

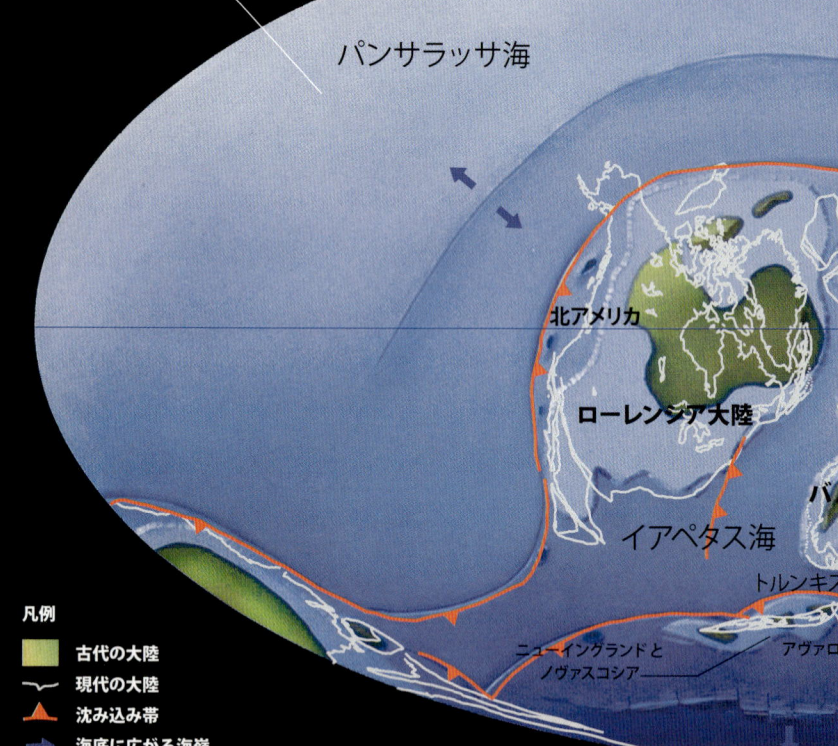

凡例
- 古代の大陸
- 現代の大陸
- 沈み込み帯
- 海底に広がる海嶺

オルドヴィス紀の世界地図
大陸が激しい地殻変動により移動。ゴンドワナが回転し、バルティカは南方に移動、シベリアがローレンシアに近づく。

前期 / 中期

単位:100万年前　490　480　470

植物
- 475 初の非維管束植物の胞子

無脊椎動物
- 480 ヒトデ類(⇨左)、クモヒトデ類、ウミユリ、キチン質微生物がそれぞれ出現し、三葉虫および無関節の腕足類が多様化、最初のストロフォメナ類腕足類が現れる
- コヒトデ
- オルトグラプトゥス・カルカラトゥス(筆石)
- 475 狭喉綱のコケムシ類、筆石(⇨上)がそれぞれ出現、オウムガイ目の放散がおこり、ウミサソリ、クラニア類腕足貝が出現する
- 470 リンコネラ腕足類が出現
- プラデュストゥロフィア

脊椎動物
- 485 初の骨格をもつ脊椎動物、無顎類が出現

オルドヴィス紀

紅海の温度
現代の紅海とペルシャ湾の温度は、最高で42℃に達する。オルドヴィス紀の初期の海洋は同じくらいの温度で、その後低温化していったことがわかった。

サンゴ礁
サンゴ虫が炭酸カルシウムを分泌し、オルドヴィス紀の海の新しい生態系の基盤となる構造を築いた。

気候

先のカンブリア紀と同様、オルドヴィス紀も当初はかなり温暖で、海洋の温度は約42℃であった。しかしその後は気温が低下、オルドヴィス紀前期が終わるころには23℃にまで低下した。温室の状態は現代の赤道付近の海洋だけとなった。オルドヴィス紀の中期から後期にかけての2500万年のあいだ、気温はほぼ一定していた。この比較的安定していた時期が過ぎて末期になると、氷河が拡大し気温が急速に低下する時代を迎えた。これを裏付けるゴンドワナ大陸の岩石が、アラブ地域、サハラ砂漠、西アフリカ、カナダ、南アメリカなど、世界各地に残されている。ローレンシアはかなり低緯度に位置していたが氷河の影響は受けなかった。氷河の堆積物から、大陸の氷床がアフリカとブラジルにもあったこと、高山型の氷河がアンデス地方に形成されていたことがうかがわれる。オルドヴィス紀末期には南ゴンドワナが南極に位置しており、氷河作用は南極を中心として高緯度地域に広がった。超大陸のなかでも、氷河が最初に訪れてもっとも厳しかった地域はのちに北アフリカとなった。氷河期を通じて乾燥した気候だったが、オルドヴィス紀の終わるころには湿度が高まった。地球がふたたび氷河期に入るまでは、オルドヴィス紀の大部分において生物が繁栄した。シルル紀前期には、赤道地方の温度は現代のレベルに回復していた。

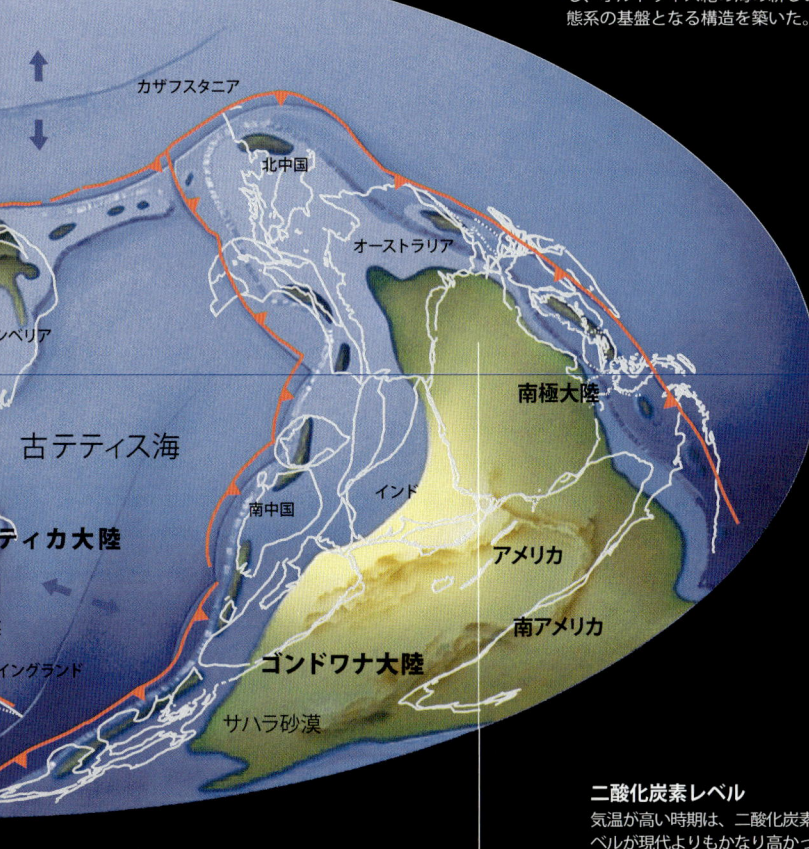

ゴンドワナ大陸が回転し、のちのオーストラリア大陸と南極大陸の部分を赤道の北へと移動させた

エヴェレストの化石
山頂付近の石灰岩層が、オルドヴィス紀の温暖な海に横たわっていたことが、産出する化石片からわかる。6000万年前に隆起した山頂は、氷河によって現在の姿に彫刻された。

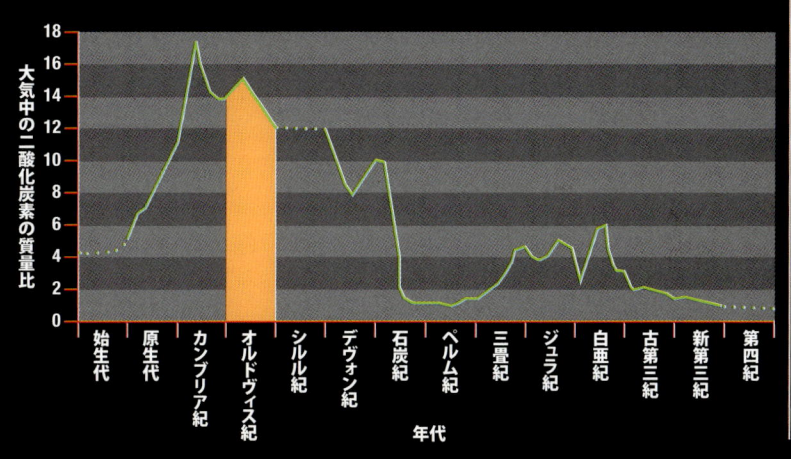

二酸化炭素レベル
気温が高い時期は、二酸化炭素レベルが現代よりもかなり高かったが、オルドヴィス紀の世界が厳しい寒さにさらされるようになると低下したと考えられる。

後期

460　　　450　　　440　　単位：100万年前

● 465 ローレンシアで腹足類の放散がおこり、ゴンドワナで二枚貝（⇨上）が勢力を拡大、コノドント動物、コケムシ類、二枚貝、アクリターク類の放散がおこり、有関節の腕足類およびアトリパ腕足類が出現する

アムボニュキア・ラディアータ

● 460 主要な棘皮動物（⇨下）、カイムシ類、サンゴの放散、後生動物のリーフが発達する

マロキュスティテス・マーチソニ

● 455 腕足類のスピリファー類が出現

● 450 初の陸生の節足動物であるヤスデが登場、完全な形で発見されたコノドント動物およびウニが登場

トゥリアルトゥス

● 445 大量絶滅により50％の種が滅ぶ。おもなものとしては、三葉虫（⇨下）、棘皮動物群があり、サンゴ虫、オウムガイ類、腕足類、筆石、コノドント動物、アクリタークなども打撃を受けた

植物
無脊椎動物
脊椎動物

オルドヴィス紀の無脊椎動物

地球の歴史を通じて、海生生物が著しく増加したオルドヴィス紀に、特筆すべき進化の局面を見ることができる。しかし、カンブリア紀の「爆発」に対して、この期間に新たに登場した無脊椎動物のボディプラン（体制）は比較的少ない。

オルドヴィス紀の大規模な生物多様化では、海洋の生物多様性が3倍に拡大し、カンブリア爆発に次いで生物の歴史におけるもっとも重要な進化現象の1つとなった（⇨ p70）。

おおがかりな生物多様化

オルドヴィス紀初期から中期にかけて約2500万年の期間、海洋生物の驚異的な繁栄と多様化が見られた。これは地質学的・生物学的プロセスと新しい生態系の発展がもたらしたものだ。とくに、古生代全体でこの紀ほど大陸が多い時期はなく、それぞれを大陸棚が取り巻いていた。こうした大陸は非常に豊富な居住環境を新たにもたらした。海面は高く大陸棚は深くなり、温暖な気候が末期まで続いた。そのうえ、プランクトン（火山活動がもたらす豊富なミネラル成分が促進要因になったと思われる）および海底付近に生息する動物、なかでも懸濁物食動物に根本的な進化上の変化が発生した。このあいだに、藻類が最初の大規模な岩礁を構築した。

大量絶滅

オルドヴィス紀も末期になると、期間は短かったものの厳しい氷河期が訪れ、かなり低緯度の地域まで氷河におおわれた。海面が急激に低下し、大陸棚の生息領域が大きくそこなわれ、ことに熱帯の動物群は温度の低下によって打撃を受けた。それでも、冷水に適応した種は氷の周辺に沿って移動したため影響が少なかった。

コケムシ
オルドヴィス紀前期に登場した、この「石のような」コケムシは、強固なカルサイトの骨格をもつ。

ろ過摂食動物
このストロフォメナ類腕足類は、古生代初期の典型的な生物であり、海底に横たわって、方解石の2枚の貝殻で水流を出し入れしていた。

節足動物の適応
三葉虫はオルドヴィス紀に多様化した。この種は、頭部に細いすじが走っており、脱皮の際に外骨格を割りやすいようになっている。

グループ概観

オルドヴィス紀には、おおがかりな種の放散が進んだが、末期になると氷河作用のために大量絶滅がおこった。氷が解けたあとも、三葉虫がふたたび海をすみかとすることはなかった。続くシルル紀の無脊椎動物群は、ある意味、オルドヴィス紀の無脊椎動物が貧弱化したものであった。

コケムシ類	オルティス類腕足類	二枚貝	筆石類
オルドヴィス紀に登場した、コロニーを形成する生物であり、方解石の骨格の穴倉にすむ、小型の軟らかい体をもった動物で構成される。オルドヴィス紀に生きた種類は絶滅したが、現生種は現代の海洋の動物相を構成する主要な生物となっている。	オルドヴィス紀の有関節の腕足類のなかではもっとも単純な構造をしており、肉茎を使って海底に固着し、2枚の方解石の殻を直立させて摂食時には開いた状態に保つ。オルドヴィス紀末期の大量絶滅の影響を受けたが、ペルム紀末期まで生きのびた。	オルドヴィス紀の二枚貝は多様性を極め、おもに沿岸の、腕足類の勢力が手薄な環境に生息していた。ほとんどがろ過摂食を行うか、現生種のクルミガイのように堆積物から抽出した微生物を食料とした。	オルドヴィス紀前期からデヴォン紀中期にかけての、プランクトンのおもな保存可能な部分を形づくっている。コロニーを形成し、優れた示準化石である。通常平面的な形で発見されるが、希少な立体的化石からは驚くほど複雑な形態がうかがわれる。
			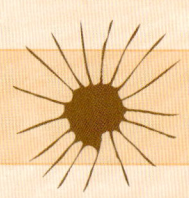

海綿を固定するとげ

グループ	海綿類
年代	カンブリア紀からデヴォン紀
大きさ	最長4.5cm
産出地	世界各地

オルドヴィス紀に、海底が広範囲にわたって粘着性のない泥におおわれたが、それは当時海底に生息していた動物の多くにとって不適切なものであった。しかし、シリカを成分とする外骨格をもつことから、ガラス海綿と呼ばれる生物群はそうした海底に定着することができた。非常に長い、とげのような骨片を発達させた単純な生物であるが、軟泥にそれを突き立てて自身を固定し、周囲の海水から微小な栄養分をふんだんに摂取することができた。骨片のおかげで、比較的小さい海綿の本体が水流にさらわれることなく、堆積物に固定された。

細長い骨片

海綿を固定していた骨片
ガラス海綿の骨片は、非常に長く厚みのあるものが少なくないので、それが支えていた小さな海綿本体よりもずっと目立つ化石を残している。

コンステッラリア

グループ	コケムシ類
年代	オルドヴィス紀中期からシルル紀前期
大きさ	枝部長径1–1.5cm
産出地	世界各地

枝状にのびたコケムシのコロニー。枝部は直立していてかなり厚みがあるが、同じ方向にひしゃげている形もある。コロニーの表面を、明瞭な星の形の盛りあがった斑紋がおおっている。この構造は、食物を得るためにろ過した海水をコロニーの表面から排水する管路の役割を果たしていたものと考えられる。

コンステッラリアの1種
枝部の表面はすべて、小さな星形の斑紋におおわれていた。

サンゴ石

すきま

「パンパイプ」構造

カテニポーラ

グループ	花虫類
年代	オルドヴィス紀後期からシルル紀後期
大きさ	サンゴ石直径1–1.5mm
産出地	世界各地

カテニポーラの1種
サンゴ石は水平に仕切りのついた厚い壁があり、その断面は鎖を連ねたように見える。

> サンゴ石の構造は小型のパンパイプを束ねたような形状である。

コロニーを形成する床板サンゴ（⇨ p.100）であり、楕円形のサンゴ石がクサリのように連なっている。軟体のポリプ（触手と口をもつ小型動物）がそれぞれのサンゴ石をすみかとしていた。サンゴ石の列は連結・枝分かれをくり返してあいだにすきまのある網目を形成している。すきまは堆積物で満たされている場合が多い。側面から見ると、サンゴ石の構造は小型のパンパイプを束ねたような形状である。温暖な浅海に生息し、サンゴ石の頂上部だけが堆積物の表面から顔をのぞかせていたと思われる。

斑紋

ディプロトゥリュッパ

グループ	コケムシ類
年代	オルドヴィス紀からシルル紀
大きさ	コロニー直径最大10cm
産出地	世界各地

大型のドーム状のコロニーを形成した、変口類コケムシ類。化石化したコロニーの表面は多数の丸い穴でおおわれている。これは、薄い膜で仕切られた自活個虫室と呼ばれる、細長い管状の構造に通じる開口部である。生存中は、摂食行動をとる軟体の個虫（自活個虫）が自活個虫室をすみかとしていた。各自活個虫は、口の周囲の環状の触手からなる触手冠をそなえていた。触手にそなわっている小さな、髪の毛のような繊毛が、すばやく上下動をくり返して水流を作りだし、養分を口に送りこむようになっている。個虫が摂食中でないときは、触手は保護のために自活個虫室に引っこめられている。それぞれの自活個虫室のあいだは、摂食中ではない個虫が身をひそめる管が連絡していた。

他の生物の開けた穴
自活個虫室に通じる開口部

ディプロトゥリュッパの1種
コロニーに特徴的な大きな穴が開けられていることがあるが、これはおそらく多毛類と思われる他の生物が内部に侵入したものと考えられている。

あざやかな放射肋
殻頂

ディノルティス

グループ	腕足類
年代	オルドヴィス紀中期
大きさ	体長最大3.5cm
産出地	ヨーロッパ、ロシア、北アメリカ

古生代全般にわたって繁栄したオルティド腕足類のグループに属する。ディノルティスのもっとも目立つ特徴は、両方の貝殻に同じようにあらわれたあざやかな放射肋。小さいほう（腕側）の貝殻は、大きいほう（肉茎側）の貝殻よりもかなりふくらんでおり、種によっては大きい方がいっそうくぼんでいる。貝殻の縁は丸く、全体の輪郭はDの文字のような形をしている。

ディノルティス・アンティコスティエンシス
ディノルティスの両方の貝殻に、放射肋がはっきりと形が現れている。殻頂が直線的な蝶番のラインから若干突出している。

ラフィネスクイナ

グループ	腕足類
年代	オルドヴィス紀中期から後期
大きさ	体長最大4cm
産出地	ヨーロッパ、アジア、北アメリカ

よく知られた腕足類で、強い同心円状の肋が表面を飾る。肉茎が張りだす大きいほうの貝殻（肉茎側）は凸面を描いており、それに対して小さいほうの貝殻（腕側）はくぼんでいて、もう1枚の内側にうまくおさまるようになっている。このことから、そのなかにいた生物は非常に薄い体形と思われる。直線的な蝶番のラインのなかほどに小さく突出した殻頂が見えている。

ラフィネスクイナ・アルテルナータ
この腕足類の化石では、貝殻の蝶番のラインがくっきりとしている。

蝶番のライン

プラテュストロフィア

グループ	腕足類
年代	オルドヴィス紀中期からシルル紀後期
大きさ	体長最大4cm
産出地	世界各地

ディノルティスとごく近い関係にあるが、貝殻が両方ともかなりふくらみがあり、横から見ると非常に厚みがある点が異なる。両方の貝殻ともかなり太い放射肋が浮き彫りにされ、小さいほう（腕側）の貝殻に外向きの起伏があって、大きいほう（肉茎側）の内向きの起伏と一致するようになっている。写真のものではないが、種によっては、両方の貝殻の表面に細かい小突起が生じている場合がある。

肉茎の接続する部分

プラテュストロフィア・ポンデローサ
海底に本体を固定する柔軟な肉茎は、蝶番のラインの中央にあるV字型の部分で貝殻に接続している。

太い放射肋

エンドケラス

グループ	頭足類
年代	オルドヴィス紀中期から後期
大きさ	体長最大9m
産出地	北アメリカ、北ヨーロッパ、ロシア、東アジア

現代のオウムガイと同じグループに属する。長大な円錐形の殻をもち、その内部は多数の室に分かれていて、各室の排水機能を担う長い管（連室細管）で結ばれていた。広いほうの末端にある最大の室は、分割されておらず、この生物の柔軟で筋肉質の身体を収納していた。現代のオウムガイと同様に、漏斗状器官からすばやく排水することで、水平に泳ぐ推進力を得ていたものと考えられる。恐るべき捕食者であり、全長9mにも達し、オルドヴィス紀の海でもっとも巨大な動物の1種であっただろう。

広い連室細管のスペース

エンドケラス・プロエトフォルメ
この断面から、連室細管の位置がわかる。

縫合線

分割線
貝殻の切断面には、内部の室を分割していた仕切り（隔壁）が見てとれる。

オルトニュボケラス

グループ	頭足類
年代	オルドヴィス紀中期から後期
大きさ	体長25cm
産出地	北アメリカ、アジア

オルドヴィス紀には、多彩なオウムガイ類のグループが繁栄し急速に進化した。**オルトニュボケラス**は、そのなかで比較的小柄な種であり、殻がほぼまっすぐで多数の個室に分かれているという点で、前ページの**エンドケラス**と類似する。浮力が過剰になるという困難を抱えていたが、内部の室に炭酸カルシウムを蓄積して自重を増すやりかたで問題に対処したと考えられる。

個室

オルトニュボケラス・コヴィントネンゼ
各室の仕切り（隔壁）は、長い索状の軟組織（連室細管）が通じる穴をそなえていた。この断面では、連室細管はビーズを連ねたように見える。

連室細管の位置

マクルリテス

グループ	腹足類
年代	オルドヴィス紀
大きさ	最大直径7cm
産出地	北アメリカ、ヨーロッパ、北東アジア

大型の重厚な貝殻と特徴のある形をそなえている。殻の一方はほとんど平坦で、もう一方は広いへそがあってへこんだ形となっている。ほとんどの現生の腹足類と異なり、定住性の生活を送っていたと考えられる。海の植物などでなく、海水から養分をこし取っていた。

マクルリテスの1種
ほとんどの腹足類と異なり、浅いへそが上方を向いていた。

プラエヌクラ

グループ	二枚貝類
年代	オルドヴィス紀中期から後期
大きさ	長さほぼ2.5cm
産出地	北アメリカ、ヨーロッパ

原始的な二枚貝の軟体動物で、小型の貝であるクルミガイなどを含む現生のヌクラ属と遠い親戚にあたる。特殊な付属器官を使って海底からすくい取った養分を口に運ぶ堆積物食者であるところは、さらに進化した二枚貝と異なる。エラはもっぱら呼吸に使われるが、進化した二枚貝ではエラの縁辺部が変化してこし器のような働きをもち、周囲の海水から食料となる微粒子を摂取するようになっている。化石では貝殻が2枚ともふくれた形で、蝶番のラインに沿ってほぼ中央に突出した殻頂が見られる。

プラエヌクラの1種
貝殻の内型の、蝶番のラインのほぼ中央部に突きでた殻頂が見てとれる。

殻頂

イソロフセッラ

グループ	棘皮動物
年代	オルドヴィス紀中期
大きさ	直径2cm
産出地	カナダ

棘皮動物である座ヒトデ類の絶滅したグループに属する。現代の近縁種のヒトデに似た、左右対称の5角形の紋様を描いている。表面には摂食と呼吸の機能をあわせもつ、管足のある5本の放射状の歩帯が見えるが、食道と口は歩帯のプレート下に隠れている。周辺部ではウロコ状のプレートの縁が盛りあがっている。

歩帯

イソロフセッラ・インコンディータ
この種は体の裏面を海底または自身より大きな殻に密着させていたものとみられる。

平坦な円盤状の形状

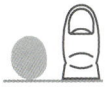

マロキュスティテス

グループ	棘皮動物
年代	オルドヴィス紀中期
大きさ	高さ2.5cm
産出地	北アメリカ

短期間で絶滅した、希少なパラクリノイド綱に属する球形の棘皮動物。自由に動かせない、固定された腕をもつ点で、現代も生息するクリノイド（ウミユリ）とは異なる。カップの上面に、固定した堅固なプレートがのっている。またカップの上面の中央の位置に、（口ではなく）肛門があるのが異例である。口のそれぞれの端から1本ずつ腕がのびており、カップの表面全体に不規則に枝分かれしている。

スリット状の口

マロキュスティテス・マーチソーニ
カップは約30個の不規則な多角形のプレートでできていて、肛門が中央に位置しており、スリット状の口がその片側にあった。

アンボニュキア

グループ	二枚貝類
年代	オルドヴィス紀後期
大きさ	長さほぼ5cm
産出地	アメリカ合衆国、ヨーロッパ

現代のイガイ類と同様に、成熟した個体は丈夫な粘着性の糸を束ねたような足糸（ビソ）を用いて、岩石などのかたい表面に固着して生活していた。とくに、かたい大陸棚が足糸の固定に最適の条件をもたらしたことから、オルドヴィス紀後期の北アメリカ東部とバルティック地域に存在した浅海によく見られた。貝殻は2枚とも、表面にはっきりした放射肋を浮かびあがらせている。

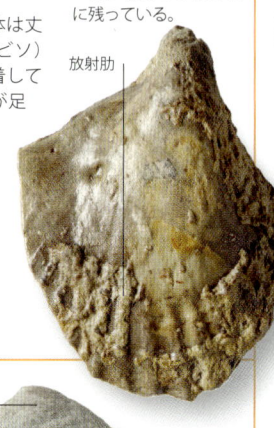

アンボニュキア・ラディアータ
この種では、放射肋の一部が視認できるほどに残っている。

放射肋

無脊椎動物

エオダルマニティナ

グループ 節足動物
年代 オルドヴィス紀中期
大きさ 最大4cm
産出地 フランス、ポルトガル、スペイン

この印象的な三葉虫のかたい頭部は、大型の個別のレンズをもつ、三日月形の眼が際立っている。頭の中央部(頭鞍)は若干盛りあがっており、目立つ横方向のくぼみがある。胸部は11の節で構成されていて、6番目の節から徐々に幅が狭くなっている。8番目と9番目の節に見られる損傷から、先行する節におおわれた関節の表面が現れている。尾部は三角形で、末端は短く幅の狭い針のような形である。

— 側面のとげ

— 三日月形の際立った眼

> エオダルマニティナの眼は、一連の大型のレンズが縦に並んだ構造となっている。

— 損傷した胸部の節からのぞく関節の表面

エオダルマニティナ・マクロフタルマ
三角形の側面の末端は短い、後ろ向きのとげの形となっている。写真の種では、体の右側の部分にそれが認められる。

キュクロピュゲ

グループ	節足動物
年代	オルドヴィス紀前期から後期
大きさ	最大体長3cm
産出地	ウェールズ、イングランド、フランス、ベルギー、チェコ、カザフスタン、中国南部

この三葉虫でもっとも特徴的なのは、頭部の両側面をまるごと占めている大型の眼。数百の小さいレンズで構成されていて、表面はほぼ360度の視界を見わたせるような曲面を描いている。視野の幅がずっと狭いほとんどの他の三葉虫に比べると、際立った違いを見せている。

巨大な眼

短躯
胸部は5つの狭い節で構成されていて、幅広い中葉と狭い側葉をそなえている。

トゥリアルトゥルス・エアトニ
1ヵ所の化石層に非常に良好な状態で保存されていたため、触覚と肢が残っている。

肢

トゥリアルトゥルス

グループ	節足動物
年代	オルドヴィス紀後期
大きさ	最大体長3cm
産出地	アメリカ合衆国北東部、ノルウェイ、スウェーデン、中国南西部

脚部が保存された状態で発見された希少な数種の三葉虫の1つ。頭部に細い1対の触角があり、その後ろに3対の二枝形の脚部がある。それぞれの脚は歩脚と呼吸に用いる鰓脚で構成されていた。同様の脚が各体節（胸節）および尾部にもあった。各脚部の基部にあった肢節には、内側に一連のとげが生えていた。肢節がいっせいに動いて、頭部の下にある口に向けて食物を送りこんだと考えられている。

オルトグラプトゥス

グループ	筆石類
年代	オルドヴィス紀後期からシルル紀前期
大きさ	最大体長6cm
産出地	世界各地

1つの枝（茎状部）がそのどちらかの端に背中合わせに2列のカップ（胞）をそなえている、2列型の筆石。通常、平たく圧縮された形で発見されるが、生存中は断面が楕円形または長方形となる。胞は角張った開口部があり、場合によっては唇から突きでた1対の短い、細いとげが生じている。一部の種では、1端に3本の短いとげがある。平たい化石となって、頁岩からもっともよく発見される種である。

オルトグラプトゥス胞群の1個

オルトグラプトゥス・カルカラトゥス
この筆石は、管状の胞の平たくなった開口部のために、縁辺部が鋸歯状となった。

ディディモグラプトゥス

剣盤

グループ	筆石類
年代	オルドヴィス中期
大きさ	最大体長5cm
産出地	世界各地

2つの枝（茎状部）をそなえた筆石のグループを含む。写真の例は、その形から「音叉」筆石として知られる。筆石を識別するカギが、コロニーにおける最初のいくつかのカップ（胞）の並びかたにあり、そのためには保存状態のよい種の化石が必要である。剣盤は、最初は軟体の個虫を、コロニー内で胚の段階から育てるために収容する胞だが、この筆石の2本の枝の根元に存在する。茎状部はほとんど垂直で、最大40以上の胞が含まれている。

ディディモグラプトゥス・マーチソーニ
胞の開口部は、茎状部の内側の鋸歯状の端部だけにある。

鋸歯状の茎状部の内側

トゥリヌクレウス

グループ	節足動物
年代	オルドヴィス紀中期
大きさ	最大体長3cm
産出地	ウェールズ、イングランド

1698年に初めて図解された種類の1つ。オルドヴィス紀の三葉虫でももっとも広範囲に生息したグループの1つでもある。特徴的な頭部は、3葉の滑らかな構成を有していて周辺に縁どりがついている。この縁どりの機能はよくわかっておらず、センサーの役割、あるいは海水から養分をこし取る働きをしていた可能性がある。眼がないのは原始的だからというわけではなく、多くの別系統の三葉虫でも視覚器官を喪失している例がめずらしくない。

トゥリヌクレウス・フィムブリアトゥス
縁どりの形は、三葉虫の属が異なると相当な変化が見られる。

溝のついた縁どり

ラブディノポラ

グループ	筆石類
年代	オルドヴィス前期
大きさ	最大体長12cm
産出地	世界各地

化石の表面は、頂点から放射状にのびる枝が三角形の網目を形作る模様となっている。生存中のコロニーは円錐形をしており、化石化すると横倒しに平たくなった形で保存される場合がほとんどだが、小型で若いコロニーの場合は、星の模様となる平面的な形で化石化することがある。**ラブディノポラ**は筆石の樹型類グループに属する。そのほとんどは海底に生息したが、遠海の海水の上層で生活するというスタイルを進化させた。オルドヴィス紀前期の海洋に広く繁殖し、世界中の下部オルドヴィス系の岩石を識別するうえで重要な化石である。

ラブディノポラ・ソキアリス
頂点に位置する剣盤は、最初の個虫（軟体の部分）が育つためになかに入っている円錐形の微小なカップである。

剣盤

89

無脊椎動物

セレノペルティス

グループ	節足動物
年代	オルドヴィス紀前期から後期
大きさ	最大体長12cm
産出地	イギリス諸島、フランス、イベリア、モロッコ、チェコ、トルコ

三葉虫のなかでもとげの発達が際立っている種。頭部は長方形に近く、頭の中央部（頭鞍）は前方に向かってわずかに傾斜している。眼は小さく、頭鞍と頭部側面の中間あたりに位置している。体側は、尾部の末端よりもさらに後部へと、側面からのびる細長いとげに続いている。胸部は9つの節で構成されていて、各節の中央の出っ張りの側面にも大型の盛りあがりが見える。各節の端（側葉）には、明瞭な、アーチ状の隆起があって、節の末端を越えて細長いとげにまで続いている。前方のとげは尾部の末端にまで、あるいはそれよりもさらに後部へとのびている。各節には、長いとげの下に隠れて短めの湾曲したとげもそなわっている。尾部は短く、頭部に比べるとずっと小さい。尾部の中葉は短く、環は2、3個で、その最初の環から湾曲し、隆起した肋が生じ、そこから後ろ向きにとげがのびている。

とげの目立つ三葉虫

この石板のような岩石には、3つの異なる三葉虫属の資料が含まれている。すなわち、両方の体側からのびる長いとげをもつ**セレノペルティス**（⇨大型の種、左端）、もっと小型で尾部の先端に長いとげが通っている**ダルマニティナ**（セレノペルティスのすぐ下）、大型で、丸みをおびた輪郭を引きのばしたような**カリュメネラ**（⇨次ページ上端中央左寄り、下側中央右寄り）。

セレノペルティスはゴンドワナ大陸の縁辺に沿った比較的冷たい水を好んだ可能性があるが、オルドヴィス紀中期以降さらに北の緯度からは姿を消している。大陸移動のために南方へと移動させられたと考えられる。

91 | 無脊椎動物

オルドヴィス紀の脊椎動物

オルドヴィス紀には多くの生物が大きさ、強さ、動く速さを増したが、海生生物のほとんどはきわめて小さいままだった。海での無顎類の登場は、脊椎動物の進化に大きな進展をもたらし、骨板やウロコをまとうものが現れた。

小型脊椎動物群には、一般的に大量の岩石を解体して（酸処理クリーニングを用いて）、さらに辛抱強く選別作業を行うことで得られる、骨片、ウロコ、歯などから知ることのできる動物が含まれる。世界各地のオルドヴィス紀の岩石には、豊富な小型脊椎動物群の化石が含まれており、脊椎動物の新たな系統の進化を明らかにしてくれた。

骨とウロコの起源

骨板、ウロコ、またおそらく歯は、オルドヴィス紀に初めて脊椎動物に生じたが、そうした脊椎動物ならではの特徴をもつにいたった理由は、まだあまりよくわかっていない。骨はリン酸カルシウムを成分とするが、動物が体内から過剰なリンを排出する手段として骨が進化し、のちに骨格をリンの貯蔵所として、必要なときにリンを再吸収しやすいよう利用するようになった、と考える科学者もいる（リンは、複数の生理学的プロセスに重要な成分である）。骨板とウロコは、捕食者や寄生生物に対する防御、あるいは電気受容器（電気信号に対する感受性の高い感覚器官）の絶縁の手段として発達した可能性もある。

アストラスピス

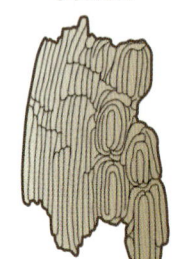

ポラスピス

トリュペレピス

頭部の骨板装飾の発達
アストラスピスの頭部は、中央にいぼのある多角形のプレートをそなえていた。魚が成長するにしたがい、中央のいぼの周囲に一連のいぼの区画が新たに発生していた。シルル紀の魚であるポラスピスの場合、プレートに縦長の象牙質の隆起が、魚が十分成長したときにかぎり現れた。シルル紀後期のトリュペレピスは両方のタイプのプレートをあわせもっていた。

コノドントの問題

コノドントはカンブリア紀後期から三畳紀後期にかけての、海の堆積岩に広く分布している微化石である。この断片的な化石について、小さな歯のようなものと初めて記載されたのが1856年で、その後岩石の年代決定に有効な手段となった。その出どころについては謎のままだったが、1982年になってようやく、偶然の発見により実際にいた動物の歯であると確認された。スコットランドの石炭紀の岩石から発見されたこの「コノドント動物」は、Ｖ字型の筋肉塊と体の前方についている眼のような器官をそなえていた。南アフリカのオルドヴィス紀の岩石から別に発見されたコノドント動物は、眼と関連する筋肉をもっているように見受けられた。コノドントは、体内では鰓弓の付近に存在した。コノドントの部位の配置とその磨耗のパターンから、摂食のメカニズムをうかがい知ることができた。コノドントは骨とエナメル質でできているといわれており、その特徴はすべて脊椎動物のものである。にもかかわらず、コノドントを真の脊椎動物と認めるかどうかは、依然、論議の的となっている。

グループ概観

無顎類は8つのグループの化石魚と、ヌタウナギ、ヤツメウナギ（⇨ p.78）の2つの現生種グループで構成される。オルドヴィス紀にまずアランダスピス類とアストラスピス類が登場し、次いでアナスピダ類、テロードゥス類、ガレアスピス類、ヘテロストラカンス類、ケファラスピス類、ピトゥリアスピス類が出現した。化石で知られるこれらの無顎類はすべて、デヴォン紀以降まで生き残ることはなかった（⇨ p.30）。

アランダスピス類
4億7000万年前に出現した、もっとも初期の無顎類とされる。サカバムバスピスが発見されるまでは、オルドヴィス紀南半球の唯一の脊椎動物とされていた。頭部は、骨でできた背板と腹板がさらに細かいプレートの列で隔離されている構造をもっていた。アストラスピスと同じく、オルドヴィス紀後期に滅亡した。

アストラスピス類
最初に報告したのは著名なアメリカの古生物学者チャールズ・ウォルコットで、コロラド州ハーディング・サンドストーンで、プレートの骨片を発見後、1892年に記載した。アストラスピスという名称は「星の盾」という意味だが、骨板表面の装飾で見分けがつく（⇨ 上）。4億5000万年前に出現したとされる。

1mm 発見された歯状のコノドントの平均の大きさ。**動物本体の体長はだいたい2〜5.5cm。**

アランダスピス

グループ	無顎類
年代	オルドヴィス紀前期
大きさ	体長20cm
産出地	オーストラリア

発見されたオーストラリアのアリス・スプリングズの原住民であるアランダ族にちなんで命名された。4億7000万年前の浅海の砂岩堆積層に、印象化石として残されており、無顎類でもっとも古い魚の1つとして知られるようになった。平たくなった楕円のような形の、骨板で守られた頭部は、エラの開口部をおおい、保護する14枚の小型の正方形の、水平方向に続く骨板により、上下にへだてられていた。眼は小さく正面を向いており、鼻孔がそのあいだにあったと考える古生物学者もいる。口は腹部に位置していて歯がなく、おそらく海底の微細な有機物や微生物をこし取って食料としていたと考えられる。体表は長いウロコでおおわれていたが、尻尾は現在まで見つかっていない。

アストラスピス

グループ	無顎類
年代	オルドヴィス紀後期
大きさ	体長13–15cm
産出地	北アメリカ中部

アメリカ最古とされる脊椎動物で、特徴的な形の頭部と徐々に細くなる体形をしていた。頭部の上半分には、5本の目立つ縦方向の隆起と、多数の多角形のプレート(⇨左ページ)をそなえていた。プレートの装飾と緊密に重なりあったウロコが、魚体の流線型の形をさらに強調していたと思われ、このことから水流や潮の干満の影響が強い海域に生息していたと考えられる。

むきだしのエラ

サカバムバスピスやアランダスピスと違って、アストラスピスのエラの開口部はおおわれておらず、眼は頭部の正面ではなく側面に位置していた。

サカバムバスピス

グループ	無顎類
年代	オルドヴィス紀前期
大きさ	体長30cm
産出地	ボリビア

1986年に発見された無顎類で、北アメリカにまでおよんでいた浅海の沿岸海域に生息していた。頭部が広く、正面を向いた眼があって、両眼のあいだが狭かった。頭部は、エラの開口部をおおう20枚の小型の骨板により、上下に明瞭に区切られていた。徐々に細くなる魚体の末尾には、独特の尾ビレがついていた。背ビレや腹ビレの膜に加えて、長い棒状の脊索の延長上で、小型のヒレ膜を先端につけていた。

塩水の魚

サカバムバスピスは、塩分のある沿岸の水域の海底で養分を摂取して生きていた。化石の位置や集積のようすから、これらは突然の淡水の流入により塩分が許容濃度を超えて薄まってしまったために死に絶えたと考えられる。

対になったヒレをもたないことから、おそらくサカバムバスピスは遊泳がうまくなかったと考えられる。

脊椎動物

93

シルル紀

98
植物

100
無脊椎動物

106
脊椎動物

シルル紀

シルル紀は進化した海生の無脊椎動物の多様な形態が統合され、オルドヴィス紀の大絶滅からの回復が見られた時期でもあった。オーストラリアのグレートバリアリーフにもひけをとらない広大なサンゴ礁が、陽光に満ちた熱帯の海に栄えた。海洋および淡水で新たな属の魚が登場し、大陸の沿岸地帯に最初の小規模な維管束植物が生育しはじめた。

ナイアガラの白雲岩
激流がかたい白雲岩に降りそそぐナイアガラの滝は、ミシガン盆地の周囲に広がる長大な傾斜地の一部である。これらの岩石は、シルル紀の熱帯の海で形成された。

海洋と大陸

シルル紀に、バルティカ大陸とさらに小規模なアヴァロニア大陸が北方に移動して、ローレンシア大陸の南と東の端にゆるやかに衝突し、イアペタス海が閉ざされだした。アヴァロニアは、基本的に現代のブリテン島南部とアイルランドとなった。それまで存在した多くの島弧は、この衝突のあいだに強力な沈み込みの作用によってプレートの縁から下へと引きこまれて姿を消した。こうして新たに形成され、拡大した大陸塊の南側、またゴンドワナ大陸の北側に、レイク海が生まれ、シルル紀のあいだに拡大していった。バルティカがローレンシアに向かって北に移動した結果、シベリア大陸が縮小傾向にあるパンサラッサ海の高緯度地方へと北向きに移動しつづけていった。シルル紀のあいだに、北中国と南中国の陸地がゴンドワナの北端から遠ざかりだし、古テティス海を北へと移動していった。ゴンドワナは極地に向かってさらに回転し、現在のオーストラリアの部分が赤道をまたいだ位置に、また南極大陸にあたる部分は全体が南半球側に移動した。海盆が閉ざされ、氷床が急速に融解したために、海面の大幅な上昇がおこり、サンゴや魚類に適した浅海の環境の拡大に影響を与えた。筆石類は、オルドヴィス紀絶滅の打撃から立ちなおり、またコロニーを形成する動物の多数の種が、地球規模の海洋流に乗って遠海に生息するようになった。こうした生物の急速な進化、種としての寿命の短さ、広範囲にわたる分布のおかげで、その化石は世界全体の岩石と過去の海洋環境の相関関係を探るうえで欠かせない示準化石となっている。

ディングル半島
断崖絶壁の風景が広がるアイルランドのディングル半島。古代のアヴァロニア大陸で堆積物が浸食され、また堆積し、かたまって、シルル紀の砕屑性の岩石が形成された。

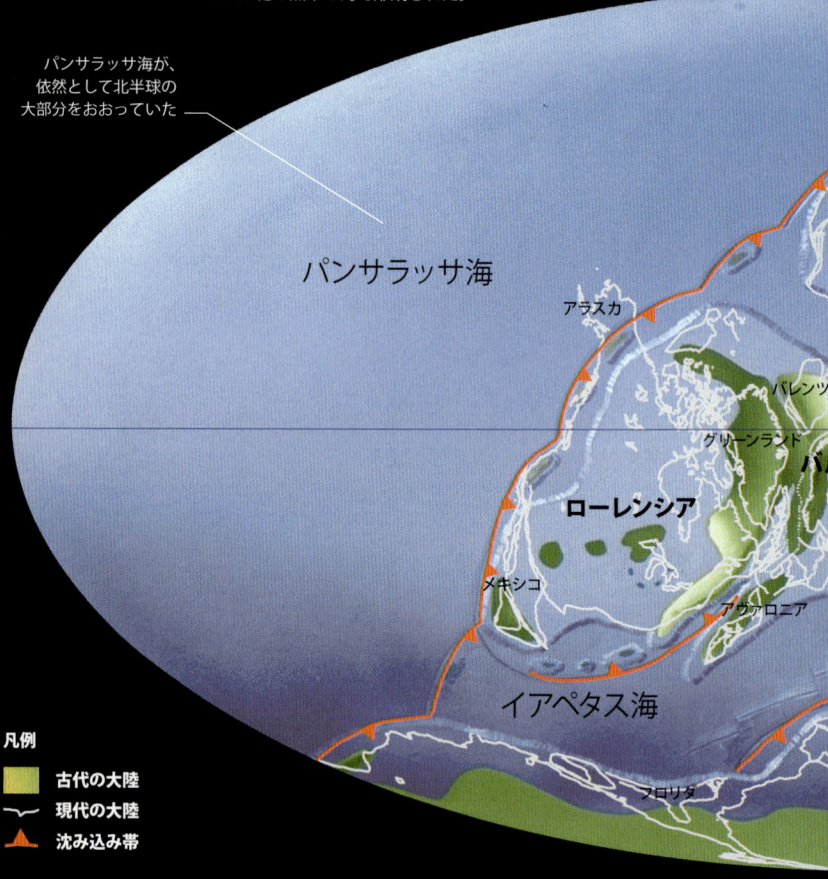

パンサラッサ海が、依然として北半球の大部分をおおっていた

パンサラッサ海
アラスカ
バレンツ
グリーンランド
ローレンシア
メキシコ
アヴァロニア
イアペタス海
フロリダ

凡例
- 古代の大陸
- 現代の大陸
- 沈み込み帯

シルル紀の世界地図
ゴンドワナ大陸が南に大きく広がる一方で、バルティカおよびアヴァロニアは北に移動しつづけてローレンシアに衝突し、イアペタス海の北側を閉ざしていった。

ランドヴェリ | **ウェ**

単位：100万年前　440　　　　　　　　　　　　430

植物 ● 440 維管束（高等）植物の最初期の胞子

無脊椎動物 ◀--- 440–435 筆石の多様性が徐々に減少 ---▶

● 430 最初のツキガイ科二枚貝（カルディオラなど）
カルディオラ

◀--- 430–425 筆石の多様性が大幅に減少

脊椎動物 ● 440 最初の無顎魚類：異甲類・ガレアスピス類・ピトゥリアスピス類

● 435 最初のテロードゥス類、歯のようなウロコをもつ無顎魚

● 430 最初期の「原始サメ」、最初期の有顎魚（棘魚類）、板皮類、最初の骨甲類無顎魚、最初のアナスピダ類無顎魚

気候

古温度を推定することは非常にむずかしい。化石の腕足類のある研究では、シルル紀の地球の温度は 34〜64℃となっているが、別の研究によると 21〜45℃とされる。とはいえ、全般的に非常に温暖であったという見かたでは一致している。近年の研究によると、気候はかつて考えられていたよりも変動的であった可能性が高いという。オルドヴィス紀後期に始まった氷河が継続し、シルル紀の最初の 1500 万年のあいだに 4 回の大がかりな氷河の拡大があった。氷床が最大規模に達した時期は、高緯度地方は寒冷で、赤道付近は冷涼で湿度が高かった。それに対して間氷期には高緯度地方は冷涼で、低緯度地方は温暖で乾燥していた。シルル紀後期には、石灰岩がその分布範囲の緯度を、初期の最大 35 度から拡大し、石炭紀までに最大 50 度に達した。その幅広い分布は、とくに乏しい礁環境で堆積しているケースでは、温暖な海洋と熱帯および亜熱帯の条件が拡大したことを物語っている。礁はさらに北に拡大し、北緯 50 度にまで達した。

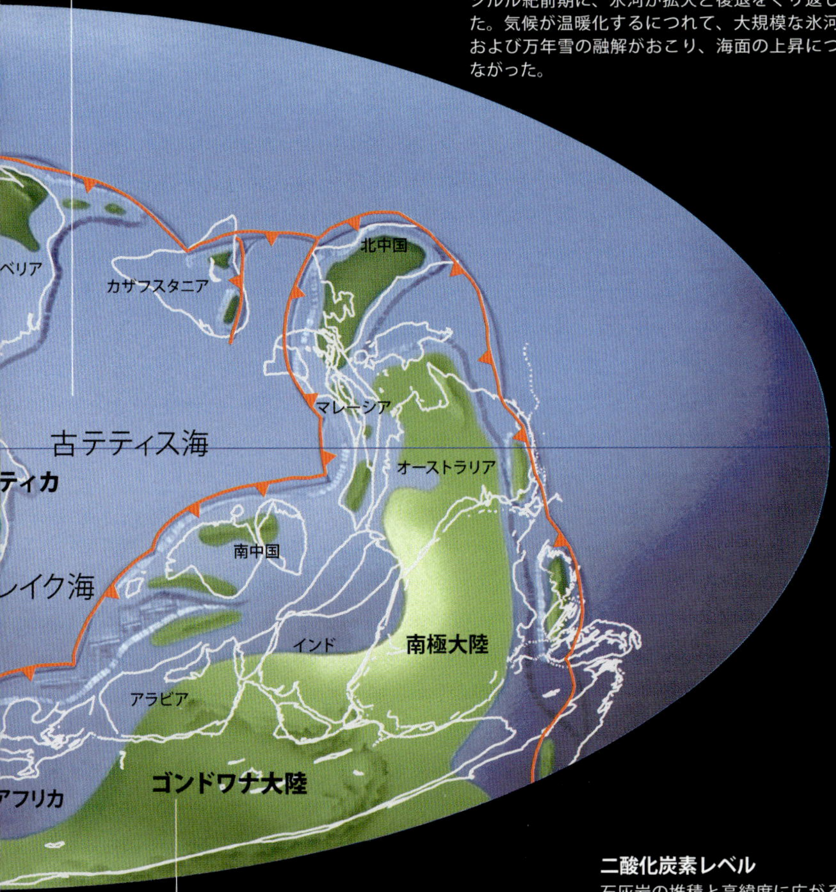

氷河の融解
シルル紀前期に、氷河が拡大と後退をくり返した。気候が温暖化するにつれて、大規模な氷河および万年雪の融解がおこり、海面の上昇につながった。

古テティス海が新たに開きはじめた

シベリア
カザフスタニア
北中国
マレーシア
古テティス海
オーストラリア
ティカ
南中国
インド
南極大陸
レイク海
アラビア
ゴンドワナ大陸
アフリカ

ゴンドワナ大陸が南極に向かって回転し、のちのオーストラリア大陸を赤道上に、のちの南極大陸の部分を南半球へと移動させた

石灰岩の形成
スウェーデンのゴットランド島に見られる、化石を多く含む石灰岩（⇨上）はシルル紀後期のものである。高さ 8〜10m の記念碑のようなたたずまいを見せる、浸食を受けた離れ岩（⇨左）は、ゴットランド島の北端の沖に見える小さなファロ島の浜辺に立ち並んでいる。

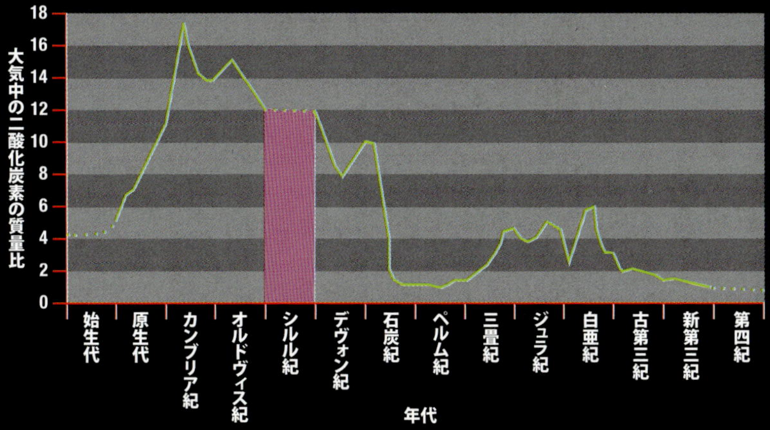

二酸化炭素レベル
石灰岩の堆積と高緯度に広がる礁の存在は、温室状態への復帰をうかがわせる。地球は、現代よりも二酸化炭素濃度の高い温暖期に入っていた。

| ロック | ラドロウ | プリドリ |

420　　　　　　　　　　　　　410　　単位：100万年前

● 425 最古の陸生植物 
クックソニア

● 420 最初のクモ形類（トリゴノターピッド・アラクニッド）、最初の陸生サソリ

ディメロクリニテス

植物

無脊椎動物

● 420 最初の条鰭類

脊椎動物

シルル紀の植物

陸生植物はオルドヴィス紀から生育していたことが確認されているが、一般に広く化石で確認されるようになったのはシルル紀からである。シルル紀末までに、陸生植物の多様化と新しい種類の陸上生態系の構築が着々と進行していた。

カンブリア紀の初めごろに、海生動物が爆発的な進化と繁栄をとげた証拠が残されている。しかし陸上となると、複雑な組織をもつ動植物の存在する高度に発達した生態系が化石として確認されるのは、かなりのちのシルル紀になってからである。

陸生植物の胞子
原生種および化石種の陸生植物の胞子は、4つのグループ（四分子）に分かれて生産される。それぞれの胞子は表面の1つに三ツ矢の形が見えるが、これは四分子の他の3つの胞子との接触で形作られたものである。

陸地への最初の歩み

オルドヴィス紀の岩石から分離された、顕微鏡で確認される胞子が、植物が陸地に生育しはじめたことを示すもっとも初期の化石である。この胞子には、丈夫で抵抗力に富む細胞壁がある。この丈夫な細胞壁は、細胞が乾燥状態に耐え、空中に飛散するのに有利であるのに加え、胞子の化石の保存状態を高めている。オルドヴィス紀からシルル紀にかけ、胞子は、種子植物でこれに相当する花粉粒と同様に、植物化石の一部として非常に重要な存在である。

初期の陸生植物の胞子は、シルル紀に広く見かけられるようになり、さらに**クックソニア**属のものとされた植物が現れることになる。これらの化石は通常微小だが、枝分かれされた軸と先端の胞子嚢（⇨左）は肉眼でも見ることができる。ある種の**クックソニア**の化石は、その軸の中心部に導水専用の導管細胞があったことを示している。細胞内を通じて水分を植物の空洞の部分に送る際に、変形するのを防ぐため、内部の細胞壁がとくに厚くできていた。

淡水の起源

陸地の表面において、直接海水から植物が生育したのではなく、淡水が当時存在したことを示すいくつかの証拠が見つかっている。もっとも初期の陸生植物は、一時的に生じた淡水の水たまりに順応した特殊な種類の緑藻であったと考えられている。丈夫な細胞壁をもつ胞子は、そうした水たまりから水たまりへと植物が拡散することを可能にした、初期の順応形態であったと考えられる。

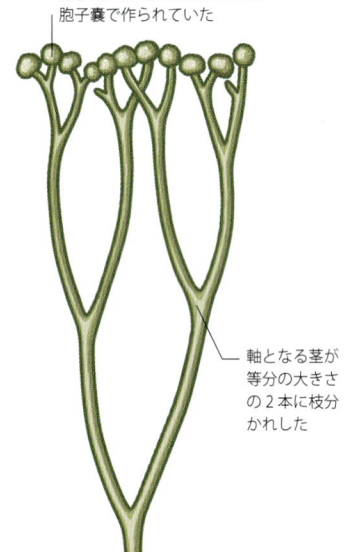

胞子は、各枝の先端についた胞子嚢で作られていた

軸となる茎が等分の大きさの2本に枝分かれした

クックソニア
クックソニア属には数種類の初期の陸生植物が属しているが、そのすべてで、小さくて細い、そろって枝分かれした茎があり、先端には胞子嚢がついている。

グループ概観

シルル紀の植物化石は比較的希少であり、小型で生態が解明されていないことが多い。しかし、シルル紀が陸生植物の初期の多様化の段階として重要な時期であったことはまちがいない。シルル紀の陸生植物のさきがけとなったある種は、現生種のコケ、ゼニゴケ、マツモと非常に近い関係にあると考えられているが、この早い時期の化石は詳細に評価するほどの材料に乏しい。

リニア類
リニア類は、シルル紀からデヴォン紀にかけて繁茂し、絶滅した原始的な陸生植物の多様なグループである。さまざまなリニア類が、現生の多様なグループに関連があると考えられているが、**リニア**のような、デヴォン紀の比較的保存状態のよい化石植物と同様、初期の**クックソニア**属もその一種と見られている。

ヒカゲノカズラ植物（小葉植物）
ヒカゲノカズラ植物は、リニア類に類する祖先から分岐した最初の陸生植物のグループである。現生種のヒカゲノカズラ類に加え、ゾステロフィルム植物として知られる重要な絶滅種のグループにも属する。初期のヒカゲノカズラ植物の**バラグワナチア**属はシルル紀後期のオーストラリアに生育していたことが知られている。

淡水植物の陸地への進出は、植物の歴史において、ただ1回だけ発生した現象と思われる。

プシロフィトン

グループ 無脊椎動物
年代 シルル紀
大きさ 20cm
産出地 スウェーデン

初期の植物の化石は、鉱物成長や動物の遺骸といった他の物質と区別することがむずかしい場合がある。**プシロフィトン・ヘーデイ**は、こうした混乱の古典的な例といえる。発見された当初、これは世界最古の植物であると認識されたが、現在では筆石の親戚にあたる動物のコロニーと考えられている。写真のものは、**プシロフィトン**に分類された希少な化石の1つ。この他に、**プシロフィトン・バーノテンゼ**(⇨ p.119)などが植物として知られている。

プシロフィトン・ヘデイ
スウェーデンのゴットランド島で発見された、この植物のように見える化石は、枝状の「茎」に連なる海生の無脊椎動物のコロニーと考えられている。

大型藻類

グループ 藻類
年代 先カンブリア時代から現代
大きさ 最大長径80m
産出地 世界各地

藻類は緑色植物にもっとも近縁の種を含む、大規模で雑多な生物グループを構成する。そのほとんどが水中で進化し、現在も繁茂している。もっとも初期の形態は微小な単細胞生物で、のちに海草などの大型の藻類に進化した。紅藻類は、一部の緑藻類にも見られるが、化石となるのに有効な炭酸カルシウムのかたい堆積物を形成することがよくある。それに比べ、褐藻類は自石灰化せず、さほど丈夫ではないので化石として残りにくい。

大型紅藻類
もっともよく見られる大型藻類の化石は紅藻類である。通常、比較的保護される環境となる水面下に成長する。

— 葉をつけない枝
— Y字形の分枝
— 茎

クックソニア

グループ リニア類
年代 シルル紀後期からデヴォン紀
大きさ 高さ1〜5cm
産出地 世界各地

大きさはふつうのピンほどで、地上でもっとも早い時期に出現した植物の1つとして知られる。葉をつけない細い枝をY字形にのばし、先端には微細な胞子を放出する胞子嚢をつけている。茎に暗い色の筋が走っている化石もあるが、現生種のほとんどの植物が、水を輸送するために茎内部にもっている維管束組織の跡と考えられる。**クックソニア**は河口の泥地などの湿った低地を生育地として、密度の高い植物群を形成していた。最初の化石資料が1934年にウェールズで発見され、それ以降世界各地で、数多くの種が見つかっている。

クックソニア・ヘミスファエリカ
最初にウェールズのシルト岩と泥岩で発見され、その胞子嚢の形状にちなんで名づけられた。

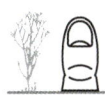

バラグワナチア

グループ ヒカゲノカズラ植物
年代 シルル紀後期からデヴォン紀前期
大きさ 高さ25cm
産出地 世界各地

シルル紀の植物としては、異例の大きさと複雑さをそなえていて、地面にしっかり根づいた茎からまっすぐに枝がのびている。表面は単純ならせん配列の**葉**におおわれているが、この特徴は現代でもヒカゲノカズラ類に残っている。あらゆる初期の陸生植物と同じように、**バラグワナチア**は胞子によって繁殖した。胞子は、植物の葉が茎につく部分である、奥まった葉腋の部分にできる胞子嚢のなかで形成される。

— 単純な葉
— 茎

バラグワナチア・ロンギフォリア
バラグワナチアの素朴な葉は、最大で4cmほどの長さになる。葉柄は幅数センチメートルになり、シルル紀の他の植物に比べてかなり大きい。

植物の表面全体が、単純ならせん配列の葉におおわれている。

シルル紀の無脊椎動物

シルル紀は2800万年という短い期間であったが、この紀に植物と動物の両方が陸地への進出を果たした。「温室期」にあたる時期であり、温暖な熱帯の海には豊かで多様な動物相があったが、短期間の氷河期にも何度か見舞われた。

シルル紀に植物が陸上に生育しだしたとき、クックソニアのような初期の植物は胞子嚢をそなえた茎が光合成を行うものだったが、ほんの数センチメートルの高さしかなかった。繁殖は湿地に限られていた。あとを追って植物の生育地に動物も進出し、ヤスデがそれ自体の化石とその移動の跡の化石でシルル紀に生息したことがわかっている。シルル紀のウミサソリもまた、陸上への進出を果たしている。

おおがかりなサンゴ礁の発達

シルル紀には、オルドヴィス紀に存在したものを引きついで、大規模なサンゴ礁の生態系が発達した（⇨ p.84）。シルル紀のサンゴ礁はことに北アメリカ、スウェーデンのゴットランド島、ウェールズのボーダーランドのものがよく知られている。サンゴ礁は長くのびた堡礁として、あるいは比較的小規模の孤立した礁として発達する。後者のケースは、通常の成層の配列で、縦方向の露天石切場でしばしば見られ、交互に積み重なって、淡色の、ほとんど成層していない、きめの細かい、石灰質の堆積物の形となっていることがよくある。これらは厳密にはサンゴ礁ではなく、ほとんどの古生代の累積物と同様、正確には藻類により形成されたことがわかっている。サンゴとストロマトポラ類（層状のカルシウムの骨格をもつ。⇨次ページのストロマトポラ）が、そうした累積物の表面に生育した。さらに、ウミユリ、腕足類、三葉虫、腹足類、二枚貝などが海底で累積物のあいだに生息していた。海の生態系は大きく多様化しており、頭足類が最強の捕食者として遊泳していた。このようなシルル紀の環境は、世界でも最良の保存状態にある化石をもたらすことになった。

礁の形成
写真に見られるような藻類の礁は、別の層が堆積したあとに、1つの炭酸塩の層として形成されている。古生代の累積物は、おそらく周辺の海底面よりも数メートル高くなる程度のものだったと考えられている。

床板サンゴ
この種のサンゴでは、ポリプがカルシウムでできたサンゴポリプ骨格に定住していた。各サンゴポリプ骨格は、ポリプの下に平たい基盤（床板）をわたした筒の形となっていた。生体の組織が小孔を通じて、個虫のポリプどうしを結びつけていた。

レティオリテス・ガイニッツィアヌス
このプランクトンに類する筆石は、網状の細いコラーゲンの繊維からなる骨格があり、それが軟体の個虫を包んでいて、浮力をもつうえでも役立ったと考えられる。

グループ概観

一部の無脊椎動物のグループが、シルル紀に陸上生活への移行を開始したが、海生動物にとっても、それはおおいに適応を必要とする時期であった。床板サンゴのコロニーが勢力を拡大し、他の多くの無脊椎動物に貴重なすみかをもたらした。オウムガイ、筆石、一部の節足動物のグループが、この時期の環境の変化に首尾よく適応することができた。

床板サンゴ
古生代のサンゴは2つの主要なグループがあり、その1つであった床板サンゴはペルム紀に滅亡した（もう1つが四放サンゴ）。つねにコロニーを形成し、単独で生活することはなく、シルル紀の浅海の動物相において重要な位置を占めていた。サンゴ化石を縦方向に仕切る隔壁は、通常このサンゴには存在しないか、あっても小規模なものであった。

オウムガイ類
シルル紀の頭足類のほとんどは、まっすぐまたは湾曲した殻を身につけていた。巻貝の形状となっているものも数種類あった。この時代の生態系に君臨する捕食者で、内部の構造に見てとれる、まっすぐで単純な縫合線（内部の仕切りが殻の内側で接合する線）が特徴的である。

筆石類
シルル紀からデヴォン紀にかけて繁栄しつづけた。個虫を収容する胞を茎の両側にそなえた、ある種のオルドヴィス紀の筆石は、シルル紀前期まで生息していた。それに対し、ほとんどのシルル紀の筆石は、胞を片側にのみそなえていた（モノグラプトゥス類）。なかには大型化したり、複雑な造形を見せたりするものもあった。

節足動物
三葉虫はシルル紀のあいだ、ときとして形態をかなり変化させ、さまざまな環境に適応して生存しつづけた。また、ウミサソリが浅海や、ときには汽水、淡水に生息し、ポッド・シュリンプ、現生種のコノハエビのような甲殻類も存在した。

ストロマトポラ

- グループ　海綿類
- 年代　シルル紀からデヴォン紀
- 大きさ　コロニーの幅5cm–2m
- 産出地　世界各地

ストロマトポラは海綿状の海生動物であり、大きさはかなり変化に富んでいて、シルル紀およびデヴォン紀両方の石灰岩から試料が発見される。ストロマトポラは、横断的な仕切りと交差する、縦方向に伸びる管組織で作られている。方解石のプレートが緊密な間隔で続く構造に、丈夫な縦の柱とアストロヒゼと呼ばれる星形の部分（写真の試料では見えない）が配されている。アストロヒゼはそれぞれ、中心部に円形の開口部があり、そこから放射状に伸びる一連の不規則な溝が見られる。古生物学者たちは長年、ストロマトポラのグループ分類をどうするか迷っていた。現代の海綿類の1種、現生硬骨海綿は、アストロヒゼに似た吐出し管を備えているが、アラゴナイトの骨格を備えており、それに対してストロマトポラは方解石の骨格を持つ。したがって、ストロマトポラは海綿類の独立した網として扱うのがよいと考えられる。

縦に伸びる管組織

成長帯

方解石プレート

ストロマトポラ・コンセントリカ
多孔質で稠密にひしめく方解石の管組織が、この骨格を構成し、海綿のような質感をもたらしている。

近縁関係の現生種
現生硬骨海綿

海面近くから200mの深さにかけて生息し、熱帯の海に広く分布する海綿のグループである。直径1m、1,000年を超えるものもある。縞模様の骨格は、過去の海水の二酸化炭素濃度を推定するのに役立つ。なぜなら、サンゴと違ってその骨格は周囲の海水中の同位体を正確に反映するからである。近年の遺伝子配列の研究から、現生硬骨海綿は統一的なグループではなく、少なくとも「尋常海綿類」の2つの別のグループに属し、それぞれ独自に炭酸カルシウムでできた骨格を発達させたことがわかっている。

ファボシテス

- グループ　花虫類
- 年代　オルドヴィス紀後期からデヴォン紀中期
- 大きさ　サンゴポリプ骨格の直径1–2mm
- 産出地　世界各地

ファボシテス（ハチノスサンゴ）は、温暖な浅海に住み、多様な形のコロニーを築いていた床板サンゴである。写真のものは平たい半球形をしている。コロニーを形作っている個々のサンゴポリプ骨格は、切断面を見ると多辺形になっている。その仕切りは薄く密集しているため、コロニーは蜂の巣のような外観を呈している。サンゴポリプ骨格の仕切りには、最大4つの縦に並んだ細孔が開いている。サンゴポリプ骨格の内部を分ける、垂直の仕切りである隔壁は短く、通常針を連ねた形となっている。水平方向の仕切り（床板）も備えている。軟体の組織の化石はなかなか見つからないが、シルル紀の**ファボシテス**の試料に自石灰化したポリプが見つかった例もある。

サンゴポリプ骨格

ファボシテスの1種
サンゴポリプ骨格の作りが、コロニーを蜂の巣のように見せている。

ヘリオリテス

- グループ　花虫類
- 年代　オルドヴィス紀中期からデヴォン紀中期
- 大きさ　サンゴポリプ骨格の直径1–2mm
- 産出地　世界各地

温暖な浅海に生息していた床板サンゴ。枝分かれした形状や、大きな塊のような形状など、多様な形で存在した。軟体のサンゴ虫は、シリンダー状の骨格であるサンゴポリプ骨格の頂上部で生活していたと考えられる。サンゴポリプ骨格の断面は、滑らかな円形を描くか、12の部分からなる波型の縁部を見せている。12枚の短い縦の仕切り（隔壁）があったと考えられ、サンゴポリプ骨格の仕切りをさらに少しだけ伸ばした形となっていた。サンゴポリプ骨格の中央部には水平方向の仕切り（隔壁）がある。サンゴポリプ骨格の間には、横方向の隔膜で仕切られた多角形の微小な管でできた、骨格組織があった。

軟体のサンゴ虫は、シリンダー状

サンゴポリプ骨格

ヘリオリテスの1種
サンゴ虫がかつて生活していた、サンゴポリプ骨格のシリンダー状の構造が、ヘリオリテスの骨組みを形作っていた。

主要な産出地
ウェンロック・エッジ

イングランドとウェールズの境界に沿って、南西から北東に走る、全長29kmのシルル紀中期の石灰岩の稜線。この地の石灰岩は数世紀にわたり研究されてきた。一帯が温暖な熱帯の浅海におおわれていた時期に、海底にはストロマトポラ、サンゴ、コケムシなどが築いた礁の構造（塊状生礁）ができ、そこに石灰岩が堆積した。それらは現代に、保存状態のよい化石として、ウミユリ、腕足類、三葉虫、軟体動物とともに残されている。石灰石の切り出しがかなり進んでいるため、大きな岩の内部が露出して、じかに地質学的な調査を行うことができる。

ゴニオフュルム

- グループ　花虫類
- 年代　シルル紀前期から中期
- 大きさ　カリス直径1.5cm
- 産出地　ヨーロッパ、北アメリカ

上部の四辺形が特徴的な、孤立した系統の四放サンゴ。軟体のサンゴ虫が、カリス（萼）と呼ばれるくぼみで生活していた。4枚の厚みのある三角形のプレートでできた、ふたのような構造が、カリスをおおっていたが、これは通常化石の形では残っていない。サンゴ虫が食物を摂っているときは、筋肉が収縮してふたを閉ざし、保護するしくみになっていた。深さのあるカリスには、短く厚みのある仕切り（隔壁）がそなわっていて、水平の仕切り（床板）と、小さな湾曲したプレートは帯状に厚みをもっていた。

ゴニオフュルム・ピラミダーレ
写真では見られないが、サンゴの上部についていた4枚のプレートが閉じてサンゴ虫を保護していた。

プティロディクテュア

- グループ　コケムシ類
- 年代　オルドヴィス紀後期からデヴォン紀前期
- 大きさ　枝幅2-15mm
- 産出地　世界各地

直線的なまたは若干湾曲した、縦にのびる枝状のコケムシ類のコロニー。底部には円錐状の受け口があって、そこからコロニーがのびている。表面には長方形の開口部があって、自活個虫室に通じており、そこに自活個虫と呼ばれる軟体の動物が、個別に生活していた。食物をとる自活個虫は、口の部分を囲む触手冠をそなえており、食事をしていないときは自活個虫室へと引っこめることができた。

プティロディクテュア・ランケオラータ
コロニー表面の細孔は、自活個虫が生活していた個室へと通じていた。

レプタエナ

- グループ　腕足類
- 年代　オルドヴィス紀中期からデヴォン紀
- 大きさ　体長1.5-4cm
- 産出地　世界各地

外向きに湾曲する茎殻と、その内側におさまって内向きに湾曲する腕殻とをそなえた腕足類の一属。鉸線はまっすぐで、両方の殻の殻頂がその先に突きでている。海底に貝を固定していた肉茎が突きだしている腹側の開口部は、茎殻の殻頂の直下に位置している。殻の表面には、力強い同心円状肋が刻まれ、細い放射肋と交差している。両方の殻とも、貝殻の前面端部に向かって急カーブを描いている。

レプタエナ・ロームボイダリス
腕殻のほうが小さく、茎殻の内側にぴったりとおさまるようになっていて、内部の動物にはかなり狭い作りとなっている。

ペンタメルス

- グループ　腕足類
- 年代　シルル紀
- 大きさ　体長2.5-6cm
- 産出地　北アメリカ、イギリス諸島、北ヨーロッパ、ロシア、中国

二枚の貝で、殻は両方とも外向きに反っている。横幅よりも縦の長さのほうが通常大きい。茎殻の殻頂は突きでた形で、その直下に貝の肉茎が突きだしている開口部がある。殻表面はかなり滑らかで、細かい放射肋と成長線が特徴的である。内部では、薄い仕切り（隔壁）が肉茎のくちばしの間近に位置し、筋肉が固着する部位として機能する、大きなスプーン状の構造を支えていた。この特徴は、ペンタメルス類に特有のものである。大きな群れで生活しているケースがよく見られた。

アトリパ

- グループ　腕足類
- 年代　シルル紀前期からデヴォン紀後期
- 大きさ　体長2-3cm
- 産出地　世界各地

チョウチン貝とも呼ばれ、大きいほうの茎殻は平坦かやや外側にふくらんだ形であるのに対し、小さいほうの腕殻は目立って外側にふくらんでいる。両方の殻の殻頂は、鉸線の先に若干突きだしている。貝殻の表面は、力強い同心円状肋に放射肋が交わる形が特徴的である。腕殻には若干外向きの反りがあり、茎殻にはこれに対応する湾曲がある。食物をとる器官を支持する触手冠が、腕殻の内部におさめられており（⇨右図）、殻の中心部に向かってらせん状に渦巻いている。

アトリパの1種
同心円状肋の層が特徴的で、現代の二枚貝にも見られる放射肋がそれと交差して縦に走っている。

構造
触手冠

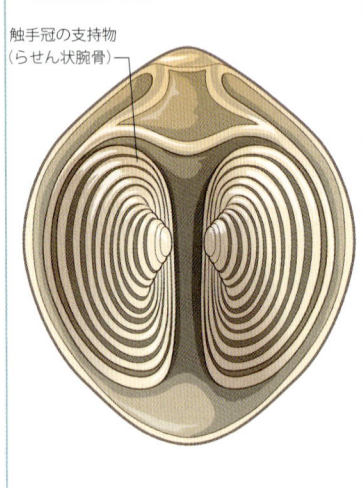

触手冠の支持物（らせん状腕骨）

他の腕足類と同様にアトリパも触手冠という器官を用いて食物をとっていた。触手冠は微細な、触手のような繊毛をそなえていて、それが養分を捕らえて口に運ぶ役割を果たしていた。触手冠が長いほど、食物を捕らえる確率が高くなる。触手冠をらせん状に収納することで、少ないスペースで長い触手冠を効率的に保持することができたが、そうしたらせんが絡まないようにするための支持物が必要であった。こうして触手冠の支持物が、腕殻の内側に位置する、2つの巧みな構造の方解石のらせん形状（らせん状腕骨）となっている。

ゴムフォケラス

- グループ　頭足類
- 年代　シルル紀中期
- 大きさ　体長7.5-15cm
- 産出地　ヨーロッパ

オウムガイと同じ綱の頭足類である海生の軟体動物。貝殻内部に薄い仕切りが狭い間隔で配され、成熟した貝の場合、殻の開口部に向かって狭まる広い住房をもっている。殻口は写真の資料では消失しているが、他の標本からこの末端の開口部は小さく、触手をそなえるほどの余裕はなかったと考えられている。このことから、現代の多くの頭足類同様、生殖活動を終えた成熟した貝は、食物をとることなく死んでいったと考えられる。

体形
その不格好な形から、ゴムフォケラスが俊敏な捕食者ではなかったことがうかがわれ、腐肉などを食料としていたと考えられる。

カルディオラ

グループ 二枚貝類
年代 シルル紀からデヴォン紀中期
大きさ 長さほぼ1.2–3cm
産出地 アフリカ、ヨーロッパ、北アメリカ

目立つ肋をもつ二枚貝で、成長輪の跡も顕著である。両方の貝殻の寸法は同等で、とがった殻頂をもつ。それぞれの殻頂の下に滑らかな三角形の部位があり、成長肋（輪肋）が平行に走っている。内部には2本の閉殻筋があって貝殻の閉じる動きを制御しているが、鉸歯は見られない。閉殻筋がゆるんでいるときは、じん帯が貝殻を開いていた。幼生の時期に定住した当初から、足糸を出して海底に定着していたと考えられる。

カルディオラ・インテルルプタ
写真のような化石が、他の動物の化石とともに発見されることは滅多になく、限られた環境でのみ生育したことをうかがわせる。

ギッソクリヌス

グループ 棘皮動物
年代 シルル紀中期からデヴォン紀前期
大きさ 萼と腕で高さ7cm
産出地 ヨーロッパ、アメリカ合衆国

ウミユリのような棘皮動物はウニやヒトデと親戚関係にある海生動物で、ギッソクリヌスもその1種であった。プレートを巻いた3つの環からなる小さな萼部をそなえ、上部の環では、5つの放射状のプレートの上面が、幅広い三日月形となっていた。これらが腕の部分の分節を形作り、そこから腕がさらに上方にのびていた。萼部の裏側にある、この環の6番目のプレートが、管状構造の基盤となり、その頂点にある肛門部にまで続いていた。腕は数回枝分かれし、どの枝もつねに均等な長さとなっていた。ただし写真の資料では、保存されているのは低い部分の枝だけである。

ギッソクリヌス・インウォルートゥス
写真のものは下方部分しか残っていないが、ギッソクリヌスは、最大で32本の枝をつけていた。

プセウドクリニテス

グループ 棘皮動物
年代 シルル紀後期からデヴォン紀前期
大きさ 萼直径1.5–3cm
産出地 ヨーロッパ、北アメリカ

円形または楕円形にふくらんだ円盤のような形状で、歩帯と呼ばれる2つの薄いプレートからなる部分で形成される平坦な縁辺部をもつ。体からのびた茎部を使って海底に定着していた。口は頭部の表面中心部の茎部の付着部と反対側に開いていた。歩帯は口の両脇から発しており、種によっては、茎部にまで達しているものもある。保存状態のよい資料では、多数の短く分節した腕と呼ばれる付属肢を観察することができる。それらが接続する受け口を見ると、付属肢は歩帯の各側面から交互にのびていることがわかる。水管系に通じる肛門部と、卵や精子を放出する生殖口が同じ頭部の表面に位置していた。かたい外殻には、プレートの継ぎ目をまたぐ特徴的なひし形の部分が見られ、対になった溝のような開口部が殻を貫通している。おそらくこれらは呼吸器の役割を果たしたと思われる。萼部の表面に散在する呼吸器系の構造は、この動物が属するウミリンゴ類に見られる特徴である。

プセウドクリニテス・ビファスキアトゥス
化石からこの生物の特徴である、ひし形の呼吸器構造が見てとれるが、ある種のウミリンゴ類は、カップ表面に多数の対になった細孔が開いていた。

プセウドクリニテスは、体に付いている茎部を、懸濁物食者として生活していた海底に自身を固定するために用いた。

無脊椎動物

103

ラプウォルトゥラ

- **グループ** 棘皮動物
- **年代** オルドヴィス紀後期からシルル紀中期
- **大きさ** 長径10–12cm
- **産出地** ヨーロッパ

中央に大型の円盤部をもつクモヒトデ。体の開口部はすべて、下側(頭部)の表面に位置しており、口は中央部にある。腕はクモヒトデとしては比較的頑丈なもので、オシクル(小骨、腕椎骨)と呼ばれる、内骨格を形作るカルシウムでできたプレートが、対で向きあって並んでいる。クモヒトデの化石化は、たとえば荒天などのために堆積物が突然押し寄せてきて生き埋めになった場合などに限られる。そうした事態がなければ、ヒトデが死ぬとやわらかい外皮が朽ちて、小骨はばらばらに離散してしまう。クモヒトデ、ヒトデ、ウニなどはみな棘皮動物であるが、現代のクモヒトデと同じように、ラプウォルトゥラも肉食であったと考えられる。

近縁関係の現生種
クモヒトデ(グリーン)

クモヒトデはオルドヴィス紀にまでさかのぼる生物であり、2000もの種が極地域から赤道地域まで広く分布している。管足の部分はおもに触覚の機能を果たす。主として500m以下から深海にかけて生息している。一部浅海に生活する種もあり、**オフィアラクナ・インクラッサタ**もその一種で、水槽で飼うことができるものもある。小魚や甲殻類といっしょに飼うことで、このクモヒトデがそれらを食物とすることがわかったりする。

ダルマニテス

- **グループ** 節足動物
- **年代** シルル紀
- **大きさ** 最大体長10cm
- **産出地** 世界各地

この三葉虫は、大型の頭部をもち、盛りあがった頭鞍は前方にいくほど広がっていて、2対の狭い溝があるのに加え、深く斜めに走る溝も見られる。眼は大きく頭部の後方に位置していて、凸レンズをそなえていた。頬部はゆるやかにふくらみをおびており、そこから広がりのある、頑丈なとげがのびていた。頭部の頭鞍の下部には、胃を取り巻いていたと思われる石灰化した構造である、囲口部すなわち上唇があった。胸甲は体節化しており、それに続く尾部が幅広い三角形を描いて終端にはとげがついていた。

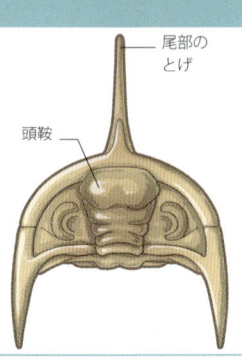

体節化した胸甲

ダルマニテス・カウダトゥス
胸甲は11の体節で構成されており、写真にその形を明確に見ることができる。

ラプウォルトゥラ・ミルトニ
オフィオトゥリクス・フラギリスのような現生種のクモヒトデと比べると、もっと短く頑丈な腕をもっていた。

頑丈な腕

中央部の円盤状の部分

中央部の星
大型で星形の円盤状の部分に口があった。

構造
身を守るための姿勢

ウッドライスのように、ほとんどの三葉虫は、やわらかい腹側を保護するために体を球状に丸めることができた。右のイラストは、ダルマニテスが体を丸めたようすを上から見たもので、尾部のとげが頭の下から前に向かって突きでているところである。このとげは脱皮の際に役立ったと考えられる。三葉虫はすべて、成長するために定期的にかたい外骨格を脱ぎ捨てていた。実際、ほとんどの三葉虫の化石は、遺骸よりもこうした抜け殻である。

尾部のとげ
頭鞍

エンクリヌルス

- **グループ** 節足動物
- **年代** シルル紀
- **大きさ** 最大5cm
- **産出地** 世界各地

シルル紀全体を通じて、世界の海に広く繁栄した小型の三葉虫。化石としては、その頭部に目立っている多数のいぼで識別することができるため、「イチゴ頭の三葉虫」というあだ名がついている。頭部の中央はいわゆる頭鞍であるが、ふくらみのある西洋梨のような形をしており、前面に向かって広くなっている。そこには数本の溝があるが、写真の資料ではわかりにくい。この化石では眼の基部だけが残っているが、眼は短い眼柄の末端にのっていた。この三葉虫は、多くの時間を海底のやわらかい堆積物に半ば埋もれ、海底上にその眼だけを突きだしてすごしていたと考えられている。

エックササッラスピスの1種
写真では頭部と胸甲のごく一部しか見えないが、胸甲の端からのびた、後ろ向きにカーブしたとげは明瞭に観察することができる。

後ろ向きにカーブしたとげ

狭い間隔で環が連なる尾部

エンクリヌルス・タブラトゥス
この種は部分的に巻いており、胸甲の前部に「イチゴ」状の頭部がついている。尾部(⇒上)は、多数の狭い間隔で連なる環をそなえ、全体に三角形の姿をしている。

いぼの多い表面
眼柄の基部

エックササッラスピス

- **グループ** 節足動物
- **年代** シルル紀中期から後期
- **大きさ** 最大2.5cm
- **産出地** 世界各地

この三葉虫の頭部は、中央の頭鞍の部分が盛りあがっていて、前方に向かって狭まる形となっており、葉が3つあり、最後部の葉がもっとも大きい。曲線状の隆起が、頭鞍の前方から比較的小さい眼にかけて走っている。眼は頭鞍と側面の縁部とのほぼ中間にあたる、頭部の背後に位置していた。胸甲は10の体節でできていて、それぞれが側面に沿って細くなり、長く湾曲したとげとして体の両側にのびていた。尾部は小さく、2本の大型の後方を向いたとげをそなえており、そのあいだに4本の小さいとげが連なっていた。大型のとげの前部にはさらに2本の短いとげもついていた。上の写真では、あいにく胸甲と尾部の大部分がなくなっている。

カリメネ

グループ	節足動物
年代	シルル紀
大きさ	最大体長約6cm
産出地	世界各地

もっともよく知られる三葉虫の1種。頭部中央のふくらみとなっている頭鞍は、半円形に近い頭部で際立つ凸となっており、前方に向けて狭まっていき、おおざっぱに言うとベルのような形状である。頭鞍には3枚の葉が2つの外縁部のそれぞれに沿って並んでおり、最後方のものがもっとも大きい。眼は小さく、頭鞍の中間点をはさんでほぼ相対する位置にあった。イギリスにあるダドリーの石灰岩の採掘場で豊富に採取されたため、三葉虫はこの地を象徴する存在となっている。

カリメネは、「ダドリーのセミ」「ダドリーの虫」と呼ばれることがよくある。

カリメネ・ブルーメンバッハイイ
胸甲は13の体節でできており、尾部はその丸い頭よりも小さい。

身を守るための姿勢
多くのカリメネの化石が、上の写真のように、体を丸めた格好で見つかる。現代のウッドライスと同様に、ほとんどの三葉虫が防御のためにこの姿勢となった。

モノグラプトゥス

グループ	筆石類
年代	シルル紀前期
大きさ	最大体長5cm
産出地	世界各地

茎状部の片側にだけ腕状の構造(胞)があるのが特徴である。胞にはコロニーの軟体の個虫がすんでいた。この属は、地質年代ではシルル紀前期の約4億4300万年前に出現し、その後の約3000万年の期間にモノグラプトゥスの多数の種が近縁種とともに急速に進化した。その多くが世界的に分布している。筆石はコロニーを形成する半索動物で、脊椎動物に関係する小規模なグループである。現生種の半索動物は比較的希少であるが、各地の岩石から豊富に発見される筆石の化石は、かつて地球の海でおおいに栄えていたことを物語っている。

モノグラプトゥス・トゥリアングラトゥス
この種では長い管状の胞があり、コロニーの描くカーブの外側では間隔が広くなっていた。

サイエンス
示帯化石

ほとんどの筆石は浮遊生物で、したがってオルドヴィス紀とシルル紀の海洋に広く分布していた。その進化のペースは速く、個々の種の存続した期間は通常約200万年と、比較的短いものであった。こうした属性のおかげで、筆石は理想的な示帯化石となった。個々の種や種のグループを調べれば、連続する岩石層の年代区分を確定して世界規模で相関関係を知ることができる。シルル紀の岩石については、約40の筆石化石帯が知られているが、各化石帯の平均期間の幅は約70万年となっている。

モノグラプトゥス・コンウォルトゥス
写真のコロニーはらせんを描いていて、カーブの外側にある長い胞のために、腕時計のぜんまいのような外観となっている。

パラカルキノソマ

グループ	節足動物
年代	シルル紀後期
大きさ	通常数cm規模だが1mを超える例もある
産出地	イギリス諸島

サソリに似た広翼類の動物で、その大多数は淡水または汽水に生息していた。種によっては、対になった最前部の前足の先端がはさみのようになっていて、その内側の端部が鋭い歯になっていた。小ぶりな頭部は、写真の標本では保存状態がよくないが、だいたい長方形で、その小さな眼は正面に近い位置にあった。口は下向きについており、その前部に対になった最前部の外肢である小型の鋏角があった。4対のとげ状の歩行肢をそなえていて、最後部にあたる6番目の外肢は遊泳肢として先端は水かき状になっていた。腹は、7つの体節からなる幅広い楕円形の前腹と、5つの体節からなる、比較的細く、ほぼ円筒形の後腹という2つの部分で構成されていた。腹の後部には、尾節と呼ばれるとがった終端の節があった。

パラカルキノソマ・オベーサ
その化石は、「ウミサソリ」と呼ばれることがある。形状の類似性は写真からも明らかである。

シルル紀の脊椎動物

シルル紀には、あごのない魚類（無顎類）が海に満ちていた。しかし同じ時期に、新たな脊椎動物のグループが登場し多様化していった。海は主要な進化（有顎類）の場となり、シルル紀末までに、脊椎動物のすべての主要なグループに進化がおこっていた。

オルドヴィス紀末の氷河期は、シルル紀に入っても続いていたが、徐々に氷が融解し、海面が上がり、海洋は温暖化していった。植物と無脊椎動物が陸上での生活を確立しようとしていた時期に、脊椎動物は依然として海洋の快適な環境を享受していた。このシルル紀の海こそ、脊椎動物の歴史でおそらくもっとも重要な進展、つまりあごの進化が見られた場となった。

あごの利点

あごをもつことで、新たな行動様式を発達させることができた。ものをあごでしっかりと捕捉することができ、さらに歯があれば食物を細切れにし、かたいものは細かく砕いて、飲みこみやすくすることができる。植物を食べることも可能になり、多くのあごをもつ脊椎動物は同時代のあごのない動物よりも体格が大きくなった。歯の有無にかかわらず、丈夫な上下のあごがあれば、攻撃と防御の両方で強力な武器となるだけでなく、求愛や交尾のときに相手をつかまえておく、あるいは子どもをくわえて運ぶといった動作にも役立つ。あごを使って物を動かす作業、たとえば穴を掘る、石を動かす、植物を集めて巣を作るといったことができる。あごをもつ脊椎動物の可能性は大きく変化に富んでいた。

中国で発見された化石

肉鰭類（または総鰭類）の魚は、それから四肢動物へと進化したグループという意味で、重要な有顎脊椎動物である（⇨ p.128）。最初の登場はデヴォン紀前期と考えられていたが、1997年に新種の魚（プサロレピス）の頭骨と下あごの部分が、中国雲南省で発見され、肉鰭類はすでにシルル紀後期には登場していたことが示された。とはいえ、肉鰭類の主要な放散が見られるのは、さらに最近の中国で発見された数種類の他の新種および原始的な形態を含めて、デヴォン紀前期になってからである。

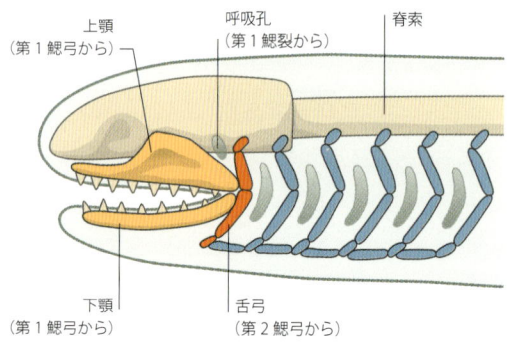

脊椎動物のあごの進化
無顎類では、第1鰓弓と第2鰓弓が第1鰓裂を支えた。有顎類になると、第1鰓弓が上下のあごとなり、第1鰓裂がエラ上を水が出入りするための呼吸孔となった。あごには歯が生えるようになった。

グループ概観

シルル紀の新たな無顎魚のグループには、アナスピダ類、テロードゥス類、ケファラスピス類、ガレアスピス類がいた。ケファラスピス類には肩甲帯が支える胸ビレがついていたが、これはあごをもつ脊椎動物に共有の特徴であると同時に、他のすべてのあごのない脊椎動物にはない特徴である。このことから、ケファラスピス類はあごをもつ脊椎動物と姉妹関係にある分類群であると考えられる。有顎類のなかでは、棘魚類、板皮類、軟骨魚類がシルル紀前期に生息しており、その一方で条鰭類がシルル紀後期に出現した。

アナスピダ類
おもに北半球のシルル紀の堆積層で化石が見つかる無顎魚類。**ビルケニア**など、ある種のアナスピダ類には大きな背部のウロコがある一方で、対になったヒレがない。ファリンゴレピスのように、腹部の表面に沿ってのびる、対になったヒレ状の構造をもつ種もある。**ヤモイティウス**（欠甲類）および**エウパネロプス**は、30を超える鰓弓をもっている点で異色である。

ケファラスピス類
シルル紀中期に出現し、アナスピダ類と同様に生息地は北半球に限られていた。大型の骨ばった頭甲と頭部についた眼が特徴である。頭甲は側面に沿ってのびてとげ状となり、馬蹄の形を描いていた。ただし、**アテレアスピス**のようなグループでも原始的な種類にはこうしたとげの形は見られない。

テロードゥス類
シルル紀前期に出現して、デヴォン紀後期まで生息し、世界的に分布していた無顎魚類。分離したウロコ（微小脊椎動物）でよく知られる。**ロガネリア**のように、もっと完全に近い資料が発見されている例もあり、頭部、尾部、鰓弓およびエラであった可能性のある対になった鰓蓋などが観察されている。

ビルケニア

- **グループ** 無顎類
- **年代** シルル紀後期からデヴォン紀前期
- **大きさ** 体長15cm
- **産出地** ヨーロッパ

側面に沿って両端が小さくなった紡錘形の小型の無顎魚（両端よりも中間部で広い）である。細長いウロコが列をなして体表をおおっていた。通常、背側の後部側面のウロコは下向きに前方に流れるのではなく、傾斜して後方に流れるようになっている。体の最上部に沿って大型のウロコが走っており、前方を向いているものもあれば、後方を向いているものもあるが、中央部では端部が同じ形で両方向に向いているものもある。尻ビレが発達していて、小さな鼻孔とそのあいだにある単一の鼻穴が見られる。淡水にすみ、活発に泳ぎ回って動植物の遺骸の砕片を食物としていたようである。

独特のウロコ
ビルケニアの背部のウロコの配列は特徴的で、その属するアナスピダ類のグループにおいても独特のものであった。

細かいウロコでおおわれた頭部

背ビレ

側面方向にちぢまった体形

風変わりな尻尾
ビルケニアの、下向きの脊索が支持する下葉が長くなった尻尾のせいで、昔の古生物学者は当初混乱し、魚の形態をさかさまに再現したりした。

アテレアスピス

- **グループ** 無顎類
- **年代** シルル紀前期からデヴォン紀前期
- **大きさ** 体長15–20cm
- **産出地** スコットランド、ノルウェー、ロシア

原始的なケファラスピス類の1種で、遮蔽海域または河口付近で生活していたと考えられる。対になった付属肢、この場合胸ビレをもっとも早くからそなえていた魚として知られる。背ビレは2つで、前方のものはウロコでおおわれ、後方のヒレのほうが大きく、とげが皮膜でつながった形となっていた。頭部は骨ばった頭甲で保護され、かたいウロコが全身をおおっていた。口は頭部の下側についており、底生魚であったことをうかがわせる。

平たく幅の広い頭部

胸ビレ

尾ビレ

10 アテレアスピスの体の下部に位置するエラの対の数

平たい底生魚の体形
アテレアスピスは平たい体つきをしており、また体の前部は後部よりもいっそう平たいことからも、底生魚であったことがうかがわれる。

ロガネリア

- **グループ** 無顎類
- **年代** シルル紀後期
- **大きさ** 体長10–20cm
- **産出地** ヨーロッパ

テロードゥス類の1種で、全身がウロコでおおわれ、下葉のほうが大きな尻尾をもっているやや平たい体形をした魚類。両眼はかなり離れている。頭の下部についた口の位置から、海底の泥中を移動しながら食物を得ていたと考えられる。頭部の側面に対となって存在する鰓蓋はエラの役割を果たしたと考えられる。

二またの尻尾
ロガネリアの頭部は幅広く平たく、尻尾は長く二またに分かれ、下葉のほうが上葉よりもかなり大きい。

クリマティウス

- **グループ** 棘魚類
- **年代** シルル紀後期からデヴォン紀前期
- **大きさ** 体長12cm
- **産出地** イギリス諸島

多くの短いとげをもつ、体長の短い魚類。胸ビレ、前後の背ビレ、尻ビレの対にそれぞれとげがあり、さらに体の下面に5対のとげをもつ。「肩」にあたる部分はかたい甲がおおっていた。尾ビレはサメのようで、上葉のほうが大きかった。眼は大きく、鼻孔は小さい。小型の臼歯をそなえていたことから、小さい生物を捕食していたと見られる。

アンドゥレオレピス

- **グループ** 条鰭類
- **年代** シルル紀後期
- **大きさ** 体長9cm
- **産出地** ヨーロッパ、アジア

条鰭類でも最古のものとして知られ、数列の鋭くとがった歯と、その歯のあいだにさらに小さい歯状の突起が見られる。古い歯が抜けることはなく、かわりに新しい歯があごの内側の縁に生えてくる。ウロコはひし形で盛りあがっており、歯のエナメルに似た、硬鱗質と呼ばれる物質の薄い層がおおっている。

デヴォン紀

- 112 植物
- 122 無脊椎動物 
- 128 脊椎動物

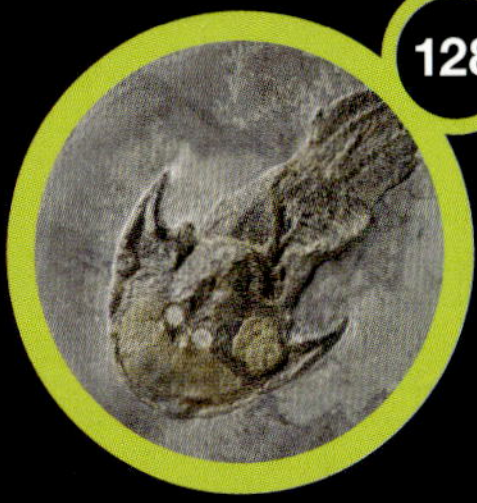

デヴォン紀

地球の歴史において、よく「魚の時代」と呼ばれるデヴォン紀は、風変わりな無顎魚類やかたい骨板をもつ板皮類なども含め、一部の魚類のグループに画期的な放散がおこったことが特筆される。同様に重要なのが、植物の多様性が大幅に増大したことである。植物は海岸線地帯から広がって大陸を横断し、陸上に新たな生態系、すなわち世界で初めての森林を築いていった。

カレドニア山脈
かつて威容を誇ったカレドニア山脈も、莫大な浸食作用にさらされたが、現代でもスカンジナヴィア地方から北アメリカのアパラチア山脈へとのびている。

海洋と大陸

約4億年前のデヴォン紀中期までに、イアペタス海が完全に姿を消し、バルティカ大陸とローレンシア大陸が衝突していた。この衝突で、巨大な地殻変動の力が働き、大陸の様相を継続的に変化させていった。今日のスカンジナヴィア、イギリス北部、グリーンランドなどの山脈、さらに北アメリカ東部のアパラチア北部におよぶカレドニア造山運動の開始などに、この影響がおよんだ。ゴンドワナ大陸は、オーストラリアを中心として時計回りに回転し、大陸の西端を赤道およびローレンシア大陸に近づけていった。大陸はシダ植物や樹木に似た植物が森林や湿地を形成するにつれて、有機質が土壌に供給され、無脊椎動物の新たな生息地も生まれて、徐々に緑豊かになっていった。スコットランドのライニー・チャートは、デヴォン紀中期の泥炭湿原における植物相に洞察を加えるうえで、格好の存在である。デヴォン紀後期に、海洋に大がかりな地球化学的変化が起こり、海洋の酸素が欠乏する時期が何度かあった。急速な植物の多様化により、河川に高い水準の栄養素がもたらされ、それが海洋に流れこんでいったものと考えられる。サンゴ礁などは低養分の条件を好むため、これがデヴォン紀の大量絶滅の時期におけるその多様性の低下の一因となった可能性がある。

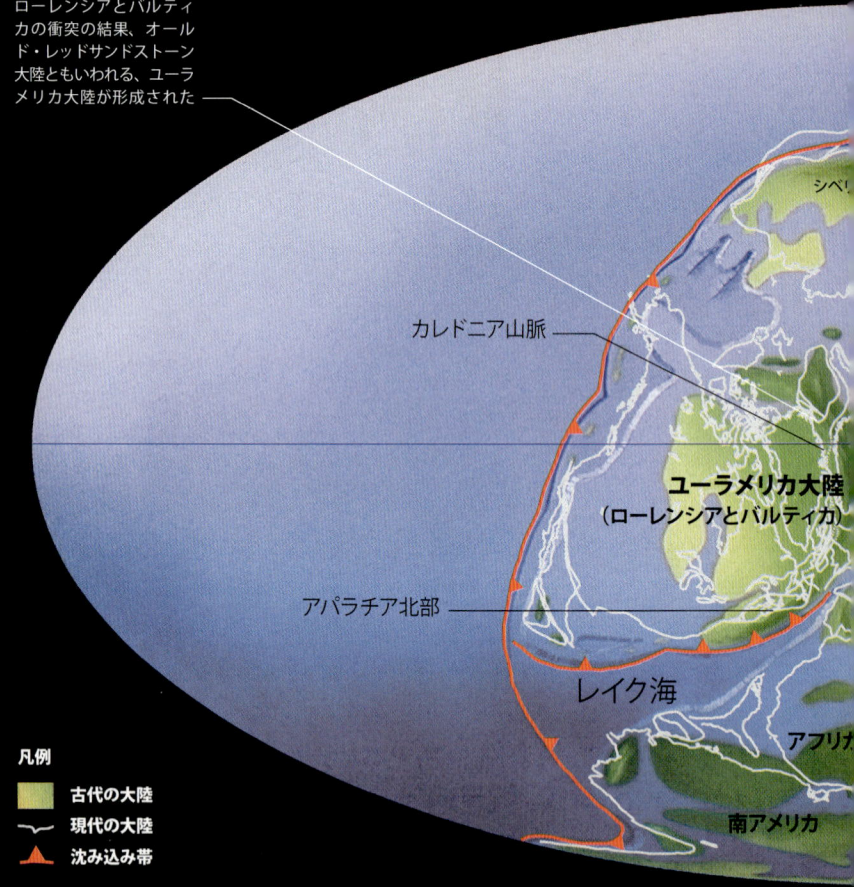

ローレンシアとバルティカの衝突の結果、オールド・レッドサンドストーン大陸ともいわれる、ユーラメリカ大陸が形成された

シベリア
カレドニア山脈
ユーラメリカ大陸（ローレンシアとバルティカ）
アパラチア北部
レイク海
アフリカ
南アメリカ

凡例
- 古代の大陸
- 現代の大陸
- 沈み込み帯

デヴォン紀の世界地図
バルティカとローレンシアが合体して、ユーラメリカ大陸を形成し、イアペタス海は姿を消した。この動きにより、カレドニア造山帯が生まれた。

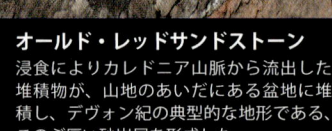

デヴォン紀の産卵親魚
この初期の板皮類は、西オーストラリアのゴーゴー累層の岩石に保存されていたもので、デヴォン紀の堡礁に生息していた。

オールド・レッドサンドストーン
浸食によりカレドニア山脈から流出した堆積物が、山地のあいだにある盆地に堆積し、デヴォン紀の典型的な地形である、このぶ厚い砂岩層を形成した。

	前期			中期
単位：100万年前	420	410	400	390
植物		● 415 ゾステロフィルム類（原始的な植物）の登場 **ゾステロフィルム**	● 410 リコフィテスおよびトリメロフィテスの登場 **バラグワナティア**	● 400 トクサ類（ツクシなど）が登場。一部の植物に樹木のような習性が現れる	● 395 地衣類、シャジクモの登場 **アルカエオプテリス**
無脊椎動物		● 415 ホオズキガイ類腕足類の登場	● 410 オウムガイ類ナウティロイドの登場		● 395 メクラグモ類、ダニ、昆虫類（トビムシ）の登場。アンモノイド（⇨左）の出現 **ソリクリメニア**
脊椎動物			● 410 真歯をもつ魚類が登場	● 400 板皮類の大規模な多様化。サメの登場。肺魚の呼吸の進化	

デヴォン紀

ライニー・チャートの化石
スコットランドのライニー・チャートでは、デヴォン紀前期の、珪化した化石がみごとな保存状態で見つかる。写真の薄い切片には、初期の陸上植物の1つである、リニアの茎が見られる。

気候

地球規模の気候は、概して比較的温暖で、乾燥しており、赤道から極地にかけての全般的な温度勾配は現代よりもゆるやかであった。デヴォン紀前期には、ローレンシアおよびゴンドワナの北東部の多くの地域が高温で乾燥していた。現在オーストラリア、北アメリカ、シベリアとなっている地域の多くが温暖な浅海におおわれていた。腕足類の化石を酸素同位体(⇨ p.23)を利用して分析したところ、デヴォン紀前期には海洋温度が約26℃と、現代の海洋に近い温度であったことが示された。デヴォン紀後期になると約30℃にまで上昇した可能性がある。ゴンドワナ大陸の南側の高緯度地域でも、気候は温暖であった。極地方は冷涼であったものの、氷におおわれることはなかった。ローレンシアとゴンドワナが近づくにつれて、赤道の北側に熱帯が拡大していった。初期の厚い石炭堆積層の調査から、現代のカナダの極地方と南中国にあたる部分に熱帯雨林が広がっていたことがわかった。北のシベリア大陸、収束しつつあったローレンシアとゴンドワナ大陸の北部は依然として乾燥していたが、ゴンドワナの南寄りの部分は比較的温暖で湿度が高かった。その一方で、現在のアマゾン盆地にあたる、デヴォン紀の南極に近い一部の高山地帯では、氷河が成長するのに十分なほど寒冷化が進んでいた。

ゴンドワナ大陸は、オーストラリアを中心として時計回りに回転していた

ウインジャナ渓谷(キンバリー)
オーストラリアの北西部に位置するキンバリー地方の、壮観なウインジャナ渓谷では、デヴォン紀の大規模な堡礁の遺跡を見ることができる。当時、あたり一帯は堡礁の並ぶ浅海であった。

二酸化炭素レベル
デヴォン紀の陸生植物の多様化は、二酸化炭素レベルの低下に影響を与えたと思われる。これには気温の低下も関与している。

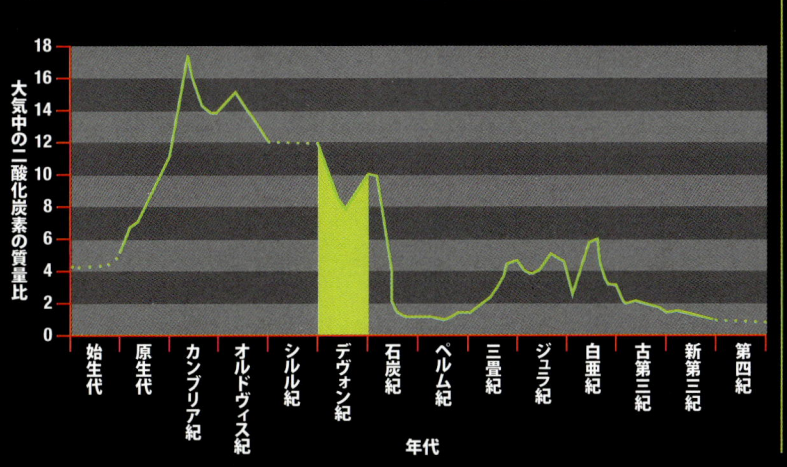

大気中の二酸化炭素の質量比 / 年代(始生代, 原生代, カンブリア紀, オルドヴィス紀, シルル紀, デヴォン紀, 石炭紀, ペルム紀, 三畳紀, ジュラ紀, 白亜紀, 古第三紀, 新第三紀, 第四紀)

後期

380　　　370　　　360　　　350　　単位：100万年前

● 385 前裸子植物の登場(樹木状の植物⇨左)。主要な森林の形成が始まる			● 360 シダ種子類が植物相において主流となる。シダの登場	植物
	● 380 クモ(アッテルコープス)、陸生のヤスデ、ムカデ、カニムシの登場。ゴニアタイト類(初期のアンモノイド)、クルミガイ類二枚貝の登場	● 375 イガイ科の二枚貝が登場  アトリパ	● 365 大量絶滅：種の最大70％、属の50％、三葉虫の5目のうち3目(コリネクソス目、オドントプレウラ目、ハルペス目)、アトリパ(⇨左)、オルチス類、ペンタメルス類などの、腕足類の属の90％近く、礁の大がかりな損失などが発生	● 360 カニの登場	無脊椎動物
● 385 ヤツメウナギの登場	● 380 ティクターリクのような、高等な両生類的な総鰭亜綱の魚類の登場	● 375 魚の胎生(母体内の胚の発現)が発生、両生類やシーラカンスの登場	● 365 板皮類(骨板でおおわれた有顎魚)の絶滅		脊椎動物

デヴォン紀の植物

オルドヴィス紀およびシルル紀に始まった陸生植物の発達は、デヴォン紀にも継続し、ペースを速め、多くの新しいさまざまな種類の植物が爆発的に出現し多様化した。デヴォン紀末期までに、多数の現生種のグループの先駆的な植物がすでに進化をとげていた。

陸生植物は、淡水で生育した祖先から進化し、水分の損失を制御するのに役立つ重要な適応が、初期の陸生植物にさまざまな形態で見られた。初期の陸生動物も、植物を追って陸上に形成されつつあった新たな種類の生態系になじむうえで、同様の困難に直面した。いくつかの別個の動物グループが、それぞれ独自に陸上に進出したが、植物の進化の歴史において、このような進出は1回しかおこっていないと思われる。

陸上生活への適応

初期の陸生植物の構造を理解し、初期の陸上の生態系を多面的に研究するうえでもっとも重要な化石群が、1914年にスコットランドのライニー村付近で発見された。このライニー・チャートは、シリカに保存された古代の泥炭湿原である。近くで火山活動が発生したことが、この顕著な保存状態につながったものと考えられる。ライニー・チャートでは、初期の陸生植物が、菌類、藻類、若干の初期の陸生節足動物とともに4億年近く前の生活の場で、それぞれの成長の状況を正確に反映した形で保存されている。ライニー・チャートの化石植物は、精妙な部分まで保存されている。化石には、**アグラオフィトン**や**リニア**、さらには初期のヒカゲノカズラである**アステロキシロン**など、異なる数種類のリニア類が含まれている。リニア類は、**クックソニア**と同様の単純な枝軸をそなえているが、枝分かれの形態ではもっと多様な変化が見られる。枝の先端には細長い胞子嚢があり、そこで胞子が生産される。アステロキシロンの枝軸は、小ぶりの平たい垂れぶたのような葉でおおわれており、そのあいだにときに小さな腎臓のような形の胞子嚢が、まばらに顔をのぞかせていることがある。アステロキシロンは現代のヒカゲノカズラ類**フペルジア**（トウゲシバ）と非常に似ている。これらの陸生植物は、いずれも

水を通しやすいが支持組織としては弱い　　支持組織としては強いが、水を通しにくい

導管細胞の環状の強化　らせん状の強化　はしご状の強化　縁どりの強化

導管細胞
もともと導水のために進化した、特別な細胞がのちに植物を支持するという新たな役割も担うことになり、その結果別々の機能に特化した数種類の細胞に分かれていった。

グループ概観

デヴォン紀には、変化に富んだ新たな植物が急速に出現した。すべての植物は、共通の単一の祖先から派生し、十分な量の水の供給を維持する能力により、新しい生態系で繁栄する機会をつかむことができたのだと推定される。デヴォン紀における陸生植物の多様化は、カンブリア大爆発（⇒ p.70）の植物版ともいえる現象である。

緑藻
淡水緑藻のさまざまなグループ、とくにヨーロッパマンネングサや類似するシャジク藻類は、陸生植物でももっとも近縁関係にある現生種であることが、さまざまな方面から裏づけられている。現生種のヨーロッパマンネングサに非常に近い、保存状態の良好な緑藻の化石は、デヴォン紀前期のライニー・チャートから知られるようになった。

リニア類
単純な初期の陸生植物のうちの数種類は、リニア類の系統としてグループ化されている。初期の形態は、コケ類ともっと複雑な陸生植物の中間的なものだった。胞子を生産する造胞体が枝ごとについているのは、すべてのリニア類に見られる形だが、結果的に多くの胞子嚢を生産することになり、胞子の生産量を増やすことになった。

ゾステロフィルム類
デヴォン紀前期から中期にかけての、初期の陸生植物のなかでもとくに目立つグループ。腎臓の形の胞子嚢をもち、導管組織を発達させたことから、現生種のヒカゲノカズラ類と近縁関係にあることが考えられる。茎が平たくなっていて葉がないところが、ヒカゲノカズラ類と異なる点である。

ヒカゲノカズラ類
最古のものはシルル紀後期に登場したが、デヴォン紀にグループの多様化が急速に進み、現代に確認できる3つの主要な下位グループへと枝分かれしていった。アステロキシロンは、もっともよく知られる初期のヒカゲノカズラ類の1つ。ヒカゲノカズラ類は、デヴォン紀から現代まで化石の記録が連綿と続いている。

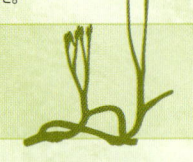

陸上では水が乏しい。水をいかに獲得し、保持し、効率的に利用するかは、すべての陸上植物が直面した重要な問題である。

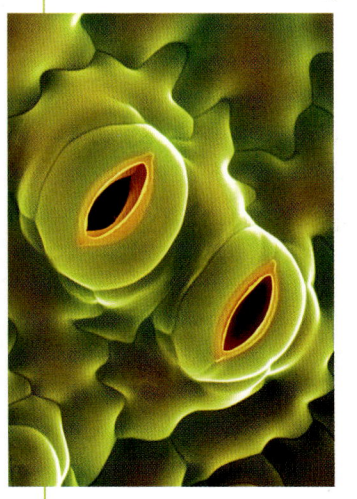

気孔
陸生植物は、光合成のために二酸化炭素を取りこむ必要があるが、同時に過度に水分を失わないようにしなければならない。気孔は、植物内部の空洞と外気とのガスの交換を制御するための開閉を行う、調整弁の役割を果たす。

あまり大きくはないが、その軸の中心に細長くのびた細胞があり、土中に根を張った植物の下部から空中にのびる上部へと水分を運ぶ役割を果たしていた。**アグラオフィトン**のような、一部のリニア類では、こうした導管細胞は現生種のコケのものと類似していて、細胞壁の内側の厚みが強化されていない。**リニア**や**アステロキシロン**のような、そのほかの初期の陸生植物では、細胞壁内側の強化が見られ、現生種のシダ類やヒカゲノカズラの、導水に特化した細胞に似た作りとなっている。ライニー・チャートその他の化石の発掘地で見つかった初期の陸生植物の表面は、ろう質の外皮でおおわれており、これが植物から水分が蒸発するのを防ぐのに役立った。

光を求めて
デヴォン紀中期から後期にかけて、リニア類は最終的にさらに大型で複雑化した枝をつけるプシロフィトンのような植物に、とってかわられた。初期の陸上の生態系で、光を求める競争が激化してきた時期に、大型の植物は有利な立場にあったと考えられる。**プシロフィトン**およびそれに類する植物は、単一の主要な軸と小さい側枝という、新たな種類の成長形態を見せた。そうした側面の枝がその後改良されて、現生種のシダ類、トクサ類、種子植物に見られる新たな種類の葉を形作ることになった。デヴォン紀に陸生植物の大型化が進むと、植物の上部に継続的に水を供給するため、さらに多くの導管細胞が必要となった。こうした細胞は、植物を直立させておくために必要な内部からの支持という役割も強めていった。デヴォン紀中期から後期にかけて、植物は一生を通じて導管細胞を大量に生産するという革新的な能力を獲得する。ここからさらに、一部の植物は相当量の木質組織を生産する能力をもつにいたった。デヴォン紀後期には、木の幹をもつ最初の木本（もくほん）が出現した。

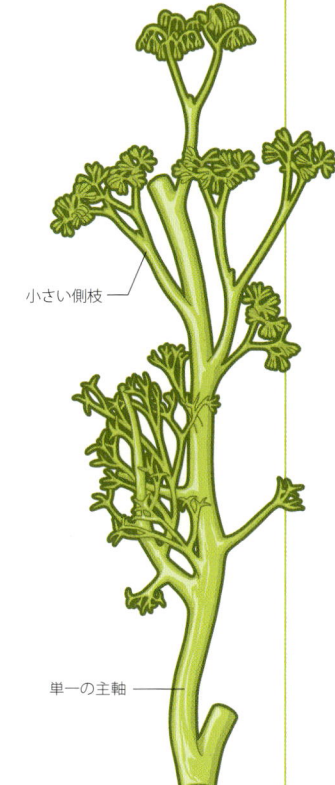

小さい側枝

単一の主軸

枝分かれの方式
デヴォン紀前期から中期にかけて、**プシロフィトン**はほとんどのリニア類よりも大型の植物で、枝のつけかたももっと複雑だった。1本の枝だけが優勢に成長し、他の枝は側枝として成長能力の限られたものとなる、新たな成長パターンが発達していった。

原始的な真葉植物
デヴォン紀に、比較的素朴だったリニア類は、もっと大型の、分枝パターンのずっと複雑化した原始的な真正葉状植物にとってかわられることになる。最終的に現生種のトクサ類、シダ類、種子植物へと進化したのは、そうした複雑化した形態の植物であった。

トクサ類
デヴォン紀末までに、複雑な分枝パターンをもつ原始的な真葉植物が数種類出現しており、現代のトクサ類の祖先となった。また、デヴォン紀末までに登場した**アルカエオカラミテス**は、現生のエクイセトゥム属（スギナ、トクサ）の植物との明確な類似性を見せている。

前裸子植物
デヴォン紀後期のいくつかの植物グループに見られる重要な革新は、植物の一生を通じて導管組織を新たに生産しつづける能力をもったことだった。こうした組織が、現代の樹木の木質を構成することになった。そうしたデヴォン紀後期の植物グループの1つが、前裸子植物である。

原始的な種子植物
最古の種子植物は、デヴォン紀後期からの存在が知られるが、前裸子植物の祖先から進化したと推定される。初期の種子植物はすべて類似していることから、陸生植物の歴史において種子への進化が発生したのは1回かぎりである可能性が高い。種子の発生は、水への依存度が低い新たな形の生殖が始まるうえで、重要な一歩となった。

プロトタキシーテス

グループ	菌類
年代	シルル紀後期からデヴォン紀
大きさ	最大高さ8m
産出地	世界各地

世界でもっとも謎めいた巨大化石の1つ。1850年代後半に、カナダの地質学者、ジョン・ウィリアム・ドーソンが朽木の化石と考えて報告したのが、最初の記録への登場である。彼は「最初のイチイ」を意味する**プロトタキシーテス**と名づけた。この化石は原型を保ったまま発見される場合もあるが、通常木の年輪に似た同心円を描く短い円筒状の断片の形で発見されることもある。しかし、顕微鏡で調べてみると、その組織は木とは明らかに異なっている。明確な輪郭の細胞壁をもつ植物細胞のかわりに、「幹」の内部を縦に走る微細な管組織が見られたのである。個々の管は人間の髪の毛よりも細いものであったが、それが密集して直径1mを超える塊を形成していた。ドーソンはそれを、朽木を栄養源とする菌類の糸であると解釈した。しかし、のちの研究でプロトタキシーテスが樹木であるという説は退けられ、植物であるかどうかも疑問視された。ときには昆布に類する藻類とされたり、地衣類とされたりしたが、最近では菌類の巨大な子実体とする見かたがある。

樹皮のような外観の「幹」

年輪のような模様

P・ローガニの断面
プロトタキシーテスが、化石化した樹木と思われたのも無理はない。表皮のきめが樹皮に非常によく似ており、同様に内部の作りでも、樹木の年輪に似た構造が見られたからである。顕微鏡で調べてみて、ようやく違いが明らかになってきたのである。

プロトタキシーテス・ローガニ
最大で8mにも達する外観は威容を誇っていたにちがいない。分類はどうあれ、デヴォン紀の風景のなかでひときわ目立つ存在であったことはまちがいない。

サイエンス
謎の化石

1872年、植物学者のウィリアム・カラザースは、**プロトタキシーテス**を巨大な昆布に類する藻類の茎であるとした。20世紀にはこの説がおおむね受け入れられていたが、2001年、スミソニアン協会のフランシス・ヒューバーが、3本の異なる菌糸という明快な証拠とともに、分析結果を発表。栄養素の吸収方法が、菌類と同じということが知られるようになった。

パルカ

グループ	藻類
年代	シルル紀後期からデヴォン紀前期
大きさ	最大直径7cm
産出地	世界各地

丸みをおびた輪郭と網目状の表面をもつ、興味深い化石である。過去には先史時代の節足動物、魚類の卵など、さまざまなものとまちがわれた。しかし、顕微鏡で調べた結果、数十個の細胞の厚みをもつだけの平たい本体をかたい外皮がおおっている、藻類の構造を有することがわかった。化石の表面に見られる円盤状のものは、それぞれ数千の胞子で満たされた微細な個室である。解剖学上および化学的特徴により、コレオカエテと呼ばれる藻類のグループに関連するとされた。このグループは現生種ではもっとも緑色植物に近いと考えられている。

ぶどうの房のように集合する丸みをおびた、円盤状の個室

パルカは、多数の円盤状の構造からなり、それぞれが数千の微細な胞子で満たされている。

ふたのついた円盤

パルカ・デーキピエンス
個々の円盤には、それぞれ数千の微細な胞子が詰まっている。胞子はやがて飛散し、新たに生長するために芽を出すことになった。

115

植物

リニア

グループ	リニア類
年代	デヴォン紀前期
大きさ	高さ18cm
産出地	スコットランド

もっともよく知られる初期の植物の1つで、横および真上に枝をのばすが、本来的な根や葉はもたなかった。横にのびるリゾーム(根茎)と呼ばれる枝は、成長するあいだに地上に広がり、真上にのびる枝は何度も枝分かれして、もつれて成長が遅くなり、最大限の光を捕捉する部分となる。最古の維管束植物の1つとして、水とそれに溶けこんだ内容物を輸送するのに特化した細胞組織をそなえていた。リニアもまた、水を通さない膜が表面をおおっており、水分の損失とガスの交換を制御するために開閉できる、微細な小孔をそなえていた。茎の表面に散らばるようについている微細な結節は、その存在理由がはっきりしない。植物がいたんでいる兆候とも、枝が活動を休止している状態とも、分泌機能をもつ構造とも言われている。

主要な産出地
ライニー・チャート

1914年、ウィリアム・マッキー博士は、スコットランドのライニー村で、庭園の壁にいくつかの化石があることに気づいた。化石はきめの細かいチャート(珪質堆積岩)のなかにあり、調査の結果、世界で最古の陸生植物を含む生態系が、菌類や数多くの絶滅した節足動物とともに化石化されていることがわかった。

ライニーの植物群
リニアをはじめとする原始的な植物群は、シリカの豊富な温泉地付近で生育した。湧泉が一定の間をおいてそうした植物群を飲みこみ、冷却とシリカの結晶により保存が実現したと考えられる。

珪化した茎

層状の堆積物

アグラオフィトン

グループ	リニア類
年代	デヴォン紀前期
大きさ	高さ18cm
産出地	スコットランド

初期の陸生植物の1種として、3億9600万年前の温泉地付近に繁栄した。微細な毛状の組織が、地面をはうリゾーム(根茎)を固定し、そこから真上に枝がのびて、何度も二叉に分裂していた。乾燥を防ぐために、水を通さない膜が表面をおおっており、特別な保護細胞により閉ざすことができる、微細な小孔(気孔)もそなえていた。胞子を生産する卵形の胞子嚢が、枝の先端についていた。

真上にのびる枝

胞子を生産する胞子嚢

アグラオフィトン・マイヨル
アグラオフィトンは、その表面全体で光を集めていた。枝は地面に沿ってのびるあいだ、たがいに支えあい、生育のためには湿地が必要であった。

ホルネオフィトン

グループ	リニア類
年代	デヴォン紀前期
大きさ	高さ20cm
産出地	スコットランド

ライニー・チャートで発見された初期の他の数種の植物と同様に、細い枝をのばす。しかしその化石は、ふくらみのある茎の基部と裂片状の胞子嚢という、2つの他には見られない特徴がある。裂片の1つ1つは円筒状で中心部に支柱をもつ構造である。これは現生種のコケに見られる構造だが、ホルネオフィトンの生活環の胞子を生みだす部分は自由生活をしていて、コケには見られない画期的な特性となっている。以上の特徴が混じっているために、分類がむずかしい植物である。とはいえ、デヴォン紀前期に、湿地に小規模な茂みを作って繁栄していたことは疑いない。

- 単純な枝
- 真上にのびる茎
- 根のようなリゾーム
- ふくらみのある茎の基部

ホルネオフィトン・リグニエリ
地面と同じか少し埋まるくらいの位置にある、根に似たホルネオフィトンのリゾームは植物を固定する役割があったと見られる。濃い茂みのなかでの成長を容易にする働きもあったと考えられる。

レナリア

グループ	リニア類
年代	デヴォン紀前期
大きさ	高さ30cm
産出地	カナダ

多くの初期の陸生植物は、茎が同等の大きさの2つの枝に分かれる成長のしかたをしていた。ところが、レナリアの成長のありかたはこれとは異なり、大きさの違う枝を出すことでもっと複雑な形態となった。茎にはそれぞれ先にのびる成長点があり、その側面から小枝が新たにのびてくる。こうした側枝には胞子を生産する胞子嚢がついていた。レナリアの化石は、1970年にケベック州ギャスペ半島で初めて発見された。植物の進化の歴史における位置づけは確定していないが、その胞子嚢はゾステロフィルムと呼ばれる単純な植物との関連が考えられる。

- 胞子嚢
- 成長点
- まっすぐではない枝
- 真上にのびる茎

レナリア・ヒューバーリ
腎臓形の胞子嚢の大きさは幅数ミリメートルであるが、デヴォン紀前期の植物としてはかなりの大きさである。なかの胞子が成熟すると、嚢が割れて胞子を空中に放出した。

ゾステロフィルム

グループ	ゾステロフィルム類
年代	シルル紀後期からデヴォン紀中期
大きさ	高さ25cm
産出地	世界各地

きめの細かい岩石に保存された状態で、世界の多数の地域で化石が発見されている。シルル紀に登場し、デヴォン紀までに多数の種に分かれて進化した。ゾステロフィルム類と総称されるこの植物は、湿った低地を広範囲にわたっておおっていた。

化石のゾステロフィルム類は当初、海生植物でありながら花をつける数少ない植物の1種である、ゾステラ（アマモ）に関係するものと考えられた。しかし、現在では両者は近縁関係にはないとされている。ゾステロフィルム類は、石炭となった森林を形成していた大型のシダ類が属する植物グループ、ヒカゲノカズラ植物の祖先である可能性がある。

- 平たい枝
- 胞子嚢の房
- 枝分かれした茎

ゾステロフィルム・レーナヌム
生殖のために胞子を放出し、胞子を生産する胞子嚢は、茎の先端ではなく側面についていた。胞子嚢が房の形、あるいは単純な円錐状に集合する場合もあった。

ゾステロフィルム・レーナヌム
茎の基部付近から、滑らかな茎がくり返し枝分かれしてのびていた。現代の植物のほとんどが水分を輸送するのに用いている組織と同様の、維管束組織を内部にもっていた。

ディスカリス

グループ	ゾステロフィルム類
年代	デヴォン紀前期
大きさ	高さ30cm
産出地	中国

古代の沈泥に押しつぶされて平たくなった化石が、約4億年前に繁栄した植物の姿を伝えている。1980年代後半に中国で発見され、ほかのゾステロフィルム類と同様に、本来的な根や葉をもたず、多くの枝をつけた茎で構成されている。成長は地面に沿ってのびていく形である。茎は、単純に二叉に分かれるだけでなく、アルファベットのHやKの形に枝をのばすこともよくある。枝は全体を束ねて丈夫な房を形作るのに役立った可能性がある。**ディスカリス**は、茎の側面に沿って胞子嚢をらせん状に保持していた。1個の胞子嚢は豆粒ほどの大きさだった。

ディスカリスのとげでおおわれた茎は謎めいている。植物が動物から身を守るための、防御策の一例であろうと考えられている。

— シルト岩

— 茎のとげ

ディスカリス・ロンギスティパ
茎は、隆起成長による微細なとげでおおわれている。隆起成長の先端はボタンのような形になっている。

サウドニア

グループ	ゾステロフィルム類
年代	デヴォン紀
大きさ	高さ30cm
産出地	北半球

19世紀に、2種類のまったく異なる化石植物がいっしょにされたことから、サウドニアは本来とは違った植物としてあつかわれていた。現代では、地面をはう根のようなリゾームと直立する茎をもつ、典型的なゾステロフィルム類の1種と同じである。地面に沿ってのび、対になった枝をつけた。現代の維管束植物の主要な特徴であるが、その導管組織が植物自体を支える役目も担っていた可能性がある。腎臓形の胞子嚢は、2つに割れて胞子を放出した。

— とげの生えた茎

サウドニア・オルナータ
多くのゾステロフィルム類同様、茎が微小なとげでおおわれている。肉眼でも、化石の表面にとげの形が浮かびあがっているのがわかり、茎の形状がはっきりしたのこぎりの歯のように見える。

スキアドフィトン

グループ	リニア類
年代	デヴォン紀前期
大きさ	高さ5cm
産出地	世界各地

胞子を作る造胞体の形態は、原始的な植物の生活環においては1度だけ現れる相であった。造胞体がまき散らした胞子は、有性生殖にかかわる第2の相である配偶体へと成長した。配偶体が化石として残っていることはめったにないが、**スキアドフィトン**はその珍しい例である。その茎の先端には、雌雄の配偶子が作られるカップ状の配偶子嚢床がついていた。雨が降ると、成熟した雄性細胞が水中を遊泳して雌性細胞を受精させ、新たな造胞体となる芽をだした。配偶体と造胞体の外観はかなり異なっているのがふつうである。数種類の原始的な陸生植物が、**スキアドフィトン**と類似する配偶体を生産していたと考えられるが、それには一部のゾステロフィルム類の種も含まれていた可能性がある。

スキアドフィトン
茎の基部の中心から12本以上の茎がのびており、それぞれの茎のカップ状の部分の上面に配偶子嚢がついていた。この器官が雌雄の性細胞を生みだしていた。

117 植物

プロトバリノフィトン

グループ	ゾステロフィルム類
年代	デヴォン紀
大きさ	高さ30cm
産出地	世界各地

この丈が低い植物は、デヴォン紀の植物のどのグループにも的確に分類できないところがある。ゾステロフィルム類に分類する植物学者もいれば、それ自体の姉妹グループが独自に存在すると考える学者もいる。その茎は本来的な根や葉をもたない、ゾステロフィルム類に似ている。しかし、その胞子を生産する胞子嚢は、ゾステロフィルム類の他の種には見られない、房状に集合した形になっている。解像度の高い顕微鏡で観察すると、異形胞子性という、さらに別の変わった点が明らかになった。胞子の大きさが2種類あったのである。異形胞子性の植物は通常、違う種類の胞子を作るのに別々の胞子嚢を用いる。プロトバリノフィトンが異例であるのは、同じ胞子嚢が2種類の大きさの胞子を生産しているという点である。

対になった胞子嚢
胞子嚢穂

プロトバリノフィトン・リンドラレンシス
球果状の胞子嚢の房は胞子嚢穂と呼ばれる（原語の strobili はギリシャ語で「球果」を意味する）。胞子嚢穂内の嚢の配列が対になっているのが、写真の化石でわかる。

ミナロデンドロン

グループ	ヒカゲノカズラ植物
年代	デヴォン紀中期
大きさ	高さ25cm
産出地	中国

以前は誤ってプロトレピドデンドロン類とされていたが、このヒカゲノカズラは中国で発見された数多くの初期の植物の1つである。その元の名称が示しているように、あとからやってくる大いなるもののさきがけとなった植物である。ミナロデンドロンはその近縁種とともに、最終的に石炭紀のレピドデンドロン類（⇨ p.145）、その他の大型のヒカゲノカズラ類を生みだした系統に属する。その大地に根づいた茎はときに光を求めて真上にのび、頂上部の葉をゆりかごとするようにそこに胞子嚢をつけていた。胞子が成熟すると、胞子嚢が割れてそれを風のなかに流すのだった。

ミナロデンドロン・カタイシエンセ
地上をはうようにのびたと思われる、ロープのような茎をもつ背の低い植物。他のヒカゲノカズラ類と同じように、茎の表面にらせん状に生えた小葉（ミクロフィル）がついていた。

小葉
ロープ状の茎

アステロキシロン

グループ	ヒカゲノカズラ植物
年代	デヴォン紀前期から中期
大きさ	高さ50cm
産出地	ヨーロッパ

ウロコ状に重なった葉でおおわれたアステロキシロン・マッキーイは、スコットランドのライニー・チャートで発見されたなかではもっとも複雑な植物である。その後、北ヨーロッパ一帯で、別種のアステロキシロンが発見された。「星の木」を意味するその名称は、断面が星のように見える、水を輸送するための維管束組織の形に由来している。地下にあって根のように見えるリゾームは、地上の茎よりも細く、現生種の植物の根と茎の対比と呼応する形となっている。茎は、鱗片に似た葉でおおわれていた。葉と同様に、採光を目的としていたが、鱗片は、通常の葉とは異なる構造となっていた。おそらく、ヒカゲノカズラの特徴である葉のようにひらひらした小片、つまり小葉（ミクロフィル）の初期の形態であると考えられる。

近縁関係の現生種
リコフィテス

現生種は、アステロキシロンがさきがけとなったパターンを踏襲し、単純な葉がその茎の周りをおおう形となっている。1000もの現生種には、写真のようなヒカゲノカズラ、イワヒバ（英語は spikemosses だがコケ類とはまったく違う）、ミズニラと呼ばれる池沼に生育するグループがある。

アステロキシロン・マッキーイ
デヴォン紀初期で、もっとも背の高い植物の1つである。この時代の大部分の植物と異なり、茎のなかに明らかに中心となるものがあり、その側面に間隔をおいて小さい枝がついていた。

プシロフィトン

グループ	古生マツバラン
年代	デヴォン紀前期から後期
大きさ	高さ60cm
産出地	世界各地

現生種の植物の大多数を含むグループである、真正葉状植物の初期の植物の1つで、1859年に発見された。世界各地で数多くの異種が見つかっている。滑らかな茎をもつものもあれば、とげでおおわれたものもある。そのなかで、シルル紀の岩石で化石化していたプシロフィトン・ヘーデイは、植物ではなく、海生無脊椎動物のコロニーであったことが判明した（⇨ p.99）。

プシロフィトン・バーノテンゼ
ほとんどの初期の植物には葉がなく、プシロフィトンも例外ではなかった。茎がもつれた網目のようになって成長した。側枝の細い先端についた胞子嚢で、胞子が作られていた。

クラドキシロン

グループ	クラドキシロン類
年代	デヴォン紀中期から石炭紀前期
大きさ	高さ30cm
産出地	世界各地

樹木へと進化した植物の最初のグループの1つに属するものとして、1856年に初めて記載された。クラドキシロン自体はあまり背の高くない植物で、茎も10cm以上の太さになることはなかったが、一部の近縁種は丈夫な幹をもち、ずっと高く成長した。クラドキシロンの小さい「幹」は、茎全体を移動して分裂と結合をくり返す導管組織の厚い繊維によって補強されていた。これにより、植物がそれまでにない強度を獲得することになった。

むきだしの枝 / 丈夫な茎

クラドキシロン・スコパリウム
葉をもたないために、光をむきだしの枝で集めた。これらの枝は化石では茶褐色に見えるが、生活していた当時はあざやかな緑色であったろう。

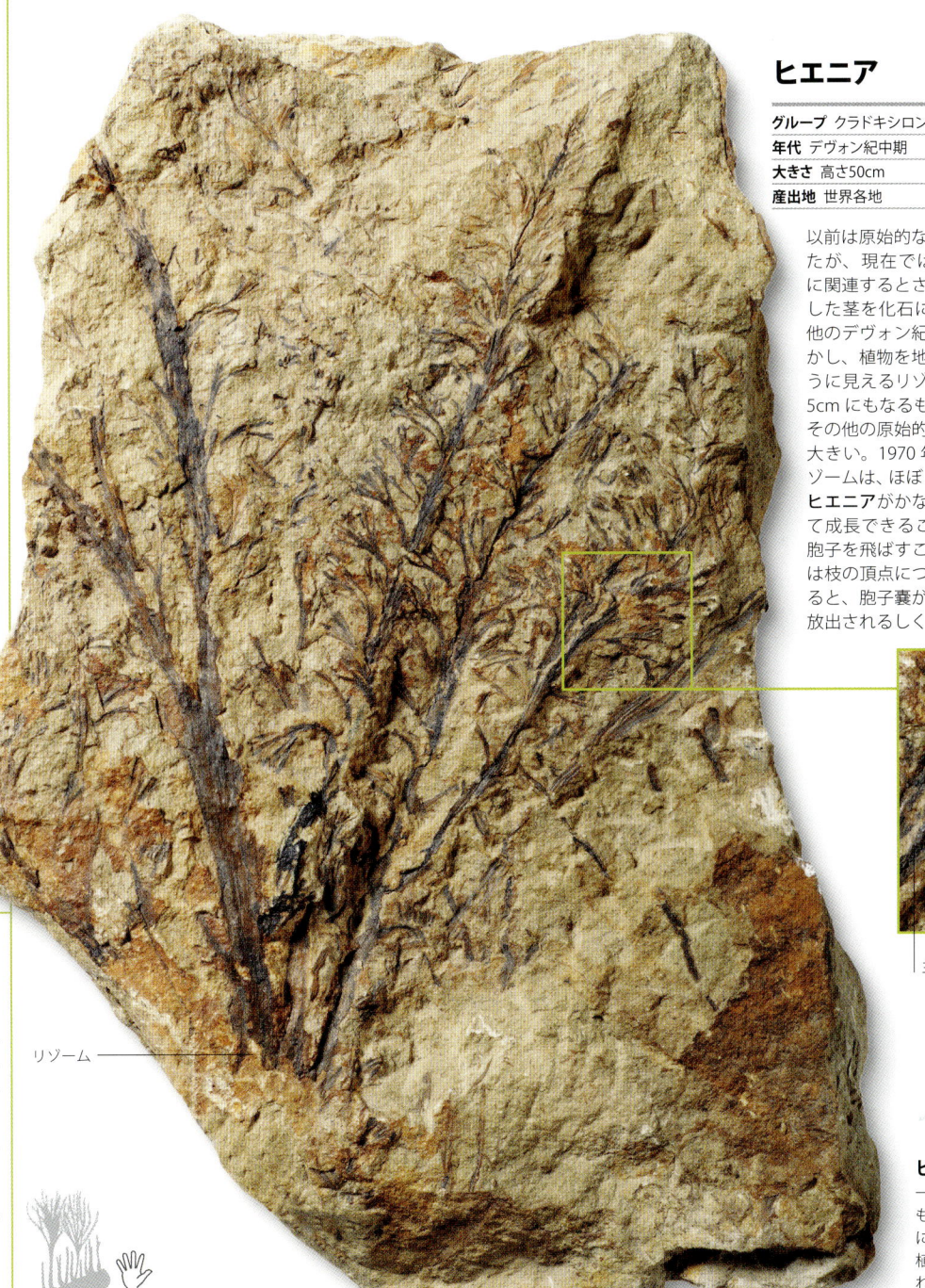

リゾーム

カラモフィトン

グループ	クラドキシロン類
年代	デヴォン紀中期
大きさ	高さ3m
産出地	世界各地

樹木は多数の植物のグループとして独立した進化をとげたが、カラモフィトンとその近縁種は樹木の歴史の初期に登場する。樹木の背が高いのには2つの理由がある。まず、光を集めるのに有利となり、また広範囲にわたり地上に胞子を飛ばすのに有効である。しかし、高く成長するまでに時間とエネルギーが他の植物より必要となる。カラモフィトンの親戚に、しばしば世界初の樹木と呼ばれるワッティエザがあり、樹高12mに達した。1870年にニューヨーク州で、ワッティエザの切株が樹林ごと発掘された。

カラモフィトン・プリマエブム
カラモフィトンは、丈夫な幹と四方八方に枝をのばした網状の茎をもっていた。その姿をもっともよく残している圧縮化石では、茎と枝は平たく圧縮されている。

枝をつけた茎の先端部

ヒエニア

グループ	クラドキシロン類
年代	デヴォン紀中期
大きさ	高さ50cm
産出地	世界各地

以前は原始的なトクサ類と考えられていたが、現在では現生種のシダ類の祖先に関連するとされている。その短い直立した茎を化石に見ることができるのは、他のデヴォン紀の植物と変わらない。しかし、植物を地面に固定していた根のように見えるリゾームのなかには、厚みが5cmにもなるものがあり、これは当時のその他の原始的な植物と比べると非常に大きい。1970年代に発見されたあるリゾームは、ほぼ2mに達する長さがあり、ヒエニアがかなりの広さの地面を占領して成長できることを示していた。また、胞子を飛ばすことで繁殖し、その胞子嚢は枝の頂点についていた。胞子が成熟すると、胞子嚢が縦長の方向に割れて外に放出されるしくみになっていた。

主茎 / 平たい形の枝

ヒエニア・エレガンス
一見、茎の周りを囲む平たいものは葉か大きな複葉のように思われる。じつはこれらは、植物の主茎から何度も枝分かれした細い枝なのである。

太い茎

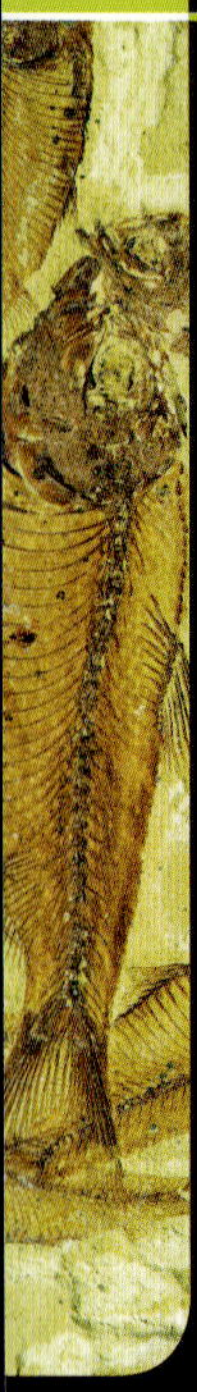

アルカエオプテリス

グループ	前裸子植物
年代	デヴォン紀後期
大きさ	高さ8m
産出地	世界各地

高い幹と広がりのある枝をもつ、実質的に地球規模で森林を形成した最初の樹木。また密度の高い木材と真葉をもったことが知られる初めての植物の1つでもある。**アルカエオプテリス**の研究は19世紀後半に始まったが、当時はその化石化した葉は背の低いシダ類のものと思われていた。その鳥の羽のような外見から、「古代の翼」を意味する**アルカエオプテリス**と名づけられた。化石で発見された始祖鳥**アルカエオプテリクス**に似た名称である（⇨ p.264）。発見から100年近くたってようやく、葉が化石の幹と関連づけられて、木の一部とされた。**アルカエオプテリス**は、現代の数多くの針葉樹と、外形や木質の点で似たところがある。しかし、それが属しているのはもっと古い時代の、前裸子植物として知られるグループである。

アルカエオプテリスの幹は高さ **8m** 以上で、幅 **1.5m** 以上になったと考えられる。

大きな複葉の構造
アルカエオプテリスの広がった大きな複葉には、数千枚の平たい小葉がついていた。胞子は、通常それぞれの大きな複葉の基部にある球果状の胞子嚢のなかで発達した。

アネウロフィトン

グループ	前裸子植物
年代	デヴォン紀中期から後期
大きさ	高さ3m
産出地	北半球

この茂みを作る植物はアルカエオプテリスと関連がある一方、真葉の発達する段階以前の、前裸子植物の進化の初期段階を代表する植物でもある。それを示す事実の1つに、その茎がさまざまな角度で枝をのばしている点がある。この特性が、アネウロフィトンのような、葉のない植物ができるだけ光を取りこむうえで役立った。他の多くの前裸子植物と異なり、アネウロフィトンは木質の部分が少なかった。このことから、実質的な樹木というよりは、背の低い、不規則に成長する植物だったと考えられる。房状になった細長く、複雑な形の胞子嚢で胞子が生産された。同じ茎についた胞子嚢は2つの群に分かれ、両手の太くて短い指のような形に見えた。

さまざまな角度でのびている枝

木質の茎

アネウロフィトンの1種
他の前裸子植物同様、茎の表面下に形成層という成長のための層をもっていた。これにより、茎がのびるにしたがって太さを増していったが、これはほとんどすべての現生種の樹木に見られる特徴である。

レリミア

グループ	前裸子植物
年代	デヴォン紀中期
大きさ	高さ1〜2m
産出地	北半球

レリミアの化石はデヴォン紀中期の堆積岩に広く分布している。19世紀には海藻の1種と考えられていたが、その後シダ類へと分類が変更された。現代では初期の前裸子植物と認められており、樹木の茎をもつ最古の植物の1つとされている。レリミアは1種の低木で、最大幅が2.5cm程度の枝をのばしていた。上記のアネウロフィトンと同様に、真葉はもたなかった。ほとんどの化石では枝しか見ることができないが、一部に植物が成熟した時期に育つ胞子嚢の構造が残っている場合がある。胞子嚢群はそれぞれゴルフボール程度の大きさになり、シダの茎のように緊密に内向きに巻く形の枝についていた。

木質の茎

細い枝

レリミアの1種
光合成を行うためレリミアがのばした付属器官は、平たい葉片のついた葉ではなく、細かく枝分かれした細枝だった。写真の化石には、微細な枝の絡まりあったようすが見られる。

杯状体

杯状体をつける茎（断面）

茎

エルキンシア

グループ	原始的な種子植物
年代	デヴォン紀後期
大きさ	高さ1m
産出地	アメリカ合衆国

種子をもつことが判明したもっとも初期の植物の1つであることから、エルキンシアは進化の歴史における大きな転換点を示すものとなった。2種類の葉態枝のある、不規則にのびる茎をもち、一部の茎は光を得るために張りだしており、また別の茎は細かい枝に分かれて、その先端が杯状体と呼ばれる構造になっていた。杯状体は4つのグループに分かれた種子を擁しており、それぞれの種子は約7mmの長さであった。単純な胞子と違い、種子は活動する細胞の詰まった複雑な構造をもち、栄養分の備蓄と植物の胚をおさめていた。

カマエデンドゥロン

グループ	ヒカゲノカズラ植物
年代	デヴォン紀後期
大きさ	高さ1.5m
産出地	中国

「小人の木」を意味するカマエデンドゥロンは、茎の周りにらせん状に配された二またの小葉をもつ、ヒカゲノカズラ植物のグループに属する。初期には低木であったが、その子孫には石炭紀の湿地帯で隆盛を誇った巨木などが登場した。樹高が増すにしたがい、木質の茎など、本体を支持するための特徴を進化させていった。

単純な葉

カマエデンドゥロン・ムルティスポランギィウム
茎を取り巻く単純な小葉（ミクロフィル）は、現代のヒカゲノカズラ植物にも見られる特徴となっている。

木質の茎

デヴォン紀の
無脊椎動物

デヴォン紀は陸地が植物でおおわれだした時代である。デヴォン紀前期には小規模な陸生植物が生育するだけだったが、中期以降は背の高い森林が形成され、それにともなって無脊椎動物などが生息するようになった。一方で、この時期は海の領域で大きな変化がおきており、やがてそれはデヴォン紀後期の大量絶滅という事態へとつながっていく。

デヴォン紀前期の植物は小さく、一般的に葉をつけない維管束植物であったが、現代でも見られるヒカゲノカズラ類のように「鱗片葉」をつける植物も一部にはあった。スコットランドのライニーには当時の生態系が化石化して保存されている一帯があり（⇨p.115）、堆積岩の一種であるチャートに閉じこめられた数多くの初期の植物の化石を見ることができる。

陸生生物の繁栄

デヴォン紀の単純な植物は湿潤な環境にのみ生育できるものであったが、デヴォン紀後期までにより広範囲にわたる生息環境が発達し、クモ形類（トリゴノタービ類）、無翅昆虫、多足類、ダニ類などを含む多数の動物が出現した。多数の無脊椎動物が新しい高木の育つ環境をすみかとしたが、それらは広大な石炭紀の森林のさきがけとなる存在であった。

トリゴノタービ類
このクモ形のパレオカリヌスはライニー・チャートに化石となって残されていた。大型の牙と頑丈な足を見ると、地上で捕食行動をとっていたものと思われる。その一部の種類は、獲物を待ち伏せするのに都合のよい遮蔽物となったと考えられる植物の茎の化石といっしょに発見されている。

デヴォン紀の大量絶滅

デヴォン紀全体を通じて地球は徐々に寒冷化していった。たとえば三葉虫など、いくつかの無脊椎動物のグループで代表的な生物が、環境変化の複数の要因により徐々に姿を消していった。デヴォン紀もまさに終わろうとするころに劇的な破局、すなわち顕生代の5回にわたる大量絶滅のうちの2回目の悲劇が訪れた。この原因についてはいまだに議論百出の状況である。海面が上昇したのに加え、海洋の潮流に変化がおきたという証拠もあり、そのためによどんでいた深層水がかき乱され、海の上層水に有害物質が流れこんだ可能性がある。また大量絶滅が発生した時期の前後に複数の隕石の衝突があったことを裏づける証拠が、新たに見つかってきている。

デヴォン紀のスピリファー
この腕足動物は2枚の殻をもっており、食物を摂取し呼吸するために海水を吸いこむことができるよう、直線的な蝶番に沿ってそれらを開閉していた。

蝶番の線
裏から見た腕(背)殻
表から見た茎(腹)殻

グループ概観

海綿類のような一部の無脊椎動物のグループは、デヴォン紀に入るといっそうの繁栄を迎えた。デヴォン紀全体を通じてサンゴは進化しつづけ、床板サンゴおよび四放サンゴの両形態で広く海底に栄えた。腕足類のスピリファーが栄え、またその一部はこの全地球的な寒冷化の時期にかなり巨大化した。その一方で三葉虫のようにうまく適応していけなかったグループもあった。

海綿類
海綿動物はカンブリア紀に発生し、デヴォン紀に勢力を拡大した。その袋状の体にある多数の小孔を通じて海水を吸収し、食物を摂るのに特化した細胞を働かせて養分をこし取る機能をもつ。骨片と呼ばれる小さな針状の束のような構造が本体を支えていたが、それらは堆積岩に化石としてしばしば残されている。

花虫類
デヴォン紀には四放サンゴおよび床板サンゴの両形態とも栄えた。これらの種は現代のサンゴとは近縁関係にはないが、触手にそなわった刺細胞を使って微生物を捕食するという同様の方法で食物を摂っていた。四放サンゴは単体性のものもあれば群体性のものもあるのに対し、床板サンゴはつねに群体性であった。

スピリファー
この腕足動物はデヴォン紀および石炭紀を代表する生物であり、見た目には二枚貝に似た形態である。殻の内側には向きあう形で2つの円錐状の渦巻きの形があり、そこを通じて海水がろ過され栄養分をこし取っていた。丈夫な肉茎を出して本体を海底に固着して生活していた。

広翼類
この巨大な「ウミサソリ」は全長2mに達することも珍しくなく、沿岸海の環境に加え、淡水にも汽水にも生息していた。そのほとんどがどう猛な捕食動物で、なかには短い距離なら陸上をはって移動することができたものもいたと考えられる。

ヘリオフィラム

- **グループ** 花虫類
- **年代** デヴォン紀前期から中期
- **大きさ** 平均直径3cm
- **産出地** ヨーロッパ、北アフリカ、アメリカ合衆国、オーストラリア

3億8500万年以上前に海洋に生息していた四放サンゴである。化石としては通常単独で発見される。その外骨格は円錐状だが、若干不規則に曲がった形をしている。体表には細かい成長輪が刻まれており、外骨格の形状からその成長の歴史を推定することができる。直径が減少している部分は環境ストレスの影響によるものであり、カーブしている部分は成長する方向の変化を反映している。軟体のサンゴポリプが、カリス（萼）と呼ばれるカップの上部の浅いくぼみで生活していたものと見られる。

ヘリオフィラムの1種
化石の上部に見られる浅いカップ状のくぼみ（カリス）にサンゴ虫が定着していた。

構造
四放サンゴの解剖学的構造

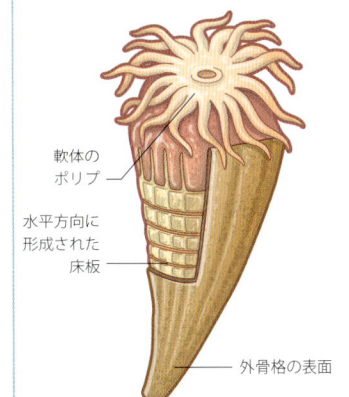

四放サンゴは単体性で、またはコロニーを築く形態で生息していた。単体性のものはツノのような形をしていて俗にツノサンゴとも呼ばれる。軟体のポリプがカップ上部のカリスという浅いくぼみに定着して生活していた。サンゴの内側は放射状のプレート（隔壁）で区分されていた。隔壁は通常大小2種類のものが交互に形成されていた。サンゴが成長するにつれて、カップの水平方向に走る区画（床板）と小さいアーチ状のプレート（隔壁）が隠れるような形となった。

スリッパサンゴ

- **グループ** 花虫類
- **年代** デヴォン紀前期から中期
- **大きさ** 最大全長5cm
- **産出地** ヨーロッパ、アフリカ、アジア、オーストラリア

小型で単体性の四放サンゴである。その化石の横断面はおおまかな半円形を描いており、外骨格は若干カーブしていることが多い。生存中のサンゴは骨格のカーブした側に定着していたものと見られ、軟体のポリプ（サンゴのコロニーの各個体）がその最上部のカリスにおさまっていた。ふたのような構造のヘタがカリスのくぼみをおおっていて、サンゴの筋肉が収縮してこれを閉ざし、食物を摂っていないときはポリプが完全に閉じこもって保護されるしくみになっていた。

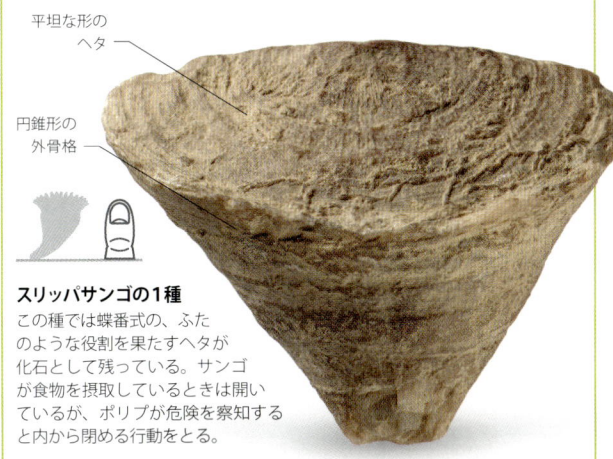

スリッパサンゴの1種
この種では蝶番式の、ふたのような役割を果たすヘタが化石として残っている。サンゴが食物を摂取しているときは開いているが、ポリプが危険を察知すると内から閉める行動をとる。

ヒュドゥノケラス

- **グループ** 海綿類
- **年代** デヴォン紀後期
- **大きさ** 最大全長25cm
- **産出地** ヨーロッパ、アメリカ合衆国

3億8500万～3億6000万年前に海洋に生息していた、花瓶のような形のガラス海綿である。横断面で見ると二重の壁構造になっており、一方が他方の内側にある。内部の壁は広い胃腔を包む形となっていた。現生種のガラス海綿（⇒右端の写真）と同様に、シリカでできた骨片と呼ばれる、多数の同じ形状の構造物から形成された外骨格をもっていた。ヒュドゥノケラスの骨片は6本の放射線状の構造となっており、各線が隣接する線と90度の角度をなしていて、そのためどの骨片もその中心を垂直なバーが走る十字形の外観をしていた。外部から見える部分にある大型の骨片は、表面に格子状のパターンを形成していた。それぞれの正方形のなかにさらに小さな正方形が並んでいるのが見てとれる。

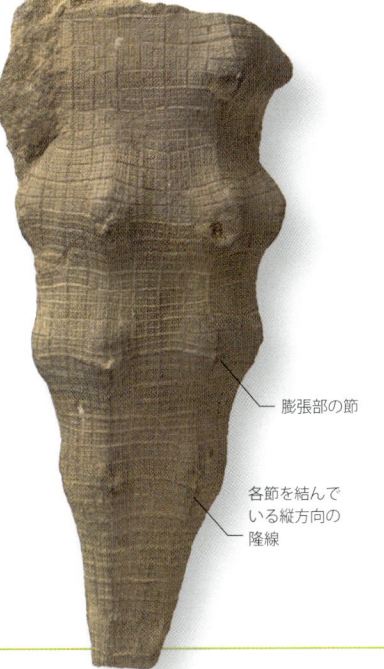

- 膨張部の節
- 各節を結んでいる縦方向の隆線

ヒュドゥノケラス・トゥーベロースム
こうしたヒュドゥノケラスの化石は、本体に複数の腰のくびれした形状をもっていて、非常に特徴的である。こうしたくびれとくびれのあいだのふくらんだ部分には、それぞれ8個前後の節が見られる。

近縁関係の現生種
ガラス海綿

六放海綿は、二酸化ケイ素でできた、透明感のある典型的な6本の放射線状構造の骨片で構成された外骨格をもっている。骨片の透明感から、この生物はガラス海綿と名づけられた。ヴィーナスの花かごとも称されるこのカイロウドウケツは、おそらく現生種のなかでももっともポピュラーな存在である。ブリティッシュ・コロンビア海岸沖のように、地域によっては大規模なリーフを形成することもある。その生息深度は比較的幅があるが、もっとも多く見られるのは深さ約200mの海底である。

プレウロディクテュウム

- **グループ** 花虫類
- **年代** シルル紀後期からデヴォン紀中期
- **大きさ** 直径約3cm
- **産出地** 世界各地

プレウロディクテュウムは、小規模なドーム状または円盤状のコロニーを形成していた床板サンゴである。コロニーの基部は平坦であるか若干くぼんだ形となっていて、その化石で確認することができる。コロニー内の個体としてのサンゴ虫すなわちポリプは比較的大型で、その骨格（サンゴ個体）は透明性があった。サンゴ個体は他の個体の壁と接触した状態で成長する厚みのある壁を有していて、多数の孔が内部に形成されていた。サンゴ個体の内側には多数のとげあるいはとげ状の隆線が並んでいて、内部を区切っていた。サンゴ個体の本体は大型で背の低い形をしていた。

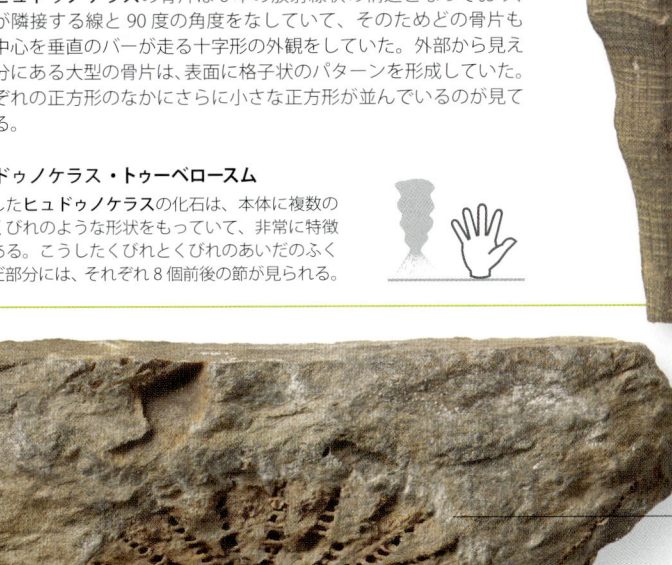

プレウロディクテュウム・プロブレマティクム
この写真に見られるようなプレウロディクテュウムのコロニーの多くに、ヒケテスワームと呼ばれる別種の生物が生息しており、自らの管状のすみかを内部に残していた。

- ドーム状のコロニーの外形
- ヒケテスワームが残していった管状のすみかの形跡

このワームはプレウロディクテュウムのコロニー内部に外部の捕食者から身を守るためにすみこんでいたが、周囲にいたサンゴ虫に害を与えることはなかったと考えられている。

フィリップスアストゥレア

- **グループ** 花虫類
- **年代** デヴォン紀
- **大きさ** サンゴ個体の中心点間の平均距離1.2cm
- **産出地** 世界各地

コロニーを形成する四放サンゴ。その個々のサンゴ個体は仕切りの壁をもっておらず、隣りあうサンゴ個体との縦の仕切り（隔壁）は共有のものとなっている。隔壁の長さは一定ではなく、多くの場合長く湾曲しているが、かなり短いものもある。水平方向の仕切り（床板）には完全なものと不完全なものがあり、サンゴ個体の中心部に位置していて、そこに軟体のポリプ（個虫）が定住していた。中心部を取りかこむ部分に、小型の馬蹄型のプレートが見られる。

フィリップスアストゥレアの1種
個々のサンゴ個体が隔壁を共有しており、このサンゴに独特の構造をもたらしている。軟体のポリプ（個虫）は各サンゴ個体の中心に生活していた。

- 仕切り（隔壁）
- サンゴ個体の中心部

レンセレリイナ

- **グループ** 腕足類
- **年代** デヴォン紀前期
- **大きさ** 最長5cm
- **産出地** 北アメリカ

殻頂の突きでた、楕円に近い形の滑らかな殻をもつ腕足類。小さいほうの腕殻の内側に、長い方解石質の環状構造があり、殻の全長の3分の2にわたってのびている。生存時、この環は摂食器官である触手冠を支持していた。貝殻の表面には多数の微細な小孔が散りばめられていて、生存時はそこを通じて毛が突きでていたと考えられている。

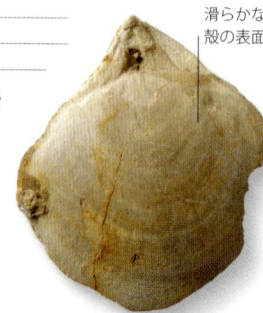
- 滑らかな殻の表面

レンセレリイナ・ハラヤナナ
貝殻の表面は滑らかで、写真の資料では弱い放射肋が縁辺部に見られる。

プテュコマレトエキア

- **グループ** 腕足類
- **年代** デヴォン紀後期
- **大きさ** 最大厚み2.5cm
- **産出地** ヨーロッパ、アジア、北アメリカ

小〜中型のリンコネラ類腕足類の1種。リンコネラ類腕足類は、堅果のような形と装飾性の際立つ貝殻を特徴としている。貝殻は2枚とも凸型であるが、小さいほう（腕殻）は大きいほう（茎殻）よりもふくらみが目立つ。茎殻の殻頂は突きでた形で、小さな開口部がある。生活時には、この開口部を通じて海底に貝を固定する肉茎が外部にのびていた。貝殻は全体的に放射肋の装飾性が際立っている。

- 放射肋
- 殻頂
- へこみ

プテュコマレトエキア・オマリウシ
両方の貝殻の全長にわたって、彫りの深い肋が走っていた。小さな背殻の縁辺部の真ん中あたりに内向きに貝殻を折りこんだようなへこみがあり、大きな腹殻にもこれに対応する折りこみの形が見られた。

ムクロスピリファー

- **グループ** 腕足類
- **年代** デヴォン紀中期
- **大きさ** 最大幅8cm
- **産出地** 世界各地

非常に鉸線の長いスピリファー類の腕足類。この貝の化石でもっとも幅が広くなるのが、2枚の貝殻のあいだをそれぞれの終端まで走っている蝶番線の部分である。小さい腕殻（背殻）の中心部には、くっきりしたV字形の褶曲があり、大きいほうの茎殻（腹殻）にはそれに対応するくぼみが刻まれている。腕殻中央の褶曲の両側に、彫りの深い放射肋が走っている。肋自体は成長線と交差している。写真の資料で見ると、下側の縁辺部近くになるほど成長線がはっきりと刻まれており、この腕足類の生涯において晩期に成長のペースダウンがあったことがうかがわれる。

- 腹殻の殻頂
- 成長線
- 褶曲

ムクロスピリファー・ムクロナータ
羽を広げたような特徴的な姿から、現代では「バタフライ・シェル」という愛称を与えられている。

構造
巻き取り式の触手冠

ムクロスピリファーのようなスピリファー類の腕足類は、蝶番線に沿って横長にのびた形になっている。貝殻の模型で調べたところ、開いた貝殻が潮流に面する位置にあると、貝の内部にらせん状の流れ（渦巻き）が生じる。このことから、ムクロスピリファーのもつ巻き取り式の、触手冠の方解石の担体は、摂食のための器官である触手冠の、栄養分を取りこむ能力を最大化するのに役立ったことがわかる。触手冠は、有機物や微生物などの微細な栄養素を、周囲の海水からこし取っていた。

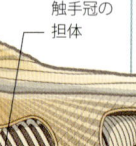
- 長くのびた蝶番線
- 触手冠の担体

5cm ソリクリメニアの名で知られる、小さなイカに似た生物の貝殻の最大直径。

広く浅いへそ

ソリクリメニア・パラドクサ
この標本は、くっきりした三角形の渦巻きを見せている。ソリクリメニアがすべてこのような形というわけではなく、もっとふつうの円形の渦を巻いている種もある。

ソリクリメニア

グループ	頭足類
年代	デヴォン紀後期
大きさ	最大幅5cm
産出地	ヨーロッパ、北アフリカ

風変わりな外観の、三角形の渦巻きをもつとても珍しいアンモノイドの1種。くぼんだ殻の渦巻きはほとんど重なりあうことがなく、巻きの中心部に広く浅いへそが形成されている。渦巻きの表面は、高い密度の肋で装飾されている。ヨーロッパや北アフリカで進化した初期のアンモノイドのグループの一員である。このグループの化石は、これらの地域のデヴォン紀後期の地層にだけ分布している。アンモノイドとしては異例のことだが、住房とそれ以前の室をつなぐ内部の管である連室細管が、初期の成長のあいだに殻の腹部(下面)から背部(上面)へと移動していた。

小型のイカ
やわらかい筋肉質の体をもつソリクリメニアは、生きているときは小型のイカの姿に似ている。獲物を捕まえるのにその長い触手を使っていた。

125 | 無脊椎動物

ムルキソニア

グループ 腹足類
年代 オルドヴィス紀から三畳紀
大きさ 最大長さ5cm
産出地 ヨーロッパ、北アメリカ、アジア、オーストラリア

地球上で生息した期間は、ほとんどすべての他の腹足類よりも長く、2億年を超える。藻類その他の海の産物を食物としていた海生動物である。化石として残っているのは殻の部分だけで、切れ込み帯と呼ばれる、渦巻きの中心をめぐって走る、そのらせん形の稜が印象的である。この稜は貝の殻口の端部まで続いており、ジュラ紀のプレウロトマリア（⇨ p.239）などの、原始的な腹足類のもつ特徴をやはり見せている。写真の標本では、渦巻きに装飾的な長いこぶが見られるが、すべてのムルキソニアの化石がそうなっているわけではない。ムルキソニアは、貝殻の装飾性という点では概してさほど目立ったところがない。しかしデヴォン紀中期になると、急激に装飾性をおびた形態が増加するという進化が見られた。

ムルキソニア・ベリネアタ
写真の標本では、各渦巻きの中間に沿って走る切れ込み帯がよく見える。殻口の切れ込みがあることにより、体腔からの流れを頭部からそらすことができていたと考えられる。

ケイロセラス

グループ 頭足類
年代 デヴォン紀後期
大きさ 最大長さ4.5cm
産出地 ヨーロッパ、アフリカ、オーストラリア

小型のゴニアタイトの1種。その貝殻は緊密に巻いた形で、巻きの中心に小さなくぼみがあって、へそと呼ばれている。貝殻のらせんは密巻きで、したがって内側の巻きは外側の部分に隠される形となる。断面図では若干平たい形に見える。らせんに沿って不規則にくびれた部分があり、あたかも誰かが貝殻を糸でひっぱって跡を残したように見える。このくびれがどのような意味をもつのかわかっていないが、短期間成長が制限されたことを反映していると考える向きもある。また貝殻の周囲にはかすかな肋が走っているが、多くの他のアンモナイト類に比べるとかなり見づらい。縫合線はゆるやかなカーブを描いている。

ケイロセラス・ベルネウイリ
写真のように巻きかたがきついために、貝がいちばん外側の大きな巻きだけでできているようにさえ見える。

クプレッソクリニテス

グループ 棘皮動物
年代 デヴォン紀中期から後期
大きさ 萼の最大高さ5cm
産出地 ヨーロッパ、モロッコ、アメリカ合衆国、オーストラリア

ウミユリの1種であるが、その萼の部分がみごとな5面体の対称形を見せる点が一風変わっている。茎の末端にある萼の部分に3つの環になったプレートがあるが、これがこの化石を見分ける手がかりとなる。腕の部分は柔軟で、海水中から微細な食物を取りこむのに使われる。化石では、腕の先端に羽状の小枝に分かれるポイントがある。この小枝自体はまず見ることができないのであるが、微細な食物を集めるのに活動する糸状にのびた部分である。腕は重厚で、萼上で折りたたむことができたが、これは外敵からの捕食を防ぎ、また腕が集めた食物がたまる、腕の内側の溝に細かい堆積物が積もらないようにするためと考えられる。茎は断面を見ると、だいたい四角形をしており、周辺部に1本、周辺部に4本の導管が見られる。こうした導管は、化石の茎が破損している部分で確認することができる。

クプレッソクリニテス・クラッスス
この化石標本では、茎の部分がはっきり残されている。

ファコプス

グループ 節足動物
年代 デヴォン紀中期から後期
大きさ 最大体長6cm
産出地 世界各地

デヴォン紀の特徴的な三葉虫の代表格。頭部は大型のロールパンのような形の、中央部が盛りあがった頭鞍が目立ち、多くの種で凹凸のある表面となっている。眼は頭鞍後部付近に位置し、大型で三日月形をしていた。個々の大きなレンズが6角形のパターンを形成して眼の表面をおおっており、化石でも肉眼で確認することができる。眼の脇から頬部が急な角度で後方に流れていく。幅広い楕円形の構造となっている囲口部は、頭鞍前部の下に位置し、その前端の部分で周囲の頭部と強固につながっていた。胸甲は11の体節からなっており、尾部は頭部より小さく、軸の部分には形のはっきりした8ないし9個の節が、また側面には5ないし6本の肋が深い溝を刻んで浮かびあがっていた。

体節
胸甲は11の体節からなっていて、各節の側面の末端は丸みをおびていた。また、尾部は滑らかな曲線を描いていた。

ファコプス・アフリカヌス
現代のダンゴムシのように、ほとんどの三葉虫はやわらかい体の腹側を保護するために体を丸めることができたが、ファコプスも例外ではない。

大型の頭鞍
ファコプスのもっとも目立つ特徴の1つが、ロールパンのような形の頭鞍である。写真の標本では、眼のあいだの盛りあがった表面がいぼでおおわれている。

構造
洗練された視覚

ファコプスの特徴的な眼は、個々のレンズが6角形のパターンを描いて眼の表面をおおっており、それぞれのレンズが薄い角皮の仕切りで分けられていた。1970年代前半の研究により、これらのレンズが方解石の結晶でできていて、ガラスのような役割を果たすように配置されていたことが明らかになった。レンズはそれぞれ2つの部分で構成されていた。ボウル状の下部構造と裏表ともに凸面となった上部構造である。実験用の模型では、2つの構造の屈折のわずかな違いにより、鮮明な像が結ばれることが示された。したがって、この種の三葉虫はかなり洗練された視覚をもっていたことになり、捕食行動で威力を発揮した可能性がある。

パラレユルス

グループ 節足動物
年代 デヴォン紀前期
大きさ 最大体長15cm
産出地 中央ヨーロッパ、中央アジア、モロッコ

三日月形の頭部をもち、前面に大きく広がる頭鞍が目立つ三葉虫。眼は頭の背面側に寄っており、頬部は広く、明確な境界線がなく、両脇の端部で鋭角に終わっている。胸甲は10個の幅広い体節で構成され、扇形の尾部は頭部に比べて目立って長い。パラレユルスは、扇形の尾部が特徴的な三葉虫のグループに属していた。この形の尾部は、水中での推進力を得るために使われた可能性がある。

パラレユルスの1種
写真の標本では、際立った鋭角の頬部とあわせて、胸甲の10個の体節がはっきり見てとれる。

リオハルペス

グループ 節足動物
年代 デヴォン紀中期
大きさ 最大体長約7.5cm
産出地 中央ヨーロッパ、中央アジア

大型の馬蹄型の頭部をもつ三葉虫。その円錐状の頭鞍は体長の半分を少し超えるほどの長さを占めている。頭鞍の前面をはさんで、小さな丸い眼があり、滑らかな頬部の奥まった部分に位置している。頬部の外側は幅広く平坦な縁辺部の端まで急角度で流れている。この縁の部分は、多数の微細なくぼみがあり、後方にのびてその先端は長く幅広い、剣の形のとげ(写真の標本では見えない)となっている。胸甲は28個以上の幅の狭い体節で構成され、尾部は小さい。頭部はかなり高く浮き彫りになっており、このことは、微細な食物片を摂るときの、頭部のろ過室としての機能と関連づけられると考えられている。

リオハルペス・ベヌローサ
馬蹄型の頭部と特徴的な縁どりのおかげで、容易に見分けがつく種である。

デヴォン紀の脊椎動物

デヴォン紀はしばしば「魚の時代」と呼ばれ、魚類のグループの大がかりな放散が海や淡水の環境で進んだ時期であった。デヴォン紀後期になると、初の四足歩行の脊椎動物である四肢動物の登場により、陸上進出の機が熟した。

デヴォン紀の海は生命で満ちあふれていて、非常に多様性に富んだ魚類が進化し、最初の本物のサメ類も含めて、地球全体に広がっていった。骨甲類のような無顎魚がはじめに河口域や礁湖に近づき、それを追って板皮類や肉鰭類（総鰭類の硬骨魚）などを含む、有顎類の捕食者がやってきた。陸上への進出を試みた最初の脊椎動物はこの肉鰭類であった。

四肢動物の起源

四肢動物は四足類ともいい、両生類、爬虫類、鳥類、哺乳類を含む。最古の四肢動物として知られるのは、約3億6500万年前のデヴォン紀後期に出現した**アカントステガ**および**イクチオステガ**という両生類である。これらは肉鰭綱に分類され、総鰭類の魚類から進化した。近年の研究で、もっとも四肢動物に近い魚類は、2004年にカナダの北極圏に位置するエルズミーア島の3億7500万年前の岩石から化石が発見された、**ティクターリク・ロゼアエ**という魚類であるとされた。ティクターリクと、3億8000万年前に生息していたもう1種類の近縁関係にある肉鰭類、**パンデリクテュス・ロムボレピス**は、平たい頭骨と背部についた眼をしていたが、この点でアカントステガに類似していた。ティクターリクとアカントステガをさらに強く結びつける特徴として、その頭骨が肩帯から分離していて、頭部をさらに自由に動かせるようになっていることがあげられる。この点で**パンデリクテュス**は頭骨と肩帯の固定という魚類らしさを維持していた。

アカントステガおよび**イクチオステガ**の化石の発見は、最初の四肢動物の進化に関する、それまで定着していた誤解をくつがえすことになった。従来、四肢動物は手足が魚類のヒレから進化した際に、5本の指と足指を有していたと考えられていた。ところが**アカントステガ**には8本、**イクチオステガ**には7本の指があり（⇨右ページ）、ここから指の数は変動する性質のもので、四肢動物の進化の過程でのちに5本に固定されるようになったことが示された。さらに、四肢動物が陸上に重い足どりで上陸して初めて、進化が起こったとする考えかたも正しくないことが判明した。**アカントステガ**および**イクチオステガ**の化石は、グリーンランドの岩石層から発見されたが、それは川床の環境で堆積したことが明らかであり、したがって初期の四肢動物は渓流や小川で生活していたと考えられる。発見された化石は保存状態がよく、ばらばらにならずにまと

歩行の準備
イザリウオはサンゴ礁に生息する条鰭類で、泳ぐかわりに腹ビレと胸ビレを使って「歩行」する。移動するときは、四肢動物の歩行と似たようなやりかたで、左右の腹ビレがサンゴに別々に触れるように動く。

グループ概観

魚の時代には、多くの魚類のグループが登場し、また姿を消していった。板皮類はおおいに栄え、多様性に富んだグループであったが、その繁栄も5000万年ほどしか続かなかった。その一方でサメ類は主要な魚類となり、現代でも約400を数える種が生息している。しかし、脊椎動物の革命という意味では、四肢動物の出現がもっとも重要な出来事といえよう。

骨甲類（ケファラスピス類）

デヴォン紀前期にはすでに多様化していて、北アメリカ、ヨーロッパ、アジアの各地に広く生息していた。骨質の、馬蹄型の頭甲をもつ典型的な無顎魚である。海中または河口域の環境に生息し、その生態はほとんど底生魚であった。約3億7000万年前のデヴォン紀後期に絶滅した。

異甲類（プテラスピス類）

シルル紀前期に登場した重厚な甲冑魚の無顎類。これに属する下位グループでデヴォン紀にもっとも栄えたのが、大型の背部と腹部の外骨格による装甲を特徴とするプテラスピスである。ただし、その生息域は北半球に限られている。デヴォン紀中期になるとほとんどの異甲類は絶滅していたが、プサンモステウス類はデヴォン紀末まで存続していた。

節頸類（コッコステウス類）

節頸類は、板皮類のなかでももっとも勢力のあったグループの1つ。頭部から首にかけて関節でつながった甲冑板をもつ初期の有顎類として、デヴォン紀の世界中の海に生息していた。なかでも有名なのが体長6mの**ドゥンクレオステウス**で、デヴォン紀のもっとも巨大な脊椎動物の1種のこの恐るべき捕食者はもっとも強力な咬合力をもつ動物の1種としても知られる。

胴甲類（アステロレピス類）

これも板皮類の1グループであるが、かたい装甲でおおわれた独特の前ヒレを有しており、その正確な機能はまだよくわかっていない。胴甲類のあごは、節頸類と比べると小さく、頑丈とはいえないが、海底の泥をすくって、なかの無脊椎動物を食物としていたのではないかと考えられている。他の板皮類とともに、デヴォン紀末に絶滅した。

初期の四肢動物はデヴォン紀後期の河口域で進化した。尾ビレと内エラを保持しており、基本的に足をもつ魚類といえる。

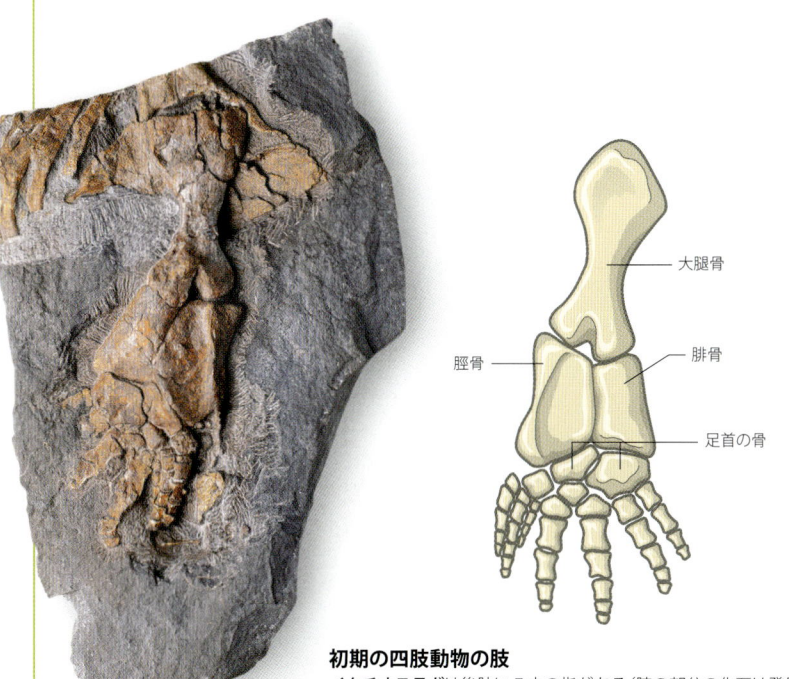

イクチオステガの化石の肢

初期の四肢動物の肢
イクチオステガは後肢に7本の指がある（腕の部分の化石は発見されていない）。この櫂のような後肢の構造から、アザラシの水かきのように、歩行よりは遊泳のほうに役立ったのではないかと考えられる。

体内受精の起源

西オーストラリアのゴーゴー累層には、大規模なデヴォン紀の礁システムの跡が残されている（⇨ p.43）。石灰岩の塊のなかには、多くの板皮類の化石が保存されている。こうした石灰岩は、酢酸で溶かしてなかの化石化した魚を取りだすことができる。保存状態は良好で、板皮類の筋肉組織が最近発見され、また母魚の体内から胚の証拠が見つかっている。**マテルピスキス・アッテンボローイ**の場合、胚が臍帯を通じて母魚とつながっていることが確認された。これらの胚から、化石で確かめられる体内受精の、最古の証拠が得られた。これに対し、体外受精は水中で雄が精子を放出して卵にかけるもので、子は雌の体外で育つ。

まっていたため、離れた場所から運ばれてきたのではなく、生息地にかなり近い場所で死んで埋もれたものと推測された。それだけでなく、その櫂のような四肢は歩行よりは遊泳に適した形で、**アカントステガ**は魚類のような尻尾をつけていた。どちらの魚も肺をもっていて呼吸することができたが、内エラも有していた。デヴォン紀の四肢動物は、最終的に水中から陸上へと生活の場を移す過程で、徐々に順応していったと思われる。四肢動物が完全に陸上生活に適応するのは石炭紀まで待たねばならなかった。

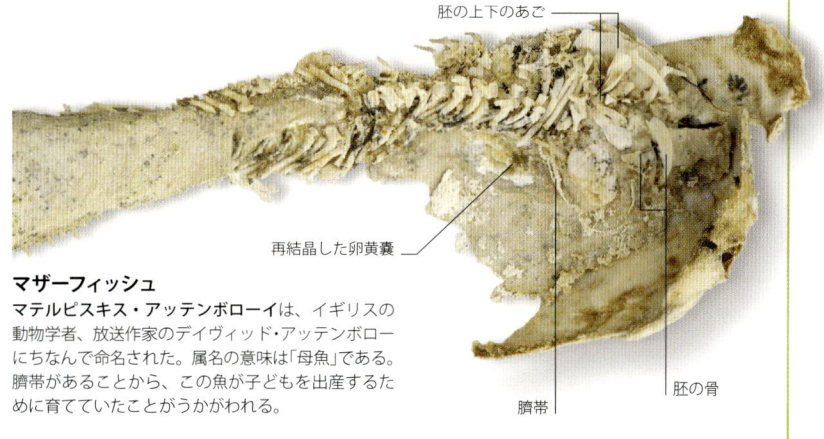

マザーフィッシュ
マテルピスキス・アッテンボローイは、イギリスの動物学者、放送作家のデイヴィッド・アッテンボローにちなんで命名された。属名の意味は「母魚」である。臍帯があることから、この魚が子どもを出産するために育てていたことがうかがわれる。

棘魚類
ヒレの前部に骨ばった大型のとげがあるのが特徴（「棘鮫」とも呼ばれるが、本当のサメではない）となっている有顎類。初期の棘魚類はもっぱら海生であったが、デヴォン紀中期までに淡水系にも生息するようになっていた。明瞭なひし形のウロコがよく化石に残っているが、頭骨および顎骨はめずらしい。

条鰭類
シルル紀後期に登場した、この非常に多様性に富んだグループは現在2万8000種を超える。その名称からうかがえるように、扇状の細い骨あるいは軟骨でできた放射状のヒレをもつ硬骨魚である。デヴォン紀中期の**ケイロレピス**は、他の条鰭類に見られる、鉱物質の歯冠がないため、条鰭類でも原始的な部類である。

管椎類（シーラカンス類）
この肉鰭類はデヴォン紀に出現し、おおいに栄えた。シーラカンスは白亜紀層から産出した**マクロポーマ**が最後の化石化した種として、絶滅したものと考えられていた。しかし1938年に、現生種のシーラカンス（**ラティメリア・カルムナエ**）が南アフリカの東の沖合で漁師の網にかかるという劇的な出来事があり、この考えをくつがえした。1997年には、インドネシアで第2の現生種が発見された。

肺魚類
肺魚として知られる肉鰭類の1グループ。その「肺」は、通常の魚類の機能として浮力を増すための手段ともなる浮き袋が進化したもので、酸素を吸いこんで老廃物を除く働きも担っていた。デヴォン紀には世界中の海に広まった。現代では、**ネオケラトドゥス**（オーストラリア）、**プロトプテルス**（アフリカ）、**レピドシレン**（南アメリカ）の3つの属が現生肺魚として知られている。

四肢動物
4足の脊椎動物すべてをいう。デヴォン紀後期に進化をとげた時点でも、生存のためには水中の環境が必要であった。昨今の研究によると、現代の肺魚はシーラカンスよりも四肢動物に近い関係にあるという。しかし、多数化石が発見されている肉鰭類はさらに近縁関係にあり、その最新の発見例が**ティクターリク・ロゼアエ**である。

デヴォン紀

ステタカントゥス

グループ	軟骨魚類
年代	デヴォン紀後期から石炭紀前期
大きさ	体長1.5m
産出地	北アメリカ、スコットランド

現代のサメと体形が似ているところがあるものの、明確に違っている部分もある。尾ビレは、現代のサメだと上葉が下葉よりもかなり大きいが、ステタカントゥスの場合ほぼ上下対称形である。胸ビレは、「むち」と呼ばれる長い突起がついていてヒレの後方を向いていた。また、その背中から突き出ている大きな構造物も目立つ特徴の1つである。その形から「アイロン台」とも呼ばれ、上面は小歯状突起物という小粒の肌の隆起にびっしりおおわれていた。その他にも頭部の上面を同様の小歯状突起物がおおっていた。こうした特徴は、雄だけのものと考えられるが、交尾の際に雌をつかまえておくのに重要であった可能性がある。

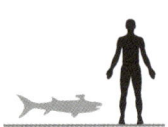

ヴァイゲルタスピス

グループ	無顎類
年代	デヴォン紀
大きさ	体長約10cm
産出地	ヨーロッパ、北アメリカ

原始的な異甲類(⇨p.128)で、あごも対になった外肢もない。一対のエラの開口部の後部でもっとも体の幅があり、尻尾でもっとも狭くなり、体表には複雑な装飾的模様がついている。たっぷりした尾ビレは、かなり遊泳に長けた魚であったことを示しているようだ。ヒレの皮膜には、5個以上の水平に並んだ、ウロコでおおわれた指のような突起が交互に配されており、これで推進力を高めたものと考えられる。比較的小柄な魚で、のちの種に見られたとげがない。プランクトンを食物としていたと思われる。

泳ぎ巧者
ウクライナで発見された化石は、流線形の体形と積極的に泳いでいたことをうかがわせる、大型の尻尾をはっきりと見せている。

ヒレの皮膜に見られる、5個のウロコでおおわれた突起

ドレパナスピス

グループ	無顎類
年代	デヴォン紀前期
大きさ	体長35cm
産出地	ヨーロッパ

プサンモステウス類として知られる、最古の魚の1種で、体長2mに達するものもあったデヴォン紀後期の子孫と比べると、小柄であった。その平たい頭甲を、両側面で対になったプレートと中線上のプレートとを分けている、モザイク状に連なる細かいウロコのような特徴的なプレートがおおっていた。こうした小型のプレートは、未成熟の時期にはまったく見られず、成熟するにしたがって出現してきた。平たい体形から、海底をはうように活動して食物を探していた底生魚の1種と考えられている。しかし、そのあごをもたない口穴は上方を向いていたため、どのようにして摂食していたのか不明である。尾ビレ以外にヒレはなかった。

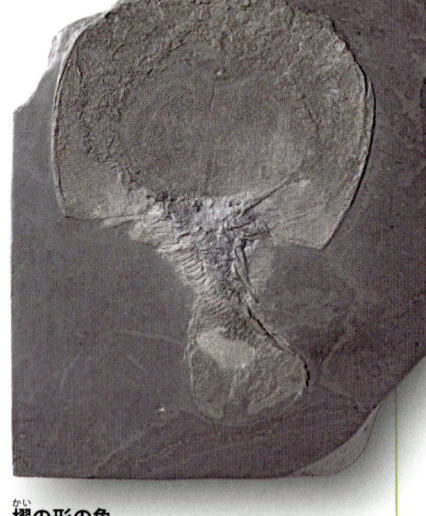

櫂(かい)の形の魚
上からみると、櫂のような形状が際立つドレパナスピスだが、頭部は重厚な平たい装甲を有していた。このドレパナスピス・ゲムエンデナスピスの化石はドイツで産出した。

プロトプテラスピス

グループ	無顎類
年代	シルル紀後期からデヴォン紀前期
大きさ	不明
産出地	北アメリカ、ヨーロッパ、オーストラリア

無顎類(むがく)のプテラスピス類は、プロトプテラスピスが属するプロトプテラスピス科を含む5つの科へと区分することができる。このまだ明確に分化していない魚は、多くの関連する種属に比べ、それほど長くはない狭く丸みのある鼻先をもっている。また、他のプテラスピス類に見られる、かたい頭甲の側面から後方にのびる、大型の角状突起ももたなかった。かわりに、単一のエラの開口部のすぐ後ろ、それぞれの側面に小さな突起があった。その一方で、近縁種と同様に、背部に中型のとげをつけていた。頭甲をおおう外皮のプレートは、象牙質(石灰化した組織)でぎざぎざのある、同心円状の稜をもっていた。頭甲は、若いうちに形成され、プレートの端部に新たに追加されることで成長した。成魚になると、プレートはたがいに結合した。体表は小型でひし形のウロコでおおわれていた。

プロトプテラスピス・ゴッセレティ

底生魚
写真の右手に見えるのが、プロトプテラスピス・ゴッセレティだが、死後の同伴者の素性は不明である。全身が若干平たくなっているため、プロトプテラスピスは、淡水に生活していた底生魚と考えられている。

脊椎動物

中央部の冠

間隔の狭い眼

長く細いとげ（角状突起）

ゼナスピス

グループ 無顎類
年代 デヴォン紀前期
大きさ 体長25cm
産出地 ヨーロッパ

さらに原始的な**アテレアスピス**(⇨ p.107)にも見られる、馬蹄型の頭部をもつ大型の骨甲類(⇨ p.128)の1種。長く細い角状突起（後方に向かって突きでている）を頭部にもつ点で**アテレアスピス**と異なっており、また体側の感覚をつかさどる部位が若干狭い。背部の稜線に沿ったウロコが中央部の頂点まで連なり、その先で魚体の後方を向いた、単一の背ビレを形成する部分に向けて、かたい頭甲の後方の端部から隆起するような形になっている。胸ビレは**アテレアスピス**と比べて小さく、付け根は幅広いとはいえない。また、体表のウロコはかなり大きく、頭部の下側についた口には歯がなく、かわりに長くのびた口板が内部をおおっている。口板は、対になったエラの開口部を保持する小房をおおうウロコと融合していた。**アテレアスピス**と同じように、**ゼナスピス**は浅海や河口に生息する底生魚であった。

特徴的な形の頭甲

頭甲の形は際立っていて、かたいウロコでおおわれている胴体と明瞭に区別がつく。両眼の間隔は狭く、底生魚として捕食者に目を光らせることができるように、頭部の真上に位置していた。

骨甲類はシルル紀中期に初めて登場した。デヴォン紀前期を迎えるころには、その形態は多様化していたが、デヴォン紀後期には絶滅してしまった。

ルナスピス

グループ	板皮類
年代	デヴォン紀前期
大きさ	体長10–30cm
産出地	ドイツ

4億年前のヨーロッパをおおっていた海の浅瀬に生息していた、厚い装甲をもつ魚類。この平たさが特徴的な魚は、同心円を描く環が印象的な装飾となっているプレートと、素朴な蝶番関節で結ばれた、別々の頭甲と胴甲を身につけていた。頭甲の中央にある背部のプレートは非常に長く、前部に向かって頭の上についた眼窩の裏側にまでのびている。あごの部分が残っていないので、摂食行動については明確なことは言えないが、平たい体形から海底にすみついていたと考えられる。堅固な胸のとげは胴体から45度の角度で突出していて、胴甲の背部の端にまでのびている。背ビレのかわりに、中央の背部プレートの後ろに3つの大型の稜鱗があった。体の他の部分は、尾に近くなるほど細かくなる武骨なウロコでおおわれていた。尾は同じ形に二分されたような形状となっている。

ゲムエンディナ

グループ	板皮類
年代	デヴォン紀前期
大きさ	体長25–30cm
産出地	ドイツ

大型の翼のような形の胸ビレをもち、現代のエイに似た平たい体形の底生魚。頭の上に眼がついており、両眼のあいだに鼻孔があり、口は大きく裂けていた。辺縁部の2枚の大型のプレートが、側面のエラのある部位をおおっていた。その他に頭部に認められるのは、感覚管をそなえた眼窩と後頸部の前部と外側にあたる眼窩下のプレートだけである。頭蓋の部分にはとくに識別できるプレートはない。これらの部位はモザイク状になった小プレートで囲まれている。胴甲は非常に短く、基部の狭い胸ビレの開口部よりも先にはのびていない。腹ビレは小さく、垂れた半円形の付属肢のようになっているのに対し、背ビレは1本のとげに変形していた。尻ビレはなく、尾は胴体と同じように長く先細りとなっていて、ウロコでおおわれていた。比較的大きな歯のようなウロコも不規則に各ヒレに散りばめられていた。

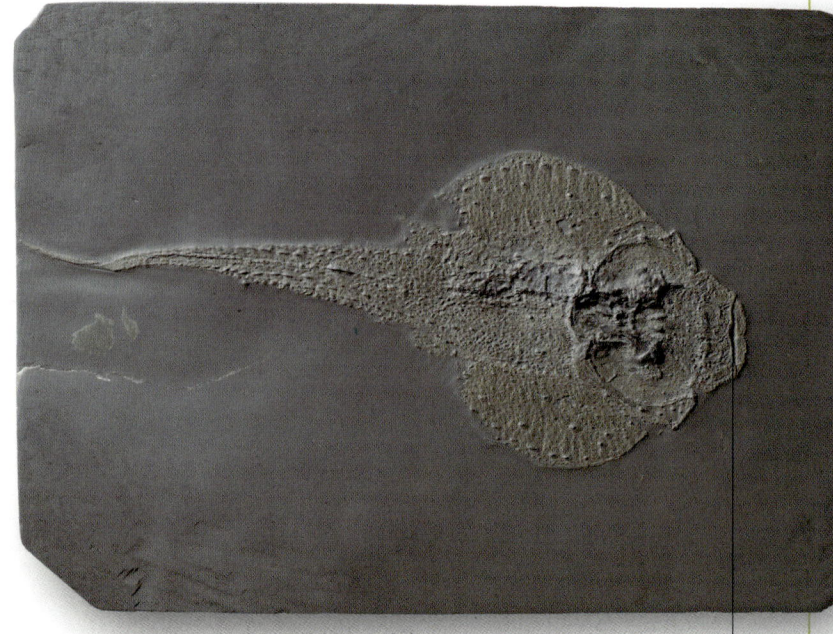

海底での生活への適応
保存状態のよいゲムエンディナ・ストゥエルツィは、背部に位置する感覚器官(眼と鼻孔)と、口が明確に確認できる。その配置は海底での生活への適応の結果と考えられている。

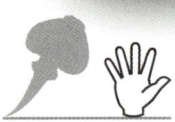

ラムフォドプシス

グループ	板皮類
年代	デヴォン紀中期
大きさ	体長12cm
産出地	スコットランド

板皮類としては珍しく重装備の甲羅をもたない。その胴体は先細りの形でムチのような尾へと続いている。この小柄な淡水魚は、腹ビレの形から雌雄が判別できるという特徴をもつ魚の、もっとも初期の例となった。サメと同様に、雄には体内受精の際の助けとして機能する棒状構造の鰭脚があった。雌の腹ビレは大型のウロコでおおわれていた。力強く、かんだ物を粉砕する歯板をもっており、そのため当初ラムフォドプシスを含むプテュクトドゥス類は、サメと近縁関係にあると考えられた。しかし、解剖学的に板皮類と共通の特徴のほうが数多く見られたため、プテュクトドゥス類は板皮類とされた。

ディックソノステウス

グループ	板皮類
年代	デヴォン紀前期
大きさ	体長10cm
産出地	ノルウェイ

この原始的な節頸類(⇨p.128)は、長い胴甲とやはり長い、胸ビレ用の開口部の前部を形成する湾曲したとげ状のプレートをもっていた。胴甲の背部中央のプレートは細長く、コッコステウス(⇨右ページ)のようなとげ状ではなく、末端は丸みをおびている。頭部には小型の背頸部プレートが背部の中央付近に位置していて、さらに対になったもっと大型の中央部のプレートがある。装甲は全体としては背腹方向に平たくなっており、粒状鱗が同心円上に描く模様でおおわれていた。2対の上歯板は頑丈な小歯状突起物でおおわれており、下あごの前部にもこれに対応する同様の突起物がある。胴体は先細りの形状となっているが、尾の部分は不明である。

頭部と胴甲の肩の部分との継ぎ目

背部中央のプレートからのびる後部のとげ

ロルフォステウス

グループ	板皮類
年代	デヴォン紀後期
大きさ	体長30cm
産出地	オーストラリア

完全な化石標本が1体だけ現存し、そのほか骨片が少し残されているロルフォステウスは、西オーストラリアの礁群をすみかとしていた奇妙な形の、鼻先の長い魚である。くちばしのプレートは非常に長く、頭甲のほぼ半分の長さが先細りの管状になっている。この管状の鼻がどのような機能をもっていたかは不明だが、海底の砂地にひそむ獲物を掘りおこす、あるいは海面近くに生活しているエビなどをとらえやすいように合理的な体形となった、などの可能性が考えられる。平たく、かんだ物を粉砕する歯板を口の後方にそなえており、小型の甲殻類や貝類を、その食物の少なくとも一部としていたことをうかがわせる。鼻はまた、雄の性的な特徴を示すものとして、交尾期に雌を引きつけるための示威行動に用いられた可能性がある。

コッコステウス

グループ	板皮類
年代	デヴォン紀中期から後期
大きさ	体長40cm
産出地	北アメリカ、ヨーロッパ

節頸類のなかでも、おそらくもっともよく知られる魚。最初に文献に記載されたのが1841年、その後49種が確認されたが、その多くがのちに分類を変更された。この甲冑魚は、大型の胸ビレ、背ビレ、尾ビレに力強い尾をもっており、遊泳の能力が高かったと思われる。上あごの2対の歯板には最初歯があったが、下あごとの接触をくり返すうちに徐々にすり減って、鋭い刃のような歯先に変わっていった。胃の内容物から、コッコステウスは棘魚類(⇒ p.129)および節頸類の幼魚などを捕食していたことがわかった。狩をするときは、海底に横になって獲物を待ちかまえ、尾を振って勢いをつけて襲撃していたと思われる。背部中央のプレートには長い、先細のとげがあり、また体の下面を比較的小さな多数のとげがおおっていた。

頭骨のプレート
この資料では、頭骨の蓋部に複数のプレートが明確に認められる。一部のプレートの表面を走る溝のように見える感覚線も部分的にはっきり見える。

先細の長い尾

眼窩

プレートの縫合線

二重の継ぎ目
節頸類の頭甲と胴甲は、両側の単純な関節構造で結ばれていて、それにより頭を上下の縦方向に動かせるだけだった。差しこみ口に相当する部分が頭甲にあり、蝶番に相当する部分が胴甲にあった。

ドゥンクレオステウス

グループ 板皮類
年代 デヴォン紀後期
大きさ 体長6m
産出地 アメリカ合衆国、ヨーロッパ、モロッコ

重厚な装甲をもっている魚。胴甲は後方で胸ビレを格納しないようになっていた。この形はヒレの基部が伸張し、動きやすさを高めることを可能にした。したがって、生息していた浅海では活発な捕食者として行動していたと考えられる。その胴甲の上下をつなぐのは、小型の、外部に突起のないとげ状のプレートだけである。その下あごと上あご前部の歯板はすり減って、最終的に犬歯のような突起を残す形となった。ほとんどの種で体表に装飾的なものはないが、プレートにはよくかみ傷や刺し傷の跡が見られることから、その体格にもかかわらず、ドゥンクレオステウスも外敵に襲撃されていたことがうかがわれる。

強力なプレート

体をおおっていたかたいプレートの厚みは5cmにも達した。背部中央のプレート（⇨写真上）は、後端部に丸みがあって、後部に向いたとげがない点でコッコステウス（⇨p.133）と対照的である。頭甲（⇨写真下）も、後部が内向きに湾曲していて特徴的である。

丸みをおびた後端部
竜骨状突起
眼窩
首関節

恐るべき捕食者

巨大な体格に加え、重厚な刃のような下あごと、鋭く切りとる尖端をそなえた上あごの歯板があった。獲物を捕捉するときは、頭甲と胴甲のあいだの装甲のない部分が働いて、口を大きく開けることができた。

ボトリオレピス

グループ 板皮類
年代 デヴォン紀前期から石炭紀前期
大きさ 体長30cm、一部に1mに達する種も
産出地 オーストラリア、北アメリカ、ヨーロッパ、中国、グリーンランド、南極大陸

この初期の胴甲類（⇨p.128）はやや不格好な外観の魚である。ほとんど垂直の側面と平たい底面をもつ箱型の胴甲を身につけていた。背頂の部分は種によって変化があった。胸の付属肢はヒレ状ではなく、細かい骨板でおおわれた、ゆるやかに湾曲したとげのような構造となっていた。

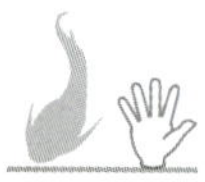

眼と鼻孔があった開口部
胸の付属肢

長い付属肢
長い胸の付属肢は、胴体後部よりも先にまでのびていることもめずらしくなかった。

プテリクティオデス

グループ 板皮類
年代 デヴォン紀中期
大きさ 体長20–30cm
産出地 スコットランド

小型の、骨板で重装備した魚で、特徴的な胸の付属肢をもつ点はボトリオレピスと似ている（⇨左）。しかし、プテリクティオデスはもっと胴体が長く、頭が小さく、胸ビレの付属肢が短いため、頭と胴体の比率が異なっている。頭の上に眼がついている（また腹側で胴甲が平たくなっていること）ことから、底生魚であったと考えられる。装甲に隠された胴体は先細りとなっていて、重なりあった円形のウロコでおおわれていた。大型の矢形のウロコが前方で単独の三角形の背ビレを支えていた。

湖水での生息
プテリクティオデスは、胸の付属肢を動かして古代のスコットランドの湖底をはうように活動していたと考えられている。

長い胴甲
短い胸の付属肢
不等尾型の尾

ケイラカントゥス

- **グループ** 棘魚類
- **年代** デヴォン紀中期
- **大きさ** 体長30cm
- **産出地** スコットランド、南極

淡水の湖や川の中程度の深さを活発に泳ぎまわり、小型の獲物を大きくあごを開いて捕獲していた魚。歯をもたなかったため、長い鰓耙を通じて水をこして食物を摂取していたものとみられる。大型の眼と口、厚みのある胴体、上のほうが大きい不等尾型の尾があった。腹部の中間付近にとげがないことが、とくに顕著な特徴である。それぞれのヒレは後端部についているとげで保護されていた。小型のウロコは重なりあうことはなく、肋が走っており、多くの土地で産出している。胴体にゆるくついていたヒレのとげも見つかっている。完全な形の化石は、スコットランドのオールド・レッドサンドストーンで発見されているものだけである。

背ビレのとげ / 尻ビレのとげ / 腹ビレのとげ / 胸ビレのとげ

イスクナカントゥス

- **グループ** 棘魚類
- **年代** デヴォン紀前期
- **大きさ** 不明
- **産出地** スコットランド、カナダ

前方にいくほど大きくなる頑丈な歯をもち、2つのあご骨が一致する部分に小型の歯が輪生していた。淡水湖に生息し、細身で流線形の体形によく発達したヒレをつけていた。長く細いとげはヒレに関連する部分にしか発見されておらず、中間的なとげは見つかっていない。頭と肩の部分の装甲は、それ以前の棘魚類に比べて軽めのものとなっており、おかげでイスクナカントゥスは狩りあるいは捕食を逃れる動きが俊敏になった。胴体は小型で多角形のウロコでおおわれ、尾はサメに似ていた。

腹部のとげ / 上下のあごの歯

三角形の歯
上下のあごに三角形の歯が生えていた。歯はあごの前部についていて、それらが磨耗していないうちはもっと大きかった。

ケイロレピス

- **グループ** 条鰭類
- **年代** デヴォン紀中期
- **大きさ** 最大体長50cm
- **産出地** スコットランド、カナダ

完全な化石が発見されている、条鰭類のグループでももっとも原始的な魚。約3億8000万年前の浅い湖に生息し、歯のエナメルに似た物質であるガノインを含む細かいひし形のウロコが組みあう形で、その長い体をおおっていた。胸ビレは肉質で、現代の肺魚の胸ビレに近いものとなっている。獲物を追うときは高速で泳ぐことができ、その長いあごに並んだ多くの鋭い歯でとらえたものと考えられる。あごの長さからみて、大きく口を開いて、自分の体長の3分の2もの、かなりの大きさの獲物を飲みこむことができたと考えられる。胃の内容物を調べると、魚類を食物としていたが、同種の共食いもあったことがわかった。

背ビレ / 不等尾型の尾

条鰭魚類
ケイロレピスは背ビレが1つしかなく、脊索が尾ビレの長いほうである上葉にまでのびていて、サメのような尾をもっていた。ヒレの皮膜のほとんどが下向きに広がっていた。

ディプテルス

- **グループ** 肉鰭類
- **年代** デヴォン紀中期
- **大きさ** 体長35cm
- **産出地** スコットランド、北アメリカ

肺魚はデヴォン紀におおいに繁栄し、多様化していた。初期の形態は沿岸部の塩水性の堆積層で発見されるが、デヴォン紀後期にはほとんど生息は淡水に限られるようになっていた。ディプテルスは頭甲をもち、その上部はモザイク状になった小さい骨でおおわれていた。一部の骨にはくぼみが連なっている部分があり、感覚あるいは栄養関連の機能を担っていたと考えられる。上下のあごには大型の1対の歯板があって、頑丈な歯が並んでおり、それで貝類をかみくだいたと思われる。大型のプレートが、鰓室をおおっており、デヴォン紀には肺魚にとってエラ呼吸のほうが肺呼吸より重要であったことをうかがわせる。

頑丈な下あご / 大型の鰓蓋 / コズミンでおおわれたウロコ

ウロコでおおわれた体
光沢のあるコズミン(象牙質の1種)の薄い層をまとった、丸みをおびたウロコが体をおおっていた。その背部のかなり後ろのほうに2つの背ビレがあり、他に尻ビレが1つと、長く薄い腹ビレ、胸ビレがあった。尾の構造はサメに似ていた。

フレウランティア

グループ 肉鰭類
年代 デヴォン紀後期
大きさ 体長25cm
産出地 カナダ

カナダのミグアシャ国立公園（⇨ p.139）のポワン・フルーランにちなんで名づけられた初期の肺魚。現生種よりも鼻先が細長く、多くの種の肺魚に典型的に見られる頑丈な歯板がない。かわりに円錐歯と、口蓋を縁どる小歯状突起物が並んでいた。体表をおおうウロコは大型で丸く、コズミンは含んでいなかった（⇨p.139の**オステオレピス**）。最大のヒレは背ビレで（⇨下）、**ディプテルス**（⇨p.135）のように尻ビレ、細長い胸ビレ、不等尾型の尾（上葉が下葉より大きい）をもっていた。体格は肉厚で側面方向に平たく、海底で食物をあさるよりも、すばやく泳ぎまわって獲物をとらえていたことがうかがわれる。淡水または汽水に生息し、同じ環境にいた別種の肺魚である**スカウメナキア**と当初混同されていた。

背ビレ
背ビレは2つあり、前方のヒレは小さく葉の形をしており、後方のヒレはかなり長くのびていて、体長の約25%の長さにおよんでいる。

大型で丸みをおびたウロコ

長い後方の背ビレ

ホロプテュキウス

グループ 肉鰭類
年代 デヴォン紀後期
大きさ 体長2m
産出地 北アメリカ、グリーンランド、ラトヴィア、リトアニア、エストニア、ロシア

大型の魚で非常に繁栄したことが確認できる捕食者。その遺骸はデヴォン紀後期を通じて世界のいくつかの地域で見つかっている。おもな化石の形態は、大型の骨ばったウロコの部分だけが、魚の本体が分解したあとに保存される形となっており、1枚のウロコの大きさは食器の皿ほどにもなる。対になった長いヒレをもち、その周辺部はヒレ筋で縁どられ、頭骨にはその頭上を横切る継ぎ目があり、口を開けたときに鼻先を高く上げることができるようになっていた。板皮類などの魚類と同じ環境にすみ、それらを食料とし、また四足で歩行する初期の四肢動物の生息地の一部にも進出していった（⇨ p.128〜129）。

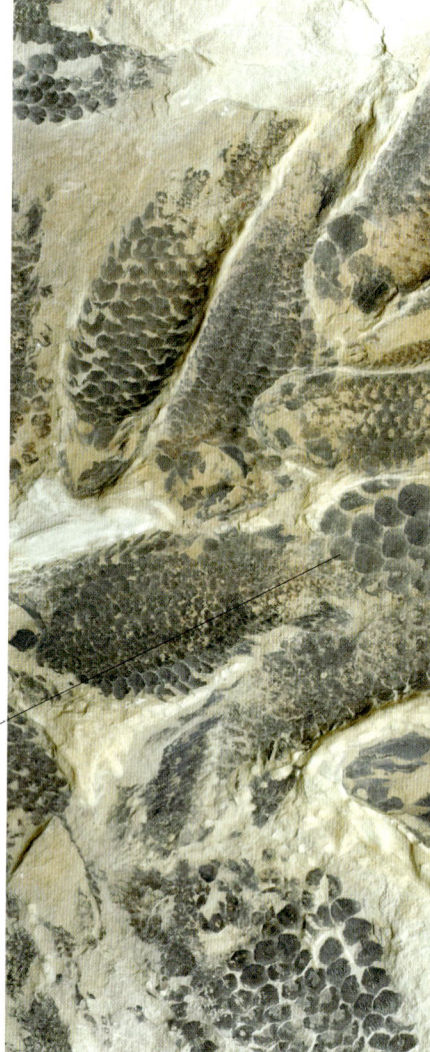

骨ばったウロコ

集団墓地
写真の場所では、多数の**ホロプテュキウス**が他の魚類とともに死んでいたが、なぜそうなったのかは不明である。現代の肺魚がもっとも近いポロレピス類に属するが、**ホロプテュキウス**と現生種とは、表面的な類似が見られるだけである。

トゥリスティコプテルス

グループ 肉鰭類
年代 デヴォン紀中期
大きさ 体長30cm
産出地 スコットランド

トゥリスティコプテルスは四肢動物様魚類であり、トゥリスティコプテルス科のもっとも原始的なメンバーであった。この科は10ほどの属をもち、**エウステノプテロン**（⇨p.138）や巨大な肉食魚であるヒュネーリアを含んでいる。この科のメンバーのなかでは比較的小柄。原始的な特徴の一部に、ごくわずかに非対称形の尾があるが、その形は**トゥリスティコプテルス**類の特徴となっている3葉（三裂）のパターンとなっていた。年代と産出地は別として、他のもっともよく知られる**エウステノプテロン**に比べて、**トゥリスティコプテルス**が変わっている点をあげると、頭骨の前部が短く、頭部のプロポーションが異なることである。

トゥリスティコプテルスは、原始的な四肢動物と部分的な特徴を共有しているが、四肢動物の直接の祖先とは考えられていない。

櫂の形の胸ビレ

パンデリクテュス

グループ	肉鰭類
年代	デヴォン紀中期から後期
大きさ	体長1.5m
産出地	ラトヴィア、リトアニア、エストニア、ロシア

デヴォン紀に、過渡期の四肢動物に似た特徴を数多く有する魚類が3種類知られているが、パンデリクテュスはその1つ。エウステノプテロン(⇨ p.138)のような他の四肢動物様魚類と比べると次のような特徴があった。

腹背方向に平たい、また他のほとんどの魚類と比べても鼻先が長く、その頭部の上方に狭い間隔で大きな眼がついていた。また鼻の長さに比べると、聴覚器官と脳をおおっていた頭骨の後部が短めである。多くの原始的な四肢動物様魚類にある頭骨を横切る蝶番関節がない。エラ呼吸の補助的な役割として、肺に似た浮き袋をかなり活用して呼吸していた可能性が高い。対になったヒレには鰭条を維持していて、体表をウロコがおおっていたが、背側のヒレと尾ビレはなくなっているか、縮小していた。

肉鰭類のヒレ

肉鰭類として、トゥリスティコプテルスのヒレには、ほとんどの現代魚のような薄い放射状の骨や軟骨ではなく、丈夫な支持骨が含まれていた。体の前方にあった胸ビレがもっとも丸い形をしており、ずっと後方についているヒレはもっととがった流線形をしていた。

後部の背ビレ

3葉構造の尾

脊椎動物

エウステノプテロン

- **グループ** 肉鰭類
- **年代** デヴォン紀後期
- **大きさ** 体長1.5m
- **産出地** 北アメリカ、グリーンランド、スコットランド、ラトヴィア、リトアニア、エストニア

エウステノプテロン属の骨格から、魚類と陸生の脊椎動物との明らかな関連性が見てとれる。絶滅した肉鰭類の1科である**トゥリスティコプテルス科**の後期の一員。エウステノプテロン属の胸ビレと腹ビレの基部にある小骨は、両生類**イクチオステガ**（⇨ p.139）のような初期の四肢動物の、前肢の骨および後肢の骨へとそれぞれ関連づけることができる（骨はかなり拡張している）。脊椎と頭骨、とくに鼻孔の構造がこの魚類を四肢動物に関連づけるものとなっている。近代的なスキャン技術とコンピューター解析の利用が可能になるはるか以前、骨の折れるやりかたでエウステノプテロン属の頭骨の詳細を調べていた。化石の頭骨をミリメートル単位ですり減らしていき、その1段階ごとに数枚ずつ写真を撮影していた。連続的な画像は、ろうの切片で頭骨のすべての薄い断面を再現するレプリカ作成に利用された。作業の過程で化石は粉砕されたが、完成したろうの模型のおかげで、魚類の頭骨の内外を調べることができた。

印象化石
体のやわらかい部分は、かたい骨格とともに残ることはなかった。しかし輪郭の残ったこの印象化石の場合、体表が大きなウロコでおおわれていたことがわかる。

3葉構造の尾　　　強力な胸ビレ

ティクターリク

- **グループ** 肉鰭類
- **年代** デヴォン紀後期
- **大きさ** 体長3m
- **産出地** カナダ

パンデリクテュスよりもさらに多くの点で、四肢動物の特徴を示している魚。たとえば、**パンデリクテュス**は頭骨を肩帯に接続する一連の骨をもっており、さらにエラの部位をおおう一連の骨もあった。四肢動物はこうした骨をもたず、**ティクターリク**の場合もそのほとんどをもたない、あるいは少なくともそうした骨は発見されていない。また、**ティクターリク**が**パンデリクテュス**と共有する四肢動物的な特徴の多くが、陸生の脊椎動物への進化の過程で、より進んだ段階にあるように思われる。たとえば、**パンデリクテュス**に比べて鼻先が長く、頭骨の後部が短く、また頭骨の背側の接合部分の呼吸孔切れ込み部分がもっと広く、丸みがある。

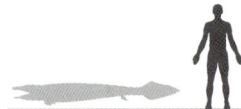

アカントステガ

- **グループ** 初期の四肢動物
- **年代** デヴォン紀後期
- **大きさ** 体長1m
- **産出地** グリーンランド

有名なデヴォン紀の四肢動物。四足の先に8本の指または足指があり、同時に尾の上下両方に沿って鰭条が走るなど、原始的な特徴ももっていた。鰓弓骨格がよく発達していたことから、呼吸のための浮き袋をもつと同時に、エラも呼吸に用いていたと考えられる。耳は他の四肢動物の耳と似たもので、あぶみ骨（⇨ p.182）がそなわっていた。魚類の場合、これに相当する骨はエラの操作にかかわるものである。

櫂のような肢

櫂として最適
四肢はアカントステガの体重を支えることはできなかったと見られ、おそらく櫂として用いられたと考えられる。浅い川に生息して、獲物を待ち伏せしていたようである。

頭骨の蝶番の位置

エウステノプテロンの名前の意味は「優れた強いヒレ」。

待ち伏せする捕食者
エウステノプテロンは、現代のカマスのように、水草に身をひそめて通りかかる獲物を待ち伏せして捕食していたと考えられている。オステオレピスやホロプテュキウスと同じように、獲物をとらえやすくなるよう、頭骨の上部が蝶番構造になっていた。

事例解説
ミグアシャ国立公園

カナダ・ケベック州のミグアシャは、デヴォン紀後期の魚類化石が豊富に産出する地域の1つ。魚は沿岸部から海洋端部の汽水圏に生息し、軟骨魚類を除く当時の主要魚類のグループを代表する化石が岩石中に保存されている。エウステノプテロン属のような四肢動物様魚類も発見されており、なかでも、エルピストステゲというティクターリクに非常によく似た魚類は重要である。魚類に加えて、多くの無脊椎動物、植物、藻類、その他の微生物が織りなす、デヴォン紀の生物の詳細を化石から再現することができる。

オステオレピス

グループ	肉鰭類
年代	デヴォン紀中期
大きさ	体長50cm
産出地	スコットランド、ラトヴィア、リトアニア、エストニア

四足歩行の四肢動物に結びつく、四肢動物様魚類に属する初期のよく知られた魚類の1種。デヴォン紀の魚類で最初期に発見されたものの1つで、その結果オステオレピス類の分類名にもなっている。オステオレピス類は肉鰭類の絶滅した1科で、トゥリスティコプテルス類(⇨ p.138)と姉妹グループでもある。スコットランドの大きな浅いオルカディ湖に生息し、その地のデヴォン紀中期の岩石に化石を多く残した。その武骨なウロコと頭骨は、コズミンという光沢のあるエナメルに似た物質でおおわれていた。コズミンには小孔がたくさん開いていて、周囲の水流を感知する感覚系に通ずる開口部だったのではないかと考えられている。オステオレピスの頭骨には、ホロプテュキウスと同じように、可動式の継ぎ目が頭の上部を横切っており、そのおかげで口を大きく開くことができた。肺魚のディプテルスや数種類の板皮類を含む、他の多くの魚類と生息域をともにしていた。

不等尾型の尾
オステオレピスの尾は不等尾の形が顕著で、上葉が下葉よりも長くなっていた。

口

ウロコの列

四角いウロコ
オステオレピスの名前の意味は「骨のウロコ」であり、ウロコの形はおおむね四角形で、頭部から尾まで列をなして続いていた。

イクチオステガ

グループ	初期の四肢動物
年代	デヴォン紀後期
大きさ	体長1.5m
産出地	グリーンランド

デヴォン紀の四肢動物で最初に発見された。化石はグリーンランド東部の岩石から発見され、アカントステガと同じ時期に生息していた。他の魚類には見られない数々の特徴があり、数十年ものあいだ古生物学者を悩ませてきたが、新たな研究でその構造が部分的に明らかにされつつある。たとえば、聴覚器官は空中よりも水中の音を聞くのに適しているように見える。水中で過ごす時間があったことは確かだが、その脊椎は地上を移動する活動形態に適応しているように思われる。胴体は肋骨の連なった幅広い胸郭を有し、頑健な肩と前腕とともに、陸上で運動するのに強い筋肉が用いられたことをうかがわせる。その櫂に似た後肢は、水泳のほうに適していた。

7本の足指
足の先端部に3本の小さな足指があり、それに続いて4本の丈夫な足指がついていた。先端部が歩行の際に砂地や泥に食いこんで、前進するための足がかりとなるように足を運んでいた。

イクチオステガの大型の歯は、捕食者であったことを示しているが、獲物をとらえたのは陸上なのか、水中なのか、あるいは両方であるのかはよくわかっていない。

尾ビレ

大きな胸郭

丈夫な中指

足の先端部

脊椎動物

石炭紀

141

 144 植物

 154 無脊椎動物

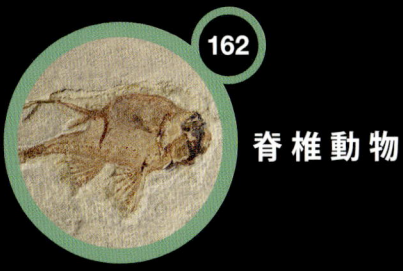 162 脊椎動物

石炭紀

「石炭を生みだす」という意味をもつ石炭紀は、世界中の植物が生い茂った沼地で巨大な石炭鉱床が形成された時代をあらわす名にふさわしい。しかし、この時代の世界は、おおむね貯氷庫のようなありさまで、数千万年も広大な氷床におおわれていた。地殻が変動し続けるなか、2つの巨大大陸ローレンシアとゴンドワナがゆっくりと接近、合体し、さらに大きな大陸パンゲアができた。

石炭紀前期の石灰岩
イギリス、北ヨークシャーのマラム・コーヴ上方にそそり立つ巨大なすり鉢状の石灰岩は、石炭紀の海底に堆積した生物化石からできている。

海洋と大陸

石炭紀前期に、ユーラメリカ大陸が移動してゴンドワナに接近したため、ゴンドワナ西端とユーラメリカ南西端のあいだに横たわるレイク海が縮小し、ただの狭い水路となった。結果的に発生した造山活動により最終的に、アパラチア山系とヴァリスカン山系が形成された。古テティス海は、西側がユーラメリカとゴンドワナ、東側が比較的小さな北中国島や南中国島に囲まれていた。ゴンドワナは、南半球の低緯度から南極まで広がる大陸だったが、石炭紀前期にそこで巨大な氷冠が発生しはじめた。石炭紀後期になるころには、ユーラメリカとゴンドワナが完全に合体して北半球の高緯度から赤道をまたいで南極にまで広がる超大陸パンゲアができていた。南極を取り囲んでいた氷冠が拡大していき、やがて旧ゴンドワナ大陸の大半が氷冠でおおわれた。当時、パンゲアの西方にはパンサラッサ海、東方には古テティス海が広がっていた。各大陸で森林が拡大し続けるなか、それにともない陸生動物が多様化して無脊椎動物、両生類、陸地での産卵能力をそなえた最初の脊椎動物が出現した。大規模な氷河作用の影響を受けて海水位が氷の拡大や縮小にあわせて上昇、低下し、沿岸や沖合の生息地がその影響を受けた。海水が海沿いの湿地に流れこんだ時期があった一方で、浅い湾、三角州、入り江が干あがった時期もあった。頁岩層と石炭層が交互に重なる石炭紀の堆積沈澱物がそれらの変動を映しだしている。

ウラル山脈
現在、西ロシアから中央ロシアまで 2500 km にわたり連なるウラル山脈は、3億5000万〜2億5000万年前にカザフスタニア、シベリア、バルティカが衝突したときにできた。

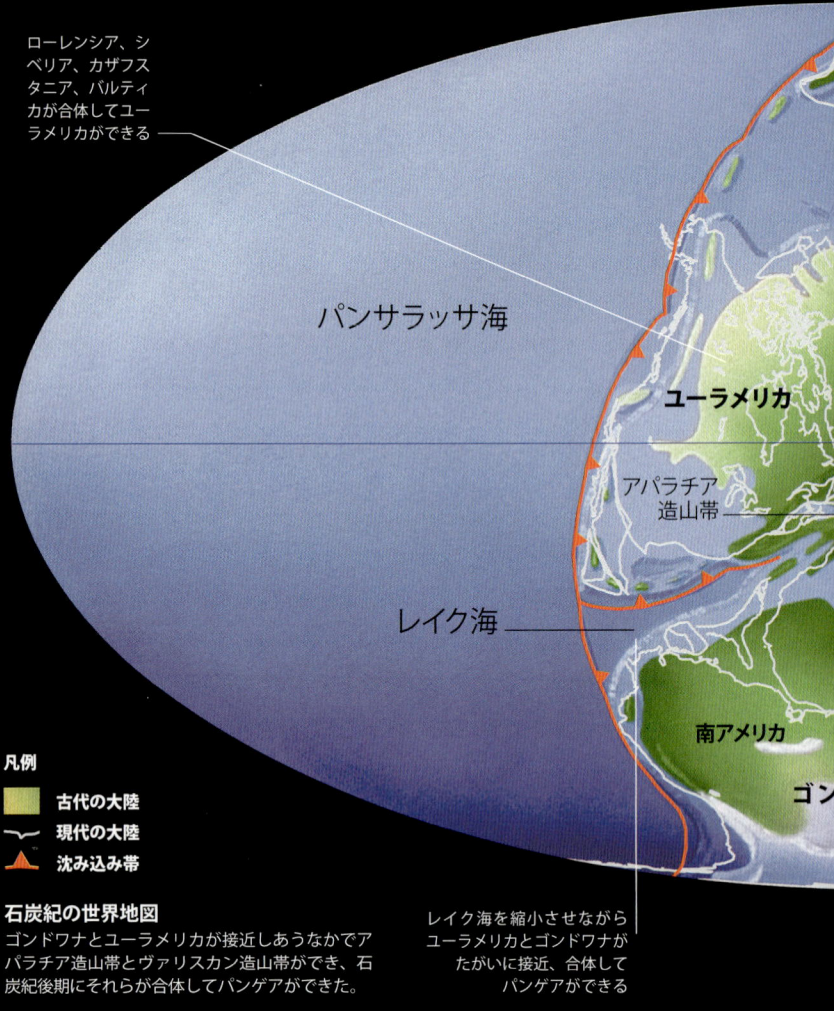

凡例
- 古代の大陸
- 現代の大陸
- 沈み込み帯

石炭紀の世界地図
ゴンドワナとユーラメリカが接近しあうなかでアパラチア造山帯とヴァリスカン造山帯ができ、石炭紀後期にそれらが合体してパンゲアができた。

レイク海を縮小させながらユーラメリカとゴンドワナがたがいに接近、合体してパンゲアができる

ミシシッピ亜紀

単位：100万年前 　350 　　　340 　　　330

植物
- 350–340 海沿いの湿地ではヒカゲノカズラ植物とシダ種子類が優占。小川に沿ってカラミテス（トクサ類）が自生。トクサ門の植物（⇨右）、シダ種子類、シダが多様化
- スフェノフィルム エマルギナトゥム

無脊椎動物
- 350 最初の有肺腹足類。三葉虫が衰退して1つの目プロエートゥス（⇨右）に減少。最初のミノガイ科二枚貝類
- エオキュフィヌム
- 350–340 昆虫類の羽を進化させた

脊椎動物
- 350 最初の大型鮫類（⇨右）、最初のギンザメ類、最初のメクラウナギ類
- ペタロドゥスの歯
- 340 両生類（⇨右）の多様化
- メガロケファルス
- 330 最初の羊膜類のパレオチリス（産卵する脊椎動物）

143 | 石炭紀

氷床
石炭紀には巨大氷床の拡大や溶解が周期的に発生した。この貯氷庫のような世界で氷河範囲が最大規模に達したのは 3 億 1500 万〜3 億 500 万年前であった。

気候

石炭紀前期には地球全体の気温が上昇し続けた。ユーラメリカから古テティス海をまたぎゴンドワナ東部にいたるまでのあいだには、広大な熱帯地帯が広がっていた。狭い乾燥地帯を境にしてそれより高緯度の地域では、比較的冷涼で温和な気候であった。約 3 億 5000 万年前からゴンドワナ南部で局地的な氷河作用が始まったことを裏づける証拠が存在するが、その範囲は限られていた。パンゲア大陸の出現が、空気循環パターンだけでなく結果的に気候にも大きな影響をおよぼした。なぜならば、そのような巨大大陸では異常気象が発生したと思われるからである。約 3 億 3000 万年前にパンゲア超大陸のゴンドワナ南部を中心に大規模な氷河作用が始まった。石炭紀を通じて氷河地帯が拡大していき、その範囲は、南アメリカやオーストラリアからパンゲアのゴンドワナ区域に属する他地域、すなわち、現代のインド、アフリカ、南極大陸にまで広がり緯度 35 度にまで達した。氷床が拡大するにつれて、低緯度の熱帯地帯の幅が狭くなった。この熱帯地帯と冷涼な温帯地方とのあいだに乾燥地帯が広がり、温暖な温帯地方は姿を消した。この大氷期がいつ終わったのかははっきりとはわかっていないが、ペルム紀に相当する 2 億 7000 万〜2 億 5500 万年前のいずれかの時点であった。この氷河作用にもかかわらず、赤道近くの低緯度地域や、間氷期においては、比較的温暖多湿な気候で大規模な石炭鉱床の形成につながった。低緯度の一部地域で広く蒸発岩鉱床が存在する事実も、そのような温暖な地方が存在したことを証明している。

ヴェストファーレン石炭鉱床
寒冷期と温暖期が交互に到来した時代に、海沿いの湿地が水浸しになって泥炭湿原ができ、それがドイツにあるこの石炭鉱床のような炭層と化した。

二酸化炭素レベル
石炭紀前期の二酸化炭素レベルは、約 1500ppm であった。その後急減し石炭紀中期になるころには 350 ppm にまで低下していた。

ペンシルヴァニア亜紀

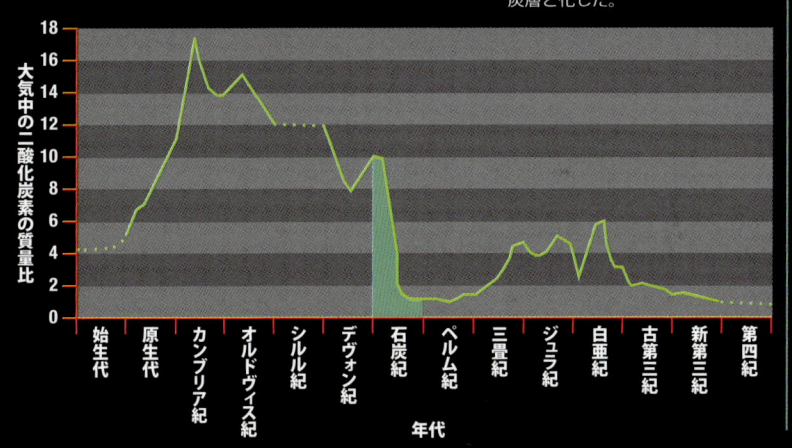

320　310　300　単位：100 万年前

植物
- 320 最初の針葉樹とグロッソプテリス類。ヒカゲノカズラ類、コルダイテス、種子植物が優占する森林でつる植物や着生植物が繁殖。下生えでは小さなシダ類（右）が優占
- ゼイッレリア・フレンズィイ

無脊椎動物
- 325 最初のトンボ類。有翅昆虫類の多様化と昆虫類による草食の発達
- 320 最初の巨大アルトゥロプレウラ類（ヤスデに似た大型節足動物）。ヤスデ類、サソリ類、クモ類が多様化。昆虫類のなかではゴキブリ類（例：**アルキミュラクリス**）が優占種
- 310 有翅昆虫類の多様化促進。巨大トンボ類（開長：63 cm）。最後の座海星類
- アルキミュラクリス

脊椎動物
- 310 最初の草食性四肢動物（ディアデクテス類迷歯類）。両生類のなかの優占種は切椎類。最初の単弓類
- 305 最初の双弓類（爬虫類の 1 種。例：ペトロラコサウルス）
- パレオチリス

石炭紀の植物

石炭紀になるころには、多種多様な大型で複雑な植物が進化していた。泥炭湿地の優占植物は、巨大なヒカゲノカズラ類（小葉植物）の木であった。川岸や比較的乾燥した湿地には、木生シダや巨大なトクサ類に加えていくつかの原始的種子植物グループも自生していた。

石炭紀の植物は、デヴォン紀に存在した先代の植物よりもはるかに高いレベルの構造的多様性や生物学的複雑性に到達していた。いくつかのグループは、木に似た形態を発達させた。また、草本植物やつる性植物も存在していた。石炭紀の植物は、新しいより複雑な生態系を作りだしていった。

種子は、小さく、しかも針葉樹と同じように花粉粒に気嚢(きのう)があったので、空気中、水中の両方で花粉粒はより簡単に浮くことができた。その受粉方式は、現生の針葉樹に似ていた可能性がある。コルダイテスには木質とつる性の2種類が存在した。これらの石炭紀の種子植物の種子は、長期間休眠状態を維持できなかったようだ。

種子植物

石炭紀に初めていくつかの種子植物グループが確認された。リュギノプテリス類（ソテツシダ類）は、シダ類に似た葉をもち、一般にはデヴォン紀の最古の種子植物の種子に似た、比較的小さな種子をつけた。これらのごく初期の種子植物と同じように、リュギノプテリス類の花粉粒も原始的な真正葉状植物（⇨ p.113）の胞子と見分けがつかないものだった。大体においてメドゥローサ類のほうが大きく、大きなシダに似た葉をつけることが多かった。その花粉粒は、とてつもなく大きく、場合によっては非常に大きな種子をつくることもあった。現生の針葉樹と近縁関係にある可能性があるコルダイテスは、葉脈が平行に走る帯状の葉をつけていた。その

炭球
石炭紀の植物についてのわれわれの知識の多くは、炭球、すなわち、泥炭湿地に自生していた植物の残骸が保存されている石灰化した泥炭の研究から得られたものである。この標本では**メドゥローサ**の化石化した茎の断面が見られる。

泥炭湿地

石炭紀に北アメリカ東部やヨーロッパに存在した熱帯泥炭湿地では、**レピドデンドロン**や**レピドフロイオス**などの巨大なヒカゲノカズラ類が優占していた。これらの独特な植物の生育のしかたは、非常に珍しく、現生の木とはかなり異なっていた。その繁殖のしかたもさまざまであった。泥炭湿地やそこに自生するめずらしい植物は、石炭紀末期に向けてそれほど優勢ではなくなった。その背景には、それらが栄えた熱帯多雨環境がしだいに狭まっていったことがある。

レピドデンドロン
もっとも多く見つかっている特徴的な石炭紀の化石が、レピドデンドロンや他のヒカゲノカズラ類の木の樹皮の圧痕である。ひし形の痕跡は、葉枕（葉の基部に見られる肥厚部）によってできたものである。

グループ概観

石炭紀には陸生植物がさらに多様化し、現生の植物と類縁関係にあることがはっきり見てとれるいくつかのグループが出現した。しかし、石炭紀の種子植物の構造は、どれも比較的原始的なレベルで、現生する種子植物に見られるほどは分化していない。

ヒカゲノカズラ類
ヒカゲノカズラ類の多様化は、石炭紀を通じて続いた。とくに、現生ミズニラ（**イソエテス**）の古代の類縁種は、巨木のような形態に進化した。現生のほとんどの木とは異なり、これらのヒカゲノカズラ類は、木質部が比較的小さく、樹皮に似た茎外側の組織で支えられていた。

トクサ類
石炭紀になるころにはトクサ類は、木のような形態に進化していたが、巨大なヒカゲノカズラ類の木よりははるかに小さかった。これらの植物の茎は、通常、**カラミテス**属に属するが、その葉は、**アンヌラリア**に属する。これらの古代のトクサ類の生育地は、現生の類縁種**エキセトゥム**と似通っている。

シダ類
シダ類は、おそらくデヴォン紀中期や後期の真正葉状植物から派生したと思われるが、石炭紀になるころには、さまざまな形態に進化していた。とくに重要なのは、茎が**プサロニウス**属に、葉が**ペコプテリス**属にされる木生シダ・グループであった。

メドゥローサ類
石炭紀に栄えた原始種子植物グループは、いくつか存在するが、メドゥローサ類もその1つであった。大きなシダに似た葉をもつ低木または小木であった。このグループの名は、その茎の名メドゥローサに由来する。葉は通常、ネウロプテリス属がアレトプテリス属に帰する。

オンコリテス

グループ 藻類
年代 先カンブリア時代から現代
大きさ 最大直径15cm
産出地 世界各地

シアノバクテリアまたは藍藻が作りだした化石化した構造体。この微生物は、成長するのに光を必要とするため、通常は、温暖な浅い海水中で生息し、そこで殻などのかたいものをまとう。粘液や炭酸カルシウムを分泌し、周辺に堆積物が蓄積すると、外にはい出て光を浴びようとする。やがて、丸い輪郭の層状構造物を作りあげる。

オンコリテスの1種
円形の**オンコリテス**は、一般に貝殻に似ている。この岩石中には球状の**オンコリテス**が無数存在する。

タッリテス

グループ コケ類
年代 デヴォン紀から現代
大きさ 最大幅15cm
産出地 世界各地

生きているときは2、3個の細胞分の厚みしかなく、化石になるとカーボン・フィルムとほぼ変わらない。**タッリテス**の化石は多くの場合、正体が不明だが、おそらく藻類または苔類と思われる。苔類は、もっとも単純な陸生植物の1つで、根、茎、葉がいっさいない。その植物体（平たい緑色のリボン状で葉状体という）は、微毛や仮根でかたい面にしがみつき、2つに分岐することで分散していく。これほど単純な植物には水を運ぶ内部組織がなく、湿潤な生息地で生きるしかない。

タッリテス・ハレイ
ペルム紀に生息していたこの種に見られるかすかな圧痕は、この植物が岩面にしがみつきながらどのように分裂して分散していったかをあらわしている。

平たいリボン

レピドデンドロン

グループ ヒカゲノカズラ植物
年代 石炭紀
大きさ 高さ40m
産出地 世界各地

鱗片でおおわれた樹皮と非常に背の高い幹をもち、先史時代の植物のなかでもっとも有名なものの1つである。巨大なヒカゲノカズラの化石にはデヴォン紀に生息していたものより小型の類縁種との関係を示す多くの特徴が見られる。細い葉がらせん状に並び、胞子嚢のなかに胞子をつくることにより繁殖していた。半生は、林床から生えた枝のない棒のような姿で過ごし、成熟期に達すると上方への成長が弱まり枝が生えた。やがて、枝の先に胞子嚢をつけると上方への成長が止まり胞子を形成して落下させることに全精力を注ぎこむ。種によっては、その使命を果たすと木が枯れた。

レピドデンドロン・アクレアトゥム
レピドデンドロンとは厳密には樹皮に付けられた名であるが、その樹皮にはひし形の痕が浮きでた模様がある。

ウロデンドロン・マユス
ウロデンドロンという名は、傷あとのある茎をあらわしている。だが、ほとんどの現生樹木とは異なり、巨大なヒカゲノカズラ類は、新しい樹皮を成長させて傷あとを修復するというしくみにはなっていなかった。

背の高い幹
石炭紀の植物が生い茂る環境のなかで生息していたレピドデンドロン・アクレアトゥムは、わずか20年で約40mの高さに成長できた。

葉巻状の胞子嚢穂

レピドストロブス・オリュリ
レピドストロブスは、レピドデンドロンが枝の先端につける胞子嚢穂をあらわす属名である。

スティグマリア・フィコイデス
スティグマリアは、炭層の下に埋まったヒカゲノカズラ類巨木の切り株や根系が化石化したものである。

レピドストロボフュルム
基部に1つの胞子嚢をもつこの鱗片は、レピドデンドロンの目に見える最小部位の1つである。

植物

145

146 シギラリア

グループ	ヒカゲノカズラ植物
年代	石炭紀からペルム紀
大きさ	高さ25 m
産出地	世界各地

レピデンドロン（⇨ P. 145）と同じようにシギラリアもまず化石化した樹皮が存在することで知られている。もっともよく見られる形態の1つでは、六角セルがほとんど数学的な正確さで並ぶハチの巣に似た模様が浮きでて見える。それぞれのセルすなわち痕は、葉枕の位置をあらわしており、各葉枕が1つの草のような葉をつけていた。木が成長するにつれていちばん古い葉が落ち、それにかわって幹のより高い位置に新葉が生えた。若木のときは、レピデンドロンの成長パターンに似ていた。しかし、樹冠の高さに達すると、2つの木の成熟のしかたはきわめて異なっていた。レピデンドロンは、高い樹冠を形成し葉の茂った多数の枝をもっていたが、シギラリアは1度だけ、またはときには2度分岐し、巨大な瓶洗いブラシに似た大枝を生やした。すべての巨大なヒカゲノカズラ類と同じように、胞子嚢内に胞子を形成するという手段で繁殖していた。

巨木
石炭紀の沼地の多い森林ではシギラリアなどの巨大なヒカゲノカズラ類が優占していたが、石炭紀末期までに著しく減少した。

葉痕が残る六角の葉枕

シギラリア・マンミラリス
石炭を含む岩石中でシギラリアの化石化した樹皮が見つかることがよくある。上に示す化石では、かつて木の葉がついていた痕跡が規則正しい模様となってはっきりと見える。

稜が平行に並ぶ細い茎

シギラリア・アルウェオラリス
この種では、垂直の稜によって仕切られた溝内に葉脚がおさまっている。

葉

小葉

セラーギネッラの1種
セラーギネッラは、平たい匍匐型の植物で葉が小さいので枝先と間違えやすい。

小葉

セラーギネッラ

グループ	ヒカゲノカズラ植物
年代	石炭紀から現代
大きさ	高さ15cm
産出地	世界各地

石炭紀には、樹木ほどの大きさのヒカゲノカズラ類のみが栄えていたわけではない。化石からは**セラーギネッラ**などの匍匐型も栄えていたことが読みとれる。その葉は、小さくサイズがさまざまでらせん状に並び、枝は二またに分かれてのびていた。現在でも同じ名で生き残っている丈の低いヒカゲノカズラ類とよく似ていた。比較的数が少ない化石で、最古の標本は、石炭紀前期にまでさかのぼる。石炭紀の岩石中で見つかる**セラーギネッラ**の若枝を巨大なヒカゲノカズラ類の枝先と間違えてはならない。

レピドフロイオス

グループ	ヒカゲノカズラ植物
年代	石炭紀
大きさ	高さ25m
産出地	世界各地

蛇皮によく似たこの化石化した樹皮は、**レピドデンドロン**（⇨ p.145）と同時代に生息していた巨大なヒカゲノカズラ類のものである。これよりも有名な類縁種ほどの背丈はなかったが、同じくらい広範囲に分布していた。泥の多い河口湿地ではなく泥炭が豊富な森林で自生していた。その胞子は、原始的な維管束植物のなかでももっとも大きかった。おそらく分散したあと、水中で受精したと思われる。

スフェノフィルム

グループ	トクサ類
年代	石炭紀からペルム紀
大きさ	高さ1m
産出地	世界各地

石炭紀にすべてのトクサ類が樹木のような形態に進化したわけではない。**スフェノフィルム**を含む一部のトクサ類は、丈が低い植物またはつる性植物で、湿潤地や林床で自生していた。軟質の茎をもっていたが、化石になるのに理想的な状態で保たれていたため、世界各地の石炭紀の岩石中でよくその化石が見つかる。輪生で配列する葉の形はさまざまだった。**アンヌラリア**の葉（⇨ p.148）を「押し花」にしたような形状のものや、末端に小さなかぎ状の突起がついていてからみやすくなっているものがあった。

葉の痕跡

レピドフロイオス・スコティクス
痕跡の形状から、レピドフロイオスの葉が比較的平たく密ならせん状だったことがわかる。

ボウマニテス

グループ	トクサ類
年代	石炭紀からペルム紀
大きさ	胞子嚢の最大全長 8cm
産出地	世界各地

この名は、**スフェノフィルム**（⇨右）の化石化した胞子嚢をあらわす。最大20個の密に輪生した包葉または胞子嚢をつけた葉をもつ短い繁殖芽にこれらの軟質の胞子嚢が形成された。胞子が微小で、1つの胞子嚢が何千もの胞子を作ることができた。発芽可能なごく一部の胞子が配偶子を作りだす体となり、その体が雄細胞と雌細胞を作りだした。受精がおこると胞子を作る新たな植物が生えはじめた。

胞子をつけた包葉

ボウマニテスの1種
ボウマニテスのほとんどの胞子嚢では、その先端で包葉が鋭角をなして上方に曲がる。この化石では胞子を放出するために開いた状態の成熟した胞子嚢が見られる。

くさび状の葉

スフェノフィルム・エマルギナトゥム
スフェノフィルムは、文字どおり「くさび状の葉」という意味で、この植物が現生のトクサ類とかなり異なる姿であったことがわかる。

カラミテス

グループ トクサ類
年代 石炭紀からペルム紀
大きさ 最大高さ20m
産出地 世界各地

この名は、かつてこの植物の茎の化石を指すものだったが、現在では一般にこの植物全体をあらわす。石炭紀の湿地に自生していた**カラミテス**は、葉が生い茂る特徴的な木であった。トクサ類の典型的な外形をもった植物で、稜のある茎が節をもつ分節に分かれ、枝と葉が円形輪生体を形成していた。成熟した標本は、背丈が20mに達することもあり、茎の直径が60cm以上あった。

稜のある茎

カラミテス・カリナトゥス
ここに示すような**カラミテス**の茎の内型は、木が枯れてその芯部に堆積物が入りこんでできたものである。

葉の輪生体

アステロフィリテス・エキセティフォルミス
文字どおり「星形の葉」を意味する**アステロフィリテス**は、**カラミテス**やその類縁種が残した群葉の化石である。上向きに反った4〜40の針状の葉が輪生で配列している。

アンヌラリア・シネンシス
これも**カラミテス**が残した別の種の群葉の化石として有名で、優雅な葉の輪生が等間隔で並び、印刷されたデザインのような印象を与える。

プサロニウス

グループ シダ類
年代 石炭紀後期からペルム紀前期
大きさ 最大高さ10m
産出地 世界各地

長さ3mにおよぶ大きな複葉と優雅な朝顔形の幹をもち、石炭紀でもっとも優雅なシダ類の1つであった。現生の木生シダ類と同じように、幹が1つで枝がなく、その頂部では大複葉がアーチ状の樹冠を形成していたが、成長するにつれてその樹冠の巻きがゆるくなっていった。幹の成長のしかたが他のほとんどの樹木と異なっていた。芯部が木質分節の塊でできており、その周りを取り巻くように生えた太いひげ根が、幹の高位置からはい降りていた。この根でできた外皮が樹木のような働きをし、木の背丈が高くなるにつれて厚みを増していった。**プサロニウス**という名は、当初はこれらの化石化した茎に使われていたが、それ以降はこの植物全体を指すようになった。湿潤な低地からはるかに乾燥した環境にいたるまで、さまざまな場所で生息していたようだ。

プサロニウス・インファルクトゥス
プサロニウスの幹の独特な構造を見るとわかるように、中央に木質分節の塊があり、根でできた厚みのある外皮がそれを取り巻く。

葉まで続く維管束系

根が絡みあってできた外皮

ペコプテリスの1種
櫛を意味するギリシャ語に由来する**ペコプテリス**は、**プサロニウス**の大きな複葉の化石である。そのおのおのは、小葉が左右対称に複数列並んだもので、葉縁が平行で中央に葉脈がある。中央の成長点から複葉が牧羊者の杖のような形状に大きくのびていった。

中央の葉脈

ペコプテリス・メゾニアヌム
この群葉形態をあらわす名は、アメリカ合衆国イリノイ州モリス近くのとくに化石が豊富に存在する産出地メゾンクリークに由来する。石炭紀にはこの地域は、熱帯氾濫原の一部で、細かい堆積物の層が深く形成されていた。同地の頁岩や鉄鉱石から化石植物の100以上の属が見つかっている。

葉縁が平行な左右対称の小葉

スフェノプテリス

グループ	シダ類／種子植物
年代	デヴォン紀後期から白亜紀
大きさ	大きな複葉の最大全長50cm
産出地	世界各地

スフェノプテリス型の群葉をつけていた植物は、2種類に分かれる。1つはシダ類で、この場合は大きな複葉が胞子を作っていた。だが、ほとんどは、シダに似た葉をもつ種子植物に属していた。これらの原始的種子植物でもっとも知られているものの1つが、イギリスの石炭紀岩石中で見つかったリギノプテリス・オルドハミアである。これは、先太の小さな腺でおおわれた植物で、先史時代の他のあらゆる植物とは似ても似つかぬものであった。リギノプテリスは、植物史上重要な存在である。これが1900年代初期に発見されたことで、それまで認知されていなかった絶滅種子植物グループの存在が明らかになった。

スフェノプテリス・アディアントイデス

シダ類のものか種子植物のものかは別として、スフェノプテリスの群葉は、羽に似た外形で、左右交互に並ぶ葉片が基部で翼の形に広がっていた。石炭紀のあらゆる時代の岩石中で見つけることができる。

左右交互に並ぶ枝

広がった翼の形をした小葉

ゼイッレリア

グループ	シダ類
年代	石炭紀後期
大きさ	高さ50cm
産出地	世界各地

石炭紀には多くの植物が細かく分かれた大きな複葉を進化させたが、ゼイッレリアの大きな複葉は、もっとも華奢な部類に属していた。日陰の湿地で生育し葉の下側に胞子をつけたが、分化した小葉を落として分散し根を張ったとも考えられる。現代でも、とくに湿潤な生息地で育ち、細かく分かれた大きな複葉をもつ一部のシダ類が、このような成長のしかたをする。

ゼイッレリアの1種

この美しい化石にはっきり見られるような大きな複葉が無数に集まって描いた密な模様は、泥岩層と頁岩層のあいだで発生した結晶の成長のような印象を与える。

細かく分かれた大きな複葉

スフェノプテリス型の群葉をつけていたのは、シダ類と種子植物の2種類であった。

石炭紀

メドゥローサ

グループ	メドゥローサ類
年代	石炭紀からペルム紀
大きさ	高さ3-5m
産出地	ヨーロッパ、北アメリカ

卵大の種子をつけるこの植物は、石炭紀でもっとも興味をそそられる植物の1つである。他のほとんどの種子植物とは異なり、シダ類に似た群葉をもち種子を作りながら生きていたが、花はつけなかった。いちばん古い大きな複葉が落下すると茎の先端に新しい大きな複葉を生やして成長した。繁殖のために大きな種子をつけ、格別大きな花粉粒を大量に作りだした。花粉粒は、重かったので風で遠くに飛ばされることはなかったと思われる。一方で昆虫が花粉粒を植物から植物に運んでいたかもしれないという見かたもあるが、これこそ初期に見られた協力関係であり、のちに顕花植物にとってこれが非常に重要となった。

そびえ立つシダ類
メドゥローサは、シダ類のような葉をもつもっとも背の高い種子植物の1つであった。強い安定した幹をもち、細かく分かれた大きな複葉は、1m以上の長さにまで成長できた。

メドゥローサ・レウッカルティイ
茎の先端に新しい大きな複葉を生やすことで成長した。古い大きな複葉が落下すると、ここに示す茎断面に見られるような樹脂の詰まったらせん状の葉脚が残り、それらが一塊になって幹を形成した。

トゥリゴノカルプスの1種
メドゥローサは、3つの隆起した肋をもつ大きな種子を大きな複葉の下に垂れ下がるようにつけた。

ポトニエア

グループ	メドゥローサ類
年代	石炭紀後期
大きさ	最大高さ5m
産出地	世界各地

メドゥローサ類は、葉から垂れ下がる分化した器官内で花粉を作っていた。ポトニエアを含むこの種の植物の多くは、化石によって知られている。単純な分枝構造から幅数センチメートルのイチジクやシャワーヘッドに似たものへとさまざまな形に成長した。そのすべてが同じ機能、すなわち、花粉を効率的に分散し種子を生みだす機能をもっていた。花粉を作る器官は、単独で見つかることが多く、それと特定の親植物との類縁関係を確認することはむずかしい。

花粉を作る器官

ポトニエアの1種
ポトニエアの化石は、しばしばマクロネウロプテリスの大きな複葉(⇨右)と同じ岩石中で見つかる。花粉を作る指に似た微細な構造体が見える。

マクロネウロプテリス

グループ	メドゥローサ類
年代	石炭紀
大きさ	大きな複葉の最大全長2.5m
産出地	世界各地

メドゥローサ類は、石炭紀で最大の植物というわけではなかったが、その葉は、この時代の化石のなかでももっとも一般的な部類に入る。マクロネウロプテリスは、この植物の群葉の特定の形態につけられた名であり、知られたなかでも最古の葉のいくつかが含まれる。マクロネウロプテリスの群葉のうち、小葉にはハート形をした基部があり、葉身ではなく柄のみでつながっていた。また、小葉には葉脈が広がり細かい網目模様を描きだしていた。

型押し面
この小葉の化石ではマクロネウロプテリスの群葉に特有な微細な葉脈のある面と隆起した中肋がはっきりと見える。

小葉の縁の損傷

マクロネウロプテリス・ショイヒツァーリ
この小葉の化石には縁に沿って微小なかみ痕があるが、これは、たぶん葉を食べる小さな節足動物のかみ痕であろう。

キクロプテリス

グループ	メドゥローサ類
年代	石炭紀
大きさ	小葉の最大直径10cm
産出地	世界各地

1枚1枚の小葉は、外形が丸く微小な貝殻に似ているが、葉脈が扇の骨組みのように放射状に広がっている。キクロプテリス型の小葉をつけたと思われるメドゥローサ類は数種存在した。一説には、薄暗い林床で育つ若木がこれらの小葉をつけたといわれている。ただし、背丈がのびると、より典型的なシダ類に似た大きな複葉を生やした。別の説では、大きな複葉の巻きが解けたときに丸みのある小葉が大きな複葉の残りの部分を保護したと考えられている。

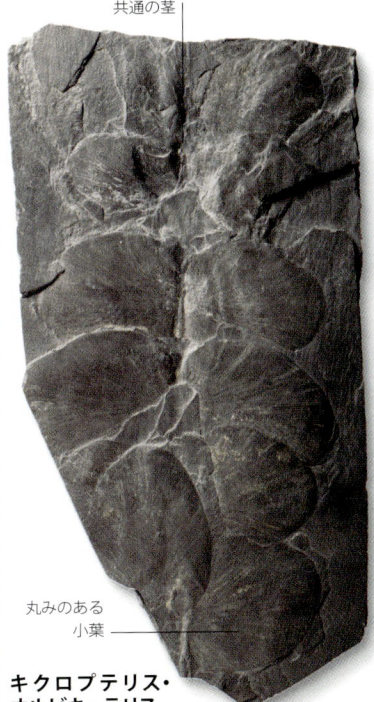

共通の茎

丸みのある小葉

キクロプテリス・オルビキュラリス
キクロプテリスの化石は、典型的なシダ種子類の小葉とかなり様相が異なる。この化石では小さな葉の塊が共通の茎につながっているのが見えるが、石炭紀の岩石中ではばらばらに分離した葉が見つかることもある。

アレトプテリス

グループ	メドゥローサ類
年代	石炭紀からペルム紀前期
大きさ	大きな複葉の最大全長7.5m
産出地	世界各地

メドゥローサ類は、シダ類に比べると頑丈な植物で、強い茎に大きな葉の葉冠を形成した。葉としてはアレトプテリスがもっとも大きかった。フランス北部の炭鉱で発見されたある標本は、長さ約7.5m、幅2mで、これまでに見つかった古生代の葉のなかでも最大級であった。アレトプテリスの小葉は、最大全長が5cmあったと思われ、典型的なものは茎近くでラッパ状に広がっていた。この種の葉をつけたのはメドゥローサとその類縁種であった。強い葉脚が1つにまとまり、強い木質の茎を形成した。1年の特定の時期になると発育種子の重みで葉が垂れ下がっていたと思われる。

基部でつながった小葉

アレトプテリス・サリヴァンティイ
この化石の小葉は、分離せずに基部でたがいにつながり、葉片全体の周囲に組織でできた連続的なフラップを形成していた。

アレトプテリス・サーリィイ
この葉片の化石ではアレトプテリスに特有な丈夫な葉脈をもつ厚みのある葉がはっきりと見える。個別の葉は、すべて基部でつながっている。

丈夫な中央葉脈

厚みのある小葉

カリプテリディウム

グループ	メドゥローサ類
年代	石炭紀後期からペルム紀前期
大きさ	大きな複葉の最大全長3m
産出地	世界各地

「美しいシダ類」という意味のカリプテリディウムの群葉は、上から見ると際立って出っ張っていた。個々の化石の多くは、長さが15cm未満だが、生きていたときの葉は、その20倍は長くなることができ、3から4つの部分に分かれていた可能性がある。小葉は、太い基部で親植物とつながり、深くくぼんだ中央葉脈をもっていた。ほとんどの化石葉と同じように、ほぼつねに親植物から切り離された状態で見つかる。また、真正シダ類の大きな複葉とは違い、どれにも胞子を作る構造が見られない。一方で、胚珠をもっていた種が少なくとも2種発見されているが、これは、それらの親植物がシダ種子類だったことを意味する。シダ類の大きな複葉と比べると、種子植物の大きな複葉の葉は、外側が頑丈なクチクラすなわち「表皮」でおおわれていた。そのため乾燥状態に強く、化石になりやすかった。

マリオプテリス

グループ	ソテツシダ類
年代	石炭紀後期
大きさ	大きな複葉の最大全長50cm
産出地	世界各地

一般にばらばらの葉片として見つかるマリオプテリスの群葉は、光を求めて他の植物をよじ登りながら成長するつる性種子植物群に属していた。これらの植物は、細いしなやかな茎をもち、その多くは、小葉の末端に最大長さ4cmほどのかぎ状の突起をもっていた。また、マリオプテリスの大きな複葉には各小葉間に長い裸の柄もあり、大きな複葉が完全な形となった段階で親植物を所定の位置に固定できる、理想的な形状をしていた。化石を見ればわかるように、葉の痕がほぼ等分に4分割されている。このグループを同定するとき、この特異な特徴が目安となる。

マリオプテリス・ムリカタ
マリオプテリスの大きな複葉の小葉は、大きさ、形、数がさまざまであった。

オドントプテリス

グループ	メドゥローサ類
年代	石炭紀後期からペルム紀前期
大きさ	大きな複葉の最大全長1m
産出地	ヨーロッパ、北アメリカ、中国

化石となった群葉をもとに1000種類以上の種子植物の葉が同定されているが、その大半は、石炭紀の岩石中から見つかったものである。オドントプテリスは、もっとも多く見つかっている種類の1つである。これらの大きな複葉のほとんどは、長さが1m未満で、メドゥローサ類の茎（⇨ p.150）で親植物とつながっていた。しかし、メドゥローサ類の木よりこれらの植物のほうがはるかに小さく、丈の低い植物を伝ってのびるか、大きい木を支持体として使っていたと思われる。とくに石炭紀末期に向けて湿地と乾燥地の両方で多く生息していた。

オドントプテリス・スブクレヌラタ
頁岩中で見つかることが多い化石だが、この標本は、中国山西省で産出したものである。

プラギオザミテス

グループ	ノエゲラティア類
年代	石炭紀後期からペルム紀
大きさ	高さ1m
産出地	世界各地

そろいの2つの小葉が対で並んでおり、ソテツの葉と間違われやすかった。また、ノエゲラティア類もこの種の群葉をつけた。ノエゲラティア類は、分類しにくい絶滅植物グループで、トクサ類やシダ類と類縁関係にあるとされていたが、最近の研究によれば、前裸子植物とより近い類縁関係にあった。

プラギオザミテス・オブロンギフォリウス
化石化した球果の近くでプラギオザミテスの葉が見つかっており、それらの親植物が同じだったと思われる。現在まで茎はいっさい見つかっていない。

ノエゲラティア類は、胞子を作り、それを長い円筒形球果の鱗片上で発育させて繁殖した。

ウトレクチア

グループ	針葉樹
年代	石炭紀後期からペルム紀前期
大きさ	高さ10-25 m
産出地	世界各地

化石化した小枝をもとに十数種以上のウトレクチアが同定されている。幹の細い木で、枝の輪生が広い間隔で並び、らせん状に生えた小さな針葉が枝をおおっていた。枝の両側に短枝がのびていたので、羽根のような外形をしていた。他の初期の針葉樹と同じように、石炭紀の低地湿地ではなく乾燥地に生息していた。

ウトレクチア・ピニフォルミス
ここに示すようなウトレクチアの側枝は、その先端に球果をつけた。雄の球果は垂れ下がり、雌の球果は直立にのびていた。

オドントプリテス・ストゥラドニケンシス
オドントプリテスの小葉は、太い基部で葉の中肋につながっており、葉脈網が広がっているのが見える。

ワルキア

グループ	針葉樹
年代	石炭紀後期からペルム紀前期
大きさ	高さ10-25 m
産出地	世界各地

ワルキアという名であらわされるこの種の群葉は、細部が十分に保存されておらず、絶滅したどの科に属していたか正確に同定することはできない。石炭紀後期の森林にはワルキア型針葉樹が多く存在した。まっすぐな直立形の幹に葉の茂った枝が水平に段をなしてのびていたが、それぞれの枝は、長さ 2、3mm 足らずの針状の葉でおおわれていた。地球の気候が乾燥化した石炭紀末期に向けて針葉樹の生息地が拡大した。

ワルキア・アンハルティイ
ワルキアには成熟期になると対生する短枝が段をなして生えた。そのため、枝の先端部が羽根のような形となった。

ノエゲラティア

グループ	ノエゲラティア類
年代	石炭紀後期からペルム紀前期
大きさ	高さ1 m
産出地	世界各地

ドイツ人地質学者ヨハン・ヤーコプ・ノエッゲラート（1788 〜 1877）の名をとって名づけられたこの植物は、1820 年代に初めてその独特の複葉をもとに同定された。それぞれが 2 列の対生小葉または互生小葉をつけ、それらが最大全長 30cm の大きな複葉を形成していた。これらの葉は、短い幹に生え、見かけはもろそうだが、じつは頑丈で、羽根のような形だったかもしれないと考えられている。

ノエゲラティア・フォリオサ
この属の他の種とは違い、独特の丸みをおびた小葉をつけていた。

コルダイテス

グループ	裸子植物
年代	石炭紀からペルム紀
大きさ	最大高さ45m
産出地	ヨーロッパ、北アメリカ、中国

大きな植物グループで、その特徴の多くは針葉樹と共通する。木質の茎をもち球果内に種子をつくったが、鱗片や針葉ではなく、最大全長 1m の帯状の葉をつけた。雄と雌の球果が別々の枝に生え、一般にハート形の種子をつくった。多種多様な生息地で群生し、その多くは丈の低い低木だったが、高さ 45 m に達する背の高い熱帯樹木もあった。

コルダイタントゥス
この化石の属名は、コルダイテスの球果をつける構造体を指す。

コルダイタントゥスの球果
実物大に近いこのコルダイタントゥスの球果では、短い鱗片がらせん状に重なりあうのが見える。これらの雌の球果では、いちばん奥の鱗片がそれぞれ 1 個の種子を作ったと思われる。

石炭紀の無脊椎動物

石炭紀は、大きな変化の時代だった。地球の冷却が原因で南半球のゴンドワナ超大陸全域で一連の氷河作用が発生し、このサイクルがペルム紀まで続いた。一方で、海生生物が劇的に進化し続けて大森林も出現した。

石炭紀には広大な地域が大森林でおおわれ、巨大なヒカゲノカズラ類、トクサ類、針葉樹類縁種、シダ類、シダ種子類が栄えた。その結果、石炭紀後期には炭湿原林が生まれ、両生類や初期の爬虫類および広翼類、トンボ類、ヤスデ類を含む無脊椎動物が安全に生息できた。この時期は、大気中の酸素レベルが28%以上に達していたので、一部の節足動物が非常に大型化していった。

床板サンゴ
この石炭紀のサンゴ中に多数見られるカルサイト質の壁をもつサンゴ個体の中でポリプが棲息していた。

森林の危険性

山火事の危険性が著しく高まるなかで植物は、鎮火するとすぐに再生できるよう適応性をそなえていった。石炭紀前期のスコットランド中央部では完全な生態系が保存され、最大全長90cmのサソリ、ダニ、ザトウムシのほか両生類や初期の爬虫類の完全な骨格も残されている。山火事が発生したときに動物が逃げこんだ、よどんだ温泉水湖にこれらの動物と多くの植物が沈み、堆積していった。

海の生態系

石炭紀の海では腕足類、四放サンゴ類や床板サンゴ類、ウミユリ類、コケムシ類、魚類が優占し、このような成熟した生態系は、デヴォン紀に始まりペルム紀まで続いた。藻礁や暗色頁岩（堆積岩の1種）中ではゴニアタイトの化石がよく見つかるが、暗色頁岩中では二枚貝類もいっしょに見つかることが多い。当時、南極を中心にゴンドワナ大陸で連続的に氷河作用が発生したが、そのことは、北半球で氷床の拡大、縮小にともなう海水位の変化が原因で発生した規則的堆積サイクルとして記録されている。

シダの茂った森林
木生シダ類が優占した泥炭湿地林などの石炭紀の新しい生態系では無脊椎動物、とくに節足動物が栄えた。

ゴキブリ
森林の湿潤な生息地でこの化石化した初期のゴキブリ、**アルキミュラクリス・エッギントニ**が多く生息していた。

グループ概観

石炭紀の変わりやすい環境下で、いくつかの無脊椎動物のグループが栄えた。陸地では、植物の生い茂る環境のおかげで一部の昆虫種が大型化した。海生グループのなかでは四放サンゴ類とウミユリ類が多く生息し、広い地域に分布していた。広大なサンゴ礁の生息地ではゴニアタイトが栄え、新しい形態の棘皮動物が出現した。

四放サンゴ類
石炭紀には四放サンゴ類が非常に多く生息し、広大な層や茂みを形成していた。現生のサンゴ類とは異なり、4つの線上にのみおもな隔壁（放射状の仕切り）のある二放射相称構造であった。

ゴニアタイト類
ゴニアタイトは、頭足類に属し、そのらせん形の殻には、気体で満たされた気房と体のおもな部分がおさまっていた住房をもっていた。内部仕切りが殻内側とつながる縫合線は、ジグザグ状であった。

ウミツボミ類
ウミユリ類の類縁種だったが、一般にウミユリ類よりも小さかった。短い柄と触手のあるつぼみの形をした冠状部をもち、そのなかにことのほか複雑な呼吸器系をもっていた。ウミツボミ類の組織は、しばしば薄い地層のなかで大量に見つかり、広い地域でその跡をたどることができる。

ウミユリ類
この「ウミユリ類」は、植物のように見えるが、実際には方解石でおおわれた棘皮動物で、その一部の種は、現在でも生息している。ウミユリ類は、方解石質の円盤が重なってできた長い柄をもち、その末端は花のような冠状部を形成し、捕食用の張りだした腕をもつ。石灰岩のなかにはほぼ100%ウミユリ類の遺骸でできたものもある。

エッセクセラ

グループ	鉢クラゲ類
年代	石炭紀後期
大きさ	直径8-12cm
産出地	アメリカ合衆国

化石のなかでもっとも希少な部類の1つ、すなわちクラゲである。化石記録のなかには他にもクラゲと思われるものが多く存在するが、それらとクラゲとの類縁関係ははっきりしない。しかし、エッセクセラは、クラゲと明らかに類縁関係にある。アメリカ合衆国イリノイ州メゾンクリーク動物群のなかでもっとも多い化石の1つであり、一部の標本は、円盤のまわりに触手の周縁が残った形で産出した。この動物群の他の化石と同じように保存状態がきわめて良好なのは、一瞬のうちに埋まり、初期の細菌作用が生じたあとに、菱鉄鉱(炭酸鉄)に置きかわったためである。この鉄化により化石が菱鉄鉱凝結核内に閉じこめられて、それ以上の分解や腐敗を免れた。捕食・摂食のしかたは、現生のクラゲとほぼ同じで、触手の全長に沿って並ぶ刺胞で獲物をとらえて口に運んでいたと思われる。

ザフレントイデス

グループ	花虫類
年代	石炭紀前期
大きさ	莢の直径1-1.5cm
産出地	ヨーロッパ

小型のサンゴ単体。その骨格(サンゴ体)は、少し湾曲した円錐形であった。生きた動物としてのサンゴ体の頂部にあるくぼみ(莢)のなかに軟体のサンゴポリプがおさまっていた。サンゴ体の出っ張った側には大きな深い独特の空間(主要溝)があり、それは放射状に並ぶ垂直板、すなわち隔壁にはさまれた位置にあった。主隔壁は細長く、主要溝のくぼみ周辺でたがいに接合していた。

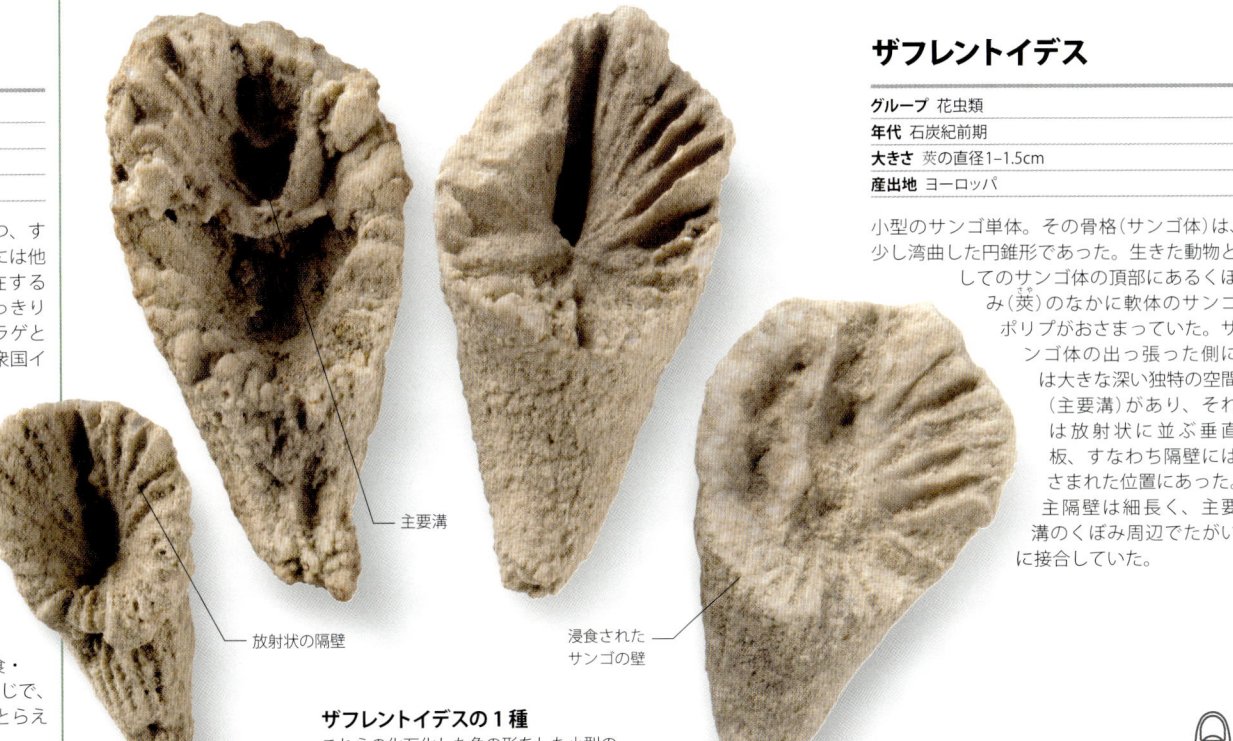

ザフレントイデスの1種
これらの化石化した角の形をした小型のサンゴ単体の壁は、すり減っている。

シフォノフュッリア

グループ	花虫類
年代	石炭紀
大きさ	最大全長1m
産出地	ヨーロッパ、北アフリカ、アジア

非常に大きな単体四放サンゴ。成長の初期段階では湾曲した円錐形だが、晩年にはよりまっすぐな円筒形になることが多い。骨格(サンゴ体)の頂部のくぼんだ莢内に、軟体のサンゴポリプがおさまっていた。サンゴ体内には多数の垂直板(隔壁)が放射状に並び、サンゴ体の縁には急角度に傾いて湾曲した板(泡沫組織)が見られた。アイルランドのスライゴ海岸では、大量に見つかり外形がヘビに似ていることから、1つの岩としてサーペント・ロックという異名をとるようになった。

> シフォノフュッリアは、外形がヘビに似ていることから、1つの岩としてサーペント・ロックと呼ばれるようになった。

シフォノフュッリアの1種
このような化石化したサンゴは、浅い水域や石灰を含む頁岩や石灰岩中で見つかる。この標本では長く細い隔壁がサンゴ体の外縁に向けて走っているのが見える。

仕切り
この化石ではサンゴ体の中央に密に並ぶ水平仕切り(床板)が見える。

シュリンゴポーラ

グループ 花虫類
年代 オルドヴィス紀後期から石炭紀
大きさ サンゴ個体の直径1〜2mm
産出地 世界各地

たがいにほぼ平行に走る円筒管(サンゴ個体)でできた床板サンゴ(⇨ P.100)。円筒管は、たがいに離れていたが、小さな水平管(小管)でつながっていた。触手をもつ軟体ポリプを上側におさめていたサンゴ個体内には、とげのような仕切り(隔壁)が長さ方向に列をなして並んでいた。サンゴ個体の全長に沿ってじょうご状の板(床板)があった。コロニーが成熟するにつれて新しいサンゴ個体が形成され、横に広がっていったと思われる。

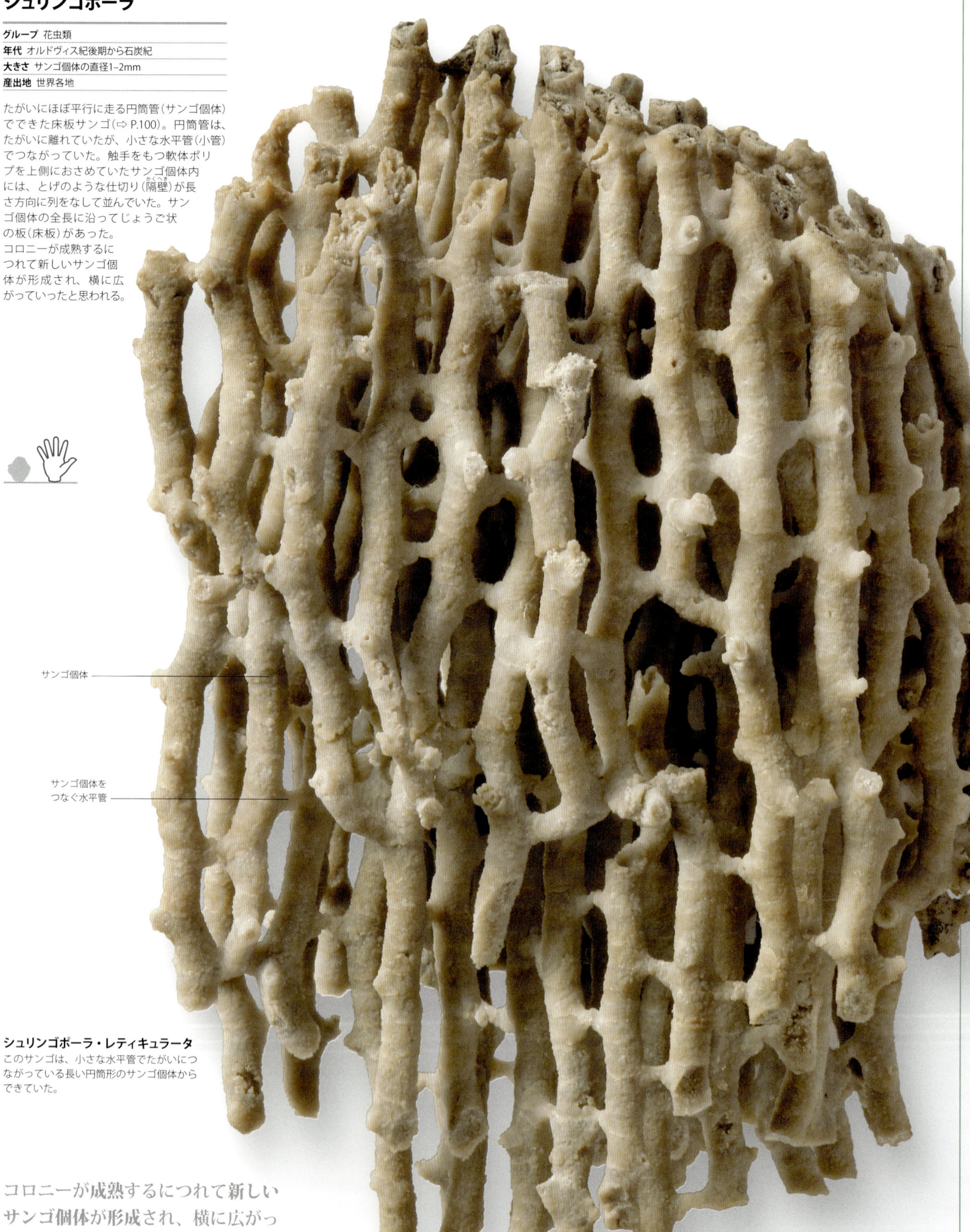

- サンゴ個体
- サンゴ個体をつなぐ水平管

シュリンゴポーラ・レティキュラータ
このサンゴは、小さな水平管でたがいにつながっている長い円筒形のサンゴ個体からできていた。

> コロニーが成熟するにつれて新しいサンゴ個体が形成され、横に広がっていったと思われる。

アルキメデス

グループ	コケムシ類
年代	石炭紀前期からペルム紀前期
大きさ	コロニーの高さ20cm以上
産出地	世界各地

有窓コケムシ類のコロニー（⇨ p.179）で、海底に直立していたと思われる。炭酸塩泥上に広がる浅い水域で生息していたと考えられている。独特のネジ状の軸がある構造なので識別しやすい。軸には葉状枝という薄い網状構造体がつき、連続したらせんを形成していた。葉状枝は、枝でできていたが、片側にはコロニーの個々の軟体部（個虫）を収容していた房室、すなわち自活個虫室が2列あるのが確認されている。枝がそれぞれ仕切りでつながれ、仕切りと仕切りのあいだに窓という長方形の空間があったので有窓コケムシという。

アルキメデスの1種
葉状枝が非常にもろい構造体であるため、通常は化石にはネジ状の軸部しか残っていない。

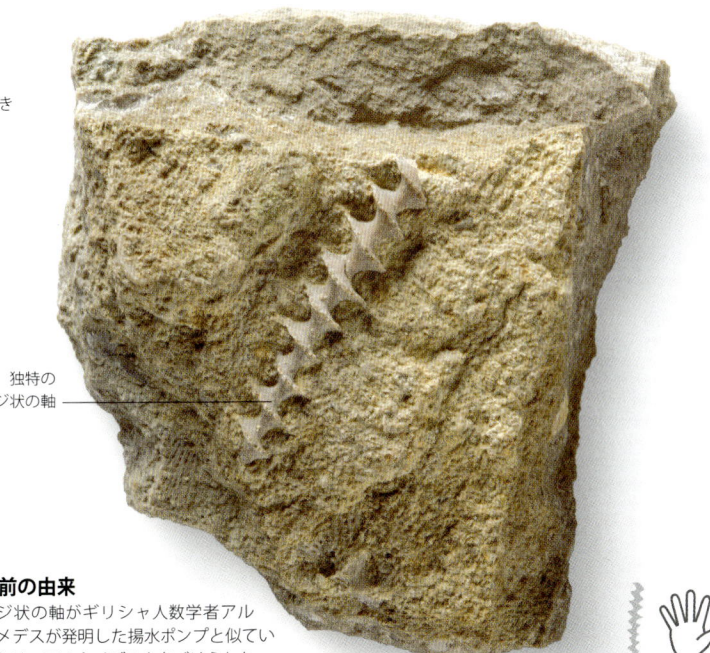

名前の由来
ネジ状の軸がギリシャ人数学者アルキメデスが発明した揚水ポンプと似ているため、アルキメデスと名づけられた。

プロダクタス

グループ	腕足類
年代	石炭紀
大きさ	最大全長7.5cm
産出地	ヨーロッパ、アジア

やや特異な腕足類。成体には付着用の肉茎がなく、茎殻（殻の半分。ほとんどの腕足類はそこから肉足を出したと思われる）の重さで海底に定着していた。一部の種は、殻にあるとげで所定の位置に体を固定できた。

プロダクタスの1種
茎殻の外面にはくっきりとした肋および肋と交差する浅いひだが並ぶ。

プグナックス

グループ	腕足類
年代	デヴォン紀から石炭紀
大きさ	最大全長4cm
産出地	ヨーロッパ

ほとんどの腕足類と同じように、茎殻から出てくる自在に動く茎、すなわち肉茎をとおして海底に固着していた。ほとんどの殻は、外面が基本的に平滑で、非常に細かい成長線とそれぞれの殻の縁周りにある短い肋以外には模様がいっさいない。

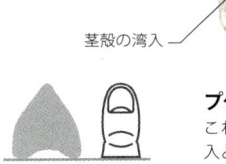

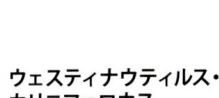

プグナックス・アクミナトゥス
これは、下から見た姿で、茎殻の湾入と腕殻の外ひだが見られる。

フォッスンデキマ

グループ	蠕虫類
年代	石炭紀後期
大きさ	最大全長6cm
産出地	北アメリカ

約3億年前に、現在の北アメリカ地域をおおっていた海中で生息していたウミケムシ（多毛類）。独特な特徴の1つが自在に動く捕食器官（吻）で、これを口から押しだすことができた。力強いあごをもつので捕食性肉食動物だったと思われる。頭部の後ろには、剛毛の生えた15〜20の腹部体節と終端をなす比較的小さな尾部があった。腹部の各体節に対をなして並ぶ、ひだのような突起（いぼ足）を使い移動していた。いぼ足は呼吸器としても使われていたと考えられている。

ウェスティナウティルス

グループ	頭足類
年代	石炭紀前期
大きさ	最大直径12.5cm
産出地	ヨーロッパ、北アメリカ

オウムガイに似たらせん状の頭足類。殻の螺環がやや重なりあい、幅広のへそ（へそに似た構造）を形成していた。初期のらせんが密ではないときには中央に孔があった。化石には、各螺環の外側を取り囲むように走る隆起したらせん状の稜と独特のV形縫合線が見られる。螺環の腹部（外縁）は、非常に幅が広い。成熟した標本では、らせんが開くにつれて螺環が解けていることがある。

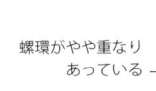

ウェスティナウティルス・カリニフェロウス
この内型は、石灰岩中に残されていたものである。縫合線と稜がはっきりと見えるが、住房が壊れて脱落している。

ウェスティナウティルスの化石には、**各螺環の外側を取り囲むように走る隆起したらせん状の稜と独特のV形縫合線が見られる。**

ゴニアタイト

グループ	頭足類
年代	石炭紀前期
大きさ	最大直径3.5cm
産出地	ヨーロッパ、アジア、北アフリカ、北アメリカ

ふくらんだ丸い体のアンモノイド。らせんが非常に密なため各螺環がそれぞれ完全に重なりあっていた。この種のらせんは、密巻きというもので、らせんの中央部に小さな深いくぼみ（へそ）がある。ここに示す標本では殻が脱落している。この標本は、内型であるため隔壁縫合線がはっきりと見える。これらの縫合線とは、隔壁すなわち気房間にある壁と殻内部とが接合する箇所を意味する。隔壁縫合線が非常に角張っている点が**ゴニアタイト**特有の特徴である。アンモノイド類の1グループで、デヴォン紀中期からペルム紀末期にかけて生息していた。各種ゴニアタイトを識別するときの判断基準となるのが縫合線の細部である。最古のデヴォン紀中期の種は、縫合線が非常に単純だが、最も若いペルム紀の種のなかには縫合線が非常に複雑なものがある。

「ジグザグ」形の縫合線

ゴニアタイト・クレニストゥリア
この内型には**ゴニアタイト**の角張った縫合線と小さなへそがはっきり見られる。

浮力補助機能
ゴニアタイトは、数多くの気房を浮力補助機能として使用していたが、殻の形状から速く泳ぐ動物ではなかったと思われる。

縫合線の模様をもとに各種ゴニアタイトを区別できる。

らせんのゆるい丸い螺環

ストラパロッルスの1種
一部の現生カタツムリと同じように、ストラパロッルスの螺環は、らせんが開いていて比較的ゆるく模様がいっさいない。

ストラパロッルス

グループ	腹足類
年代	石炭紀
大きさ	最大直径6cm
産出地	北アメリカ、ヨーロッパ、オーストラリア

円錐形をした軟体動物腹足類で、断面が丸い螺環にはかすかな「肩」がある。殻の表面には成長線以外に模様がいっさいない。石炭紀の石灰岩のなかには、軟体動物の化石がほとんど見当たらないものもある。これは、ほとんどの軟体動物で、炭酸カルシウム質の殻を形成する鉱物アラゴナイトがのちに溶解したためである。ただし、外側の層は、炭酸カルシウムの別の鉱物形態であるカルサイトでできていた。

ベレロフォン

グループ	腹足類
年代	シルル紀から三畳紀前期
大きさ	最大直径5cm
産出地	世界各地

腹足類としてはめずらしく、殻が平面らせん状に渦巻いていた。螺環は、非常に丸く、新しくできた螺環がその前の古い螺環を包みこんでいた。殻面は、基本的に平滑であった。一部の化石に見られる痕跡は、この軟体動物が対をなしていたことをあらわしており（これも腹足類の典型から逸脱した点である）、より原始的な軟体動物グループの単板類に属するという説がある。しかし、ベレロフォン種のなかには殻口の切り込みと切れ込み帯が見られるものもあり、腹足類だった可能性もあるという見かたもある。まだ議論の決着がついていない。

平滑な殻

ベレロフォンの1種
ベレロフォンの模様のない平滑な殻には左右対称に平面らせんが見られるが、この特徴は、腹足類の他の種にはほとんど見られない。

コノカルディウム

グループ	吻殻類（軟体動物）
年代	デヴォン紀からペルム紀
大きさ	最大全長15cm
産出地	世界各地

外形は二枚貝に似ているが、実際には吻殻類である。吻殻類は、二枚貝類とは異なり殻が1つしかない胚殻（原殻）から成長したものだが、二枚貝類は、殻が2つある胚殻から成長した。また、吻殻類の殻は、二枚貝類の蝶番部に相当する前正中線に沿って接合しているので、2つの殻が開いたまま閉まらない。多くの二枚貝と同じように、吻殻類は、穴を掘ったり移動したりする手段として筋肉質の足を使うことができた。おそらく周辺の海水からプランクトンや他の有機物粒子を摂食していたと思われるが、その摂食のしかたについては正確にわかっていない。

細かい肋模様

コノカルディウムの1種
コノカルディウムの殻面には細かい肋があり、殻自体に厚みがあった。

細かい肋

ドゥンバレッラの1種
外形が丸みをおびて細かい放射状の肋をもつドゥンバレッラは、どこか現生のホタテ貝に似ている。

ドゥンバレッラ

グループ	二枚貝類
年代	石炭紀
大きさ	最大全長4cm
産出地	ヨーロッパ、北アメリカ

丸みをおびた殻をもち、耳に似た殻の突起がまっすぐの背線を形成していた。線の中心から数多くの細かい肋が放射状にのび、外殻縁と平行する成長線が肋と交差していた。どれも若いときには足糸（イガイの「ヒゲ」に似たもの）を使い海底に固着していたが、その一部は、成熟すると海底から離れ、右殻がいちばん下にくる格好で海底に横たわっていた。殻が成長するにつれ右殻の肋が2つに割れ、左殻の古い肋のあいだに新しい肋ができた。

カルボニコラ

グループ	二枚貝類
年代	石炭紀後期
大きさ	最大全長4cm
産出地	西ヨーロッパ、ロシア

湖や沼地に生息していた淡水二枚貝で、一般に殻頂の高さが一様ではなかった。殻は、一方の端に向けて先が細くなり、それぞれの殻の内部には2つの閉殻筋の跡があった。1つは円形で深く、もう1つのほうがやや大きいが浅かった。通常、それぞれの殻に1つの歯とそれを受ける1つの歯槽があったが、それらが2つある種、まったくない種も存在した。殻頂の後ろには殻を開けたままにすることができる靱帯があった。

カルボニコラ・プセウドロブスタ
カルボニコラの殻は、一方の端に向けて先が細くなっていた。殻の外面にはこの標本に見られるような細かい成長線以外には模様がなかった。

ウッドクリヌス

グループ 棘皮動物
年代 石炭紀
大きさ 萼と腕の高さ6-10cm
出土地 ヨーロッパ

板が環状に並んだ3つの輪でできた小さな萼をもつウミユリ。通常はそれぞれの腕が2つに分かれ、合計20本の腕をもっていた。腕を形成する小骨や分節は、頑丈だが短く、それぞれの腕は、多数の短い円形の板が積み重なってできていた。腕は、それぞれ萼上方の異なる高さ地点で分岐し、全体的に太くずんぐりした格好だった。萼の基部から板状の肛門管がのびていた。萼を支える柱状部は、断面が円形で、それを形成する小骨が毎年規則的に肥大化するという特徴をもっていたため、茎には肋が見られる。

ウッドクリヌスは、浅い海の広大な「ウミユリ群生地」に生息していた。

— 分岐腕
— 腕の小骨
— 茎

ウッドクリヌスの1種
ウミユリに餌を運んだ海流も、死後の体の分解に一役買った。この化石にはばらばらに分解され流されはじめた腕と茎の小骨が見られる。

アクチノクリニテス

グループ 棘皮動物
年代 石炭紀
大きさ 萼の最大直径3cm
出土地 ヨーロッパ

この写真に示すのはウミユリ類のアクチノクリニテスの上面である。板間の継ぎ目をインクでなぞり、輪郭がはっきりわかるようにしている。中央には萼のややドーム形の上面が見える。ほとんどのウミユリでは、これが革質でカルサイト質の板も混じっているが、アクチノクリニテスでは、カルサイト質の板のみがつながってできていた。萼の側面には、下腕板に加えてそれらの腕板間にある余分な板（腕間板）があるので太くなっている。4つの腕の基部も見える。柄に似た構造体を使いサンゴ礁に固着して生息していたと思われる。

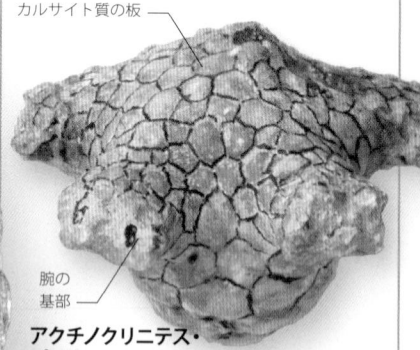

カルサイト質の板
腕の基部

アクチノクリニテス・パーキンソニ
アクチノクリニテスの5つの腕の基部（ここではそのうち1つが隠れている）から合計約30本の腕が分岐した。

ペントレミテス

グループ 棘皮動物
年代 石炭紀前期
大きさ 萼の最大高さ2.5cm
出土地 北アメリカ、南アメリカ、ヨーロッパ

ウミツボミ類という棘皮動物で、関節のある茎の基部にある根で海底に固着し、生息していた。ここに示す萼は、板が環状に並んだ3つの輪と5つの花弁状の歩帯でできていた。歩帯の縁に沿って長くて細い管足が数多くのび、それらが中央の食溝まで食物粒子を運んでいた。そこから、食物は、この化石の頂部に見える星形の口まで運ばれた。摂食目的にのみ管足を使っていた。

ペントレミテス・ピュリフォルミス
ペントレミテスの口の周りにある5つの孔は、呼吸孔といい、呼吸室出口として機能していた。

クシュロイウルス

グループ 節足動物
年代 石炭紀後期
大きさ 最大全長6cm
出土地 北アメリカ、ヨーロッパ

石炭紀の岩石から見つかった数種のヤスデの1つである。この標本では頭部の保存状態がよくないが、体節に分かれた長い管状の体ははっきりと見てとれる。体節は、どれも似通っており、2対の細い付属肢をもつ。体節の多くは部分的にしか見えない。スコットランドのシルル紀中期の岩石から見つかったヤスデの化石によって知られている、最古の陸生動物である。石炭紀の泥炭湿地で発見されたヤスデのなかには、最大全長30cmと巨大なものも存在した。

クシュロイウルスの1種
この化石クシュロイウルスは、泥鉄鉱団塊中で保存されていたものである。

アルケゴヌス

グループ 節足動物
年代 石炭紀前期から中期
大きさ 最大全長4cm
出土地 イギリス、中央ヨーロッパ、スペイン、ポルトガル、アフリカ北西部、アジア、中国南部

浅く細い溝のある長方形または円錐形の頭鞍(頭甲の中央部)をもっていた。頭鞍近くには三日月形のやや小さい眼があり、頬の後ろ隅には短いとげがあった。胸部は9つの体節に分かれ、尾甲が頭部と同程度の大きさであった。側面が幅広く、そこには少なくとも6対のやや弱い肋があった。この三葉虫は、かなり深い水中の堆積物のなかで見つかっている。眼が小さいことから、おそらく光があまり届かない環境で生息していたものと思われる。

アルケゴヌス・ネーデネンシス
アルケゴヌスという種は、一部の石炭紀岩石を分類するときに使用された。

ヘッスラーイデス

グループ 節足動物
年代 石炭紀中期
大きさ 最大3-4cm
出土地 北アメリカ

大きな凹凸のある頭鞍(中央の隆起部)があり頭甲後部近くに三日月形の眼をもつ三葉虫。頬の内部には眼の下縁を取り囲むように細い稜線が走っていた。頬は、やや平らな境界に向けて傾斜していた。胸部が9つの体節に分かれ、尾甲が頭部とほぼ同じ長さであった。中葉は、12の細い体節に分かれ、側葉にはそれぞれ深い溝のある10対の肋があった。「三葉虫」という言葉は、「3つの葉」、すなわち、2つの側葉と1つの中央または軸方向の葉を意味する。

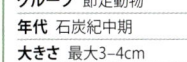

ヘッスラーイデス・ブーフォ
眼は、頭甲後部の大きな頭鞍の近くにあった。

アルキミュラクリス

グループ 節足動物
年代 石炭紀後期
大きさ 全長2-5cm
出土地 ヨーロッパ、北アメリカ

このゴキブリに似た昆虫アルキミュラクリスの化石には2対の羽と体の一部が見られる。羽にはさまれた位置にややつぶれた胸の前部も見えるが頭部は脱落している。この化石の両側の平滑な部分が前翅であり、飛んでいないときにはこれらが体を保護する強い被覆を形成する。前翅にはさまれたより薄い後翅には独特の翅脈が見られる。識別するときにはこれが重要な決め手となる。

アルキミュラクリス・エッギントニィ
このアルキミュラクリスの標本の羽は、完全に成長した状態であり、これが成体であったことを意味する。未熟な段階で完全な羽をもつことはなかった。

繊細な翅脈のある後翅

プレオフリュヌス

グループ 節足動物
年代 デヴォン紀前期から石炭紀後期
大きさ 全長1.5-4cm
出土地 北アメリカ

絶滅したパレオカリオノイデス類というクモに似たクモ形類。真正クモ類とは異なり毒と糸腺がなかった。西洋梨の形をしたかたい外殻(甲殻)は、前部に向けてだんだん細くなり、先がとがっていて、その近くでは小さな眼球の集まりが2つあった。肢は8本あるが、ここでは頭部(前体部)の下から生えた肢の残骸が見える。腹部(後体部)をおおうかたい板がその下の軟組織を保護する構造となっていた。6つある体節のそれぞれに、数列の隆起または小結節があった。甲殻の後端には4つの短いとげ状の突起があった。

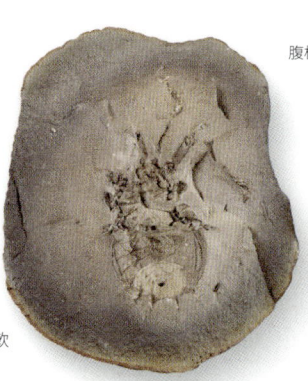
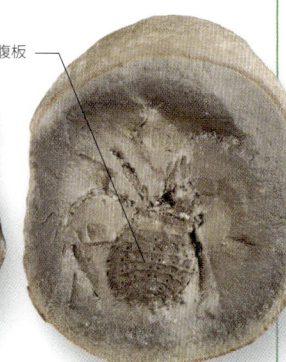
腹板

プレオフリュヌスの1種
プレオフリュヌスは、腹部をおおうかたい板と4つの短い先のとがった突起で軟体部を保護していた。

ティーリオカーリス

グループ 節足動物
年代 石炭紀前期
大きさ 最大全長5cm
出土地 スコットランド

おそらく干潟の非常に浅い汽水域で生息していたエビに似た甲殻類。かたい上殻(甲殻)でおおわれたこの標本の左半分は、側方から平たく押しつぶされている。対をなす第1の触覚には2本の短枝があり、そのすぐ下に非常に長くてか細い第2の触覚(ここでは1本が残っている)があった。一部の胸脚が甲殻の下から突きでているのが見えるが、これらには、それぞれ2本の枝がついていた。自由に曲がる湾曲した腹部は、甲殻とほぼ同じ長さで5つの体節に分かれ、その下に5対の遊泳脚がついていた。

葉に分かれた尾扇

ティーリオカーリス・ウッドワーディ
平たく押しつぶされてはいるが、この化石の保存状態は非常によく、独特な尾扇の5ある葉のなかには輪郭が見えるものがある。

エウプローオプス

グループ 節足動物
年代 石炭紀
大きさ 最大全長5cm
出土地 ヨーロッパ、アメリカ合衆国中部

カブトガニの初期の類縁種。頭甲が三日月形で、咬頭には先のとがった太いとげがついていた。頭部側面の2本の稜線が前端で外側に曲がり、そこに小さな眼がついていた。これらの稜線がだんだんに細くなり、最終的に長いとがったとげを形成していた。

エウプローオプス・ロトゥンダトゥス
楕円形の腹部の中央には分節に分かれた細い稜線があり、これらの分節が横腹にまでのびていた。各肋の末端は、短いとげになっている。

石炭紀の脊椎動物

デヴォン紀を起源とする四肢動物は、石炭紀の泥炭湿地内で水生の日和見種や陸生の捕食動物などを含め、さまざまな生きかたに適応して多様化していった。海洋では、厚い装甲におおわれた魚類にかわり、より行動的ではるかに薄い鱗片をもつ遊泳動物が現れた。

石炭紀は、陸地に自生していた石炭形成植物が厚い層を形成する湿地にちなんで「石炭の時代」と呼ぶことができるだろう。デヴォン紀末期に板皮類、甲冑魚類、骨甲類(⇨ p.128～129)が絶滅し、石炭紀の海、湖、川では、とくに軟骨魚類、キョクギョ(棘魚類)、放射状のヒレをもつ魚類など、進化したあごをもつ魚類が優占していた。陸地では四肢動物が栄えたが、おそらく節足動物のコロニー形成がこれを後押ししたと思われる。石炭紀の最初の2000万年は化石化が乏しく、この期間は、アメリカ人古生物学者アルフレッド・ローマーにちなんで「ローマーの空白」と呼ばれている。当時の化石記録に非常に多様な動物相が見られるところから、この空白の期間に著しい種の放散が発生したにちがいない。

最初の陸生動物相

最古の四肢動物がデヴォン紀後期の河口で進化したこととその骨格から、それらが水中で生息せざるを得なかったことがわかる。尾ビレと内エラがあるので、基本的には脚のある魚類であった。ローマーの空白期およびその直後に、四肢動物は変化をとげた。水中で生息する適応性を維持してはいたが、エンボロメリ類やクラッシギリヌス(⇨ p.165)をはじめとする多くの四肢動物は、尾ビレはあっても内エラがなかったようで、陸地で生息する適応性に優れていたと思われる。スコットランドのイースト・カークトンの有名な化石産出地(⇨ p.168)では、知られているなかでは世界最古の脊椎動物の陸上群集が存在したことを裏づける、大量の証拠が見つかっている。回収された化石動物群には非常に多様な四肢動物群が含まれるが、多くの動物が陸上で生息できるようにいっそうの分化をとげていた。ここで初めて出現した切椎類のなかには、水生生物の特徴の多くを欠いた種も存在した。ヘビに似た欠脚類のオフィデルペトンに代表される空椎類も存在したが、これらは、水中と陸上の両方に適応できた。もっとも特筆に値するのが爬虫類に似た動物であり、その1つのウェストロティアーナ(⇨ P.168)は、最初の羊膜類(⇨対向ページ)と見なされたが、その解釈には異論を唱える声がある。しかしその解釈が正しいならば、水なしで初めて生殖できたことになり、それが完全に陸地で生息できるようになるために必要な一歩であった。しかし、石炭紀後期には、真正の陸生動物相に属する、傑出した存在としてまぎれもない羊膜類が現れた。

アムフィバムス
この小型の切椎類は、現在カエルやサンショウウオに見られる非常に大きな鼓膜付きの耳、大きな目、分化した蝶番式の歯などの進化した特徴をもっていた。また、カエルやサンショウウオによく似て、4本の指しかなかった。

グループ概観

四肢動物の最初の大規模な放散が発生したのは石炭紀前期で、4000万年後の石炭紀後期にもう一度大規模な放散が発生した。このように2段階で多様化したことで、四肢動物は陸地を完全に占拠できるようになり、その結果、ペルム紀になって草食動物が支配する現代の動物相が現れた。

バフェテス類
石炭紀前期に出現したバフェテス類(ロックソンマ類ともいう)は、その鍵穴の形をした眼窩ですぐに見分けがつく。メガロケファルスとその他のバフェテス類は、頭骨の上に感覚管があり、水生であったことがうかがえる。このグループの解明は、おもに頭骨に基づいていることから、現在研究されている骨格の化石からさらに多くの情報が得られることになろう。

ホワッチーリア類
同じく石炭紀前期の四肢動物。おそらく最初に定着した陸生四肢動物だったと思われる。ペデルペスなどの動物では頭骨に隆起した眼窩があったが感覚構造はなく、この点は水生動物に共通している。これらの四肢動物は、最近発見されたばかりで、まだあまり詳しくはわかっていない。

クラッシギリヌス類
石炭紀前期の大型の水生捕食動物で、比較的奇妙な四肢動物の1つ。巨大な頭部、細長い胴、尾ビレ、小さな前肢をもっており、おそらく暗い浅瀬に隠れて魚が泳いでくるのを待ち伏せしていたと思われる。だが、内エラをともなう構造がないので、最初の四肢動物よりも進化していた。

切椎類(エリオプス類)
初期の四肢動物のなかでももっとも栄えたグループの1つで、石炭紀のほとんどの環境のなかで生息していた。水生の底生生物に分化したもの、水際に潜伏して生息するもの(ワニのように)、陸生のものが存在した。体長は12cm～1.5mあった。アムフィバムスに代表される種類からカエルやサンショウウオ類が現れてきた。

陸地全域に四肢動物が拡散するうえで重要な一歩となったのが、
羊膜卵の出現であった。

殻つき卵の進化

四肢動物の祖先は、体外受精していた魚類であるが、最初の四肢動物は、その祖先から受け継いでシンプルな卵を産卵していた。卵を取り巻く膜が薄く、陸地での乾燥から卵を守ることができなかったので、生殖には水が欠かせなかった。精子を卵に運ぶときにも水が必要だった。この生殖方法を「水陸両生」といい、現在でもカエルやサンショウウオに見られる。完全に陸生になるには、卵を乾燥から守る必要があった。それを実現したのが羊膜類（爬虫類、鳥類、哺乳類）で、卵を守る新たな3つの膜、すなわち絨毛膜、羊膜、尿膜をもつようになった。また、これらの

オフィアコドン
比較的知られている初期の羊膜類の1つであるこのワニに似た捕食動物は、ペルム紀に生息していた背に帆をもつディメトロドンと類縁関係にある。哺乳類につながる進化系列である単弓類に属する。

水を必要としない
このカメの卵は、殻がかたく余分な内膜があるので、陸地で産卵しても乾燥することがない。四肢動物が陸地全域に放散していくうえで、これが非常に重要な第一歩となった。

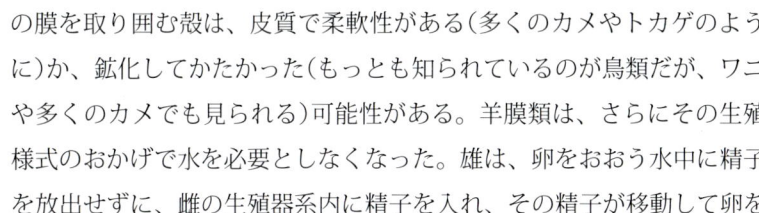

膜が卵黄嚢と一体となり、栄養素の運搬や排泄物の回収を行いながら発育する胎児を支えた。もっとも外側の膜を取り囲む殻は、皮質で柔軟性がある（多くのカメやトカゲのように）か、鉱化してかたかった（もっとも知られているのが鳥類だが、ワニや多くのカメでも見られる）可能性がある。羊膜類は、さらにその生殖様式のおかげで水を必要としなくなった。雄は、卵をおおう水中に精子を放出せずに、雌の生殖器系内に精子を入れ、その精子が移動して卵を受精させた。受精後に特別な膜と殻が形成され、乾燥した陸地に産卵が行われた。羊膜類のなかで哺乳類が一歩先を行き、殻をまとうのをやめて母体内に卵を抱えるようになった（単孔類は例外で、現在でも産卵する。⇨ p.357）。特別な膜が変化し母体の組織と相互作用することにより、胎児に直接栄養を送り発育させた。この変化したものを胎盤という。

空椎類
同じく初期の四肢動物の多様性に富むグループで、一般に小型だが体の形態は多様であった。皮肉なことに、知られているなかで最古の四肢動物の1つが脚のない欠脚類で、最初の細竜類は、初期の羊膜類と間違われた（したがってその名も）。水生のディプロカウルス類は、イモリに似ていたが、細長い体のリソロフス類は、乾期になると巣穴のなかで体を丸めて夏眠していた。

エンボロメリ類
プロテロギリヌスなどのこれらの大型水生四肢動物は、石炭紀にはいたるところに生息していた。初期の種の一部には尾ビレがあり、頭骨がやや細長かったために魚を捕獲しやすかった。四肢骨の特徴から、陸生への適応性に優れていたことがうかがえる。羊膜類につながる種族に属する初期の四肢動物である、というのが多くの科学者の見解である。

羊膜類
陸生への適応性に優れた最初の羊膜類は、石炭紀後期に出現し、なかが空洞の木の幹内に生息していた。羊膜類は、爬虫類、単弓類（⇨右）、爬虫類と単弓類が分かれる前の初期の種の集まりの3グループに分かれる。最初の羊膜類の一部は、最初の草食性四肢動物（草食動物）でもあった。

双弓類
爬虫類の最大グループである双弓類は、頭骨後部に穴が2つあることにちなんで名づけられた。現生する双弓類にはトカゲ類、ヘビ類、ワニ類、鳥類が含まれる。三畳紀中期に出現したカメ類は、この頭骨の穴がないが、おそらく双弓類と思われる。アメリカ合衆国中央部の石炭紀後期の岩石中で、最初の双弓類が見つかっている。

単弓類
哺乳類につながる系列の単弓類は、頭骨後部に穴が1つあることにちなんで名づけられた。木の切株内で、単弓類の最初の化石が最初の羊膜類（⇨左）といっしょにばらばらの状態で見つかっていることから、羊膜類が進化直後に急激に多様化したことがうかがえる。石炭紀の単弓類には能動的捕食動物と最初の草食動物の一部が含まれる。

ファルカトゥス

グループ	軟骨魚類
年代	石炭紀
大きさ	全長30cm
産出地	アメリカ合衆国

ステタカントゥス（⇨ p.130）と近縁関係にあるこの属は、石灰岩質の海底に保存されていた多数の小標本によって知られている。頭部上方にある先のとがった歯状突起をともなう、前方に突きでた鎌状の大きなとげにちなんでこう名づけられた。このとげは、特定の大きさ以上の標本にしか見られないため、雄に典型的な性徴で、誇示するために使われていた可能性が高い。ほぼ左右対称の尾は、水中を効率的に泳ぐために使用されていた。

左右対称の尾ビレ

集団遊泳動物
多くのファルカトゥスの標本は、集団で見つかっており、これらのサメ類は、群泳していたと思われる。

構造
感覚器官

ファルカトゥスは、暗い深海での生息によく適応した感覚器官をもっていた。大きな眼を取り囲むように並ぶ長方形の石灰質の板は、おそらく眼の支持に役立つと同時に、筋付着部としての機能も果たしていたと思われる。ファルカトゥスには軟質の吻もあり、そのなかにおそらく収容されていた特別な感覚器官により、獲物の筋肉の動きで生じた電気的刺激をかぎつけ、獲物を探知していた。

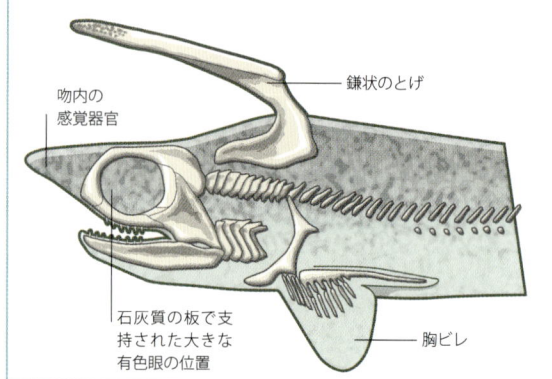

吻内の感覚器官／鎌状のとげ／石灰質の板で支持された大きな有色眼の位置／胸ビレ

エキノキマエラ

グループ	軟骨魚類
年代	石炭紀前期
大きさ	全長30cm
産出地	アメリカ合衆国

2つの標本によって知られ、上の歯列の違いにより見分けることができる。両方とも浅い海域の堆積物中で見つかった。速く泳ぐことよりも機動性のある泳ぎができる体の構造をもつ小型の魚で、先細の体、比較的大きな胸ビレと腹ビレ、櫂状の尾をもっていた。2つの背ビレがあり、そのうち前側の背ビレの先端には可動棘があった。体じゅうが鱗片でおおわれ、鱗甲という対をなす大きな鱗片が後ろ側の背ビレから尾の基部まで並んでいた。眼の上方には何対もの後方に突きでた鱗甲が並んでいた。雌よりも雄のほうが格段に大きく、特徴も異なっていた。その1つが枝角に似た眼の鱗甲である。

鱗甲は、「盾」という意味で、この特殊な鱗片に防御性があったことがうかがえる。

背ビレの大きなとげ／眼の上方の枝角に似た鱗甲／先細の体／交配時に精子を雌に運ぶために使用された交尾器

誇示
体の大きな雄は、繁殖期に自分の存在を認知されやすくするため、すなわち誇示するために使用したと思われる精巧な特徴をもっていた。

くっきりした鱗片でおおわれた体／背丈のある細い体／大きな筋肉質のヒレ

痩身の魚
ベラントセアの特異な形状は、水中で摂食しながらゆっくり移動することにうまく適応していた。

ベラントセア

グループ	軟骨魚類
年代	石炭紀後期
大きさ	全長70cm
産出地	アメリカ合衆国

軟骨性骨格をもつやや特異な魚類グループ、ペタロドゥス類に属する。これらのサメ類の仲間は、独特の歯をもっていた。多数の歯が何列も並ぶのではなく、上あごと下あごに7つの歯があるだけだった。また、摂食中に歯が抜け落ちることもなく、生涯にわたり歯が生えていた。それぞれの歯は、先端がとくに強く鋸歯状になっており、海綿動物などのかたいものを食べるのに適していた。葉の形をした体形がきわめて独特であり、尾が小さかったので動きが遅かったと思われるが、ヒレが大きく体高のある体をしていたので、機動性には優れていたようだ。

ディスコーセッラ

グループ	条鰭類
年代	石炭紀前期
大きさ	全長60cm
産出地	アメリカ合衆国

現在のアメリカ合衆国モンタナ州ベア・ガルチに相当する地域の浅い湾で生息していた熱帯魚。側面が極度に圧縮されたような体高のある円盤状の体をもっていたが、速く泳いだり持久性のあるような構造ではなく、的確な機動性を発揮できる構造であった。頭部が小さく大きな眼と小さな口をもっていた。体の前半分が多数の大きな鱗片（鱗甲）でおおわれていた。各背鱗甲には前方を向いたかぎ状突起が付いていた。鱗片は、はまりあう嵌合結合でつながっていた。

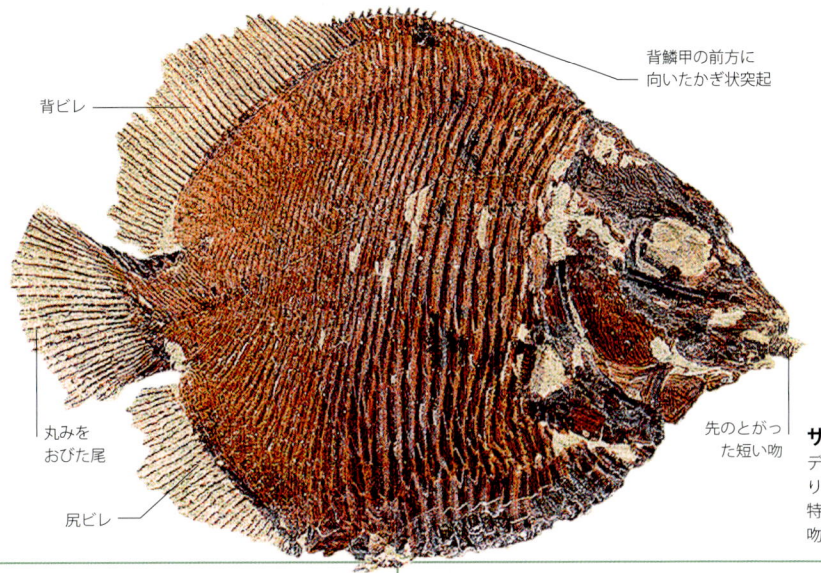

ディスコーセッラの体は、速く泳いだり持久力のある構造ではなく、的確な機動性を発揮できる構造であった。

サンゴ捕食者
ディスコーセッラには、海綿動物やサンゴに群がり餌を採ることに適応していたことを示す多くの特徴があった。その1つが長い櫛状の歯が付いた吻で、それを使い吸いこんだり食べたりしていた。

メガロケファルス

グループ	初期の四肢動物
年代	石炭紀後期
大きさ	全長1.5m
産出地	イギリス諸島

ほとんどのバフェテス類と同じように、頭骨によってしか知られていない。バフェテス類は、石炭紀の水生捕食動物と思われるものの仲間で、広く確認されている原始的特徴と複数の固有の特徴をあわせもつ。メガロケファルス（この名は、「大きい頭」という意味）の頭骨は長さが約30cmで、先のとがった大きな歯をもつ。メガロケファルスをはじめとするバフェテス類がもつ固有の特徴の1つが、細長く張りだした不思議な眼窩で、眼窩がなぜこのように張りだしているのか理由はわかっていない。

鍵穴状の眼窩

特異な頭骨
この張りだした眼窩の想定される機能の1つは、塩類腺または発電器官を収容することか、閉顎筋を動きやすくすることにあった。

ホワッチーリア

グループ	初期の四肢動物
年代	石炭紀前期
大きさ	全長1m
産出地	アメリカ合衆国

ペデルペスの近縁種だが、ペデルペスよりも生息していた時代が遅い。複数のほぼ完全な骨格や多数のばらばらの骨を含む大量の化石資料によって知られている。アメリカ合衆国アイオワ州の産出地では、他にも多くの四肢動物や魚類が見つかっている。ホワッチーリアのほうがペデルペスよりも水生性向が強かったと思われ、推進力を生みだす力強い尾をもっていた。肢を含む骨格の多くについては、まだ解明されていない。

ペデルペス

グループ	初期の四肢動物
年代	石炭紀前期
大きさ	全長1m
産出地	スコットランド

スコットランド西部のダンバートン近くで発見された1つの標本により知られた動物で、ローマーの空白（⇨ p.162）と呼ばれている時代を起源とする、関節で接合された骨格によって知られている唯一の四肢動物である。原始的特徴と高度な特徴をあわせもつのが見てとれる。おそらく後肢に標準的な5本の指があったほか、陸地を歩くことに適応していると思われる足をもっていた。対照的に、手には5本以上の指があった可能性があるが、小さな2本の指しか見つかっていない。耳部は、アカントステガ（⇨ p.138）のものに似ていた。

前方を向いた足
ペデルペスの足の関節は、前方を向いており、陸地を歩いていたと思われる。

クラッシギリヌス

グループ	初期の四肢動物
年代	石炭紀中期
大きさ	全長3-4m
産出地	スコットランド、おそらくアメリカ合衆国

石炭紀中期の湿地で生息していた最大の捕食動物の1つ。ぽっかり開いた巨大な口のなかには数列の非常に大きな歯があり、その多くが前部近くに並んでいたので、素早く食いつき、あごを閉められると獲物は身動きがとれなかったであろう。大きな頭、細長い体、縦幅のある尾から、完全に水生であったと思われる。また、非常に小さな前肢や比較的小さな後肢も水生であったことを示している。頭骨は、いくつかの点で非常に原始的で、その進化的類縁関係については、まだ議論がなされている。

待ち伏せして捕食
クラッシギリヌスは、待ち伏せ攻撃する捕食者で、植生中や岩石のあいだに隠れて獲物が泳ぎ去るのを待って攻撃していたとも思われる。

脊椎動物

バラネルペトン

- **グループ** 切椎類
- **年代** 石炭紀前期
- **大きさ** 全長50cm
- **産出地** スコットランド

最大の化石両生類グループである切椎類に属し、そのなかでも最古のもの。外形は、大型のサンショウウオに似ていたと思われるが、中耳と鼓膜は、カエルのものによく似ていた。知られているなかでは、最初に空気伝播音波を聞き分けることができる耳をもった陸生動物であり、近くで獲物の昆虫が動く音を聞きとることができたと思われる。「温泉から生まれた匍匐型動物」を意味するその名のとおり、温泉に囲まれた火口湖であったと思われる場所から遺骸が見つかった。

扁平の頭骨
頭骨後部の両側に鼓膜がおさまっていたくぼみが見える。

コクレオサウルス

- **グループ** 切椎類
- **年代** 石炭紀後期
- **大きさ** 全長1.5m
- **産出地** チェコ、カナダ

チェコのニジャニーの石炭紀の湿地の跡にある炭鉱で、数多くの化石が見つかっている。これは、最初のワニに似た切椎類の1つ。湿地の水際に潜伏し、魚類や小型両生類などの獲物を待ち伏せ攻撃していた。湿地に生息するもっとも一般的な大型動物であり、この種の生息地で最強の捕食者であった。三畳紀末期までは、これと似通った切椎類がこの生態的地位を占めていたが、三畳紀末期になると真生ワニ形類（⇒ p.244）がそれらにとってかわった。「スプーン爬虫類」を意味するコクレオサウルスという名は、頭骨後部の皮ふの下に隠れたスプーンに似た2つの骨質の出っ張りからきている。

ブランキオサウルス

- **グループ** 切椎類
- **年代** 石炭紀後期
- **大きさ** 全長15cm
- **産出地** チェコ、フランス

ニジャニー炭鉱で見つかった標本にはエラがあった。**ブランキオサウルス**という名は、「エラのある爬虫類」という意味で、生涯にわたり水生だったのか、成体期に陸生となったのかははっきりわかっていない。アパテオン（のちに出現したブランキオサウルス類縁種）の個体群のなかには、死ぬまで水生性向を維持したものや陸生型に変態をとげたものが存在した。現生イモリの一部の種ではこれらの交互生活環が見られるが、空気呼吸する陸生型に変態をとげるのは、条件が整っている場合に限られる。長年、エリオプス（⇒ p.184）などのはるかに大型の切椎類の幼体と考えられていたが、現在では別のグループに属することが確認されている。

> ブランキオサウルスの平均体長は**15 cm**で、切椎類のなかでも最小の部類に入る。

フレゲトンチア

- **グループ** 空椎類
- **年代** 石炭紀後期
- **大きさ** 70cm
- **産出地** アメリカ合衆国、チェコ

もっともよく知られた欠脚類、すなわち、ヘビに似た脚のない両生類グループに属する。一部の毒のない現生ヘビに見られる、スパイクを打ちつけたような小さな歯が数列並んで生えていた。背骨には200以上の椎骨があったが、その3分の2は尾に集中していた。

ヘビに似た両生類
おそらく陸生で、池や湖の水際で生息し、水生植物の上を伝わりながら獲物を探していたと思われる。

アムフィバムス

グループ	切椎類
年代	石炭紀後期
大きさ	全長12cm
産出地	アメリカ合衆国

最初に発見された石炭紀両生類の1つ。現生のカエルやサンショウウオに見られるような歯を最初にもった切椎類で、これらの2グループの祖先と近縁関係にあると考えられている。丈が高く細い歯にはそれぞれ先端に2本の小さなスパイクがあり、歯長の途中で蝶番結合されていた。アムフィバムスは、「均等な脚」という意味で、その名のとおりサンショウウオに似て長い前肢と後肢の大きさが同じであったが、体は、切椎類の基準からすると小さかった。

アムフィバムスが発見された場所では、ブランキオサウルス（⇒前ページ）に似ているがアムフィバムスと同じ特徴をもつ微小な両生類の化石も古生物学者によって複数発見されている。これらは幼体の可能性もあり、この初期の両生類ですでにある程度の変態がおきていたことがうかがえる。たとえば、これらの化石にはオタマジャクシに似たヒレのある長い尾があるが、成体には現生のカエルやヒキガエルがなくした尾に似た、太くて短い尾があった。

> この小さな切椎類は、現生のカエルやサンショウウオに見られる進化した特徴をもっていた。

三角州で生息
アムフィバムスは、アメリカ合衆国イリノイ州メゾンクリークという産出地で見つかったもので、石炭紀の河川デルタを代表する生物である。アムフィバムスは、小川のなかや三角州の岸辺で生息していたようだ。

ミクロブラキス

グループ	空椎類
年代	石炭紀後期
大きさ	全長30cm
産出地	チェコ

年代も大きさも異なる100種以上がニジャニーで見つかっている。どの種も内エラと側線感覚器系をもっていた。陸生のほとんどの細竜類とは異なり、この細竜類は水生で、生涯にわたって湿地の水中で生きていたことは明らかである。

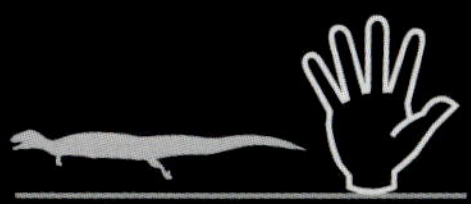

水生種
「小さな腕」を意味するミクロブラキスは、泳ぎに役立つ非常に小さな肢と扁平な尾、魚に似たエラ、横腹に沿って走る側面管をもっていた。これらのすべてが完全に水生として生きることに適応していた。

プロテロギュリヌス

グループ	爬形類
年代	石炭紀前期
大きさ	全長1.5m
産出地	アメリカ合衆国、スコットランド

石炭紀の大半にわたり最強捕食者として君臨した最古のアントラコサウルス類（「コーラル・リザード」）のグループに属する。魚を食べていたが完全に水生というわけではなかった。肺への空気吸入出に使用した長い湾曲した肋骨と筋肉を最初にもった脊椎動物の1つであった。この進化的適応性が発達したのは、脊椎動物が陸地に上がるようになってからのことである。

体をくねらせて進む初期の動物
うねりのある長い体と尾をもっていたことにちなんで付けられた**プロテロギュリヌス**という名は、「体をくねらせて進む初期の動物」という意味である。頑丈な肢は、陸地を歩くことができたことをあらわしており、完全に水生というわけではなかったと思われる。

ウェストロティアーナ

グループ	初期の四肢動物
年代	石炭紀前期
大きさ	全長25cm
産出地	スコットランド

小型の陸生動物で、その遺骸がスコットランドのウェスト・ロジアン地域のイースト・カークトンで見つかっている。細長い体に非常に短く細い肢をもち、脊椎が頑丈で、体の大半が湾曲した肋骨で包みこまれていたようだ。知られている標本は約5体しか存在せず、そのすべてで頭骨の保存状態が悪い。初めて発見されたとき、「最古の爬虫類」と見なされたが、その進化的位置を確認するには口蓋や耳骨などの頭骨の主要な部分が必要となる。現生羊膜類（⇨ p.163）最古の類縁種の1つと思われる。

- かなり押しつぶされた頭骨
- 湾曲した肋骨
- 長い尾
- 五指ある足

リジー・ザ・リザード
ウェストロティアーナは、一見トカゲに似ているので「リジー・ザ・リザード」という異名をとっているが、初期の四肢動物特有の足首をもつ。

主要な産出地
イースト・カークトン

イースト・カークトンの石炭紀前期の岩石からは、さまざまな初期の陸生四肢動物が見つかっている。当時、火山活動により発生した降灰、火事、ミネラルを豊富に含む温泉、有毒ガスが多くの植物、節足動物、四肢動物を死滅させたが、それらが化石となって残った。そのような四肢動物には、現生の両生類や爬虫類につながる系列に属する**ウェストロティアーナ**や**バラネルペトン**などの最古の属種が含まれる。

オフィアコドン

グループ	単弓類
年代	石炭紀最後期からペルム紀前期
大きさ	全長3m
産出地	アメリカ合衆国

初期では最大の単弓類（⇨ p.163）の1つ。ワニに似て、魚を捕獲するのに最適な長いあごと多数のとがった歯をもっていた。手の指骨と足の指骨が扁平であることから、半水生で、

- 捕食者から身を守る鱗片
- 強い尾

狙うのは自分より体が小さい獲物
体が大きくワニに似たあごをもつ**オフィアコドン**は、どう猛な捕食者のような印象を与えるが、大型の獲物ではなく、おもに魚や小型の脊椎動物をとらえていたようである。

パレオチリス

グループ	真正爬虫類
年代	石炭紀後期
大きさ	全長25cm
産出地	カナダ

原始爬虫類。小型のトカゲに似た食虫動物で、森林地帯に生息していた。鉄砲水によって堆積物に埋まっていたヒカゲノカズラ類（クラブモスの初期の巨大な類縁種）の空洞の幹のなかで、その骨格は見つかった。無弓類（頭骨後部に孔がない）に属するという点では別の初期の爬虫類**ヒロノムス**に似ているが、**パレオチリス**の生息年代のほうが500万年遅い。

- 長い湾曲した肋骨
- 後肢
- 小さな鋭い歯

敏捷なハンター
パレオチリスは、その肢、体、歯から獲物の昆虫を簡単に追跡してとらえることができた敏捷なハンターであったことがわかる。

スピノアエクアリス

グループ	双弓類
年代	石炭紀後期
大きさ	全長25cm
産出地	アメリカ合衆国

アメリカ合衆国カンザス州ハミルトンの採石場で見つかった1つの骨格により知られている。初期の双弓類（⇨ p.163）で、長い脚と足の指、独特の首をもっていた。さらに特異なのは、尾が先端に向かって先細になるのではなく、全長にわたり縦幅があり垂直に扁平だったという点である。また、椎骨の上下には骨質の長い棘突起があり、それが追加の筋付着点となることで、尾が力強い遊泳の助けとなっていた。

水生へ回帰
スピノアエクアリスは、水生に回帰し、両生類と共生した最初の爬虫類だったが、完全に水生ではなく繁殖時には乾燥した陸地へ戻っていた。

脚を櫂足として使用できたと思われる。ディメトロドン（⇨ p.188〜189）などの後世のペリコサウルス類と異なり、大型動物をしとめることにはあまり適応していなかった。ワニのように、水際に潜伏して小型の陸生脊椎動物を待ち伏せ攻撃するか、魚を捕獲して生息していた。だが、単弓類であることから、現生のワニ類よりも哺乳類にはるかに近い類縁関係にあった。特定の生きかたに対する適応のしかたが動物グループによってそれぞれ異なる進化を見せる、収斂進化の一例である。

オフィアコドンの長い口先には **166本の鋭い歯** が生えていた。

> **主要な産出地**
> ### ジョギンズの化石の崖群
>
> カナダのノヴァスコシア州の有名な崖には、**プロトクレプシュドゥロプス**という最古の化石羊膜類が保存されているが、これは、最古の真正爬虫類である**オフィアコドン**や**ヒロノムス**の近縁種である。この産出地では3億年前、小型動物が空洞の木の幹を巣づくりの場として使っていた。現在、それらの化石のおかげで、小型陸生脊椎動物の記録が初めて解明されている。

泳ぎやすい力強い脚

カムフラージュに適した体色

鋭い歯

扁平な指

ペルム紀

 174 植物

 178 無脊椎動物

 182 脊椎動物

ペルム紀

古生代最後のこの時代は、ローレンシア大陸とゴンドワナ大陸が合体してできた巨大超大陸パンゲアの時代だった。ペルム紀という名は、ロシアのペルミという地名に由来した。この時代的境界が、ウラル山脈で発見された地層によって定義されたからである。ペルム紀は、最後の5億年が史上最大の大量絶滅となって終わり、陸上と海洋の有機物の少なくとも90%が姿を消した。

ウラル山脈
西〜中央アジアで南北にのびるウラル山脈の森林におおわれた西方斜面は、とくにその大規模なペルム紀層が注目される。

海洋と大陸

パンゲア超大陸の規模自体が、世界の気候と動植物の展開に対して重要な意味があった。低緯度帯で中央パンゲア山脈が東西にのびていたため、そのことが大気中の流れと天候パターンに大きな影響を与えた。石炭紀後期には、この山脈は熱帯地域をまたいで位置し、湿潤な熱帯気候で成長した青々と豊かな雨林から形成される石炭堆積物の源となっていた。ペルム紀には、さらに北のいっそう乾燥した地域に移動した。この山脈は高湿度の赤道風を遮断したため、砂漠がパンゲアの北部(現在の北アメリカ中央部と北ヨーロッパ)に形成された。砂岩地層が巨大な砂丘の存在を示している。気候がさらに乾燥するにつれ、大型の哺乳類型爬虫類が登場してこの新たな環境にうまく適応していった。それほど乾燥していない地域では植物が多様性を保ち続け、針葉樹、シダ類、ディクロイディウム類の高地森林が繁茂し、グロッソプテリスという植物が寒冷な極地域を幅広くおおっていた。パンゲアの大部分が赤道の南まで広がってきて、旧ゴンドワナ大陸を吸収した。その巨大な陸塊は、一部の動物相には拡大伸長の機会をもたらした。パンゲアの北域であるシベリアでは、史上最大級のマグマ噴出で大量の玄武岩が広範な地域をおおい、灰とガス(とくに硫黄二酸化物と水蒸気)の流出をともなった。これはペルム紀の大量絶滅と同時期におこり、その結果、海洋では酸素が欠乏して大半の海洋生物種が絶滅した。

熱帯雨林
石炭紀に繁栄したものに類似した青々と豊かな熱帯森林が、ペルム紀においてはまだ赤道周辺(現在の中国の一部地域)に存在していた。

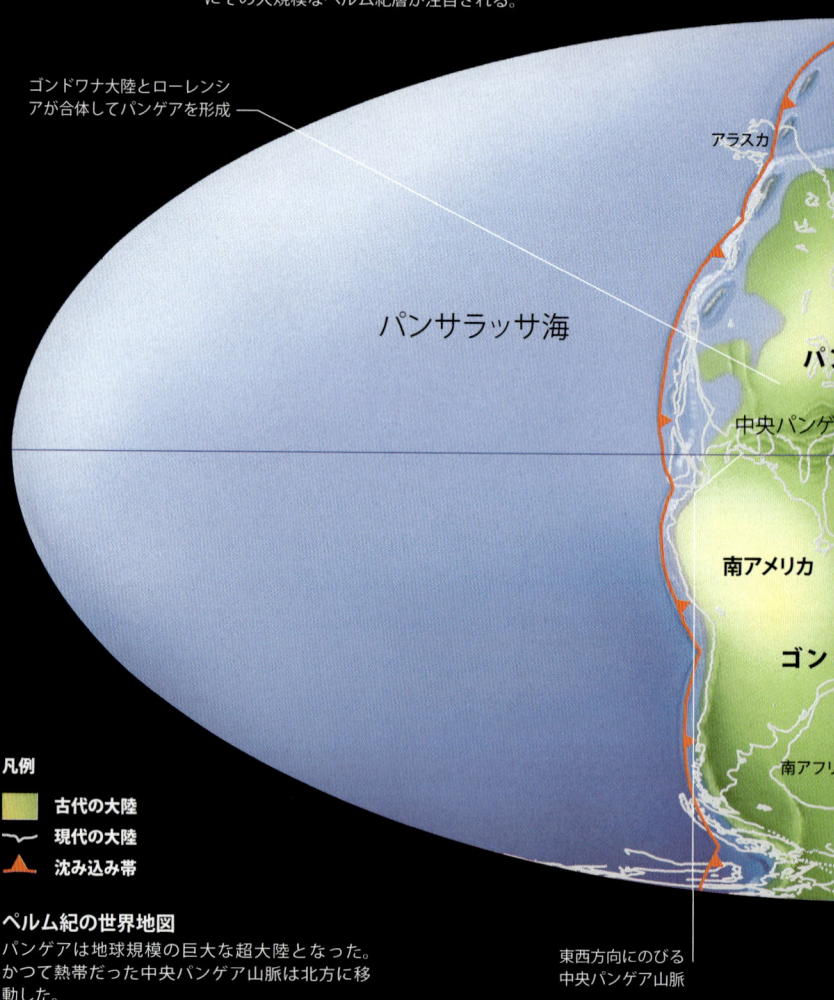

凡例
- 古代の大陸
- 現代の大陸
- 沈み込み帯

ペルム紀の世界地図
パンゲアは地球規模の巨大な超大陸となった。かつて熱帯だった中央パンゲア山脈は北方に移動した。

	キスラリアン	
単位：100万年前　300	290	280
植物	● 290 針葉樹と種子植物が多様化	● 285 種子植物と針葉樹の多様性が増大、鱗木類とトクサ類の多様性が減少
無脊椎動物		● 285 最初の甲虫が出現
脊椎動物	● 290 ペリコサウルス類の多様化、最初のバクトラキアン(カエル＝サンショウウオのグループ)	● 285 切椎類両生類の多様性が増大、多様な盤竜類(たとえばディメトロドン)

ディメトロドン

ペルム紀

ドゥイカ漂礫岩
漂礫岩は氷河によって削り取られた巨礫、大礫、砂で構成された礫岩である。南アフリカのカルー盆地のドゥイカ漂礫岩石の起源はペルム紀時代にさかのぼる。

気候
石炭紀後期の世界にきわめて大きな影響を与えた氷河作用はそのあとも続き、ペルム紀後期の前半で終わりを迎えた。氷床は、かつてゴンドワナ大陸の一部を形成していた全大陸をおおった。多くの氷河中心部が包含され、氷の前進と後退がくり返された。その証拠が南アフリカ、インド、タスマニアの氷成堆積物から見いだされる。大規模なペルム紀の氷河現象は約200万年におよんでいたが、わずか数千年という期間で終結した。石炭紀後期からペルム紀にかけての氷河分散の大規模な中心部は、南極でのパンゲアの動きに合わせて移動した。石炭紀後期での氷河作用のおもな中心部は南アメリカ、インド、アフリカ南部、南極大陸西部にあったが、いまやオーストラリアに移動した。ペルム紀前期では南半球の多くが氷におおわれていたが、南北パンゲアの中緯度での気候は比較的冷温乾燥であり、赤道地域に細長い熱帯域がのびていただけだった。温暖な間氷期には石炭形成雨林が低緯度地方に非常に広範囲におよんでいた。ペルム紀後期には、南半球の大陸をおおっていた氷床はほぼ消滅したが、小規模な万年雪が北極では形成されていた。パンゲアの大半がきわめて乾燥し、南部は現在の南アメリカとアフリカ、北部は北アメリカと北ヨーロッパに巨大な砂漠が展開していた。

台地をつくる玄武岩がパンゲアのシベリア区域から噴出

シベリア / カザフスタニア / 北中国 / 古テティス海 / 南中国 / トルコ / インドシナ / イラン / マレーシア / チベット / テティス海 / インド / オーストラリア / 南極大陸 / アフリカ / ア大陸 / ワナ大陸 / 脈

新生のテティス海がパンゲア東部に展開しはじめる

二酸化炭素レベル
大気中の二酸化炭素は、ペルム紀前期における現代に類似のレベルからきわめて高いレベルに増大した。シベリアでの大規模な台地玄武岩の噴火が、温室効果ガス増加の一因になったと考えられる。

シベリア・トラップ
玄武岩質マグマの膨大な流出が何千年も続き、現在シベリア・トラップと呼ばれているものを形成し続けた。これによって引きおこされた環境ストレスが、ペルム紀大量絶滅の一因になったと考えられる。

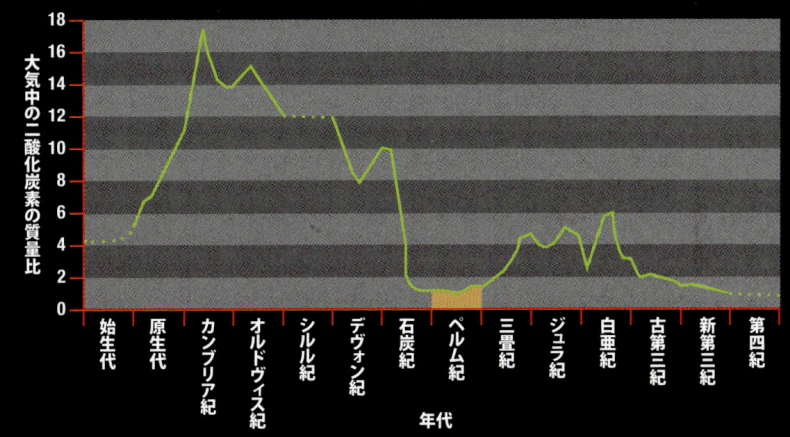

大気中の二酸化炭素の質量比：始生代 / 原生代 / カンブリア紀 / オルドヴィス紀 / シルル紀 / デヴォン紀 / 石炭紀 / ペルム紀 / 三畳紀 / ジュラ紀 / 白亜紀 / 古第三紀 / 新第三紀 / 第四紀

年代

ガダリューピアン	ロピンギアン	
270	260	250　単位：100万年前

植物
- 260 グロッソプテリス植物相の減少　グロッソプテリス
- 250 大量絶滅：植物種の多様性が50％減少し、主として森林地帯に影響を与えた

無脊椎動物
- 275 アンモノイド類の多様性が減少しはじめる。最初のセラタイト・アンモノイド類ケムシ類　クセノディスクス
- 255 最初のイタヤガイ類とトマヤガイ類の二枚貝
- 250 大量絶滅：すべての種の96％、すべの紡錘虫系有孔虫類、四放サンゴ類・床板サンゴ類、三葉虫類、パレイアサウルス類、ウミサソリ類、レセプタクリティド類、ゴニアタイト類、ストロフォメナ類腕足類、昆虫類の5つのグループ。ほぼ絶滅：ウニ類、ウミユリ類、狭喉綱コケムシ類、腕足類の有関節類

脊椎動物
- 275 初のパレイアサウルス爬虫類（右下）、最初の獣弓類（哺乳類型）爬虫類、盤竜爬虫類の絶滅　エルギニア
- 260 陸生・水生両生類の多様性の減少、獣弓類の多様性の増加（とくにディキノドン類などの草食動物）　　ディキノドン類
- 250 両生類、爬虫類、獣弓類の3分の2が絶滅

ペルム紀の植物

ペルム紀の乾燥した気候は、石炭紀の特徴を示していた古代石炭沼を最終的に消滅させてしまった。このことは、多くの特有な石炭紀植物の絶滅へとつながった。しかし、新しくなった生息環境は、他の植物系の拡大に新たな機会を提供することになった。

ペルム紀において、巨木のヒカゲノカズラ属と、それらが繁茂した生息環境は減退し、やがて消滅した。メドゥッロサン、コルダイテス、その他の古代植物の多くのグループもペルム紀に絶滅した。しかし、針葉樹や他の新種の植物が多様化し、中生代におけるさらなる進化的刷新への舞台を用意した。

種子植物の新種類

種子植物のいくつかの新しいグループがペルム紀に出現した。大部分はほとんどよくわかっていないが、グロッソプテリス類はこれらのグループのなかでよく知られているものの1種であり、南半球のかつて高緯度にあった地域の特徴を示している。オーストラリア、南アフリカ、南アメリカ、南極大陸におけるその特有な葉は、大陸移動に関する重要な初期徴候だった（⇨ p.21）。ソテツ類もペルム紀に初めて出現し、中生代で有力な存在となった。よくわかっていないペルム紀の種子植物のいくつかのグループは、これらの真正なソテツの初期の近縁類だったと考えられる。中国でのギガントプテリス類と呼ばれる謎めいたグループはとくに興味深く、被子植物に見られるものと非常に類似した特殊な網葉脈をもつ大型の葉をつけていた。これらのギガントプテリス類の一部は、おそらくペルム紀の赤道森林帯に繁茂していたのであろう。

ソテツの種子結実葉
現生ソテツ（現生ソテツの約10種類ほどの属の1つ）は、ペルム紀における化石ソテツに非常に類似した種子結実葉をもっている。

針葉樹の台頭

化石針葉樹
最初期の針葉樹の新芽と葉は、ノーフォーク島マツなど、チリマツ系統の一部の現生針葉樹のものによく似ていた。

最初期の針葉樹は、石炭紀後期から登場した。通常の針葉樹のような葉状芽をもっていたが、その球果は現生の針葉樹のものと比べてそれほどコンパクトではなかった。初期針葉樹の球果は、コルダイテスの球果と対比される（⇨ p.153）。石炭紀の初期針葉樹は低地石炭沼外の乾燥した環境で発生し、ペルム紀になって気候が乾燥するにつれ、これらの地域における針葉樹や他のグループがいっそう有力になった。針葉樹はまた、種子が発芽前に休眠状態を保つことができる最初の種子植物だった可能性がある。

グループ概観

ペルム紀は、陸生植物の進化における移行期だった。古生代初期の古代植物系が減少し、ペルム紀の乾燥した気候に明らかによく適応した他のグループと交代した。種子植物のなかで、リギノプテリス類、メドゥッロサン、コルダイテスは、すべてこの時代の終わりまでに姿を消していた。

シダ類
石炭紀のリュウビンタイ類木生シダはペルム紀に入っても生きのびたが、やがて勢力を弱めていった。しかしそれにもかかわらず、中生代・新生代から現代にいたるまで存続している。ペルム紀の乾燥した気候においては、現生ゼンマイに類似した形のものなど、シダの新しい種類が初めて現れた。

針葉樹
最初期の針葉樹は石炭紀のものだが、この時代には希少だった。針葉樹はペルム紀の乾燥した気候で繁栄し、多様化した。最初期の針葉樹はふつうの針葉樹様葉をもっていたが、その球果や、おそらく生殖にかかわる他の側面は、現生針葉樹と非常に異なっていたと思われる。

ソテツ類
現生グループと明らかに近縁の化石ソテツが、ペルム紀に初めて現れた。これら最初期のソテツについてはまだ多くの不明な点があるが、その種子結実葉は現生属ソテツのものに非常に類似していた。

グロッソプテリス類
ペルム紀に現れたいくつかの新しい種子植物グループの1種。その特徴的な葉は南半球の高緯度地方での化石植物相に共通している。このグループは、南半球の大規模なペルム紀氷河作用がもたらした寒冷気候の植物のなかで重要なものだった。

オリゴカルピア

グループ	シダ類
年代	石炭紀からペルム紀
大きさ	最長50cm
産出地	世界各地

地をはうこのシダは、おもに熱帯地域で発見された現生シダの系統に類似している。分岐シダ類として知られ、対で成長する大きな複葉と、匍匐根茎あるいは地下茎をもっている。すべてのシダ類と同様、胞子によって場所から場所へと広がり、大きな複葉の裏面で成長した。しかし、最近の化石発見により、根茎も同様に重要だったと考えられ、現生ワラビのように新たな地面を侵食することができた。有史以前の種にとってはめずらしいことだが、これらの化石は多くの異なる発達段階において同じ植物を示す。これには成体のシダや、葉の微細なバラ状配列をともなうきわめて小さな胚が含まれる。

> オリゴカルピアは空中を拡散する胞子によって場所から場所へと広がった。

葉の中肋　葉切片の葉身

茎と根

オリゴカルピア・ゴタニ
この美しく保存された標本は、1920年代に中国で収集された。同じ地層の化石から、この植物が低地の沖積平野などの湿地環境で生息していたことがうかがえる。周期的な洪水が化石化にとって理想的な条件となったと考えられ、植物のほぼ全体がこのように保存されている。

プロトブレクヌム

グループ	ペルタスペルムス類
年代	ペルム紀
大きさ	複葉全長2-5m
産出地	世界各地

プロトブレクヌムの複葉は、幅広い水かき状の小葉をもっている。これはブレクヌム属(このタイプの葉に付けられた学名の由来)の一部の現生硬シダ、あるいはヒリュウシダ類で見られる特徴である。しかし、シダに属するかわりに、プロトブレクヌム複葉はペルタスペルムスと呼ばれる植物のグループに属した。これらの植物の大部分は灌木あるいは小木で、多様な環境で成長したが、その葉は、亜熱帯性の沖積平野など年間を通して乾季の地帯にとくによく適応するようになった。種子の長さは、ほとんどが数ミリメートルほどであった。

プロブレクヌムの1種
この化石化したプロトブレクヌム種は典型的な水かき状の葉を示す。このようなペルタスペルムス類は、開柱あるいは小穂に配列されることの多い、小型の傘状組織に種子を結実させた。

トゥビカウリス

グループ	シダ類
年代	石炭紀後期からペルム紀
大きさ	最長2m
産出地	世界各地

トゥビカウリス化石は3億年以上前にさかのぼる、シダ類の古代グループの保存幹である。断面を見ると、この化石は根の基質に内蔵された茎の密集塊を示している。それぞれの茎は楕円形の鞘に取りかこまれ、「C」形状の茎を含んでいる。トゥビカウリス・シダは直立しているか、あるいは低く広がり、葉基部近くの茎から成長した根で自身を固定していた。大部分が日陰の沼床で生息していたが、一部の種子は集光するために木々よりも高く成長したと考えられる。

C形状の茎

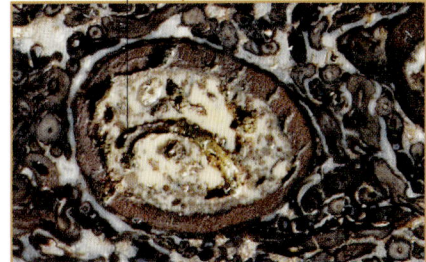

トゥビカウリス・ソレニテス
この断面から、現生シダと異なり、茎が「前後逆に」構成されていたことがわかる。「C」の開口部が内側ではなく外側に面していた。

グロッソプテリス

グループ	グロッソプテリス類
年代	ペルム紀から三畳紀
大きさ	4–8m
産出地	南半球

1828年のフランスの古植物学者アドルフ・ブロニャールによる発見以来、**グロッソプテリス**はもっともよく研究された有史以前の植物の1種になった。最初の化石はインドで発見されたが、他の化石は南半球のすべての陸塊で発掘され、大陸移動に関する顕著な生物学的証拠を提供した。**グロッソプテリス**とは「舌状シダ」を意味し、その葉の形を表現している。多数の種が分類されたが、大半は灌木あるいは小木だった。**グロッソプテリス**は胞子ではなく種子で生殖し、葉に付属の有柄組織で成長した。

低地の森林
その高さと葉により、南半球の大半においてもっとも優勢な植物で、低地で巨大な森林を形成した。一部の種子は亜熱帯性だったが、多くは冬季の長い、寒冷な高緯度地域で成長した。

明らかな成長輪

アウストラロキシロンの1種
グロッソプテリスの化石化した木で、南半球の多くの地域で発見されている。構造に関しては、現生針葉樹に見られる木に類似していた。

節根

ウェルテブラリア・インディカ
円筒の形状と顕著な節をそなえたウェルテブラリア化石は、**グロッソプテリス**の木の化石根というよりも動物の脊椎に似ている。インドやアフリカから、オーストラリア、南アメリカ、南極大陸にいたる地域で発見されている。

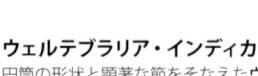

葉化石

舌状の葉
グロッソプテリスはおもに、丈夫な中肋と分岐葉脈をともなう最長30cmの葉によって識別される。葉は枝の末端周辺でらせん状に配列されていた。

カッリプテリス

グループ	ペルタスペルムス類
年代	石炭紀後期からペルム紀
大きさ	葉の全長80cm
産出地	世界各地

プロトブレクヌム（⇒ p.175）と同じシダ種子類のグループに属し、その葉と種子産生組織の化石でよく知られている。葉は最長1mだった。葉切片が相対的に配列していることに加えて、しばしば中心中肋に付属する微細な小葉をそなえていた。直立の葉柄周辺でらせん状に配列された扇型の鱗片の裏面で種子を結実させていた。

相対する小葉

小葉の列

中心中肋

カッリプテリス・コンフェルタ
ペルム紀のもっとも一般的な種子植物の1種。大型の中心葉脈に付属する対になった葉切片の規則正しい配列によって、同定することが容易である。

ギガントプテリス

グループ	ギガントプテリス類
年代	ペルム紀から三畳紀
大きさ	葉の最長50cm
産出地	東南アジア、北アメリカ

おもにアジアと北アメリカで発見された化石によって知られている、植物の謎めいたグループである。脊柱をともなうこともある木質の茎があり、多くは顕花植物のような葉をもっていた。三畳紀前期に絶滅し、どのように繁殖したかについてはほとんどわかっていない。そのため、正確にどこで植物進化上の適応をしたか判断することがむずかしい。

対称的な葉

ギガントプテリス・ニコティアナエフォリア
上の化石はギガントプテリス・ニコティアナエフォリアと呼ばれる種である。葉切片がタバコ植物のものに似ているため、そうした名称がつけられた。

ティンギア

グループ	ノエゲラティア類
年代	ペルム紀前期
大きさ	球果最長15cm
産出地	中国

この葉は、成長する胞子によって生殖するシダ様植物に属している。ティンギア・エレガンスでは、葉は4列の小葉をそなえ、上面の2列が最大で、下面の小型2列をおおっていた。この植物の球果は葉の基部に付属していた。化石としてのノエゲラティア類は比較的まれであるが、球果と葉はいっしょに見つかり、これは同じ植物から由来したことを示している。石炭紀後期に登場し、三畳紀に絶滅してしまった。原裸子植物との結びつきを示しているが、植物進化における位置づけは不明である。

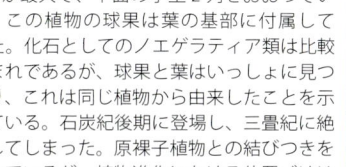

ティンギア・エレガンス
ティンギアは、ここに示したような葉の化石と、その球果のみで知られている。種子ではなく、胞子を使って繁殖した。

ウッルマンニア

グループ	針葉樹
年代	ペルム紀後期
大きさ	10m
産出地	世界各地

針葉樹は最初、石炭紀時代に現れたが、地球全体が寒冷で乾燥した気候であったペルム紀になって、広範囲に分布した。ウッルマンニアはこれらのペルム紀針葉樹の1種であり、細く大きく広がった葉をもっていた。雄の球果が、風に浮遊できるよう微小の翼状嚢をそなえた花粉粒をつけた。大半の針葉樹のように、種子結実球果は木質で、最長6cmの大きさだった。種子は円形鱗片の上面で成長した。

プシュグモフィルム

グループ	イチョウ類
年代	ペルム紀
大きさ	葉の最長10cm
産出地	世界各地

三畳紀以降、多くの化石によりイチョウがどのように扇型の葉の多様性を進化させていったかが示されている。それ以前の化石は、はるかにまれである。葉が、表面的には典型的なイチョウの輪郭をもっているため、プシュグモフィルムは現生イチョウの祖先だったと考えられる。しかし、この類似はおそらく誤解を招くことになるだろう。その果実または種子の化石がまったく見つかっていないからであり、これにより、葉はさらに初期の植物に由来する可能性もあるからだ。

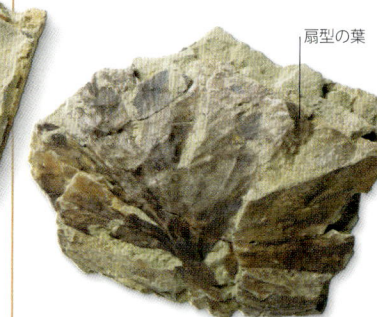

扇型の葉

プシュグモフィルム・ムルティパルティトゥム
葉は現生イチョウによく見られるありふれた扇型の輪郭となっているが、この種とイチョウが近縁関係だったかどうかは不明である。

細長い葉の微細な小葉

葉柄

ウッルマンニア・ブロンニ
ウッルマンニアは、現生チリマツのものと同じような、細く大きく広がった葉をしていた。葉は厚い中心茎の周辺にらせん配列されている。

ペルム紀の無脊椎動物

現在目にできる大半のペルム紀の堆積物は砂漠の赤色層か河川からのもので、海洋堆積物はあまり一般的ではない。これは、とくにペルム紀後期の急激な海面低下と、大陸棚の出現によるものである。無脊椎海洋生物にとってその結果は悲惨なものだった。

海面低下

南半球の陸地の大半をおおった石炭紀からペルム紀の氷河作用は、ペルム紀中期にはおおむね終わり、海生動物相が急増した。しかしペルム紀後期には、地球は空前絶後の激烈をきわめた生物学的危機に遭遇した。ペルム紀後期の主として熱帯性ウミユリ（腕足類）と、コケムシによって独占された生態系は完全に破壊された。これは約1000万年以上かかっておきたことである。すべての大陸がパンゲアという巨大な超大陸に集約されたことは、気候と海洋循環に影響を与えたにちがいない。また、うたがいなく絶滅を生じた重要な要因の1つだった。しかしとりわけ注目すべきは、沈降し不活発な中央海嶺が最大280mほど地球海面を低下させ、生息環境への甚大な被害と小さな堆積をもたらしたという点であり、暖かく浅い海は世界の一部を残すだけとなってしまった。大規模な火山の噴火は環境を不安定なものにし、生態系崩壊の一因ともなった。通常の海底堆積が回復されるには、数百万年を必要とした。

フェネステッラ・プレベイア
この一般的な石炭紀からペルム紀のコケムシは、ほぼ直立の礁域で上方に成長したコロニーを流れる海流からの食料をろ過することによって摂食していた。

巨大な藻礁

イギリス北部、アメリカ合衆国のテキサス、その他の地域における巨大な藻礁は、独特な腕足類とコケムシ類が豊富で、内海に接し、細長い水路によって大洋に連結していた。海面が下がると礁は死に絶え、乾燥してうずたかい姿があらわになった。内海は干からび、蒸発残留岩として膨大な量の塩が堆積したが、少なくとも一時期にはふたたび水浸しになることもあった。その結果、比類ない規模での生物学的な大絶滅と、地球上の生き物がかつて経験したことのない最悪の危機が引きおこされた。

ペルム紀礁
アメリカのテキサス州にあるこの巨大な礁は石灰質藻によって集積されたが、それ自身の海洋無脊椎動物相や魚類をもともなっていた。

シゾドスの1種
シゾドスのこの型のようなペルム紀の二枚貝類はきわめて一般的であり、ペルム紀の大量絶滅にあまり影響を受けなかった。

グループ概観

この時代を通じて大半の軟体動物グループは比較的軽微な被害しかこうむらず、二枚貝類、腹足類、頭足類は繁栄を続けた。しかしコケムシ類はペルム紀大絶滅にあまり適応できなかった。腕足類はペルム紀前期では豊富に見られ、アンモノイド類は進化を続けてますます複雑かつ多様化していった。

コケムシ類
ペルム紀のコケムシ類は通常、海洋性のコロニー型無脊椎動物だったが、一部には真水属のものもあった。すべてはたいてい、多数のきわめて小さな個虫を収容する方解石骨格をもち、これらの大部分は触手の輪で摂食したほか、一部が他の機能のために特殊化している。いくつかのグループはペルム紀絶滅によって甚大な影響を受けた。

腕足類
これらの海洋無脊椎動物は海底懸濁物食者であり、2つの弁をもっていたが、二枚貝とはまったく異なる体設計をそなえていた（⇨右）。ペルム紀後期の大量絶滅まで、海底生態系のもっとも優勢な構成要素であり、一部の種は今日に至るまで存在している。

アンモノイド類
これらの非常に繁栄した頭足類のいくつかのグループはペルム紀に栄え、「ゴニアタイト」（強く曲げられた、という意味）縫合線をもち（⇨p.202）、三畳紀に支配的となるセラタイト・アンモノイドを発生させた。

二枚貝類
海底に生息するか潜伏する二枚貝ハマグリ（食片の豊富な水流を吸いこむことによって捕食）が、この時代に急増した。ペルム紀終期における腕足類の減少により、支配的な海底懸濁物食者となった。

レクティフェネステッラ

グループ	コケムシ類
年代	デヴォン紀からペルム紀
大きさ	平均長5cm
産出地	世界各地

直立した有窓のコケムシ・コロニー。錐体形または扇型の網状の外観をしており、薄枝で構成され、それぞれが二分されている。これらの枝は、小型の通常は水平な仕切りによって連結され、コロニーでは長方形の穴を作りだしている。コロニーの片側の円形開口部は2列に配列されていた。これらは自活個虫室につながる開口部であり、そこにコロニーの個別の軟体の動物（自活個虫）が生息した。それぞれの自活個虫には口周辺に触手の輪（触手冠）があり、これらの触手の小さな髪状伸展部（繊毛）が波打って、自活個虫の口方向に食片を流す水流を引きおこす。そしてろ過された水がコロニーの裏面方向にある長方形の孔から流れでる。レクティフェネステッラは、摂食自活個虫の反対側にいて、コロニーの基部に発生した根状脊椎で支持されていたが、これらは下図の標本ではわからない。

網状の外観

流れの方向
ろ過水がレクティフェネステッラの窓とコロニーの後部から流れでた。

窓

レクティフェネステッラ・レティフォルミス
この網状コロニーは、アカントクラディア・アンケプスに隣接して見ることができる。両種ともペルム紀終期の絶滅で一掃された。

構造
有窓コロニー

コケムシ・コロニーには多様な形状がある。一部は海底をおおう大規模な塊として成長し、他のものは分岐状あるいは球体状である。絶滅した有窓コケムシは、その成長のしかた（特有の網状パターン）にちなんで命名された。薄枝は、隔壁と呼ばれる仕切りでつながっており、隔壁と隔壁のあいだに窓（ラテン語でfenestrule）という空間が作りだされている。この直立分岐はしばしば二分割され、扇を形成した。2つ以上の列からなる小開口部はこれらの枝の前面にあり、コロニーのきわめて小さな軟体の動物を収容する室（自活個虫室）への入り口だった。

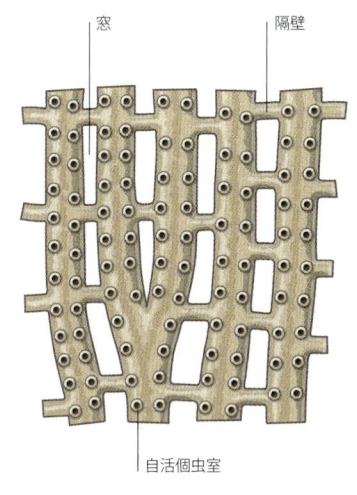

窓　隔壁

自活個虫室

無脊椎動物

アカントクラディア

グループ	コケムシ類
年代	石炭紀からペルム紀
大きさ	平均長2cm
産出地	ヨーロッパ、北アメリカ、アジア

直立で、しばしば低木状の有窓コケムシ・コロニーである。枝は中心軸から成長し、二分割されている。ときには小型の枝が融合し、四角い孔（窓）がそれらのあいだで作られている。軟体自活個虫をおさめたコロニーの片側には、円形開口部の列があり、自活個虫が摂食していないときは、触手は引きこまれていた。コロニーの裏面はなめらかであるか、もしくは微細な線条がある。

アカントクラディア・アンケプス
コロニーは、中心軸から成長した枝をもつ低木のような外観をしていた。

タムノポーラ

グループ	花虫類
年代	デヴォン紀からペルム紀
大きさ	サンゴ石の幅1-2mm
産出地	世界各地

分岐平面サンゴ。生存中は軟体のポリプをおさめていたサンゴ石は、断面が円形であり、分岐中心部から外に湾曲している。ポリプは薄い水平な仕切り（床板）に留まる。サンゴ石の壁は細孔が開いていて、コロニーの縁に向かって厚さが増している。

サンゴ石

タムノポーラ・ウィルキンソニ
この平面サンゴのサンゴ石をへだてる壁は非常に薄い。

耳様突起　茎殻

鋭い内方への曲がり

ホッリドニア・ホリドゥス
この腕足類は蝶番線の各端と耳様突起間がもっとも広かった。

ホッリドニア

グループ	腕足類
年代	ペルム紀
大きさ	全長2.5-8cm
産出地	ヨーロッパ、アジア、北極地域、オーストラリア

石炭紀のプロダクタスと近縁のストロフォメナ類腕足類（⇒ p.157）。前縁で急激に湾曲するやや凹形の腕殻が、大きく凸状の茎殻のなかにおさまっていた。未発達のホッリドニアだけが海底に固着するための茎状四肢（肉茎）をもっていた。これは体が成熟すると消滅し、そのため成体は、海底で固着するときに主として茎殻の重量に頼っていた。

コレディウム

グループ	腕足類
年代	デヴォン紀中期からペルム紀中期
大きさ	幅0.8-1.5cm
産出地	アメリカ合衆国、インドネシア

大きい茎殻（腹殻）のくちばしの真下に開口部をもつ小さなリンコネラ類腕足類。小さい腕殻（背殻）の前縁で外向きに折りたたまれ、茎殻前縁の内方への曲がり（湾曲）に対応した。殻の内側は茎殻の床に立つ薄い壁があった。生存中は、これが殻の中央にある小型のスプーン状の筋付着部を支える。

茎孔（肉茎のための開口部）

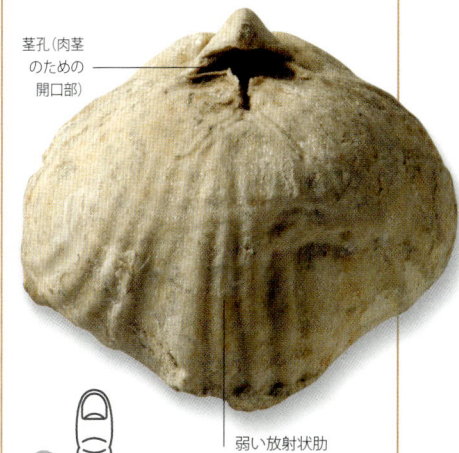

弱い放射状肋

コレディウム・ハンブルトネンシス
この種には、各殻に弱い放射状の肋があった。この図で腕殻は前面にあり、上部に茎殻のくちばしが見える。

ペルム紀

クセノディスクス

グループ	頭足類
年代	ペルム紀後期
大きさ	直径6–10cm
産出地	パキスタン、インドネシア

圧縮された円盤状(盤状)の殻をもつアンモノイドで、側面が扁平である。殻の渦巻(螺環)は少し重なりあって、広く浅い中心部(へそ)がある。初期の螺環上で成長した弱い放射状の肋があるが、成殻の住房ではさらに弱くなっている。内部の仕切り(隔壁)が殻に接合された箇所は縫合線と呼ばれ、クセノディスクスをゴニアタイト類(同時期に存在したアンモノイドのグループ)から分離させたのは、この縫合線の形状である。下図の縫合線のタイプは「セラタイト」型であり、クセノディスクスはセラタイト類アンモノイド(ペルム紀中期に進化したグループ)である。ゴニアタイト類と異なり、ペルム紀末の絶滅から生き残ったが、セラタイトは三畳紀の終わりにやがて絶滅した。

縫合線
開口部に面する縫合線の褶曲は円形で、後方に面しているものは微細な鋸歯状である。

しっかり間隔を保って並んだ縫合線

幅広いへそ

住房

クセノディスクスの1種
螺環の形状と幅広いへそにより、この属は緩巻きの殻をもつものとされる。住房には鉱物によってすきまがふさがれた自然の亀裂がある。

イゥーレサニテス

グループ	頭足類
年代	ペルム紀前期
大きさ	直径7–10cm
産出地	ロシア、オーストラリア

頑丈で円形のゴニアタイト。それぞれの螺環が相互に部分的に重なり、広くてかなり深い中心部をもっていた。このタイプの殻は適度に密巻きの状態であると知られている。殻表面はなめらかであり、はっきりしたパターンはなかった。多くのペルム紀のゴニアタイトがイゥーレサニテスに類似の縫合線をもっていたが、中生代アンモノイドの一部に近い複雑な縫合線をもったものもいた(⇨ p.298)。

縫合線

円い腹面

イゥーレサニテス・ジャクソニ
この標本の縫合線は明瞭で、ゴニアタイト類の多くの場合のように折りたたまれている。螺環(腹面)の縁端は円形である。

ペルモフォルス

グループ	二枚貝類
年代	石炭紀前期からペルム紀前期
大きさ	長さ2–4cm
産出地	世界各地

前閉殻筋によって残された痕跡

ペルモフォルス・アルベクゥウス
この内側雌型は、殻を閉じる2つの筋肉の前部が固定されていた痕跡を示す。

円形前部と後端をもつほぼ長方形の二枚貝。殻の両方のくちばしは低く、殻の前端方向に位置していた。殻表面はなめらかだが、ときには後端に同心円状の肋と弱い放射状パターンがあった。殻にはまた、蝶番のほうに傾斜して戻る角肩があった。上図の標本では見いだせない内部の特徴として、各殻のくちばしの下に2本のよく発達した歯と、背側縁でそれらに平行する2本の歯がさらにあった。生存中、これらは2つの殻をいっしょにしておくのに役立った。

デルトブラストゥス

グループ	棘皮動物
年代	ペルム紀
大きさ	全長1.5–2.5cm
産出地	インドネシア、シチリア島、オマーン

このグループが絶滅する前に存在した最後のウミツボミ棘皮動物の1種。生存中は、細い茎によって海底に付着していたらしい。石炭紀に存在した類似の外見をしたペントレミテス(⇨ p.160)と比べて、平板の発達した上部小円など一部に顕著な相違がある。ペントレミテスよりはるかに遅れて発生したが、ウミツボミのより原始的グループの生存組である。

歩帯

V状域

デルトブラストゥス・ペルミクス
5つのくぼんだ歩帯は、摂食のときに用いられた多数の長くほっそりした伸展部をそなえていた。

ディトモピュゲ

グループ	節足動物
年代	石炭紀後期からペルム紀後期
大きさ	全長2.5–3cm
産出地	北アメリカ、ヨーロッパ、アジア、西オーストラリア

前方に広がる頭部、すなわち頭鞍に際立って顕著な中央域があった。頭鞍後部に深い溝があって、後部を3つの葉部に分けていて、これが石炭紀の三葉虫ヘスラーイデス (⇨ p.161) と明らかに異なる特徴となっていた (それ以外は非常に類似している)。胸部は9つの区分からなり、隆起軸 (軸葉) と下方に回転する側部 (肋葉) をそなえていた。尾甲は頭とほぼ同じ長さで、14の明らかな輪があった。ディトモピュゲを含む最後の三葉虫が、長い減少時代のあと、ペルム紀の終わりに絶滅していった。これらは海洋ペルム紀動物相のほんの脇役にすぎなかった。ただし、局地的 (たとえばクリミア) には相当数が発見されている。

頭部の強化

側頭部から走っている長く広範にわたる突起は頭棘であり、頭部の構造的な強度を高めた。側頭部方向に位置する腎臓のような形をした小山が眼である。

ペルム紀の
脊椎動物

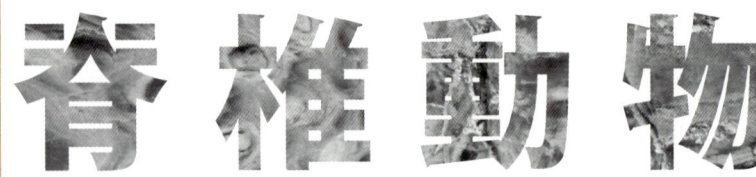

ささやきから始まり、最後は大轟音で終わったペルム紀は、進化した単弓類の隆盛時代だった。海洋では、放射状のヒレをもつ魚が多様化を続け、陸生脊椎動物は新しいタイプの肉食動物であるキノドン類を進化させた。一方、草食動物が精巧なそしゃくのメカニズムを完成させていた。

高度に発達した単弓類（哺乳類型爬虫類）の台頭は、ペルム紀におけるもっとも重要な進化現象であった。それは、哺乳類、そして究極的には現生人類の出現にとって決定的なことであったからである。ペルム紀が進むにつれ、陸生動物相はより一般的な組織構成となり、比較的少数の肉食動物が多数の草食動物を捕食するという状況が展開した。

キノドン類と哺乳類性

石炭紀後期における最上位の捕食者は体位が四方に広がり、多くの現生爬虫類に類似した、あまり活動的でない日常生態だった。ペルム紀後期には、単弓類肉食動物が活発な狩りを可能にする、進化した特性をもっていた。すなわち、四肢が伸長し、体の真下に位置した。歯は切歯、犬歯、臼歯に分化し、眼の位置はさらに前方に移動して、立体的な視力を向上させた。これらの初期キノドン類は哺乳類の特徴のほぼすべてをそなえていた。中耳ほど「哺乳類性」の進化の跡が明らかなところはない。哺乳類は3つの中耳骨（槌骨、砧骨、あぶみ骨）をもっているが、他のすべての四肢動物にはあぶみ骨があるだけである。単弓類の化石記録を見ると、これらの2つの新たに加わった骨（かつては顎関節の一部）が、どのように顎支持機能から解放されて中耳域（聴力に必要な音探知装置の一部を形成）に統合されたかがわかる。

大絶滅

ペルム紀は史上最大の大量絶滅で終わりを迎え、推定ですべての海洋種の95％および陸生種の70％が火山の噴火による海洋と大気の有毒化の結果、絶滅した（⇨ p.32）。

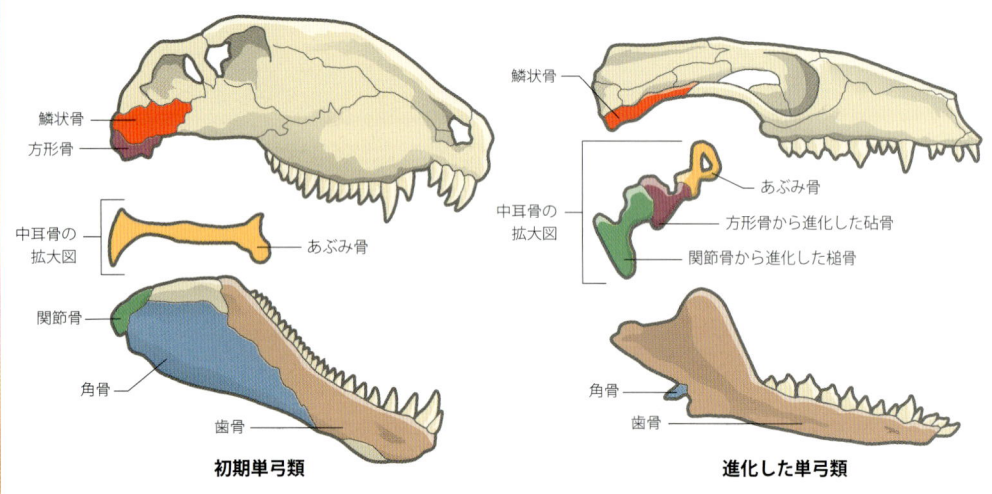

耳骨の進化
大半の四肢動物の（⇨図左）にはただ1つの中耳骨である、鼓膜と連接したあぶみ骨しかない。あごは方形骨と関節骨のあいだで蝶番となる。進化した単弓類（哺乳類を含む。⇨図右）では、歯骨と鱗状骨のあいだであごが蝶番となり、方形骨と関節骨が中耳のなかに組みこまれている。

グループ概観

ペルム紀は、石炭紀後期とほとんど区別できない動物相から始まり、多くの草食動物と少数の肉食動物を擁した単弓類が支配する動物相で終わった。ここに示したグループは多くのなかの4種にすぎないが、ペルム紀の4800万年におよぶ期間における脊椎動物の進化について、重要な刷新があったことを浮き彫りにしている。

切椎類
ペルム紀において、両生切椎類は陸上生活に特化したか、あるいは水中での生活を完成させた。**エリオプス**のように一部がワニによく似た半水生動物となったのに対し、**アルケゴサウルス**など他の動物は湖水生活を守り続けた。完全な陸生種としては、背部が皮骨板の二重列で保護された**カコプス**があげられる。

空椎類
この小型の四肢両生類は、多くの生活形態を展開した。サンショウウオ様ミクロサウルス類は陸上を徘徊したか、あるいは特殊な穴居性動物となった。ヘビ様のリソロフス類やアテロスポンデュルス類は四肢が縮小して、水生の生活形態だった。ネクトリデア目では、ブーメラン状の頭部をもつ**ディプロカウルス**のように、ほとんどが水生で、このグループでは最大だった。

エダフォサウルス類
これらの初期単弓類は、背に帆をもつ**エダフォサウルス**を含め、草食だった。歯は草をかみ切ってこすりつぶすのに適するよう、短く、緊密に並び、鈍い角状に進化した。腹部は植物を消化するのに必要なバクテリアを蔵するため拡大した。最終的には、草食動物が陸生脊椎動物相の最大勢力となった。

キノドン類
これらの進化した単弓類は、ペルム紀後期に発生した。**プロキュノスク**など初期キノドン類は、哺乳類としての条件（毛、頭骨構造、四肢の配置など）を満たすよう数多くの刷新がなされた。これらや他の骨格変化は、哺乳類の高い新陳代謝率が獲得されていく過程の途上だったことを示す。

183

脊椎動物

アカントデース

グループ	棘魚類
年代	石炭紀前期からペルム紀中期
大きさ	通常は全長20cm、一部は全長2m
産出地	ヨーロッパ

小型でほっそりした体格の魚だが、背と尻のヒレに加えて、胸と腹ビレ前端に対のとげをそなえており、肉食動物からしっかり身を守っていた。さらにはっきりした特徴は、サメ状の尾の基部に近い、背のはるか下方にある単一の背ビレや、緊密に凝集したほぼ長方形のウロコなどである。だが、歯はなかった。**アカントデース**は淡水に生息し、俊敏な泳ぎをするろ過摂食魚だった。

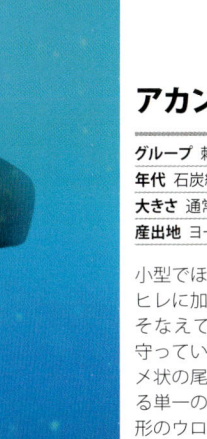

有棘サメ
真正のサメではないが、棘魚類は「有棘サメ」としても知られている。アカントデースは類縁種のなかでもとげの数は少なかったが、それでも身を保護するのには十分役立った。

クセナカントゥース

グループ	軟骨魚類
年代	石炭紀後期からペルム紀前期
大きさ	全長70cm
産出地	ヨーロッパ、アメリカ合衆国

クセナカント・サメは、そのほとんどが、世界中の海洋や淡水の岩で個々に発見された歯をもとにして記載されている。他のすべてのサメ・グループのように、2対のヒレが腹部から突起していた。頭にもっとも近い胸ビレと、尾にもっとも近い腹ビレである。これらのヒレは水中翼船の翼のような役割を果たし、水中を移動する際に揚力を与えた。雄は、腹ビレから後方に突出する1対の棒状鰭脚をもち、交尾の際に雌の体内に直接精子を送りこむために用いられた。**クセナカントゥース**の下側の最後尾のヒレは尻ビレであり、2つの部分に分けられていた。尾は完全に体の他の部分と一直線であり、上下の裂片はほぼ同じ大きさだった。

頭棘
背ビレを支えるかわりに頭部の後ろに付属するという点で、**クセナカントゥース**の頭棘はめずらしい。おそらく防衛的な構造であり、付属の毒腺もあったことだろう。

細長いあご
細長い下あご輪郭とワニ様の体型をもつ**アルケゴサウルス**は、深い湖の水域でアカントデースなどの種を摂食するなど、おそらく主として魚食性だった。

アルケゴサウルス

グループ	切椎類
年代	ペルム紀前期
大きさ	全長1.5m
産出地	ドイツ

1847年に発見され、研究者が記載した最初のペルム紀両生類の1種。その名前は「爬虫類の創始者」を意味し、小型の細長く突きでた鼻はワニに似ていた。ほぼすべての**アルケゴサウルス**化石は、深い湖の底でできた堆積物に由来する。ガビアルなど現生の細長く突きでた鼻のワニは魚食性であり、**アルケゴサウルス**も同じように魚食をしていたと思われる。一部の標本には、体内に**アカントデース**の骨が見つかっている。**アルケゴサウルス**が最初に発見されたとき、脚（と足指）をもつことが知られた最初期の動物だった。しかし魚類と多くの特徴を共有しているため、一部の学者は移行期の種と見なしていた。今日、**アルケゴサウルス**は初期の両生類と見なされている。

エリオプス

グループ	切椎類
年代	石炭紀後期からペルム紀前期
大きさ	全長2m
産出地	北アメリカ

切椎類系両生類のもっともよく知られたものの1種。多数の標本が収集されている。この動物は大型で頑丈だったため、標本は非常によく保存されている。骨格全体が骨化している（かなり容易に化石化される）という点で、**エリオプス**は初期両生類のなかでめずらしかった。同時代の生物は骨格内に多くの軟骨を有しており、これらが鉱化されなかったため、完全な骨格が残らなかった。**エリオプス**は最初、石炭紀後期の北アメリカに現れたが、発見された大半の標本がペルム紀前期のものである。その生態系においては、最上位の捕食者の1種だった。体躯の短い太ったワニに似ていて、ほぼまちがいなく魚や小型両生類を摂食していた。長い長方形の口輪は「長く引きのばされた顔」を意味する名前のもととなっている。**エリオプス**はペルム紀に、おそらく食性の変化を経験したであろう。初期の標本では、口輪が小魚を捕獲するのにふさわしい小さな1種の縁歯をそなえた円形シャベルのような形状だった。しかしのちには、ここで示される例のように現生ワニのものによく類似した間隔のある大型歯群をそなえ、いっそうのびた長方形の鼻をして、水たまりや川で捕えた大型動物を摂食していた。

主要な産出地
テキサス赤色層

1870年代以降、ペルム紀前期の両生類と爬虫類の化石の主たる供給源は、テキサス赤色層と呼ばれる一連の地層だった。この地層は北東テキサスからオクラホマに広がり、熱帯性の沿岸氾濫原において洪水堆積、水たまり、湖床、河川蓄積などが展開している。この地の動物相は豊富であり、多くが完全な骨格として発見された。その例としては、サメ類の**クセナカントゥース**、両生類の**ディプロカウルス**、**シーモアイア**、**エリオプス**、そして爬虫類の**カプトリヌス**などである。

欠けた胸郭
現生サンショウウオのように、しかし爬虫類や哺乳類と異なり、エリオプスの肋骨は短く直立の棒状であり、胸郭を形成する胸部周辺を包んでいなかった。肋骨はおもに体支持のためであり、肺を空気で満たすためには用いられなかった。サンショウウオのように、巨大な口を空気で満たして肺に送り込んだのだろう。

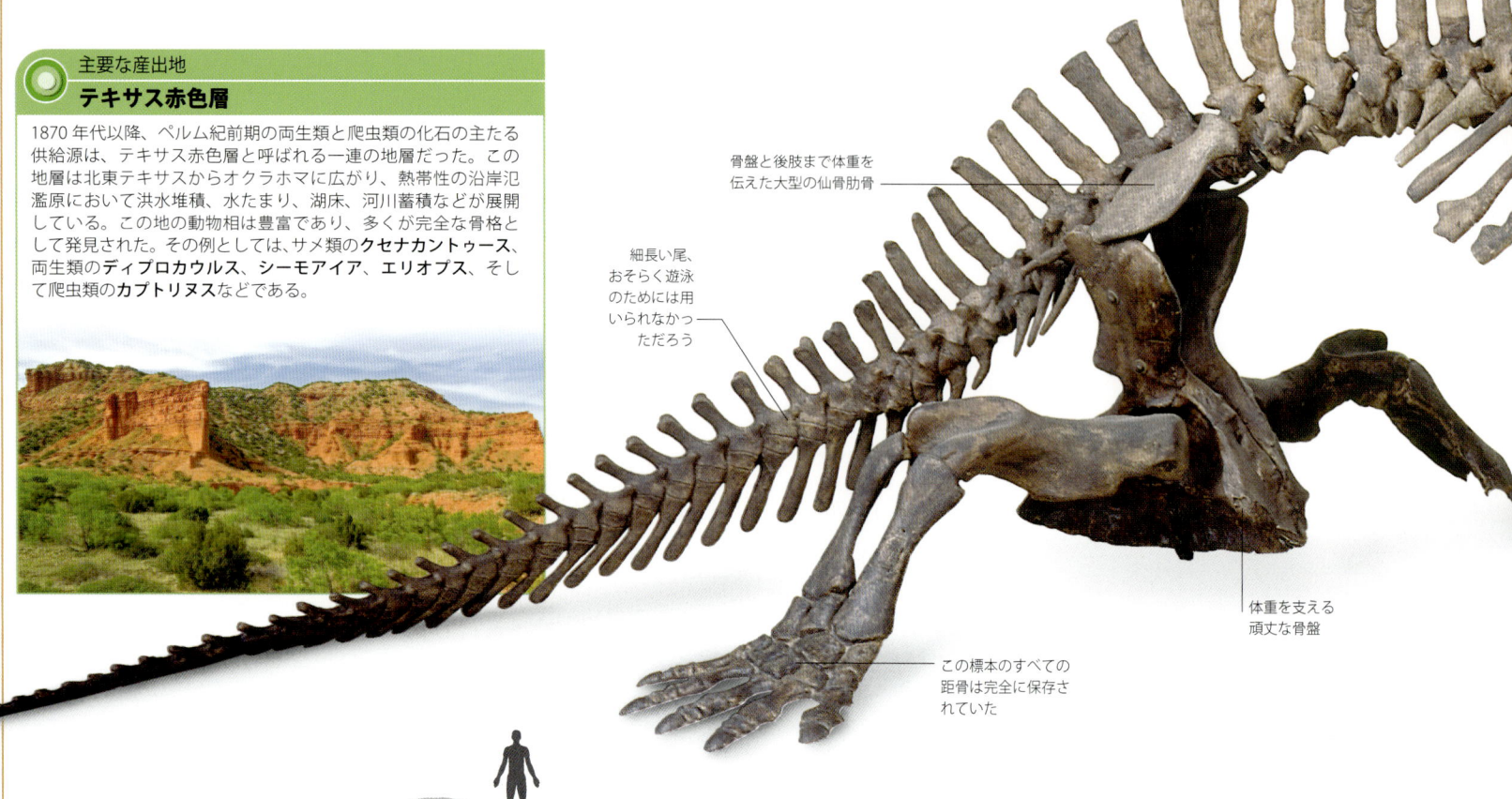

- 骨盤と後肢まで体重を伝えた大型の仙骨肋骨
- 細長い尾、おそらく遊泳のためには用いられなかっただろう
- この標本のすべての距骨は完全に保存されていた
- 体重を支える頑丈な骨盤

スクレロケファルス

グループ	切椎類
年代	ペルム紀前期
大きさ	全長1.5m
産出地	ドイツ、チェコ

エリオプスの小型の類縁（⇨上）。現在の中央ヨーロッパの連峰地帯で発達した巨大な浅い熱帯性高山湖に生息していた。ときには水がよどんで、**スクレロケファルス**の大型の成体や小さな幼生が大量に一挙に死んでいる。この化石化した標本は一部が成長した若年のものである。

よく保存されている
この化石では、体の輪かくが岩上に黒い形となって見られる。この動物は、死ぬとすぐに、それを分解していたバクテリアとともに埋没した。そして黒い石炭状の被膜におおわれ、凝固した。

シーモアイア

グループ	四肢動物
年代	ペルム紀前期
大きさ	全長80cm
産出地	アメリカ合衆国、ドイツ

長年のあいだ、両生類から爬虫類への移行期生物に近いと考えられていた小型の肉食動物。爬虫類だったかどうかについて、その小型の類縁である**ディスコサウリスクス**（⇨右）が成体になる前は外エラと側線管を有していたことが注目されるまで、多くの議論があった。つまりこのことは、**シーモアイア**が爬虫類前の存在であることを示し、陸生に対する適応形態の一部において爬虫類に類似した初期の両生四肢動物であったと現在は考えられている。

> 長年のあいだ、研究者はシーモアイアが原始的爬虫類であると考えていた。

幅の広い頭
雄の**シーモアイア**には、交尾競争でライバルに頭突きするために用いられたと想像される幅の広い頭骨があった。おそらく彼らは陸上で一生の大半を過ごしたと想定されるが、雌はほぼまちがいなく卵を産むために水中に戻ったであろう。

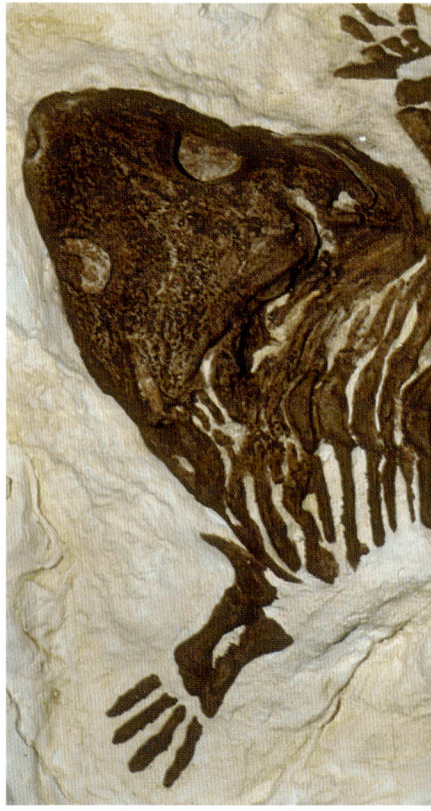

両生類ではめずらしいことだが、エリオプスの全骨格は骨からできており、これにより完全な標本が保存された。

- 一部の肋骨に特別な扁平部分があるのは、陸上でのこの動物の重量を支える筋肉を付着させるためのものであったと考えられる
- 頭部の上下移動を可能にした脊椎のない頸椎骨
- 眼窩は横向きの目をおさめていた
- 大きくて重い頭を支える大型のU状肩帯
- おそらく臭いを嗅ぐためで、呼吸用ではない鼻孔

ディプロカウルス

グループ　空椎類
年代　ペルム紀前期
大きさ　全長1m
産出地　アメリカ合衆国、モロッコ

テキサス赤色層で発見されたもっとも一般的な化石の1種であるが（⇨左）、現生の類縁をもっていない。首から後方にかけて太ったサンショウウオに似ているが、頭骨は両側に長く偏平な「角」をもつ異様なブーメラン状の形をしている。ひとつには、これらの角が水中翼船の翼のような役割を果たしたということが考えられる。水流を操作するためにこの角を使うことによって、ディプロカウルスは上方あるいは下方への推進力を得ることができ、容易に上昇や下降が可能だった。

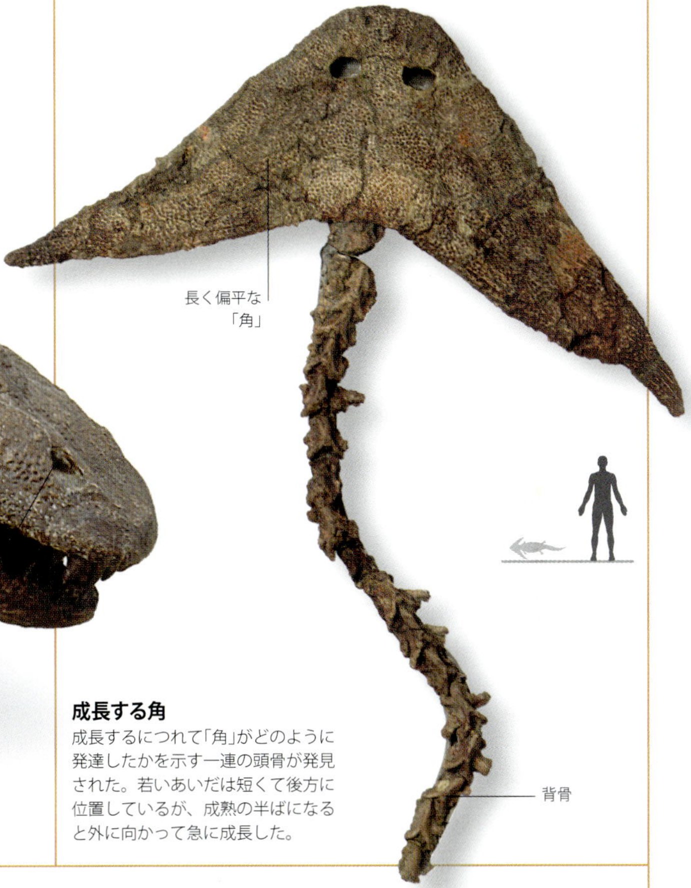

- 長く偏平な「角」
- 背骨

成長する角
成長するにつれて「角」がどのように発達したかを示す一連の頭骨が発見された。若いあいだは短くて後方に位置しているが、成熟の半ばになると外に向かって急に成長した。

ディスコサウリスクス

グループ　四肢動物
年代　ペルム紀前期
大きさ　全長40cm
産出地　チェコ、ドイツ、フランス

シーモアイアの小型の類縁（⇨左）。その大型の類縁と異なり、一生を通して水生だったと想定され、若いときは外エラをもち、生涯を通じて側線管を有していた。大半の標本がチェコで発見されている（表面の岩石が、浅いペルム紀前期の湖をあらわし、その湖がよどんでなかのすべての魚類と両生類が息絶えた地域）。何千というディスコサウリスクスがこの区域から収集された結果、現存するもっとも一般的な化石両生類の1つとなっている。

- 側椎体

小円盤トカゲ
それぞれの脊椎が側椎体と呼ばれる小さな円盤状の構造をもつ。これが、「小円盤トカゲ」を意味するディスコサウリスクスの名前の由来である。

オロバテス

グループ	爬形類
年代	ペルム紀前期
大きさ	全長1m
産出地	ドイツ

もっとも初期の脊椎草食動物の1種。ドイツのブロマッカー村の近くで発見された少数の完全骨格によって知られている。ブロマッカーでの発見は、化石記録のなかに見いだされる最初の真正な陸生爬虫類と両生類による共同体の1例である。オロバテスという名前は「山岳歩行者」を意味し、この動物は岩だらけの陸生環境に生息していたのであろう。ディアデクテス科のもっとも原始的な仲間である。この類はすべてが草食動物で、当時としては大型だった。横方向に植物をかむための幅広い奥歯と、枝から葉をはぎ取るための長い前歯をしていた。

幅広い後肢

山岳歩行者
その幅広い脚とがっしりした四肢で、摂食対象の植物をあさる際に岩だらけの地形に対処することができたと考えられる。

カプトリヌス

グループ	真正爬虫類
年代	ペルム紀前期
大きさ	全長50cm
産出地	アメリカ合衆国

たえまなく生えかわる一連の粉砕歯をもつ初期の爬虫類。小型動物を摂食するが、葉をすりつぶしたり、小枝をはがすこともできる雑食動物だったと考えられる。ペルム紀後期のカプトリヌス類は、ほぼまちがいなく草食性だった。

先のとがった鼻

トカゲ状頭骨
カプトリヌスの頭骨の形は現生トカゲのそれとほとんど変わらず、体型も似ていた。

中型のハンター
多くの肉食恐竜と比べてサイズは大きくないが、類似の捕食行動をとる一部の現生オオトカゲとほぼ同じ大きさだった。

メソサウルス

グループ	側爬虫類
年代	ペルム紀前期
大きさ	全長1m
産出地	南アフリカ、南アメリカ

最初の水生爬虫類。陸生に適応した脊椎動物（羊膜類）が石炭紀後期に進化した（⇨ p.163）。約2000万年後、メソサウルスなど羊膜類の1種のグループが水生環境に再適応した。爬虫類であり、防水構造の、おそらくウロコでおおわれた表皮と、長い四肢をそなえていた。エラのかわりに肺をもっていたことで、呼吸するために水面に上がらなければならなかった。尾はワニのように長くて扁平であり、足は大きく、泳ぎの際に用いることができた。獲物をとらえるために、長く細い鼻を水中で俊敏に左右に動かし、200本近くの長くとがった歯で小魚や甲殻類を取りこんだ。

ワニ状尾

細く長い鼻

人物伝
アルフレート・ヴェーゲナー

ドイツの気象学者アルフレート・ヴェーゲナー（1880〜1930）は、1915年に最初の大陸移動説を発表した。彼は西アフリカの海岸線が南アメリカ東部の海岸とうまくかみ合う事実を観測し、地球の陸塊がかつては1つの巨大な超大陸パンゲアであり、それが約3億年前に分離したと論じた。メソサウルス化石が彼の理論を支持するのに役立った（⇨ p.21）。

流線形の体
細長い流線形の体と強力な尾をもつメソサウルスは、がん強な遊泳者だった。しかし、その比較的小さな歯から、同じような小型の体格の獲物を捕食して生息していたと考えられる。

スクトサウルス

グループ	側爬虫類
年代	ペルム紀後期
大きさ	全長2m
産出地	ロシア

パレイアサウルス類に属する大型の草食動物。すべてのパレイアサウルス類は、長く厚い肋骨によって樽状の胸をしていた。大型の胴には、かたい植物類を送りこむのに適した幅のある消化管をおさめていた。先のとがっていない歯は、かまずに植物を刈りとることができた。頭骨は幅広くて扁平であり、短く下向きの牙が下あごと顔の両側からのびていた。

骨張った鱗甲

柱状足
小さく骨張った平板が皮ふのなかに内蔵されていたため「鱗甲トカゲ」を意味する名前がついていたが、スクトサウルスの足はトカゲのものとは異なり、柱のようにほぼ直立だった。

頑丈な柱状足

ウァラノプス

グループ	単弓類
年代	ペルム紀前期
大きさ	全長1.2m
産出地	アメリカ合衆国、ロシア、南半球

他の盤竜類と比べて、**ウァラノプス**とその類縁は、長い四肢と後方に湾曲した鋭利な歯をそなえ、活動的で機敏だった。食欲な肉食動物であり、初期単弓類のもっとも広く分布した存在でもあった。化石はアメリカ、ロシア、南半球の各国で発見された。カセア類と呼ばれる初期の単弓類よりも長く生きのび、原始的なトカゲのような体型をした**エリオットスミシィア（ウァラノプスの類縁）**は、ペルム紀後期の哺乳類型獣弓類のあいだで異彩を放っていた。2006年、ある**ウァラノプス**の骨格にかみ痕があると報告され、研究者たちは、その遺骸が埋没して化石化される前に、死体処理動物（スカヴェンジャー）によってかまれていたという説を立てた。かみ痕の形からスカヴェンジャーが大型の切椎類両生類だったことがわかった。これは陸生脊椎動物のあいだでの死体処理に関する最古の証拠である。

220—ウァラノプスの類縁であるウェラノサウルスの鋭く湾曲した歯の本数。

ペルム紀

短剣状の歯

恐ろしい牙
この化石化した**ディメトロドン**の頭骨は、破壊的な肉食動物の特徴を示す。顎筋起着用の眼窩の後ろにある孔は哺乳類と共通の特徴である。

眼窩

側頭窓
（顎筋起着用の孔）

背面帆

この繁栄した肉食動物はペルム紀でもっとも一般的な化石の1種である。

鋭い引き裂き歯

下顎関節

四方に広がった爬虫類のような姿勢

どう猛な肉食動物
ディメトロドンは背中に大型の帆があり、それが脊椎の棒状伸展部によって支えられていた。これは**エダフォサウルス**（⇨p.191）の帆とは別個に進化したものであり、側枝を欠いていた。

ディメトロドン

グループ	単弓類
年代	ペルム紀前期
大きさ	全長3.2m
産出地	ドイツ、アメリカ合衆国

しばしば恐竜関係の本に含まれていることがあり、そのためによく恐竜と間違えられる。これは初期の単弓類で、実際には、眼の後ろの頭骨にある単一孔など骨格的特徴をいくつか共有するという意味で、哺乳類と近縁だった。最初の恐竜の少なくとも4000万年前のペルム紀前期に生息し、直立脚など恐竜の特徴を欠いている。最大級の肉食盤竜類（⇨右）の仲間であり、当代のもっとも凶暴な肉食動物だった。その高さのある頭骨と比較的短い鼻は、かみつきの強い破砕力をもたらした。**ディメトロドン**とは「2サイズの歯」を意味し、あごには2種のサイズの歯があった。上あごの2本の犬歯は、犬や人など現生哺乳類の犬歯の位置とおおむね同じであり、歯根は顔の両側まで骨を通ってのびていた。大型ネコ科動物のサーベル歯ほど顕著ではないが、強力で破壊的だった。全部で**ディメトロドン**は80本の大型の鋭い歯をもっていた。これは、他の大型陸生脊椎動物を殺すために適応していたことを示している。

帆を支えている脊椎の棒状伸展部

構造
背に帆をもつ爬虫類

すべての盤竜類に帆があったわけではないが、「帆爬虫類」を意味する盤竜は、前期単弓類の非公式の名前である。日なたですぐに体が温まるよう、帆は体表面積を増やす役割を果たしていた。低温動物の**ディメトロドン**は、日光にあたる前の午前中は動きが緩慢で、帆は捕食対象の獲物が体を温める前に自身を先に温めるのに役立ったと想像される。

痕跡
これらの5本指の跡は、**ディメトロドン**（当時の生態系においてもっとも一般的な動物の1種）のものと考えられる。しかし、足跡をそなえた体化石がほとんど発見されていないので、足跡の持ち主を割りだすことはむずかしい。

長い尾

キスラリアン				ガダリュービアン			ロピンギアン	
アッセリアン	サクマーリアン	アルチンスキアン	クングーリアン	ローディアン	ワーディアン	カピタニアン	ウキアピンギアン	チャンシンギアン

脊椎動物

モスコプス

グループ	単弓類
年代	ペルム紀後期
大きさ	全長2.5m
産出地	南アフリカ

頑丈な脚と大きな樽状の胸を形作る太い肋骨をもち、厚い頭骨の草食動物だった。かたい植物を摂食するための非常に大型の消化器官をそなえていた。全体としてモスコプスは体重の重い動物であり、成体はおそらく肉食動物の餌食になる恐れはほとんどなかっただろう。モスコプスを含むディノケファルス類は進化を続けた最初期の獣弓類の1種であり、ペルム紀後期の初頭にはきわめて一般的だったほか、かつて盤竜類が担った生態的役割の多くを利用して多様化していった（⇨ p.189）。肉食および草食のディノケファルス類が知られているが、そのすべてが特別な前歯をしている。他の動物のものと異なり、上顎切歯は下顎切歯に重ならないが、相互に連結して効果的に獲物をはさむことができた。

構造
厚い頭骨

モスコプスの頭骨はおどろくほど厚かった。頭骨の全長は30cmで、上面の骨は厚さ10cm以上である。これは現生のオオツノヒツジのように、おそらく交尾のために競争する雄どうしの争いで頭突きの儀式を可能にするために適応したのだろう。首の関節と脊椎は、むちうち症にならずに頭突きの一撃の力を伝えるような構造になっていた。ある旧説では、頭骨の肥厚化は過度に活動的な脳下垂体腺によって発生したということである。これによって、眼球のための空間が減少し、盲目につながる結果となったと考えられる。今日、頭骨の肥厚化は社会行動への適応結果であると見なされている。

脊椎動物

エーオテュリス

グループ	単弓類
年代	ペルム紀前期
大きさ	頭骨全長6cm
産出地	アメリカ合衆国

謎に満ちたエーオテュリスは、1937年に記載された1個の幅広い扁平な頭骨が知られているだけである。上あごの両側にある2本の大きな牙状歯が特徴的だが、この特別な配列の理由は不明である。残りの歯も非常に鋭かった。肉食動物であるが、全長は30cm以下だったため、獲物は小型のものだったにちがいない。自分より小型の昆虫や他の脊椎動物を捕食していたと考えられる。おどろくべきことに、エーオテュリスは巨大な草食動物コテュロリュンクス(⇨下)と近縁である。

幅広い扁平な頭骨により、俊敏で切れ味のよいかむ力があった。

初期の群れ
モスコプスは小規模な社会的集団あるいは群れを形成したと考えられる。実際、化石化した数体がまとまって発見されている。厚い頭骨はおそらく儀式的な戦闘など社会行動に適していたのだろう。

突起した牙
上あごに特別な両牙をもつ、トカゲに似た初期の小型単弓類だった。

仮説にもとづく爬虫類様の体

一対をなした牙

短い脚

コテュロリュンクス

グループ	単弓類
年代	ペルム紀前期
大きさ	全長4m
産出地	アメリカ合衆国

カセア類(草食盤竜類の特殊なグループ)のなかで最大だが、体の大きさの割には単弓類のなかで頭骨は最小である。かたい植物を押しつぶすのに適した先のとがっていない、幅の広い歯をしていたが、消化の大部分は樽状の胸郭のなかにおさまった巨大な消化管によって行われた。カセア類は非常に繁栄し、他の多くの盤竜類より長く生き残った。獣弓類が支配するようになっていたペルム紀後期にも生息していた。

エダフォサウルス

グループ	単弓類
年代	石炭紀後期からペルム紀前期
大きさ	全長3.3m
産出地	チェコ、スロヴァキア、ドイツ、アメリカ合衆国

粉砕板の役を果たす先のとがっていない歯を多数もつ草食の盤竜類だった。歯はあごの周辺だけではなく、口蓋と下顎骨の両側にもあった。草食だったが、コテュロリュンクス(⇨左)と類縁ではなかった。もっとも顕著な特徴の1つは背中にある「帆」冠である。ディメトロドン(⇨p.189)の帆と異なり、小さな突起が帆を支える主棒から脇に分岐しており、小枝のような外観をしていた。この相違にもかかわらず、ディメトロドンとエダフォサウルスの帆は同じ目的(日光にあたっているあいだ、熱を取りこむこと)でおそらく進化したのであろう。これはエダフォサウルスが朝の太陽で素早く体を温めて、多くの肉食動物よりも早く活動に移れることを意味した。

後方帆
背骨の神経棘は上方にのびていた。脊椎は皮ふでおおわれ、背中に特徴的な「帆」を作っていた。脊椎には脇に分岐する小型の突起もあった。

犬牙

ロベルティア

グループ	単弓類
年代	ペルム紀後期
大きさ	全長42cm
産出地	南アフリカ

ディキノドン類は、キノドン類を除く他のすべての獣弓類グループよりも長く生き残った、特別な草食動物のきわめて多様なグループだった。ディキノドン類は三畳紀後期に入っても存続した。他方、キノドン類は今日の哺乳類に進化した。状態のよい化石から知られる最初期のディキノドン類がロベルティアである。比較的小さくて、ほぼ家ネコのような大きさだった。その初期の外観にもかかわらず、明らかにディキノドン類の特徴をそなえていた。たとえば、他の歯はないが、2本の大型の犬牙があり、この犬牙は地面を掘るために使われたと考えられる。

ほぼ無歯
犬歯をのぞいて歯がなかった。そのかわり、カメのような角状くちばしをもっていた。骨格は食料を掘るのに具合がよいように適応した。

プロキュノスクス

グループ	単弓類
年代	ペルム紀後期
大きさ	全長50cm
産出地	南アフリカ、ザンビア

最初期のキノドン類(哺乳類を発生させた獣弓類のグループ)の仲間である。小臼歯と大臼歯に分かれた哺乳類型の臼歯の最初の徴候を示している。他の獣弓類や大半の爬虫類は、あごの側面に1種類の歯しかない。その進化した歯にもかかわらず、体はまだ原始的だった。

半直立の四肢

原始的な体
長い尾をもち、爬虫類のように半直立の姿勢をとった。

191

ペラノモドン

グループ 単弓類
年代 ペルム紀後期
大きさ 全長1m
産出地 南アフリカ

ペラノモドンなどのディキノドン類は、他の多くの初期単弓類より短い尾をもち、がっしりした豚に似た動物だった。あごの構造は独特で、滑脱性の顎関節と、あごの後ろに位置し、眼球の後ろにある頭骨開口部(側頭窓)の縁周辺に付着している顎閉口筋があった。ヒトや他の多くの動物のように上下にあごを動かして食料をかむことに加え、ディキノドン類はそしゃくの度に後方にもあごを動かすことができた。これにより、彼らが食料としたかたい植物材料を粉末にするほどの強力な破砕力が生まれた。この適応は、ディキノドン類が草食動物のなかで史上もっとも繁栄したグループの1つだったことを考えると、効果的だったにちがいない。全長が約40cmの**ディイクトドン**(⇨右端)は小型のディキノドン類だった。化石化した状態でも発見されている、深さ50cm以上の栓抜き状の巣穴をつくった。この穴は彼らが下方にらせん状に入りこむと幅が広がり、なかに広い室ができあがった。それは、初期のビーバーである**パレオカスター**⇨p.408)によって2億2000万年後につくられたものに類似していた。**ペラノモドン**は穴を掘らない典型的なディキノドン類だったが、食料となる栄養根や塊茎を得るためには地面に穴を掘っていたと考えられる。一部のディキノドン類の化石はきわめて一般的であり、地質学者が周辺の岩石の年代を特定するために用いる。含まれる化石に基づいて岩石の年代を特定する研究は、生層位学と呼ばれる(⇨p.39とp.44)。**ペラノモドン**と**ディイクトドン**の両方とも「キステケファルス」群集帯(とくに豊富なディキノドン類にちなんで命名された岩石層)に存在する。それは**キステケファルス**、**ディイクトドン**、**ペラノモドン**がわずか数百万年間生息していただけだったからであり、彼らが発見された岩石層は容易に特定できる。さらに少し古い岩石は「トゥロピドストマ」群集帯に属しており、より若い岩石は「ディキノドン」群集帯にある。

> ディキノドンの化石は非常に豊富であるため、彼らが発見された岩石の年代を特定するために用いられる。

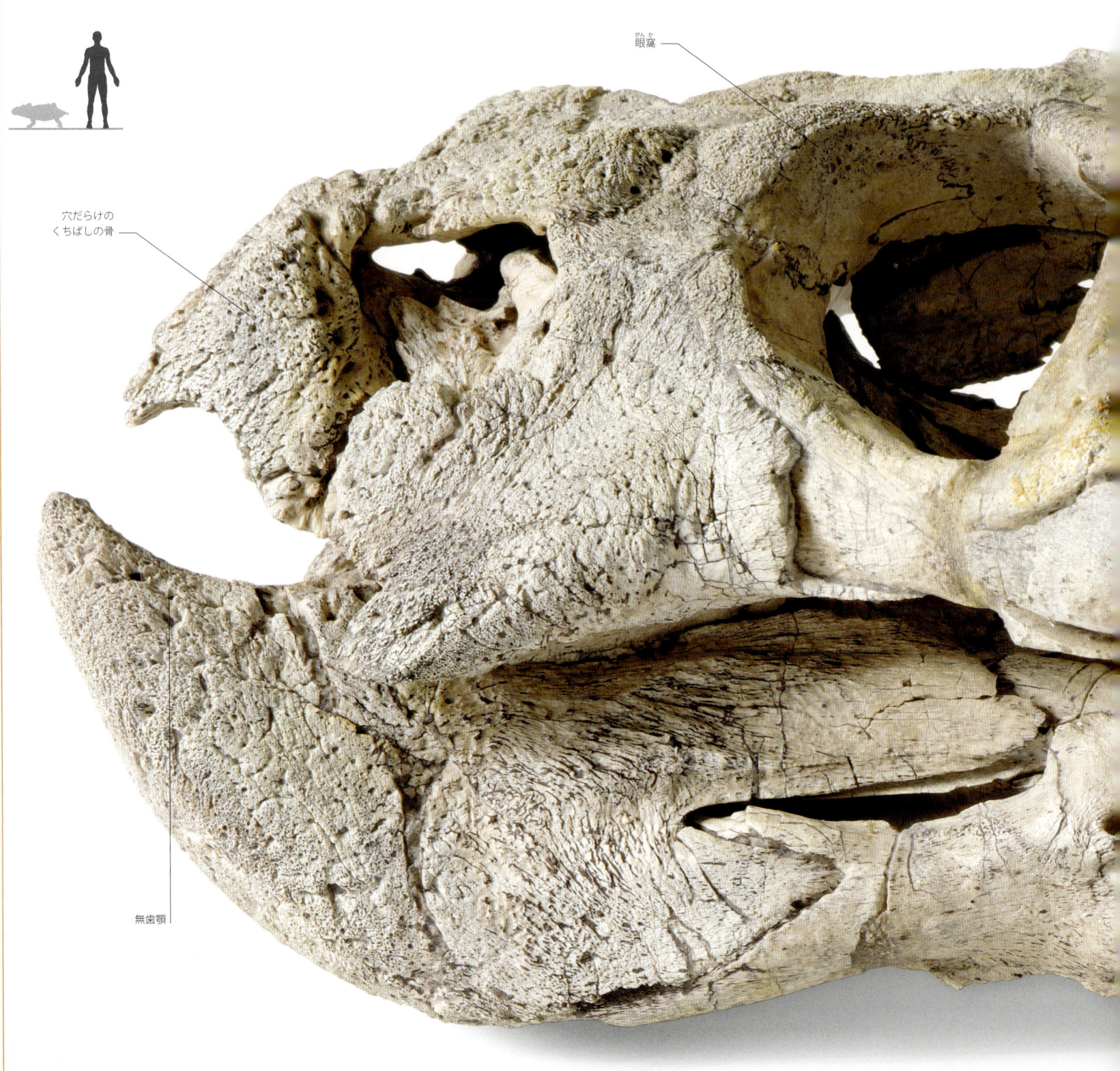

眼窩

穴だらけのくちばしの骨

無歯顎

中耳骨
この図はペラノモドンの頭骨で、あぶみ骨を示している。鼓膜から内耳まで振動を伝える中耳骨である（⇨ p.182）。

- 下あご
- あぶみ骨
- 側頭窓

有牙ディキノドン類
この頭骨はディイクトドンと呼ばれる有牙ディキノドン類に属する。2億5000万年以上前に絶滅したが、頭骨は最近死んだかのように見えるほどよい状態である。

- 眼窩
- 牙
- 滑脱性の顎関節

- 側頭窓（顎筋が付属していた）
- 反射組織（鼓膜をおさめていた）

カメのようなくちばし
ペラノモドンは、植物を刈りとるためにカメのようなくちばしをした無牙のディキノドン類だった。この化石は非常によく保存され、くちばし骨の穴だらけの組織（そこに栄養を供給していた血管による）を示している。

193 脊椎動物

三疊紀

198 植物

202 無脊椎動物

206 脊椎動物

三畳紀

三畳紀は、ペルム紀終期における動物相と植物相の危機のあとを受けた回復の時期だった。また、地球全体が非常に温度の高い時代でもあった。陸上で空になった生態系のなかで恐竜と哺乳類が進化し、急速に繁栄することができた。海では、現生サンゴ虫が現れた一方、ペルム紀終期にほぼ絶滅したあとで、ウニが多様性をもちはじめた。

三畳紀堆積岩
ニューアーク層群堆積岩は、サウスカロライナからノヴァスコシアまでのびている北アメリカ東部海岸に沿って露出している。河川に横たわる赤色層が、湖床の薄い黒色沈澱物と交互に出現している。

海洋と大陸

世界の陸塊は、地球全体に広がったパンゲア超大陸に依然として集められていた。これは、海面の低下によって陸地が広大だった三畳紀中期から後期への移行期のころにその最大面積に達した。三畳紀を通して、パンゲアは着実に北方に動いていき、結果としてシベリアは北極に移動した。ペルム紀にヨーロッパとカザフスタニアを隔てていた細長い海が閉じて、三畳紀前期にウラル山脈でのさらなる造山運動をもたらした。パンゲアは北へ移動すると、また反時計回りにも回転して、中国の北部・南部を北方に移した。一方、キンメリアは赤道を越えて北へ移動し、そことパンゲアの南東部間の裂け目を広げ、テティス海を拡張した。キンメリアが現在の北中国に該当するパンゲア東部の伸長ペースより速い速度で北を広げると、古テティス海は縮小しはじめた。ゴンドワナ大陸のすべての構成部分を擁するパンゲアは、いまだ南極に接近しつつあった。三畳紀の終わりには、世界地図は変化していた。パンゲアは分裂しはじめたが、これは中生代の残り期間を通して新生代にまで続く過程だった。陸と海における三畳紀の生物は、壮観な姿を見せる一部の化石産地で保持されている。三畳紀前期の陸生脊椎動物はロシアのウラル山脈、カルー盆地、南アフリカなどで発掘され、スイスとイタリアのサンジョルジョ河床では三畳紀中期のみごとに保存された水生の爬虫類やアンモナイト類が発見された。俊敏な恐竜のコエロフィシスは、三畳紀後期に河川氾濫原で生息していた。

ニューアーク層群赤色河床
パンゲアが分裂しはじめると、非海洋性堆積物で構成された礫岩によるこうした深い河床ができた。漣痕や泥割れ、さらには恐竜の足跡さえも含まれている。

三畳紀の世界地図
パンゲアは三畳紀中期から後期への移行期にその最大規模に達した。そして、三畳紀の終わりには分裂しはじめていた。

凡例
- 古代の大陸
- 現代の大陸
- 沈み込み帯
- 海底に広がる海嶺

ゴンドワナ大陸は、アフリカ南部と南極大陸西部から南アメリカの南端を分離させて分解しはじめる

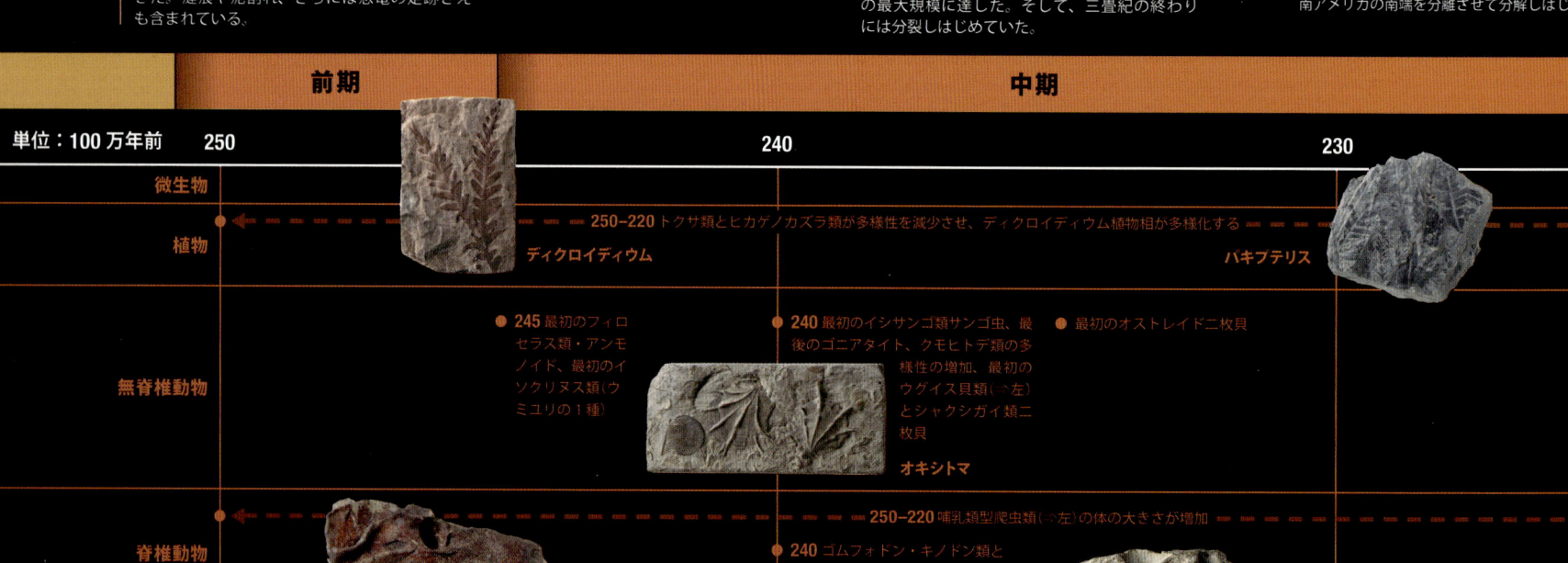

鱗片葉針葉樹
三畳紀の植物は乾燥した状態に適応した。植物相としては、このローソン糸杉に類似した鱗片葉針葉樹や、角皮の肥厚したシダ種子類などがある。

気候

ペルム紀時代が終わったあと、三畳紀前期における急激な地球全体の温暖化現象は、史上もっとも暑い時代の1つを引きおこした。ある推定によると、亜熱帯性の海洋表面温度は38℃にまで上昇した。三畳紀において、超大陸パンゲアの巨大な規模は、一部は非常に乾燥し、他方ではモンスーン気候に影響されるという状態で、極端な気候の帯状分布をまねいた。この帯状分布の結果の1つが、明らかな南北各領域への植物相の分離だった。しかし、この固有性（ある特定の場所に固有の性質）は三畳紀を通して減少していた。気候は高緯度地方でさえ非常に暖かく、両極には氷がなく、冬でも温暖だった。南北の高緯度での石炭堆積物の存在は、これらの地域がおそらく温暖で、低緯度地方よりも湿潤だったことを示唆する。しかし、大陸の多く（とくに低緯度地方）では乾燥しており、乾燥に適した植物の性質がこのことを反映している。三畳紀前期で、乾燥地域はおそらく、赤道の南北各々50度という比較的高緯度の地方にまでおよんだ。三畳紀に赤道の熱帯性地帯はキンメリア北西から成長し、パンゲアのヨーロッパと西部シベリアの地域にまで広がった。乾燥した地帯がせばまるにつれ、南北の温暖な地帯が低緯度地方（とくに南半球）に拡張されていった。

シベリアが北極に移動し、ヨーロッパとカザフスタニアがつながる

ウラル山脈
ヨーロッパ
パンゲアが反時計回りに回転し、中国の北部・南部は北方に動く
シベリア
北中国
古テティス海
南中国
トルコ
キンメリア
インドシナ
イラン
ゲア大陸
チベット
アラビア
テティス海
マレーシア
ワナ大陸
インド
オーストラリア
南極大陸

キンメリアとパンゲアのあいだの割れ目が広がり、テティス海を拡大させる

二酸化炭素レベル
地球が温室段階に入り、世界の温度が劇的に増加するにつれ、二酸化炭素レベルは三畳紀に急激に上昇した。

サンジョルジョ山動物相
ティチーノ州のルガーノ湖（スイス）で、このピラミッド状の山に保存された状態で発見された化石は、三畳紀中期の潟湖のもっともよく知られた記録である。

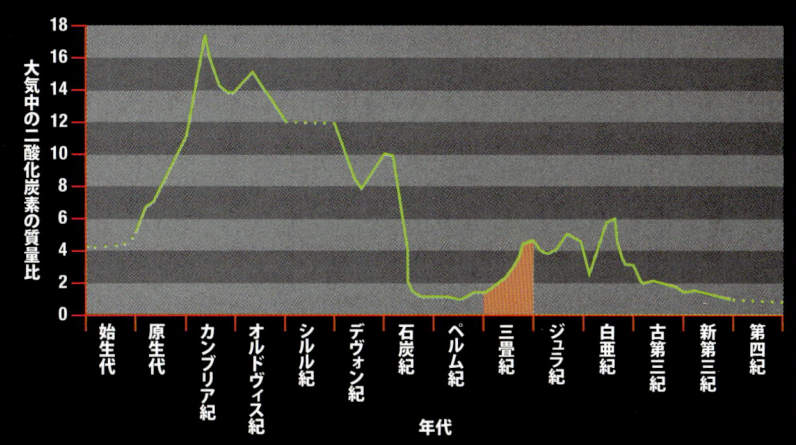

大気中の二酸化炭素の質量比 / 始生代・原生代・カンブリア紀・オルドヴィス紀・シルル紀・デヴォン紀・石炭紀・ペルム紀・三畳紀・ジュラ紀・白亜紀・古第三紀・新第三紀・第四紀
年代

後期

220　　　210　　　200　単位：100万年前

- 225 最初のココリソフォアズ（単細胞の海洋プランクトン様藻）　微生物
- 225 ソテツ類、ベネティテス類、針葉樹の多様性が増大
- 215 一部の植物が絶滅　植物
- 225 最初のカルディイド二枚貝
- 220-200 ウニ類の多様性が増大
- 200 最後のセラティテス類アンモノイド
- カルディニア
- 220 最初のハエ
- 215 最後のハッロボラ類コケムシ、最後の直角石オウムガイ類（→右）、最初のペンタクリニテス類
- 210 最初のスエモノガイ類二枚貝　無脊椎動物
- セノセラス
- セラタイト

- 220-200 鳥盤類恐竜の多様性が増加し、哺乳類型爬虫類の多様性が減少し、胃部処理型草食爬虫類が多様化する
- 225 最初の恐竜（原竜脚類）、最初の硬骨魚類（放射状ヒレ骨質）
- 220 最初のカメ（オドントケリス）
- 215 最初の哺乳類（たとえばイオゾストロドン）、一部の脊椎動物が絶滅
- 220 陸生脊椎動物と多くの大型両生類の大規模な絶滅　脊椎動物

三畳紀の植物

ペルム紀から三畳紀に移行すると、古生代の他の古代植物のグループと同様、グロッソプテリス類が絶滅した。しかし三畳紀は、シダや種子植物の新グループの登場と多様化など、植物相のさらなる進化をもたらした。

三畳紀前期の植物についてはあまり知られていないが、三畳紀後期の豊かな植物相（たとえばグリーンランドと南アフリカの植物群）には新種のシダや種子植物の多くの新しいグループがある。これらの古代種子植物がどのように相互に関係しているのか、その現生類縁はどういうものかなど、さらに多くの研究が必要である。

石化した森林
アメリカ合衆国アリゾナ州の「化石の森」に見られる大量の石化丸太（ほぼ完全にシリカによって置き換わっている）は、三畳紀の古代針葉樹の一部が生み出した巨大な威容を示す。

新しい種子植物

新しい多くの種類の種子植物が三畳紀に初めて化石記録として登場する。南アフリカのモルテノ植物相の研究により、これらの植物について多様な種類の生殖構造が明らかになっている。その多くは、近縁種であると推定される現生植物グループに関しては不明である。三畳紀種子植物のあいだでとくに顕著な植物はコリストスペルムであり、南半球でとりわけ多様である。ベネティテス類は三畳紀で初めて出現した種子植物のまた別な重要グループである。この葉は表面的には現生ソテツのものに類似していたが、この2つのグループの生殖構造は非常に異なっている。ソテツの場合は単純な球果であり、ベネティテス類については花状が多い。一部のベネティテス類の「花」は花粉あるいは種子だけを産生し、少数のものが両性生殖だった。

現生の種子植物とシダ

ソテツとシダは三畳紀を通して多様化を続けた。この時代は、イチョウ系統の最初の信頼性が高い証拠が得られている。針葉樹の葉の多い新芽は三畳紀植物相において一般的である。これらの植物の一部は明らかに現生針葉樹と近縁であるが、他の関係についてはほとんど不明である。三畳紀における種々の植物グループは針葉樹状の葉を有していたと考えられるが、生殖構造についてはそれぞれ非常に異なっていた。

ノーフォーク島マツ
一般にノーフォーク島マツ（アラウカリア・ヘテロフィラ）と呼ばれる現生針葉樹は、初期針葉樹のものに類似した葉の多い新芽をもっている。

グループ概観

三畳紀の植物はペルム紀のそれらと非常に異なる外観をしていた。針葉樹は三畳紀においてはまだかなり優勢だったが、おおむね羽状葉をもっていることの多い種子植物の異種が加わった。三畳紀のあいだにシダもより現生的な様相を示しはじめた。

シダ類
三畳紀は、シダがその進化において新たな展開を見せた。ゼンマイやリュウビンタイ類のような古生代の初期形態が、ヤブレガサウラボシ科などいわゆる原始的な薄嚢シダの系統と初めて結びついた。

針葉樹
ペルム紀の古代針葉樹は、三畳紀においてより多様な針葉樹に取ってかわられた。これらのヴォルツィア類針葉樹は、古生代後期に見られた散開生殖構造から現生の針葉樹球果への進化における次の段階を示している。

ソテツ類
ペルム紀終期の絶滅から生き残り、三畳紀後期には多様化し、地理的に広範囲に分布した。世界中のジュラ紀植物において重要である。

他の種子植物
三畳紀のもっとも特徴的な種子植物グループはコリストスペルムであり、南半球でとくに重要である。三畳紀に初めて出現した他の種子植物グループとしては、イチョウ、ベネティテス類、カイトニア類などがある。

ヘクサゴノカウロン

グループ	コケ類
年代	三畳紀中期
大きさ	直径10cm
産出地	南半球

この単純な植物は、南極半島の三畳紀岩石など、南半球におけるいくつかの産出地で見つかっている。今日現生する多くのコケ類の種に類似した偏平体あるいは葉状体のコケ類だった。葉と根がなく、底面に沿って室を形成する微細毛（あるいは仮根）で自身を固定していた。現在のコケ類のように、水分を引きこむための内部管をもっていなかった。結果として、この植物は湿った環境での生息に制約された。大半の植物化石は胞子体、すなわちその生涯過程における胞子産生段階により形成される。配偶体として知られる介在段階は通常はるかに小さく、化石の形で発見されることはまれである。鮮苔類になるとこの状況は反転する。ここに示した化石は**ヘクサゴノカウロン**のもっとも優勢な配偶体形態である。小型の胞子体は雌の配偶体で成長し、そこで胞子を放出した。胞子は新しい個別の配偶体に成長した。

葉状体

ヘクサゴノカウロン・ミヌトゥム
この植物全体はわずか少数の細胞の厚さしかなく、地面をおおう偏平な葉状体を形成する。葉状体は明白な茎あるいは葉先のない単純な植物体である。

プレウロメイア

グループ	ヒカゲノカズラ植物
年代	三畳紀
大きさ	全長2m
産出地	世界各地

三畳紀の始まりのころ、陸生植物は史上最大の大量絶滅を経て出現しようとしていた。多くの植物が絶滅したが、**プレウロメイア**はこの壊滅的な変化から恩恵を得た。化石は、競合植物の消失によって残された多種多様な生息環境のなかで登場したあと、世界各地で成長したことを示している。ヒカゲノカズラ類（石炭紀時代の石炭沼を形成した巨大なクラブモスを含むグループ）に属した（⇨ p.144）。**プレウロメイア**は木だったが、小型鱗片をもとに構成されていた。草状葉の房を頂きとする単一の枝のない幹をもっていた。根系は、4つの球状の裂片からなり立ち、土壌を通じて扇形に展開した細根に接続していた。**プレウロメイア**は球果からの胞子によって繁殖した。一部の種ではいくつかの球果を産生したが、多くの種は茎の頂部に1つだけしかなかった。

三畳紀においては世界各地でプレウロメイアが成長していたことを、化石が物語っている。

プレウロメイア
成長すると、**プレウロメイア**のもっとも古い葉は割れた基部のひだ襟状の首毛を残して捨てられた。木が成長するにつれ、ひだ襟は幹をおおうなめらかな葉痕になった。

ラングカミア

グループ	シダ類
年代	三畳紀
大きさ	葉の最長1m
産出地	ヨーロッパ、アメリカ合衆国、北部ヴェトナム

このシダはジュラ紀の**クラドフレビス**に類似している（⇨ p.228）。葉（大きな複葉）が合計で何回分割するかはわかっていないが、ここに示した標本はおそらく葉の一部にすぎない。小羽片と呼ばれる葉の断片は全長 6〜10mm、幅 4mmで、先端が円い。これらの小羽片は横方向の葉脈のほか、その葉先に通じる一次脈をそなえ、明瞭な網状組織を形成する。このタイプの網状葉脈はまた、石炭紀とペルム紀の初期種子植物**ロンコプテリス**の特徴を示している。

小羽片

ラングカミアの1種
大半のシダのように、大きな複葉は多くの平行部分（羽片）に分けられ、その各々は円形であり、交互に小羽片に接続している。

タウマトプテリス

グループ	シダ類
年代	三畳紀後期からジュラ紀前期
大きさ	全長1m
産出地	世界各地

ディクチオフィルムという名でも知られるこの一般的な化石植物はしばしば、所定の年代に形成された岩石層を特定するのに役立つことから、地質学的な指標として用いられる。一部の**タウマトプテリス**種は三畳紀からジュラ紀の境界時期にまたがるが、多くの化石はジュラ紀が始まった時点にだけ現れる。長い大きな複葉の複雑な葉脈網が特徴である。葉脈は分岐したり、再び統合したりしながら、葉の表面に網の目を形成している。

葉脈網

中央肋

タウマトプテリス・スケンキイ
タウマトプテリスの葉で見られた葉脈の網の目はシダにとって独特であり、むしろ顕花植物の構造に近い。

ディクロイディウム

グループ	コリストスペルム類
年代	三畳紀
大きさ	全長4-30m
産出地	南半球

おもに南半球で発見された類縁関係が不明なコリストスペルムと呼ばれる種子植物のグループに属する。シダ様の葉をしていたが、胞子のかわりに種子を産生した。**ディクロイディウム**や他のコリストスペルムは、三畳紀にパンゲア超大陸において南部陸塊だったゴンドワナ大陸で進化した（⇨ p.196）。成長しきった**ディクロイディウム**は地上の草食動物の手の届く限界を超えていたであろうが、どのコリストスペルムもその一生におけるどこかの段階で動物の摂食対象となった。そうした動物の例としては、南極大陸においてコリストスペルムの化石と同じ岩石で発見された、三畳紀のディキノドン類である**リストロサウルス**（⇨ p.220）があげられる。

対の小葉

葉脈網

木質の中心葉柄

ディクロイディウムの1種
すべてのコリストスペルムのように、葉は中心茎の一方を成長させる対の小葉で構成されていた。茎はY状の分岐点で交わり、葉脈網が葉を走っていた。

ディクロイディウムの木質茎はせいぜい数メートルの高さしか成長しないと考えられていたが、最近の発見により、30mの高さに達するものがあったことが判明した。

ディオニトカルピディウム

グループ	ソテツ類
年代	三畳紀後期
大きさ	球果鱗片全長5cm
産出地	世界各地

最初期のソテツ類の化石はペルム紀時代にさかのぼるが、三畳紀にはより一般的な存在となった。典型的にずんぐりしたヤシの木状で、**ディオニトカルピディウム**などのソテツは球果を成長させて繁殖する。個別の植物は雄か雌のいずれかである。雄のソテツの球果は花粉粒を放って雌の球果を受精させる。種子は雌の球果の内部で成長する。

ディオニトカルピディウム・リリエンステルニイ
化石は雌の球果からの鱗片である。先端は微細に割れて、しばしば種子の痕跡を示す。

バイエラ

グループ	イチョウ類
年代	三畳紀からジュラ紀
大きさ	葉の最長5cm
産出地	世界各地

イチョウは生きた化石であるばかりか、針葉樹やソテツなども含まれる裸子植物と呼ばれる隠花種子植物の古代グループの一部をなしている。2億年以上をさかのぼる化石の歴史をもっていることになる。この時代、進化の過程で扇型の葉の形態に無数の変異が生じた。多岐に分かれた葉をもつ**バイエラ**は、その現生類縁（なじみ深い**イチョウ**）とはきわめて異なっているように見える（⇨ p.39）。

バイエラ・ムンステリアナ
現生イチョウでの扇型葉は中心接合部を別としてほぼ完全であるが、バイエラは別個の主脈に分かれている。

スタキュオタックスス

グループ	針葉樹
年代	三畳紀後期からジュラ紀前期
大きさ	全長10m
産出地	北半球

灌木あるいは小木の**スタキュオタックスス**は三畳紀後期のもっとも豊富な針葉樹の1つだったが、ジュラ紀においてその類縁とともに絶滅した。常緑であり、対向する列に並ぶ細長い葉をもっていた。その狭い幅は、今日の針葉樹の針とおおむね同じように、葉を旱魃から守った。球果を使って種子を産生。雄の球果から花粉が風で拡散し、雌の種子結実球果を受精させた。花粉粒は球形であり、マツ花粉が風に乗って漂うために使う嚢あるいは翼状鱗片を欠いていた。

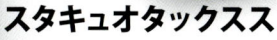

スタキュオタックスス・セプテントゥリオナリス
雌の球果は全長約10 cmだった。雄の球果の構造については何もわかっていない。

ヴォルツィア

グループ	針葉樹
年代	三畳紀
大きさ	全長5m
産出地	世界各地

三畳紀は針葉樹にとって大変化の時代だった。この時代、古生代の初期針葉樹の大部分が絶滅しつつあり、新しい種が今日まで生き残る針葉樹となって出現し、多様化した。小木あるいは灌木の**ヴォルツィア**は初期のすでに絶滅したグループの1種に属したが、球果の構造は今日の形態につながるものがあることを示している。**ヴォルツィア**の雄の球果には、中核の周辺にらせんに配列された花粉室があった。雌の球果の種子産生鱗片が融合されていた。これは球果が当初小型の新芽から発達した進化過程の継続だった。**ヴォルツィア**という針葉樹の名は、それが多く発見された北東フランスのヴォルツィア砂岩にちなんでつけられている。

ヴォルツィア・コビュルジェンシス
茎に沿って短い鱗片があるが、一部の他の種は全長が数センチの針状小枝もそなえていた。

三畳紀の無脊椎動物

空前のペルム紀後期大絶滅は、新しい多くの種類の無脊椎海洋生物に道を開いた。絶滅は破壊的であると同時に創造的なものである。しかし三畳紀自体は、さらに別な種類の大量絶滅──顕生代に生じた第4回目──によって終了した。

ペルム紀絶滅からの回復

海洋生物が完全にペルム紀の大絶滅から回復するには、数百万年を要した。絶滅後最初の生命体のなかにストロマトライトがあった。それは先カンブリア時代への回帰のようだった。古生代のサンゴ虫、三葉虫、大半の腕足類グループはすでに死に絶えていたが、アンモノイド類、二枚貝類、腹足類、他の海洋無脊椎動物などとともに、一部の腕足類は世界中の避難所で生き残っていた。新種の無脊椎動物がやがてこれに加わった。が、これらは、他の多くの海生動物のように、三畳紀終期の悲惨な大量絶滅で死に絶えた。また、その原因はあまりよくわかっていないが、三畳紀後期に何度かの絶滅があったように思われる。考えられる原因は、生息環境の喪失につながった気候の変化と海面の低下である。

三畳紀のカキ
岩表面に固定されて化石化した三畳紀カキ。これらの特殊な二枚貝は三畳紀に生じ、現生カキの類似種が今日も非常に有力な存在である。

オキシトマ・ファッラックス
小さな三畳紀二枚貝のこの化石化グループは、単一の種からなりたつ。このような単一種のグループは高ストレス環境に典型的な存在である。

現生動物相の始まり

三畳紀前期には、カンブリア紀動物相の大半の要素が消失しており、古生代動物相は甚大な損害を被った。とくに腕足類の大半のグループが失われ、支配的な海底ろ過摂食者としての役割が二枚貝によって引きつがれた。オルドヴィス紀に小規模に始まっていた現生進化の動物相がもっとも優勢になったのは、三畳紀の時代だった。古生代ウニ類が新メンバーによって取ってかわられ、独立して軟らかい体のイソギンチャクから派生したイシサンゴ類が登場した。セラタイト類アンモノイドは繁栄した

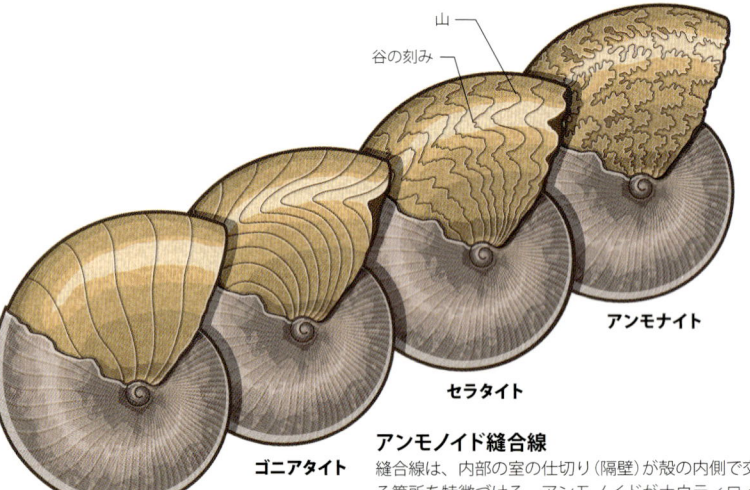

ナウティロイド（オウムガイ類）　ゴニアタイト　セラタイト　アンモナイト

アンモノイド縫合線
縫合線は、内部の室の仕切り（隔壁）が殻の内側で交わる箇所を特徴づける。アンモノイドがナウティロイドからアンモナイトに進化するにつれ、縫合線はますます複雑化していった。

グループ概観

ペルム紀大量絶滅を生きのびて三畳紀に残った無脊椎動物のグループは、腕足類と腹足類の一部のグループが今日まで存続するなど、順調に展開を続けた。二枚貝類は、比較的すみやかに困難で変動の多い状態に適応することが可能だったため、激動の三畳紀の環境で繁栄した。

腕足類
ペルム紀大絶滅のあとにわずか少数の腕足類グループ（おもにホオズキガイ類、リンコネラ類など）だけが今日まで生き残った。ストロフォメナ類は三畳紀終期に絶滅した。

腹足類
最初期の腹足類はカンブリア紀に登場し、カンブリア紀に進化した動物相の一部であると考えられる。彼らはペルム紀の大量絶滅を生きぬき、三畳紀を通じて繁栄して、今日の海洋動物相の重要な構成要素となっている。

セラタイト
これらは典型的な三畳紀アンモノイドである。縫合線には前方向の半円の「山」と後方向きの刻みのある「谷」がある（⇨上）。セラタイトは三畳紀終期に絶滅し、わずか少数のアンモノイド・グループだけがジュラ紀まで生き残った。

二枚貝類
これらは、夜間に通る船のような腕足類に取ってかわって、ペルム紀のあとに有力な海底の有殻ろ過摂食者になった。一部の三畳紀の二枚貝は、明らかに高ストレス条件で生き残るための1要素である塩分変化への耐性をもつ。

アルクティコポラ

グループ	コケムシ類
年代	三畳紀
大きさ	コロニー直径2mm
産出地	ヨーロッパ、アジア、北アメリカ

このきわめて小さなコケムシ・コロニーは、多くの軟体の個体（自活個虫）をおさめた自活虫室と呼ばれる管状構造で構成されていた。それぞれの自活個虫は口周辺にある触手冠（触手の輪）を使って摂食した。摂食のあと、触手冠は保護のために自活虫室のなかに後退させていた。コロニーの外側部分では、自活個虫室の壁は厚く、それらは隔壁で分割されていた。コロニー壁は方解石棒体をおさめ、これがコロニーの表面で育椎のように突きでていた。

アルクティコポラ・クリスティ
この標本は直立コロニーの横断面であり、摂食個虫を収容した管状自活虫室を示す。

モノフィリテス

グループ	頭足類
年代	三畳紀中期から後期
大きさ	直径7–11cm
産出地	世界各地

フィロセラス類・アンモノイド類の最初期の１種。このグループは三畳紀前期でミーコセラス（⇒右下）から進化し、この時代にはほとんど変化せずに白亜紀終期まで生き残った。フィロセラス類は縫合線の前方褶曲（山）の葉状末端によって特徴づけられる。縫合線は、内室の壁（隔壁）が殻の内側と接合する箇所に現れる。大半のフィロセラス類のように、モノフィリテスは少し重なりあっている螺環で、円盤形態をそなえている。分布パターンにより、このグループが浅水よりも外海を好んだことがわかる。

モノフィリテス・スファエロフィルス
他の多くのフィロセラス類のように、S状の強い成長線を除き、殻の外部に模様がない。

丸みをおびた螺環

葉状末端 — S状の成長線

コエノチュリス

グループ	腕足類
年代	三畳紀
大きさ	全長1–2cm
産出地	ヨーロッパ、中東

この小さな腕足類は、生存中に小剛毛を収容したその背甲に穿孔があった。剛毛の機能は感覚または呼吸の支援だったと考えられる。小さい背殻（腕殻）内では、方解石の輪が触手冠を支えており、これが摂食器官だった。筋葉柄である茎を通して、この動物を海底に接着させるために広がった大きい腹殻（茎殻）には小さな開口部がある。肥厚輪が茎開口部の内側周辺に拡張している。小さい殻の縁辺は外側になだらかに折りたたまれており、大型の殻は対応する内方折れ曲がりを有する。殻のおもな模様は一連の成長線であり、微細な放射状の肋が交差している。この属の一部の標本が殻全体にわたって帯状の色彩をそなえた状態で発見された。これは、化石としてはめずらしい特徴である。

大きいほうの殻

茎孔（茎開口部）

小さいほうの殻

コエノチュリス・ブルガリス
両方の殻とも凸状だが、大型の殻は小型の殻よりもやや外側に湾曲している。

プレフロリアニテス

グループ	頭足類
年代	三畳紀前期
大きさ	直径2–5cm
産出地	アメリカ合衆国、アルバニア、インドネシア

三畳紀前期のセラタイト類アンモノイドの１種。単純なセラタイト型縫合線があったが、これは内壁（隔壁）と殻のあいだの折りこみ関節が、殻の住房または開口部と反対向きに鋸歯状パターンをもっていることを意味する。この貝を構成する螺環は、少したがいが重なるだけである。それぞれの螺環の大部分が見えるこのような殻構造は、緩巻きと呼ばれる。螺環は断面が丸みをおび、円形腹部（最後の渦巻きの外側湾曲）のなかに収束する。

円い腹部

強い放射肋

プレフロリアニテス・トゥライ
強い放射肋は殻の螺環のすべてと交差するが、内側の渦巻きでもっとも顕著である。肋は腹部までは達していない。

ミーコセラス

グループ	頭足類
年代	三畳紀前期
大きさ	直径3–10cm
産出地	アメリカ合衆国、インドネシア

なめらかなセラタイト・アンモナイトだった。この属はC・A・ホワイトによって1879年にアメリカの西部で発見された。通常はかなり堅固に巻き付けられており、殻の中心部に小さなへそをもつ。このような巻き付きは密巻きと呼ばれる。この動物が成熟すると、巻き付きはそれほどきつくならず、へそが広がる。殻の側面は少し凸であり、殻の腹部（外）側面はたいてい扁平である。

扁平な腹側

ミーコセラス・グラシリタトゥス
殻には非常に微細な成長線が記されている。軟体動物に一般的であるが、これらの線のそれぞれはおそらく１日分の成長を示している。

セラタイト

グループ	頭足類
年代	三畳紀中期
大きさ	直径7-15cm
産出地	フランス、ドイツ、スペイン、イタリア、ルーマニア

セラタイト亜目（ペルム紀中期に発生したアンモノイドの大規模な亜目。現在はセラタイト目とみなす研究者が多い）の命名の由来となっている。三畳紀アンモノイドの大多数はこの亜目に属し、三畳紀終期に絶滅するまで非常に繁栄したグループであった。強く褶曲した縫合線は、殻を分割している内壁（隔壁）が殻の内側で接合する点を示す。殻開口部に面した褶曲（山）は単純でなめらかな湾曲である一方、後方に面している褶曲（谷）は微細な鋸歯状だった。この組み合わせをもつ縫合線は「セラタイト型」と呼ばれる。下図標本の最後の2本の縫合線は他のものより近接しており、これはこのアンモノイドが成長しきっていたことを示す。この標本はサイズが大型だったことから、おそらく雌であったと思われる。

セラティテス・ノドスス
この化石は内型である。殻を埋める堆積物からできており、内壁の詳細な特徴を示す。

- 強い肋
- なめらかな山（鞍）
- 縫合線
- 鋸歯状の谷

構造
縫合線

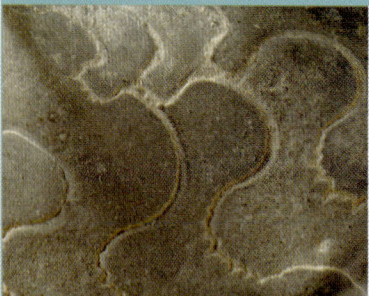

有殻頭足類が成長すると、殻の内側に固定されている体後部に新しい隔壁を作る。殻は、殻とそれぞれの隔壁の接合部の褶曲によって強化されるため、結合の長さ（縫合線）が増加する。縫合線（内型で見えるだけ）は、古生代後期ゴニアタイトから、ペルム紀と三畳紀のセラタイトを経て、ジュラ紀と白亜紀のアンモナイト類へと高度化していった。

アルコマイヤ

グループ	二枚貝類
年代	三畳紀中期から白亜紀後期
大きさ	直径1-3cm
産出地	世界各地

2つの殻は細長く、2つのくちばしが非常に近接して並んでいた。蝶番は連結歯を欠き、殻を開閉するための強固な外部靱帯があった。海底深くに埋まった状態で生息し、恒常的に大きく開いている後方端から海底にまでのびた2本の水管をもっていた。1本の水管が食片も含む酸素水を吸いこみ、他方の水管が脱酸素水と廃棄物を吐きだした。

アルコマイヤの1種
殻の両方とも一連の微細な成長線を示す。2つの殻を開閉可能にする蝶番も見える。

- 蝶番
- 微細な成長線

プーストゥリフェール

グループ	腹足類
年代	三畳紀中期から後期
大きさ	全長3.5-24cm
産出地	ペルー

この腹足類には「小塔状」と呼ばれる非常に高く細長い殻があった。殻の外部の模様は2列の隆起すなわちいぼからなりたち、それが2本のらせんで配列されていた。1つの列がそれぞれの螺層の上縁、他の1列は下縁の周辺に走っていた。不規則な成長線が螺層全体をおおい、ある場合には螺層縁の一方のいぼを螺層縫合線（螺層が出合う線）と接続していた。この属は右巻きだが、これは殻の点（尖頂）が上方に向いているとき殻開口部が右側にあることを意味する。しかし、開口部のある殻の側はこの標本では破損しており、反対側が見える。殻の口には、水分摂取のための短い水管溝もあった。

- いぼ
- 螺層縫合線
- 成長線
- 殻開口部（殻口）

この腹足類は「塔状」に渦巻いた。非常に背が高く、細長い殻をもっている。

プーストゥリフェールの1種
この細く極端に角度のある標本は、後続の螺層による螺層どうしの重なりがほとんどない。

205 無脊椎動物

摂食扇
十分近くまで漂ってきたプランクトンを捕えるため、10本の腕のそれぞれをのばして摂食扇を形成する。捕食動物によっておびやかされた場合、腕をいっせいにきつく閉じることもできた。

エンクリヌス

グループ	棘皮動物
年代	三畳紀中期
大きさ	萼部全長4-6cm
産出地	ヨーロッパ

3つの平板小円でできた大型の萼部をもつウミユリ類。萼部は5層対称をなし、基部は少し凹形である。萼部の最上部から分岐する10本の腕があり、これが羽枝と呼ばれる多くの小型の枝を支えていた。腕と羽枝を広げて摂食扇を形成した。生存中は、口は萼部の天盤を形成する被蓋と呼ばれる革のような半球体の下に隠されていた。食料片が被蓋の下のさらに深い食料溝につながる食料溝を経由して腕に沿って運ばれた。食料溝では口に続く繊毛と呼ばれるきわめて小さな髪状構造体が列をつくっていた。茎は断面が円形であり、いくつもの小型の構造体（骨片）のあいだにある大型で規則的に間隔のあいた骨状の構造体を特徴とする。エンクリヌスは、オルドヴィス紀前期にさかのぼるウミユリ類の非常に大型のグループの最後の生存例である。このグループの仲間の大部分は、ペルム紀の終わりの絶滅で死に絶えた。

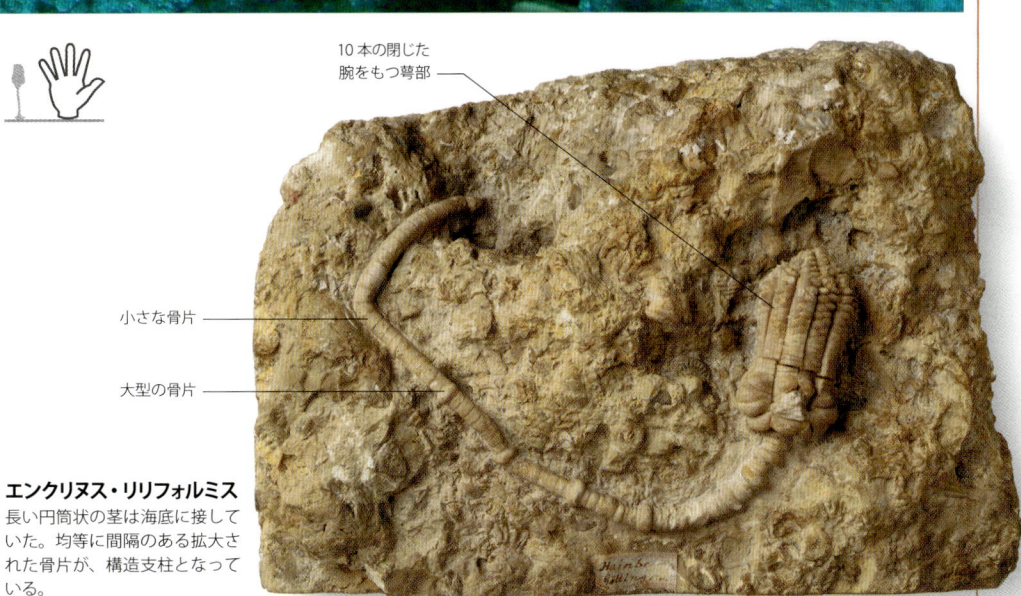

- 10本の閉じた腕をもつ萼部
- 小さな骨片
- 大型の骨片

エンクリヌス・リリフォルミス
長い円筒状の茎は海底に接していた。均等に間隔のある拡大された骨片が、構造支柱となっている。

三畳紀の脊椎動物

三畳紀は脊椎動物の進化において重要な意味をもつ時代だった。多くの初期爬虫類や両生類グループを一掃した、破壊的なペルム紀から三畳紀の絶滅の余波が残るなか、哺乳類、カメ、主竜類など繁栄した現生グループが登場してきた。このことから三畳紀は、新たな生態系誕生の時代とみなされている。

三畳紀に発生した脊椎動物のリストはおどろくほどである(恐竜、ワニ形類、翼竜類、哺乳類、カメ、魚竜類、カエルなど)。2億5000万年から2億年前におよぶ三畳紀は移行期であった。多くの「哺乳類型爬虫類」などペルム紀生態系を独占していた古代のグループは絶滅し、三畳紀パンゲアの乾燥した風土は、その多くが今日も繁栄を続けているまったく新しい脊椎動物のグループにとって、理想的な温床となった。

絶滅からの回復

火山の噴火によって大気が有毒ガスで汚染され、すべての種の95%までが死に絶えたペルム紀から三畳紀の絶滅は、史上最大の大惨事だった。絶滅していったもののなかには、陸生脊椎動物の一部、とくにもっとも顕著な例としては多くの単弓類(「哺乳類型爬虫類」)、昆虫摂食爬虫類、魚類摂食両生類などのグループがあった。大絶滅の影響により、世界の生態系の多くが不毛となった。進化の時計が初期化された結果、新たなグループが進化、拡大、支配する機会を得た。絶滅から最初の数百万年の時点では生態系に混乱状態が残っており、選り抜きの少数の脊椎動物が世界中に広がった。リストロサウルス(⇨上)など、これらのいわゆる「大絶滅分類群」は、多様な気候に耐えられる生態的な万能選手であり、有毒な大気の世界でも生きのびられるよう十分な態勢をそなえていた。しかし、大気が平常に戻って生態系が安定化するにつれ、恐竜のような大型のグループが出現してきた。

支配的爬虫類

主竜類、あるいは「支配的爬虫類」には、現生の鳥類やワニ類、さらには恐竜のように中生代に限定された多様な絶滅グループが含まれる。主竜類は約2億4500万年前に出現して世界各地に急速に広がり、さまざ

偉大な生存者
がっしりした豚のようなリストロサウルスは非常にありふれて見えるが、この初期哺乳類系動物は三畳紀前期で全世界的に繁栄した。これは典型的な「大絶滅分類群」の例である。

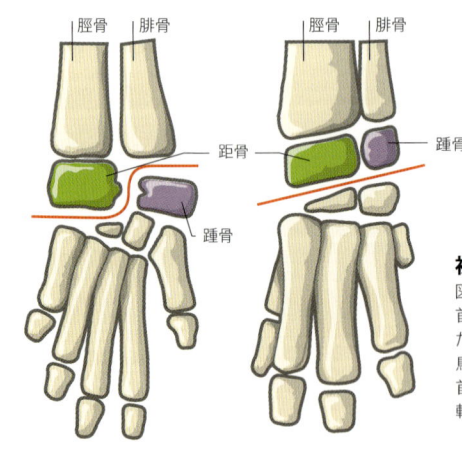

初期の足首
図の左側はワニのクルロタルサル足首であり、足首の距骨と踵骨のあいだが回転する。右側は恐竜、翼竜類、鳥類のメソタルサル足首であり、足首の骨がいっしょに、足に対して回転する蝶番を形成している。

グループ概観

恐竜、ワニ形類、他の爬虫類グループなど脊椎動物の多くの重要なグループが三畳紀に出現した。キノドン類や切椎類両生類などのグループは、ペルム紀から三畳紀の絶滅に耐えて生きのびたあと驚異的に多様化した。

切椎類
初期両生類の最大かつもっとも重要なグループの1つである切椎類は石炭紀に出現したが、三畳紀に繁栄した。全世界で生息し、サイズが大小さまざまにおよび、陸上と水中の両環境で繁栄した。ドイツのマストドンサウルスなど最大級の切椎類は最長で4mに達した。

リンコサウルス類
三畳紀のもっとも独特な爬虫類の1種だった。これらの樽状腹部をもつ草食動物は約2億2000万年前に絶滅し、短期間繁栄しただけだったが、驚くほど数が豊富であり、多くの生態系で主要な大型草食動物だった。くちばしと口蓋の歯列で植物をかみ切った。

フィトサウルス類
ワニ系主竜類のもっともよく知られたものの1種で、三畳紀後期に繁栄した。長く突きでた鼻状の口をもつ半水生のこの肉食動物は現生ワニに似ていて、おそらく水辺周辺で魚や小さな爬虫類を求めるといった類似の生活形態だったであろう。しかし、この類似性は表面的なものにすぎず、収れん進化の主要な事例である。

アエトサウルス類
フィトサウルスのように三畳紀後期の3000万年間においてきわめて一般的だったが、三畳紀からジュラ紀の絶滅において絶滅したワニ系主竜類のサブグループだった。体は重装備タイプであり、巨大な軍用戦車に似ていた。大半のアエトサウルスが草食であり、背丈の低い植物を摂食したが、一部は肉を摂食していたと考えられる。

鳥類は、じつは「鳥に似た臀部」の恐竜でなく「トカゲに似た臀部」の獣脚類から進化した。

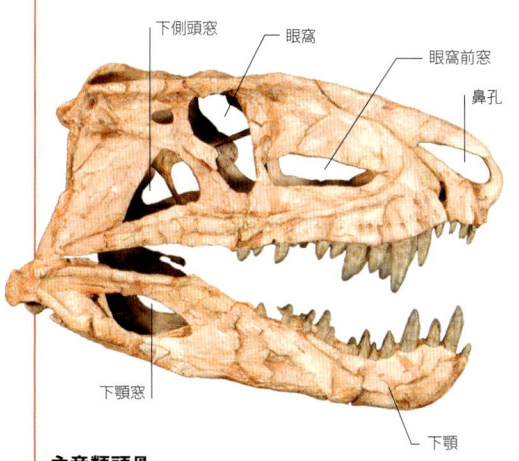

主竜類頭骨
ポストスクスは大型の肉食動物だった。頭骨は眼窩前窓、下顎窓（頭骨開口部）など、多くの主竜類の特徴をもつ。

まな種に多様化した。一般に足関節の解剖にもとづいて2つのグループに分けることができる。恐竜を含む鳥に似た主竜類は、足首の骨と足のあいだに直立蝶番関節があり（メソタルサル足首）、俊敏な移動を可能にする（⇨前ページ）。しかし、ワニ系主竜類は足首の距骨と踵骨のあいだに球関節をもっている（クルロタルサル足首）。この関節により、2本の骨がたがいに回転することが可能となってある程度の運動性は確保されたが、大半のワニ系主竜類では高速な動きをはばむ結果となった。

恐竜

恐竜は絶滅した主竜類グループのなかでもっともなじみ深く、翼竜類と近縁である。知られているうちで最古の恐竜は、約2億3000万年前、三畳紀後期の始まりに現れた。恐竜は急速に多くの異なる体形に多様化したが、多数の種に増加し、個別の生態系でおどろくほど数が増えるようになるには、はるかに長い時間がかかった。ヘレラサウルスやエオラプトルなど最初期の恐竜は、鋸歯状の歯と鋭いかぎ爪を武器にもつ流線形をした二足歩行の肉食動物だった。これら小型の肉食動物を先祖に、恐竜は2つの主要なグループに分かれていった。竜盤類と鳥盤類である。捕食性の獣脚類や首長の竜脚形類を含む竜盤類は、恥骨が前方向の「トカゲに似た臀部」をしている。鳥盤類すなわち「鳥に似た臀部」をもつ恐竜は、恥骨が現生鳥類のような後ろ方向に変化した骨盤をしている。しかし、古生物学における大きな運命のいたずらの1つだが、鳥類は、じつは「トカゲに似た臀部」の獣脚類から進化したのである。

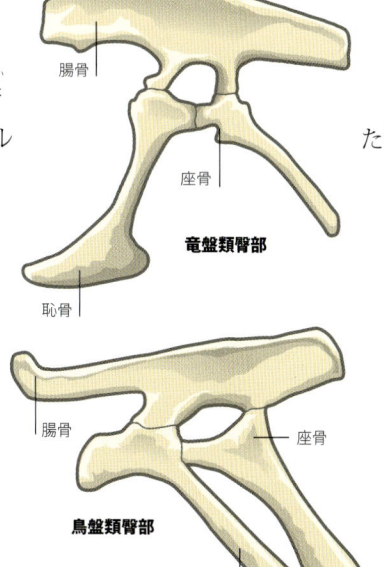

臀部の2つのタイプ
獣脚類や竜脚形類の竜盤類臀部（⇨上）では、恥骨は前向きである。鳥盤類臀部では、恥骨は後方を向き、座骨に対向する。これらの臀部の形は、恐竜の2つの主要なグループを区別するものである。

ラウイスクス類	スフェノスクス類	獣脚類	キノドン類
ワニ系主竜類のさらに別な種類のグループであり、大半の三畳紀陸生生態系において中枢的な肉食動物だった。25種以上が発見されており、巨大な四足歩行の猛獣、流線形の二足歩行の雑食系、背に深々とした帆をもつ動きの鈍重な野獣などがいた。おそらく、のちに獣脚類によって満たされた大型肉食動物の生態的地位を占めていたのであろう。	その後の類縁のように多少は見えるが、ワニ形類グループの最初でもっとも原始的な仲間の1種。三畳紀後期とジュラ紀前期に繁栄し、直立歩行で流線形の肉食動物（一部は2本の足で歩けた）だった。速く走ることができ、全体のプロポーションはグレーハウンドに似ていた。	おそらくもっとも恐竜らしいグループであり、ティラノサウルス、アロサウルス、ヴェロキラプトルなどの肉食動物が含まれる。最初は三畳紀に進化したが、ジュラ紀の後期になるまで巨大な大きさに進化しなかった。コエロフィシスなど大半の三畳紀の獣脚類は全長がせいぜい1〜2mであり、巨大なラウイスクス類のかげで小さな獲物を求めていた。	真正哺乳類を含む大型のグループ。最初のキノドン類はペルム紀に進化したが、多くのグループは三畳紀に繁栄した。その特徴的な哺乳類の性質として、毛、大きな脳、直立姿勢などがある。多くの種は小さかったが、巨大なものもあり、竜脚形類恐竜に進化する前は、大型の草食動物の生態的地位を占めていた。

サウリクティス

グループ 条鰭類
年代 三畳紀前期から後期
大きさ 全長1m
産出地 南極大陸以外の全大陸

サウリクティスとは「トカゲ魚」を意味し、現生のカマスに類似した俊敏な、開放水域にすむハンターだった。この初期の放射状ヒレをもつ魚は最上位の捕食者だった。その流線形の形状、後方に位置する腹ビレ、二股に分かれた尾がこの化石で明瞭にわかる。バラクーダのように群れで獲物を求めたか、あるいは獲物を待ち伏せしていたのかは、不明である。もっとも近い現生類縁の1種がチョウザメである。

長い鼻
その長い鼻は頭全体の50%以上の長さを占め、細長いあごには鋭く円錐形の歯が列をなしていた。

マストドンサウルス

グループ 切椎類
年代 三畳紀中期から後期
大きさ 全長6m
産出地 ヨーロッパ、ロシア

1828年に分類記載された最初の初期両生類。今まで発見された他のいかなる化石両生類よりもはるかに大型だった。頭骨はワニのような形をして非常に大きいが、その構造はカエルのようである。当初は、カエルのようにずんぐりと丸みをおびた体をしていたと想定されていた。体の骨が発見されたときにはじめて、この生物が巨大な頭をもち、首のない、がっしりしたワニに似ていたことが外観上明らかになった。

大きな頭部

最大の両生類
全長6mの**マストドンサウルス**は、過去最大の両生類である。沿岸の潟湖で発見された化石により、塩水でも生息していたことが判明した。

メトポサウルス

グループ 切椎類
年代 三畳紀後期
大きさ 全長2m
産出地 ヨーロッパ、インド、北アメリカ

三畳紀後期に短期間、広範囲に生息した両生類の1系統。この時期は、超大陸のパンゲアがちょうど分裂しはじめ、湖や川で満たされた地溝によって十字交差していた。**メトポサウルス**はこれらの水路に沿って広がったが、このことはなぜ彼らが世界各地で発見されたかの根拠となるものである。三畳紀の終わりには、初期ワニ類に取ってかわられていた。

櫂をもった泳者
体全体を波立たせるワニのようにではなく、四肢を櫂として使いながら遊泳していたものと考えられる。

オドントケリス

グループ カメ類
年代 三畳紀後期
大きさ 全長40cm
産出地 中国

カメ類は、他のいかなるグループにも見られない典型的な体型をしている(短い頭骨、きわめて小さな尾、体を包む頑丈な甲羅など)。カメの甲羅がどのように進化したかの謎は、今までに見つかった最古でもっとも原始的なカメ類の**オドントケリス**によって明らかになった。完全に形成された腹甲(甲羅の下部)があったが、背甲(上部)を欠いていた。これは、殻が腹部の皮骨として最初に形成され、肋骨が厚く広くなって、皮ふのなかで平板(皮骨)と融合するにつれて、背甲がはるかに遅れてできたことを示している。

最古のカメ
オドントケリスは、知られているうちで最古のカメである。沿岸水域で生息していたことから、カメは海で進化したことが示唆される。

ディフュドントサウルス

グループ 鱗竜類
年代 三畳紀後期
大きさ 全長10cm
産出地 イギリス諸島、イタリア

ほぼ完全な三畳紀後期の生態系が、イングランドとウェールズに横たわるブリストル湾域の肥沃な化石堆積物から再構成された。約2億500万年前、この地域は厚い石灰岩の岩盤が酸性の雨水によって浸食されたあと形成された小さなほら穴の迷路だった。小動物集団の遺骸が、モンスーン洪水によって水浸しとなり、内部で洗いだされたこれらの暗い大洞窟で発見された。そのサイズは、最長でも3mの小さな竜脚形類恐竜から、わずか10cmのきわめて小さいムカシトカゲ類爬虫類におよんだ。もっとも一般的なムカシトカゲ類が**ディフュドントサウルス**だった。かつて多様なグループを形成したが、ニュージーランドのムカシトカゲが今では唯一の現生種である。**ディフュドントサウルス**は、割れ目にいる昆虫の獲物を追い詰めてつかまえるのに適応したと考えられるムカシトカゲよりはるかに小さかった。

機敏なハンター
足の鋭いかぎ爪は、餌の昆虫をかきまわして探すのに役立った。

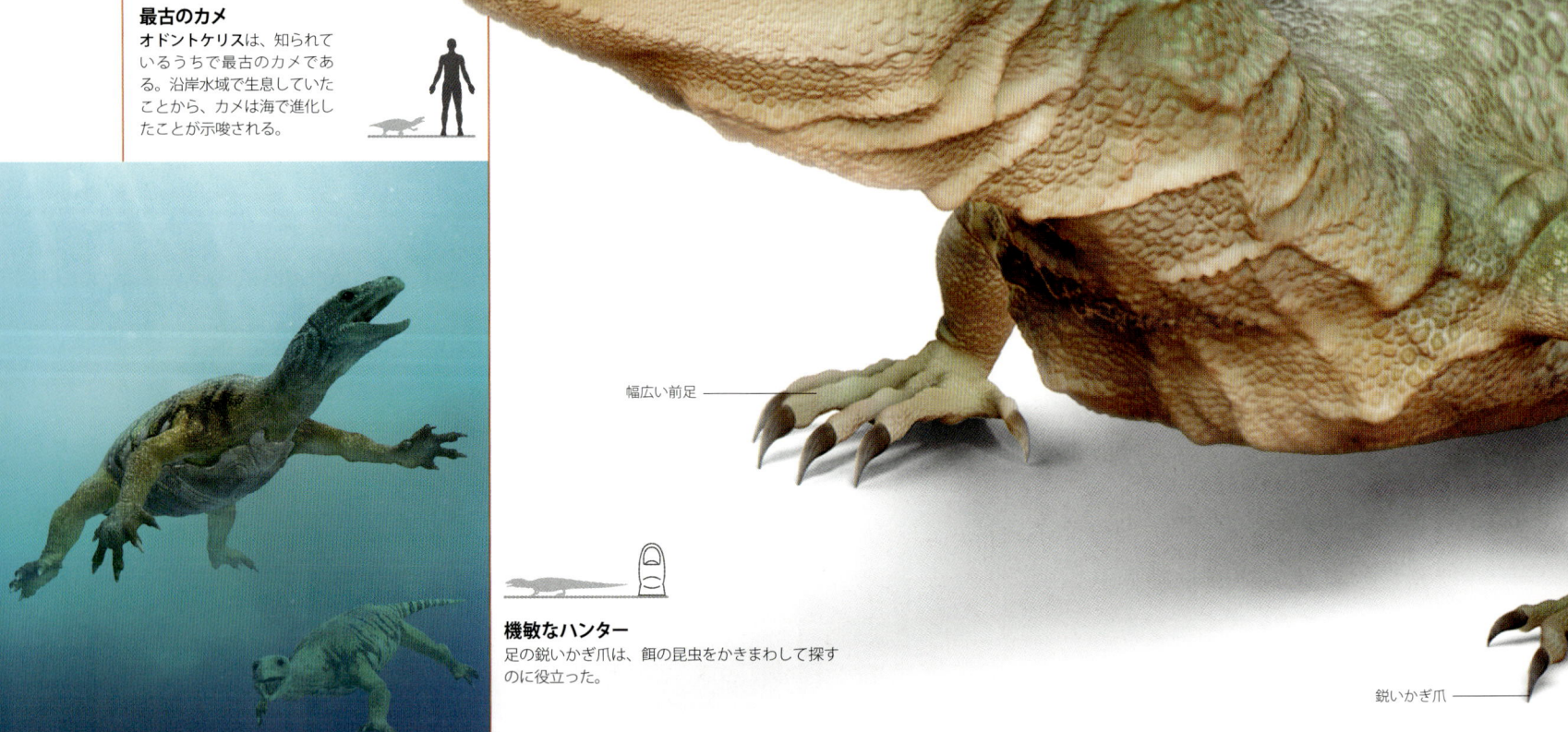

筋肉質の首
鱗状皮ふ
幅広い前足
鋭いかぎ爪

ラリオサウルス

グループ	鰭竜類
年代	三畳紀中期から後期
大きさ	全長50–70cm
産出地	イタリア

ノトサウルス類はアザラシが今日占めているのと同じ一般的な生態的地位を占めていた。アザラシのように、これらの爬虫類は水中でおもに生息していたが、陸にも休息のためにあがった。ラリオサウルスは知られているもっとも小型のノトサウルス類の1種である。前足は水かき状のヒレであり、特徴的なことは、後肢が5本の個別の足指をそなえていたことである。これは、他のノトサウルス類よりも陸上で活動的だったことを示し、魚だけでなく水際にすむ小動物も捕食していたと考えられる。

水かき状の足
すべてのノトサウルス類と同様、ラリオサウルスには水かき状の足と細長い首があった。水中でその長い首を使って魚に飛びつき、針状の鋭い歯でとらえていた。

唯一の現生ムカシトカゲ類爬虫類がニュージーランドのムカシトカゲである。

長い尾

広がった後肢

プラコドゥス

グループ	鰭竜類
年代	三畳紀中期
大きさ	全長2–3m
産出地	ドイツ

三畳紀中期にヨーロッパをおおった暖かく浅い海でノトサウルス類とともに生息していたのは、プラコドン類（板歯類）と呼ばれる一風変わった爬虫類だった。もっとも一般的で、かつ詳しく研究された板歯類がプラコドゥスであり、板歯類のあらゆる特徴をもっていた（大きな樽状の体、櫂となる水かき状の手と足、長く奥行きのある尾など）。手、足、尾は遊泳にとくに適しており、その大型の骨格にもかかわらずおそらく熟達した泳者だったことがわかる。また、他の多くの海洋爬虫類のように、陸上ではおそらく不器用な生物だったが、摂食や交尾のために水中からあがることがあったと想像される。板歯類の頭骨は、プラコドゥスのものを含め、非常に独特な外観をしている。あご前部の顕著に突きでている歯と、口蓋における一連のなめらかなくぎ状歯が特徴的である。歯のこうした特別な集積は、他のいかなる爬虫類にも見られないものである。前歯は魚を突きさすために用いられ、口蓋の歯は軟体動物のかたい殻を押しつぶすためだったと考えられる。

完ぺきな歯
この異様な三畳紀爬虫類は、岸に近い礁に沿った浅水域で摂食対象の軟体動物や魚を求めていた。その独特な歯は獲物をあつかうのに完ぺきな構造をしていた。

近縁関係の現生種
ムカシトカゲ

ディフュドントサウルスなどのムカシトカゲ類爬虫類はかつて一般的だったが、今日これらの鱗状肉食動物はニュージーランドだけで見られ、2種類のムカシトカゲに限定されている。学名をスフェノドンというムカシトカゲは、絶滅の危機にひんしている。もっとも原始的な現生爬虫類の1種であり、7000万年以上前に生息していたその化石の類縁に似ているため、しばしば「生きた化石」と見なされている。

パキプレウロサウルス

グループ	鰭竜類
年代	三畳紀中期
大きさ	全長30–40cm
産出地	イタリア、スイス

ノトサウルス類には2つの下位グループがある。ノトサウルス類とパキプレウロサウルス類である。もっとも特徴的なパキプレウロサウルス類がパキプレウロサウルスである。体は細長く、長い首をもち、四肢は頑丈な櫂として水中での操縦と安定を保つ役割を果たした。この機敏な爬虫類は、ほっそりしているが筋肉質の胴体を左右にくねらせながら泳いだ。

長く薄い胴

俊敏な運動者
小型でほっそりしたパキプレウロサウルスはその筋肉質の体を使って、水中を機敏に動きまわりながら小さな獲物を追い求めた。

ミクソサウルス

グループ	魚竜類
年代	三畳紀前期
大きさ	最長1m
産出地	北アメリカ、ヨーロッパ、アジア

最古の魚竜類の1種であり、三畳紀前期に地球全体で生息していた。特徴的な魚竜類の体設計（魚竜類 ichthyosaur という言葉は「魚トカゲ」を意味する）をそなえ、今日のイルカに似ている。特徴として、鼻は長くてほっそりしており、胴は流線形、四肢は権のように変性し、尾は奥深く、水中での安定性を得るため背ビレがあった。

ミクソサウルスは疑いなく俊敏な泳者であり、そのスピードを使って摂食の大半を占める大量の魚に襲いかかった。他の多くの魚竜類と比べて、大半は全長が1mに達しておらず、小型だった。しかし、一部の後世の類縁には、サイズが4倍以上に達したものがあった。もっとも小さな魚竜類の1種であっただけではなく、もっとも原始的な種類の仲間でもあった。実際、最初に研究を行ったドイツの古生物学者ジョージ・バウアがこの動物について、原始的な特徴と進化した特徴をあわせもつ「混合」的な生物であると推定したところから、**ミクソサウルス**という名がついたのである。

ヒュペロダペドン

グループ	リンコサウルス類
年代	三畳紀後期
大きさ	全長1.2–1.5m
産出地	スコットランド

リンコサウルスは、三畳紀後期に生息していた草食爬虫類の多くのグループの1つにすぎなかった。また、最初の数百万年の恐竜進化の時期と同様、恐竜の出現の直前に地球全体に存在したおもな陸生草食動物の仲間でもあった。もっともよく研究されたリンコサウルスの1種が**ヒュペロダペドン**であり、スコットランドのエルギンで発見された2億3000万年前の岩から、35以上の骨格が見つかっている種である。

上から見ると頭骨は広くて三角形だった。正面には1対の牙で構成された鋭い「くちばし」があり、この牙は植物を切りこむための、はさみ状構造をもつ鋭利な刃だった。あごの後方では、長い鼻の両端と口蓋にある歯が飲みこむ前に食物を細かく砕いた。体は短くてがっしりとしており、四肢は小さな穴を掘るために用いられたと思われる。その穴から、この樽状の胸をもつ草食動物は、栄養となる塊茎や根を手に入れることができた。リンコサウルスは三畳紀後期に絶滅した。その死滅が、地上の支配的草食動物である恐竜との交代をもたらしたと考えられている。

くちばし状トカゲ
大型の鼻腔はおそらく鋭い嗅覚をもっていたことを意味し、大きな眼窩の存在はすぐれた視力を示す。このずんぐりした、かなり重量感のあるトカゲは、おそらく食料を得る際に「引っかき掘り」に適したかぎ爪も後肢にもっていた。

尾は地面を引きずっていただろう

プロコロフォン

グループ	原始的な羊膜類
年代	三畳紀前期
大きさ	全長30–35cm
産出地	南アフリカ、南極大陸

プロコロフォンや他のプロコロフォン類系爬虫類の小型の骨格からは、全地球的な大惨事を生き残る力はなさそうに思える。一見すると地味だが、これらの緩慢な動きの爬虫類は壊滅的なペルム紀から三畳紀絶滅を生きのびた少数のグループの1つだった。史上もっとも破壊的な地球全体の大絶滅から生き残ったことで、プロコロフォン類は新しい多様な種に進化した。これらの1種が、このグループの名をもらった**プロコロフォン**だった。大きさは小さなイグアナより小さめだった。また、幅広い体と小さな尾をもち、平らで三角形の頭骨は今日の多くの穴居性爬虫類に類似していた。おそらくプロコロフォン類は、厳しい暑さや寒さ、および酸性雨といった過酷な環境から身を守るため、穴に隠れながら絶滅の危機を乗りこえたのだろう。

腕

前脚
前脚は小さくすらりとしていたが、穴を掘るうえで十分な強さだったと考えられる。

幅広い頭骨

大きな眼窩

後ろ向きの頬スパイク

穴居者
幅広い三角形の頭骨とずんぐりした体は、北アメリカのアメリカドクトカゲなど多くの現生トカゲ（穴にかくれ家を探すことの多い別種の爬虫類）に類似していた。

タニストロフェウス

グループ	タニストロフェウス類
年代	三畳紀中期
大きさ	全長5.5–6.5m
産出地	ヨーロッパ、中東

体と尾を合わせたよりも長い特大のヌードル状の首が特徴的で、史上もっとも異様な爬虫類のなかに位置づけられるにちがいない。この独特な首は長さが3m以上（平均的な人の背丈の2倍ほど）あったが、首を支えるのにわずか10本の非常に長い頸椎骨しかなかった。おもに魚を摂食したこの半水生動物は、海岸の濁水で魚をとらえるときには、この首を瞬時にのばすことができた。この戦略により、体を完全に静止させた状態で魚をとることが可能となったほか、場合に応じて陸地で立っていることもできた。

くちばし状トカゲ
刃の鋭い「くちばし」をもち、これが強力な舌のところまで食料をかき集めるのにも役立った。

ラベル: 大きな眼窩 / かみそりのように鋭いくちばし / 粉砕歯列

構造
植物摂食者

リンコサウルスは、多くの生態系において最上位の植物摂食の生態的地位を占める一般的な中型草食動物だった。**ヒュペロダペドン**などのリンコサウルス類は、植物を吸引して摂食する生活形態を容易にするのに適した独特な骨格体系をそなえていた。リンコサウルスの頭骨は前部に対になった牙(「くちばし」)をもち、口蓋は何百本もの歯が連なっていた。これらの歯はあたかもベルトコンベヤーのように生涯を通じてたえず生えかわった。牙は植物を刈りとってかみちぎり、歯が植物を細かく砕きつぶし、そして飲みこんだ。

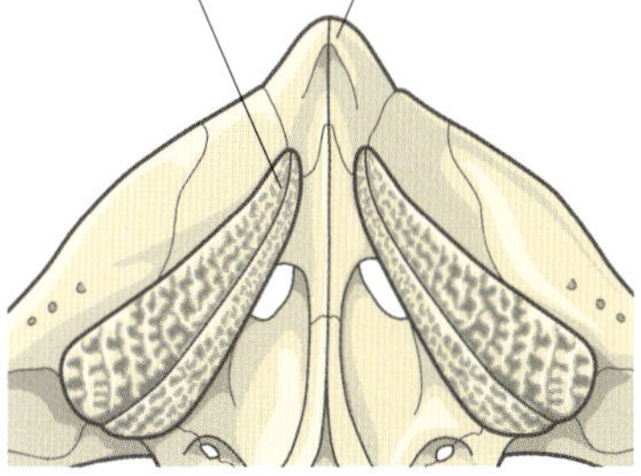

ラベル: 歯域 / 牙あるいは「くちばし」

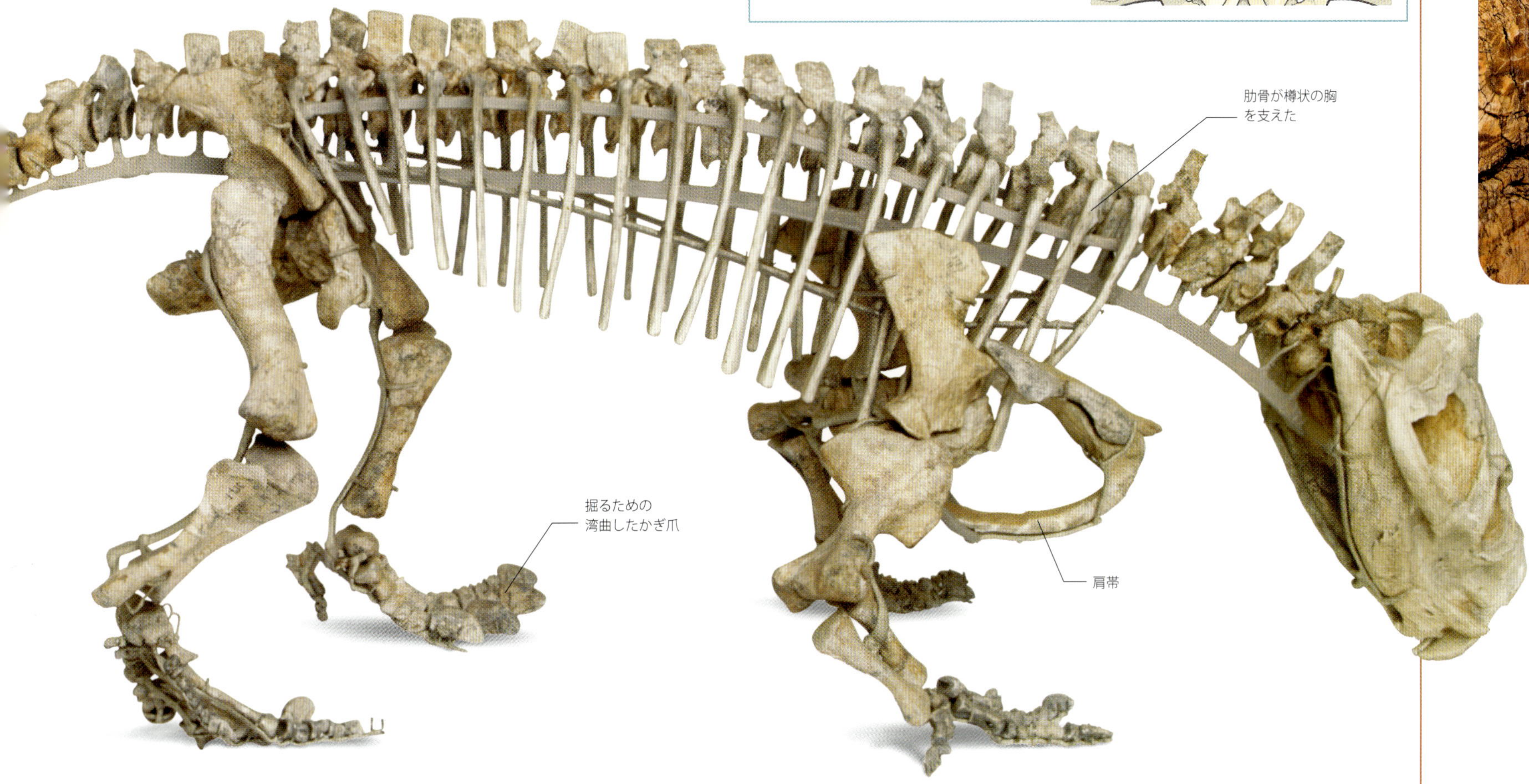

ラベル: 肋骨が樽状の胸を支えた / 掘るための湾曲したかぎ爪 / 肩帯

プロテロスクス

グループ	プロテロスクス類
年代	三畳紀前期
大きさ	全長1〜2m
産出地	南アフリカ

ペルム紀から三畳紀大量絶滅のあと、まったく新しい生物のグループが出現した。これらの1つが**プロテロスクス**であり、主竜類(大型グループで鳥、ワニ、恐竜などを含む)の遠い類縁であるコモドドラゴンほどの大きさの肉食動物だった。
頭骨は長くて狭く、多数の小さな湾曲歯と大きな眼窩をもっていた。体も長くて薄く、柔軟な先細の尾をしていた。陸上と水中での生活を交互にすることで、さまざまな獲物を摂食する比類ない機会を得ていたと考えられる。今日の基準から見ても体は非常に小さいが、当時では最大の肉食動物だった。

かぎ形の口
かぎ形の口と湾曲した歯をもつ**プロテロスクス**が襲いかかると、獲物は逃げるチャンスがまずなかった。

ラベル: 頑丈な脚が陸上での歩行を支えた

211 脊椎動物

エウパルケリア

グループ	原始的主竜類
年代	三畳紀前期
大きさ	全長70cm
産出地	南アフリカ

現在の南アフリカにあたる地域で三畳紀の最初の数百万年間に生息していた多くの爬虫類種の1種だった。この小さな肉食動物は多数の鋭い歯が並んだ口をもち、背と尾に沿って骨板(皮骨)が内蔵された鱗状皮ふでおおわれていた。主竜類の近縁であり、恐竜や他の主竜類ではさらに完全に発達していった、多くの特徴があった。長い後肢を使って走ったり、ときには直立することでスピードと機敏さが得られ、生きのびる際の利点となった。頭骨には拡大空間あるいは洞をおさめた眼前の大型開口部があり、すぐれた嗅覚があったことを示す。

貧弱な防御能力
鋭い歯と恐ろしい容姿にもかかわらず、多くの捕食動物のあいだで生息していた。スピードを除き、親指の鋭いかぎ爪だけが唯一の防衛の武器だった。

主要な産出地
カルー
数多くのみごとな化石が南アフリカのカルー砂漠で発見された。下図に見える洗浄中の足跡はエウパルケリアを捕食していた哺乳類型爬虫類の単弓類の1種が残したものである。湖や川で満たされたこの広大な内陸盆地においてペルム紀、三畳紀、ジュラ紀の各時代に堆積した岩石が、何世紀にもわたって調査されている。

グアロスクス

グループ	プロテロカムプスア類
年代	三畳紀中期
大きさ	全長1–2m
産出地	アルゼンチン

約2億3500万年前に多くのディキノドン類、キノドン類、そしてマラスクスやラゲルペトンなど、恐竜に近縁の生物とともに生息していた。頭骨は上方から見ると長くてかなり幅が広く、大きな眼窩と、鋭く湾曲した歯が一面に並んだ長い鼻をしていた。海や川の周縁で生息し、おそらく魚や、あまりにも岸の近くまで寄ってきてしまった小さな脊椎動物を摂食していたのであろう。

パラスクス

グループ	フィトサウルス類
年代	三畳紀後期
大きさ	全長2m
産出地	世界各地

ワニのような体が、フィトサウルス類と呼ばれる化石脊椎動物のグループを特徴づけている。その一部がティラノサウルス・レックス(⇨ p.322～323)に近いほどの大きさに成長したこれらの爬虫類は、三畳紀後期に約2500万年間生存していた。もっとも研究が進んでいる対象がパラスクスであり、完全な骨格がインドで発見されたほか、化石の断片が世界中で見つかっている。その名前は「ワニに類似した」を意味し、この手足を横に広げ半立ちではいまわった魚食爬虫類にふさわしい名称である。

スタゴノレピス

グループ	アエトサウルス類
年代	三畳紀後期
大きさ	全長3m
産出地	スコットランド、アメリカ合衆国

アエトサウルス類は、2億2500万から2億年前にかけてかなり豊富に生息していた。なかでも特徴的な1種がスタゴノレピスである。すべてのアエトサウルス類のように、この動物は甲冑骨板(皮骨)で体を保護していた。頭骨は短くて深く、塊茎を根こそぎにしたり、泥から虫をすすって飲むのに役立ったシャベル状の鼻をそなえていた。スコットランドのエルギンでは、三畳紀後期の岩石のなかで容易に見つかる化石である。

オルニトスクス

グループ	原始的主竜類
年代	三畳紀後期
大きさ	全長1–2m
産出地	スコットランド

恐竜と思われがちだが、骨格はワニに似た主竜類であることを示している。最初の恐竜が進化しつつあった2億3000万年前、最大級の肉食動物のあいだで生態的地位を占めていた。4本足で生涯の大半を送っていたが、2本足で歩いたり、走ったりする能力もあった。その鋭い歯は肉食動物だったことを物語っている。

ポストスクス

グループ	ラウイスクス類
年代	三畳紀後期
大きさ	全長3-4.6m
産出地	アメリカ合衆国

三畳紀主竜類の大型のグループとしてもっともよく知られ、詳細に研究されたラウイスクス類の1つである。オルニトスクスが属するオルニトスクス類(⇨前ページ)のように、このグループは現生のワニと同じ系統であり、当時の最大級の肉食動物の一部が含まれていた。成長すると全長 4.6m、約 680kg の体重があったと考えられる。いろいろな意味で、当初ティラノサウルス・レックス(⇨ p.322～323)の初期の先祖であると記載されたほど、ジュラ紀と白亜紀の大型獣脚類恐竜に似ている。実際、大きな頭骨とバナナ形状の切歯は、よく知られている肉食の恐竜のものに類似する。しかし、足首のしくみと、背部に連なる骨板(骨皮)の存在は、ポストスクスが主竜類のワニ系統に属することを強く示している。ポストスクスは真正の恐竜ではないが、最古の獣脚類恐竜の一部とともに生息し、それらをおそらく捕食もしていたであろう。意外なことだが、初期獣脚類よりはるかに大型で、三畳紀後期においては北アメリカで明らかに中枢捕食者だった。

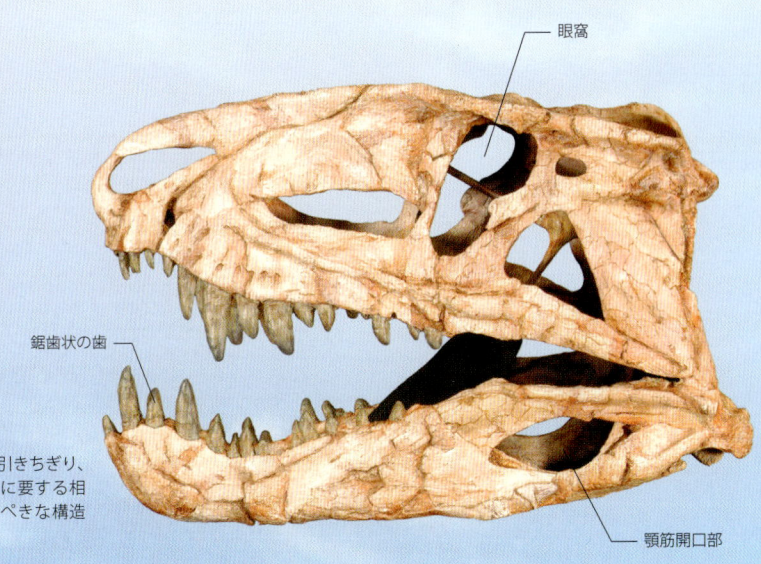

強力なあご
頭骨は大きく頑丈で、肉を引きちぎり、大型の獲物と格闘した際に要する相当な力に耐えるだけの完璧な構造となっている。

手ごわい捕食者
鋭い鋸歯状の歯、巨大な体、強力なあごをもち、小型のティラノサウルスに似ていたが、それほど速く動くことはできなかった。

213 | 脊椎動物

214 エッフィギア

三畳紀

グループ	ラウイスクス類
年代	三畳紀後期
大きさ	全長2–3m
産出地	アメリカ合衆国

三畳紀後期の世界でもっとも気味が悪い外見をもつ生き物の1つ。この主竜類は流線形の俊敏な雑食動物だった。大型のラウイスクス類肉食動物と同様、**コエロフィシス**や**キンデサウルス**などの初期の恐竜とともに生息していた。**エッフィギア**は全体的な体型が獣脚類恐竜によく似ている。二足であり（2本の足で歩くことができたことを意味する）、強い脚の筋肉が得られるように骨盤には大きな結合箇所があり、バランスを保つよう長い尾をもち、空気嚢を確保するために頸椎骨には孔があった。事実、近縁の**シュウォサウルス**が1994年に発見されたとき、鳥に似た無歯頭骨により三畳紀後期の「ダチョウ恐竜」と見なされた。正面はくちばしがかぶせられた類似の頭骨をしており、これは木の実を挽き、植物を刈りとり、種を砕き、小さな脊椎動物を殺すのに申し分がなかった。しかし、獣脚類に類似していたにもかかわらず、**エッフィギア**と**シュウォサウルス**は明らかにワニ系の仲間である。なぜならば、ワニのような足首や他の多くの特徴をもつからである。これは主要な収れん（進化の過程で、遠縁の生物が同じような生活形態にあるとしだいに同じ体形になっていくこと）の1例である。

エッフィギアとは「幽霊」を意味し、発見されたニューメキシコの幽霊牧場の名に由来する。

誤った身元

真正なダチョウ恐竜より少なくとも8000万年以前に生息していたが、**エッフィギア・オキーファエ**は当初このグループに属すると考えられた。発見された場所にちなんで名がつけられたことに加え、「幽霊」というのは、化石が1940年代に収集されたが、2006年まで調査されなかったため、何十年間も科学にとって実質的には「見えなかった」という事実からもうなずける。この種名は、幽霊牧場の近くで暮らしていたアメリカ人の芸術家ジョージア・オキーフをたたえてつけられた。

構造
類似の体制

ワニ系主竜類グループの仲間であるが、獣脚類恐竜に非常に似ている。実際、研究者はかつて、近縁の**シュウォサウルス**をオルニトミモサウルス(「ダチョウ恐竜」)グループの仲間であると考えていた。**ストルティオミムス**(⇨右)などの獣脚類のように、**エッフィギア**は直立して2本足で歩く、すらりとした俊敏な動物だった。両手にはかぎ爪があり、高い知能と鋭敏な感覚機能に特化した頭脳をもっていた。あごに歯がなかった(そのかわり角質のくちばしでおおわれていた)という点で、**エッフィギア**もこれらの恐竜に似ている。

無歯でくちばし状の頭骨 ― 長い尾 ― 爪のある手 ― 長い脚

ロトサウルス

グループ	ラウイスクス類
年代	三畳紀前期から中期
大きさ	全長1.5–2.5m
産出地	中国

首と背に扇状の脊椎をもち、がっしりした胸をした四肢動物である。世界の大陸が結びついた約2億4000万年前に生息していた。これにより、世界中に移動することが可能になった。頭骨は軽量であり、歯を欠き、鋭いくちばしがあった。脊椎の細長い棘状突起(個別の脊椎の深さと比べて3倍以上長い)は、交尾相手を引きつけたり、体温を調節したりするために用いられたと考えられる。

鋭いくちばし

扇型脊椎

特別な脊椎
脊椎の長い棘状突起は、多種多様な非類縁の爬虫類にも見られる異様な特徴である。

テッレストリスクス

グループ	ワニ形類
年代	三畳紀後期
大きさ	全長75cm–1m
産出地	イギリス諸島

成体でも全長は1m弱で、しかも大部分が15kg以下の体重だった。頭骨は軽量でもろく、脚や手の骨の多くは鉛筆のように細かった。このきわめて小さな肉食動物は現生ワニの最古の類縁の1種だったが、現生爬虫類とは非常に異なった生活形態をしていた。体を地面からおこして歩く、ほっそりした機敏な肉食動物で、4本の脚すべてを使いながら高速で疾走することが可能だった。いろいろな意味で、スフェノスクス類は小さな獣脚類恐竜に似ているが、現生ワニのように皮ふには骨板(皮骨)があり、手首に細長い骨をもっていた。

地面から十分に離れた尾
背に沿った皮骨
細長い手首

ヘレラサウルス

グループ	獣脚類
年代	三畳紀後期
大きさ	全長3–6m
産出地	アルゼンチン

これまで見つかったなかで最古かつ、もっとも初期の恐竜の1種。この小さな捕食者は約2億2800万年前に生息し、やがて恐竜によって取ってかわられる多くの初期の爬虫類と生態系を共有した。一見してもヘレラサウルスは肉食の恐竜に似ている。2本の足で歩き、ずらりと並んだ鋭いかぎ爪をもち、多数の鋸歯状の歯でおおわれたあごをもっていた。餌食となる動物よりも足が速くて力で勝り、見るからに屈強な肉食動物だった。発見者であるアルゼンチン人牧場経営者のヴィクトリーノ・エレーラに敬意を表して命名された。

二足歩行に適した大型の後肢
爪のある足指
肉食に適したあご

エウディモルフォドン

グループ	翼竜類
年代	三畳紀後期
大きさ	全長1m
産出地	イタリア、グリーンランド

最古かつ、もっとも原始的な翼竜類の1種であり、化石は北イタリア山岳地帯の褶曲岩石でよく見られる。翼膜を支える非常に広がった第4指を含め、明らかに飛行爬虫類のこのグループの特徴のすべてをそなえている翼竜類だった。体重は約10kg。比較的小さな翼竜で、この重量はケツァルコアトルスなどその後の類縁の巨大な大きさとの比較で見劣りがする(⇨ p.313)。また、その複雑な歯によって他の多くの翼竜類からも区別される。大半の翼竜類が単純な歯をもっていた(あるいはまったく歯のないものさえあった)のに対し、エウディモルフォドンは咬頭と呼ばれるいくつかの小さな先端を歯のそれぞれにそなえ、口中のすみずみに怪異な歯を並べていた。これらの歯は獲物をつかんで砕くのに申し分なく、大型の魚を摂食するために適応した結果と考えられる。

獲物を砕くための咬頭をそなえた歯

エオラプトル

グループ	獣脚類
年代	三畳紀後期
大きさ	全長1m
産出地	アルゼンチン

1980年代末、アルゼンチンを探検していた研究者ポール・セレノと彼のチームが不思議な化石を見つけた。小さな人間の子どもほどもないその骨格は、開いている寛骨臼、上腕骨上に広がった筋肉付着面、その他の特徴から明らかに恐竜だった。いろいろな意味で、鋭い歯、殺傷力をそなえたかぎ爪、2本の後肢で歩く能力(二足歩行性)により、肉食の獣脚類に似ていた。セレノたちはこの恐竜(今までに発見されたもっとも原始的な恐竜の1種)に、エオラプトルという名前をつけた。約2億2800万年前に生息していた。

鋭いかぎ爪

滑空して飛行
翼膜のほかに、手首・首と脚・尾のあいだに第二の膜があり、滑空飛行を助けた。しかし、骨格分析の結果、羽ばたき飛行もできたことが明らかになった。

細長い指に支えられた翼膜

長い尾

小さいが、破壊的
恐竜にしては小さいが、当時生息していた近縁の恐竜の多くと比較すると大型だった。

二足歩行に適した大型の後肢

キンデサウルス

グループ	獣脚類
年代	三畳紀後期
大きさ	全長2–2.3m
産出地	アメリカ合衆国

アメリカ南西部で2億1000万から2億2000万年前の岩から発見された、謎に満ちた恐竜である。三畳紀後期において北アメリカ西部でもっとも有力な肉食動物の1種だったと考えられる。残念ながら不完全な骨格しか得られず、頭骨が見つかっていない。対照的に、アルゼンチン種であるヘレラサウルス（⇨前ページ）は同時代でもっともよく知られた恐竜であり、完全に保存された骨格で詳しく研究されている。キンデサウルスとヘレラサウルスの骨盤骨と後肢のあいだの類似性は、両者がおそらく近縁だったことを示す。世界の全大陸が三畳紀後期につながったため、ヘレラサウルスの類縁が全世界的に生息していたと考えられる。

後ろ足のかぎ爪　　**長い後肢**

スタウリコサウルス

グループ	獣脚類
年代	三畳紀後期
大きさ	全長2m
産出地	ブラジル

人間の幼児よりわずかに大きい程度で、恐竜時代の当初数百万年のあいだ、南アメリカの低地平原を駆けまわっていた。1つしか化石骨格が見つかっていないため、この機敏なハンターについてきわめて少しのことしかわかっていない。しかし、機敏でどう猛な肉食動物であり、その一般的な体形が獣脚類恐竜に似ていたことは明らかである。真正な獣脚類だったのか、あるいは肉食の生活形態を共有していたために獣脚類に単に似ていた初期の恐竜だったのか、判断がむずかしい。しかし、スタウリコサウルスがヘレラサウルス（⇨前ページ）の近縁である可能性は高い。だがヘレラサウルスと異なり、はるかに小型で華奢な軽量の動物であったため、おそらく体が重い類縁よりもはるかに速く走ることができたであろう。1970年に発見・記載されたスタウリコサウルスは、南アメリカ由来で知られているひと握りの恐竜の1種だった。実際、その名前は「南十字星のトカゲ」（南半球でしか見ることができない星座に由来）を意味する。今日では、何百という種が南アメリカに関連して命名されている。

獣脚類の体形

鋭い歯

爪のある手

機敏な捕食者
軽量で二足歩行の体は、小さなトカゲ、昆虫、初期の哺乳類などの獲物を容易に追いつめて捕食できたことを示す。

人物伝
ロバート・バッカー

ロバート・バッカー博士（1945〜）は、過去半世紀におけるもっとも著名な古生物学者の一人である。1960年代、当時学生だったバッカーは、エオラプトルなどの恐竜は頭が良く、機敏で、精力的な動物（当時しばしば描かれていた鈍重緩慢のイメージではなく）であると論じた最初の研究者だった。

脊椎動物

217

リリエンシュテルヌス

グループ	獣脚類
年代	三畳紀後期
大きさ	全長5-6m
産出地	ドイツ

2億1000万年前に中央ヨーロッパで生息していたどう猛な大型肉食動物である。事実、当時最大の陸上での捕食者だった。長い後肢は快足を可能にし、短い腕の先には鋭利な爪をもつ手があり、あごは鋸歯状の歯が並んでいた。三畳紀後期に湿潤な低地で生息していた**プラテオサウルス**(⇨次ページ)や**エフラアシア**など大型の古竜脚類草食動物を餌食にした。残念ながら、2つしか骨格が発見されていないため、**リリエンシュテルヌス**が群れをなして移動していたかどうか不明である。

獲物に忍びよる
攻撃する機会をうかがいながら、古竜脚類の獲物に忍びよったと考えられる。

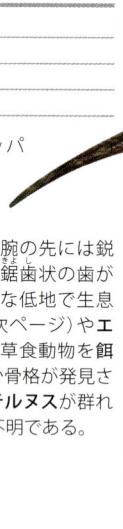

ゴジラサウルス

グループ	獣脚類
年代	三畳紀後期
大きさ	全長5-7m
産出地	アメリカ合衆国

2億1000万年前に北アメリカの乾燥した低木地帯を徘徊し、日本映画の怪獣ゴジラにちなんで命名された。全長7mの捕食動物が大衆文化の生んだ巨大な怪獣からその名をもらったケースはめずらしい。しかし、三畳紀後期のこの当時、大半の捕食性恐竜は小柄だった。**ゴジラサウルス**はアメリカ南西部で最大最強のきわめてどう猛なハンターとして突出していた。残念ながら、**ゴジラサウルス**の骨はわずかしか発見されておらず、この肉食動物についてまだまだ学術上の謎が多い。

- 上下の厚みのある尾
- 強い首
- 筋肉質の前脚

サトゥルナリア

グループ	竜脚形類
年代	三畳紀後期
大きさ	最長2m
産出地	ブラジル

この小さな草食動物は2億2500万年前に生息していた。成体でも全長が2m、体重が12～15kg前後だった。**ブラキオサウルス**(⇨ p.267)など後期の大型動物のきわめて小さな初期の類縁であり、初期の恐竜と、リンコサウルスやディキノドン類など初期の爬虫類との興味深い混合環境のなかで生きていた。

ソケット状歯のトカゲ
テコドントサウルスとは「ソケット状歯のトカゲ」を意味し、鋸歯状の縁をもつこの植物摂食者の先のとがっていない葉形状歯の特徴から命名された。

テコドントサウルス

グループ	竜脚形類
年代	三畳紀後期
大きさ	全長1-3m
産出地	イギリス諸島

約2億500万年前、西イングランドのブリストル湾の多くには洞孔網が張りめぐらされていた。最初期の哺乳類の一部や多種多様なトカゲなど小さな生物の全生態系が、これらの大洞窟内で展開されていた。ありふれた初期竜脚形類である**テコドントサウルス**などの恐竜もここで生きていた。捕食者からの脅威を受けると、成体でも全長3m以下、体重20～30kg程度のこの体の細い草食動物は洞孔に避難した。たいていこれは効果的な戦略だったが、しばしば洞孔が崩落して、なかにいた他の動物ともども生き埋めになることがあった。今日、これらの動物の化石はブリストル周辺と南ウェールズで多くつかっている。

- やや短い首
- 5本指の手
- 5本指の足

プラテオサウルス

グループ 竜脚形類
年代 三畳紀後期
大きさ 全長6〜10m
産出地 ドイツ、スイス、ノルウェイ、グリーンランド

古竜脚類に属し、もっともよく研究されている恐竜の1種である。大半の恐竜は骨の少数のかけらか、せいぜい1つの骨格から知られているにすぎないが、プラテオサウルスには50以上の完全な骨格が現存する。これらの大部分は、一連の大河川によって2億2000万年前に堆積したドイツの三畳紀後期の盆地から発見された。他の標本はグリーンランドの氷河でおおわれた岩や、北海の海底から採取した採掘芯からも発掘された。これらの標本から、研究者たちはきわめて詳細にこの恐竜を調査することができた。プラテオサウルスは最大級の古竜脚類の1種であり、一部の個体では全長10m、700kgの重さがあった。長い口には葉状歯がずらりと並び、植物をかみ砕くのに非常に好都合の不規則な隆起（歯状突起）でおおわれていた。2本足または4本足で歩くことができたと考えられるが、最近の調査によると、この動物の腕と手は移動にそれほど適しておらず、むしろおもに食料を集めるために用いられたことが示されている。その名前は「扁平なトカゲ」を意味する。

> プラテオサウルスは季節に応じて、成長率を増減することができた。

がっしりした植物摂食者
がっしりした厚い下肢骨で示されるように、大型化する最初期の恐竜の仲間だった。

小さいが効果的
頭骨は比較的小さくて長かったが、あごは、食料となる植物を砕いて引きちぎるのに理想的な多数のごつごつした鋸歯状歯をもっていた。

背の高い摂食者
体重を支える頑丈な骨格は直立の姿勢を可能にし、そのため他の草食性の恐竜や爬虫類の手が届かない植物を食べることができた。

エオクルソル

グループ	鳥盤類
年代	三畳紀後期
大きさ	全長1m
産出地	南アフリカ

ほとんど知られていない三畳紀鳥盤類の1種で、現在の南アフリカにおける小型のきわめて俊敏な草食動物だった。骨盤と逆方向の恥骨や植物をかむのに適した葉状の歯など、鳥盤類の主要な特徴の大部分をそなえていた。しかし、ときには小さな哺乳類や爬虫類をつかまえて草食の食性を補うために用いる、鋭いかぎ爪をそなえた細長い手をもっていた。

リストロサウルス

グループ	単弓類
年代	ペルム紀後期から三畳紀前期
大きさ	全長1m
産出地	南方の大陸の広い範囲

このがっしりした胸をもつ豚に似た草食動物は世界の半分の地域に生息し、すべての種の95%までも死滅させた猛烈なペルム紀から三畳紀の大量絶滅を生きのびた。幅の広い体、鈍重な歩きかた、角状のくちばしと2本の牙状犬歯をもつ巨大な頭骨が特徴だった。犬歯はおそらく誇示あるいは防衛のために用いられ、くちばしは植物の茎や枝をかみ切るのに非常に適した道具だった。体重は100kg以下であったと推定される。

角状くちばし
牙状犬歯

プラケリアス

グループ	単弓類
年代	三畳紀後期
大きさ	全長2-3.5m
産出地	アメリカ合衆国

哺乳類の爬虫類型類縁であるディキノドン類はペルム紀後期から三畳紀時代にもっとも繁栄した草食動物の仲間だった。このかつては主要なグループの仲間で最後の生き残りの1種がプラケリアスだった。古代のカバに似ており、約2000kgの体重にまで達した。約2億2000万年前にアメリカ南西部に生息し、この地域で最大の草食動物だった。前期肉食恐竜などと共存していたが、プラケリアスは隆盛をきわめた植物摂食者だったので、ライバルの草食動物たちよりはるかに数が豊富だった。頭骨は、おそらく対外誇示のために用いられたと思われる2本の巨大な牙が特徴だった。化石の発見により、大群で移動していたことがわかる。

短いずんぐりした尾

強力な後肢

カンネメイリア

- **グループ** 単弓類
- **年代** 三畳紀前期から中期
- **大きさ** 全長3m
- **産出地** 南アフリカ、中国、インド、ロシア

ディキノドン類など獣弓類の少数のグループだけが三畳紀時代に入っても生き残った。サイと同程度のサイズのカンネメイリアはこれらの子孫であり、大型の犬牙をもっていたが歯はなかった。そのかわり、食料をかみ切るためのくちばしと、現生カメのように口の内側をおおう角状平板があった。かたい植物は、あごを前後に動かして水溶状にされた。草食動物にとってこの体制は明らかに生存に有利だった。カンネメイリアのあとに続くディキノドン類はその後の5000万年のあいだほとんど変化していなかったからである。

トゥリナクソドン

- **グループ** 単弓類
- **年代** 三畳紀前期
- **大きさ** 全長45cm
- **産出地** 南アフリカ、南極大陸

ネコほどのサイズのこの肉食動物は、三畳紀前期のもっとも一般的なキノドン類だった。哺乳類のように、臀部正面に顕著な腰があった。さらに、その幅広い肋骨はたがいに連結されて体を固定していたため、肋骨の動きだけでは呼吸がむずかしかった。これは、トゥリナクソドンが隔膜を呼吸のために使った（より能率的な方法）ことを意味し、進化する哺乳類タイプの新陳代謝や類似の活動レベルにつながるものである。四肢は哺乳類のようにほぼ体の下にあり、これはトゥリナクソドンが走ることができる活発な動物だったという説のさらなる根拠となっている。

哺乳類に似た動き
四肢がトカゲのような体型で外側に広がっていた初期の単弓類と異なり、トゥリナクソドンの足はほぼ体の下にあった。

アナグマのようなあご
腰部
体に近接した足

2000kg カバに似たディキノドン類であるプラケリアスの最大重量

眼の後ろにある隆起域
植物を引き裂くためのカメ状くちばし
装飾的な牙
細長い下あご
頑丈な前肢

「爬虫類のカバ」
プラケリアスはしばしば、類似した体形と重量により「爬虫類のカバ」と呼ばれた。40以上の骨格が化石森林国立公園（アメリカ・アリゾナ州）で発掘された。

キノグナトゥス

- **グループ** 単弓類
- **年代** 三畳紀前期から中期
- **大きさ** 全長1.8m
- **産出地** 南アフリカ、南極大陸、アルゼンチン

キノグナトゥスとは「犬のあご」を意味し、この哺乳類型爬虫類は上下のあごの両側に大型の犬歯があった。単一骨である歯骨が下あごを構成しており、これは爬虫類よりも現生哺乳類に一般的な特徴である（⇨p.182）。キノグナトゥスはおそらく極端な肉食動物であり、肉以外の何も食べなかったと考えられる。肉を薄く切り裂くため、犬歯の後ろに刃状歯が生えていた。頭骨には大型の顎筋を支える広い区域もあり、強いかみ砕く力をもっていたことがわかる。

聴覚用のあご
キノドン類の顎関節を構成している骨は、哺乳類の中耳骨の2本と同じである。キノグナトゥスのこれらの顎骨が小さいということは、おそらくそれらがすでに聴覚のために用いられていたことを意味する。

幅広い頭骨
大型の歯骨顎骨

モルガヌコドン

- **グループ** 単弓類
- **年代** 三畳紀後期からジュラ紀前期
- **大きさ** 全長9cm
- **産出地** イギリス諸島、中国、アメリカ

最初期の真正哺乳類であり、南ウェールズ採石場から産出した歯、あご、何千もの骨片によって1949年にその姿が記載された。小型でトガリネズミほどのサイズをもち、昆虫を摂食していたモルガヌコドンはおそらく夜行性であり、鋭い嗅覚をそなえていた。もっとも進化したキノドン類のように、二重の顎関節（爬虫類の旧関節と哺乳類の新関節）が並列していた。旧顎関節骨のサイズが小さいことは、モルガヌコドンが鋭敏な聴覚を有していたことを示す。多くの初期哺乳類がこの状態を保持し、化石を通じて、一方では現生哺乳類の完全におおわれた中耳と単一の顎関節が独自に単孔類（⇨p.357）に進化し、他方では有袋類や胎盤哺乳類に進化したことがわかる。

外部の耳
鋭い歯

ジュラ紀

- 226 植物
- 234 無脊椎動物 
- 244 脊椎動物

ジュラ紀

ジュラ紀という言葉は巨視的に見ると、地上を咆哮する巨大な恐竜や海中で波を立てて突進する大きな爬虫類、そして空を飛ぶ爬虫類のいる世界の絵を髣髴とさせる。大洋はアンモナイト、ベレムナイト、さまざまな殻をこわす魚を含む新しい捕食動物であふれていた。また微視的に見ると、プランクトンが進化し大洋の化学的性質を変化させていた。

恐竜の足跡
太古の湖岸に残されたジュラ紀の竜脚類の平行する足跡は、アメリカのコロラド州南東部にあるモリソン層の堆積岩に保存されている。

ダードル・ドア
イギリスのドーセット海岸にあるダードル・ドアの壮大な石灰岩のアーチは、アルプス山脈を形成したのと同じ地殻構造の変化によって生まれた。

大洋と大陸

ジュラ紀のあいだ、大陸移動により大陸の再形成と海の拡大が続いた。三畳紀に始まった超大陸パンゲアの南北の分裂はジュラ紀初期も続き、テティス海を拡大した。これが東西方向に広がり、大洋の植物相と動物相、そして世界の気候に重大な影響を与えた。海流はおもに東から西へ流れ、その結果、気候は北と南でほとんど変化しなかった。さらにその結果として、動物と植物が東西方向に放散し、多くのグループがおもに東方へと広がっていった。西オーストラリアの石灰岩で発見された化石は、イギリスの南岸で発見された化石に非常によく似ている。ジュラ紀中期、もう1つの大洋の古大西洋は、アメリカが北西方向に移動しはじめたときに広がりはじめた。ジュラ紀後期、ローラシアはアフリカ北西部から離れる北アメリカの北への移動によって、パンゲアからさらに分かれた。この結果、テティス海西側の拡大が生じた。パンゲアが隆起と沈み込みによって（⇨ p.20）分裂し続けたとき、大陸周辺の大陸棚が広がり、浅い海水の環境が地球全体に広がった。大洋では、石灰質とシリカ質の骨格をもった新しい種類のプランクトンが現れ、それが石灰岩とシリカの豊富な堆積物を作った。大量の石灰岩はフランスとスイスの国境でジュラ山脈を形成した。ジュラ紀の名はこの山脈名に由来している。

ザイオン国立公園
広大な砂丘がジュラ紀を通じて北アメリカの西の内陸で堆積し、今日アメリカのザイオン国立公園で露出している劇的な赤い累層を作った。

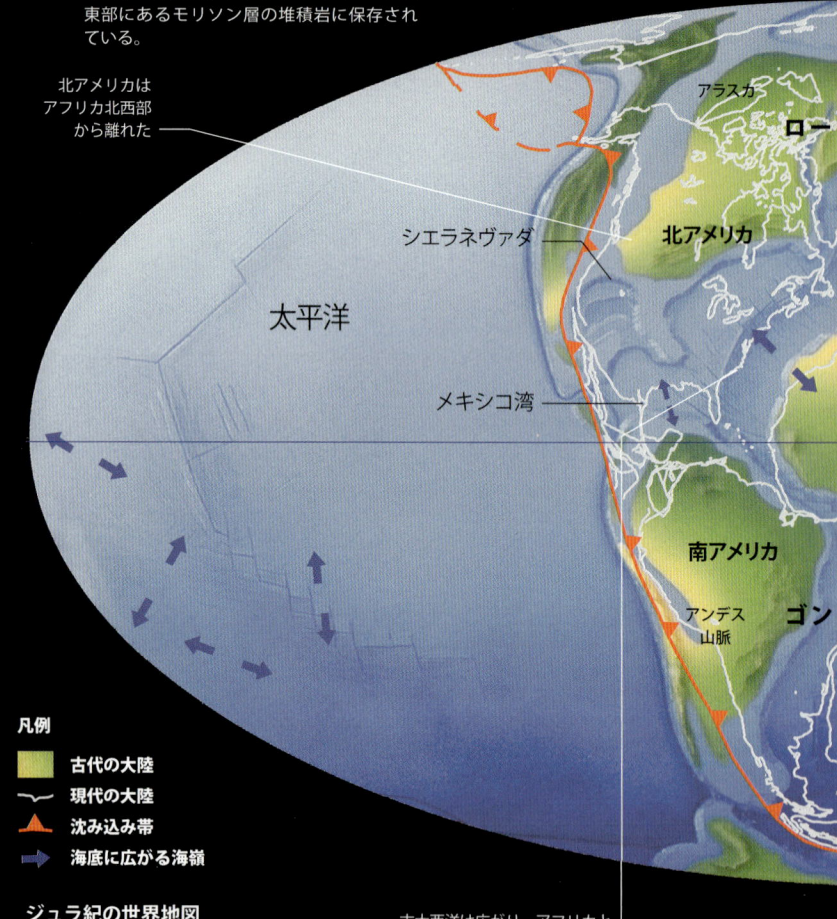

ジュラ紀の世界地図
パンゲア北部（ローラシア）と南部（ゴンドワナ）は分離を続け、テティス海を広げた

古大西洋は広がり、アフリカと北アメリカ東部は別々に隆起し、広がる海嶺に押し流されていた

凡例
- 古代の大陸
- 現代の大陸
- 沈み込み帯
- 海底に広がる海嶺

初期

単位：100万年前　200　　190　　　　180　　　　170

植物
195–145 植物相は針葉樹、イチョウ類（とくに北半球の中・高緯度）、シダ類、ベネティテス類、多様化したソテツ類（とくに低緯度）。シダ種子類は多様化傾向が衰え、唯一カイトニア科のシダ種子が支配した

ウィリアムソニア

無脊椎動物
● 195 最初のリトセラス亜目のアンモノイド類、アンモナイト亜目、ベレムナイト（⇨左）

パキテウティス

● 180 最初の鱗翅類（リアドタウリウムス）、ヤドカリ、現代のヒトデ（⇨右）、不正形ウニ、海綿礁の広い発達、最初のクチベニガイ類の二枚貝類、最初のコケムシ（クダコケムシ）

ペンタステリア

● 180 最初のフネガイ類の二枚貝

● 175 最後のスピリファー類の腕足動物、最初のウミギクガイ類とニオガイ類の二枚貝類

脊椎動物
● 195 特殊化された採餌をする最初の翼竜（ドリグナトゥス）、最初の竜脚類の恐竜、小さな鳥盤目の恐竜の多様化（ヘテロドントサウルス類⇨左）、ファーブロサウルス類、スケリドサウルス類）

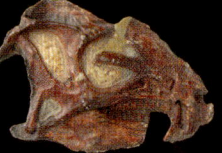
ヘテロドントサウルス

● 190 最初のプリオサウルス

リオプレウロドン

イチョウの木
イチョウ属の一種が今日生き残っており、一般的にイチョウとして知られている。ジュラ紀のあいだ、この属は多様化し、ローラシア大陸に広がった。

気候

地球全体の気候は、ジュラ紀中期まで最大30℃に達するほど暖かく湿気があった。亜熱帯性の気候が、緯度60度というはるか北まで広がっていたかもしれない。現在の北アメリカ南西部、南アフリカ、南アメリカを含む低緯度地帯はもっと乾燥していた。現在のオーストラリア西部、インド、南アメリカの南端を含む中緯度地帯は、季節的に乾燥していた。ジュラ紀中期、オーストラリアの高緯度の気温は、おそらく平均して約15〜18℃だっただろう。さらに高緯度の地帯は、南北両半球とも、石炭鉱床の存在によって証明されているように、繁茂した森林があり、もっと湿気があった。ローラシアのこれらの地域では、ジュラ紀のあいだ、ジュラ紀初期にしっかり定着した季節風の循環が崩壊したために、さらに乾燥するようになった。地球の気温は、大洋の気温が相対的に低かったジュラ紀後期に低下し、約20℃を計測した。気温は夏の暑さから冬のひどい寒さへと極端に変化した。このはっきりした季節性はジュラ紀後期の特徴だった。このとき、乾燥した赤道地帯が赤道をはさんで最大で緯度約45度から50度まで広がり、季節性の湿った気候の狭い地帯は60度まで広がった。そして湿気のある気候の環境が両極に向かって存在した。さらに湿気のある地帯では、おもに針葉樹でできた森林が広大な石炭鉱床を形成した。中緯度から高緯度の植物相は、**イチョウ**のような植物とシダ類および針葉樹に支配されていた。ベネティテス類（ソテツに似た植物）とソテツ類は、低緯度地帯の主要植物だった。

温帯雨林
温帯雨林が両半球のもやのかかった気候のなかで繁茂した。針葉樹が支配したが、南オーストラリアのシダ類のような植物も見られた。

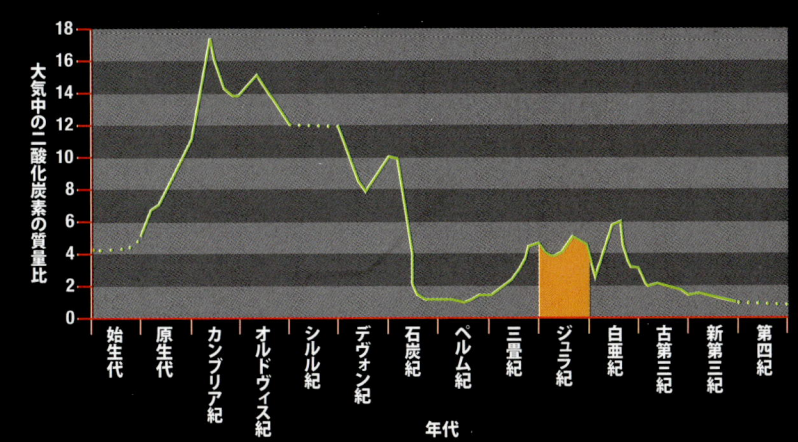

二酸化炭素レベル
研究によって、二酸化炭素のレベルは三畳紀とジュラ紀の境目ではかなり高かったことがわかっている。そのレベルはジュラ紀のあいだ存在した暖かい温室効果環境とともに上下した。

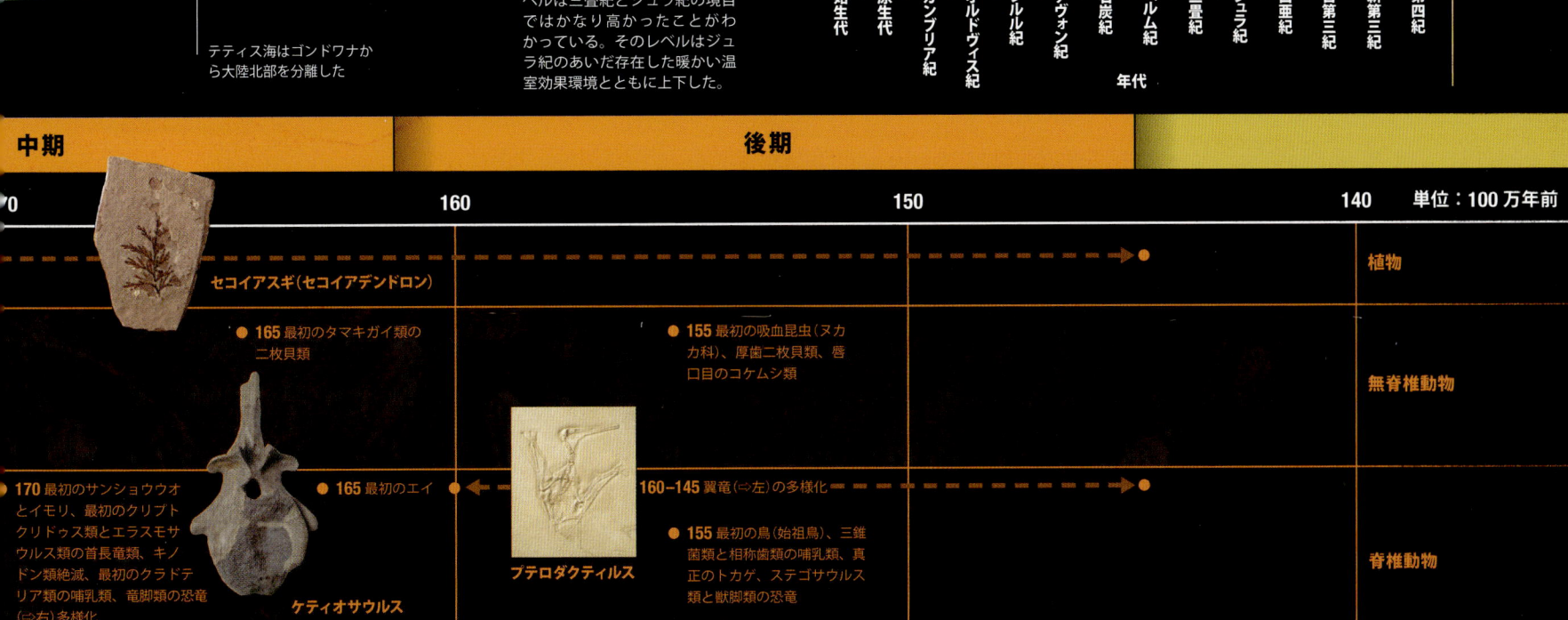

ジュラ紀の植物

ジュラ紀のあいだ、三畳紀に発達した新しい種類の植物が引き続き多様化した。ジュラ紀の植物に関する最高の情報は、イギリス北部のヨークシャーで発見された豊かで保存状態のよいジュラ紀中期の植物相の研究から得られたものである。

ジュラ紀の植物は世界の多くの地域で見つかっているが、ジュラ紀の植物について現在私たちが知っていることの多くの部分は、イギリス北部のいくつかの地方で見つかった化石から得られたものである。このいわゆるヨークシャーのジュラ紀の植物相は、古生物学の初期から研究されており、とくに、この植物相に保存されたさまざまな部分から絶滅した植物を再構成する試みが成功している。

被子植物以前

シダ類と針葉樹はヨークシャーの多くの植物相に共通して見られるが、またソテツに似た葉も顕著に見られる。これらの葉の一部は、真正のソテツ類から生まれたことは確かであるが、一部はベネティテス類の葉で、あるいはソテツ類と近縁ではない他の種類の植物に属していたかもしれない。例えばベネティテス類は、現生の種子植物の他のグループよりも現生のグネツム類に近かったかもしれない。

もう1つの興味深い絶滅したジュラ紀の種子植物のグループは、カイトニア類である。この植物は4枚の小葉からなる葉をもっている。それらはすべてグロッソプテリス類の葉に類似した網状葉脈をもち、カイトニア類は被子植物に関係があると考えられていたが、のちに研究によって、それらはこのグループの特徴である重要な生殖の分化を欠いていたことがわかった。

クラッソポッリスの花粉
ケイロレピス科の化石針葉樹のこの特徴的な花粉**クラッソポッリス**は、ジュラ紀後期と白亜紀初期の化石花粉と胞子植物相でもっともよく見られる構成要素の1つである。

植物と昆虫

陸上植物と昆虫それぞれの進化は、デヴォン紀以後密接に結びついていたが、中生代のあいだ、昆虫のいくつかの現生する目、とくにハエと甲虫が急速に多様化した。これらの昆虫の多くは、おそらく植物や腐敗しかけた植物から出るものを食べていたのだろうが、一部のものは花粉媒介に関与したかもしれない。おそらくジュラ紀までに、昆虫はすでにある植物から別の植物へ花粉を運ぶことにかかわるようになっていたのだろう。それは植物の生産に新しい次元を、また分化への新しい潜在的可能性をもたらした。昆虫は現生のソテツ類とグネツム類の花粉媒介で重要な役割を果たす。また花粉生産と胚珠生産の器官をもつジュラ紀のベネティテス類も存在した。そのような両生殖の「花々」は、おそらく昆虫が送粉したのだろう。

化石の甲虫
甲虫の多様化はジュラ紀までに十分進んでいた。一部の種はこの時代の種子植物の花粉媒介に貢献していた可能性がある。

グループ概観

ジュラ紀に栄えた植物の大きなグループは、三畳紀後期の植物相に非常に似ていた。シダ類と多様な種子植物が支配的なグループだった。針葉樹、ソテツ類、ベネティテス類は、カイトニア類やチェカノウスキア類のような少数で小さい系統のものとともに、種子植物の主要グループだった。

シダ類
三畳紀、ジュラ紀、そして白亜紀初期の支配的なシダ諸科の植物は、シダの進化の主脈からごく初期に分かれた系統だった。それらは開けた生息地で栄えたために、ほとんどの現生のシダ類と比べると異なっている。これら古代のシダ類は、今日、草が占めている環境と似た環境で生息していた。

針葉樹
針葉樹はジュラ紀のほとんどの植物相で重要だった。そして一般的に三畳紀のヴォルツィア類よりも現生の針葉樹の科に似ていた。ジュラ紀の化石のなかで認知できる針葉樹のグループは、ヌマスギやイチイの仲間に関係する種類を含んでいる。チリマツの仲間もまた広く見られる。

ソテツ類
ソテツ類はジュラ紀のあいだ多様だったが、もっともよく理解されている化石のソテツ類は、現生の種類に非常によく似た花粉と種子球果をもっていた。しかし化石の葉は現生のソテツ類よりも非常に小さく、それはこれらの古代の種類の茎が細く、おそらく高く枝を出していたことを意味している。

イチョウ類
イチョウに似たいくつかの異なった種類が、ジュラ紀では知られている。そしてこの期間に、そのグループは非常に多様化した。中国産出のジュラ紀のさまざまな**イチョウ**に似た植物は、とくによく知られている。これらの一部は、ただ1つ現存する種であるイチョウ(ギンクゴ・ビロバ)とほとんど違わない。

セラーギネッラ（イワヒバ）

グループ	ヒカゲノカズラ植物
年代	石炭紀から現代
大きさ	高さ10cm
産出地	世界各地

これらの小さな植物はコケ類のように見えるが、茎に沿って4列に並んでいる大小2種類の単葉をもっている。さらに重要なことは、それらが真正のコケ類がするように、単純な胞子のカプセルよりもむしろ小さな球果にグループ化された胞子生産組織（胞子嚢）から胞子を生産することである。知られているなかでもっとも古い**イワヒバ**の化石は3億年以上前のもので、もっとも古い化石記録の1つをもつ植物の属である。

セラーギネッラ・ツァイラーリ
セラーギネッラ・ツァイラーリのこの化石化した葉のついた若枝は、茎に付着した大小の葉の列を示している。

近縁関係の現生種
イワヒバ

現在のイワヒバ属は通常は小さいかつる状にのびて地をはう植物であるが、ときどき木の枝の上で成長する。約700種が今日現存している。その大部分は熱帯や温暖な気候の地域で発見されるが、一部はさらに涼しい気候地帯で発見される。

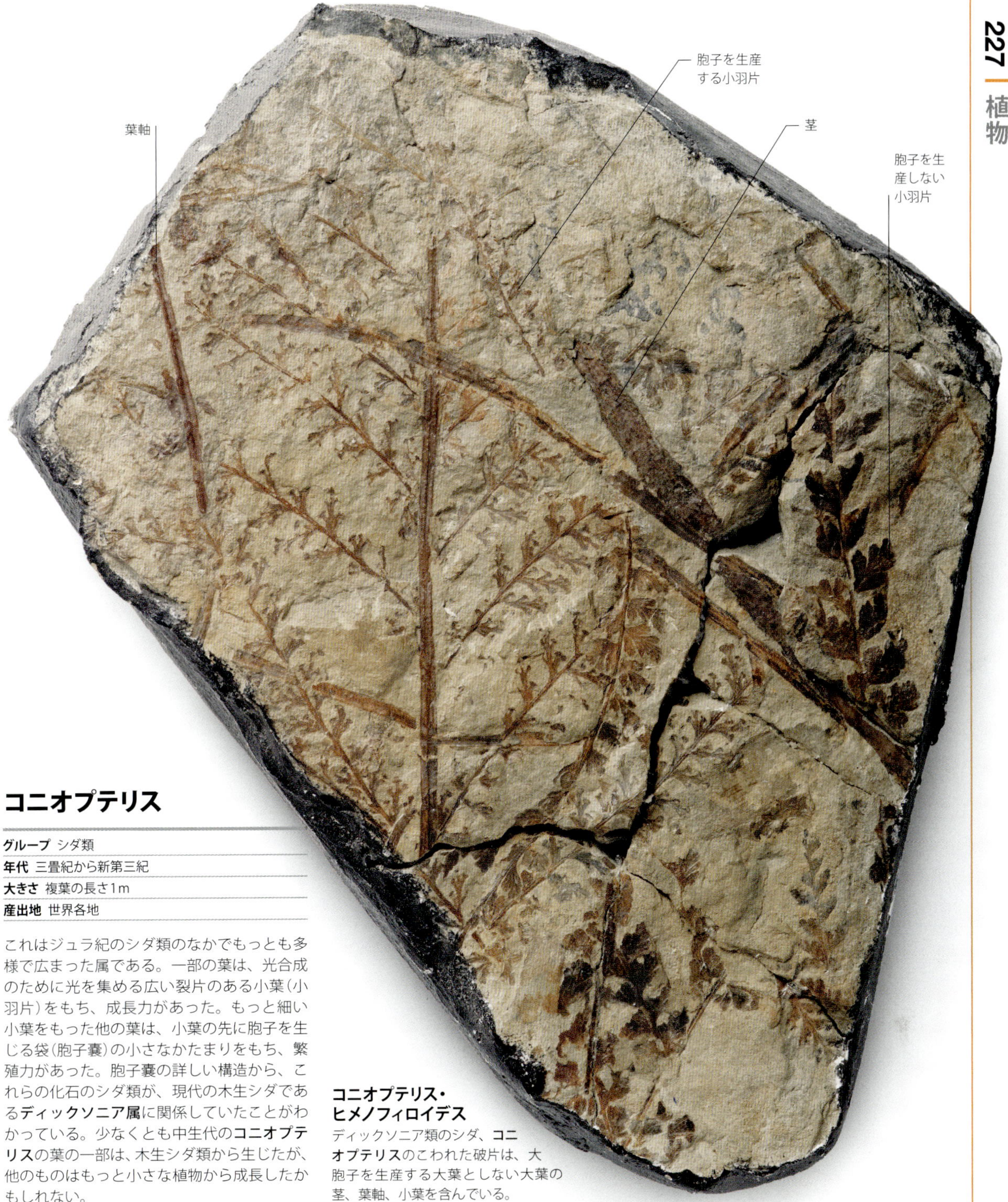

コニオプテリス

グループ	シダ類
年代	三畳紀から新第三紀
大きさ	複葉の長さ1m
産出地	世界各地

これはジュラ紀のシダ類のなかでもっとも多様で広まった属である。一部の葉は、光合成のために光を集める広い裂片のある小葉（小羽片）をもち、成長力があった。もっと細い小葉をもった他の葉は、小葉の先に胞子を生じる袋（胞子嚢）の小さなかたまりをもち、繁殖力があった。胞子嚢の詳しい構造から、これらの化石のシダ類が、現代の木生シダである**ディックソニア属**に関係していたことがわかっている。少なくとも中生代のコニオプテリスの葉の一部は、木生シダ類から生じたが、他のものはもっと小さな植物から成長したかもしれない。

コニオプテリス・ヒメノフィロイデス
ディックソニア類のシダ、コニオプテリスのこわれた破片は、大胞子を生産する大葉としない大葉の茎、葉軸、小葉を含んでいる。

（図注: 葉軸、胞子を生産する小羽片、茎、胞子を生産しない小羽片）

エクイセティテス

グループ	トクサ類
年代	石炭紀後期から現代
大きさ	高さ2.5m
産出地	世界各地

茎に沿って走るはっきりとした肋とより広いスペースの「横縞」（節）をもつ**エクイセティテス**の化石の雄型は、ジュラ紀の化石によく見られた。とくに河岸や湖岸沿いに形成される岩で見られる。この植物はおそらくこうした水辺で成長したのだろう。現生の**トクサ属**の茎に非常によく似ているが、多くは現生のどの種よりも大きい。

 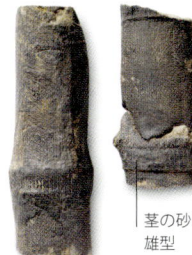

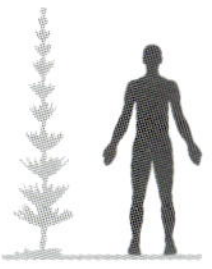

（図注: 節、茎の砂岩雄型）

現存する近縁種
トクサ類

トクサ（**トクサ属**）は今日でも広く分布し、よく見られる植物グループである。それらはリゾームと呼ばれる地下茎を使って簡単に広がる。それらの鱗片のある葉は、特徴的な節の茎の周りに渦巻状に配置されている。

フレボプテリス

グループ	シダ類
年代	三畳紀後期から白亜紀
大きさ	複葉の幅20cm
産出地	世界各地

この化石のシダは、付着したより細い小葉（小羽片）をもった、分かれた葉切片（羽片）の断片として発見されることが多い。ときどき完全な葉が、柄の端から放散しているように見えるいくつかの小葉とともに発見される。その葉はおそらく地下をはう茎（リゾーム）によって作られたのだろう。現生の**マトニア属**は同じ科に属している。それは類似の葉をもち、また胞子を生産する器官（胞子嚢）の類似のかたまりをもっている。ジュラ紀、マトニア科のシダは広がった。今日それらは、生態的にも地理的にも限定されている。

フレボプテリスの1種
細い中央の軸（葉軸）に付着している多くの小さな細い小羽片が、この化石化された羽片で見ることができる。

（図注: 小羽片）

ディクチオフィルム

グループ	シダ類
年代	三畳紀後期からジュラ紀中期
大きさ	複葉の幅20-30cm
産出地	世界各地

フレボプテリス(⇨ p.227)などのマトニア科の仲間のように、ディクチオフィルムは柄の末端から放散する葉切片(羽片)をもっていた。末端は地下をはう根茎(リゾーム)につながっていた。このシダは、葉脈が小葉(小羽片)全体に網目を作っていることで他と区別できる。葉脈と胞子を作る組織(胞子嚢)の構造は、ディクチオフィルムがヤブレガサウラボシ科に属していたことを示している。今日、この科は南東アジアでのみで生育している。ジュラ紀のあいだ、ディクチオフィルムは広がったが、やがて衰退し、結局ジュラ紀末に絶滅してしまった。

ディクチオフィルム・ニルソニ
ジュラ紀のシダのこの部分的な葉は、特徴的な網目の葉脈をもつ。この種の網目の葉脈をもったシダは、より乾燥した生息地を好んだ。

― 中葉脈

葉脈
それぞれの三角形の小葉は中央に厚い中葉脈をもつ。中葉脈の両側に、多角形の網目を作る側脈がある。

トディーテス

グループ	シダ類
年代	三畳紀後期からジュラ紀
大きさ	複葉の長さ1m
産出地	ヨーロッパ、中央アジア、中国

トディーテスの葉はジュラ紀によく見られる。これらの繁殖力のある葉は、小葉(小羽片)の裏面に、胞子を作る袋(胞子嚢)の集まりをもっており、それは現代のシダ、ゼンマイ科に類似している。もっとも似ている現生のシダは、オーストラリアと南アフリカのトデア属である。その胞子嚢は細部構造がわずかに違うので、ジュラ紀の葉には違う名前トディーテスが与えられた。胞子嚢のない栄養葉はクラドフレビス(⇨右)と呼ばれている。

トディーテスの1種
ジュラ紀のこの化石化した葉の断片に見られるように、胞子を作る小葉は、胞子を作らない小葉とはまったく違って見える。

胞子を作る機能をもった小葉(小羽片)

オスムンダカウリスの1種
ジュラ紀のゼンマイ科のシダの茎の化石化した遺骸によって、切断面上で解剖学的にそれらの細部が研究できる。これからこのシダ・グループの進化と多様化のパターンを決定することができる。オーストラリアのクイーンズランドから出たこの例では、いくつかの維管束が茎の丈に沿って走っているのを見ることができる。

クラドフレビス

グループ	シダ類
年代	三畳紀から白亜紀
大きさ	複葉の長さ1m
産出地	世界各地

クラドフレビスが属していたシダの仲間、ゼンマイ科の絶滅種と現存種の両方とも、現在のセイヨウゼンマイ(オスムンダ・レガリス)に見られるように、繁殖力のない栄養葉と胞子をもった袋(胞子嚢)をつけた繁殖力のある葉をもっている。これら2つのタイプの葉はまったく違って見え、よく別々に発見される。そのため古生物学者はそれらに違う属名を与えている。つまり、はっきりとした三角形の小葉をもつ胞子を作らない葉にはクラドフレビス、繁殖力のある胞子を作る葉(⇨左)にはトディーテスである。

クラドフレビス・フキエンシス
中国産出のこの化石は、ゼンマイ科のシダの典型的な胞子を作らない葉を示している。その小さな三角形の小葉は胞子嚢をもつことはなかった。

― 維管束

クルキア

グループ シダ類
年代 三畳紀後期から白亜紀前期
大きさ 大葉の長さ30–50cm
産出地 ヨーロッパ、中央アジア、日本

クルキアというシダ類のこの特徴的な小さな舌状の小葉(小羽片)は、ジュラ紀の植物相でよく見られる。この繁殖力のある胞子葉はとくに区別しやすい。小葉の裏面に、別々についた非常に大きな胞子をもった袋(胞子嚢)がある。これは胞子嚢が小羽片上に連続するかたまりとして生じる、他のジュラ紀の大部分のシダ類とは違うことを示している。この属の仲間は、フサシダ科の現代のはい上るシダ類ともっとも密に関係している。フサシダ科のシダは今日熱帯と亜熱帯で育っている。

> クルキアの特徴的な小羽片はジュラ紀の植物相によく見られる。

クルキア・エックシリス
この化石の小さな丸い印は、小羽片の裏についた特徴的な胞子嚢である。

プセウドクテニス

グループ ソテツ類
年代 ペルム紀後期から白亜紀
大きさ 葉の長さ1m
産出地 世界各地

連続する長い小葉(羽片)に分かれ中央軸(葉軸)に付着した葉は、多くの中生代の化石の植物相で見ることができる。それらは現代のソテツ類の葉に似ており、全部ではないが(⇒ p.231)、一部は実際にソテツの化石である。さまざまな属が、その小葉の形と葉脈、そしてそれらが葉軸にいかに付着しているかに基づいて識別されている。プセウドクテニスの葉は、真正のソテツ類から生まれたもので、分枝しない葉脈と葉軸の側に付着した小葉をもつ。化石化した例は、ニルソニアのような他のソテツの葉の化石ほど豊富ではないが、とても広い範囲にわたっている。プセウドクテニスは、熱帯性と温帯性両方の植物相で見られる。その例はペルム紀の岩からも発見されているほどで、それらは既知のもっとも古いソテツの化石に属している。

プセウドクテニス・ヘリエシイ
このジュラ紀のソテツの葉の化石は、両側に細い羽片をもった厚い中央葉軸をはっきりと示している。それぞれの羽片はその長さに沿って走る多くの細い葉脈をもっている。

カイトニア

グループ カイトニア類
年代 三畳紀後期から白亜紀前期
大きさ 球果の長さ5cm
産出地 ヨーロッパ、北アメリカ、中央アジア

カイトニアはカイトニア類と呼ばれる絶滅植物のグループの種子をもった器官である。カイトニア類はジュラ紀に亜熱帯地域で豊富だった。いくつかの種子が中央軸(葉軸)の側に2列に並んだ、保護用ヘルメット型の殻をもった構造(殻斗)に閉じこめられている。殻斗内部の種子の囲いこみは、今日の被子植物が種子をつける方法に外面的には似ている。またその植物によって生まれる葉は被子植物と共通の特徴、とくに網状葉脈をもっている。長い間カイトニアは被子植物の直接の先祖だったと考えられていたが、この考えは今日では否定されている。

カイトニアの1種
種子をもつ殻斗は主葉脈の両側に付着している。それぞれの殻斗から生まれた種子のいくつかの残骸をまさに見ることができる。

サゲノプテリス・ニルソニアナ
カイトニアの種子をもつ構造を生んだ植物は、4つの小葉と網状葉脈(小葉の1枚はこの例では見えない)をもつサゲノプテリスと呼ばれる特徴的な葉をつけていた。この葉は球果よりももっと一般的に発見され、この植物の分布についてさらに優力な情報を与えてくれる。

アンドロストロブス

グループ ソテツ類
年代 三畳紀後期から白亜紀前期
大きさ 球果の長さ5cm
産出地 ヨーロッパ、シベリア

アンドロストロブスはプセウドクテニス(⇨上)のようなソテツの葉とともに発見される、花粉を生む球果に与えられた名前である。それらは同じ植物の一部と考えられている。らせん状に配置された構造は、変化した葉(胞子葉)で作られたと考えられている。胞子葉はそれぞれ端に上を向いた鱗片をもつ。鱗片は、胞子葉の裏面の多くの花粉の袋(胞子嚢)を保護するため、たがいに重なりあっている。

アンドロストロブス・ピケオイデス
ジュラ紀のソテツの2つの花粉を生む球果である。それぞれの球果は、より低い表面に花粉のついた袋とともに、らせん状に配列された包葉に似た鱗片をもつ。

ウィリアムソニア

グループ ベネティテス類
年代 ジュラ紀前期から白亜紀後期
大きさ 花の長さ10cm
産出地 世界各地

ベネティテス類はジュラ紀の植物の特徴のあるグループである。多くの種が、ソテツの葉と花に似た特有の生殖構造をもつ、高さ2mにもなる頑丈な幹をもっている。ウィリアムソニアとして知られる種子を生産する特定の種類の花には、中央にドーム型の構造（花托）があり、鱗片によって分かれた多くの柄のある種子がそれに付着している。花全体は包葉という保護層に囲まれている。ときどきこれらの包葉が化石化した唯一の部分であることがある。ウィリアムソニアの複雑な構造のいくつかの面は、これらの植物が被子植物の先祖に関係していたかもしれないことを示している。しかしベネティテス類と被子植物の正確な関係はまだ明らかではない。

ウィリアムソニア・ギガス
鉄鉱石の団塊に保存されたこの化石は、ベネティテス類の球果を取り巻いている保護包葉の輪を、裏面から見た状態で示している。

ウロコ状の幹
ウィリアムソニアという花を生むこの植物は、上部に花と葉の生えた頑丈な幹をもっていた。幹のウロコ状の表面は死んだ葉の基部によって作られたものである。

ザミテス

グループ	ベネティテス類
年代	三畳紀後期から白亜紀後期
大きさ	葉の長さ50cm
産出地	世界各地

これら一般的に発見される植物化石は、現代のソテツ類の花に非常によく似ているように見える。しかしザミテスの細胞質の詳しい構造、とくに葉の裏面の小さな呼吸をする孔(気孔)はまったく違っている。これらのソテツに似た化石は、またすべてのベネティテス類の特徴である、花に似た生殖構造をもった植物のものであることが今日わかっている。事実、ジュラ紀に発見されたソテツに似た葉の大多数は、真正のソテツ類というよりも、むしろベネティテス類の1種であるようだ。ザミテス属は熱帯や亜熱帯の環境でのみ生育するので、ジュラ紀が温暖な気候であったことがよくわかる。

ザミテス・ギガス
この化石は典型的なベネティテス類の葉を示している。イギリスのヨークシャーの海岸に露出したジュラ紀の植物の地層から産出したものである。

アノモザミテス

グループ	ベネティテス類
年代	三畳紀中期から白亜紀前期
大きさ	大葉の長さ30cm
産出地	世界各地

多くのベネティテス類の葉は、1回しか分岐することはなかった。これらの植物のさまざまなタイプは、小葉の様式(羽片)によって区別することができる。ザミテス(⇨上)と比べると、アノモザミテスは葉基で圧縮されていないより広い羽片をもち、ザミテス同様、ベネティテス類を特徴づけている裏面に同じタイプの息をする孔(気孔)をもっている。アノモザミテスは葉の化石化した遺物がシベリアで発見されているので、おそらくより涼しい気候に耐えられたのだろう。

ウェルトリキア

グループ	ベネティテス類
年代	ジュラ紀
大きさ	球果の直径10cm
産出地	世界各地

ウィリアムソニア(⇨左)をもつこのベネティテス類の植物は、またウェルトリキアとして知られる花粉を生む花をもっていたと考えられている。これらの花は、上部の表面に花粉袋をつけた長い葉に似た包葉のグループからなる。一部の種には、花粉を運ぶ昆虫をひきつけるために、花蜜に似た物質を隠していたと思われる小さな柄のある組織があった。包葉がカップ型の基部(花托)から放射しているので、外観が花のようである。ウェルトリキアは植物に直接付着して発見されることはない。そのために、その花をどのようにつけていたかを正確に知ることはむずかしい。しかしほとんどの場合、ウィリアムソニアやプティロフィルムに付随して発見される。このことから、これらが同じ植物に属していたことはほぼ確かである。

ウェルトリキア・スペクタビリス
これは包葉と花粉をもった袋が見られる、ほぼ完璧な雄花の一例である。また同じ植物の葉の一部(プティロフィルムとして知られる)が現存する。

アノモザミテス・マイヨル
この標本は、広く付着した羽片と分かれた葉脈をもった小さなベネティテス類の葉を示している。この葉の形はジュラ紀の主要な属アノモザミテスに典型的なものである。

チェカノウスキア

グループ	チェカノウスキア類
年代	三畳紀後期から白亜紀前期
大きさ	葉の長さ20cm
産出地	ヨーロッパ、グリーンランド、北アメリカ、中央アジア、シベリア、中国

この謎の属はかつて**イチョウ**と関係があると考えられていたが、現在では独自の絶滅グループ、チェカノウスキア類に分類されている。葉は、数回分岐するという事実を除くと、外面上はマツ類の針葉の集まりに似ている。それらは短い若枝を作るために基部で1つにまとまる。これらの葉をもった植物は、**レプトストロブス**と呼ばれる、遊離した球果に似た構造の種子を生んだ。チェカノウスキア類はおもに温暖なあるいは暑い湿気のある環境を好んだと思われる。

若枝の基部 / 細い葉

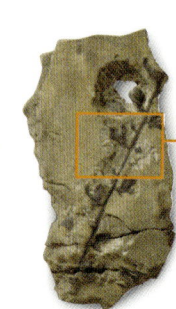

チェカノウスキア・アングスティフォリア
この化石は、基部で1つにまとまる細い葉のグループをもった短い若枝である。

レプトストロブス・ルンドブラディアエ
チェカノウスキアの葉をもつ植物から生まれるこれらの球果は、細い軸の周りに配置された小さな2つの弁のある連続する萌でできていた。成熟すると萌が開き、最大5つの種子が現れた。

ギンクゴ（イチョウ）

グループ	イチョウ類
年代	三畳紀後期から現代
大きさ	高さ50m
産出地	世界各地

特徴のある葉でわかりやすいイチョウ類は、ジュラ紀に広く豊富に分布した。しかし白亜紀後期に衰退しはじめ、今日ではただ1種、**ギンクゴ・ビロバ**だけが現存している。中国の山地に野生で成長しているイチョウである。この種はおそらく植物王国全体で「生きた化石」の最高例の1つだろう。化石化した近縁種同様、多くの細い葉脈をもった美しい扇形の葉は、簡単に認知できる。化石化したイチョウの多くのさまざまな種は、葉の上の裂片の形と数そして葉の全体の形によって識別できる。ときどきそれらは葉柄の端に付着した小さな種子とともに発見される。これらの種子と種子の柄は、現生の**イチョウ**によって生み出されるものに非常によく似ている。他の種には、**カルケニア**として知られる種子の複雑な集まりがあった。

イチョウの1種
アフガニスタン産出のこの美しい化石は、ほとんどのイチョウ類の植物に特徴的な扇型の葉と放射する葉脈を示している。この特別な種がどのような種類の種子を生んだのかは知られていないので、これが今日の**ギンクゴ・ビロバ**（イチョウ）といかに密接に関係していたかは明らかではない。にもかかわらず、古生物学者は一般に、依然このような葉を**イチョウ**に属するものとしている。

扇型の葉

サイエンス
イチョウの生物学

イチョウの種子は肉質の外皮とかたい内部の層をもっているが、外側の肉質の層が除かれると、発芽しやすくなる。先史時代、恐竜や太古の哺乳類は、これらの多汁の果物に魅せられたにちがいない。こうした動物たちがそれを食べると、種子は糞として排泄され、あたりに撒き散らされたことだろう。

扇型の葉 / 葉柄 / 肉質の外層 / 固い内層 / 種子 / 枝

ポドザミテス

グループ 針葉樹
年代 三畳紀後期から白亜紀後期
大きさ 葉の長さ8cm
産出地 世界各地

大部分の針葉樹の葉は、短い鱗状か細い針状である。両タイプとも葉の長さに沿って単一の葉脈をもっている。しかしポドザミテスのような一部のジュラ紀の針葉樹は、いくつかの葉脈が走る、より広い葉をもっていた。ポドザミテスの葉は、当初ソテツ類に属すと考えられていたが、葉の裏側の呼吸をする孔(気孔)の構造の研究から、それが針葉樹だったことがわかっている。

異常に広い葉

ポドザミテス・ディスタンス
上の標本は、この変わった針葉樹の化石化した若枝の一部である。葉は広く、それぞれの葉はいくつかの葉脈をもっている。

エラティデス

グループ 針葉樹
年代 ジュラ紀中期から白亜紀前期
大きさ 高さ30m
産出地 ヨーロッパ、カナダ、シベリア、中央アジア、中国

針葉樹の若枝と球果の化石は、ジュラ紀の植物相でよく見つかる。そして、現生の針葉樹と同じ科のものと考えられてしまうことがある。例えばエラティデスは、現生の「中国モミ」(クニングハミア)と非常によく似ている。それはそれぞれ種子を生む鱗被に付着した3つから5つの小さな種子をもっているからである。しかしクニングハミアは、これらジュラ紀の球果を生む若枝よりももっと大きく直線的な葉をつけている。クニングハミアは今日、おそらくエラティデスがジュラ紀に好んだと思われる温暖な気候に似た環境の中国やベトナムで育っている。

現存するイチョウ
数千年前、イチョウは大部分が絶滅しかけたが、東アジアでの栽培がそれを救った。18世紀にはヨーロッパと北アメリカにもちこまれ、今日では両大陸の公園や庭で見ることができる。

葉柄

軸に付着した種子

カルケニア・キュリンドゥリカ
上の球果はイラン産のものである。それはイチョウに似た葉とともにできて、中央軸に付着した多くの種子を含んでいる。

233 | 植物

ジュラ紀の
無脊椎動物

三畳紀末の絶滅後、暖かい海で新しい生態系が生まれ、海生無脊椎動物（むせきつい）が繁殖して大きく多様化した。全体的に温室効果の気候がいきわたり、陸では豊かな森林、そして恐竜、飛ぶ爬虫類（はちゅう）、最初の鳥が見られた。

繁栄する海生生物

アンモナイト類はジュラ紀の典型である――進化するアンモノイド類最後のグループであり、特徴のある複雑な縫合線（ほうごう）が見られた（⇒ p.202）。アンモナイト類は広がり、急速に多様化した。それぞれの属あるいはグループ全体がたがいに繁栄し、100万年近い代謝回転率をもつものも多く見られた。ベレムナイト類はジュラ紀に重要だった。二枚貝類、サンゴ類、棘皮動物類（きょくひ）、コケムシ類、イシサンゴ類のサンゴが広がり、そしてテレブラチュラ類（⇒右）やリンコネラ類の腕足類も地域によっては数が増えた。ロブスターに似た甲殻類が一部の地域でさらに多く見られるようになった。場所によっては大型の海綿類が生息したが、まだ真正のサンゴ礁は見られなかった。大型魚と海生爬虫類の存在が、例えば石炭紀の海の生物とは対照的に、ジュラ紀の海の生物に新しい次元を与えた。この増大する捕食動物に直面して、ウニ類と二枚貝類の多くのグループは、防護のために沈殿物のなかに穴を掘って隠れるという戦略を採用した。

ライム・リージス海岸
この海岸沿いは、ジュラ紀前期のアンモナイトの化石が豊富である。この大きな標本は浸食され砕かれた隔壁がむきだしになっている。

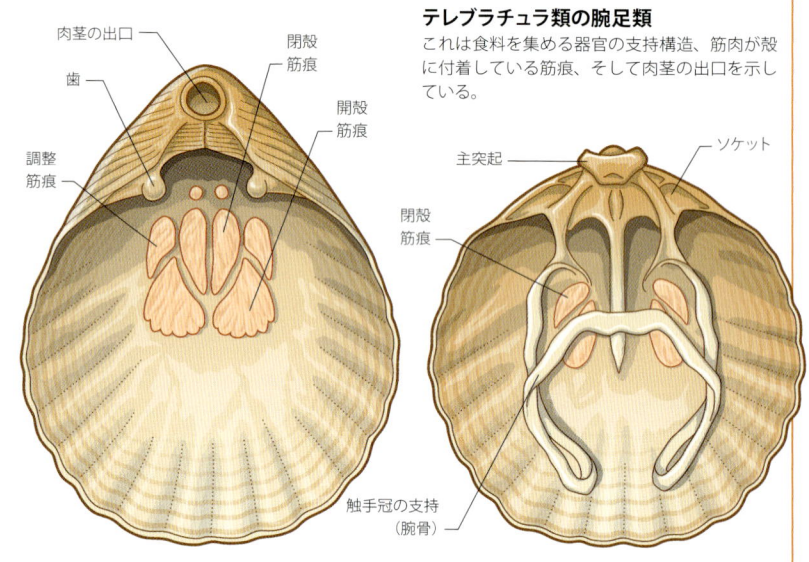

テレブラチュラ類の腕足類
これは食料を集める器官の支持構造、筋肉が殻に付着している筋痕、そして肉茎の出口を示している。

生物の軍拡競争？

軟体動物のような体積が大きく、食べやすい肉をもったすべての動物において、捕食の脅威は彼らの進化に重要な影響を与えた。ジュラ紀のような大絶滅に続く時代、捕食動物の食料を得る能力が劇的に高まった。しかしそれに対して餌食となる生物も、捕食動物に対抗する効果的な手段を次々にあみだしていった。例えば頭足類は逃走か回避に頼っていたが、固着の軟体動物は別の戦略を発展させた。そのことで、軟体動物たちは非常にうまく生きのびることができた。

グループ概観

多くの無脊椎動物のグループがジュラ紀に栄えた。アンモナイト類はこの時代の始めに出現した。そして甲殻類の新しい種類も登場しはじめた。イシサンゴ類は進化し続け、場所によっては非常に数が多かった。腕足類は普通にいて、テレブラチュラ類タイプの化石がよくジュラ紀の石灰岩で発見されている。

イシサンゴ類のサンゴ	テレブラチュラ類の腕足類（わんそく）	アンモナイト類	甲殻類（こうかく）
これらは古代のグループの消滅後、三畳紀に現れた。そして一部の属が今日まで生きのびている。骨格のおもな分割壁（隔壁）は、皺皮サンゴ類のように4ではなく、6の倍数で、放射状で対称的である。それらは軟体のイソギンチャク類から発生した。	腕足類はこの時代多く存在した。しかしそれらは古生代の重要さを失ってしまった。テレブラチュラ類の腕足類（⇒上）は、ジュラ紀の石灰質の殻でおおわれた腕足類の2つの重要なグループの1つを形成し、広がった。それらは肉茎と呼ばれる肉の軸で、海床に付着していた。	ジュラ紀はこれら急速に進化する渦巻型の頭足類の全盛期だった。そしてその複雑な縫合線は他のアンモノイド類のそれとは容易に区別される。多様な形は多くの環境への適応を証明している。アンモナイトは無脊椎動物の他のどの種類よりも岩石の層序の研究に重要である。	小エビに似た甲殻類は石炭紀に存在したが、ジュラ紀には最初のロブスターに似た種類が発生し、その多くは捕食動物だった。これらジュラ紀の甲殻類の一部の子孫が現在まで深海にすんでいる。

ペロニデッラ

グループ	海綿類
年代	石炭紀から白亜紀
大きさ	直径5–12cm
産出地	世界各地

ペロニデッラは、針のような炭酸カルシウムの骨片（方解石の形をした）が融合しあってできた骨格が特徴的な、石灰質の海綿である。骨片によって作られたかたい構造は円筒形で、大部分の種ではこれが分枝している。この海綿は、外の体壁の穴を通して海水を引きこむことによって物を食べ、呼吸していたようだ。海水が中央の腔に送られ、海綿の厚い体壁を通過するとき、酸素が吸収され、微細な食物がフィルターにかけられてろ過される。その流れを維持することを助けるのが、鞭毛と呼ばれる多くの小さな髪のような組織で、水は排出される必要のある廃棄物質とともに開口部（大穴）を通って出ていった。

> 海綿は外の体壁の穴を通じて海水を引き入れることによって物を食べ、呼吸をした。

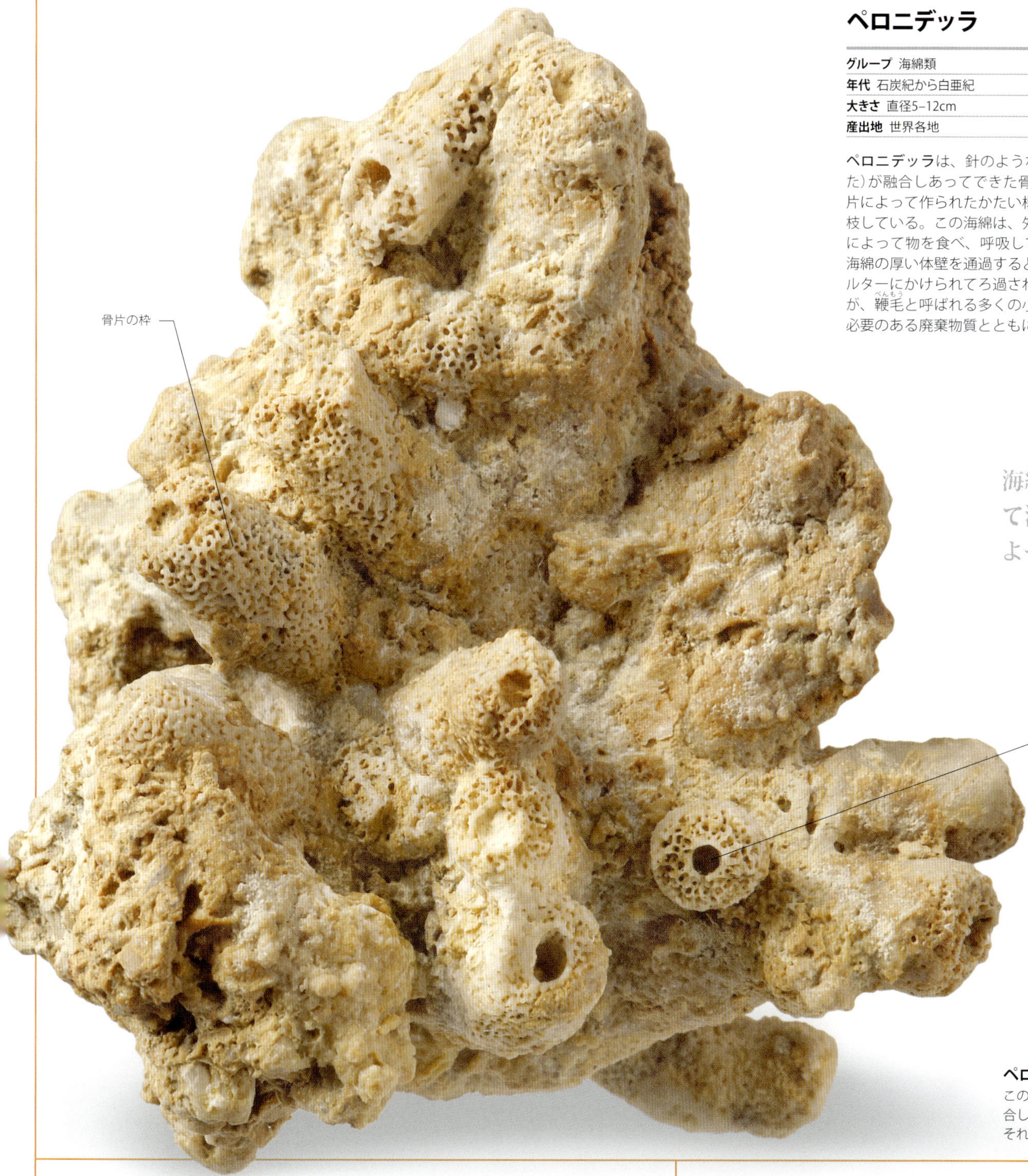

ペロニデッラ・ピスティリフォルミス
この化石の骨格のかたい構造は、小さな骨片が融合しあって形成される。大穴（開口部）が見えるが、それを通って廃棄水が海綿から排出される。

テコスミリア

グループ	花虫類
年代	三畳紀中期から白亜紀
大きさ	サンゴ個体の直径1.5–3cm
産出地	世界各地

テコスミリアは、多くのゆるく包まれた円筒形の個々の個虫ポリプの骨格（サンゴ個体）からなる、イシサンゴ類のサンゴだった。特別なサンゴ個体が、無性（生殖）の出芽と呼ばれるプロセスによって形成された。ここで軟体のポリプの芽が親の体から成長する。このプロセスがより多くの分枝を作り、群体を肥大化させた。化石化されたサンゴ個体の一部の外壁（外莢）には成長線が見られるが、これはすり切れてしまうことが多い。

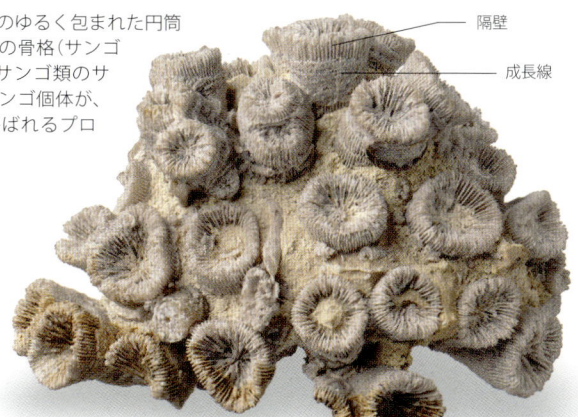

テコスミリアの1種
多くの薄い壁（隔壁）が個々のサンゴ個体内部を分割した。

タムナステリア

グループ	花虫類
年代	三畳紀中期から白亜紀中期
大きさ	群体の直径最大1m
産出地	世界各地

タムナステリアは、暖かい海で生活したイシサンゴ類のサンゴだった。それはサンゴ体内で密に一緒に詰め込まれた個々の多角形のサンゴ個体、すなわちケリオイド状配列からなっていた。二枚貝類は、下に示されたサンゴの骨格に押し開けて入り、多くの沈殿物に満ちた腔を残した。

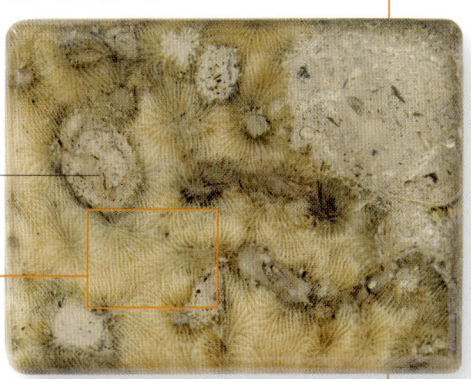

タムナステリアの1種
ほとんどのケリオイド型サンゴと違い、それぞれのサンゴ個体間の壁がこの属ではしばしば失われている。

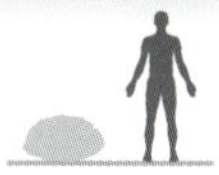

イサストレア

グループ 花虫類
年代 白亜紀中期から後期
大きさ 群体直径最大1m
産出地 ヨーロッパ、アフリカ、北アメリカ

イサストレアは六放サンゴ類と呼ばれるグループに属す群体サンゴだった。そう呼ばれたのはポリプ骨格(サンゴ個体)の6面形のためである。個体は密に詰めこまれていた。隣接する個体の壁はたがいに融合されていた(ケリオイドと呼ばれる配列である)。個体内部を分割する壁(隔壁)は薄く、しっかりと区切られていた。それぞれ6の倍数で壁が放射状に配列されたこれらの隔壁は、何度かくり返し形成されている。**イサストレア**は礁を作る造礁性のサンゴだった。造礁性のサンゴは温かく、澄んだ浅い水を必要とし、微細な藻と共生関係をもって生きていた。藻は光合成とサンゴに酸素を与えるために、サンゴによって生産された二酸化炭素を使うのである。**イサストレア**は他の造礁性サンゴよりさらに北で生息したので、わずかに低い温度にも耐えることができたのかもしれない。

> イサストレアは、ときにはたくさんの異種とともに大きなサンゴ礁にすむ、造礁性のサンゴだった。

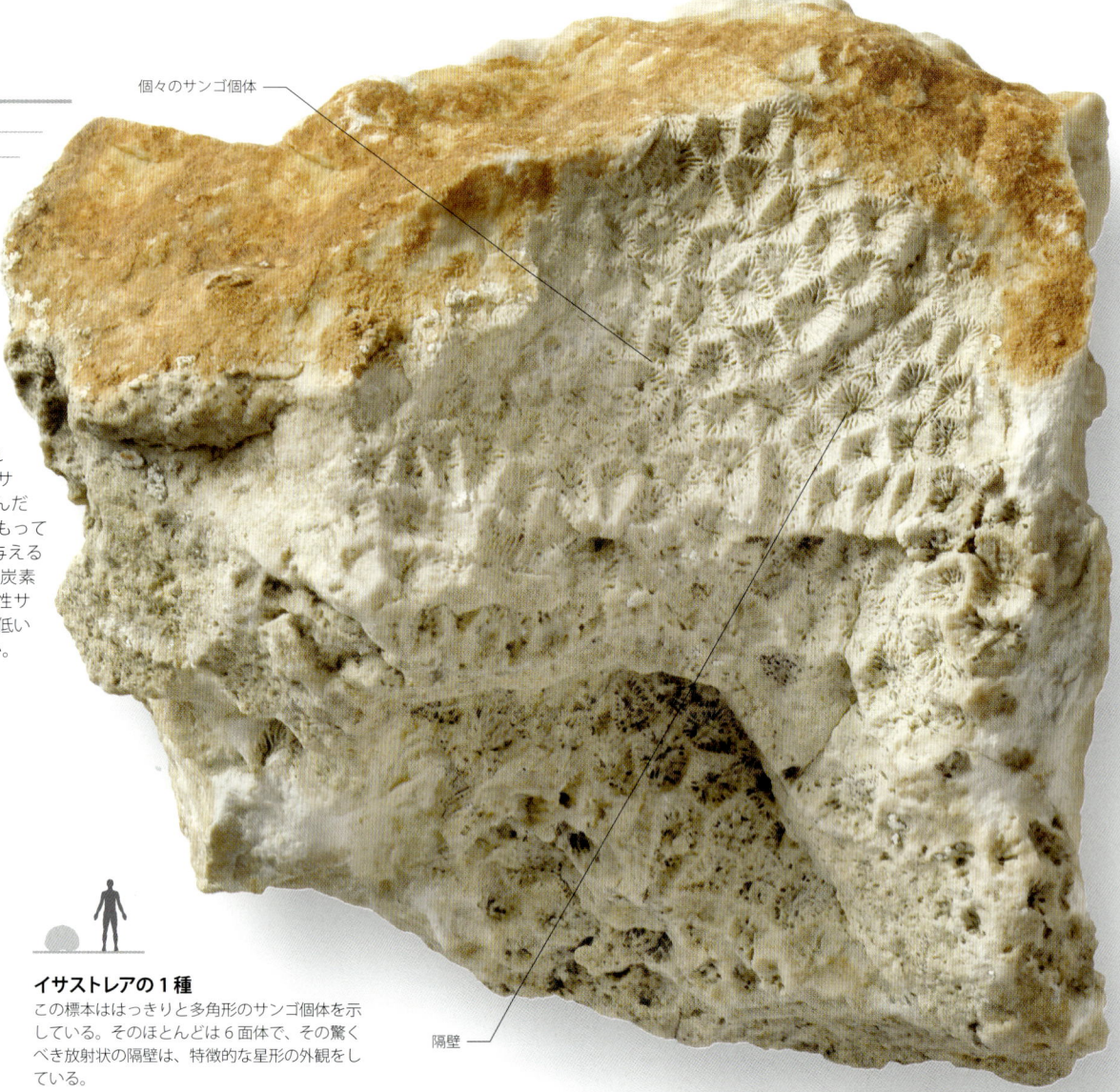

イサストレアの1種
この標本ははっきりと多角形のサンゴ個体を示している。そのほとんどは6面体で、その驚くべき放射状の隔壁は、特徴的な星形の外観をしている。

ククザラコケムシ
それぞれの自活個虫室は、部屋の入り口で長い管(口上突起)を発達させた。

ベレニケア(ククザラコケムシ)

グループ コケムシ類
年代 ジュラ紀
大きさ 群体直径1.5cm
産出地 世界各地

「**ククザラコケムシ**」は丸い口をもったコケムシの1種に対する非公式の名前である。コケムシの幼虫が発育した育房(雌虫室)が残っているなら、おそらくもっと正確に識別できる。形がほぼ丸くて薄い外殻を形成する群体(コロニー)を作っていた。摂食する軟体の動物を入れた石灰化した部屋(自活個虫室、アウトゾオエキア)は、コロニーの中央から成長した。これらの部屋は密集し、それぞれが接していた。

スピリフェリナ

グループ 腕足類
年代 石炭紀からジュラ紀前期
大きさ 長さ2.5-5.5cm
産出地 ヨーロッパ、北アメリカ

下に示された標本のような**スピリフェリナ**のジュラ紀前期の種類は、スピリファー類の最後の生き残りである。シルル紀に現れ、長いまっすぐな蝶番線が殻を結びつけている。殻は外縁に向かってより顕著になる際立った4つから7つの肋で強く模様がついている。小さな殻(腕殻)の中央の強い隆起は、より大きな殻(茎殻)の上の同じく強いくぼみと一致している。拡大鏡の調査から、**スピリフェリナ**の殻に小さな孔(プンクタエ)が開いていることが確認されている。

スピリフェリナ・ウァルコッティ
この**スピリフェリナ**の殻は、はっきりした成長線と肉茎の出口(茎口)をもっている。そこから付着するための茎が現れたのだろう。

ゴニオテュリス・フィリプシ
この種は殻頂部の下に十分に発達した円型の茎口をもっていた。成長線以外には、殻の上にはごくわずかな模様しかなかった。

ゴニオテュリス

グループ 腕足類
年代 ジュラ紀中期
大きさ 長さ2-4cm
産出地 ヨーロッパ

ゴニオテュリスははっきりとした三角形の形をもつテレブラチュラ類の腕足類だった。この種は魚卵状の石灰岩にもっともよく見られ、かたい表面に付着する生活に明らかに適応していた。そこでは大洋の流れが、食物の微粒子の十分な供給を確かなものにした。殻には多くの穿孔があり、ここを通って小さな剛毛が突きだしていた。これらは感覚の機能や呼吸に関係していたのかもしれない。

ホメオリンキア

グループ	腕足類
年代	ジュラ紀前期から中期
大きさ	幅1–2.5cm
産出地	ヨーロッパ

この妙な形の腕足類は、リンコネラ類に属していた。このグループの他のメンバーは一般にはっきりした肋のある殻（2枚の殻）をもっていたが、ホメオリンキアはその滑らかな表面が特徴的である。腕殻とそのとがった先端あるいは殻頂は茎殻より目立ち、茎殻は海床にその組織を付着させる肉茎の小さな出口をもっていた。腕殻の中央は茎殻の中央を走る、同様に強いくぼみに一致する非常に強い隆起をもっていた。2つの殻はそれらが蝶番線（接合部）に沿って出合う点に向かって、鋭い角度で盛り上がっている。

ホメオリンキア・アクタ
この種は腕殻の外端に特徴的な角度のある隆起をもっていた。それは茎殻のくぼみと一致した。

ユウトレフォセラス

グループ	頭足類
年代	ジュラ紀中期から新第三紀前期
大きさ	幅12–30cm
産出地	世界各地

ユウトレフォセラスは、しっかりと巻いたオウムガイ類だった。外の渦巻きはほぼその内側の渦巻きを包んでいた。それは殻に対して小さな深い中央部分（へそ）をもっており、それゆえに密巻きといわれた。その殻はほぼ球形で、渦巻き型の部分は腎臓形だった。殻のなかの内部の部屋をつなぐ体管である連室細管は直径が小さく、ほぼ中央に位置していた。隔壁と殻を結ぶ縫合線は、単純でみぞごとに直線的だが、すばらしい成長線を除くと、その殻はまったく平板である。殻口は内部に広い凹所（洞）をもつが、泳いでいたときは、ここを通って漏斗が突きだしていた。

ユウトレフォセラスの1種
この内型には、厚い直線的な縫合線と丸い外縁が見られる。住房の大部分は失われている。

ミクロコンク（小さいもの）
小さいものはラペットと呼ばれる耳に似た突起をもっていた。これは雄だった可能性がある。

マクロコンク（大きなもの）
大きな形は殻の出口の周りに突起をまったくもっていなかった。これらは雌だったかもしれないと考えられている。

ステファノセラス

グループ	頭足類
年代	ジュラ紀中期
大きさ	ミクロコンク直径2.5–7.5cm、マクロコンク直径8–30cm
産出地	ヨーロッパ、北アフリカ、中東、インドネシア、南アメリカ、カナダ、アラスカ

ステファノセラスは、丸く渦巻いたアンモナイトだった。螺環の内側から放散する厚く強い放射肋があり、中心部まで終わっていた。この種は2つの大きさのものがあったことがわかっている。そのうちの小さいほうは、殻の出口の両側に、ラペットと呼ばれる耳のような突起をもっていた。

ダクティリオセラス

グループ	頭足類
年代	ジュラ紀前期
大きさ	直径6–8.5cm
産出地	ヨーロッパ、イラン、北アフリカ、北極、日本、インドネシア、チリ、アルゼンチン

ダクティリオセラスは、たがいにほとんど重複しない渦巻きをもったたくさん肋の入ったアンモナイトだった。殻の中央にはへそと呼ばれる広く浅い部分があった。この種の螺環とへその形象をもったアンモナイト類は緩巻きといわれる。その殻は内部の螺環で密になる鋭い放射状の肋をもち、しだいに外の螺環で間隔が広がるようになる。殻の外縁で肋の多くは2つに分かれるが、他のものはシンプルで分かれないままである。横断面でこれらの螺環はほぼ円形に見える。アンモナイトの化石は北西ヨーロッパの一部の地域で豊富である。中世、人々はこれらを石に変わった蛇だと信じ、蛇石と呼んだ。

主要な産出地
ジュラ紀の海岸

このジュラ紀の海岸はイギリスの南岸にあり、デヴォンのエックスマスからドーセットのスワネッジの先へとのびている。そして三畳紀から古第三紀前期までの1億8500万年の歴史を記録する海岸線、153kmを形成している。ジュラ紀の岩の断面は美しく保存された化石で有名である。2001年、ジュラ紀の海岸は世界遺産に指定された。

中世ヨーロッパで、人々はアンモナイトを化石化した蛇だと考えた。

ダクティリオセラスの1種
19世紀、蛇の頭がときどきアンモナイトの上に彫刻され、化石の蛇として売られた。

ジュラ紀

フィロセラス

グループ	頭足類
年代	ジュラ紀前期から白亜紀後期
大きさ	直径7–15cm
産出地	世界各地

頭足類フィロセラスはジュラ紀前期に出現し、白亜紀前期までほとんど変化がなかった。その巻きかたはきわめてしっかりしており、螺環はほとんど重なりあっていた。小さく深い中心、すなわちへそがあった。殻の外側はほぼなめらかだったが、殻の厚さにあまり影響を与えないほどの非常に細かい放射状の肋が無数に密集していた。おもに広い海に生息したが、ときにはより浅い海域へも進出していた。

― へそ

ほぼ完璧に滑らかな殻

フィロセラスは暖かい赤道の海から高緯度の北極まで、おもに開けた海で生きていた。

フィロセラスの1種
この標本は内型（雄型）であるため、葉のような縫合線が見えている。外殻には非常に繊細な肋が印されていたのだろう（ここでは見えない）。

リトセラス

グループ	頭足類
年代	ジュラ紀前期から白亜紀後期
大きさ	直径2–30cm
産出地	世界各地

リトセラスは、丸いものから四角いものまで、ほとんど重ならない螺環と広く開かれたへそのような部分をもっていた。殻の細かく密な肋のため、しわのよったような外観だった。さらに鋭い肋が生じるところでは、殻は内側でより強くくびれていた。おもに深く開けた海で生息していたが、ときどきより浅い水にも移動した。赤道からグリーンランドや北アラスカという遠くまでを生息範囲とし、ほとんど変化せずに非常に成功した属だった。

厚い肋

リトセラス・フィンブリアトゥム
細い肋と厚い肋の混合がリトセラスに特徴的な外観を与える。

グリファエア

グループ	二枚貝類
年代	三畳紀後期からジュラ紀後期
大きさ	高さ2.5–15cm
産出地	世界各地

グリファエアはカキの仲間で非対称的な形をしていた。左の殻が大きく、外に曲がっており、海床の上で安定していた。右の殻は平たいかわずかに凹型で、蓋の役目を果たした。靭帯が殻の開きをコントロールし、一方で1つの強い閉殻筋が収縮して殻を閉じた。

グリファエア・アルクアタ
奇妙な形のために、グリファエア・アルクアタは「悪魔の足の爪」と呼ばれている。

キュリンドロテウティス

グループ	頭足類
年代	ジュラ紀前期から白亜紀前期
大きさ	長さ10–22cm
産出地	ヨーロッパ、アフリカ、北アメリカ、ニュージーランド

キュリンドロテウティスは大きなベレムナイトで、ジュラ紀の多くの地域でよく見つかる化石である。もっともよく保存されたベレムナイトの部分は、先のとがった鞘で、方解石でできており、イカに似た体を支えるかたい組織の働きをした。一部の化石は鞘の外に血管の跡を示しており、それは鞘が内殻だったことを示している。鞘の先端とは逆の、丸い末端の円錐形のくぼみに収容されたフラグモコーンは、浮力調整を助ける空洞のある一種の内殻である。よく保存された化石には、現代のイカに類似した体、10本の腕、墨汁嚢を含む軟体の部分が見られる。

とがった鞘はベレムナイトでもっともよく化石として見つかる部分である。それはイカのような体を支えていた。

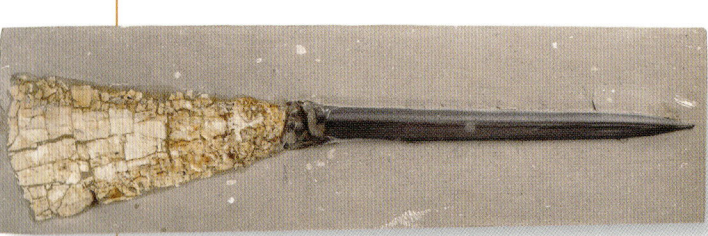

キュリンドロテウティス・プゾシアナ
この標本はその動物の長い先細の鞘を示しており、丸い末端で礫石のフラグモコーンに付着している。これらのかたい部分は内部の特徴だった。

イカに似た生き物
墨汁嚢とやわらかい体と10本の腕をもったキュリンドロテウティスは、イカに非常に似た動物だった。浮上と支持に役立つ長い鞘をもっていた。

プレウロミア

グループ 二枚貝類
年代 三畳紀中期から白亜紀前期
大きさ 長さ2–7cm
産出地 世界各地

プレウロミアは大きさの等しい2枚の殻をもった中型の二枚貝だった。後端に、2つの水管を突きだすための常設のすきまがある。吸入水管から食物を引き入れ放出水管から排泄物を吐きだし、海床の堆積物に隠れて生きていた。

プレウロミア・ジュラシ

ほとんどのプレウロミア貝の外側は細かい成長線をもっているが、1部の種は同心状の肋をもつ。

繊細な成長線

モディオルス (ヒバリガイ)

グループ 二枚貝類
年代 デヴォン紀から現代
大きさ 長さ1–12cm
産出地 世界各地

モディオルスはさまざまな環境に適応し、今日まで生きのびてきた。その殻頂は前を向いており、表面には細かい成長線がある。一部の種ではこれらはより強い肋になる。それは足糸によって海床に付着する（角状の足糸はよくムラサキガイの「ヒゲ」と呼ばれる）。

モディオルス・ビパルティトゥス

モディオルスの殻は、殻頂から離れるにつれてより幅が広くなった。

プレウロトマリア

グループ 腹足類
年代 ジュラ紀前期から白亜紀前期
大きさ 高さ2–7.5cm
産出地 世界各地

いぼ
滑らかな幼い殻

プレウロトマリア・アングリカ

いぼは、この標本ではっきり見ることができる。

プレウロトマリアは円錐形の腹足類である。その殻の中心は滑らかだったが、らせん形と放射模様の組み合わせからなる強い飾り。この標本は放射形とらせん模様が交差する特徴のある隆起（いぼ）を示している。渦巻きの殻の側面に細長い切り口があるが、これは殻周囲の溝で、殻開口部の細長い切り口につながり、そこで廃物を運びだす流れと吸入する流れを分離する。この動物は殻のなかに引き下がり、蓋と呼ばれる角質のもので開口部を閉じることができた。

ミオフォレラ

ミオフォレラ・クラウェラタ

ミオフォレラの殻の中心的な表面にはこぶがあった。

グループ 二枚貝類
年代 ジュラ紀前期から白亜紀前期
大きさ 長さ4–10cm
産出地 世界各地

ミオフォレラは特徴的な貝の模様をもった楔形の二枚貝だった。その2つの殻頂の後ろに殻を開く役目の短い靭帯があった。靭帯は2つの殻の平たいひし形の部分に沿って走り、この部分は貝の他の部分より滑らかで、それぞれの殻の上に3列の小さなこぶ（いぼ）があった。また殻の中心的な表面上には、はるかに大きく不規則なこぶが列をなして並んでいた。

ラエウィトリゴニア

グループ 二枚貝類
年代 ジュラ紀前期から白亜紀後期
大きさ 長さ4–10cm
産出地 世界各地

ラエウィトリゴニアはミオフォレラ（⇨右）と密な関係があった。これはその貝の内型（雄型）の化石である。右図にある丸いくぼみは、2枚の殻を閉じる閉殻筋が付着していたところである。鉸歯がくちばし近くに見える。

閉殻筋が付着するところ

ラエウイトリゴニア・ギッボサ

殻の曲線に沿った線は外套膜の線で、ここに外套膜、すなわち膜性の体のおおいが付着していた。

240 ペンタクリニテス

グループ	棘皮動物
年代	ジュラ紀
大きさ	腕の直径最大80cm
産出地	ヨーロッパ

ウミユリ類の**ペンタクリニテス**は、骨片と呼ばれる孤立した5角形の茎の断片の形でよくジュラ紀の岩から発見される。この小さな冠部は、茎から成長する巻枝と呼ばれる豊富な側枝に隠れていることが多い。冠部は規則正しく配列された板の円でできており、上蓋と呼ばれるドーム型の膜におおわれていた。上蓋には多くの小さな方解石の板が含まれていた。長い腕は冠部の上の腕板から成長し、何度も枝分かれし、密集した多くの枝を生んだ。冠部全体は直径80cmぐらいだったかもしれない。一部の標本は長さ1m以上の茎をもっている。ペンタクリニテスは、化石の木とともによく見つかる。それは流木に付着して、木に水が浸みこんで沈んだときに死んだことを示している。この生活様式は偽浮遊生活として知られている。

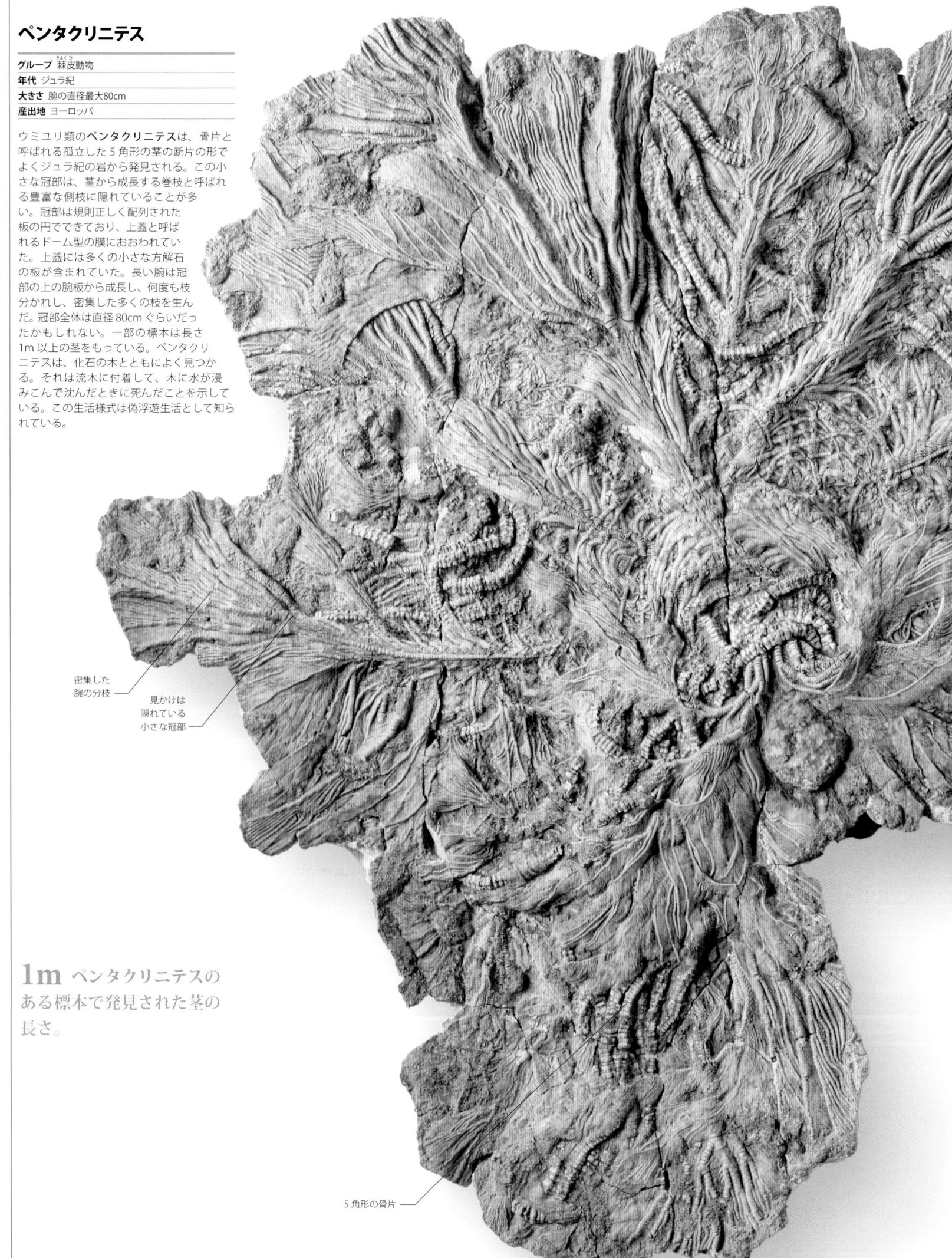

- 密集した腕の分枝
- 見かけは隠れている小さな冠部
- 5角形の骨片

1m ペンタクリニテスのある標本で発見された茎の長さ。

アピオクリニテス

グループ 棘皮動物
年代 ジュラ紀中期から後期
大きさ 茎とともに高さ30cm、冠部直径3cm
産出地 ヨーロッパ、アジア

アピオクリニテスは大きな冠部をもったウミユリである。その長い茎は骨片と呼ばれる個々の部分からなり、冠部はそれぞれ5つの板をもった2つの輪からなる。これらの上に腕板の列があり、そこから食べ物を集めるために10本の腕が出ていた。それぞれの腕は1つか2つの枝をもち、それは食物の粒子を冠部のなかの口に運ぶ食溝があった。革のようなドーム（上蓋）が口の表面をおおっていた。澄んだ温かい水のなかで、かたいものの表面に付着していた。

アピオクリニテス・エレガンス
この標本は大きな冠部と丸い茎を示している。冠部のように見えるものの半分は実はかたい茎の骨片である。

ペンタステリア

グループ 棘皮動物
年代 ジュラ紀前期から古第三紀前期
大きさ 直径最大12cm
産出地 ヨーロッパ

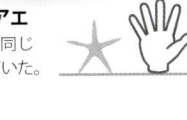

ペンタステリア・コッテスウォルディアエ
ペンタステリアはほぼ同じ長さの5本の腕をもっていた。

ペンタステリアは典型的なジュラ紀のヒトデで、大部分の点でそれは現生のヒトデとほとんど違わなかった。現生種に似て、それぞれの腕の下面に管足が2列に並び、動くためにそれを使った。また管足同様、その口は体の中心で裏側に位置していた。その名前が示すように、ペンタステリアは星の先端のように外に突きだす、それぞれ同じ長さの5本の腕をもっていた。多くの現代のヒトデとは違って、ペンタステリアは管足の上に吸盤をもっていなかった。そのために閉じた二枚貝の殻をこじ開けるためにそれらを使うことができなかった。

パラエオコマ

グループ 棘皮動物
年代 ジュラ紀前期
大きさ 直径5–10cm
産出地 ヨーロッパ

すべてのクモヒトデ類同様、パラエオコマの体の開口部は、平たい円盤のような体の下部表面上にあった。具体的には肛門としても使われた中央の星形の口、水管システムへの開口部、そして円盤の外縁の近くのそれぞれの腕の両側に見られる5対の鰓裂がそれである。鰓裂は呼吸や卵や精子の放出点として使われた。小さな筋肉の管足をもつ食溝が腕の下面に沿って走り、口に導かれる。その管足が食物を口のほうへ運び、生物が動くのを助けた。

パラエオコマ・アゲルトニ
クモヒトデ類はデリケートですぐに腐敗した。砂のなかに素早く潜っていたため、この標本は無傷で保存された。
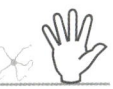

クリペウス

グループ 棘皮動物
年代 ジュラ紀中期から後期
大きさ 直径5–12cm
産出地 ヨーロッパ、アフリカ

クリペウスは大きな平たい海ウニだった。その上部表面には、歩帯が花弁のように形成されていた。その中央にある頂板には、卵や精子を放出するための孔のある4つの生殖板があった。肛門の開口部は上部表面の後ろの溝にあり、下面中央には口があった。この側の歩帯は大きな孔をもち、1本の管足がそれぞれの孔から出ていた。この管足は、穴を掘ることや呼吸、摂食、移動のために使われていた。

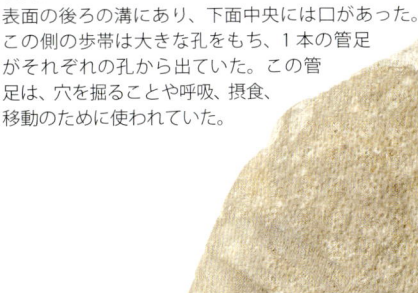

クリペウス・プロティ
このような大きなクリペウスの化石は、イギリスのミッドランズの各地で多く見られる。そこではその大きさと重さのために「パウンドストーンズ」と呼ばれている。

ペンタクリニテスの1種
化石の木とともによく発見されるという事実とともに、多くの密集した腕の分枝をもったペンタクリニテスは、無脊椎動物というよりも繊維質の美しい植物の1種に似ている。

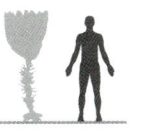

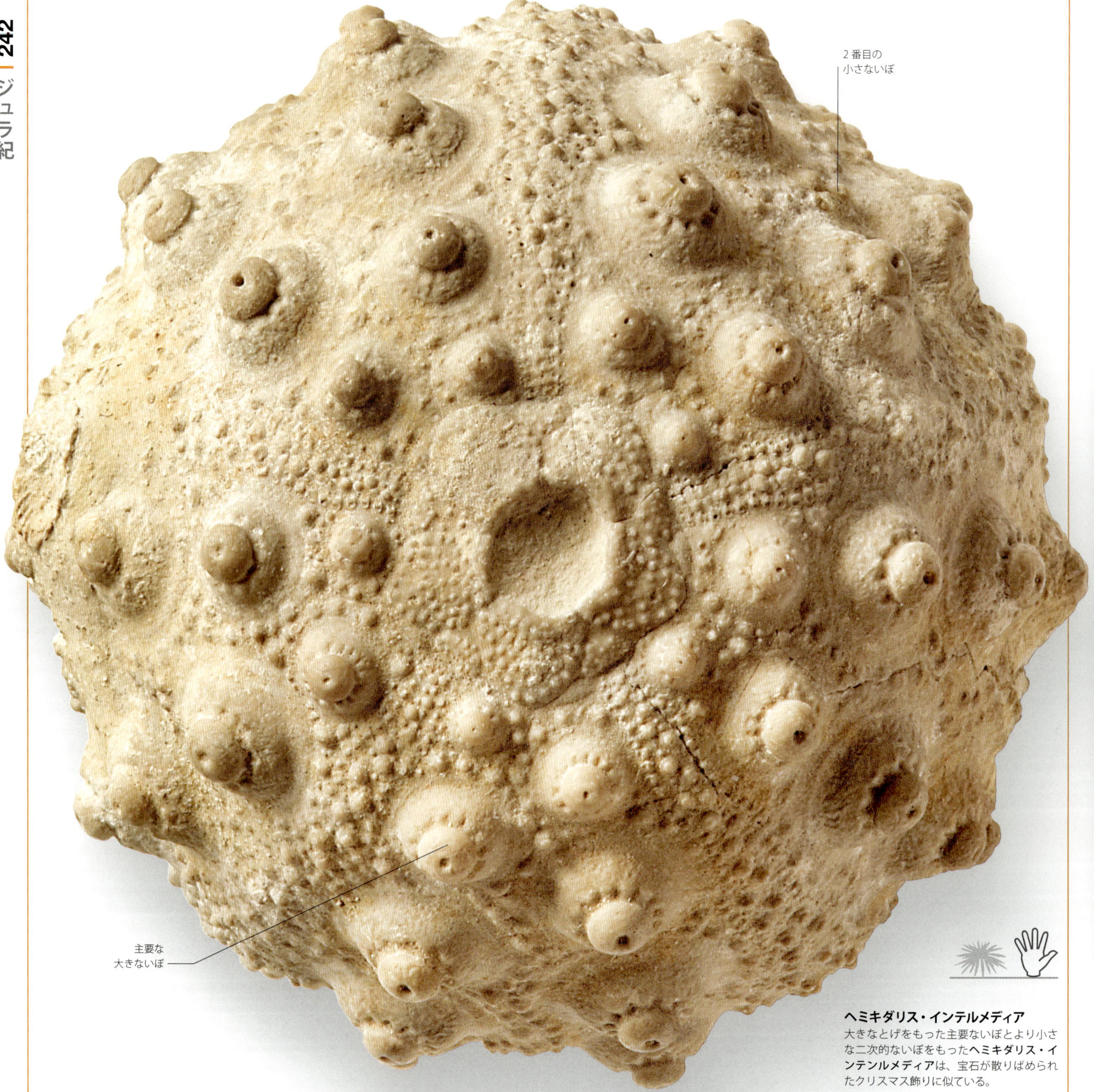

ジュラ紀

242

2番目の
小さないぼ

主要な
大きないぼ

ヘミキダリス・インテルメディア
大きなとげをもった主要ないぼとより小さな二次的ないぼをもったヘミキダリス・インテンルメディアは、宝石が散りばめられたクリスマス飾りに似ている。

ヘミキダリス

グループ	棘皮動物
年代	ジュラ紀中期から白亜紀後期
大きさ	とげを含み直径20cm、とげなし直径2–4cm
産出地	イギリス

平たい球面のような形をしたヘミキダリスは、中型の海ウニである。この種のもっとも注目すべき特徴は、体に沿って走るいぼと呼ばれる大きなこぶである。生存中これらのいぼには、長さ最大8cmにも達する大きく先が細くなったとげがあった。とげの末端のソケットは、いぼのボール型の先端にフィットする。そしてとげを動かす筋肉が、これらのいぼの先端の周りの相対的に滑らかな領域に付着している。口は下側表面の中央にあった。そしてそれをおおう膜の外縁には、外のエラの位置に一致する10本の切れこみがあった。肛門の開口部は、殻上部中央付近に位置していた。孔をもった5つの生殖板がそれを囲んでいる。この5つの板の1つが、水の維管束系に対する圧力計としても働いた。これらのあいだと外部に、光を感じる管足をもった5つのより小さな眼板があった。ヘミキダリスはかたい海床の上で生活したのだろう。摂食と移動に下側表面にある粘着性の管足を使った。

構造
球窩関節

球窩関節は、脊椎動物の骨格によく見られる。ウニ類はとげの結合のために同じ構造を発達させた。これは殻に大きないぼをもったものによく見られる。これらはボールとソケットの結合の「ボール」の部分である。ボールを囲んでいる滑らかな領域は、筋肉が付着するところで、ここから結合部のソケット部分のとげ基部へ筋肉がのび、コントロールされた動きを可能にした。

リベッルリウム

グループ	節足動物
年代	ジュラ紀
大きさ	羽の長さ最大14cm
産出地	ヨーロッパ

リベッルリウムは先史時代の大きなトンボである。現代のトンボと同じで、その頭の前部には突きでた大きな眼をもっていた。胸部は短く、頭のすぐ後ろにのびていた。腹部は境界がはっきり見える7つまたは8つの長く細い体節からなっていた。4肢はこの標本では見えないが、胸部の前方にあった。長く細くて力強い2組の羽が前方の胸部から生じていた。前翅のほうが後翅よりも多少細いうえわずかに長く、後翅が前翅に少し重なっていた。主要な脈と二次的脈からなる羽の細かい脈の一部がはっきり見える。トンボ(**オドナタ**)は長い地質学的歴史をもち、もっとも早い種は石炭紀に出現した

リベッルリウムの1種
2組の羽、長く分割された体、大きな頭(ここではよく保存されていない)をもった**リベッルリウム**は、現代のトンボとほとんど違わない。

近縁関係の現生種
巨大なトンボ

リベッルリウムは、ペタルラ・ギガンテアのような大きな現生のトンボの種と同じ科に属していた。それはニューサウスウェールズ(オーストラリア)で発見される巨大なトンボとして一般に知られている。14cm弱の羽の幅にもかかわらず、実際にはかなり下手な飛行屋で、生まれた場所から遠くへ移動することはまれだった。

メソリムルス

グループ	節足動物
年代	ジュラ紀後期
大きさ	尾節を除き長さ最大8-9cm
産出地	ドイツ

メソリムルスは、今日の種とほとんど変化していない先史時代のカブトガニだった。この大きな頭胸甲は蹄鉄型をしていた。腹部は単一の半楕円形の板でおおわれ、細い隆起部の側面には隆起葉があった。その広い周辺の領域は平たく、7つの長くとがったとげが両側にあった。長く鋭くとがった針状突起すなわち尾剣が、腹部の後ろから出ていた。

メソリムルス・ウァルキイ
メソリムルスの長くとがった尾節は、この標本で見られるように、その動物の外骨格の他の部分より長い。

尾節

近縁関係の現生種
カブトガニ

「カブトガニ」という名前は、これらの動物の頭胸甲の形からつけられした。しかしそれらは真正のカニとは無関係である。他の絶滅した種同様、**メソリムルス**はここに示された現存する近縁種**リムルス**(アメリカカブトガニ)よりも小さく平たかった。しかし両方とも同様の浅い海の環境にすんでいた。リムルスはひっくり返って泳ぐ。そしてこれは絶滅した類縁種の場合も同じだったかもしれない。**リムルス**は北アメリカの大西洋側の海岸とメキシコ湾でごく多く発見される。その系統は長い系図をもっている。もっとも古い化石のカブトガニはペルム紀の岩から発見されている。

エリュマ

グループ	節足動物
年代	ジュラ紀前期から白亜紀後期
大きさ	長さ3.5cm
産出地	ヨーロッパ、アフリカ東部、インドネシア、北アメリカ

エリュマはロブスターだった。体の前端のかたい上殻(甲殻)は、輪かくがほぼ楕円形で、末端に大きなひし形のはさみをもつ前肢つまりはさみ脚にはさまれた領域には、目立つ後ろ向きに曲がった溝があった。それぞれのはさみは内側に動く指、外側に固定された指があった。4つのより長く細くデリケートな脚があった。甲殻の後ろの腹はより細く、5つの広い体節から構成されていた。腹の末端には5つの放射状に広がる平たい裂片でできた尾扇があった。

エリュマ・レプトダクテュリナ
南ドイツのゾルンホーフェン地域で切りだされた石灰岩から出たこの標本は、大きなはさみと、5つの裂片の尾扇をもっている。

ジュラ紀の脊椎動物

恐竜はジュラ紀に優勢になりはじめた。ジュラ紀より約 3000 万年も前に出現したにもかかわらず、彼らが世界中で最強の陸生脊椎動物になったのは、2 億年前の三畳紀とジュラ紀の境目におきた絶滅の後だった。一方、海では巨大な爬虫類の捕食動物が栄えた。

獣脚類、竜脚形類、鳥盤類などの恐竜の主要なグループは、三畳紀後期に発生した。しかしその歴史の最初の 3000 万年間、恐竜は世界の舞台の脇役にすぎなかった。そして多くの生態系でクルロタルシ類(ワニ系統の主竜類)に数で勝られ、肉体的な力でも負けていた。約 2 億年前、火山が毒性のガスを大気中に噴出して気温が急激に上昇した、グローバルな環境崩壊のさなかでまさに突然、ワニ形類を除くすべてのクルロタルシ類が死滅した。この絶滅は地球の歴史の「大きな 5 つ」の大絶滅の 1 つだった。そしてそれなくして恐竜は、けっして支配者の位置に上ることはなかったかもしれない。

ワニ形類

ワニ形類は現生のクロコダイル類やアリゲーター類、そして彼らのもっとも近い化石の仲間を指す学術用語である。この非常に成功したグループは、三畳紀後期のクルロタルシ類の大放散の唯一の生き残りである。当時ラウイスクス類、フィトサウルス類、アエトサウルス類といったワニ系統の主竜類が地球の生態系を支配していた。真正のワニ形類はクルロタルシ類という縁者とともに三畳紀後期に進化した。これらの原クロコダイル類は、今日のクロコダイル類とはまったく似ていないうえに、直立して歩き、早いスピードで走ることができる、小さくて細い動物だった。スフェノスクス類と呼ばれたこれらの動物は、ジュラ紀に入ってもかなり長く生存していた。しかしジュラ紀のあいだ、ワニ形類は多様化し続け、多くの特殊化したサブグループに進化した。これら

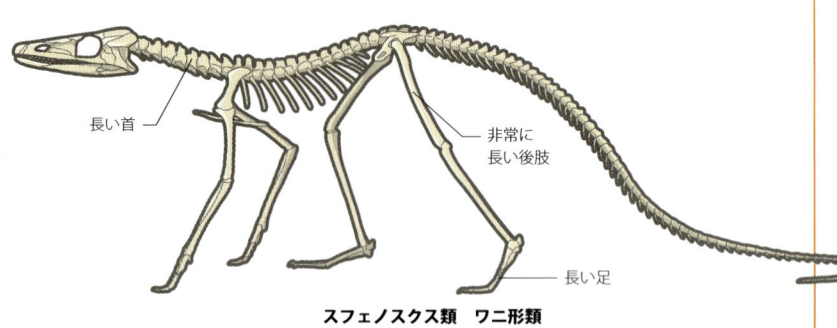

スフェノスクス類 ワニ形類

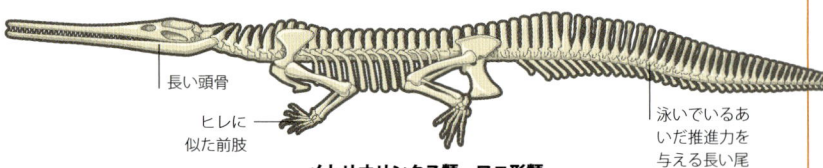

メトリオリンクス類 ワニ形類

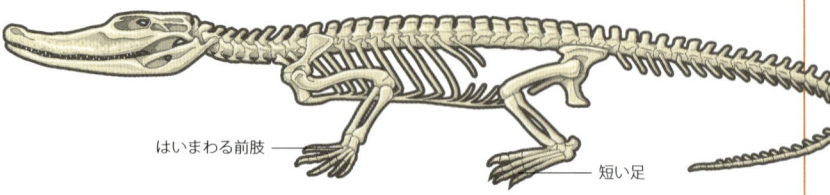

アリゲーター

骨格の違い

ジュラ紀のワニ形類には、多様な骨格のデザインを探究したさまざまなグループがいた。もっとも初期のワニ形類であるスフェノスクス類は、走ることに適した小さく優美な捕食動物であった。メトリオリンクス類は大洋に生きる大きな捕食動物で、海をすみかとするためのすばらしく調整された骨格をもっていた。現代のアリゲーター類は、岸辺にひそみ、獲物を待ち伏せして襲う、動作のゆっくりした太った動物である。

グループ概観

ジュラ紀は爬虫類が支配した時代だった。恐竜たちは優れた陸上脊椎動物であり、プレシオサウルス類、イクチオサウルス類、メトリオリンクス類のような爬虫類の大型捕食動物が大洋を支配した。しかし哺乳類や両生類のような他のグループも、恐竜の陰で増殖していた。

カメ類
カメ類はもっとも変わった爬虫類の 1 つだった。そしてこれらの動物の初期の歴史については、ほとんどわかっていない。もっとも古いカメは三畳紀中期に出現した。しかしこれらの動物は腹の上に殻をもつだけだった。アメリカ南西部産出の**カイエンタケリス**のように有名な原始的なカメの一部は、ジュラ紀に生息し、全身に殻をつくった。

プレシオサウルス類(首長竜類)
長い首で太鼓腹のプレシオサウルス類は、やや海生の竜脚類のように見える。植物を餌としていたおだやかな竜脚類とは異なり、プレシオサウルス類は、ジュラ紀のほとんどの大洋でもっとも恐ろしい捕食動物だった。これらの動物のなかには、**ティラノサウルス**よりも大きい、体長 15m を超えるものもおり、大洋にいる最大の獲物と格闘することができた。

イクチオサウルス類(魚竜類)
このヒレのある流線形のイクチオサウルスはイルカやマグロに似ているが、実際には海生の爬虫類だった。イクチオサウルス類は中生代を通じて大きく成功した。そしてイカから大きな魚まで、さまざまな獲物を食べていた。イクチオサウルス類で最大のものは、体長 20〜21m を超えており、かつて存在したもっとも大きな海の爬虫類となった。

メトリオリンクス類
メトリオリンクス類は、かつて生存したもっとも変わったワニ形類の 1 つだった。水辺にひそむ鈍い動物である大部分のクロコダイルとは異なり、メトリオリンクス類は開けた大洋で全生活を送った。彼らは当時のもっとも大きくどう猛な捕食動物の 1 つで、後のジュラ紀と白亜紀にプレシオサウルス類に取ってかわられるまで、世界中で繁栄した。

50t ブラキオサウルスの体重。
かつて地球を歩いたもっとも大きな動物の1つだ。

は現生のクロコダイルのように水辺に潜伏してはいまわる種だけでなく、つねに開けた大海で生活したメトリオリンクス類と呼ばれる変わったグループも含んでいた。

巨大生物の時代

ジュラ紀中期と後期はよく「巨大恐竜の時代」といわれる。この適切な表現は、この星の地上の生態系を支配した巨大な恐竜のうちで、いくつかの注目すべきグループが果たした進化へのオマージュである。これらの筆頭は、ブラキオサウルスやディプロドクスのような長い首をもつ植物食の恐竜だった。ジュラ紀後期は、こうした竜脚類の進化の頂点だった。この時代ほど多様で巨大な動物が豊富に存在した時代は他にはない。25種類という多くのさまざまな竜脚類が、ジュラ紀後期の北アメリカに生息していた。そして今日、それらの化石が有名なモリソン層（⇒ p.42）で多く発見されている。その他の巨大な竜脚類は、アフリカ、中国、ポルトガルで見つかっている。これらの動物の一部は、かつて地球を歩いたもっとも大きな動物である。そして地面は、こうした巨大動物の足踏みで震動しただろう。これらの草食動物とともに生き、おそらくそれらを捕食していたのが、多くの恐ろしい獣脚類の肉食動物だった。ジュラ紀の獣脚類のイメージキャラクターは、身長12m、体重1800kgにも達したかもしれない細くとがった頭骨をもったハンター、アロサウルスである。ケラトサウルスやトルウォサウルスを含むその他の恐ろしい動物が、アロサウルスとともに生きていた。まさに、ジュラ紀は巨大動物の時代だった。

巨大なトカゲ
ジュラ紀後期のブラキオサウルスは、おそらく長い首とたるのような胸をもった竜脚類すべてのなかでもとくになじみのあるものだろう。この「大きな音を立てる雷トカゲ」は、かつて地球を歩いたもっとも大きな動物の1つだった。それは身長25m、体重50tにも達した。

恐ろしい捕食動物
力強いハンターだったアロサウルスはジュラ紀後期のもっとも恐ろしい恐竜だった。それは北アメリカとポルトガルに生息していた。そして、その大きさと強さを使って、巨大な竜脚類のような大きな獲物を捕まえていた。

翼竜類
よく恐竜と間違われる翼竜類は、恐竜ではなく主竜類の独自のサブグループである。翼竜類は三畳紀後期に出現し、飛行を進化させた最初の脊椎動物だった。三畳紀とジュラ紀の翼竜類のほとんどは小さくて魚を食べていたが、白亜紀になるとケツァルコアトルスのような本当に大きな種が出現した。

テタヌラ類
テタヌラ類は、獣脚類の恐竜のもっとも重要で成功したサブグループの1つだった。三畳紀後期とジュラ紀前期のほとんどの獣脚類は小さく、原始的な骨格をしていたが、ジュラ紀中期に、「巨大なトカゲ」メガロサウルスを含む、より大きくて多様なテタヌラ類が出現した。鳥類はこのサブグループの一員だった。

竜脚形類
この竜脚形類のサブグループは、おなじみの首の長い草食のブラキオサウルスやディプロドクスのような特徴的な恐竜の一部を含んでいる。三畳紀とジュラ紀前期の竜脚形類は本当に小さく、そして特殊化されていない骨格をもっていたが、ジュラ紀中期に、長くしなやかな首をもつ、巨大な四足歩行の地を揺るがして歩く種が、進化した。

鳥盤類
竜脚形類や獣脚類とともに、鳥盤類は恐竜の3つの大きなサブグループの1つである。鳥盤類は三畳紀後期にはまれだったが、ジュラ紀で一般的になり、さまざまな体型が勢ぞろいし、進化した。これらは板のあるステゴサウルス類、よろいのあるアンキロサウルス類、そして草食のイグアノドン類を含んでいる。

哺乳類
哺乳類は恐竜とほぼ同じ時代の三畳紀後期に出現した。しかし中生代のほとんどのあいだ、同時代の巨大な爬虫類の陰で、この毛皮をもつ哺乳類は生きのびた。哺乳類は小さかったが、それは彼らが重要でなかったという意味ではない。哺乳類は、ジュラ紀にさまざまな体型に進化し、生態学的地位を占めるようになった。

ジュラ紀

246 ヒボドゥス

- **グループ** 軟骨魚類
- **年代** ペルム紀後期から白亜紀後期
- **大きさ** 体長2m
- **産出地** ヨーロッパ、北アメリカ、アジア、アフリカ

ヒボドゥスの骨格は非常にしっかりしており、現代のサメの骨格よりもっと密に石灰化していた。あごはかたく、現生種のサメのように、抜けても生えかわる歯が何列も並んでいた。歯は最大2cmの長さがあり、形が多様で、上を向いたとげあるいは咬頭がある一方、低い切り株のような歯もあった。頭の裏側で口が開く現代のサメ類とは対照的に、ヒボドゥスの口は口吻(こうふん)の端で開いた。雌に直接精子を挿入することに使われる骨盤の鰭脚に加えて、雄のヒボドゥスは頭のやわらかい組織に特殊化したとげをもっていた。交接のあいだ雌を捕まえることに役立っていたのかもしれない。最大2組のとげが眼のすぐ後ろについていた。

流線形のサメ

2つの背ビレは、やわらかな組織に生えた長いうねで補強された鰭棘によって支えられていた。これらはおそらくこの生き物がより効率的に水を切って泳ぐことを助けたのだろう。

イスキオドゥス

- **グループ** 軟骨魚類
- **年代** ジュラ紀中期から中新世
- **大きさ** 体長1.5m
- **産出地** ヨーロッパ、北アメリカ、カザフスタン、オーストラリア、ニュージーランド、北極

イスキオドゥスに似た魚は今日では深海に限られているが、当時イスキオドゥスはありふれた海底生活者だった。それはおもに軟骨性の骨格と大きな眼と胸(側)ビレと長いむちに似た尾をもっていた。第一背ビレはもち上げることができる優れたとげをもち、それはおそらく防御のために使われたのだろう。イスキオドゥスは歯のかわりに、口から突きでた歯板があり、俗称の「ギンザメ」はそれに由来する。上あごに2組の板、下あごに1組の板があったが、それらは軟体動物の殻や甲殻類を砕くために使われた。歯板はこの魚の部位のうちでもっともよく化石として保存される部分であり、さまざまな種を区別するために使われている。

頭飾り

雄は頭にテナクルム(支持鉤(かぎ))と呼ばれる奇妙な付属肢をもっていた。先端は鋭い歯のような組織でおおわれており、交接のあいだ何らかの役割を果たしていたのかもしれない。

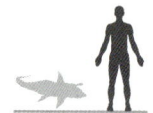

リーズィクティス

- **グループ** 軟骨魚類
- **年代** ジュラ紀中期から後期
- **大きさ** 体長22m
- **産出地** ヨーロッパ、チリ

かつて生存したなかで最大の魚だと思われるリーズィクティスは、1886年にイギリスのピーターバラで最初に発見された。その恐るべき大きさにもかかわらず、リーズィクティスは無害のろ過食魚だった。その巨大な口はひと飲みで大量の水を取り入れることができた。そして鰓師あるいは口の裏の網目状の板によって、ちょうど今日ウバザメやヒゲクジラがしているように、海水から微細な生物をこし取った。リーズィクティスは、一部が石灰化された骨格をもつ魚パキコルムス類に分類されている。軟骨は十分に化石化しないので、その骨の多くが保存されず、あるいは非常に細くて簡単に砕かれてしまう。しかし歯は骨以上に頑丈だった。リーズィクティスは歯を4万本以上もっていたと推測されている。

優しい巨人

その力強い5mの尾の推進力は、リーズィクティスが攻撃者に対してもった唯一の防御力だった。

レプトレピデス

グループ	条鰭類
年代	ジュラ紀後期から白亜紀前期
大きさ	体長10cm
産出地	ヨーロッパ、北アメリカ

もっとも一般的な魚類の化石の一種だが、この標本は損傷を受けていることが多く、観察がむずかしい。それが理由で、これに酷似している**レプトレピス**とは違う個体であることが、1974年まで認識されなかった。**レプトレピデス**は原始的な硬骨魚で、浅いラグーンに群れをなして生息していた。やや細長い形で、厚みはその長さの6分の1ほど。単一の背ビレは比較的長く、尾ビレは深く割れている。口蓋の骨である副蝶形骨の上にある歯は繊細で、これも**レプトレピス**との違いを示す特徴である。他の特徴としては、頭部に幅の広い感覚管があることと、骨格が尾を支える構造になっていることである。

集団の安全性
現代のニシンのように、この比較的小型の魚類は身を守るために大群で生息していた。大型の魚類や水生爬虫類の後に出現している。

プロサリルス

グループ	両生類
年代	ジュラ紀前期
大きさ	体長6cm
産出地	アメリカ合衆国

この小さなカエルの化石化した骨格が3つだけ、これまでに発見されている。1990年代にアメリカのアリゾナ州で発見され、今日のカエルの特徴であるジャンプ適応力を十分に示す、最古のカエルの骨格である。これらは長い尻と後肢とくるぶしの骨である。もっと古い先祖のカエル類がマダガスカル島とポーランドで発見されているが、これらの例にはまだ尾があり、ジャンプ適応力がなかった。つまりカエルのように飛びあがる運動ができなかったことを意味している。カエル類は**プロサリルス**が死滅したかなり後に多様化し始めた。そのために、どのような現代の仲間とも直接関係がない。すべての化石は1つの小さな地域で発見されている。それはおそらく、洪水後の干あがった平原の最後の水たまりだったのだろう。

広いカエルのような口
長い後肢

ジャンプするカエル
この種はジャンプすることに適応した後肢をもっていた。**プロサリルス**という名前は、ラテン語のプロサリレから取られ、これは「前に飛ぶ」という意味である。

エオカエキリア

グループ	両生類
年代	ジュラ紀前期
大きさ	体長18cm
産出地	アメリカ合衆国

この小さな穴を掘ってもぐる両生類は、アメリカのアリゾナ州で発見された。それは重い頭骨をもった小さな頭、非常に長い体、4本の小さな脚、そして短い尾をもっていた。

エオカエキリアの頭骨は、アシナシイモリあるいは「虫両生類」と呼ばれる現生の両生類に非常によく似ている。**エオカエキリア**はこのグループのうち、知られているなかで最古の一員であると考えられている。今日のアシナシイモリは、四肢を失ってしまった穴にもぐる動物である。**エオカエキリア**はまだ四肢をもっていたにもかかわらず、そのがっしりした頭骨を、現代のアシナシイモリのように地面を耕すために使っていたことがわかる。

虫両生類
エオカエキリアは胴体の部分に約50の脊椎をもつ非常に長い体をしていた。

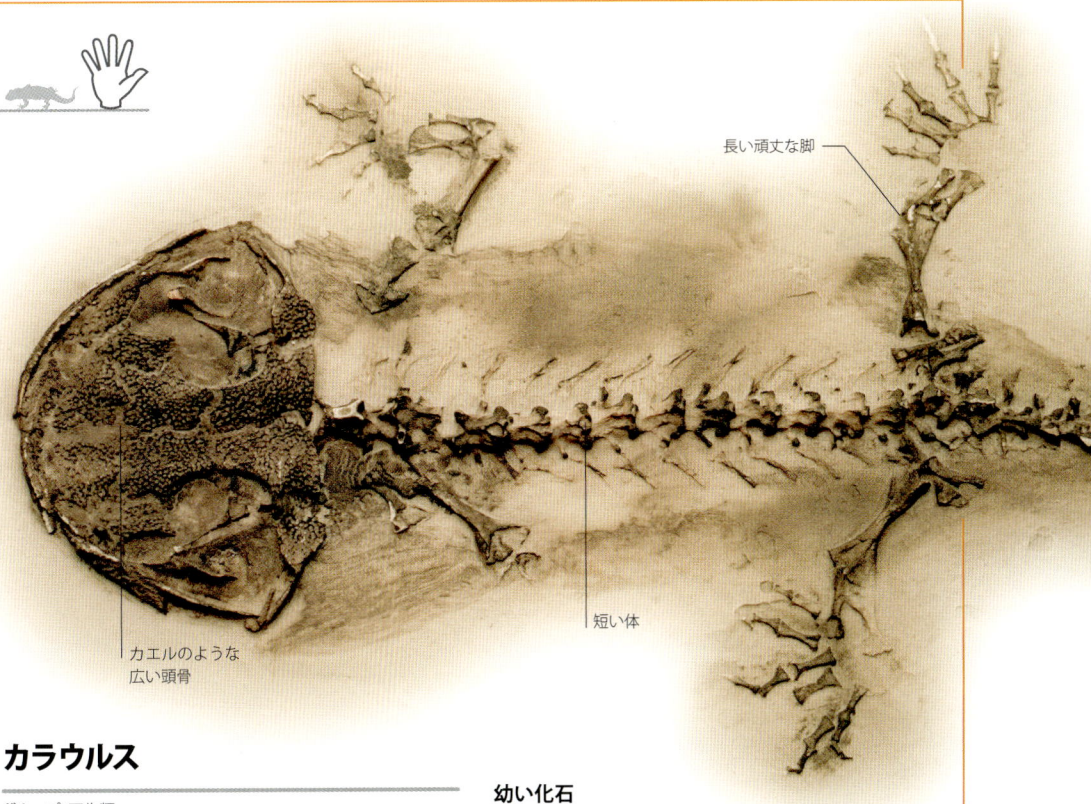

長い頑丈な脚
短い体
カエルのような広い頭骨

カラウルス

グループ	両生類
年代	ジュラ紀後期
大きさ	体長19cm
産出地	カザフスタン

カラウルスの唯一の化石は、1970年代にカザフスタンの化石湖の堆積層で発見された。数年間それはもっとも古いサンショウウオとして知られていた。その名前 Karaurus は「Kara」（発見された場所、カラタウ＜Karatau＞山脈にちなむ）と尾を意味する「Urus」から作られた。**カラウルス**は中サイズのサンショウウオで、カエルのような広い頭骨と短い体と大きな脚で、非常にがっしりとした造りだった。それは現代のどのサンショウウオよりも、骨格の特徴の多くの部分でかなり原始的だった。そのため科学者は、現代のサンショウウオが、**カラウルス**よりさらに進んだ動物から進化したと信じていた。**カラウルス**が発見されて以降、ジュラ紀の他のサンショウウオが中国、ヨーロッパ、北アメリカで発見された。それは、それらが北部大陸全体に広がっていたことを示している。

幼い化石
唯一知られる**カラウルス**の骨格では、脚の骨が一部分だけ成長していた。それはこれがさらに大きく成長する幼い動物だったことを物語っている。

輝くウロコ
この美しく化石化した**レピドテス**には、この魚の数多い特徴のなかでも、とくにその厚いダイヤモンド型のウロコが見られる。生存中それぞれのウロコは光を反射し、魚に輝く外観を与える硬鱗質のエナメルのような物質の外層をもっていた。かつて甲殻類を砕くために使われたペグのような歯の並びはまだはっきりと見ることができる。

カイエンタケリス

グループ	カメ類
年代	ジュラ紀前期
大きさ	体長25-35cm
産出地	アメリカ合衆国

カイエンタケリスはもっとも古いカメ類の1つであり、**オドントケリス**(⇨ p.208)のような原始的な三畳紀のカメ類と現代のカメ類をつなぐ重要なものだった。現代のすべてのカメ類同様、**カイエンタケリス**は上に背甲、裏に腹甲からなる箱型の殻に包まれている。その頭骨は短く広く、そして鋭いくちばしがある。
カイエンタケリスは、獣脚類**ディロフォサウルス**(⇨ p.258)のような恐竜や**プロトスクス**(⇨ p.254)のような初期のワニ形類とともに、北アメリカの西南部に生息していた。大きな恐竜、ワニ形類、カメ類の存在は、三畳紀中期から後期の生態系と比較すると、当時の生態系に現代的特徴を添えた。

主要な産出地
カイエンタ層

カイエンタ層のこの赤さびた色の砂岩と頁岩は、グランド・キャニオンやザイオンのような有名な国立公園の多くを含む、アメリカ西部の広い帯状の土地をほぼおおっていた。カイエンタ層はすばらしい砂漠の景観とともに、ジュラ紀前期の多くの重要な化石を生みだした。約1億9000万年前のこの時代、初期の恐竜、哺乳類、クロコダイル類、カメ類を含む多様な動物相が、当時超大陸パンゲアに位置していた1地域の乾燥した環境のなかで繁栄していた。**カイエンタケリス**を含む多くの有名な化石が、カイエンタ層で発見されている。

小さなカメ
カイエンタケリスは体長35cmしかない小さな動物で、体重は数キログラムしかなかった。その生態学的な習性はよくわかっていないが、おそらく陸上で多くの時間を過ごしていたのだろう。

プレウロサウルス

グループ	鱗竜類
年代	ジュラ紀後期
大きさ	体長50-70cm
産出地	ドイツ

ニュージーランドの2つのムカシトカゲ類は、ムカシトカゲ目として知られる、かつて分枝した爬虫類目の唯一現存する一員である。おそらくこれらの動物のなかでもっともユニークな**プレウロサウルス**は、長い尾をもち細くて流線形の体型だった。その手と足はヒレ型に進化しており、それによって小さな魚を追いかけるときも非常に運動がしやすくなった。

ゾルンホーフェンの石灰岩
プレウロサウルスは最初の鳥である始祖鳥(⇨ p.264)が見つかったのと同じドイツの岩層から見つかった。

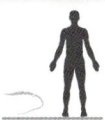

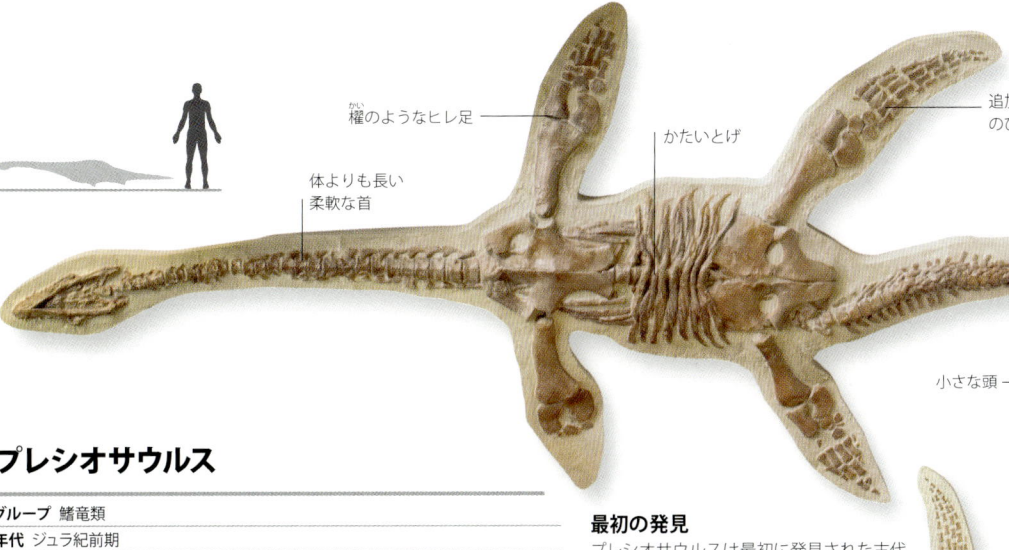

- 櫂のようなヒレ足
- 体よりも長い柔軟な首
- かたいとげ
- 追加の骨によってのびた足の指
- 小さな頭
- 推進力のためには役立たなかった弱い尾

プレシオサウルス

グループ	鰭竜類
年代	ジュラ紀前期
大きさ	体長3-5m
産出地	イギリス諸島、ドイツ

プレシオサウルスは約1億9000万年前のジュラ紀前期のあいだ、今日のヨーロッパの浅い海で生活していた大型の海生爬虫類だった。多くの点で、この生き物は恐竜の水生版のように見える。しかし恐竜とは遠い関係にあり、トカゲ類やヘビ類とかなり密接な関係にあった。**プレシオサウルス**は、ずんぐりした胴体と4つの大きなヒレ足、極端に長い首、そして多くの小さな歯が並ぶ小さい頭骨をもつ典型的な首長竜だった。この特徴の組み合わせが、**プレシオサウルス**に海の生態系を支配することを可能にした。魚、イカ、その他、比較的小さくて速く動く獲物をとることに非常に成功した捕食動物だった。**プレシオサウルス**は速い速度で魚の群れを攻撃することができた力強い泳者で、そのために力強い首を使った。

最初の発見
プレシオサウルスは最初に発見された古代の爬虫類の1つだった。メアリー・アニング(⇨p.253)によって発見され、1821年にウィリアム・コニビアによって記載された。

よく見つかる化石
プレシオサウルスの化石は、イギリス南部のいわゆるライアス世の岩でよく産出する。これらはとくにライム・リージスの町周辺のドーセット海岸に沿って露出している。

リオプレウロドン

グループ	鰭竜類
年代	ジュラ紀中期から後期
大きさ	体長7-10m
産出地	イギリス諸島、フランス、ロシア、ドイツ

リオプレウロドンはジュラ紀中期から後期のあいだ、ヨーロッパの海の頂点に立つ捕食動物だった。この恐ろしい爬虫類は10mの長さに達し、現代の殺人者であるクジラよりも大きかった。**リオプレウロドン**は、頑丈な胸をした肉食性の海の爬虫類である首長竜だった。ほとんどの首長竜類は長い首をもち魚を食べていたが、**リオプレウロドン**は、それより首が短く、大きな頭をもち、恐ろしい捕食動物である首竜類の亜族であるプリオサウルス類に属していた。他のプリオサウルス類のように**リオプレウロドン**も強力なあごを使ったが、それは最大1.5mの長さで、海の爬虫類や大きな魚を突きさすために、円錐形の歯が生えていた。大きかったにもかかわらず、その体は高度に流線形で、水のなかを進むために4つの櫂のような足を使った。**リオプレウロドン**は約1000万年間生存し続けた、非常に成功した動物だった。古代ヨーロッパ全域にまたがる広い海域帯に生息していた。

力強いヒレ足
リオプレウロドンは獲物を追って水中を推進するために4つの巨大なヒレ足を使った。ヒレ足のサイズから、短いスパートで高スピードが出せる力強い泳ぎ手だったことがわかる。

頸部の肋骨
首長竜の頸肋骨は短くて頑丈だった。それは強い筋肉の付着と大きな動きが可能だった。

化石の脊椎
プリオサウルス類はどっしりとした動物だった。とげはディナープレートほどの大きさの脊椎でできていた。

イクチオサウルス

グループ	イクチオサウルス類
年代	ジュラ紀前期
大きさ	体長2m
産出地	イギリス諸島、ベルギー、ドイツ

初めて見ると、**イクチオサウルス**はイルカか魚のように見えるが、トカゲ類と密接な関係にある爬虫類である。その流線形の体は、速度を出せるようデザインされていた。ヒレ足に進化した手と足、背ビレ、高く櫂のような尾をもっている。**イクチオサウルス**の頭骨は、速く動いて捕まえにくい獲物をとることに適応して細長く、鋭い歯がそなわっていた。

252 ステノプテリギウス

ジュラ紀

- **グループ** イクチオサウルス類
- **年代** ジュラ紀前期から中期
- **大きさ** 体長2-4m
- **産出地** イギリス、フランス、ドイツ

ステノプテリギウスは**イクチオサウルス**（⇨ p.251）の近縁動物だった。そのより有名な親類同様、ジュラ紀のヨーロッパの暖かく浅い海で、魚の群れを狩るイルカに似た爬虫類だった。**イクチオサウルス**よりわずかに大きなサイズに成長したが、より小さな頭骨をしていて、魚を素早く攻撃し、捕まえ殺して食べることに完全に適応していた。口吻はミサイルや潜水艦のような流線形の輪かくをしており、弾丸を打つように水を噴射することができ、素早く魚を攻撃した。尾もまた速く泳ぐことに適応していた。尾の脊柱は下に曲がり、現代のサメ類に似た長い尾ビレをそなえていた。ヒレの形は、次の獲物を探して水中を疾走するとき、大きな体に力を与えていた。もっとも興味深い化石の1つは、子どもを宿しているもので、それは今日のイルカに似たイクチオサウルスが胎児を宿し、胎児が尾を先にして生まれることを示している。

時速100km ステノプテリギウスによって達せられた最大速度の見積もりは現代のマグロ類との比較をもとにしている。

半月に似た形の長い尾ビレ

高い背ビレ

背骨は下に曲がり尾を支えた

短い後肢

前期				中期			後期	
ヘッタンギアン	シネムリアン	プリーンスバッキアン	トアルシアン	アーレニアン	バジョシアン	バトニアン	カロヴィアン	オクスフォーディアン	キンメリッジアン	ティトニアン

人物伝
メアリー・アニング

メアリー・アニング(1799〜1847)は、イングランド南部のドーセットで貧しい家庭に生まれた。一家は、南海岸のライム・リージス周辺で発見した化石を売って、収入を補っていた。ジュラ紀前期、この地域は暖かく浅い海におおわれ、多くの古代の爬虫類の生息地だった。12歳のとき最初の完全なイクチオサウルスの化石を発見した。その後彼女は有名な収集家、博物学者となり、1823年に最初のプレシオサウルス(⇨ p. 251)を発見した。男性が社会のすべての場面を支配していた時代に、彼女は調査研究に重大な科学的貢献をした。ロンドンの地質学協会の名誉会員だったメアリーは、47歳のとき、乳がんで死亡した。

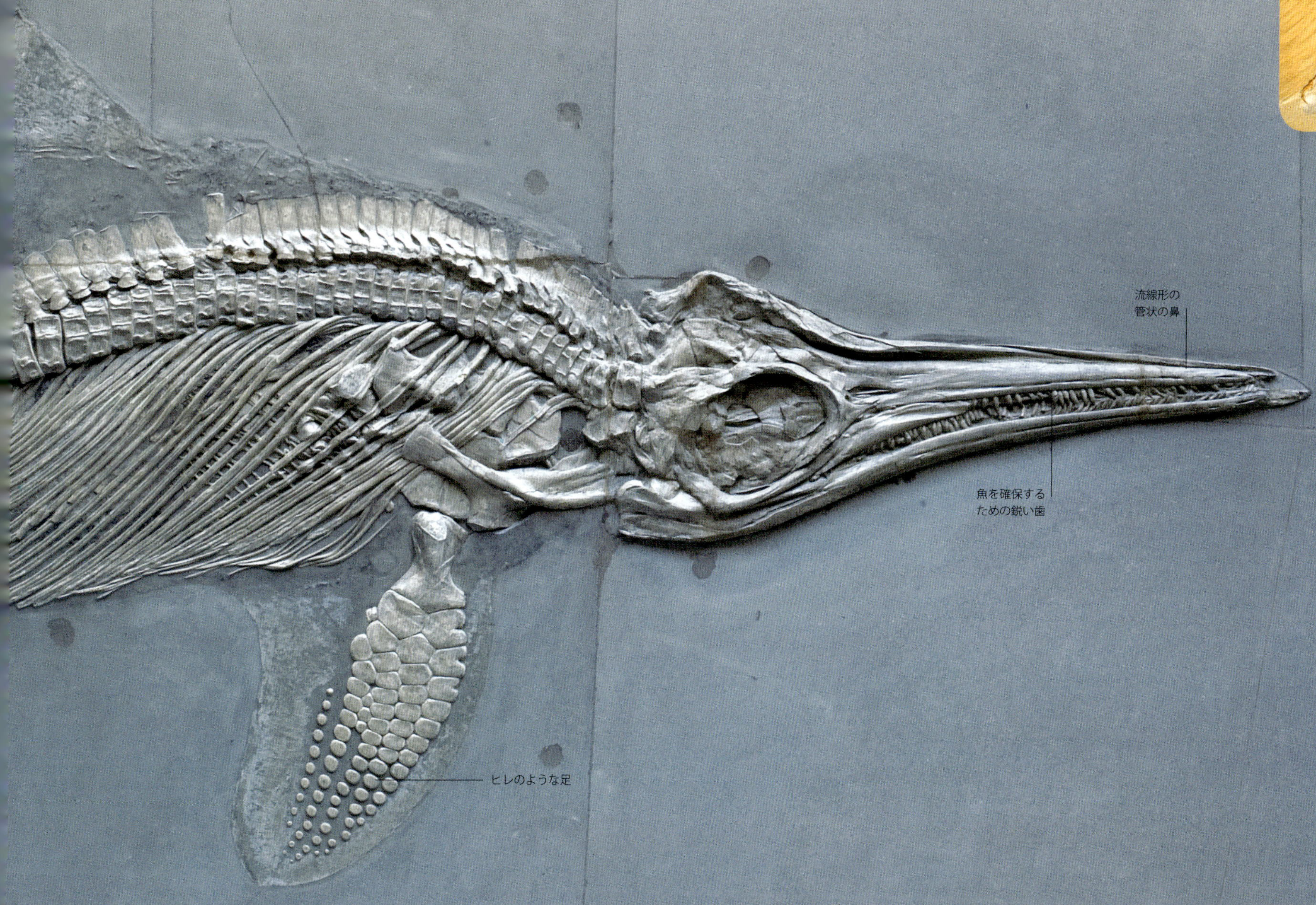

253 | 脊椎動物

流線形の
管状の鼻

魚を確保する
ための鋭い歯

ヒレのような足

永続する印象
この標本に見られるように、イクチオサウルスの化石は、骨のそばのやわらかい組織の印象を保存していることでよく知られている。これらの炭素質の印象は、動物の肉の残余から、あるいはバクテリアによって生みだされた薄膜からできあがったものと考えられている。

プロトスクス

グループ	ワニ形類
年代	ジュラ紀前期
大きさ	体長1m
産出地	世界各地

プロトスクスは現生クロコダイル類の最初期のもっとも原始的な近縁動物だった。しかし多くの点で、現生のクロコダイル類とは非常に異なっていた。それは、ほぼ直立の姿勢で歩き、脚は長く細く、そして足は細く、かぎ爪がおおっていた。これらの特徴から強力な走者であり、水中よりも陸上での狩りに適応していたことがわかる。しかし現生のクロコダイル類同様、広い頭骨と力強いあごの筋肉と厚い円錐形の歯ももっていた。こうした原始的な特徴とより近代的な特徴の混在した体をしていたのは、プロトスクスが、ワニ形類の進化の歴史の始まりに向かって生きていたことを物語っている。その化石はアメリカのアリゾナ州で最初に発見されたが、最近、世界各地で発見されている。

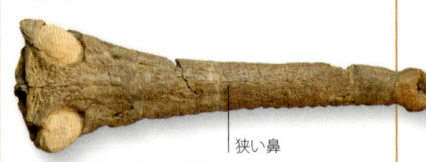

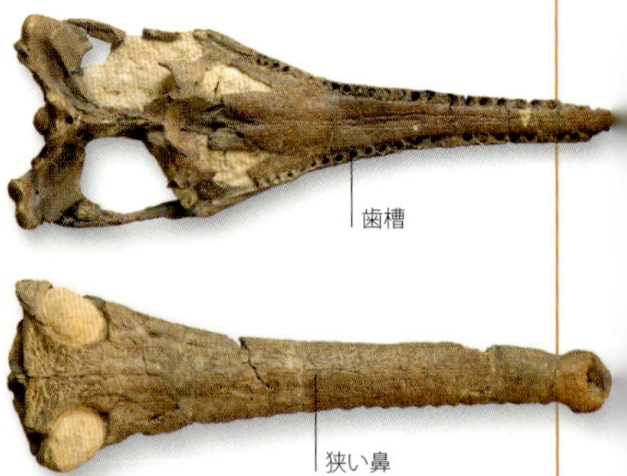

ステネオサウルスの頭骨
これらのワニ類ステネオサウルスのものと見てとれる頭骨は、イギリスのオックスフォードシャーで発見された。

低い身長
約1mの長さでたった30〜45kgの体重のプロトスクスは、幼いクロコダイルに似た小さな動物だった。

ステネオサウルス

グループ	ワニ形類
年代	ジュラ紀前期から白亜紀前期
大きさ	体長1〜4m
産出地	ヨーロッパ、アフリカ

ステネオサウルスは、ほとんどの現生クロコダイル類にまったく似ていなかった。水辺の周りにひそんでおらず、泳ぎが上手で、むしろ魚をとるために河口や海岸の水に思いきって入っていった。しかし完全な水生ではなく、依然として骨質の装甲におおわれ、脚はヒレ型に進化していなかった。必要なら陸で狩りをすることができることを意味している。

スフェノスクス

グループ	ワニ形類
年代	ジュラ紀前期
大きさ	体長1〜1.5m
産出地	アフリカ南部

プロトスクス(⇨上)がアリゾナの砂丘を走っていたのとほぼ同じ時代に、スフェノスクスと呼ばれる別のワニ類の近縁動物が、アフリカ南部の湿気のある風景のなかで飛びはねていた。これら2つの初期のワニ形類はほぼ同時代に生きていたが、両者は解剖学的にはまったく違っていた。プロトスクスはかなり直立した姿勢の素早い走者で、スフェノスクスはさらに直立した姿勢でもっと速かった。それはときどき後ろ脚で立ち上がったかもしれず、近い類縁のテッレストリスクスのように、骨格の解剖学的構造と生活のスタイルにおいて、獣形類の恐竜に非常によく似ていた。

奇妙なクロコダイル
直立姿勢をもった速い走者だったスフェノスクスは、現代のクロコダイル類とは非常に異なったライフスタイルをもつ、まったく奇妙な初期のクロコダイルだった。

ダコサウルス

グループ	ワニ形類
年代	ジュラ紀後期から白亜紀前期
大きさ	体長4–5m
産出地	世界各地

ダコサウルスは、現代のクロコダイル類とは遠い関係にある、海の爬虫類グループのもっとも大きくどう猛な一員だった。このベヘモス（ワニのような巨獣）は、魚とともにその食料の大部分となった他の海の爬虫類よりも、はるかに大きなサイズに達した。それは流線形の体と櫂のような足をもち、開けた大洋での生活に十分適応していた。しかし管状の口吻をもった近縁種の多くとは違い、**ティラノサウルスのような捕食性恐竜の頭骨に似た厚い頭骨**をもっていた。その歯はまた現代の殺し屋クジラや、獣形類の歯に類似していた。それらは大きくて細い、そして肉をかみ切るには完璧な鋭いのこぎり状の切れこみがついていた。

巨大な頭骨
ダコサウルスは大きな歯が生えた巨大な頭骨をもっていた。長さ1m以上ある南アメリカ産出の頭骨の標本は、その大きさゆえに「ゴジラ」というあだ名をつけられている。

ゲオサウルス

グループ	ワニ形類
年代	ジュラ紀後期から白亜紀前期
大きさ	体長2–3m
産出地	ヨーロッパ、北アメリカ、カリブ諸島

ダコサウルス（⇨上）同様、**ゲオサウルスは開けた大洋で生活した特徴的なワニ形類の1グループ、メトリオリンクス類の一員だった**。陸上生活をした近縁種とは異なり、骨のウロコの保護膜を失い、泳ぐために体をより軽く流線形にした。加えて手と足はヒレ型に進化し、体は細く長くのび、尾は縦に長いヒレ型になっていた。頭部には、海の塩水を飲み、脱水することなく海の獲物を食べることができるという、一部の海の動物に現存する器官、大きな塩類腺があった、という証拠もある。魚とイカの群れを捕獲するために鋭い歯を使った。

「**地のトカゲ**」を意味するゲオサウルスは、開けた大洋に生きた動物に与えられた奇妙な名前である。

中サイズ
ゲオサウルスは中型のメトリオリンクス類で、長さ3mに達した。かなり小さく鋭いが生えた狭く先細の口吻をもっていた。

ディモルフォドン

グループ	翼竜類
年代	ジュラ紀前期
大きさ	体長1m
産出地	イギリス諸島

比較的小さな翼竜ディモルフォドンは、身長約1mしかなかったが、長さ約25cmの頭骨をもっていた。その体は驚くほど軽く、飛行のために体重をセーブした結果、中空の脚骨をもち、頭骨は大きな眼と顔の周りの骨格とほぼ同じぐらいまで縮小していた。古代の海岸沿いで生活し、おそらくツノメドリに似た頭骨と牙に似た歯を、魚を捕まえ引き裂くために使ったのだろう。この翼竜は水の上を低くスレスレに飛びながら、おそらく魚に飛びかかることによって水面上で捕まえたと思われる。水に入ったり潜ったりしたとは考えられていない。

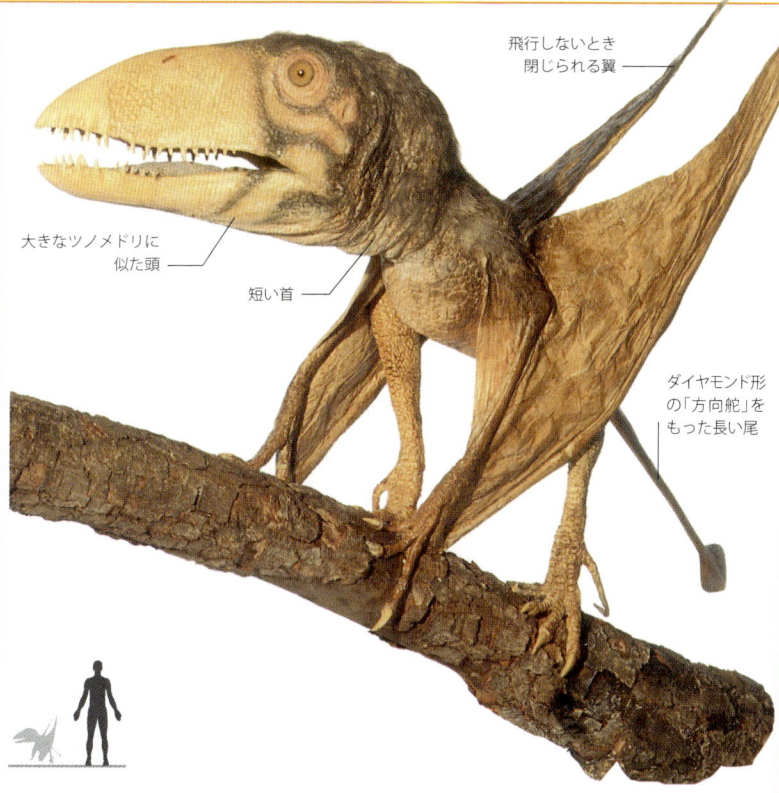

- 飛行しないとき閉じられる翼
- 大きなツノメドリに似た頭
- 短い首
- ダイヤモンド形の「方向舵」をもった長い尾

四足歩行
飛んでいないとき、ディモルフォドンは他の翼竜類同様、かなりぎこちなく4足で歩き、4足をかがめた姿勢から飛んだと思われる。

256 | ジュラ紀

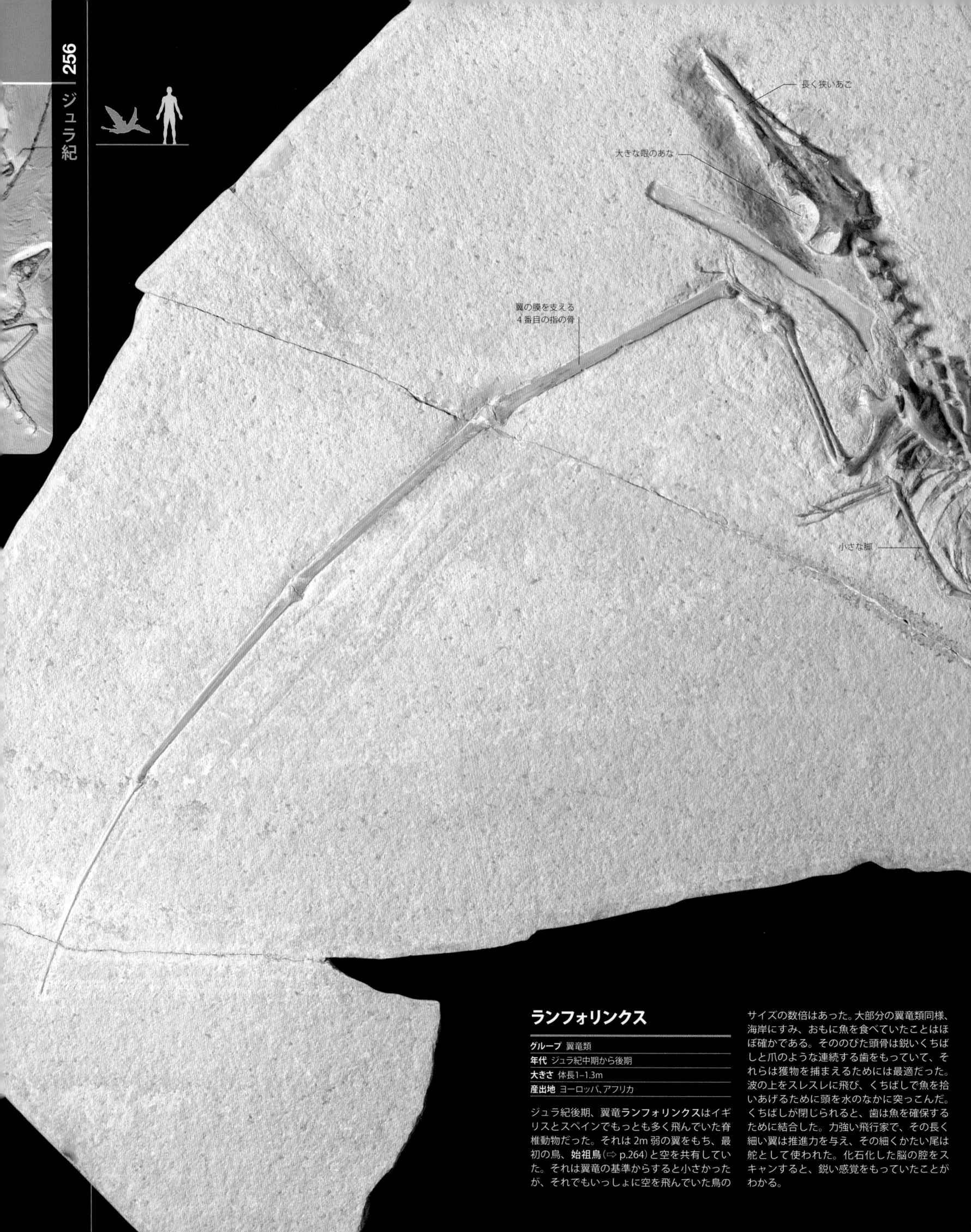

長く狭いあご

大きな眼のあな

翼の膜を支える4番目の指の骨

小さな脚

ランフォリンクス

グループ 翼竜類
年代 ジュラ紀中期から後期
大きさ 体長1–1.3m
産出地 ヨーロッパ、アフリカ

ジュラ紀後期、翼竜ランフォリンクスはイギリスとスペインでもっとも多く飛んでいた脊椎動物だった。それは2m弱の翼をもち、最初の鳥、始祖鳥(⇨ p.264)と空を共有していた。それは翼竜の基準からすると小さかったが、それでもいっしょに空を飛んでいた鳥のサイズの数倍はあった。大部分の翼竜類同様、海岸にすみ、おもに魚を食べていたことはほぼ確かである。そののびた頭骨は鋭いくちばしと爪のような連続する歯をもっていて、それらは獲物を捕まえるためには最適だった。波の上をスレスレに飛び、くちばしで魚を拾いあげるために頭を水のなかに突っこんだ。くちばしが閉じられると、歯は魚を確保するために結合した。力強い飛行家で、その長く細い翼は推進力を与え、その細くかたい尾は舵として使われた。化石化した脳の腔をスキャンすると、鋭い感覚をもっていたことがわかる。

脊椎動物

驚くほど鮮明
この翼竜の美しく保存された化石の標本は、始祖鳥（⇨ p.264）の化石とともに発見された。ここでは翼の構造の細部がはっきりと示されており、一部の化石ではのど仏まで保存されている。

- 3つの機能的な指をもった手
- 翼骨
- 軽い体
- 長い尾

長い尾
ランフォリンクスは、先端の皮ふがダイヤモンド形のフラップと化した長い尾をもっていた。その翼の膜はくるぶしまでのびていた。

前　期				中　期			後　期		
ヘッタンギアン	シネムリアン	プリーンスバッキアン	トアルシアン	アーレニアン	バジョシアン	バトニアン	カロヴィアン	オクスフォーディアン	キンメリッジアン	ティトニアン

クリオロフォサウルス

グループ	獣脚類
年代	ジュラ紀前期
大きさ	体長6.5m
産出地	南極

1990年代に南極横断山地で発見された**クリオロフォサウルス**は、明らかに最強の捕食動物だった。よろい竜類、鳥脚類、獣脚類の断片がかつて南極で発見されているが、これは現在大陸で発見された唯一の印象的な恐竜の標本である。眼の上にとても変わった骨のトサカをもっていた。これは頭骨の上で上方と前方に曲がる薄板状の構造で、前後を装飾する平行線をもっていた。おそらくディロフォサウルス（⇨前ページ）の近縁種であるこの恐竜は、薄い頭骨をもち長く細いプロポーションをしていた。

恐るべき大きさ
推定460kg以上の重さの**クリオロフォサウルス**は、現在知られているなかでもっとも大きなジュラ紀前期の獣脚類である。唯一知られている標本は十分に成熟していないので、成体はおそらくこれ以上に大きかっただろう。

サイエンス
南極大陸の野外調査

クリオロフォサウルスは南極横断山地の岩で発見された数体の恐竜のうちの1つである。今日氷と雪でおおわれているにもかかわらず、南極の岩にはさらに発見されるべき多くの種の化石をふくんでいることは確かである。南極の野外調査は、人と機械が寒くて激しい風と危険な地形に耐えなければならないので、むずかしい事情がある。さらにこの恐竜を含んだ岩がとくにかたく、そのためにその骨の正確な標本作りは実験室でしか実行できなかった。

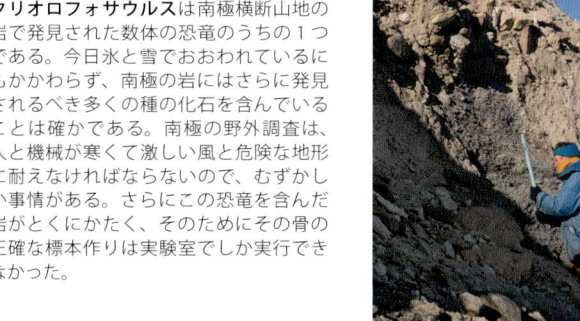

この恐竜の名前は「1つのトサカのあるトカゲ」を意味する。類似の名前にもかかわらず、「2つのトサカのあるトカゲ」を意味するディロフォサウルスに非常に近い種というわけではない。

メガロサウルス

グループ	獣脚類
年代	ジュラ紀中期
大きさ	体長6m
産出地	イギリス

「大きなトカゲ」を意味する**メガロサウルス**は、イギリスのオックスフォードシャーでいくつかの大きな爬虫類の骨が発見されたのち、1824年に記載された。これにより、科学によって認知された最初の恐竜となった。断片的な化石では、外見上大きな現生のトカゲの骨に似ていたので、はじめは現代のオオトカゲに似た大きな4本足のトカゲだったと想像されていた。今日、他の大きな獣脚類同様、それが短い腕をもち2本の後肢で歩いていた捕食動物だったことは知られている。発見されてから長い時間がたつにもかかわらず、化石記録が乏しいために謎のままである。

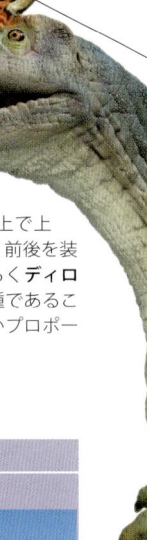

化石化した足跡
これは1997年にイギリスのオックスフォード付近の採石場で発見された化石化した**メガロサウルス**の足跡の1つである。

仙椎
これらの脊椎は最初に発見された**メガロサウルス**の化石の1つである。1824年に地質学者ウィリアム・バックランドによって同定された。

機敏な捕食動物
中型の獣脚類モノロフォサウルスはとても長く力強い脚をもっており、おそらく他の恐竜には脅威となる、すばらしく機敏な捕食動物だったにちがいない。

259 脊椎動物

ガソサウルス

グループ	獣脚類
年代	ジュラ紀中期
大きさ	体長3.5m
産出地	中国

この肉食動物の骨は、それらが含まれていた岩がダイナマイトでバラバラに吹き飛ばされたあとで偶然に発見された。結局その骨は良好な状態ではなく、多くが失われていた。にもかかわらずガソサウルスは、恐竜の化石が少ないジュラ紀中期のものであるために、重要で興味深い動物である。ガソサウルスによって、それ以前の捕食恐竜の進化が明らかになる部分がある。当時の大きな捕食動物の1つだったが、同じ時代の多くの巨大な草食動物を脅かすほどの大きさではなかった。

ガソサウルスの名は、天然ガスを探していた会社によって発見されたことから名づけられた。

典型的な獣脚類
この種は大きな頭、長い脚、厚い尾をもった典型的な体形をしていたと考えられている。数少ない化石の断片は腕、骨盤、脚の骨を含んでいるが、頭骨は含んでいなかった。

エウストレプトスポンディルス

グループ	獣脚類
年代	ジュラ紀中期
大きさ	体長4.5m
産出地	イギリス諸島

1つの未成熟の標本が知られているエウストレプトスポンディルスは、ヨーロッパのもっともよく保存された大きな獣脚類の1つである。それは低くトサカのない頭骨をもち、上あごの鼻前部近くに浅い切れこみがあり、口の縁が曲がっていた。下あごは長く細く、先端が厚く太くなっていた。これらは、現代のクロコダイル類に似た頭骨をもっていた、白亜紀のスピノサウルス類で極度に発達した特徴に似ていた。事実、一部の専門家たちは、この恐竜が死骸と海洋生物を求めて海岸線を漁っていたことを示唆している。

1つの標本
唯一知られているエウストレプトスポンディルスの化石は、いくつかの恐竜の標本が見つかった地質体であるオックスフォード粘土層から発見された。

ケラトサウルス

グループ	獣脚類
年代	ジュラ紀後期
大きさ	体長6m
産出地	アメリカ合衆国、ポルトガル

ケラトサウルスは恐ろしい驚くべき捕食動物だった。角のあるトカゲという意味のその名前は丸い鼻角ゆえだが、眼の前には高い三角形の角や丸い角もあった。大きくて上下の幅のある頭骨は、大きな動物を食べる生活に十分適していた。獣脚類のなかでユニークなケラトサウルスは、首、背、尾を走る鱗甲として知られる連続する平たい骨板をもっていたが、それは深さはあるが狭かった。

デュブレウイロサウルス

グループ	獣脚類
年代	ジュラ紀中期
大きさ	体長6m
産出地	フランス

デュブレウイロサウルスは、最初の化石がメガロサウルス(⇨ p.259)に類似した大きな獣脚類ポエキロプレウロンの新しい種と誤って考えられた後、2002年に命名された。のちに研究によってそれがエウストレプトスポンディルス(⇨上)のほうと密接な関係があったことがわかった。この恐竜はより短い口吻をもっていたが、それらを区別するその他の唯一の特徴は、脊椎と肩の板が微妙に異なっていたことだ。どのような種類のトサカも角もなかったように思われた、唯一知られている標本は幼体であり、トサカまた角は成熟するにつれて発達した可能性がある。近縁種同様、おそらく3本指の手と短く力強い腕をもっていただろう。化石は海岸のマングローブの沼地に堆積した岩から発見された。それは魚や他の海の獲物をとっていたかもしれないことを語っている。

長くのびた頭骨
デュブレウイロサウルスは、極端に長く薄い頭骨をもったエウストレプトスポンディルスに、肉体的に非常によく似ていた。

アロサウルス

- **グループ** 獣脚類
- **年代** ジュラ紀後期
- **大きさ** 体長7.5m
- **産出地** アメリカ合衆国、ポルトガル

ジュラ紀の獣脚類のなかでも数が多かったアロサウルスは、アメリカ西部のモリソン層で発見された多くの標本で知られている。その恐ろしい捕食動物の、大きな頭骨とあごは、鋭い鋸歯をもち（⇨右図）、手には獲物をつかむために使ったのだろう、大きなかぎ爪のある指が3本あった。サイズも大きく力強いあごかぎ爪をもつので、ほとんどの科学者はアロサウルスを剣竜類、鳥脚類そしておそらく竜脚類の捕食動物だったと想像した。これらの大きな植物食の恐竜を食べただろうという事実の証拠は、骨に保存された歯型から出ている。しかしすべての捕食動物同様、それはまた死んだ恐竜を食べる死体処理者でもあっただろう。標本の1つは、尾の脊椎の1つにステゴサウルスの尾のとげと大きさと形がぴったり一致する穴が開いている。この場合、草食動物がこの捕食動物に大きな損傷を与えることに成功したのだと思われる。

構造
恐ろしい歯

アロサウルスの頭骨は大きく深く、力強いあごには刀のような歯があった。頭骨の機能の研究により、アロサウルスがあごを大きく開き長い歯の列全体を使って猛烈にかみついて、肉の大きな塊を食いちぎることができたかもしれないことがわかってきている。

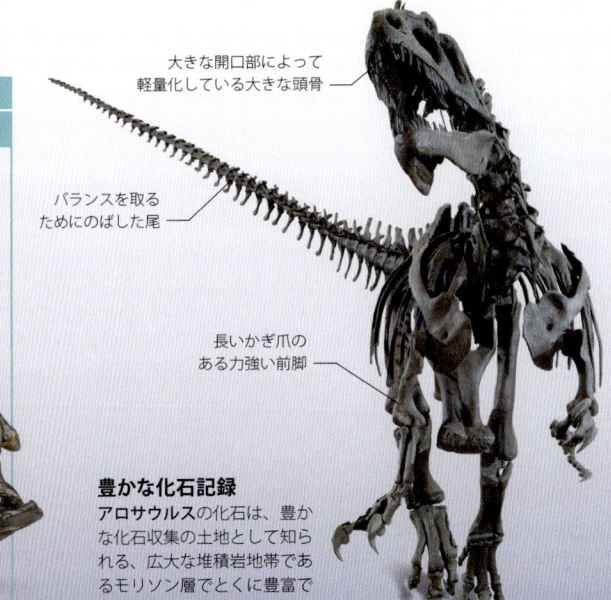

豊かな化石記録

アロサウルスの化石は、豊かな化石収集の土地として知られる、広大な堆積岩地帯であるモリソン層でとくに豊富である。

261　脊椎動物

おなじみの捕食動物

アロサウルスは鼻の上にそって低く平行して走る隆起をもっており、特徴のある三角形の角が眼の前にあった。アロサウルスは、おそらくティラノサウルス（⇨ p.322〜323）の次にもっとも有名な捕食恐竜だろう。

262

ジュラ紀

シンラプトル

グループ	獣脚類
年代	ジュラ紀後期
大きさ	体長9m
産出地	中国

シンラプトルは「中国のハンター」を意味し、これまで化石はすべて中国で発見されている。これはさらに有名な近縁種アロサウルス(⇨ p.261)に極めてよく似た大きな捕食動物である。いくつかの標本が中国の異なる地域から見つかっており、さらなる研究で、どの標本がどの種に属しているのか正確に立証する必要がある。一部の古生物学者は、シンラプトルの個別の種として名づけられたいくつかの動物は、それぞれ独自の属に置かれるほど実際には異なっていると考えている。確かにわかっていることは、ときどき同種の他の個体と闘ったということである。科学者たちは、ある化石の頭骨とあごの上に、別のシンラプトルによってつけられたように見える歯型を発見した。

- 強く厚い尾
- 鋭い歯がたくさんある
- 長く力強い脚
- かぎ爪のある手

「中国のハンター」
とくにその歯とかぎ爪は、それが恐ろしいハンターだったことを示している。おそらくジュラ紀後期、アジア最大の捕食動物だっただろう。

プロケラトサウルス

グループ	獣脚類
年代	ジュラ紀前期
大きさ	体長2m
産出地	イギリス諸島

イギリスのグロスターシャーで発見されたプロケラトサウルスは、よく保存された頭骨1つだけが知られている。鼻の上のトサカの基部が保存されているが、頭骨の上部は失われているので、このトサカの形は不明であるが、ケラトサウルス(⇨ p.260)の角に似たものだったと考えられている。あるいは頭骨の長さ全体に広がった長いトサカをもっていたかもしれない。

- トサカの土台部分

間違われた正体
鼻の角のために、プロケラトサウルスはケラトサウルスとの密な関係を示すために名づけられた。しかしこの関係はのちに反証が出された。

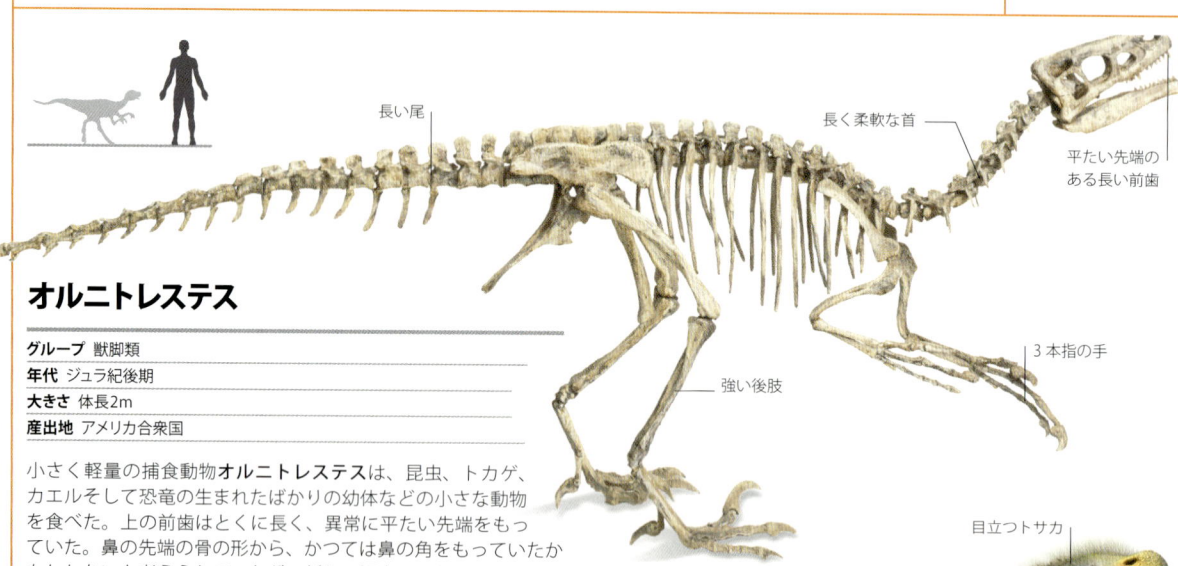

- 長い尾
- 長く柔軟な首
- 平たい先端のある長い前歯
- 3本指の手
- 強い後肢

オルニトレステス

グループ	獣脚類
年代	ジュラ紀後期
大きさ	体長2m
産出地	アメリカ合衆国

小さく軽量の捕食動物オルニトレステスは、昆虫、トカゲ、カエルそして恐竜の生まれたばかりの幼体などの小さな動物を食べた。上の前歯はとくに長く、異常に平たい先端をもっていた。鼻の先端の骨の形から、かつては鼻の角をもっていたかもしれないと考えられていたが、新しい観察ではおそらくそうではないとしている。3本指の手は長くて細かった。オルニトレステスがフィラメントのような羽でおおわれていたことはほぼ確実である。

「鳥泥棒」
オルニトレステスの優美な体形は、それが動きの速い効率的なハンターだったことを示している。その名前は「鳥泥棒」を意味している。

人物伝

ヘンリー・F・オズボーン

ヘンリー・フェアフィールド・オズボーン(1857〜1935)はもっとも影響力のあったアメリカの古生物学者のひとりだった。1891年、ニューヨークの自然史博物館に勤務し、ここで専門的な化石ハンターのチームを集めた。そして1903年のオルニトレステスを含む多くの新しい種を命名し記載した。

グアンロング

グループ	獣脚類
年代	ジュラ紀中期
大きさ	体長2.5m
産出地	中国

グアンロングはティラノサウルス類の初期の形である。有名なティラノサウルスにはあまり似ていないかもしれないが、どう猛な類縁属種と共通するものを多くもっている。とりわけ相対的に先の丸い歯をもち、尻の形は進化上の結びつきがあることを示している。他の小さな恐竜を狩る、比較的小さく軽量の捕食動物だった。それは中国西部の化石層で発見され、この地域からは他にもいくつかの捕食動物が見つかっている。その大きさにもかかわらず、グアンロングはその一帯で最強の捕食動物の1つだったかもしれない。その名前は中国語で「トサカのある」あるいは「冠をつけた竜」を意味し、頭上の大きな細いトサカは骨でできていた。分析研究は、そのトサカが動物をかんだり食べたりする機能で何らかの役割を演じたかもしれないとしているが、その主要な機能はディスプレー(誇示行動)の1つだったと考えられている。

- ティラノサウルスのような尻
- 目立つトサカ
- 3本指の手
- 3本指の足のかぎ爪

グアンロングのよく目立つトサカは鼻から頭の後ろへ走り、おそらくおもにディスプレー(誇示行動)のために使われたと思われる。

原始的なティラノサウルス類
比較すると小さいが、グアンロングには、ティラノサウルスと関係があったと科学者が確信するような特徴があった。

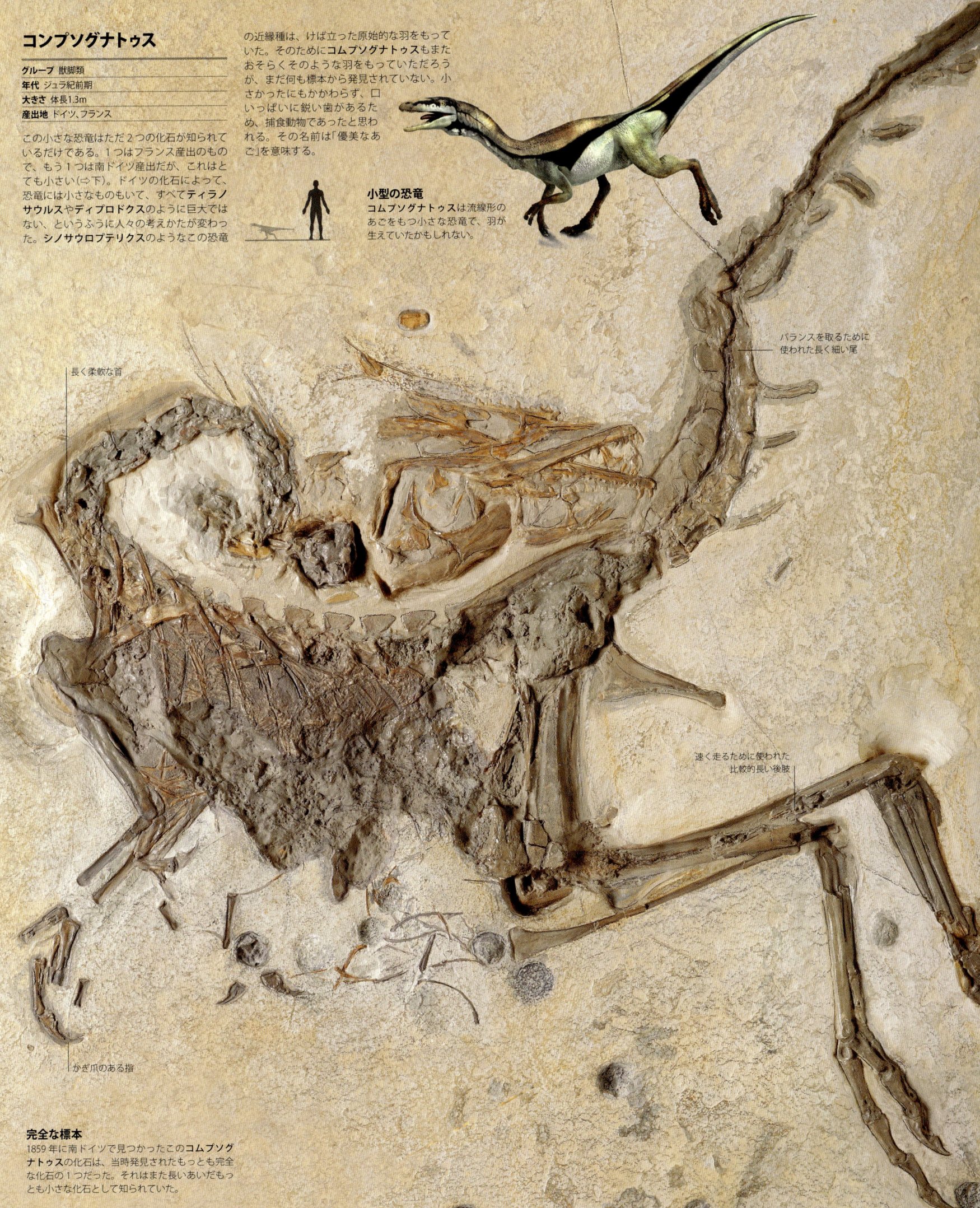

コンプソグナトゥス

グループ	獣脚類
年代	ジュラ紀前期
大きさ	体長1.3m
産出地	ドイツ、フランス

この小さな恐竜はただ2つの化石が知られているだけである。1つはフランス産出のもので、もう1つは南ドイツ産出だが、これはとても小さい(⇨下)。ドイツの化石によって、恐竜には小さなものもいて、すべてティラノサウルスやディプロドクスのように巨大ではない、というふうに人々の考えかたが変わった。シノサウロプテリクスのようなこの恐竜の近縁種は、けば立った原始的な羽をもっていた。そのためにコンプソグナトゥスもまたおそらくそのような羽をもっていただろうが、まだ何も標本から発見されていない。小さかったにもかかわらず、口いっぱいに鋭い歯があるため、捕食動物であったと思われる。その名前は「優美なあご」を意味する。

小型の恐竜
コンプソグナトゥスは流線形のあごをもつ小さな恐竜で、羽が生えていたかもしれない。

長く柔軟な首

バランスを取るために使われた長く細い尾

速く走るために使われた比較的長い後脚

かぎ爪のある指

完全な標本
1859年に南ドイツで見つかったこのコンプソグナトゥスの化石は、当時発見されたもっとも完全な化石の1つだった。それはまた長いあいだもっとも小さい化石として知られていた。

264 | ジュラ紀

効率的な飛行のための羽の生えた翼

軽量の羽の生えた体

3本指のかぎ爪

羽の生えた後肢

4本指の足

円錐形の歯をもったとがった口吻

羽の生えた飛行家
翼と尾の羽に加えて、始祖鳥はまた後肢に長い羽をもっており、その首と体にもたっぷり羽が生えていた。

始祖鳥はチャールズ・ダーウィンが『種の起原』を出版した年に発見された。そして自然淘汰による進化論に強力な裏付けを与えた。

始祖鳥（アルカエオプテリクス）

グループ	獣脚類
年代	ジュラ紀後期
大きさ	体長30cm
産出地	ドイツ

「古い翼」を意味する始祖鳥は、1859年にドイツのゾルンホーフェンのジュラ紀の石灰岩から発見された。現在ロンドン標本として知られている最初の標本は、おそらく世界でもっとも有名な化石だが、ばらばらで不完全だった。現在骨格の標本は10知られており、その一部は驚くほどよく保存されている。現代の鳥同様、始祖鳥は長い翼と尾の羽をもっており、そのためにつねに最初の鳥と見なされている。しかし現在では、複雑な羽と他の鳥のような特徴は、マニラプトル類として知られる肉食恐竜のあいだで広まっていたことが知られている。始祖鳥は現代の鳥の最古の祖先の1つとして認知されたままであるが、多くのマニラプトル類はほぼ鳥に似ていた。

すばらしい化石
もっともすばらしい化石は3番目に発見されたもので、そのベルリンの標本には翼の風切羽などの驚くほど鮮明な羽の跡が見られる。

羽の跡

指

本当の歯をもった頭骨

骨のある尾

265

脊椎動物

アンキサウルス

グループ	竜脚形類
年代	ジュラ紀前期
大きさ	体長2m
産出地	アメリカ合衆国

アンキサウルスは北アメリカのもっとも有名な初期の竜脚形類である。頭骨は薄く吻部は狭く、上あごの前歯は前に突きでていた。これらの特徴は雑食性だったことを示している。ある標本は胃の中に小さな爬虫類が入っている。手は大きく、親指のかぎ爪は大きく曲がっていた。近縁種の足と比べると、第1指の爪が他の指の爪よりも小さいところが変わっている。

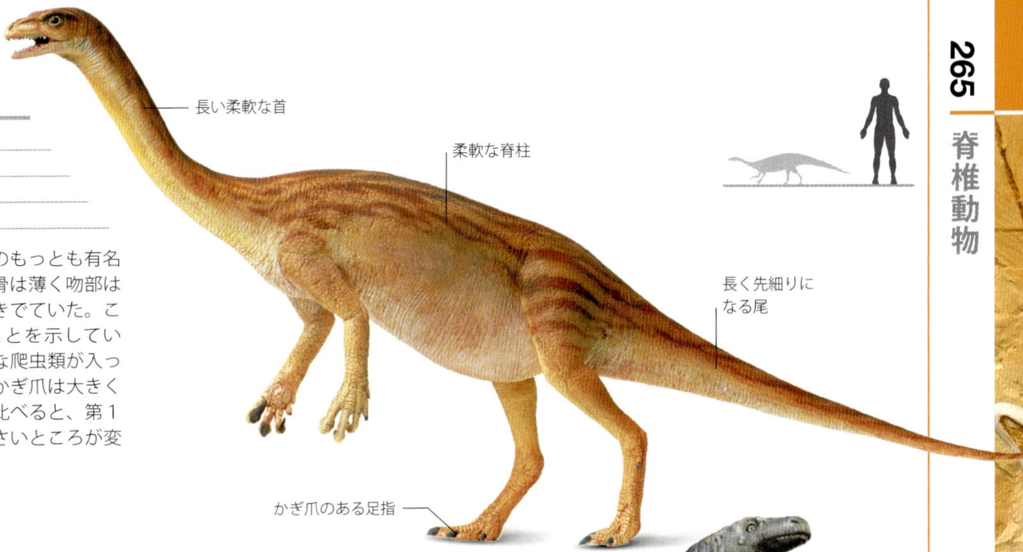

― 長い柔軟な首
― 柔軟な脊柱
― 長く先細りになる尾
― かぎ爪のある足指
― 細長い手

ルーフェンゴサウルス

グループ	竜脚形類
年代	ジュラ紀前期
大きさ	体長5m
産出地	中国

ルーフェンゴサウルスの吻部は奥行きがあり広く、まさにその大きな鼻孔のすぐ後ろと頬に特徴的な骨の隆起をもっていた。上あごの側面の骨の隆起はやわらかい組織を固定するのを助けていたのかもしれない。もしそうなら他のほとんどの竜脚形類より大きな頬をもっていたにちがいない。ギッシリ並んですきまのない鋸歯は、葉を食べるのに適していた。この恐竜はよくヨーロッパ産出のプラテオサウルスに似ていると考えられていた。しかし新しい研究は2つがまったく異なっていることを示している。そしてコロリダサウルスやマッソスポンディルス（⇨下）にもっとも近かったと考えられている。

> ルーフェンゴサウルスは4足で動きまわったが、ときどき餌をとるために後肢で立ち上がった。

― 比較的大きく深い頭
― 非常に長く柔軟な首
― 親指から小指までの幅が広く、歩くときの体重の支えとなった
― 力強い尾
― 長いかぎ爪のある足指

重要な発見
決定的なタイミング

始祖鳥の発見は、チャールズ・ダーウィンが『種の起原』を発表した2年後の1861年に公表された。それは、羽（⇨下）があるがまだ明らかに爬虫類の特徴をもつ鳥がいたとわかったことで、生物が時間とともに進化するというダーウィンの考えに強力な裏付けを与えた。疑問視する声が多かったが、始祖鳥の長い骨のある尾、大きな手のかぎ爪、歯のあるあごは、それが現代の鳥とその先祖を実際につなぐものであることを多くの人に確信させた。

マッソスポンディルス

グループ	竜脚形類
年代	ジュラ紀前期
大きさ	体長5m
産出地	南アフリカ

マッソスポンディルスはいくつかの完全な骨格と頭骨、さらには胚をもった卵も見つかっている。それは中型の大きさで、大きな眼窩をもった広い頭骨の竜脚形類だった。その太い5本指の手、とくに親指に大きな曲がったかぎ爪があった。鳥のさ骨に似たV字型の骨は胸郭の前にあった。4足で歩くことができたと考えられていたが、短い前腕の構造の最近の研究は、それが後肢でいつも歩きまわっていたことを示している。

― 長い柔軟な首
― 巨大な体
― 大きな曲がった親指のかぎ爪
― 長く筋肉質の後肢
― 細いむちのような先端をもつ長い尾

胚の化石
長さ15cmのこのマッソスポンディルスの胚の骨格は、卵のなかに保存されて発見された。

ウルカーノドン

- グループ 竜脚形類
- 年代 ジュラ紀前期
- 大きさ 体長7m
- 産出地 ジンバブエ

ウルカーノドンは、頭骨のない部分的な骨格が1つだけ知られている初期の竜脚類だった。しかし初期の他の竜脚類同様、おそらく葉の形をした歯と先の丸い鼻のある深い頭骨をもっていただろう。足は短く、少なくとも内側の指の上に大きなかぎ爪があった。のちの竜脚類とは対照的に、第1指の骨は非常に長かった。両足のかぎ爪の2つは太くくぎのようで、他の竜脚類ほど長くて細くはなかった。そのもっとも近い近縁種はタゾウダサウルスで、どちらもウルカーノドン科に分類されている。

- 鼻の上の高い位置にある鼻孔
- なだらかな巨体
- 長く細い首
- 比較的長い前肢
- 短い足

初期の竜脚類
初期の竜脚類ウルカーノドンは、長い柱のような脚に特徴のある四肢動物だった。最初の骨格が発見された火山岩にちなんで名づけられた。

バラパサウルス

- グループ 竜脚形類
- 年代 ジュラ紀前期
- 大きさ 体長18m
- 産出地 インド

バラパサウルスは最初に見つかった仙骨（背骨の1つ）にちなんで名づけられたが、その後この動物のものだと考えられる多くの追加の化石が見つかっている。頭骨はまだ発見されていないが、歯が別に発見されている。これらは先が広いが基部は狭く、歯冠の片側に粗い鋸歯があった。竜脚類としてはとくに細い脚をしていて、首の脊椎は長かったが、体の脊椎は非常に圧縮されていた。脊椎の形は竜脚類のなかではユニークで、一部の専門家たちはこの恐竜は竜脚類の進化上変わった側枝だと考えている。

- 短く深い顔
- 長い脊椎の首
- 重い大きな体
- 比較的細い脚

短く深い頭
バラパサウルスは、体のほとんどの化石が発見されているにもかかわらず、頭骨と尾は見つかっていない。しかし古生物学者たちは頭は比較的短く、深さがあったと考えている。

シュノサウルス

- グループ 竜脚形類
- 年代 ジュラ紀中期
- 大きさ 体長12m
- 産出地 中国

シュノサウルスは、この恐竜にちなんで名づけられた、化石群「シュノサウルス動物群」で多く見かける恐竜である。首は多くの他の竜脚類と比べると非常に短いが、とても柔軟だったように思われる。頭骨は横から見ると厚く、上から見ると狭かった。下あごの半分にそれぞれ25から26の歯があり、他のどの竜脚類よりも多くの歯をもっていた。

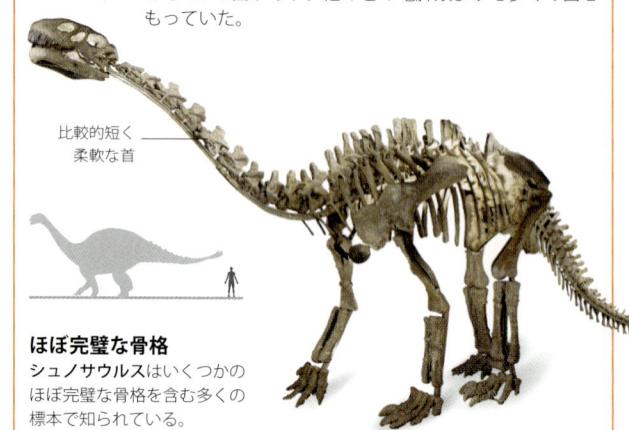

- 比較的短く柔軟な首

ほぼ完璧な骨格
シュノサウルスはいくつかのほぼ完璧な骨格を含む多くの標本で知られている。

> この恐竜は既知の動物のなかでもっとも長い首をしていた。標本の1つは **13m** 以上の長さがあった。

マメンチサウルス

- グループ 竜脚形類
- 年代 ジュラ紀中期から後期
- 大きさ 体長26m
- 産出地 中国

一見しただけでは、マメンチサウルスの前からの半身をブラキオサウルス（⇨次ページ）と間違えることがある。両者ともドーム型の前額部とおそろしく長い首をもっているからである。両方の恐竜が食料を探すためにその首を使ったことは確かである。しかし両者は遠い関係にあり、容易に見分けることができる。マメンチサウルスはとがった頭骨をもち、ブラキオサウルスに比べると肩は低くて大きくない。首には19の頚椎があり、他のどの恐竜よりも多かったうえに、その長さは背中の椎骨の2倍もあった。非常に多くの種がおり、同時代の他の長首の恐竜のなかでも、その巨大な首で目立っていた。

- 小さな頭
- とてつもなくのびた首
- 肩からの背中の傾斜
- 長い前肢

こん棒のない尾
マメンチサウルスの昔の復元やイラストは、ときどき尾の上にこん棒を描いている。これはいまでは間違いだとわかっている。

ブラキオサウルス

グループ	竜脚形類
年代	ジュラ紀後期
大きさ	23m
産出地	アメリカ合衆国、タンザニア

ほとんどの竜脚類と違い、**ブラキオサウルス**は非常に長い前肢と高く直立した首をもっていた。これらの特徴は巨大なリーチを与え、この大きな個体は、のびあがらなくても、木の葉を食べるためにおそらく15m以上の高さまで達することができただろう。初期のイラストはこの草食動物が後肢で立ち上がるところを描いているが、おそらくそれは無理だっただろう。その重さの大部分は巨大な前肢で支えられていたために、後肢で全体重を支え、バランスを取ったままでいることはむずかしかったのではないだろうか。どのようなケースであれ、非常に背が高かったので、おそらく後肢で立ち上がる必要はほとんどなかったと思われる。他のほとんどの恐竜よりも高いところにある餌に届くことができた。

ブラキオサウルスは、類似の大きな竜脚類と比較しても、大きな頭骨をもっていた。前額中央に特徴のある骨の棒があり、それが頭の上に隆起を形成していた。頭骨の内部では、この棒は鼻孔の2つの開口部を分割している。かつて鼻孔は、頭骨の上の高い位置にある大きな孔であると考えられたが、最近の研究は、じつは相対的に小さく、もっと頭の前のほうにあったとしている。

構造
大きな栄養学的要求

竜脚類はこの星をかつて歩いた最大の動物だった。ユルゲン・ヒュンメル（⇨写真）に率いられたボン大学の科学者たちは、食事の栄養内容を調べることによって、これらの恐竜たちがいかにしてこのように巨大に成長することができたかを研究した。人工的な胃袋を使いながら、彼らは2億年以上前に存在した植物を発酵させ、竜脚類の食餌が驚くほど栄養価が高かったことを発見した。

> 巨大な前肢と非常に長い首をもったブラキオサウルスは、ほとんどの他の恐竜よりも高いところにある餌に届くことができた。

頭の上の大きな隆起

長さ1mの脊椎で支えられた長い首

腿の骨のボール状の頭部

柱のような骨
このブラキオサウルスの腿の骨は、端から端まで1.8mあり、恐竜の重い体重を支えるために非常に太かった。上腕骨（前肢の上側の骨）の化石の1つは、2.1mの長さがあった。

非常に長い柱のような脚

肩から尻へ降りていく体の傾斜

かたい尾

独特な形
極端に前肢が長く、直立に保たれていた長い首をしていたため、**ブラキオサウルス**は独特の非対称的な形をしていた。「腕トカゲ」を意味するその名前は、前肢が後肢よりも長いということに由来する。

ディプロドクスはその長く細い尾の先端を高速で動かし、むちのような鋭い音を立てることができたかもしれない。

巨大な眼窩

非常に大きな鼻室

小さな脳蓋

長く平たい下顎

のびた首
ディプロドクスの首は15の大きな頸椎をもち、全長の大きな部分を占めた。首が垂直か水平、いずれに保たれていたかは多くの議論の主題だった。

ディプロドクス

グループ	竜脚形類
年代	ジュラ紀後期
大きさ	体長25m
産出地	アメリカ合衆国

すべての恐竜のなかでもっとも有名なものの1つであるディプロドクスは、首に15の頸椎、比較的短い前肢、むちのような尾の先端をもつという点で、他のディプロドクス類と同じである。上から見るとその頭骨は長方形で、末端に広く四角い口がある。ディプロドクスは背中に沿って三角形の背骨をもっているが、これはおそらくすべての竜脚類に見られただろう。歯牙磨耗の研究から、ディプロドクスが片側だけの枝剥離として知られる食事戦略を使ったことがわかっている。つまり枝をくぎのような歯のあいだにくわえ、頭を素早く上か下に引いていた。その結果、上下いずれかの歯の列が枝の葉をはがすという方法である。ディプロドクスの3つの種が現在認知されているが、当初セイスモサウルスと名づけられた別のディプロドクス類は、いま4番目で最大のディプロドクス類の種とみなされている。

二重の梁
長い尾は最大80の尾椎でできていた。「二重の梁」を意味するディプロドクスという名前は、尾の脊椎の下の山形の骨の存在に由来する。

力強い尾は先端がむちのようになっていた

体全体の長さの約半分が尾だった

尾は首とのバランスを取るためにのばして保たれた

尾椎の下の山形の骨

「トカゲの尻」の骨盤

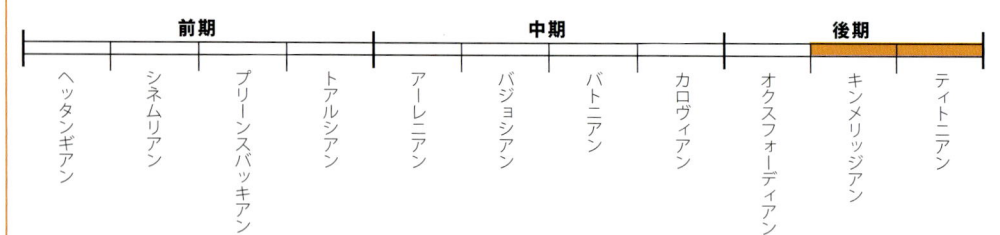

前期 / 中期 / 後期

ヘッタンギアン / シネムリアン / プリーンスバッキアン / トアルシアン / アーレニアン / バジョシアン / バトニアン / カロヴィアン / オクスフォーディアン / キンメリッジアン / ティトニアン

印象的な均衡
ディプロドクスはすべての恐竜のなかでもっとも長いものの1つで、おそらく最大30mにも達しただろう。全長の約半分を構成したその尾は、極端に長い首と均衡を保った。

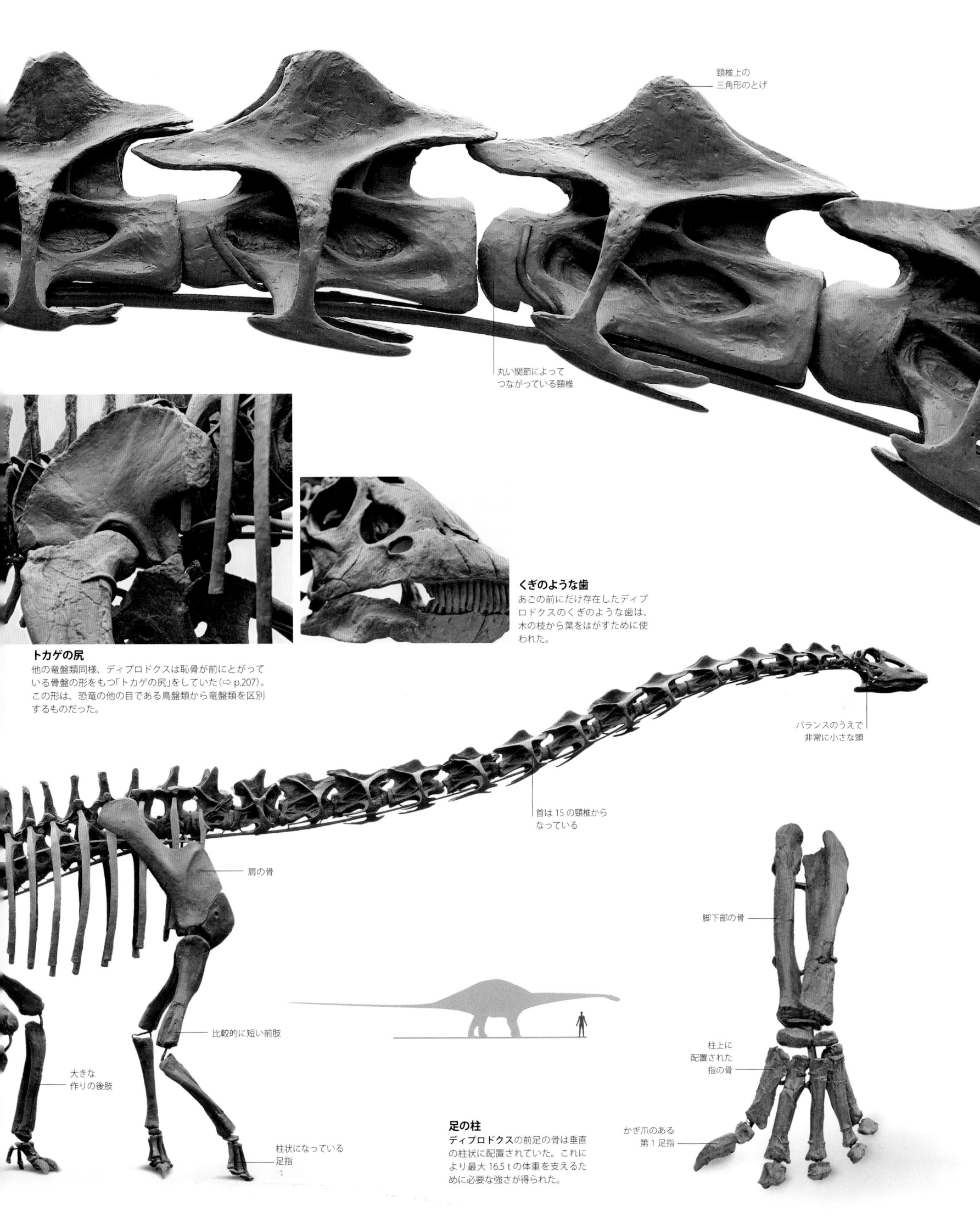

頸椎上の三角形のとげ

丸い関節によってつながっている頸椎

くぎのような歯
あごの前にだけ存在したディプロドクスのくぎのような歯は、木の枝から葉をはがすために使われた。

トカゲの尻
他の竜盤類同様、ディプロドクスは恥骨が前にとがっている骨盤の形をもつ「トカゲの尻」をしていた（⇨ p.207）。この形は、恐竜の他の目である鳥盤類から竜盤類を区別するものだった。

バランスのうえで非常に小さな頭

首は15の頸椎からなっている

肩の骨

脚下部の骨

柱上に配置された指の骨

かぎ爪のある第1足指

比較的に短い前肢

大きな作りの後肢

柱状になっている足指

足の柱
ディプロドクスの前足の骨は垂直の柱状に配置されていた。これにより最大16.5tの体重を支えるために必要な強さが得られた。

270

ジュラ紀

バロサウルス

グループ	竜脚形類
年代	ジュラ紀後期
大きさ	体長28m
産出地	アメリカ合衆国

バロサウルスは多くの点でディプロドクス（⇨ p.268）に似ていた。とくに、尾椎に特徴的なくぼみがあり、ほとんど同じ四肢をもっていた。両者はおもに頸椎の長さが異なっていた。バロサウルスはおそらく他のディプロドクス類より1つ多い16の頸椎をもっていただろう。それらはディプロドクスの頸椎より約3分の1長かった。これはおそらくバロサウルスが頸椎の短い近縁種よりも餌をとる範囲が広かったことを意味している。ある時期、タンザニアで発見された化石は、バロサウルスに属していると考えられていた。だが、今日それらはトルニエリアとアウストラロドクスという、違ってはいるが非常によく似た2つのディプロドクス類であることが確認されている。

長く細い首
短く深い胸腔
むちのような尾の先端
尾の基部の巨大な筋肉
頑丈な柱のような前肢

長いリーチ
その長い首のおかげで、バロサウルスは他の近縁種よりも高い木に届き、より多くの食物に近づくことができた。

アパトサウルス

グループ	竜脚形類
年代	ジュラ紀後期
大きさ	体長23m
産出地	アメリカ合衆国

スウワッセアやスーパーサウルスとともに、アパトサウルスはディプロドクス科アパトサウルス亜科を形成する。他のディプロドクス類同様、その尾は基部に大きな筋肉をもち、尾の先端は細くむちのようだった。多くの昔の復元は、それに箱型の頭骨の形を与えているが、本当のアパトサウルスの頭骨は1978年に記載されたように、ディプロドクスの頭骨と非常によく似て長い長方形であったが、もっと幅が広かった。一般的にすべてのアパトサウルス類は他のディプロドクス類より太い脚をもち、ずんぐりした重い作りである。

頑丈な首
箱型の頭

重い体重
アパトサウルスのいくつかの種が知られており、その1つは最初ブロントサウルスという名前だった。大きなアパトサウルスの体重は象4匹分あった。

ディクラエオサウルス

グループ	竜脚形類
年代	ジュラ紀後期
大きさ	体長12m
産出地	タンザニア

ディクラエオサウルスはディクラエオサウルス科と呼ばれるディプロドクス上科の竜脚類の1グループだった。これらの恐竜は竜脚類としては小さく、比較的短い首をもっていた。首は12の著しく短い頸椎を含んでいた。それはおそらく地面から約3mの高さの植物を食べることができたことを意味している。

比較的短い首
背にそった骨の隆起

カマラサウルス

グループ	竜脚形類
年代	ジュラ紀後期
大きさ	体長18m
産出地	アメリカ合衆国

カマラサウルスはよく知られた北アメリカの竜脚類であるが、その首は幅広で、多くの竜脚類の首ほど長くない。これはさまざまな高さに成長した植物を食べていたことを意味している。かなり粗い植物を食べることができた短く強いあご、頑丈でスプーンの形をした歯をもつ広い頭骨をもっていた。のちにブラキオサウルスやティタノサウルスが属したマクロナリア類のもっとも原始的なグループの1つである。多くのマクロナリア類同様、頭骨はとくに大きな鼻孔をもっていた。その脊椎には、肺につながる気嚢を収容する大きな空間があった。この恐竜の名前は「小室のあるトカゲ」を意味するが、それはこの空間に由来している。

頑丈な首
大きく重い体
太く強い脚
前足にはかぎ爪が1つ

スケリドサウルス

- **グループ** 鳥盤類
- **年代** ジュラ紀前期
- **大きさ** 体長3m
- **産出地** イギリス

1850年代に発見されたスケリドサウルスは完全な骨格として発見された最初の恐竜の1つだった。この最初に発見された化石は、よく保存されたヨーロッパの恐竜の1つである。この恐竜は頑丈な脚をもち、4足で歩いた。楕円形の装甲の列が首、体、脚に沿って走り、脚の両側下部にかぎのあるとげをもっていた。すべての化石は海成層で発見されたので、この恐竜は島にすんでいたか海岸で暮らしていたかもしれない。

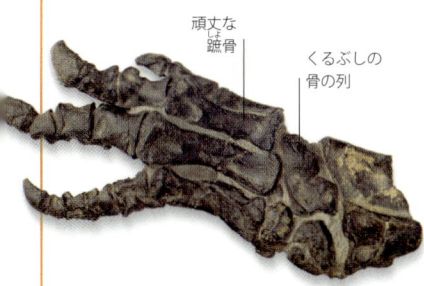

恐竜の指
スケリドサウルスは4本の指をもっており、丸いかぎ爪が先端についていた。その指はアンキロサウルスやステゴサウルスよりも長かった。

豊富な竜脚類
カマラサウルスはスプーン型の歯のある、頑丈で幅広い頭骨をもつ恐竜だった。北アメリカの竜脚類でもっとも数が多く、この種の他のどの恐竜よりもよく理解されている。

その名前「小室のあるトカゲ」はカマラサウルスの脊椎に包まれた大きな気嚢に由来する。

レソトサウルス

- **グループ** 鳥盤類
- **年代** ジュラ紀前期
- **大きさ** 体長1m
- **産出地** レソト

レソトサウルスは鳥盤類のもっとも初期のメンバーの1つである。後肢は長く細く、小さな前肢には正しくものをつかめなかった手がついていた。すべての鳥盤類同様、上下のあごの先端はとがっており、くちばしに似た構造をしていた。くちばしの後ろで葉型の歯があごに並び、上あごの前の近くに12の牙のような歯があった。その歯の分析は、くちばしで植物を引き裂き、その食物をかむことができなかったことを示している。

ヘテロドントサウルス

- **グループ** 鳥盤類
- **年代** ジュラ紀前期
- **大きさ** 体長1m
- **産出地** 南アフリカ

ヘテロドントサウルスは、ヘテロドントサウルス類と呼ばれる特異な鳥盤類の小グループのメンバーだった。他の鳥盤類とは異なり、ものをつかむ強くて曲がったかぎ爪のある長い手をもっていた。「異形歯のトカゲ」を意味するこの恐竜の歯の形は、3種類あった。小さな門歯のような歯は上あごの前にあり、先の丸いのみ型の歯が後ろにあった。もっとも顕著なものは、上と下の両方のあごの大きな牙のような歯だった。加えてすべての鳥盤類同様、上と下のあごの前にくちばしをもっていた。おそらく草食だっただろうが、その強いあご、大きな牙、そして物をつかむ手は、小さな動物を食べたかもしれないことを示唆している。そして長く細い後肢は速く走る動物だったことを教えている。

構造
磨り減った歯

ヘテロドントサウルスの歯の表面は、非常に磨り減っている。明らかにこの恐竜はかたくザラザラした食物を食べていた。ひどい歯の摩滅を経験した他の恐竜は、生えかわる多くの歯をもっていて、歯が磨り減ってくると新しい歯があごから出てきた。驚いたことに、ヘテロドントサウルスにはかわる歯がなく、それは歯の生えかわりがまれにしか起こらなかったことを示している。

二足歩行
この優れた関節でつながった骨格は、後肢が腕よりも非常に長かったことを示しており、それはこの恐竜が後肢で動き回ったことを意味している。

スクテロサウルス

- **グループ** 鳥盤類
- **年代** ジュラ紀前期
- **大きさ** 体長1m
- **産出地** アメリカ合衆国

スクテロサウルスは、もっとも古く原始的な装盾類の1つである。装盾類はのちに装甲をもつアンキロサウルス類や板のあるステゴサウルス類が属した鳥盤類のグループである。この恐竜は軽量で、おそらく後肢で歩くことができただろう。他の装盾類と同様、体と尾に沿って装甲の列があった。これらはそれぞれの側に5つの列がある平行する列を作った。また首から尾に走る鱗甲あるいは外側の板の2重の列をもっていた。

丸々とした頬
スクテロサウルスの頭骨については多くのことは知られていないが、大部分の他の鳥盤類と同様に、おそらくここで示されたような肉づきのよい頬をもっていただろう。

272 ステゴサウルス

グループ	鳥盤類
年代	ジュラ紀後期
大きさ	体長9m
産出地	アメリカ合衆国、ポルトガル

「板のあるトカゲ」を意味するステゴサウルスは、もっとも有名な剣竜類で、その類のなかで最初に命名された。奇妙なダイヤモンド形の板については意見が分かれるが、最近の研究はそれらが首、背、尾に沿って2列に互い違いに配列されていたとしている。他のほとんどの剣竜類ではその板は対になっており、この点でステゴサウルスは異なっている。その板は防御あるいは体温の調整に使われたというのが一般的な意見である。しかし、体に置かれた位置から考えると、防御の役割ではなかったことがわかるし、板が他の恐竜の体をおおっていた装甲と解剖学的に同じであるため、体温調整でもなかったことがわかる。より可能性が高い板の役割は、ディスプレー（誇示行動）に使われたというものである。小骨と呼ばれる小さな丸い骨が、喉の領域をおおっていた。そして尾の先端から突きでた2対のとげが、防御に使われていたことはほぼ確かである。

特徴のある恐竜

もっとも特徴のある恐竜の1つであるステゴサウルスは、曲線をなすアーチ型の背中、短い前肢、地面の近くに保たれた小さな頭をもっており、かたい尾の先端には長いとげがあった。

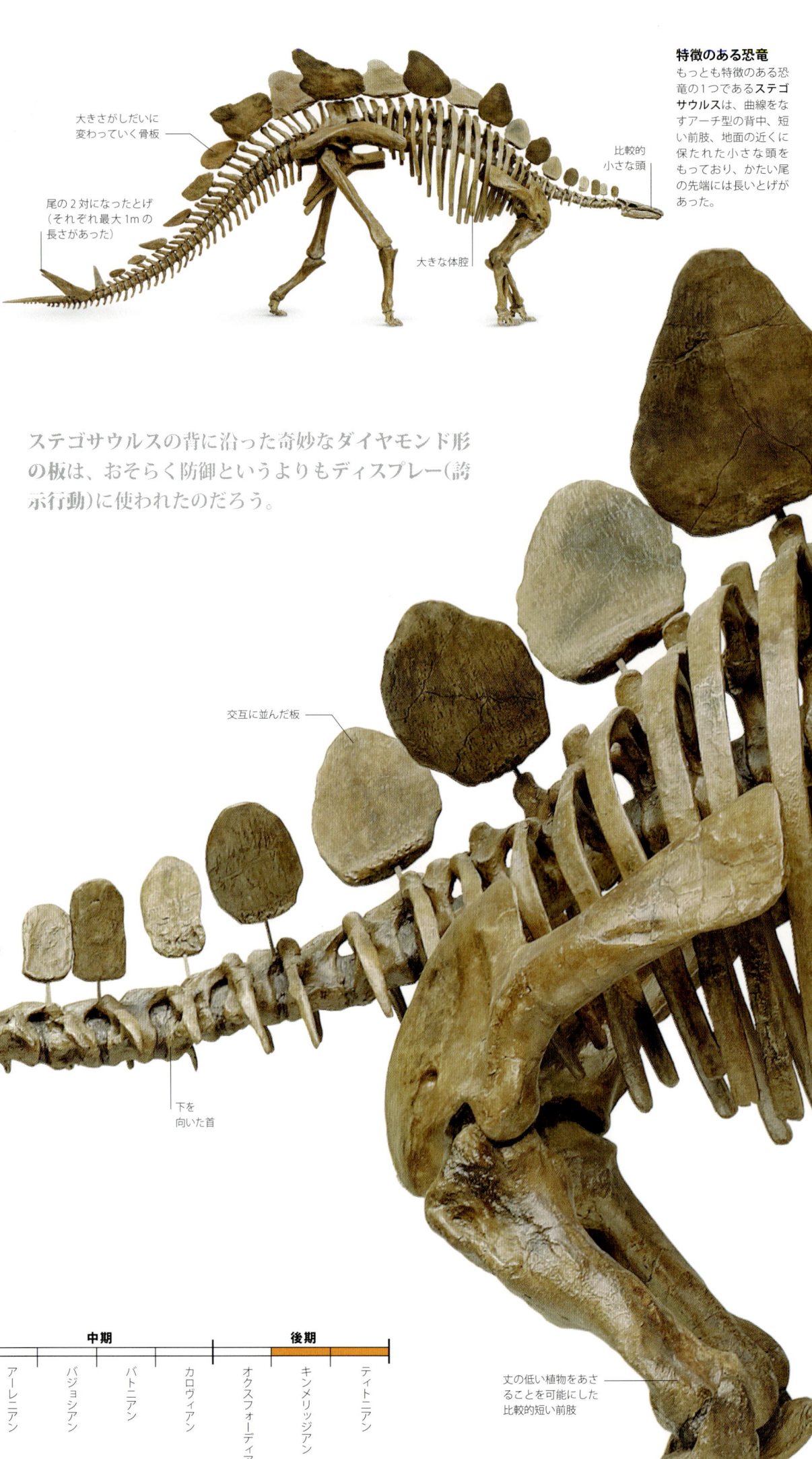

ステゴサウルスの背に沿った奇妙なダイヤモンド形の板は、おそらく防御というよりもディスプレー（誇示行動）に使われたのだろう。

ジュラ紀　前期：ヘッタンギアン／シネムリアン／プリーンスバッキアン／トアルシアン　中期：アーレニアン／バジョシアン／バトニアン／カロヴィアン　後期：オクスフォーディアン／キンメリッジアン／ティトニアン

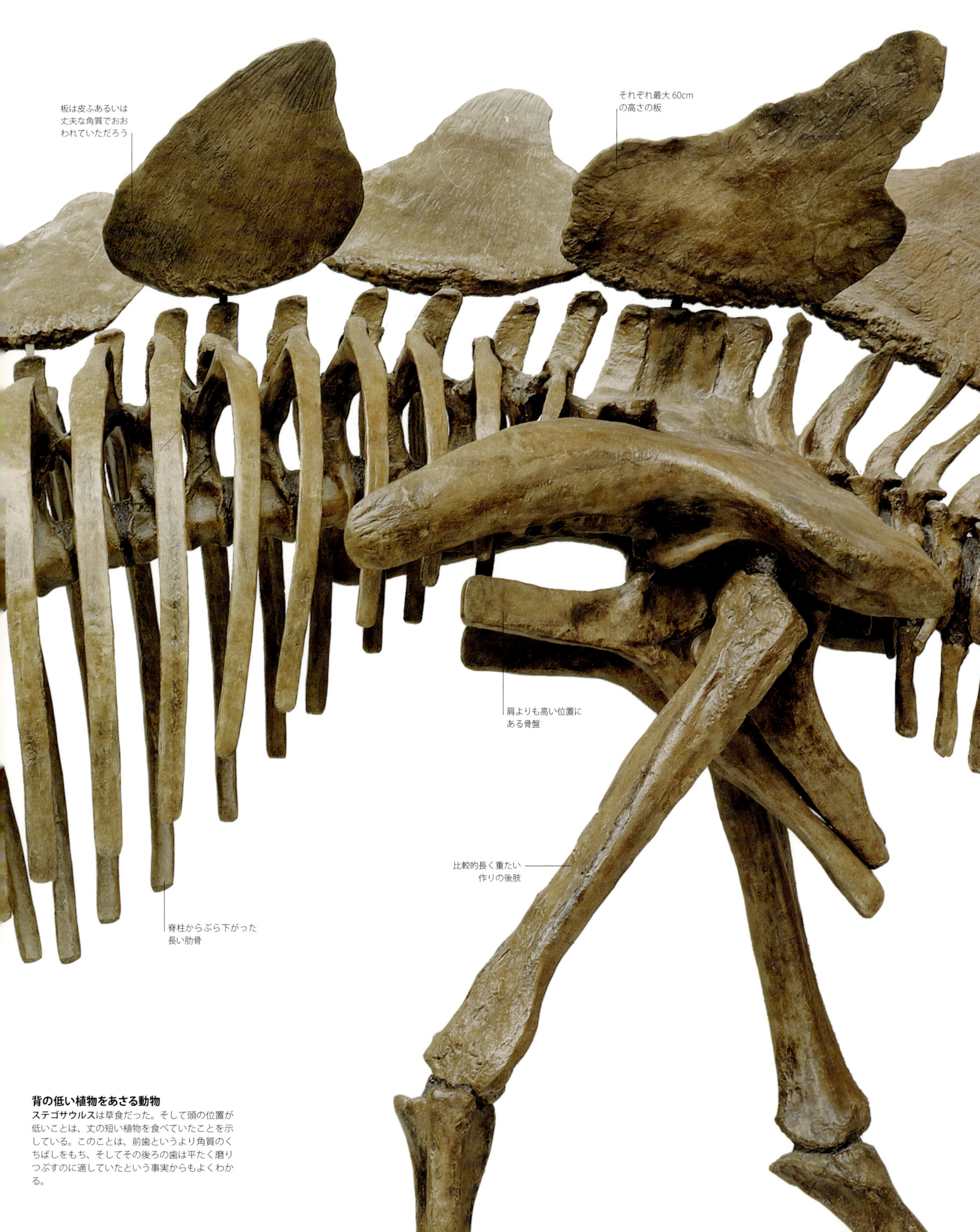

板は皮ふあるいは丈夫な角質でおおわれていただろう

それぞれ最大60cmの高さの板

肩よりも高い位置にある骨盤

比較的長く重たい作りの後肢

脊柱からぶら下がった長い肋骨

背の低い植物をあさる動物
ステゴサウルスは草食だった。そして頭の位置が低いことは、丈の短い植物を食べていたことを示している。このことは、前歯というより角質のくちばしをもち、そしてその後ろの歯は平たく磨りつぶすのに適していたという事実からもよくわかる。

フアヤンゴサウルス

グループ	鳥盤類
年代	ジュラ紀中期
大きさ	体長4m
産出地	中国

フアヤンゴサウルスは剣竜類の原始的なメンバーの1つである。それは上あごの前に歯をもつという点で、このグループのより進化したメンバーとは違っていた。口吻同様その尻も、のちの剣竜類とは異なっていた。他の剣竜類は長く細い口吻をしていたが、フアヤンゴサウルスの頭骨は比較的短く広かった。ある標本では小さい角が眼の上にあった。しかし、これらの角は他のフアヤンゴサウルスの頭骨にはなかったかもしれない。大人になってから現れたか、雄か雌に限定されていた可能性がある。それぞれの肩には大きなとげがあった。このようなとげは剣竜類に典型的なもので、それらを欠いた種は特異だった。背骨と尾に沿って走る板ととげに加えて、いくつかの大きな装甲が、防御のために体の両側に配列されていた。

> フアヤンゴサウルスは剣竜類としては小さかった。

主要な産出地
大山舗累層

フアヤンゴサウルスは中国四川省の大山舗採石場で発見された。この現場はジュラ紀中期と後期の地層を含んでおり、世界でもっとも有名な恐竜化石の出る場所の1つである。8000以上の標本がここから収集され、その発見が恐竜の多様性と進化の理解に革命を起こした。フアヤンゴサウルスに加えて、大山舗採石場からは多くの竜脚類、獣脚類、小さな二足歩行の鳥盤類が発見された。首長竜類、翼竜類、その他の化石の爬虫類も発見されている。多くの化石は屍で、巨大な湖で数世紀以上かけて収集された。

原始的な剣竜
すべてのステゴサウルス類はほぼ類似していたが、フアヤンゴサウルスはおそらくもっと原始的な姿をしていただろう。例えばその後肢は他の種に比べてあまり柱のようではなかった。

> 剣竜類の尾の先のとげには、尾のスパイクというあだ名がつけられた。

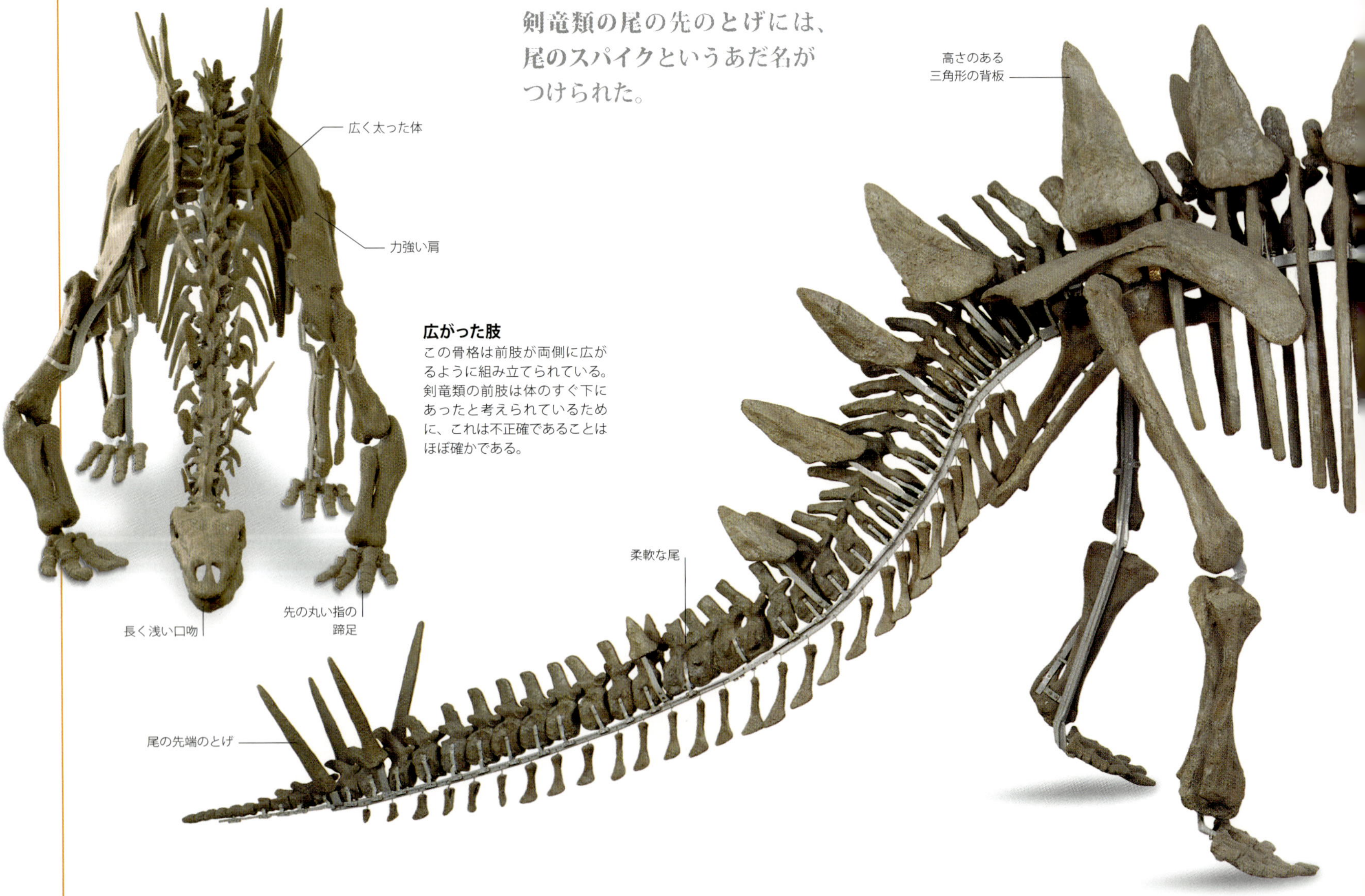

広がった肢
この骨格は前肢が両側に広がるように組み立てられている。剣竜類の前肢は体のすぐ下にあったと考えられているために、これは不正確であることはほぼ確実である。

275 | 脊椎動物

― 円錐形の板
― 尾のとげ
― 大きな尾の筋肉
― 肩のとげ
― 短い足

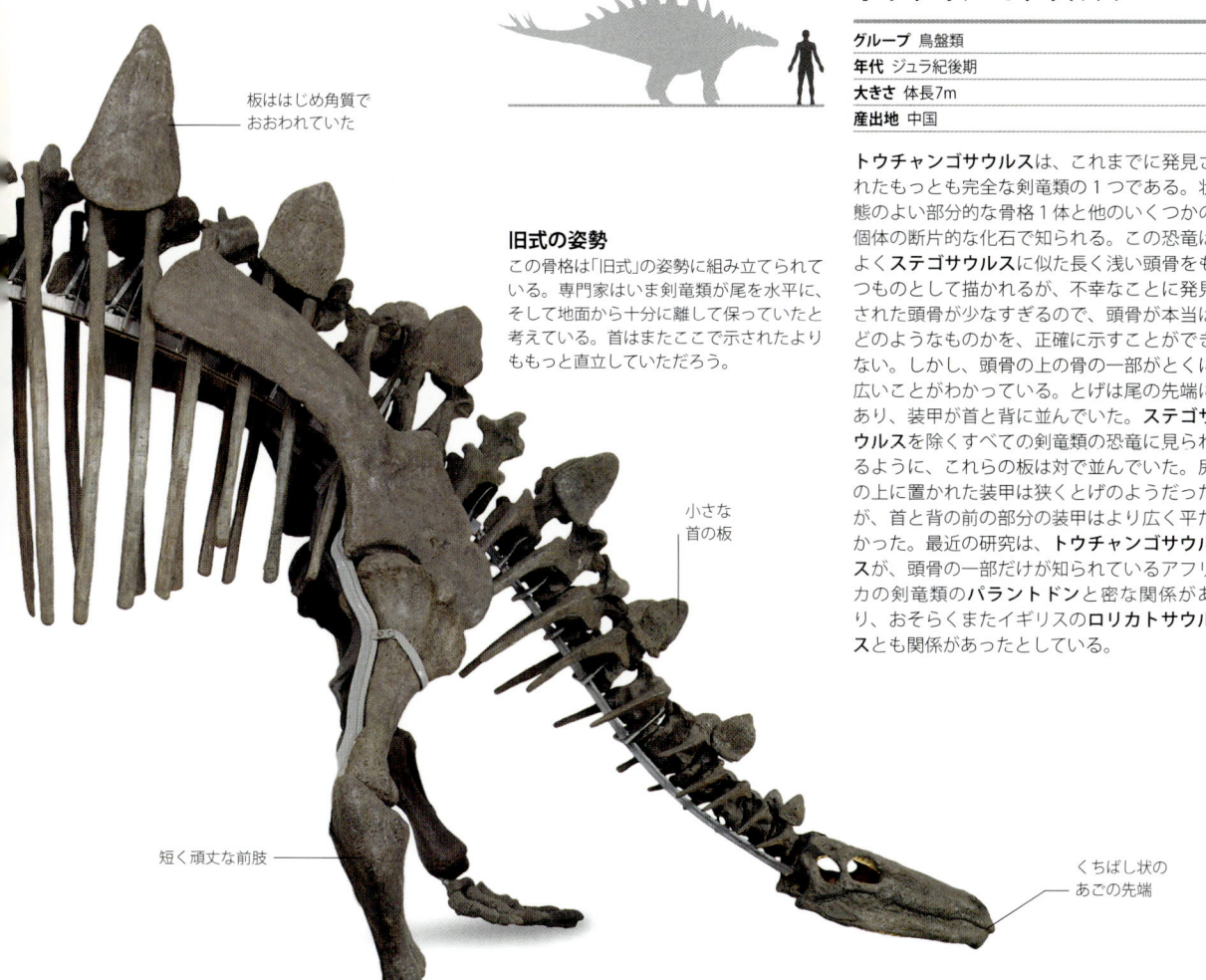

板ははじめ角質でおおわれていた ―

旧式の姿勢
この骨格は「旧式」の姿勢に組み立てられている。専門家はいま剣竜類が尾を水平に、そして地面から十分に離して保っていたと考えている。首はまたここで示されたよりももっと直立していただろう。

― 小さな首の板
― 短く頑丈な前肢
― くちばし状のあごの先端

トウチャンゴサウルス

グループ	鳥盤類
年代	ジュラ紀後期
大きさ	体長7m
産出地	中国

トウチャンゴサウルスは、これまでに発見されたもっとも完全な剣竜類の1つである。状態のよい部分的な骨格1体と他のいくつかの個体の断片的な化石で知られる。この恐竜はよく**ステゴサウルス**に似た長く浅い頭骨をもつものとして描かれるが、不幸なことに発見された頭骨が少なすぎるので、頭骨が本当はどのようなものかを、正確に示すことができない。しかし、頭骨の上の骨の一部がとくに広いことがわかっている。とげは尾の先端にあり、装甲が首と背に並んでいた。**ステゴサウルス**を除くすべての剣竜類の恐竜に見られるように、これらの板は対で並んでいた。尻の上に置かれた装甲は狭くとげのようだったが、首と背の前の部分の装甲はより広く平たかった。最近の研究は、**トウチャンゴサウルス**が、頭骨の一部だけが知られているアフリカの剣竜類の**パラントドン**と密な関係があり、おそらくまたイギリスの**ロリカトサウルス**とも関係があったとしている。

人物伝
董枝明

トウチャンゴサウルスは、中国でもっとも影響力のある古生物学者のひとり、董枝明によって命名され記載された約40の恐竜の1つである。彼は最初、中国の脊椎動物の古生物学の偉大なパイオニアである楊鍾健（C・C・ヤングとして知られる）の下で働きながら、1970年代に四川省大山舗採石場の発見にかかわり、ここで発見された恐竜の多くを命名し記載した。

276 ジュラ紀

不正確な姿勢
このケントロサウルスの骨格が見せる姿勢は、かねてより不正確と考えられてきた。最近の研究では、尾は地面から離れて水平に保たれ、首はもっと直立した状態で、前肢は広がった姿勢ではなかったことが明らかになっている。

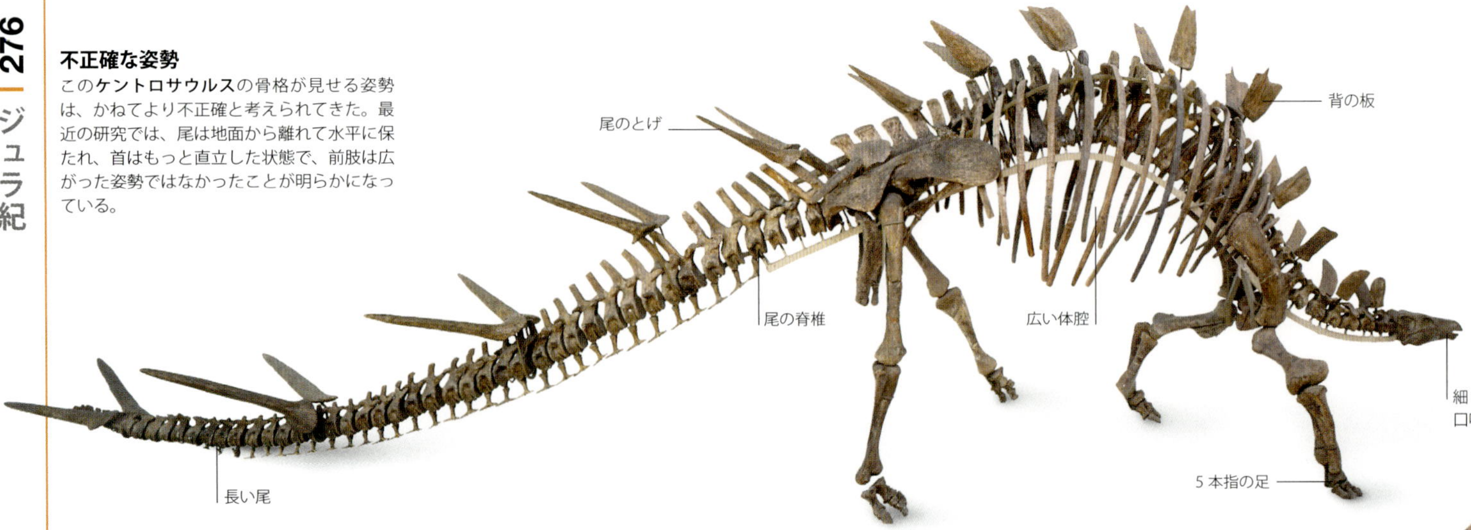

- 尾のとげ
- 背の板
- 尾の脊椎
- 広い体腔
- 細くとがった口吻
- 長い尾
- 5本指の足

前期: ヘッタンギアン / シネムリアン / プリーンスバッキアン / トアルシアン
中期: アーレニアン / バジョシアン / バトニアン / カロヴィアン
後期: オクスフォーディアン / キンメリッジアン / ティトニアン

900 以上のケントロサウルスの骨がタンザニアのテンダグルにある化石現場で発見された。

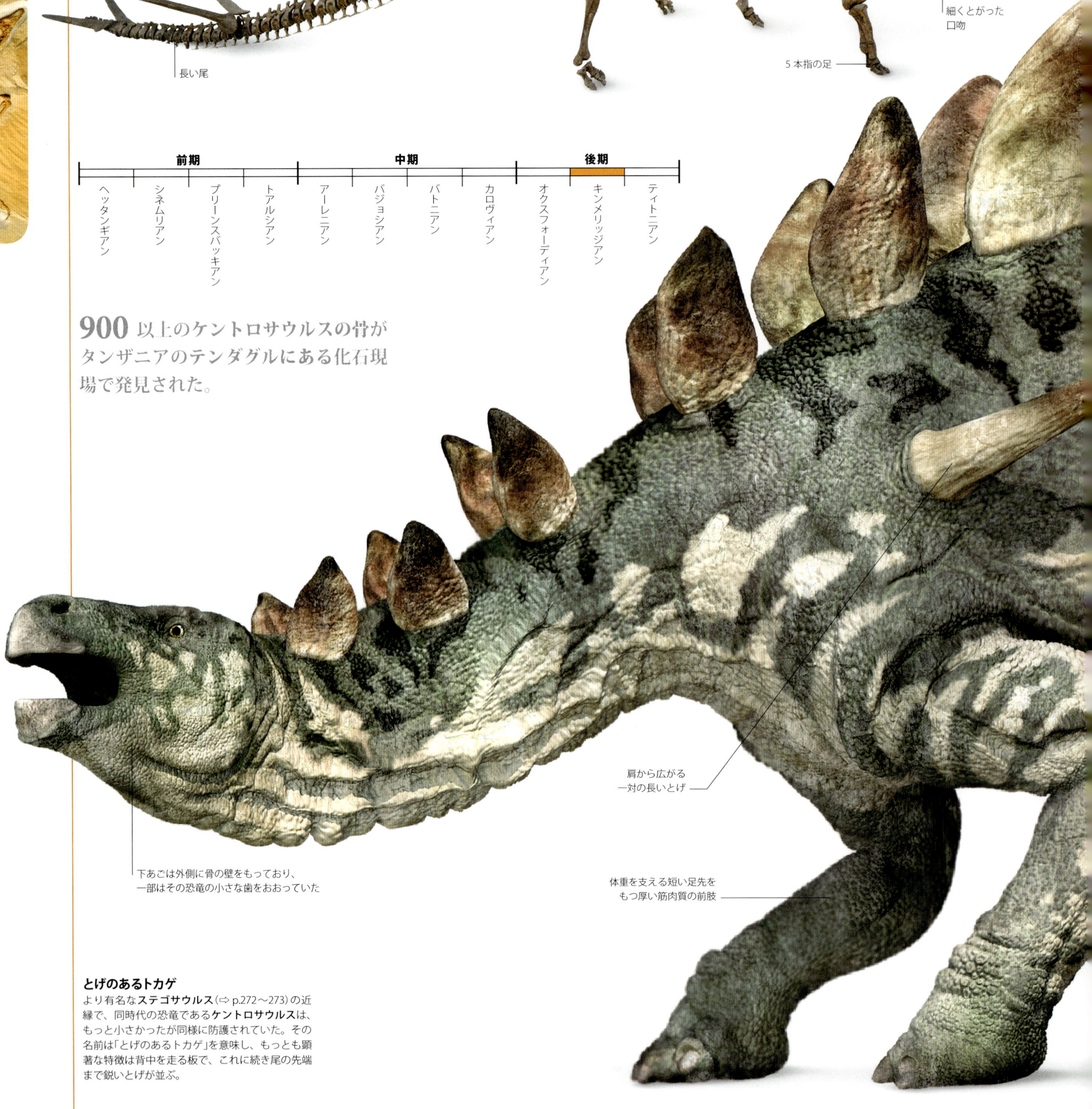

- 肩から広がる一対の長いとげ
- 下あごは外側に骨の壁をもっており、一部はその恐竜の小さな歯をおおっていた
- 体重を支える短い足先をもつ厚い筋肉質の前肢

とげのあるトカゲ
より有名なステゴサウルス（⇨ p.272〜273）の近縁で、同時代の恐竜であるケントロサウルスは、もっと小さかったが同様に防護されていた。その名前は「とげのあるトカゲ」を意味し、もっとも顕著な特徴は背中を走る板で、これに続き尾の先端まで鋭いとげが並ぶ。

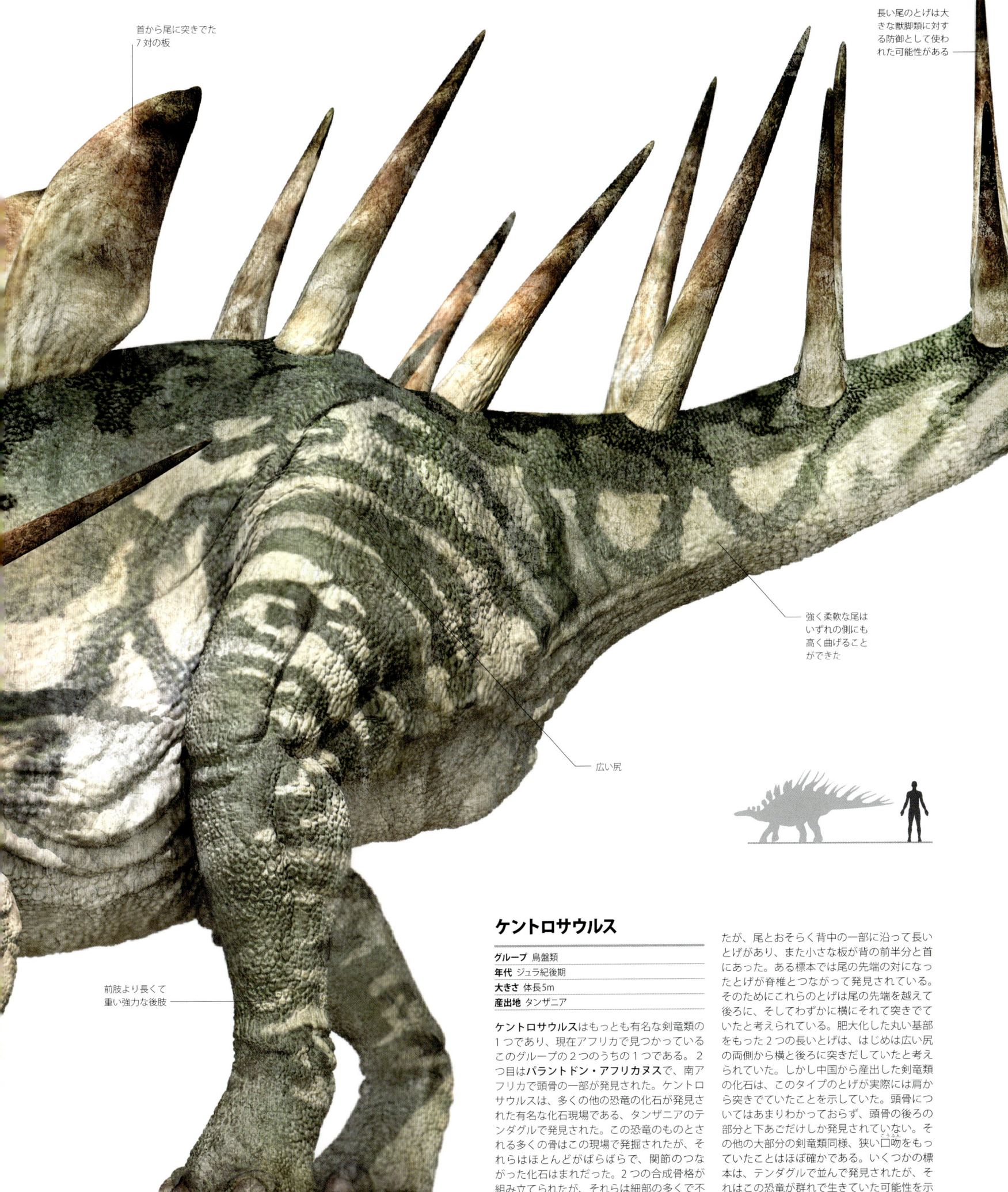

首から尾に突きでた7対の板

長い尾のとげは大きな獣脚類に対する防御として使われた可能性がある

強く柔軟な尾はいずれの側にも高く曲げることができた

広い尻

前肢より長くて重い強力な後肢

ケントロサウルス

グループ	鳥盤類
年代	ジュラ紀後期
大きさ	体長5m
産出地	タンザニア

ケントロサウルスはもっとも有名な剣竜類の1つであり、現在アフリカで見つかっているこのグループの2つのうちの1つである。2つ目は**パラントドン・アフリカヌス**で、南アフリカで頭骨の一部が発見された。ケントロサウルスは、多くの他の恐竜の化石が発見された有名な化石現場である、タンザニアのテンダグルで発見された。この恐竜のものとされる多くの骨はこの現場で発掘されたが、それらはほとんどがばらばらで、関節のつながった化石はまれだった。2つの合成骨格が組み立てられたが、それらは細部の多くで不正確であった。**ステゴサウルス**より小さかったが、尾とおそらく背中の一部に沿って長いとげがあり、また小さな板が背の前半分と首にあった。ある標本では尾の先端の対になったとげが脊椎とつながって発見されている。そのためにこれらのとげは尾の先端を越えて後ろに、そしてわずかに横にそれて突きでていたと考えられている。肥大化した丸い基部をもった2つの長いとげは、はじめは広い尻の両側から横と後ろに突きだしていたと考えられていた。しかし中国から産出した剣竜類の化石は、このタイプのとげが実際には肩から突きでていたことを示していた。頭骨についてはあまりわかっておらず、頭骨の後ろの部分と下あごだけしか発見されていない。その他の大部分の剣竜類同様、狭い口吻をもっていたことはほぼ確かである。いくつかの標本は、テンダグルで並んで発見されたが、それはこの恐竜が群れで生きていた可能性を示唆している。

短いとげが背をおおう

カムプトサウルス

グループ	鳥盤類
年代	ジュラ紀後期
大きさ	体長5m
産出地	アメリカ合衆国

カムプトサウルスは鳥盤類の恐竜のグループ、イグアノドン類に属する。原始的なイグアノドン類は小さかったが、カムプトサウルスは大きな動物に進化した最初の恐竜だった。もっと原始的な鳥盤類同様、この恐竜はおそらくほぼ二足歩行だっただろう。しかし、その短く頑丈な指はまた体重を支えるのに十分適していた。それは食料をあさっているあいだ、4足で歩いたかもしれないことを示唆している。のちにイグアノドン類はしだいに四足歩行になっていった。大部分の化石は北アメリカのジュラ紀後期の岩から発見された。それはステゴサウルス（⇨ p.272～273）とディプロドクス（⇨ p.268～269）のような草食恐竜とすみかを共有し、そしてアロサウルス（⇨ p.261）のような獣脚類の餌食になった。

なだらかな鼻

ガーゴイレオサウルス

グループ	鳥盤類
年代	ジュラ紀後期
大きさ	体長4m
産出地	アメリカ合衆国

ガーゴイレオサウルスはアンキロサウルス科のもっとも初期のもので、もっとも小さいものの1つだった。これは尾にこん棒をもった巨大なアンキロサウルス（⇨ p.335）や他の種とともに、おもに白亜紀のグループだった。小さなこぶが頭骨の上面をおおっており、4つの短い三角形の角が両眼と頬の後ろから突きでていた。他のアンキロサウルス類とは違い、それは上上顎骨（上あごの先端を形成している骨）のそれぞれに7つの歯をもっていた。また他のアンキロサウルス類のような湾曲した鼻道ではなく、単純な直線的な鼻道をもっていた。

> **サイエンス**
> **間違えられた頭骨**
>
> 最近までカムプトサウルスは深い長方形の口先をもって描かれていた。これはこの恐竜を記載したオスニエル・マーシュが長方形の口先のある頭骨がこの恐竜のものだと推測したためである。最近の研究により、最初の頭骨（ここで示されている左側のもの）はこの恐竜のものではなく、この恐竜の頭骨はまったく異なる形をしていたことがわかった。その長方形の頭骨は、本当は最近テイオフュタリアと名づけられた別の動物のものだった。

体重を支えることができる短く頑丈な指

まっすぐのばしたかたい尾

ドリオサウルス

グループ	鳥盤類
年代	ジュラ紀後期
大きさ	体長3m
産出地	アメリカ合衆国

ドリオサウルスは中型で、短い腕と小さな手をもった二足歩行の鳥脚類だった。その頭骨は上面が傾斜し、狭いくちばしをもち、長さは短く高さがあった。それは葉をあさる選択食者だったことを語っている。この恐竜は、ドリオサウルス類と呼ばれた鳥脚類の小さなグループのもっともよく知られたメンバーである。「木のトカゲ」を意味するドリオサウルスは、かつてヒプシロフォドン（⇨ p.338）の近縁属とされていたが、いまそれがカムプトサウルス（⇨上）、イグアノドン（⇨ p.338）、そしてハドロサウルス類を含むグループであるイグアノドン類に属していたと考えられている。よりなじみのあるハドロサウルス類が進化する前に、多様な体のサイズや生活様式を進化させた。

速く走るのに向いた力強い脚

長く細い足

「木のトカゲ」を意味するドリオサウルスという名前は、この恐竜が森にすみ、葉を食べていたという事実を反映している。

特徴のある
アーチ型の背中

背の低い植物をあさる動物
背の低い植物をあさる草食動物であるカムプトサウルスは、特徴のあるアーチ型の背と餌をとつときに四足歩行できる長い腕をもっていた。

バランスを取るために使われた頑丈な尾

葉をあさるのに向いた狭いくちばし

失われた指
ドリオサウルスの足の内側の第1指（母指）は失われ、足は長く細く、後肢は力強かった。これらの特徴はドリオサウルスが速く走れたことを意味している。

小さな手

サイエンス
交差する大陸
1919年、アメリカで発見されたドリオサウルスの化石に類似した化石が、タンザニアで発見された。非常によく似ていたため、タンザニアの化石はドリオサウルスの2番目の種として新たに命名された。アメリカとアフリカ大陸がジュラ紀後期につながっていたことを示唆するものだった。しかしその後の研究から、実は、それらが異なった動物であることがわかった。これは、アメリカとアフリカがこの時代にはつながっていなかったという地質学的な証拠に合致する。

オスニエロサウルス

グループ	鳥盤類
年代	ジュラ紀後期
大きさ	体長2m
産出地	アメリカ合衆国

オスニエロサウルスは短い首と前肢をもった小さな二足歩行の鳥盤類だった。その後肢は前肢よりずっと長く、長いかぎ爪のある4つの指をもっていた。部分的な骨格が1963年に発見されている。残念ながらその頭骨、両手、尾の大部分は失われていた。この恐竜のものと思われるばらばらの歯もまた見つかっているが、それらは小さく葉のような形で、多くの小さなとがった先端あるいは咬頭をもち、葉を細く裂くのに十分適していた。

走るのに向いた後肢

短く貧弱な前肢

長く細い足とかぎ爪

メガゾストロドン

グループ	有胎盤類の哺乳類
年代	ジュラ紀前期
大きさ	体長10cm
産出地	南アフリカ

メガゾストロドンの名前は「大きな環状歯」を意味する。それぞれの頬歯は、一列に並んだ短い三角の先端あるいは咬頭をもっていた。それらはのちの哺乳類のものより、とくに咬頭をともにかみ合わせる方法でより単純な形をしており、おそらく昆虫をかみ切るために使われたのだろう。メガゾストロドンの骨格は、どのような特別なライフスタイルにも特殊化していなかったが、おそらく木に登り、穴を掘り、走り、現代のネズミ類に非常によく似ていたと思われる。それは三畳紀後期とジュラ紀前期の他の哺乳類の多くと、いくつかの特徴を共有していた。これら初期の哺乳類は、モルガヌコドント類として、ともにグループ化されている。

毛でおおわれた体

ネズミのような尾

シノコノドン

グループ	有胎盤類の哺乳類
年代	ジュラ紀前期
大きさ	体長30cm
産出地	中国

シノコノドンは、いままでに発見されたなかで最大の原始的な哺乳類の1つである。犬歯と頬歯のあいだの長いすきまと頑丈なあごの結合、丈夫で強いあご先は、他とは異なっていた。これらの特徴は力強くかむ力をもち、大きな昆虫と小さな爬虫類を食べていたかもしれないことを示唆している。それはまたメガゾストロドン（⇒上）と密な関係があったことを示しているが、最近の研究はそれがさらに原始的な哺乳類（もっとも初期のものとして知られたものの1つ）だったとしている。

白亜紀

 284 植物

 296 無脊椎動物

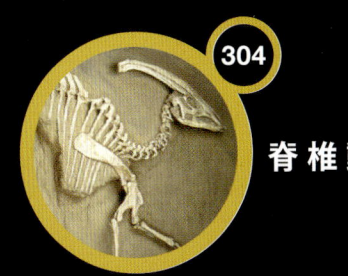 304 脊椎動物

白亜紀(はくあき)

地球の歴史における白亜紀は、大気中の二酸化炭素のレベルと地球全体の気温が高く、全体的に温室効果状態で、海面は今よりも約200〜300m高かった。巨大な浅い海が現在の大陸の多くをおおっていた。それは鳥と被子植物が進化し、現代の昆虫のグループが多様化した時代だった。

石灰質の化石
コッコリスの単細胞海生藻コッコリソフォアの化石化した骨格の走査型電子顕微鏡写真。

ドーヴァーの白い崖
イギリス南部海岸の象徴といえるチョークの崖は、白亜紀の海で堆積したコッコリスがほぼすべてを構成している。

大洋と大陸

白亜紀の名称は、浅い海でできた無数の小さな藻の骨格からなる広いチョーク層に由来する。今日の大洋が形成されはじめた時代だった。パンゲアは、アフリカと南アメリカが別々に隆起したとき開いた南大西洋とともに分離し続けた。オーストラリアは南極大陸に付着したままだったが、インドは白亜紀初期にオーストラリアの西側から分かれ、相対的に西の方向へ動きはじめた。のちにインドはマダガスカル島から分かれ、回転して北へ向かい、白亜紀の終わりにアジア大陸と衝突しはじめた。これは最初大量のマグマを噴出し、のちにデカントラップスとして知られる玄武岩としてかたまった溶岩でインドの多くをおおった。一部の専門家たちはペルム紀末と白亜紀末の大絶滅は、このタイプの過度な火山活動によって引きおこされたと示唆している。テティス海は、ユーラシア、北中国、南中国、インドシナの結合したブロックが時計回りに回転したとき少し収縮し、南東アジアを赤道にさらに近づけた。海面は白亜紀後期地球全体で非常に高く、北アメリカを水浸しにし、メキシコ湾から新しく形成された北極海に広がる巨大な海路を作った。南大西洋同様、北大西洋は拡大したが、南部だけだった。希少元素イリジウムに富んだ岩層は地球に小惑星がぶつかったことを示唆しており、その1つはメキシコのユカタン半島のチチュルブに巨大な衝撃を残した。この出来事は白亜紀末の種の大絶滅の原因としていくつか提示されたものの1つである。

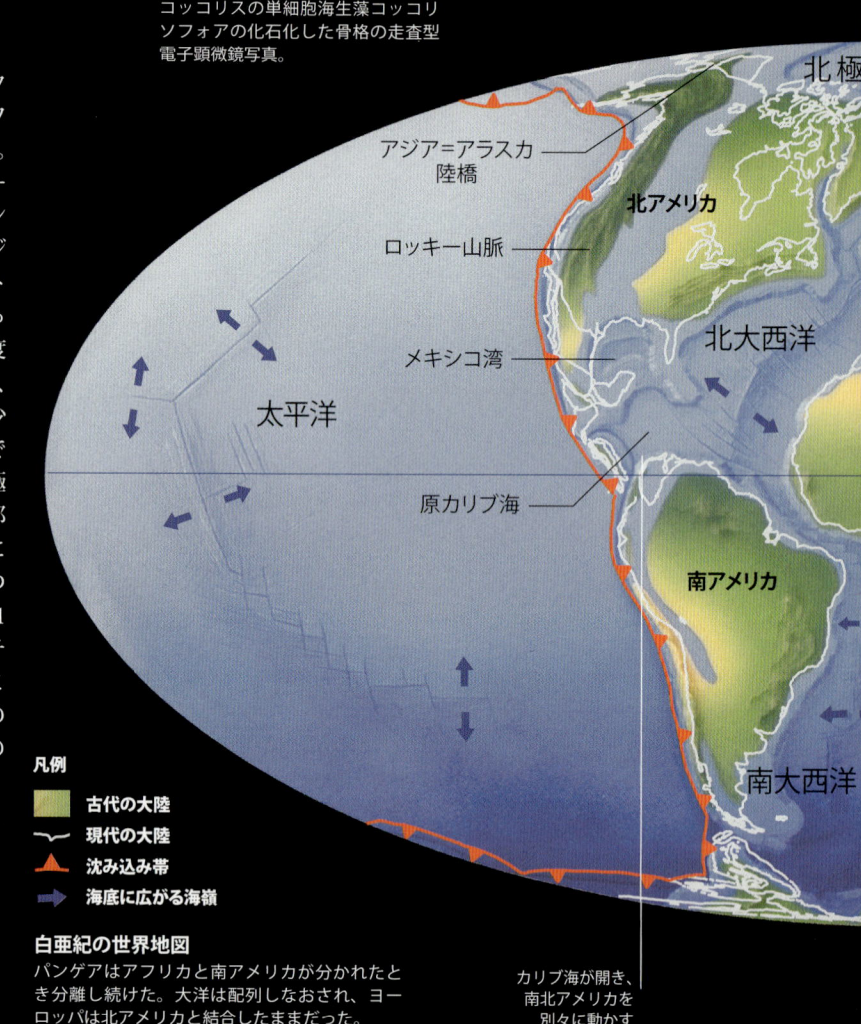

堂々たる岩
広がった炭酸塩とその他の堆積層は、白亜紀の岩の記録をとくにすばらしいものにしている──例えばアメリカのカンザス州のスモーキー・ヒル・チョーク・メンバーの豊かな海の化石。

凡例
- 古代の大陸
- 現代の大陸
- 沈み込み帯
- 海底に広がる海嶺

白亜紀の世界地図
パンゲアはアフリカと南アメリカが分かれたとき分離し続けた。大洋は配列しなおされ、ヨーロッパは北アメリカと結合したままだった。

カリブ海が開き、南北アメリカを別々に動かす

初期

単位:100万年前　140　　　　　　　　　　120　　　　　　　　　　10

微生物
● 140 浮遊性の有孔虫多様化しはじめる

植物
● 125 最初の被子(花をつけた)植物
ベテュリテス

無脊椎動物
● 140 最初のマルスダレガイ科二枚貝
● 135 最初のニッコウガイ科二枚貝
● 125 最初のバカガイ科、フナクイムシ科、ドナックス科
テレディナ
● 110 最初のオオシラスナガイ科、オトヒメゴコロガイ科、ハナシガイ科二枚貝類

脊椎動物
← 140-100 剣竜類と高いところの植物をあさる竜脚類の恐竜の多様化が減少する。鳥脚類とよろい竜類と鳥は多様化する →
● 140 最初の角竜類の恐竜
● 130 最初の淡水のヨコクビガメ類
トリオニクス
● 125 最初の真獣性の哺乳類(エオマイア)、最初の有袋類の哺乳類(シノデルフィス)、最初のエナンティオルニス類の鳥
● 115 最初の単孔類(卵を抱く)哺乳類
● 110 最初のヘスペロルニス類(飛びこむ鳥)
ヘスペロルニス

気候

白亜紀は、約200万年ごとに暖かさと寒さがくり返される非常に変わりやすい気候で、2000万年の周期で平均気温が大きく上下した。白亜紀はよく暖かい温室効果の世界（⇨ p.25）といわれたが、実際は一時期だけに当てはまる。初めのころはジュラ紀の暖かい気温の気候が続き、極地が氷におおわれた証拠はない。爬虫類が繁栄し、被子植物が進化し広がった。しかし約1億2000万年前になると、地球の気温は南極大陸が氷でおおわれるまでに下がり、南緯度65度より上のオーストラリアの一部が凍った。オーストラリアの高緯度の気温は平均約12℃しかなかった。次の3000万年間、地球の気温は上昇し、その結果9000万年前まで、地球はそのもっとも暑い時期の1つを経験した。地球規模で表面の平均気温は今日より10℃以上高かった。高緯度ですら、22℃と28℃のあいだだった。低緯度の大洋の気温は36℃と高かった。白亜紀後期は南極の氷が発達し非常に寒かった。白亜紀末近くになると、平均的な地球の気温は、それまでの31℃から約21℃に下った。

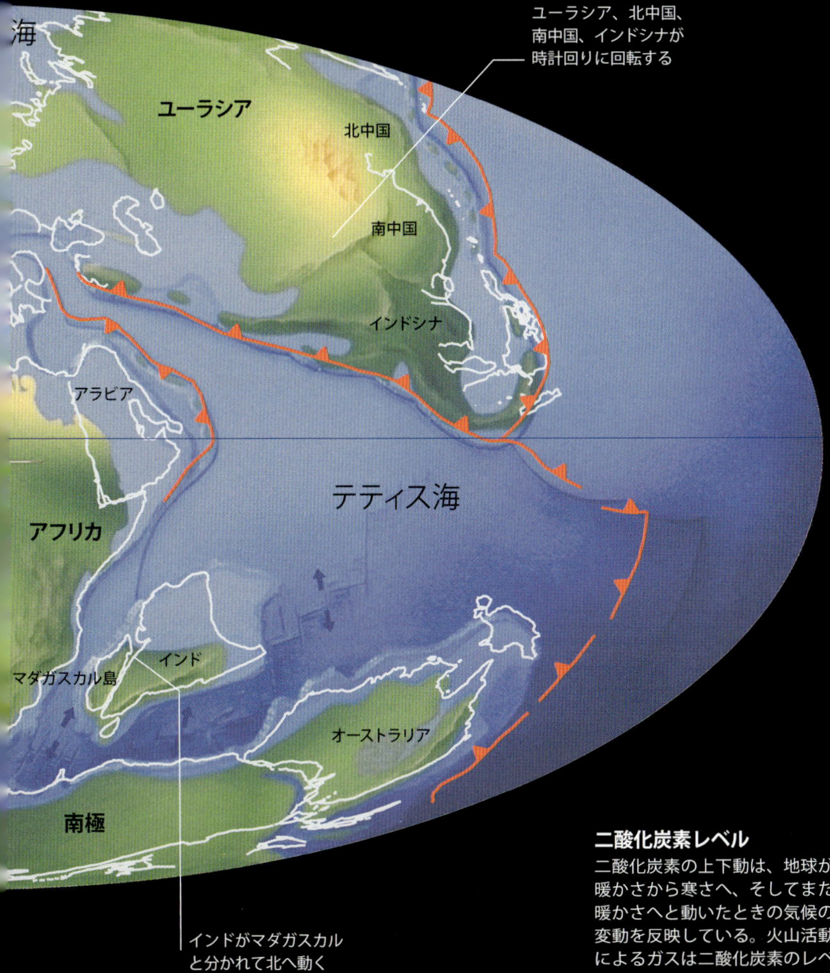

モクレンの木
モクレンのような顕花植物（被子植物）が現れ、地上の新しい生態的地位を占領した。これらはハチのような花粉媒介する昆虫や鳥とともに進化した。

ユーラシア、北中国、南中国、インドシナが時計回りに回転する

インドがマダガスカルと分かれて北へ動く

二酸化炭素レベル
二酸化炭素の上下動は、地球が暖かさから寒さへ、そしてまた暖かさへと動いたときの気候の変動を反映している。火山活動によるガスは二酸化炭素のレベルを増大させたかもしれない。

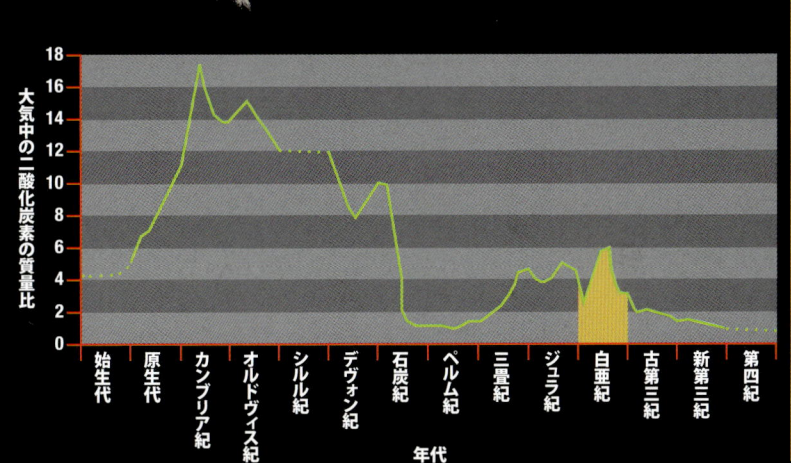

絶滅
ティラノサウルスは白亜紀の終わりに絶滅した多くの捕食動物のうちの1つである。絶滅の原因は、いまなお議論されている。

後期

80　　　　　　　　60　　単位：100万年前

				● 65 大部分のプランクトンの有孔虫絶滅	**微生物**
 **ニッパヤシ**	● 被子植物に大きな多様化（モクレン類、バラ類、マンサク類）。単子葉植物ヤシ（左）とショウガ			● 65 植物の種の60％絶滅	**植物**
● 100 最初のミツバチ	● 90 最初のシワロウバイ科ロウバイ類二枚貝類	● 85 最初のフタバシラガイ科、チリハギガイ科、キクザル科二枚貝類	● 80 最初のシロアリ類、最初のアリ	● 70 最初のシワロウバイ科ソデガイ類二枚貝類	● 65 アンモナイト、ベレムニト、イノセラムス類の二枚貝類（右）の絶滅。厚歯二枚貝類 **ウォルウィケラムス**
	←―――――――――――― 90–65 後期角竜類と鳥脚類の恐竜の多様化 ――――――――――――→		**トリケラトプス**		
ディニリシア	● 90 魚竜類絶滅。最初のヘビ（右）			● 70 多丘歯類の哺乳類の多様化が拡大	● 65 恐竜、モササウルス、翼竜、首長竜類絶滅 **脊椎動物**

白亜紀の植物

顕花植物として知られる被子植物は、白亜紀前期に初めて出現した。初めのうちはごくわずかで多様性はなかったが、しだいに顕著になり、白亜紀末までには世界の大部分の植生を支配した。

白亜紀最初期の化石植物相は、おもにシダ類、針葉樹、ソテツ類、そして絶滅した種子植物のグループからなっており、それらはジュラ紀の化石植物相に非常によく似ている。1億3000万年前ごろには、最初期の顕花植物の痕跡が、来るべき進化の兆候を示すようになった。

最初の顕花植物

顕花植物の最初期の信頼できる化石は、白亜紀前期中ごろの花粉粒である。それらは特徴のある壁構造によって植物の花粉として認められる。1億2500万年前ごろになると、北アメリカ東部とポルトガル産出のよく保存された化石が、被子植物の葉の最初の出現と最初期の化石の花を記録している。これらの花はすべて非常に小さいが、今日の顕花植物に見られるのと同じ基本的構造をもっている。花粉を生産する構造と種子が発達する器官の細部も、現代の被子植物のそれとまったく同じだが、他の種子植物の生殖器官とは違っている。白亜紀前期のもっとも早い顕花植物のいくつかは、スイレンやツツジ科の植物など、今日まだ生存しているグループのメンバーだった。現生の被子植物としては変わった特徴をもつセンリョウ科は、この時代とくに顕著だった。また現代のサトイモ科に関係する初期の単子葉類の化石もある。約1億年前には、認知できる現代の被子植物の数はさらに増大した。それらは、現生のモクレンと月桂樹に非常によく似た植物のほか、現代のプラタナス、ハス、そしてツゲに関係する初期の真正双子葉類も含んでいた。

花の構造
通常、被子植物の花は、花を保護する外側に緑色の葉に似た構造の輪生をもっている。中央では、花粉を生む雄しべが心皮を取り巻いている。心皮は最後に種子を含んだ果実へと成長する。

現代の植生に向かって

顕花植物は白亜紀後期に急速に多様化し続けた。約7000年前には、ヤシとショウガが進化したが、それは存在する単子葉植物の多様化が拡大したことを意味する。真正双子葉類のなかに、ヘザー（ツツジ科の常緑低木）に関係する多くの種とともにヤマボウシ類とマンサク類が現れた。現代のオーク、クルミ、ハシバミに関係する植物が、北アメリカ東部とヨーロッパ西部に現れた。そしてブナ科のサザンビーチがこの時代の南

ダコタ砂岩の葉
白亜紀中期、ダコタ砂岩の植物相は、1億年前までにいかに多くの被子植物が発達したかを示している。これらの化石はほぼ全体が、古い河川系の岸で育ったさまざまな被子植物の多くの異なる種類の葉でほぼ全体ができている。

グループ概観

白亜紀のもっとも明らかな進化上の変化は顕花植物の出現だったが、他のグループの拡大と衰退もまた見られた。これは結果的に今日私たちにほぼなじみの植物に支配される生態系を生んだ。しかし恐竜や他の絶滅爬虫類が生息したこれらの生態系は、依然として現代のものとはほど遠かった。

シダ類
白亜紀はシダ類の進化の過渡期だった。ヤブレガサウラボシ科のような古いグループは重要ではなくなり、一方ウラジロ科がおもに繁栄したが、のちに衰退した。白亜紀末には、シダ類の新しいグループが被子植物によって作られた新しい生息地で多様化しはじめた。

トクサ類
トクサ類は白亜紀前期の多くの植物相で共通しており、これらは現代まで続く化石記録をもっている。一部は現代のもの以上に大きかったように思われるが、類似の生息地（水辺や湖の岸辺）で成長した。

針葉樹
白亜紀は針葉樹の歴史において大きな現代化の時代であり、今日見られる現生の多くのグループが生まれた。しかし針葉樹の一部のグループはこの時代に衰退した。ジュラ紀と白亜紀前期に非常に顕著だったケイロレピス科は、白亜紀の終わりには絶滅した。

ソテツ類
ソテツ類は、白亜紀のあいだにあまり重要ではなくなったと思われるグループの1つである。一部は被子植物との競争に苦しんだかもしれない。しかし現代まで生きのびたソテツ類のグループのなかには多様化の証拠がある。

他の種子植物とすべての被子植物を区別する特徴はいくつかあるが、もっとも明らかなものは花自体である。

水生シダ
化石の長い歴史をもつ植物の多くのグループは、白亜紀のあいだ多様化し続けた。水生シダはこの時代に初めて現れた、シダの新しいグループの1つである。

半球で知られている。被子植物の現代化に並行して、植物の他のグループもまた重要な変化を見せた。ソテツ類、ベネティテス類、絶滅した針葉樹の重要な科がそうだったように、シダ類においても、中生代初期からの古い種類はあまり重要ではなくなった。同時に新しいグループが現れ、全体として植物の姿はより現代に近づきはじめた。例えば、現代のマツの近縁種は白亜紀前期から知られており、真正のマツは白亜紀後期に広まっている。

花の進化

すべての被子植物と他の種子植物とを区別する特徴はいくつかあるが、もっとも明らかなものは花自体である。最近、美しく保存された化石の花が、世界の多くの地域における白亜紀の異なる時代の地層から発見されている。それらは花の進化について重要な新しい洞察を与えてくれる。

最初期の被子植物の花は小さかった（一般的に直径1mmか2mmだった）。多くが雌雄両性だったが、単性で花粉か種子だけを生産するものもあった。はっきりした花弁をもつものはほとんどなかった。よく見られる派手な花弁は化石記録ではのちに現れ、白亜紀後期から花に共通となった。花の構造は白亜紀後期にしだいに特殊化しはじめる。たとえば花弁は管に取りつけられ、心皮は単一の花粉受精構造をもつ子房に取りつけられる場合が多く見られた。これらの変化は、おそらく昆虫の受粉媒介者とのより複雑化した交流を示しているのだろう。ハチ、ガやチョウの現代種のような受粉媒介者のいくつかの重要なグループは、白亜紀後期に初めて現れた。

モクレン
白亜紀中期までに認知できる顕花植物のさまざまな現代のグループのなかには、現代のモクレンと明らかに類似する種類がある。白亜紀末までにモクレン科とその近縁種の多様化が十分に進行していた。

イチョウ類

イチョウに似た植物は白亜紀前期に南北両半球に広がった。しかし白亜紀の終わりには多様性が減じ、北半球に限定された。古第三紀前期からの**イチョウ類**は、現代のギンクゴ・ビロバに非常によく似ていた。

グネツム類

グネツム類は現生の種子植物の小さなグループである。それらの特徴的な花粉粒はペルム紀と三畳紀の境に見られる。白亜紀中期のあいだ、グネツム類は大きく多様化した。現生の**ウェルウィッチア**（⇨ p.290～291）と**マオウ**（⇨ p.421）に似た化石のグネツム類はこの時代から知られている。

ベネティテス類

ベネティテス類は三畳紀に出現し、絶滅した種子植物の1グループである。白亜紀前期の植物相では依然として重要だったが、白亜紀と古第三紀のあたりに絶滅した。白亜紀ではおもに**キカデオイデア**によって知られる。見た目にはソテツに似ていたが、ソテツ類には関係がなかったと考えられていた。

被子植物

被子植物は白亜紀に急速に放散した。白亜紀前期の終わりごろには、現生の顕花植物（真正モクレン類、単子葉類、真正双子葉類）の大きなグループが存在した。今日真正双子葉類はすべての顕花植物の4分の3近くを占めており、単子葉類はほぼ4分の1となっている。

ナトルスティアナ

グループ	ヒカゲノカズラ植物
年代	白亜紀
大きさ	長さ最大4cm、幅2cm
産出地	ドイツ

化石植物**ナトルスティアナ**は、ドイツの1地域から出た雌型と雄型のコレクションが知られているだけである。その根をもった基部は下に向かって成長し、進むにつれて新しい根を生み古い根を捨てる。根の成長する先端は中央がくぼみ、保護のために膜におおわれている。若い基部の放射状の対称的な形は2つに分かれ、ついでその植物が成熟したとき、4つの裂片に分かれる。この成熟は、化石の大きさの変化ではなく、年齢を示している。葉と生殖器官は知られていないが、一般的にヒカゲノカズラ植物、および三畳紀の**プレウロミア属**から現在の**ミズニラ**まで、大きさを減じながら連続する植物の一種と見なされている。

近縁関係の現生種
ミズニラ

ミズニラは約150のおもな水生あるいは半水生の種がある。細い羽柄のような葉（それゆえに一般的な名前はquillwortという）は、根のある球根のような茎に付着している。葉のふくれた基部には、ヴェラムと呼ばれる薄い膜に包まれた大胞子あるいは小胞子を含む大きな胞子嚢がある。

ナトルスティアナの1種
ドイツのクエリンブルクから出たこの印象は、葉の基部を作る側面の塊をもった**ナトルスティアナ**の基部を示している。

ウェイクセリア

グループ	シダ類
年代	白亜紀
大きさ	葉の直径1.5mまたはそれ以上
産出地	北半球

ウェイクセリアは現代のワラビの茂みにかなり似た密な草土を作る、木木のようなシダ類の繁栄した属だった。5～15の「指」のある掌状の葉あるいは羽片をもち、それぞれには中肋のどちらかの側に一列に並んで配列された、胞子を生む胞子嚢が14～20あった。白亜紀中期の気候の変化は、**ウェイクセリア**を排除したように思われる。白亜紀後期には世界の大部分で死滅したマトニア科に属していたが、おそらく顕花植物との競争に負けたのだろう。今日、現生属が2つだけ存在しており、マレーシアのボルネオ島で見られる。

胞子嚢の集まり
中肋

ウェイクセリア・レティクラタ
ウェイクセリアの大葉はワラビの葉に似ている。

近縁関係の現生種
ディプテリス（ヤブレガサウラボシ）

ヤブレガサウラボシは広葉のシダであると考えられている。その葉は二またに分かれた葉脈として知られる特徴を示しており、脈が木の枝のようにたがいに分かれている。垂直な茎の先端の周りに大きさの異なる葉の裂片があることから、**ヤブレガサウラボシ**は、扇風機あるいは傘に似ている。

 胞子嚢の集まり

胞子の生産
この拡大写真は、中肋の片側にある胞子嚢の集まりの1つの列を示している。これらの集まりが植物の生殖構造（胞子）を生んだ。

テンプスキア

グループ	シダ類
年代	白亜紀
大きさ	最大4.5m
産出地	北半球

独自の科に置かれている非常に変わったこの木生シダは、北半球の多くの場所で発見されるよく保存された化石化した標本から記載された。幹のように見えるものは、実際はにせの幹で、繊維質の変則的な根（いわゆる主根の他に植物の一部から生じる根）が繁茂し、それに取り囲まれた多くの茎からなっている。胞子体（胞子から発生した若い芽胞体）は垂直に上に向かって成長し、くり返し枝分かれしたり二またに分かれ、一方で変則的な根はさらに下に向かってのびつつ、茎を束ねていく。その結果、幹の基部はほとんどすべてが変則的な根の繊維でできていることになってしまう。葉は付着した状態では発見されないが、化石化した葉の基部は茎の側面から生まれたことを示している。そのために幹の上部は、木生シダの他の種類のように頂上に1つの冠葉をもつというより、むしろ葉でおおわれていたのだろう。

テンプスキア
巨大な繊維質のにせの幹と葉のおおいをもった**テンプスキア**は、おそらく木生シダの種というよりも、若いヒマラヤスギかベイスギに似ていただろう。

サルウィニア（サンショウモ）

グループ シダ類
年代 白亜紀から現代
大きさ 葉の長さ5–10mm
産出地 熱帯と亜熱帯各地

サルウィニアは、小さな葉の浮きシダの現生する属である。根のない根茎に付着する対になった平たい卵形の浮き葉をもち、その葉は水をはじく毛でおおわれている。現生のサルウィニアおよび緊密な関係にあるアゾラ属は、白亜紀以後の化石記録をもつおもに熱帯のシダである。両方とも成長と分割によって簡単に増殖することができる。サルウィニアはまた水のなかに、下に向かって垂れた深く全裂した胞子葉をもつ。それらは胞子を生産し放出する特殊な組織である。丸くてかたい胞子嚢果をもつ。胞子嚢果は、それぞれが単一の大胞子をもつ少数の雌の大胞子嚢か、それぞれが64の小胞子をもつ多くの雄の小胞子嚢を含んでる。胞子嚢果によって旱魃の時期を生きのびることができ、水が戻ってきたときには胞子を放つために開かせる。個々の大胞子は浮遊させる泡のような層でおおわれているため、水の上に浮かぶことができる。

サルウィニアの一種
ドイツ、バーデン・ヴュルテンベルク州産出のこの標本を見ると、多くの葉や胞子嚢果（濃い楕円状の部分）のついた根茎（濃い線状の部分）の長さがわかる。

胞子嚢果
根茎

水をはじく毛

サルウィニア・フォルモサ
この化石化したサルウィニアの葉の拡大写真は、熱帯の植物の葉から成長した毛のような繊維の痕跡を示している。これによって葉は水の上に浮かぶことができる。

オニキオプシス

グループ シダ類
年代 ジュラ紀中期から白亜紀前期
大きさ 最終部分の長さ1cm
産出地 日本、ヨーロッパ、北アメリカ

下の化石に示されたような細く多く枝分かれした葉は、通常、オニキオプシスと呼ばれる属に含まれている。胞子を作らない葉の上の頂端の切片はほぼ平たく、一方、包膜と呼ばれる保護膜によっておおわれている下の表面に胞子嚢をもった胞子を産する葉は、わずかに長い。このシダの胞子葉の切片は、現生のシダのオニキウムに似ていた。オニキオプシスはジュラ紀中期と白亜紀前期の日本（日本でこの属は初めて命名された）の地層とヨーロッパ、北アメリカでよく産出している。

オニキオプシス・プシロトイデス
オニキオプシス・プシロトイデスの細く多く枝分かれした葉は、現生のシダのオニキウムのある種に似た、扇風機のような外観を見せる。

グレイケニア（ウラジロ）

グループ シダ類
年代 白亜紀から現代
大きさ 最小小葉の長さ約2mm
産出地 熱帯と亜熱帯地帯の各地

この化石のシダは短く丸い小葉をもち、枝分かれしている。開けた場所や森の端で、今日成長しているのが発見される熱帯のウラジロと同じである。それははう根茎（つねに成長する地下茎）と、持続的に側枝を分割することによって大きく成長する葉をもっている。グレイケニアは、他の植物の上をはい回るかよじ登ることによって密な茂みを形成し、原始的なウラジロ科の1属である。その科のメンバーは、毛でおおわれた単純な根茎をもつ。その大きな胞子嚢は複葉の裏側で円形に配列されている。ウラジロ科のシダは白亜紀にもっとも一般的に存在していた。最初の標本はイギリスで発見されている。

小葉の裏の胞子嚢
葉柄

ウラジロの1種
ウラジロの葉はくり返し成長することと分枝によって、巨大な大きさに達することができた。対照的にその最終的な小葉（小羽片）は小さい。

ウラジロは白亜紀に比べると新生代には非常にまれだった。おそらく顕花植物との競争のためだろう。

スキザエオプシス

グループ	シダ類
年代	白亜紀
大きさ	葉切片の長さ3–5cm
産出地	世界各地

このシダの葉は、丸いかとがった先端をして、分割を重ねる単葉脈の細い切片からなる。繁殖期、もっとも細い切片の先端は折りこんださやのようになっており、そのなかには直径約80ミクロメートルの胞子を含んだ8〜12の胞子嚢があった。**スキザエオプシス**は異なったタイプの胞子をもつ以外は、フサシダ属という現生の種の一部に構造が非常に似ている。**スキザエオプシス**はフサシダの進化における初期の段階をあらわしているようだ。

スキザエオプシス・プルリパルティタ
葉のこの小さな1片は、フサシダ科と呼ばれる現生のシダ類の科に属している。

ハウスマンニア

グループ	シダ類
年代	三畳紀から白亜紀
大きさ	葉の長さ5–8cm
産出地	北半球

シダ類のこのグループは枝分かれし、葉身の端を走る大きな脈のある、深い裂の入った葉をつけていることが多い。小さな胞子嚢は、葉の裏側の毛の生えた表面全体にまき散らされている。**ハウスマンニア**は、構造的に現生の熱帯のシダであるヤブレガサウラボシに非常によく似ており、それゆえにヤブレガサウラボシ科に含まれている。ともに発見された化石グループの古生物学的研究は、**ハウスマンニア**が水辺に生えていたことを示唆している。それはまた、開けた地域に侵入しているという意味において、現生のヤブレガサウラボシ同様、開拓者的な種だった。

ハウスマンニア・ディコトマ
この葉の切片は、分かれる脈を示している。これらの葉脈のあいだに、さらに細い脈が多角形の網を作っている。

キカデオイデア

グループ	ベネティテス類
年代	ジュラ紀から白亜紀
大きさ	茎の長径最大5cm
産出地	北アメリカ、ヨーロッパ

これらの大きな化石化したベネティテス類の幹は、北アメリカとヨーロッパの多くの場所から産出している。大部分の**キカデオイデア**の幹は短く樽型で、葉基の密なおおいをもっている。実際に幹の頂上に羽状の葉の冠があった。種子植物だったが、頑丈でらせん形に並んだ葉包に保護され、複雑な花のような組織に配列された生殖器官をもっている点で、他のどのグループにも似ていない。これらの球果の大きさは種によってさまざまで、大部分の種は雌雄同体だった。胚珠は中央のふくれた花托の上に生まれ、鱗被によって分割され、花粉器官は花托を取り巻いていた。花は自家受粉したようだが、昆虫がかかわっていた可能性もある。

> キカデオイデアの一種はエトルリアの墓で埋葬物として発見された幹から名づけられた。

シダ類のあいだで
これらのゆっくりと成長する植物は、多くのさまざまなシダ類の種に取り囲まれて、開かれた場所で生きていたのだろう。気候はおそらく季節性が強く、植生は多くの現代のサバンナと同じで、乾季には消えていたかもしれない。

分裂する葉脈
ヤブレガサウラボシ科のシダのこの小さな断片は、分枝し葉身の端を走るいくつかの脈を示している。

ウェルウィッチア

グループ	グネツム類
年代	白亜紀後期から現代
大きさ	葉の長さ最大9m
産出地	ナミビア

ウェルウィッチア・ミラビリスは、アフリカ南西部（⇨ p.290）のナミビア砂漠で成長する、きわめて特殊化した裸子植物である。それは先細りになって長い主根まで下る非常に短い茎と、基部から持続的に成長する2つの葉をもつ。個々の植物は花粉器官か胚珠をもつ球果を生み、受粉はおそらく昆虫によってなされたのだろう。この属および関係のある現生の**マオウ属**と類似する花粉は、三畳紀後期から知られている。**ウェルウィッチア**と**マオウ**によく似た化石が、この時代のものとして知られていることから、おそらくウェルウィッチアとマオウは、白亜紀後期に多様化したのだろう。

タエニオプテリス

グループ	ペントキシロン類
年代	白亜紀前期
大きさ	葉の長さ最大40cm
産出地	世界各地

タエニオプテリスは、平行する葉縁と葉身に顕著な中肋として続く葉柄のある、長くのびた葉をもっていた。ある化石の植物相では、その葉は、短い若枝の上に冠された種子をもった構造（**カルノコニテス**）、サニアと呼ばれる花粉をもつ組織、**ペントキシロン**と呼ばれる茎とともに産出した。これらの属はすべてペントキシロン類に属し、それは針葉樹の森床をおおう中生代中期のゴンドワナの植物の重要な一部だった。

タエニオプテリス・スパトゥラタ
長くのびた葉は、平行する葉縁と丸い、ときにはとがった先端をもち、長さは最大で40cmほどであったと思われる。

アラウカリア（ナンヨウスギ）

グループ	針葉樹
年代	ジュラ紀から現代
大きさ	球果の長さ2.5〜4.5cm、幅2.5〜4cm
産出地	南アメリカ

アルゼンチンのジュラ紀の地層から出たこれらの大きな針葉樹は、中軸に付着する多くのらせん形に配列された球果の鱗被をもつ、非常に特徴的な雌の球果をつけた。対応する花粉の球果は知られていない。それぞれの生殖能力のある球果の鱗被には、胚珠と小さな葉包の鱗被があった。未成熟な球果は3層になった皮（珠皮）の胚珠を含み、受粉は属の現生メンバーと同じように、風によってなされたのだろう。成熟した球果は明らかに休眠状態で、胚をもった種子を含んでいた。一部の種子は球果のなかでばらばらだった。また種子は、地に落ちて球果が衝撃を受けるまで、脱殻しなかったように思われる。球果の構造と種子が散らばる方法は、オーストラリアのサザンクイーンズランドで見られる、現生種のアラウカリア・ビドウィリとほぼ同様である。

近縁関係の現生種
チリマツ

南半球に現生する常緑針葉樹**アラウカリア**には13種ある。アラウカリア・アラウカナ（チリマツ）はもっとも耐寒性のある種であり、アルゼンチン南部とチリのアンデス山脈の低い斜面で成長する。高さ約40mに達し、その枝は水平に広がる特徴的な渦巻き状に成長する。若い幹と枝は鋭い縁と先端をもつ頑丈な三角形の葉におおわれている。木々は単性で、枝の先端に大きな雌の球果が小さな長くのびた雄の球果の集まりをつける。

種子 / 球果の鱗被 / 中軸 / 球果の葉の木質の先 / 珪化した組織

アラウカリア・ミラビリス
解剖学的に完全に保存された**アラウカリア・ミラビリス**の珪化した球果は、パタゴニアのセッロ・クアドラドの化石化した森から出たものである。

ダイヤモンド型のパターン

完全に保存された球果
ここに示すような保存された球果は、博物館と私的なコレクターのためにこれまで過度に集められてきた。そのためいまは許可なしに集め、アルゼンチンからもち出すことは禁じられている。

ウェルウィッチア・ミラビリス
これらの植物は1000年以上生きたのかもしれない。その長い生涯のあいだに、**ウェルウィッチア**の2つの葉は、分かれた葉のように見える多くの葉切片を生み、基部の成長領域に対して真下に垂れて裂けている。植物は海岸から発生する霧から濃縮した水を得て、厳しい砂漠のすみか（⇨ p.289）で生きのびる助けとする。

ブラキフィルム

グループ 針葉樹
年代 ジュラ紀から白亜紀
大きさ 幅約8mm
産出地 北半球

短く頑丈で、ウロコのような葉のらせん形でおおわれた化石の針葉樹の若枝は、**ブラキフィルム**と呼ばれる。花粉を生産する球果はこれらの若枝の先端で発見される。球果は多くの鱗片をもち、それぞれの鱗片は裏側に3つの花粉袋をもっている。葉は特徴のある気孔（呼吸のための孔）をもっていた。ブラキフィルムの葉には、乾燥した環境で成長していたことを示す多くの特徴がある。

ピティオストロブス

グループ 針葉樹
年代 白亜紀
大きさ 球果の長さ5-6cm
産出地 北アメリカ、ヨーロッパ

ピティオストロブスは種子をもった針葉樹の球果だった。ピティオストロブスでは、種子をもった鱗片が非常に小さな苞の葉腋（葉柄、あるいはこのケースでは苞と主柄のあいだの角）に置かれていた。種子をもつ（あるいは胚珠生成性の）鱗片は現代のマツの球果とは異なり、先端に向かって細くなった。成熟した球果で、それぞれの胚珠生成性の鱗片は、中央の隆起によって分離された2つの羽のある種子をもっていた。これにもっとも近い種は、マツおよび関連する針葉樹を含むマツ類である。しかし分離した苞と胚珠生成性の鱗片をもっていた点で、マツ類とは違う。マツ類の球果では、苞と胚珠生成性の鱗片が融合し、木質のかたさがあった。

種子をもった鱗片

ピティオストロブス・ダンケリ
白亜紀初期のこの炭化した球果は、幅よりも長さが約3倍長い。生きているとき、その球果は木質だったと思われる。

ドレパノレピス

グループ 針葉樹
年代 白亜紀
大きさ 長さ10cm
産出地 北半球

ドレパノレピスは、苞のらせん形の配列をもち、種子をもった若枝を生む、絶滅した針葉樹の1属だった。それぞれの苞は単一の鎌型の翼のような種子をもつ鱗片からなり、上面に付着した1つの種子がある。種子それ自体は鱗片の基部に向かって後戻りする開口部をもち、曲がっていた。これらの種子をもつ鱗片は、非常に長い苞のそれぞれの葉腋（苞が茎に結合した場所の角）に置かれていた。ドレパノレピスはペルム紀の針葉樹ウツルマンニアに似ている。またやや原始的に見えるが、現生のチリマツが属しているアラウカリア科（⇨ p.289）にも似ている。ドレパノレピスは初期のアラウカリア科の進化上の側枝だったかもしれないと考える人々もいる。すべての針葉樹同様、ドレパノレピスは裸子植物だった。つまり、その種子が「裸だった」（被子植物として知られる、種子が果実に取り巻かれている木々とは反対に）ことを意味している。

葉の若枝

苞　　葉腋

らせん形の構造
ドレパノレピスの若枝は、中央軸の周りでらせん形を作る種子をもった苞の切片の配列が特徴だった。

特徴的な苞と苞-鱗片をもったドレパノレピスは、アラウカリア科の球果と比較される場合がある。

セコイア

グループ 針葉樹
年代 白亜紀から現代
大きさ 高さ70m
産出地 北半球

セコイアはヌマスギの仲間の針葉樹の1属である。アメリカスギとしても知られ、花粉と種子球果の両方を同じ木にもっている。受粉のあと種子球果は広がり、木質になる。球果の表面の長いダイヤモンドのような形は、胚珠をもった鱗片（⇨上）と苞の鱗片（⇨下）からなる。こうした球果は木から落ちたあと25年間閉じられたままでいることができ、火によって刺激されるまで開かないかもしれない。

胚珠をもった鱗片

セコイア・ダコテンシス
この球果の部分印象化石は、現代のセコイアの白亜紀の先祖のものである。

近縁関係の現生種
アメリカスギ

巨大なアメリカスギの常緑の針葉樹には、2つの種類がある。カリフォルニア海岸のアメリカスギはセコイア・セムペルウィレンスで、巨大なアメリカスギ（あるいはセコイア）はセコイアデンドロン・ギガンテウムである。セコイアはカナダの国境からアメリカのカリフォルニア南部へと走る狭い海岸地帯に限られる。高さ最大110mのこれらの木々は世界最高であり、樹齢2000年を超えるものもある。幹は直径6mにおよび、30cmの厚い樹皮が動物の害や森の火災から保護している。主要な若枝の葉は針のようで、1つの面に配列しているが、球果をもった若枝の葉は鱗片に似ており、らせん形に置かれている。

胞子を作る若枝　　　大きな茎

ドレパノレピス・アングスティオル
鱗片と胚珠は、軸からさまざまな角度で分かれているように見える。これは化石化のあいだにらせんの圧縮によって生みだされた幻影である。

白亜紀

ゲイニトジア

グループ	針葉樹
年代	白亜紀
大きさ	若枝の幅8mm
産出地	北半球

この針葉樹の葉のある若枝は長く外に広がり、らせん形に配列された葉をもつ。それぞれの葉は針型で、広く厚く、下の盛り上がった葉枕に合流している。ゲイニトジアの葉は、他の針葉樹の若枝に非常に似ている。ペルム紀の同じような葉のついた若枝は**ウォルキア**と呼ばれ、三畳紀のものは**ヴォルツィア**と呼ばれる。ある解釈によると、**ゲイニトジア**は絶滅した針葉樹のケイロレピス科の一部である。2つの**ゲイニトジア**の種の球果が、ベルギーとドイツから出ている。

胞子を作る葉のついた若枝

ゲイニトジア・クレタケア
この化石化した例は、2つの側面に雌の球果をもち、枝分かれして胞子を作る葉のついた若枝のごく一部を示している。球果上の卵型は、胚珠をもった鱗片の先端の印である。

アルカエアントス

グループ	被子植物
年代	白亜紀
大きさ	球果の長さ10cm
産出地	北アメリカ

この花は長い中央軸に付着した、約100のゆるく包まれたらせん状に配列されたエンドウの莢型の袋果からなる。花は、互生の配列による葉をつけた枝の先端で生まれた。**アルカエアントス**に関係のある葉は顕著な中肋をもち、**リリオフィルム**と呼ばれる。この花は現代のモクレンに非常によく似ており、モクレン科の最初期のメンバーであることを示唆している。

アルカエアントス
その大きなモクレンに似た花、花弁のような花被、そして豆果に似た果実をもった**アルカエアントス**は、伝統的に昆虫受粉に関係のある全ての特徴を示している。

花弁のような花被 / 種子を入れ、きつく包まれた袋果 / リリオフィルムの葉

アルカエフルクトゥス

グループ	被子植物
年代	白亜紀
大きさ	長さ10cm
産出地	中国

アルカエフルクトゥスは草木性で水生の被子植物である。花弁あるいは萼片はもたないが、心皮と雄しべはもっている。下に雄しべ(花粉を生産する)だけを有する花と、上に雌しべ(果実を生む)だけを有する花をもつ、長くのびた軸に付着する。この古い花はある点でスイレン目の特殊な現生属**トリトゥリア**に似ている。

アルカエフルクトゥス・リアオニンゲンシス
これは短い茎に雌の心皮をもつ生殖軸の一部を示している。心皮のなかの卵型の輪かくは種子である。

マウルディニア

グループ	被子植物
年代	白亜紀
大きさ	葉の長さ10cm
産出地	ヨーロッパ、北アメリカ、中央アジア

マウルディニアの葉は、典型的に単純で長くのびた被子植物の葉だった。花は放射状に対称的で両性、長さ約3.5mmである。花の部分は3つのグループに配列されていた。3つの雄しべの3つの輪生を囲んで、3つの花弁の2つの輪生があった。中央の子房は横断面が円ないし三角形で、1つの種子を含んでいた。5つの花々は、2裂片の鱗片に似た構造の上面に集まり、鱗片はのびた軸にらせん形に配列されていた。マウルディニアの花の構造と葉は、現生の被子植物のクスノキ科(月桂樹)の特徴である。

アラリオプソイデス

グループ	被子植物
年代	白亜紀から現代
大きさ	高さ10m
産出地	北アメリカ、ヨーロッパ、アジア

アラリオプソイデスの掌状の葉には、3つの異なる裂片があった。葉軸(葉柄)の広い基部は葉が落葉性で、季節ごとに落ちたことを示唆している。植物それ自体は小さく低く、おそらく白亜紀後期に、北の中緯度と高緯度の亜熱帯の落葉性の森の暖かい気温のなかで育ったのだろう。アラリオプソイデスはのちに出現したカエデの先駆者だった。

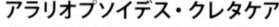

アラリオプソイデス・クレタケア
ダコタ砂岩産出の3つに裂けた葉のこの跡は、葉脈の美しい保存を示している。

アラリア

グループ	被子植物
年代	白亜紀から現代
大きさ	葉の長さ1m
産出地	北アメリカ

北アメリカ産出のこれらの裂けた化石の葉は、**アラリア**として知られている。このような化石は、類似の現生種と比較することによって葉を同定する際の困難さを示している。かつて**アラリア**属は、現生のウコギ科と類似性をもつように思われる化石の葉を記載するために大雑把に使われていた。結果的にこれは、可能性のある科の関係性を示すあいまいな名前にすぎなくなった。それゆえに、現代の被子植物の諸属の白亜紀と古第三紀の多くの記録は、割引いて考えるべきである。

アラリア・サポルタナ
裂片のある葉のこの印象化石は、アメリカのカンザス州にある古いダコタ砂岩の化石植物相から見つかった。

主脈 / 葉裂片

クレドネリア

グループ	被子植物
年代	白亜紀
大きさ	葉の長さ10cm
産出地	北アメリカ、ヨーロッパ

クレドネリアは、現生のプラタナスと非常によく似た木によって生まれる大きな被子植物の葉に与えられた名前である。葉は、元は茎（葉柄）によって若枝に付着していた。個々の葉は、丸い基部をもった典型的に広い卵型か楕円形である。その縁はなめらかで、とがっているか丸い頂点をもつ。葉脈はつねに主脈と側脈をもった羽状である。白亜紀中期のあいだ、この葉は北半球全域の多くの化石植物相で非常にありふれたものであり、アラリアやアラリオプソイデス（⇨前ページ）など、幅広い範囲の異なった名前を与えられていた。クレドネリアを生んだ絶滅したプラタナスは、とりわけ、古い河岸でふつうに生えていた。現生プラタナスは今日類似の場所で成長している。

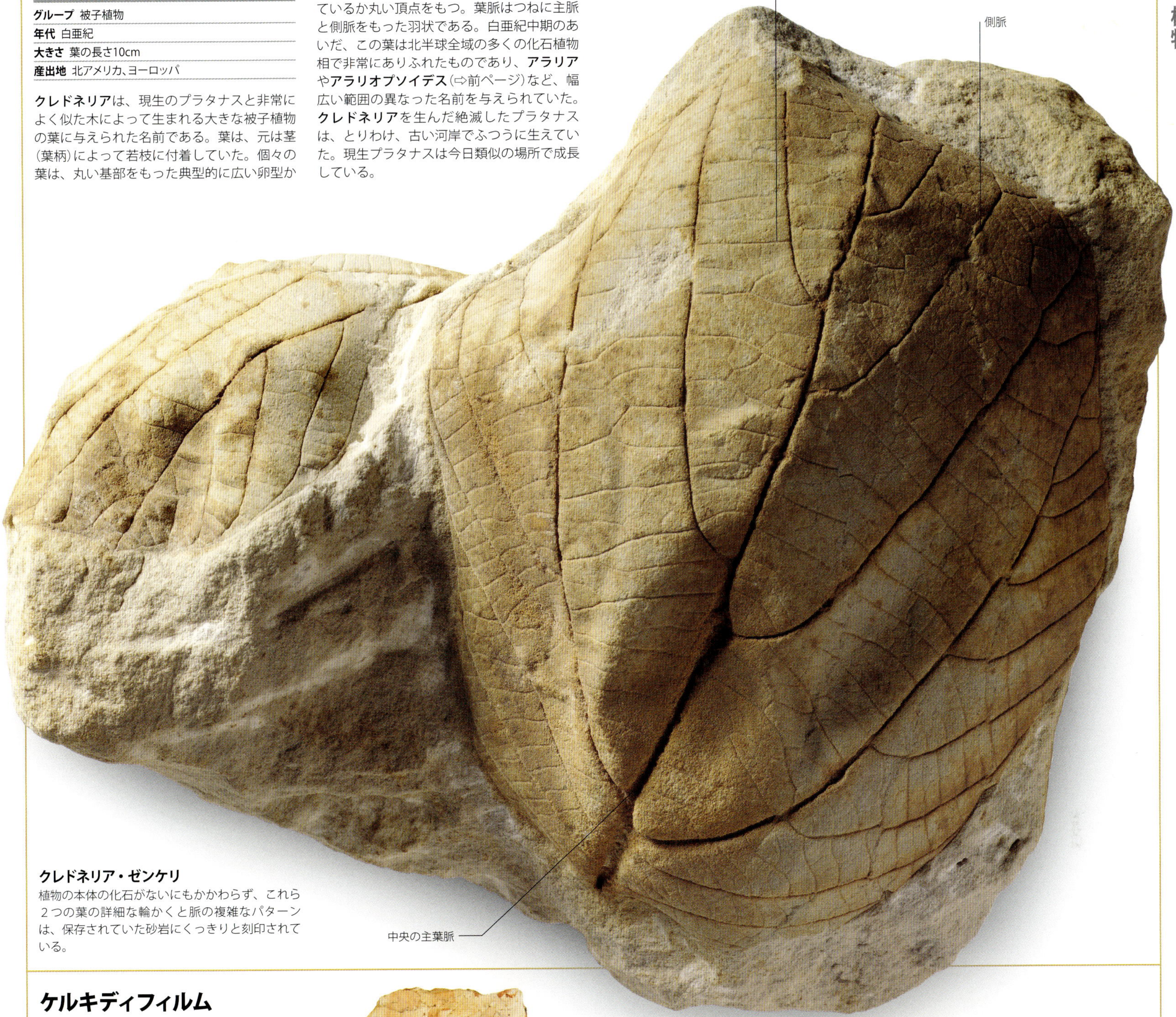

より小さな脈が角ばった模様を作る

側脈

中央の主葉脈

クレドネリア・ゼンケリ
植物の本体の化石がないにもかかわらず、これら２つの葉の詳細な輪かくと脈の複雑なパターンは、保存されていた砂岩にくっきりと刻印されている。

ケルキディフィルム

グループ	被子植物
年代	白亜紀から現代
大きさ	葉の長さ6cm
産出地	北半球

この白亜紀の植物の化石化した葉は、果実や種子の他の化石とともに、現生のカツラによく似ている。現生のカツラは今日、中国と日本で成長する２つの非常に類似した種が知られている。これらは共通してカツラと呼ばれている。雄花と雌花は別個の植物に生まれる。葉は単純な卵形で、縦よりも横のほうが広い。中肋をもち、葉頂に対して曲がる１つか２つの対の葉脈をもつ。カナダの暁新世の地層から出た化石ケルキディフィルムに似た若木は、もとの成長した場所で発見されている。この発見はこの種が白亜紀後期と第三紀の開けた水の多い地帯で育ったことを示唆している。

ケルキディフィルムの１種
カナダのアルバータ州産出のこの化石は、現代のカツラの木、ケルキディフィルム・ヤポニクムと関係のある単純な卵形の葉の印象を示している。

側脈

基脈

軸（葉柄）

中肋

放散する葉脈
化石ケルキディフィルムの葉のこの拡大写真は、基部から放散する５つの主脈を示している。

白亜紀の無脊椎動物

白亜紀は、他のどの地質時代よりも海面が高かった。大陸棚とそれに隣接する土地は水におおわれ、無脊椎動物が生活するための多様な海の住まいを提供した。しかし繁栄した海洋生物のこの時代は、陸上生物の惨事とともに終わった。

多様化と絶滅

白亜紀の海の無脊椎動物相は、アンモノイド類、二枚貝類、腹足類、腕足類、ウニ類、ウミユリ類、コケムシ類などのいるジュラ紀と同じだった。しかし多くのアンモノイド類は奇妙な形を進化させ、一部は巻かなかったり、部分的に巻きなおしていたり、あるいは連続してU字型に曲がってねじれさえして、考えられないようなもつれた形を作った。ヨーロッパ北部の白亜紀後期のチョーク層は、それほど多くはないが、美しく保存された海の無脊椎動物の宝庫である。このユニークな堆積物は、小さな藻の石灰質の板（コッコリス）で大部分ができている。海の無脊椎動物は、海生の爬虫類とともに栄えていたが、他方、陸上でも恐竜、翼竜、鳥類が急増していた。しかしこれらはすべて劇的に変化する運命にあった。6500万年前、白亜紀の終わりに恐竜と翼竜類がそうだったように、アンモナイト類、ベレムナイト類、角竜類、首長竜類が突然消えた。小惑星が地球にぶつかり、衝撃波、粉塵雲、森の火災、酸性雨をもたらしたのである。衝突の場所は、のちに堆積物によって埋まったユカタン半島と見なされている（⇨ p.32）。同時にインドでは大きな火山の爆発があり、広範な荒廃を見た。両方の出来事による影響は壊滅的で、化石雨林の研究は、この大絶滅からの回復に150万年かかったことを示している。

ネオヒボリテス・ミニムス
この小さな細い白亜紀中期のベレムナイトは、白亜紀のあいだ存在していた暖かい大陸棚の海に大量に生息し、小さな獲物をとって食べていた。粘土堆積物のなかに発見されることが多い、ヨーロッパではふつうに見られる化石である。

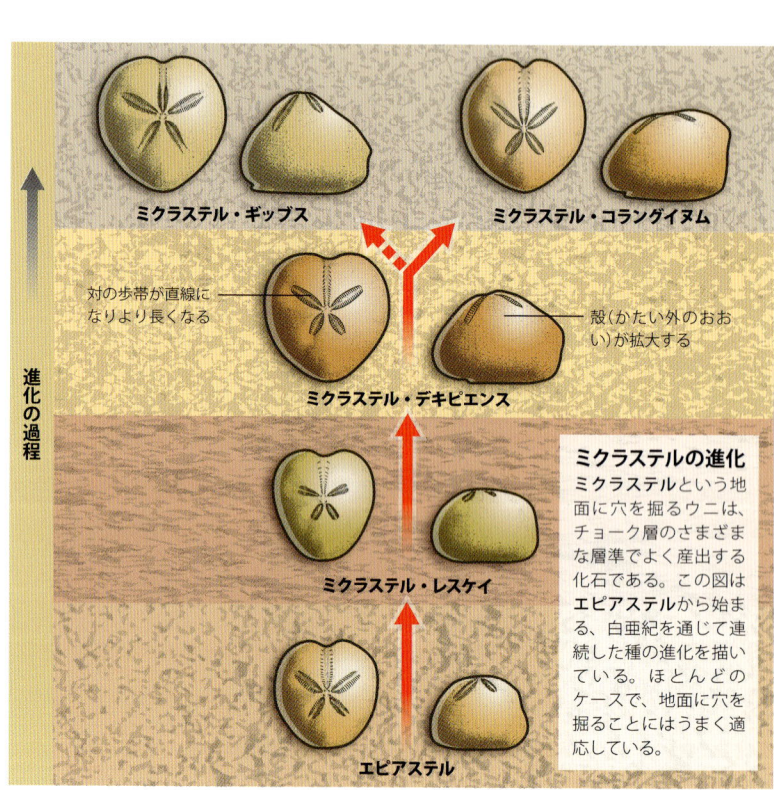

ミクラステルの進化
ミクラステルという地面に穴を掘るウニは、チョーク層のさまざまな層準でよく産出する化石である。この図はエピアステルから始まる、白亜紀を通じて連続した種の進化を描いている。ほとんどのケースで、地面に穴を掘ることにはうまく適応している。

グループ概観

無脊椎動物の多くのグループが、ジュラ紀から白亜紀をほとんど変化せずに生きのびた。軟体動物は頭足類のアンモナイト類、ベレムナイト類、オウムガイ類のすべてが急速に進化したように、豊富で多様化した。二枚貝類は数が多く、低緯度地帯でさらに多様化した。ウニ類の多くの新しい形がまた現れた。

アンモナイト類
白亜紀のアンモナイトはさまざまな形をしており、腹足類のように見えるらせん状に巻いたタイプのように、多くの異なった形のものがいた。らせん状に巻いたタイプは腹足類のように生活し、海床をはい回ったようだ。白亜紀末に向かって、アンモナイト類は衰退し、最終消滅の前には特定の地域に限定された。

ベレムナイト類
ベレムナイト類はイカのような頭足類の内部の殻の化石であるが、それらは長くのびた弾のように見え、現代のイカの殻には似ていない。ジュラ紀と白亜紀にふつうに存在し、化石はよく大量の蓄積すなわち「ベレムナイトの戦場」として発見される。それは現代のイカ同様、産卵後の大量死をあらわしているのかもしれない。

二枚貝類
厚歯二枚貝類として知られる二枚貝類の非常に変わったグループがこの時代進化したが、これは白亜紀に限られている。その外観は変更され、ほとんど二枚貝として認知できない。ふつう1つの殻は長くて円錐形で、もう1つの殻はふたのようにその上に乗っている。それらは非常に大きく成長し、ある種は実際に礁を作った。

ウニ類
ジュラ紀に始まった深い穴を掘る傾向は、白亜紀のウニ類の1つのグループ、ブンブク類で最大に達した。ミクラステル（⇨上のイラスト）はこの1つで、海底下数センチメートルの穴を掘ることができた。しかし他の変化していないウニ類は海床で生活した。

シフォニア

グループ	海綿類
年代	白亜紀
大きさ	長径最大6cm
産出地	ヨーロッパ西部

シフォニアは今日のヨーロッパ西部をおおっていた浅い水域、テティス海西域に生息していた、変わった海綿類の1属である。球根状の頭が特徴的で、細い茎で海床に付着していた。部分的にふくれ上がった気球に似た形もあれば、**シフォニア・テュリパ**のように、チューリップのように見えるものもあった。そこで、化石ハンター間ではチューリップ海綿と呼ばれている。

化石の**シフォニア**は、表面全体に多くの小さな穴がある。これらは海綿の体のあらゆるところを通って、排出腔と呼ばれる大きな中央の溝へと走る。排出腔の壁の上の管の開口部は大きかった。排出腔の表面には溝の印もあった。海綿の外側の頂部は中央の煙突のような排出腔への開口部だった。多くの海綿類同様、シフォニアの骨格は、さまざまな大きさの無数の枝分かれした針のような二酸化ケイ素の骨片が融合してできていた。

シフォニア・テュリパ
シフォニアの球根状の頭は、はっきりしたチューリップのような形からふくれ上がった気球に似たものまで、形が多様だった。

孔でおおわれた表面

孔の開いた表面
正確な形がどのようなものであれ、すべての**シフォニア**の化石は特徴的な孔の開いた表面を示している。これらの孔は、海綿体を走る管への開口部だった。

小さな孔

骨片
シフォニアの骨片は複雑な構造である。その縁は隣接する骨片の縁と融合しており、長径が0.5〜1mmだった。

二酸化ケイ素の骨片

茎の上部

ウェントゥリクリテス

グループ	海綿類
年代	白亜紀
大きさ	高さ最大12cm
産出地	ヨーロッパ、北アメリカ

ウェントゥリクリテスは、ガラス海綿（六放海綿）で、その体を支えるかたい網状組織へと融合する、二酸化ケイ素の針（骨片）からなる骨格をもっていた。それらのあいだに表面に開いた孔があった。この化石の骨格は花びんのような形で、二酸化ケイ素の繊維によって海床に付着した。中央に排出腔と呼ばれる腔があり、水が体壁を通るとき、頂部の開口から排出される前に、食物と酸素が除かれた。

ウェントゥリクリテスの1種
ウェントゥリクリテスには多くのさまざまな形があった。上のように花びんに似たものもあれば、ずんぐりしたコップ形から長い円筒形までいろいろだった。

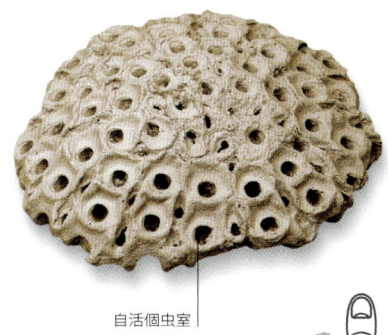

自活個虫室

ルヌリテスの1種
ルヌリテスの群体は高度に組織されたシステムだった。やわらかい体の自活個虫が、それぞれ自活個虫室と呼ばれる部屋にすんでいた。

ルヌリテス

グループ	コケムシ類
年代	白亜紀から現代
大きさ	長径5〜10mm
産出地	世界各地

ルヌリテスは非常に小さく、丸い群体を作る唇口類のコケムシだった。その低い表面は凹型で放射状の溝があった。群体は中心で生じ、ここから放射状に長方形ないし6角形の自活個虫室（やわらかい体で、摂食する自活個虫——群体を作る動物——を住まわせている部屋）が広がっていた。すべての自活個虫は、口の周りの触手の輪からなる触手冠あるいは摂食組織をもっており、食べないときは保護のため自活個虫室内に引っこめることができた。自活個虫室は中央からしだいに大きくなり、広い開口部があった。ルヌリテスの現代の近縁種は、長いとげ状の付属肢によって海床を移動する。

クラニア

グループ	腕足類
年代	白亜紀から現代
大きさ	長径最大1.5cm
産出地	世界各地

クラニアは白亜紀に初めて現れた腕足類で、今日もまだ近縁種が生きている。科学者はクラニアを関節のない腕足類と述べている。なぜなら貝の2つの殻が「関節でつながれていない」あるいは結合しておらず、筋肉のみで結合されているからだ。大部分の腕足類とは異なり、**クラニア**は柄部をもたない。軟体動物や棘皮動物のような、より大きな生物に固着した殻の半分が、チョークの堆積物のなかで発見されることが多い。2枚の殻はやわらかな組織で結合されているため、下の殻だけがよく保存され、上の殻は化石化がおこる前に流されてしまうからである。

筋肉の跡

隆起のある装飾

クラニア・エグナベルゲンシス
クラニアの殻は蝶番の歯を欠いており、殻の全体に小さな穿孔がある。内部には筋肉が付着していた跡がある。

セッリティリス

グループ	腕足類
年代	白亜紀
大きさ	長さ最大3.5cm
産出地	ヨーロッパ

セッリティリスは、大きな殻（茎殻）の殻頂の下の開口部を通る柔軟な茎あるいは柄部で付着して、海床で生きた。小さな殻は腕殻と呼ばれた。輪かくはほとんどが六角形で、外部の表面は滑らかだが、成長線があった。表面全体に小さな穿孔（くぼみ）があり、剛毛が生えていた。

細かい成長線

セッリティリスの1種
セッリティリスの殻の外縁には強い凹凸があり、腕殻の中央はくぼんで、片側に2つの隆起があった。

298

白亜紀

オルビリンキア

グループ	腕足類
年代	白亜紀
大きさ	長さ最大2cm
産出地	ヨーロッパ北西部

オルビリンキアは強い凸型の殻をもった、丸いリンコネラ類の腕足類だった。そ、れぞれの殻は明白な殻頂をもっていた。肉茎あるいは柄部によって海床に付着していた。これは右の標本で見ることができる茎殻の殻頂の下の茎孔から突きだしていた。外殻には、殻頂の縁から殻の縁へと走る強い肋があった。

はっきりとした殻頂

筋肉の跡

オルビリンキア・パーキンソニ
この内部の型は閉殻筋の跡の印象を示している。

キマトセラス

グループ	頭足類
年代	ジュラ紀後期から古第三紀
大きさ	直径最大30cm
産出地	世界各地

キマトセラスは、多くの点で現代のオオムガイに似た、密に巻いた頭足類の軟体動物である。幅広い殻は別として、オオムガイとのおもな違いは、かなり強い肋の存在である。それは螺環の外側の部分と広い外縁(腹部)全体でもっとも強い。すべての頭足類同様、柔軟な触手で獲物を捕まえ、角質のくちばしを使うことでばらばらにしていたのだろう。

強くはっきりとした肋

縫合線

キマトセラスの1種
この内部の型では肋と縫合線の区別が明らかである。

デシャイエジテス

グループ	頭足類
年代	白亜紀前期
大きさ	直径最大10cm
産出地	ヨーロッパ、グリーンランド、グルジア

デシャイエジテスはかなり平たく巻いた殻をもったアンモナイトだった。すべてのアンモナイト同様、生きているときは口の周りに柔軟な筋肉質の触手をもち、殻から出していた。強く、ときには枝分かれした密な肋をもつ。肋は側面中央で前方へ少し屈曲するが、殻の開口部の方向を示している。螺環自体はわずかにたがいに重なり、中央で広く浅いくぼみ、すなわちへそ作っている。

デシャイエジテスの1種
長い主要な肋のあいだに短い二次的な肋がある。それは螺環上部に向かう途中で始まる。

モルトニセラス

グループ	頭足類
年代	白亜紀前期
大きさ	直径最大30cm
産出地	ヨーロッパ、アフリカ、インド、北アメリカ、南アメリカ

モルトニセラスの化石は、四角い螺環断面とくっきりした装飾が特徴だが、それは肋といぼの結合によって生まれる。螺環はわずかに重複し、非常に浅いへそにいたる(この渦巻きは中庸な緩巻きといわれる)。外縁(腹部)にキール(竜骨)として知られるはっきりした稜がある。一部の成熟した標本では、大きな角が殻口に見えるが、この属の雄雌とは関係がない。

はっきりとした隆起

モルトニセラス・ロストラトゥム
外側の螺環上の肋の頂上に、著しいいぼがある。

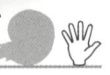

スカフィテス

グループ	頭足類
年代	白亜紀後期
大きさ	長径最大20cm
産出地	ヨーロッパ、アフリカ、インド、北アメリカ、南アメリカ

スカフィテスは変わったアンモナイトだった。幼体のときは、正常ならせん形の殻をもつ多くの他のアンモナイトに似ていたが、成熟するにつれてその殻の形は変化した。らせん形を巻き続けるかわりに、まっすぐにのび、そして再びらせん形を巻きはじめたことにより、鉤状の外観を作り、上を向いた殻口(ここから動物の頭と触手が出た)を残した。化石ではこの殻口にくびれがあることが多く、縁の周りが厚くなり、部屋のある殻(フラグモコーン)の非常に近くに位置していた。これは、最後の成長段階で、この動物が実際に食べることができなくなった可能性を示している。成熟したときその成体は生殖し、そののち死んだのかもしれない。他のアンモノイド類同様、2つの異なる種類があり、わずかに大きさが異なっていた。

住房

きつく巻かれた初期の渦巻き

スカフィテス・アエクアリス
この初めにある螺環はきつく巻かれており、あとに続くものに隠れている。これは密巻きとして知られている。

最後の成長段階でその動物は実際に食べることができなかったかもしれない。成熟したとき、その成体は生殖し、そののち死んだのかもしれない。

浮力制御
他のアンモナイト同様、**スカフィテス**は、浮力を調整するために、部屋に分かれた殻で液体とガスの量を変えることができたのだろう。

299 無脊椎動物

バキュリテス

グループ	頭足類
年代	白亜紀後期
大きさ	長さ最大2m
産出地	世界各地

バキュリテスは大部分のアンモノイド類と似ていなかった。近縁種の多くのようにらせん形の殻ではなく、ほぼ完璧にまっすぐな殻をもっていた。先端にだけ1つか2つの小さな渦巻きがあるだけだった。これらはめったに保存されず、ここに示された標本でも現れていない。化石は横断面がほぼ卵型である。長く直線的なため簡単にくだけ、殻室のあいだの分割に沿ってこわれ、完全な殻よりもむしろ断片としてよく見つかる。殻の形はイカに似た動物だったことを示している。これらの化石が、他の種をほぼ除外するほど大量に発見される場所もある。

バキュリテス・アンケプス
この内部の型はバキュリテスの複雑な縫合線をはっきりと示している。最後の2つの縫合線はともに接近しており、この動物が死ぬとき成熟していたことを示唆している。

バキュリテスという名前は、文字通り訳すと「歩く支えとなる棒状の岩」という意味である。

トゥリリテス

グループ	頭足類
年代	白亜紀後期
大きさ	長さ最大30cm
産出地	ヨーロッパ、アフリカ、インド、北アメリカ

最初見たとき、トゥリリテスの化石は腹足類の殻と間違えるだろうが、実際にはアンモノイド類に属している。その殻はふつうの平板な渦巻を造るのではなく、らせん状に巻き、エレガントな螺塔を作っていた。古生物学者は、殻の内部の構造からトゥリリテスがアンモノイドだったことを知っている。すべてのアンモノイドの殻と同様に、2つの異なる部分に分かれている。住房（ここに生きた動物が住んでいた）と、より小さなつながった部屋（気室）の連続であるフラグモコーンである。

トゥリリテス・コスタトゥス
この殻の上にきつく巻いた渦巻きは、螺環中央のいぼから結合点まで、いぼと肋の2つの列をもっている。

ベレムニテラ

グループ	頭足類
年代	白亜紀後期
大きさ	長さ最大13cm
産出地	ヨーロッパ、北アメリカ

ベレムニテラはありふれたベレムナイトの化石で、その属のいくつかの異なる種が知られている。やわらかい組織を保存する数少ない化石が示しているように、外見はイカに似ていた。ほとんどのベレムナイトの化石を作っているその体の弾丸型のかたい部分は、体をまっすぐに保つことを助けていた。化石は典型的なとがった先端をもつ円筒形である。とがった先に近い片側に、特有の切れこみがある。一部の場所で発見される非常に多くのベレムニテラの化石は、大きな浅瀬で生きていたことを示している。

ベレムニテラ・ムクロナタ
この標本は鞘の後ろに小さな乳首のような拡張部分をもっている。この属の際立った特徴である。

アルキテクトニカ

グループ	腹足類
年代	白亜紀前期から現代
大きさ	長さ最大4.5cm
産出地	世界各地

アルキテクトニカはかなり印象的な美しい海生腹足類の1属である。もっとも初期の例は約1億4000万年前の岩から発見されており、今日まだ生きている多くの種がある。化石は非常に特徴のある、たえず広がって連続する螺層をもっている。螺層の縫合線のすぐ下のそれぞれの螺層の上部に、小さな密に詰めこまれたこぶないしはいぼの列がある。その殻は成長線と交差する強いらせん形の肋でおおわれており、それはそれぞれの螺層の表面をおおい、金属細工に見られる「ロゼット模様の装飾」のように見えるすばらしい網の目を作る。最後の螺層の下側で、成長線がへそ（殻の中央の深いくぼみ）の縁のみに見られる。大部分の化石の例において、もとの色彩のすべての跡が失われている。アルキテクトニカの現代種は肉食動物で、イソギンチャクやサンゴ・ポリプ、そのほか類似の獲物を食べる。

アルキテクトニカの1種
この標本はもとのアラレ石で保存されているが、色彩の帯は失われている。クルマガイなどがこの属の現代の種である。

とがった殻頂

ゲルウィッレッラ・スブランケオラタ
この化石化した貝は、殻の前端で、典型的な角度のある殻頂を見せている。

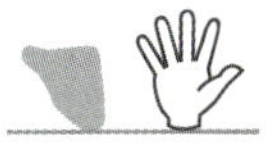

ゲルウィッレッラ

グループ	二枚貝類
年代	三畳紀から白亜紀
大きさ	長さ最大15cm
産出地	世界各地

ゲルウィッレッラは現代のイガイに似たところもある、かなり長くのびた二枚貝の軟体動物である。その化石は1つの殻(半分)が他の殻より平たいことを示している。2つの閉殻筋(殻を閉じる筋肉)があり、それらは両方ともそれぞれの殻の内部にその跡を残している。1つの跡は他のものより大きく、それは筋肉の大きさが等しくなかったことを示している。蝶番の板は、それぞれの先端に少数の刃のような歯をもっている。殻を引いて開ける弾力性のある靭帯が蝶番線の長さいっぱいに走り、両方の殻の縁にはそれが付着する場所を示す連続する規則正しい穴がある。イガイ同様、それは足糸あるいは「ヒゲ」によって、岩やその他のかたい表面に付着して成体期の生活を送り、プランクトンや食物の小さな粒子をふるいにかけて食べた。

アムフィドンテ

グループ	二枚貝類
年代	白亜紀前期
大きさ	長径最大4cm
産出地	ヨーロッパ、北アメリカ

ねじれた殻

稜のある外観

アムフィドンテは、少なくとも生涯の初期は海床に付着した生活を送るカキの1種だった。殻は閉殻筋によって引っぱられ、片方の殻の縁全体には小さな孔がうがたれていた。もう一方の殻の縁にはこの孔に対応するこぶあるいはいぼがあった。このカキは多くの他の二枚貝に見られる蝶番の歯を欠いており、蝶番なしでその孔といぼで2枚の殻が合うのを助けている。

アムフィドンテ・オブリクアタ
この種は成長するにつれてねじれ、2枚の殻を非対称にした。1つの殻は強く突きだし、印のある「肩」がある場合が多く、もう1つの殻は平たいかわずかに形がくぼんでいた。

301 無脊椎動物

スポンデュルス
(ショウジョウガイ)

グループ	二枚貝類
年代	ジュラ紀から現代
大きさ	長径最大9cm
産出地	世界の暖かい地域

スポンデュルスは二枚貝類の古い属であり、約2億年前の化石が出ている。しかしこの属は絶滅しておらず、いくつかの種がまだ世界の暖かい海で今日も存在している。化石の貝と現代の貝は両方とも、種の内部であるいは種を超えて外見上非常に多様である。この種は海床に固定される下の殻(殻の半分)で生きている。殻頂付近は、貝が海床に結合する部分であるため、先がかなり丸いことがよくある。下の殻(右)はより大きく突きだしており、上の殻(左)はより平たい。内部に1つの大きな閉殻筋(殻を閉じる筋肉)がある。それは殻のそれぞれの内部にひとつの跡を残す。蝶番はそれぞれの殻に2つの強い歯と、中央に置かれた靭帯をもつ。多くの化石が最初蝶番の歯をもっていないと記載されたが、のちにそれは貝の内部の層が破壊されたためであったことがわかった。外の層のみを無傷で残していたのである。かなり美しい殻の軟体動物は、ウミギクガイという総称で通用している。

新石器時代のヨーロッパ人は、約5000年前、スポンデュルスの殻を宝石として使った。

先の丸い殻頂

とげの短い突出部

強い肋

スポンデュルス・スピノスス
この化石化した下の殻は形が突きだしており、強い放射状の肋をもち、そこには不規則な間隔でとげができている。上の殻(ここでは見えない)は、さらに小さく平たかっただろう。

近縁関係の現生種
ウミギクガイ

大西洋のウミギクガイ(スポンデュルス・アメリカヌス)は、化石のスポンデュルスがどのようなものであったか示唆してくれる。その外套膜縁は褐色の指のような知覚乳頭突起と短い茎の上に連続する眼をもつ。化石のスポンデュルスもまたおそらくこれらの特徴をもっていたのだろう。二枚貝類は頭をもたないので、外部環境にもっとも近かった外套膜縁に感覚器官を発達させた。

ヒップリテス

グループ	二枚貝類
年代	白亜紀後期
大きさ	高さ5〜25cm
産出地	ヨーロッパ南部、アフリカ北東部、南アジア、アンティル諸島（アメリカ）

ヒップリテスは、ジュラ紀後期に進化し白亜紀の終わりに絶滅した二枚貝類の非常に特殊化したグループ、厚歯二枚貝のメンバーだった。貝の2つの殻はきわめて非対照的で、下の殻は円錐型で、海床に付着していた。上の殻は蓋のような平たい球果状で、上下両方の殻の歯とソケットによって下の殻に蝶番でつながれていた。2つの筋肉は上の殻の歯に付着していた。

稜のある外側表面

ヒップリテスの1種
下（写真に見られる）と上の両方の殻の外側は、成長線と交差した稜によって装飾されている。

フィッシデンタリウム

グループ	掘足類
年代	白亜紀から現代
大きさ	長さ7〜10cm
産出地	世界各地

フィッシデンタリウムは掘足類あるいはツノガイである。先細になる殻はそれぞれ末端で開き、前端は大きな開口部をもっている。貝はほぼ水平な前端の開口部と海床の上に出た小さな（後）端をもち、堆積物に埋もれていた。殻は美しい縦の肋と、これらと交差する成長線によって装飾されている。2つの側は対称的で、海水の微生物と有機的微粒子を食べた。呼吸は、ほぼすべての他の軟体動物のようにエラではなく、体の表面全体で行われていた。掘足類は地質時代を通じてほとんど変化していないように思われる。掘足類は最初オルドヴィス紀に現れ、進化する軟体動物の最後の綱となった。

フィッシデンタリウムの1種
この化石の殻は元来のアラレ石で保存されていた。縦に沿って走る肋が成長線と交差している。

マルスピテス

グループ	ウニ類
年代	白亜紀後期
大きさ	冠部直径最大6cm
産出地	世界各地

マルスピテスは茎をもたない非常に大きなウミユリである。冠部の基部には、大部分のウミユリで茎の付着が見られる、大きな5角形の板がある。この上に低い冠部を構成している3枚の小円がある（それらはほぼなめらかか、あるいはそれぞれの板の中央から放射している稜によって装飾されているかもしれない）。上の板は腕が体に結合している上端の中央に、目立った半円のくぼみをもっている。海床で生活したか、あるいは発見されたように、やわらかなチョークの堆積物に冠部の一部、あるいは大部分を埋もれさせていたのかもしれない。腕は食べるときに使ったが、死ぬと破壊され、流されてしまった。そのために腕の基部だけはいつも見られる。

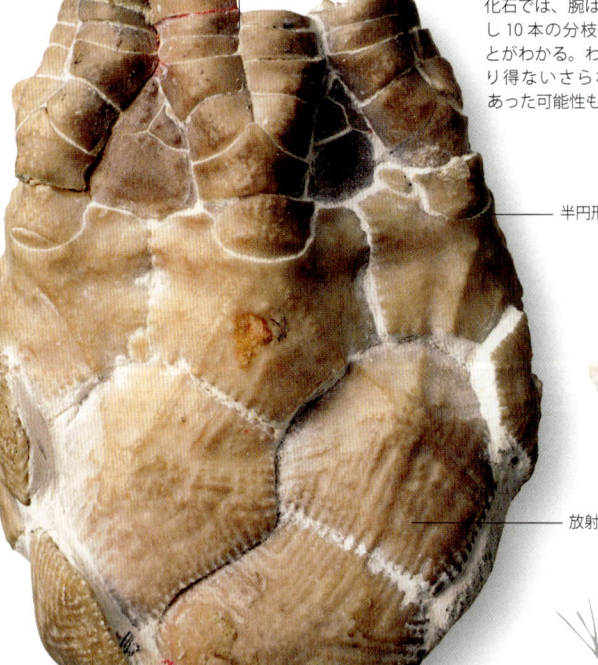

分枝する腕

半円形の結合部

放射する稜

マルスピテス・テストゥディナリウス
このようなよく保存された化石では、腕はかつて分枝し10本の分枝があったことがわかる。われわれが知り得ないさらなる分枝があった可能性もある。

テムノキダリス

グループ	ウニ類
年代	白亜紀前期から現代
大きさ	直径4〜7.5cm（とげは含まない）
産出地	世界各地

テムノキダリスは、歩帯と間歩帯の領域に非常に大きな違いをもったウニである。間歩帯の領域は非常に広く、板は大きなとげの基部に支配されており、縦に沿って小さなとげと長いとげをもっている。それぞれの板の中央に、長いとげの末端のソケットを結合した丸いいぼがある。とげをコントロールする筋肉が、いぼのあいだのなめらかな領域に付着している。歩帯の領域は非常に狭く屈曲し、管足に水を供給する穿孔をもった多くのさらに小さな板からなる。これによって管足はのびたり退いたりすることができる。

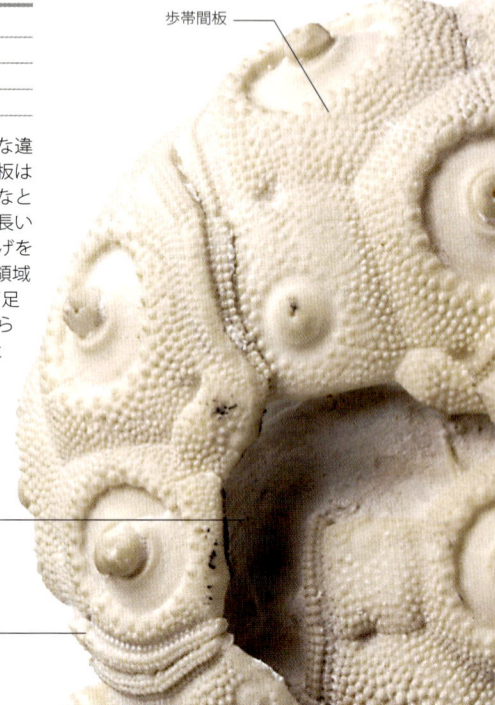

歩帯間板

頂盤の位置

屈曲した歩帯

テムノキダリス・スケプトリフェラ
この標本は少しつぶれており、肛門の開口部とそれを取り巻く生殖板と眼板をもった頂部の円板は失われている。しかし1つの眼板が保存されており、写真の中央右にある。

ミクラステル

グループ	ウニ類
年代	白亜紀後期から古第三紀前期
大きさ	長さ4.5–6.5cm
産出地	ヨーロッパ、西アジア

ミクラステルは、上面に花紋形を作る5つの歩帯の領域をもった、地面に穴を掘る心臓の形をしたウニだった。上の歩帯は口器に続く溝があり、溝は口器表面の前側によく発見される。肛門開口部は上面の急勾配の後ろの部分にあり、その下の殻の上に、肛門から出る排泄物質を運ぶ毛のような組織（繊毛）をもったなめらかな環あるいはファスキオレ（小さな帯）がある。殻の残りの大部分は小さないぼにおおわれており、これらは短く細いとげの密なおおいを支えた。上面の中央、頂部円板には卵あるいは精子を放つための孔のある4つの生殖板があった。この属の種の系統はヨーロッパ北西部のチョーク層の特徴で、その年代を決定するために使われる。

- くぼんだ短い花紋
- 小さな細かいいぼ
- 前部のV字型の切れこみ

ミクラステル・コランギウム
特徴的な形のためにチョークのハート型のウニとして知られるこの標本は、特徴的な深い前部のV字型の切れこみを示しており、これにより食べ物の微粒子を含む水の流れを口へと導いていた。

このウニはかたい海床で生活し、藻の薄膜やその他の有機物質を食べるために耳ざわりな音を立てる歯を使った。

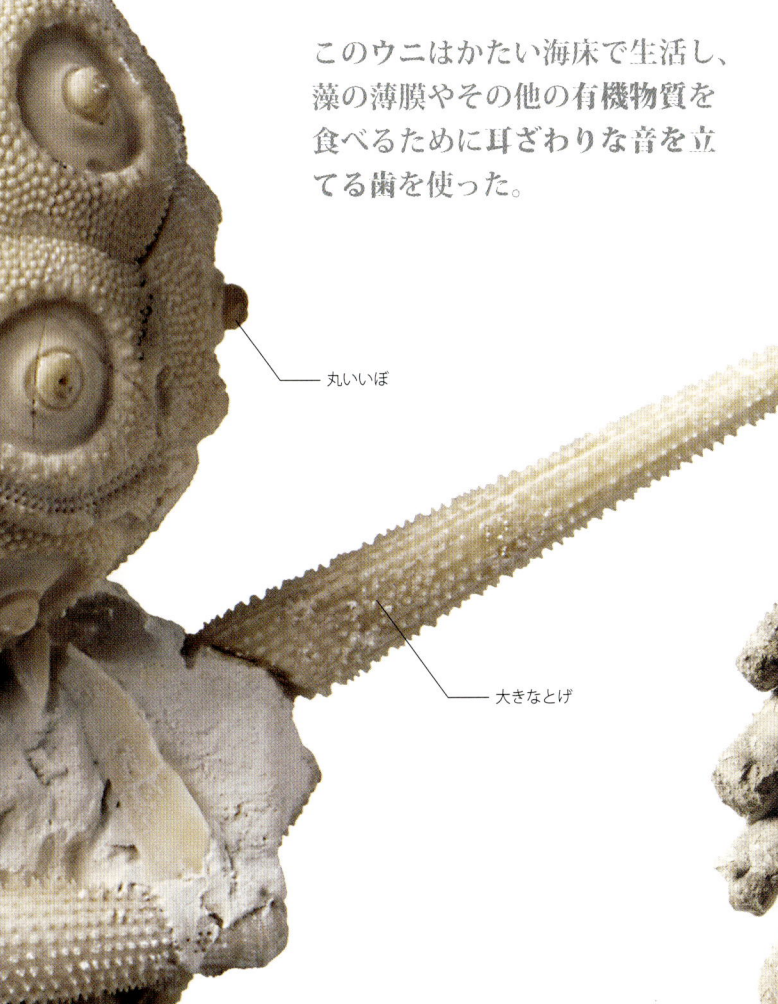

- 丸いいぼ
- 大きなとげ

アウィテルメッスス

グループ	節足動物
年代	白亜紀後期
大きさ	殻の長さ約6cm
産出地	アメリカ合衆国南東部

この白亜紀のカニの殻あるいは甲殻は丸い外輪をもち、ほぼ楕円形である。上の表面は広く浅い溝のパターンが印されており、それは前へ向かってより大きくなる2つの結合したダイヤモンド型を作る。小さな補助的な溝が大きなダイヤモンドの両側を走る。甲殻の前の縁は非常に丸く、中央に大変短い吻状突起をもっている。眼が置かれている眼窩は吻状突起の両側にある。最初の脚は変化して、先がはさみ（鋏脚）になっているが、上が動かせる指、下が固定された指である。これは脚の最後の分節の拡張である。すべての脚の表面は小さな微粒でおおわれている。もっとも古い化石のカニは、ジュラ紀前期の岩から発見されたもので、白亜紀後期までに、いくつかの系統が進化したが、新生代になって増えて広がりはじめた。

アウィテルメッスス・グラプソイデウス
この標本では、歩く脚の4対のうち3対の根元の分節だけが保存されている。はさみで終わる前脚の3つの分節は、無傷のままである。

- 表面の小さな微粒
- 眼窩
- 吻状突起

白亜紀の脊椎動物

白亜紀は恐竜の進化の頂点だった。恐竜の数が増え、多様化し、優勢となったのは、この時代以外にはなかった。しかし恐竜の陰で、鳥類、哺乳類、ワニ類もまた多様化し、現代世界のための舞台を設定した。

モンタナと南ダコタのヨモギにおおわれた不毛な荒地は、恐竜の時代の最終段階の最高の記録を保存している。ここのヘルクリーク層は**ティラノサウルス**、**トリケラトプス**、**エドモントサウルス**など、6500万年前に突然おこった小惑星衝突以前に生きていた、最後の恐竜の壮大な化石を生み出している。

カウディプテリクス
奇妙な羽でおおわれた恐竜**カウディプテリクス**は、ダチョウのようにも見えるが、**オヴィラプトル**に密に関係がある真正の獣脚類である。

初期の鳥

現代の古生物学のもっとも驚くべき、そして重要な発見の1つは、鳥が恐竜から進化したということである。鳥のもっとも近縁の生物は**ヴェロキラプトル**や**デイノニクス**のような獣脚類である。これらは大きな脳と高度な代謝能力をもち、速く走ることができる、柔軟で鋭い捕食動物だった。最近、鳥にさらに近い近縁動物が発見された。これらは**ミクロラプトル**のような「ラプトル類」を含んでおり、それらは小型で、木のなかで生活し、おそらく滑空するか跳ぶことができたのだろう。事実、今日、もっとも鳥に似た恐竜ともっとも初期の真正の鳥のあいだには、ほとんど区別はなくなっている。これらの動物はすべて小さく、賢く、体は羽におおわれており、飛ぶことができた。簡単に言うと、恐竜—鳥の系統は化石記録の大きな進化上の変移の最高例の1つである。

もっとも古い真正の鳥は**始祖鳥**で、ドイツのジュラ紀後期のすばらしい化石で知られる、カラスのような大きさの飛行家である。多くの意味において、始祖鳥は半分鳥、半分恐竜である。恐竜のように歯、かぎ爪、長い尾をもつが、鳥のように非対称的な飛行羽のある広い翼と力強い飛行に適応した脳をもっていた。鳥は、中国遼寧省産出の羽のある化石のすばらしい一群によって例証されているように、白亜紀のあいだに進化した。これら

羽の進化
シノサウロプテリクスのような最初期の羽の生えた恐竜は、毛のように見える単純な繊維をもっていた。続いて羽はより複雑になり、個々の羽枝に枝分かれし、のちに中央軸（羽軸）を発達させた。現代の鳥の飛行羽にはかたい羽軸と非対称的な羽枝があるが、両方とも揚力を与えるために必要である。

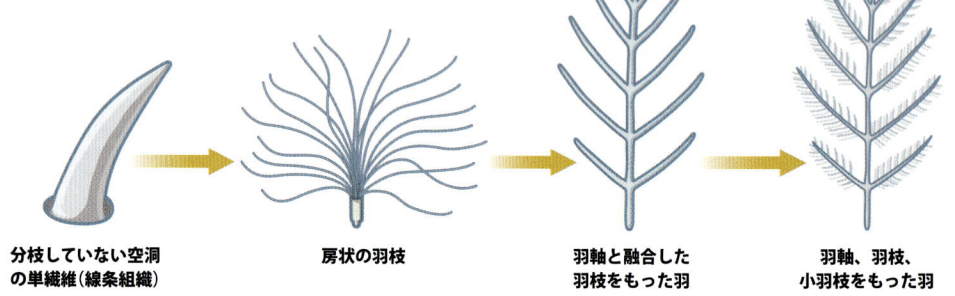

分枝していない空洞の単繊維（線条組織） / 房状の羽枝 / 羽軸と融合した羽枝をもった羽 / 羽軸、羽枝、小羽枝をもった羽

グループ概観

白亜紀は陸と海の大きな変化の時代だった。恐竜のグループは大部分の陸の生態系を支配し続け、新しいサブグループ（ティラノサウルス類やケラトプス類のような）が目立って一般的となった。水中では爬虫類のモササウルス類が支配したが、現代のサメ類が進化しはじめたばかりだった。

軟骨魚類
軟骨魚類は現代の魚の2大分類の1つである。このグループにはサメ、エイ、ガンギエイそして軟骨（硬骨魚類のような骨をもたない）でできた骨格をもったさまざまな他の動物が含まれる。真正のサメは約4億年前に生じたが、現代のサメが最初に豊富になり多様化したのは白亜紀だった。

モササウルス類
骨をくだくモササウルス類は、ほとんどの白亜紀の海でもっとも恐れられた捕食動物だった。彼らは今日のサメと同じような、重要な捕食動物の地位を占めていた。最大のモササウルス類は長さ最高18mで、どんな獲物とも格闘できた。プレシオサウルス類やイクチオサウルス類同様、モササウルス類は完全に海の爬虫類で、ヘビの近縁と考えられた。

アリゲーター類
最初のワニ形類は三畳紀後期に進化した。しかしこれらの小さくて柔軟で速く走る動物たちは、今日のワニ類とはまったく違っていた。もっとも重要なワニ形類のサブグループの1つであるアリゲーター類は、白亜紀後期に進化した。このグループは**アリゲーター科**とその近縁種（4本足ではい回り水辺の近くにひそんでいる動物たち）を含んでいた。

ティラノサウルス類
ティラノサウルス類ほど恐怖と好奇心を抱かせる恐竜のグループはない。このグループのもっともなじみのあるメンバーは、体長12mの巨大な**ティラノサウルス**であるが、いくつかの近縁種もこの大きさに近かった。小さなティラノサウルス類はジュラ紀後期に進化したが、大きなものは白亜紀後期を支配した。

いくつかの最近発見された化石は、羽でおおわれた白亜紀の恐竜である。これらの恐竜と初期の真正の鳥のあいだには、ほとんどいかなる区別もない。

始祖鳥
始祖鳥がすべての時代でもっとも有名な化石であることは確かである。これまでに発見されたもっとも古い鳥であるこの10の標本は、ドイツのバイエルン地方の石灰岩から発見された。それらの一部は、羽と骨格の美しく鮮明な細部を保存している。

し、多様化した。その間、古生代に一般的だったウミユリ類や腕足類のような古い無脊椎動物は周辺に追いやられ、二枚貝類、イタヤガイ類、そして重い鎧をつけた腹足類などのより現代的なグループが豊富に拡大した。これらの変化の理由は複雑だが、大陸の分裂およびほとんどわかっていない海面や大洋の化学成分における変化のほか、新しく進化した巨大な捕食動物（一部のサメのような）による捕食の圧力を含んでいただろう。

の化石は、グループのある列に属している。それは、完全に絶滅した奇妙なグループのメンバーである始祖鳥からほとんど進化していない原始的な鳥であり、現代の鳥につながる系統の初期の代表でもある。明らかに鳥は白亜紀の支配的な飛行動物であり、恐竜絶滅後も多様化し続けた。

中生代の海の進化

海の生態系は、中生代に注目すべき変化の時代を経験した。この大きな再組織化は、1次生産者から最高の捕食動物まですべてのレベルでおこった。サメやモササウルスのような大きな捕食動物は世界中に広がり、硬骨魚が非常に一般的となった。その変化は脊椎動物に限ったことではなく、事実、最大の変化の多くが無脊椎動物や微小な生物におきていた。プランクトンのような微生物からなる大きな現代のグループ（すべての大洋の食物網の基礎を作る1次生産者たち）が、この時代に発生

古代のサメ
古代のサメ、ヒボドゥスはわずか長さ約2mの小さな捕食動物だったが、1億年以上生存した。現代のサメに密な関係があるが、白亜紀後期に絶滅した。

恐竜の終焉

恐竜の絶滅は地球の歴史上最大の謎の1つだった。そのような成功したグループが死に絶えたのは何が原因だったのか？ 6500万年前、大きな小惑星がメキシコのユカタン半島を直撃した（⇨ p.32）。ほとんどの科学者たちは、この衝撃が津波や酸性雨のような環境の混乱の連鎖反応の動きをおこさせたと考えている。それが恐竜の終焉を推進したのである。

鳥脚類
鳥脚類はもっとも成功した鳥盤類の一部だった。大きな植物食のこのグループのなかには、イグアノドン類や**マイアサウラ**のようなカモのくちばしをしたハドロサウルス類がいた。それらは、白亜紀後期の生態系ではもっともありふれた草食動物だった。ハドロサウルス類は、たぶんティラノサウルスの好みの獲物だっただろう。

ケラトプス類
おそらくもっとも認知しやすい鳥盤類のサブグループは、4本足でどしどし歩く、角とフリルのある草食動物ケラトプス類だろう。3つの角のある**トリケラトプス**はもっともなじみのメンバーであるが、さらに奇妙な角をもった多様な他の種も、白亜紀のあいだの北アメリカの平原をゆるがせていた。

鳥類
鳥は獣脚類から出たゆえに恐竜の現存するサブグループを代表する。最初の鳥で美しい羽の生えた**始祖鳥**は、約1億5000万年前のジュラ紀後期のものである。しかし鳥の進化は白亜紀に飛躍的に始まった。このときいくつかの現代のグループが進化し、いま完全に絶滅してしまったさまざまな奇妙な鳥が、空を支配した。

有袋動物類
袋に幼児を入れて運ぶ有袋動物類は、現生哺乳類の巨大なグループの1つである。現代の有袋動物は、カンガルーやオポッサムのような動物を含んでいる。最初の有袋動物はジュラ紀に進化したにちがいないが、それらの化石は白亜紀に一般的となった。それらは今日の有袋類よりもっと地理的に広がっていた。

真獣類
現存の哺乳類のもう1つの大きなサブグループが、胎盤類あるいは真獣類であり、その幼児は母親の子宮で成長する。もっとも古く確かな真獣類は、中国の白亜紀前期の地層から見つかった小さな**エオマイア**である。その後も白亜紀を通じて、真獣類はより大きく一般的になり、今日地球全域で生存している。

ホプロプテリュクス

グループ 条鰭類（じょうきるい）
年代 白亜紀後期
大きさ 27cm
産出地 北アメリカ、ヨーロッパ、北アフリカ、アジア南西部

ホプロプテリュクスは現代のハシキンメ属（⇨下のコラム）の絶滅した近縁種である。その化石はチョークの堆積層で発見され、この魚が浅い水の環境にすんでいたことを物語っている。大きな眼、上を向いた小さな口、小さな歯の並んだあごをもっていた。小さな胸ビレとそのほぼ真下に腹ビレをもつ上下幅のある魚だった。1つの尻ビレは直線的な後ろの縁にあり、尾は同じ大きさの葉で二またに分かれていた。**ホプロプテリュクス**は、尾の上葉に尾神経骨と呼ばれる連続する骨をもち、他の魚より進歩していることを示している。これらの骨はまっすぐで、鰭条を支えている。尾のヒレの尾神経骨によって魚はより力強く泳ぐことができ、その存在は魚の進化の大きな前進と考えられている。これらの骨格の要素をもった魚は、硬骨魚と呼ばれている。

> 尾神経骨と呼ばれる特別な尾ヒレの骨は、ホプロプテリュクスに当時の他の魚を上回る進化上の有利さを与えた。

頭の側面に大きな眼があり、獲物をとるための視覚に優れていた

広い口と小さな歯の並んだあご

エラをおおった鰓蓋（えらぶた）

近縁関係の現生種
スレンダーラフィー

ニュージーランドの深海のサンゴ礁にすむ魚類オプティウス・エロンガトゥスは、一般的に「スレンダーラフィー」として知られる。そのラフィーは、頭に多くの粘液を分泌する管をもつために、「ハシキンメ」として知られるヒウチダイ科に属している。日中、この魚はサンゴ礁の裂け目や割れ目に隠れているが、夜になると現れ、獲物をとる。広いあごで捕まえ、全体を飲みこむのである。

307 脊椎動物

9つの結合しない背条によって支えられた角ばった背ビレで上下幅が広がっている

力強い二またに分かれた尾ビレの部分

上下幅のある平たい体

小さな胸ビレ

小さな腹ビレ

前期 | ベリアシアン | ヴァランギニアン | オーテリヴィアン | バレミアン | アプチアン | アルビアン

後期 | セノマニアン | チューロニアン | コニアシアン | サントニアン | カンパニアン | マーストリヒシアン

クシファクティヌス

グループ 条鰭類
年代 白亜紀
大きさ 体長6m
産出地 北アメリカ

最大の硬骨魚として知られる**クシファクティヌス**は、恐ろしい捕食動物だった。100以上の椎骨からなる背骨のある、長く十分に筋肉のついた体をもっていた。さらに深く二またに分かれた尾をもっていたことから、力強い泳者であり、おそらく獲物を待ち伏せるよりもむしろ追跡していたと思われる。上を向いた下あごは口を広く大きく開けることができ、大きな魚とおそらくは小さな海の爬虫類も食べることができただろう（2mのイクティオデクテス類の魚が4mの**クシファクティヌス**の化石化した胃で発見されている）。逆に**クシファクティヌス**はサメの化石化した胃の内容物から発見された。それは大きさやどう猛さにもかかわらず、この魚が古代の生態系の最高の捕食動物ではなかったことを示している。

鋭い歯の並んだあご

大きく口を開けて獲物を確保するための大きな前歯

牙のある魚
この種は獲物を刺し、確保し、傷つける、牙状の前歯をもっていた。

スクアリコラクス

グループ 軟骨魚類
年代 白亜紀
大きさ 体長5m
産出地 ヨーロッパ、北アメリカ、南アメリカ、アフリカ、中近東、インド、日本、オーストラリア、ロシア

スクアリコラクスは「カラスザメ」を意味する。**クレトクシュリナ**同様、アオザメのグループの絶滅したメンバーだった。典型的なサメの体形をもち、歯は現代のイタチザメの歯と輪かくが似ていた。最上位の捕食動物で、おそらくモササウルス類、カメ類、魚を食べただろう。孤立した歯が**クレトクシュリナ**の骨格とともに発見されている。それはこの魚が、大きな類縁魚の死体を食べていたことを示唆している。

鋭くとがった歯
この歯はのこぎりの刃のような先端をもち、とげのような冠部を支えるほぼ四角形の根をもっている。

レピソステウス

グループ 条鰭類
年代 始新世から現代
大きさ 体長75cm
産出地 北アメリカ、中央アメリカ、キューバ

レピソステウス（ガーパイク）は約1億1000万年前に初めて現れた。今日それらは北アメリカ、中央アメリカ、キューバの淡水のすみかで発見される。リザードフィッシュ（トカゲに似たエソ科の魚）と外見が似ており、おそらく海水（リザードフィッシュ）と淡水（ガーパイク）の両方の環境に存在した特別な生態的地位に適するように並行して進化したのだろう。**レピソステウス・オクラトゥス**のような現代のガーパイクは、白亜紀前期の先祖からほとんど変化しておらず、「生きた化石」となっている。

近縁関係の現生種
ガーパイク

ガーパイクは7つの種が存在するが、化石の先祖とほとんど変わっていない。先端に鼻孔のある長い口吻とエナメルのようなおおいをもつ体鱗によって、簡単に認知できる。すべての種は、汽水でのみ発見される**レピソステウス・プラトストムス**以外、淡水と汽水の両方で発見される。

ダイヤモンドのウロコ
レピソステウスは、背のはるか後方に置かれた背ビレと尾ビレのある、長い体をしていた。そして、長い口吻と小さく鋭い歯の並んだあご、重く結合したダイヤモンド型のウロコを全身にまとっていた。

ベールゼブフォ

グループ 両生類
年代 白亜紀後期
大きさ 体長40cm
産出地 マダガスカル島

ベールゼブフォ（「悪魔のヒキガエル」の意味）は2008年に発見されたばかりである。もっとも注目すべき特徴は、その大きさで、カエルあるいはヒキガエルとして知られている現生と化石のどのカエルよりも、はるかに大きい。最後の恐竜たちと共存し、新しく卵からかえった恐竜たちの幼体を食べるのに十分な大きさだった。大きな口とあごの牙のような骨のとげをもち、獲物を待ち伏せし、小さな動物が通過したときそれらを捕まえる、南アメリカの角のある現生カエルの近縁である。マダガスカルの現生カエルよりむしろ南アメリカの現生カエルと類似していることは、白亜紀における南アメリカ、インド、マダガスカル間のつながりを裏づけている。

トゥリオニクス (スッポン)

グループ	カメ類
年代	白亜紀から現代
大きさ	体長1m
産出地	世界各地

トゥリオニクスは、今日アフリカと中近東で生きのびている大きくやわらかな殻のカメである。他のやわらかな殻のカメ同様、それは皮ふにおおわれた平たい上の殻（背甲）をもち、骨板（鱗甲）を欠いている。やわらかな殻のカメ類の頭骨は、極端に長く非常に狭いので、現生のカメのなかでは異常であるが、待ち伏せして獲物をとる生活様式には理想的なデザインである。**トゥリオニクス**はおどろくほど長いあいだ生存した。その属のメンバーたちは恐竜をこの世から一掃した6500万年前の悲惨な大絶滅を生きのび、白亜紀以後も生存した。化石はまれだが、上の1例のような例外的な標本が、アメリカ・ワイオミング州の始新世のグリーン・リヴァー層で見つかっている（⇨ p.375）。

プロトステガ

グループ	カメ類
年代	白亜紀後期
大きさ	体長3m
産出地	アメリカ合衆国

白亜紀後期、北アメリカは北極海から今日のメキシコ湾にのびる大きな内海によってほぼ2つに切断されていた。巨大な魚、歯のある鳥、そして**プロトステガ**と呼ばれる巨大なカメを含む先史時代の奇妙な生物たちが、これらの暖かい水にすんでいた。**プロトステガ**はかつて存在したもっとも大きなカメの1つで、長さ約3m、重さ数百キログラムに達したが、白亜紀では**アルケロン**につぐ2番目に大きなカメだった。**プロトステガ**は完全な海生で、めったに陸には上がらなかった。その脚は効果的な櫂として機能し、厚い殻は相対的に軽く流線形で、水中を速く移動できた。頭骨にはカメの特徴があり、短く広く、口に歯がなく、鋭いくちばしを突きだしていた。

好みの食べ物
プロトステガが魚を食べたことは確かだが、それはクラゲ、イカその他のやわらかい動物を好みの獲物として標的にしたようだ。

エラスモサウルス

グループ	鰭竜類
年代	白亜紀後期
大きさ	体長9m
産出地	アメリカ合衆国

エラスモサウルスは最後のプレシオサウルス類の1つだった。体全体の長さの半分以上が首だった。首は71の椎骨を含んでいたが、これはかつて存在した他のどの動物よりも多かった。このことはエドワード・ドリンカー・コープにとって大きな混乱の原因となった。彼は1869年に最初の標本を記載したが、そのとき頭を尾の先に置いた。尾を首と間違えたのである。**エラスモサウルス**は相対的に小さな頭をもち、おそらく首を動かすことによって魚を待ち伏せしたのだろう。その長く狭い歯は、小さくやわらかな獲物を刺し捕まえるには完全だっただろう。

もっとも長い首
エラスモサウルスは、首長竜類として知られるプレシオサウルス類のサブグループに属していた。すべてが小さい頭と非常に長い首をもっていたが、どれもエラスモサウルスほど長い首はもっていなかった。

人物伝
エドワード・ドリンカー・コープ

アメリカのフィラデルフィアで生まれたエドワード・ドリンカー・コープ(1840～97)は、古生物学者、爬虫類学者、進化論者だった。多くの自然史調査と北アメリカ西部を横断する化石収集遠征隊を指揮し、多くの恐竜を含む1000以上もの脊椎動物の種を記載した。コープは同僚の古生物学者オスニエル・マーシュに対する強い競争意識でも有名で、「骨戦争」とあだ名をつけられた。

モササウルス

グループ	鰭竜類
年代	白亜紀後期
大きさ	体長15m
産出地	アメリカ合衆国、ベルギー、日本、オランダ、ニュージーランド、モロッコ、トルコ

白亜紀後期の約2000万年間、大洋はかつて進化した捕食動物のもっとも壮大なグループの1つであふれていた。モササウルス類である。これらは海の生活に適応した今日のトカゲ類とヘビ類の巨大な近縁種だった。**モササウルス**はその長い体を波打たせることによって泳ぐ、ワニに似た大食いのハンターだった。結果的にそれは長い距離を速く泳ぐことはできなかったが、必要なときは急速に加速することができた。おそらく大洋の十分に明るい水面で生き、ゆっくりと動く獲物をとっていたのだろう。そのかみ痕がアンモナイトや大きなカメの殻の上に発見され、かなり大きな獲物を捕まえることができたことをあらわしている。頭骨は最初1774年にオランダのマーストリヒトの石灰岩採石場で発見された。

恐ろしいトカゲ
モササウルスを含む海トカゲ竜類は、地球の歴史でもっとも大きくかつ恐ろしいトカゲの一部だった。だが、白亜紀後期に現れただけで、白亜紀の大絶滅で恐竜とともに一掃されてしまったため、短い期間生存したにすぎなかった。

クロノサウルス

グループ	鰭竜類
年代	白亜紀後期
大きさ	体長9m
産出地	オーストラリア、コロンビア

ギリシャの伝説の巨神族ティタンのクロノスにちなんで名づけられた**クロノサウルス**は、巨大なプリオサウルス類の最後の1つだった。大きな頭と短くずんぐりした首をもった首長竜類の1グループである。しかし最近の研究で、クロノサウルスがかつて考えられていたほど巨大ではなかったことがわかり、その推定される長さは、12mから9mに減じられた。プリオサウルス類同様、泳ぐために4つの大きなヒレ足を使ったが、それがボートの櫂のように「こぐ」ために使ったのか、ウミガメのように水面下を「飛んだ」のかはわかっていない。その答えはそのあいだのどこかにあるのだろう。

力強いあご
クロノサウルスの力強いワニのようなあごは、他の海の爬虫類を襲うことを可能にした。しかしその餌の大部分は、おそらく大きな魚だっただろう。

311 | 脊椎動物

プリオプラテカルプス

グループ 鰭竜類
年代 白亜紀後期
大きさ 体長5–6m
産出地 北アメリカ、ヨーロッパ

もっともよく知られたモササウルス類の1つは、約8000万年前、北アメリカとヨーロッパの暖かく浅い海に生きた中型の捕食動物**プリオプラテカルプス**である。その頭骨は長く力強く、現生のワニ類のような連続する厚い円錐型の歯が生えていた。その体は長くのびた流線形で、手と足は広いヒレに変化しており、尾は上下に長く筋肉質だった。このモササウルスのあごはかなり広く開けることができ、自分よりも大きな獲物をかみ、飲みこむことができた。この行動は現生のヘビにも見られ、2つのグループが近縁であることを証明する特徴の1つである。

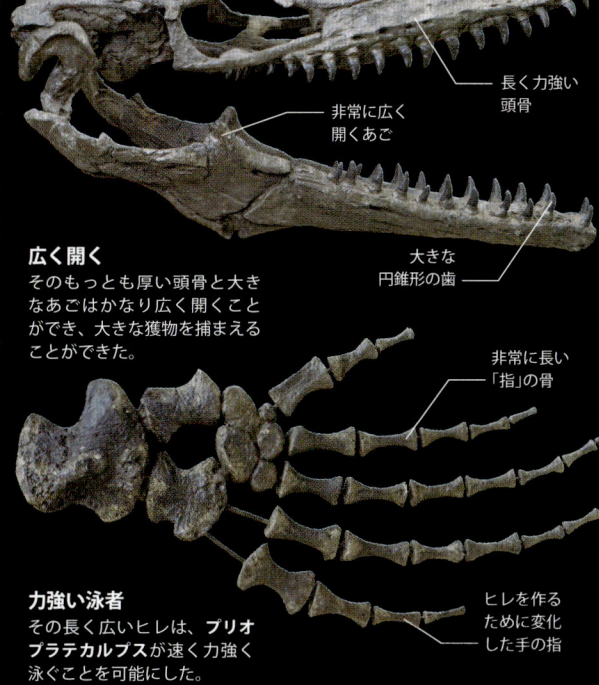

長く力強い頭骨

非常に広く開くあご

大きな円錐形の歯

広く開く
そのもっとも厚い頭骨と大きなあごはかなり広く開くことができ、大きな獲物を捕まえることができた。

非常に長い「指」の骨

ヒレを作るために変化した手の指

力強い泳者
その長く広いヒレは、**プリオプラテカルプス**が速く力強く泳ぐことを可能にした。

シモスクス

- **グループ** ワニ形類
- **年代** 白亜紀後期
- **大きさ** 体長1.5m
- **産出地** マダガスカル島

シモスクスはおそらくかつて生存したもっとも奇妙なワニ形類だろう。このグループの大部分のメンバーは、鋭い歯がいっぱいに詰めこまれた強く長い頭骨をもった力強い捕食動物だった。しかしシモスクスは、犬のパグに似た平たい顔の短い頭骨をもっていた。それだけでなく、植物を引き裂きかむのに完璧な一続きの葉型の歯の広い口をもっていた。この特別な草食のワニは、約7000万年前、白亜紀後期にマダガスカル島に生きていた。それは多くの獣脚類の恐竜同様、肉食のさらに特徴のあるワニ類とともに生存した。シモスクスは植物を基本とした摂食を進化させることで、これらの肉食動物との競争を避けた。他の草食のワニ形類も白亜紀に生きていたがまれで、今日生きのびていない。それらは草食恐竜と生態系を共有し、奇妙な生態系の組み合わせだった。

奇妙な動物

犬のパグのような鼻をした草食のシモスクスは、今日のワニ類に似ていなかったにもかかわらず、かなり奇妙な生活様式と変わった体制をもった、現生のワニ類の近縁種だった。

- 平たい顔の短い頭骨
- 力強いワニのような尾
- 葉型の歯をもった広い口
- 泳ぐために水かきになった足

デイノスクス

- **グループ** ワニ形類
- **年代** 白亜紀後期
- **大きさ** 体長12m
- **産出地** アメリカ合衆国、メキシコ

デイノスクスという名前は「恐ろしいワニ」を意味するが、それにはもっともな理由がある。サルコスクスとともに、デイノスクスは体重最大10tに達したかつて生存した最大のワニ形類の1つだった。しかしサルコスクスよりもあとまで生存し、現代のアリゲーター類を含むミシシッピーワニ類の一員である。北アメリカの海岸地域のもっともどう猛な捕食動物の1つで、一部の地域ではダスプレトサウルス(⇨ p.321)のようなティラノサウルス類と重なった。これらの生態系においてもっとも大きく力強かった捕食動物は、ティラノサウルス類ではなくデイノスクスだった。その解剖学と全体の体制は、現生のワニ類に非常によく似ていたことから、現生種の巨大版だったと想像することはたやすい。それはおそらく水辺の周りにひそみ魚や海生爬虫類、そしてときには陸の動物を食べるという現代のクロコダイル類と同じ方法で獲物をとっただろう。

恐ろしいクロコダイル

デイノスクスはティラノサウルスと同じ長さだった。獲物に大きな傷を負わせ、水のなかに引きずりこみ溺れさせるという、現代のクロコダイル類と同じ方法で獲物を殺した。

- 板のような骨のウロコ
- 頭の上の眼
- 大きな歯で武装した長く力強いあご
- 非常に短い脚

先史時代のカモメ

プテラノドンの頭骨の後ろのトサカは、仲間を惹きつけるために使われたのかもしれず、あるいは飛行中の行動の舵として使われた可能性さえある。

プテラノドン

- **グループ** 翼竜類
- **年代** 白亜紀後期
- **大きさ** 体長1.8m
- **産出地** アメリカ合衆国

プテラノドンは、白亜紀後期の北アメリカの浅い海を飛びまわっていた。それはアホウドリと同じ方法で飛び、獲物をとったようだ。その大きな群れはおそらく水の表面にいる魚を探しているあいだ、大洋上を滑空しただろう。魚の骨が1つの標本の化石化した胃から見つかっているので、魚を食べたことは確かである。長く、歯のないあごと水のなかに突っこむ流線形の頭骨をもち、魚をとることに十分適応していた。

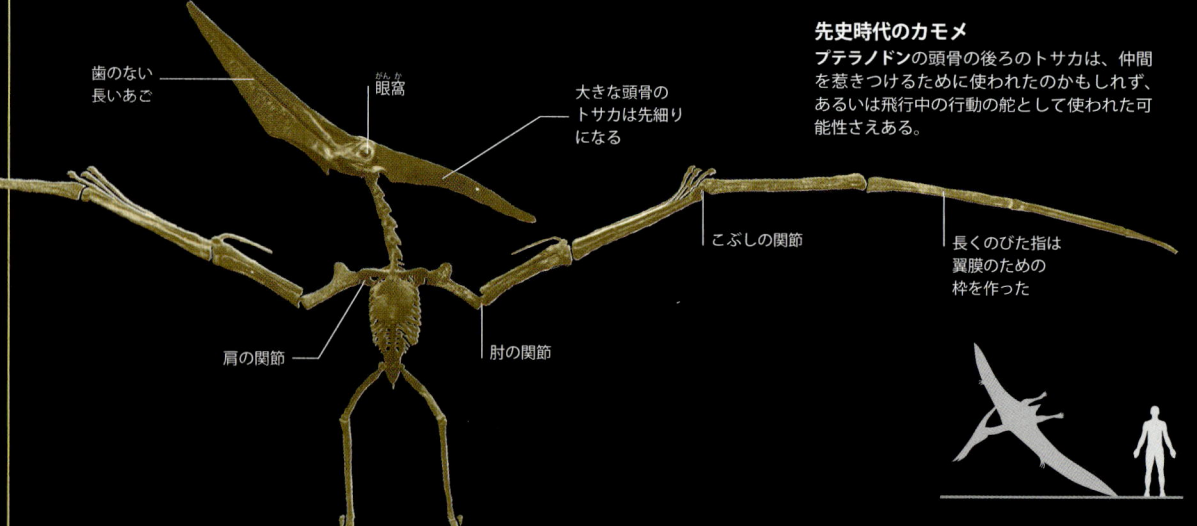

- 歯のない長いあご
- 眼窩
- 大きな頭骨のトサカは先細りになる
- こぶしの関節
- 長くのびた指は翼膜のための枠を作った
- 肩の関節
- 肘の関節

ケツァルコアトルス

グループ	翼竜類
年代	白亜紀後期
大きさ	翼幅12m
産出地	アメリカ合衆国

大きな白亜紀後期の翼竜**ケツァルコアトルス**はすべての時代で最大の飛行動物だった。その翼幅は小さな飛行機より大きく、2.5mの頭骨は最長のバスケットボール選手より大きかった。しかしその巨大なサイズにもかかわらず、骨の大部分の内部にある気嚢の複雑なシステムのおかげで、体重は250kgしかなかった。長いあいだ科学者たちは、大部分の翼竜は魚を食べ海の上を滑空しながら時間を使い、陸にあがるのは小さな哺乳類とトカゲを捕まえるためだけだったと考えていた。しかし今日では、**ケツァルコアトルス**とそのアズダルコ科の近縁種は陸の上を飛び、大きな脊椎動物を獲物として標的にしながら、その大半の時間を使っていたと信じられている。そしてそれゆえに、**ケツァルコアトルス**が恐竜の後をつけて食べ、その巨大な代謝の需要を満たしていたことも考えられる。

ケツァルコアトルスは古代アステカの羽の生えたヘビ神ケツァルコアトルにちなんで名づけられた。それはアステカの僧の守護神だった。

巨大な翼竜

ケツァルコアトルスは、飛行する翼竜のすべてのなかでもっとも空想的である。アステカの神にちなんで名づけられたこの巨大な動物は、小さな飛行機よりも大きかった。ほとんどの他の翼竜は魚を食べたが、**ケツァルコアトルス**は恐竜やその他の脊椎動物を狩った、どう猛な恐ろしい捕食動物だった。

313 脊椎動物

314

白亜紀

オルニトケイルス

グループ 翼竜類
年代 白亜紀前期
大きさ 翼幅8-10m
産出地 ヨーロッパ、南アメリカ

巨大な**ケツァルコアトルス**が北アメリカの平原で恐竜のあとをつけていた時代（⇨ p.313）の約4000万年前、白亜紀前期に、別の巨大な翼竜がヨーロッパと南アメリカを支配していた。この大きな動物**オルニトケイルス**は、**トゥロペオグナトゥス**という、今では正しくないと考えられている名前でときどき呼ばれることがある。**オルニトケイルス**は、長いあいだ古生物学者の頭痛の種だった。それは断片的な化石しか知られていなかったからだ。しかしこれらの骨は、その翼幅が10mに達したかもしれないことを示唆している。よりなじみのある**ケツァルコアトルス**とほぼ同じ大きさである。**オルニトケイルス**の近縁種で**アンハングエラ**と呼ばれる、南アメリカのより小さな翼竜は、例外的によく保存された化石で知られている。これにより、科学者たちは翼竜の力強い脳の細部を注意深く研究することができた。**アンハングエラ**は明らかに鋭い感覚と強いバランス感覚をもっており、それらはすべて複雑で危険な行動である飛行に必要だった。

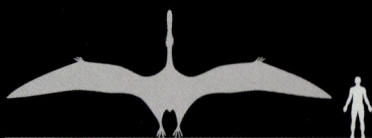

オルニトケイルスは、10種以上がこの属に分類されているが、これらの大部分は研究するのがむずかしい、化石の断片的な破片を基にしている。

空の巨人

オルニトケイルスはもっとも謎めいた堂々たる翼竜の1つだが、それはまた長いあいだ古生物学者のフラストレーションの原因だった。化石の小さな断片が知られているにすぎないが、それでも、オルニトケイルスがこれまでに生存した最大の飛行動物の1つであり、小さな飛行機ほどの大きさであったことを示している。

とげのあるトカゲ

この巨大な獣脚類は背に帆のような組織をもっていた。帆は背骨から上に向かってのびる高い、骨のようなとげによって支えられていた。帆の機能はわからないが、ディスプレー（誇示行動）に使われたか、あるいは体温調整を助けていたのかもしれない。

基部に力強い筋肉をもった上下に厚く狭い尾

力強い後脚

人物伝
エルンスト・シュトローマー・フォン・ライヘンバッハ

スピノサウルスは、ドイツの古生物学者エルンスト・シュトローマー・フォン・ライヘンバッハ（1870〜1952）によって記載されたいくつかの恐竜の1つである。シュトローマーは1910年と11年に北アフリカの岩場を探検した。始新世の動物を発見したいと望んでいたが、かわりに白亜紀の恐竜を発見したのである。エジプトのグレートウェスタン砂漠では、ドイツのミュンヘンへ船でもち帰ることになる、多くの骨を発見したが、これらの化石は、第2次世界大戦の爆撃によって破壊されてしまった。シュトローマーは博物館の館長に、化石をもっと安全な場所に移すように要求していたが、実現しなかった。さらにシュトローマーにとって悲劇的だったのは、2人の子どもを戦争で失い、3人目の子どももソヴィエト軍に捕えられてしまったことだった。

前期 / 後期

ベリアシアン / ヴァランギニアン / オーテリヴィアン / バレミアン / アプチアン / アルビアン / セノマニアン / チューロニアン / コニアシアン / サントニアン / カンパニアン / マーストリヒシアン

スピノサウルス

グループ	獣脚類
年代	白亜紀後期
大きさ	体長16m
産出地	モロッコ、リビア、エジプト

スピノサウルスはもっとも有名な獣脚類の1つで、またもっとも大きかったと推定されている。だが不幸なことに、発見された最初で最高の標本は、第2次世界大戦のあいだに連合軍のドイツ爆撃によって破壊されてしまった。この標本は下あごと高いとげをもった保存のよい脊椎を含んでいた。エルンスト・シュトローマー（⇨左ページのコラム）による最初の発見後は、少数の関節のつながった化石が発見されただけだった。しかし非常に多くの広い地域から出た部分的な化石は、この恐竜が白亜紀後期に比較的ありふれた動物だったことを示している。多くの点において、スピノサウルスは大きな獣脚類の典型といえるが、解剖学の2つの領域（頭骨と脊椎）においては、典型的ではなかった。口はクロコダイルのように長く、その先端からかなり後ろに鼻孔の開口部があり、獣脚類の通例よりも眼のほうに近かった。上あごの先端は広がり、口の残りの部分と比較すると丸く、この領域の歯は車輪の軸のように放射状に外に出ていた。歯は横断面が丸く（ほとんどの他の獣脚類では卵型の歯である）、鋸歯は歯の竜骨になかった。これらの特徴はすべて、あごを水に突っこんで魚を捕まえたことを示唆している。しかし陸の小型、中型の恐竜を食べるのにも、十分大きく力強かった。

- とげによって支えられた垂直の帆
- 首は他の獣脚類に比べてあまり大きく曲がっていなかったかもしれない
- 大きな円錐形の歯
- 3本指の手をもつ頑丈な筋肉質の腕
- 3本の長い前を向いたかぎ爪のある指

16mの長さと体重12t以上あったスピノサウルスは、過去最大の獣脚類だったと考えられている。

脊椎動物

スコミムス

- **グループ** 獣脚類
- **年代** 白亜紀前期
- **大きさ** 体長9m
- **産出地** ニジェール

断片的な化石は、バリオニクス（⇨右）の近縁種がアフリカ西部のニジェールで生きていたことを久しく示していた。これは1998年に**スコミムス・テネレンシス**という命名で確かなものになった。低い刃のようなトサカは、口吻の上面に沿って広がり、高い隆起が背とおそらく尾に沿って走っていただろう。腕は頑丈で、大きな筋肉がついているのは彼らが力強かったことを示唆している。

クロコダイルの模倣

スコミムスは「クロコダイルの模倣」を意味する。非常に長く狭いクロコダイルに似た口をもっていたために命名された。

バリオニクス

- **グループ** 獣脚類
- **年代** 白亜紀前期
- **大きさ** 体長9m
- **産出地** イギリス諸島、スペイン、ポルトガル

バリオニクス・ウォーカーは1983年にアマチュアの古生物学者によって発見され、ヨーロッパのもっとも興味深い恐竜の化石の1つであることが証明された。クロコダイルに似たあごと歯はみごとに典型的な獣脚類の骨格と結合していた。**バリオニクス**はスピノサウルス類で、スピノサウルス（⇨p.316）にちなんで名づけられた科に属していた。**スピノサウルス類**は背骨に沿って走る高いとげのトサカで知られている。最初に発見されたとき、**バリオニクス**は脊椎の上部に短い針骨だけをもっていると考えられた。しかし新しい標本はこれらの針骨は、**スピノサウルス**のものほどではないが、もっと長かったことを教えてくれていた。そして**バリオニクス**とおそらくすべてのスピノサウルス類は、小さな恐竜を含む他の獲物も食べた、特殊化した魚食恐竜だったと思われる。

最初の発見

このバリオニクスの標本は、側面を見せて横たわって発見された。水たまりの縁で死に、その死体はのちに泥に埋まってしまったのである。

構造

長い頭骨

バリオニクスは長いクロコダイルのような頭骨をもっていた。その鼻孔は口の先端からさらに後ろに位置しており、上あごは曲がっていた。頭骨の形は、長いあごを水のなかに突っこみ、魚を食べる獣脚類だったことを示している。

イッリタートル

- **グループ** 獣脚類
- **年代** 白亜紀前期
- **大きさ** 体長8m
- **産出地** ブラジル

スピノサウルス（⇨p.316）の近縁種**イッリタートル**は、完全に近い頭骨がブラジルの白亜紀の岩から発見され、その1996年に命名された。しかし、頭骨は翼竜の頭骨に見えるように発見者によって変更されていた。結局その標本を研究した科学者たちは最初その正体に惑わされ、彼らがつけた名前（「苛立たせる存在」という意味）は、欺かれたことに対する苛立ちを反映している。スピノサウルス同様、骨のトサカが**イッリタートル**の口の上面にあった。スピノサウルスのトサカとは異なり、**イッリタートル**のものは眼窩の上に広がっていた。鼻孔の開口部は口吻の先端からかなり離れており、歯は円錐形の冠をもっていた。骨格は今までまったく発見されていないので、その生理や行動についてはほとんどわかっていない。その他のスピノサウルス類同様、魚を捕まえていたであろうし、死肉や陸の動物も食べたにちがいない。この摂食行動の証拠は、翼竜の首の骨のなかに埋めこまれたスピノサウルス類の歯の発見から出ている。

- 背に沿った高い帆
- 狭い頭骨
- 曲がった細い首
- 3本指の手
- 力強いふくらはぎの筋肉
- 短く盛りあがった第1指

重いかぎ爪

バリオニクスは、親指に大きな曲がったかぎ爪をもち（バリオニクスという名前は「重いかぎ爪」を意味する）、その上腕の骨（上腕骨）には大きな筋肉が付着する場所があった。

― クロコダイルに似た顔
― 力強い腕

2本の脚

専門家は、最初バリオニクスが4足で歩いたかもしれないと言っていたが、今日では他の獣脚類同様、2足で歩いていたことがわかっている。

カルカロドントサウルス

グループ	獣脚類
年代	白亜紀後期
大きさ	体長11m
産出地	モロッコ、チュニジア、エジプト

カルカロドントサウルスは、1931年に命名された巨大なアフリカのアロサウルス類の獣脚類だった。そののこぎり状の歯は、名前の由来である巨大な白いサメ、カルカロドンの歯に似ていた。口の前よりも後ろのほうが高い、狭い頭をもっていた。最近発見された部分的な頭骨は、1.6m以上の長さがあった。眼の上に突出した頭骨の頂上の骨の隆起と頭骨の側面の骨は、特徴的なシワのあるきめをもっていた。厚いあごと長い歯を使いながら、竜脚類やその他の恐竜を食べたのかもしれない。

狭い体 ― 大きな太腿の筋肉

厚い筋肉

巨大な骨組みと鋭い歯をもったカルカロドントサウルスは、確かに完成された捕食動物だった。

長い帆

スピノサウルス同様、イッリタートルは背に沿って長い帆をもっていたと推測されている。しかしイッリタートルは頭骨だけで知られているので、推測の域を出ていない。

― 長く狭い尾

ギガノトサウルス

グループ	獣脚類
年代	白亜紀後期
大きさ	体長12m
産出地	アルゼンチン

ギガノトサウルス（「巨大な南のトカゲ」を意味する）は、ティラノサウルス（⇨ p.322）のもっとも大きなものとして知られる個体と同じ大きさだった。その頭骨と骨格は、カルカロドントサウルス（⇨上）にもよく似ていた。眼の上と前の骨は、低い角に似た突起をもっていた。ギガノトサウルスは竜脚類リマユササウルス、アンデサウルスそしてアルゼンチノサウルス（⇨ p.332）とともに生き、それらを食べたかもしれない。

力強い首

化石はギガノトサウルスの首が頑丈で力強く、そして大きな頭を支えていたことを示している。

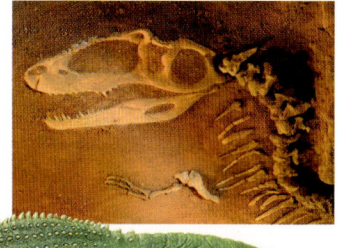

― 貧弱な腕

特徴的な顔

棚のような骨の隆起がギガノトサウルスの眼窩の上にある。その下あごには特徴的な骨の塊があり、角ばっていた。

アクロカントサウルス

グループ	獣脚類
年代	白亜紀前期
大きさ	体長12m
産出地	アメリカ合衆国

アクロカントサウルスはアフリカのカルカロドントサウルス（⇨上）に密な関係がある、巨大な北アメリカのアロサウルス類だった。大きな獲物を捕まえるとかたくなった、背に沿って走る高いとげからなる広い筋肉質の隆起をもっていた。かたくなることで、獲物を引き裂いたとき、その体の重さを支えるのを助けた。その力強い腕は動きが限定されていたが、指は多くの屈曲に耐えることができる大きな曲がったかぎ爪で武装されていた。これはその手が獲物をつかんだことを示唆しているが、獲物を殺すためにはあごを使った。

イッリタートルを研究した科学者たちは、**最初その正体に惑わされた**。つけられたその名前は、欺かれたことに対する苛立ちを反映している。

― 深い口の骨
― 頑丈な下あご

破壊的なあご

アクロカントサウルスのあごは、主要な殺りく用の武器だった。その頭骨はほぼ三角形で、眼窩は狭く、大きな骨のこぶがそれぞれの眼の上にあった。

脊椎動物

アウカサウルス

グループ	獣脚類
年代	白亜紀前期
大きさ	体長4m
産出地	アルゼンチン

アウカサウルスはカルノタウルス(⇨次ページ)と密接な関係があり、カルノタウルス族と呼ばれるグループに統一されている。頭骨は短く上下幅のある口だったが、カルノタウルスほどではなかった。角のかわりに、それぞれの眼の上に低い突出部をもっていた。小さな腕は角のある近縁種に似ていたが、比較的長く、骨にはカルノタウルスに見られる不均衡な部分と特別な骨の突起はなかった。手は変わっていた。4つの中手骨は存在したが、1番目と4番目は指がなかった。2番目と3番目は短い指が付着していたが、かぎ爪がなかった。アウカサウルスはリオ・コロラド層で発見された。ここは獣脚類アルバレズサウルス、ヴェロキサウルスや竜脚類ネウクェンサウルスを含む多くの恐竜の化石が出た、アルゼンチンの白亜紀後期の岩である。多くの竜脚類の卵もこの堆積層から見つかっている。

尾の先の半分が失われているだけで、美しく保存されたほぼ完全な骨格で知られるアウカサウルスは、2002年に命名された。

おそらく捕食動物だっただろう

アウカサウルスの行動についてはほとんど知られていない。しかし大部分の大きな獣脚類同様、この恐竜が他の恐竜の捕食動物だったことはほぼ確かである。おそらくより小さな獣脚類や鳥盤類を食べていたのだろう。

脊椎動物

カルノタウルス

- **グループ** 獣脚類
- **年代** 白亜紀後期
- **大きさ** 体長9m
- **産出地** アルゼンチン

「肉を食べる雄牛」を意味する**カルノタウルス**は、よく保存された部分的な骨格によって1985年に命名された。頭骨は獣脚類としては短く上下幅があり、そして厚くて先の丸い目立つ角が、眼の上の頭骨頂部から突きだしていた。それはディスプレー（誇示行動）か闘争で使われたのかもしれない。明らかな機能を欠いていると思われるその貧弱な腕は、やはりディスプレーに使われたのかもしれない。骨格とともに保存された皮ふの印象は、大きな竜骨の入った鱗甲が首と体の上に列を作って並んでいたことを示している。最近まで**カルノタウルス**はアベリサウルス科のもっともよく知られたメンバーだった。しかし今では、マダガスカル島の**マジュンガサウルス**がもっと完全な化石で知られている。

- 皮ふは小さな装甲でおおわれていた
- 浅く弱い下あご
- 小さな4本指の手
- 足はまだ発見されていない

特別な腕
カルノタウルスの上腕骨は長くまっすぐだったが、下腕と手は非常に短かった。肩関節は非常によく動いたため、大部分の獣脚類よりもっと自由に腕を動かすことができた。

構造
先の丸い角

カルノタウルスは眼の上に先の丸い角をもっているので有名だった。生きているとき、これらは角のような鞘におおわれていたため、実際の形は、化石の形とは違っていたかもしれない。たとえばより長くかとがっていたかもしれない。一部の古生物学者たちは、角が他種の獣脚類のメンバーを威嚇するために使われた可能性があったと示唆している。またライバルの雄とのけんかに使われたと考える学者もいる。

サンタナラプトル

- **グループ** 獣脚類
- **年代** 白亜紀前期
- **大きさ** 体長3m
- **産出地** ブラジル

この小さな、あまり知られていない獣脚類の1つの標本は、骨盤、後肢、尻の骨で構成され、全体の外観についてはほとんど情報を与えていない。しかしそれは明らかにコエルロサウルスで、その数少ない細部事項が、ティラノサウルス類の先祖だったかもしれないことを示唆している。それは**ディロング**や**グアンロン**（⇨ p.262）のような動物に類似しており、長い腕と3本指の手と細長い後肢をもっていたと考えられている。保存された筋肉と皮ふ組織の断片が発見されたが、不幸なことに皮ふの外のおおいの痕跡はなかった。

ダスプレトサウルス

- **グループ** 獣脚類
- **年代** 白亜紀後期
- **大きさ** 体長9m
- **産出地** 北アメリカ

大きくてがっしりした**ダスプレトサウルス**はティラノサウルスの近縁種だったが、地質学的にはもっと古い。その頭骨は大部分のティラノサウルス類よりは比較的大きく長かったが、**ティラノサウルス**より大きく、上下幅が長く、広いということはなかった。**ティラノサウルス**とは異なり、眼の上と前に短い三角形の角とこぶだらけの上面の口、広い頬をもっていた。先の丸い角のような塊が、眼窩の下から両側に突出していた。これらの特徴は大きなティラノサウルス類の典型だった。

強いあご
ダスプレトサウルスの下あごは力強い作りだった。歯は厚くがっしりしており、たくましいあごの骨にしっかり埋めこまれた長い根をもっていた。

- 頑丈で上下幅のあるあごの骨

アルバートサウルス

- **グループ** 獣脚類
- **年代** 白亜紀後期
- **大きさ** 体長9m
- **産出地** カナダ

アルバートサウルスは、別の北アメリカのティラノサウルス類**ゴルゴサウルス**の近縁種だった。かつてその2つは同じ属に含まれるほどよくに似ていると考えられていた。しかし、さまざまな頭骨の細部が異なっているため、最近では別のものと見なされている。**アルバートサウルス**はまた、**ゴルゴサウルス**よりもさらに細い後脚と比較的小さな前脚をもっていたと思われるが、両者は全体的に大きさが同じだった。多くの幼体と成体の化石を含む**アルバートサウルス**のボーンベッド（骨層）がある。これは**アルバートサウルス**が群れで行動するなど、社会的動物だったことを示す発見であった。

- 眼の前の三角形の角
- 厚く強化された頭骨の骨
- あごの先端の短い歯

頭骨の解剖
アルバートサウルスと**ゴルゴサウルス**は解剖学的特徴を共有していたにもかかわらず、**アルバートサウルス**の一部の頭骨の解剖では、**ダスプレトサウルス**や**ティラノサウルス**にさらに似ていることがわかった。

- 深い根の歯をもった強いあご
- 短く、指が2本ある腕
- 長く細い後脚

軽い体重の走者
アルバートサウルスは、ティラノサウルス類としては軽い作りだった。一部の専門家たちはそのことから、ハドロサウルス類のように速く走る獲物を追いかけて捕まえることが得意だったと言っている。

ティラノサウルスのかむ力は他のどの動物よりも強かったと推定されている。

大きな穴あるいは窓が頭骨を軽くすることを助けた

相対的に短い首

後ろの広い頭骨、だが口は非常に狭い

体腔
非常に重い作りの体と広い体腔をもっていたにもかかわらず、**ティラノサウルス**の背の脊椎には、重さを減らすための穴があった。

トカゲの尻
ティラノサウルスは竜盤類、あるいはほとんどの現代の爬虫類と同じ尻の骨の配列をもつ「トカゲの尻」の恐竜だった。

鋭いかぎ爪

かぎ爪のある指
ティラノサウルスは非常に短い腕と2つの目立つ指、1つの退化した（後退した）指をもっていた。2つの大きな指は鋭く曲がったかぎ爪をもっていたが、その機能はおそらくかなり限られていただろう。

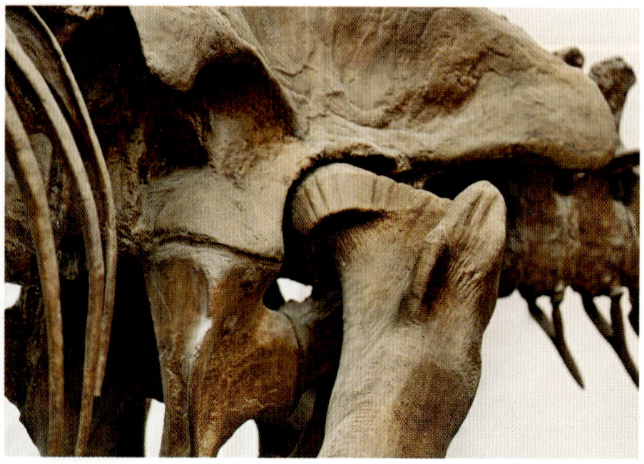

大きな口
ティラノサウルスの大きな口は、最大58の鋸歯をもっていた。これらは大きさが異なり、最長のものは約15cmだった。あごの前方にある歯は後方部より密に詰めこまれていた。

ティラノサウルス

- **グループ** 獣脚類
- **年代** 白亜紀後期
- **大きさ** 体長12m
- **産出地** 北アメリカ

ティラノサウルス属はもっとも有名な恐竜ティラノサウルス・レックスを含んでいる。アメリカのモンタナ州の白亜紀後期のヘルクリーク層で最初に発見されたその恐竜は、北アメリカ西部全体に広がっていた。**ティラノサウルス**は、かつて地上に存在した肉食動物では最大のものの1つだったが、活動的なハンターだったか死体処理者だったかは多くの議論の分かれるところである。その化石化した顔に保存されたすり切れた歯と骨の断片は、それが定期的に骨をくだき飲みこんでいたことを示唆している。一部の科学者たちは、その腕が獲物をつかむにはあまりにも短すぎるという事実や、高度に発達した嗅覚をもっていたと信じられているために、この恐竜が死体処理者だったという考えを支持している。しかし大部分の古生物学者は、**ティラノサウルス**がおそらく必要なときには活動的に獲物をとることができた、日和見主義の肉食動物だったと信じている。

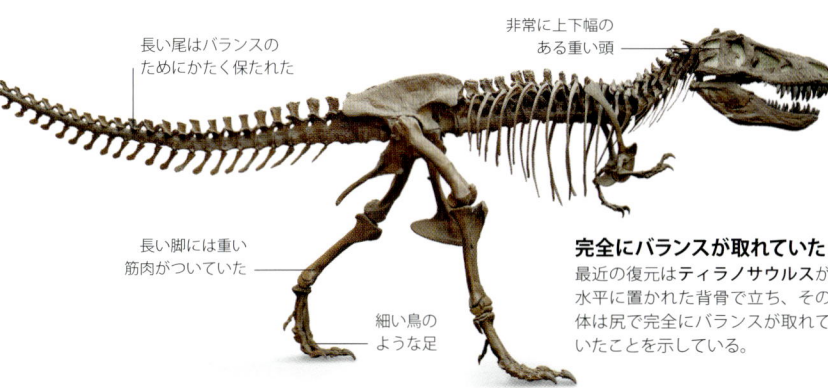

- 長い尾はバランスのためにかたく保たれた
- 非常に上下幅のある重い頭
- 長い脚には重い筋肉がついていた
- 細い鳥のような足

完全にバランスが取れていた
最近の復元は**ティラノサウルス**が水平に置かれた背骨で立ち、その体は尻で完全にバランスが取れていたことを示している。

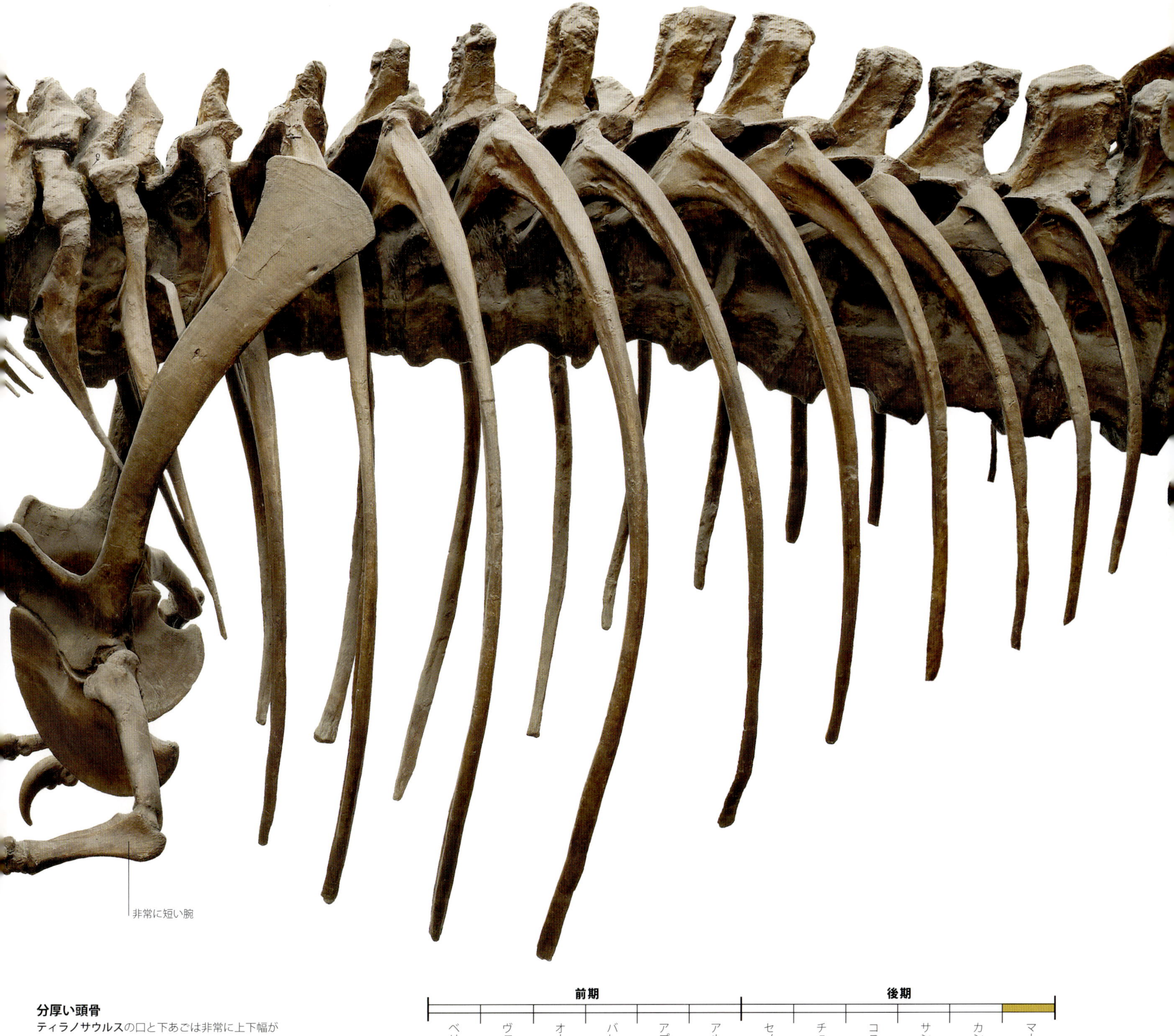

- 非常に短い腕

分厚い頭骨
ティラノサウルスの口と下あごは非常に上下幅があり、頭骨の後ろ、とくに頬の領域全体が広かった。眼窩はどの他のティラノサウルス類よりも正面を向いており、**ティラノサウルス**が鋭い両眼の視野をもっていたことを示唆している。

前期						後期					
ベリアシアン	ヴァランギニアン	オーテリヴィアン	バレミアン	アプチアン	アルビアン	セノマニアン	チューロニアン	コニアシアン	サントニアン	カンパニアン	マーストリヒシアン

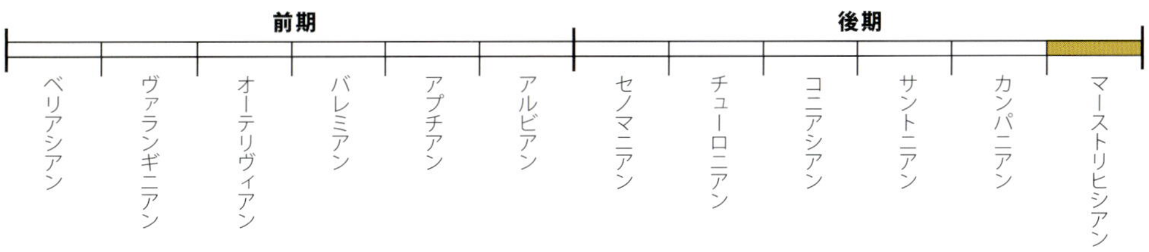

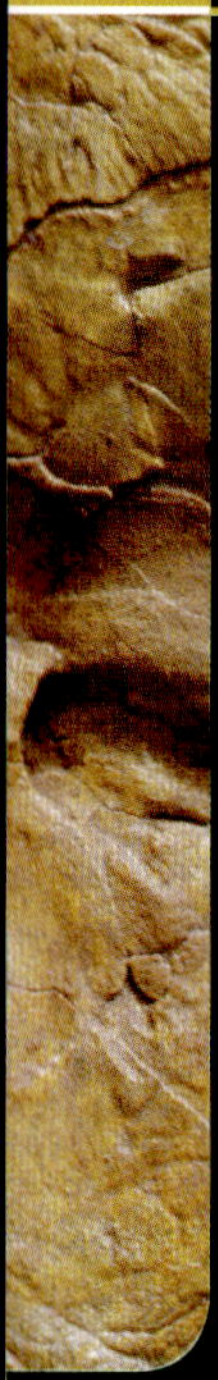

324 タルボサウルス

グループ	獣脚類
年代	白亜紀後期
大きさ	体長12m
産出地	モンゴル、中国

タルボサウルスはアジアの大きなティラノサウルス類で、北アメリカの**ティラノサウルス**（⇨ p.322）の近縁種だった。実際、同じ属の異なった種と見なすべきだと提案する専門家もいる。しかしこの２種は多くの細部が異なっており、タルボサウルスは**アリオラムス**や**ダスプレトサウルス**（⇨ p.321）に近かった可能性がある。タルボサウルスは異なった頭骨と口をもち、ティラノサウルスよりわずかに歯が多かった。両者は異なった獲物に依存していたので、これらの違いが進化したものと思われる。**ティラノサウルス**は巨大な角のある恐竜と共生したが、タルボサウルスはおそらく竜脚類、ハドロサウルス類、アンキロサウルス類を狩っただろう。あるタルボサウルスの化石は下あごの下に喉袋を保存していたようだ。これは繁殖期にふくらませることができるディスプレー（誇示行動）構造として使われたかもしれない。

力強い捕食動物
タルボサウルスはここに描かれたハドロサウルスのような草食恐竜を攻撃するために、力強いあごと歯を使った。それは竜脚類のようなより大きな獲物の横腹や太腿を攻撃したかもしれない。

> タルボサウルスの２本の指のある前脚は、類縁属のティラノサウルスのそれよりも小さかった。

頭骨を軽くした窓

頑丈なのこぎり状の歯

より弱い頭骨
タルボサウルスは類似の**ティラノサウルス**よりも狭く弱いつくりの頭骨をもっており、口の頂点に沿った骨は同じ方法で結合していなかった。

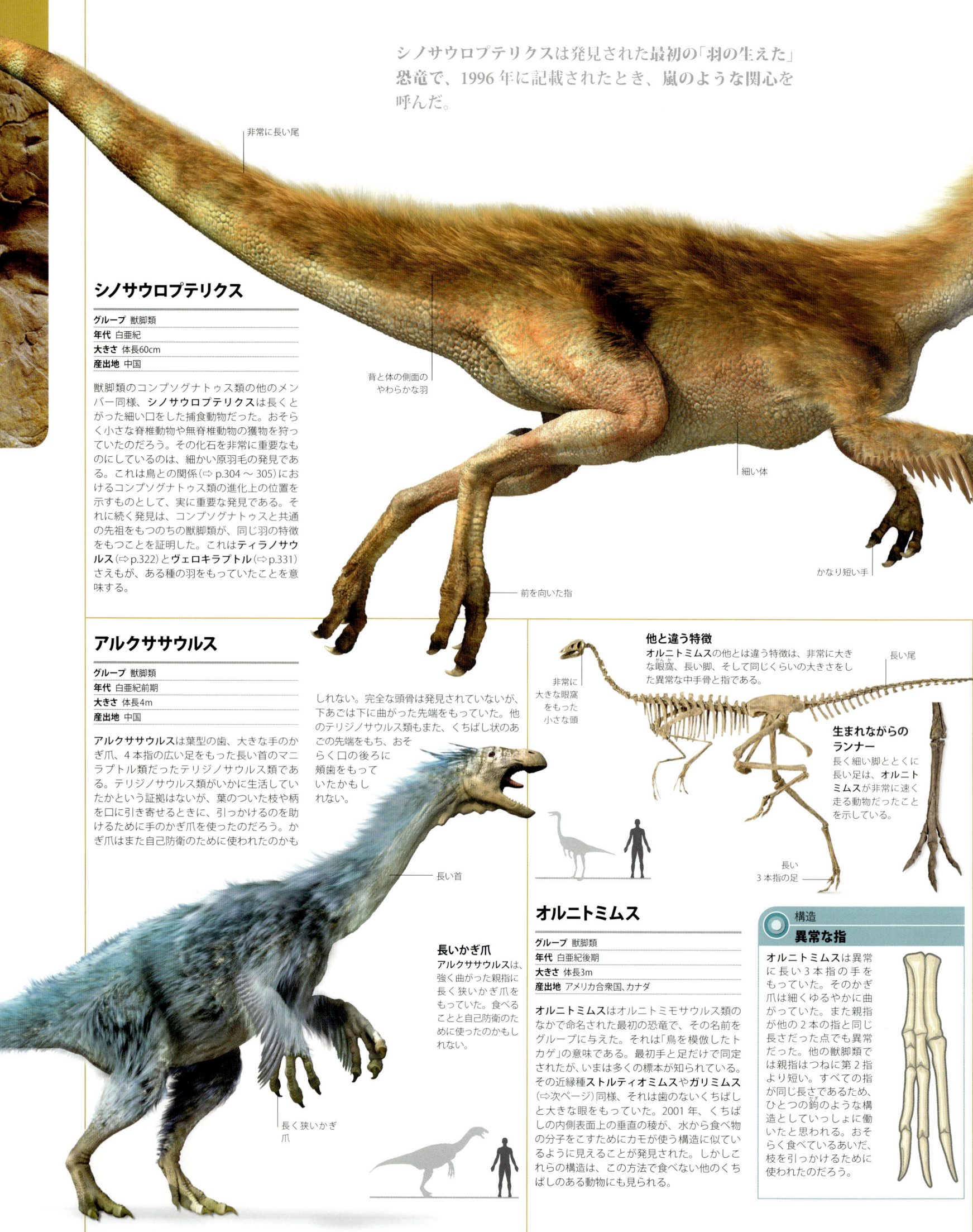

シノサウロプテリクスは発見された最初の「羽の生えた」恐竜で、1996年に記載されたとき、嵐のような関心を呼んだ。

シノサウロプテリクス

グループ	獣脚類
年代	白亜紀
大きさ	体長60cm
産出地	中国

獣脚類のコンプソグナトゥス類の他のメンバー同様、シノサウロプテリクスは長くとがった細い口をした捕食動物だった。おそらく小さな脊椎動物や無脊椎動物の獲物を狩っていたのだろう。その化石を非常に重要なものにしているのは、細かい原羽毛の発見である。これは鳥との関係（⇨ p.304～305）におけるコンプソグナトゥス類の進化上の位置を示すものとして、実に重要な発見である。それに続く発見は、コンプソグナトゥスと共通の先祖をもつのちの獣脚類が、同じ羽の特徴をもつことを証明した。これはティラノサウルス（⇨ p.322）とヴェロキラプトル（⇨ p.331）さえもが、ある種の羽をもっていたことを意味する。

アルクササウルス

グループ	獣脚類
年代	白亜紀前期
大きさ	体長4m
産出地	中国

アルクササウルスは葉型の歯、大きな手のかぎ爪、4本指の広い足をもった長い首のマニラプトル類だったテリジノサウルス類である。テリジノサウルス類がいかに生活していたかという証拠はないが、葉のついた枝や柄を口に引き寄せるときに、引っかけるのを助けるために手のかぎ爪を使ったのだろう。かぎ爪はまた自己防衛のために使われたのかもしれない。完全な頭骨は発見されていないが、下あごは下に曲がった先端をもっていた。他のテリジノサウルス類もまた、くちばし状のあごの先端をもち、おそらく口の後ろに頬歯をもっていたかもしれない。

長いかぎ爪
アルクササウルスは、強く曲がった親指に長く狭いかぎ爪をもっていた。食べることと自己防衛のために使ったのかもしれない。

他と違う特徴
オルニトミムスの他とは違う特徴は、非常に大きな眼窩、長い脚、そして同じくらいの大きさをした異常な中手骨と指である。

生まれながらのランナー
長く細い脚ととくに長い足は、オルニトミムスが非常に速く走る動物だったことを示している。

オルニトミムス

グループ	獣脚類
年代	白亜紀後期
大きさ	体長3m
産出地	アメリカ合衆国、カナダ

オルニトミムスはオルニトミモサウルス類のなかで命名された最初の恐竜で、その名前をグループに与えた。それは「鳥を模倣したトカゲ」の意味である。最初手と足だけで同定されたが、いまは多くの標本が知られている。その近縁種ストルティオミムスやガリミムス（⇨次ページ）同様、それは歯のないくちばしと大きな眼をもっていた。2001年、くちばしの内側表面上の垂直の稜が、水から食べ物の分子をこすためにカモが使う構造に似ているように見えるものが発見された。しかしこれらの構造は、この方法で食べない他のくちばしのある動物にも見られる。

構造
異常な指
オルニトミムスは異常に長い3本指の手をもっていた。そのかぎ爪は細くゆるやかに曲がっていた。また親指が他の2本の指と同じ長さだった点でも異常だった。他の獣脚類では親指はつねに第2指より短い。すべての指が同じ長さであるため、ひとつの鉤のような構造としていっしょに働いたと思われる。おそらく食べているあいだ、枝を引っかけるために使われたのだろう。

ストルティオミムス

- **グループ** 獣脚類
- **年代** 白亜紀後期
- **大きさ** 体長4.5m
- **産出地** カナダ

ストルティオミムスはいくつかの密接に関係のあるオルニトミモサウルス類の1つである。最初の標本は、カナダのアルバータ州で発見され、骨盤と後脚の断片だけだった。しかし、尾の先端と頭骨頂部のみを失ったはるかにすばらしい標本がその後発見された。ストルティオミムスはその最近縁種であるオルニトミムスに似ているように見えたが、より長い体と尾、そしてより短い後脚をもっていた。その手と手のかぎ爪はとくに長く、そして親指は他の指と向かい合わせにならず、握る能力を低下させていた。

細くとがった頭と口

長く細い手のかぎ爪

非常に長い尾

長く力強い脚

ダチョウに似ている
ストルティオミムスは「ダチョウの模倣」を意味する。類似した脚の構造のためにそう呼ばれる。それは両方とも速度を出すためにデザインされていた。

大発見
シノサウロプテリクスは発見された最初の「羽の生えた」恐竜で、1996年に記載されたとき、嵐のような関心を呼んだ。その原始的な羽は現代の鳥に見られるやわらかな羽に非常に似ているように思われる。

ガリミムス

- **グループ** 獣脚類
- **年代** 白亜紀後期
- **大きさ** 体長6m
- **産出地** モンゴル

ガリミムスはもっとも大きく有名なオルニトミモサウルス類の1つである。最初先端が上に曲がった口をもっていると考えられたが、最近の証拠は、実際に広く先の丸い先端をもっていたことを示している。下あごは他のオルニトミモサウルス類よりも深く短かった。ガリミムスはこのグループの他のメンバーよりも比較的短い腕、小さな手、短い手のかぎ爪をもっていた。それは、前脚を他のオルニトミモサウルス類とは異なったふうに使っていたことを示している。食物を見つけるために地面をかいたかもしれない。

細い柔軟な首

長い尾

長く力強い脚

かなり短い、ものをつかむかぎ爪

先の丸いくちばし
ガリミムスは先端が非常に丸い、長くて歯のないくちばしをもっていたが、何を食べていたかは正確には明らかではない。大きな眼をしていたが、両眼で見ることはできなかった。

大きな眼窩

長く歯のないくちばし

ニワトリの模倣
ガリミムスの首の解剖は、記載者にニワトリの首を思いださせた。この名前が「ニワトリの模倣」を意味する理由がわかる。細い脚と長い尾は、速く走る動物だったことを示している。

キロステノテス

- **グループ** 獣脚類
- **年代** 白亜紀後期
- **大きさ** 体長4m
- **産出地** アメリカ合衆国、カナダ

キロステノテスは長い頭骨と頭の頂上に上下幅のある丸いトサカをもつ、大きな北アメリカのオヴィラプトロサウルス類だった。その下あごは長く浅く、上に曲がったシャベル型の先端をもっていた。2つの歯のような突起が口蓋の中央から突起していたが、真正の歯はなかった。第2指のかぎ爪は、他のオヴィラプトロサウルス類に見られる曲がった指とは対照的にまっすぐだった。

力強く曲がったかぎ爪

ユニークな技術
キロステノテスは2つの曲がったかぎ爪と1つのまっすぐなかぎ爪をそれぞれの手にもっていた。これで岩の下を探し、小さな動物を突き刺すために使ったのかもしれない。

インゲニア

- **グループ** 獣脚類
- **年代** 白亜紀後期
- **大きさ** 体長2m
- **産出地** モンゴル

インゲニアは短く丸い頭骨をもった、歯のないオヴィラプトロサウルス類だった。近縁種と比較して、腕はとくに短く、手は頑丈で強かった。一方、第1指は他の2つより非常に長かった。またその尾は他のオヴィラプトロサウルス類より上下幅が大きかった。これらの異常な特徴は、すべてインゲニアがその近縁種とは異なることを行っていたことを示唆しているが、その習慣と生活様式は謎のままである。しかしすべてのオヴィラプトロサウルス類同様、インゲニアには羽が生えており、鳥のようだった。

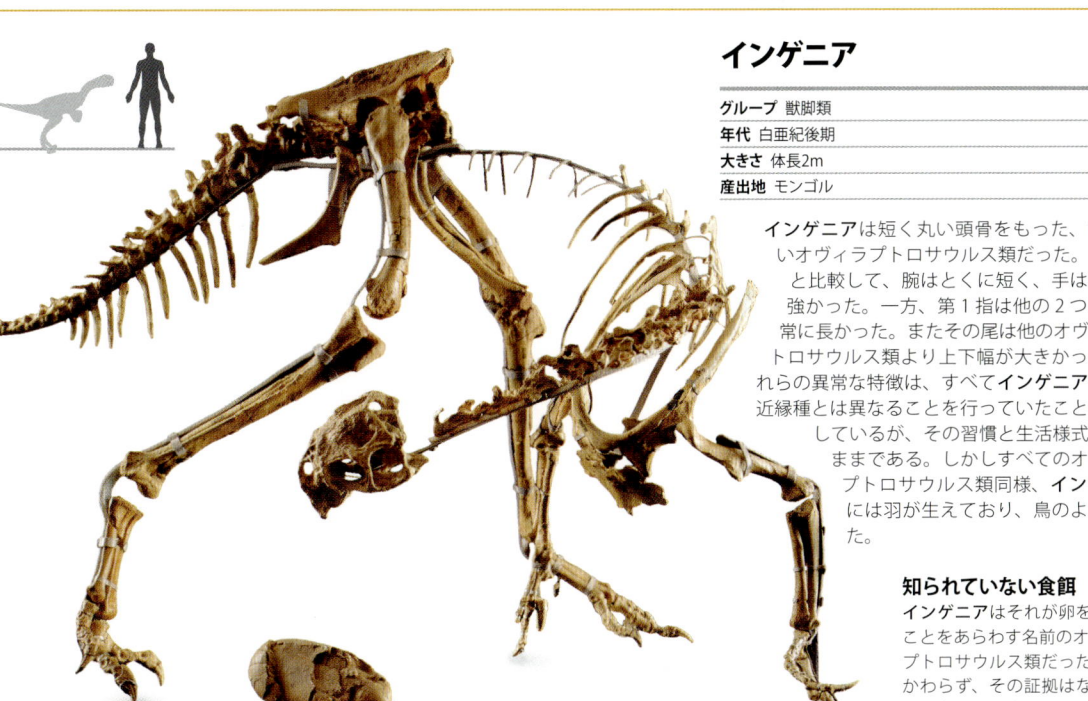

知られていない食餌
インゲニアはそれが卵を食べることをあらわす名前のオヴィラプトロサウルス類だったにもかかわらず、その証拠はなく、本当の食餌はまだ不明である。

脊椎動物

327

オヴィラプトルの卵
モンゴルのゴビ砂漠で発見されたこれらの化石化した恐竜の卵は、かつて**プロトケラトプス**(⇨ p.350)のものだと考えられていた。その巣の近くで発見された**オヴィラプトル**の化石は、卵を盗むという習性を裏づけるものだと考えられた。しかしさらなる分析で、これらが実際に**オヴィラプトル**の卵だったことがわかった。

カウディプテリクス

グループ	獣脚類
年代	白亜紀前期
大きさ	体長1m
産出地	中国

典型的な肉食動物だった獣脚類の恐竜であるにもかかわらず、**カウディプテリクス**は植物と種子を食べるために大きなくちばしを使った。しかし小さな動物や昆虫の獲物も取っていたかもしれない。他の獣脚類とは違い、頭の頂上に骨のトサカをもっていなかった。この恐竜は多くの完全な骨格が発見されており、どのような外見をしていたかについてヒントを与えてくれる。化石の豊富さはまた**カウディプテリクス**がありふれた動物だったことを示している。

- 尾の扇形の羽
- とがったくちばし
- 短い羽の生えた腕
- 走るのに適した長く細い脚

広い羽飾り
化石の羽は**カウディプテリクス**が腕に大きな羽飾りと大きな扇形の尾をもっていたことを示している。しかし飛ぶ恐竜ではなかった。

ドロマエオサウルス

グループ	獣脚類
年代	白亜紀後期
大きさ	体長2m
産出地	カナダ

ドロマエオサウルスは記載された最初のドロマエオサウルス類だった。しかし皮肉なことに、そのグループのなかでもっとも化石の数が少ないメンバーの1つとなっており、部分的な頭骨と数少ない手足の骨が記載されているだけだ。頭骨はドロマエオサウルス類としては上下幅があり広く、上あごの端にある歯は広い。下あごもまた上下幅があり、ヴェロキラプトル（⇨次ページ）のようなドロマエオサウルス類のもっと浅い下あごと比較するとがっしりしている。これらの特徴は、**ドロマエオサウルス**が他のドロマエオサウルス類の種よりもっと力強いかむ力をもっていたことを示唆している。

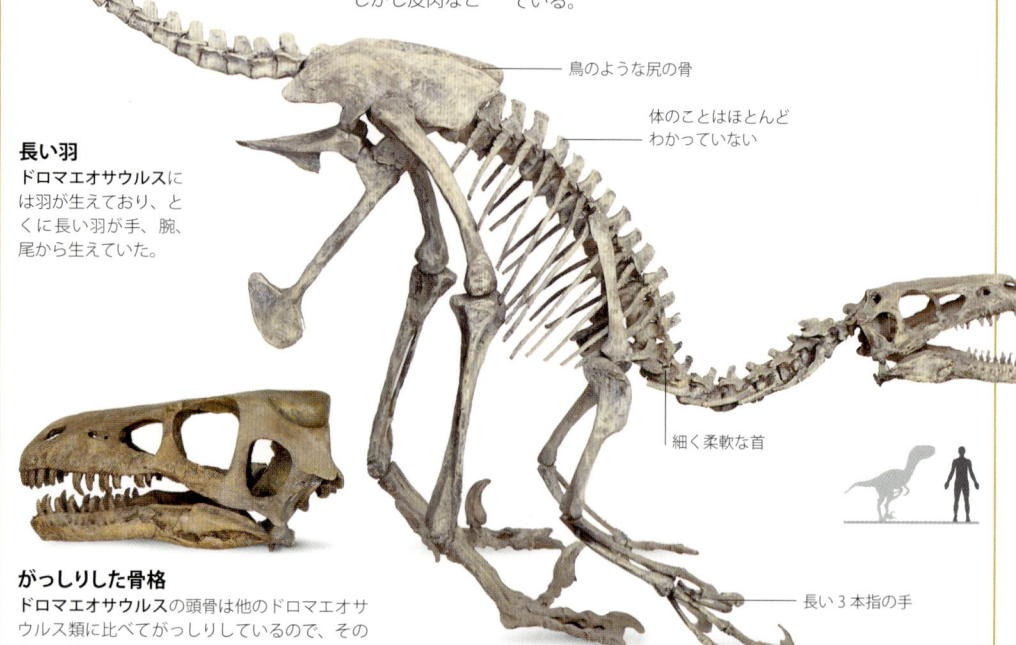

- 長い羽：**ドロマエオサウルス**には羽が生えており、とくに長い羽が手、腕、尾から生えていた。
- 鳥のような尻の骨
- 体のことはほとんどわかっていない
- 細く柔軟な首
- 長い3本指の手

がっしりした骨格
ドロマエオサウルスの頭骨は他のドロマエオサウルス類に比べてがっしりしているので、その他の骨格もまた頑丈だったかもしれない。

トロオドン

グループ	獣脚類
年代	白亜紀後期
大きさ	体長3m
産出地	北アメリカ

トロオドンはまさに1本の歯により命名された（「傷つける歯」を意味する）。しかし最初は、**ステノニコサウルス**と名づけられた頭骨と骨格の資料が**トロオドン**のものだとされていた。歯はとても粗いのこぎり状だったので、この恐竜が葉を裂くことができたかもしれないと考える古生物学者もいる。しかしおそらくほぼ捕食動物であり、小さなトカゲや哺乳類から中型の鳥盤類まで食べたにちがいない。いくつかの場所で多くの歯が、ハドロサウルス類の赤ん坊の骨とともに保存されている。**トロオドン**は巣作りの季節にハドロサウルスのコロニーの近くにとどまり、すきを見て保護されていない幼体を強奪したのかもしれない。**トロオドン**は大きな眼とよく発達した両眼の視野をもっていたのだろう。よく賢い恐竜として記載されるにもかかわらず、脳はダチョウやエミューとほぼ同じ大きさだった。鉢形の巣、卵、そして胚まで見つかっており、巣の頂上に座っている成体を保存していた。典型的な**トロオドン**の巣は約24の卵を含んでいた。

鎌形のかぎ爪
デイノニクスのもっとも有名な特徴は、第2指の長くのびたかぎ爪だった。おそらく連続して引っかいて殴り、獲物の腹を割るために使われたのだろう。

長く後方にとがった尻の骨

デイノニクス

グループ	獣脚類
年代	白亜紀前期
大きさ	体長3m
産出地	アメリカ合衆国

1969年に命名されたときデイノニクスは、恐竜が絶滅を運命づけられた動作の鈍い不格好な動物ではなく、成功し、かなり敏しょうで、おそらく温血動物であったという考えを推し進めるために使われた。その長い指は3つの大きな曲がったかぎ爪をそなえていた。他のマニラプトル類同様、羽が生えていたことは確かで、尾羽と呼ばれる長い羽は手と第2指の上面から成長したにちがいない。

人物伝
ジョン・オストロム

恐竜はオストロムが1960年代に、複雑な社会生活を営み、活発で成功したと論じるまで、成功しなかった動物と考えられていた。彼はデイノニクスを記載し、鳥はデイノニクス・タイプの獣脚類から出たことはほぼ確かであることを示し、そしてハドロサウルス類と角のある恐竜の生理を研究した。彼の考えと発見の多くは恐竜研究の新しい分野を創始した。

ヴェロキラプトル

グループ	獣脚類
年代	白亜紀後期
大きさ	体長2m
産出地	モンゴル

ヴェロキラプトルは1920年代にゴビ砂漠で発見され、もっともなじみのあるドロマエオサウルス類の1つになった。その口は長く狭く、くぼんだ上の境界をもっている。他のドロマエオサウルス類同様、長い手と第2指ののびたかぎ爪、そしてかなりかたいが軽い作りの尾をもっていた。第2種であるヴェロキラプトル・オスモルスカエは2008年に命名された。それは他の種のヴェロキラプトル・モンゴリエンシスとは、頭骨と歯の解剖学上の小さな細部事項が異なっていた。

幸運な発見
1つのすばらしい完全なヴェロキラプトルの標本が、プロトケラトプスと戦った姿で岩に閉じこめられ保存されていた。これと他の標本のおかげで、私たちはいまヴェロキラプトルの解剖学を詳しく知ることができる。

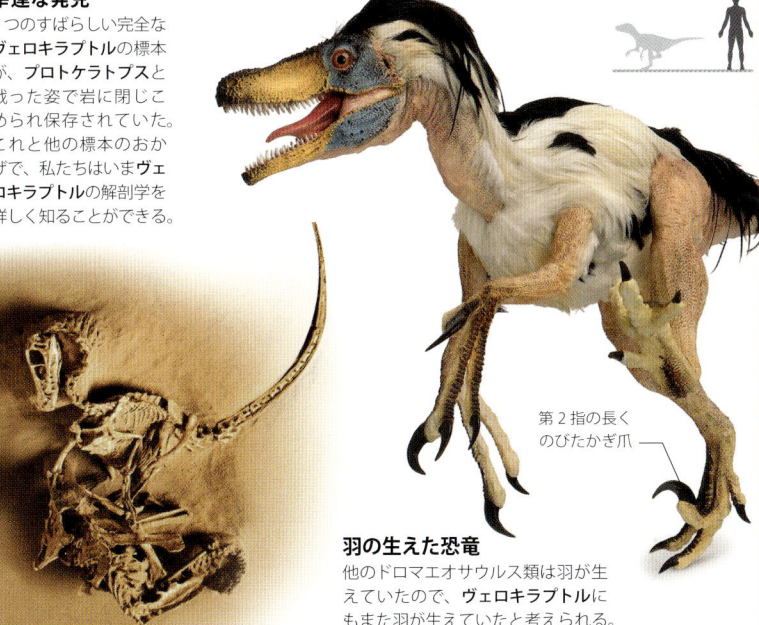

第2指の長くのびたかぎ爪

羽の生えた恐竜
他のドロマエオサウルス類は羽が生えていたので、ヴェロキラプトルにもまた羽が生えていたと考えられる。

サイエンス
雄の子育て

トロオドンを含む小さな獣脚類は、卵でいっぱいになった巣の上に座っていた。トロオドンは体の下の脚を広げ、卵をおおうために羽の生えた腕を使ったかもしれない。雌の鳥と同様、雌の恐竜には、卵殻の生産に使われた骨髄骨として知られる特別なタイプの骨があった。卵を抱く恐竜の標本にはなかったので、巣の上にいたのは雄だったことがわかる。これは現代のダチョウ同様、雄と雌両方が巣の世話をしていたという考えを裏づけている。

日和見（ひよりみ）主義の捕食動物
トロオドンはおそらく、さまざまな動物を食べた日和見主義の捕食動物だっただろう。その長く細い脚は、速く走る動物だったことを示している。他の小さなマニラプトル類同様、羽のコートももっていたにちがいない。

ミクロラプトル

グループ	獣脚類
年代	白亜紀前期
大きさ	体長1.2m
産出地	中国

中国産出のこの小さな羽の生えた恐竜は、より有名な**ヴェロキラプトル**（⇨ p.331）やその他のドロマエオサウルス類と関係がある。しかしこれらの速く走る動物とは違い、**ミクロラプトル**は木にすむことが多く、枝から枝へと滑空して、トカゲや初期の哺乳類のような小さな獲物を狩ることに多くの時間を費やした。そして捕食動物を避けるためにアクロバティックな技術を使った。**ミクロラプトル**は飛ばなかったが、現代のムササビのように滑空できた。羽の生えた腕は滑空面として働き、脚は空中で操縦するのを助けた。鳥の直接の先祖ではなかったが、その生活様式は、鳥の力強い飛行の先駆的存在だったかもしれない移動の形を示すものである。

恐竜の羽
この化石化した**ミクロラプトル**は、長い腕と関連する翼の羽を示している。後脚の長い羽も、かたい尾の下の右にはっきり見える。

アルゼンチノサウルス

グループ	竜脚形類
年代	白亜紀後期
大きさ	体長30m
産出地	アルゼンチン

もっともよく知られた竜脚類の1つである**アルゼンチノサウルス**は、おそらくそのグループの原始的なメンバーだった。その大きな脊椎は、脊髄の開口部の上部に小さなペグとソケットの関節があった。ペグとソケットの構造は竜盤類に共通で、おそらく背骨をかたく保ったのだろう。これらの背骨の特徴はのちの**ティタノサウルス類**（リトストロティアン類）にはなかったが、なぜさらに柔軟な脊柱を進化させたかはわかっていない。巨大な肋骨は空洞のある円筒形の管だった。

長く細い首

大きな脚
アルゼンチノサウルスの頭骨、首、そして尾はまだ見つかっていないが、1つの脛骨をもとに考えると、約4.5mの長さの後肢となり、大きな柱のようであっただろう。

アマルガサウルス

グループ	竜脚形類
年代	白亜紀前期
大きさ	体長11m
産出地	アルゼンチン

アマルガサウルスは変わった姿の竜脚形類だった。12の首の脊椎の上から突きだした対の長いとげをもち、相対的に小さな短い首をしていた。これらのとげの機能は、まだ知られていない。**アマルガサウルス**は地生えの低い植物を食べていたが、他のもっと背の高い竜脚類はより高いところの葉を標的にしていた。

謎の多いとげ
アマルガサウルスのとげは皮ふの帆を支えたり、角質におおわれたとげの列を形成していたのかもしれない。

科の類似性
この**ネメグトサウルス**は、マダガスカル産出の近縁種**ラペトサウルス**をモデルにしている。すべてのティタノサウルス類は、大きな体と木の上の高いところの葉を食べることができる柔軟な首をもっていた。

ネメグトサウルス

グループ	竜脚形類
年代	白亜紀後期
大きさ	体長15m
産出地	モンゴル

モンゴルの竜脚類**ネメグトサウルス**は、頭骨だけが見つかっている。最初に一見したとき、それはジュラ紀のディプロドクス科の**ディクラエオサウルス**に似ており、その結果、はじめは最後まで生き残ったディプロドクス類だと考えられた。しかし最近の研究では、実際にはティ

タノサウルス類であり、したがってサルタサウルス（⇨ p.334）のような恐竜に、より密接に関係があることがわかった。一部のティタノサウルス類は頑丈なスプーン型の歯と短い頭骨をもつが、ネメグトサウルスは鉛筆型の歯と長い口をもっている。頭骨の頂上に丸い骨のこぶがあるこの恐竜の頭を復元した専門家もいる。もしそのようなこぶが存在したなら、頭はブラキオサウルスの頭に非常によく似ていただろう。しかしそのこぶは低く、かすかだったようだ（最近の研究は、頭骨の後ろは口と比較して非常に高く、頭骨全体は長くて箱型だったことを示している）。モンゴルのティタノサウルス類オピストコエリカウディアは、ネメグトサウルスの標本だった可能性がある。

ティタノサウルス類は頭なしで発見されたが、ネメグトサウルスは頭骨だけが見つかっている。

サルタサウルス

グループ	竜脚形類
年代	白亜紀後期
大きさ	体長12m
産出地	アルゼンチン

サルタサウルスは、ティタノサウルス類のなかではもっともよく知られたものの1つである。長いあいだ南半球にほぼ限定されると考えられていた竜脚類のグループだったが、今はもっと広い範囲で生息していたとされている。他の竜脚類とは違い、一部のティタノサウルス類には装甲があった。サルタサウルスはこれがあることがわかった最初のティタノサウルス類の1つである。体の上面と側面は大きな卵型の装甲板におおわれており、その一部にはとげがあった。小さな丸い多くの骨が大きな板のあいだの皮ふをおおっていた。ほとんどの他のティタノサウルス類の場合と同様、サルタサウルスは非常に広い尻をもち、体は広くて丸かった。脚は頑丈で、柔軟な尾をもっていた。

板状の装甲
大部分の他の竜脚類とは違い、サルタサウルスは骨板と鋲でおおわれていた。装甲は大きな獣脚類による攻撃から守ることに役立ったと考えられている。

ミンミ

グループ	鳥盤類
年代	白亜紀前期
大きさ	体長3m
産出地	オーストラリア

ミンミは、背に脊椎傍と呼ばれる奇妙で特別な骨をもっていた。背の筋肉をしっかり支える役目をしていたのかもしれない。小さな丸い装甲板が腹を含む体をおおっていた。1つの標本は、短く狭い口と大きな眼窩をもち、広く深い頭骨をしていた。別の標本からは、摂食の内容を知ることができた。保存された胃の内容物は、果物を食べていたことを示している。

頑丈な標本
知られているミンミのすべての標本は、相対的に小さいが、これは発見されたものすべてが幼体であるからかもしれない。

ガストニア

グループ	鳥盤類
年代	白亜紀前期
大きさ	体長4m
産出地	アメリカ合衆国

ガストニアは世界でもっとも有名なアンキロサウルス類の1つであり、その骨格の大部分が発見されている。頭骨は広く四角にとがったくちばしをもち、浅く広かった。ほぼすべてのアンキロサウルス類同様、その歯は小さく葉型だった。頭蓋冠を作る骨は厚くドーム状で、脳を包む骨の周りの特別な結合は衝撃を吸収する機能を与えたかもしれない。これらの恐竜は、闘うとき頭を突きあわせたと考える専門家もいる。

印象的な防御
平たい三角形のとげがガストニアの体と尾の側面から出ており、長いとげ（針骨）が肩の領域から上にとがっていた。より小さな卵型の板が動物の背全体に配列されていた。

サウロペルタ

グループ	鳥盤類
年代	白亜紀前期
大きさ	体長5m
産出地	アメリカ合衆国

サウロペルタは大きく長い尾をもった北アメリカのノドサウルス類だった。ほぼ完全に近い頭骨を含む保存状態のよい標本のおかげで、その構造はかなりよく知られている。大部分の他のノドサウルス類よりも下あごにより多くの歯をもっていた。頭骨の後ろは口よりももっと広く、その頂点は平たかった。体と尾の上面は連続する装甲のおおいを作る卵形の骨板でおおわれていた。サウロペルタという名前は「楯のトカゲ」を意味する。長い円錐形のとげが首と肩から上と横へ突きだしていた。その比較的長い尾は40以上の脊椎でできていた。

恐ろしいとげ
サウロペルタの首の両側には、とげの列が1列だけあったと考えられていたが、新しい研究では、両側に2列あったことがわかっている。これらのとげは恐ろしい武器となったことだろう。

アンキロサウルス

グループ	鳥盤類
年代	白亜紀後期
大きさ	体長6m
産出地	北アメリカ

アンキロサウルス類でもっとも大きいアンキロサウルスは、頭骨の後ろに大きな三角形の骨があり、巨大なこん棒の尾をもった恐竜だった。口は短く広かった。小さな葉型の歯があごの両側に並び、歯のないくちばしの前は広く深かった。口の両側は外に突きだしているように見え、鼻孔は横を向いていた。アンキロサウルスは近縁種エウオプロケファルス（⇨ p.336〜337）に非常に似ていた。

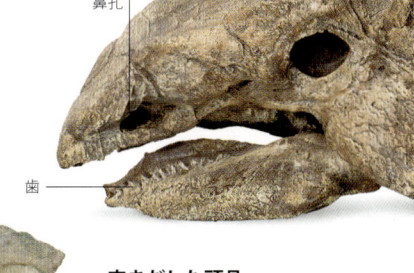

突きだした頭骨
アンキロサウルスの口の突きだした形は、頭骨を走る複雑な空気の道によって作られたものである。いくつかの他のアンキロサウルス類にもあったが、その機能はわかっていない。

- 大きな骨質の尾のこん棒
- 骨板が上体をおおっていた
- 後脚より短い前脚

武装し保護された
アンキロサウルスは十分に保護され武装されていた。厚い皮ふはさまざまな大きさの多くの骨板でおおわれており、尾の大きなこん棒は骨をくだく力で振りまわすことができた。

エドモントニア

グループ	鳥盤類
年代	白亜紀後期
大きさ	体長7m
産出地	北アメリカ

エドモントニアは、もっとも大きくもっとも広く分散していたノドサウルス類の1つだった。1つの状態のいい標本のおかげで、構造と外観が非常によく理解できた。装甲板の帯が首と肩の領域の上面をおおっており、小さな板が背と尾の残りの部分をおおっていた。数本の長いとげがそれぞれの肩から突きでていて、最初の2つのとげは斜め前方を向いており、さらに後ろの2つは側面を向いていた。頭骨は長く低い口をもち、その眼窩ははるか後ろにあった。

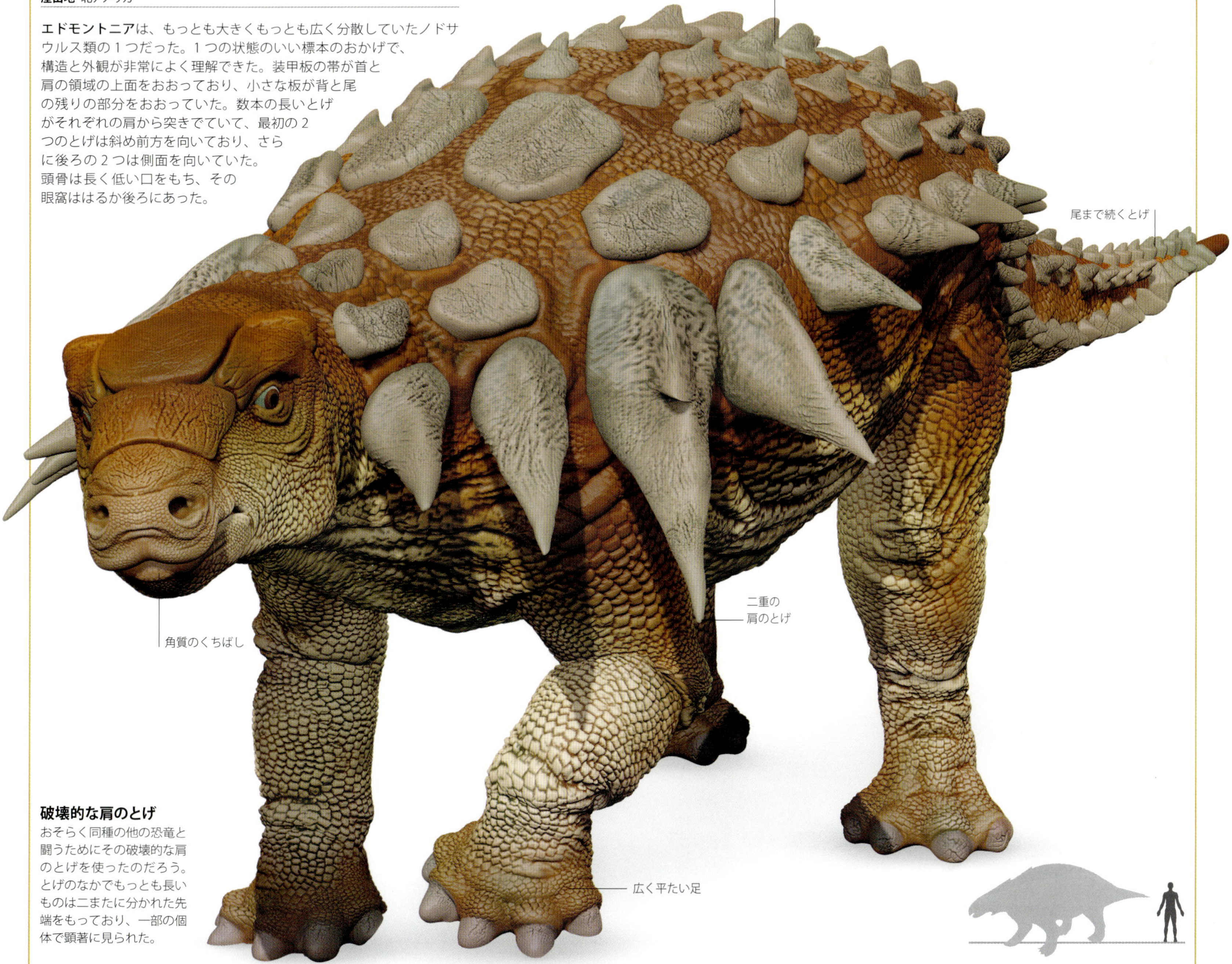

- 背をおおう三角形のとげ
- 尾まで続くとげ
- 二重の肩のとげ
- 角質のくちばし
- 広く平たい足

破壊的な肩のとげ
おそらく同種の他の恐竜と闘うためにその破壊的な肩のとげを使ったのだろう。とげのなかでもっとも長いものは二またに分かれた先端をもっており、一部の個体で顕著に見られた。

鼻は複雑な構造をもち、**エウオプロケファルス**が鋭い嗅覚をもっていたことをあらわしている

角質のくちばしに取り囲まれた口

後ろ足の3本の指

丸い蹄(ひづめ)がある指

- 胸郭の周りに広がる広い尻
- 両側に配列された装甲板の列
- 丸みをおびた幅の広い胸郭
- 短い肩甲骨
- 装甲板が上腕を保護する
- 動物の重い体重を支えるのに適していた頑丈で大きな腕の骨

エウオプロケファルス

グループ	鳥盤類
年代	白亜紀後期
大きさ	体長7m
産出地	北アメリカ

「十分に武装された頭」という意味の**エウオプロケファルス**は、アンキロサウルス類のもっとも大きくもっともよく知られたものの1つである。標本は、適所にほぼすべて鋲がちりばめられた鎧の厚い板をもって発見されている。**アンキロサウルス**（⇒ p.335）と密接な関係があり、同じ特徴を多く共有していた。地面に近い体と尻は非常に広かったので、体の断面はほぼ丸かったにちがいない。脚は短くがっしりしており、後ろ足の先端には丸い蹄のある3本の指があった（他のアンキロサウルス類は4本の指をもっていた）。尾の先端の脊椎は、その先にある大きな丸いこん棒を支えるための、かたい棒のような構造を作るため、融合していた。こん棒は4つの骨板でできており、地を離れて支えられ、おそらく捕食動物に対する防御として使われたのだろう。尾の基部は、両側へ動かせるほど柔軟だったことはほぼ確かで、尾は非常に力強かった。草食で、おそらく丈の低い植物を食べ、根と塊茎を掘った可能性がある。化石はつねに単独で発見されるが、22の幼体の発見は、それらが群れで生活していた可能性を示している。

> 動かすことのできる骨質のまぶたは、エウオプロケファルスの眼を保護した。

- 融合した脊椎
- 厚く強く曲がった肋骨
- 短くまっすぐな首

かたい尾
尾の先端の融合したかたい棒は、端の重いこん棒のために、固定された「ハンドル」のように動いたことを意味している。

角質の板
生きているとき、骨板は保護する角質の上皮でおおわれていた。ここに示された板は、尻の側面から見たものである。

十分に武装された頭
小さな装甲板が頭骨の表面をおおい、モザイク状のパターンを作っていた。それらは独立した骨ではなく、頭骨の副産物のように見える。

尾のこん棒
尾のこん棒は広く重かった。研究はかなりの衝撃に耐えるのに十分頑丈だったことを示している。

竜骨をもった板
体をおおった装甲板の大部分は卵形で、中央線に沿って走る竜骨あるいは隆起があった。

前期						後期					
ベリアシアン	ヴァランギニアン	オーテリヴィアン	バレミアン	アプチアン	アルビアン	セノマニアン	チューロニアン	コニアシアン	サントニアン	カンパニアン	マーストリヒシアン

イグアノドン

グループ	鳥盤類
年代	白亜紀前期
大きさ	体長9m
産出地	ベルギー、ドイツ、フランス、スペイン、イギリス

もっとも有名な鳥脚類の1つであるイグアノドンは、ベルギーの炭鉱で発見された多くの完全に近い骨格でもっともよく知られている。最初カンガルー・スタイルの姿勢で直立して復元されたが、今では体と尾を地に平行に保ち、おもに4足で歩いていたと考えられている。腕は長く頑丈で、体重を支えるのに十分適応していた。

手の化石
イグアノドンの手の中央の3本指は結合しており、第5指は食物をつかむために曲げることができた。親指は強力なとげで武装されていた。

- 結合した指
- 握ることができる指
- 手の骨
- 狭いが上下幅のある頭骨
- 長く柔軟な首
- 長い腕
- 短く幅の広い手

足の長くとがった4つのかぎ爪が、テノントサウルスの蹴りを危険なものにしていただろう。

オウラノサウルス

グループ	鳥盤類
年代	白亜紀前期
大きさ	体長7m
産出地	ニジェール

オウラノサウルスは1960年代にニジェールの砂漠で発見され、もっとも有名な鳥脚類の1つとなった。これは脊椎から上に出ている非常に高い骨のとげのせいである。生きているとき、これらは筋肉と皮ふでできた帆に埋めこまれていたと思われる。この帆の機能はわかっていないが、ディスプレー（誇示行動）か体温の調節をするために使われたのだろう。巨大な竜脚類スピノサウルス（⇨ p.316〜317）のような多くの他の関係のない恐竜たちも、同様の帆をもっていた。眼の前の小さな丸い角により、オウラノサウルスは唯一知られる角のある鳥脚類とされている。

カモのようなくちばし
オウラノサウルスは、広いカモのようなくちばしをもっている点が変わっていたが、ハドロサウルス類の口に似ていた。このために一部の専門家たちは、両者が密接な関係にあると論じている。

- カモのようなくちばし
- 肩の後ろのもっとも長いとげ

リアレナサウラ

グループ	鳥盤類
年代	白亜紀前期
大きさ	体長1m
産出地	オーストラリア

リアレナサウラは、恐竜洞窟と呼ばれるオーストラリアのヴィクトリアの有名な化石現場から出たいくつかの小さな鳥脚類の1つである。この恐竜が生きていたころ、オーストラリア南部は南極圏にあった。そして極地は今日ほど寒くはなかったが、1年に数カ月は連続して暗かった。リアレナサウラの脳蓋の内型は、大きな視葉（視野と関係する脳の部分）をもっていたことを示している。おそらく暗闇で見るための大きな眼と優れた視力をもっていたと思われる。

驚くべき眼
小さな二足歩行の草食動物リアレナサウラのもっとも驚くべき特徴は、暗闇で見るために使われたその非常に大きな眼である。

- 幅の狭い尾
- 長く細い脚
- 非常に大きな眼

ヒプシロフォドン

グループ	鳥盤類
年代	白亜紀前期
大きさ	体長2m
産出地	イギリス、スペイン

もっともよく知られた小さな鳥脚類の1つであるヒプシロフォドンは、いくつかの完全に近い骨格が知られている。一時期、それは握る手と後ろを向いている第1指をもっていたと誤って考えられ、一部の人たちはこの恐竜は木に登ったと考えた。実際そのかたい尾と長い後肢は、速く走る陸生動物だったことを示している。葉型の歯は、他の小さな鳥竜脚類同様、それが低い植物をあさっていたことを示している。とがった歯は上あごの前にあり、くちばしのあごの先端はとがっていた。

脊椎の化石
このとげの部分のようなヒプシロフォドンの化石は、最初イギリスのワイト島で発見された。スペイン産出の化石もまたこの恐竜に属しているように思われる。

- まっすぐに保たれた細い尾

特殊化した腱
テノントサウルスの名は、背、尻、尾にある特殊化した腱から命名された（tenon は tendon ／腱のギリシャ語）。これらの腱によってこの恐竜は、4足で歩いているときに尾をもち上げることができた。

背、尻、尾の特殊化した腱は長い尾を宙吊りにするのに役立った

極端に長く太い尾

長く力強い後脚

かぎ爪のある足

テノントサウルス

グループ	鳥盤類
年代	白亜紀前期
大きさ	体長7m
産出地	アメリカ合衆国

テノントサウルスは、大きなとくに長い尾をしたイグアノドン類だった。長い前肢と短く広い手は、それが4足で歩いていたことを示唆している。しかし食べるときやけんかのときには、おそらく後肢で立つことができたのだろう。頭骨は上下幅があり、鼻孔の開口部は長かった。2つの種が知られている。1つは上あごの前に歯がなかったが、もう一方はその場所に歯があった。下あご先端のくちばしの外縁はのこぎり状だった。テノントサウルスは、獣脚類デイノニクス（⇨ p.331）の化石とともに発見されたことでもっともよく知られている。これはおそらくその獣脚類がテノントサウルスを食べていたことを示しているのだろう。幼体の標本のグループが2つの異なる場所で発見されており、それは幼い動物がふ化したあと、グループにとどまっていたことを示している。

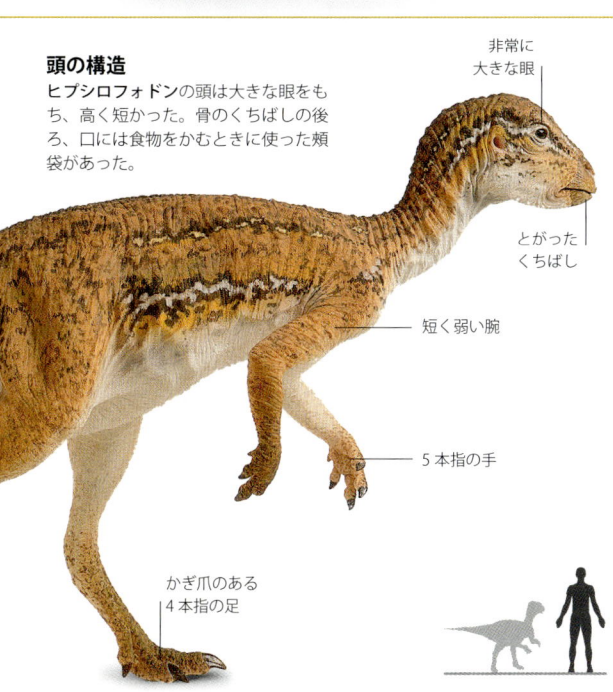

頭の構造
ヒプシロフォドンの頭は大きな眼をもち、高く短かった。骨のくちばしの後ろ、口には食物をかむときに使った頬袋があった。

非常に大きな眼

とがったくちばし

短く弱い腕

5本指の手

かぎ爪のある4本指の足

ムッタブラサウルス

グループ	鳥盤類
年代	白亜紀前期
大きさ	体長7m
産出地	オーストラリア

口の先の表面に長い骨のこぶをもった、大きなイグアノドンに似た鳥脚類だった。眼窩の下の頭骨は厚く強かった。一部の専門家たちは、これらの骨はとくにかたい植物をかむことに適していたと言っている。それはイグアノドン（⇨前ページ）に関係があったと考えられている（とげの形をした骨はイグアノドンに似た親指のとげだったと考えられている）。しかしより最近の研究は、ムッタブラサウルスがはるかに古い種だったことを明らかにしている。

口の上の長い骨のこぶ

比較的長い首

大きな鼻
その大きな鼻のこぶは、大きく響く合図の音を立てるために使われたのだろう。大きな鼻の形は、個体間で異なっていた。それはおそらく性あるいは種の差にもとづくものだろう。

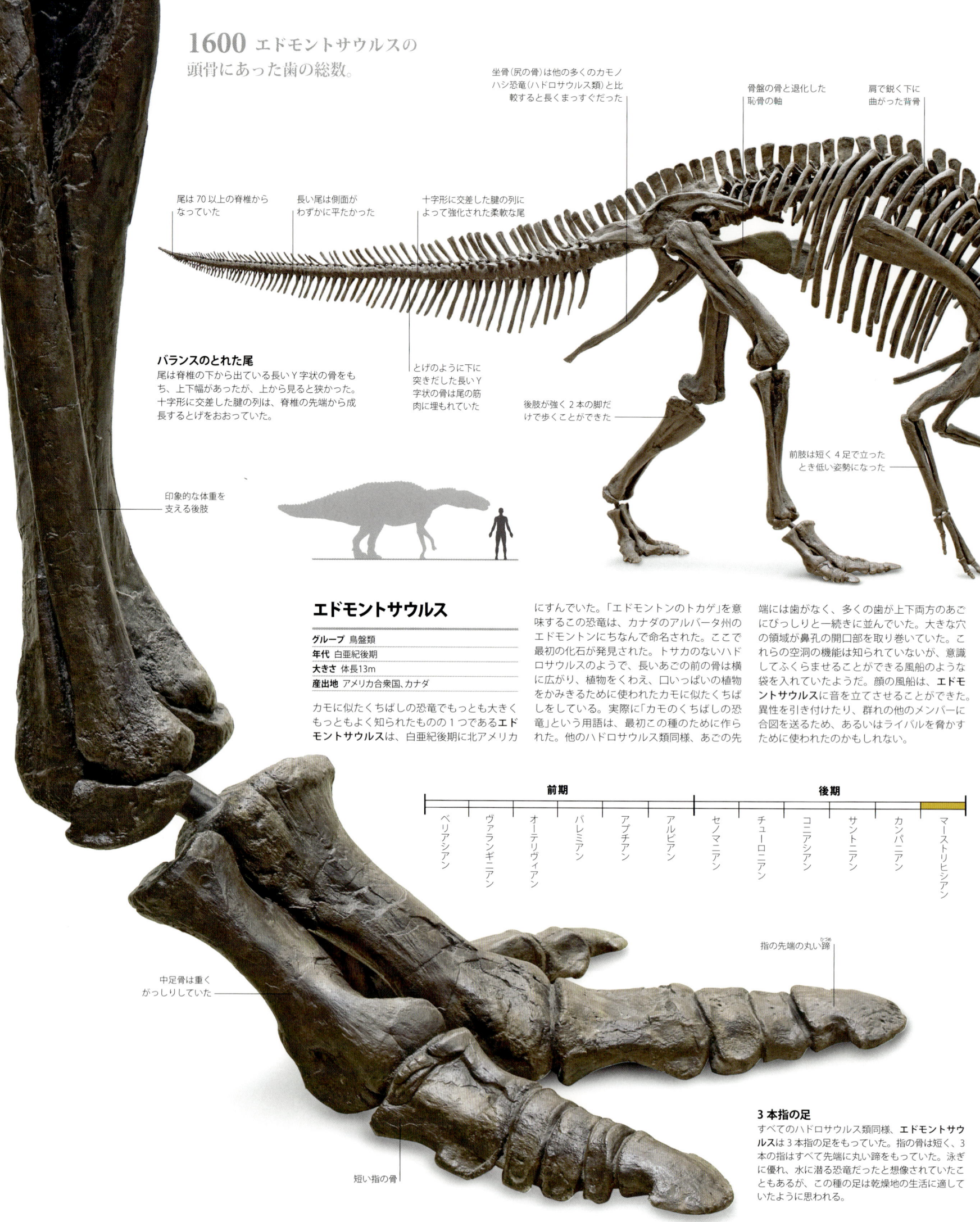

1600 エドモントサウルスの頭骨にあった歯の総数。

尾は70以上の脊椎からなっていた

長い尾は側面がわずかに平たかった

十字形に交差した腱の列によって強化された柔軟な尾

坐骨（尻の骨）は他の多くのカモノハシ恐竜（ハドロサウルス類）と比較すると長くまっすぐだった

骨盤の骨と退化した恥骨の軸

肩で鋭く下に曲がった背骨

バランスのとれた尾
尾は脊椎の下から出ている長いY字状の骨をもち、上下幅があったが、上から見ると狭かった。十字形に交差した腱の列は、脊椎の先端から成長するとげをおおっていた。

とげのように下に突きだした長いY字状の骨は尾の筋肉に埋もれていた

後肢が強く2本の脚だけで歩くことができた

前肢は短く4足で立ったとき低い姿勢になった

印象的な体重を支える後肢

エドモントサウルス

グループ	鳥盤類
年代	白亜紀後期
大きさ	体長13m
産出地	アメリカ合衆国、カナダ

カモに似たくちばしの恐竜でもっとも大きくもっともよく知られたものの1つであるエドモントサウルスは、白亜紀後期に北アメリカにすんでいた。「エドモントンのトカゲ」を意味するこの恐竜は、カナダのアルバータ州のエドモントンにちなんで命名された。ここで最初の化石が発見された。トサカのないハドロサウルスのようで、長いあごの前の骨は横に広がり、植物をくわえ、口いっぱいの植物をかみきるために使われたカモに似たくちばしをしている。実際に「カモのくちばしの恐竜」という用語は、最初この種のために作られた。他のハドロサウルス類同様、あごの先端には歯がなく、多くの歯が上下両方のあごにびっしりと一続きに並んでいた。大きな穴の領域が鼻孔の開口部を取り巻いていた。これらの空洞の機能は知られていないが、意識してふくらませることができる風船のような袋を入れていたようだ。顔の風船は、エドモントサウルスに音を立てさせることができた。異性を引き付けたり、群れの他のメンバーに合図を送るため、あるいはライバルを脅かすために使われたのかもしれない。

前期 | 後期

ベリアシアン / ヴァランギニアン / オーテリヴィアン / バレミアン / アプチアン / アルビアン / セノマニアン / チューロニアン / コニアシアン / サントニアン / カンパニアン / マーストリヒシアン

中足骨は重くがっしりしていた

指の先端の丸い蹄（ひづめ）

短い指の骨

3本指の足
すべてのハドロサウルス類同様、エドモントサウルスは3本指の足をもっていた。指の骨は短く、3本の指はすべて先端に丸い蹄をもっていた。泳ぎに優れ、水に潜る恐竜だったと想像されていたこともあるが、この種の足は乾燥地の生活に適していたように思われる。

341 脊椎動物

骨の頭蓋のトサカを まったくもたない大きな頭

あごの両側面の空洞は カモノハシ恐竜が頬をもっ ていることを示している

カモのくちばしの頭骨
前から見てその頭骨は、広がった あごの先端のために、本当に「カモ のくちばし」のように見える。下あご の主要な縁は広くヘラのようであ る。特徴的な小穴のある骨のきめ が、くちばしの組織があごをおおっ ていた場所を示している。適切に 保存された、くちばしの組織を もつハドロサウルスの標本も ある。大きな眼窩は**エドモン トサウルス**が広い視野を もっていたことを示してい る。口は鼻孔を取り巻く空 洞に支配されていた。

現代のカモに似ている ユニークな頭骨の形

眼窩は「広角の」 視野を可能にす る位置にある

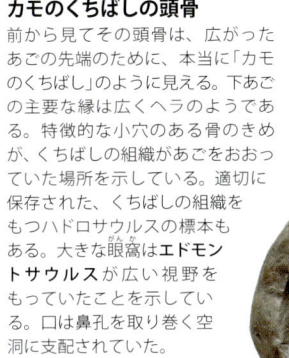

大きな眼窩は部分的 に前を向いているが 側面も向いている

鼻孔開口部の一部 （鼻孔の大部分は 隠れて見えない）

首の脊椎
エドモントサウルスは13の首の脊椎をも ち、ゆるく曲がった首を形成していた。 ボールとソケット・タイプの球窩関節は、 首が非常に柔軟だったことを示している。

すりつぶす歯
歯はあごの後ろで垂直の列になって詰め こまれていた。先端の列の歯のみがすり つぶすための表面を作った。

くちばしの組織に おおわれていたあ ごの先端の表面は くぼんでいた

下あごの先端に ある特別なくち ばしのような骨

とげの上の突起
脊椎の先端の骨のとげは**エドモ ントサウルス**では短かった。胸郭 は深く狭かった。

水かきのような手
4本の指の手は細く、少なくとも 3本には先に丸い蹄がついてい た。親指はなかった。

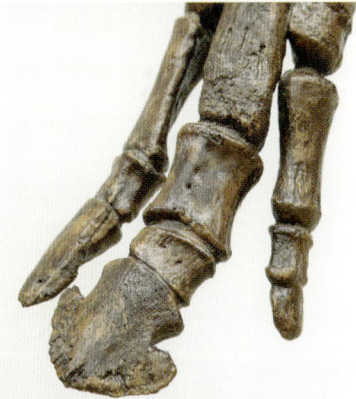

頸椎

ブラキロフォサウルス

グループ	鳥盤類
年代	白亜紀後期
大きさ	体長9m
産出地	北アメリカ

「短いトサカのトカゲ」を意味するブラキロフォサウルスには、口から後ろに生えている平たい布のようなトサカがあり、頭骨の後ろへ突きだしていた。状態のいいブラキロフォサウルス・カナデンシスの標本が、命名後、カナダのアルバータ州で見つかった。一部の個体（おそらく雄だと思われる）は、他の個体よりさらに重いつくりで、より深い下あごと頑丈な頭骨と頭骨に沿って遠くまで広がった大きなトサカをもっていた。2000年、非常に完全な標本がモンタナ州で発見された。それは保存された大量の皮でおおわれており、この恐竜の外観について多くの情報を与えてくれそうである。

頭骨の特徴
ブラキロフォサウルスは、とくに深い口と長方形の頭骨をもっていた。その鼻孔の開口部は大きく、あごの先端は頑丈で広かった。

マイアサウラ

グループ	鳥盤類
年代	白亜紀後期
大きさ	体長9m
産出地	アメリカ合衆国

マイアサウラは巣、卵殻の断片、そして幼体の化石が見つかったことで世界的に有名になった。すべてが成体の骨格とともに発見されている。「よい母のトカゲ」を意味するその属の名前があらわすように、マイアサウラは巣作りのコロニーを形成し、両親はクレーター型の巣を作っていた。そこでふ化したばかりの恐竜は、長い期間とどまり、食べ物を与えられ、両親に世話されていた。これらの行動の特徴は、すべてのハドロサウルス類で事実だった可能性がある。頭骨は、拡大されたくちばしと眼の上の頭骨の頂上全体に広がるかたいトサカをもっていた。いくつかの見解がマイアサウラの系統について提案されているが、ブラキロフォサウルスと一部の特徴が同じことから、この２つは近縁種だったと思われる。

マイアサウラの巣
マイアサウラの丸い卵は植物と堆積物におおわれていた。卵からかえるとき、赤ん坊は自分で殻から出たか、あるいは両親に助けられて出たのだろう。

赤ん坊のマイアサウラ
この復元された赤ん坊のマイアサウラは、ふ化した恐竜に典型的な大きな頭骨と短い口先をもっていた。動物が成長すると口先は長くなり、骨のトサカは頭骨の頂上で成長する。

- 前肢より長い後肢
- 後ろ向きにとがった尻の骨
- 深く幅の狭い尾
- 長い棒のような骨のある脊椎
- まっすぐな柱のような後肢の骨

パラサウロロフス

グループ	鳥盤類
年代	白亜紀後期
大きさ	体長9m
産出地	北アメリカ

このもっとも注目すべきハドロサウルス類は、頭骨の後ろの管のトサカで有名である。すべてのランベオサウルス類に見られるように、パラサウロロフスのトサカは空洞で、複雑な内部の通路があった。トサカのなかの部屋は深く反響する合図の音を作るために使われたのかもしれない。パラサウロロフスはとくに重い作りのハドロサウルス類で、大部分の他の種より短く頑丈な脚をもっていた。その特別に大きな肩帯と腰帯は、それが大きな力強い筋肉をもっていたことを示している。これらの特徴によって一部の専門家たちはこの恐竜が、下草を押し分けて進む深い森にすんでいたと考えている。いくつかの種が知られており、トサカの長さと形が異なっている。

異常な標本
この標本は脊柱（肩甲骨の上）に奇妙なＶ字型の割れ目がある。この特徴は傷か化石の損傷の結果かもしれない。

- Ｖ字型の割れ目
- 細く柔軟な首
- 深いが狭い胸の領域
- 力強い筋肉のついた上腕骨
- 丸い蹄のある短い指

トサカの機能

ランベオサウルスのような仲間は、おそらく信号を出す装置として骨のトサカを使ったのだろう。トサカはおたがいに異なる種を区別することに役立ち、おそらくまた年齢と性を示すためにも使われたのだろう。

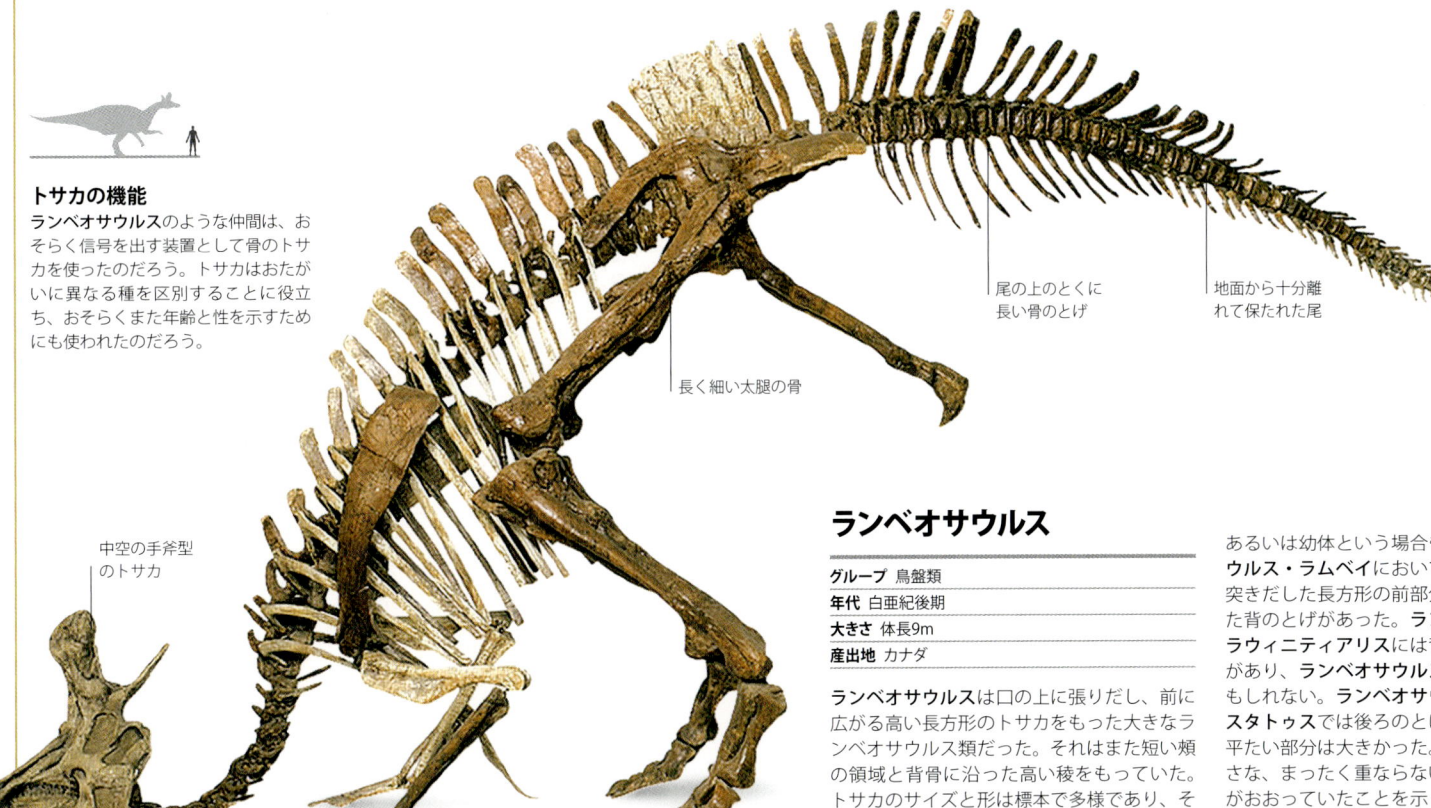

中空の手斧型のトサカ

長く細い太腿の骨

尾の上のとくに長い骨のとげ

地面から十分離れて保たれた尾

尾の先端の短い骨のとげ

ランベオサウルス

グループ	鳥盤類
年代	白亜紀後期
大きさ	体長9m
産出地	カナダ

ランベオサウルスは口の上に張りだし、前に広がる高い長方形のトサカをもった大きなランベオサウルス類だった。それはまた短い頬の領域と背骨に沿った高い稜をもっていた。トサカのサイズと形は標本で多様であり、その結果いくつかの種が認められている。おそらく別の種の場合もあれば、同種の雄か雌、あるいは幼体という場合もある。**ランベオサウルス・ラムベイ**においては、トサカは前に突きだした長方形の前部分と上と後ろを向いた背のとげがあった。**ランベオサウルス・クラウィニティアリス**には背に多くの短いとげがあり、**ランベオサウルス・ラムベイ**の雌かもしれない。**ランベオサウルス・マグニクリスタトゥス**では後ろのとげがなく、トサカの平たい部分は大きかった。皮ふの印象は、小さな、まったく重ならないこぶのような鱗甲がおおっていたことを示しており、**コリトサウルス**（⇨ p.344～345）の下側にある大きな円錐形のいぼを欠いていたように思われる。

グリュポサウルス

グループ	鳥盤類
年代	白亜紀後期
大きさ	体長9m
産出地	北アメリカ

「かぎ鼻」のハドロサウルス類の1つグリュポサウルスとその近縁種は、前肢が後肢の約半分の長さだった大部分のハドロサウルス類とは異なり、後肢の長さの約3分の2の前肢をもっていた。これらのハドロサウルス類はなぜそのような長い腕をもっていたのかはわかっていないが、おそらくこの適応によって、環境を共有していた他の草食動物よりも高いところの植物を食べることができたのだろう。もっともよく知られた種は**グリュポサウルス・ノタビリス**であるが、第2種の**グリュポサウルス・ラティデンス**が1992年に命名され、第3種の**グリュポサウルス・モヌメンテンシス**が2007年に命名された。非常によく似たハドロサウルス類**クリトサウルス・インクルウィマヌス**は、一部の専門家によってグリュポサウルスの別種と見なされている。**クリトサウルス・インクルウィマヌス**と**グリュポサウルス・ノタビリス**は同種の雌と雄だったかもしれないとも考えられている。

かぎ鼻

グリュポサウルスの口の上面を作った骨は上に曲がり、大きなくぼみが鼻孔を取り巻いていた。この長くのびた鼻の領域は明るい色だったかもしれず、誇示行動あるいはライバルとのけんかで相手を突くために使われたのだろう。

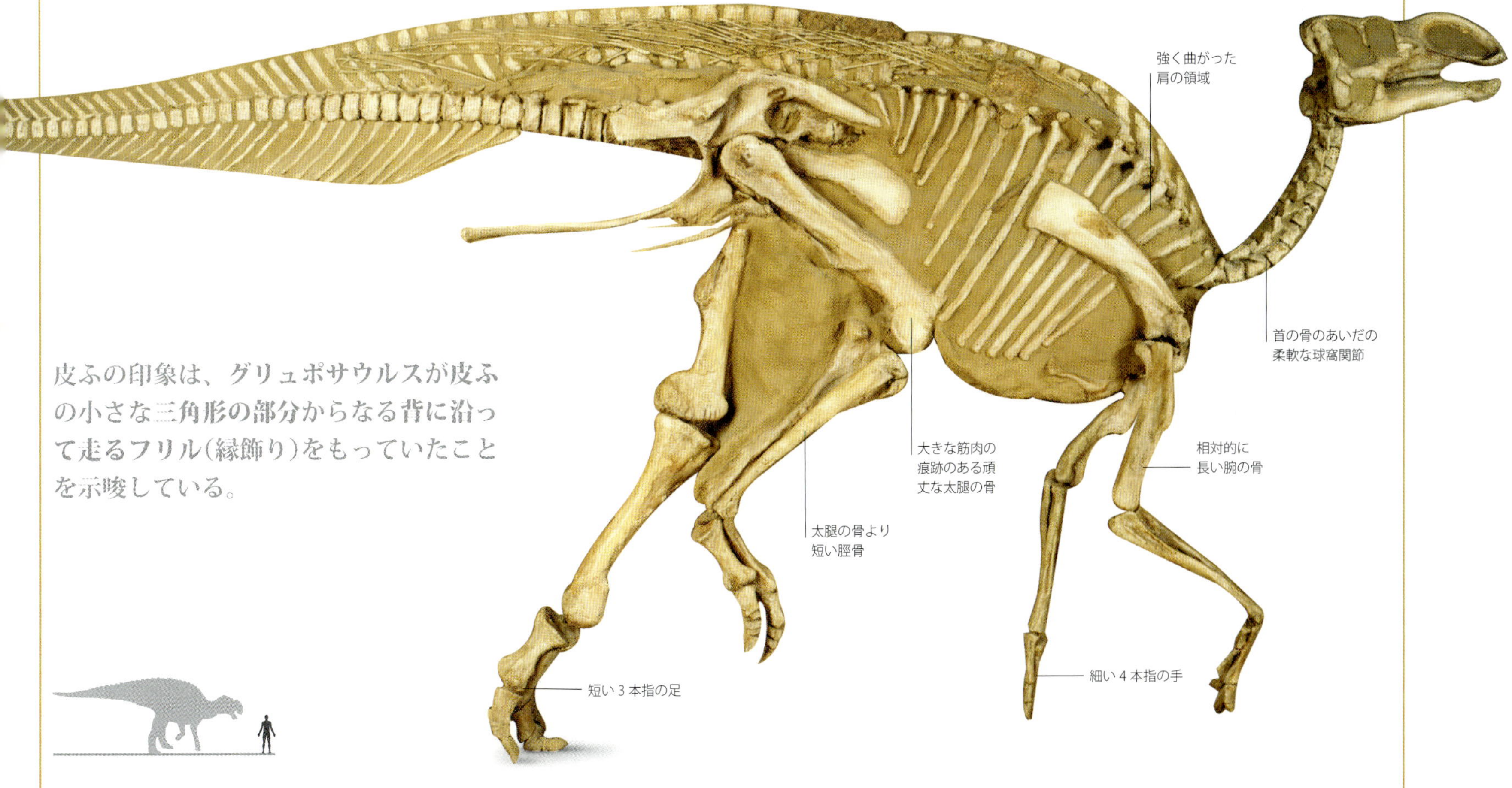

皮ふの印象は、グリュポサウルスが皮ふの小さな三角形の部分からなる背に沿って走るフリル（縁飾り）をもっていたことを示唆している。

強く曲がった肩の領域

首の骨のあいだの柔軟な球窩関節

大きな筋肉の痕跡のある頑丈な太腿の骨

相対的に長い腕の骨

太腿の骨より短い脛骨

短い3本指の足

細い4本指の手

コリトサウルス

グループ	鳥盤類
年代	白亜紀後期
大きさ	体長9m
産出地	カナダ

コリトサウルスという名前は「ヘルメットのトカゲ」を意味する。それは空洞の板のようなトサカで知られており、メキシコ産出の**ウェラフロンス**、ロシア産出の**ニッポノサウルス**、そしてアメリカ産出の**ヒパクロサウルス**に密接な関係があった。これらのハドロサウルス類はともに扇型のトサカのランベオサウルス類として知られている。**コリトサウルス**は背に沿って稜状に高いとげをもった大きな恐竜で、口は、多くの他のハドロサウルス類と比較して薄くデリケートだった。この特徴は、もっとも果汁の多い果物や若い葉をあさる選択食動物だったのかもしれないことを語っている。いくつかの完全な標本が見つかっているので、多くのことが知られている。皮ふの印象を保存しているものさえあり、下面に沿って円錐形の隆起の線をもち、背骨の頂上に沿って連続する皮ふのフリルをもっていたことを示している。そのフリルは頭のトサカの後ろに付着しており、肩と頭の後ろのあいだのギャップはもっとも深かった。

茎葉をあさる動物

湿地をさまよっていたかもしれないにもかかわらず、**コリトサウルス**はおそらく森のすみかで葉をあさりながら、時間の大部分を使っていたのだろう。

 構造
合図のためのトサカ

コリトサウルスのトサカはかたい骨ではなく、鼻孔に結合する管を含んでいた。すべてのランベオサウルス類は、種によって異なるトサカをもっていた。かつてトサカは空気のタンクだと考えられていたが、水生でないとわかった時点で誤りとされた。またトサカは鋭い嗅覚をもつための助けとして、鼻の組織と並んでいたとも考えられていた。しかしもっとも一般的な理論は、大きな反響する合図の音を出すために使われたというものだ。

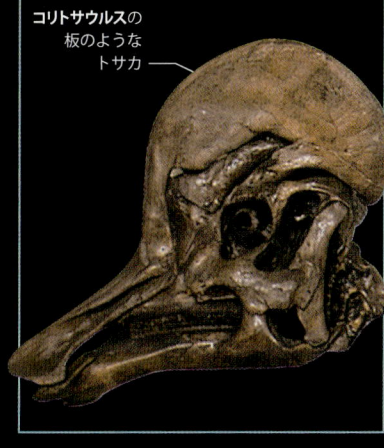

コリトサウルスの
板のような
トサカ

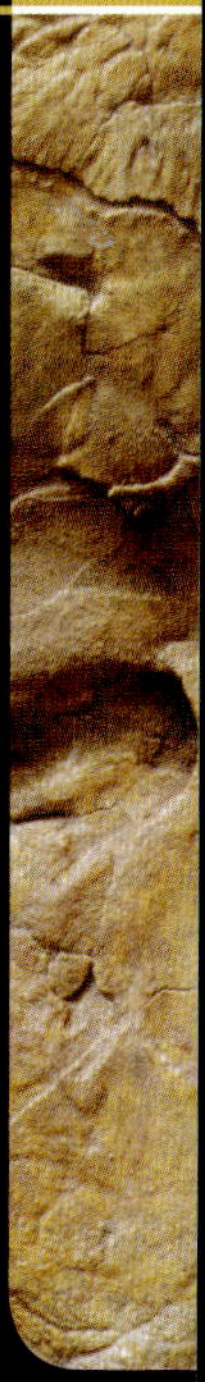

プシッタコサウルス

- **グループ** 鳥脚類
- **年代** 白亜紀前期
- **大きさ** 体長2m
- **産出地** 中国、モンゴル

プシッタコサウルスは、角の生えた恐竜のグループであるケラトプス類の最初期のメンバーの1つである。また、発見された多数の標本によって、もっともよく知られた中生代の恐竜でもある。これによって専門家は、頭骨の形から14種を同定することができたが、すべての専門家がこれらの分類に賛成しているわけではない。のちのケラトプス類とは違い、おそらく二足歩行だったであろう。4本指の手と長い後肢をもっていた。その短く上下幅のある頭骨は、狭い歯のないくちばしをもっていたことから、「オオムのトカゲ」を意味する名前が与えられた。角に似た骨の発生物が頬から側面に突きだし、種間で大きさと形が異なった。幼体の標本も発見された。1つのケースでは数十の幼体が大人の化石とともに保存されていた。さらに1つの標本は尾の上面から成長する多くの長い線条組織とともに発見された。これに似たものは他のどの標本でも見つかっておらず、この奇妙な構造の機能は謎のままである。

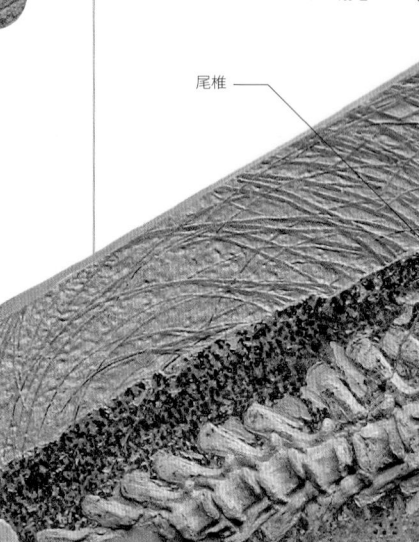

安全な保存

このすばらしいプシッタコサウルスの化石は、皮ふの印象と尾の剛毛とともに、ほぼすべての骨格を含んでいる。この剛毛のような構造は他の鳥盤類でも見られ、おそらくこれらの恐竜のあいだで広がっていたのだろう。この標本はあおむけに横たわって保存され、頭骨の骨は乱雑である。

体の下でたたまれた後肢

骨格の周りの皮ふの印象

剛毛に似た尾の線条組織

尾の皮ふに埋めこまれた剛毛

尾椎

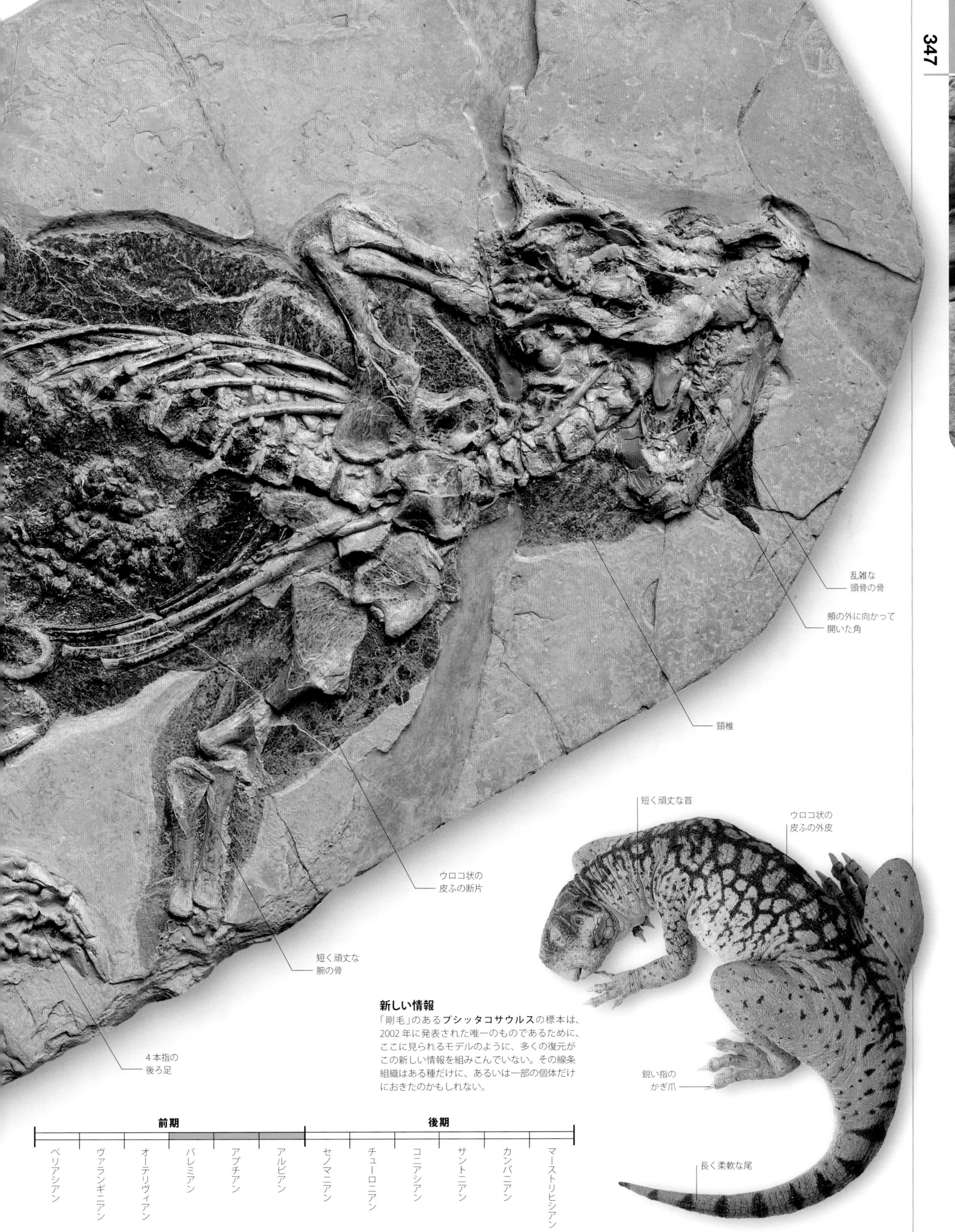

新しい情報
「剛毛」のある**プシッタコサウルス**の標本は、2002年に発表された唯一のものであるために、ここに見られるモデルのように、多くの復元がこの新しい情報を組みこんでいない。その線条組織はある種だけに、あるいは一部の個体だけにおきたのかもしれない。

前期						後期				
ベリアシアン	ヴァランギニアン	オーテリヴィアン	バレミアン	アプチアン	アルビアン	セノマニアン	チューロニアン	コニアシアン	サントニアン	カンパニアン	マーストリヒシアン

- ゆるく曲がった背
- 大きな肩甲骨
- 非常に頑丈な前脚
- 大きな広い胸腔

かたい頭骨

「3つの角のある顔」を意味する**トリケラトプス**はもっとも大きなケラトプス類の1つだった。首のフリルと角にかなり特徴があり、頭骨はまた非常にかたい作りだった。このことで結果的に、ほとんどの恐竜の頭骨よりも**トリケラトプス**の頭骨が多く化石として残ることになった。約50の**トリケラトプス**の頭骨が発見されている。

球窩関節でつながった頭と首

強い骨盤の構造

比較的長い尾

トリケラトプス

グループ	鳥盤類
年代	白亜紀後期
大きさ	体長7m
産出地	北アメリカ

恐竜のなかでもよく知られている**トリケラトプス**は、その骨組みも大部分の人々におなじみである。それは大きな首のフリル（飾り）と額に2本の長い角、そして短い鼻の角をもっていた。首のフリルは、大部分の角のある恐竜に一般的に存在する大きな開口部を欠いていた。小さな三角形の骨がフリルの縁に沿って並んでいたが、これらは多くの標本にはなかった。頭骨に保存された傷は、個体がときどき仲間どうしでけんかしたことを示している。おそらく雌をめぐってか縄張り争いのためだろう。**ティラノサウルス**（⇨ p.322～323）によってつけられたかみ痕を保存する標本もあり、その1つは額の角を1本、ティラノサウルスによって食いちぎられたようだ。約15の種が長いあいだに命名され、そのすべては角の形と大きさの差異を基礎に区別された。しかしこれらの差異は、今日、同じ種の個体間に見られる変異の種類をあらわしているように思われ、現在では2つの種だけが認知されている。

重いつくりの草食動物

この大きな重いつくりの草食動物は、その力強いくちばしを頑丈な植物の茎を裂くために使った。その頭は地面に対して低く保たれていたため、おそらく低い植物をあさっていたのだろう。

かたい骨でできた重いフリル

最大のトリケラトプスの頭骨は2m以上あり、額には70cmの長さの角があった。

鼻の角よりずっと長い額の角

短い鼻の角

下あごは両側に一列の歯をもっていた

口の先端の角質の歯のないくちばし

プロトケラトプス

グループ	鳥盤類
年代	白亜紀後期
大きさ	体長2m
産出地	モンゴル、中国

すべての原始的なケラトプス類のなかでもっとも研究されたものの1つであり、モンゴルのゴビ砂漠で収集された多くの標本で知られる。一部の標本は、他のものより多いフリルとより上下幅のある口をもっており、おそらく性の違いをあらわしているのだろう。**プロトケラトプス**は幼体を置く穴を掘ったように思われる（幼い標本の1つのグループが、砂の穴のなかで保存されているのが発見されている）。
2001年、新しい種の**プロトケラトプス・ヘレニコリヌス**が命名された。最初の種である**プロトケラトプス・アンドリューシ**とは異なり、2つの平行する鼻の角をもち、上あごの前が歯を欠き、フリルはさらに前を向いていた。

深く穴を掘る
プロトケラトプスのこの広い手とスペードのようなかぎ爪は、それが有能な穴掘り動物であったことを示している。

鳥のような頭
プロトケラトプスの顔は上下幅があり、そのくちばしは狭かった。2組の小さなとがった歯が上あごの前の近くにあった。

ペンタケラトプス

グループ	鳥盤類
年代	白亜紀後期
大きさ	体長7m
産出地	アメリカ合衆国

ペンタケラトプスは大きなカスモサウルス類で、**カスモサウルス**（⇨下）の近縁種だった。この恐竜の名前は「5つの角のある顔」を意味し、頬から両側に突きだしたとくに長い角（上頬角）を反映している。それは上下幅のある口、額上の長い角、そして首の上の極端に高いフリルがあった。6つの舌の形をした骨（外後頭骨）がフリルの周りに配列されており、さらにより小さな対が中央のどちらの側にもあった。

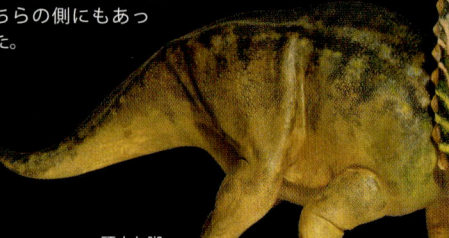

記録破り
1998年に発見された**ペンタケラトプス**は3mの長さの頭骨をもっていた。歴史上の陸のどの動物よりも長かった。

カスモサウルス

グループ	鳥盤類
年代	白亜紀後期
大きさ	体長5m
産出地	北アメリカ

カスモサウルスは、カスモサウルス類の角のある恐竜のなかでもっともよく知られている。4つの種が現在認知されている。相対的に長い口と、2つの大きな穴を含む長く広いフリルをもっていた。円錐形の骨（外後頭骨）は後ろの境界に沿ってではなく、フリルの両側に配列されていた。最近同定された**カスモサウルス・イルウィネンシス**のような種は、全体的に額の角を欠いているが、一方他の種ではそれが非常に長かった。**カスモサウルス・ベリ**は一部の個体が短く頑丈な額の角をもっていたが、他のものは長く曲がった角をもっていた。鼻の角の形は種間で多様だった。高く明らかに曲がっている種もあれば、短く広くそして先が丸い種もあった。

開かれたフリル
カスモサウルスの名前は「広い開口部のあるトカゲ」と翻訳され、フリルの巨大な窓のような穴を示している。これはおそらく誇示行動に使われたのだろう。

セントロサウルス

グループ	鳥盤類
年代	白亜紀後期
大きさ	体長6m
産出地	カナダ

異なる特徴
セントロサウルス・アペルトゥスは2種類存在した（一方は他より上下幅のある顔、高い鼻の角、そして長いフリルをもっていた）。これらは2つの性をあらわしていたようだ。

セントロサウルスの何百もの骨が集まって発見されており、それは群れで生活し、季節ごとの移動を行い、そのあいだに川を渡るときに多くが溺れ死んだことを教えてくれている。鼻の角の形は多様で、短い、高い、まっすぐ、あるいは前に曲がっていたり、後ろか前に曲がっていたりした。**セントロサウルス**は「棘突起のトカゲ」を意味し、フリルの厚い、上方の境界には、内向きに曲がった鉤に似た構造が、中央線のいずれかの側にあった。2番目の種**セントロサウルス・ブリンクマニ**は、フリルの後ろの境界が小さなとげでおおわれていたため、**セントロサウルス・アペルトゥス**とは異なっていた。

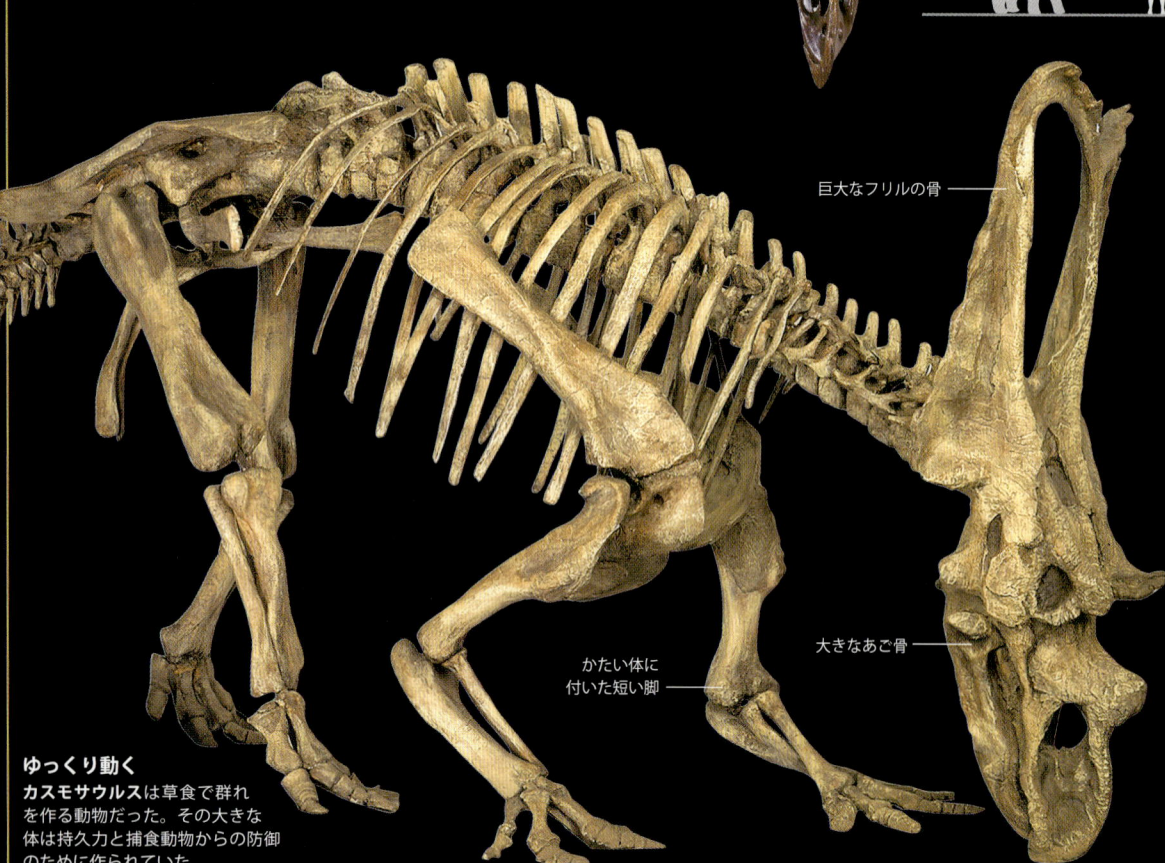

ゆっくり動く
カスモサウルスは草食で群れを作る動物だった。その大きな体は持久力と捕食動物からの防御のために作られていた。

巨大なフリルの骨

かたい体に付いた短い脚

大きなあご骨

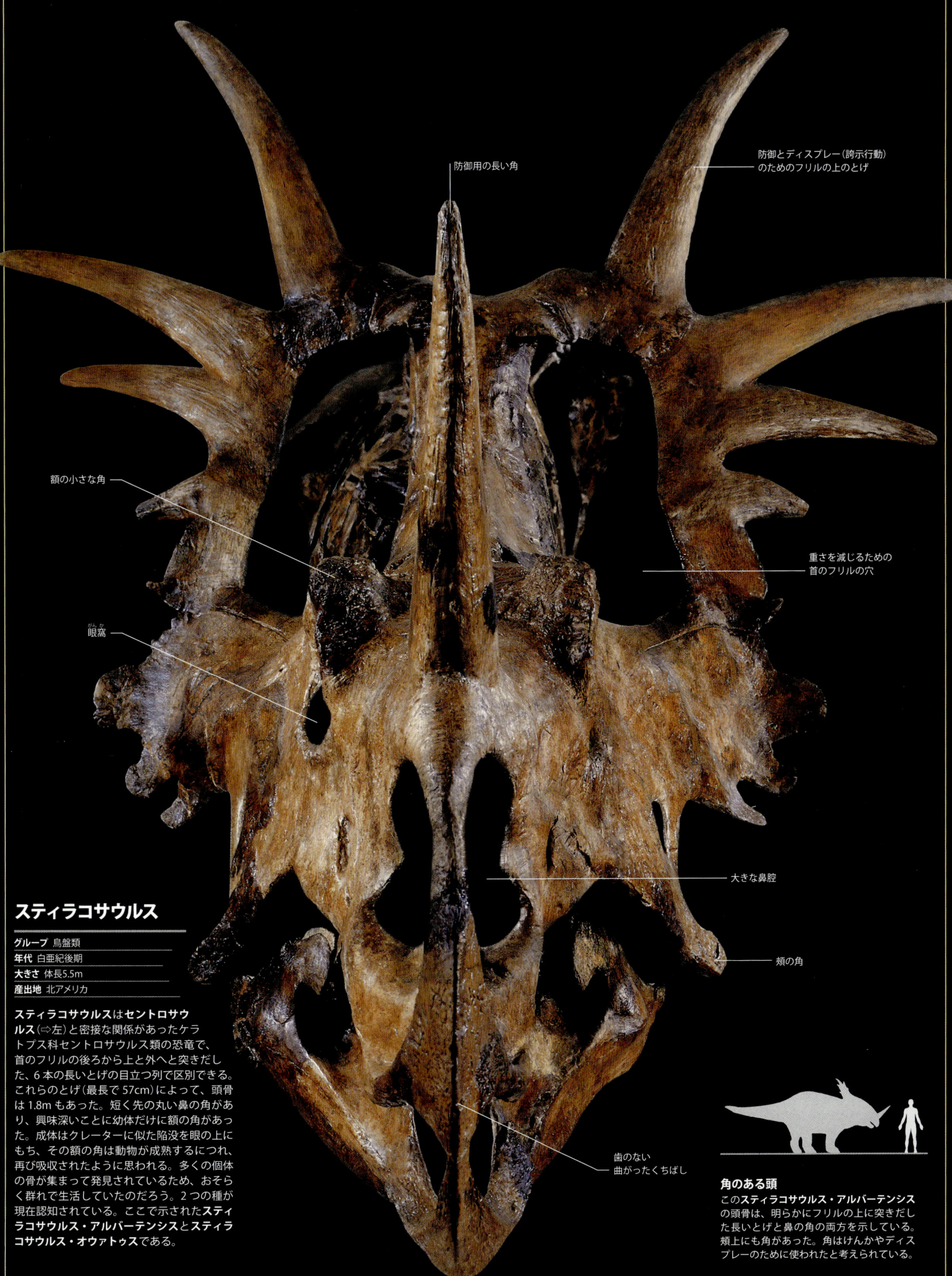

防御用の長い角

防御とディスプレー（誇示行動）のためのフリルの上のとげ

額の小さな角

重さを減じるための首のフリルの穴

眼窩

大きな鼻腔

頬の角

歯のない曲がったくちばし

スティラコサウルス

グループ	鳥盤類
年代	白亜紀後期
大きさ	体長5.5m
産出地	北アメリカ

スティラコサウルスはセントロサウルス（⇨左）と密接な関係があったケラトプス科セントロサウルス類の恐竜で、首のフリルの後ろから上と外へと突きだした、6本の長いとげの目立つ列で区別できる。これらのとげ（最長で57cm）によって、頭骨は1.8mもあった。短く先の丸い鼻の角があり、興味深いことに幼体だけに額の角があった。成体はクレーターに似た陥没を眼の上にもち、その額の角は動物が成熟するにつれ、再び吸収されたように思われる。多くの個体の骨が集まって発見されているため、おそらく群れで生活していたのだろう。2つの種が現在認知されている。ここで示された**スティラコサウルス・アルバーテンシスとスティラコサウルス・オウァトゥス**である。

角のある頭

この**スティラコサウルス・アルバーテンシス**の頭骨は、明らかにフリルの上に突きだした長いとげと鼻の角の両方を示している。頬上にも角があった。角はけんかやディスプレーのために使われたと考えられている。

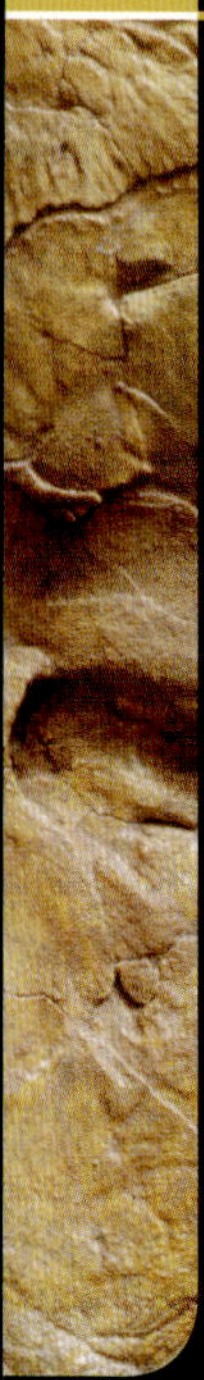

エイニオサウルス

グループ	鳥盤類
年代	白亜紀後期
大きさ	体長6m
産出地	アメリカ合衆国

エイニオサウルスは1995年に命名された。今日の野牛のように群れで生きていたと思われ、口に曲がった角をもっていた。その1つの種のフルネーム（**エイニオサウルス・プロクルウィコルニス**）は「前に曲がった角のあるバッファローのトカゲ」と訳される。鼻の角はユニークで、横から見ると平たく、口の末端の上で曲がった先端をしていた。若い動物は角が短く直立し、成熟すると前に曲がった。セントロサウルス類のグループの他のほとんどのメンバー同様、額の角を欠き、小さなこぶか丸いこぶがその場所にあった。フリルの縁は波打っており、2つの長いとげがフリルの上の境界から上に突きだしていた。とげはまっすぐで、闘いでいかに機能したかは想像するのがむずかしい。

エイニオサウルスは、鼻の角を欠き、かわりに鼻の上に大きな骨のこぶをもっていた2つのセントロサウルス類、**アケロウサウルス**と**パキリノサウルス**の先祖に近かったように思われる。

特徴のある下へ曲がった角は、けんかと誇示行動の両方に使われた。

緑を食べる動物
エイニオサウルス・プロクルウィコルニスは、植物を食べられるだけの強い歯をもっていた草食動物だった。現代の野牛によく似ており、群れで植物を食べた。

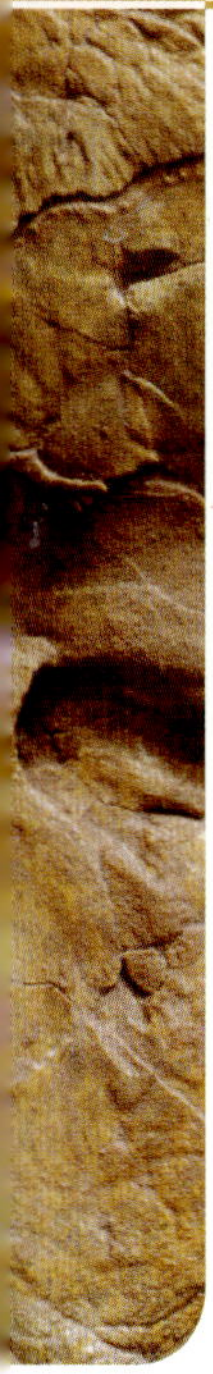

白亜紀

パキケファロサウルス

- **グループ** 鳥盤類
- **年代** 白亜紀後期
- **大きさ** 体長5m
- **産出地** 北アメリカ

パキケファロサウルスは、厚頭竜類のなかでもっとも大きく、60cmの長さのドーム状の頭骨でよく知られている。その名前は「厚い頭のトカゲ」を意味する。優れた視野をもっていたことを思わせる大きな眼と、草食動物か雑食動物だったことを示す小さな歯をもっていた。北アメリカの他の2つのパキケファロサウルス類であるスティギモロクとドラコレクスは、パキケファロサウルスと同時代に生きていた。両方ともパキケファロサウルスより小さなドームと大きな角をもっていたが、これらすべては同じ種の異なる成長段階をあらわしているにすぎないと考える専門家もいる。

頭骨のドーム状の部分

口の上のこぶ

小さな歯

こぶと頭相
パキケファロサウルスの口先は相対的に長く、角とこぶでおおわれていた。同じようなこぶと角が頭骨の後ろもおおっていた。

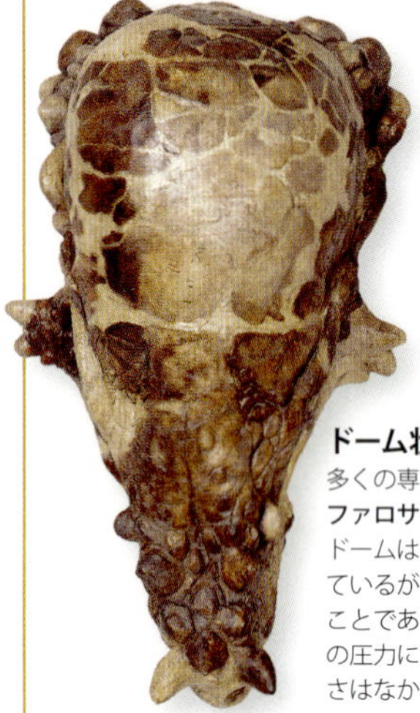

ドーム状の頭
多くの専門家たちは、パキケファロサウルスの頭骨の上のドームは闘争に使われたとしているが、これはあり得ないことである。その首はけんかの圧力に耐えられるだけの強さはなかったからである。

ステゴケラス

- **グループ** 鳥盤類
- **年代** 白亜紀後期
- **大きさ** 体長2m
- **産出地** カナダ

ステゴケラスは、パキケファロサウルス類のなかでももっともよく知られたものの1つである。骨のこぶととげで飾られた著しい骨の出っ張りが、ドーム状の頭骨の頂上の後ろから突きだしていた（ステゴケラスとは「屋根のある角」を意味する）。短い顔だったが、口は狭く、頬は外に張りだしていた。小さなきめの粗いのこぎり状の歯は、葉をかみ裂くのに使われたのだろう。かつてステゴケラスに属していると考えられた2つの種は、最近別の属だと論じられている。
コレピオケファレはハンスズーエシア同様骨の出っ張りを欠き、頭骨のドームに対してより広く平たい縁をもっていた。

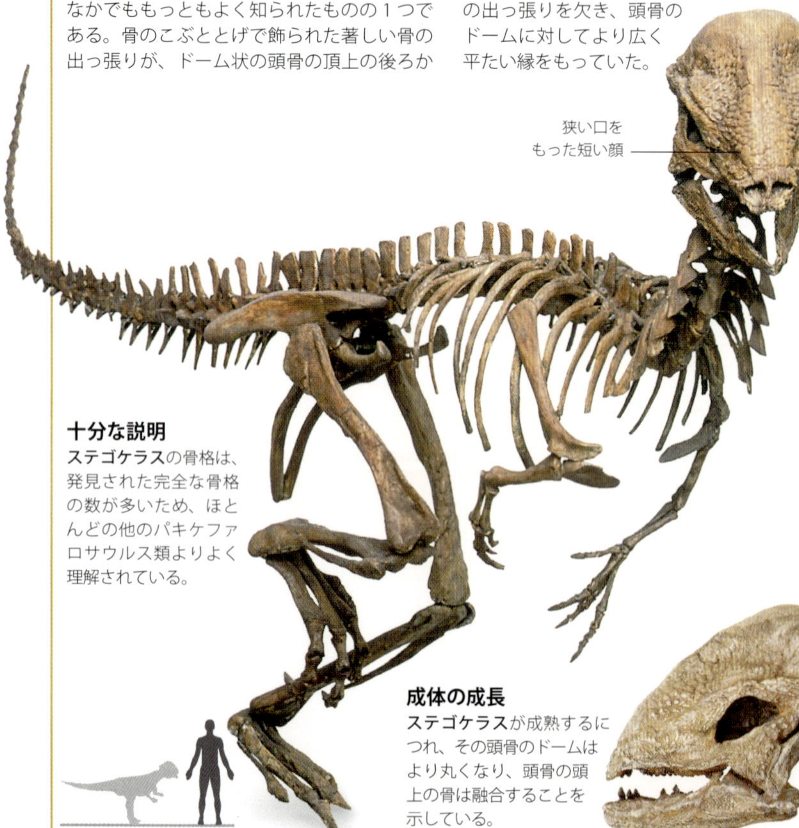

狭い口をもった短い顔

十分な説明
ステゴケラスの骨格は、発見された完全な骨格の数が多いため、ほとんどの他のパキケファロサウルス類よりよく理解されている。

成体の成長
ステゴケラスが成熟するにつれ、その頭骨はより丸くなり、頭骨の上の骨は融合することを示している。

コンフュシウスオルニス（孔子鳥）

- **グループ** 獣脚類
- **年代** 白亜紀前期
- **大きさ** 体長30cm
- **産出地** 中国

コンフュシウスオルニス（「孔子鳥」という意味である）はもっともよく知られた中生代の鳥の1つで、多くの標本が発見されている。始祖鳥（⇨ p.264）や他のより原始的な鳥と比較すると、孔子鳥にはまったく歯がなかった。また眼の後ろにがっしりした骨の棒と、例外的に大きな曲がった親指のかぎ爪をもっていることがひどく変わっていた。水生の動物を食べたと一般的に考えられている。そのくちばしの形と後脚は、現代のカワセミと比べられている。

羽の生えた友人
孔子鳥の多くの標本が、無傷の羽をもっている。長い翼の羽をもっており、どちらか1つの性のみが、ここで見られるような2つの長い流線形の尾の羽をもっていたのだろう。

長い尾の羽

イベロメソルニス

グループ	獣脚類
年代	白亜紀前期
大きさ	体長15cm
産出地	スペイン

はじめは1つの頭のない骨格から記載されたイベロメソルニスは、小さなフィンチのような大きさの白亜紀の鳥だった。エナンティオルニス類あるいは「逆の鳥」として知られる、全体的な白亜紀の鳥のグループのなかで、もっとも原始的なものの1つである。短い尾と大きな胸の骨をもっていた点で、原始的な種に近いというよりも、現代の鳥に近かった。しかしより古い始祖鳥(⇨p.264)同様、歯があった。

現代の特徴
イベロメソルニスの翼の骨はそれが飛ぶことができたことを示している。その曲がったかぎ爪は、現代の鳥同様、木に止まったことを教えている。

ガンスス

グループ	獣脚類
年代	白亜紀前期
大きさ	体長20cm
産出地	中国

ガンススは大きな足をもった水陸両生の、水に飛びこむ鳥だった。化石化した皮ふの印象は、その足には指の先まで膜があったことを示しており、おそらく飛びこむ能力においては、現代のダイバーやカイツブリに似ていただろう。残念ながらその頭骨は知られておらず、その摂食行動は依然として謎のままである。ガンススはどのような近縁種ももっていない。しかしその特徴はすべての現代の鳥同様、のちの白亜紀の種類を含むグループである、真鳥類の初期のメンバーだったことを示している。

水に飛びこむ鳥
2006年に中国で多くの他の化石とともに発見されたこの化石は、明らかにガンススの長い翼の骨を示し、強力な飛行動物だったことを示唆している。この発見以前は、唯一の標本が知られていただけだった。

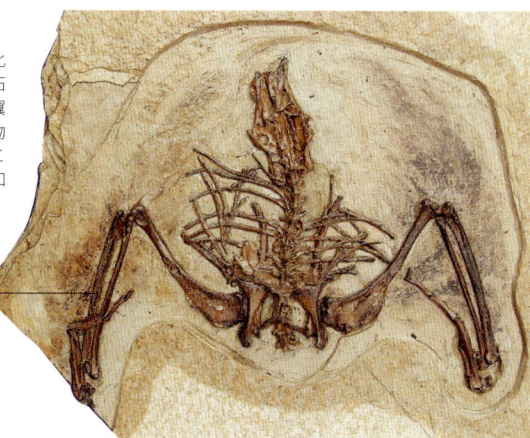

ヘスペロルニス

グループ	獣脚類
年代	白亜紀後期
大きさ	体長1m
産出地	北アメリカ

ヘスペロルニス(「西の鳥」を意味する)は、小さな翼と大きな足そして歯のあるくちばしをもった、大きな飛べない海の鳥だった。1870年代に最初に命名されたこの鳥は、ほとんどが飛べない鳥として知られるヘスペロルニス類グループのなかで、もっともよく知られている。翼は非常に小さかったので、手と下の腕すらなく、唯一小さな棒の形の上腕骨が残っているだけだった。脚は水面下を泳ぐ現代の鳥のように、体のはるか後ろにあった。指は長く、潜っているあいだ、体のほうへ脚を引くときにしっかりと閉じることができた。1つの標本に保存されている皮ふの印象は、指が膜のあるヒレではなく、両側から突きだしている大きな肉の膜だったことを示している。

水の動物
飛べないヘスペロルニスは、おそらく水のなかにいるときに食べていたのだろう。小さな円錐形の歯のある長いとがったくちばしをもっており、魚を捕まえるのに十分適していた。

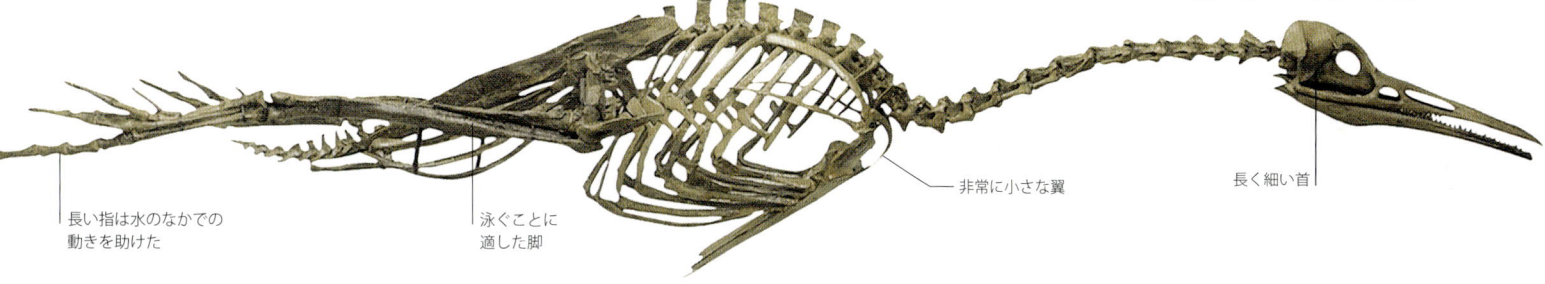

イクチオルニス

グループ	獣脚類
年代	白亜紀後期
大きさ	体長30cm
産出地	アメリカ

イクチオルニス(「魚の鳥」の意味である)は、化石鳥のなかでもっとも有名なものの1つである。1872年に初めて記載されたとき、それは始祖鳥と現代の鳥のすきまを埋めるほんの少数の中生代の鳥の一部だった。今日では、より多くの中生代の鳥が知られている。研究は、イクチオルニスがエナンティオルニス類のようなより古いグループよりも、現代の鳥にもっと密接な関係があることをよく示している。しかし現代の鳥とは異なり、歯があった。これらは小さくなめらかで強く曲がっており、魚のような小さなすべりやすい獲物を捕まえるのには大変適していた。

カモメに似た特徴
イクチオルニスは現代のカモメによく似ていた。化石の多くは海の環境でできた堆積岩で発見されている。

ヴェガウィス

グループ	獣脚類
年代	白亜紀後期
大きさ	体長30cm
産出地	南極

1992年に南極西部のヴェガ島で発見されたヴェガウィスは、北アメリカの暁新世と始新世の化石の水辺の鳥プレスビオルニスや、現代のカモ、ガチョウ、白鳥を含むカモ類のグループであるカモ科の一部に関係があった。ヴェガウィスの重要な発見は、水辺の鳥(正しくはカモ類と呼ばれた)が明らかに白亜紀後期に生きていたことを示している。さらにもっと近い近縁種(キジ類あるいは猟鳥)も、ダチョウを含むパラエオグナトゥスのような、より初期の現代のグループとともに、この時代に存在したにちがいない。

失われた環
ヴェガウィスは長い脚のカモのように見えただろう。その頭骨は知られていないが、他の化石のカモ類同様、それはおそらくカモのようなくちばしをもっていただろう。

ウィンケレステス

- **グループ** 初期哺乳類
- **年代** 白亜紀前期
- **大きさ** 体長30cm
- **産出地** アルゼンチン

多くの中生代の哺乳類と比較して、**ウィンケレステス**は優れた化石で知られている。9つの標本のうち、6つは頭骨を含んでいる。これらは、大きく頑丈な犬歯と少ない小臼歯と臼歯をもち、短く上下幅のある口をしていた。これらの特徴から、それが捕食動物で、おそらく爬虫類や大きな昆虫のほか小さめの哺乳類を食べていたのだろう。大部分の中生代の哺乳類と比較しても大きく、非常に長い尾によって、体長はさらに大きくなった。

レペノマムス

- **グループ** 初期哺乳類
- **年代** 白亜紀前期
- **大きさ** 体長1m
- **産出地** 中国

「爬虫類のような哺乳類」を意味するレペノマムスは、中生代の哺乳類のなかでもっとも有名なものの1つである。この時代の大部分の哺乳類はネズミかトガリネズミの大きさだったが、それと比較するとだいぶ大きかった。**レペノマムス・ギガンティクス**という1種は頭骨が16cm、体長は1mあった。あごは頑丈なつくりで、明らかに赤ん坊の恐竜を含む、より小さな動物を獲物とする捕食動物だった。

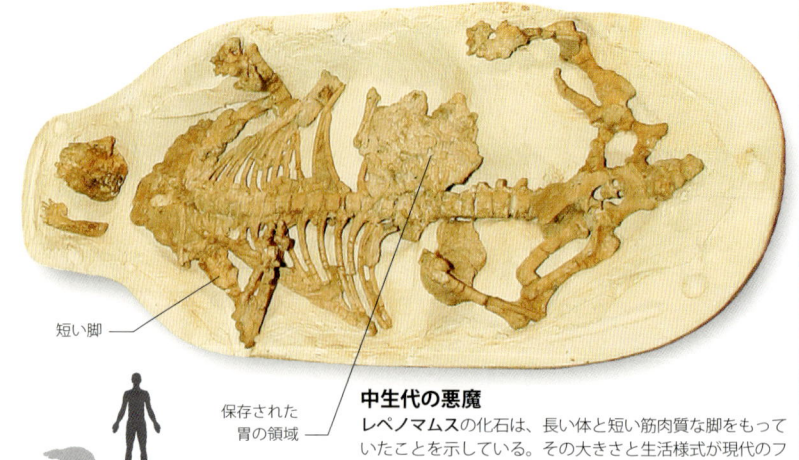

短い脚
保存された胃の領域

中生代の悪魔
レペノマムスの化石は、長い体と短い筋肉質な脚をもっていたことを示している。その大きさと生活様式が現代のフクログマ(タスマニアデヴィル)に似ていただろう。

ウォラティコテリウム

- **グループ** 有胎盤類の哺乳類
- **年代** ジュラ紀中期から白亜紀前期
- **大きさ** 体長20cm
- **産出地** 中国

中生代の哺乳類はすべて小さくちょこちょこ走り、トガリネズミのような動物だったと考えられていた。しかし新しい発見は、中生代の哺乳類がかつて考えられていたよりももっと多様だったことを示している。**ウォラティコテリウム**はとくに、明らかに滑空動物だったことが驚きである(唯一知られている中生代の滑空動物でもある)。大きな皮ふの膜は体と長い四肢のあいだに広がっており、手指と足指の骨の形、そしてその大きなかぎ爪は、はいあがることに優れた動物だったことを示している。それはおそらく昆虫食だっただろう。

滑空する哺乳類
ウォラティコテリウムの化石に保存されている皮ふの膜から、現生のムササビのように見えたのではないかと考えられる。

構造
翼の膜

ムササビは昆虫を追って木に登り、膜を広げるために脚を開く。そして木から木へと滑空する。このムササビのように、**ウォラティコテリウム**もおそらく膜の内部に筋肉をもっていたのだろう。この筋肉が滑空をコントロールすることを助け、膜を広げることを可能にしていた。

ネメグトバアタル

- **グループ** 多丘歯類哺乳類
- **年代** 白亜紀後期
- **大きさ** 体長10cm
- **産出地** モンゴル

ネメグトバアタルは多丘歯類(Multituberculate)あるいは短縮して「マルティス(Multis)」と呼ばれる白亜紀の哺乳類の重要なグループである。マルティスは大きさが現代のネズミくらいだった。ほとんど草食で、おそらく齧歯動物のような生活をしたのだろう。しかし齧歯動物とは密接な関係がなく、他のどのような有胎盤類の哺乳類とも関係がなかった。ネメグトバアタルは1970年以降に命名された多くのマルティスの1つである。前の門歯は大きく突きだしており、犬歯がなかった。かわりに臼歯が短いすきまによって門歯から分かれていた。上下幅のある頭骨ととくに広い口をもっており、口の骨には血管が通っている小さな穴があった。この特別な血の流れは、腺あるいは頭骨の頂上の敏感な皮ふの部分を満たしたようだが、その機能はわかっていない。

毛におおわれた体
短く上下幅のある頭骨
広い鼻先
大きな突きだした門歯
かぎ爪のある指

モグラのような頭骨
ネメグトバアタルは、ジャドクタテリウム類と呼ばれるマルティスの白亜紀後期のグループに属していた。そのほとんどが現代のハタネズミ類に外見上似ている、短く上下幅のある頭骨をもっていた。

テイノロフォス

グループ	卵を産む哺乳類
年代	白亜紀前期
大きさ	体長10cm
産出地	オーストラリア

テイノロフォスは、少数の部分的な下あごの骨が見つかっているだけで、ほとんどわかっていない中生代の哺乳類である。いくつかのあごの特徴は単孔類(卵を産む哺乳類と呼ばれる場合もある)であったことを示している。カモノハシとハリモグラは唯一の現生の単孔類で、オーストラリアでのみ生きている。最初は、カモノハシやハリモグラと遠い関係にある初期哺乳類と考えられていた。しかし2008年に発表された研究は、ハリモグラではなく、カモノハシに特有のいくつかの特徴をもっていたことを示している。

特徴的なあご
テイノロフォスのあごは、下あごの骨の内部のとりわけ大きな管を含め、現生のカモノハシの多くの特徴を共有している。

近縁関係の現生種
カモのくちばしのカモノハシ

テイノロフォスは、多くの点で現代の近縁種である、オーストラリアのカモのくちばしのカモノハシに似ている。カモノハシは流れの底にそって食べ物をあさり、甲殻類やその他の獲物を蓄える水生の捕食動物である。やわらかで敏感なくちばしの弾力性のある皮ふに埋めこまれた特殊な感覚細胞を使って、こうした獲物を見つける。

シノデルフュス

グループ	有袋類の哺乳類
年代	白亜紀前期
大きさ	体長15cm
産出地	中国

シノデルフュスは、有袋類とそれらの化石の近縁種のすべてを含む後獣類の、もっとも古くもっとも初期のメンバーである。中国の熱河省の義県層で発見されたその化石は、体と肢の周りに保存された毛があった。小さくて細く、オポッサムに似ていたようだ。細い口と華奢なあごをもち、手、手首、くるぶし、足は優れた木登り動物だったことを示している。最初の後獣類が、木のなかで生きていたということなのだろう。シノデルフュスが後獣類だったことは、有袋類と胎盤類(真獣類)の分裂が白亜紀前期におこったことを示している。これはもっとも原始的な真獣類の1つとして知られるエオマイア(⇨下)が、シノデルフュスと同時代だったという事実によって確認されている。

小さな細身の体

木登りに適した足

柔軟なくるぶし
シノデルフュスのくるぶしの骨は、頭を下にして木の枝を下るとき、足を後ろに回転させることができたことを示している。

毛皮の厚いコート

かぎ爪のある指

毛皮のコート
エオマイアは、耳と厚い毛皮のコートを含め、めったに保存されない細部を示す、注目すべき化石で知られている。

比較的長い尾

エオマイア

グループ	有胎盤類の哺乳類
年代	白亜紀前期
大きさ	体長20cm
産出地	中国

ネズミの大きさのエオマイアは、現代の胎盤哺乳類と、その化石の近縁種を含む哺乳類のグループである真獣類のもっとも古く、もっとも原始的なメンバーの1つである。その名前は「黎明期の母」を意味し、私たちヒトの系統図内の重要な位置にいる。エオマイアは中国の熱河省の義県層から出た。この現場の他の化石同様、体の輪かくは保存されている。骨は毛皮の厚いコートに取り巻かれ、その長い尾は短い毛でおおわれている。手と足はオポッサムやヤマネのような現代の木に登る哺乳類に似ているため、灌木や木をよじ登ったと考えられている。歯の上の高く鋭い点すなわち咬頭は、それが昆虫やその他の小さな動物の捕食動物だったことを語っている。

ザラムブダレステス

グループ	有胎盤類の哺乳類
年代	白亜紀後期
大きさ	体長20cm
産出地	モンゴル

モンゴルの白亜紀後期の地層から出た、ネズミの大きさの哺乳類ザラムブダレステスは、その長く狭い口と長く細い後肢で、もっともよく知られている。あごの先端の門歯は長く、生涯を通じて持続的に成長した(現代の齧歯動物の前歯と同様である)。すきまが前歯と後ろの歯を分けている。高くとがった歯から、昆虫とおそらく種子を食べたことがわかる。長い後肢と短い前肢をもったこの動物は、おそらくトビネズミのように跳ねただろうと考えられている。

齧歯類に似た外観
ザラムブダレステスの狭い上を向いた口と長い尾は、齧歯類のような外観を与えたが、齧歯類の近縁種ではなかった。

長く狭い口先

古第三紀

- 362 植物
- 368 無脊椎動物 
- 374 脊椎動物

古第三紀

白亜紀末期の大量絶滅ののち、新しい形態の生物が出現した。これまでは、恐竜類と比べると小さく無力であった哺乳類が、空いている生態的地位の多くを占める存在となった。地球は、温室期が終わると長期冷却期が始まり、やがて第四紀の氷河期に突入していった。寒冷条件にうまく順応できたイネ科植物が進化をとげ、拡散していった。

白亜紀と古第三紀の境界期
アメリカ合衆国（⇨上）とイタリア（⇨右）両国にあるイリジウムを含む岩石の薄い帯は、白亜紀と古第三紀の境界期に形成されたものである。これは、当時隕石が地球に衝突してできたといわれている。

海洋と大陸

古第三紀にゴンドワナ大陸が分裂を続けるにつれて、地球の地形は、より見慣れた形状となりはじめた。新しい海洋ができて大陸間の隔たりが広がり、海流が生まれた。南アメリカとアフリカがさらに引き離されて南大西洋が拡大した。北大西洋も拡大し、荒々しい大西洋海流の祖先であるガルフストリームが強くなってきた。北アメリカ西部ではロッキー山脈が形成されつつあったが、その一方でインドが北方にのび続けてアジア・プレートまで広がるなか、ヒマラヤ山脈とチベット高原が褶曲、隆起しつつあった。南極大陸は、始新世後期まで南アメリカの最南端とつながっていたが、やがて分離し、環南極海流が生まれた。古第三紀前期に入るとオーストラリアが南極大陸から分離しはじめた。オーストラリアが北方に移動するにつれて南方に海洋ができた。アフリカも同じ方向に移動し、それにつれてテティス海が縮小しはじめて、アルプス山脈が隆起した。大陸の分裂にともない、南アメリカ、オーストラリア、ニュージーランドなどの個々の大陸がたがいに隔絶するようになったため、それぞれの動物相や植物相が独自の進化をとげることができた。カスピ海の北方から北極地方まで広がり、ヨーロッパとアジアを分断していたトゥルガイ海峡などのロシア西部の大きな海路も、一部の動物個体群を特定の地域に閉じこめた。暁新世末期になると、白亜紀末期の大量絶滅によりほぼ一掃された海洋生物が徐々によみがえり生息数が増加しつつあった。海洋では古第三紀中期にはクジラの形をした哺乳類が出現していた。

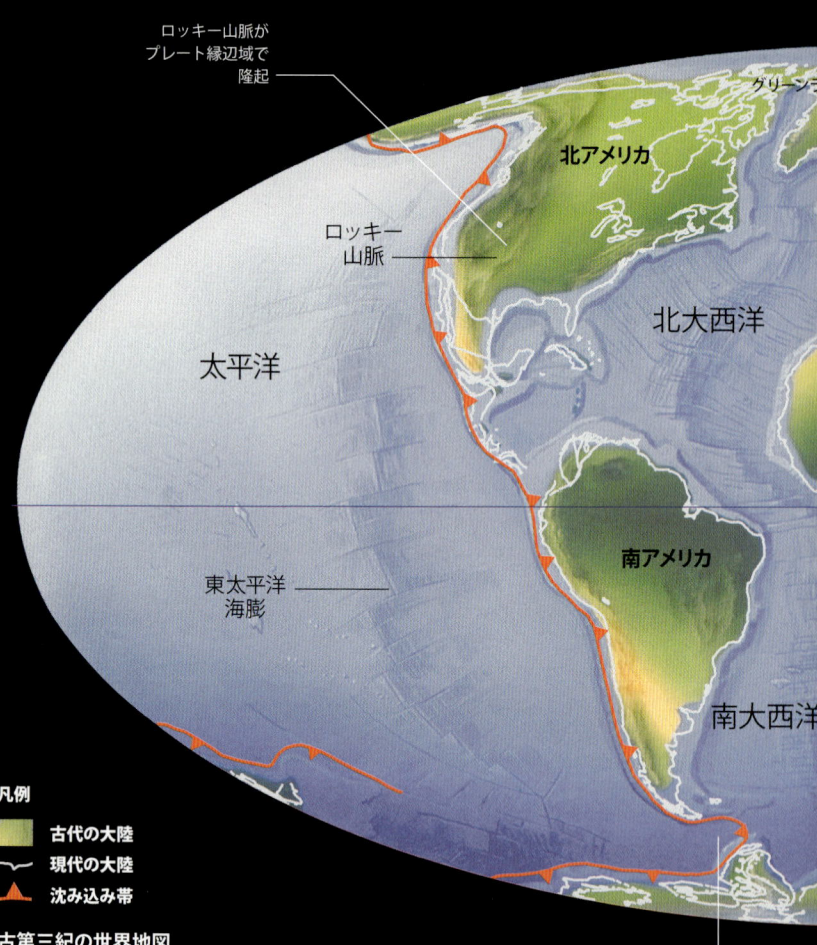

ロッキー山脈
岩石圏プレート間の衝突の結果として新しい山脈が現れた。北アメリカのロッキー山脈は、そのような造山活動によりできたものである。

凡例
- 古代の大陸
- 現代の大陸
- 沈み込み帯

古第三紀の世界地図
この時代には北アメリカと南アメリカが分離していた。ヒマラヤ山脈ができ、さらにはテティス海が縮小してアルプス山脈が形成された。

当初南アメリカの最南端とつながっていた南極大陸が始新世に分離

亜熱帯の海
高緯度北極においてさえ暁新世／始新世の温暖極相期の海面温度は、亜熱帯に相当し、この短期間で広範囲にわたり気候が極端に温暖化した。

気候

古第三紀の4000万年のあいだに、地球では著しい気候変動が生じ、約1000万年にわたり寒暖のサイクルがくり返し続いた。地球の気温は、白亜紀末期に低下したが、その後、古第三紀前期に再び上向き、約5540万年前に著しく上昇した。ほんの1万年から3万年という短期間で、熱帯地方の海面温度が約5℃上昇したが、高緯度では約9℃も上昇した。気温が高くなると降雨量も増え、結果的に世界の大半が熱帯雨林でおおわれた。この状態が約17万年続いたのち、気温が以前のレベルまで急激に低下したが、始新世前期後半の数百万年間に再び上昇しはじめた。その後、冷却期が始まり、約5000万年後に大規模な氷河作用が発生した。この気温低下は、ゆっくりと除々におきていたが、始新世と漸新世の境界期になると年間平均気温がわずか40万年で8℃超も急低下した。すなわち、年間平均気温が約20℃から12℃にまで低下した。海洋温度の低下幅のほうが小さく、おそらく2〜3℃だったと思われる。気候が寒冷化するにつれて乾燥化も激化していった。

南極氷床
古第三紀末期になると、南極大陸の大半が氷冠でおおわれていた。始新世末期の気温低下にともない、地球は、温室から氷室のような世界に変化した。

（地図ラベル）
インドが北方にのびてアジア・プレートにまで広がりヒマラヤ山脈を形成
トゥルガイ海峡
ヨーロッパ
アジア
アラビア
ヒマラヤ山脈
アフリカ
インド
インド洋
オーストラリア
南極大陸
オーストラリアが北方に移動

二酸化炭素レベル
古第三紀を通じて二酸化炭素レベルは、しだいに減少していったが、気温が上昇した。この急激な地球温暖化の原因は、深海からのメタン放出にあった可能性がある。

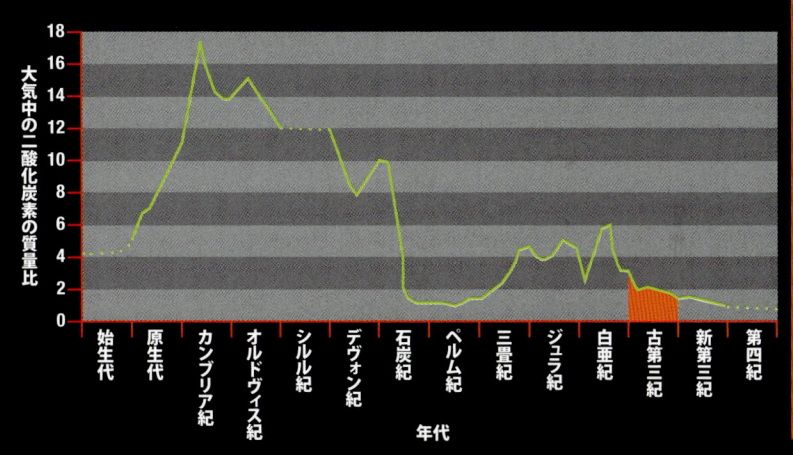

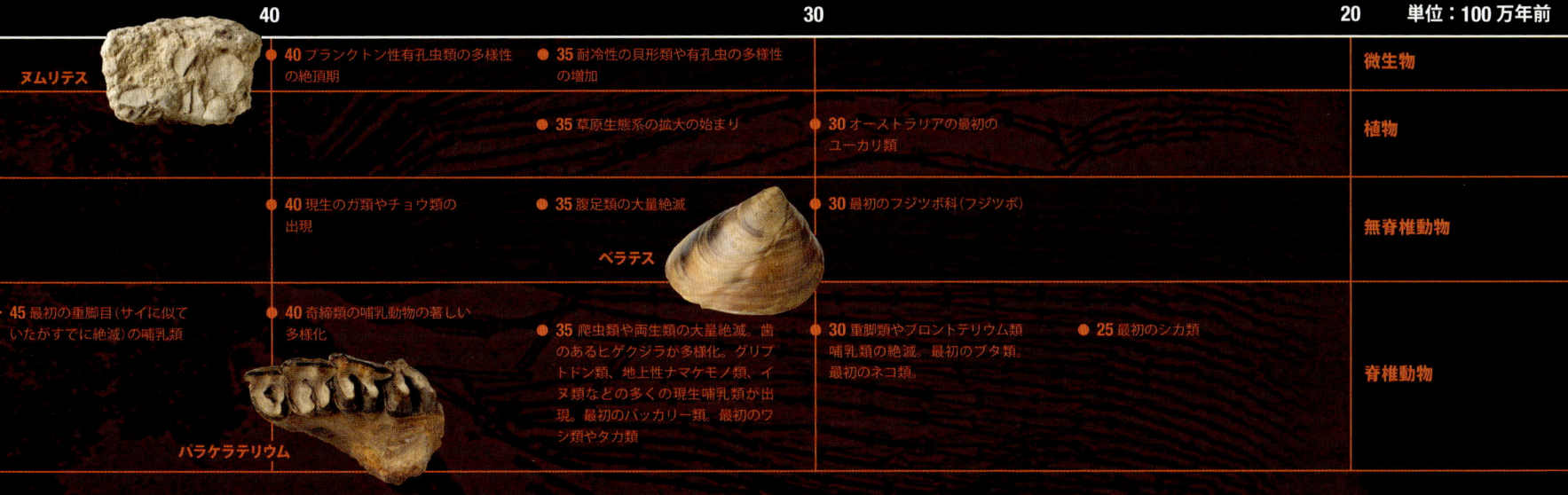

古第三紀の植物

白亜紀末期におきた大量絶滅が植物に及ぼした影響は、他の生物よりも小さかった。ほとんどの植物が生き残り、一部は多様化を続けた。植物の世界では、その後の気候変動や新種の動物の進化出現により受けた影響のほうが大きかった。

古第三紀にさまざまな陸生動物が急激な進化をとげたこと（⇨p.368、374）が生態系の発展に寄与したが、この生態系は、白亜紀に存在した生態系よりも現代の生態系のほうに近かった。

熱帯林

古第三紀の植生の新しい重要な特徴は、大型の被子植物の木が密集する閉鎖林が発達したことにある。白亜紀にその種の群落が存在したという証拠は、ほとんど存在しない。始新世になると豊富な降雨量をともなう非常に温暖な気候のおかげで、赤道地域だけでなくイギリス南部に至る北方でも雨林が発達していた。イギリス南部のロンドン粘土層から発見された始新世の植物相には、現代の東南アジアの熱帯地方に典型的に見られるマングローブや他の多くの植物の実や種が含まれる。世界の他の地域で見つかった同時代の始新世植物相には、一般的に、現代の熱帯植物に特徴的な大きな葉が多く含まれる。始新世の温暖な気候の絶頂期には、現在森林が生育できる緯度のはるか上方の北極に非常に近い地域でも樹木が育っていた。

現生の熱帯雨林
古第三紀まで熱帯雨林は、さほど広範囲には広がっていなかった。そのなかには、現代の熱帯植生に特徴的な多くの植物グループが含まれる。

顕花植物
ここでロビニア属として紹介するマメ科は、古第三紀に初めて現れた数多くの顕花植物の1つである。

動物との共進化

白亜紀から古第三紀への境界期を過ぎると新しいグループの脊椎動物や昆虫が繁栄したが、始新世にはそれらと被子植物とのあいだに共進化がおきたことを示す証拠がさらに多く見られる。古第三紀にはハチやガなどの花粉を運ぶ重要な昆虫が、さらに一般的に見られるようになった。また、始新世の一部の化石の花には、油胞の存在や花が左右対称の形状をしていることなどの昆虫による授粉に適した特殊化が見られる。古第三紀の植物相でも被子植物の実や種の平均サイズが肥大化しており、分散するのに哺乳類や鳥類にこれまで以上に依存していたことをあらわしている。

グループ概観

現生の被子植物や他の植物グループの重要な系統のほとんどは、おそらく古第三紀までに分化しはじめていたと思われる。古第三紀のこれらの植物のほとんどは、現代の植物に似通っている。さまざまな現生植物グループ間の生態学的関連性もこのころから見られ、それが現在まで続いている。

シダ類
現代のような森林が発達した結果、森林下層の生息環境で新たな生息の機会が生まれた。その機会をすばやく享受したのが爆発的に進化した複数のシダ類グループであった。この新しい森林に生まれた新しい林冠の生息環境でもさまざまなシダ類グループと一部のヒカゲノカズラ類が着生植物として繁栄した。

針葉樹
古第三紀の植物相で重要なのが、ラクウショウとその類縁種であった。北極近くの寒冷気候下では、アケボノスギや他の針葉樹が繁栄した。古代の山上湖に残された化石植物からも古第三紀に現生のマツ類とその類縁種との分化が確実におきていたことがうかがえる。

単子葉類の被子植物
単子葉類の化石記録は、古第三紀に著しく増加する。始新世にさまざまなグループの現生単子葉類が初めて出現する。そのなかにはイネ科植物、スゲ、ヒルムシロが含まれる。とくに多いのが水中や低地の生息環境に特有な単子葉類である。

真正双子葉類の被子植物
白亜紀に定着した真正双子葉植物が古第三紀に多様化を続けたが、それとともに他の多くの植物が初めて出現した。古第三紀の特異な特徴をあげると、多くの木質被子植物グループの多様化とその授粉生態や分散生態の近代化がある。

リュゴディウム（カニクサ、ツルシノブ）

グループ	シダ類
年代	白亜紀（おそらく三畳紀）から現代
大きさ	裸葉小葉の最大全長11cm
産出地	ヨーロッパ、北アメリカ、南アメリカ、中国、オーストラリア

これには約40種のシダ類が含まれるが、それらの特徴は、不特定な長さにまで成長し続ける葉をもつことにあり、ねじれた細い軸のおかげで葉はよじ登ることができる。シダ類のあいだではこのようによじ登る葉はめずらしく、一見、葉のついた攀縁茎のような誤った印象を与える。小羽片は、葉縁が鋸歯状になっていないもの、規則的に切れこみの入ったものがあり、それぞれの裂片の中央に走る細い葉脈が二次脈に分かれる。その胞子葉も葉切片が非常に細く、円錐状の出っ張りに胞子嚢（担胞子体）をつけるという点では特異である。化石記録で**リュゴディウム**を識別するときに目安となるのが、独特の裸葉と胞子葉である。化石記録にある葉からすると白亜紀後期を起源とするが、**リュゴディウム**のものに似た胞子が三畳紀以後に発見されている。今日、すべての大陸の熱帯地方や亜熱帯地方で生育する。

ふぞろいの裂片
リュゴディウム・スコッツベルギイには切れこみの入った裸葉があり、それは、一般的にここに示すような3つまたは5つの、長さがふぞろいの裂片に分かれる。

胞子形成機能をもつ小羽片が胞子を形成した

リュゴディウム・スコッツベルギイ
南アメリカ・チリ産のこの古第三紀の化石では、胞子をつける分岐した特徴的な葉軸の塊が見られるが、その先端に胞子を生じさせる球果がついている。

維管束

かたい根からなる外套層

オスムンダ（ヤマドリゼンマイ）

グループ	シダ類
年代	ペルム紀から現代
大きさ	胞子葉の最大全長2m
産出地	世界各地

ゼンマイ科は、北半球と南半球の両方でペルム紀後期に出現した。ゼンマイ科が急激な進化をとげたのは古生代後期と中生代前期のことで、その化石記録は、シダ類のなかでもっとも長い。150以上の絶滅種が存在し、**オスムンダ**を含む現生種も数多く存在する。地質学的なゼンマイ科の歴史は、おもに石化した幹に基づく。これらの化石茎は、ゼンマイ科の現生種のものと非常によく似ている。一部の化石葉は、現生の属の葉とそっくりであれば現生の属に分類されてきた。また、南極大陸から発見された三畳紀の標本も存在するが、その標本は、現生種の**オスムンダ・クレイトンエンシス**と見分けがつかない。化石記録によれば、ゼンマイ科は、ジュラ紀ごろまでにさまざまな胞子葉と裸葉を発達させた。

オスムンダの1種
この標本に見られるような**オスムンダ**の幹の石化した断面が示すように、茎には葉脚や根からなる外套に包まれた軟組織中に埋まるように、多くの維管束があった。

三裂葉

近縁関係の現生種
ゼンマイ

ゼンマイの**オスムンダ・レガリス**は、ほぼ世界各地で見られる約12種ある落葉性シダ類の1つである。胞子を生じない複葉は、幅広の小葉をもつが、この写真の中央に見られる胞子嚢のついた胞子葉の複葉は、あったとしても非常に小さい、小葉である。

メタセコイア

グループ	針葉樹
年代	白亜紀から現代
大きさ	最大高さ40m
産出地	北方の温帯地方

この属の最古の記録は、白亜紀にさかのぼるが、古第三紀から新第三紀前期には、北半球のカナダ北極圏にいたるまでの北部でもっとも多く生息する針葉樹の1つとなった。石化した大きな幹と切り株が北アメリカで見つかった。若枝は、それぞれの側に同時に分岐する茎や1つの面をなすかのように扁平な2枚の葉をつける対生葉をもとに簡単に識別できるし、球果が若枝についた状態であれば球果の構造によっても簡単に識別できる。他の針葉樹と同様に、雄性花粉球果と雌性種子球果をもつ。メタセコイアの種の多くは、ごく少数の化石標本しか情報源がないので、それらを見分けるのはむずかしいかもしれない。若枝や球果の構造、または若木をもとに確実に見分けることができる化石種は、現在4〜5種存在する。既知のメタセコイアの化石のなかに新第三紀後期のものは存在せず、中国で現生の植物が見つかるまで絶滅していたと考えられていた（⇨下図）。

対生葉
メタセコイアの顕著な特徴は、葉枝が対生に並び、1つの面をなすかのように扁平だという点にある。

葉枝

分岐する茎
メタセコイアは、落葉性である。その若枝は、自由に分岐し、末端側の小さい茎のみに葉枝がつき、成長期末期にこの葉枝が落下する。

近縁関係の現生種
アケボノスギ

イチョウ類同様にメタセコイア・グリプトストロボイデスは、生きた化石である。おどろいたことに、化石として命名された3年後の1944年になって初めてこれが中国の中西部で生育していることがわかった。メタセコイアは、早く成長する樹木で、現在では世界中の温帯地方に多く生育する。高さが40m以上、直径が約2mに達することもある。

対生葉

種子球果

茎の両側に向かい合ってつく対生葉

先のとがった葉

メタセコイア・オクシデンタリス
メタセコイアの化石葉のなかでももっともありふれて、もっとも知られている種であり、現生のメタセコイア・グリプトストロボイデス（⇨左図）によく似ている。

ピケア（トウヒ）

グループ 針葉樹
年代 古第三紀から現代
大きさ 最大高さ90m
産出地 北アメリカ、ヨーロッパ、アジア、日本

現在、北部の温帯地方や寒帯地方に生育する約35種のトウヒが存在する。それらは、広い円錐形の樹冠と若枝をもつ背の高い常緑樹で、葉脚部のくいに似た木質構造で識別できる。ピケアは、上方の葉が茂る末端枝に垂れ下がる形で、円筒形の種子球果をつける。現在では、北アメリカ、ヨーロッパ、アジアの低山帯森林と亜高山帯森林で見られる。

ピケアの1種
このような球果の鱗片は、薄く扇状である。その翼果は、秋に成熟し落下する。

近縁関係の現生種
イガゴヨウマツ

イガゴヨウマツは成長の遅い樹木で、背丈が5～15mあり、木が日光にさらされて、生きた樹皮がはがれ、木自体がねじれていることが多い。アメリカのコロラド州、ニューメキシコ州、アリゾナ州の山に生育し、なかには樹齢2500年ほどまで生き続けるものもある。

マックギニテア

グループ 被子植物
年代 始新世
大きさ 葉の最大全長35cm
産出地 北アメリカ西部

プラタナスの絶滅した属。この属は、北アメリカ西部のさまざまな場所でよく隣合って発見された植物がもつ、プラタナスに似たさまざまな部分を寄せ集めて復元された。葉は大きく、5から7つの裂片が掌状に並ぶ。木は、柄をもつ球塊状の雄花または雌花をつけた。開けて荒れた地域、とくに水域に近い地域で早期にコロニーを形成する適応力をもっていた。

ポドカルプス

グループ 針葉樹
年代 白亜紀から現代
大きさ 最大高さ45m
産出地 北アメリカ、オーストラリア、アジア、南アメリカ、アフリカ

この針葉樹の針状の葉は、1つの面をなすかのように扁平である。個々の葉は、葉脚が細く先端が丸い。化石のポドカルプスは、葉表面構造の細部をもとにヌマスギ、タクシテス、セコイア属の類似する若枝と区別できる。白亜紀の北アメリカ産ポドカルプスの花粉粒に関する報告が存在するが、古第三紀になると、この属は、ミシシッピー川流域地帯にしか生育していなかった。古第三紀のオーストラレーシア、南アメリカ、北アメリカ南部産のポドカルプスの葉枝が見つかっている。この属の起源は、おそらくオーストラレーシアであり、のちに南アフリカに移動したもの、西方から東方へ太平洋を渡って移動したものがあったと推定される。南半球の暖温帯地方や亜熱帯地方に約100の現生種が存在する。

ポドカルプス・イノピナトゥス
古第三紀のチリ産のこの若枝に見られるように、らせん状に生えた扁平の葉が1つの面をなすかのように並び、すべての葉が光の当たるほうに向くようになっている。

- 葉先が丸い
- 葉脚が細い
- 針状葉
- 対生葉序

プラタナス（スズカケノキ）

グループ 被子植物
年代 白亜紀から現代
大きさ 木の最大高さ42m
産出地 ヨーロッパ、アジア、北アメリカ

初期のスズカケノキ科化石の歴史に関する情報は、ほとんどが化石葉から得られたものである。その最古のものは、白亜紀のヨーロッパ産や北アメリカ産であるが、古第三紀から新第三紀のヨーロッパ、アジア、北アメリカでは、それよりもはるかに多く存在していた。葉の多くには葉脈模様があり、その花の構造からプラタナス属ではなく、マックギニテア（⇨左下）などの他の属に属するといわれている。プラタナスやそれに似た植物の葉は大きく、柄があり、掌状で5つ以上の裂片に分かれるという点では特異である。葉縁は、なめらかなものもあるし、先端付近が鋸歯状になっているものもある。それぞれの裂片には中肋があるが、この中肋は、柄上方の共通地点からのびるか、あるいはその共通地点のすぐ上方で別に分岐しそこからのびている。数多くの二次脈や三次脈があるが、後者はよく見えない。プラタナスの実には毛があり、風に乗って拡散しやすい。マックギニテアなどの類似する植物の実には毛がなかった。

近縁関係の現生種
プラタナス

南ヨーロッパ、西アジアからインドまでの地域、北アメリカ、メキシコで見つかった6種の大きく育つ落葉性プラタナスが存在する。いずれもここに示すようなカエデに似た切れこみの入った葉をもち、長い垂れ下がった柄に球状の風媒花をつける。授粉が済むと冬には木に実がなる。モミジバスズカケノキは、プラタナス2種すなわちスズカケノキとアメリカスズカケノキの交配種である。この交配種は、圧縮土壌でも育ち、公害にも強いので市街地に植えるのに理想的である。

- 裂片の中肋
- 縁がかすかに鋸歯状
- 二次脈

「プラタナス」
この5つに切れこみの入った葉には、はっきりとした中肋と二次脈がある。この標本の裂片の先端周りに付いた跡からわかるように、上をおおっていた岩石がはがれて葉がむき出しになったと思われる。

フロリッサンティア

グループ 被子植物
年代 古第三紀
大きさ 花の直径2.5–5.5cm
産出地 北アメリカ

これらの花や実の化石は、既知のものが3種存在する。花は、放射状に対称で、柄（小花柄）が細くて長い。5つの花弁に似た器官（萼片）が花の全長に沿って、少なくともなかほどまで癒合し、目立つ網状の葉脈が放射状に広がる。花弁があるのは1種のみで、それらの花弁は、たがいにくっついておらず、萼片よりも小さい。突きでた子房の周りには花粉をつくる5つの雄しべの基部が癒合している。授粉と受精が済むと子房が膨れて、シナノキのものに似た5裂の木の実のような実を形成したが、萼片や雄しべの残骸に実がついたまま残っていたことから、花全体が風に飛ばされて分散していたものと思われる。

サイエンス
昆虫

顕花植物の授粉媒介者としては風、水、動物が考えられるが、そのうちもっとも一般的なのが昆虫である。下に示す化石には繊細な昆虫の羽が見える。花蜜をつくり、花の部分の組織化と特殊化が進んだ結果、花と昆虫が共進化をとげて高度に特殊化した形態となった（⇨ p.28）。

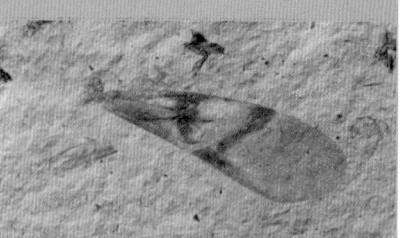

花弁に似た萼片

放射状の葉脈

フロリッサンティア・クゥイルケンシス

この化石に見られるようなフロリッサンティア種の柄は、花が垂れ下がるように咲いていたことと、萼片基部の毛の生えた密集部が花蜜をつくり、昆虫や鳥を引き寄せていたことをうかがわせる。

バンクシア

グループ	被子植物
年代	古第三紀から現代
大きさ	最大高さ30m
産出地	オーストラリア

オーストラリアで見つかった古第三紀以降の葉と実に基づくと、化石バンクシアには数多くの種が存在する。オーストラリア以外から得られた記録は、非常に疑わしい。化石葉から見て取れるように、気孔があるのは葉の下面と表面が毛でおおわれたくぼみ内に限られるので、水分損失を制限する適応性に優れていた。現生のバンクシアでは、それぞれの花房内のごく少数の花のみが成長して肥大化し、2つの萼片をもつ独特の実になる。実の萼片が開くと種子が放出されて分散する。

バンクシア・アルカエオカルパ
ここに示すような化石化した子実体にはらせん状に並んだ花の跡とこの場合は3つの成熟した実の位置が見られる。

- 花の跡
- 開いた萼片
- 成熟した実

バンクシアエフュッルムの1種
通常はバンクシアエフュッルム属に分類されるこれらの化石化した葉には中肋、二次脈、網状の三次脈の跡が見られる。

- 鋸歯状の葉縁

> 現生のバンクシアでは、ごく少数の花のみが成長して独特の実となる。

バンクシア・コッキネア
一般にスカーレット・バンクシアと呼ばれているこの低木は、オーストラリア南西部に生育し、高さ8mにまで成長して高さと幅が8cmほどの穂状花序を形成する。

ニッパ（ニッパヤシ）

グループ	被子植物
年代	白亜紀後期から現代
大きさ	実の全長8–12cm
産出地	北半球

最古のヤシの化石は、白亜紀後期の葉、茎、花粉である。古第三紀にはそれらの残骸が広範囲に大量に存在した。また、ヨーロッパの堆積層中にはニッパヤシ、すなわち、ニッパの実が多く見られる。化石化したニッパの大きさと数から、当時の北西ヨーロッパの状態は、現代のインドや東南アジアに生育する汽水性マングローブと似ていたと思われる。

ニッパの1種
このニッパの実は、海で漂流するあいだに部分的に浸食された。外皮（外果皮）は、上部にしか残っておらず、その下の内皮（中果皮）がむき出しになっている。

キュクロカリュア

グループ	被子植物
年代	古第三紀から現代
大きさ	最大高さ30m
産出地	ヨーロッパ、北アメリカ、アジア

クルミ科の1つの属で、現生の種は1種しか存在しない。落葉樹で、背丈が約30mほどまで成長し、羽状に分かれた葉をつけて雄花と雌花が尾状花序を形成する。その独特の実の周りには円盤状の翼があるので、実が風にのって分散しやすい。白亜紀後期の北アメリカとヨーロッパ産のクルミ科の化石が見つかっているが、現生植物の属のなかで最初に出現したのは、古第三紀のキュクロカリュアで、この属は、その後、北アメリカからヨーロッパやアジアにまたたくまに広がっていった。キュクロカリュアが見つかった化石群には、グリュプトストロブス、メタセコイア、リクイダンバルなどの植物も含まれており、より温暖な温帯から亜熱帯の気候だったことをうかがわせる。現在では中国でしか見られない。

サバリテス

グループ	被子植物
年代	白亜紀から現代
大きさ	葉の全長約1–2m
産出地	北アメリカ、メキシコ、ヨーロッパ

最古のヤシは、白亜紀後期に見つかっているが、現生の属に確実に分類できるものは存在しない。今日、ヤシが生育するのは熱帯地方と亜熱帯地方である。ヤシは、気候が温暖であることをよくあらわしている。サバルヤシは、分裂葉をもつ多種多様なヤシの1つで、北アメリカ、メキシコ、ヨーロッパの堆積層中で見つかっている。古第三紀まで生き残っていて、その化石化した実も北アメリカやイギリス南東部で発見されている。サバリテスという名は、本来は葉を指していたが、現在ではその種子をあらわす。

サバリテスの1種
この化石では、サバルヤシ属の葉の基部下方に柄すなわち葉柄が見える。細かい線は、葉の分かれ目をあらわす。

- 分裂葉
- 葉柄

古第三紀の
無脊椎動物

地球上の生物の進化に影響を与えた5番目の出来事が白亜紀後期の絶滅であるが、この絶滅から回復したのちにエコ・スペースを占拠したのが、海生無脊椎動物群である。それらは、現生の海生無脊椎動物群と似通っていた。貝殻が散乱する古第三紀の海岸線は、今日のものとよく似ていたと思われる。温暖ではあったが、すでに地球冷却化の第一段階が始まっていた。

サンゴ礁の形成

古第三紀に海生無脊椎動物が多様化した一要因は、サンゴ礁が進化したことにある。三畳紀にイシサンゴ類が現れ、中生代が終わるまで繁栄したが、古第三紀までは真生サンゴ礁は存在していなかった。現生のサンゴ礁は、裾礁、堡礁、環礁の3種類に分かれる。裾礁は海岸線、とくに火山島の海岸線に沿って形成される。島が沈むと、円形または馬蹄形の環礁が形成される。サンゴ礁の起源が古第三紀にあることは、太平洋環礁での深海掘削により証明されている。イシサンゴ類には骨組みを構築するのに適した有利な点が2つある。第一に、固着機能をもたない古生代のサンゴ礁とは異なり、基底層に自身を固定させることができる。第二に、組織内に共生藻が存在し、それらが酸素や炭水化物を供給してサンゴ礁の急成長を可能にする。これにより、大きな骨組みを構築でき、そこに他の多くの生物がすみつき、史上もっとも複雑で豊かな生態系の基礎を築いた。

サンゴ礁
太平洋のこの生きたサンゴ礁のなかでは、さまざまな種がいっしょに生息するコロニーが形成されている。サンゴ礁は、他の動物や植物の生態をも支える。

ワーム・ウッド
この化石化した丸太にはフナクイムシのテレド属の残骸が残されている。テレド属は、現存し、浮遊する木材や水中に沈んだ木材のなかに群生する。

ダニアン階

デンマークの大部分を占める地域の下には、白亜紀後期の白亜層（チョーク）が広がっている。シェラン島の海岸では、崖の断面にイリジウムを豊富に含む灰色の地層が見られるが、そこには魚の骨が散らばり、白亜紀に大量絶滅がおきたことが見てとれる。その上方には白亜質の堆積物が見られるが、これは、古第三紀になっても続いている。この時代をダニアン階という。最後のアンモナイト類とベレムナイト類が大災害で死滅した。オウムガイ類は生き残り、ダニアン階でアンモナイト類に取ってかわった。

渦巻き状の殻
トゥリテラは、高く渦巻いた大型の腹足類である。古第三紀の典型的な生物であり肋をもつ。

グループ概観

古第三紀には腹足類が進化、拡散し続けて、新しい形態の出現や新しい形態への適応も見られた。二枚貝も多様化したようである。白亜紀後期を起源とする多くのウニ類も、比較的損傷を受けていなかった。新しい形態の甲殻類が出現し、非常に効率的な捕食動物としてすぐに定着するようになった。

腹足類
古第三紀には腹足類が多様化を続け、新しい生息地を形成した。当時、大型で一般に派手な装飾のある腹足類が現れたが、それと並行して出現したのが翼足類で、これは、プランクトンのなかで浮遊生活をすることに適した、まっすぐな殻をもつ小型の腹足類である。古第三紀の淡水性石灰岩は、場合によっては丸ごと腹足類でできている。

二枚貝類
現生の一般的な二枚貝属の多くは、古第三紀に初めて出現した。二枚貝は、この時代にさまざまな生息習性を進化させたようである。たとえば、足糸による固着（糸状の構造体でかたい面に体を固定させた）、細菌捕食、深い巣穴掘りや浅い巣穴掘りなどである。

ウニ類
ほとんどのウニ類グループは、白亜紀後期に発生した大量絶滅の影響をあまり受けなかった。エキノコリュスなどの海面付近に生息する属とリンシアなどの深い巣穴を掘る属は、いずれも古第三紀の動物相において重要な存在であり続けた。

甲殻類
現生の最大の甲殻類は、ロブスターとカニであるが、それらが大量に出現して多様化したのは古第三紀のことである。しっかりつかむためのはさみ（古生代の甲殻類がもっていたかは不明）をもっていたことが、そのように繁栄した大きな要因である。

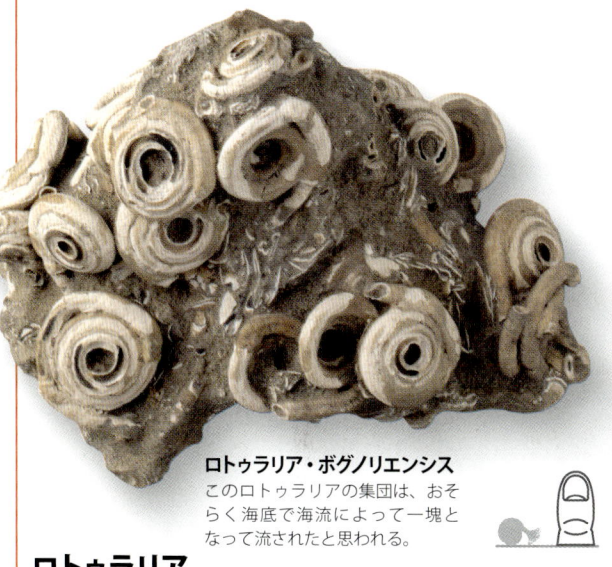

ロトゥラリア・ボグノリエンシス
このロトゥラリアの集団は、おそらく海底で海流によって一塊となって流されたと思われる。

ロトゥラリア

グループ	蠕虫類
年代	ジュラ紀中期から古第三紀
大きさ	最大直径2cm
産出地	世界各地

蠕虫は、体が軟質なので化石化することはまれである。多くの無殻蠕虫についてもっとも知られている点は、堆積物中に巣穴を掘るという点である。だが、注目に値する例外も存在し、カンザシゴカイ科の蠕虫がそれである。これらの海生の多毛類蠕虫は、ミミズの類縁種であり、自らの分泌物を使い、体を包むように炭酸カルシウムでできたチューブをつくり、軟体を保護する。したがって、カンザシゴカイ科の蠕虫は、他の有殻無脊椎動物と同様に化石として残っている。現存するカンザシゴカイ類の蠕虫のほとんどは、海底または他の無脊椎動物の殻に固着して生息するが、ロトゥラリアは、それらとは異なり成長の初期段階では固着するが、本来は自由生活性の生物であった。体を包む管状の殻は、最初は背の低いらせん状に巻いていくが、成熟すると殻の最後の部分がまっすぐになり、巻いた部分から分離した。

アトゥリア

グループ	頭足類
年代	古第三紀から新第三紀前期
大きさ	最大直径15cm
産出地	世界各地

オウムガイ類で、オウムガイ属に属する現生種と外見が似ていた。非常にきつく巻いた殻をもつが、螺環どうしの重なりが大きく、中央に非常に小さなへそがある。この種の殻は、極度な密巻きといわれている。アトゥリアのもっとも特異な特徴の1つが複雑な縫合線で、ひだ（谷）が鋭角である。これらのV字形の谷は、殻口から見ると後ろに向いている。断面を見ると、螺環が多少圧縮され、側面が平たくなっているが、腹面（外縁）は、丸みをおびている。殻がなめらかで、装飾は非常に細かい成長線のみである。非常に広々とした外洋に生息していたようで、おそらく小型の魚や小型の甲殻類を餌にしていたと思われる。

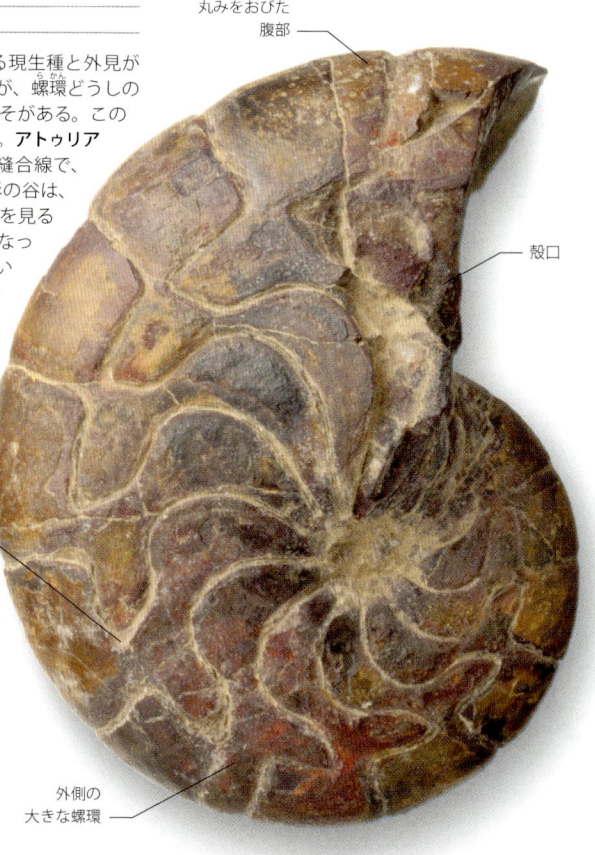

アトゥリア・プラエズィグザク
この内型にはっきり見えるアトゥリアの縫合線は、オウムガイ類のわりにはあまりにも複雑である。これらは、それ以前に生息していた一部のアンモノイド類の縫合線に表面的には似ている。

クセノフォラ

グループ	腹足類
年代	古第三紀から現代
大きさ	最大全長4cm
産出地	世界各地

海生腹足類の1つの属で、現代でも世界各地の海に生息する。独特の特徴としては、円錐形の殻をもっていたが、錐状体（螺塔）がかなり低く、連続した螺層どうしの重なりが非常に小さかった。殻にはくっきりした成長線があるが、基部の成長線がもっとも鮮明である。下から見ると、中央の臍孔が狭く周囲が急傾斜している。殻に結節がある多くの腹足類とは異なり、凹凸のあるその外形は、殻面に殻の破片や岩石粒子を埋めこんでいるためだった。つまり、殻の破片を拾い軟体の外面をおおうように外套膜縁に埋めこみ、別の殻物質を分泌して包むように異物を固着させていた。

クセノフォラとは、「外来物の運び屋」という意味で、殻の破片を拾う習性があったためこう名づけられた。

殻口
これは殻の下側の画像である。クセノフォラの殻口は、丸みをおびて部分的に張りだした殻におおわれていた。殻の下唇は、引っこんでいる。

派手な表面装飾
クセノフォラの殻の表面には凹凸があった。海底から殻の破片を拾い、自らの殻に固着させていたからである。

クセノフォラ・クリスパ
この腹足類の殻頂（螺塔）内には幼年期に併合された1枚の殻が存在する。

無脊椎動物

アスレタ

グループ	腹足類
年代	古第三紀から現代
大きさ	全長6.5-10cm
産出地	世界各地

アスレタの殻でもっとも目立つのは、殻のいちばん幅広部分の螺層の肩上にある、先のとがった結節である。

アスレタ属の腹足類は、肉食性の捕食動物であった。アスレタの化石は、独特の形状で、殻の先端が小さな急勾配の円錐を形成する。成熟するにつれ、殻の螺層が幅広になっていった。殻の装飾のうちはっきり目立つのは、殻のいちばん幅広部分のもっとも外側の螺層の肩上にある、とがった結節である。これらの結節から螺層どうしが合わさる縫合線まで肋が走り、もっとも外側の螺層の側面に沿って下降する。もっとも外側の螺層の下部には頑丈な螺肋があるが、螺層どうしの重なりが大きいため、殻の初期の部分ではそれが見えない。殻口(開口部)が長く、側面には水を引き入れるために使用する管状構造体、すなわち、入水管の切りこみが存在する。

- 急勾配の円錐
- もっとも外側の螺層の肩上にあるとがった結節
- 浅い肋
- 長い殻口

アスレタ・アスレタ
アスレタは、もっとも外側の螺層の肩上にあるとがった結節で見分けることができる。この結節から下方に走る肋と平行して細かい成長線が見られる。

クラウィリテス

グループ	腹足類
年代	古第三紀から新第三紀
大きさ	全長13cm
産出地	ヨーロッパ、アフリカ、北アメリカ、南アメリカ

大きな殻をもつずんぐりした腹足類で、その螺層は側面が扁平で、螺層どうしの重なりがほとんどなかった。螺層どうしが合わさる螺層縫合には目立つ段があり、殻の外面は成長線でおおわれていた。殻口が大きく楕円形であっり、現生の類縁種と比較すると、肉食性であったことを示している。

クラウィリテス・マクロスピラ
クラウィリテスの殻は、成長線でおおわれ、成長線は、螺層の真ん中あたりで後方に曲がっていた。

構造
殻内部

腹足類の成体の軟体部は、殻の螺層のうちもっとも新しくできた2螺層あたりに収まっている。中央の柱状構造体は、殻軸といい、軸に巻きつく各螺層の壁が癒合して形成されたものである。

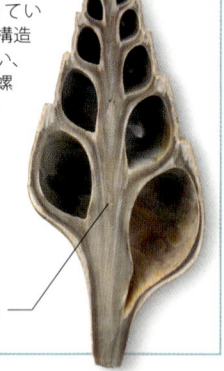

- 殻軸

ウェネリコル

グループ	二枚貝類
年代	古第三紀
大きさ	長さ2-8cm
産出地	北アメリカ、ヨーロッパ

ろ過摂食性二枚貝。丸みをおびた三角形の殻をもち、殻頂が前方に向き湾曲していた。厚みのある殻の外面にはくっきりした放射肋が走っているが、この肋は、腹縁に近いほど幅広かつ扁平であった。それぞれの殻片に2本の歯と歯槽があった。歯の奥にある長い湾曲したくぼみのなかに靭帯が収まっている。殻片の内縁には小さな小円鋸歯(切りこみ)があった。

- 殻頂

ウェネリコル・プラニコスタ
不規則な成長線が肋を交差しており、成長速度に季節性があったことをうかがわせる。

フォラドミア・アンビグア
フォラドミアの装飾のある殻が巣穴のなかでやわらかい堆積物にしがみつくのに役立った。殻の後縁の湾入内に水管を部分的に引っこめることができた。

- 放射肋

クラッサテッラ

グループ	二枚貝類
年代	白亜紀後期から新第三紀前期
大きさ	長さほぼ3.5cm
産出地	ヨーロッパ、北アメリカ

二枚貝で、殻の成長線と平行にくっきりした同心性の肋が走っていた。この化石では、それぞれの殻片のくっきりした肩が殻頂から腹縁まで走っているのが見える。内部には同サイズの深い閉殻筋の跡があり、そのあいだにはっきりした外套膜線が走っている。この閉殻筋は、殻を閉める働きをし、外套膜線は、外套膜が付いていたところをあらわしている。蝶番の2本の歯は、それぞれの殻片の殻頂の下方に付いていた。

- 殻頂
- くっきりした肋

フォラドミア

グループ	二枚貝類
年代	三畳紀後期から現代
大きさ	長さほぼ7cm
産出地	世界各地

穿孔性二枚貝で、殻の後縁が開いたままになっている。殻が大きく膨れあがり、殻頂が内側に折れ曲がっている。成長方向と平行に同心性の線が走り、はっきりした放射肋があるが、この放射肋は、殻の中央部に近いほどくっきりしている。各殻片の前部や外側部分には放射肋がない。鉸歯がなく、殻頂の後ろにある殻外縁のひだのなかに靭帯が収まっていた。

クラッサテッラ・ラメッロサ
クラッサテッラの化石は、ほぼ左右対称の2つの半殻(殻片)からなる。それぞれの殻片の外面には非常にはっきりとした成長線がある。

カマ

グループ	二枚貝類
年代	古第三紀から現代
大きさ	長さほぼ4cm
産出地	ヨーロッパ、北アメリカ

著しく左右非対称の殻をもつ二枚貝。生涯にわたり海底に固着するのは、大きい凸状の際立つ左殻のほうである。右殻も凸状であるが、左殻よりも小さくはるかに扁平である。両殻片とも殻頂がよく発達していた。殻片は、水平面にそってらせん状に成長した。それぞれの殻片の表面に同心性のフリルと放射状に並んだ扁平のとげが見られる。これら2つの特徴のため、どちらかというと殻がウロコでおおわれているように見える。内部には2つの筋肉の痕跡があり、そこには生存時に殻を開ける閉殻筋が付いていた。外套膜が付いていた外套膜線は、なめらかである。それぞれの殻片には蝶番線上にどちらかというと先の丸い歯が1本ある。また、鉸板上方には湾曲した溝があり、そのなかに靭帯が収まっていた。

グリキメリス

グループ	二枚貝類
年代	白亜紀前期から現代
大きさ	長さほぼ5cm
産出地	世界各地

かなり厚みのある殻をもつ二枚貝で、その外形は、ほぼ円形である。殻頂は、正中線のほぼ中央にある。殻頂の下方には殻頂の正面と裏面に三角形に広がった部分があり、そこに靭帯を収めていた小さな溝がある。靭帯部分の下の鉸板には多数の歯と歯槽があるが、殻頂のすぐ下に位置するものがもっとも小さく、外側の曲線周りの蝶番縁に沿ってそれらのサイズと湾曲度が著しく大きくなる。フネガイ目に属する類縁種の多くとは異なり、成体期には繊維の束(足糸)で固着してはいなかった。

- 幅広のフリル
- 棘

カマ・カルカルタ
カマのとげが藻群や小動物を引き寄せて、それらを隠れみのに使っていた可能性がある。

グリキメリス・グリキメリス
殻にはくっきり度がまちまちの同心性の成長線と細かい放射肋が組み合わさった装飾がある。

- 殻頂
- 蝶番部
- 歯槽

グリキメリス・ブレウィロストリス
蝶番部に沿って多数の歯と歯槽がある。殻頂のすぐ下に位置するものがもっとも小さく、蝶番縁に沿ってそれらのサイズが大きくなる。

テレディナ

グループ	二枚貝類
年代	白亜紀後期から新第三紀
大きさ	長さほぼ15cm
産出地	ヨーロッパ

非常に特殊化した種類の二枚貝軟体動物。小さな二枚貝殻が後方にのびて、殻口の狭い不規則な形状の長い管となった。海水中や汽水中で殻を左右に動かしながら、木や他の軟質の物質に穴を掘っていた。この習性が殻頂を過度に摩滅させるが、その問題を解決するために余分な板を自らの分泌物で作っていた。幼年期には足をもっていたが、木片に穴を掘り、その穴のなかで永住していたため足が退化した。現生のフナクイムシの**テレド**属の類縁種であり、木に穴を掘って生息する貝の一種である。フナクイムシと同じようにろ過摂食者で、体内に水を取りこみ、特殊化したエラを使って食物微粒子をこし取っていた。殻側が長く管状であるため、化石専門家のあいだでは長年チューブワームの1種と思われていた。

> テレディナは、海水中や汽水中で殻を左右に動かしながら木に穴を掘って生息していた。

化石化した丸太

丸太の中心部に向かって穴を掘っていたテレディナ

テレディナの1種
右に示す標本では、多くのテレディナがなかにすみついていた丸太の断面が見られる。これらのワームは、殻が体の上側にくる状態で丸太中心部に向かって穴を掘り、そのなかで生息していた。

ロウェニアの1種
外殻上面中央部の頂盤には4つの小さな円形の孔が開いており、そこから卵子や精子を放出する。

外殻の上面

生殖孔

管足が突きでていた孔

防護棘
外殻の両側が細かいこぶ（瘤状突起）でおおわれている。瘤状突起は、すべて防護棘がついていた場所である。

肛門

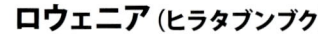

ロウェニア (ヒラタブンブク)

グループ	棘皮動物
年代	暁新世後期から現代
大きさ	最大全長3.5cm
産出地	インド洋、太平洋

扁平なハート形の穿孔性のウニで、通常は、沿岸水域で海底の砂に体を埋めて生息していた。この属のブンブクウニという一部の種は、現存する。**ロウェニア**の化石は、かたい「外殻」すなわち内骨格からなる。すべての棘皮動物と同じように、**ロウェニア**の体も5つの部分に分かれており、化石化した外殻の上側に星形が見られる。この星形は、5つの歩帯からできていた。その縁に沿って大きな孔が開いていたが、それぞれの孔は、管足が付いていた場所と思われる。歩帯の1つは、深いくぼみを形成し、口が付いていた場所である口腔面にまで続いていた。外殻の平滑面すなわち帯線が複数存在していたが、そこは、小さな毛状突起（繊毛）がなかに並ぶ管が付いていた場所である。

とげが付いていた場所

歩帯

細かい瘤状突起

大きな瘤状突起

三日月形の口

近縁関係の現生種
ブンブクウニ

右に示すブンブクウニ（**ロウェニア・コルディフォルミス**）は、化石の**ロウェニア**と類縁関係にある。堆積物に体を埋めて生息することによく適しており、小さな毛状突起が作りだす水流を使い、食物粒子や過酸化水素水を体に運ぶ。最古のウニの口は、体の下側中央部にあり、上面中央部に肛門があった。この形態のウニは、現存する（➡**テムノキダリス** p.314）。化石の**ロウェニア**に見られるように、進化の過程で、肛門が後方に、口が前方に移動した。

パラエオカルピッリウス

グループ 節足動物
年代 古第三紀
大きさ 最大全長約6cm
産出地 ヨーロッパ、エジプト、ソマリア、インド、ザンジバル、ジャワ、マリアナ諸島

この初期のカニの化石のドーム形甲羅（殻）は、外形が楕円形でなめらか、前縁と側縁にぎざぎざがある。有柄眼を収める眼窩がよく発達している。前肢のはさみ（はさみ肢）がはっきりと見え、左よりも右のはさみのほうが格別大きくずんぐりとしている。右のはさみに付いた可動指の内縁にぎざぎざがある。対照的に左のはさみは、比較的細い。カニがおおいに多様化しはじめたのは白亜紀であるが、新生代にその数が飛躍的に増加した。このおおいに繁栄したグループは、今日、かつてないほど大量に生息する。

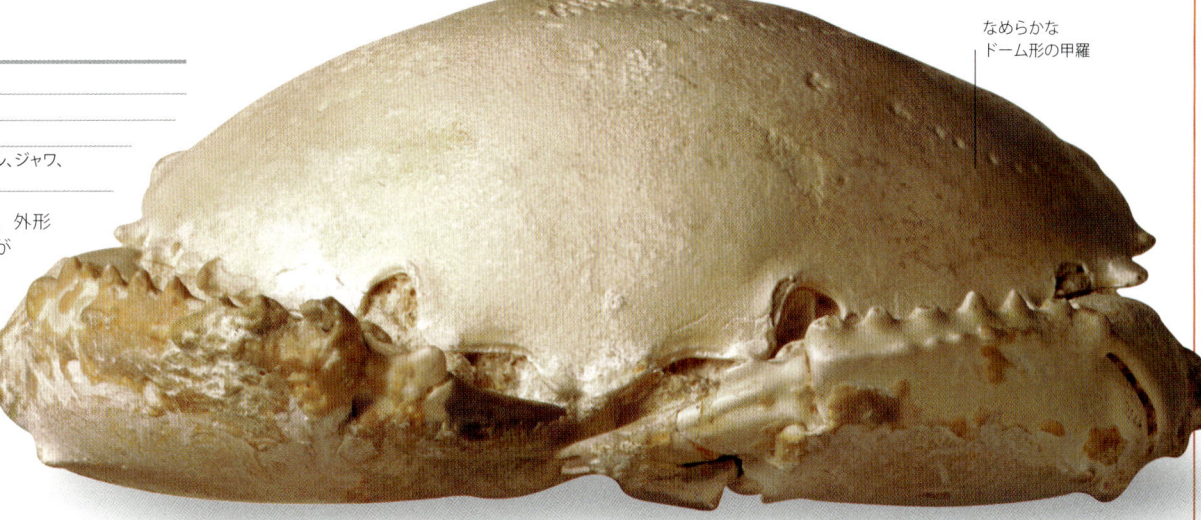

なめらかなドーム形の甲羅

パラエオカルピッリウス・アクゥイリヌス
両方のはさみの上縁には大きなこぶ（瘤状突起）がある。右のはさみの可動指の内縁にはぎざぎざがあるが、左のはさみにはそれがない。

> カニは、おおいに繁栄したグループで、今日、かつてないほど大量に生息する。

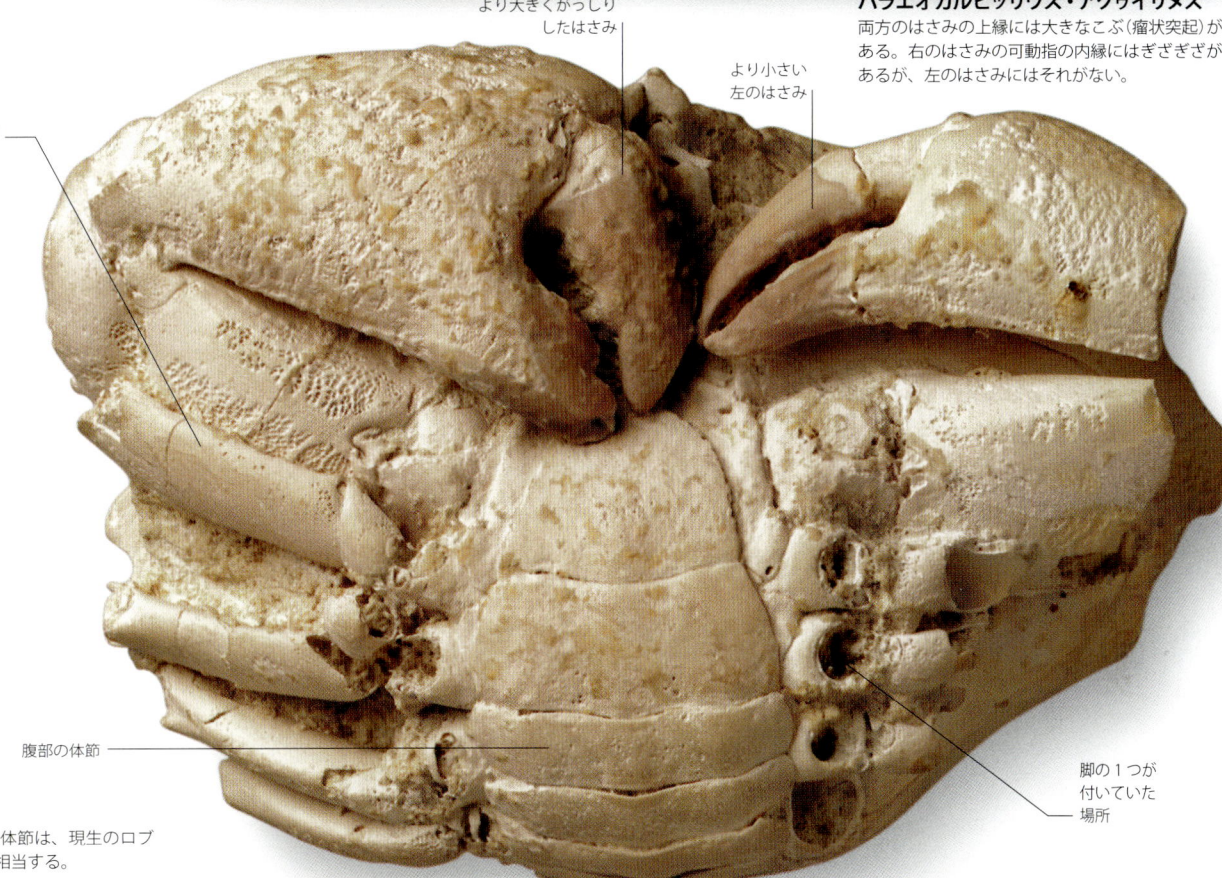

より大きくがっしりしたはさみ
より小さい左のはさみ
関節のある脚
腹部の体節
脚の1つが付いていた場所

丸まった腹部
甲羅の下でもつく丸まった腹部の体節は、現生のロブスターやエビのまっすぐな腹部に相当する。

リヌパルス

グループ 節足動物
年代 古第三紀から現代
大きさ 甲羅の全長約5cm
産出地 ヨーロッパ、西アフリカ、北アメリカ、北東アジア

最古のロブスターに似た甲殻類は、ペルム紀に現れたが、古第三紀までは化石記録において大量には見られなかった。このロブスターの殻（甲羅）は細長く、前縁が丸みをおびていた。甲羅の前部と中央部の側面は、きめが粗くざらざらしていた。体は、3つの部分に分かれ、深い溝がその輪郭を描きだしていた。腹部は、5つの体節に分かれており、腹部が下方に曲がると体節間のなめらかな節面がむき出しになった。腹部には尾扇があり、水中を移動するときにこれを使って推進力を作りだした。

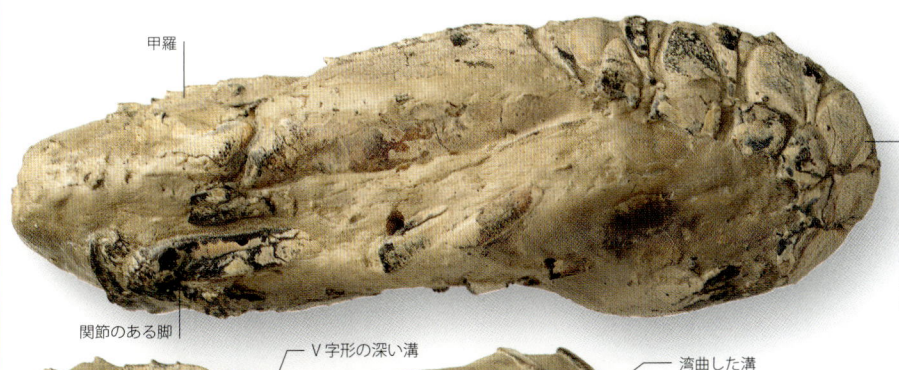

甲羅
関節のある脚
腹部の体節
V字形の深い溝
湾曲した溝

リヌパルス・エオケニクス
通常、見つかるのはロブスターの化石化した甲羅のみであるが、この標本の側面図に見られるように、甲羅の下には肢がある。

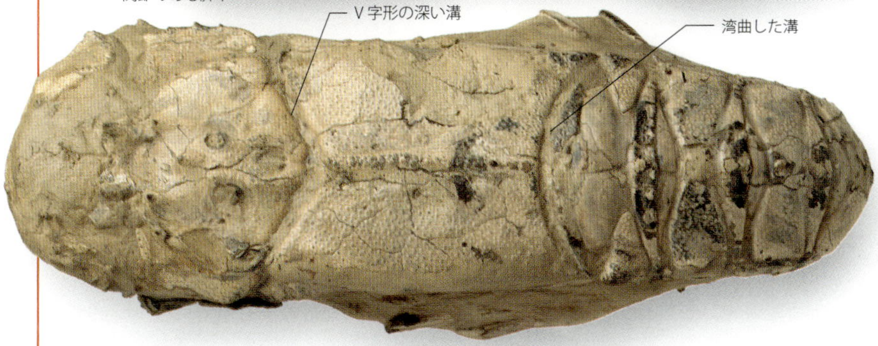

溝のなか
甲羅の上面は、3つの部分に分かれる。前部と中央部はV字形の溝で分かれ、中央部と後部は湾曲した溝で分かれる。

古第三紀の脊椎動物

白亜紀末期に恐竜類が絶滅したあと、陸地、水中、空中で哺乳類や鳥類の放散が始まり、さまざまな形態を取るようになった。魚類と爬虫類は、古第三紀初期にはより見慣れた形態となっていたので、あまり変化しなかった。

6500万年前の暁新世初頭時点では、哺乳類は体が小さく食虫性で、手足や歯もほとんど特殊化していなかった。しかし、恐竜類がいなくなり、空いた生態的地位を占めるために変化しはじめた。その結果、体が大きくなり、新しい移動のしかたを進化させ、食餌も多様化して植物や他の脊椎動物も食べるようになった。漸新世にも哺乳類の放散は続いた。

飛翔動物

コウモリは、骨が軽く飛膜が繊細なため化石化しにくく、化石記録に登場することは少ない。そのため、進化史上、コウモリが飛翔するようになった正確な時期はわかっていない。だが、2箇所の始新世地層(ドイツのオイルシェール採掘場とアメリカ合衆国ワイオミング州のグリーン・リヴァー層)で、ごく少数だが保存状態がすばらしくよいコウモリの化石が見つかっている。これらの化石から、少なくとも5250万年前には飛翔するコウモリが存在したことがうかがえる。このコウモリは、腕と格別に細長い指骨で伸縮性のある皮膜を支えて、筋肉で動力を生みだしながら羽ばたくように飛ぶことができた。コウモリは、おそらく木から木に滑空していた夜行性の食虫性動物から進化したと思われる。漸新世の化石記録に最初の果食性コウモリが現れる。

化石のコウモリ
ドイツのメッセル・オイルシェール採掘場から産出された化石のコウモリは、驚くほど保存状態が良い。この標本では翼と皮ふがはっきりと見える。

肉食動物と裂肉歯

古第三紀初頭の哺乳類は、昆虫を食べるのに適した特殊化していない歯をもっていた。しかし、暁新世に二大哺乳類グループ、すなわち、食肉類動物と肉歯類動物が肉を食べるのに適した歯を進化させた。現生の食肉類動物の決定的な特徴である裂肉歯は、はさみのような動きで骨から肉を切りとることにみごとなまでに適している。獲物をかみ殺すのに使っていたのが、先のとがった大きな犬歯である。食肉類動物の祖先であるミアキス科は、イタチと同サイズの小型の哺乳類であった。始新世中期にイヌ類が現れ、漸新世前期にニムラヴス科(偽剣歯虎ともいう)というネコに似たグループと平行して真正ネコ類が出現した。

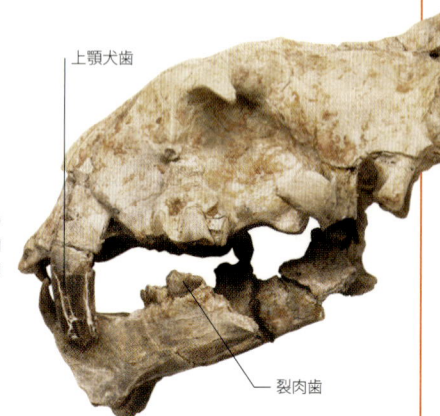

切り裂くための臼歯
原始的な食肉類動物(ここに示すような)とその現生の子孫の場合、裂肉歯は、上顎最後部前臼歯と下顎最前部臼歯である。肉歯類動物の裂肉歯は、あごのさらに奥にあった。

グループ概観

白亜紀末期の絶滅からわずか1500万年後の5000万年前までには、ほとんどの哺乳類目の原始的な代表種が出現していた。初期の有蹄哺乳類(有蹄動物)が食肉類動物や肉歯類動物の餌食となる一方、海洋ではクジラが生息し、空をコウモリが飛んでいた。最初の霊長類、アナウサギ類、齧歯類も現れた。

肉歯類
始新世と漸新世を通じて肉歯類が支配的な捕食者として君臨していた。肉歯類は、食肉類動物と同じ生態的地位の多くを占めていたが、やがて食肉類動物が肉歯類に取ってかわった。当時存在していた2つの科は、オキシエナ科とそれよりも広く分布していたヒエノドン科で、後者には史上最大級の陸生捕食動物メギストテリウムも含まれる。

奇蹄類
最初の奇蹄類は、暁新世末期に出現し、始新世に放散して原始的なウマ類、サイ類、バク類、ブロントテリウム類となった。最初の種は、葉を摂食していたが、体が比較的小さく特殊化していなかった。しだいに体が大きくなり、古第三紀の残りの時代を通じてさらに多様化していった。

偶蹄類
最初の偶蹄類も始新世前期に現れたが、当時は体が小さく脚が長かった。すぐに放散して多くのさまざまな形態に変化した。たとえば、ブタ類やラクダ類の祖先およびキリンやウシなどの反芻動物の祖先など。いずれも頬歯が三日月形で、足首には偶蹄類に特徴的な特殊な二重滑車状の距骨があった。

クジラ類
始新世を通じて有蹄哺乳類の1つの枝が、原始的なクジラとしてしだいに水生に戻っていった。初期の種もよく発達した肢をもち、歩く、泳ぐ両方の動作ができ、おそらく獲物をとるために海に入っていたと思われる。始新世末期にかけて最初の完全水生のクジラ類が現れた。小さな後肢をもってはいたが、それらは、基本的には役に立たなかった。

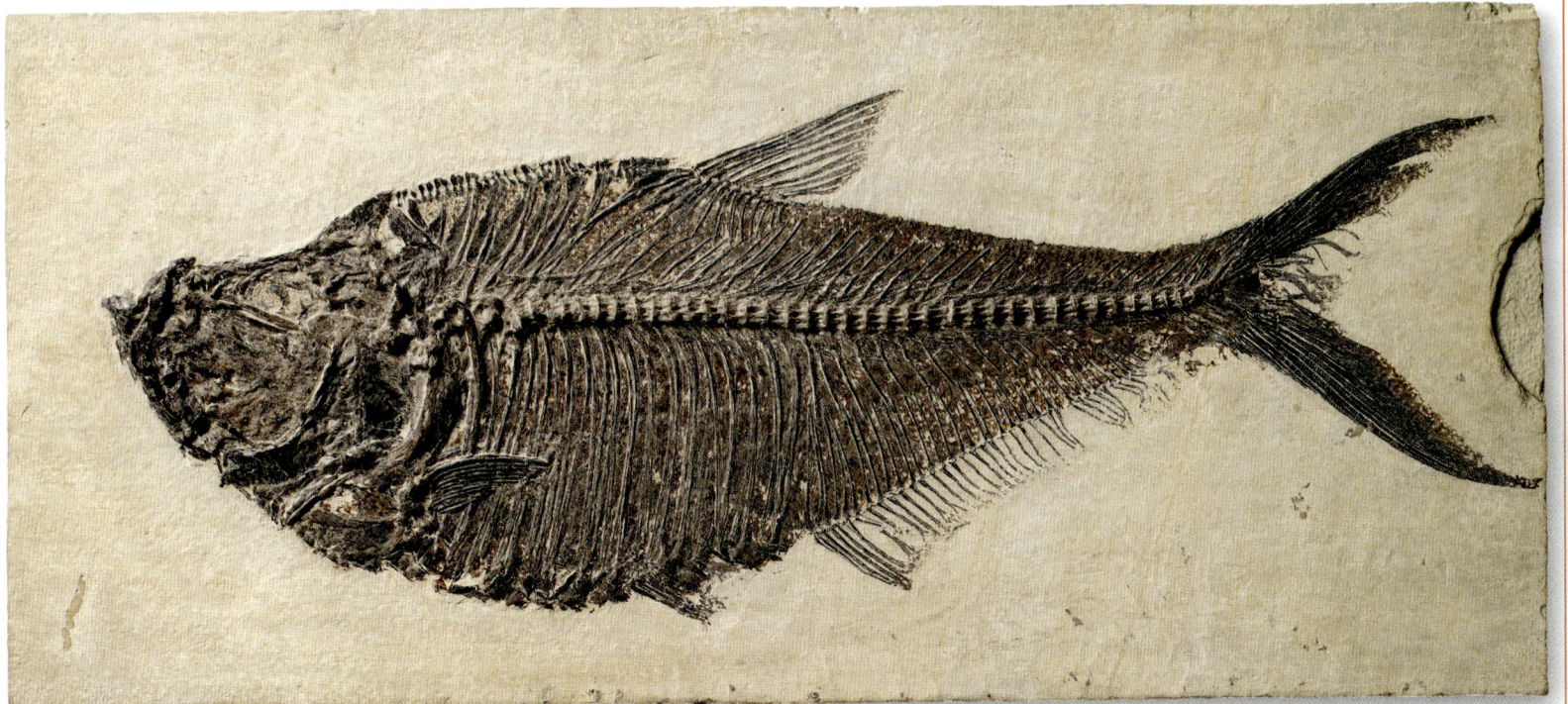

ディプロミストゥス

グループ	条鰭類
年代	始新世前期から中新世
大きさ	全長65cm
産出地	アメリカ合衆国、レバノン、シリア、南アメリカ、アフリカ

ニシン類やイワシ類の遠縁種で、広い地域で生息する淡水魚であった。保存状態がもっともよい標本の多くは、アメリカ合衆国ワイオミング州のグリーン・リヴァー層で発見された。1つの背ビレ、複数対の小さな胸ビレと腹ビレをもっていたほか、1つの尻ビレが細い尾の付け根に向かってのびていた。尾自体は、深く二またに分かれ、ヒレの上部と下部が同等の大きさであった。ディプロミストゥスの化石の胃のなかに、ナイティア（⇨下）などのそれよりも小型の魚が大量に残っているのが見つかった。ナイティアは、ディプロミストゥスの類縁種であり獲物でもあったというのがかつての見かたであった。しかし現在は、その見かたが正しくないと認知されている。変性した鱗片が2列あることがナイティアとの違いである。1列は、頭骨から背ビレまで背中の正中線に沿って走り、もう1列は、腹部に沿って走っている。

上を向いた口
ディプロミストゥスの口は、上を向いており、あごは背骨に平行ではなく背骨に対して斜めに付いていた。このことから海面のすぐ下を泳ぐ自分よりも小型の魚を捕食していたと思われる。

ナイティア

グループ	条鰭類
年代	始新世中期
大きさ	全長25cm
産出地	アメリカ合衆国

現生のニシン類の淡水性類縁種であったと考えられている。毎年、グリーン・リヴァー地域（⇨右のコラム）の採石場で大量の化石が産出されており、世界各地の岩石ショップでよく見かける。ほとんどの標本は、小さいが保存状態がとてもよい。標本が非常に多く存在し、グリーン・リヴァーでは大群をなして生息していたことがうかがえる。その体のサイズと数の多さから、おそらく二次捕食者として湖水中の貝形類、珪藻、他の微小プランクトンをこし取って食べていたと思われる。これよりも大型の魚の胃のなかで大量のナイティアの骨が見つかっている。

公認の化石
ナイティアは、生存時には大群をなして泳いでいた。グリーン・リヴァー頁岩で大量に見つかっているところから、アメリカ合衆国ワイオミング州産の化石として公認された。

主要な産出地
グリーン・リヴァー

ワイオミング州、コロラド州、ユタ州にまたがる広大な湖沼堆積物群であるグリーン・リヴァー層でもっとも多く見つかっているのが、ナイティアである。同地には5300万から4600万年前の頁岩が堆積した、厚さ3km以上の地層が広がる。グリーン・リヴァー頁岩は、多くの細かい部分が残った、保存状態がとてもよい骨格が何百も見つかっている産出地として世界的に有名だ。

スキアエヌルス

グループ	条鰭類
年代	始新世前期
大きさ	全長20cm
産出地	イギリス

ブリーム科のなかで知られている最古の代表属であるスキアエヌルスは、1845年に科学者ルイ・アガシーによって記載された。頭部には大きな眼と幅広の口が付いていた。体の長さは体高の約4倍あった。かつてイギリスの南東部をおおっていた亜熱帯の海によって形成されたロンドン粘土層中でスキアエヌルスの標本が大量に見つかっている。

先のとがった歯

能動的ハンター
下あごに1列の鋭い歯があるので、スキアエヌルスは他の魚を捕食する能動的ハンターだったと思われる。

ミオプロスス

グループ	条鰭類
年代	始新世
大きさ	全長25cm
産出地	アメリカ合衆国

パーチ科に属する淡水性湖水魚であった。その化石は単体で見つかり、集団で見つかったことがないので、単独生活をするハンターであったと考えられている。また、多数の鋭い歯を使い、自分の体の半分もの大きさの魚をも襲撃する能力があった。左右対称に二またに分かれた大きな尾が細い付け根からのびており、力強く泳いでいたことがうかがえる。2つある背ビレの1つは、胸ビレのすぐ後ろにあり、後ろ側の背ビレは、尻ビレの上方に位置していた。

獲物を摂食中
ここに示すように、ミオプロススの化石は、獲物を摂食中の姿で見つかることがある。

脊椎動物

375

メーネ（ギンカガミ）

グループ	条鰭類
年代	始新世前期から現代
大きさ	全長25 cm
産出地	世界各地

イタリア北部のモンテ・ボルカでメーネ・ロムベアとメーネ・オブロンガが大量に見つかった。「金魚鉢」という異名を取るこの産出地からは、保存状態がすばらしくよい魚の化石が大量に産出された。これらの標本の多くが、生存中にどのような色をしていたのかさえわかるほどである。メーネ属の代表種の1つが現生するが、それは、インド洋と太平洋に生息するムーンフィッシュ、メーネ・マクラタである。この現生種は、この属の特色をよくあらわしている。眼が大きく、口が突きでて上を向いている。おもに体の下半分が下方にのびた、体高が非常にある海生魚である。また、その体は、かなり側扁した形をしている。その体の形から、どちらかというと体に柔軟性がなく、あまり動けなかったと思われる。おもに尾を速く動かし、推進力を生みだしていたようだ。

各種のヒレ

メーネは、小さな背ビレと長い尻ビレのほか、側面の高位置には小さな胸ビレをもっていた。2つの腹ビレが長いとげとなり、水中でこのとげを引きずりながら泳いでいた。このとげは、尾を越えるほどにのびていた可能性がある。

独特の形態	ウナギは、唯一無二の魚である。頭部が小さいが口を大きく開けることができる。長く筋肉質の体がおもな動力源で、ヒレは、小さくて役に立たない。

近縁関係の現生種
淡水性ウナギ

淡水性ウナギのウナギ科のなかで、現生する属は**アングィッラ**のみである。おもにヨーロッパ、アジア、北アメリカで発見された 20 種が存在する。ウナギ類は、成体期は淡水中で生息するが、深海に戻って産卵する。幼体は、プランクトンを捕食しながら海流に乗って沿岸に移動し、そこで河川系に侵入する。ウナギ類は、河川中央部の流れが強いところを避けながら、川底に沿って移動する。

アングィッラ（ウナギ）

グループ	条鰭類
年代	始新世中期から現代
大きさ	全長1m
産出地	世界各地

ウナギという一般名でのほうがよく知られた現生属。ウナギ類は、独特の細長い体で簡単に見分けがつく。最古の**アングィッラ**の化石は、イタリアのモンテ・ボルカで産出された。現生の形態（⇨左のコラム）とは異なり、初期の標本は、本来海生であった。この属が今日のように汽水や淡水中で生息しはじめたのは、後世になってからである。

ヘリオバティス

グループ	軟骨魚類
年代	始新世中期
大きさ	全長1m
産出地	アメリカ合衆国

アカエイ科の古代類縁種だった可能性がある。アメリカ合衆国ワイオミング州のグリーン・リヴァー頁岩（⇨ p.375）で**ヘリオバティス**の化石がよく見つかる。長い尾のとげを入れると体長は約 1m あり、現生の多くのアカエイと同等の大きさである。しかし、長さ 5m 以上、重さ 1500kg の体をもつ現生の中国産アカエイほどは大きくなかった。ほとんどの現生アカエイ類は、海水中に生息するが、ごく少数ながら河川や湖に生息する種も存在する。**ヘリオバティス**の標本を保存するグリーン・リヴァー層は、淡水湖の底に形成されたものである。

丸い外形
ほとんどの**ヘリオバティス**の標本に見られる丸い外形は、大きな胸ビレで形づくられている。

ティタノボア

グループ	鱗竜類
年代	暁新世中期
大きさ	全長13m
産出地	コロンビア

恐竜類が急に絶滅したあとの、暁新世最大の陸生ハンターであった。また、史上最大のヘビでもあり、体長がもっとも長い現生種よりも 30% は大きかった。地面から背中までの高さが 1m あったと思われる。コロンビアの炭層中で**ティタノボア**の巨大な脊椎が見つかったが、この巨大なヘビの餌食となったワニやカメの遺骸もいっしょに見つかった。

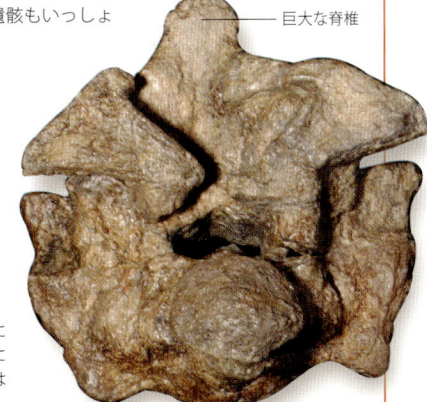

— 巨大な脊椎

巨大な化石
その巨大な脊椎の大きさに基づく科学者たちの推定によれば、このヘビの体長は 13 m もあった。

プッピゲルス

グループ	カメ類
年代	始新世前期から中期
大きさ	全長90 cm
産出地	アメリカ合衆国、イギリス、ベルギー、ウズベキスタン

始新世前期から中期に亜熱帯の海で生息していたウミガメであった。アメリカ合衆国、イギリス、ベルギーで見つかった化石は、すべて同じ種すなわち**プッピゲルス・カンペリ**である。2005 年まではそれが、この属で唯一の種と考えられていた。しかし、その年にウズベキスタンで新しい種の**プッピゲルス・ネッソフィ**が発見されたとの発表があった。**プッピゲルス**は、ウミガメ科に属する絶滅属である。現生のウミガメは、オサガメ以外はすべてこの科に属する。ウミガメ科のカメは、白亜紀に出現したが、**プッピゲルス**が現生種にもっともよく似ていた。たとえば、甲羅が完全に骨化してかたい骨と化していた。また、上側の甲羅内最後部の板には、最古のウミガメ科のカメに見られた切りこみがなかった。

下側の甲羅
プッピゲルスの下側の甲羅（腹甲）は、リクガメのものと比べると小さいため、オール形の足が入るすきまがたっぷりある。

大きな眼
プッピゲルスの眼は、原始的なウミガメの眼のように上を向いてはおらず、横を向いている。

プリマプス

グループ	獣脚類
年代	始新世前期
大きさ	全長15cm
産出地	イギリス

イギリスの南東に位置するロンドン粘土層で標本が見つかった 1 つの種により知られている。アマツバメ目に属していた。アマツバメ目は、鳥類の現生目で、それに属する現生種にはアマツバメやハチドリなどが含まれる。アマツバメ科に属する初期の種なのか、あるいは、アエギアロルニス科という現在絶滅している姉妹科に属するのかは不明である。

腕骨
アマツバメ目の骨格は、**プリマプス**が空を飛ぶ敏しょうな鳥であったことをあらわしている。

378 古第三紀

ディアトリマ

グループ	獣脚類
年代	始新世前期から中期
大きさ	高さ2m以上
産出地	アメリカ合衆国

狩りをする飛べない巨大な鳥。アメリカ合衆国西部の始新世前期から中期の密林跡の岩石中で見つかった完全な骨格により知られている。よく似た鳥**ガストルニス**もほぼ同じ時期にヨーロッパの森林に生息していた。大型の**ディアトリマ**の標本は、背丈が2mを超え、その巨大な頭骨には先端がかぎ状になった頑丈なくちばしがある。脚も頑丈で、爪のある大きな足をもつが、翼は、非常に小さく退化していた。これは、飛ぶには体が大きすぎたためである。能動的ハンターで、力強いかぎ状のくちばしは、肉を引き裂き小骨を砕くのに適していた。くちばしは、ココナツを割ることができるほど強かったと推測されている。おそらく屍を食べ、果物や他の植物を餌としてあさることにより、足りない食餌を補足していたと思われる。始新世の森林で捕食することによく適した体をもち、森林の豊富な食糧源を利用して生きていた。しかし、地球の温暖化により森林が広々とした平原に変わってしまった。とてつもない力でかむことはできても、平原で狩りをするように進化をとげた肉食性哺乳類のスピードと敏しょうさにはかなわなかった。

> ディアトリマは、当時最強の捕食者で、始新世前期の肉食性哺乳動物よりもはるかに大きかった。

待ち伏せして襲うハンター
これらの巨大な鳥は、体があまりにも大きく重かったため獲物を追い越すことができず、森林で獲物をつけ回し、生い茂る下生えに隠れて待ち伏せし、襲っていたと思われる。

> **重要な発見**
> ### 誤った同定
> 1870年代にアメリカ合衆国ワイオミング州で、**ディアトリマ**の完全な骨格が初めて見つかった。1855年にはヨーロッパでよく似た大型の鳥**ガストルニス**が記載された。しかし、この化石は、不完全だったうえ正しく復元されなかったので、**ディアトリマ**との類似点に気づいた人はほとんどいなかった。最近になって保存状態がよい**ガストルニス**の化石が発見され、ヨーロッパに生息していたこの鳥が北アメリカの**ディアトリマ**とほぼ瓜二つであったことがわかった。現在では、これらの2つの名が同じ鳥を指しているというのが多くの科学者の意見であり、それが受け入れられれば、最初の名の**ガストルニス**を使用し、**ディアトリマ**という名は、廃止されることになる。

プレスビオルニス

グループ	獣脚類
年代	暁新世後期から始新世中期
大きさ	高さ1m
産出地	北アメリカ、南アメリカ、ヨーロッパ

アメリカ合衆国ワイオミング州のグリーン・リヴァー頁岩中と始新世の浅い淡水湖跡の堆積層中で大量に発見された。同じ岩石中から卵や巣も見つかっている。おそらく湖岸に沿って大きな群れをなして生息していたと思われる。浅瀬を歩き、現生のさまざまなカモ同様に、くちばしを使って水中の餌をこし取って食べていたのであろう。当時もっとも繁栄した種の1つで、2000万年にわたり生息した。

歩行のための長い脚

カモに似た姿
プレスビオルニスは、脚と首が長いのでフラミンゴに似ていたが、幅広のくちばしと頭骨の形状から、カモやガンの遠縁種であることが見てとれる。

水かきのある足

レプティクティス

グループ	有胎盤類の哺乳類
年代	始新世中期から漸新世後期
大きさ	全長25 cm
産出地	アメリカ合衆国

食虫動物すなわちハリネズミ、モグラ、トガリネズミなどの現生の哺乳類の初期の類縁種。昆虫、両生類、トカゲをつけ回していたと思われる。長い口吻にはぎっしりと小さな歯が生えていた。そのなかには一部の現生食虫動物のものに似たシンプルなV字形の臼歯が含まれていた。頭骨の頂部に沿って1対の長い隆起があった。そこに強い顎筋が付いていたようだ。

鋭い歯が生えた長い口吻

大きな後足

大量の標本
始新世中期から漸新世後期の岩石中で**レプティクティス**の標本が数百点見つかったが、そのなかには完全な骨格も含まれていた。

379 | 脊椎動物

プレジアダピス

グループ	有胎盤類の哺乳類
年代	暁新世中期から始新世前期
大きさ	全長18cm
産出地	北アメリカ、ヨーロッパ、アジア

大きさと全般的な体制の点でジリスに似ていたが、実際には霊長類の類縁種だった。だが、齧歯類に似た特徴を多くもっていた。たとえば、1対の突きでた切歯がある点、前歯と奥歯とのあいだには歯がなく、すきまがあいている点、捕食者が目に入るように眼が頭部側面に付いている点がそうである。生息数が多かったので、その種が暁新世堆積物の年代を推定するときの示準化石として使用されている。

齧歯類の生態的地位
プレジアダピスは、真正齧歯類が進化をとげる前に齧歯類の生態的地位を占めていたが、歯と頭骨から霊長類の近縁種だったことが見てとれる。

ウインタテリウム

グループ	有胎盤類の哺乳類
年代	始新世中期
大きさ	全長3.8m
産出地	北アメリカ、アジア

始新世中期を起源とする角をもつ巨大な哺乳類。その化石のほとんどは、アメリカ合衆国のユタ州とワイオミング州で発見されたものだが、北アメリカとアジア全域でもおそらく数こそ少なかったかもしれないが、広く生息していたと思われる。上あごにある巨大な牙状の犬歯が下方に突きでて、下あごの骨質フランジで保護される構造になっていた。鼻には先の丸い角状の増殖物が並んでいた。現生のサイと同じように、雄雌両方に角があった。角をもつ現生の哺乳類同様に、角は、おそらく誇示するためや認知されやすくするために使われていたと思われる。現生の一部の小型シカ類も、上あごの大きな犬歯を使っている。ウインタテリウムには現生の子孫が存在せず、有蹄動物の系図でどこに属するかは、議論が分かれる問題である。

ウインタテリウムは、かつて北アメリカとアジア全域で生息していたが、約4000万年前に絶滅した。

重厚な体の草食動物
現生のサイと同等の大きさだったウインタテリウムは、太い四肢をもつ草食動物で、骨が大きく、巨大な樽状の体型をしていた。おそらく厚い皮でおおわれていたと思われる。

上側頭骨
ウインタテリウムの頭骨は、長さが1mあり、現生のシロサイのものと同等の大きさであった。始新世中期には、その頭骨の大きさから世界最大の哺乳類の1つとなった。

- 小さな頬歯
- 先の丸い角
- ごつごつした厚い皮
- 大きな牙状の犬歯
- がっしりした柱状の脚
- 幅広の足

アンドリューサルクス

グループ	有胎盤類の哺乳類
年代	始新世後期
大きさ	全長3.7m
産出地	モンゴル

約4000万から3700万年前に生息していた巨大な捕食動物。この哺乳類に関する知識のほとんどは、モンゴルで見つかった1つの頭骨から得られたものである。頭骨が長さ1m以上と非常に大きく、体の全長が約3.7m、体重が約250kgあったと推定される。すなわち、史上最大の陸生捕食性哺乳類であった。多くの場合、先のとがった歯が磨耗し先が丸くなっていることから、大型の獲物を仕留めていただけでなく、清掃動物でもあったと思われる。屍となった動物の骨を巨大なあごでかみ砕いていたのであろう。

人物伝
ロイ・チャップマン・アンドリュース

アンドリューサルクスは、探検家のロイ・チャップマン・アンドリュース(1884〜1960)にちなんで名づけられた。アンドリュースは、ニューヨークのアメリカ自然史博物館で営繕用員として働きはじめたが、のちに同博物館館長にまで出世した。1920年代に発掘探検隊を率いてモンゴルへ行き、多くの重要な恐竜類を発見するとともに、初めて恐竜の卵を見つけた。映画キャラクターのインディ・ジョーンズのヒントとなった人物と思われる。

恐ろしい捕食動物
この恐ろしい捕食動物の巨大な頭骨は、この動物が、現代の陸生哺乳類のなかで最大の捕食者であるヒグマの最大種よりもさらに大きかったことをうかがわせる。

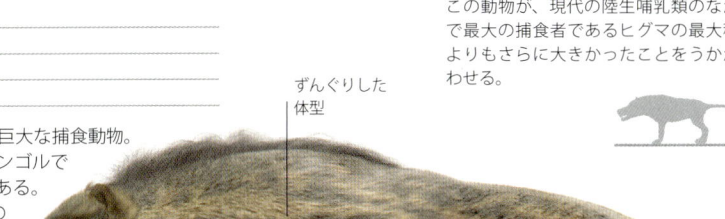

ヒエノドン

グループ	有胎盤類の哺乳類
年代	始新世後期から中新世前期
大きさ	全長0.3〜3m
産出地	ヨーロッパ、アジア、アフリカ、北アメリカ

この種は、イヌに似た捕食性哺乳類で、漸新世に北半球全域で生息し、中新世前期になってもアフリカで生きのびていたが、1500万年前にアフリカで絶滅した。ヒエノドンにはイタチ大の種からライオンと同等の大きさの種まで、さまざまな種が存在していた。おそらく当時もっとも足の速い捕食者だったと思われるが、脚は、現代のオオカミの脚よりもはるかに短かった。

最後の肉歯類
ヒエノドンは、肉を引き裂き骨をかみ砕くための強力なあごと鋭い歯をもち、現生のハイエナに似ていたが、ハイエナと類縁関係にはない。肉歯類という絶滅した捕食動物グループに属し、同グループのなかで最後まで生き残った。

ヘスペロキオン

グループ	有胎盤類の哺乳類
年代	始新世後期から漸新世後期
大きさ	全長80cm
産出地	アメリカ合衆国

イヌの絶滅属に属し、北アメリカで始新世後期から漸新世後期に生息していた。イヌ科として知られる動物のなかでも最古に相当し、イヌ、キツネ、オオカミの現生種は、すべて過去3000万年のあいだにこの小型の哺乳類から進化した。しかし、現生のイヌとはほとんど似ていなかった。ハナグマと同様の長い自在に動く尾をもっていたが、脚は短いうえ比較的弱かった。華奢な頭骨は、鳥類や齧歯類などの小型の獲物しか食べることができなかったことをあらわしている。歯から推測すると雑食動物で、おそらく大地で獲物をあさる一方で、低木の茂みのなかで果実や他の植物を食べて、肉で足りない食餌を補足していたと思われる。

アライグマに似た姿
ヘスペロキオンは、イヌやキツネと類縁関係にあるが、その小さな骨格は、現生のアライグマのものと似ていて、長い尾と短い脚をもっていた。

イカロニクテリス

グループ	有胎盤類の哺乳類
年代	始新世中期
大きさ	全長14cm
産出地	アメリカ合衆国

既知で最古のコウモリの1種。ワイオミング州のグリーン・リヴァー層(⇒p.375)の中期始新世頁岩から見つかった完全な骨格と、他のごく少数の標本により知られている。他の食虫性コウモリと同じように、体が小さく、飛ぶことに長けていた。反響定位系を使い獲物を捕まえていたのかもしれないが、現生のコウモリよりもはるかに原始的だった。長い尾をもっていたが、この尾は後肢とつながっていなかった。また、爪の生えた第一指は、現生のコウモリのように翼膜に癒合してはいなかった。同じ堆積層で最近発見されたさらに原始的なコウモリのオニコニクテリスは、現生コウモリがもつ反響定位機能に相当する内耳機能をそなえていない。

翼手
現生のコウモリのように、イカロニクテリスの翼膜は長い指骨で支えられていた。コウモリの翼手目という名は、「翼手」にちなむ。

古第三紀

エウロタマンドゥア

グループ	有胎盤類の哺乳類
年代	始新世中期
大きさ	全長1m
産出地	ドイツ

最古のアリクイの1つで、完全な骨格化石1点により知られている。当初は、中央アメリカや南アメリカの木に登るアリクイのコアリクイ（⇨下のコラム）と類縁関係にあると考えられていた。しかし、最近の研究によれば、アリクイやそれと類縁関係にあるナマケモノやアルマジロがもつ特殊化した脊椎をもっていない。アフリカやアジアで生息する現生のセンザンコウと類縁関係にある可能性がある。歯はないが、アリやシロアリをなめ取るための長い舌をもっていた。前足に生えた大きな爪は、昆虫の巣を切り裂くときに使っていた。現生のコアリクイ同様に、枝をつかむための長くて自在に動く尾をもっていた。

完全な骨格
この骨格は、ドイツ西部のメッセル採石場で見つかった。泥岩と油性タールが混ざった瀝青貝岩中にこの骨が保存されていた。

サイエンス
コアリクイ

ラテンアメリカの木に登るアリクイ、すなわちコアリクイに似ているところから**エウロタマンドゥア**と名づけられた。この動物は、地表にすむアリクイに似た外見で、歯のない長い口吻、アリやシロアリを食べるための粘着性の舌、アリやシロアリの巣を切り裂くための長く鋭い前爪をもち、短い剛毛でおおわれている。だが、体長が1m足らずで体重は約7 kg、木に登るときに木に巻き付けやすい長い尾をしている。

エオミス

グループ	有胎盤類の哺乳類
年代	漸新世後期
大きさ	全長25cm
産出地	フランス、ドイツ、スペイン、トルコ

漸新世後期を起源とする小型の滑空性の齧歯動物。ほぼ完全な骨格数点によれば、前肢と後肢のあいだには現生のムササビのものに似た長い皮膜があった。ユーラシア原産の**エオミス**は、滑空する生きかたに進化をとげたが、**エオミス科**に属する他の多くは、それよりも在来型の地上性リスや樹上性リスだったようである。**エオミス**は、200万年前に絶滅した。現生のホリネズミやポケットマウスの近縁種だったと考えられている。

パレオラグス

グループ	有胎盤類の哺乳類
年代	始新世後期から漸新世
大きさ	全長25cm
産出地	アメリカ合衆国

知られているなかで最古の化石アナウサギ類の1つである。ごく少数だが完全な骨格が見つかっており、それによれば、多くの点で現生のアナウサギ類に似ていた。しかし、後世のほとんどのアナウサギ類よりも後肢が短く、頭骨と歯がはるかに原始的であった。少なくとも8種が認知されている。なかには耳部が特殊化し、聴力が鋭かったことをうかがわせるものも存在する。アジアを起源とするそれよりも古い動物から進化した**プロカプロラグス**の子孫である。

小走りする動物
パレオラグスは、後肢が短いので、おそらく跳びはねるのでなく、どちらかというとリスのように小走りをする動物だったと思われる。

原始的な頭骨

短い後肢

プロトロヒップス

グループ	有胎盤類の哺乳類
年代	始新世前期から中期
大きさ	高さ38cm
産出地	アメリカ合衆国

既知で最古のウマ類の1つで、かつてはヒラコテリウムまたはエオヒップスと呼ばれていた。アメリカ合衆国西部でその化石が産出された。ビーグル犬またはテリア犬ほどの大きさで、脚が短く、前足には指が4本、後足には指が3本付いていた。**ヒラコテリウム**という名は、かつてはアメリカ原産の初期のウマを指していたが、最近の研究によりこの名がウマではなく、ウマに似たヨーロッパ原産の哺乳類の1つを指していることが判明した。

原始的な歯

短い鼻

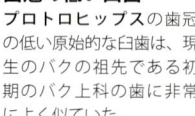

歯冠の低い臼歯
プロトロヒップスの歯冠の低い原始的な臼歯は、現生のバクの祖先である初期のバク上科の歯に非常によく似ていた。

スブヒュラコドン

グループ	有胎盤類の哺乳類
年代	始新世後期から漸新世後期
大きさ	全長2.5m
産出地	アメリカ合衆国

始新世後期から漸新世を起源とする角をもたないサイ。北アメリカ全域、とくにアメリカ合衆国サウスダコタ州のビッグ・バッドランズの岩石中で発見された。現生のサイのように強固な装甲をまとっていなかったので比較的長くて細い脚で走り去ることにより危険から身を守っていた。頬歯の歯冠が低く、樹木や低木の葉を食べるのに適していた。また、現生のサイに特有のπの形をした特徴的な稜があった。
一時、さまざまに名づけられた種が多く存在したが、現在では整理され正当な3種に分かれる。漸新世後期に進化をとげて**ディケラテリウム**となった。比較的大型の動物で、鼻には対をなした骨稜があり、それが短い角を支えていたと考えられている。

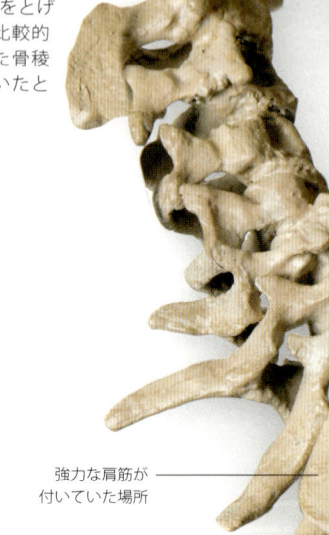

強力な肩筋が付いていた場所

細長い椎骨

細い脚
スブヒュラコドンは、脚が現生のサイよりも細く、体が現生のサイよりもやや小さかった。それでも現生のウシとほぼ同じ大きさであった。この標本は、アメリカ合衆国ワイオミング州で見つかった胎児の骨格である。

小さな頭骨
後世のウマと比べると、口吻と頭蓋が小さく、前歯と奥歯のあいだのすきまも小さかった。

構造
蹄の進化

プロトロヒップスの足は、起伏の多い地形を歩くのに適していた。前足の4本の指、後足の3本の指のそれぞれに短い蹄が付いていた。ウマが進化をとげる過程で中指が細長くなり、側方の指が矮小化した結果、それぞれの前足の指が3本、後足の指が3本となった。現生のウマでは、側方の指が微小な副木と化し、全体重が中指にかかるため、効率的に走れる構造となっている。

プロトロヒップスの前足

メソヒップス

グループ 有胎盤類の哺乳類
年代 始新世後期から漸新世後期
大きさ 高さ60cm
産出地 アメリカ合衆国

グレートデーン犬とほぼ同じ大きさの絶滅した馬であり、アメリカ合衆国サウスダコタ州のビッグ・バッドランズ化石層で発見された。現生のウマ類と同じように口吻が長く、前歯と頬歯のあいだにすきまがあった。その歯からも葉食に特化していたことがうかがえる。漸新世前期には少なくとも十数の種が存在していた。漸新世前期の終わりには複数の場所で、後世の類縁種ミオヒップスといっしょに生息していた。

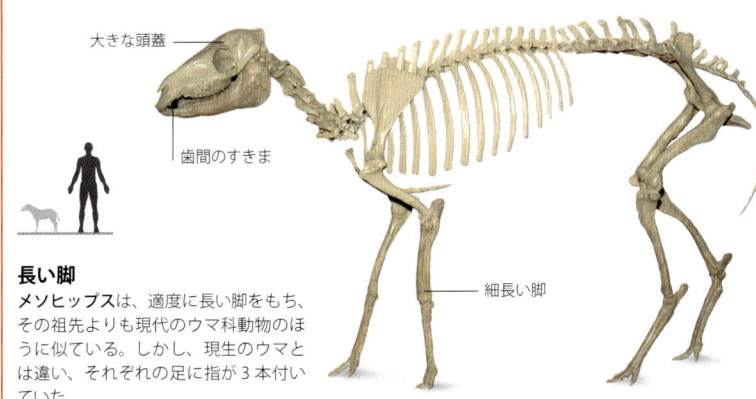

大きな頭蓋
歯間のすきま
細長い脚

長い脚
メソヒップスは、適度に長い脚をもち、その祖先よりも現代のウマ科動物のほうに似ている。しかし、現生のウマとは違い、それぞれの足に指が3本付いていた。

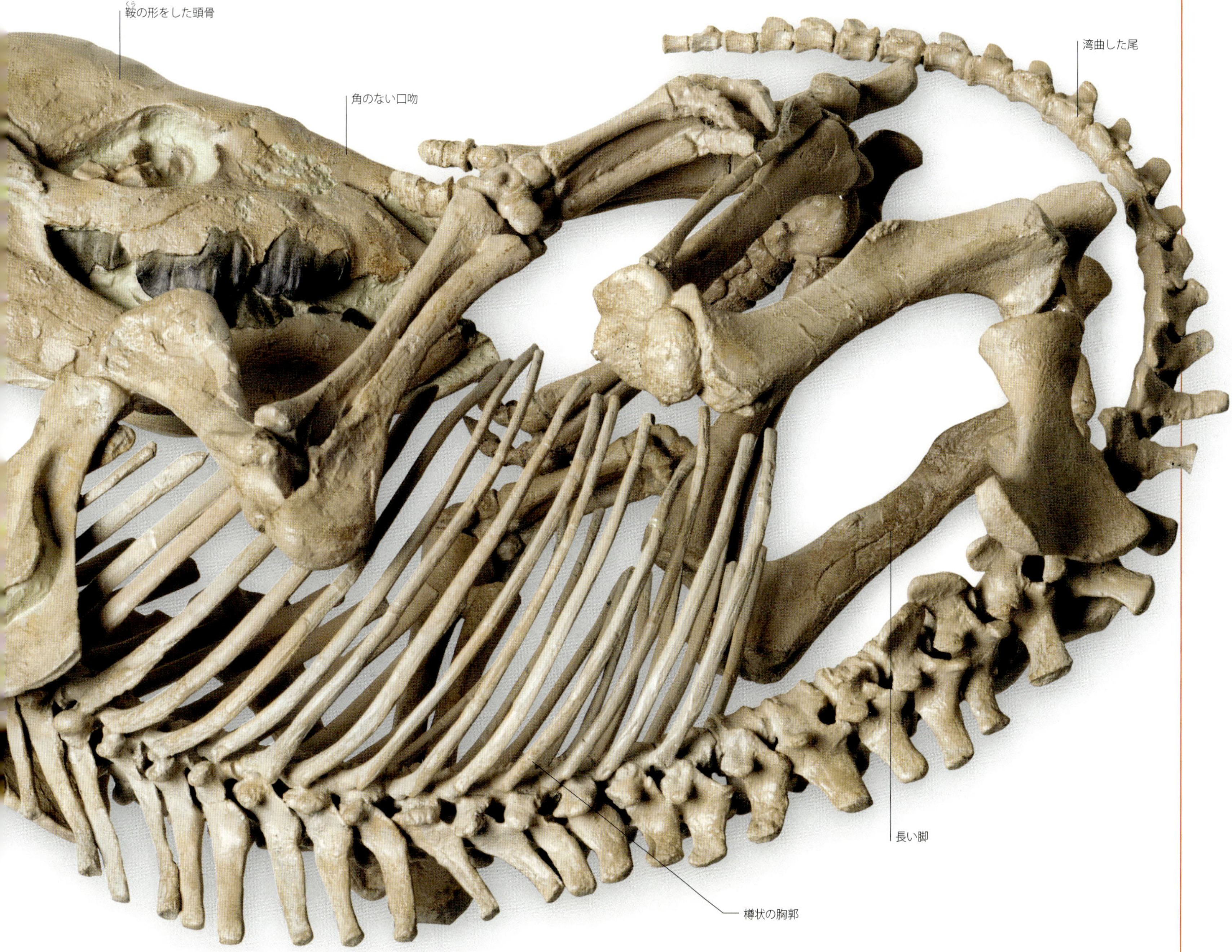

鞍の形をした頭骨
角のない口吻
湾曲した尾
長い脚
樽状の胸郭

383 脊椎動物

メガケロプス

グループ	有胎盤類の哺乳類
年代	始新世後期
大きさ	全長3m
産出地	アメリカ合衆国

「雷獣」という意味のブロントテリウム類に属する、最後で最大の動物。ゾウと同等の大きさで、北アメリカの大草原地帯で生息していた。鼻の上に二またに分かれた角があった。この角は、比較的もろいため、角を使って頭を突き合わせて闘うことは、おそらくしていなかったと思われる。

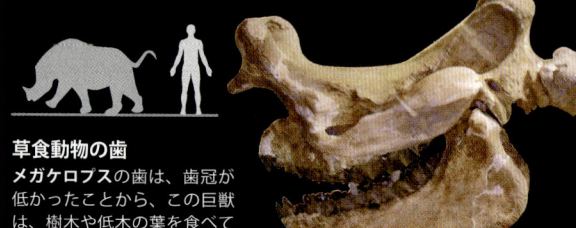

草食動物の歯
メガケロプスの歯は、歯冠が低かったことから、この巨獣は、樹木や低木の葉を食べていたにちがいない。

メソレオドン

グループ	有胎盤類の哺乳類
年代	漸新世後期
大きさ	全長1.3m
産出地	アメリカ合衆国

ヒツジ大の偶蹄哺乳類(偶蹄動物)の絶滅種であるオレオドントの1種。鋭い犬歯をもち、誇示行動のためや防御するためにそれを使っていたと推測される。オレオドントは、足があまり速くないので、おそらく身を守るために群れをなして生息していたと思われる。メソレオドンの完全な骨格が数点見つかっているが、その1つには声帯が残っていた。そのことから、現生のホエザルのような大声で鳴くことができたことがわかっている。そのホーホーという鳴き声で群れに捕食者の襲撃を知らせると同時に、捕食者を追い払っていたのかもしれない。

大きな眼
強いあご

特殊化した構造
メソレオドンの骨格は、特定の生きかたに明確に特化していたわけではない。大きな眼、丈夫なあご、葉を食べるための三日月形の稜のある頬歯をもっていた。

レプトメリックス

グループ	有胎盤類の哺乳類
年代	始新世後期から漸新世後期
大きさ	全長1m
産出地	アメリカ合衆国

始新世後期から漸新世の角のない反芻動物。北アメリカの各地で化石が発見されており、アメリカ合衆国サウスダコタ州のビッグ・バッドランズ化石層でもっとも多く見つかる化石の1つである。体の大きさは、ネズミジカやマメジカとほぼ同等であった。脚が比較的細く、それぞれの足に2本の蹄状の指が付いていたため、偶蹄目動物すなわち偶蹄哺乳類に分類される。現生のマメジカとは遠縁関係にしかないが、マメジカに似た特徴を多くもつ。たとえば、体格が華奢な点、枝角や角がない点に加えて、雄の場合、上あごの肥大化した犬歯が小さな牙として突きでている点などである。最近の研究により反芻動物のなかでももっとも原始的な部類に属し、シカ、畜牛、ラクダなどのすべての反芻動物と遠縁関係にあったことがわかっている。

レプトメリックスは、漸新世前期に北アメリカでもっとも多く生息していた陸生哺乳類の1つである。

似通った骨格
これまでに6種のレプトメリックスが記載された。それぞれ骨格がよく似ていて区別しにくいので、歯の形で種が同定された。

ダーウィニウス

グループ	有胎盤類の哺乳類
年代	始新世中期
大きさ	全長90cm
産出地	ドイツ

「アイダ」という愛称で呼ばれるこのリス大の霊長類の注目すべき点は、これまでに発見されたなかでもっとも完全な霊長類化石だということで、胃のなかには最後に食べた葉や果実まで残っていた。その骨格から敏しょうで一般的に木に登る習性があったことがうかがえる。また、専門的に言えば原猿だが、類人猿霊長類の起源に近く、したがって、人類の遠い祖先であるというのが一部の科学者の見かたである。

注目すべき化石
1983年に初めて発見されたこの化石は、個人のコレクションの1つであったため日の目を見ずにいたが、2009年に**ダーウィニウス・マシラエ**として世界に公開された。

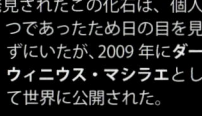

エオシミアス

グループ	有胎盤類の哺乳類
年代	始新世中期
大きさ	全長5cm
産出地	中国

知られているなかで最古の原始類人猿の1つ。このグループにはサルや類人猿が含まれる。中国山西省の始新世中期の地層で発見された。非常に小型の霊長類で、一部の標本は人間の親指ほどの大きさしかない。ものをつかむための手と長い尾をもっているので、微小のマーモセットに似ているが、類縁関係にはない。マーモセットのように、おそらく果実中心の食餌を補足するために昆虫を捕食していたであろう。始新世のアジアには、この動物や他の数種の原始類人猿が存在していたことから、このグループの発祥地は、従来考えられたアフリカではなくアジアだったと思われる。

— ものをつかむ
ための手

大きな眼
エオシミアスの大きな眼は、暗闇でもよく見える必要があったことをうかがわせ、他の類人猿とは異なり、キツネザルやガラゴなどの現生の原猿霊長類に似て、おそらく夜行性であったと思われる。

385
脊椎動物

アンブロケトゥス

グループ	有胎盤類の哺乳類
年代	始新世前期
大きさ	全長3m
産出地	パキスタン

現生のクジラの祖先で、強い脚をもち、歩く、泳ぐ両方の動作ができた。ワニのように浅瀬にひそみ、陸地に飛びだしてきて水辺近くを歩く獲物を捕らえていたと考えられる。頭骨と歯の形から現生のクジラの類縁種であることがわかっている。あごと中耳が現生のクジラのものと似ており、現生のクジラのように水中で音を聴くことができるように特殊化していたと思われ、陸地で音を聞きとる外耳がなかった可能性がある。陸生哺乳類からクジラがどのように進化をとげたかを示す多くの過渡期化石の1つである。

泳ぎに長けた動物
アンブロケトゥスの足には水かきがあり、犬かきで泳ぐことができた。おそらく現代のカワウソと同じように、脊椎と尾を上下に屈曲させて泳いでいたと思われる。

モエリテリウム

グループ	有胎盤類の哺乳類
年代	始新世後期
大きさ	全長3m
産出地	エジプト

ゾウやマンモスを含む長鼻目と類縁関係にある、最古の化石の1つ。鼻が短いのでバクに似ている。しかし、長鼻目に属する他の動物と同じように短い牙をもつほか、頭骨や骨格にもバクの類縁種ではなく長鼻類であることを証明する多くの特徴が見られる。**モエリテリウム**が半水生であることを根拠に科学者たちは、最古の長鼻類が半水生で、のちにその系統が完全に陸生になったと推測した。

臼歯
モエリテリウムの歯は、葉ややわらかい植物を食べることに適していた。

新第三紀

 390 植物

 396 無脊椎動物

 404 脊椎動物

新第三紀

新第三紀の末期には、地球は氷河時代に入っていた。大西洋から吸いあげられて大気中を循環する水分の量が増えた結果、南極大陸には大量の雪が降り、氷床も厚みを増して現在の規模に近づいた。地球が冷えて乾燥するにつれ、かつての森林は草原に姿を変えた。大小さまざまな草食哺乳類とその捕食者である肉食動物は、さえぎるもののない大平原での厳しい生活に適応していくしかなかった。

アルプス山脈
地球の岩石圏プレートどうしがぶつかり合って大山脈が生まれた。イタリア、フランス、スイス各国の高峰もこのときにできた。

海洋と大陸

「新しく生まれた時代」という意味の新第三紀は、現代型の多くの動物が生まれ、進化をとげた時代である。そのなかに、われわれ人類の遠い祖先である**アウストラロピテクス**も含まれる。新第三紀はまた、現在の地理的特徴がおおむね形作られた時期でもある。インド・プレートはアジア大陸の下にもぐりこみ、ヒマラヤ山脈をますます高く押しあげて、広大なテティス海を閉じた海域へと変化させた。アフリカ、アラビア、オーストラリアの各プレートが北上した結果、スペインがフランスに衝突してピレネー山脈ができ、イタリアがフランスとスイスに衝突してアルプス山脈が形成された。ギリシャとトルコがバルカン地方に衝突してギリシャの山々やディナル山地が生まれ、アラビアがイランに衝突してザグロス山脈が生まれた。さらに時代が進んで、オーストラリアがアジア・プレートに衝突してインドネシアが形成された。このような造山活動の過程で、プレートの収れんにより岩盤がぶつかり合って、大陸の地殻は水平方向に圧縮された。大陸の占める面積が少しずつ減少し、海洋盆の規模が増大した結果、平均海水面の低下がおこった。こういう変化がすべて重なって地球の寒冷化を促し、生態系を変えるに至ったといえるだろう。中緯度帯では森林が後退して草原に場所を譲ったため、ウマなどの有蹄哺乳類は、草を食むのに適した歯、全速力で走って捕食者から逃げるための長い脚を発達させた。新しく生まれたパナマ地峡も、海流の流れを変えることで世界の気候に影響を与えた（⇨ p.24）。この地峡ができたために南北アメリカ大陸がつながり、それまでは個別に発達していた動植物相が自由に移動できるようになった。ネコ科の動物やヘビ、バク、オオカミ、シカの仲間が南下する一方、オポッサム、アルマジロ、ハチドリ、ナマケモノなどが北上した。

パナマ地峡
南北アメリカ大陸はおよそ 300 万年前にパナマ地峡でつながり、その結果太平洋と大西洋の海流のルートが変わった。

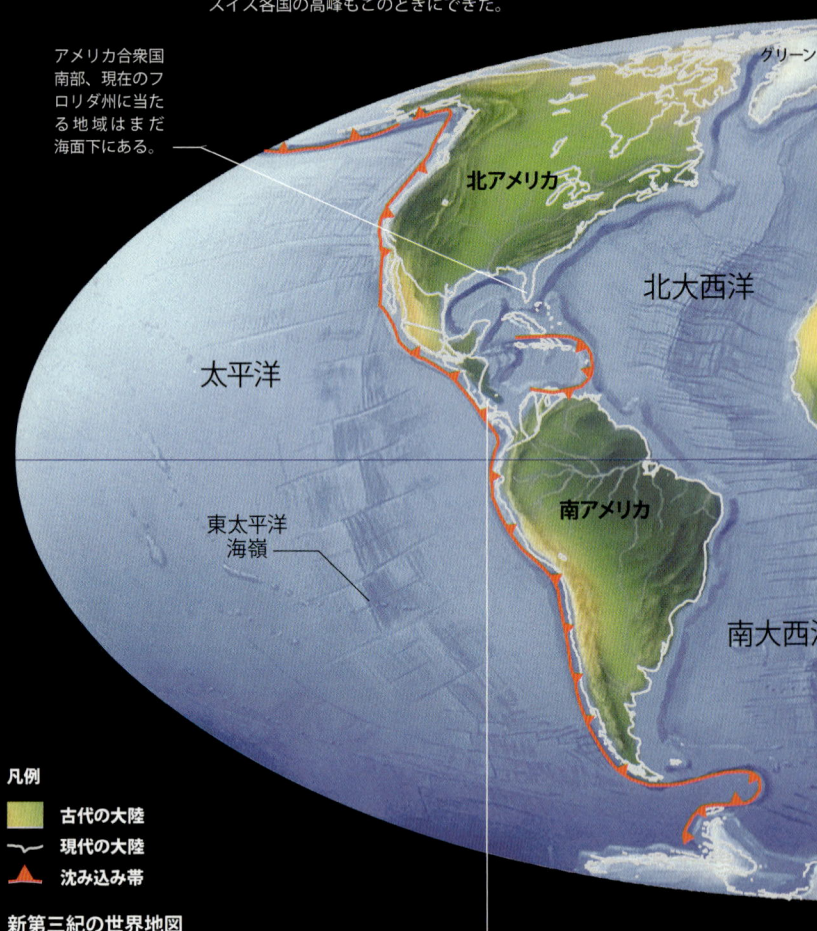

凡例
- 古代の大陸
- 現代の大陸
- 沈み込み帯

新第三紀の世界地図
ヒマラヤ山脈、アルプス山脈、ピレネー山脈など、よく知られた山系が姿を現した。南北アメリカ大陸はパナマ地峡で結ばれている。

パナマ地峡は、太平洋プレートとカリブ海プレートの縁に沿って点在する火山島のあいだが堆積物によって埋め立てられてできた。

中新世

単位：100 万年前　25　20　15

植物
- 15 北半球で広葉常緑樹と針葉樹が拡大、広葉樹の森林は減少

無脊椎動物

脊椎動物
- 20 オオアリクイやキリンが登場。鳥の多様性が増大
- 15 マストドン（ゾウの仲間）、ウシ科の動物、カンガルーが登場。オーストラリアの大型動物相が多様化し、フクロライオン科（⇨下）、フクロオオカミ科、ディプロトドン科、ウォンバット科が生まれる

フクロライオン

サバンナの植生
低緯度の乾燥地帯（サバンナ）にそのような環境を好む植物が生育するようになると、偶蹄目の動物（キリンなど）は、その生息域に生えるかたい草木を食べても消化できるように適応進化した。

気候

新第三紀の初期には南極還流がはっきりとした形をとり、南極は孤立して酷寒の地となった。水温の低下により、堆積物は炭酸塩を含むものから二酸化ケイ素を多く含むものへと変化した。1400万から1200万年前にかけては地球の寒冷化が進み、南極大陸東部の氷はさらに厚くなった。海水温は両極地では急激に低下したものの、低緯度帯ではほぼ22〜24℃と、比較的温かさを保っていた。およそ1500万年前の低緯度帯には、乾燥したサバンナを好む植物が繁茂していた。中新世末期には氷冠が拡大し、現在よりも広い面積をおおうようになっていた。地球は、520万年前と480万年前の2度、あいだに比較的温暖な時期をはさみ、それぞれほぼ1万5000年におよぶ氷河期を経験しているが、それでも、北極はまだ一年中氷に閉ざされるような状態ではなかった。気温が低くなるにつれて海水は極地に閉じこめられ、海面が低下した。鮮新世の初めに短期間寒さがゆるむ時期があったが、ふたたび寒くなり、北半球に広大な氷床が形成された。このような気候の変化にともない、動物たちには生き残りのための新たな戦略が必要になった。有蹄哺乳類は群れで行動したり季節ごとに移動するようになり、初期の齧歯類は巣穴を掘ったり冬眠したりするようになった。

オーストラリアとアジア・プレートの衝突が進行し、インドネシアが形成される

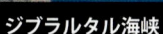

ジブラルタル海峡
地中海海盆は、570万年前に海面が下がったときに切り離され、一部は干上がって広大な塩田になっていたが、500万年前にジブラルタル海峡（⇨上、左）が開いた。

南極点とその周囲に広がる南極大陸は氷冠でおおわれている

二酸化炭素レベル
南極大陸の氷冠部と深海で科学者が掘削するコアからは、古代の気候に関するデータが入手できる。大気中の二酸化炭素の量は、気候の変動があったにもかかわらず、新第三紀には比較的安定していた。

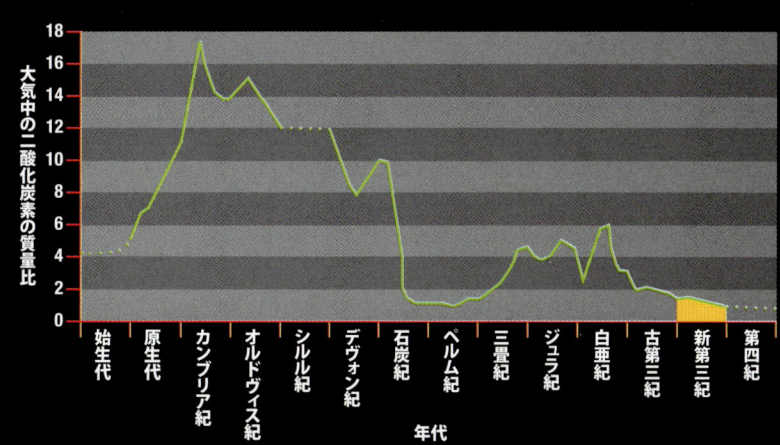

鮮新世

10　　　　　　　　　　5　　　　　　　　　　　0　　単位：100万年前

● 10 サバンナと草原が形成される　　　　　　　　　　　　　　　　　　　　　　　　　　　　　　　　　　　　植物

● 10 昆虫、とくにアリやシロアリが多様化（⇨右）　　　　　　　　　　　　　　　　　　　　　　　　　　　　無脊椎動物

ケバエ

ウマの仲間

● 10 小型の哺乳類（とくに齧歯類）が多様化。開けた場所を生息地とする草食動物、大型の肉食哺乳類、ヘビ類も多様化する。ウマは大型化し、長い歯をもつようになる

● 9 偶蹄目の多様性が増大し、大型の種、足の速い種、草食性の種などが生まれる

● 6.5 最古の人類（サヘラントロプス）

● 6 アウストラロピテクス属（オロリン、アルディピテクス）が多様化

● 4 最初のアウストラロピテクス。史上最大のカメ（ストゥペンデミス）

● 5 最初のナマケモノとカバ。大型で走行性の草食動物がますます多様化する。肉食動物は大型化し、足も速くなる（⇨右）。巣穴を掘る小型齧歯類、鳥類、小型の肉食獣が多様化。大型猛禽類が多様化。奇蹄類の多様性は減少するが、カンガルーの多様化が進む

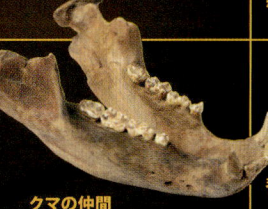
クマの仲間

脊椎動物

新第三紀の植物

古第三紀から新第三紀に移るころに始まった劇的な地球の寒冷化は、アジアや南北アメリカ大陸における活発な造山活動とともに、地球の植生に大きな影響をおよぼした。また、大陸の分裂が進んだ結果、世界各地にその地方特有の植物が分布することになった。

新第三紀で特筆すべきことは、地球がほぼ現在の姿になったことである。大陸はそれぞれ海洋で隔てられ、高緯度の寒冷地から赤道付近の熱帯地方まで、気温は段階的に変化する。気候や地形が現在の状態に近づくにつれ、植物の様相もますます現行種に似てきた。

季節によって変化する森

新第三紀には寒冷化が進んだため、暖地を好む植物は熱帯や亜熱帯地方にしか生息できなくなった。北半球で、亜熱帯の北に位置する四季がはっきりした地域では、オーク、カエデ、ブナのような木々が繁茂するようになった。これら落葉樹の下には、そのような環境に適応した新しい植物相（春になると芽吹く短命植物など）が勢力をのばしていった。さらにその北には、針葉樹を中心とする亜寒帯林が発達した。この時代には、温帯林が北半球を広くおおっていた。同じような構成の森がここまで広がったのは、おそらく温暖だった古第三紀のあいだにベーリング海峡や北大西洋を越えて移動することが比較的容易だったためであろう。温帯林は南半球ではなかなか広がらなかったが、それは南半球では同じような緯度の地域に陸地が少ないからである。南半球（たとえばチリ、ニュージーランド、タスマニア）の温帯林は、新第三紀にはサザンビーチ（ブナの1種）が主体となっていたが、それは白亜紀最後期以来の特徴だった。

カエデ林
新第三紀に気候が冷涼になると、温帯域では、カエデやオークなどのなじみの深い木々を主体とした現在の様相に近い森が広がった。

新しい生息地
乾燥した気候に、おそらくは草食動物の増加と自然火災の度重なる発生が加わって、新第三紀には新たな生育環境が生まれた。

草原

世界的な寒冷化に加えて、新第三紀の特徴と考えられるのは、多くの土地で乾燥が進んだことである。この傾向はオーストラリアでとくに著しいが、アジアや南北アメリカでも見られた。アンデス山脈、ロッキー山脈、ヒマラヤ山脈の隆起で「雨の陰」と呼ばれる降水量の少ない地域が広がるにつれ、この傾向は加速されていった。新しく生まれたこの乾燥地を効果的に利用して勢力をのばしたのが、被子植物のイネの仲間である。

グループ概観

新第三紀には、花を咲かせる植物の新種（とくに開けた土地に生育するグループ）が続々と登場し、植物の中心的な位置を占めるようになった。気候の変化により、陸上植物のほぼすべてのグループで種の多様化がさらに進むことになる。

シダ類
中生代以前の植物相でシダが重要な位置を占めていたのに比べれば、新第三紀のシダの化石は比較的少数の記録にとどまっている。しかし、現生シダ類の多様性は、このグループが新生代を通じてその多様性を持続したことを示している。多くの現生シダに、このグループがまだ活発な進化の途上にある兆候を見ることができる。

針葉樹
新第三紀には地球規模で気候の変動がおこったため、地域によっては多くの針葉樹グループが姿を消した。かつては広範囲に繁茂していたセコイアなどの種は、はるかに限られた地域でしか見られなくなった。クラーキア（アメリカ・アイダホ州）で発見された非常に保存状態のよい中新世の植物相の化石には、今日では東アジアでしか見られない針葉樹が多数含まれている。

単子葉被子植物
単子葉植物の主要グループは、古第三紀にはそのほとんどが姿を現していたが、新第三紀に始まった気候変動によって、さらに多様化が進んだ。イネ科の植物が激増したのに加え、地中海地方に多種多様な単子葉植物が生育するようになったのも、おそらくこの時代からである。

真正双子葉類の被子植物
双子葉植物は、新第三紀のあいだに急激に多様化していった。草本双子葉植物に属するグループの多くは、この時代に初めて化石として発見されている。現生被子植物全種の大半がこのグループに属するということは、現生被子植物の多くが比較的新しい種であることを示している。

タクソディウム（ヌマスギ）

グループ	針葉樹
年代	白亜紀から現代
大きさ	高さ最大40m
産出地	北半球の高緯度地方

第三紀初期の北半球で現在の北極圏全域に生育していたこの植物相が生まれたのは、白亜紀後期である。気候が寒冷化すると、この植物相は南へと移動した。こうして、比較的暖かい南部地域の植物相でも、ヌマスギの広葉樹や灌木が優勢となった。山脈などがあって植物相が南下できなかった地域では、この植物は絶滅した。白亜紀のパラタクソディウムが、ヌマスギ、セコイアオスギ、セコイア、それにメタセコイアの祖先と考えられる。現生のヌマスギを見分けるのは簡単だが、化石は区別がむずかしい。シュートに針状の葉が平たく2列に並んでいるのが特徴だが、メタセコイアにも同様のシュートがあるからだ。また、雄球果と雌球果の区別がつきやすいという特徴もあるが、そもそも球果の化石そのものが非常に珍しい。

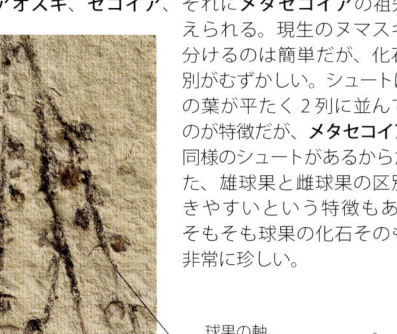

タクソディウム・ドゥ・ビウム
垂れ下がった軸の両側に、小さな雄球果が多数ついている。

球果の軸
花粉球果（雄球果）

種子球果
シュート

種子球果
葉状シュートの末端に大きな球状の種子球果がついている。

近縁関係の現生種
ヌマスギ

ヌマスギの現生種は3種類あるが、その生育地は北アメリカ、メキシコ、グアテマラに限定されている。ヌマスギはメキシコ湾周辺に多く見られ、高さは40mにも達する。湿地帯では、幹の基部が大きく広がり、根が地表に現れた姿を見ることができる。晩秋には、葉が褐色に変わって落ちる。

タクシテス

グループ	針葉樹
年代	白亜紀から現代
大きさ	シュートの長さ最大12cm
産出地	北半球の高緯度地方

葉の茂るシュートの属名として使われたことがあり、実質的には、ヌマスギ(⇨左)の「短シュート」のなかでも比較的小さく、木から自然に落下（器官脱離）したものを指す。この種の落下は、季節ごとに、あるいは年に1度発生していた。シュートには、細長い葉がらせん状についていた。この器官脱離というしくみのために、シュートは1つの層理面に大量に（数百個規模で）見つかることが多い。

タクシテス・ラングスドルフィ
細長く平たい葉が軸のまわりにらせん状についている。葉はねじれていて、2列をなして広がっているように見える。

グリュプトストゥロブス（スイショウ）

グループ	針葉樹
年代	白亜紀から現代
大きさ	高さ最大35m
産出地	北半球の高緯度地方

最古の記録は白亜紀後期で、日本、北アメリカ、北極海のスピッツベルゲンで産出している。シュートと球果の記録は、北半球全域から現在の北極圏に至るまで、古第三紀、新第三紀を通じて数多く残されている。葉はシュートのまわりにらせん状につき、3列に並んでいる。今日、唯一の現生種であるスイショウは亜熱帯の中国東南部やヴェトナムで見られる。

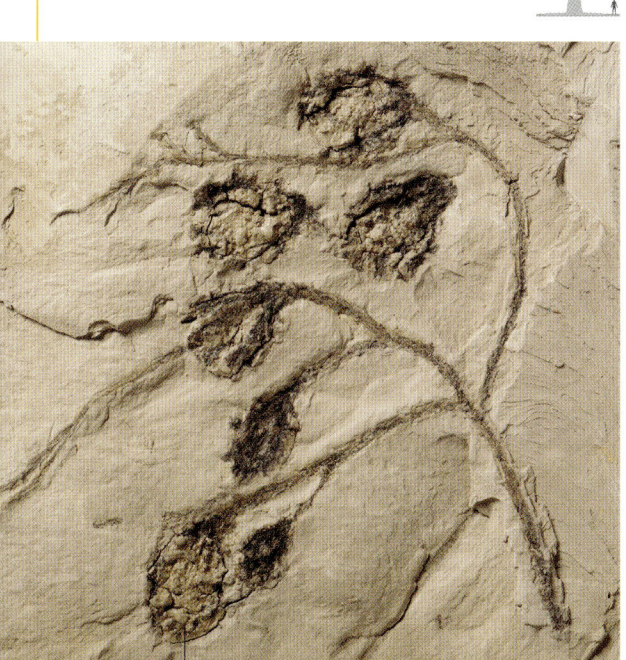

種子球果

グリュプトストゥロブスの1種
この種子球果は長さ約1.5から2cmで、葉状のあるシュートの先端に結実している。

マグノリア（モクレン）

グループ	被子植物
年代	白亜紀から現代
大きさ	高さ最大45m
産出地	北半球の温帯地方

この葉の化石が現生のモクレンの祖先であると判断できる根拠は、細長くて縁が曲線を描いている、先端にいくにつれて徐々に細くなる、葉柄が太い、主脈がはっきりしている、二次脈が主脈から45度未満の角度で分岐し、平行に走っている、三次脈が網目状になっているなど、現在のモクレンに似たその形状にある。1本の木にさまざまな大きさの葉がつくため、葉の大きさで種を特定することはむずかしい。モクレンの化石が確認されているのは古第三紀と新第三紀で、森林の下層や川岸の開けた場所などやや湿った環境を生育場所にしていたが、さらには、より開けた空間の周辺に位置する丘状の土地にまで生育地を広げるようになる。現在では、東アジアの温帯および暖温帯の疎林に自生している。

二次脈
はっきりした主脈

マグノリア・ロンギペティオラタ
このような葉の化石は、現生植物との表面上の類似点によって現生の属に割り当てられることが多い。

近縁関係の現生種
モクレン

モクレンにはおよそ70種の木々や灌木が含まれ、革のようにかたい葉と、大きな雌雄同株の花が共通の特徴である。白またはピンクの人目を引く花弁様の部分が、多数の雄しべと中央の雌しべを取りかこんでいる。落葉樹で、多くの種で葉が出るより先に花が咲く。

テクトカリュア

グループ	被子植物
年代	古第三紀中期から新第三紀
大きさ	果実の長さ2cm
産出地	中央ヨーロッパ

ミズキ科の植物。果実の外層は多肉質で動物をひきつける。内壁は木質で厚みがあるため消化されにくい。なかば消化された種子が動物の体内を通って排出され、堆積物でおおわれて化石になった。時とともに種子に鉱物がしみこみ、細胞壁の痕跡が残っている場合がある。

テクトカリュア・レナーナ
この化石は堅果状の種子が鉱化されてできたもので、木質状の外壁の表面には水の流れたあとが認められる。

アルヌス（ハンノキ）

グループ	被子植物
年代	白亜紀から現代
大きさ	高さ最大39m
産出地	北半球、南アメリカ

白亜紀に初めて登場した。葉はおおむね長円形か卵形で、中央または上半分の幅が広い。現生のハンノキ類には葉がハート型のものもある。花は小さな尾状花序で、雄花と雌花がある。受粉後、雌花序は木質の球果状になって冬を越し、翌年に開いて種子を放出する。

アルヌス・ケクロピイフォリア
ハンノキの葉の化石は、この写真のように、その葉のものとわかる雄花序と花粉、または球果がない限り、種の同定はむずかしい。

ポドカルピウム

グループ	被子植物
年代	古第三紀から新第三紀
大きさ	莢の長さ約3cm
産出地	ヨーロッパ、北アメリカ、カナダ

マメ科の植物。マメ科には、エンドウ、ソラマメ、クローバー、ピーナッツ、ルピナスなど約1万4000もの現生種があり、その多くが重要な栽培作物である。マメ科の植物は、白亜紀後期に南方のゴンドワナ大陸で生まれたが、葉や実、莢、花粉の化石により、始新世には主要なグループが北方の大陸に広がるまでに進化していたことがわかる。

ポドカルピウムの1種
ポドカルピウムの実（⇨上）は小さな豆の莢のような形をしていて、葉柄の先にできた。葉は複葉で（⇨左）、先端に1つ、左右に複数組の小葉がついていた。

ヒュメナエア

グループ	被子植物
年代	新第三紀から現代
大きさ	高さ最大25m
産出地	中南米の熱帯地方、東アフリカ

マメ科の常緑高木で、木から落ちた花や葉が、その同じ木の幹や枝からにじみ出た樹脂に埋もれ、琥珀となって残る。樹脂は植物の繊維にしみこみ、やがて固まるため、細胞壁、葉緑体、木部、さらには細胞核や細胞膜までがそのまま保存される。ヒュメナエアは新第三紀には中南米とアフリカの広い範囲で見られたが、今日では、カリブ海の島々とメキシコ南部からブラジルにかけて熱帯の13種が、アフリカの東海岸とその付近の島々に1種が生育するだけである。

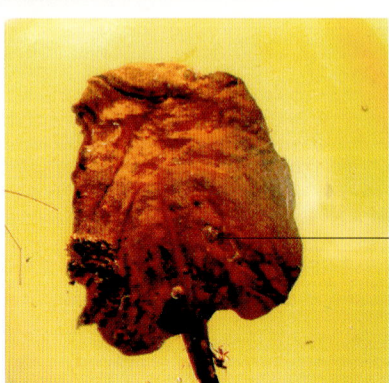

ヒュメナエアの1種
この花はヒュメナエアの1種で、ドミニカ共和国産の新第三紀の琥珀に保存されている。

ベトゥラ（カバノキ）

グループ	被子植物
年代	白亜紀末期から現代
大きさ	高さ最大24m
産出地	アジア、ヨーロッパ、北アメリカなど、北半球の温帯地方

葉は卵形から円形、あるいは三角形で、縁が鋸歯状になっている。葉は葉柄の先につき、主脈とそこから分岐した二次脈が走っている。約40種が現存するが、いずれも比較的短命な落葉樹で、1本の木に雌雄別々の尾状花序をつける。高さ30m近くにまで成長する種もあり、その過程で小枝の多くが落ちていくため、たいていの場合、大きな枝がほとんどないほっそりした姿になる。開けた土地で土壌がやせていても生育し、荒れた土地にもまっ先に生える。今日では、ヨーロッパ、アジア、北アメリカで見られる。

ベトゥラ・イスランディカ
この化石に保存されているのは葉の痕跡にすぎないが、それでもカバノキ類の特徴がよくわかる。

ウルムス（ニレ）

グループ	被子植物
年代	古第三紀から現代
大きさ	高さ最大36m
産出地	北半球の温帯地方

葉は細長くて真ん中の幅がいちばん広く、縁は鋸歯状になっている。基部は丸みをおびていて非対称、種によっては先端部も非対称である。中肋がはっきりしていて、同じようにはっきりした葉脈が、一定の間隔でまっすぐに、ときにはさらに枝分かれしながら左右に縁まで走っている。そして葉脈の先はたいていの場合、鋸歯状の縁の突出した部分で終わっている。以上はすべてニレ類の葉の特徴だが、他の多くの化石と同様、種を同定することはむずかしい。現生のニレの葉には自然の変化があり、化石を調べるときにはこのことも考慮する必要がある。ニレ類は現在、ヨーロッパ、アジア、北アフリカ、北アメリカに20種ほどが生育している。すべて落葉高木で、なかには高さが36mに達する種もある。春に葉に先立って小さな房状の雌雄同株の花が咲き、翼のついた種子は晩春に落ちてすぐ発芽する場合と、秋に落ちて冬を越してから発芽する場合がある。

近縁関係の現生種
ヨーロッパニレ

ニレの仲間は、とくに同じ場所に生育する場合、たがいに交雑することが多い。望ましい特徴をそなえた雑種を、人工的に繁殖させることもできる。ヨーロッパニレは成長が遅く、秋には葉があざやかな黄金色に変わる。

横方向の葉脈
はっきりした中肋

ウルムスの1種
この葉にはニレの特徴がよくあらわれているが、種を同定することは、研究対象の標本が1つしかない場合はとくにむずかしい。

ポプルス（ポプラ）

グループ	被子植物
年代	古第三紀から現代
大きさ	高さ最大60m
産出地	北半球の温帯地方

葉は丸みをおびていて縁の切れこみが鈍く、種によっては革に似た手ざわりで、見た目はカエデに似ている。葉柄の先につき、枝分かれした葉脈はすべて同じ太さで目立った中肋をもたない。現生のポプラは成長が速い落葉樹で、花は尾状花序である。春になると葉が出るより先に花が開くため、風が花粉を雌花序に運ぶのを妨げるものが少ない。雌雄異株で、花粉を出す雄花序をつける木と雌花序をつける木がある。ヨーロッパ、アジア、北アメリカなど北半球の温帯地方に約30種が分布している。アメリカ西海岸に生育するブラックコットンウッドは現生種のうち最大で、高さ60mにも達する。ヨーロッパや北アメリカでよく植えられているセイヨウハコヤナギは、高さ30mにまで成長し、美しい円錐形になる。

枝分かれした葉脈
中肋
網目状の細い葉脈
丸みをおびた外形

ポプルス・ラティオール
この化石では、ポプラの葉のいちばん細い葉脈が主脈のあいだを細かい網目で埋めているようすがよくわかる。

近縁関係の現生種
ゴールデンポプラ

これは、アメリカ産のコットンウッドとヨーロッパ産のクロポプラを交配してできた丈夫な種の若木である。学名をポプルス・エックス・カナデンシスというこの種は、秋には葉が黄金色に変わるため、一般にゴールデンポプラと呼ばれている。

ゼルコヴァ（ケヤキ）

グループ	被子植物
年代	古第三紀から現代
大きさ	高さ40m
産出地	北アメリカ、アジア、ヨーロッパ

カフカス地方と東アジアに5種が現存する。祖先は古第三紀初期に北アメリカに生育していたことがわかっている。北アメリカから中央アジアに移動し、ついで中央ヨーロッパに定着した。ヨーロッパでは新第三紀まで生き残ったが、それも第四紀が始まるころには絶滅した。

ファグス（ブナ）

グループ	被子植物
年代	白亜紀後期から現代
大きさ	高さ最大45m
産出地	北半球の温帯地方

10種の落葉高木が含まれ、ヨーロッパ、トルコ、日本、中国、北アメリカ東部など、北半球一帯で見られる。雄花は房状に垂れ下がり、雌花は小さくかたまって咲く。1つの花に2つの種子ができる。葉は新第三紀の多くの植物の特徴を示しているが、古第三紀の地層からも発見されている。葉の形には基本的に2種類ある。北アメリカでは細長く、主脈の左右に12〜16組の葉脈が走るが、ヨーロッパではそれに比べて短くて幅が広く、左右に走る葉脈は6〜9組である。他の場所ではその中間の形が見られる。もっとも古い時代の化石では1カ所ですべての変種が見られたが、新第三紀のあいだに徐々に分散していった。

左右に走る葉脈

ファグス・グッソニイ
この葉の化石はギリシャで発見された。本物の葉が堆積物の層に押しつけられてできたものである。

ノトファグス（ナンキョクブナ）

グループ	被子植物
年代	白亜紀後期から現代
大きさ	高さ最大45m
産出地	オーストラリア、パプアニューギニア、ニュージーランド、南アメリカ、南極大陸

葉、木部、実の殻斗（ドングリなどのはかま）、花粉が化石で見つかっている。葉は左右対称で長円形、先端が幅広で丸みをおびていて、縁には鋸歯状のぎざぎざがある。古第三紀と新第三紀を通じて、南半球の温帯地方でもっとも重要な樹木だった。南極大陸、オーストラレーシア、南アメリカで化石が発見されており、その最古の時期は白亜紀後期である。それ以前に出現していた針葉樹の森に侵入して、やがてその森を制覇した。しかし新第三紀には、オーストラリア大陸が北に移動して乾燥が進むにつれ、分布がこの地方に限定されるようになった。南極大陸では、他の多くの植物と同様絶滅した。この大陸が南方に移動して気温が急激に低下したためである。

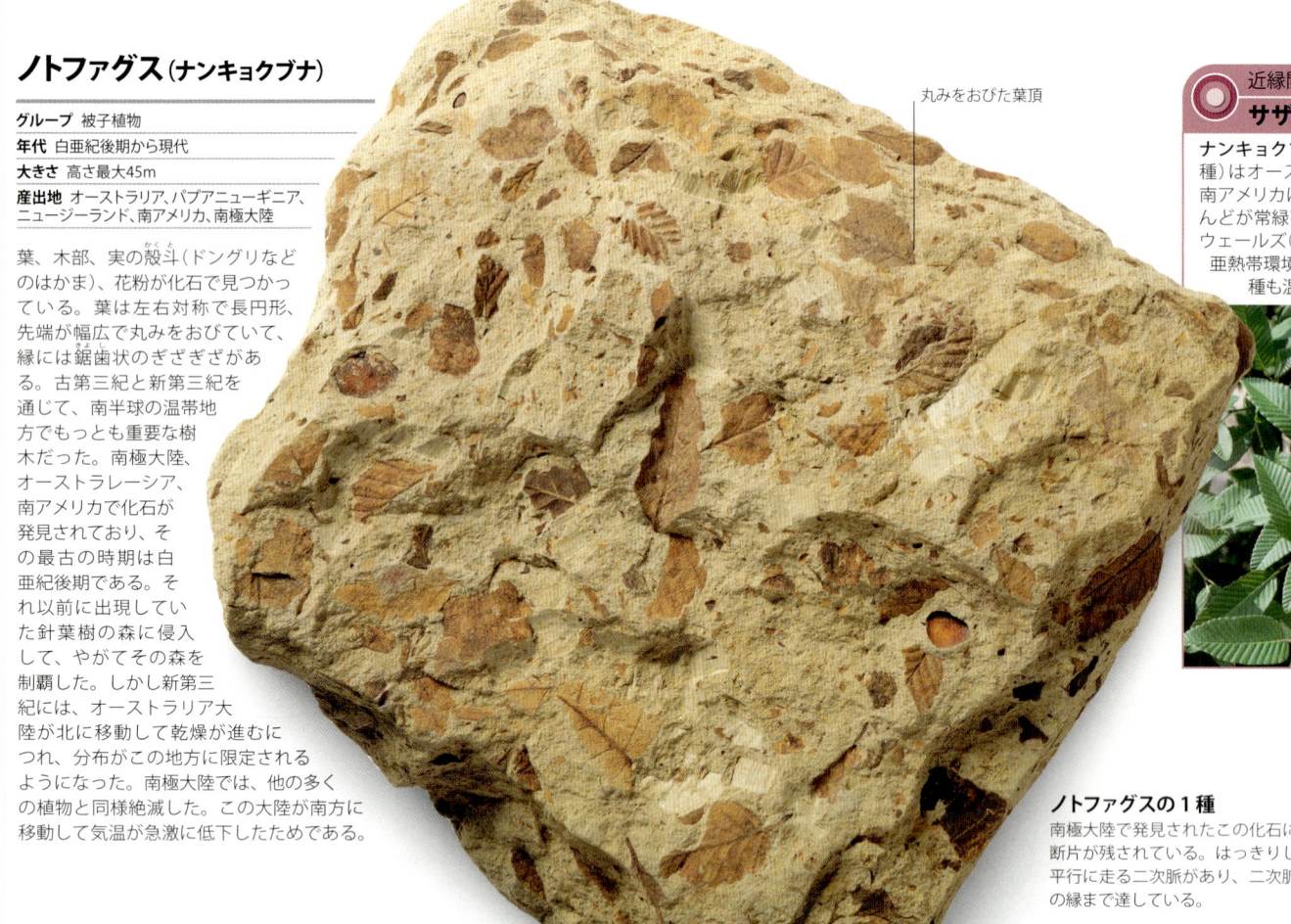

丸みをおびた葉頂

近縁関係の現生種
サザンビーチ

ナンキョクブナ類（サザンビーチもその1種）はオーストラリア、ニュージーランド、南アメリカに約20種が現存し、そのほとんどが常緑高木である。ニュー・サウス・ウェールズ（オーストラリア南東部の州）の亜熱帯環境で生育する種を除けば、どの種も温帯地方に分布する。

ノトファグスの1種
南極大陸で発見されたこの化石には、葉の断片が残されている。はっきりした中肋と平行に走る二次脈があり、二次脈は鋸歯状の縁まで達している。

クエルクス（コナラ）

グループ	被子植物
年代	古第三紀から現代
大きさ	高さ15～45m
産出地	北半球

オーク（コナラの総称）には800を超える種があり、北半球の温帯地方、地中海地方、アジアの熱帯および亜熱帯地方に生育する。ほとんどが落葉樹で、多くは木材として利用されるなど経済価値が高い。たとえばコルクガシの樹皮は、コルクの主材料になる。オークの葉や、数は少ないがドングリの化石は非常に見分けがつきやすい。形の違いや、葉脈の模様の違いによって、さまざまな種を同定することができる。

ドゥラニア

グループ	被子植物
年代	新第三紀から現代
大きさ	果実の長さ約4cm
産出地	北アメリカ

古第三紀の川や湖の沈積物に、種子や果実が数多く含まれている。もともとあった果肉の部分は動物の格好の餌となって残っていないのが普通で、表面には水の浸食の跡が認められることが多い。ハイノキ科に属するが、この科には、東アジアや南北アメリカの暖温帯から熱帯にかけて、およそ300もの現生種がある。

化石化した幹 — 年輪
これはオークの幹の化石で、この部分の年輪は木の成長の度合いによって異なる。木の成長は環境の影響を受ける場合がある。

肋がある表面

ドゥラニア・エロエンベルギ
ドゥラニアの種子は長円形または卵形で、表面が球面状のものもあり、縦方向に肋が走っていることが多い。

二次脈

切れこみがある縁

クエルクス・フルイエルミ
オークの葉は長円形から卵形で、縁には深い切れこみがあり、葉柄がついている。中央脈と二次脈があり、二次脈は縁の切れこみのところまで続いている。

コンプトニア

グループ	被子植物
年代	古第三紀から現代
大きさ	高さ最大20m
産出地	北半球の温帯地方、南アメリカ北部

現生種はコンプトニア・ペレグリナだけで、北アメリカ東部に自生する。近縁にヤマモモがあり、こちらには35～50種程度の中木（高さ20mまで）および香りのよい低木（高さ1mまで）が含まれる。いずれも乾燥地でも生きられるが、種によっては珪土の多い沼沢地を好む。ヤマモモの樹木の葉は縁がなめらかだが、コンプトニアの葉には深く切れこんだ鋸歯状のぎざぎざがある。コンプトニアの最古の記録は始新世で、新第三紀には北半球の温帯地方に広く繁茂するようになっていた。

縁の切れこみ

長い楕円形の葉

コンプトニア・アクティロバ
この写真は、粒子の細かい堆積物に残された1枚の葉の痕跡である。輪郭は長い楕円形で、縁にははっきりした切れこみがある。

アケル（カエデ）

グループ	被子植物
年代	古第三紀から現代
大きさ	高さ9–30m
産出地	北アメリカ、ヨーロッパ、アジア

一般に**カエデ**と総称される現生種は中木から高木で、葉は葉柄の先につき、縁には鋸歯状のぎざぎざがある。ほとんどの種では葉が5つの葉部に分かれているが、化石には葉部が3つしかないものもある。葉部と葉部のあいだの深裂の程度や縁のぎざぎざの大きさ、葉の大きさは、種によってさまざまである。現生のイロハカエデのように、葉部がほぼ完全に分離してそれぞれがさらに葉部に分かれている種もある。カエデの実は2つ1組で、翼がついているため風に乗って親木から少し離れた場所まで飛んでいくことができる。このような翼がついた実（プラタナスの実によく似ている）の化石も見つかっている。

アケル・トゥリロバトゥム
カエデは、葉部に分かれた葉や葉柄、鋸歯状の縁などで、容易に見分けがつく。

特徴のある葉
上の化石は、一般的な5つの葉部をもつカエデの葉である。左の写真の種には葉部が3つしかないが、それでも形にはカエデの葉の特徴がよくあらわれている。

近縁関係の現生種 カエデ

カエデは現在、北アメリカ、ヨーロッパ、アジアに200以上もの種が存在する。そのなかではヨーロッパのセイヨウカジカエデと北アメリカのサトウカエデがもっとも大きく、30mを超す高さにまで成長する。サトウカエデからは、1年に最大2.5リットルの樹液がとれる。この写真のように、多くの種で秋になると葉が赤や黄色に変わる。

サピンドゥス（ムクロジ）

グループ	被子植物
年代	新第三紀から現代
大きさ	高さ最大約30m
産出地	世界の熱帯および亜熱帯地方各地

世界中の暖温帯から熱帯地方にかけて、12種ほどが現存する。クリーム色がかった白色の花が房状に咲き、果実はソープナッツと呼ばれる。実には天然のサボニンが含まれているため、何千年もの昔からネイティヴ・アメリカンなど世界各地の民族によって洗濯に利用されてきた。

サピンドゥス・ファルシフォリウス
1枚の葉が羽状に分かれていて、シュートにはその小葉が交互についている。

ポラナ

グループ	被子植物
年代	新第三紀
大きさ	蔓の長さ最大20m
産出地	中国、ヨーロッパ、北アメリカ

蔓性植物で、希少な花の化石が見つかることがある。最古の発見は、中国の新第三紀前期の地層からだった。ヨーロッパや北アメリカには新第三紀中期以降に進出したが、新第三紀末に起こった気候の寒冷化を生きのびることはできなかった。

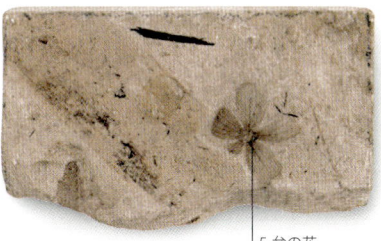

ポラナの1種
これは、絶滅した亜熱帯地方の蔓植物**ポラナ**のらっぱ形をした花の化石で、大変めずらしいものである。それぞれ独立した5枚の花弁がはっきり認められる。

テュファ（ガマ）

グループ	被子植物
年代	古第三紀から現代
大きさ	直立した茎の長さ最大3m
産出地	世界各地

11種程度の単子葉植物を含み、世界各地の湿地帯に生えるが、主要な生育地は北半球である。最古の化石は白亜紀後期のものだが、アメリカでは古第三紀の地層から、ヨーロッパでは新第三紀前期の地層からよく見つかる。第四紀には世界中どこででも見られる植物になっていた。

テュファの1種
ガマの花は円柱状の穂の中にぎっしり詰まっている。実と花粉の化石はよく見つかるが、この写真のような花穂の化石はめずらしい。

フラグミテス（ヨシ）

グループ	被子植物
年代	古第三紀から現代
大きさ	開花期の高さ最大3m
産出地	世界各地

現生の単子葉植物ヨシの仲間と考えられるこの葉の化石では、同じ太さの多数の葉脈が平行に走っている。双子葉被子植物の葉脈のほとんどが、主脈、二次脈、三次脈の組み合わせであるため、この点が異なる。**ヨシ**の葉は、古第三紀以降の淡水の沈積物から見つかることが多い。また、第四紀の泥炭層からもよく見つかる。泥炭に**ヨシ**の層があるということは、地下水面が上昇してヨシ原が再生されたことを示している。

近縁関係の現生種 ヨシ

ヨシ（学名**フラグミテス・アウストラリス**）は多年生草本ヨシの唯一の種である。熱帯および温帯の湿地を好み、横にのびる匍匐茎によって1年に5mも広がり、やがて広大なヨシ原を形成する。

フラグミテス・アラスカナ
この葉の化石では、ヨシの特徴である平行脈がよくわかる。

パルモクシロン（ヤシ）

グループ	被子植物
年代	新第三紀
大きさ	高さ最大30m
産出地	北半球の暖温帯から亜熱帯地方

ヤシは単子葉被子植物で、幹の構造は一般的な針葉樹や被子植物の構造とは違う。「木部」に年輪がなく、真ん中に維管束が通っているのである。アメリカ・テキサス州の白亜紀後期の地層から発見された**パルモクシロン**は、単子葉植物の記録としては最古の部類に入る。

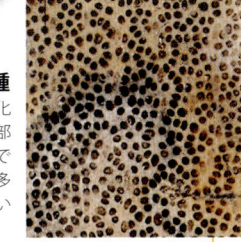

パルモクシロンの1種
この厚板はヤシの幹の化石で、これを見ると内部組織が細かいところまでよくわかる。組織には多数の維管束が含まれている。

新第三紀の無脊椎動物

この時代には地球の寒冷化が進んだ。南極大陸に氷原が広がりはじめたのは今から約2500万年前だが、その後、一時的に寒さがゆるんだ。しかし1400万年前には南極大陸は一年を通して氷原におおわれるようになり、無脊椎動物もその環境に適応していった。

進化は続く

新第三紀の無脊椎動物は、古第三紀と同じく、二枚貝、腹足類、コケムシ類、ウニ類が中心だった。属や種は時代によって変化する。第三紀(始新世、漸新世、中新世、および鮮新世)の分類は、最初、これらの時代の二枚貝や腹足類のうち現在まで生き残っている属の比率に基づいて決められた。新第三紀の堆積物からは、さらにカニ、ロブスター、魚類の化石が見つかっている。新第三紀の堆積物は世界各地に広がっており、「クラッグ沈積物」などがよく知られている。イギリス・イーストアングリア地方の海岸の低い崖に露出している地層で、保存状態のよい化石が、第四紀のものまで含めて多数発見されている。海岸線より上に露出している、この地方特有のサンゴ状のクラッグは、浅瀬の堆になっていて、属や種の異なる多数のコケムシ類に加えて、軟体動物、ウニ類、巨大なツルアシ類の化石で埋めつくされている。同じような堆は、今日の南オーストラリア沖合でも見られる。

コレオプレウルス・パウキトゥベルクラトゥス
新第三紀のこのウニは、とげのない形で保存されている。浅瀬のかたい岩盤に生息していた。

ビビオ・マクラトゥス
ケバエの仲間で草原に生息していた。この標本では、羽の翅脈まではっきり見ることができる。

冷たい海への適応

新第三紀のあいだ、ウニ類の多くは冷たい南極海に生息していた。そこでは成長や発達がゆるやかであるため、ウニ類は「育嚢」を発達させた。これは受精卵を抱くのに適した器官で、海中を浮遊する幼生の段階を経ることなく直接受精卵を成熟させるしくみだ。ウニは表面に育嚢のための深いくぼみを作る。古第三紀および新第三紀のオーストラリアでは、育嚢をそなえた生き物が多かった。当初、オーストラリアはもっと南極に近いところに位置していたからだが、その後徐々に北方へ移動したため、新第三紀には育嚢をもつウニ類はしだいに少なくなり、現在の暖かいオーストラリアの海ではまったく見られない。

現在と同じ形
これは新第三紀の甲殻類アルカエオゲリュオン・ペルヴィアヌスだが、現在のカニとほぼ同じ形をしていた。深海で獲物をとっていたと思われる。

グループ概観

新第三紀に栄えていた無脊椎動物のなかには、現在まで生き残っているものもいる。あるいは、現代に適応するように形を変えた同類が存在するものもある。コケムシ、二枚貝、ウニ、昆虫などがこれに該当する。これらはすべて、この時期に地球の気温が徐々に下がってきたために生じた、生息環境の変化に適応して進化を続けてきた。

コケムシ類
現存する**クプラドゥリア**属の起源は、新第三紀初期までさかのぼる。コロニーが生存できる水温の限界がわかっていて、生息環境が変わることもなかったと推定されるため、新第三紀の堆積物でこの化石が見つかると、その場所の温度が推測できる。

二枚貝類
今日水温の低い場所で見られる種の多くは、イギリスの海岸付近に生息するものも含め、新第三紀に生息していた種と同じか、きわめて近縁の種である。冷水域に生息する種の数は、時代が進むとともに徐々に増えている。

ウニ類
海底に穴を掘るウニも、岩などの表面に張りついているウニも、新第三紀を通じて代表的な海洋動物として多数生息していた。このなかには、三畳紀以来ほとんど姿を変えていない「生きた化石」キダリスもいる。

昆虫
多くの昆虫が、琥珀に閉じこめられて細部までそのままの姿で保存されている。琥珀は、元は針葉樹その他の木々からにじみ出た粘性のある樹脂で、そこに捕らえられた昆虫を永久保存する。もっとも多様な動物相が見つかっているのがドミニカ共和国産の琥珀で、おそらく新第三紀初期のものである。元は、現在は絶滅した**ヒュメナエア・プロテラ**という植物の樹脂。

メアンドゥリナ

- グループ サンゴ
- 年代 古第三紀から現代
- 大きさ サンゴ個体の直径1–2cm
- 産出地 世界各地

イシサンゴ類に属する群生サンゴで、岩礁でよく見られる。最初は1つずつのサンゴ個体、つまりポリプの骨格で、これが殖えてサンゴが形成される。コロニーのいちばん外側の部分は「山」と「谷」に分かれていてくねくねと動き、コロニーを構成する一つひとつのポリプは谷のなかのカップ型のくぼみに納まっている。サンゴ個体の体腔を仕切る壁(隔壁)はまっすぐで長く、隣りあったサンゴ個体の体腔が一列に並ぶことも多い。隔壁の軸の両端は軸板を形成し、横方向にのびるサンゴ個体の中心に沿って走る。メアンドゥリナの仲間の現生種に脳サンゴがある。くねくねと動くサンゴ個体が人間の脳の表面に似ているためにこう呼ばれている。

長い隔壁
メアンドゥリナのサンゴ個体を区切る隔壁は、まっすぐで長い。サンゴ個体は直線状に連なっていることが多く、それがサンゴのひだ状の外観になっている。

- カップ型のくぼみ
- 長く連なる隔壁

近縁関係の現生種
脳サンゴ

脳サンゴはある種の現生サンゴにつけられた通称だ。このサンゴの特徴は、くねくねと動く溝の部分とそのあいだの山の部分がはっきりしていて、外観が人間の脳を大きくしたような形になっていることである。メアンドゥリナのほかにディプロリアも同じ形をしている。これらの属のサンゴは成長が遅く、セメントで塗り固めたように頑丈で、強い潮の流れや嵐にも耐えられるため、このサンゴでできたサンゴ礁は安定度が高い。サンゴ礁を作るほとんどのサンゴと同様、脳サンゴのポリプも微細な緑藻類と密接な共生関係にある。これらのサンゴは大西洋でもインド・太平洋海域でも見られる。

メアンドゥリナの1種
生きていたときには、このサンゴの表面は色あざやかなポリプの層で薄くおおわれていただろう。ポリプは触手を動かして水中から微生物を集め、餌にしていた。

- ひだ状の表面
- かたい骨格

スフェノトゥロクス

- グループ サンゴ
- 年代 始新世から現代
- 大きさ 高さ1cm
- 産出地 世界各地

小さい円錐形のサンゴで、単体で生息する。生きているときにはポリプの体で完全におおわれていた。骨格(サンゴ個体)の断面は楕円形である。サンゴ個体の内部を区切る薄い隔壁は、外側近くでたがいに融合してサンゴ個体の壁を形成する。隔壁は3サイクルあり、合計数は24になる。サンゴ個体の中心にある独立した板は底までのびているが、これは隔壁の末端が変化してできる。スフェノトゥロクスは現在まで生きのびていて、水深20〜275mの海域に生息していることが多い。

- 薄い隔壁
- サンゴ個体の壁

スフェノトゥロクス・インテルメディウス
隔壁はサンゴ個体の中心から放射状に広がり、外側付近でたがいに融合して壁を形成する。

メアンドゥロポラ

- グループ コケムシ類
- 年代 鮮新世
- 大きさ コロニーの直径最大9cm
- 産出地 ヨーロッパ

コケムシの仲間で、円形の大きなコロニーを形成していた。このコロニーは、自活個虫室と呼ばれる小さなチューブ状の構造物が集まった円柱状の群れ(線維束)が放射状に連なって構成されていた。これらの群れが分割や再接合をくり返すうちに、コロニーの表面には独特の模様ができていく。自活個虫室は、壁は薄いが非常に長く、一部は隔膜で仕切られていた。このなかに軟体質の個体(自活個虫)が入り、摂食活動を担っていた。自活個虫には触手冠という摂食器官があり、口のまわりのリング状の触手で構成されていた。自活個虫室が群れの形をとったのは、水流の通る溝を作るためだったと思われる。そうすることにより、コロニーは、摂食活動を行う自活個虫の活動範囲から堆積物を取り除いて、その活動を助けることができる。

放射状にのびていく群れ
細長く、薄い壁をもつチューブ状の虫室が集まって群れを形成する。この形により、メアンドゥロポラは水流を通すことができる。

- 自活個虫室の群れ
- 自活個虫室のあいだの水路

メアンドゥロポラの1種
自活個虫室の群れが分割と再接合をくり返すうちに、コロニーの表面には独特の模様ができる。「コケムシ」の名はここから来ている。

ビフルストゥラ

グループ	コケムシ類
年代	白亜紀から現代
大きさ	個虫室開口部の幅0.1–0.2mm
産出地	世界各地

唇口目に属するコケムシで、炭酸カルシウムでできたかたい骨格をもち、殻でおおわれた平たい二面性のコロニーを作る。自活個虫室というチューブ状の室には、そのコロニーを構成する小さくて軟体性の個虫（自活個虫）が入っている。自活個虫にはそれぞれ、口のまわりにリング状の触手（触手冠という）がある。触手には髪の毛のような細くてよく動く器官（繊毛）があり、これが水の流れを作りだして、餌となる微生物を口のほうに引き寄せる。自活個虫が餌を取っていないときには、触手は傷つかないように自活個虫室のなかに引っこめられている。

コケムシのコロニーにはごく小さな個虫が何千も生息していることがある。

ビフルストゥラの1種
この化石標本の表面には長方形の口が無数に開いているが、それらは縦方向に並列して配置されている。

虫室の口
表面の小開口部は各室（自活個虫室）に通じ、そのなかにコロニーを構成する個虫が入っていた。

ウァースム（オニコブシ）

グループ	腹足類
年代	新第三紀から現代
大きさ	殻長4–10cm
産出地	世界の熱帯地方各地

この腹足類は円錐形の螺塔をもち、殻からは、とげ状の突起がらせん装飾の一部として発達している。突起は、螺層の境目に1列と、その下の肩の部分にもう1列ある。肩の突起から下にはらせん状の肋が5層になっているが、こちらには突起はない。螺層の下のほうにはさらに4列のらせん状に発達した棘状突起がある。幼期に発達した部分にも棘状突起がある。殻の口（殻口部）は細長く、長い前方溝がついている。ここには入水管が入っていて、殻のなかに水を送りこんでいた。現生種はイワムシを捕食し、世界中の熱帯地方に生息する。

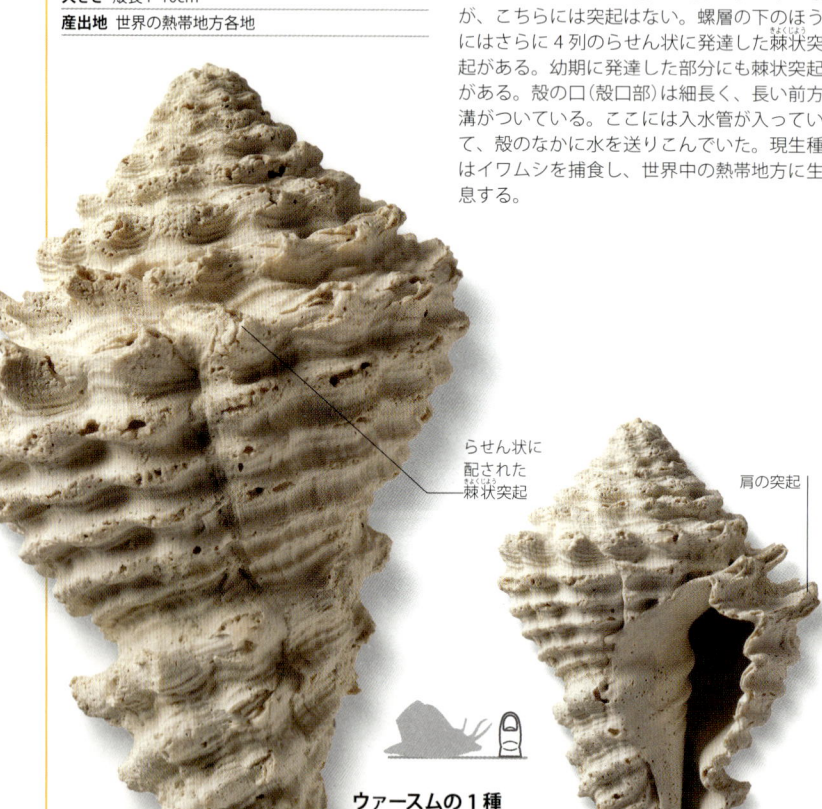

らせん状に配された棘状突起
肩の突起
前方溝

ウァースムの1種
かたくて厚い、らせん状の肋をもつ殻は、海底にすむほとんどの捕食者から身を守るのに役立っただろう。

ヴィヴィパルス（ミスジタニシ）

グループ	腹足類
年代	ジュラ紀から現代
大きさ	殻長1.5–3.5cm
産出地	世界各地

淡水に生息する腹足類。丸みをおびた中高の螺層には、成長線がくっきりついている。成体のサンプルは外唇にやや厚みがあるが、成長の初期の段階で同様の厚みをもつものもある。これは、おそらく環境の変化などの理由で成長のペースが落ちたことをあらわしている。淡水産の他の一部の腹足類とは異なり、空気呼吸はしない。かわりにエラが1つあり、祖先が海に生息してエラをもつ生物だったことをうかがわせる。現生種の雌は、受精卵を体と殻壁のあいだの空間（外套膜腔）に入れてふ化させる。

螺旋状の飾り

ヴィヴィパルスの1種
軽くて角質の「蓋」が足に付着し、殻の口をふさぐようになっている。

近縁関係の現生種
タニシ

ヴィヴィパルスの仲間はめずらしくなく、世界中に広く分布している。ヨーロッパ産のミスジタニシや北アメリカの沼地に生息するヴィヴィパルス・インテルテクストゥス（⇨右の写真）など、穴を掘って暮らすものもいる。この2種はどちらも、1つだけあるエラの先端で水中に漂っている餌の微生物を集めると、繊毛粘液摂食と呼ばれる摂食方法で体内に取りこむ。これは、二枚貝の用いるろ過摂食と似た方法である。

テレブラ（タケノコガイ）

グループ	腹足類
年代	新第三紀から現代
大きさ	7–25cm
産出地	世界の熱帯地方各地

多数の螺層構造をもつこの先のとがった腹足類は、「小さな塔のような」と形容するのがぴったりだ。殻には縦に波状の肋があり、各螺層側面の上から3分の1ほどのところにらせん状の帯がかすかに見える。現生種は見た目も大きさもさまざまで、なかには長さ25cmにおよぶものもある。現生種はすべて肉食性で、ある特定の無脊椎動物だけを食料にする場合が多い。多くの種が日中はやわらかい堆積物のなかにもぐり、夜になると出てきて獲物をさがす。絶滅した新第三紀のタケノコガイも同様の習性をもっていたと思われる。

テレブラ・フスカタ
この標本には15近い螺層があり、各層はわずかに重なりあっている。

らせん状のかすかな帯

縦肋

セミカッシス（ウネウラシマガイ）

グループ	腹足類
年代	新第三紀から現代
大きさ	殻長2–8cm
産出地	世界各地

この腹足類の螺層は幅が広く、次の螺層の4分の3と重なりあっている。外側の螺層の上部にはらせん状の模様が見られる。殻の開口部を取り巻く部分を殻口縁というが、接合部は深く、そこから前部入水管が突きでて水を吸いあげる。現生種は肉食性でウニを食料とする。舌に歯がついたような歯舌を使ってウニの殻に穴を開け、なかの身を食べるのである。絶滅種も同様の方法で獲物を食していたと推定されている。

セミカッシスの1種
殻の開口部から厚みのある唇の一部が見えていることから、この標本は成体のものだとわかる。

オストレア（イタボガキ）

グループ	二枚貝類
年代	白亜紀から現代
大きさ	長さ7–15cm
産出地	世界各地

新第三紀に生息していたこの貝は、同じ属に分類される現在のカキに非常によく似ていた。他のカキ類と同様、殻の形はじつに変化に富んでいる。左側の殻が中高ではっきりした肋をもつことが多いのに対し、右側の殻は平らで肋はない。めずらしいことに、オストレアには外套膜腔のなか、体と体壁のあいだに卵を抱く習性があった（⇨p.424）。こうして保護された幼貝は、6～18日後に放出されるときにはすでに小さな2枚の殻をもっていた。

はっきりした成長線

1つだけあった閉殻筋のあと

オストレア・ウェスペルティナ
どちらの殻にも成長線が見られる。内側の殻にある腎臓型の模様は、殻を閉じる筋組織のあとである。

アスタルテ

グループ	二枚貝類
年代	ジュラ紀から現代
大きさ	長さ2–7cm
産出地	世界各地

三角形の二枚貝で、殻頂はとがっている。殻の内側には2つの閉殻筋の痕がはっきり残り、外套膜の線もはっきりしている。外套膜の線は2つの筋組織の痕を結ぶように走り、殻のこの部分に外套膜がついていたことを示している。殻の外側には、成長にともなうはっきりした肋と、そのあいだの細い成長線が見られる。殻を開ける役目をした外側の靭帯は殻頂の後ろにあり、長い溝の中に納められていた。内部の、それぞれの殻の殻頂の下には、大きくてりっぱな蝶番があった。これによって殻は正確にぴたりと合わさっていた。アスタルテの仲間はデヴォン紀までさかのぼることができる。二枚貝のこのグループは早い時期に進化し、適応能力の高い体制のために、それ以後はほとんど変化していない。

アスタルテ・ムタビリス
アスタルテの仲間にはすべて、殻の表面全体に成長にともなう強い肋がはっきり見られるという特徴がある。

前方に突きでた殻頂

外套膜の線

長い溝

閉殻筋の痕

肋

ウジタ

グループ	腹足類
年代	新第三紀
大きさ	殻長最大6cm
産出地	西ヨーロッパ

螺層がふっくらとした中高で、それぞれ前の螺層とほぼ半分が重なりあっていた。はっきりしたらせん状の肋と溝があり、それと交差するやはりはっきりした成長線が平行に走っていて、小さな長方形の模様を作りだしていた。殻口部は長く、前部にはっきりした接合部があり、そこには入水管が納められていた。同じ科に属する現生種は清掃動物で、海底で動物の死骸を食料にしている。したがって、ウジタも同様の習慣があったと思われる。

大きな唇

前部ノッチ

ウジタの1種
殻の口は大きく開いていて、いちばん大きな螺層の前方下に「唇」がある。

無脊椎動物

399

アムシウム（ツキヒガイ）

グループ	二枚貝類
年代	新第三紀から現代
大きさ	長さ5-12cm
産出地	世界各地

表面がなめらかでほぼ円形の大型の二枚貝。ホタテガイと同じ科に属する。ツキヒガイの殻の表面がほとんどなめらかであるのに対して、ホタテガイには肋があるという点がおもな違いである。ツキヒガイの殻は薄く、殻頂の両側に耳のような器官が2つ付いているのがはっきりわかる。一方がもう一方より少し大きくなっている。殻の表面全体が細い成長線におおわれ、放射状の筋もかすかに認められる。

アムシウムの1種
殻がほとんどなめらかな月の面を思わせることから、「ツキヒガイ」と呼ばれる。

アナダラ（アカガイ）

グループ	二枚貝類
年代	白亜紀後期から現代
大きさ	長さ2-6cm
産出地	世界各地

成長線を横切って放射状に走る太い肋があり、一見して現在のザルガイに似ているが、じつは内部構造に大きな違いがある。前方に突きだしている殻頂の下に縞模様のついた長い溝があり、生きているときにはここに殻を開けるための長い靭帯が入っていた。この靭帯溝の下にまっすぐに長くのびた蝶番線がある。蝶番線にはほぼ縦方向に多数の歯と槽があり、殻を閉じたときにぴったり閉まるようになっていた。殻の動きを制御する筋組織が付着していたところには、2つの痕がある。痕のあいだの目立たない線は、外套膜がついていたところである。

殻を閉じるしくみ
蝶番線には「歯」と「槽」があり、これで貝殻をしっかり閉じることができる。ほとんどの二枚貝と同様、この貝もあまり動かず、ろ過摂食を行っていた。

アナダラ・ルスティカ
大きく盛りあがった放射状の肋のあるこの貝は、ザルガイに似ているが、オルドヴィス紀前期に起源をもつフネガイと呼ばれる二枚貝の仲間である。

アカガイの仲間には、**有史以前から人類の食料として利用されていた種**がいくつかある。

シザステル（ブンブクチャガマ）

グループ	棘皮動物
年代	古第三紀から現代
大きさ	体長4.5-6.5cm
産出地	世界各地

ハート型をしたウニで、海底に巣穴を掘って暮らす。上面には5つのくっきりした歩帯域（「花紋」ともいう）があり、ここから管足が出る。後ろの2つの花紋は前の3つよりずっと短く、前部中央の歩帯域は深い溝のなかにあり、この溝は下表面と口に達している。横から見ると殻はかなりの厚みがあり、後ろは肛門口の上にややかぶさるようになっている。

シザステルの1種
花紋型の上部歩帯のまわりと肛門の下には、なめらかな帯線がある。生きているときにはここに髪の毛のような繊毛が生えていて、水流を作りだしていた。

スクテラ

グループ	棘皮動物
年代	古第三紀後期から新第三紀前期
大きさ	直径6-9cm
産出地	地中海

中型の扁平なウニで、海底に穴を掘って生息する。体内に「支柱」があり、これで殻を支えていた。下面には5枚の花紋状の歩帯域があり、そこから多数の管足が出ていた。歩帯域の縁に沿って2つ1組の細孔があり、各組の外側の細孔はスリット状になっていた。口は下面の真ん中にあり、食道の役目を果たす溝が直接その口につながっていた。溝が上面と下面の接合部を横切るところでは、間歩帯域と同じぐらいの幅があった。肛門口も、やはり下面の、殻の後縁と口の中間ぐらいのところにあった。上面の中央には頂円があり、ここには4つの生殖孔があった。ウニの化石には「タコノマクラ」と呼ばれるものがいくつかあり、スクテラもその1つだが、今日浜辺に打ちあげられているのが見つかるタコノマクラは、たいていの場合、現存するウニ類の殻である。

スクテラの1種
花紋状の5つの歩帯をもち、わずかに盛りあがったドーム型のスクテラは、きれいな左右対称の形をしている。現在のウニ類と同様、おそらく、細くて短い髪の毛のようなとげにおおわれていたと思われる。

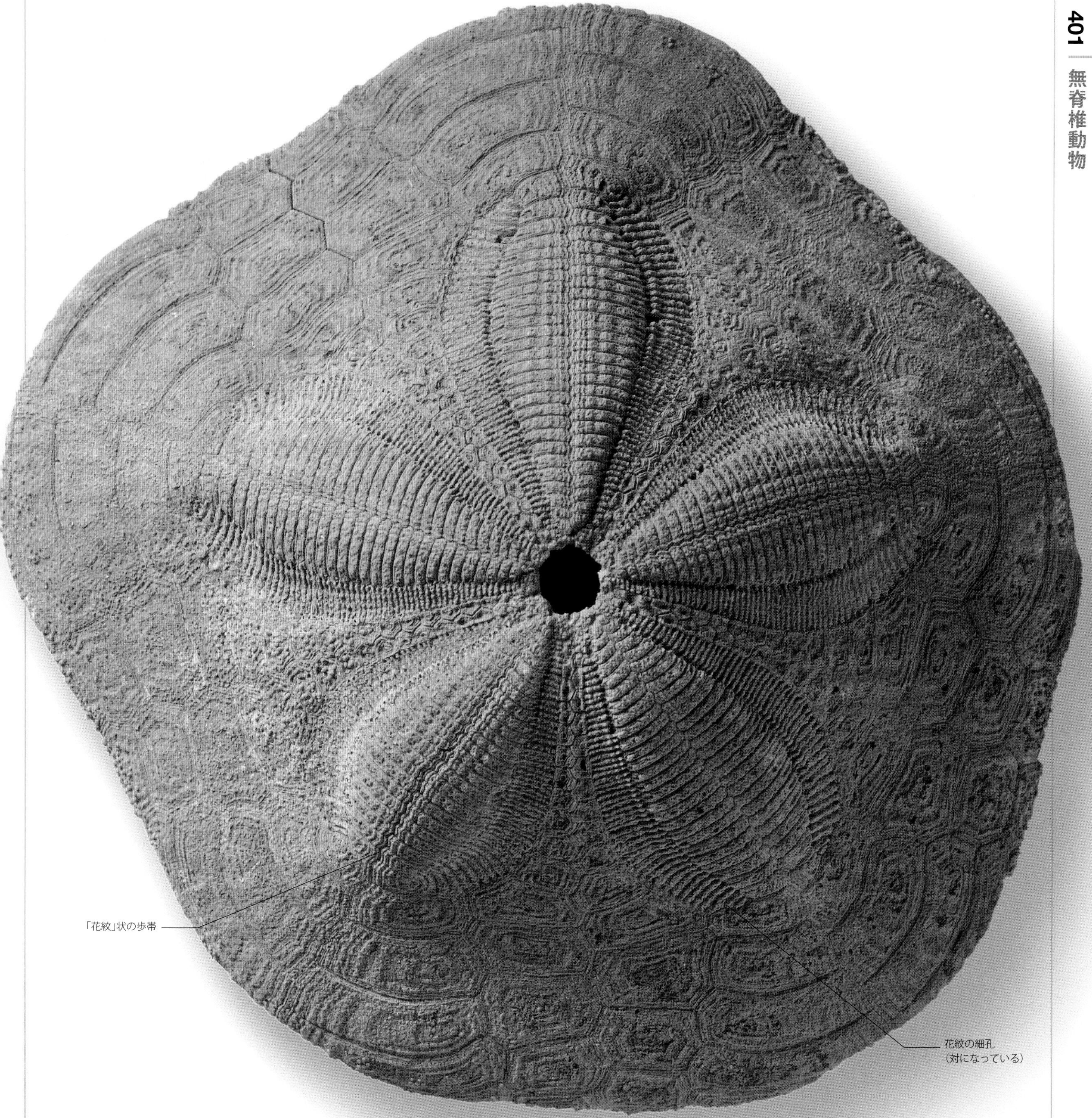

401 無脊椎動物

「花紋」状の歩帯

花紋の細孔
（対になっている）

クリュペアステル（タコノマクラ）

グループ 棘皮動物
年代 古第三紀から現代
大きさ 直径5–15cm
産出地 世界各地

中型から大型のウニで、砂地に穴を掘って暮らす。平たい円盤形からベル形まで、種によって形はさまざまである。とくに平たい種では、殻壁が2つの層に分かれ、そのあいだが支柱でつながっているものがある。この支柱によって、殻には強い力が与えられる。上面には同じ形の5つの歩帯（花紋状の部分でここから管足が出る）がはっきりと認められる。この歩帯域の幅は間歩帯域の幅よりずっと広い。下面では、歩帯域はこれほどはっきりしていない。口は下面の中央にあり、肛門は下面の縁近くにある。上面中央にある円盤状の構造体には5つの生殖孔があいている。一部の種は、海底に最大で15cmの深さに穴を掘って暮らす。現生種の殻は、「海のビスケット」と呼ばれることが多い。

クリュペアステルの1種
新第三紀のこの標本では、中央の頂円がなくなっている。円盤と生殖孔があったところには、穴があいている。

タコノマクラの一部の種は、海底に深さ **15cm** の穴を掘る。

永久保存
琥珀（樹脂の化石）は生物を細部までそのままの状態で保存する。この標本には、脚がすばらしいゲジゲジ、スクティゲラ（⇨中央）と、その上と左に2匹の小さなハエが取りこまれている。琥珀に捕らわれてもがくハエを餌にしようとやって来たゲジゲジは、自分も粘性のある樹脂にからめ捕られてしまったのだろう。すべては2300万年前の出来事である。

新第三紀の脊椎動物

新第三紀は2300万年前に始まるが、このころから世界の気候は徐々に寒くなり、乾燥化が進んだ。このため、陸地のかなりの部分に砂漠や草原が広がった。捕食動物も捕食される動物も、新しい環境に適応するか、さもなければ絶滅するかだった。

新第三紀には、海面の低下や陸地の衝突でできた陸橋を渡って、多くの哺乳類が新しい大陸に群れをなして移動した。ラクダの祖先はもともと北アメリカに生息していたが、約700万年前にユーラシア大陸に渡り、それ以後の進化の過程でヒトコブラクダとフタコブラクダに分かれた。約300万年前に南アメリカに移住した群れからは、ラマ、グアナコ、ビクーニャが生まれた。

草原と草食動物

草原が拡大するにつれ、草食動物のあいだに新しい摂食習性（草を食むこと）が広がった。偶蹄類、なかでも反芻動物は、かたくて栄養の乏しい草を食べることにかけては奇蹄類より適していた。奇蹄類に比べて胃がよく発達していたからである。反芻動物の胃は4室に分かれていて、そのなかの微生物が草の繊維を消化する。反芻動物はまた、かたい草は吐きもどしてよくかみ、もう一度飲みくだす。このように環境に適応した偶蹄類（ウシ、ヒツジ、レイヨウなど）は、ウマ、サイ、バクなどの奇蹄類を押しのけて、中新世に劇的な多様化をとげた。草を主食とする動物は、新鮮な草を求めて季節ごとに移動するようになるが、その移動中や食事中の危険を避けるために群れを作るようになった。そして、捕食者から逃れるために、体が大きく、足も速くなるように進化した。一方肉食動物も、全速力で逃げる獲物を捕らえるために、集団で追いつめる狩りの方法を編みだした。アフリカで草原が広がったことは、類人猿（ヒト上科の動物）が森を出て直立姿勢を身につけるきっかけともなった（⇨ p.450〜451）。

大きな小臼歯／歯冠が高く、多数の咬頭がある大臼歯

歯と足指
3本指のウマ（ヒッパリオンなど）は、中新世には高冠歯を発達させた。この歯の表面は草をすりつぶすのに好都合だったので、かたい草も食べることができた。足では両横の指が退化して真ん中の指1本だけが蹄に変わり、体重を支えることになる。この変化によって、ヒッパリオンは平原を高速で走ることができるようになった。

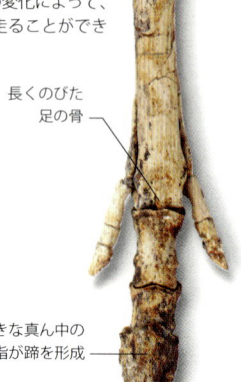

長くのびた足の骨／大きな真ん中の指が蹄を形成

海の大型動物

現在のクジラ（ヒゲクジラまたはハクジラ）につながる動物は、新第三紀のはじめには出現していた。中新世末期には、現在のクジラ、イルカ、ネズミイルカの仲間を代表する種が、すでに絶滅したものも含めていくつか現れていた。中新世には、ほかにも初めてアザラシ、アシカ、セイウチの祖先が進化し、草食性の海牛類（ジュゴンとマナティー）が多様化した。これら海洋哺乳類のすべてを捕食していたのが、巨大なサメ、**カルカロドン・メガロドン**である（⇨次ページ）。

グループ概観

新第三紀の気候変動によって新しい哺乳類が出現した一方で、これまで生息していた種のなかには絶滅したものもある。偶蹄類が奇蹄類をしのぐ勢いで増え、それまで捕食者の代表だった肉歯類は食肉類に取ってかわられた。ウサギ、齧歯類、アライグマなど小型の哺乳類も盛んに数を増やした。

奇蹄類
ウマ類は、草原という新しい生息環境を生かして新第三紀にも多様化を続けたが、多くの種は約500万年前の中新世末期までには絶滅し、残ったのは**エクウス**（ウマ属）だけだった。古第三紀に生息していたサイやバクも多くが死滅し、新第三紀を通じて種の数は減少の一途をたどる。

偶蹄類
偶蹄類は新第三紀に飛躍的に進化した。ブタ、ペッカリー、カバに、やがて最初のキリン、シカ、ウシ科の動物（ガゼル、ヤギなど）が加わった。ウシ科の動物はおもにアフリカやアジアで進化したが、ベーリング海峡の陸橋を越えて、現在のバイソンやオオツノヒツジの祖先が北アメリカに渡っていった。

齧歯類
何でも食べる雑食性と旺盛な繁殖力で新第三紀に数を増やした。中新世には現生種に似たリスが出現し、ネズミ科の動物（ハツカネズミ、クマネズミ、アレチネズミ、ハタネズミ、レミング、ハムスターなど）は、鮮新世になると一気にその生息地を広げた。アフリカからアジアに通じる陸橋によりヤマアラシがユーラシア大陸に渡り、群れを作って生活した。

ヒトの祖先
類人猿は、約3000万年前に旧世界のサルから分岐した。脳と体をサルよりも大きく発達させ、徐々に地上で生活するようになった。約2000万年前には、比較的少数の大型の類人猿がたがいに分離し、種そのものもアフリカからアジアに広がった。化石が発見された**シヴァピテクス**属は、オランウータンの祖先と考えられている。

カルカロドン

グループ 軟骨魚類
年代 中新世前期から鮮新世
大きさ 体長18m
産出地 ヨーロッパ、北アメリカ、南アメリカ、アフリカ、アジア

体重50か55t、あるいはそれ以上にもなる史上最大の肉食性のサメ。**メガロドン**という種名は、歯冠の高さが最大で17cmという巨大な三角形の歯にちなんで名づけられた。この歯は縁が鋸歯状になっていて、獲物を切り裂いたりその肉を薄くそぎ取ったりするのに適していた。動物の骨に残る歯の痕や、化石になった動物の死骸のそばに落ちている歯などから、クジラ、イルカ、ネズミイルカ、アザラシ、大型のカメ、魚類など、さまざまな動物を捕食していたことがわかる。おそらく獲物を待ち伏せして急に襲いかかるという方法で狩りをしていたのだろう。相手の抵抗を封じてしまえば、あとは大きなあごと驚くべきそしゃく力で処理できる。**カルカロドン**は現生種ホホジロザメの近縁種だとする説が一般的だ。たしかに歯には類似点が多く、**カルカロドン**の完全な標本が見つかっていないことから、その姿はホホジロザメをモデルに再現されるのが普通である。しかし専門家のあいだには、これらの類似点は個別に進化したものだと考え、**カルカロドン・メガロドン**をホホジロザメとは別の**カルカロクレス**属に分類する意見もある。

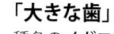

「大きな歯」
種名のメガロドンは、ギリシャ語で「大きな歯」という意味だ。**カルカロドン**の全長は、この歯の大きさをもとに推定されている。

鋸歯状の縁

流線形のサメ
カルカロドンは、一般的にはホホジロザメを大きくしたような姿をしていたと考えられている。つまり、典型的な流線形の体にとがった吻、大きなヒレなどである。

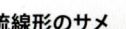
大きな背ビレ

直立した巨大な尾ビレ

巨大な口
復元したあごを開いたときの大きさは人間の背丈と同じぐらいで、ホホジロザメの何倍もある。

ミリオバティス

グループ 軟骨魚類
年代 中新世から現代
大きさ 体長1.5m
産出地 アメリカ合衆国、ベルギー、モロッコ

歯板
ミリオバティスの化石は歯板で同定されることが多い。この歯板には中央に1列の長い突起があり、その両側に六角形の突起が連なっている。

新第三紀によく見られたエイ。同種の仲間は現在も11種が生存していて、トビエイの名で世界中に分布する。絶滅種の標本は、多くがアメリカ・ノースカロライナ州の鮮新世の沈積物から発掘されている。しかし、ほかに北アメリカ、アフリカ、ヨーロッパからも発見されていて、それらの化石から、中新世にも存在していたこと、起源はおそらく始新世までさかのぼれることがわかっている。

ガヴィアロスクス

グループ ワニ形類
年代 漸新世後期から鮮新世前期
大きさ 体長5.4m
産出地 北アメリカ、ヨーロッパ

ガヴィアル（クロコダイルに似た爬虫類）の1種で、漸新世後期から鮮新世前期にかけて北アメリカに、中新世前期にヨーロッパに生息していたがその後絶滅した。現生のガヴィアルと同様、頭骨が非常に長く、細長い吻で魚を捕まえた。化石は海岸の沈積物から見つかっているので、入江または浅い海にすんでいたと推測される。そのような場所ではさまざまな種類の魚が手に入っただろう。ガヴィアルは現在ではインドと東南アジアにしか生息していないが、**ガヴィアロスクス**の化石はフロリダ、オーストリア、グルジアでそれぞれ異なる種のものが発見されており、このグループがかつては世界中の熱帯地方の沼地や海岸に広く分布していたことを示している。

長い頭骨
今日のクロコダイル類と同様、長いあごには鋭い歯がびっしり生えていた。

細長い吻

魚を捕るのに適した鋭い歯

ファラクロコラックス（ウ）

グループ 鳥類
年代 中新世前期から現代
大きさ 体高45–100cm
産出地 アメリカ合衆国、フランス、スペイン、モルドヴァ、ブルガリア、ウクライナ、メキシコ、モンゴル、オーストラリア

ファラクロコラックス属には現在、ウと小型のヒメウが含まれる。魚を捕食する中型の水鳥で、36種が現存するが、それとほぼ同数の絶滅種が世界中で記載されている。水にもぐって魚を捕るため、よく動く首と魚をくわえるのに適した長いくちばしをもっていた。上くちばしの先はわずかにかぎ形に曲がっていて、すべりやすい獲物を引っかけることができた。以前はワタリガラスの仲間で海岸線で見られる種と考えられていたが、じつは、ペリカンやカツオドリなどと同じペリカン類の水鳥である。

ウの仲間
体形は、その特徴である自在に動く首も含めて、現在のウやヒメウと非常によく似ていた。

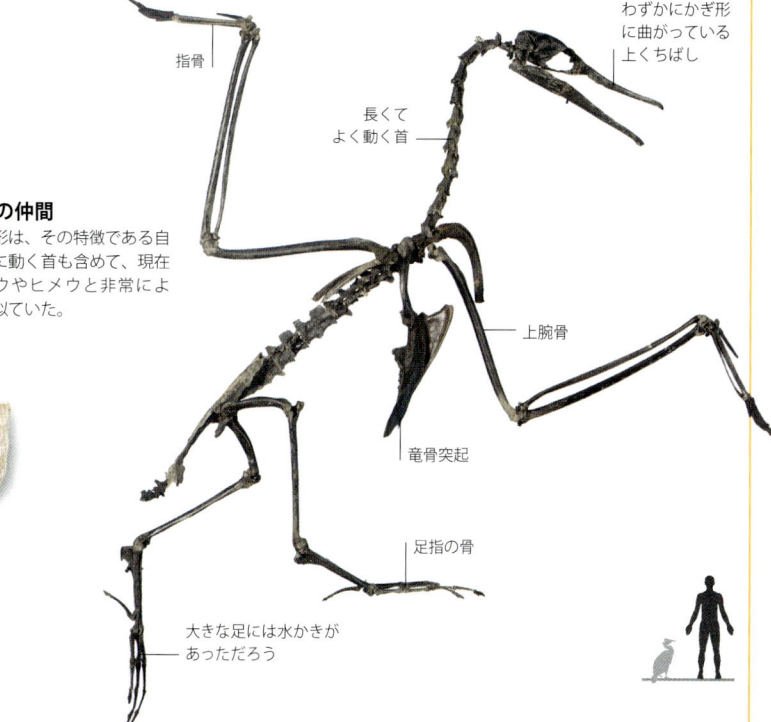

わずかにかぎ形に曲がっている上くちばし

長くてよく動く首

指骨

上腕骨

竜骨突起

足指の骨

大きな足には水かきがあっただろう

近縁関係の現生種
オオコンドル

オオコンドルは翼幅3m、体重15kg。アンデス山脈上空を舞い飛びながら（最高で5500mまで上昇できる）死んだ動物、あるいは瀕死の動物をさがす。食料を求めて1日200km飛ぶこともある。たいていの場合、ハゲワシやカラスなど、他の清掃動物の跡をつけて死骸を見つけ、かたい皮も丈夫なくちばしで引き裂く。

羽毛がない頭
長くて丈夫な脚

アルゼンタウィス

グループ	獣脚類
年代	中新世後期
大きさ	体長3.5m
産出地	アルゼンチン

鳥類のなかでは史上最大。巨大なコンドルというイメージで、翼幅（翼を広げたときの大きさ）8m、大きな個体では体重80kgに達したと考えられている。これは現生種で最大のオオコンドル（⇨左のコラム）に比べて翼幅は倍以上、体重は5倍以上である。アルゼンタウィスは強靭な脚と幅の広い足をもっていたため、歩くのも得意だった。くちばしは長くてワシのように先がかぎ形に曲がっており、動物の死骸を引き裂くのに都合がよかった。一種の清掃動物だったことはほぼ確実で、空中を飛びながら死肉を探し、舞い降りると他の大型の捕食者を追い払ってその獲物を横取りした。この巨体を維持するのに十分な食料を確保するには、相当広いテリトリーが必要だったと思われる。

先が斜めに切れこんでいるため、揚力を高めることができる

幅の広い翼

巨大な翼
翼の面積が7m²にもなるため、上昇気流や上昇温暖気流に乗ってアルゼンチンの上空を楽々と舞うことができた。

ティラコスミルス

グループ	有袋類の哺乳類
年代	中新世後期から鮮新世前期
大きさ	体長1.5m
産出地	南アメリカ

大型の肉食有袋類で、現在のジャガーとほぼ同じ大きさだった。スミロドン（⇨p.435）などのサーベルタイガーと類縁関係はないが、上あごに同じように長くてサーベル状の犬歯をもっていた。これは収れん進化の典型的な例だが、ティラコスミルスではこの犬歯は死ぬまでのび続けた。口を閉じているときには、この犬歯は下あごにある鞘状の突出部に入るようになっていた。孤立していた南アメリカで多様化した肉食有袋類の最後の種で、約300万年前に南北アメリカがパナマ陸橋で地続きになると、南アメリカに渡ってきた肉食の胎盤哺乳類（スミロドンなど）に取ってかわられた。

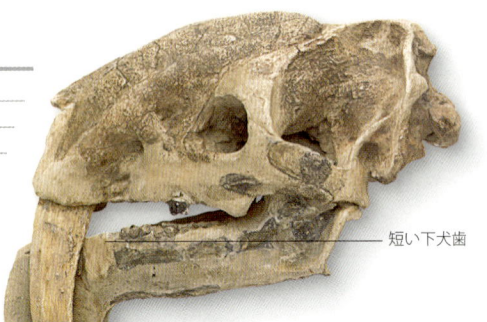

短い下犬歯

殺しの牙
大臼歯は退化し、切歯は下あごにはまったくなかった。下あごの犬歯は短い釘状だった。あごの大部分を占めていたのが上あごの犬歯である。

> ティラコスミルスの上あごの牙はスミロドン（サーベルタイガー）の牙よりもさらに長かった。

大きくて上下幅のある頭骨

下あごにあった牙を保護する突出部

筋肉質の肩と首

強靭な後ろ脚

指先の鋭いかぎ爪

強大な捕食者
サーベル牙を突き刺して獲物を切り裂くときには、肩と首の発達した筋肉が力を発揮した。

デイノガレリックス

グループ 有胎盤類の哺乳類
年代 中新世後期
大きさ 体長60cm
産出地 イタリア

中新世後期にガルガノ(イタリア南東部にある半島だが、この時代はイタリア沖合の島だった)に生息していた大型のハリネズミで、長い毛をもつがとげはない。近縁種である現在のハリネズミと同様、さまざまな種類の昆虫、カタツムリ、その他の無脊椎動物を食用にしていた。しかし大きなネコほどの体重があり、食虫動物にしては大きすぎた。体の大きさからすれば、鳥や小さな哺乳類を捕ることもできただろう。これは、大型の捕食者(ネコ、イヌ、クマなど)がいない島で小型の哺乳類が大型化する典型例である。しかし、中新世後期のガルガノには巨大なメンフクロウ、ティト・ギガンテアも生息しており、この鳥なら**デイノガレリックス**を捕食することがあったかもしれない。

先が細くなった鼻口部
長い体毛

毛深いハリネズミ
デイノガレリックスとは「恐ろしいトガリネズミ」という意味だが、尾が長く、とげのかわりに毛が生えているなど、大きなジヌムラ(東南アジアに分布する原始的なハリネズミ)に似ている。

エナリアルクトス

グループ 有胎盤類の哺乳類
年代 中新世前期
大きさ 体長1.5m
産出地 アメリカ合衆国

鰭脚類(アザラシ、アシカ、セイウチ)の仲間としては知られているかぎり最古の属。化石はアメリカ・カリフォルニア州とオレゴン州で中新世前期の岩石から見つかっている。後世のアザラシやアシカと同様、四肢はヒレ足らしいものに変化していたが、現在の鰭脚類と比べると未完成だった。泳ぐときには四肢をすべて使ったが、現在のアシカは前のヒレ足だけを使って泳ぎ、地上を移動するときに4本のヒレ足をすべて使う。一方現在のアザラシは後ろのヒレ足を使って泳ぎ、地上ではあまり機敏には動けない。**エナリアルクトス**は現生の子孫と同様、大きな眼、敏感なヒゲ、水中でも聞こえる耳をもっていたが、歯は現生種よりも原始的で、その祖先(クマに似た動物)の歯に似ていた。魚を食べたが、アザラシとは違って泳ぎながら食べることはできなかった。獲物は岸まで引きずっていって引き裂いていた。

外耳
長い首
ヒレ足のかぎ爪
現在の鰭脚類と違って、後肢は尾のような構造になっていない

原始的な鰭脚類
長くて筋力のある後肢は、現在の鰭脚類よりも陸上で活発に動いていたことをあらわしている。

エナリアルクトスは敏感なヒゲ、大きな眼、優れた聴覚をもっていた。

アロデスムス

グループ 有胎盤類の哺乳類
年代 中新世中期
大きさ 体長1.5m
産出地 アメリカ合衆国、メキシコ、日本

アシカの初期の近縁種で、アシカと同じように前肢で泳ぎ、陸上では後肢を円を描くように動かして体を引きずるように歩いていた。頭骨は現在のヒョウアザラシに似て細長いが、歯はとがっておらず、歯冠も丸みをおびていた。これは魚やイカを捕らえるのに適した形状で、捕らえた獲物は現在のアシカのように丸呑みにしていたと思われる。大きな眼のおかげで、水中で狩りをしているあいだにも周囲を見ることができた。雄と雌ではかなり大きさが違い、このことから、体重が最大で360kgにもなる大きな雄がハーレムを形成して多数の雌を保護していたと推測される。

アロデスムスは、雄が雌よりはるかに大きいという、性的二形性という特徴をもっていた。

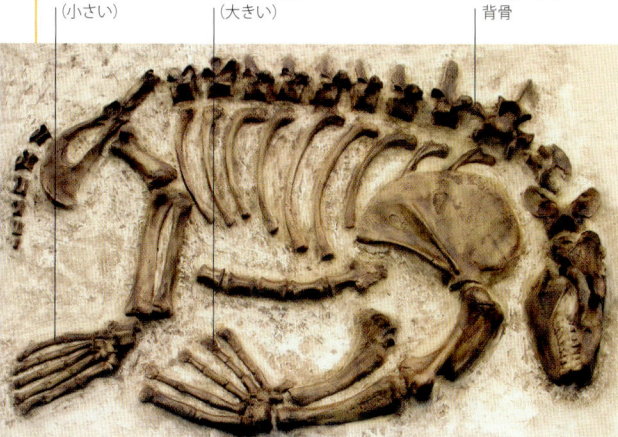

後ろのヒレ足(小さい)
前のヒレ足(大きい)
柔軟性のある背骨

推進力
アロデスムスは、前のヒレ足(後ろのヒレ足より大きくて力が強い)を使って水中を前進した。

主要な産出地
シャークトゥース・ヒル

シャークトゥース・ヒルはアメリカ・カリフォルニア州ベーカーズフィールドの北東に位置し、中新世中期の北太平洋沿岸部の生態系を示す遺跡として保存されている。発掘された化石の量と質を最初に記録したのはスイスの古生物学者ルイ・アガシーで、1856年のことだった。海生の軟体動物に加えて各種の魚の化石も発見され、そのなかには30種におよぶサメの歯が含まれている(この場所の名前はここから来ている)。カメ、鳥類、17種のクジラ、その他の海生哺乳類も発見され、そのなかに**アロデスムス**の化石も多数混じっていた。

ケラトガウルス

グループ 有胎盤類の哺乳類
年代 中新世中期から後期
大きさ 体長30cm
産出地 カナダ、アメリカ合衆国

巣穴を掘る齧歯類で、鼻の上にある1対の角が特徴だ。大きさは現在のマーモットとほぼ同じだが、強靭な前肢に長いかぎ爪がついているなど、見た目はホリネズミによく似ていた。角の役割については諸説あり、穴を掘るためのものとも考えられたが、それにしては位置がおかしい。雄にも雌にもあるので、求愛のディスプレー(誇示行動)に使われるとも考えにくい。今日では、安全な巣穴から離れているときの防御用と考えられている。

1対の角

ホリネズミに似た頑丈な前肢

穴掘りに最適
ケラトガウルスは、その大きなかぎ爪で穴を掘った。地下茎や球根など、草木の地中部分を食用にしたが、餌を求めて地上に出てくることもあった。

新第三紀

パレオカスター

グループ 有胎盤類の哺乳類
年代 漸新世前期から中新世前期
大きさ 体長40cm
産出地 アメリカ合衆国、日本

現在のビーヴァーの近縁種で、知られているかぎり最古の部類に入る。漸新世前期から中新世前期にかけて生息し、アメリカ合衆国西部や日本で化石が発見されている。ビーヴァーの近縁種ではあるが、水辺で暮らすことも木をかじる習性もなかった。むしろ陸生の動物で、穴を掘って暮らしていた。大きさや形は現在のマーモットに似ていた。

穴を掘るビーヴァー
パレオカスターはビーヴァーの仲間で、丈夫な前歯で地面に穴を掘って暮らしていた。

重要な発見
悪魔のコルク抜き

パレオカスターは、らせん状の長い巣穴を掘ることで知られている。アメリカ・ネブラスカ州で発見されたこのらせん状の化石は、コルク抜きそっくりの形をしているため「悪魔のコルク抜き」と呼ばれたが、地表からの深さは3mにも達していた。これが何なのか、最初は謎だったが、やがてそのうちの1つの底から**パレオカスター**の標本が見つかった。両側に残るひっかき傷は、長らく穴掘り動物のかぎ爪のあととされてきたが、実際は、パレオカスターが穴を掘るときにのみのような前歯でかじったあとだった。

パレオカスターの化石

巣穴

テレオケラス

グループ 有胎盤類の哺乳類
年代 中新世
大きさ 体長4m
産出地 アメリカ合衆国

サイ科の大型動物で、鼻の先に小さな角が1本生えていた。化石は北アメリカの中新世の沈積物から発見されている。間違いなくサイの仲間だが、短くずんぐりした四肢、大きな樽形の胴、高歯冠の頬歯をそなえた頭骨など、その体制はカバを思わせる。北アメリカ西部の台地に多い、太古に川や池だった場所の沈積物からは、この化石が大量に見つかっている。アッシュフォール化石層州立公園(⇨次ページのコラム)もその1つで、ここでは**テレオケラス**の完全な骨格化石が数百組も発見されている。なかにはのどに草の種の化石が入っていたものもあり、**テレオケラス**が草食動物であったことを示す証拠とされている。

ステノミルス

グループ 有胎盤類の哺乳類
年代 漸新世後期から中新世前期
大きさ 肩までの高さ1.5m
産出地 アメリカ合衆国

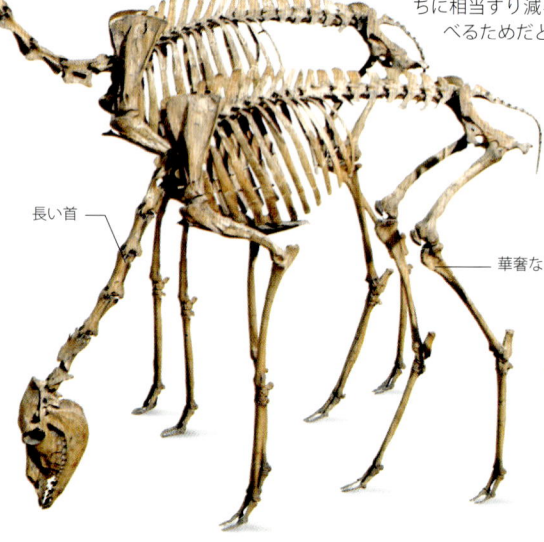

長い首

華奢な脚

こぶのないラクダで、漸新世後期から中新世前期にかけて北アメリカに生息していた。ラクダの仲間にはちがいないが、小型で肩までの高さが1.5mしかなかった。脚と体は華奢でほっそりしていて、現在のガゼルに似ていた。最大の特徴は長くて高歯冠の大臼歯で、その根は深く、あごの基底部や頭骨の頂部にまで達していた。この大きな臼歯が一生のうちに相当すり減るのは、砂まじりの草を食べるためだと考えられる。

社会生活を営むラクダ
ステノミルスはアメリカ・ネブラスカ州西部の採石場で発見された化石がもっとも有名だ。このこぶのないラクダは、どうやら大きな群れで生活していたらしい。

メノケラス

グループ 有胎盤類の哺乳類
年代 中新世前期
大きさ 体長1.5m
産出地 アメリカ合衆国

雌には角はない

小型のサイで、北アメリカ西部、とくにネブラスカ州やワイオミング州の中新世前期の沈積物から発見されている。サイの仲間にはちがいないが、現生種に比べて体格がほっそりしている。現生種より小さくて、大きめのブタと同程度の大きさである。雄には鼻先に2本の骨質の角が並んで生えていたが、雌には角はなかった。

2本の角のあるサイ
メノケラスは角のある最古のサイである。もっとも、鼻先に1対の角を生やしていたのは雄だけだった。

アッシュフォール化石層州立公園でテレオケラスの化石が大量に見つかったため、その場所は「サイのポンペイ」と呼ばれるようになった。

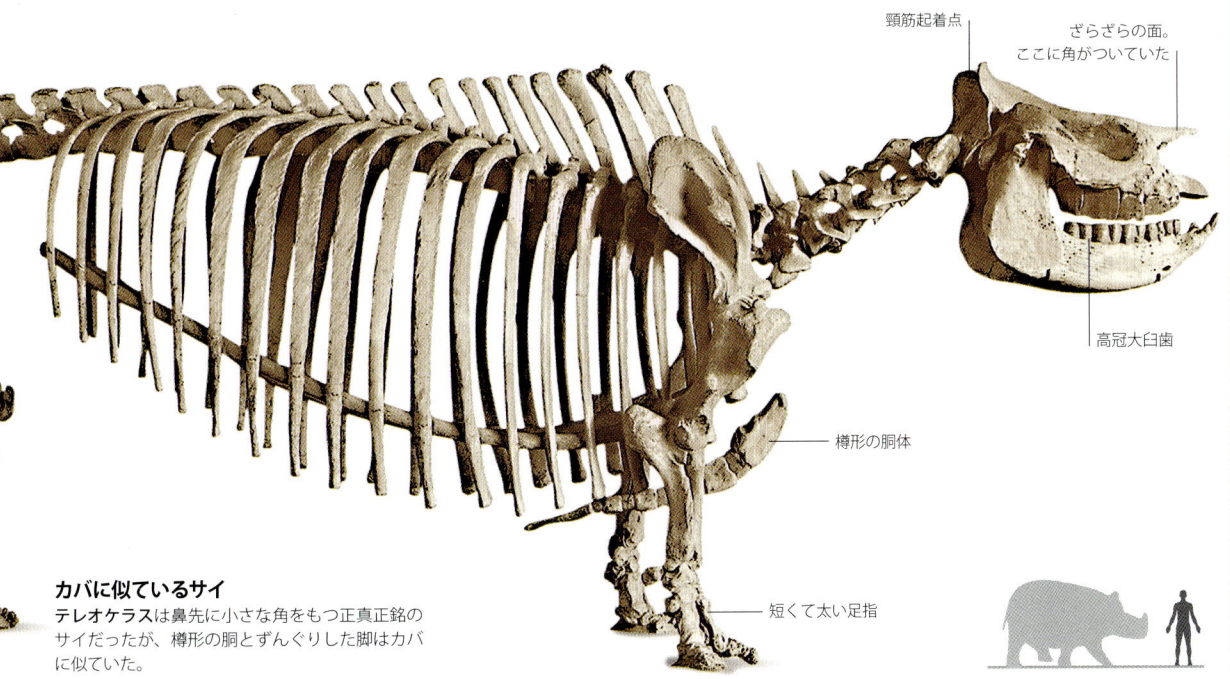

- 頸筋起着点
- ざらざらの面。ここに角がついていた
- 高冠大臼歯
- 樽形の胴体
- 短くて太い足指

カバに似ているサイ
テレオケラスは鼻先に小さな角をもつ正真正銘のサイだったが、樽形の胴とずんぐりした脚はカバに似ていた。

> **主要な産出地**
> ### アッシュフォール化石層
> ネブラスカ州北東部のアッシュフォール化石層州立公園では、テレオケラスをはじめとする哺乳類や鳥類の完全な骨格化石が多数見つかっている。1000万年前の火山の噴火の際、水飲み場に集まっていた動物が降灰によって多数窒息死したためだ。一部は別の場所に移されたが、大部分が発掘された状態のまま残されているため、発見されたときのようすを見ることができる。

パラケラテリウム

グループ	有胎盤類の哺乳類
年代	漸新世後期から中新世前期
大きさ	体長8m
産出地	パキスタン、カザフスタン、インド、モンゴル、中国

以前はインドリコテリウムと呼ばれていたこの動物は、角をもたない巨大なサイで、漸新世後期から中新世前期にかけてアジアに生息していた。大きな頭骨だけで長さが1.3mあり、上あごには円錐形の2本の牙、下あごにはひだのついた牙があり、鼻の穴が引っこんでいるところはゾウの鼻を太くしたような印象がある。体が大きく首が長いため、今日のキリンのように木々のてっぺんの葉を食べることができた。その巨体にもかかわらず、同様の巨大獣(ゾウなど)に見られるずんぐりした足ではなく、祖先であるヒラコドンの長い四肢をまだ受け継いでいた。

巨大哺乳類
パラケラテリウムは史上最大の陸生哺乳類で、肩までの高さ5.5m、体長8m、体重は約15tもあった。

> **構造**
> ### 器用な唇
>
> 多くのサイやバクと同様、パラケラテリウムもその長くて器用な唇で、木の枝を包みこんでから葉をむしり取って食べたと思われる。現生種のクロサイも上唇で同じことをするし、ほとんどのバクも同様である。バクや多くのサイは、鼻骨が頭骨の奥まで引っこんでいて鼻腔に大きな切れこみがあり、そこに複合的な筋肉が起着して唇や鼻を自由に動かすことができる。

カリコテリウム

グループ 有胎盤類の哺乳類
年代 漸新世後期から鮮新世前期
大きさ 体長2m
産出地 ヨーロッパ、アジア、アフリカ

漸新世後期から鮮新世前期にかけてヨーロッパ、アジア、アフリカに生息していた奇蹄類。ウマを大きくしたような姿だったが、足先には蹄ではなくかぎ爪がついていた。有蹄類がこのようなかぎ爪をもつ理由は以前から謎だったが、今では、この爪で枝を引っかけて自分のほうへ引き寄せていたと考えられている。前肢が後肢よりずっと長く、手（前足）や骨盤の骨には、現在のゴリラのように指背歩行（手の甲を地面につけて歩く歩き方）をしていたことをうかがわせる特徴がある。移動するとき以外は、地面に尻をつけて何時間でも座ったまま草を食べていた。類縁関係は長らく不明だったが、最近の資料から、バクの仲間であることがわかってきた。もっとも、そのかぎ爪が初めて発見されたときには肉食獣の1種だと考えられた。

カリコテリウムは「小石の獣」という意味で、その大臼歯が小石のような形をしているところから名づけられた。成長すると、切歯と上の犬歯は抜け落ちた。

先祖返りしたかぎ爪
カリコテリウムはバクなどの奇蹄類の仲間だが、その蹄はかぎ爪に逆進化していた。有蹄哺乳類が祖先のもっていたかぎ爪に先祖返りした例は、これ以外にはない。

メリキップス

- **グループ** 有胎盤類の哺乳類
- **年代** 中新世中期から後期
- **大きさ** 体高1.1m
- **産出地** アメリカ合衆国、メキシコ

中新世には世界各地で乾燥化が進み、森林が少なくなって草原が増えた。原始的なウマともいえるメリキップスは、この新しく生まれた草原に大きな群れを作ってすんでいた。森にすんでいた臆病な祖先から、今日のウマ科の動物と同様、長い脚で速く走れる草食動物に進化していた。足の指が蹄のある中指だけになった最初のウマでもある。他の2本の指は中指の両側についてはいたが、ほとんどの種では、全速力で走ったときにかろうじて地面に届くくらいの長さしかなかった。プリオヒップス(⇨右)や現在のエクウス(ウマ属)は、メリキップスの子孫である。

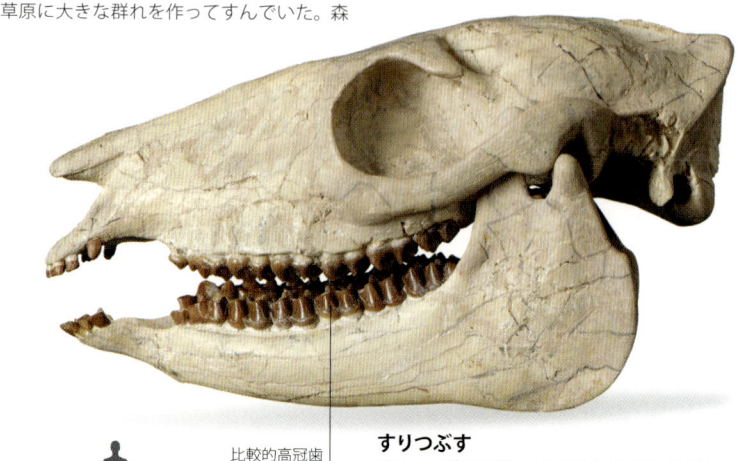

比較的高冠歯

すりつぶす
メリキップスの歯は、木の葉を食べていた祖先より歯冠が高かった。そのおかげで、砂まじりの草をすりつぶしても歯が極端にすり減ることはなかった。

プリオヒップス

- **グループ** 有胎盤類の哺乳類
- **年代** 中新世中期から後期
- **大きさ** 体高1.2m
- **産出地** アメリカ合衆国

指が1本だけになったウマの初期のタイプだが、蹄の脇には退化した2本の指がまだついていた。シマウマほどの大きさで、今日見られる各種のウマよりわずかに小型だった。長年エクウスの祖先と考えられていたが、プリオヒップスの顔の部分には深くくぼみがあり、歯は強くカーブしていたのに対し、エクウスの歯はまっすぐである。現在では、エクウスはデイノヒップスの子孫であり、プリオヒップスは、ウマのなかでもカリップスやアストロヒップスと同じ系統に属すると考えられている。

長い鼻口部

1本指の足

1本指のウマ
プリオヒップスは、1本指の足で歩くウマのなかでも最古の部類に入る。現在のウマも1本指だが、プリオヒップスから進化したものではない。

デイノテリウム

- **グループ** 有胎盤類の哺乳類
- **年代** 中新世中期から更新世前期
- **大きさ** 体高4.5m
- **産出地** ヨーロッパ、アフリカ、アジア

マストドン(ゾウの1種)の仲間で、下あご前部から下に、後ろ方向に湾曲してのびる牙をもっていた。この牙の使い道についてはまだ結論が出ていないが、枝を引っかけて自分のほうに引き寄せ、木の葉を食べやすくするためのものである可能性が高い。今日のアフリカゾウより少し大きいくらいで、体重は約14tだった。これは陸生哺乳類のなかで史上3番目の大きさである。

「恐ろしい獣」
デイノテリウムという名前は「恐ろしい獣」という意味だ。これを発見した科学者たちが、その巨体と奇妙な外観、一風変わった牙に強い印象を受けたために名づけられた。

下あごから生えている牙

深く引っこんだ鼻骨

短い鼻
巨大な頭骨は長さが1m近くもあった。鼻骨が非常に厚みがあることから、鼻は現在のゾウより太くて短かったことがわかる。

ゴンフォテリウム

グループ	有胎盤類の哺乳類
年代	中新世前期から鮮新世前期
大きさ	体高3m
産出地	北アメリカ、ヨーロッパ、アジア、アフリカ

4本の牙をもつこのマストドンは、最初はアフリカで進化した。中新世前期に初めてアフリカを離れ、ユーラシアや北アメリカに移動してそこで繁殖した。小さなゾウくらいの大きさで、頭骨は長くて平たく、上あごからは2本の長い牙がまっすぐにのび、一方下あごからはそれより小さいシャベル形の牙が2本生えていた。この下あごの牙は、草をかき集めたり樹皮をはがしたり、木の葉をむしり取ったりするのに使われたらしい。新第三紀のあいだに登場するマンモスの祖先にあたる。

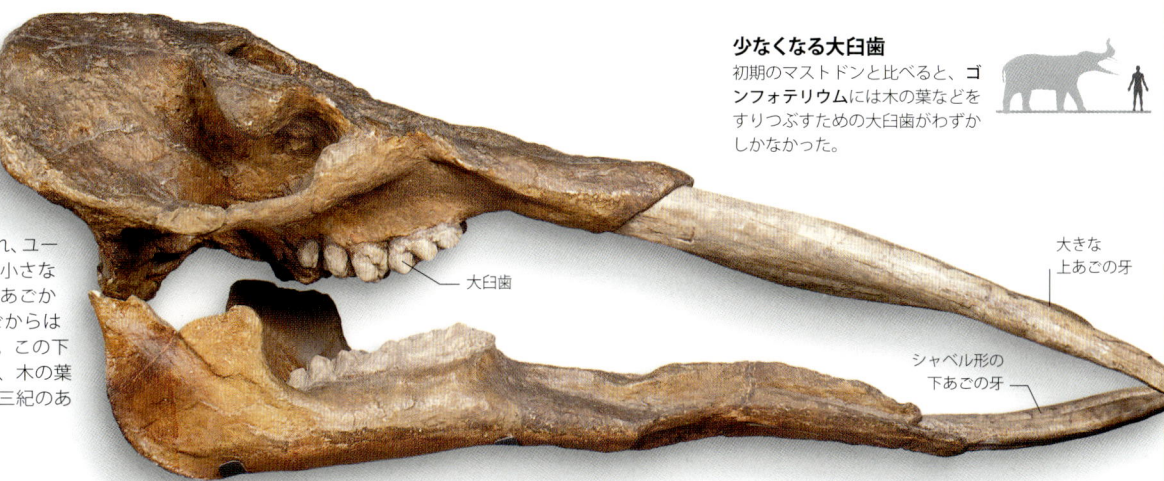

少なくなる大臼歯
初期のマストドンと比べると、ゴンフォテリウムには木の葉などをすりつぶすための大臼歯がわずかしかなかった。

大臼歯 / 大きな上あごの牙 / シャベル形の下あごの牙

オリクテロプス

グループ	有胎盤類の哺乳類
年代	中新世中期から現代
大きさ	体長1.5m
産出地	アフリカ、ヨーロッパ

オリクテロプス（ツチブタ属）の現生種はツチブタだけである。ツチブタはツチブタ属の唯一の種であるだけでなく、哺乳類「管歯目」の唯一の生き残りでもある。アフリカのサハラ砂漠以南に生息し、捕食者から身を守るために日中は眠り、夜になると出てきて昆虫を食べる。前足の鋭いかぎ爪でシロアリの巣を崩して長い舌でアリをなめつくす。化石になっている近縁種に、ギリシャのサモス島で発見された**オリクテロプス・ガウドリイ**がある。

ギリシャのツチブタ
ツチブタは現在はアフリカでしか見られないが、過去にははるかに広い範囲に分布していた。この標本はギリシャのサモス島から産出したものである。

簡単な釘状の歯

アンフィキオン

グループ	有胎盤類の哺乳類
年代	漸新世から中新世中期
大きさ	体長2m
産出地	北アメリカ、スペイン、ドイツ、フランス

頑丈な四肢と頭骨、長い尾、オオカミのような歯をもち、外観は大きなイヌといってもよいが骨格はクマに近い。そのため「クマイヌ」と呼ばれることもある。中新世中期の北アメリカでは最大の肉食動物で、ほとんどどんな動物でも捕食することができ、そのうえ他の肉食動物を追い払ってその獲物を横取りすることもあった。北アメリカでは絶滅したが、ヨーロッパではもう少し長く生き残り、やがて本物のクマによって絶滅に追い込まれた。

クマに似た体格 / 長い尾 / オオカミに似た歯 / 強靭な脚

プロコンスル

グループ	有胎盤類の哺乳類
年代	中新世前期
大きさ	体長65cm
産出地	ケニア

現在のヒヒやテナガザルと同じ大きさで、アフリカで化石が発見された最初の類人猿（霊長類のなかでサルに似た種）である。霊長類の系統樹では、旧世界でサルと類人猿が分かれたあたりに位置している。旧世界のサル類に似て、歯はエナメル質が薄く、胸は狭く、前肢は短くて華奢な体格をしていた。このことから、おもに樹上で暮らし、やわらかい果実を食べていたと推定される。しかし、大きな脳や肘の構造、尾がないことなど、類人猿との共通点もいくつかあった。

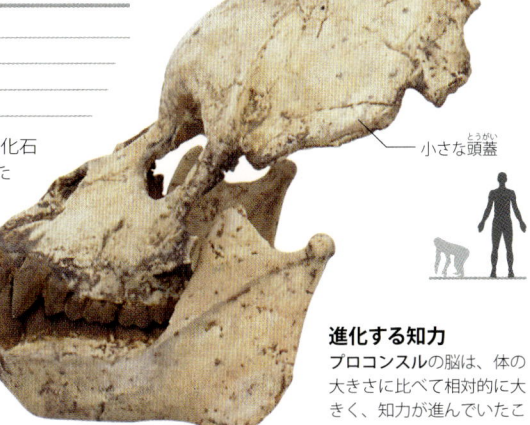

小さな頭蓋

進化する知力
プロコンスルの脳は、体の大きさに比べて相対的に大きく、知力が進んでいたことをうかがわせる。

ドリオピテクス

グループ	有胎盤類の哺乳類
年代	中新世後期
大きさ	体長60cm
産出地	アフリカ、ヨーロッパ、アジア

サルぐらいの大きさの類人猿で、骨格はチンパンジーに似ている。体格と四肢や手首の形から、チンパンジーのように四つんばいで歩くことができたと考えられる。また、四肢の形から、一生のほとんどを樹上で暮らし、テナガザルのようにぶら下がって木から木へ移動していたことも推定される。大臼歯のエナメル質が薄いのはやわらかい果実を食べていたことを示すものであり、咬頭の模様は大型の類人猿やヒト科の動物と同じだった。

体格はチンパンジーに似ていて、四つんばいで歩くことができた / 木にぶら下がるのに適した長くて強い腕

シヴァピテクス

丈夫な歯
シヴァピテクスは、大きな犬歯と丈夫な大臼歯をもっていた。このことから、種子やサバンナに生える草など、かたいものを食料にしていたことがわかる。

大きな犬歯

グループ	有胎盤類の哺乳類
年代	中新世中期から後期
大きさ	体長1.5m
産出地	ネパール、パキスタン

化石類人猿で、オランウータンの祖先に近い。大きさはオランウータンほどだが、骨格はチンパンジーに似ている。オランウータンのように樹上で過ごすのではなく、ほとんど地上で暮らしていた。やはり絶滅した類人猿である**ラマピテクス**は、下あごの一部が初期のヒト（ヒト科の動物）に似ていた。このため、ヒトは1200万年前にアジアに出現したという議論がおこったが、最近の標本によって、**ラマピテクス**は**シヴァピテクス**の小型種だということがわかった。

脊椎動物

第四紀

 418 植物

 424 無脊椎動物

 430 脊椎動物

第四紀

第四紀は、以前から継続していた氷河時代の一部にあたり、10万年近く続いた厳しい氷河作用の時期と、2万～3万年単位のより温暖な間氷期とが交互に訪れた。最終氷期と間氷期においては更新世の大型動物群が絶滅し、哺乳類動物群に大きな変化がもたらされた。動物たちの絶滅については、私たち人類も深く関与した可能性がある。

ポー川デルタ地帯
第四紀という名称は初期の地質学者が作った岩石の4区分のうちの1つで、その典型的な岩石はイタリアのポー川谷の沖積物に見られる。

海洋と大陸

第四紀ほど、地球の海と陸が気候による影響を強く受けた時期はない。ときおり壊滅的な規模の地震をともないながら、インドがアジアに、オーストラリアがインドネシアに、アフリカとアラビアがヨーロッパとアジアに、それぞれ少しずつ接近していった。そのつど地球はスフレのように海面の上昇と下降をくり返した。氷床が北と南から挟み撃ちするように拡大してくると、本来ならば海水となるはずだった水の多くが凍った大陸に閉じこめられたため、海水面は著しく低下した。ヨーロッパでは、ライン川とテムズ川が一体となって巨大な河口域を形成してイングランド北岸沖の北海に注ぎこみ、イギリス海峡は存在しなかった。更新世末期の1万年間で海面が上昇すると、この地域のみならず世界各地の地形に劇的な変化がおきた。それより以前は狩猟採集民であった人類が、動物を家畜化し、農業を営む集落を作って恒久的に定住しはじめたのもこの時期だ。人類が景観に与える影響はしだいに大きくなり、私たちは他の種を犠牲にしながら、自分の住む環境を支配するようになった。しかし今日私たちが目にしている地球の風景もまた、かりそめの姿にすぎないのかもしれない。

人類の活動は、陸地が浸水するかもしれないほどのレベルで温暖化を引きおこしているようである。第四紀における氷河の前進と後退の自然周期が今後も続くかどうか、仮に継続するとしたら、次にやってくる氷河作用は人類が地球の気温に与えた影響を上回ることができるかどうか、今のところ誰にも予測できない。もし氷河期が来れば大陸の大きさは拡大し、地球はふたたび風の吹きすさぶ氷の世界に戻るだろう。

イギリス海峡
2万5000年前、イギリスとフランスを隔てるイギリス海峡は存在しなかった。地球上の水の多くが氷河に閉じこめられていたため、海水位は現在より130mも低かった。

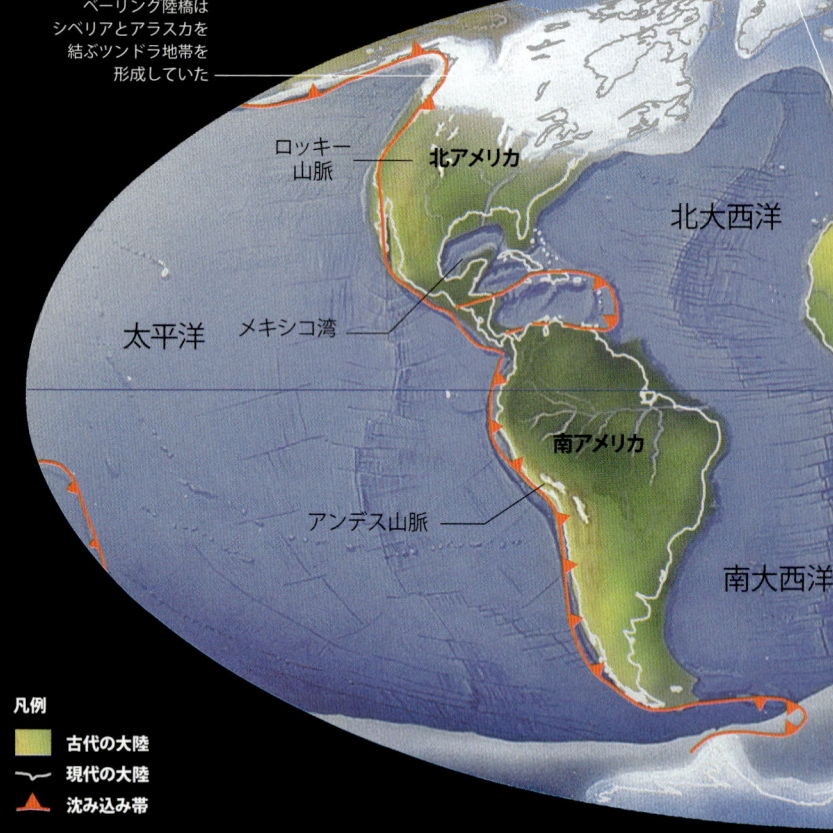

地中海はジブラルタル海峡を通じて大西洋とつながっていた

ベーリング陸橋はシベリアとアラスカを結ぶツンドラ地帯を形成していた

グリーンランド
ロッキー山脈
北アメリカ
北大西洋
太平洋
メキシコ湾
南アメリカ
アンデス山脈
南大西洋

凡例
- 古代の大陸
- 現代の大陸
- 沈み込み帯

第四紀の世界地図
気候の変動によって、大陸が浸水したり浅い海の海底が干上がったりすることが交互におきた。それによってときおり陸橋が形成された。

鮮新世

単位：100万年前　2　　　　　　　　　　　　　　　1.5

植物
- 2 高緯度の針葉樹の種が多様化

脊椎動物
- 2 アウストラロピテクス類の絶滅
- 2 ヒト属の出現
- 1.8 ホモ・エレクトゥスの進化。北アメリカの肉食動物が南アメリカに拡大を続ける。南アメリカのオポッサム、ナマケモノ、アルマジロ、グリプトドンが北アメリカに拡大を続ける
- 1.2 ホモ・アンテセソールが進化

ホモ・ハビリス

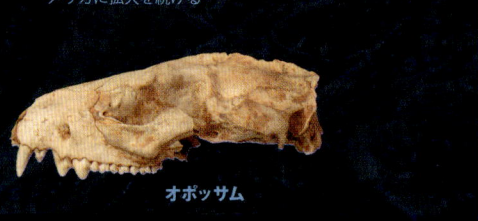
オポッサム

ホモ・アンテセソール

淡水の貯蔵庫
アルゼンチンのパタゴニアにあるペリト・モレノ氷河には、世界で3番目に大量の淡水が蓄えられている。間氷期の現在、多くの氷河が後退するなか、この氷河は後退していない。

気候

この180万年間において地球の気候は劇的に変動した。とりわけ、この惑星が寒冷な氷期と比較的温暖な間氷期の反復のなかに閉じこめられた、過去60万年間における変化は激しかった。気温、降水量、二酸化炭素レベルはいずれも周期的に変化した。第四紀におきた気候変動の原因の約80%は、地軸の傾斜と軌道の変化によって地球が太陽から受けるエネルギーに周期的な変化がおきたことにある（⇨ p.23）。約130万年前から、比較的寒冷な時期が3万年単位でくり返し訪れていたが、約90万年前からは10万年近くにおよぶ寒冷期がくり返しおきるようになった。この間、とくに後半の50万年間における氷床の拡大規模はけた外れだった。世界中の水の大半が凍結してしまい、ほとんど蒸発しないため、氷のない地域においてでさえ気候はきわめて乾燥していた。最終氷期にヨーロッパ、アジア、北アメリカをおおっていた氷床の拡大が最大規模に達したのは、今から約2万～1万5000年前のことだ。そして氷河の後退が始まったのはわずか1万2000年ほど前のことにすぎない。厳しい寒さから身を守るため、巨大哺乳類は厚い毛皮や体毛をまとうようになった。ヤギュウ、ケナガマンモス、シカなどは、大型の剣歯ネコ類やホラアナグマ類によって、さらには地球全体に広がりはじめた私たちの祖先である大きな脳をもったヒトによって、狩の対象とされた。人類が気候と環境に与えた影響はあまりに甚大であるため、科学者のなかには地球の歴史に新たな世として「人類新世」を設けるべきだとする向きもある。

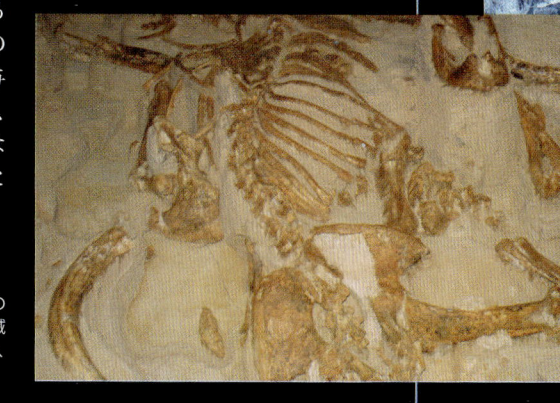

化石化したマンモスゾウの骨格
更新世末期、ヨーロッパにおいてはほとんどのマンモスゾウを含む数多くの大型哺乳類が絶滅した。これらの大型草食動物が絶滅した原因は、人類による狩猟や生息地の消滅と考えられる。

大きな永久氷床が南極大陸をおおい、拡大と縮小をくり返す

二酸化炭素レベル
第四紀のあいだ、ほとんどの時期において大気中の二酸化炭素レベルは少ししか変動しなかったが、産業革命以降は森林伐採と化石燃料の使用によって35%ほど上昇した。

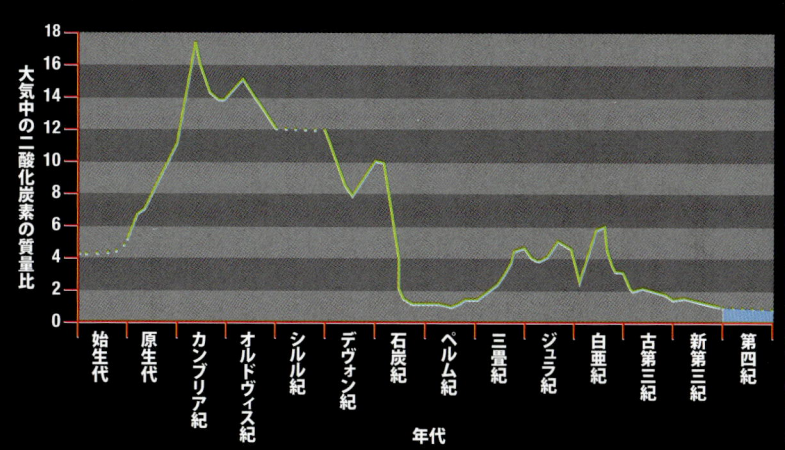

更新世	完新世
0.5	0 単位：100万年前

- 0.9 ステップ植物群の飛躍的拡大 　　　　　　　　　　　　　　　　　　　　　　　　　　**植物**

- 0.6 ハイデルベルク人の進化
- 0.35 ネアンデルタール人の進化：巨大無飛力鳥（ニュージーランドのモア属、マダガスカルのエピオルニス属、オーストラリアのゲニオルニス属）の多様化
- 0.15 ホモ・サピエンスの進化
- 0.1 北アメリカで哺乳類の多様性が著しく減少する。とくにマンモスゾウ類、ラクダ類、奇蹄類、ゴンフォテリウム類、剣歯ネコ類、ウマ類、ナマケモノ類など
- 0.01 オーストラリアにおける大型動物群の拡大
- 0.05 オーストラリアにおける大型動物群の絶滅
- 0.045 ホモ・サピエンスがオーストラリアに出現する
- 0.03 ネアンデルタール人の絶滅
- 0.012 人類がアメリカ大陸に到達する
- 0.01 ヨーロッパにおける大型動物群の絶滅（マンモスゾウ類など）
- 0.0002 オーストラリア産小型哺乳類の80%が絶滅
- 0.00007 アクロオオカミ科（タスマニアオオカミ）の最後の動物が絶滅する

脊椎動物

ハイデルベルク人

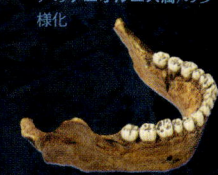
ネアンデルタール人

417 第四紀

第四紀の植物

第四紀における植物の地理的分布は、劇的に変化する地球の気候によって形成された。陸上の環境が、過去2000〜3000年にわたる人類の活動によって大きく変化する前に、陸生植物が最終段階の進化をとげたのが第四紀である。

第四紀は、急激な気候変動が世界中の植生に多大な影響をおよぼした時代だった。気候が変わるたびに、植物の生息地は大きな打撃を受けた。そのような影響が数百年、数千年単位で積み重なった結果が「移動」である。植物は自分がもっとも育ちやすい気候条件をそなえた場所に移っていった。

地域的絶滅

第四紀のあいだに北半球でくり返しおこった氷床の拡大と縮小の結果、さまざまな種が南方もしくは北方へと次々に移動した。そのような移動の影響として、地域的絶滅がおきた。とくにヨーロッパにおいては、南への移動ルートが東西に走る山脈によって部分的に遮断されたため、絶滅が顕著に見られる。中国の豊かな温帯林と北アメリカ東部の温帯林に類似点が多いという事実は、新第三紀後期から第四紀にかけて、ヨーロッパから多くの種が消えたことを反映している。ユリノキをはじめとする温帯植物の多くが比較的最近までヨーロッパで繁殖していたことは、化石の証拠からも明らかだ。北アメリカ西部においても、新第三紀後期と第四紀に地域的絶滅がおこった。徐々に気候が乾燥していったことが原因だろう。

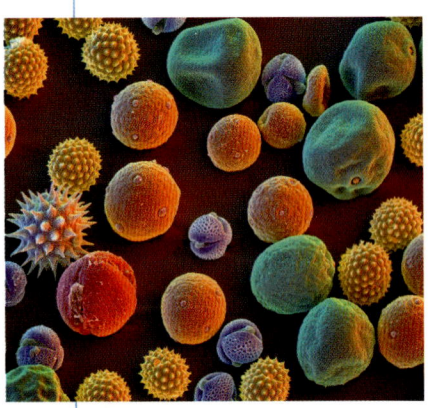

花粉粒
古代の花粉や胞子の群集を研究することによって、第四紀におこった植生におけるおもな変化を再現することができるようになった。

ツンドラ
ツンドラはカバノキやヤナギの矮性低木によって占められることが多い。このような特有の植生がはじめて広範囲に広がったのは、第四紀の全体を通じて氷床と氷河が拡大を続けたときだった。

人類の風景

私たちになじみのある風景は大なり小なり人類の活動によって変化してきたものだ。4億5000万年にわたって積み重ねられてきた陸生植物の進化によって育まれた偉大なる多様性の多くを失いつつ、今後もこの傾向は続く運命にある。

人類の影響
この2000〜3000年間、とりわけ最近の200〜300年間において、人類の集団は陸上に形成されていた生態系に対して、かつてない規模の影響をおよぼした。

グループ概観

今日見られる陸生植物の現生種は、おそらく過去のどの時代よりも多いと思われる。この驚くべき多様性が実現したのは、各グループが変化を続ける環境条件に反応して、爆発的な多様化をとげたからだ。化石の記録を見れば絶滅の証拠はいくらでもあるが、長期的に見れば新たな種が生まれるスピードは種が消滅する速さを上回っている。

ヒカゲノカズラ類
現生種には、デヴォン紀前期の古代種にきわめて近いものもあれば、それよりも最近におきた爆発的な多様化の産物もある。古代と現代の形態がみごとに混在するヒカゲノカズラ類の多様性には、4億年を超える植物の進化が反映されている。

シダ類
現生種の数は被子植物に次いで多い。被子植物がつくりあげた森林を生息地としてうまく利用してきたことが、繁栄のおもな理由である。豊かな多様性を示す現生シダ類のなかには、古生代や中生代からほとんど変化せずに、古代の形態を濃くとどめているものもある。

針葉樹
現生種は1000種を下回るものの、世界各地の植生においてきわめて重要な地位を占めている。北半球においてはとりわけ盛んに繁殖し、アジア、ヨーロッパ、北アメリカ北部の広範囲に広がる比較的似たような冷温帯林を占めている。

被子植物
はるかに長い進化の歴史をもつ他の陸生植物グループと比較すると、その起源はごく最近であるにもかかわらず、地表の大半における植生を占めている。構造、生態のあらゆる面で驚くほどの多様性を示す。現生種は約35万種。

カラ（シャジクモ）

グループ	シャジクモ類
年代	シルル紀から現代
大きさ	最大全長1m
産出地	世界の淡水および汽水域

淡水と汽水に生息し、藻類と高等植物両方の特徴をそなえているため、緑藻類とコケ類の中間に位置する独立したグループを形成する。全体の姿をとどめた遺骸はかなりまれだが、輪生殖体や胞嚢と呼ばれる生殖器官のほうはかなり一般的に見られる。ふさふさと生い茂り、最大1mの長さまで成長する。1本の若枝の幅はわずか1〜2mmしかなく、節間は短く規則的で、節部からは複数の枝（葉）が輪生している。シャジクモ類には豊富な化石の記録がある。最初はシルル紀後期に現れ、デヴォン紀から石炭紀のあいだに多様化をとげた。カラが最初に現れたのは古第三紀前期のことだ。

保存された茎

シャジクモの茎
シャジクモの環生殖体は、あらゆる種類の堆積物から見つかるが、浸透・石化されていないと若枝は生き残らない。このめずらしい標本は中国で産出したものだが、このように石灰岩のなかで珪化または石灰化した状態で保存されていることもある。

マルシァンティア（ゼニゴケ）

グループ	コケ類
時代	第四紀から現代
大きさ	葉状体で最大10cm
産出地	乾燥地帯以外の世界各地

コケ類グループの大半を占める。葉をもつコケに似ているものもあれば、葉状体と呼ばれる平べったい体をもつものもある。苔類の胞子に似たものはオルドヴィス紀以降にはっきり見られ、もっとも古い化石はデヴォン紀に現れている。ゼニゴケに近いものは三畳紀後期までに出現しており、白亜紀から第三紀にかけては相当数が知られている。

マルシァンティア・ポリモルファ
スウェーデンのエスカトープにある後氷期のカルクリートに保存されている、葉状体の圧痕。分岐した細い線が葉状体の中心。

近縁関係の現生種
一般的な苔類とくにゼニゴケ

くすんだ緑色の葉状体が、分岐しながらマット状に密生し、最大で長さ10cm、幅1.4cmまで成長する。茎の先端に形成される傘のような緑色の構造は、裏面に黄色い小体をもち、そこに雌性生殖器をそなえている。

スファグヌム（ミズゴケ）

グループ	コケ類
年代	ジュラ紀から現代
大きさ	最長30cm
産出地	世界の寒冷で湿度の高い地域

一般的には泥炭ゴケと呼ばれ、150～300種ある。おもに北半球に生息し、北限はノルウェイのスヴァールバル諸島になるが、南半球でも寒冷で湿度の高い地域に見られる。葉は光合成を行う小さな緑色の細胞と、大量の水分を包含できるやや大きめの死細胞が格子状になっている。周囲の酸性度を高める力をもち、細菌やカビによる腐敗を防ぐことができるため、かなり厚さのある泥炭を形成できる。降水量が多いときには、ミズゴケを含む泥沼が、湿原の水面よりも高くドーム状に盛り上がることもある。似たような植物はロシアのペルム紀の地層にもあるが、ミズゴケそのものはおそらくジュラ紀に出現したと思われる。

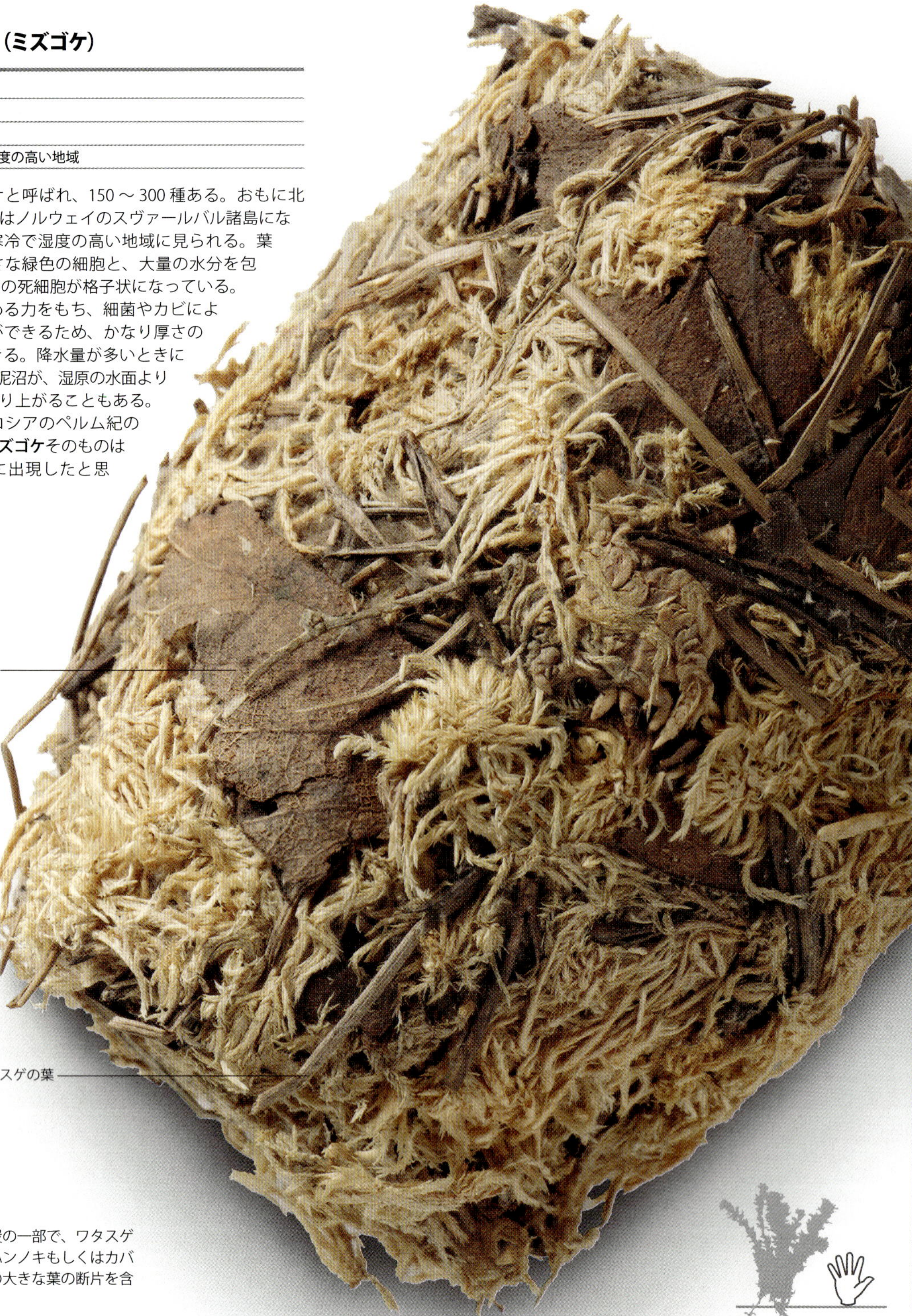

泥炭

樹木の葉

草とスゲの葉

ミズゴケの1種
完新世のミズゴケ泥炭の一部で、ワタスゲらしき細長い葉と、ハンノキもしくはカバノキと思われる樹木の大きな葉の断片を含んでいる。

サイエンス
泥炭ゴケ

ミズゴケは生綿よりも保水性が高く、周囲を酸性化する力をもっているため、細菌や菌類の繁殖をおさえることができる。そのため何世紀にもわたって傷の手当てに利用されてきた。第1次・第2次世界大戦でも使用された。

アムブリュステギィウム（ヒメヤナギゴケ）

グループ	コケ類
年代	新第三紀から現代
大きさ	幅20cmまで密生
産出地	南北アメリカ、ヨーロッパ、アジア、オーストラレーシア、太平洋

匍匐コケで、3～6mmほどの長さの葉は先にいくほど細くなり、鋭い先端をもつ。不規則に枝分かれしながら水平方向にのびて、もつれた糸状体の塊を形成する。15種ほど存在するが、いずれも湿気の多い温暖な気候を好む。最古の化石記録はドイツ南部の新第三紀前期の地層に見られ、第四紀には数多くの記録がある。

ヒメヤナギゴケの1種
マット状のコケの化石。ミネラル豊富な川のなかで炭酸カルシウムが浸透し、その後、結晶化したため立体的に保存されている。

からみあった糸状体

近縁関係の現生種
モミに似たヒカゲノカズラ

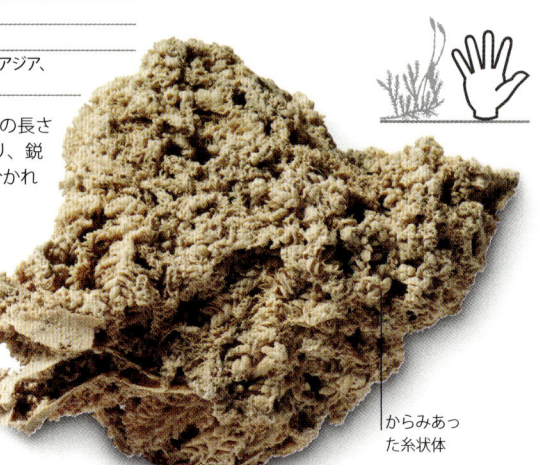

フペルジア・セラゴ（コスギラン）は、ヨーロッパ、ロシア、アジア、ヒマラヤ、日本、アメリカ合衆国、カナダの北方にある、草原や岩がちな地域と、北方およびやや南方で高木限界よりも上の山岳地帯に見られる。最終氷期後の温暖化にともなって拡大した森林地帯を嫌って移動した結果、このような分布になった。

フペルジア（ホソバトウゲシバ）

グループ	ヒカゲノカズラ植物
年代	白亜紀から現代
大きさ	最長60cmまで成長
産出地	乾燥地域を除く世界各地

単純なヒカゲノカズラで、おそらくは現存する最古の維管束植物だろう。小型の葉がらせん状に並び、他のヒカゲノカズラ類と同様に球果をもたず、葉腋に胞子を作る構造帯（胞子嚢）をもっている。400種近く（ヒカゲノカズラ類全体の約85%）が世界の温帯および熱帯地域に分布している。アステロキシロン（⇒p.118）のように、はるかデヴォン紀までさかのぼることができる系統をもつ現生植物の代表だ。現生種は、おそらく古第三紀および新第三紀に進化・多様化をとげ、生息地を広げたと思われる。

アンドレアエア（クロゴケ）

グループ コケ類
年代 第四紀から現代
大きさ 高さ最大1cm
産出地 北極地方、北半球全体の山岳地帯

蘚類の2属のうちの1つで、北方山岳地域や北極地方の花崗岩の表面によく見られる。毛のような仮根は岩の小さな割れ目にも侵入することができ、風に強い小型の団塊を形成する。ほぼ100種ある。蘚類の化石は石炭紀以降の年代に産出しているが、クロゴケに関する明白な記録は第四紀以前には存在しない。

アンドレアエア・ロティー
クロゴケは、細胞壁内の特殊化した化合物によって紫外線から守られている。柄の先端にある赤い蒴には縦方向に4本の裂開線があり、そのすきまから胞子が放出される。

マラッティア（リュウビンタイモドキ）

グループ シダ類
年代 石炭紀から現代
大きさ 複葉は最長5m
産出地 世界の熱帯各地

現生するシダ類のなかではもっとも原始的なグループで、大型の葉（複葉）をもつが、若木のうちは基底部にある2枚の鱗片（托葉）のなかにしまわれている。胞子嚢は大きく、葉裏に塊になってついている。このグループは、石炭紀やペルム紀の茎や葉の豊富な化石までさかのぼることができる。もっともよく知られているのはプサロニウス（⇨p.148）と呼ばれる木生シダだ。リュウビンタイモドキとして知られる最古の化石は、イングランド北部ヨークシャー地方のジュラ紀の地層から産出している。ここには近縁の現生属アンギオプテリスの標本もある。これらのシダ類の最古のものは、おそらく川のそばに生えていたと思われる。その後、進化を経るにつれ湿地帯や湿潤な環境へと生息地が拡大・変化した。新第三紀後期と第四紀におこった気候の寒冷化によって世界中の温帯地方で絶滅し、現在では熱帯地方に26種を残すのみとなっている。

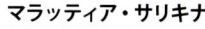

マラッティア・サリキナ
複葉の全長が最大で5mにもなるセイヨウゼンマイはニュージーランドおよび南太平洋諸島の原産。でんぷん質を含んだ茎はかつてマオリ族の伝統食だった。

モリニア

グループ イネ科
年代 第四紀から現代
大きさ 花をつける先端までの高さ最大2.5m
産出地 ヨーロッパ、イラン、シベリア、カナダ東部、アメリカ合衆国北東部

モリニア・カエルレアは一般名をパープル・ムーア・グラス（紫色の沼草）といい、房をなして湿原地に密生する多年草だ。少なくとも季節的に十分な水分を地中に蓄える土地において、広大な草地を形成する。荒地、泥炭湿原、ミズゴケ湿原、無機塩類に富んだアルカリ性ないし中性の地下水の供給を受けている湿原、湖岸、山中の草地や崖地などに見られる。一般名の由来は紫色の頭状花をつけることから。水分の豊かな土地でもっともよく繁殖し、泥炭湿原やミズゴケ湿原では広範囲を占めて泥炭の成長に寄与する。第四紀および現代の泥炭湿原やミズゴケ湿原から採取した泥炭の断面にはモリニア・カエルレアの葉がぎっしり詰まった層が何層も見られる。

モリニア・カエルレア
房状に繁殖する小ぶりの草。水気の多い土地に見られ、広範囲をおおうこともある。葉身はかたく、先に向かって細くなり、先端は鋭くとがっている。

黄色い花

葉

エフェドラ・マイヨル
マオウの種はいずれも木性の低木で、光合成を行う茎と茶色いウロコ状に変形した葉をもつ。

エフェドラ（マオウ）

グループ グネツム類
年代 三畳紀から現代
大きさ 最大で高さ2m
産出地 アジア、ヨーロッパ、北アフリカ、北アメリカ西部、南アメリカの乾燥および半乾燥気候の地域

35～45種ある現生種は木性の低木。グネツムやサバクオモト（⇨p.289、290）を含む裸子植物のグループに属する。種を作る球果と花粉を作る球果をもっている。花粉は特徴的で、厚みの違いによって縦方向のうねと溝を作りだしている。似たような花粉が最初に現れたのはペルム紀の地層だが、確かな花粉が産出しているのは白亜紀からだ。

421 植物

第四紀

エリオフォルム（ワタスゲ）

グループ	被子植物
年代	第四紀から現代
大きさ	頭状花最大幅70cm
産出地	ヨーロッパ、アジア、北アメリカ、北極

英語ではコットングラスと呼ばれるが、カヤツリグサ科であってイネ科（grass）ではない。25種ほどある。ヨーロッパ、アジア、北アメリカなど北半球全体の温帯にある酸性の湿原や、とくに緯度が高い北極地方のツンドラなどに見られる。草本性かつ多年生で、地下茎によって繁殖する。雌雄同体の花は柄の先端につき、ふわふわの綿毛にくるまれた大量の種を実らせる。種は風にのって遠くへ運ばれる。カヤツリグサ科は、**カンスゲ**の花の部分が見つかっているアメリカ合衆国ネブラスカ州の新第三紀前期の地層から産出しているが、**ワタスゲ**の遺骸が見られるのは、第四紀の間氷期と後氷期の泥炭からのみである。泥炭には**ワタスゲ**の葉と根茎が何層も見られ、当時、湿原の表面を広く占めていたことがうかがわれる。

エリオフォルム・ワギナトゥム
野ウサギの尾に似た白っぽい卵形の花を咲かせ、歩きにくくなるほどの茂みをつくることもある。綿のような頭状花を1つだけつける。

> サイエンス
> ## 湿原
>
>
>
> ワタスゲの草地は、浅い水たまりがある酸性のミズゴケ湿原や、無機塩類に富んだアルカリ性ないし中性の地下水の供給を受けている湿原に繁殖する。上の写真の前景はごく一般的なワタスゲ（**エリオフォルム・アングスティフォリウム**）で、一つひとつの花が綿状の塊を複数つける。葉の断面はV字型をしている。ミズゴケ湿原は酸性のため、死んだ植物が腐敗せず、ワタスゲの遺骸も堆積していく。水面や降水量の変動が、**ミズゴケ**（⇨ p.420）など他の植物に有利に働く場合もあり、そうなればワタスゲにかわってミズゴケが湿原全体をおおうようになる。

ダーウィディア（ハンカチノキ）

グループ	被子植物
年代	古第三紀から現代
大きさ	高さ最大18m
産出地	北アメリカ、ロシア、中国

現生する**ハンカチノキ**の葉に似た化石からは、北アメリカ西部の古第三紀前期の植生においてとくに繁殖していたこと、そしてダウィディア科の起源は白亜紀にあることなどがわかる。実になる前の頭状花は、現生種と同じように2枚の大きな包葉に包まれていたらしい。古第三紀から新第三紀のあいだにロシア東部や中国に広がり、第四紀の氷河期をかろうじて生きのびた。現生種はわずか1種にとどまる。

> 近縁関係の現生種
> ## ハトノキ
>
> ダウィディア・インウォルクラタは緑色の大型の葉とピンク色の柄をもつ。赤みがかった花がしだれた柄の先端にびっしりと房をなして咲き、純白の花びらのような2枚の包葉に包まれている。その包葉のようすから「ハンカチノキ」とも呼ばれる。
>
>
>
> 純白の包葉

コリュルス（ツノハシバミ）

グループ	被子植物
年代	古第三紀後期から現代
大きさ	高さ最大24m
産出地	北アメリカ、ヨーロッパ、アジア

北方の温帯地方に約15種存在する。トルコと中国に分布する高木種を除いてすべて低木だ。落葉性で、雄花は尾状花序に、雌花はつぼみのなかにしまわれている。**コリュルス・アウェッラナ**（**セイヨウハシバミ**）は、第四紀の氷床が後退を始めると早い段階でコロニーを形成した。

種皮

コリュルス・アウェッラナ（セイヨウハシバミ）
北ウェールズにある後氷期の堆積物から出土した、割れたハシバミの実。木質化した外殻の内側を種皮の断片がおおっている。

トラパ（ヒシ）

グループ	被子植物
年代	新第三紀から現代
大きさ	果実の幅最大4cm
産出地	ヨーロッパ、アジア、アフリカ

花粉および装飾的な形をしたナッツのような果実が、ヨーロッパ、アフリカ、インド、中国など北半球全体から出土している。その痕跡は新第三紀前期から現在まで綿々と続いている。果実には毒性を含むでんぷん質の大きな種子が1つずつ入っている。しかし毒性は調理によって消えるため、現在のヨーロッパや中国にあたる場所に住んでいた初期の人類のあいだで、数千年間にわたって食料源として利用されていたことがわかっている。最古の使用記録は1万年前から8000年前に北ヨーロッパに住んでいたマグレモーゼ文化期の遊牧民による。

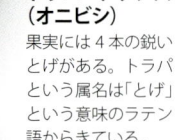

とげ

> 近縁関係の現生種
> ## ヒシ
>
> 学名を**トラパ・ナタンス**といい、ヨーロッパ、アジア、アフリカの暖温帯地域の緩流に自生する水生植物。中国とインドでは食用に使われている。北アメリカとオーストラリアの一部地域にも外来種として移入し、侵略的雑草となっている。
>
>

トラパ・ナタンス（オニビシ）
果実には4本の鋭いとげがある。トラパという属名は「とげ」という意味のラテン語からきている。

ティリア（シナノキ）

グループ	被子植物
年代	古第三紀から現代
大きさ	木の高さ最大 36m、葉の長さ最大 12.5cm
産出地	北半球の温帯地方

落葉性の巨木で、現在はアメリカ北西部をのぞく北半球の温帯地方全体に広がっている。化石には葉、花の部分、木、花粉粒などがある。写真の化石は岩の表面に残されたハート型をした葉の圧痕で、植物自体の物質はいっさい残っていない。葉の表面を上に向けて落葉した葉は葉脈を岩に埋めこんだ格好となり、裏返って着地した葉は滑らかな表面を岩に向けている。葉の付け根から 5 本の葉脈が出ていて、それぞれから次の葉脈が分岐している。葉脈のあいだには、さらに細い網状の葉脈が横切るようにのびている。

近縁関係の現生種
一般的なシナノキ

ティリア × エウロパエア（セイヨウボダイジュ）は、ヨーロッパ大陸南部の大型の葉をもつシナノキと、小型の葉をもつ北欧のシナノキの交配種だ。背丈は両親よりも高く成長するが、根元と大枝に小さな分枝が出るため、乱雑な印象を与える。

シナノキの花粉

第四紀の泥炭から見つかったもので、天候をはじめとするさまざまな要因が反映されている。最終氷期の後、花粉の数は徐々に増えたが、人類が平地林の伐採を始めると減った。

葉の表面

ティリア・エウロパエア（セイヨウボダイジュ）

スウェーデン南部ベネスタッドにある後氷期の堆積物から出土したカルクリートの表面に残る葉の圧痕。見た目の違いは葉の向きによる。

第四紀の無脊椎動物

現在、第四紀が始まったのは260万年前と考えられている。気温がしだいに下がり、もっとも寒かった時期には多くの大型哺乳類が絶滅した。しかし陸と海における絶滅は、全般的に見れば白亜紀末におきた大量絶滅ほど過酷ではなかった。

無脊椎動物グループの繁栄

海洋では新第三紀と同じ種類の動物が優勢だったが、その分布は氷床の拡大と縮小にともなって変化した。当時の気候変動を理解するには、海生生物と陸生生物の遺骸、とりわけ新生代と第四紀の海洋堆積物から採集された試錐の岩芯(細長い円柱状の試料)が使われる。長期にわたっておきた冷水海域と暖水海域の変化については、有孔虫類(プランクトンの化石)が精度の高い指標となるし、有孔虫類自体にも安定した酸素同位体の記録が保存されているため、これらの微化石が生きていたときの気温を測るのに使うことができる。二枚貝類は、冷水生と暖水生では種が異なるため、やはり生息時の気温を調べるうえで役立つ。陸上における過去の気候変動を理解するためには、泥炭や土中の甲虫の遺骸が使われる。第四紀の甲虫は、現生種と同様に狭い範囲の気温を好んだ。1つの泥炭コアの時間軸に沿って、温暖な気候を好む甲虫のグループと寒冷な気候を好む甲虫のグループが存在すれば、その土地におきた長期的かつ相対的な温度変化を割りだすことができる。このようにして得られたデータはすべて、約1万1500年前に気温が劇的に上昇したことを示している。

二枚貝の構造
ホタテガイ(イタヤガイ属)の内部には、横紋筋と平滑筋からなる強い閉殻筋があり、その筋肉で2枚の貝を開け閉めしながら遊泳。

現生種のイガイ
これらのイガイ(ミティルス属)やカサガイ(パテラ属)は冷水生の軟体動物で、第四紀に存在したものと似ている。海岸線の潮だまりにすみ、藻類を食べる。

グループ概観

第四紀の無脊椎動物グループは、海生も陸生も新第三紀からはほとんど変わっていない。しかしその分布は変化し続ける気候条件に大きな影響を受けた。腹足類、二枚貝類、ウニ類の化石はいずれも、気温がどこでどのように変化したかを理解するうえで役に立っている。

腹足類
寒冷な気候に適応した腹足類が、他の特殊化した海生無脊椎動物とともに最初に確認されたのは、1780年、オットー・ファブリシウスによる著書『グリーンランドの動物群』においてだった。現在では北極にしかすまない複数種のエゾバイ類の存在が確認されているし、その多くが具体的にどの程度の気温を好んだかも詳細にわかっている。

二枚貝類
北極地方の二枚貝類には、温帯性のものとは明らかな違いがあり、第四紀からがよく知られている。ヨルディア・アルクティカというフリソデガイのイガイは、ヨルディア海の名前の由来にもなっている。ヨルディア海は、現在バルト地方がある場所に存在した広大かつ寒冷な汽水域で、スカンジナヴィア氷床が後退したときの氷解水によって形成された。

ウニ類
第四紀の気候変動によってマイナスの影響は受けなかったようだ。寒冷な気候に適応したタイプは、前進と後退をくり返す氷床の縁辺域にすみながら生きのびた。その結果さまざまな深度において、動物群に不可欠な存在となった。

節足動物
甲殻類(とくにヨコエビ類)の発生は気温の制限を受けるため、多くが極地方にのみ生息する。ただし保存されている可能性が低いため、気候変動の軌跡をたどるうえではあまり役に立たない。

ヘテロキアトゥス

グループ 花虫類
年代 新第三紀後期から現代
大きさ 最長1cm
産出地 インド洋、太平洋

小型で平板なサンゴ。底面も上面も平らで、側面は粗く、丸みをおびている。中心部分には細い柱が垂直に何本も立ち、小さな点で作った輪のように見える。柱と柱のあいだには隔壁の先端がある。他のサンゴ同様、プランクトンの幼生として生まれる。幼生はやがて海底に落ち着き、ふつうは小さな貝殻などに付着するが、じきに貝殻よりも大きく成長する。現生種にはホシムシ類（星口動物）と共生するものがあるが、化石の種もおそらく同様だったと思われる。現生種は水深10～550mに見られる。

ヘテロキアトゥスの1種
数えきれないほどの垂直の壁（隔壁）が中心から放射状に広がり、端にいくほど厚くなる。

- 中心の垂直柱
- 垂直の隔壁

マゲッラニア

グループ 腕足類
年代 新第三紀から現代
大きさ 殻高2-3cm
産出地 オーストラリア、南アメリカ、南極大陸

ホオズキガイ目（穿殻類）の腕足動物に典型的に見られる形をした、模様の少ない貝殻。茎殻の嘴部の下付近に茎孔がある。この写真では、その孔が小さな破損によって、嘴部の方向に向かって少しだけ広がっている。茎孔の下には、正面を閉じるためのはっきりとした三角形の部分がある。腕殻内部にはループ状の触手冠（腕）を支える構造が付着していて、それが貝の表面にある細かい孔（斑点）とともに、ホオズキガイの特徴となっている。模様は細かい成長線のみ。

- 茎孔
- 細かい成長線

マゲッラニアの1種
この標本には目立つ成長肋が1本ある。おそらく一時的な成長の停止によってできたと思われる。成長線を横切る弱い放射状の肋が貝殻の縁の強度を高めている。

構造
肉茎

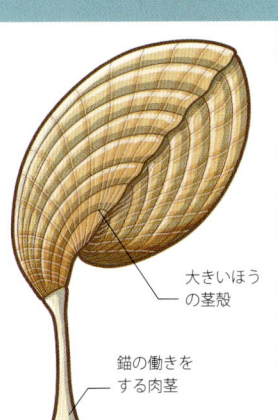

腕足類の大半はマゲッラニア属のように肉茎と呼ばれる肉質の柄をもち、大きいほうの茎殻にある茎孔からそれを出して自分の体を恒久的に固定する。ミドリシャミセンガイのような無関節類のなかには、より大きな肉茎を2枚の貝のあいだから出して、永遠に付着するためではなく、可動式の錨として使うものもある。また別の古生代の腕足類のなかには、成熟すると肉茎が死んで茎孔がふさがれ、貝の重みで付着するものもあった。

- 大きいほうの茎殻
- 錨の働きをする肉茎

ヒッポポリドゥラ

グループ コケムシ類
年代 古第三紀から現代
大きさ 幅は10cmを超えることもある
産出地 ヨーロッパ、アフリカ、北アメリカ

群体を形成して腹足類の殻の表面を何層もの厚い層でおおい、ときには大きならせん状の延長部を形成することもあったコケムシ。群体の表面にはたくさんの円形が見える。これらは自活個虫室と呼ばれる構造の開口部で、内部に摂食を行う軟体の動物（自活個虫）がすんでいた。自活個虫の口の周りには、触手冠と呼ばれる触手の輪が生えていた。摂食しないときは、安全のために触手冠を虫室のなかに引っこめていた可能性がある。自活個虫室の前面の壁には細かい孔が開いている。自活個虫室が大きいところでは、群体の表面に盛りあがった部分（小隆起）が観察される。鳥頭体という、防御機能をもち、摂食を行わない個虫が小隆起と小隆起のあいだに見つかることもある。

- 円形の開口部
- 盛りあがった部分（小隆起）

ヒッポポリドゥラ・エダックス
この化石からはコケムシとヤドカリが共生関係にあったことが推測される。ただしヤドカリの本体はここには残っていなかった。

ヒッポポリドゥラの群体はヤドカリと共生していたことが知られている。

カプルス（カツラガイ）

グループ 腹足類
年代 古第三紀から現代
大きさ 殻長最大2.5cm
産出地 大西洋および地中海海域

帽子の形をした腹足類で、最初に形成される急ならせんが不均整な形をしている。現代ではイタヤガイ（⇨ p.428）、アズマニシキガイ、ヒバリガイ（⇨ p.239）などの二枚貝といっしょに見つかることが多い。二枚貝が栄養豊富な海水を吸いこむ、入水口付近の殻の開いた縁に、大きな足でしっかり付着する。この位置にいれば、伸縮性の長い口を使って、二枚貝が吸いこもうとする食べ物の細かなかけらを集めることができる。また二枚貝のエラの端に挟まった食べ物のかけらを取りのぞくこともある。このような半寄生的な生きかたが二枚貝に不都合を与えることはないようだ。

- 穿孔生物によってできた細かい孔
- 成長稜

カプルスの1種
この化石貝はまるで小さな妖精の帽子のようだ。開口部が大きく、つばがあって、帽子のてっぺんが一方に傾いている。

ネプトゥーネア（エゾボラ）

グループ 腹足類
年代 新第三紀から現代
大きさ 殻高最大8cm
産出地 北大西洋、北アフリカ、地中海

高い螺塔をもち、各螺層は高さの約3分の1ほどが前の螺層と重なるように巻かれている。力強い成長線が細かな螺肋を不規則に横切っている。不規則なのは、季節によって成長の度合いが異なることを示していると思われる。元来、海の清掃動物で、死んだ魚や甲殻類、軟体動物を食べる。

- 細かい螺肋
- 成長線
- Dの形をした殻口

ネプトゥーネア・コントラリア（サカマキエゾボラ）
この種はめずらしく左巻きで、垂直に立てたときに殻口が左側にくる。

リムナエア（モノアラガイ）

グループ	腹足類
年代	古第三紀から現代
大きさ	殻高最大6cm
産出地	世界各地

淡水生巻き貝で、北半球の広範囲でよく見られるモノアラガイ（リムナエア・スタグナリス）を含む。先端はとがっていて、螺層は細長い螺塔を形成している。平らな触手をもち、足にはカーテン状の縁がついている。巻き貝は淡水生も陸生もすべて雌雄同体で、各個体が卵子と精子の両方を産出する。エラをもつ海産腹足類と異なり、空気を呼吸するため水面に浮上しなければならない。

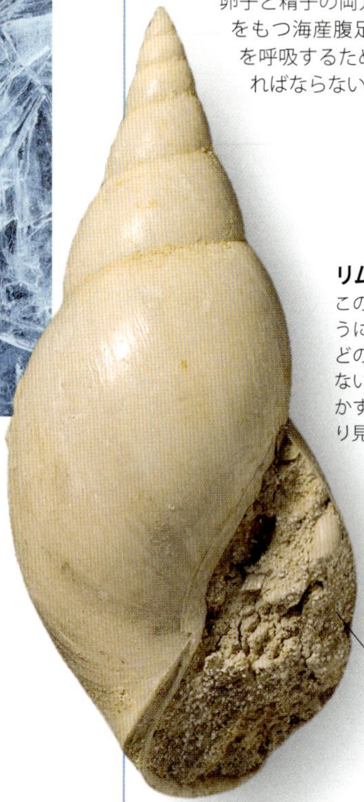

リムナエアの1種
この標本でも明らかなように、殻の外側には肋などの目立つ構造は見られない。しかし間隔の狭いかすかな成長線がときおり見える。

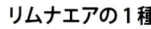
右向きの殻口

リットリナ（タマキビガイ）

グループ	腹足類
年代	新第三紀から現代
大きさ	殻高最大5cm
産出地	大西洋北東部

現生種にはさまざまな海産巻き貝が含まれる。潮間帯の岩の表面についた藻類やその他の微生物を食べる軟体動物。干潮時には水中から出て岩に付着している姿が見られることもある。潮が満ちてくると岩から離れて餌を探しにいく。ほかの海産腹足類と同様、エラで海水から酸素を取りこんで呼吸をする。潮が引いて空気にさらされると粘液を分泌して水を逃がさないよう栓をする。また、殻口を封じることのできる「蓋」をもつ。

螺肋

リットリナ・ルディス
この貝の表面には典型的な螺肋が見られる。ところどころかすかな成長線が横切っている。

稜のある螺塔

突起と突起をつなぐ太い肋

特有の棘状突起

外唇

縦に溝が入ったとげ

入水管のための水管溝

伝説によれば、ヴィーナスの櫛貝（ムレックス・ペクテン）と呼ばれるこの貝は、美の女神が髪をすくのに使われたという。

ムレックス・スコロパックス
とげは殻口（外唇）で周期的に発達し、ひと組のとげが発達してから次のひと組が発達するまで間隔がある。この標本でも、過去に棘状の外唇だった部分が、貝殻の古い部分に数カ所残っている。

ムレックス（アクキガイ）

グループ	腹足類
年代	古第三紀から現代
大きさ	殻高最大15cm
産出地	インド洋、大西洋

きわめて装飾性の高い海産腹足類で、他の軟体動物、とくに二枚貝類を食べて生きている。棘状突起は、魚などの捕食者たちから守ってくれる。下面にもっとも近い突起は、泥などのやわらかな海底を移動するときの支えとしても役に立つ。長いとげを数多くもっているため、ほかの貝や化石と混同されることはほとんどない。しかし目立つ特徴はとげだけではない。下から見たとき殻口はつねに右側にある。また殻口の基部からのびる入水管のおおいは非常に長く、貝殻の全長の半分以上を占めることもあるほどだ。

フシヌス (ナガニシ)

グループ	腹足類
年代	古第三紀から現代
大きさ	殻高最大15cm
産出地	暖海に広く分布

非常にたくさんの種をもつ腹足類軟体動物で、その多くは今日も生きている。貝殻の形は種によって異なるが、細長くとがった螺塔や殻口から下へのびる細身の水管溝といった共通の特徴がある。水管溝は、生きているときには水を吸いあげてエラに送りこむ長い入水管をおおう役割を果たしていた。現生種はまとめて紡錘形の貝として知られている。熱帯ならびに亜熱帯の海にすむ大型の肉食性海産巻き貝で、自分より体の小さい腹足類を餌にする。

- 螺肋
- 螺層の凸面
- とがった稜
- 穿孔
- 細かい成長線
- 殻口内面に見える肋
- 長い入水管のための水管溝

フシヌス・カロリネンシス
このタイプは外面の螺肋が内面にも見える。通常は捕食者だが、この標本は明らかに他の動物の餌食となったようだ。螺層の1つに穿孔が見える。

トゥリウィア

グループ	腹足類
年代	古第三紀から現代
大きさ	殻高最大3cm
産出地	世界各地

現代のタカラガイに似た腹足類。外側から見るとらせんの形状が見えないが、断面を見ればらせんに巻いていることがわかる。各螺層が前の螺層をすっぽり包みこみながら成長するため、前の螺層はおおい隠されている。細長く狭い開口部（殻口）からは細い稜が外に向かってのびている。生きているときは、殻の下にある体からのびた肉質の軟体によって、殻が少なくとも部分的におおわれている。ホヤをはじめとする動かない無脊椎動物を餌にする肉食動物。

- 横肋
- 狭い殻口

トゥリウィア・アウェッラナ
この化石を見ると、幅の狭い殻口が殻の上から下まで開いていることがわかる。内唇にも外唇にも稜が強く出ている。

ウェルメトゥス

グループ	腹足類
年代	新第三紀から現代
大きさ	管の幅最大6mm
産出地	世界各地

虫がすむ穴のように見える、きわめてめずらしい腹足類。殻の最初の部分は、ほとんどの腹足類と同じようにらせん状に巻きはじめるが、その後らせんが開いて、不規則かつねじれた管を形成する。平らな面があり、ところどころわずかにくぼんでいる。壁が非常に厚く、細かい間隔をあけた成長板と、殻の成長する方向と平行に走る太い肋がある。いくつかの個体が集まって、群れで生息することが多い。

- ねじれた管

ウェルメトゥス・イントルトゥス
管に開いた穴は、トラタマガイのような腹足類の捕食者が開けたものと考えられる。

ヘリックス (マイマイ)

グループ	腹足類
年代	新第三紀から現代
大きさ	殻高最長4.5cm
産出地	世界各地

多くの種をもつ陸生巻き貝で、現生種と絶滅種がある。各螺層は、高さ2分の1が前の螺層と重なるように巻いていくため、かなり高い螺塔を形成する。成体の殻口には、はっきりとした唇がある。殻が十分に成長していない若い巻き貝には見られない特徴だ。空気呼吸をするほかの陸生巻き貝と同じく雌雄同体で、その卵は幼虫の段階を経ることなく小さな成体となる。陸生巻き貝の最初の化石は石炭紀に現れるが、淡水生巻き貝はジュラ紀まで現れない。つまり空気呼吸をする腹足類は海産の祖先をもち、淡水生のものは水中に戻っていった陸生巻き貝を祖先とすると推測される。

- はっきりした唇
- 丸みのある螺層

ヘリックス・アスペルサ
この殻のように、大ぶりで丸みをおびた螺層と幅が広くて円形の殻口がマイマイの典型だ。殻口に唇がついていることから成体の陸生巻き貝であったことがわかる。

近縁関係の現生種
さまざまな色

マイマイの殻は、酸性雨にあたっても石灰質の基盤が溶けないよう、外側が角質層（殻皮層）におおわれている。殻皮層にはさまざまな色があって、動物学者が種を識別する際に役立つが、化石において色が残っていることは滅多にない。

陸生巻き貝は雌雄同体で、多様で複雑な交尾の儀式を行う。

クリノカルディウム

グループ	二枚貝類
年代	新第三紀から現代
大きさ	長さ4cm
産出地	北太平洋と北大西洋の沿岸水域

ザルガイに似た小さな二枚貝で、現在も生息している。殻頂から丸みのある縁まで、くっきりとした肋が放射状にのび、ところどころ非常に大きく隆起した同心円状の成長線と交差している。内部には、それぞれの殻頂の下に2本の鉸歯と歯槽がある。また閉殻筋が付着していた部分には、同じ大きさの筋痕がはっきりと残っている。

C. インテルルプトゥム
この標本にははっきりとした成長稜が3本見える。季節によっては成長が妨げられたことがうかがえる。

コルビキュラ（マシジミ）

幅の広い殻頂

平行な成長線

グループ	二枚貝類
年代	白亜紀から現代
大きさ	長さ約2.5cm
産出地	世界各地

丸みをおびた三角形の小さな二枚貝で、両殻とも幅の広い殻頂をもつ。各殻の内側には閉殻筋がついていた場所にはっきりとした筋痕があり、蝶番線には突出した歯が生える。片側の殻頂の下に生えている中心歯は、もう一方の殻の中央にある歯槽におさまるようになっている。中心歯の外側には側歯と歯槽が殻の縁と平行に並んでいる。貝殻を開くしなやかな靭帯は、殻の外側、殻頂の後ろについていた。

コルビキュラ・フルミナリス
淡水生の化石とともに発見されたので、初期のものとは異なり海生ではなかったと思われる。

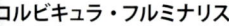

ペクテン（イタヤガイ）

グループ	二枚貝類
年代	古第三紀から現代
大きさ	蝶番線の長さ約10cm
産出地	世界各地

貝殻は2枚とも蝶番の端から放射状にのびる肋によって装飾されている。肋の山は平らで、谷の幅は山の幅よりも狭い。殻の蝶番線は両方ともほぼ直線。内側でもっとも目立つ特徴は、非常に大きな閉殻筋だ。2枚の貝殻を開け閉めしながら遊泳するため、想像に違わず太くて力強い閉殻筋をもっている。この属に含まれる貝はホタテガイとして多くの人に知られている。

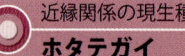

平坦な肋

近縁関係の現生種
ホタテガイ
自由に泳げる二枚貝類は少ないが、イタヤガイは、2枚の貝殻をぴったりと閉じることができる能力のおかげで、多くの捕食者から逃げることができる。敵の接近を感知する必要性から、外套膜の縁に高性能の眼を発達させた。海水の味や臭いを感じとる化学受容器官と、定位を知るのに役立つ平衡胞もそなえている。

ペクテン・マキシムス（ヨーロッパ・ホタテガイ）
イタヤガイの2枚の貝殻は形が異なる。写真上が海底に接する面で凸状だが、下はほぼ平らだ。

蝶番線

ケラストデルマ

とがった殻頂

放射肋

グループ	二枚貝類
年代	古第三紀から現代
大きさ	長さ約4cm
産出地	ヨーロッパ

現代のヨーロッパの海岸でよく見られるザルガイがもっとも有名だが、その歴史は古第三紀後期までさかのぼる。輪郭は正方形に近く、くっきりした放射肋が成長の方向と平行に走る隆起した小肋と交差している。両殻の殻頂は、とがっていて、蝶番線をまっすぐ横切る。各殻頂の下には2本の歯がある。内側には2つのはっきりした閉殻筋痕（貝殻を閉じる筋肉の痕）が見える。生きているときは浅い穴にもぐってすむ。

> ケラストデルマ属は入水管をのばして海底から突きだし、海水や餌を吸いこんで摂食する。

ケラストデルマ・アングスタトゥム
この化石には殻頂から扇状に広がる強く隆起した肋と、それと交差する細い成長線が平行して並んでいるのが見える。

ウェヌス（マルスダレガイ）

グループ	二枚貝類
年代	古第三紀から現代
大きさ	殻長最大3.5cm
産出地	ヨーロッパ、アフリカ、インドネシア、北アメリカ

現生種と絶滅種がある二枚貝。両殻とも殻頂は一方向にカーブし、その後ろは滑らかなくぼみとなっている。内側には、両殻頂の下に3本の大きな鉸歯と歯槽がある。また、両殻にほぼ同じ大きさの筋痕が2つずつある。これは貝が閉じるときに使う閉殻筋が付着していた場所を示す。現生種は一般的にハマグリとして知られており、海底の泥や砂にもぐってすむ濾過摂食動物だ。ほとんどの潜穴性二枚貝と同様、水管を使って殻の内部で海水を循環させ、エラを使って餌の粒子をろ過し、酸素を取り入れ、ろ過した海水を海底に戻す。

はっきりとした同心円状の肋

前方を向いた殻頂

放射肋

> マルスダレガイは砂を掘ってすみ、水管によって海水とつながっていた。

ウェヌス・ウェッルコサ
この化石化した左殻の外面には強く隆起しながら曲線を描く肋と、それと交差しながら殻頂から貝殻の端まで走る、あまり目立たない放射肋が見てとれる。

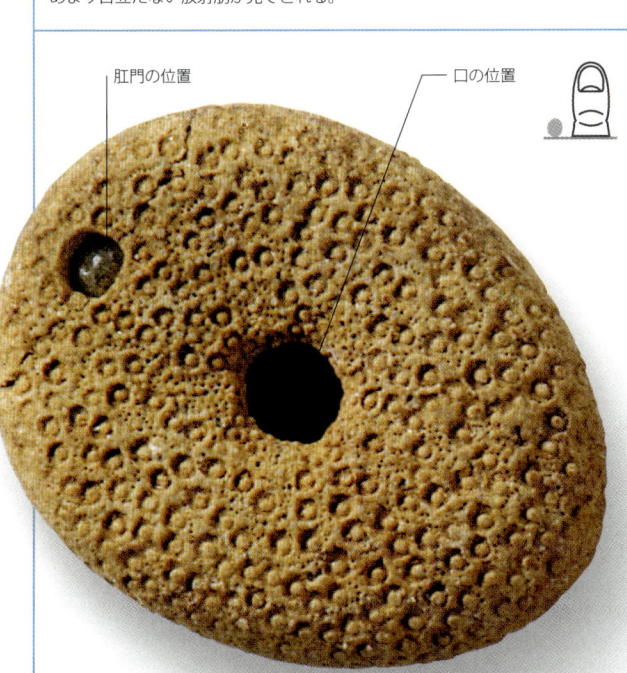

肛門の位置　　口の位置

エキノキュアムス

グループ	棘皮動物
年代	白亜紀後期から現代
大きさ	直径最大1.5cm
産出地	北半球に広く分布

非常に小さなウニ類で、やや扁平な形をしている。ほとんどのウニの化石同様、とげを欠き、生きていたときにはすべての内臓器官をおさめていた堅固な殻だけが残っている。この化石は卵形に近く、側面から見ると平らで、縁には厚みと丸みがある。口も肛門も下側にあり、肛門は口よりも小さく、口よりも後方、殻の端近くについている。

エキノキュアムス・プシッルス
これは下面（口がある方）で、とげの基部が無数にある。殻には歩帯部分に小さな孔が開いているが、上面の孔より見えにくい。

バラヌス（シロスジフジツボ）

グループ	甲殻類
年代	古第三紀から現代
大きさ	幅最長2cm
産出地	世界各地

一般にフジツボとして知られている。化石化したものも生きているものも、おおよそ円錐形をしている。群生することが多く、その場合にはとくに形が不規則になりやすい。殻壁は内側に傾斜していて、4～6枚のかたい板が固着されている。

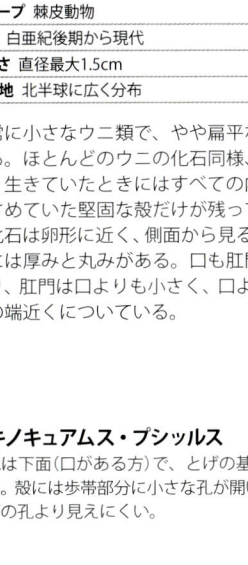

不規則な稜

バラヌス・コンカウウス
この化石ではどの板にも細く隆起した稜が見られる。生きているときにはそれらの板がみなかたい基面に固着している。

第四紀の脊椎動物

更新世を通じ世界中で氷冠が前進と後退をくり返すと、脊椎動物はそのつど移動と適応を強いられた。約1万年前に最終氷期が終わったあとには、多くの種が絶滅した。それ以降は、現生人類が世界の動物群に劇的な衝撃を与えた。

更新世のあいだ、氷冠以外の場所にはたくさんの哺乳類がいた。大型動物は小型動物よりも体熱を保つことができたため、極寒を乗り越えることができたし、ケナガマンモスや毛サイといった北方種のなかには、寒さから身を守るために厚い毛皮をまとったものもいた。多くの動物の生息範囲は、気候と植生の変化に応じて拡大もしくは縮小した。たとえば、氷河期にはトナカイが北極から南ヨーロッパまで南下したし、反対に間氷期にはカバがアフリカから中央ヨーロッパに北上した。

大型動物群の盛衰

更新世のあいだ、巨大な哺乳類はいたるところに生息した。北アメリカではゾウのようなマストドンや乗用車ほどの大きさをしたアルマジロに似たグリプトドン類がのし歩き、体長が最大で6m、体重は1tもある地上性ナマケモノは南北アメリカに生息していた。ユーラシアには巨大インドサイや、枝角の先端の差しわたしが3.5m以上にもなる巨大シカの一種**メガロケロス・ギガンテウス（オオツノジカ）**がいた。オーストラリアには、カバほどの大きさでウォンバットとコアラの近縁にあたる**ディプロトドン**、そして史上最大のカンガルーである**プロコプトドン**といった巨大有袋類がいた。いずれも有袋類の**ティラコレオ（フクロライオン）**の被食者だった。最終氷期の終わりに先史時代の大型動物群がほぼ絶滅してしまった理由には、いくつかの要因が組み合わさっていると思われる。1つは気候変動によって多くの地域が乾燥化したこと、また現生人類が広がったために追いこまれたことなどがあげられる。人類は多くの種を狩猟の対象とし、かつ火の使い方を学んで植生の開拓や調理を行うようになった（⇨ p.461）。

大と小
巨大ビーヴァー（**カストロイデス**）は更新世のあいだ北アメリカに生息していた。体長は最大で2.5m、体重は100kgあった。体長1m、体重35kgしかない今日の北アメリカビーヴァー（**カストル・カナデンシス**）がとても小さく感じられる。

カストロイデス　　　　北アメリカビーヴァー

グループ概観

地球に現存する脊椎動物群の多くは第四紀に出現したが、絶滅した種もたくさんある。たとえば海鳥の多くが、おそらくは新たに進化した海洋性哺乳類との競争に敗れた結果、絶滅した。ヒト上科には身長が3mもある史上最大の類人猿、**ギガントピテクス**もいた。

鳥類
更新世には鳥類も巨大化した。マダガスカルに生息したダチョウに似た「象鳥」である**エピオルニス**の体重は400kg近くもあったし、ニュージーランドに生息した無飛力鳥モアの背の高さは約3.6mだった。両者とも体重が最大で15kgになる巨大なハースト・イーグルに捕食された。

肉食動物
更新世に生息したもっとも大きい陸生肉食動物は、短い顔をした巨大クマの**アルクトドゥス・シムス**で、体重は最大で900kgあった。ネコ科のなかでは、今日のアフリカライオンよりも大型のライオンが世界中で見られたし、剣歯ネコの**スミロドン**もいた。今日のタイリクオオカミの近縁種であるダイアウルフは、北アメリカに生息していた。

ウマ類
更新世のあいだに北アメリカで急増した。東方アジアに連なる陸橋を渡って、ユーラシアやアフリカに拡大し、そこでは現在でも9種の**エクウス**が生きのびている。そのなかには野生のロバが2種、シマウマが3種、キヤン（チベット・モンゴル産の野生ロバ）、モウコノウマが含まれている。更新世の大絶滅以降、北アメリカに野生のウマは残っていない。

長鼻類
更新世のあいだ北アメリカやユーラシアにはマンモス類やマストドン類が生息したが、最終氷期の終わりに絶滅した。すべての長鼻類が大型だったわけではない。地中海の複数の島々ではコビトゾウの化石も発見されている。最後のケナガマンモスは、わずか3700年前まで北極海に浮かぶヴランゲリ島に生息していた。

メガラニア

グループ	爬形類
年代	更新世
大きさ	体長8m
産出地	オーストラリア

コモドオオトカゲに似た、がっしりとした体格の巨大オオトカゲだった。オーストラリアにすむ氷河期の大型哺乳類をどれでも捕食できるほどのりっぱな体格と力をそなえていた。その餌食には、双門歯類として知られるサイのように大きなウォンバットや巨大カンガルーも含まれていた。これほどまで大きな体に進化した理由は、オーストラリアにはほかに大型哺乳類を捕食する動物がほとんどいなかったからかもしれない。多少なりとも競争相手となり得たのは、はるかに体の小さい有袋類のフクロライオンくらいだったろう。ちょうど人類が初めてオーストラリアに上陸した約4万年前ごろに絶滅した。もっとも人類がメガラニアの狩に成功したという証拠は1つもない。むしろ捕食されていたと思われる。

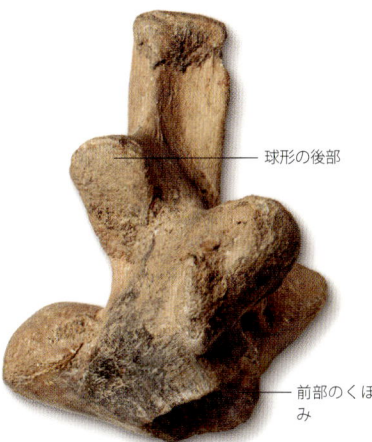

大きな脊椎
背骨は29個の仙前椎からなる。1つひとつの骨が深くくぼんだ前部と球形の後部をもつ。

近縁関係の現生種
コモドオオトカゲ

インドネシアのコモド島にのみ生息する現生で最大のトカゲ。体長は3m、体重は最大で70kgにもなる。死肉を食べたり、シカやブタのような大きな獲物の通り道で待ち伏せをして襲ったりする。仮に獲物がその場を逃げおおせても、最終的にはコモドオオトカゲの毒性をもつ唾液によって命を落とす。

恐ろしい捕食者
メガラニアは大きく発達したあごの筋肉と、長く鋭い歯が生えた巨大な頭骨のもち主だった。現生するオオトカゲと比較するとかなり大きく、体重は1900kgほどあった。

トゥリロフォスクス

グループ	ワニ形類
年代	中新世前期
大きさ	全長1.5m
産出地	オーストラリア

現代のワニ類と比較すると、口吻が短くて眼が非常に大きく、両眼のあいだには頭骨のてっぺんに沿って3本の長い骨稜が走っている。化石はオーストラリアのクイーンズランド州リヴァースレイから産出した。この化石層には、奥深い森林の動物たちの遺骸がみごとに保存されていた。これだけ豊富な種類の哺乳類がいれば、獲物に事欠くことはなかっただろう。ワニ類のなかのメコスクス科の一員で、始新世に初めてオーストラリアに出現した。アジアからイリエワニが入ってくるまでは、新生代の大半を通じて太平洋の南西部のほぼ全域で、この科のワニ類が優勢を誇っていた。更新世の終わりに絶滅した理由は、人間による狩猟、もしくは生息地や食料源の破壊と考えられる。

エピオルニス

グループ	獣脚類
年代	更新世前期から完新世
大きさ	高さ3m
産出地	マダガスカル

ダチョウに似た巨大な無飛力鳥で、がっしりした体格をしていた。400kgという体重は、鳥としては史上もっとも重い。さまざまな種類の果実、ナッツや種子類を食べた。人類とも数千年にわたって共存したが、ヨーロッパ人がマダガスカルに上陸したのちにまもなく絶滅している。理由は明らかではないが、遺骸からは人類が屠殺していたことがわかるので、過剰な狩猟が原因かもしれない。

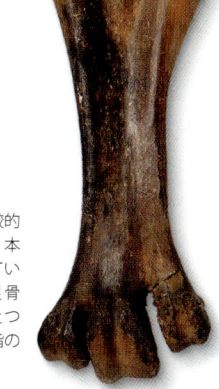

足の化石
エピオルニスは、比較的短いが力強い脚と3本指の大きな足をもっていた。この巨大な中足骨(蹠骨)は上部で足首とつながり、下部には足指の関節が見られる。

「ドロップ・クロック」
小作りな体格をしているため、トゥリロフォスクスは木の上から飛び降りて獲物を襲ったのではないかと考える研究者もいる。そのため「ドロップ・クロック」(落ちるワニ)というあだ名がある。

サイエンス
化石化した卵

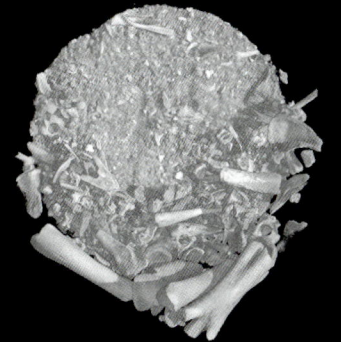

この巨大なエピオルニスの卵の化石は、その大きさだけでも感動的だ。周囲の長さは1mを超え、幅は34cmある。ごく最近まで、中身を損傷することなく卵の内部を見ることはできなかったが、今では高解像度X線CTによって内部を撮影し、デジタル解析することが可能だ。画像ではほぼすべての骨が確認できるし、成熟すれば消えてしまう、胚にしか見られない構造上の特徴もはっきりと見える。

第四紀

ディノルニス（オオモア）

グループ	獣脚類
年代	更新世から完新世
大きさ	高さ3.6m
産出地	ニュージーランド

巨大無飛力鳥のグループに属する恐鳥。更新世前期から16世紀にマオリ族によって絶滅に追いこまれるまで、ニュージーランドに生息していた。史上もっとも背の高い鳥で、体重は280kgあり、エミューを巨大化して体格をよくしたような姿をしていた。頭部とくちばしは比較的小さいものの、あらゆる種類の果実、種子、栄養のある植物を食べることができたようである。革のようにかたい足と脚部、頭と首をのぞいて、体は赤みをおびた茶色い毛のような羽におおわれていた。人類がニュージーランドに着いたときには、少なくとも6属は生息していた。絶滅の原因は狩猟および、マオリ族が森林を伐採し、焼き払ったときに生息地が失われたためと考えられる。

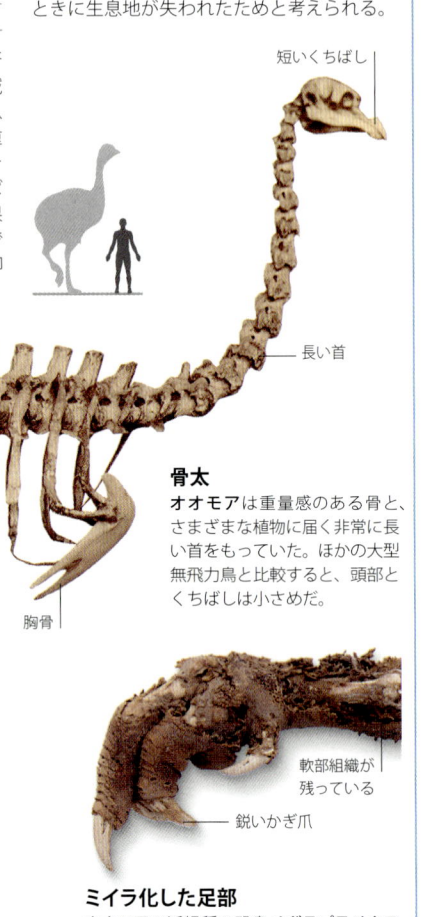

骨太
オオモアは重量感のある骨と、さまざまな植物に届く非常に長い首をもっていた。ほかの大型無飛力鳥と比較すると、頭部とくちばしは小さめだ。

ミイラ化した足部
オオモアの近縁種の恐鳥メガラプテリクス属のミイラ化した足。ウロコにおおわれた皮ふの痕跡をはじめ、軟部組織がおどろくほどよく保存されている。

トクソドン

グループ	有胎盤類の哺乳類
年代	鮮新世後期から更新世
大きさ	体長2.7m
産出地	南アメリカ

インドサイに似た哺乳類で、化石はアルゼンチンをはじめとする南アメリカ各地で、鮮新世後期から更新世の堆積物から発見された。南蹄類として知られる絶滅した南アメリカの哺乳類グループに属する。しかし大きさは現代のカバと変わらず、見た目はユーラシアや北アメリカのサイとよく似ている。まさに収れん進化の古典的な見本といえよう。鼻先は短くてバクに少し似ていて、骨格は非常に大きく、太くて短い四肢に3本の指がついていた。歯は弓形で、さまざまな種類の葉植物をかむのに適していた。パナマ陸橋が南北アメリカ大陸をつないでいた350万年前には、多くの哺乳類が両大陸を移動したが、トクソドンは南アメリカにとどまった。そして、南下してきた北方の哺乳類のなかに直接的な競争相手となる動物がいなかったため、生きのびることができた。しかし、矢じりを埋めこまれたおびただしい数の遺骸が存在することから、最終的には人類の狩猟によって絶滅に追いこまれたと思われる。

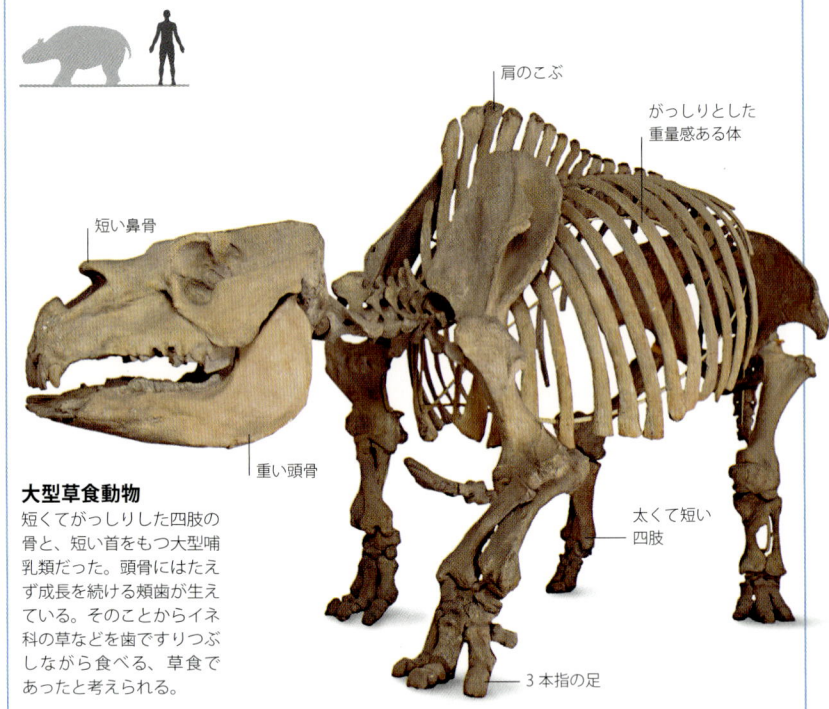

大型草食動物
短くてがっしりした四肢の骨と、短い首をもつ大型哺乳類だった。頭骨にはたえず成長を続ける頬歯が生えている。そのことからイネ科の草などを歯ですりつぶしながら食べる、草食であったと考えられる。

テラトルニス

グループ	獣脚類
年代	更新世
大きさ	体長75cm
産出地	北アメリカ

アメリカ合衆国カリフォルニア州にあるラ・ブレア・タールピッツ（⇨p.434）には、この巨大鳥の骨が無数に保存されているが、ネヴァダ州、アリゾナ州、フロリダ州の更新世の堆積物からも発見されている。獲物の肉を食いちぎるときに、しっかりと押さえこむことができる太い脚と強い足をもっていた。ハゲワシやコンドル同様、死肉を餌にしていたようだが、水中の魚を捕まえるのも得意だったと推測される特徴をもっている。この鳥が大量にラ・ブレアのタール池にはまった理由は、死肉に魅かれたからだけでなく、タールの上層の水中を泳ぐ魚を捕まえたり、タール池のほとりで水を飲もうとしたりしたからかもしれない。1万年前に絶滅した理由は、最終氷期の終わりにアメリカにすむ大型哺乳類の多くが絶滅したときに死肉もなくなったためと考えられる。

コンドルのように
巨大コンドルと似ていたが、異なる科に属する。現生するアンデスコンドルよりも大きく、翼幅は最大で4mあった。

サイエンス
テラトルニスの飛びかた

ほとんどの現代のコンドルやハゲワシと同じように、広範囲にわたって動物の死骸を探すことができるよう、熱上昇気流を利用して空高く舞いあがった。現代のコンドルもこのようにして1日に数百キロメートルの距離を飛ぶ。このタイプの鳥はたいてい長い翼をもち、体が小さいわりに翼が大きいため翼面荷重が小さく、最少限の羽ばたきで滑空することができるようになっている。翼の大きさからするとカリフォルニアコンドルに近かったようだ。ということは、ある種のハゲワシやコンドルのように風の力を借りて高い地点から飛び立つのではなく、2、3回羽ばたきながら地面からジャンプするだけで飛び立つことができたと思われる。

グリプトドン（オオアルマジロ）

グループ	有胎盤類の哺乳類
年代	鮮新世後期から更新世
大きさ	体長2.5m
産出地	アルゼンチン、メキシコ、アメリカ合衆国

巨大な体をもつアルマジロの類縁。原産は南アメリカだが、350万年前にパナマ陸橋が出現したときに北アメリカ南部へ移動した。皮骨と呼ばれる皮ふに包まれた骨で体の大半がおおわれていたため、それが鎧の役目を果たして防御性に大変優れていた。尾は、皮骨でできた骨の輪がつらなってしだいに細くなるようにつくられていたので、防御は尻尾まで行き届いていた。

最終氷期の終わりに姿を消した。人類による攻撃の直接的な証拠は今のところ見つかっていないが、絶滅の原因は人類による狩猟と思われる。

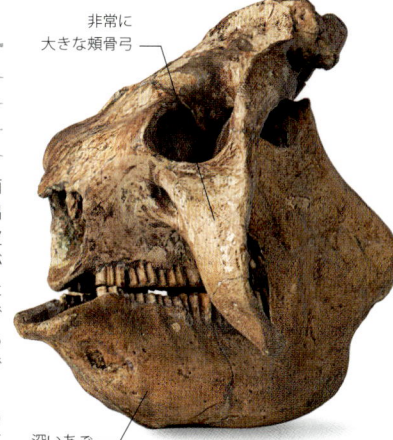

非常に大きな頬骨弓
深いあご

長い歯
たえず成長を続ける平らな歯冠をもっていたため、歯ごたえの強い草をはじめ、かたい植物を幅広く摂食することができた。

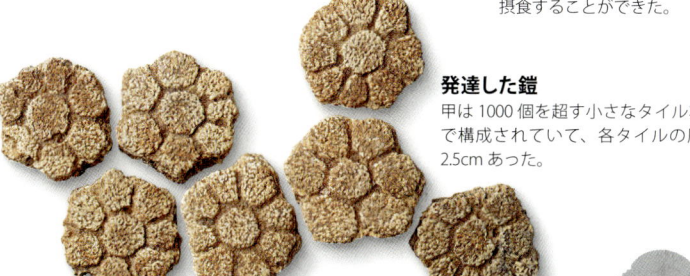

発達した鎧
甲は1000個を超す小さなタイル状の皮骨で構成されていて、各タイルの厚みは約2.5cmあった。

ドーム型の巨大な甲
短い顔
大きくて強いかぎ爪

ドーム型の巨体
グリプトドンの体重は少なくとも1tあり、巨大なドーム型の甲をもっていたため、姿も大きさもまるでフォルクスワーゲンのビートルのようだった。

カストロイデス

グループ	有胎盤類の哺乳類
年代	鮮新世後期から更新世
大きさ	体長2.5m
産出地	北アメリカ

氷河期の巨大ビーヴァー。北アメリカの鮮新世後期と更新世の岩盤から産出する。五大湖周辺や中西部からの産出が多いが、アラスカ、カナダ、フロリダからも発見される。体長は現代のクマと同じで、体重は最大で100kg。現代のビーヴァーとの違いはそのけた外れな体格だけではない。現生ビーヴァーがもつ彫刻刀のようなシンプルな前歯（切歯）がないかわり、15cmもの長さの、大きくて幅の広い前歯をもっていた。さらに尾は、現代のビーヴァーの幅広で平べったい付属肢と比較すると細長い。後肢も短かった。

ダムでの暮らし
現代のビーヴァーと同じような生活をしたという確実な証拠はないものの、カストロイデスも木をかじり、巣やダムを作っていたと思われる。

近縁関係の現生種
アルマジロ

有胎盤類の哺乳類で、子宮内で胎盤から栄養を摂取した子を出産する。革のようにかたい鎧状の甲と長くて管状の口吻をもつ。ナマケモノやアリクイと類縁関係にあり、異節類に属する。ラテンアメリカ一帯を中心に北限はテキサス州にまで生息し、10属20種が知られている。太くて短い脚とかぎ爪のおかげで穴を掘るのが速く、主食であるアリやシロアリを巣から掘りだすことができる。絶滅した類縁のグリプトドンと比較するとかなり小さく、平均体長は75cmだが、現生種の巨大なアルマジロは150cmくらいまで成長することもある。

この巨大ビーヴァーには15cmの歯が生えていて、体重は100kgもあった。

メガテリウム（オオナマケモノ）

グループ	有胎盤類の哺乳類
年代	鮮新世から更新世
大きさ	体長6m
産出地	南アメリカ

巨大な地上性ナマケモノで、体重が4tあった。雄のゾウほどの体格と体重があり、長い毛でおおわれていた。爪を内側に丸めて足の側面を使って歩き、大きな尾で体を支えながら後肢で立ちあがることもできた。最終氷期の終わり、人類が南アメリカに到着したころに姿を消したが、人類による攻撃の直接的な証拠はない。

一撃必殺のかぎ爪
オオナマケモノはりっぱなかぎ爪のある長い前肢をもっていたので、これで枝をつかんだり捕食者と戦ったりした。

高い歯冠
杭のような単純な形をした歯はエナメル質でおおわれていない象牙質で、歯冠が非常に高いため、さまざまな葉や草を食べることができた。

アルクトドゥス

グループ	有胎盤類の哺乳類
年代	更新世
大きさ	体長3.4m
産出地	カナダ、アメリカ合衆国、メキシコ

長い毛でおおわれた巨大なクマで、比較的短い頭骨と獲物を骨ごとかみ砕くことができるきわめて強いあごをもっている。体は非常に大きいが、クマにしては比較的長くて細い四肢をもっていた。獲物を待ち伏せして物陰から素早く襲いかかったり、長距離にわたって追い回して相手を疲れさせたりできるほどの俊足であった可能性がある。また、仕留めた獲物を食べている他の動物をたやすく蹴散らすだけの力もあったので、死肉を食べたり獲物を盗んだりしていた可能性もある。最終氷期の終わりに姿を消した。人類との競争に敗れたためと考えられるが、あまりに巨大かつどう猛だったため、人類もあえて狩の対象にはしなかったと思われる。

- 比較的短い頭骨
- 非常に強いあご
- 比較的長くて細い四肢
- 鋭いかぎ爪

ほっそりとした骨格
この時代においては最大級の体格を誇る陸生捕食者であったにもかかわらず、その骨格はむしろ華奢で、かなり効率よく走ることができたと思われる。

体重およそ900kg。アルクトドゥスは陸生肉食動物としては史上最大の生きものの1つだ。

カニス（イヌ）

グループ	有胎盤類の哺乳類
年代	更新世後期
大きさ	体長1.5m
産出地	カナダ、アメリカ合衆国、メキシコ

ダイアウルフは学名をカニス・ディルスといい、北アメリカに分布していた絶滅種だ。化石は更新世後期の岩石中から発見されている。大きさは現代のタイリクオオカミと変わらないが、体重ははるかに重く、80kg程度あった。腐肉食者で、今日のハイエナと同じような生活をしていたと考えられている。当時のアメリカ大陸にはハイエナをはじめとする哺乳類の腐肉食動物はいなかった。ダイアウルフは最終氷期の終わりに絶滅した。最初の人類が大陸全体に広がると同時に、彼らの食料源を奪ってしまったからであろう。

主要な産出地 ラ・ブレア・タールピッツ

アメリカ合衆国カリフォルニア州にあり、ダイアウルフなど更新世の化石がもっとも豊富に発見される。水面の下に埋蔵石油から染みでたタールがたまってできたこの池には、過去3万8000年のあいだに数多くの動物がはまりこんだ。これまでに660種、数万点の化石が発見されている。

小型ながら強い
現代のタイリクオオカミと比較すると体格はあまり変わらないが、頭部は短く幅広で、骨をかみ砕くことのできる大きな歯と、短くて強い四肢をもっていた。

クロクタ（ブチハイエナ）

グループ	有胎盤類の哺乳類
年代	更新世
大きさ	体長1.3m
産出地	アフリカ、ヨーロッパ、アジア

獲物を追って長距離を走ることに適応したアフリカ産の腐肉食動物で、現生種のブチハイエナを含む。一般的には「ホラアナハイエナ」として知られる更新世の亜種、**クロクタ・クロクタ・スペラエア**は、現代の類縁よりもかなり大きくがっしりしていた。当時ユーラシア大陸をおおっていた氷河の縁辺域など、寒冷な気候に適応していたようだ。洞窟を使っていたと考えられているが、狩をしたり死肉を食べたりするのは野外だったと思われる。更新世のはじめにインドに現れ、中期までには、東は中国、西はヨーロッパとアフリカまで広がった。現在アフリカで生きのびている系統をのぞいて、この属の動物はほとんどが死に絶えた。

力強いあご
現代のハイエナ同様、ホラアナハイエナもとても強いあごと歯をもっていて、獲物を骨ごとかみ砕いた。

犬歯
ホラアナハイエナには、このように大きな犬歯が上下のあごに2本ずつ生えていた。他の肉食動物の場合と同じように、これらの歯はおもに獲物を確保し、引き裂くために使われた。

スミロドン（ケンシコ）

グループ	有胎盤類の哺乳類
年代	更新世
大きさ	体長2m
産出地	南アメリカ、北アメリカ

サーベルタイガー（剣歯虎）という名で知られる大型ネコで、体重は400kgほどあった。その名とは裏腹に、トラの亜科パンテラではなく、マカイロドゥス亜科に属する。他の大型ネコ類と比較すると、筋肉が著しく発達していて体格もがっしりしている。獲物を地面に組み伏せるのに適した力強い前肢をもっていたので、体制の面から見るとある意味ではネコよりもクマに近い。獲物ののどや腹をかき切って放置することにより、失血死させていたと考えられている。複数の化石がまとめて発見されることから、現代のライオンのように、大きな社会集団を形成して生活したり狩をしたりしていたと推測される。他の大型哺乳類同様、おそらく人類との競争に敗れた結果、最終氷期の終わりに姿を消した。

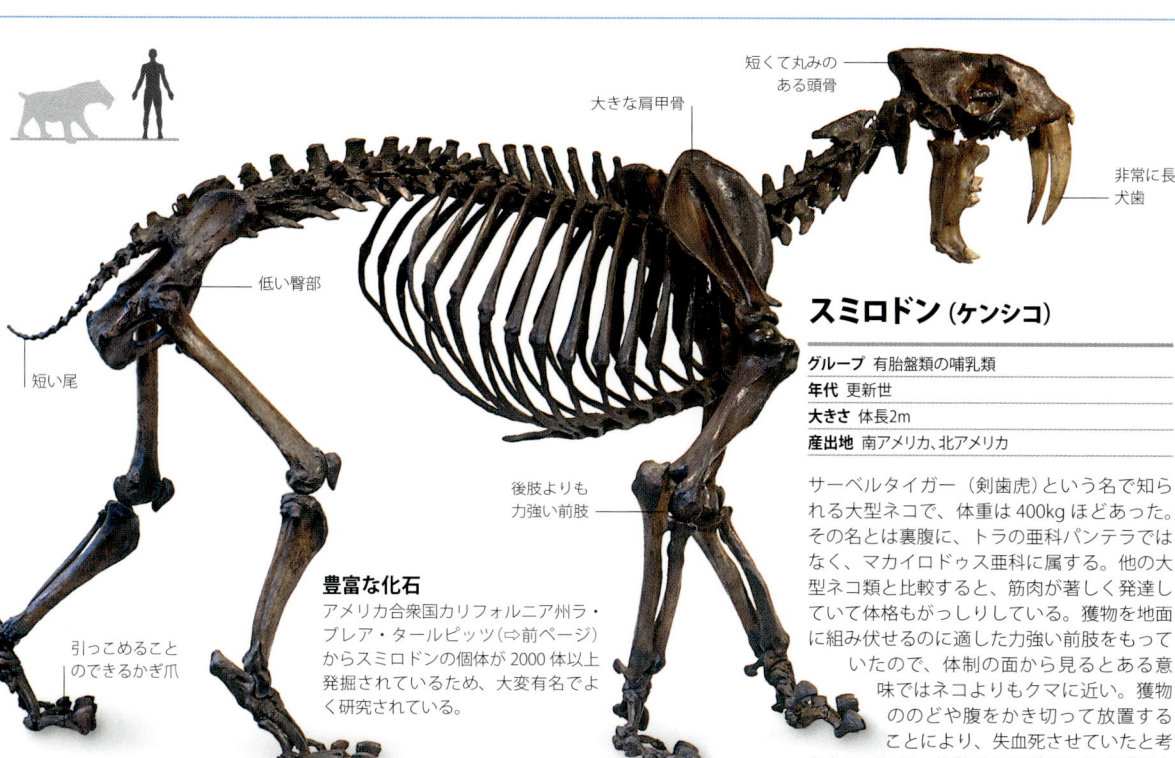

豊富な化石
アメリカ合衆国カリフォルニア州ラ・ブレア・タールピッツ（⇨前ページ）からスミロドンの個体が2000体以上発掘されているため、大変有名でよく研究されている。

構造
剣歯

哺乳類の歯には特殊化したものがさまざまあるが、もっとも面白いのは長い剣のような犬歯かもしれない。なかでも**スミロドン**の犬歯は強烈な印象を残す。非常に長く、後方に向かって反った細身の刃は前後がのこぎり状で、獲物ののど元や腹を突き刺してから引き裂くのに使われた。

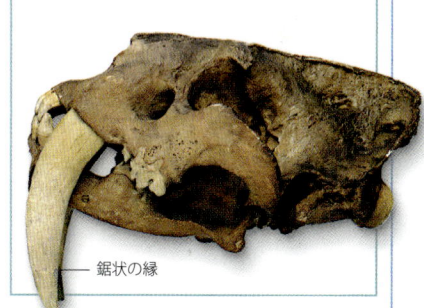

捕食性肉食動物
スミロドンは恐るべき捕食者で、シカ、ウマ、マンモスゾウなどを含み、幅広く大型の獲物を食べたようだ。

稜状歯
マンモスの歯は、何枚ものエナメル質の板がセメント質によって結合してできている。歯はあごの奥で生えて、すり減ってくると前方に移動し、奥には新たな歯が生えて入れ替わる。

縦に長いドーム形の頭部

エネルギーの貯蓄場所として使われる脂肪のこぶ

毛でおおわれた鼻

長くて湾曲した牙

ケナガマンモス
マンモスは肩までの高さが 5m で体重は 8t。なかでもこのケナガマンモスは耳が小さくて厚い毛におおわれていること、そして牙が長くて湾曲していること以外は、ほとんどの特徴が現代のゾウと似通っている。

太くて柔軟性のある鼻

円柱のような脚

マンモスは更新世後期に絶滅したが、唯一コビトマンモスがアメリカ合衆国のアラスカに近いヴランゲリ島で4500年前まで生きのびていた。

肩から尻にかけて傾斜した背中

現代のゾウよりも長い牙

大きな体腔

長いあご

非常に頑丈な脚の骨

巨大な牙
長く湾曲した牙は、餌を食べるときに地面から雪や氷をかき取るため、身を守るため、そして序列を決める儀式に使われたと思われる。

4本指の足

毛は最大90cmまでのびた

マムムゥトゥス（マンモス）

グループ	有胎盤類の哺乳類
年代	鮮新世から更新世後期
大きさ	肩までの高さ5m
産出地	北アメリカ、ヨーロッパ、アジア、アフリカ

マンモスゾウ類のなかでもとりわけ優れて繁殖し、広く分布した。鮮新世と更新世の全体を通して、北方の大陸全般およびアフリカに生息した。氷河時代に氷河の縁辺域に分布した有名なケナガマンモス、より温暖な気候に分布した巨大なインペリアルマンモス、アメリカ合衆国カリフォルニア州のチャネル諸島やイタリアのサルデーニャ島に分布した数種のコビトマンモスなどの種が含まれる。
シベリアの永久凍土では凍結乾燥したミイラ化したマンモスゾウが数多く発見されている。それらの標本から採取されたDNAは、現生ゾウ類のものとほとんど変わらない。実際のところ、牙がはるかに長くて内向きに湾曲している点をのぞけば、マンモスゾウ類の外見は現代のゾウ類とよく似ていた。絶滅の原因を伝染病とする説もあるが、気候変動の影響とあいまって、世界中で人類の狩の対象となったことが最大の原因と考えられる。

重要な発見
凍った赤ん坊

シベリアの永久凍土で発見された凍結乾燥したマンモスゾウ類の標本は数多くあるが、完全な形をとどめているものはほとんどない。2008年、ひとりのトナカイ飼いが、ほぼ完全に原形をとどめた赤ん坊マンモスを完璧に近い状態で発見した。約3万年前に生後4ヵ月で死亡したものだった。健康状態、生息していた環境の温度や湿度を知るために、CTスキャン、解剖、牙の化学分析を含む詳細な分析が行われた。

第四紀

鮮新世 | 更新世 | 完新世

437 脊椎動物

マムート

- **グループ** 有胎盤類の哺乳類
- **年代** 鮮新世から更新世
- **大きさ** 高さ3m
- **産出地** 北アメリカ、ヨーロッパ、アジア

絶滅したゾウの類縁で、マストドンという名のほうがよく知られているかもしれない。体重は最大で5tもあり、頭骨は長くて平ら、牙はわずかに湾曲し、背中は肩のこぶから傾斜していた。もじゃもじゃの長い毛が生えていて、針葉樹の密林での暮らしによく適応していた。胃袋に残っていた内容物を見ると、トウヒ（マツ科の常緑高木）をはじめとする繊維質の少ない植物を食べていたことがわかる。1万年前、人類がアメリカ大陸に到着したときには、まだ絶滅してはいなかったようだ。ユタ州やミシガン州などでは、約6000年前までわずかな個体数が生きのびていたと思われる。

脊椎
マムートの化石は、この巨大な脊椎のように、北アメリカやユーラシアの鮮新世から更新世の堆積物から産出する。

- 椎体
- Y字の神経弓

マムートの臼歯
マストドンという名は「乳の形をした歯」という意味で、乳のような円錐形の咬頭をもつことからきている。
- 平行に並んだ咬頭

ステゴマストドン

- **グループ** 有胎盤類の哺乳類
- **年代** 鮮新世から更新世前期
- **大きさ** 高さ3m
- **産出地** 北アメリカ、南アメリカ

ゴンフォテリウム類のマストドンで体重が6t以上あり、他のゴンフォテリウム類と比較すると頭骨もあごも短く、マンモスゾウ類やゾウ類に似ていた。上あごからは、内側に湾曲しながら最大で3.5mまでのびる一対の牙が生えていた。巨大な臼歯には、摩耗すると三つ葉のクローバーのような形に見える咬頭部分が並んでいる。この歯の形は草やその他の歯ごたえのある植物を食べるのによく適していた。原産は北アメリカの草原地帯だが、パナマ陸橋を渡って南アメリカに渡り、キュヴィエロニウスに進化した種もいくつかある。

エクウス

- **グループ** 有胎盤類の哺乳類
- **年代** 鮮新世から現代
- **大きさ** 高さ2.5m
- **産出地** 世界各地

今日のウマ、シマウマ、ロバを含む。鮮新世前期にはじめはディノヒップスから進化し、今日も家畜として繁栄しているが、ほとんどの野生種、とくにアフリカノロバ、アジアノロバ、モウコノウマはまれだ。北アメリカでは約1万年前、人類による狩猟の結果、ほかの更新世の大型哺乳類とともに姿を消した。北アメリカから産出した化石を見ると、かなり幅広い種がいたことがわかる。矮小性のもの、巨大なもの、頑丈な脚をもつもの、竹馬のような細くて長い脚をもつものもいた。北米種はアフリカのシマウマやユーラシアのロバと類縁のようであり、かつてウマ類が今よりも地理的に広く分布していたことがうかがわれる。

- 頭骨の後方にある大きな眼窩
- 細長い頭部
- 深い下あご
- 前歯と奥歯のあいだにすきまがある

草食動物の歯
このウマの頭骨には草食に適した歯の組み合わせが見られる。手前にある切歯で植物をかみ切り、奥にある歯冠の高い臼歯ですりつぶした。

近縁関係の現生種
モウコノウマ

すべての家畜馬の祖先にあたる。茶色い毛に白い腹、こげ茶色のたてがみをしていて、外見は家畜のウマの脚を短くしたように見える。もともとはモンゴルの砂漠ステップで発見されたが、その後、野生からは姿を消し、動物園でのみ生きのびていた。再び元の生息地に戻されたものもあるが、現在、野生にいるものと飼育されているものを合わせた個体数は1500頭ほどになる。

コエロドンタ

- **グループ** 有胎盤類の哺乳類
- **年代** 更新世
- **大きさ** 体長3.7m
- **産出地** ヨーロッパ、アジア

氷河時代の毛サイは、大型のシロサイと同じくらいの大きさで、ぼさぼさした長くて厚い体毛におおわれていた。2本の角は断面が楕円形で、後ろに向かって反り返っている。摂食時に雪をかくために使われたと思われる。頬歯は、サイ全般に見られる特徴と同じく、上から見たときπの形をしているが、さらに複雑な歯稜がたくさんあって、すりつぶす機能が高められている。毛サイがおおむね草食であったことを示す証拠はたくさんあるが、おそらくどのような植物でも食べることができたであろう。約1万年前、最終氷期の終わりに姿を消した。おそらくは気候の変動によって生息地の氷河が後退したためと考えられる。人類とは数千年にわたって共存しているため、狩猟によって絶滅したとは考えにくい。

毛サイ
コエロドンタは更新世の氷河時代、ユーラシア大陸全体に生息した。ミイラ化した標本とともに、完璧な骨格が何体か発見されている。

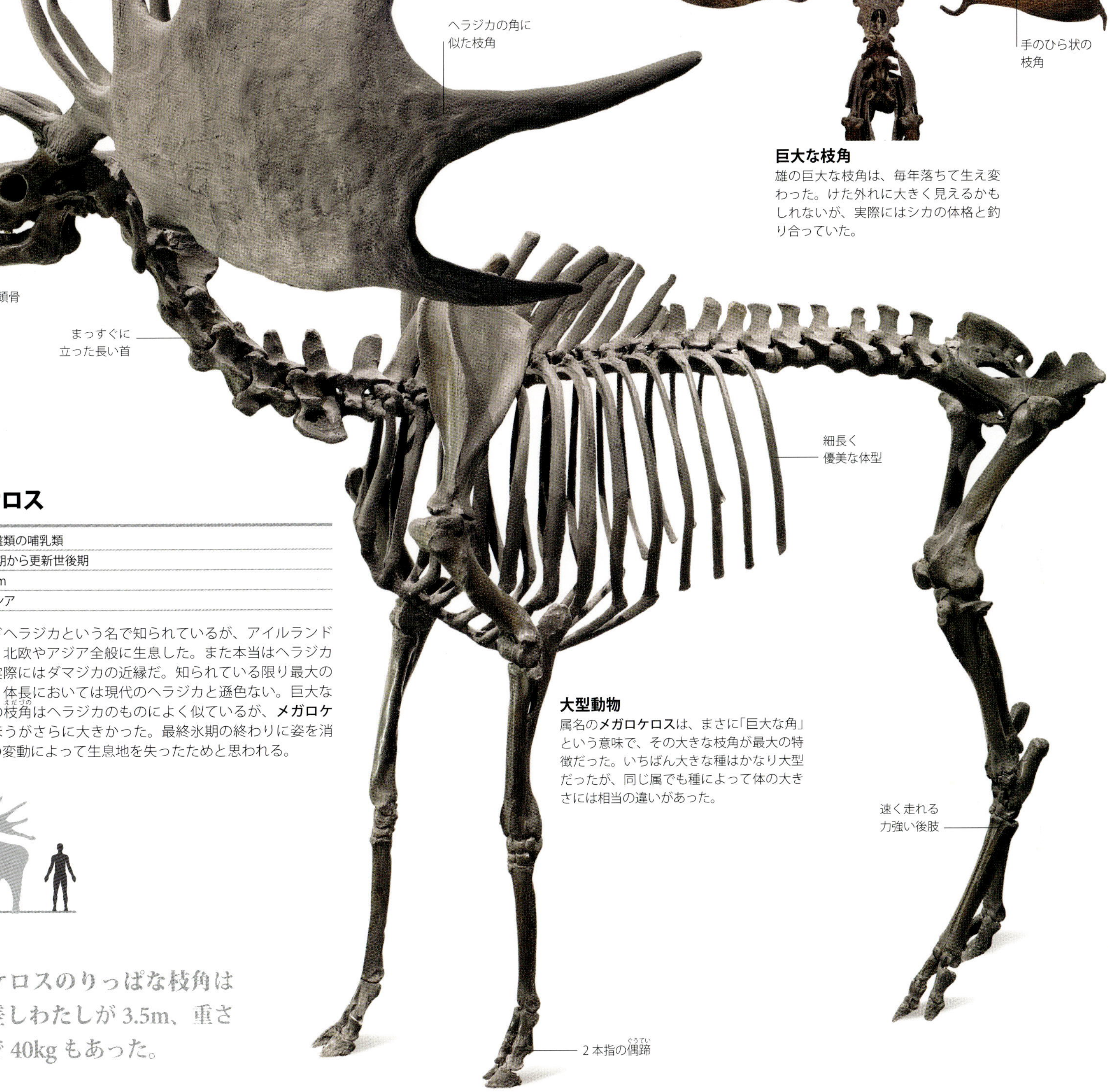

脊椎動物

ヘラジカの角に似た枝角

巨大な枝角

手のひら状の枝角

巨大な枝角
雄の巨大な枝角は、毎年落ちて生え変わった。けた外れに大きく見えるかもしれないが、実際にはシカの体格と釣り合っていた。

細長い頭骨

まっすぐに立った長い首

細長く優美な体型

メガロケロス

グループ	有胎盤類の哺乳類
年代	鮮新世後期から更新世後期
大きさ	体長2.7m
産出地	ユーラシア

アイルランドヘラジカという名で知られているが、アイルランドだけでなく、北欧やアジア全般に生息した。また本当はヘラジカでもなく、実際にはダマジカの近縁だ。知られている限り最大のシカであり、体長においては現代のヘラジカと遜色ない。巨大な手のひら状の枝角はヘラジカのものによく似ているが、メガロケロスの角のほうがさらに大きかった。最終氷期の終わりに姿を消した。気候の変動によって生息地を失ったためと思われる。

大型動物
属名のメガロケロスは、まさに「巨大な角」という意味で、その大きな枝角が最大の特徴だった。いちばん大きな種はかなり大型だったが、同じ属でも種によって体の大きさには相当の違いがあった。

速く走れる力強い後肢

メガロケロスのりっぱな枝角は先端の差しわたしが3.5m、重さが最大で40kgもあった。

2本指の偶蹄

ギガントピテクス

グループ	有胎盤類の哺乳類
年代	更新世
大きさ	体長3m
産出地	中国、ヴェトナム、インド

完全な骨格や頭骨が発見されていないため、この生き物に関する情報は歯やあごの骨から得られたものがほとんどだ。100万年前から30万年前まで生息した大型類人猿で、体型はゴリラに似ているが、体ははるかに大きく、体重が540kgもあった。ビッグフットやイエティなどの伝説のもととなった生き物ではないかと考える研究者もいるが、30万年前（人類が同じ地域に住みはじめるよりも数千年も前）以降に生息していたことをうかがわせる証拠は1つもない。

近縁関係の現生種
オランウータン

ギガントピテクスにもっとも近い現生種は、樹上生活をする哺乳類のなかで体がもっとも大きいオランウータンで、体重は最大で120kgもある。非常に長い腕とかなり短い脚をもち、赤っぽいオレンジ色の長い毛におおわれている。現在ではボルネオやスマトラの消滅しつつある森林にしか見られないが、化石は東南アジア全域から発見される。オランウータンという名は、マレー語で「森にすむ人」という意味で、実際、人間そっくりに見えることがよくある。木の葉で果をつくり、ほとんど果物だけを食べながら、樹の上で生涯を過ごす。最近の研究によれば、ヒト以外の霊長類のなかではもっとも知能が高い。チンパンジーには解けない問題も解くことができる。

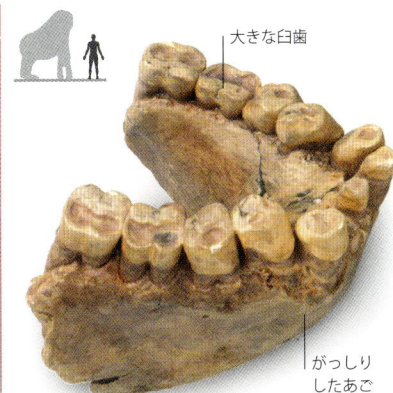

大きな臼歯

がっしりしたあご

ギガントピテクスの歯とあご骨
あごの骨は深く、がっしりしている。エナメル質が厚く、歯冠が低い臼歯をもつ。歯の摩耗具合から竹の葉を食べていたことがうかがえる。

THE RISE OF HUMANS
の起源

人類の類縁動物

人類と類人猿は霊長類の「ヒト上科」に属している現生種で、共通の祖先をもつ。ヒト上科には他の霊長類と区別できるような特徴があまねく見られるが、人類は「ヒト」という種に固有の特徴をいくつも進化させてきた。

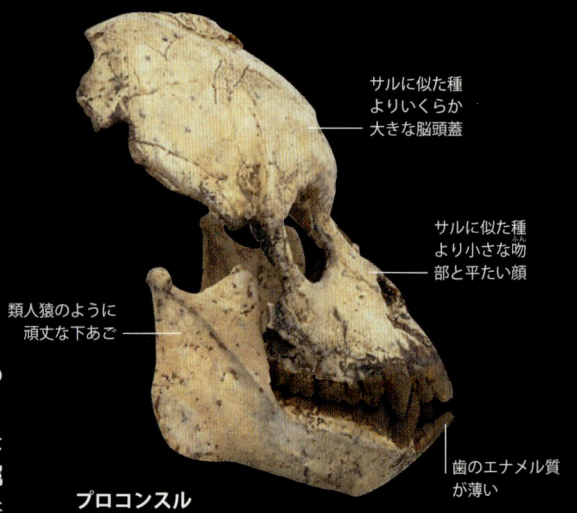

プロコンスル
この種は2700万年前から1700万年前までのあいだ、アフリカにすんでいた。体の大きさやつくりはサルに近いが、類人猿と同じように脳が大きめで、尾がなかった。

- サルに似た種よりいくらか大きな脳頭蓋
- サルに似た種より小さな吻部と平たい顔
- 類人猿のように頑丈な下あご
- 歯のエナメル質が薄い

類人猿の起源

霊長類は6500万年以上前に他の哺乳類から分岐し、いろいろな特徴をもつようになった。たとえば脳は比較的大きく、嗅覚よりも視覚がすぐれ、両手両足に(かぎ爪ではなく)平爪があるため、ものをつかみやすい。キツネザル、ガラゴ、ロリスのような、原始的な霊長類は原猿類と呼ばれる。あとから進化した霊長類には新世界ザルと旧世界ザルと類人猿が含まれる。最初期の類人猿が生息していたのは3000万年ほど前で、ここからやがてたくさんの種が生じた。そのなかにいた**プロコンスル属**や**ピエロラピテクス属**が、現生類人猿と人類にとってもっとも古い共通の祖先だと思われる。

重要な発見
類人猿の祖先

2002年、スペインの古人類学者グループが、ふつうではありえないほど完全な**ピエロラピテクス**の化石を発見する。この化石はその後、およそ1300万年前のものと測定された。これは人類も含めてあらゆる大型類人猿の祖先だと主張する研究者もいた。ピエロラピテクスと現生類人猿のあいだには、比較的直立した姿勢や、やや平らな顔など、共通する特徴がある。しかし一方で、骨格はあまり進化しておらず、小さめの手やまっすぐな指など、サルに似た特徴も見られる。また、ピエロラピテクスがスペインで発見されたのに対して、現生種の大型類人猿はすべてアフリカか東南アジアに生息している。

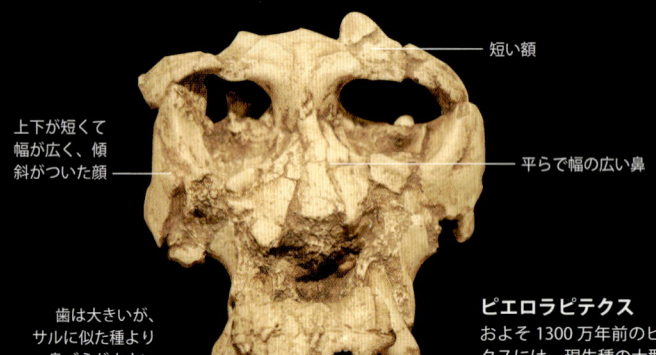

ピエロラピテクス
およそ1300万年前のピエロラピテクスには、現生種の大型類人猿と共通する特徴が数多く見られる。

- 短い額
- 上下が短くて幅が広く、傾斜がついた顔
- 平らで幅の広い鼻
- 歯は大きいが、サルに似た種より鼻づらが小さい

霊長類の系統樹

すべての霊長類にとって共通の祖先は白亜紀に生息し、その子孫が長い時間をかけて複数の系統に分かれたようだ。

人類ともっとも近い関係にあるのはチンパンジー類で、およそ500万年前から800万年前に両者は分岐した。その次に近いのはゴリラ類で、次にくるのがオランウータン類だ。オランウータン類の系統は、人類―チンパンジー類―ゴリラ類の系列より前に分かれた。化石属の**シヴァピテクス**はオランウータン類の祖先だろう。人類との類縁関係がもっとも遠い霊長類は原猿類だ。原猿類と人類の共通の祖先にあたるのが絶滅種の**プレジアダピス**で、化石の年代は5500万年以上前になる。

拡大家族
この図は現在の解釈による霊長類の系統樹で、おもに遺伝子の証拠をもとにしている。左端に位置する人類は、チンパンジー類やゴリラ類ともっとも近い関係にあり、キツネザル類やガラゴ類とは遠いつながりしかない。

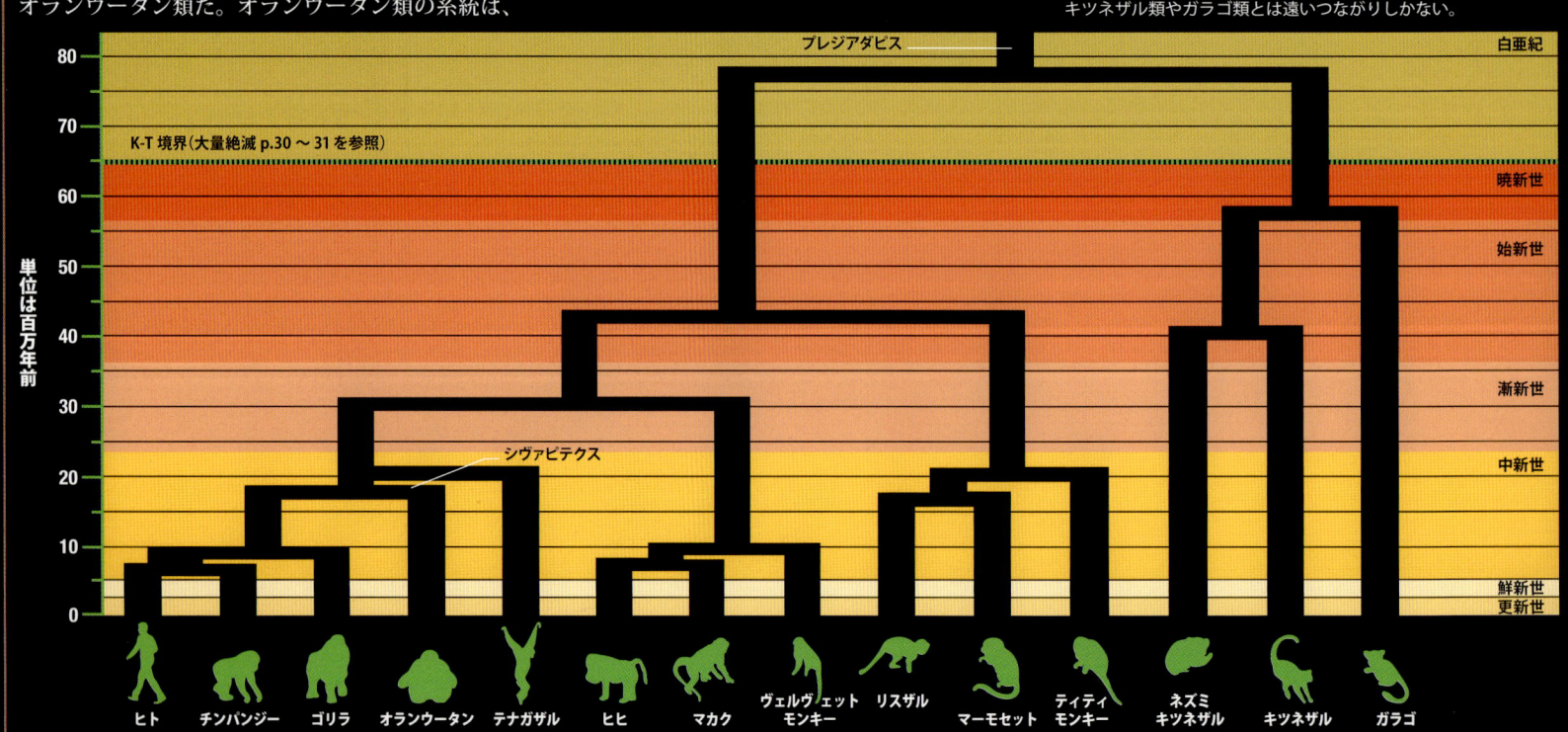

大型類人猿

現生人類がチンパンジー類やゴリラ類と多くの共通点をもつことは、ずいぶん前からわかっていた。しかし、相違点もたくさんあるため、初めて分子上の違いを直接観察した科学者たちは、類縁関係の近さを知って驚いた。ヒトのDNAとチンパンジーのDNAの違いは1.5%ほどでしかなく、ゴリラとの差は2%であることを、ほとんどの証拠が示している。ここから推測すると、それぞれが分かれた時期は比較的最近のようだ（⇨下のコラム）。したがって、一部の研究者は現在、人類、チンパンジー類、ゴリラ類をまとめて「ヒト科」と呼び、もっと大きなグループの「ヒト上科」と区別している。人類とのつながりがより遠いオランウータン類はこのヒト上科に含まれる。ヒト科のなかでは、現生人類と、人類がチンパンジー類やゴリラ類と分かれたあとに進化した祖先をまとめて「ヒト族」と呼ぶようになっている。

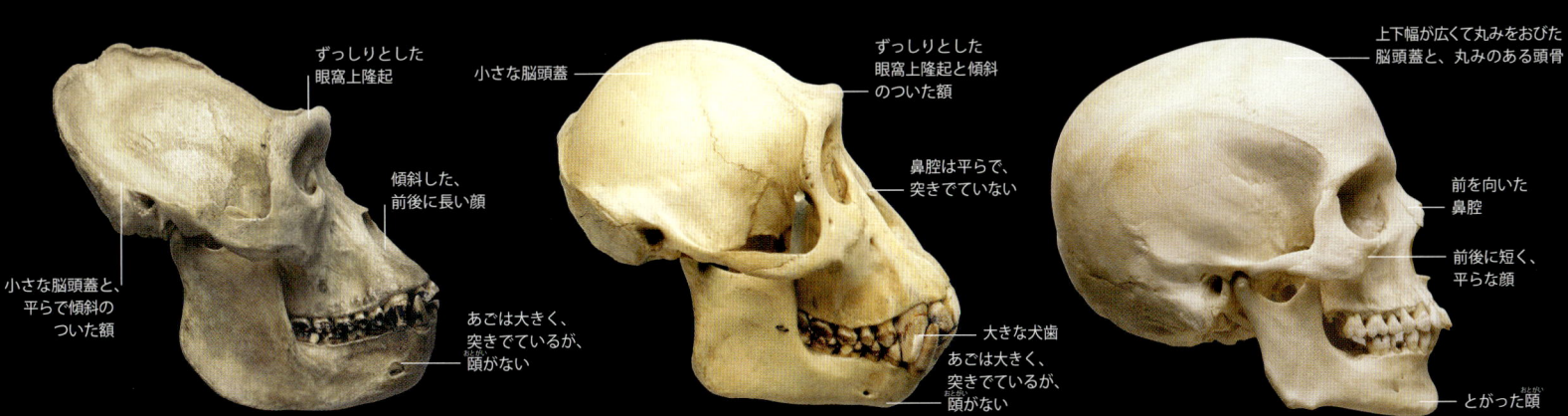

ゴリラの頭骨
ゴリラの頭骨はかたい葉をかむのに適している。突出した力強いあごに、幅のある歯が並び、面積の広い頬骨に、大きなそしゃく筋がおさまっている。

チンパンジーの頭骨
チンパンジーはかなり大きなあごをもち、そしゃく筋も力強いが、もっといろいろなものを食べるため、ゴリラより前歯が大きい。

ヒトの頭骨
他のヒト科に比べて、ヒトの頭骨は高さがあって丸みをおびている。顔は平らでもっと小さく、歯も小さい。食べ物を加工してから食べるため、あまりかまなくてもすむからだ。

サイエンス
種分岐の年代測定

最近の科学では、DNAや血液中のタンパク質など、分子レベルでの違いを観察して種の類縁関係を調べることができるようになった。時間がたつほど違いが積みかさなっていくので、種のあいだの相違点を数えれば、種が分かれてから経過した時間を推測できる。違いが大きいほど、分かれてからの時間が長いと思われる。とはいえ、調べる手段が異なれば、結果にもわずかな違いが生じる。また他の種よりもたくさんの変化をおこしやすい種もあるので、変化の速度にはばらつきがありそうだ。このような「分子時計」の推定値に微調整を加えるため、科学者は化石資料との比較を行うが、この化石資料も不完全で、あちらこちらに欠落部分がある。さらに多くの化石が発掘され、科学技術の改良が進めば、より完全に近い全体像が見えてくるだろう。

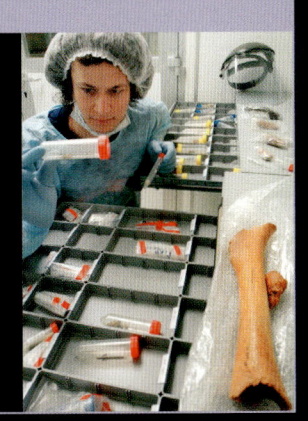

チンパンジーの骨格

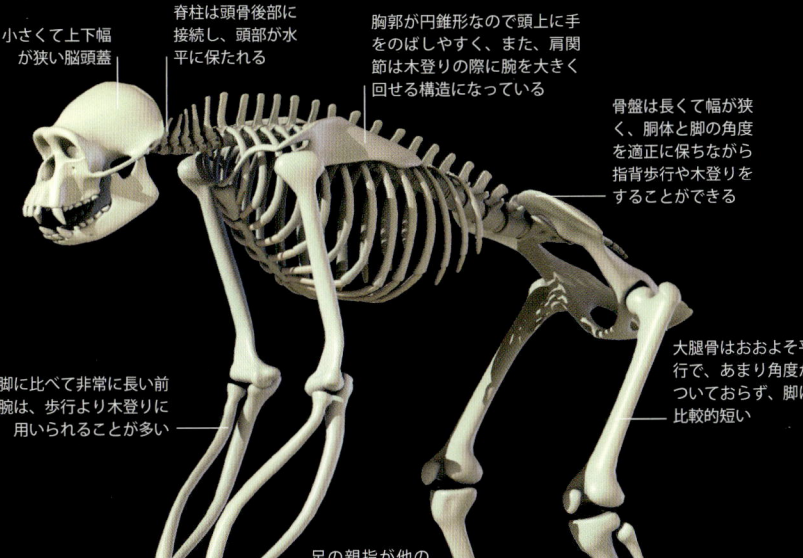

- 小さくて上下幅が狭い脳頭蓋
- 脊柱は頭骨後部に接続し、頭部が水平に保たれる
- 胸郭が円錐形なので頭上に手をのばしやすく、また、肩関節は木登りの際に腕を大きく回せる構造になっている
- 骨盤は長くて幅が狭く、胴体と脚の角度を適正に保ちながら指背歩行や木登りをすることができる
- 脚に比べて非常に長い前腕は、歩行より木登りに用いられることが多い
- 大腿骨はおおよそ平行で、あまり角度がついておらず、脚は比較的短い
- 足の親指が他の指と向かいあわせになるので、木登りをしながらものをつかめる
- 木登りと、地上での指背歩行に適した、長くて湾曲した指
- 長い足指

ヒトの骨格

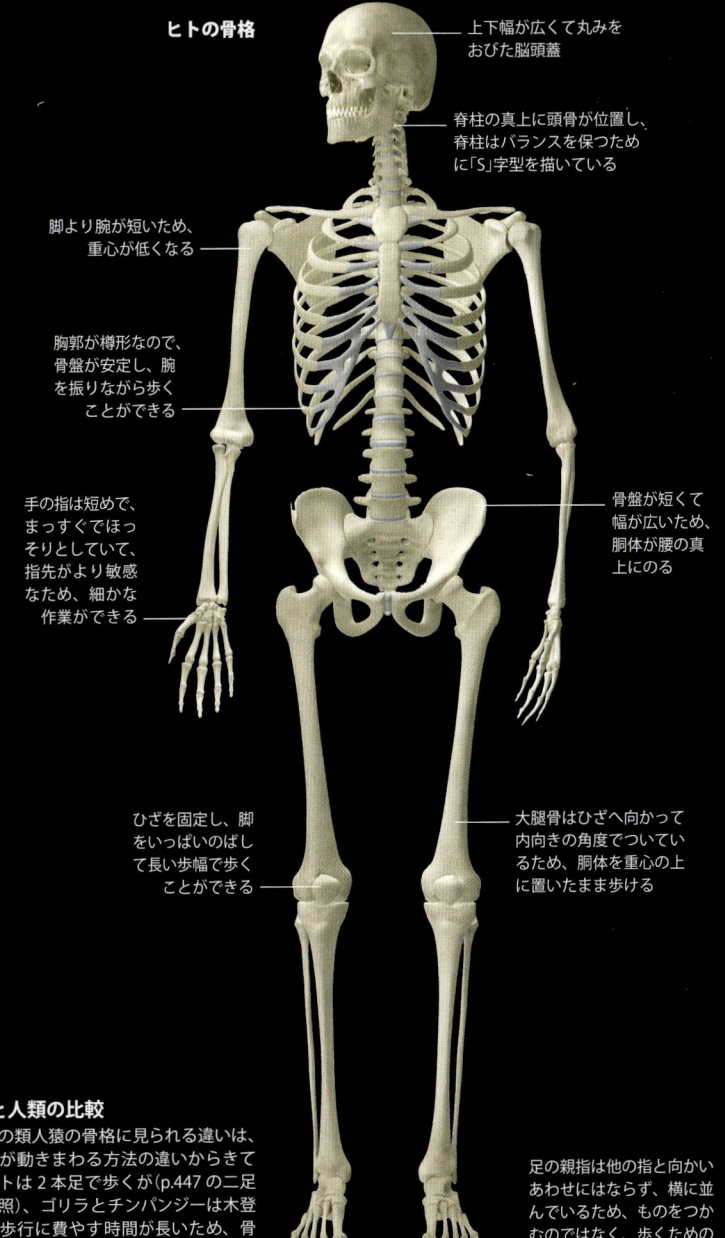

- 上下幅が広くて丸みをおびた脳頭蓋
- 脊柱の真上に頭骨が位置し、脊柱はバランスを保つために「S」字型を描いている
- 脚より腕が短いため、重心が低くなる
- 胸郭が樽形なので、骨盤が安定し、腕を振りながら歩くことができる
- 手の指は短めで、まっすぐでほっそりとしていて、指先がより敏感なため、細かな作業ができる
- 骨盤が短くて幅が広いため、胴体が腰の真上にのる
- ひざを固定し、脚をいっぱいのばして長い歩幅で歩くことができる
- 大腿骨はひざへ向かって内向きの角度でついているため、胴体を重心の上に置いたまま歩ける
- 足の親指は他の指と向かいあわせにはならず、横に並んでいるため、ものをつかむのではなく、歩くための土台になっている

類人猿と人類の比較
ヒトと他の類人猿の骨格に見られる違いは、ほとんどが動きまわる方法の違いからきている。ヒトは2本足で歩くが（p.447の二足歩行を参照）、ゴリラとチンパンジーは木登りと指背歩行に費やす時間が長いため、骨格もそれにあわせたつくりになっている。

人類の祖先

| 700万年前 | 600万年前 | 500万年前 |

人類学者は絶滅した祖先の人類化石をいくつも発見してきた。その結果、今では、チンパンジー類の系統から700万年ほど前に分かれたあと、人類の系統がたどってきた進化の全体像がかなり明らかになっている。

アルディピテクス・カダバ
580万〜520万年前

ヒト族の歴史年表

最近まで、人類はまっすぐに進化してきたと思われていた。類人猿に似た祖先から現生人類まで1本の線でつながっていると考えられていたのだ。ところがじつは、人類の歴史はもっと複雑だった。数多くの種が共在して重なりあい、一部の系統は途中で消えていった。人類の祖先と他の類人猿の祖先はたった1本の「ミッシング・リンク」でつながっているという推測はまちがいだった。

もちろん、だからといって、人類進化のすべてがわかったわけではない。化石資料に残っているのは理想的な保存状態にあった骨だけだ。おまけに、現生人類を含めてどの種においても、個体間にはさまざまなレベルの違いがある。また、種のうちの異なるグループが変化し続けて、まったく別の種になる過程はゆっくりとしか進行しない。近縁だが別種とされる現生生物はいろいろ存在するが、その多くは、皮ふや体毛の色や模様、あるいは行動でしか見わけられない。こうした手がかりは化石資料にはっきり現れるものではない。そのため、個々の標本について、異なる種といえるほどの違いがあるかどうかを判断するのはむずかしい。とくに化石が傷ついていたり断片的だった場合は困難だ。標本に名前をつけるときに、人類学者のあいだで意見が食いちがうことはよくある。複数の種を大きくて多様なグループに「併合」し、種の数をできるだけ少なくしようとする学者もいれば、ほんのわずかな違いでもあれば別種と見なして「細分」したがる学者もいる。その結果、化石種の正確な数や、個々の化石種に見られる特徴の数については、つねに議論がくり返されている。

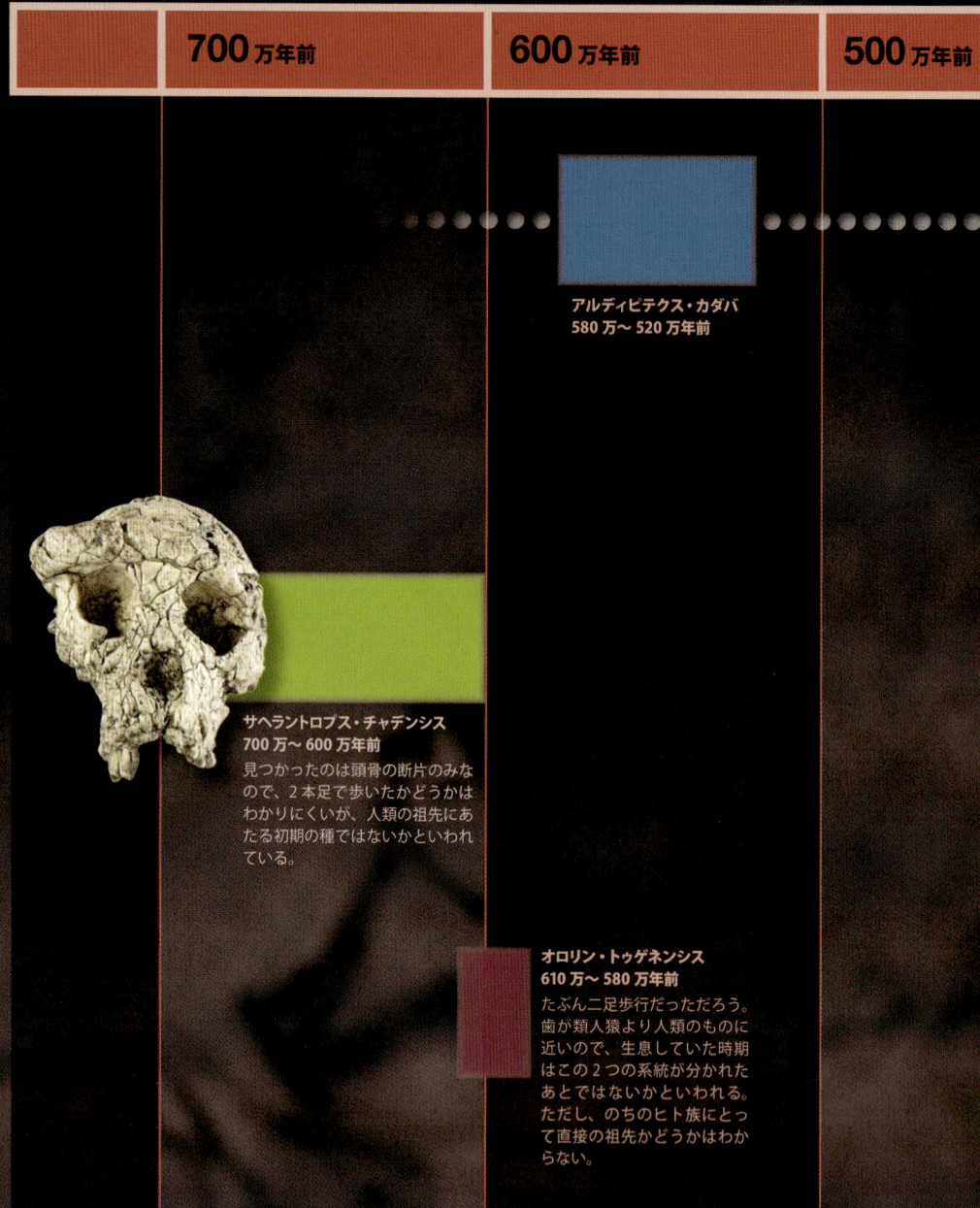

サヘラントロプス・チャデンシス
700万〜600万年前
見つかったのは頭骨の断片のみなので、2本足で歩いたかどうかはわかりにくいが、人類の祖先にあたる初期の種ではないかといわれている。

オロリン・トゥゲネンシス
610万〜580万年前
たぶん二足歩行だっただろう。歯が類人猿より人類のものに近いので、生息していた時期はこの2つの系統が分かれたあとではないかといわれる。ただし、のちのヒト族にとって直接の祖先かどうかはわからない。

この図の見かた

新たな人類化石が発見され、たがいの関係について情報が増えるにつれて、ヒト族の系統樹はつねに修正されている。この図は、ヒト族がチンパンジー類と分かれたあとにたどってきた進化の全体像を、現在の知識にもとづいてあらわしたものだ。色つきの帯はそれぞれの種が生息していた期間を示している。個々の種が属している「属」は、帯の色で区別した。

- **サヘラントロプス・チャデンシス**は、すべてのヒト族にとって知られているかぎり最古の祖先だろう。2本足で歩いたのではないかという説もあり、類人猿よりヒト族に近いと考えられている。

- **オロリン・トゥゲネンシス**は、大腿骨の構造から推測すると二足歩行で、類人猿よりヒト族である可能性のほうが高い。生息時期は、ヒト族がチンパンジー類と分かれたあとだ。

- **アルディピテクス属**は現在、2種が知られている。この初期の化石がヒト族だったかどうかについては、人類学者の意見が分かれているが、ヒト族とチンパンジー類の共通祖先に近い関係にあったことはまちがいない。

- **ケニアントロプス属**に分類された標本は現在のところ、わずかで、また、ひどくゆがんでいるので、ヒト族の系統樹上でどこに位置するかはわかりにくい。今のところ、アウストラロピテクス属に近縁だと考えられている。

- **アウストラロピテクス属**はアフリカ全体で数種が見つかっている。より以前に現れたヒト族の祖先と同様、現生種のチンパンジー類と同じくらいの大きさだったが、脳は少しばかり大きかった。

- **パラントロプス類**の頭骨と歯は、かたい植物をかんだりすりつぶしたりするのに適していた。このような特殊化はその後の化石資料には見られないので、子孫を残さずに絶滅したと推測される。

- 現生人類を含む**ヒト属**のメンバーは、より以前の祖先に比べて大きな脳をもち、背が高く、脚が長い。これらの種はすべて石器を使った。

- 点線が示しているのは、種どうしの系統上のつながりを推定したものだ。必ずしも直接の関係があるわけではなく、人類の発達パターンとしてもっとも可能性が高い形を描いた。

オルドゥヴァイ峡谷
オルドゥヴァイ峡谷はタンザニア北部にある巨大な谷間で、東アフリカ大地溝帯の一部をなしている。この峡谷は大昔の火山灰の層が川に浸食されてできたもので、堆積層に保存された動物化石が数多く見つかっている。また、知られているかぎりもっとも古い人類化石の産地もたくさんあるため、「人類のゆりかご」と呼ばれている。

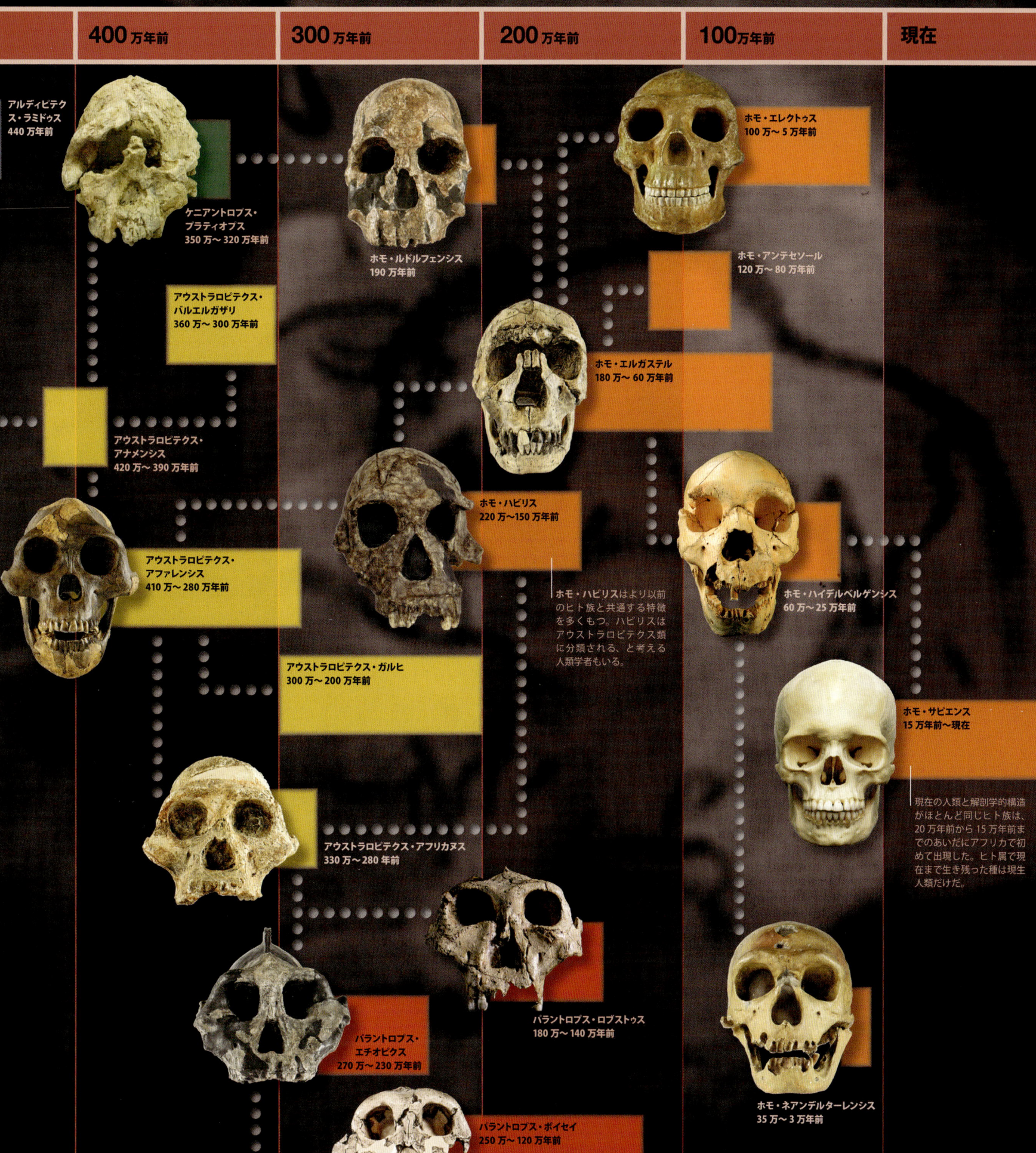

サヘラントロプス・チャデンシス

サヘラントロプスが生きていたのは、人類と他の類人猿にとって最後の共通祖先がいたころだった。人類とチンパンジー類の両方にとっての祖先だったという説も出ているが、認める者はほとんどいない。

サヘラントロプスの生息年代が人類と類人猿の系統分岐の前か後かはわからず、どちらの系統に属していたかもわからない。見つかったのは頭骨と歯だけで、二足歩行だった気配はあるものの、頭骨より下の骨が欠落しているので、人類学者も確信がもてないでいる。もし二足歩行だったことが証明されれば、人類の祖先である可能性は高まる。

分厚い眼窩上隆起

小さな脳
サヘラントロプスの頭骨は小さく、比較的長めで上下幅が狭いところが類人猿に似ている。ただし、顔はもっと前後に短くて垂直に近く、脊柱のてっぺんに頭がのっていただろう。ここから推測すると、この種は2本足で歩いたかもしれない(⇨次ページ)

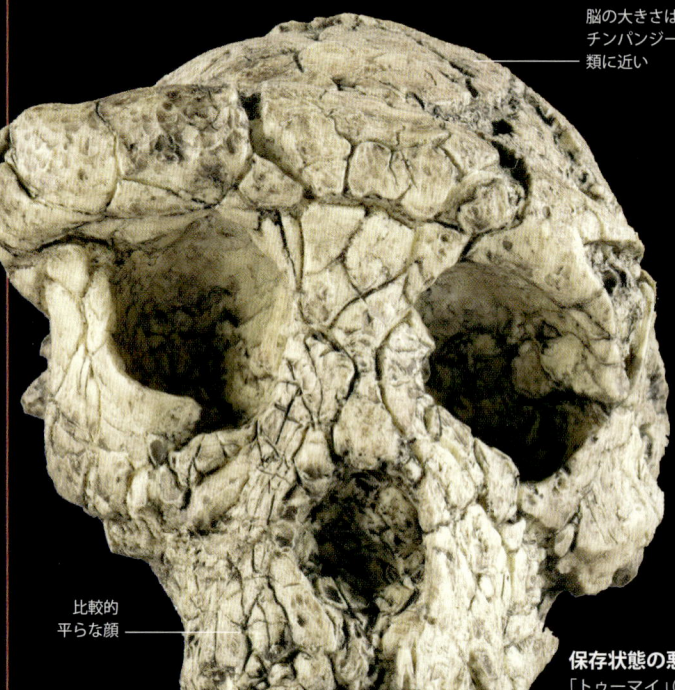

- 脳の大きさはチンパンジー類に近い
- 後部が突きでた、前後に長い頭骨
- 比較的平らな顔
- より以前の種より犬歯が小さい

サヘラントロプス・チャデンシス
年代	700万〜600万年前
脳の大きさ	320-380cm³
身長	不明
発見された化石	頭骨1個、あごの一部と歯

場所 チャドのジュラブ砂漠

保存状態の悪さ
「トゥーマイ」(チャドの現地語で「生命の希望」を意味する)というニックネームで呼ばれるこの頭蓋骨は完全に近いが、ひどくゆがんでいたので、高度なコンピューター・ソフトウェアを使って「直す」必要があった。

発掘された現場
サヘラントロプスの化石は中央アフリカ西部のチャドで発見された。ここはそれまでヒト族の化石発掘が行われていなかった場所なので、調査が進めば、驚くべき発見がさらに続くだろう。

オロリン・トゥゲネンシス

断片的な化石から推測すると、この種は人類とチンパンジー類の共通祖先に近縁で、二足歩行の例としては、知られているかぎり最古のものと思われる。

オロリン・トゥゲネンシスを発見した人類学者によると、この種は人類と類人猿が分岐したあとのヒト族側に位置しているという。その一方で、オロリンが人類とチンパンジー類の共通祖先に近縁だったのはまちがいなさそうだが、そのどちら側に属すかはわからない、という意見もある。オロリンには類人猿に似た特徴と人類に似た特徴が混在している。人類と同じように、エナメル質に厚くおおわれた歯をもつが、形や大きさが類人猿のものに似た歯も見られる。大腿骨の形からすると、体重の大部分を股関節で受けとめられたようなので、二足歩行だっただろう。また、骨に腰の筋肉がついていた痕跡は、のちに現れる二足歩行のヒト族と同じような場所に見られる。しかし、腕の骨の特徴から推測すると、木登りもしていたようだ。

- 大腿骨の形からすると二足歩行だったようだ
- 歯のエナメル質が厚いので、かたいものを食べたと思われる
- 上腕骨を見ると、木登りはしたが、腕渡りで樹間を移動することはなかったように思われる

断片的な標本
オロリン・トゥゲネンシスの化石は断片的なものだけだが、少なくとも5体分が見つかっている。そのなかには脚と腕の骨、歯、あごの断片、指骨が含まれるが、これまでのところ頭骨は見つかっていない。そのため、他の化石と比較するのがむずかしい。

化石化作用が長期間にわたったため、標本はきわめて断片的

トゥゲン・ヒルズ
ケニアにあるこのトゥゲン・ヒルズで2000年に、少なくとも5体のオロリンが見つかった。発見者はブリジット・スニュとマーティン・ピックフォードだ。オロリンとはトゥゲン語で「最初の人」を意味する。

オロリン・トゥゲネンシス
年代	610万〜580万年前
脳の大きさ	不明
身長	不明
発見された化石	あごの骨、歯、腕の骨と大腿骨の断片、指骨

場所 ケニアのトゥゲン・ヒルズ

構造
二足歩行

人類と他の霊長類の解剖学的構造にはさまざまな違いが見られる。なかでも重要な相違点の一部は、動きまわる方法の違いに起因している。他の霊長類は4本足で歩くか木に登る、あるいはその両方で移動するが、現生人類は2本足で直立歩行をする。なぜ、どのようにしてこの二足歩行が生まれたかについては諸説がある。たとえば、2本足で歩くと両手が自由になるので、食べ物や水、小さな子供、石器、武器などをもち運ぶことができる。広々とした場所を移動したり、水中を歩いたり、日光にさらされる部分を最小限にとどめるのにも、きわめて効果的な移動方法だ。しかし、化石資料から推測すると、二足歩行が発達したときにはまだ道具や武器を使っていなかったようだ。それだけではなく、私たちの祖先が森を出て開けた場所へ移動した時期より前だったと思われる。人類は2本足で歩きまわる唯一の霊長類なので、二足歩行の化石はすべて、人類の系統が類人猿から分かれたあとのものだろう。

 ゴリラ　　 ヒト

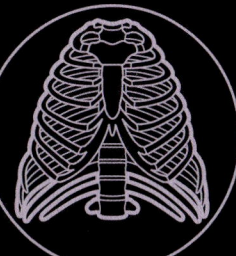

胸郭
類人猿の胸郭は円錐形をしているので、肩関節の柔軟性が増し、頭上に手をのばして木登りをすることができる。ヒトの胸郭は樽形のため、胴体を曲げたり腕を振ったりできる。そのおかげで、2本足で歩いても、体のバランスを保てる。

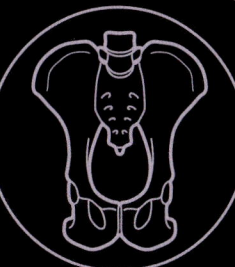

骨盤
ヒトの骨盤は他の霊長類に比べて上下が短く、幅が広い。その結果、胴体を腰の中央にのせ、強力な靭帯と深い股関節窩で股関節を安定させながら全体重を支えることができる。

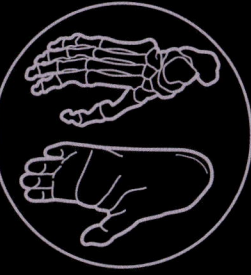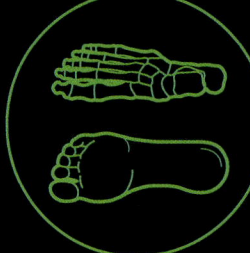

足
霊長類の足の親指は足部のわきに位置し、木登りの最中に足で枝をつかめるようになっている。ヒトの足の親指は、霊長類としてはめずらしく、他の指と並んでついている。さらに、かかとが長いため、体重を支えて歩くための土台ができている。

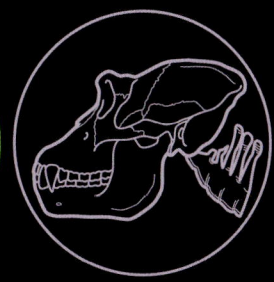

大孔（大後頭孔）
四足歩行の動物では頭が脊柱の前方に位置するが、ヒトの頭は脊柱の上でバランスを保つようにのっている。その結果、脊柱から脳への通り道にあたる、頭骨基部の大孔（文字通りの意味は「大きな穴」）が、他の霊長類に比べてずいぶん前にある。

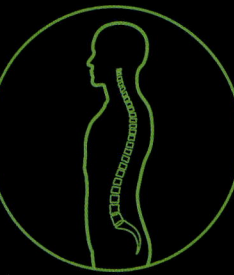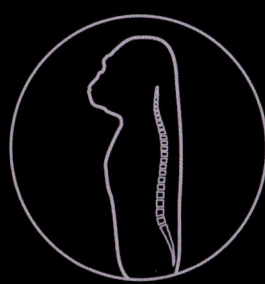

脊柱
ヒトの脊柱は、直立姿勢にあわせて、首と下背部に湾曲が加わっている。これにより、腰の上で胴体を垂直に保ち、歩いたり走ったりするときの衝撃を脊柱で吸収できる。

四足歩行の類縁動物
現生種で私たちにもっとも近い類縁動物であるチンパンジー類とゴリラ類は、地上を移動するときに、手のひらや指ではなく、指関節の背部に体重をのせる「指背歩行（ナックル・ウォーキング）」を行う。

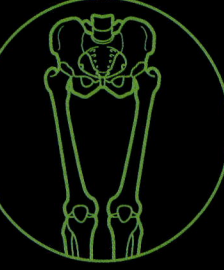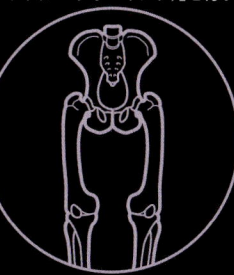

大腿骨
ヒトの大腿骨は骨盤からひざのほうへ内向きに傾いているため、ひざが重心に近くなり、骨盤の真下に足がくるのでバランスを保てる。他の霊長類に比べて、上肢に対する下肢の長さが長いので、脚をのばして、エネルギー効率が非常によい歩きかたをすることができる。

アルディピテクス・ラミドゥス

アルディピテクス属で最初に見つかったラミドゥスは、ヒト族の系統の初期にあたると考えられている。外見は現生種のチンパンジー類によく似ていただろう。

この種は1992年に古人類学者のティム・ホワイトによって発見され、最初はアウストラロピテクス属という同定にもとづいて**アウストラロピテクス・ラミドゥス**と名づけられた（「ラミド ramid」は、現地のアファール語で「根」という意味）。ラミドゥスがまったく別のアルディピテクス属（アファール語で「地面」もしくは「床」）に分類しなおされたのは、もっとあとのことだった。全体としてみると、ラミドゥスはチンパンジーのほうに似ていたように思われる。しかし、いくつかの証拠から、二足歩行だったことがうかがわれるので、たぶん初期のヒト族だったのだろう。ラミドゥスの頭骨は脊柱の真上にバランスよくのっている。また、足指の配列からすると、枝をつかむより歩くのに向いた足だったようだ。歯はチンパンジーに似ているが、ヒト族の特徴もいくらか見られる。たとえば、犬歯はあとから現れるヒト族のものに似ている。前歯ものちのヒト族と同じように比較的小さい。頰歯の形はチンパンジー類とは異なる。腕は、木登りをする類人猿と二足歩行のヒト族の特徴が入りまじっている。

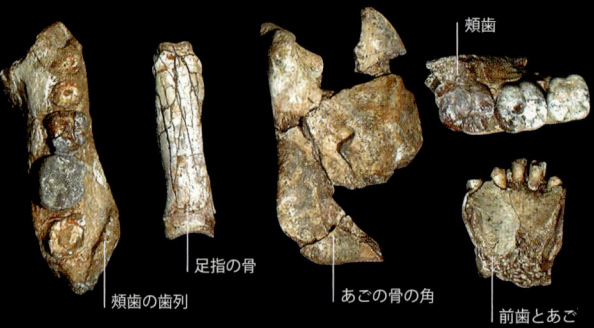

断片的な頭骨
アルディピテクス・ラミドゥスの化石はごくわずかしかない。頭骨とあごの骨の断片、分離した歯、足指と手の骨の他、1個体の腕からほぼ完全な骨が3本見つかった。

あごの骨
アルディピテクス・ラミドゥスの見かけは現生種のチンパンジー類のほうに近かったようだが、頰歯はあとから現れるアウストラロピテクス属の種に似ている。これはラミドゥスがヒト族だったことを示す有力な証拠になる。

アルディピテクス・ラミドゥス
年代 440万〜400万年前
脳の大きさ 不明
身長 不明
発見された化石 頭骨、あご、歯と腕の骨の断片

場所
エチオピアのアファール、ケニアのタバリン

アルディピテクス・カダバ

ヒト族の祖先なのか。それともチンパンジー類の祖先なのか。それを化石資料から識別するのはむずかしい。

カダバの化石が初めて見つかったのは1997年で、発見者はエチオピアの古人類学者ヨハネス・ハイレ=セラシエだった。最初はアルディピテクス・ラミドゥスの亜種だと思われていたが、歯に現れた証拠をもとに、今は同じ属の別種として分類されている。ラミドゥスに比べて、カダバには類人猿に近い特徴が多く残っている。たとえば、大きくてとがった犬歯もその1つだ。他の歯や手の骨はのちのヒト族のものに近いが、足指の骨は類人猿とヒト族の中間に見える。

アルディピテクス・カダバ
年代 580万〜520万年前
脳の大きさ 不明
身長 不明
発見された化石 あご、手、足、腕の骨の断片と、鎖骨の断片

場所
エチオピアのミドル・アワッシュ

アウストラロピテクス・ガルヒ

現生人類の祖先と同時期に生きていたにすぎない、という意見が大半を占めるが、一方で、現生人類はガルヒの子孫だという説も出ている。

1996年から1998年のあいだに、ブルハニ・アスファオとティム・ホワイトが、いろいろな場所にある同じ堆積層から数多くの化石を発見した。そのなかには頭骨、あご、歯の断片、そして部分骨格が1体含まれている。頭骨と歯はアウストラロピテクス・アファレンシス（⇨ p.450〜451）やアフリカヌスのものに似ているが、違う点（たとえば歯が大きいなど）もあるため、これらの化石は別の種として分類された。化石といっしょに石器が掘りだされたわけではないが、同じ堆積層に石器が含まれていて、近くで見つかった動物の骨には切られたあとがある。

アウストラロピテクス・ガルヒ
年代 300万〜200万年前
脳の大きさ 450cm³
身長 不明
発見された化石 頭骨とあごの断片

場所
エチオピアのアファール

アウストラロピテクス・アナメンシス

1965年に発見されたが、固有の種だとすぐに認められたわけではなかった。

これらの化石はのちのアウストラロピテクス類のものに似ているが、類人猿に近い特徴も見られる。ミーヴ・リーキーが、1965年に見つかった化石を**アウストラロピテクス・アファレンシス**（⇨ p.450〜451）の化石と区別し、アナメンシスと命名したのは1995年のことだった。アナメンシスがアファレンシスと同様、二足歩行だったことは脚の骨からわかるが、頭骨と歯はもっと原始的だ。アナメンシスの歯のエナメル質はもっと厚くて、犬歯が大きい。頰歯の並びかたも、のちのヒト族のように湾曲しているのではなく、類人猿と同じようにまっすぐで平行になっている。

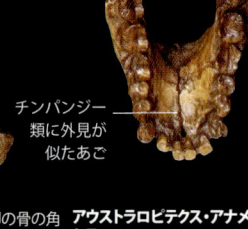

チンパンジー類に外見が似たあご

脚の骨の角度から、アナメンシスが二足歩行だったことがわかる

アウストラロピテクス・アナメンシス
年代 420万〜390万年前
脳の大きさ 不明
身長 不明
発見された化石 歯、あご、腕、脚の骨の断片

場所
ケニアの東トゥルカナとカナポイ、エチオピアのミドル・アワッシュ

アウストラロピテクス・バルエルガザリ

まだよくわかっていない種で、アウストラロピテクス類としてはめずらしく、大地溝帯ではなく、チャドで化石が見つかった。

化石はあごの断片と数本の歯だけで、1993年にミシェル・ブリュネによって発見された。あごの骨はブリュネの同僚だった故アベル・ブリランソーにちなんで「アベル」という名前でも知られている。この化石はアウストラロピテクス・アファレンシスの地理的変異で、独立した種ではないだろうと、多くの人類学者が考えている。さらなる発見でこれが確かめられたとしても、この化石が重要であることに変わりはない。なぜなら、はじめに考えられていたよりも、アウストラロピテクス類が広くアフリカ全体に分布していたことをこの化石が物語っているからだ。

アウストラロピテクス・バルエルガザリ
年代 360万〜300万年前
脳の大きさ 不明
身長 不明
発見された化石 あごの断片と数本の歯

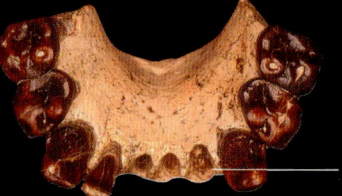

丸みをおびたあごに歯がついている

場所
チャドのバルエルガザリ

アウストラロピテクス・アフリカヌス

初期のヒト族として最初に同定された種だった。類人猿に似ているが二足歩行で、脳は小さく、ヒトに似た歯をもっていた。

1924年、レイモンド・ダート（⇨コラム）が、部分頭骨の化石を類人猿と人類の中間種として同定した。この判断に疑問を抱く者はかなりいた。当時の人類学者の大半が、最古の人類祖先はアフリカの外で見つかるはずで、大きな脳をもつが二足歩行ではなかっただろうと考えていたからだ。ダートの頭骨化石はこの前提を完全にくつがえすものだったので、ヒト族の頭骨がもっと見つかるまで、彼の説が広く受けいれられることはなかった。アウストラロピテクス・アフリカヌスはアウストラロピテクス・アファレンシス（⇨ p.450～451）にそっくりだったが、頬歯とあごがより大きく、脚に対する腕の比率も長かったので、木登りをすることがもっと多かったと思われる。また、足の親指も類人猿のほうに近く、歩行よりものをつかむのに適していたようだ。

アウストラロピテクス・アフリカヌス
- 年代 350万～200万年前
- 脳の大きさ 428–625cm³
- 身長 1.4m
- 発見された化石 数多くのあごの骨、部分頭骨数個、骨格のさまざまな断片

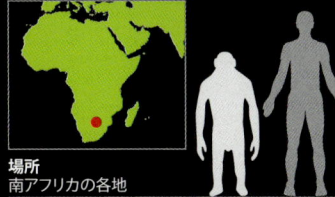

場所
南アフリカの各地

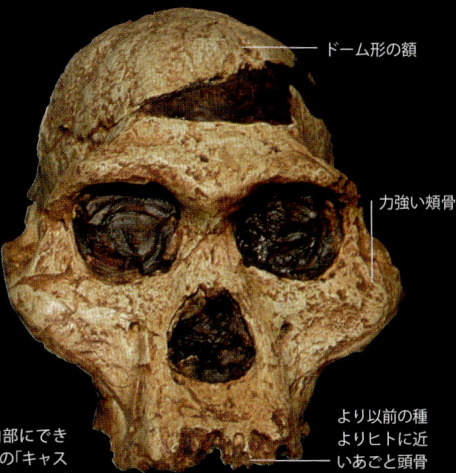

ドーム形の額
力強い頬骨
より以前の種よりヒトに近いあごと頭骨

ミセス・プレス
「ミセス・プレス」という名で知られるアフリカヌスの頭骨は、1947年に南アフリカのステルクフォンテーン洞窟でロバート・ブルームによって発見された。この愛称は、ブルームが最初につけたプレシアントロプス・トランスヴァーレンシスという名前を縮めたものだ。

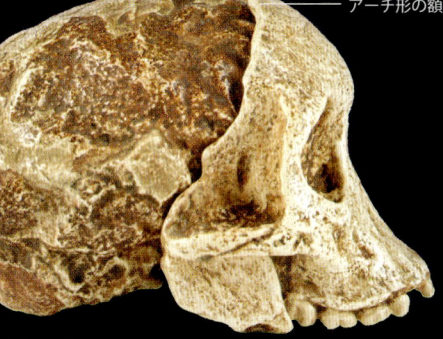

アーチ形の額

はじめのころのヒト族より大きな脳

タウング・チャイルド
タウング・チャイルドは初めて見つかった初期ヒト族の化石だった。石灰岩でできた脳のキャストは化石化作用で形成されたもので、頭骨はなくなっていたが、顔の骨はこの脳のキャストにぴったり合っていた。骨に残る跡から、タウング・チャイルドはワシに殺されたのではないか、と一部の人類学者は考えている。

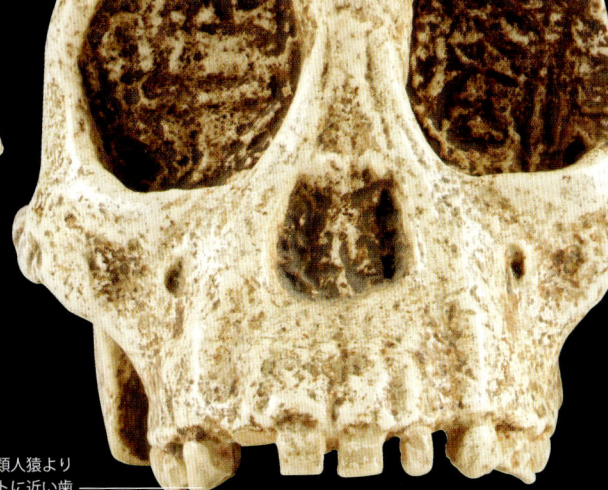

頭骨内部にできた天然の「キャスト」から脳の形がわかる。

類人猿よりヒトに近い歯

人物伝 レイモンド・ダート

オーストラリアの人類学者レイモンド・ダートは、南アフリカのウィトウォーターズランド大学で研究中に、岩石の箱に入っていた化石を新種のヒト族アウストラロピテクス・アフリカヌスとして同定した。この発見は最初、大きな批判を受けたが、ダートの説はやがて受けいれられ、その名声は不動のものとなった。1956年、ダートに敬意を表して、ウィトウォーターズランド大学にアフリカ人類研究所が設立された。その3年後、ダートは発見の報告をまとめて『ミッシング・リンクの謎』を出版する。1988年、95歳で死去。

ケニアントロプス・プラティオプス

1999年にミーヴ・リーキーがゆがんだ頭骨を発見する。これは新種としてだけでなく、新属のケニアントロプスとして分類された。

同じ時期に東アフリカにいた**アウストラロピテクス・アファレンシス**（⇨ p.450～451）より、もっとあとに現れる**ホモ・ルドルフェンシス**（⇨ p.455）のほうに似ている。頭骨の大きさはアウストラロピテクス類やパラントロプス類（⇨ p.452～453）に近く、両方に共通する形質も見られるが、それぞれがもつ際立った特徴がこの種にはない。ここが重要な点であり、同時代のどの属にも合致しないということは、つまり、アウストラロピテクス類とは別の種類のヒト族がいっしょに生息していたことの証拠になる。そうすると、ヒト族が類人猿に似た祖先から現生人類まで一直線に進化してきたという考えかたはまちがいで、数種類のヒト族が共在したことになる。ただし、化石がひどく変形しているので新しい属を設定するには不十分だという意見もある。

ケニアントロプス・プラティオプス
- 年代 350万～320万年前
- 脳の大きさ 不明
- 身長 不明
- 発見された化石 頭骨1個と歯の断片

場所
ケニアのトゥルカナ湖

トゥルカナ湖
200万から300万年前のトゥルカナ湖は現在よりはるかに大きく、周辺には非常に豊かな土地が広がっていた。初期のヒト族にとっては理想的な環境だ。

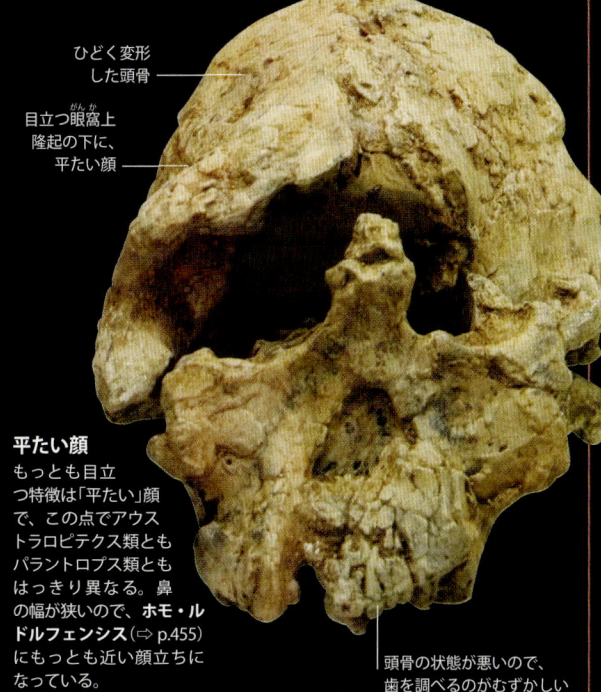

ひどく変形した頭骨
目立つ眼窩上隆起の下に、平たい顔

平たい顔
もっとも目立つ特徴は「平たい」顔で、この点でアウストラロピテクス類ともパラントロプス類ともはっきり異なる。鼻の幅が狭いので、**ホモ・ルドルフェンシス**（⇨ p.455）にもっとも近い顔立ちになっている。

頭骨の状態が悪いので、歯を調べるのがむずかしい

アウストラロピテクス・アファレンシス

この種は、現生人類（ホモ・サピエンス）が属しているヒト属の祖先と思われる。初期のヒト族のなかでもっともよく知られている種の1つで、「ルーシー」を含めて重要な化石がいくつも発見されているため、外見や行動などがよくわかっている。

重要な発見

1973年、古人類学者のドナルド・ジョハンソンが300万年前のひざの化石を見つける。この化石が直立歩行をしていたヒト族のものであることは明らかだった。翌年、有名な「ルーシー」が発見され、以後、「ファースト・ファミリー（最初の家族）」や「ディキカ・ベビー」など、アウストラロピテクス・アファレンシスの化石が次々と掘りだされた。こうした注目すべき発見が続いた結果、今では、アファレンシスの体の特徴や生活のしかたについてかなり多くのことがわかっている。アファレンシスもときには木に登ることがあっただろうが、おもに二足歩行だったことはまちがいない。これは多くの者にとって驚きだった。なぜなら、私たちの祖先の脳が発達したのは直立歩行を始める前だった、と当初は考えられていたからだ。ところが、アファレンシスの脳は現在のチンパンジー類のものとたいして変わらず、現在わかっているかぎりでは、石器も作っていなかった。他のアウストラロピテクス類と同様、アファレンシスは現生人類よりはるかに小さく、また、現在の類人猿と同じように、成熟するのも死ぬのも早かっただろう。男は女よりかなり大きかったので、女の気を引こうとして男どうしが争い、女と長期間にわたってつながりをもつことはなかったようだ。

ルーシー
ルーシーと呼ばれる化石は、考古学者たちが発見の祝いをしているときに流れていたビートルズの曲「ルーシー・イン・ザ・スカイ・ウィズ・ダイアモンズ」にちなんで名づけられた。ディキカ・ベビー（⇨次ページ）が見つかるまで、先史時代のヒト族骨格としては、知られているかぎりもっとも完全に近いものだった。発見された骨は全体の40％ほどになる。骨盤の形から女性とされるルーシーは、**アウストラロピテクス・アファレンシス**という種でもっとも有名な化石だ。

ファースト・ファミリー
ファースト・ファミリーの化石を並べて見せるドナルド・ジョハンソン（⇨写真の左端）。ここには、同時に死んだと思われる13個体ほどの化石が含まれている。おそらく鉄砲水に巻きこまれたのだろう。化石が発見されたのは1975年で、場所はルーシーの発掘地のすぐ近くだった。骨の数は200個以上あり、さまざまな年齢層の男女が混じりあった社会集団だったことがうかがえる。

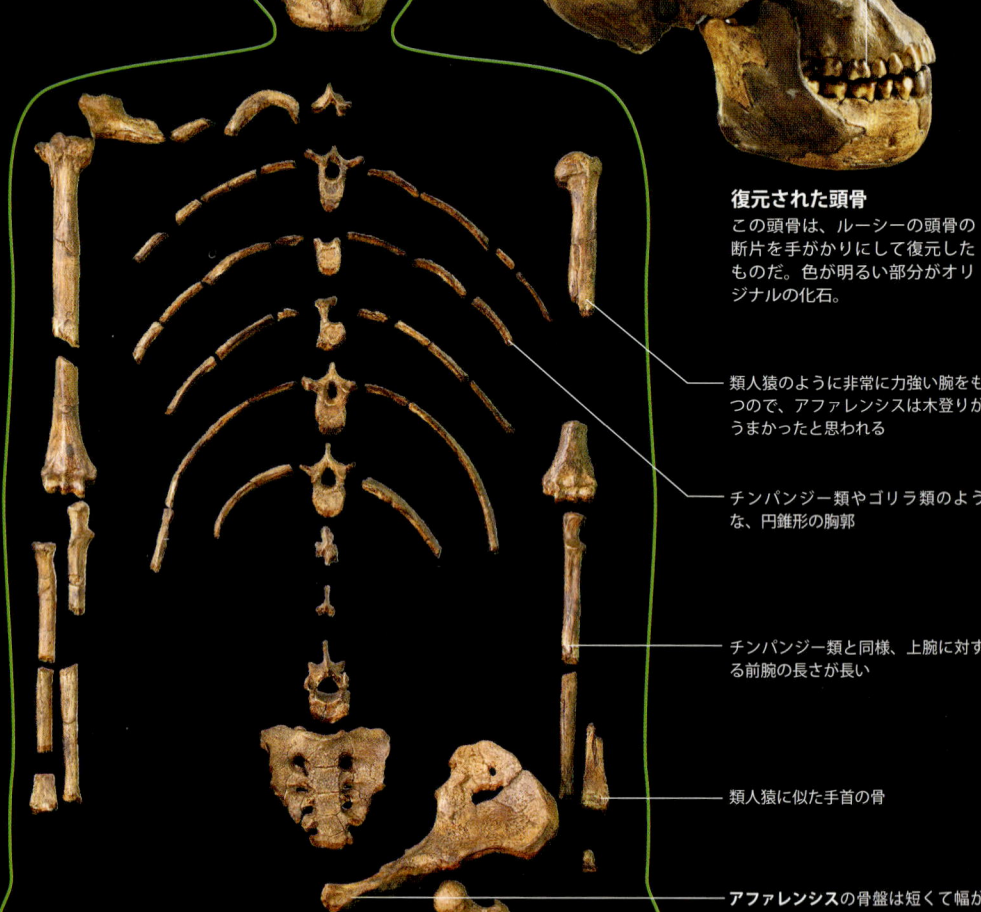

脳は小さく、チンパンジーをわずかに上まわる程度

頭骨の頂部に、強力なそしゃく筋を支えるための骨質の「稜」がいくらか盛りあがっている

類人猿と同様、顔の上部から、力強いあごと歯が突きでている

復元された頭骨
この頭骨は、ルーシーの頭骨の断片を手がかりにして復元したものだ。色が明るい部分がオリジナルの化石。

類人猿のように非常に力強い腕をもつので、アファレンシスは木登りがうまかったと思われる

チンパンジー類やゴリラ類のような、円錐形の胸郭

チンパンジー類と同様、上腕に対する前腕の長さが長い

類人猿に似た手首の骨

アファレンシスの骨盤は短くて幅が広く、後方に拡大しているので、股関節の上で胴体を安定させ、より上手に歩くことができた

大腿骨がひざへ向かって内向きに傾いているので、うしろ脚で立ってバランスを取り、長時間歩くことができた

大腿部が非常に短いので（これも類人猿に似た特徴の1つ）、つねに二足歩行だったわけではないことがわかる

膝蓋骨がはまるV字形のくぼみの形や深さは、類人猿とヒトの中間

足首の関節と足がヒトに似ているので、**アファレンシス**は2本足で歩けたと思われる。ものをつかむのではなく、歩くのに適した足をもつことから、赤ん坊が母親にしがみつけないので、かかえて移動するしかなく、母親の社会集団に対する依存度が高くなったと推測される

アウストラロピテクス・アファレンシス
年代 410万～200万年前
脳の大きさ 380–485cm³
身長 1.05–1.51m
発見された化石 一部完全な成人の骨格、ほぼ完全な赤ん坊の骨格、完全な膝関節、その他の断片多数

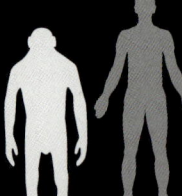

場所
エチオピアのハダールをはじめとする、エチオピアとケニアの複数箇所

堂々と歩く

アファレンシスはどの程度まで現生人類と同じような二足歩行をしたのか。他の霊長類のように木登りをすることはどのくらいあったのか。この問題については考古学者の意見が一致していない。**アファレンシス**の骨格に完全な二足歩行の生活に向かう特徴が多く見られるのは確かだ。頭骨は脊柱の真上に、そして骨盤は腰の上に安定した状態でのっている。ひざも、2本足で動きまわる際に体のバランスがくずれにくい構造になっている。骨に靱帯が付着していた痕跡は、現生人類の骨格と同じような位置に見られる。**アファレンシス**の骨と筋肉が連動して動くようすをコンピューターで再現すると、2本足で効率よく歩けたことがわかった。また、歩行跡の分析結果から、現生人類と同様の速度で歩いたと推測される。足首の関節と足も他の霊長類より現生人類のほうに近い。ただし、手の指は他の霊長類と同じように長く、曲がっていて、手首の骨もヒトより類人猿に似ている。ディキカ・ベビーの肩甲骨も、ヒトよりゴリラのものに近く、可動範囲が広かったようだ。そうすると、**アファレンシス**は木登りをすることも少しはあったようだ。

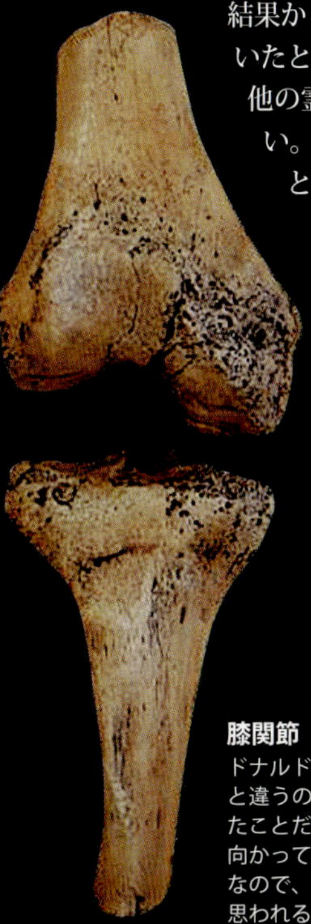

膝関節
ドナルド・ジョハンソンが見つけた膝関節が他と違うのは、2つの部分が両方ともそろっていたことだ。上の部分は外側へ傾いて腰のほうへ向かっている。この傾きかたは現生人類と同じなので、アファレンシスは直立歩行ができたと思われる。

🟢 重要な発見
ディキカ・ベビー

ディキカ・ベビーは2000年にエチオピアの大地溝帯で古人類学者ゼラセナイ・アレムサゲドによって発見された。この子は330万年前に急な洪水に巻きこまれて死んだらしい。化石はエチオピアの言葉で「平和」を意味する「セラム」と名づけられた。この発見が重要なのは、この時期のヒト族化石としてはもっとも完全に近いものだったからだ。頭と顔の保存状態は非常によく、乳歯も残っていた。セラムの骨格は、損傷を避けるために歯科用のドリルを使用し、砂岩のなかから長時間かけて取りだされた。舌骨は言葉を話すのに必要な骨で、つくりがもろいが、この舌骨まで残っていたので、**アファレンシス**ののどについて重要な情報が得られた。セラムの舌骨はヒトより、他の霊長類のほうに近く、まだ話すことはできなかったようだ。セラムはほんの3歳くらいだったので、成長について知ることができた。たとえば、セラムの脳はチンパンジー類と同じ速度で成長していたようだが、成人の**アファレンシス**の脳はもう少し大きいことから、成熟するまでの期間はやや長めだったと思われる。したがって、子ども時代がチンパンジー類より長く、その間は同じ集団の年長者についてまわったのだろう。

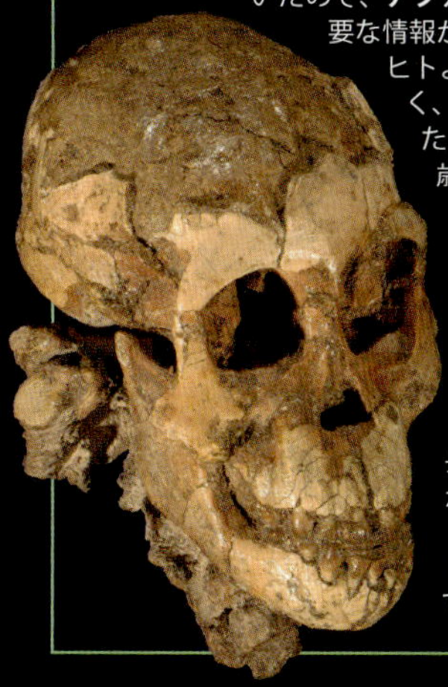

大昔の足跡
タンザニアのラエトリで見つかった歩行跡。360万年前の噴火で放出された火山灰がかたまり、足跡を保存していた。ここには3組の足跡が含まれている。2つは体の大きさが異なる成人のもので、3体目の小さな個体がそのあとに続き、いちばん大きな足跡のなかに踏みこんでいる。

パラントロプス・エチオピクス

初期のヒト属と同じころに生きていたが、系統樹の側枝で子孫を残さなかったようである。「パラントロプス」という語は「人のそばに」という意味。

化石は数少ないが、そのうちでもっとも重要なのは「ブラック・スカル（黒い頭骨）」だ。この化石は、埋もれていた土壌のマンガン濃度が高かったため、真っ黒に変色している。他のパラントロプス類と同様、**エチオピクスはアウストラロピテクス・アファレンシス**（⇨ p.450～451）の子孫と思われるが、他の種との類縁関係ははっきりしない。**ボイセイ**や**ロブストゥス**の祖先だったという説もときどき出されるが、見かけが似ているのは、近縁だからというより、同じような食べ物を食べていたからだろう。パラントロプスの脳は小さく、**アウストラロピテクス類**と同様、顔の下部が前へ突きでているが、かたい種子や植物をかんだりすりつぶしたりするのに向いた大きなあごももっている。こうした特徴はヒト属や現生人類には見られないので、パラントロプスは私たちの直接の祖先につながる系統と並んで進化しながら、生きのびられなかったのだろう、と人類学者は考えている。

しゃくれた顔
エチオピクスの顔はくぼんでいて、横から見ると特徴のある「しゃくれた」形をしていた。

目立つ稜

かむのに適した歯
エチオピクスの奥歯は大きく、かたい食べ物をすりつぶすのに向いていた。こうした使いかたをするには、力強いそしゃく筋が必要だった。この筋肉は幅の広い頬骨の下を通り、頭骨のてっぺんにある骨質の稜に付着していた。

頭骨の大きさはアウストラロピテクス類に近い

顔の真ん中がくぼんでいる

顔の下部が前へ突きでている

前のほうにある頬骨

パラントロプス・エチオピクス
年代　250万年前
脳の大きさ　410cm³
身長　不明
発見された化石　頭骨2つ、あごの一部、歯の断片が多数

場所
ケニアのトゥルカナ湖、エチオピアのオモ

パラントロプス・ロブストゥス

はじめて発見されたパラントロプス類である。見つかったのは1938年、発見者は男子生徒のガート・ターブランチだった。この種は現在までに130体以上見つかっている。

他のパラントロプス類と同様、アウストラロピテクス類や初期のヒト属に比べてあごや歯が大きい。**ロブストゥス**の化石は、同時期だが東アフリカに住んでいたボイセイのものによく似ている。さらに多くの化石が見つかれば、この2種が本当は同じ種の地理的変異だったことがわかるかもしれない。**ロブストゥス**は石器を作らなかったようだが、一部の化石といっしょに掘りだされた動物の骨には、現在の狩猟採集生活者がシロアリの塚をこわすのに使う棒にも見られるたぐいの傷あとがある。

前方に位置する、はっきりとした稜

脳の容量は小さい

頭骨は、眼窩のすぐ後ろがずいぶん狭くなっている

頬骨は長く、縁が広がり、前を向いている

歯のエナメル質は厚い

平たい顔
顔は平たくて幅が広い。脳は現生種のチンパンジー類よりほんのわずかだけ大きい。

臼歯に比べてやや小さめの切歯と犬歯

特大の歯
歯はきわだって大きく、幅の広い頬骨と頭骨頂部の稜に大きなあごの筋肉が付着していた。しかし、歯とあごは現生種のゴリラ類より大きくても、ロブストゥスの体はまだかなり小さかった。

パラントロプス・ロブストゥス
年代　200万～100万年前
脳の大きさ　530cm³
身長　1.1-1.3m
発見された化石　さまざまな頭骨、あごや歯の断片、さまざまな骨格の断片

場所
南アフリカの各地

サイエンス
食べ物についての議論

たいていの場合、歯の大きさや形を見ると、その動物種が食べていたものの種類がわかる。パラントロプス類は奥歯が大きいので、おもに種子や生の植物のようなかたいものを食べていたと推測される。しかし、新たな研究方法によって見かたが変わり、パラントロプス類の食べものはもっと幅が広く、タンパク質が豊富な肉類や昆虫類も口にし、こうしたものが手に入りにくいときだけ、もっとかたい種子や植物に目を向けたのだろう、と研究者たちは考えるようになっている。歯の摩耗パターンを調べたり（食べ物が異なると、歯のすり切れかたも異なる）、化石に含まれる「同位元素のしるし」（⇨ p.466）を分析するのも、新しい研究方法の例だ。このようなしるしは、さまざまな種類の食べ物に含まれるある種の元素のなごりから生じる。

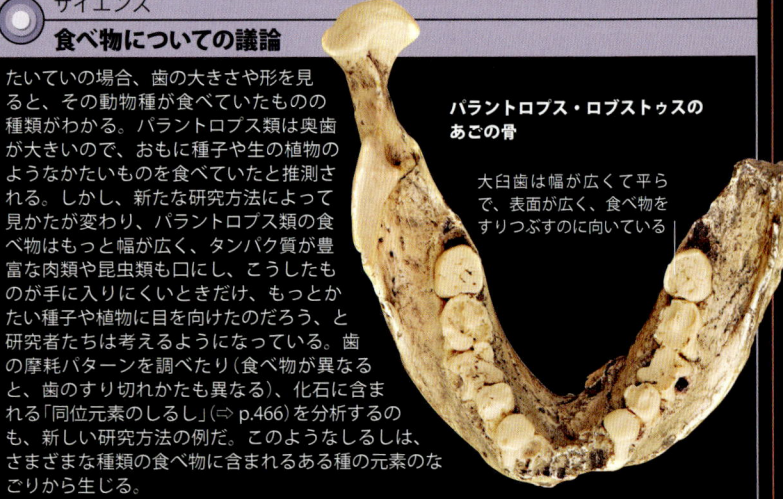

パラントロプス・ロブストゥスのあごの骨

大臼歯は幅が広くて平らで、表面が広く、食べ物をすりつぶすのに向いている

パラントロプス・ボイセイ

「ナットクラッカーマン（クルミ割り男）」というあだ名で呼ばれるパラントロプス・ボイセイは、パラントロプス類で最大で、もっとも特殊化した種だ。そしゃく器官はヒト族でもっとも強く、頬歯も最大で、歯のエナメル質はもっとも厚い。

ボイセイは、そしゃく器官が特殊化し、大きな歯をもつので、発見者のルイス・リーキーとメアリー・リーキーは、この化石を**ジンジャントロプス**という新属に分類した。リーキー夫妻は研究資金を提供していたチャールズ・ボイズにちなんで、**ボイセイ**という種名をつけた。ところが、他の人類学者たちは、レイモンド・ダート（⇨ p.449）がパラントロプス属に分類した化石との類似性を指摘した。その後、多くの議論を重ねた結果、現在ではほとんどの専門家が、**エチオピクス、ロブストゥス、ボイセイ**をまとめて1つの属に入れるべきだと考えている。**ボイセイ**の化石で見つかっているのはすべて頭骨の断片か歯だが、**ロブストゥス**のものと似ていることから、脳はやや大きめでもボイセイの体型は全体的に類人猿に近かっただろう、と人類学者は推測している。一部の発掘地では、**ボイセイ**の化石の近くで石器も見つかったが、初期の**ヒト**属の化石も同じ場所から発見されているので、人類学者も、パラントロプス類が道具を作ったという確信はもてないでいる。

人物伝
ルイス・リーキーとメアリー・リーキー

ルイスはケニアの考古学者で自然科学者でもあった。ルイスの研究により、最古の人類祖先がアフリカにすんでいたという説が確立する。1936年、ルイスはイギリス人の考古学者メアリー・ニコルと結婚する。メアリーも著名な古人類学者になり、まず最初はルイスとともにオルドゥヴァイで研究を行った。オルドゥヴァイでボイセイを発見し、ここで見つかった石器の分類システムを作りあげたのは、メアリーだった。一方、ルイスはアフリカの霊長類の研究を促進し、リーキー財団を設立した。

最初の発見
タンザニアのオルドゥヴァイには、メアリー・リーキーがボイセイの化石をはじめて発見した地点を示すプレートがある。

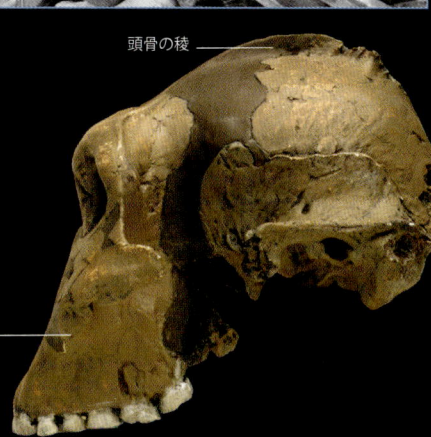

頭骨の稜

顔の下部が前方へ突きでている

突きでたあご
ボイセイの顔は**エチオピクス**より上下幅が広くて平たいが、顔の下部と力強い上あごはやはり前へ突きでている。

頭骨の中央に突起が走っている

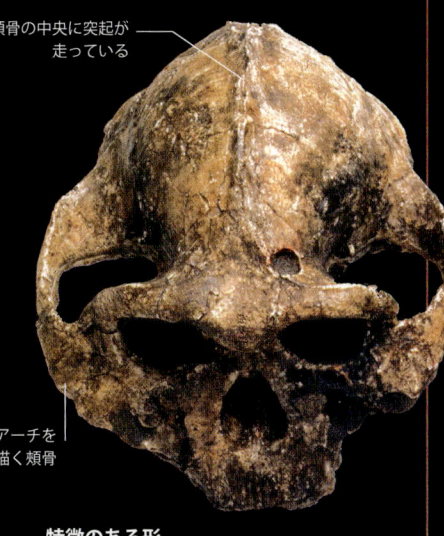

大きなアーチを描く頬骨

特徴のある形
上から見ると、頬骨が大きく広がり、脳頭蓋（とくに眼窩のすぐ後ろ）の幅が狭いことがよくわかる。

パラントロプス・ボイセイ

年代	250万〜120万年前
脳の大きさ	410–550cm³
身長	1.2–1.4m
発見された化石	さまざまな頭骨とあごや歯の断片

場所
ケニアとエチオピアの大地溝帯にあるさまざまな化石産地

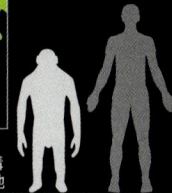

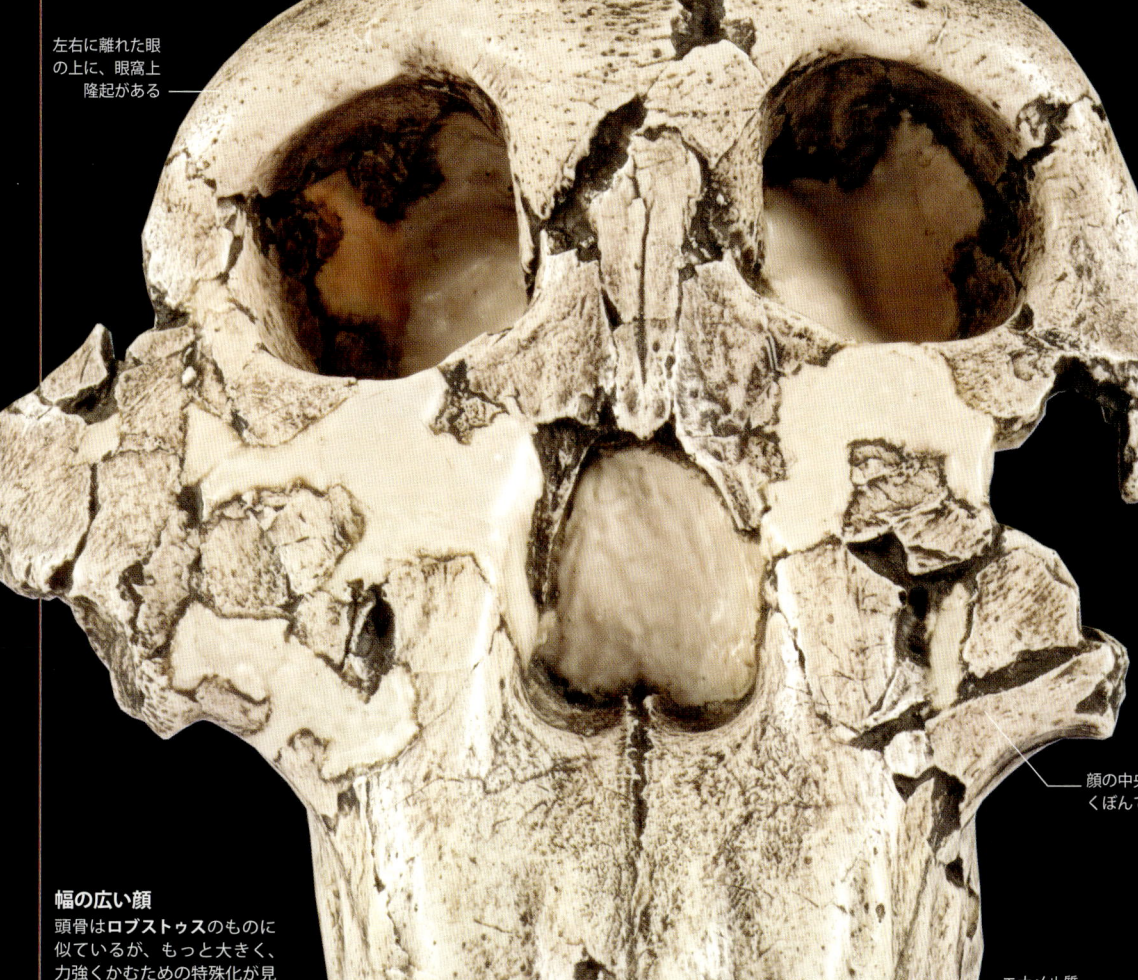

左右に離れた眼の上に、眼窩上隆起がある

顔の中央がくぼんでいる

エナメル質が厚くて、ひどくすり減った歯

幅の広い顔
頭骨は**ロブストゥス**のものに似ているが、もっと大きく、力強くかむための特殊化が見られる。頬骨のふちが拡大しているため、顔の幅が広い。あごも非常に強力なつくりで、頬歯が大きいが、前歯と犬歯は小さめである。

ホモ・ハビリス

現生人類も属しているヒト属で最初のメンバーだ。「器用な人」を意味する種名がついたのは、一部の化石といっしょに初期の石器が発見されたからだ。ホモ・ハビリスはのちのヒト族すべてにとって直接の祖先と考えられる。

新しい系列

より以前のアウストラロピテクス類(⇨ p.448〜451)より脳が大きく、頬歯が小さい。初期の石器とともに化石が見つかるので、ハビリスは道具の使用という革新的な行動を発達させ、かたい種子や植物ばかりの食生活から離れていたようだ。これは現生人類を含めて、あとから現れるヒト族すべてに見られる特徴だ。しかし、化石が次々発見されると、ハビリスとされた化石が2グループに分けられるようになってきた。1つは脳も歯も大きめのグループで、現在は**ホモ・ルドルフェンシス**(⇨次ページ)と呼ばれている。もう1つは、祖先のアウストラロピテクス類にかなり近いままのグループだ。その結果、**ホモ・ハビリス**は**アウストラロピテクス・ハビリス**と呼ぶべきだという意見も一部の専門家のあいだから出ている。いずれにせよ、ハビリスが後期のヒト属にとって直接の祖先だというとらえかたに変わりはない。

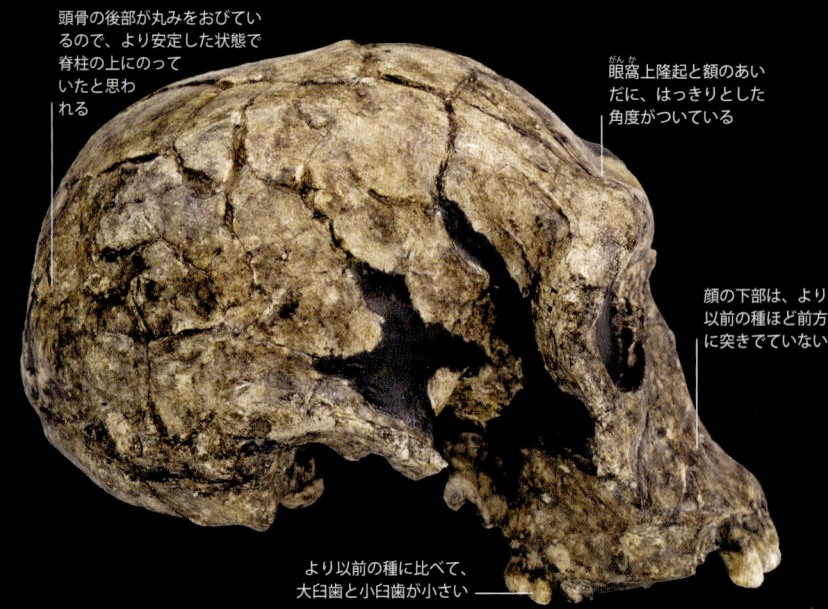

頭骨の後部が丸みをおびているので、より安定した状態で脊柱の上にのっていたと思われる

眼窩上隆起と額のあいだに、はっきりとした角度がついている

顔の下部は、より以前の種ほど前方に突きでていない

より以前の種に比べて、大臼歯と小臼歯が小さい

大きくなった脳

石器の使用により、**ホモ・ハビリス**は、かたい塊茎や木の実、肉、骨髄なども食用にできるようになった。こうした食べ物は、より以前の種が食べていた草や種子より、エネルギーやタンパク質を豊富に含む。そのおかげで、ハビリスとその子孫はより大きな脳を発達させることができた。一方、かたい植物をすりつぶすのに力を発揮した大きな頬歯は、それほど重要ではなくなった。

見なれた顔

ハビリスは、体の大きさや形の面では祖先のアウストラロピテクス類に似ていたが、顔はもう少し人間らしかった。たとえば、頬骨がもっと小さく、そしゃく筋もそれほど大きくないので、あごが顔の前方へ大きく突きでてはいなかった。

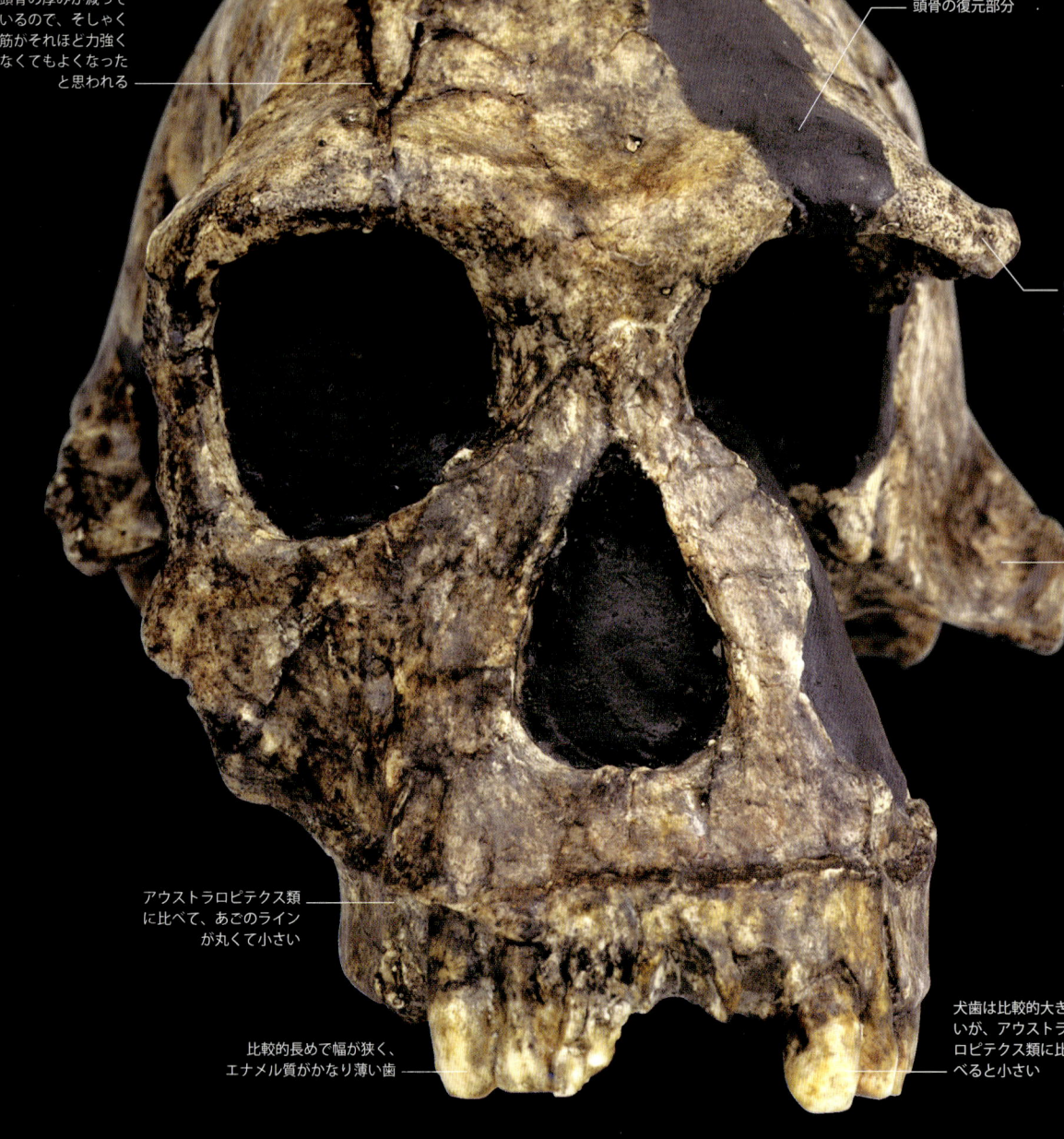

アウストラロピテクス類よりやや大きめの脳頭蓋

頭骨の復元部分

頭骨の厚みが減っているので、そしゃく筋がそれほど力強くなくてもよくなったと思われる

眼窩の上にある骨質の隆起は、のちに現れる一部の種ほど突きでていない

化石になるあいだにへこんだ頭骨側部

アウストラロピテクス類に比べて、あごのラインが丸くて小さい

比較的長めで幅が狭く、エナメル質がかなり薄い歯

犬歯は比較的大きいが、アウストラロピテクス類に比べると小さい

ホモ・ハビリス

年代	220万〜160万年前
脳の大きさ	500〜650cm³
身長	1〜1.3m

発見された化石 さまざまな頭骨と頭蓋の断片、手と足を含む下半身の断片

場所 タンザニアのオルドゥヴァイ峡谷、ケニアの東トゥルカナ、南アフリカのステルクフォンテーン

最初の「器用な人」

ホモ・ハビリスは石器を作って使用した最初のヒト族だったかもしれない。だが、この点に関しては現在、異論が出ている。なぜなら、より以前の時代の道具がアウストラロピテクス・ガルヒ(⇨ p.448)といっしょに見つかったからだ。ホモ・ハビリスと関連のある道具は「オルドゥワン」(オルドゥヴァイ型)石器、という名で知られている。単純な道具だが、作るためには技術が必要なので、ハビリスは岩石の割れかたを十分に理解していたと思われる。この石器は特定の目的にあわせた形に作られているわけではなく、単に縁を鋭くするのがねらいだった。ハビリスは材料を念入りに選んでいる。数キロメートル離れたところから石材を運んだ証拠もある。石器は狩りをするためではなく、死肉を処理するのに使われたのだろう。鋭い剝片で死体から肉を切りとったり、ハンマーストーン(石槌)で木の実を割ったり、骨をくだいて骨髄を取りだしたりしたようだ。歯形がついた頭骨も見つかっているので、捕食者ではなく、被食者だったことがわかる。

発掘
アフリカのタンザニアにあるオルドゥヴァイ峡谷で作業中の古生物学者。オルドゥワン石器という名前はこの地名に由来する。どの化石産地も時間をかけていねいに発掘し、発見物はすべて三次元の座標に記録しなければならない。

オルドゥワン石器
最初期の石器はおもに玄武岩、石英、珪岩などの礫を「ハンマーストーン」でたたき、石核と剝片に分離する方法で作られた。この剝片を、切るための道具として使用した。

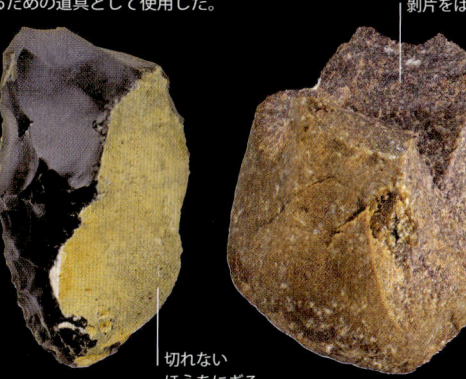

剝片をはがした側 / 珪岩でできた道具
切れないほうをにぎる
剝片 / **剝片を分離した礫** / **チョッパー(片面礫器)**

サイエンス
学習行動

石器製作に必要な技術は遺伝子によって伝わるのではなく、他者から学ぶ。学ぶことができるのは人類だけではない。道具の使用や製作ですら、人類にかぎった特性ではない。チンパンジー類をはじめとして、道具を使う霊長類は他にも何種類かいる。この写真のチンパンジーは石をハンマーのように使って木の実を割っている。道具の製造方法を次の世代へと伝えて、特徴ある「工具一式」を作りだしている種もいくつか見られる。しかし、霊長類の道具はたいてい、加工されていないただの石や棒だ。これまで知られているなかで、石器作りがもっとも上手な霊長類はチンパンジーのカンジだが、いろいろと手をつくして教えても複雑な石器は作れず、ごく初期のオルドゥワン石器にもおよばなかった。

ホモ・ルドルフェンシス

化石で見つかっているのは、基本的にはたった1個の頭骨だけで、まだ議論の余地がある。今のところ、人類の系統樹のどこに位置するかはっきりしないが、のちのヒト属のどの種にとっても、直接の祖先ではないと考えられている。

頭骨は、1972年に化石ハンターのバーナード・ンゲネオが、ケニアのトゥルカナ湖(当時はルドルフ湖と呼ばれていた)の近くのクービフォラで発見した。わかっていることはほんの少しで、とくに胴体については、化石がないのではっきりしない。見つかった頭骨ですら、化石化の過程でこわれているので、復元のしかたについて専門家の意見がまとまっていない。わずかばかりの証拠から推測すると、**ルドルフェンシス**は**ハビリス**によく似ていたようだ。アウストラロピテクス類より脳は比較的大きく、たぶんハビリスに比べても大きかっただろう。その他の点ではアウストラロピテクス類と共通する部分が多く、とくにあごと歯がかなり大きいことを考えると、**ハビリス**と同様、**ヒト属**ではなかったかもしれない。他のヒト族との類縁関係は確定しにくく、**ハビリス**と近縁であることは明らかだが、**ハビリス**の祖先だった可能性もあれば、**ハビリス**と同レベルでアウストラロピテクス類の子孫だった可能性もある。

個性派
この頭骨は、確かにルドルフェンシスのものといえる数少ない化石の1つだ。近くでは脚の骨がたくさん見つかっている。その他にも、ケニアの別の場所やエチオピア、マラウイで、分離した頭骨の断片が少しばかりと、歯やあごの化石が掘りだされている。これらの化石はまだルドルフェンシスのものと確定されてはおらず、専門家のあいだで議論が続いている。

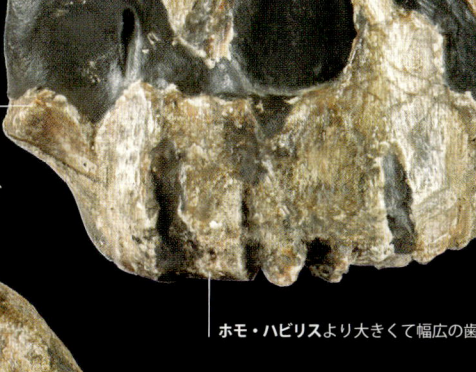

頑丈な脳頭蓋
ホモ・ハビリスに比べると、目立たない眼窩上隆起
顔は長く、ホモ・ハビリスに比べると幅が広くて平ら
それまでのヒト族より大きくて、より丸みをおびた頭骨
ホモ・ハビリスより大きくて幅広の歯

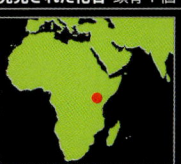

顔の傾斜
初期の復元模型では、**ルドルフェンシス**の頭骨は比較的脳が大きく、現生人類のように顔の傾斜が垂直に近かった。最近は、脳がもっと小さく、類人猿のように顔面がもっと突きでた形で復元されている。

ホモ・ルドルフェンシス
年代	240万〜100万年前
脳の大きさ	600–800cm³
身長	1.5–1.6m
発見された化石	頭骨1個

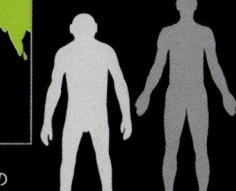

場所
東アフリカ、ケニアのトゥルカナ湖

ホモ・エルガステル

ホモ・エルガステル(「職人」を意味する)という名前は、それ以前のもの(⇒p.455)に比べてより複雑な石器文化をもつことに由来する。有名な「トゥルカナ・ボーイ」のような種の化石は、類人猿に似た祖先の化石とは外見がずいぶん異なり、現生人類のように背が高く、体のつくりも現生人類に近い。ホモ・エルガステルは、私たちホモ・サピエンスを含めて、のちのヒト族すべてにとっての祖先だったと思われる。

トゥルカナ・ボーイ

1984年、リチャード・リーキーが率いる考古学者グループのメンバーで、ケニアのトゥルカナ湖で調査をしていたカモヤ・キメウが、ほぼ完全なホモ・エルガステルの骨格を発見した。この標本は現在、「トゥルカナ・ボーイ」やナリオコトメ・ボーイと呼ばれている。骨格の形から、この骨格は男性のもので、年齢は9歳から13歳、年代は150万年前と推測された。トゥルカナ・ボーイはこの時期のヒト族化石としては知られているかぎりもっとも完全に近く、ホモ・エルガステルの体の大きさや形、プロポーションに関する貴重な情報源となっている。ホモ・エルガステルとホモ・エレクトゥス(⇒p.460~461)は近い関係にあるので、専門家のなかには、トゥルカナ・ボーイはじつはホモ・エレクトゥスの化石だと考える者もいる。

化石の宝庫

写真に写っているのはクービ・フォラの研究センターで、トゥルカナ・ボーイが発見された場所とはトゥルカナ湖をはさんだ反対側に位置する。トゥルカナ・フォラは豊かな化石産地で、現在はユネスコの世界遺産登録地であるシビロイ国立公園の一部となっている。

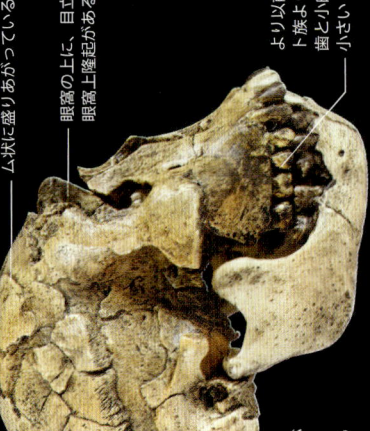

より以前のヒト族に比べて頭骨の厚みがあまりなく、ドーム状に盛りあがっている

眼窩の上に、目立つ眼窩上隆起がある

突き出た鼻

ホモ・エルガステルの頭骨には、後期のヒト族の特徴が見られる。頭蓋は高く盛りあがっていて丸みがあり、後部の開きが突き出ている。頭部は平らで短く、顔の開口部が前を向いているところは現生人類と同じ特徴が見られる。

より以前のヒト族よりヒト族に比べて犬歯と小臼歯が小さい

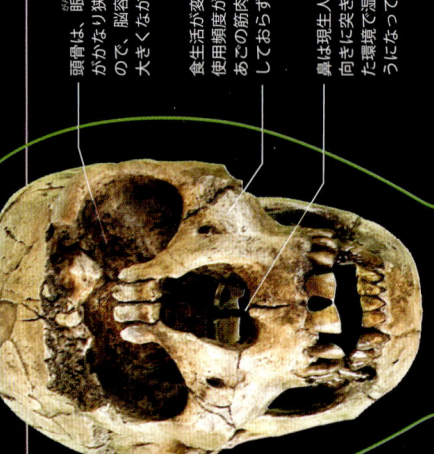

頭骨は、眼窩のすぐ後ろがかなり狭くなっているので、脳容量がそれほど大きくなかったようだ

食生活が変わり、道具の使用頻度があまり発達しておらず、顔が短い

鼻は現生人類のように下向きに突き出ていて、乾燥した環境で湿度を保てるようになっていただろう

頭骨の後部が丸みをおび、突き出ている

ホモ・エルガステルの頭骨は、類人猿や初めのころのヒト族のような円錐形ではなく、樽形

胸郭は、類人猿や初めのころのヒト族のような円錐形ではなく、樽形

体全体が大きくなったので、ホモ・エルガステルは祖先よりも時間をかけて長く生きただろう

脊髄は現生人類より狭かったようなので、ホモ・エルガステルの神経系は言葉をやつれるほどまでは発達していなかったかもしれない

サイエンス
トゥルカナ・ボーイの年齢

トゥルカナ・ボーイの年齢についてはずいぶん議論が繰り広げられてきた。骨の全体的な成長度合いから判断すると13歳くらいだったように思えるが、歯がまだ発達していないことを考えると、それより数歳若かったかもしれない。このようにはっきりしないのは、ホモ・エルガステルが成熟するまでの期間が、現生人類よりは短いが、他の霊長類よりは長かったからではないだろうか。たぶん、トゥルカナ・ボーイはまだ子どもで、背があまり高くなかったのだろう。それは、この種がまだ現生人類に特有の微妙な成長パターンを進化させていなかったからだろうと思われる。現生人類は子ども時代の初期はゆっくり成長し、青年期に急成長をとげる。

骨盤が広いので、2本足で非常に効率よく歩けた。また、現生人類と同様、脳が大きく成長しないうちに赤ん坊が生まれたどろう。ひとり立ちができない赤ん坊を育てるためには、おとなが協力しあってこの子どもの面倒を見なくてはならなかったと考えられる

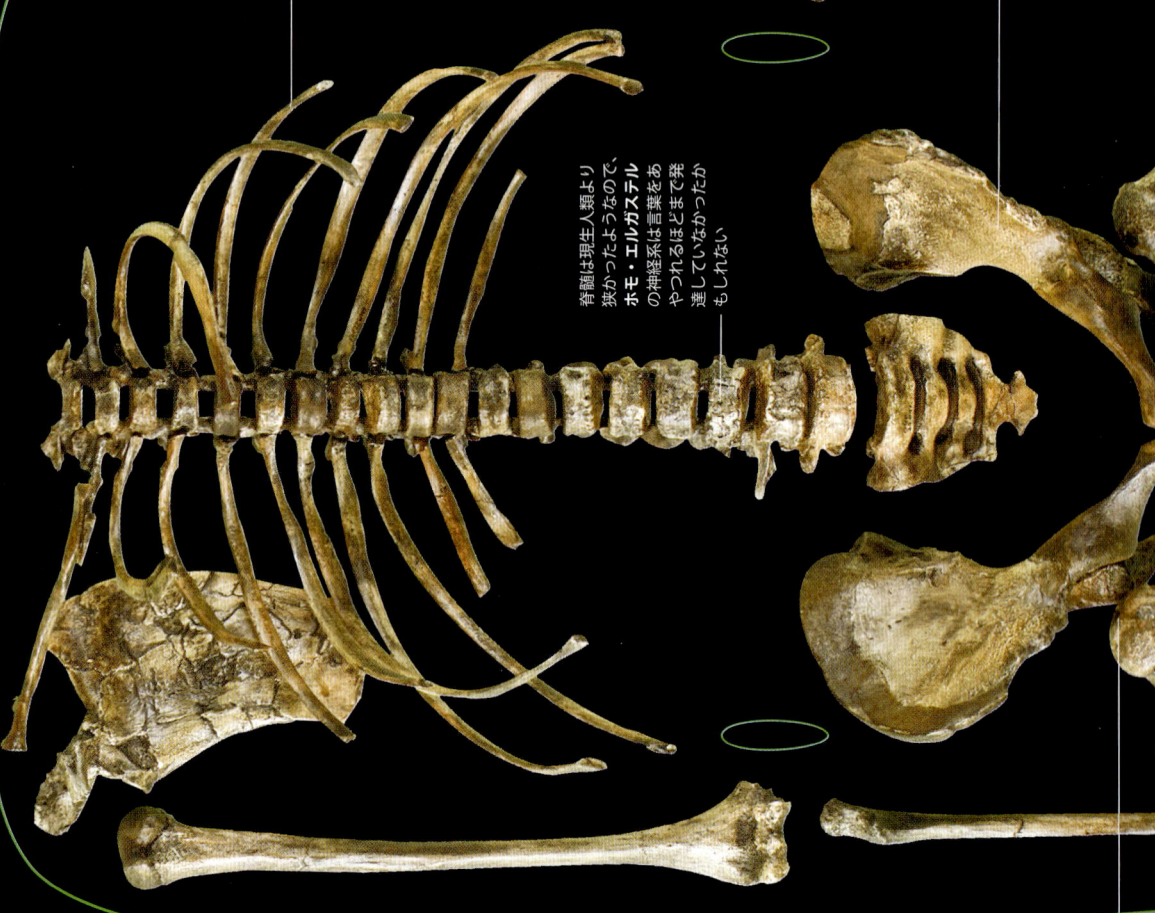

すらりとした体形

ホモ・エルガステルの体形は、生息していた暑く乾いたサバンナに適応した結果だったようだ。背が高くて手足が長いと、体積に対する表面積を最大限に増やして、効率よく汗をかいて体を冷やすことができる。反対に小さめにしにくくなっているほうが発汗の効率がさらに高まるので、ホモ・エルガステルは、体毛が少ない最初のヒト族でもあっただろう。また、より以前のヒト族に比べて性的二形が目立たないので、男女がより以前のほんの少ししか大きくなかったようだ。ここから推測すると、繁殖のために男が女を支配するのではなく、男女が協力しあって子どもを育てていたらしいと思われる。

高温に適応

ケニアのマサイ族のように、サバンナで暮らす現生人類は、ホモ・エルガステルと同じくらい背が高く、ほっそりとしたプロポーションをしている。こうした体のほうが、暑く乾燥した環境にうまく対応できる。

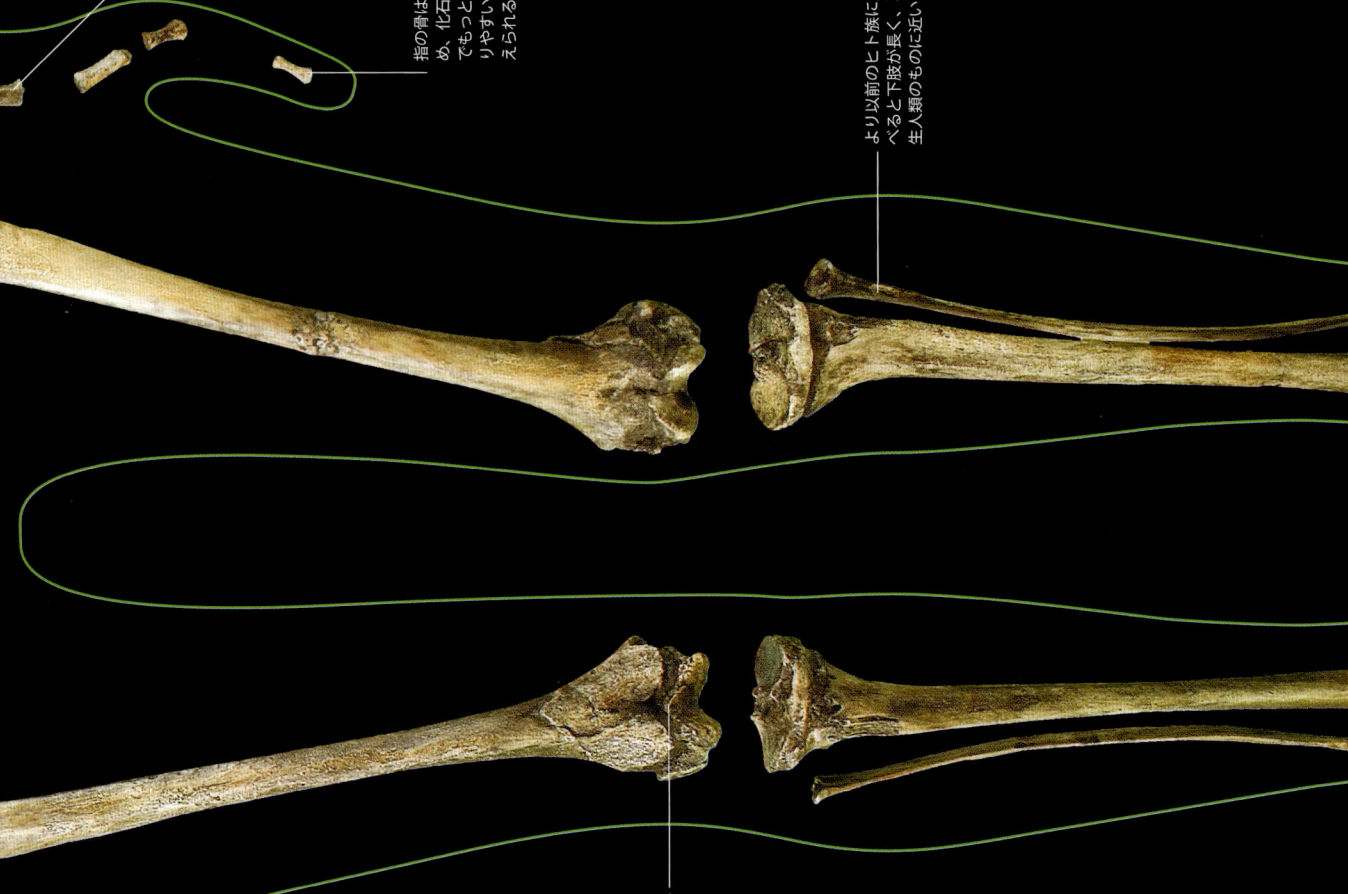

指の骨は小さいため、化石化の過程でもっとも失われやすい部分だと考えられる

より以前のヒト族に比べると下肢が長く、現生人類のものに近い

膝関節から、現生人類と同じように直立歩行をしたことがわかる

足の小さな骨は化石として残りにくいが、ホモ・エルガステルの足は体の重みにたえ、歩行に適した構造だったと推測できる

それまでの種に比べて腕が短くなっているので、ホモ・エルガステルは常時二足歩行をするようになり、木登りはめったにしなかったと思われる

注目すべき化石

化石はわずかしか見つかっていないが、トゥルカナ・ボーイは欠落部分が非常に少ないので、この種の外見や生活について、たくさんのことを推測できる。ホモ・エルガステルは現生人類と同じ最初のヒト族だ。トゥルカナ・ボーイはずいぶん背が高かった子どもだが、身長は1.6mもあり、このまま成長し続ければ1.85mになっただろう。

ホモ・エルガステル

年代 180万〜60万年前
脳の大きさ 600〜910cm³
身長 1.85mまで成長
発見された化石 ほぼ完全な骨格1体、その他に頭骨、あご、骨盤などいくつか。彼が発見した化石のなかには、アウストラロピテクス・ボイセイや、最初期のホモ・ハビリスとホモ・エレクトゥスの貴重な頭骨、そしてトゥルカナ・ボーイが含まれる。リチャードはケニアの国立博物館の館長を務めたほか、野生生物保護局の局長にも任命されてゾウの密猟防止活動にたずさわっている。2004年、ケニアの自然保護を支援する慈善団体、ワイルドライフ・ダイレクトを設立。これまでずっとアフリカでさかんに政治活動を行ってきた。

発見場所 東アフリカ大地溝帯、南アフリカ、アルジェリア、モロッコの化石産地

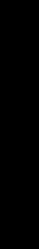

人物伝 リチャード・リーキー

リチャード・リーキーは、著名な人類学者のルイス・リーキーとメアリー・リーキー夫妻（⇒p.461）の息子で、ニューヨークのストーニーブルック大学の人類学教授をしている。両親と同様、生まれ故郷のケニアだけでなく、エチオピアのオモで発掘を行っている。

最初の人類移動

最初期のヒト族は、発祥地のアフリカ大陸でしか見つかっていない。ヒト族がアフリカを出てヨーロッパやアジアへ移動した証拠が見つかりはじめるのは、今からわずか200万年以内の地層で、ヒト属が進化したあとにあたる。

大陸を移動

初期のヒト族はアフリカのサヴァンナに住み、その環境にうまく適応していた。ここから北上してヨーロッパやアジアへ移動するためには、新しい環境や、種類が大きく異なる動植物に順応しなくてはならなかった。とくに、北方地域は季節変化がはげしいので、寒さ(⇨下のコラム)になれる必要があった。ヒト族が初めてアフリカを出た時期については、人類学者にも簡単にはつきとめられなかった。この地図の矢印は人類移動の推定ルートとその時期をあらわしている。地図に記されている地名はヒト族の化石が見つかった場所だが、石器だけが発見された場所もたくさんある。大昔のヒト族集団は180万年ほど前からヨーロッパやアジアの一部に住みはじめたが、人口密度は低かったらしく、考古学の資料にもほとんど痕跡が残っていないようだ。60万年前あたりからあとになると、こうした地域の生活にもなれてきた結果、人口が拡大し、化石の証拠も増える。

グルジアの風景
170万年以上の時をへたドゥマニシの化石は、中世の要塞の廃墟がある場所で見つかった。

最初期のヨーロッパ人

ヒト族が初めてヨーロッパに到着した時期については、簡単に推定できない。証拠の出所は川岸の場合が多いため、加工されたような石が出てきても、ヒト族が作った石器なのか、水にもまれてそのような形になったのか、区別がつきにくいからだ。ごく最近になってようやく、グルジアのドゥマニシやスペインのシマ・デル・エレファンテ(⇨ p.462)のような化石産地で年代がはっきりわかる化石が見つかり、100万年以上前にヒト族がヨーロッパにいたことが証明された。新しく発見されたこのような化石はたいてい個別の種に分類されているが、大半はホモ・エルガステル(⇨ p.456〜457)に似ているので、たぶん、この種の地理的変異だろう。

ドゥマニシの頭骨
グルジアのドゥマニシで見つかったヒト族の化石は**ホモ・ゲオルギクス**という種に分類された。この種はヨーロッパに住みついた最初のヒト族だったかもしれない。

サイエンス
ヒト族はどのようにして北上したか

ヒト族がアフリカの外に初めて現れる直前、地球の気候は寒冷化が進み、寒さに適応したマンモス類などが栄える一方で、多くの大型肉食動物が絶滅した。その結果、死肉を取りあう競争相手が少なくなる。ヒト族はこの好機に乗ることができたのだと考えられている。大きな脳をもつヒト族は、新しい環境変化に取りくむ準備ができていたのだろう。とくに注目すべきは、社会性が増し、情報を共有して協力しながら食べ物を確保できるようになったと思われることだ。

極東

中国でもっとも古いヒト族化石の発見場所は、北京の南西、周口店の近くにある「ドラゴン・ボーン・ヒル」(竜骨山)だった。1921年から1937年のあいだに掘りだされた遺骸は40体を超す。はじめ、シナントロプス・ペキネンシス(「北京原人」)と名づけられた化石は、あとになってホモ・エレクトゥス(⇨ p.460〜461)であることが確認された。これらの化石の年代は80万年も前の可能性があり、北京の西にある数ヵ所の化石産地では160万年前の石器が発掘されている。しかし、ずいぶん古い推定年代が出ていることや、標本の数も比較的少ないことから、考古学者のなかには、もっと年代が確かな発見物が出てくるまで、ヒト族が極東に達した時期を確定できないと考える者もいる。

失われた標本
周口店の化石は、第2次世界大戦が始まったころ、安全な場所へ輸送する最中になくなった。幸いにも、細部まで写しとったキャストと標本の記述は残っている。

最近の発見
周口店の化石産地では考古学者たちが発見を続けている。2003年には、2万3000年前の人類化石が発見された。

サイエンス
ムヴィアス・ライン

1948年、考古学者のハラム・ムヴィアスが、昔のヒト族の遺跡分布を地図におこし、アシュール文化の握斧製作技術(⇨ p.461)の有無で全体を2つの地域に線引きした。ここにはっきりとした区分が見られることは明らかだった。アフリカ全体とヨーロッパの大半で、ヒト族はアシュール型の握斧を使用しているが、アジアの大部分の地域にはこれが見られない(ただし、他の種類の石器が使われていた)。アジアに握斧が見られない理由についてはさまざまな説がある。アフリカを出た最初のヒト族はオルドゥヴァイ型の石器(p.455)をもっていただろう。これはヨーロッパの初期の化石産地で見つかっている。一方、握斧が見られない地域には、素材として適した石がなかったため、長い年月がたつあいだに、握斧を作る技術が失われたのか、竹のような別の材料を使うようになったのかもしれない。そして、竹などはあとに残らなかったのだ。

160万〜130万年前

180万〜100万年前

ムヴィアス・ライン

ジャワ原人

ジャワ島のトリニールで見つかった頭蓋冠は、もっとも早い時期に発見されたヒト族化石の1つだ。その他にも、ジャワではモジョケルトから子どもの頭骨が、そしてサンギラン(⇨右)から数個の化石が見つかっている。化石はすべてホモ・エレクトゥスのものだが、全部が現在の標準的な方法で発掘されたわけではないので、正確な年代はなかなかわからない。ジャワの地質も複雑なので、堆積物の年代測定がむずかしい。そのため、180万年前とされる化石の年代を信用せず、インドネシアにヒト族が到達したのはもっとあとだと考える考古学者もいる。

サンギラン発掘地
ジャワ島のサンギランでは、1934年にこの化石産地が見つかって以来、先史時代のヒト族化石や他の動物の化石が考古学者によってたくさん発掘されている。

ソロ川流域
サンギランの化石をはじめ、インドネシアで産出したホモ・エレクトゥスの多くは、ジャワ島中部のソロ川沿いで見つかっている。

古い頭骨
サンギランで見つかったこの頭骨は、ホモ・エレクトゥスのものとしては、知られているかぎりもっとも完全に近い化石の1つだ。年代は160万年も前の可能性がある。

ホモ・エレクトゥス

現生人類とはかなり異なるものの、ホモ・エレクトゥスは祖先に比べるとはるかに「現代的な」見かけをしている。この種の起源ははっきりしない(たぶんアフリカで進化したのだろう)が、アジアでとくによく見つかり、ここで5万年ほど前まで生きのびていたようだ。

広く分布した最初の種

ホモ・エレクトゥスにはホモ・エルガステル(⇨ p.456〜457)と共通した特徴が多く見られるので、この2種が近縁であることは明白だ。ただし、どの程度まで近縁だったかという点については、人類学者のあいだで意見の食いちがいがある。エルガステルとされるアフリカの化石の一部は、エレクトゥスかもしれない。もしそうなら、エレクトゥスの起源はもっと前になるだろう。しかし、エレクトゥスには、頭骨が厚めであごがもっと大きいといった特殊化が見られるようだ。これはヒト族の進化とともにだんだん消えていく特徴だ。現在では、ホモ・エレクトゥスはホモ・エルガステルの子孫で、アフリカからアジアへ広がったか、あるいはアジアで進化したのちにアフリカへ戻ったと考える人類学者が多い。中国とインドネシアの化石産地(⇨ p.459)で見つかった化石から推測すると、アジアの個体群はばらばらに分かれたままで、少なくとも30万年前まで、もしかすると10万年前よりあとまで、あまり変化しなかったと思われる。

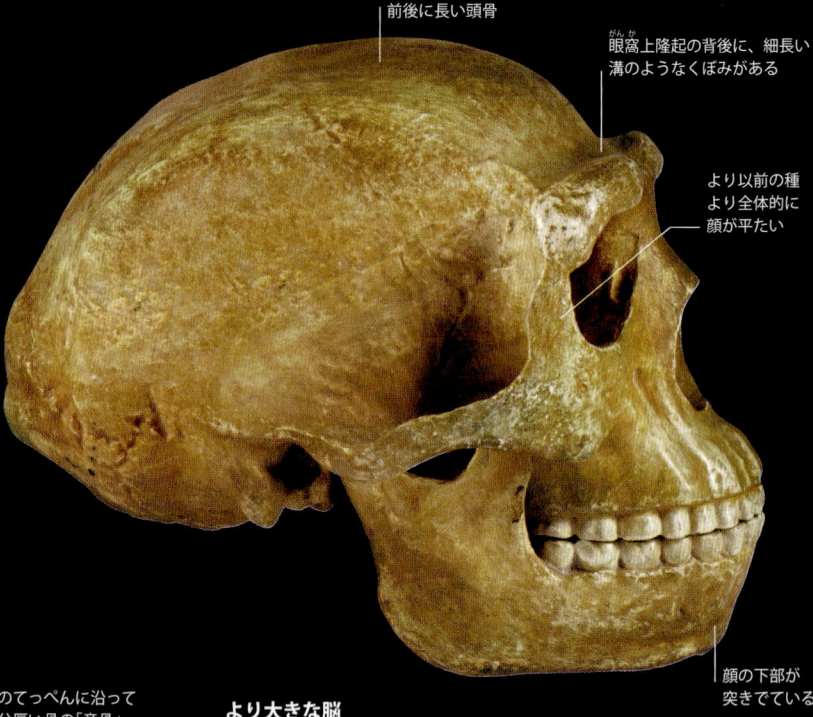

より大きな脳
ホモ・エレクトゥスとエルガステルのもっとも目立つ特徴の1つは、より以前のヒト族よりはるかに大きな脳だ。脳頭蓋の大きさが増大しているところから、脳も大きかったと推測される。彼らは、生まれ故郷であるアフリカのサバンナを離れ、外の環境で暮らしはじめた最初の種だった。さらに、簡単な言語も話したのではないかと考える人類学者もいる。

北京原人
アフリカの化石を研究している人類学者のあいだでは、ホモ・エレクトゥスとホモ・エルガステルの厳密な区別について、意見が一致していない。つまり、この2種は非常に近い関係にあるということだ。中国の周口店で見つかったこの「北京原人」の頭骨のように、アジア産の化石には、いかにもホモ・エレクトゥスらしい特徴が見られる。

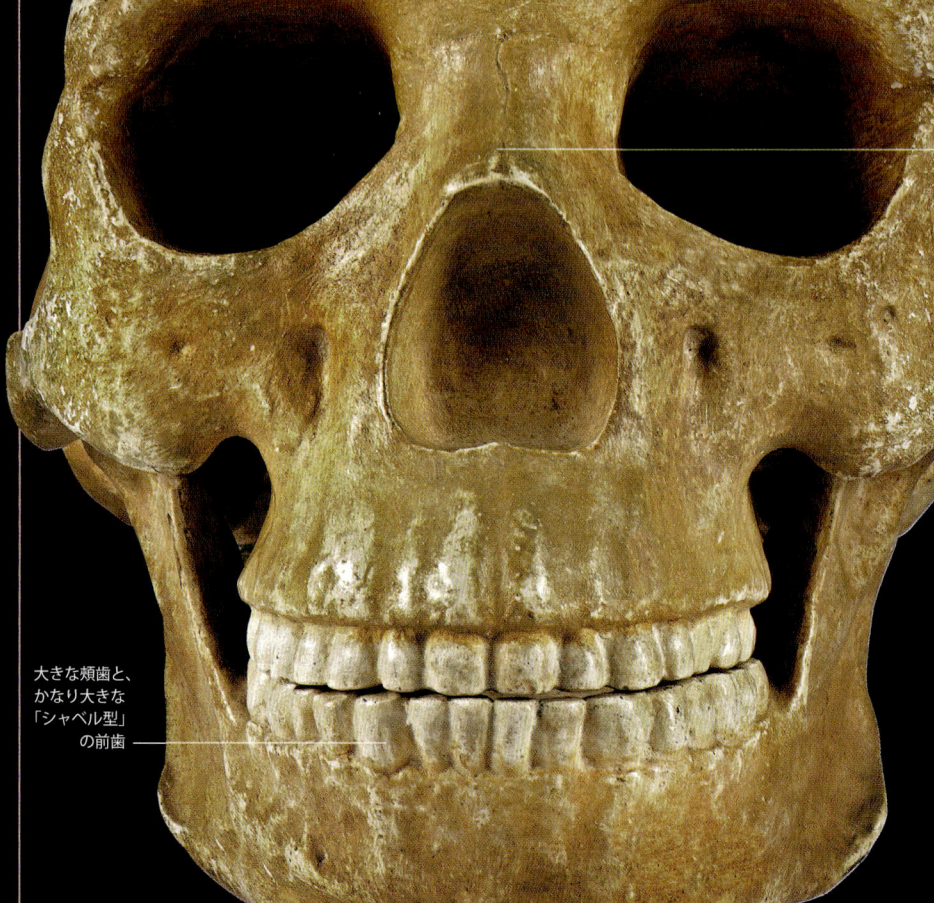

ホモ・エレクトゥス
年代　おそらく180万〜5万年前
脳の大きさ　750-1300cm³
身長　1.6-1.8m
発見された化石　比較的完全に近い頭蓋が数個と歯やあごの骨、少しばかりの四肢骨

 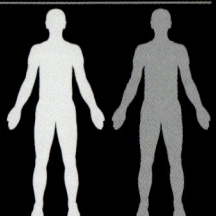

場所
中国とジャワのいろいろな化石産地、アフリカの化石産地については異論もある

人物伝
ウジェーヌ・デュボワ

アフリカではなくアジアが人類の祖先の故郷だと信じたオランダ人の解剖学者ウジェーヌ・デュボワは1889年、現在のインドネシアへ化石発掘に出かけた。わずか2年のうちに、ジャワ島中部のトリニールでヒト族の頭蓋冠と大腿骨を発見し、ピテカントロプス・エレクトゥスと名づけた。これが、のちにジャワ原人と呼ばれる化石だ。のちにホモ・エレクトゥスの「模式標本」として知られることになるこれらの化石は、アフリカとヨーロッパ以外で見つかった初めてのヒト族化石だ。デュボワはこの発見の重要性を研究者仲間に認めてもらおうとしてがんばったが、成果が受けいれられだしたやさきの1940年に亡くなった。

脳の発達

現生人類と他の霊長類をはっきり区別する特徴の1つは、著しく大きな脳だ。現生人類は体も比較的大きいが、脳のサイズは、体の大きさから推測される割合を上まわる。現生人類の脳には他の部分より発達している領域がある。とくに顕著なのは、複雑な思考過程をつかさどる新皮質だ。道具の製作や食料さがし、狩りをするには複雑な行動が必要だが、脳の増大は人間の社会的行動ととりわけ密接に結びついているように思われる。なかでも深くかかわっているのは、いっしょに生活する社会集団の大きさだ。大きな脳が本当に必要なのは、集団内での関係を保つためのようだ。ヒト族の脳の大きさを時間軸に記入すると、ホモ・エレクトゥス以降の種で脳の発達に拍車がかかっているように見える。たぶん、共同生活をする集団のサイズが大きくなったからだろう。

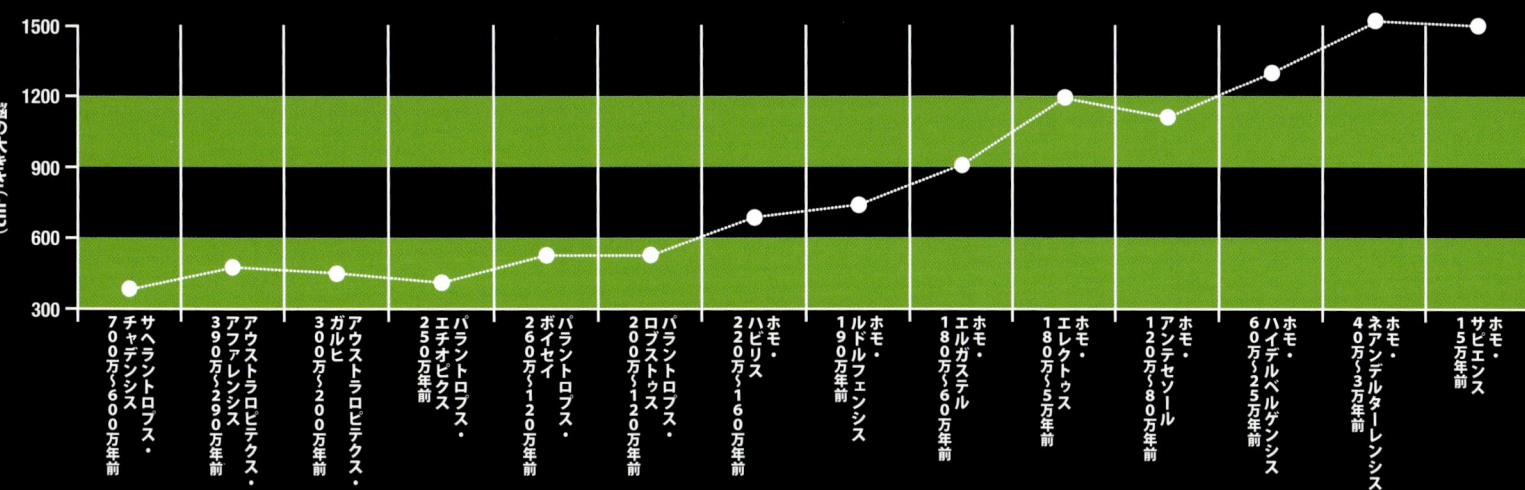

脳容量の変化
このグラフは、時間とともに増大した化石ヒト族の脳のサイズをあらわしている。ホモ・エレクトゥスは、もっとも増大幅が大きかった種の1つだ。

進歩した石器

オルドゥワン石器(⇨ p.455)から発達した石器製造の技術は、「アシュリアン(アシュール型の)」という名前で知られている。アシュール文化の石器でもっとも特徴的な種類は握斧(ハンドアックス)で、165万年ほど前に初めて出現する。アシュール型の石器製造はまず初期のホモ・エレクトゥス(もしくはエルガステル)で確認されるが、その後に現れた種もこの石器を使い続けている。握斧のなかには縁に微細な傷があるものも見られるので、いわば石器版の「スイス・アーミー・ナイフ」のような道具で、木を切ったり、動物を解体したり、皮をはいだりすることを含めて、多種多様な用途に使われたようだ。しかし、ていねいに作られているところから、握斧はただの道具ではなく、力や技術、個人や集団のアイデンティティを示す象徴でもあったと考える考古学者もいる。あらかじめよく考えて対称的な形に作っているので、この石器の出現はヒト族の知能が大きく向上したしるしだという意見も出ている。

どうしたらわかる
火の使用

アフリカではホモ・エルガステルやエレクトゥスの化石産地の数カ所で、地面が焼けたあとや、こげた骨、灰、木炭が見つかり、ヒト族が火を使用した証拠ではないかといわれた。しかし、自然におきた野火で焼けたのかもしれないという意見もある。ヒト族が火を使ったことをはっきり示す最古の証拠は、中国やヨーロッパの化石産地で見つかった「炉」のあとだ。ヒト族がユーラシア大陸へ移住するためには火を使う必要があったのだろう。火を使えば冬の寒さから身を守ることができ、また北方でもっとも豊富な食料源である肉を調理して、消化しやすくすることもできる。

道具の分布

握斧はアフリカとユーラシアの広範囲で見つかり、使用されていた期間も100万年をはるかに超える。しかも、この全域、全期間を通じて、ごくわずかの違いしか見られない。

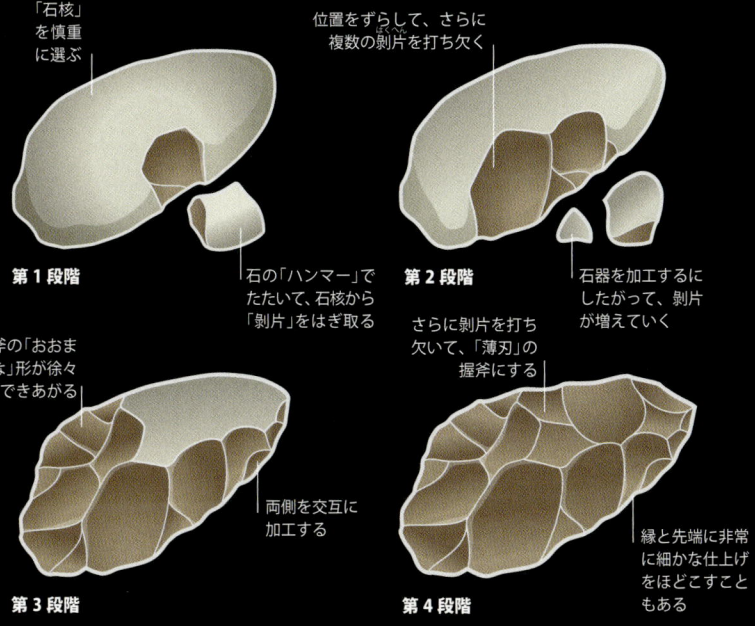

第1段階 — 「石核」を慎重に選ぶ / 石の「ハンマー」でたたいて、石核から「剝片」をはぎ取る

第2段階 — 位置をずらして、さらに複数の剝片を打ち欠く / 石器を加工するにしたがって、剝片が増えていく

第3段階 — 握斧の「おおまかな」形が徐々にできあがる / 両側を交互に加工する

第4段階 — さらに剝片を打ち欠いて、「薄刃」の握斧にする / 縁と先端に非常に細かな仕上げをほどこすこともある

握斧の製作

アシュール型の握斧を作るには、オルドゥワン石器よりはるかに多くの技術が必要だ。石工は前もって数段階を念頭において材料にふさわしい石を選び、準備を整えてから、一打ずつ正確に打っていかなくてはならなかっただろう。握斧の多くはきわめて高い水準の対称形に仕上げられている。ときには、ストーンハンマーや枝角の断片を含めて、数種類の異なる道具が使われていることもある。

握斧のとがった先が「先端部」
握斧の幅が広い側が「基部」

膨大なコレクション

アシュール文化の遺跡のなかには、このケニアにある遺跡のように、数百個の握斧が地面に散らばっているところがある。実用目的としては大きすぎるので、どう見ても使われなかったと思われるものも多い。

ホモ・アンテセソール

ヨーロッパで見つかった化石ヒト族のなかで2番目に古い。アンテセソールは、ヨーロッパへ移動したものの定着できなかった初期の小規模グループなのか、それともヨーロッパで生きのびたのちに別の種に進化したのか、わかっていない。

ホモ・アンテセソールの情報は、スペイン北部のアタプエルカにある2カ所の遺跡から産出した少数の化石のみだ。ドゥマニシ（⇨ p.458）の化石の一部と同様、アンテセソールはアフリカのホモ・エルガステル（⇨ p.456～457）に似ている。ところが、イタリアで見つかった同じくらい古い化石は、アジアのホモ・エレクトゥス（⇨ p.460～461）のほうに近い外見をしている。こうした多様性から推測すると、いくつかのヒト族グループがヨーロッパへ移住したあと、最終的に1グループが長期間、生き残ったのだろう。

ホモ・アンテセソール
年代 120万～80万年前
脳の大きさ 1000cm³
身長 1.6–1.8m
発見された化石 歯と、頭骨や体の骨の断片

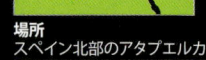

場所
スペイン北部のアタプエルカ

情報不足
ホアン・ルイス・アルスアガとその調査隊がアタプエルカで発見したホモ・アンテセソールの化石は、大半が断片的な頭骨、あご、歯だったので、たくましいつくりだったということ以外、体の他の部分についてはほとんどわかっていない。頭骨はやや原始的で、額の上下幅が狭く、脳はホモ・エルガステルよりほんの少しだけ大きかった。

グラン・ドリナ
アタプエルカのグラン・ドリナは80万年ほど前の遺跡だ。石灰岩の山のあちらこちらに洞窟があるこの場所で、ヒト族化石の断片がおよそ80個見つかった。化石は少なくとも6個体のもので、年齢はすべて3歳から18歳のあいだにおさまっている。化石といっしょに200個ほどの石器が見つかり、食用に解体されたあとのある動物の骨も掘りだされた。

> ● **重要な発見**
> **人食いの証拠**
> グラン・ドリナで見つかったヒト族の骨には、筋肉や脂肪をはぎ取ったときについた傷あとがある。また、骨の折れかたから、意図的に割って、なかの骨髄を取りだしたことがうかがわれる。現生人類のなかには儀式として人肉を口にする集団が存在するが、アタプエルカで得られた証拠は、ここに住んでいた人間が死体をばらして食用にしたことを示している。それは、こうした初期の開拓集団が他の食べ物をなかなか見つけられなかったからだろう。この時期のヨーロッパからヒト族化石がわずかしか産出していないのは、そういう事情が原因かもしれない。なじみのない新しい環境で生きのびることにはまだ困難がともなったのだ。そのため、人口は少ないままだった。

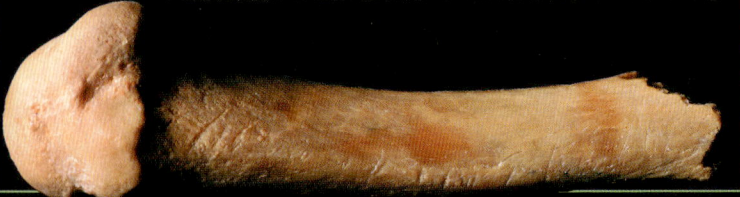

ホモ・ハイデルベルゲンシス

この種はネアンデルタール人と現生人類にとってもっとも新しい共通の祖先だったと思われる。化石には、より現代的な、つまり「進化した」特徴の他に、もっと前のヒト族から受けついだ特徴も混在している。

変わっていく分類
アフリカの化石資料から見つかるこの時期の化石人類は最初、ホモ・ローデシエンシスを含めて、さまざまな種に分類されてきた。しかし、グループ全体で見ると、ヨーロッパのハイデルベルゲンシスによく似ているので、人類学者の多くは現在、これらの化石は広範囲に分布した同一種のものだと考えている。それぞれの個体は背が高くて筋肉が発達し、四肢骨が太くてずっしりしているので、肉体を使う重労働をしていたようだ。化石といっしょに、傷のついた動物の骨が見つかったことから、このようなアフリカのヒト族は死肉を食用にする能力に長け、また狩りの腕もすぐれていたのではないかと思われる。

重要な特徴
ハイデルベルゲンシスは、大きく突きでた、おとがいのないあご、分厚い頭骨、大きな眼窩上隆起、頑丈な下肢をもつ。これらはより以前のヒト族から受けついだ特徴で、直接の祖先はホモ・エルガステルだったと思われる。「現代型」の特徴としては、大きめの脳、より高くて幅が広い頭骨があげられる。

徐々に変化する顔立ち
ザンビアのカブウェ（ブロークンヒル）で見つかったこの頭骨は最初、ホモ・ローデシエンシスとして分類されたが、現在は、ハイデルベルゲンシス種だと考える人類学者が多い。時がたつにつれて、ヨーロッパの化石がネアンデルタール人（⇨次ページ）に似てくるのに対して、アフリカの化石は現生人類に近づいていく。

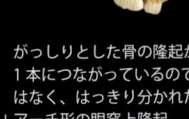

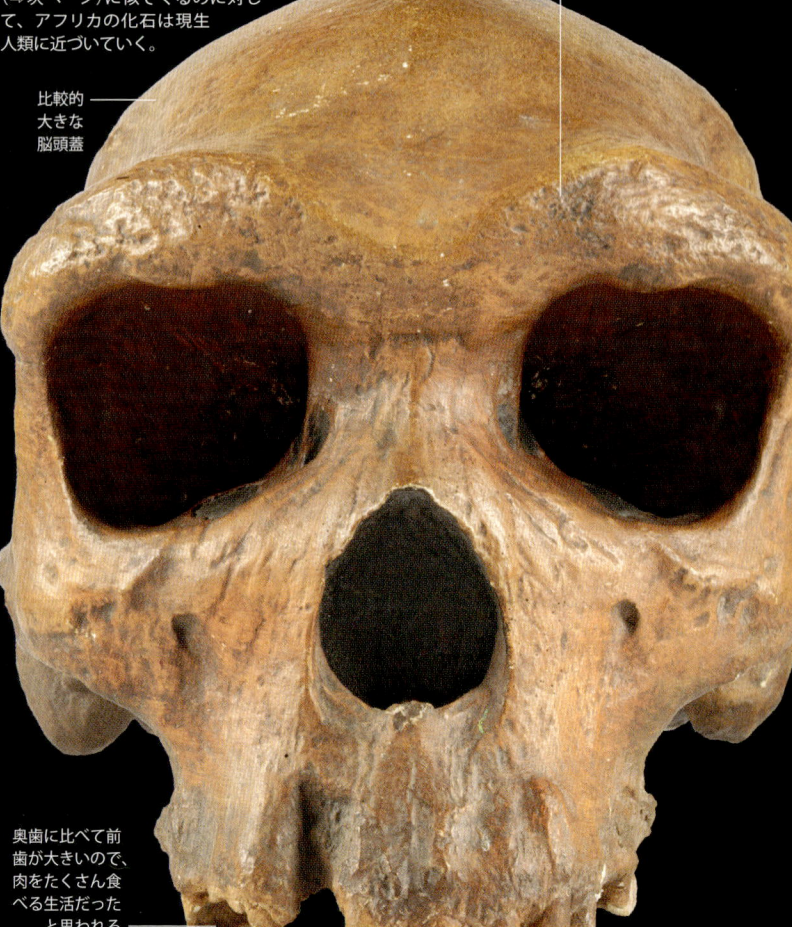

上下幅が狭くて平たい額

頭骨の壁が分厚い

がっしりとした骨の隆起が1本につながっているのではなく、はっきり分かれたアーチ形の眼窩上隆起

比較的大きな脳頭蓋

奥歯に比べて前歯が大きいので、肉をたくさん食べる生活だったと思われる

ネアンデルタール人の祖先

ヨーロッパのホモ・ハイデルベルゲンシスの化石は明らかに長い時間をかけてネアンデルタール人、つまりホモ・ネアンデルターレンシス(⇨ p.464〜467)へ進化しているように見える。初めのころの標本は、外見がエルガステルやエレクトゥスに近く、四肢骨が頑丈で、あごは大きくて厚みがあり、突きでている。こうした顔立ちをもつ初期の標本はヨーロッパ全土から産出している。フランスのマウエルで見つかった下顎骨はホモ・ハイデルベルゲンシスの定義に用いられる「模式化石」になっている。ヨーロッパの個体群がやや隔離されていたことに加えて、寒い気候に対処する必要がとくに大きかったため、何十万年かのあいだに、ハイデルベルゲンシスはネアンデルタール人のもつ解剖学的な特徴を発達させた。あとになるほどハイデルベルゲンシスの標本はネアンデルタール人にもっと近づき、一部の化石は、他ではネアンデルタール人にしか見られない特徴を示している。たとえば頭骨後部のくぼみや、前方に突きでた鼻域、そして奥歯に比べて前歯が大きい点などが例としてあげられる。アタプエルカのハイデルベルゲンシス標本を三次元のスキャンにかけたところ、ヒトが話す言葉の周波数を拾うのに適した内耳をもっていたことがわかった。そうすると、なんらかの言語を話した可能性がある。

シマ・デ・ロス・ウエソス(「骨の穴」という意味)

「骨の穴」はアタプエルカ遺跡群にある小さな洞穴で、深さ13mの立坑を伝っておりないと近づけない。酸素濃度が下がるといけないので、考古学者が発掘できるのは短時間にかぎられる。シマ・デ・ロス・ウエソスにたくさんの骨が蓄積されているのは遺体を捨てたからだ、と発掘者たちは考えているが、儀式だったのか、それともただ手っとり早く処理したかっただけなのかは不明だ。

ネアンデルタール人と同じように、顔の中央と鼻が突きでている

「ミゲロン」

この頭骨は発掘者たちから「ミゲロン」というあだ名をつけられた。頭骨が発見された年にツール・ド・フランスで優勝したスペインの自転車選手、ミゲル・インデュラインが名前のもとになっている。シマ・デ・ロス・ウエソスから産出したなかでもとりわけ完全に近い化石だ。年齢は30歳前後で、折れた歯から感染が広がり、敗血症をおこして死んだ可能性がある。この頭骨は、アタプエルカで発見されたもののなかで、外見がもっとも原始的な化石の1つだ。

奥歯より大きい前歯

はっきりとした顎がない

クラクトンの槍

木でできたこの槍の穂先は、イングランドのクラクトン・オン・シーから産出した45万年前のもので、ハイデルベルゲンシスが作ったと思われる。木製の人工遺物は保存状態が並はずれてよくないと残らないので、めずらしい産出品だ。ドイツのシェーニンゲンやレーリンゲンでも、先端を焼いてかたくした同じような槍が見つかっている。

広範囲にわたる化石

シマ・デ・ロス・ウエソスからは少なくとも32体の人類化石が見つかった。化石の数は5500個で、体のほぼ全域におよぶ。これらの化石は1集団のものと思われるので、ハイデルベルゲンシスの社会について知る貴重な情報が得られる。

ホモ・ハイデルベルゲンシス

年代	60万〜25万年前
脳の大きさ	1100〜1400cm^3
身長	1.8mまで成長
発見された化石	完全な頭蓋と骨盤を含めて、体のほぼすべての部分におよぶ骨の断片

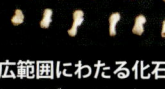
場所 ヨーロッパとアフリカ全体

謎めいた握斧

ピンク色の珪岩でできたこの握斧は「骨の穴」で見つかった唯一の石器だ。アーサー王の剣にちなんで「エクスカリバー」と呼ばれるこの石器は、死体のあとに投げこんだ捧げ物ではないか、という意見が考古学者のあいだから出ている。もしそうなら、ハイデルベルゲンシスは来世を信じていたということだ。

> **重要な遺跡**
> ### ハイデルベルゲンシスの手仕事
>
> ボックスグローヴ遺跡のある場所は、イングランド南部チチェスター近郊の採石場で、道具を作ったり動物を処理したことがわかる、注目すべき証拠がここで得られた。発掘が行われたのは1983年から1999年のあいだだった。この遺跡はゆるやかに流れる水が運んできた細かなシルトにおおわれていたため、驚くほど保存状態がよい。広大な地域に石器の製造や使用の全過程が保存されていて、近くの崖からフリントを採石して握斧に加工したことがわかる。地面に積もったフリントのくずについた石工のひざの形が、今でも確認できる。握斧はゾウ、サイ、ウマ、バイソンを解体して食用にするのに使われた。そのときの傷あとがついた骨も、ホモ・ハイデルベルゲンシスの脚の骨や数本の前歯といっしょに見つかっている。
>
>

ホモ・ネアンデルターレンシス

すべての化石人類のなかでもっとも有名なネアンデルタール人は、現生人類が到着する前のヨーロッパで30万年以上にわたって栄えた。両者の交流については、考古学者のあいだだけでなく、一般向けの本や映画のなかでもさかんに議論されている。

化石に残る確かな証拠

ネアンデルタール人の遺骸は、ヨーロッパやアジア西部に広がる70以上の遺跡から275体以上産出している。その大半は断片的だが、墓地とおぼしき場所からほぼ完全な骨格も掘りだされた。その結果、ネアンデルタール人の体の構造はかなりくわしく解明され、生活のようすがわかる遺跡もたくさん見つかっている。ネアンデルタール人に関する議論でとくに大きな問題は、現生人類との関係だ。ネアンデルタール人の体は適応のためにかなり特殊化していて、私たちの体とは構造が大きく異なるので、ホモ・ネアンデルターレンシスというまったく別の種だという意見もある。進化の「行き止まり」に位置し、現生人類にすっかり取ってかわられたという見かただ。その一方で、ホモ・サピエンスの亜種と見なせるほど似ているという意見もある。最近になって、DNAの分析（⇨次ページのコラム）が進歩したため、前者の見かたが有力になりつつある。だが、解剖学的構造や遺伝子の特徴からは、ネアンデルタール人の行動はほとんどわからない。考古学資料を見ると、ネアンデルタール人は道具を作る能力に長け、狩りの達人でもあったようだ。ただし、言語や芸術、宗教といった、いかにも「人間」らしい行動については、はっきりとした証拠がない。それでも、ネアンデルタール人はきびしい気候条件を何度も乗りこえて、30万年以上にわたって繁栄した。彼らが環境に対してみごとに適応し、大成功をおさめた種だったことは明らかだ。

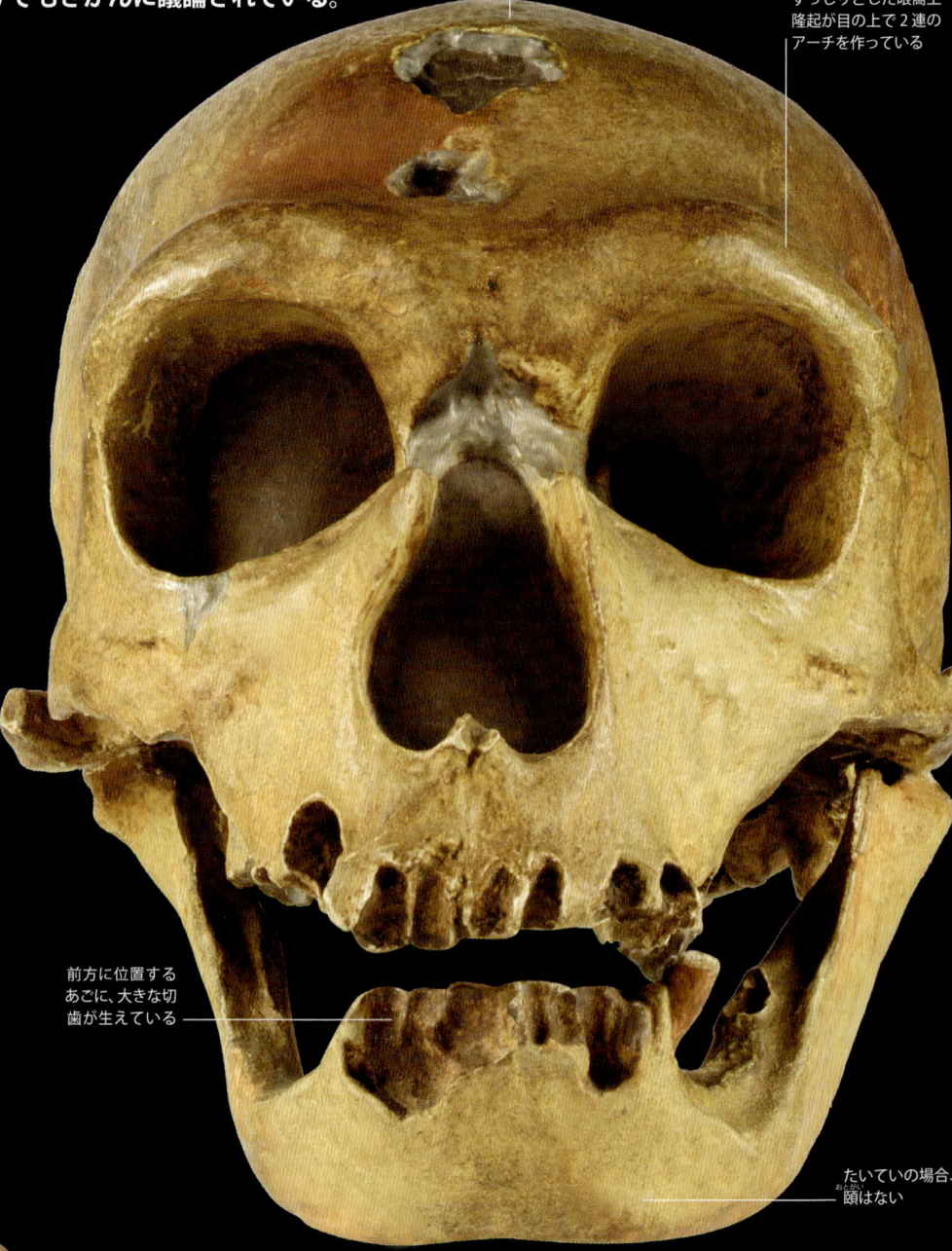

より以前の種に比べて脳が大きい（現生人類よりもさらに大きい）

ずっしりとした眼窩上隆起が目の上で2連のアーチを作っている

前方に位置するあごに、大きな切歯が生えている

たいていの場合、頤はない

模式標本
1856年にドイツのネアンデル谷にあるフェルトホーファー洞窟で見つかった部分骨格、「ネアンデルタール1号」から種名がついた。

前後に長くて、上下幅が狭い頭骨
ネアンデルタール人の脳頭蓋は現生人類のものより大きかったようだが、形が異なる。額は上下幅が狭く、せり出していて、頭蓋は前後に長くて上下が短い。

低くて傾斜のついた額

鼻腔が大きいので、鼻がずいぶん大きかっただろう

前方へ突きでた顔

頭骨の後部に丸パンのような形の突起部がある

道具になる歯
ネアンデルタール人の顔でもっとも目立つ部分は大きな鼻だが、あごもかなり前へ突きでている。それは、肉や動物の皮、腱などを前歯でしっかりくわえて切りとったからだろう。

ホモ・ネアンデルターレンシス
年代 35万〜3万年前
脳の大きさ 1412cm³
身長 1.52–1.68m
発見された化石 多数の全身骨格とさまざまな骨の断片が275体以上

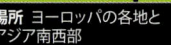

場所 ヨーロッパの各地とアジア南西部

頑丈な体

ネアンデルタール人はヨーロッパの寒い環境にうまく適応していて、肉体を激しく使う生活を送っていた。体の構造に著しい特徴があるのも、そのせいだろう。大きな脳は熱効率がよく、大きな鼻は空気を温めてから肺へ取りこむのに役立ったと思われる。ネアンデルタール人の体は頑丈で、豊かな筋肉がついていた。また、筋肉が骨に付着する場所にくっきりとした跡がついているので、つねに大きな負荷が筋肉にかかっていたのだろう。肩と腕は力強くにぎるのに適した構造で、ものを投げたりたたいたりする筋肉がかなり発達していた。脚の骨と関節の厚みや形から、相当な使いかたをしたことがわかる。足の骨の幅が広いので、凸凹の地面を長時間歩くのに適していたようだ。骨盤に現生人類との違いが見られる点は目を引くが、そこから推測されることがらについては、人類学者にもはっきりとはわからない。もしかすると、ネアンデルタール人の妊娠期間は現生人類より長く、もっと成長した赤ん坊を産んだのかもしれない。あるいは、体格の違いや、股関節に大きな負荷がかかっていたことが原因とも考えられる。

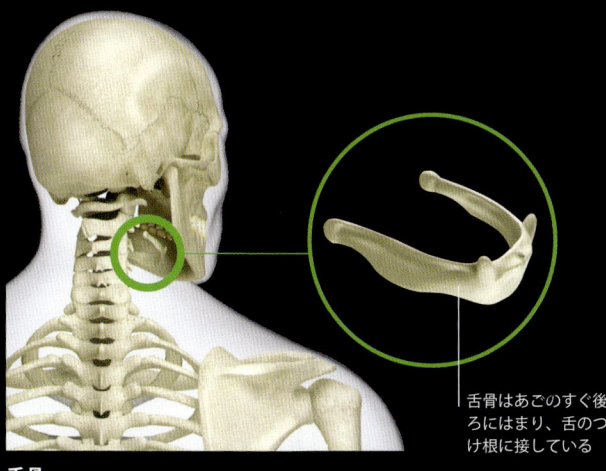

舌骨

舌骨はもろい骨で、めったに保存されない。ところが、イスラエルでネアンデルタール人の完全な舌骨が見つかり、現生人類のものとほとんど変わらないことがわかった。ここから、ネアンデルタール人はなんらかの言語を話したのではないかと推測される。

サイエンス
DNA の分析

骨に含まれる DNA は時間がたつとくずれていく。質が悪い DNA 試料を処理する技術が開発されたのは最近になってからだ。そのおかげで、ネアンデルタール人のものも含めて、きわめて古い化石からでも DNA を抽出できるようになった。汚染を防ぐために、試料は慎重に抽出しなくてはならない。人類学者はミトコンドリアの DNA にとりわけ関心をもっている。ミトコンドリアの DNA は父方の DNA と結びつかずに、母から子へと受けつがれるので、より簡単に変化をたどることができる。これまでの研究結果によると、ネアンデルタール人の DNA は現生人類とかなり異なるようだ。ネアンデルタール人の系統は 50 万年ほど前に分かれたと推測される。また、現生人類とのあいだで異種間交配はなかったらしい。

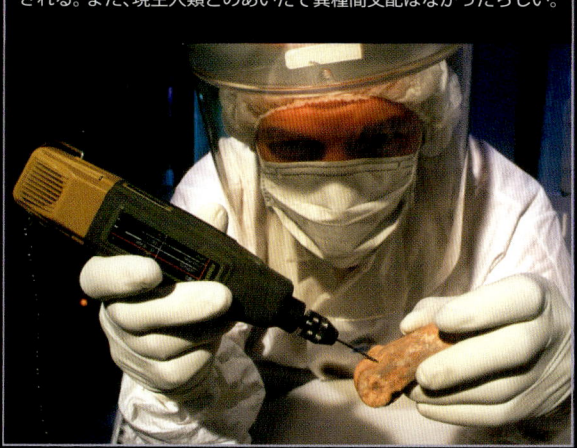

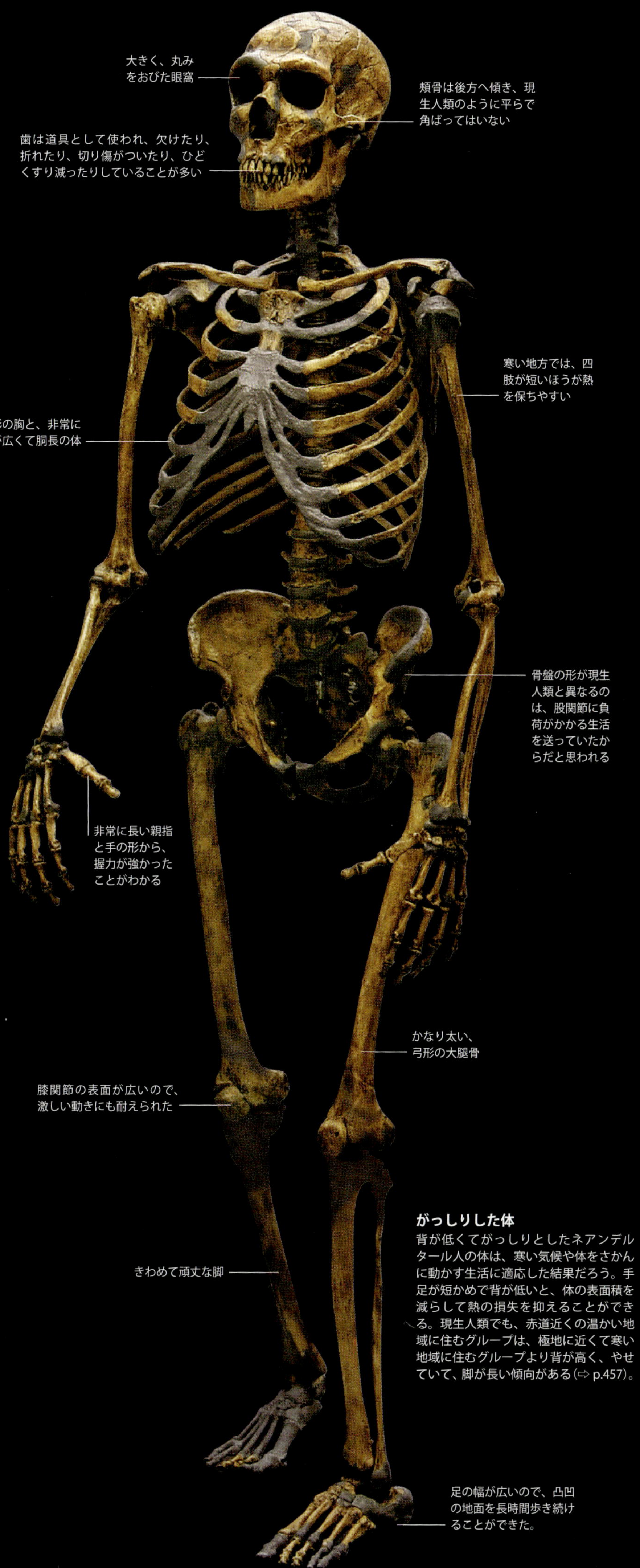

- 大きく、丸みをおびた眼窩
- 頬骨は後方へ傾き、現生人類のように平らで角ばってはいない
- 歯は道具として使われ、欠けたり、折れたり、切り傷がついたり、ひどくすり減ったりしていることが多い
- 寒い地方では、四肢が短いほうが熱を保ちやすい
- 樽形の胸と、非常に幅が広くて胴長の体
- 骨盤の形が現生人類と異なるのは、股関節に負荷がかかる生活を送っていたからだと思われる
- 非常に長い親指と手の形から、握力が強かったことがわかる
- かなり太い、弓形の大腿骨
- 膝関節の表面が広いので、激しい動きにも耐えられた
- きわめて頑丈な脚
- 足の幅が広いので、凸凹の地面を長時間歩き続けることができた。

がっしりした体

背が低くてがっしりとしたネアンデルタール人の体は、寒い気候や体をさかんに動かす生活に適応した結果だろう。手足が短かめで背が低いと、体の表面積を減らして熱の損失を抑えることができる。現生人類でも、赤道近くの温かい地域に住むグループは、極地に近くて寒い地域に住むグループより背が高く、やせていて、脚が長い傾向がある (⇨ p.457)。

465　ホモ・ネアンデルターレンシス

狩りと食べ物

ネアンデルタール人の石器は解体された動物の骨といっしょに見つかることが多い。しかし、狩りをして肉を手に入れたのか、それとも他の捕食者が殺した獲物の死肉をあさったのかという問題について、考古学者は議論を重ねてきた。その手がかりは、殺された動物の骨格の状態を調べると見つかる。もしネアンデルタール人が死肉をあさったのなら、食べやすい部分を捕食者が食べてしまったあとでなければ、遺骸に近づけなかっただろう。すると、残り物しかないので、足指の骨や頭骨などを石器で割って、栄養のある骨髄や脳を食べたと思われる。殺された動物の年齢も重要だ。年寄りや子供の動物はヒト以外の捕食者が殺した可能性が高い。その後、ネアンデルタール人が死肉をあさったのだろう。一方、元気旺盛な動物を日常的に狩るのはヒトだけだ。食べられる動物種の種類も大きな意味をもつ。腐肉食者がほしい遺骸を選んで見つけるというのはほぼ不可能だが、ハンターは獲物を選べる。こうした要因を分析すると、ネアンデルタール人が食べ物を手に入れた方法は変化に富んでいたことがわかる。死肉をあさったことがうかがわれる発掘地は多いが、狩りの証拠が出てくる発掘地もある。どうやら、ネアンデルタール人は、ふだんは死肉をあさったが、必要とあらば上手に狩りもしたようだ。

イノシシ
発射器なしにイノシシを狩るのはかなり危険だったはずだが、ネアンデルタール人の道具といっしょにイノシシの骨が見つかっている。

アイベックス
ジブラルタルのゴーラム洞窟で、ネアンデルタール人の道具とともに、道具の跡がついたアイベックスの骨が見つかった。ここから推測すると、アイベックスはネアンデルタール人に食べられたらしい。

生傷がたえない
ネアンデルタール人の体に残るけがは、現在のロデオ競技者のけがと似ている。それは、大きな動物に近づいて狩りをする必要があったからで、ネアンデルタール人は日々、危険をおかして食べ物を手に入れていたと思われる。

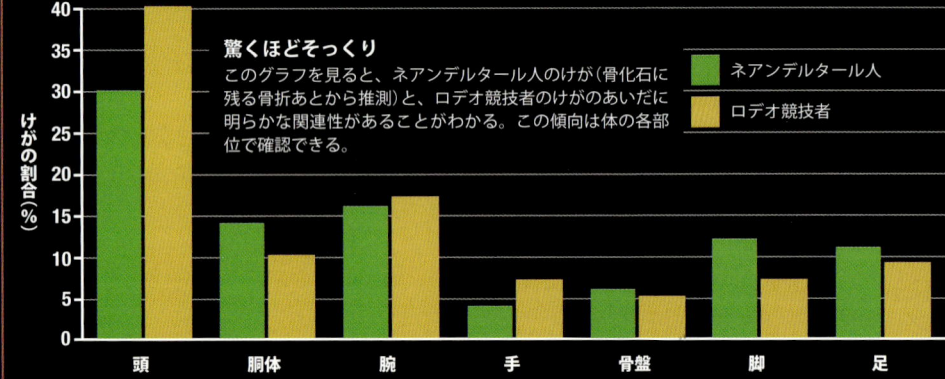

驚くほどそっくり
このグラフを見ると、ネアンデルタール人のけが(骨化石に残る骨折あとから推測)と、ロデオ競技者のけがのあいだに明らかな関連性があることがわかる。この傾向は体の各部位で確認できる。

■ ネアンデルタール人
■ ロデオ競技者

マンモスの墓場
ジャージー島のラ・コット・ド・サン・ブレラードで、ネアンデルタール人が作った石器といっしょに、マンモスやサイの解体された遺骸がたくさん見つかった。この遺骸はネアンデルタール人が上の崖から投げ捨てたものだった。

サイエンス
同位体分析

先史時代の骨の化学的組成を分析すると、絶滅した動物種が食べていた物の種類についてたくさんのことがわかる。この技術は同位体分析という。生きている動物の骨は食べ物から化学元素を吸収しているので、化石骨に含まれる種々の元素の割合を調べれば、食べ物の種類について情報が得られる。たとえば、骨に含まれる窒素の種類から、その動物種が植物や肉、海生生物などをどの程度の割合で食べていたかがわかる。より以前のヒト族は多種多様な植物や種子など、いろいろなものを組み合わせて食べていたが、ネアンデルタール人の骨を分析した結果、食べ物が肉に大きく偏り、ハイエナ類のような最上位の肉食動物をしのぐほどだったことがわかった。ネアンデルタール人の食事で肉が占める割合は90%にものぼったと推測されている。

道具と文化

ネアンデルタール人は「石核調整技法」を利用して石器を作った。つまり、石を打って加工する前に、特定の形に調整した石核を用意するのだ。そうすると、製造する剝片の形をあらかじめ決めることができ、前もって縁をとがらせておいた剝片をはぎ取ることができる。より以前の時代の握斧製造に比べて、石核調整には熟練の腕と先を見通す能力が必要だった。また、この方法を使うと、尖頭器を作って狩り用の槍の柄につけることができた。ヨーロッパに代表されるこの特徴あるフリント打製技術は「ムステリアン」(ムスティエ型)と呼ばれている。ネアンデルタール人がそれ以前のヒト族より高度な文化を生みだしていたことは他の証拠からもわかる。たとえば、遺体を埋めるために掘られた墓穴の存在もその1つだ。ここに儀式化された行動の要素が認められ、社会的良心とイデオロギーが発達していたと推測できる。

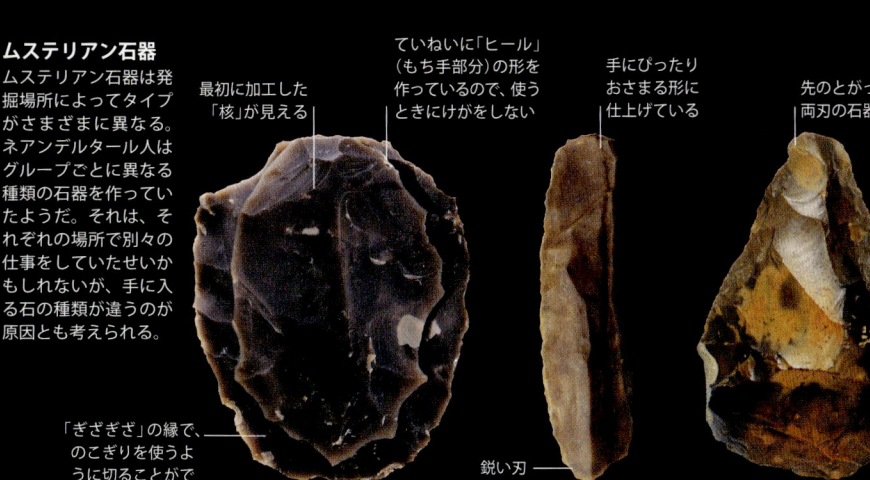

ムステリアン石器
ムステリアン石器は発掘場所によってタイプがさまざまに異なる。ネアンデルタール人はグループごとに異なる種類の石器を作っていたようだ。それは、それぞれの場所で別々の仕事をしていたせいかもしれないが、手に入る石の種類が違うのが原因とも考えられる。

- 最初に加工した「核」が見える
- ていねいに「ヒール」（もち手部分）の形を作っているので、使うときにけがをしない
- 手にぴったりおさまる形に仕上げている
- 先のとがった両刃の石器
- 「ぎざぎざ」の縁で、のこぎりを使うように切ることができただろう
- 鋭い刃

握斧　　背付きナイフ　　握斧

死者の埋葬
より以前の人類に比べると、ネアンデルタール人の場合は、完全な骨格や完全に近い骨格が発見されることが多い。イスラエルのケバラ洞窟で見つかったこの遺骸もその１つだ。これが意図的に死者を埋葬したことを意味しているのかどうかはわからない。ただし、一部の発掘地には、儀式的な埋葬が行われたらしい証拠も残っている。

ネアンデルタール人の運命
現生人類とネアンデルタール人が戦った証拠はない。それどころか、両者が出会ったと思われる証拠もほとんどない。考古学者のなかには、ネアンデルタール人は死滅してはおらず、新たにやってきた人類と交配したのだと主張する者もいる。彼らは、ポルトガルのラガール・ヴェーリョで見つかった化石が「混血」の証拠だと信じているが、これには異論もある。もっと可能性が高いのは、ネアンデルタール人より現生人類のほうが環境をうまく利用できたということだろう。芸術、装身具、儀式はおおむねホモ・サピエンスの遺跡にかぎられている。こうした行動にかかわる技術や思考プロセスを身につけていたため、現生人類のほうが効率よく狩りの計画を立てて準備を整え、はるかに広い範囲でグループどうしの関係を保つことができたのだ。この２つの種が一部の地域で共在した期間はわずか１万年で、競争はほんの少ししか起きなかったと思われる。この時期のヨーロッパは気候が非常に不安定で、ネアンデルタール人も適応はしたが、急激な変動でかなりのストレスを受けていただろう。資源がどんどん少なくなり、先が読めない状況で張りあうことになったため、現生人類のほうにわずかでも利があれば、ネアンデルタール人の運命を決するに十分だったのだろう。

ゴーラム洞窟
ジブラルタルのこの岩窟遺跡から、ネアンデルタール人の居住跡としては知られているかぎりもっとも新しい証拠の１つが見つかった。化石は発見されていないが、ここから産出したムステリアン石器は２万8000年以内のものと見られる。

> 「ヨーロッパ西部でネアンデルタール人が絶滅した大きな要因は２つある。競争相手の人類集団がやってきたことと、不安定な気候だ。」　　（人類学者クリス・ストリンガー）

ホモ・ネアンデルターレンシス

初期のホモ・サピエンス

ネアンデルタール人がヨーロッパで栄えているあいだに、アフリカではホモ・サピエンスが進化していた。保存状態はよくないが、このような昔の人類の化石には原始的な特徴と現代的な特徴が混在し、現生人類の特徴は徐々に定着してきたということがわかる。

アフリカ起源

およそ40万年前から25万年前のアフリカのヒト族は、もっと前の種の特徴である前後に長くて上下が短い頭骨をもち、顔が大きく、眼窩上隆起は分厚く、頭骨に骨質の稜があり、骨は太い。こうした初期の標本は、**ホモ・ローデシエンシス**、**ホモ・リーキイ**、「**古代型ホモ・サピエンス**」といったさまざまな名前で知られている。約25万年前から12万5000年前までの化石にも古い特徴が一部見られるが、頬や小さめの眼窩上隆起、後頭部の丸みなど、もっと現代的な特徴も現れている。およそ12万5000年前からあとの化石は、顔や眼窩上隆起、歯がもっと小さく、脳頭蓋の上下幅が広くてもっと丸みをおびているので、現代型ホモ・サピエンスであることが確認できる。

- 上下幅が広くて丸みをおびた頭蓋
- 脳頭蓋の下におさまる、比較的平らな顔
- 小さくなった眼窩上隆起。はっきりとした額があり、頭骨が垂直に盛りあがっている
- 顔は全体的に幅広
- 頬骨は縁が拡大しておらず、そしゃく筋はそれほど大きい必要はなかったことがわかる
- 歯が小さく、あごは突きでていない

混在する特徴
モロッコのジュベル・イルードで見つかったおよそ16万年前の頭骨。同時期の多くの標本に見られる特徴が入りまじっていて、ヨーロッパのネアンデルタール人より顔が平たい。

クラシーズ川洞窟
南アフリカのクラシーズ川河口洞窟遺跡では、1960年代から発掘が行われている。ここで得られた証拠から、およそ12万5000年前にホモ・サピエンスのグループのあいだで、狩りをはじめとする複雑な行動が見られたことがわかった。

亜種
人類学者のティム・ホワイトとその調査隊が1997年にエチオピアで見つけた、16万年前の頭骨。原始的な特徴が一部認められるが、脳頭蓋の形から、現生人類の亜種、**ホモ・サピエンス・イダルトゥ**として分類されている。

ホモ・サピエンス
年代 およそ15万年前〜現在
脳の大きさ 1000〜2000cm³
身長 約1.85mまで成長
発見された化石 初期のホモ・サピエンス化石には、完全な頭骨の他、頭骨と骨格のさまざまな断片が含まれている。

場所 アフリカ各地。さらに世界各地

重要な発見
初期の文化を示す証拠
南アフリカのサザンケープコーストにあるブロンボス洞窟で行われた発掘では、7万3000年以上前に、初期のホモ・サピエンスが高度な行動を取っていたことを示す証拠が見つかっている。そのなかには、幾何学模様(⇨下)が刻まれた代赭石が2つ、殻に穴をあけて作ったたくさんのビーズ、骨に細かな細工をほどこして作った道具などがあった。以前は、人類がこうした「現代型」の文化的行動を見せはじめたのはもっとあとで、ヨーロッパに到着してからだったと考えられていたので、この洞窟で発見された遺物は重要な意味をもつ。

アフリカの出口

アフリカ以外で見つかった最古のホモ・サピエンス化石は、アジア南西部の端に位置するレヴァント地方で産出したものだ。イスラエルのスフールとカフゼでは、およそ13万年から10万年前のホモ・サピエンス化石が20体以上発掘されている。しかし、こうした移住者がいたからといって、アフリカから継続的な移動が始まったとはいいきれない。なぜなら、近くの遺跡で、6万年前から4万5000年前のネアンデルタール人の化石も見つかっているからだ。そうすると、これらのホモ・サピエンスは新しい土地へちょっと足を踏みいれてみただけかもしれない。そうでなければ、何らかの理由で、この2種が重なりあうことになったのだろう（⇨ p.464〜467）。

現代型ヨーロッパ人

先史時代のヒト族化石はヨーロッパで最初に発見された。これらの化石といっしょに洗練された道具や芸術品、装身具がよく見つかるので、ヒト属はまずヨーロッパで進化したと長いあいだ思われていた。しかし、発見物の数が増えるにつれて、私たちの最古の祖先はアフリカで進化したという見かたがしだいに定着する。そして、「現代型」の行動がヨーロッパ以外で長い時間をかけて徐々に発達してきたことを示す証拠も受けいれられはじめた。「現代型」の行動はヨーロッパで突然出現するように見えるが、それは、こうした習慣がヨーロッパで始まったからではなく、ホモ・サピエンスの到来とともにもちこまれたからだろう。

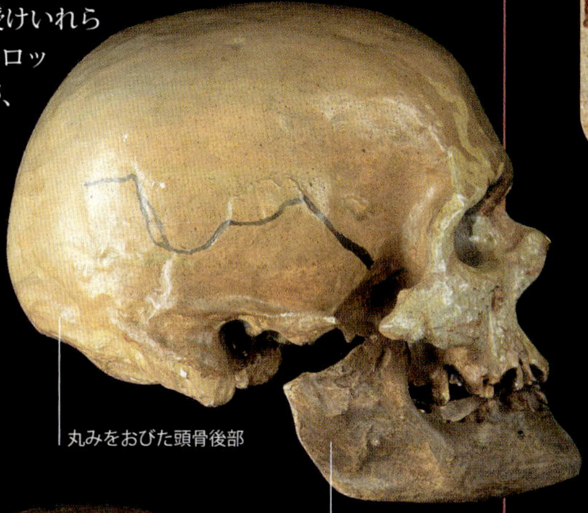

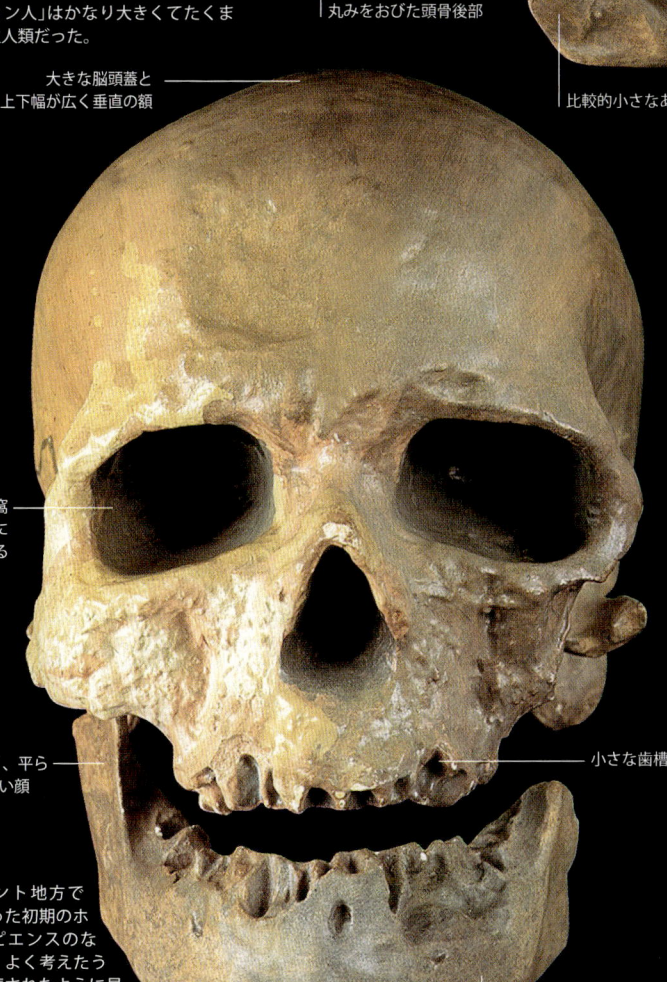

クロマニョン人
フランスのクロマニョン洞窟で1868年に見つかった化石は、ヨーロッパのホモ・サピエンス化石で最古級のものだ。「クロマニョン人」はかなり大きくてたくましい現生人類だった。

— 丸みをおびた頭骨後部
— 比較的小さなあご
— 大きな脳頭蓋と上下幅が広く垂直の額
— 縮小した眼窩 上隆起の下に眼窩がある
— 前後に短く、平らで、幅の狭い顔
— 小さな歯槽
— あごの先に顎が突きでている

埋葬
レヴァント地方で見つかった初期のホモ・サピエンスのなかには、よく考えたうえで埋葬されたように見えるものがある。イスラエルのカフゼで見つかったこの女性の遺体は、子どもといっしょに埋められていた。

初期のホモ・サピエンス

出アフリカ

ホモ・サピエンスは近い過去にアフリカで進化したのか、それともはるか以前にヨーロッパやアジア中に広がっていたヒト族（⇨p.458〜459）からもっとゆっくり進化したのか。この問題に関する考古学者の意見はなかなか一致を見なかった。しかし今は、骨格から得られた証拠やDNAの分析結果から、現生人類はアフリカで進化したあと各大陸に住みついたと推測されている。

相反する学説

現生人類の地理的起源は、考古学でもっともさかんに議論されている問題の1つだ。なかでも有力な説は2つある。ミルフォード・ウォルポフに代表される「多地域」進化説と、クリス・ストリンガー（⇨次ページ）らのとなえる「出アフリカ」説、つまり現生人類の祖先は近い過去にアフリカで進化したという説だ。多地域説によると、**ホモ・サピエンス**は、地球全体に散らばっていた**ホモ・エレクトゥス**のいろいろな集団（⇨p.458〜461）から徐々に進化し、地域間の接触や交配が常時行われていたので似たような進化をとげたとされている。出アフリカ説では、現生人類の起源はアフリカにあり、ここから世界中に広がって、前からいた人類集団に取ってかわったと考える。DNAの証拠はこちらの説を裏づけている。ただし、およそ6万年から4万年前の最終的な分散がおきる前に、小さなグループが新しい地域に入りこんだり戻ったりしていたようだ。その他にも、新たにやってきた人類がもとからいた集団と交配したのではないかと考える研究者もいる。その際、アジアやオーストラリアで見つかる化石がしばしば、ホモ・サピエンスとより以前からいた集団の交配を示す証拠とされる。ホモ・エレクトゥスはたしかにアジアで遅い時期まで生きのびていた。また、オーストラリアに移住した最古の人類と、ホモ・エレクトゥスの類似性が指摘されることも多い。とはいえ、どちらの地域の化石も証拠としてはきわめて不十分だ。本物の「過渡的」化石や、本当に「過渡的」といえる行動は現在のところ、アフリカでしか確認されていない。

移動ルート

この地図は、ホモ・サピエンスがアフリカから出るときにたどったと見られるルートを示し、化石発掘地から推定される分散の年代を書きこんだものだ。全体的なパターンとしては、アフリカにもっとも近い地域の年代がもっとも古く、最古の遺跡は東アフリカにある。東アフリカはかねてから、さまざまなヒト族の生誕地と見られてきた場所だ。現生人類が最後に行きついた場所はアフリカからもっとも遠く離れている。移住ルートの多くは、人類がすでに開拓し慣れていた海岸近くの生息地を通っていたと思われる。しかし、その後、海面が上昇して多くの海岸が水中に沈んだため、証拠を見つけるのはむずかしい。

> **サイエンス**
> #### DNAが示す祖先の証拠
> 現生人類のDNAには、私たちがどこでどのようにして進化したかを伝える情報がたくさんつまっている。現在生きている人類はみな非常によく似たDNAをもつので、多くの違いが生じるほど時間がたっていないことがわかる。集団内でのDNAの差異がもっとも大きいのは、アフリカのグループだ。変化が積みかさなって差異が生じたことを考えると、存在しはじめてからの期間がもっとも長いのはアフリカのグループと思われる。一定の速度で変化が起きると仮定すると、すべての現生人類の祖先が生息していたのは27万年前から20万年前と推定される。これは人類分散の出アフリカ説を裏づける証拠になる。多地域説支持者は、前提にした推定速度がまちがっているのではないかと反論し、これにもとづく人類進化の年代と場所を疑いの目で見ている。

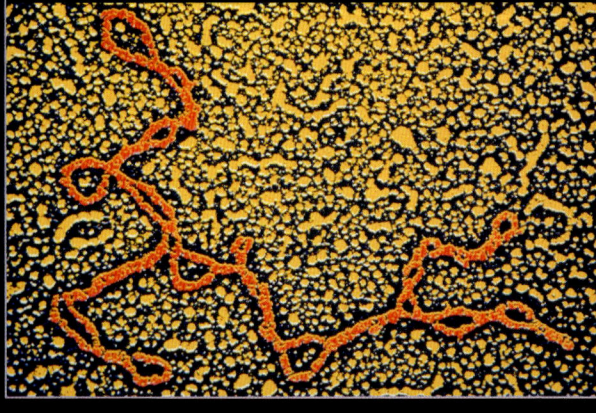

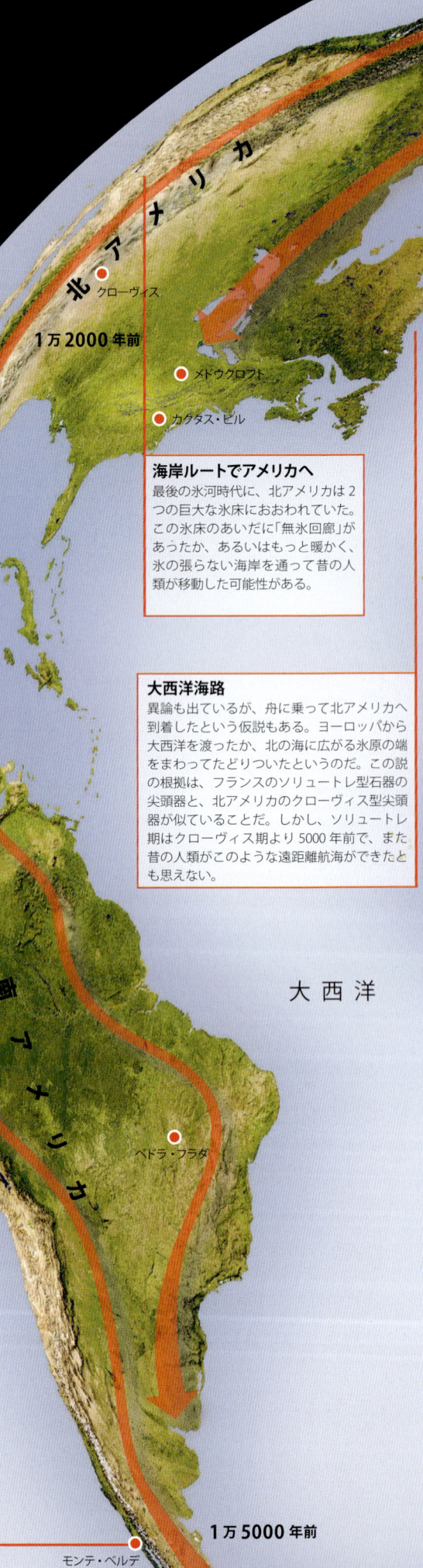

海岸ルートでアメリカへ
最後の氷河時代に、北アメリカは2つの巨大な氷床におおわれていた。この氷床のあいだに「無氷回廊」があったか、あるいはもっと暖かく、氷の張らない海岸を通って昔の人類が移動した可能性がある。

大西洋海路
異論も出ているが、舟に乗って北アメリカへ到着したという仮説もある。ヨーロッパから大西洋を渡ったか、北の海に広がる氷原の端をまわってたどりついたというのだ。この説の根拠は、フランスのソリュートレ型石器の尖頭器と、北アメリカのクローヴィス型尖頭器が似ていることだ。しかし、ソリュートレ期はクローヴィス期より5000年前で、また昔の人類がこのような遠距離航海ができたとも思えない。

モンテ・ベルデ
チリ南部にあるモンテ・ベルデ遺跡の一部は1万5000年ほど前のものであることが確認されていて、植物性の食べ物やテント構造があった証拠も見つかっている。3万3000年も前とされる別の場所もあるが、この年代については議論の余地がある。

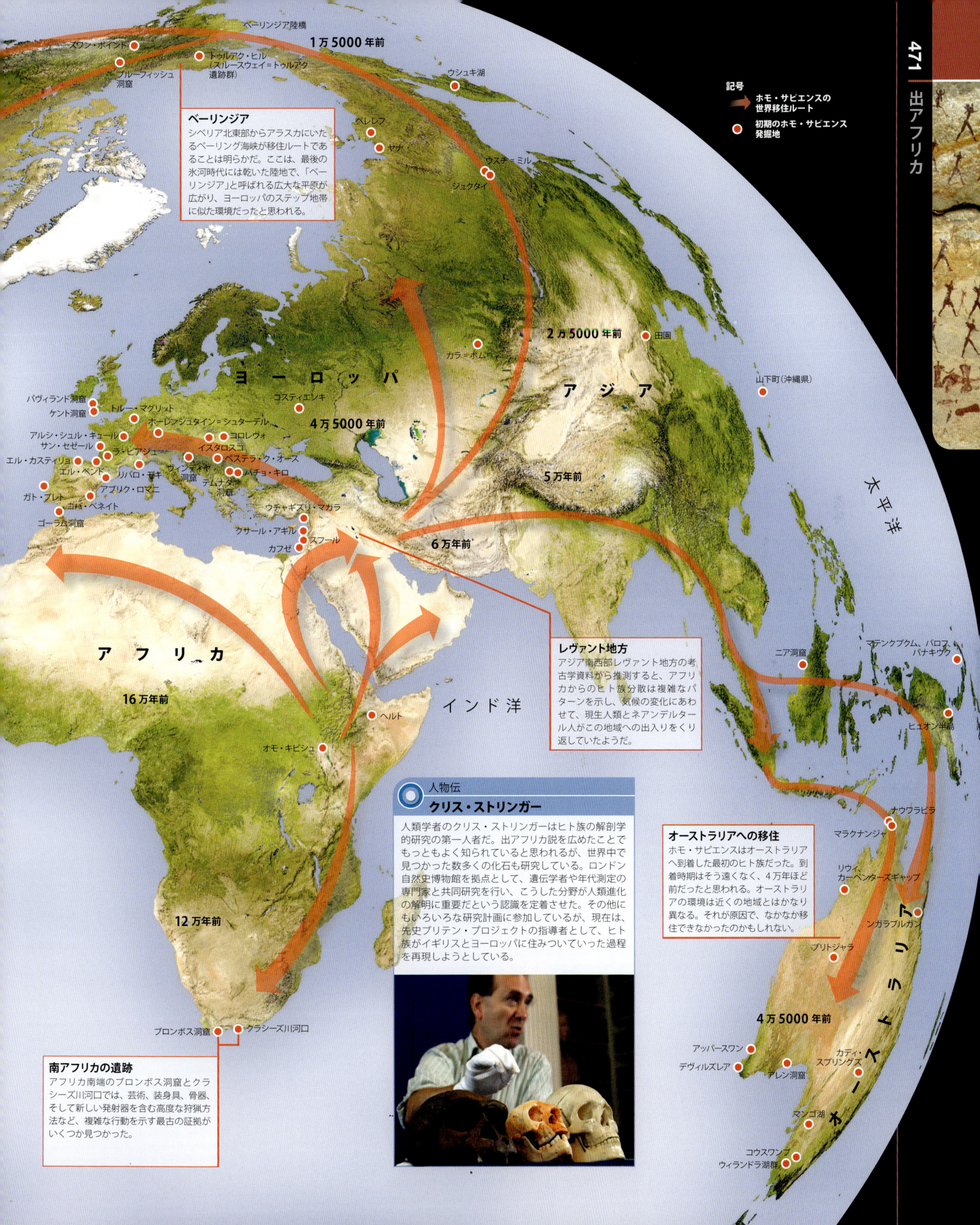

中東

10万年前から5万年前の中東では、ネアンデルタール人と現生人類の人口に変動が見られるので、気候の変化にあわせて、両方の種の集団がこの地域に入ったり出たりしていたと推測される。気候条件がきびしくなり、環境が「ヨーロッパ」寄りに変化するとネアンデルタール人が住みつき、気候が暖かくなって「アフリカ」的な生息地が広がると、現生人類が住みついたようだ。この現生人類は体が大きくて頑丈だが、ホモ・サピエンスであることは明らかだ。ただし、彼らが用いた石器は、もっとあとの時代のヨーロッパの遺跡で見つかるものほど高等ではない。ネアンデルタール人も現生人類も、5万年ほど前までは同じような道具を作ったり使ったりしていたようだが、その後、現生人類は発射器を作りだす。

横向きに寝た骨格

遺体の上半身にのせられた、ダマジカの枝角

ひじのところで折りまげられた腕

カルメル山
イスラエルのカルメル洞窟群では、きわめて重要なヒト族化石が産出している。スフール洞窟、タブーン洞窟、エル・ワド洞窟からは、ホモ・サピエンスの到着後もこの地で生活し続けたネアンデルタール人の化石をはじめ、石器時代の重要な遺物が発見された。

わずかに見える左腕

儀式的埋葬
イスラエルのナザレ近くにあるカフゼ洞窟で見つかった、初期のホモ・サピエンスの骨格。遺体は1組の枝角をのせた状態で埋められていた。年代は10万年から9万年前で、何らかの形で儀式的な埋葬が行われたものと思われる。ここから、死後の世界を信じていた可能性がうかがわれる。ネアンデルタール人が埋葬をしたことは広く認められているが、儀式を行った証拠はほとんどない。一方、現生人類が儀式を行った証拠はよく見つかるので、象徴的な思考能力がネアンデルタール人よりもっと高かったのだろう。

ヨーロッパ

初期の化石が不足しているため、ホモ・サピエンスがどのようにしてヨーロッパに広がったかを解明するのはむずかしい。考古学者はたいてい、「オーリニャック文化」と呼ばれる、独特の石器や骨の細工をもとに現生人類の足跡を追う。しかし、この方法に疑問をもつ考古学者もいる。なぜなら、ネアンデルタール人が作ったと推測される類似の石器がときどき見つかるからだ。同様にヨーロッパ西部では、ネアンデルタール人の「シャテルペロン文化」遺跡の多くで、この地域のネアンデルタール人がビーズのネックレスのような「現代型」と思われる複雑な人工物を作った形跡が見られる。これらのシャテルペロン文化遺跡の年代は、ここに現生人類が到着したあとなので、ネアンデルタール人が現生人類の行動をまねたか、物々交換で現生人類から入手したのだろう、と考える考古学者もいる。本物のオーリニャック文化は骨角器や装身具、芸術に特徴があり、こうした技術はこれまで、ホモ・サピエンス化石との関連でしか確認されていない。これを年代推定の手がかりにすると、数多くの遺跡から、現生人類がヨーロッパに広がった過程をたどることができる。その結果はすべて4万年前あたりになっている。フランスの遺跡の一部では、オーリニャック文化の人工遺物をもとに、3万5000年から3万年前という推定値が出された。

マンモスの歯の彫刻
ライオンをかたどったこの彫り物は3万2000年ほど前のもので、ドイツ南部のシュテッテン近郊、ヨーロッパ最古の現生人類遺跡の1つから見つかった。こうした彫刻は、「狩猟の呪術」として使われ、狩りの成功を願うお守りか、殺された動物の霊をしずめる魔よけだったと考えられている。ネアンデルタール人の遺跡ではこのような彫刻はまったく見つかっていない。

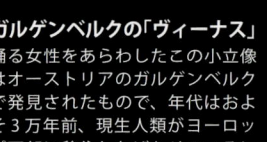

ライオン人の小像
ドイツで産出した象牙製のこの彫像は、およそ3万2000年前のものだ。半分人間で半分ライオンの姿は、ある種の神をあらわしているのだろうと考える考古学者もいる。少なくとも、完全に現代的な想像力にもとづくことはわかる。

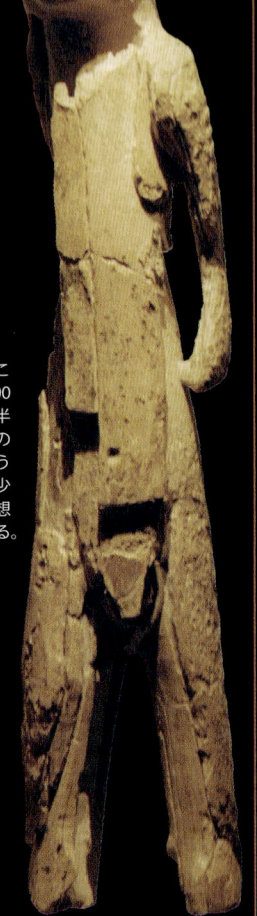

ガルゲンベルクの「ヴィーナス」
踊る女性をあらわしたこの小立像はオーストリアのガルゲンベルクで発見されたもので、年代はおよそ3万年前、現生人類がヨーロッパ西部に移住したばかりのころにあたる。儀式で用いられたか宗教的な役割があったと考えられている。ややあとにヨーロッパではたくさんのヴィーナス像が作られるようになるが（⇨ p.474）、これが初期のタイプかもしれない。

東アジア

東アジアの化石資料は分析しにくい。年代をきちんと測定できない化石や遺跡が多いからだ。ホモ・エレクトゥスはこの地域で遅くまで生きのびていた(ジャワでは5万5000年から2万7000年前まで生息していたとさえ推測されている)。一方、中国のホモ・サピエンス遺跡では10万年以上前という年代測定結果が出ているので、この2種の生息期間は重なりあっていて、異種交配が起きていた可能性すらある。しかし、初期の遺跡で測定された年代はヒト族化石ではなく、同じ地層に含まれていた動物化石のものなので、あまりあてにならない。中国の田園という場所に興味深い遺跡があり、エレクトゥス種とサピエンス種が4万年ほど前に交配していた証拠かもしれないヒト族化石が出ている。ホモ・サピエンスとして広く認められている最古の化石は、中国と日本では3万3000年から2万4000年前のものだが、2つの種の接触や異種交配を示す確かな証拠はまだ見つかっていない。

重要な発見
フロレス人

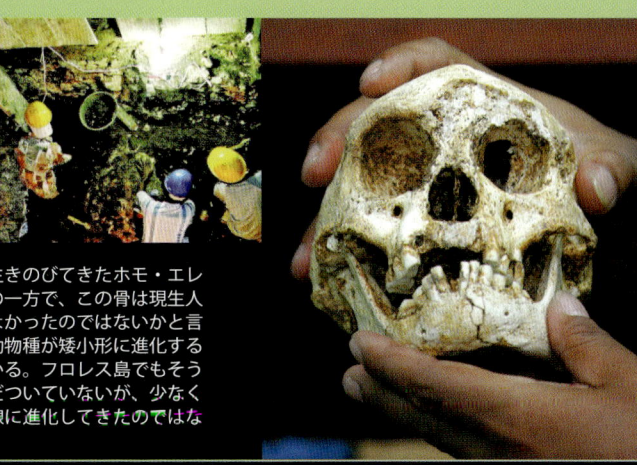

2003年、これまで見つかったなかで最小のヒト族がインドネシアのフロレス島で掘りだされた。ホモ・フロレシエンシスと名づけられたこのヒト族は、身長がせいぜい1mしかなく、最古のヒト族より脳が小さかった。化石の古さは3万8000年以内と測定された。この発見で大きな議論がまきおこった。発掘者たちは、このヒト族は島に隔離されて比較的最近まで生きのびてきたホモ・エレクトゥスの集団だと信じている。その一方で、この骨は現生人類のもので、病気のせいで背がのびなかったのではないかと言う考古学者たちもいる。島で多くの動物種が矮小形に進化することは、十分な資料で裏づけられている。フロレス島でもそうした例が見られる。議論の決着はまだついていないが、少なくとも、この発見から、ヒト族が一直線に進化してきたのではないことがよくわかる。

アメリカ

人類がここに移住した年代はわかりにくい。遺跡によってかなり違いのある測定結果が出ているからだ。北アメリカ全土で見つかる「クローヴィス」型尖頭器からすると、人類が住みついたのは1万2000年ほど前と思われる。その他の遺跡はこれより数千年前のようだ。一方、遺伝子の証拠をもとにした移住の推定年代は1万8000年から1万6000年前。どの測定法を使っても、初期の集団はシベリアからやってきたと推測される。シベリアのジュクタイで使われていた石器が「クローヴィス」型尖頭器のもとになったようだ。クローヴィス文化の遺跡は北アメリカ大陸全体に人類が広がったことを示す最古の証拠と思われる。その前に、もっと小規模で移動しやすい集団が到着していた可能性もあるが、ほとんど痕跡を残さなかったのだろう。

ペドラ・フラダ
ブラジルのペドラ・フラダにあるこの遺跡は5万年前のものと推定された。かなり古い年代であるため多くの考古学者が数値の信憑性に疑いを抱き、大きな論争が起きている。

古代の足跡
オーストラリア南東部のウィランドラ湖群では、かつて沼地だった湖床に残る450の足跡が見つかった。ここには子どもやおとな、若者の歩行跡が22以上あり、年代は2万3000年前から1万9000年前と測定されている。

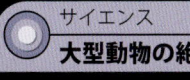

クローヴィス文化の槍先形尖頭器

発射器の先端
クローヴィス型尖頭器は1万2000年前以降、北アメリカ全土で出現するので、人類が初めて北アメリカ大陸全体に広がって定着したことを示す証拠と考えられる。

オーストラリア

この地域の化石は、ホモ・エレクトゥスとホモ・サピエンスの両方が住みついたことのあかしだと言われてきた。体つきがずいぶんがっしりした標本も含まれているが、今は、すべての人類化石がサピエンス種のものだと考えられている。遺跡の年代も修正され、現時点で最古とされるのは4万年ほど前のものだ。だからといって、もっと前に人類が入りこんだ可能性は否定できないが、先駆者たちがいたとしても考古学上の痕跡はほとんど残っていない。移住するには大変な労力を要しただろう。氷河時代には海面が下がり、インドネシアの島々は1つの陸塊(スンダランド)になっていた。オーストラリアとニューギニアも同様(サフル)だったが、2つの陸塊のあいだを行き来するには、海を渡るしかなかった。また、オーストラリアは独特の生息環境が組みあわさっていることでも知られ、そこへ入りこもうとした人類にとっては、まったくなじみのないものだったろう。

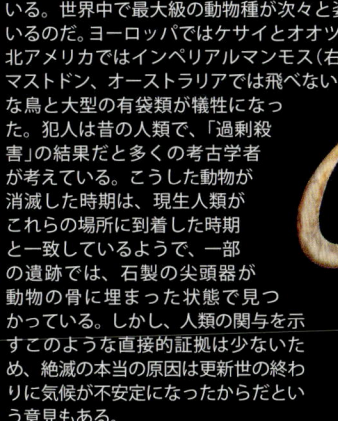

マンゴ湖の頭骨
オーストラリア南東部のマンゴ湖で見つかった化石はホモ・エレクトゥスがホモ・サピエンスに進化しようとしている段階だ、とかつては考えられていた。だが今は、頑丈な体をした現生人類というのが、ほとんどの人類学者の見かただ。

サイエンス
大型動物の絶滅

考古学者は地球的規模の殺害ミステリーに直面している。世界中で最大級の動物種が次々と姿を消しているのだ。ヨーロッパではケサイとオオツノジカ、北アメリカではインペリアルマンモス(右図)とマストドン、オーストラリアでは飛べない巨大な鳥と大型の有袋類が犠牲になった。犯人は昔の人類で、「過剰殺害」の結果だと多くの考古学者が考えている。こうした動物が消滅した時期は、現生人類がこれらの場所に到着した時期と一致しているようで、一部の遺跡では、石製の尖頭器が動物の骨に埋まった状態で見つかっている。しかし、人類の関与を示すこのような直接的証拠は少ないため、絶滅の本当の原因は更新世の終わりに気候が不安定になったからだという意見もある。

ヨーロッパの狩猟採集生活者

ヨーロッパで狩猟採集生活を送っていた初期の現生人類は、最後の氷河時代の苛酷な環境に耐えながら生きぬいた。それでも、この時期に技術革新や社会変化が急速に進み、芸術的表現もめざましく発達した。それは、人類集団が厳しい状況を乗りこえようとして奮闘していたからだ。

氷河時代のはじめ

およそ2万8000年前から2万1000年前のあいだに、初期の現生人類の技術は地域に応じて多様化し、地方色豊かなものになる。これらはフランスのラ・グラヴェット遺跡にちなんで、ひとまとめに「グラヴェット」文化と呼ばれている。小さくて細い刃が山ほど産出するのがこの文化の特徴だ。これらの刃には、ていねいに形作られた「中子」、つまり刃を槍の柄につけるための突起があることが多い。大きめの動物の骨といっしょに、魚類など小さな動物の骨が見つかる遺跡もたくさんある。グラヴェット文化の遺跡は、移動中の集団が短期間だけとどまったのではなく、1年のうちの数ヵ月にわたって生活していた場所らしいのは、食べ物の種類がこれだけ幅広いことからもわかる。グラヴェット文化の遺跡で北東寄りに位置するもののなかには、地下の永久凍土層まで掘りこんだ穴が見つかった場所もある。こうして天然の冷蔵庫を作り、食べ物を保存したのだろう。このような永続性の高い生活共同体のなかでは、人間どうしの関係がより複雑になったと思われる。埋葬場所の多くで、細かな細工をほどこした装身具など、副葬品が見つかるのはそのあらわれだ。

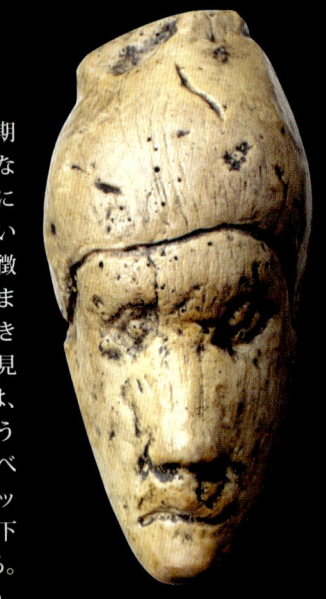

だれかの似姿かもしれない人物像
マンモスの牙で作ったこの小さな頭像は、チェコのドルニ・ヴェストニーチェで産出。顔が不規則な形をしており、近くで見つかった骨格の人物がモデルではないかという考古学者もいる。

マンモスの骨で作った家
マンモスの骨でできたこの住居はメジリヒで見つかった。このような家はウクライナにあるいくつかの遺跡で発見されている。建材に使われた骨は狩りで手に入れたのではなく、死体を見つけて取りだしたものだろう。

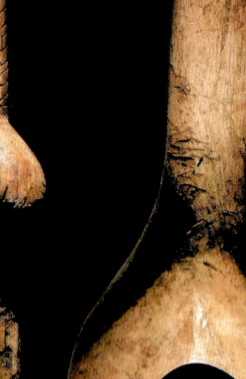

抽象的なデザイン
チェコ共和国のドルニ・ヴェストニーチェで産出したこれらの彫刻物はマンモスの牙でできている。かなり様式化された女性像で、これほど抽象的ではない「ビーナス」像(⇨下のコラム)と関係があると考えられている。

副葬品
十代のこの若い男性の骨格は、イタリア北西部のアレーネ・カンディーデにあるグラヴェット文化の遺跡で見つかった。遺体は貝殻製の帽子とネックレスで飾られている。

魔よけ　　　偶像

重要な発見
小さなヴィーナス像

小さなヴィーナス像はヨーロッパ全体から100体以上見つかっている。その多くはグラヴェット期のものだ。それぞれに個性があり、やわらかい石や象牙を削ったものや、焼いた粘土の彫像などが作られている。かなり様式化されていることも多いが、すべて女性像だ。たいていは肥満体か妊婦のようで、腹、尻、胸が誇張される一方で、腕、足、頭はそれほど重視されていない。このような小像は、豊穣や多産を願うシンボルかお守り、あるいは社会的地位のしるし、大女神の肖像、集団間の交易品といった解釈をされてきた。地理的にも時間的にも広く分布していることを考えると、目的はたった1つではなかったようだ。

氷河の影響

およそ 2 万 5000 年前以降、ヨーロッパでは気候の著しい寒冷化が始まり、氷河時代で最低のところまで気温が下がった。この期間は「最終氷期最盛期」(⇨右のコラム) と呼ばれる。北方の高緯度地域にすむ生き物は死ぬか、拡大する氷に押されて出ていくしかなかった。氷河時代が極みに達したときに、ヨーロッパで人類が居住していた場所はおおむね南西部にかぎられていた。ただし、ウクライナの川谷のような場所にそのまま住み続けた集団もいた。このような人々は腕のいいハンターで、時間をたっぷりかけて念入りに武器を作っていた。彼らはきびしい環境に対処するために団結し、動物の群れの動きを予測して攻撃をしかけた。それにより、生死の分かれめとなる狩りの成功率を高めることができた。

石をたくみに削って作られた、鋭い先端

サイエンス
最終氷期最盛期

およそ 2 万 1000 年前から 1 万 8000 年前のあいだに、地球の気候は氷河時代でもっとも寒い状態に達した。平均気温が大きく (10℃も) 下がり、氷床が最大の面積に広がった。この期間は「最終氷期最盛期」という名で知られている。ヨーロッパの環境は激変して、樹木がほとんどなくなり、ヒースが茂る荒れ地になっただろう。しかし、新たに開けたこの広大な草原が、マンモスや野牛、トナカイのような大型陸生哺乳類にとっては豊かな環境となった。

岩石彫刻
フランス西部のロック・ド・セールで見つかったこの動物の彫刻は、最終氷期最盛期のものであることが確かな数少ない芸術品の1つだ。ひと続きの帯状装飾で、長さは 10m 近くある。

ソリュートレ文化の製造技術
「ソリュートレ」型の尖頭器は細長い葉のような形をしている。骨角器や、ときには細かな調整がきくように爪まで使って、ていねいに作りあげられている。

尖頭器の輪かくを波形に丹念に削って、なめらかに仕上げている

トナカイ・ハンター

およそ 1 万 8000 年前以降、気候が暖かくなりだしたため、ヨーロッパの人類は、氷床が広がったときに住むのをあきらめた地域にふたたび移住しはじめた。この時期の遺跡は、フランスのラ・マドレーヌ岩窟にちなんで、「マドレーヌ」文化と呼ばれている。マドレーヌ文化の道具は、骨や鹿角で精巧に作られた尖頭器や針、銛を特徴としている。前よりは暖かくても、まだ寒い環境だったので、マドレーヌ文化の人々は移動するトナカイの群れをもっぱら襲っていた。そのため、「トナカイ・ハンター」と呼ばれることが多い。しかし、その他にも、淡水魚を中心としてさまざまな動物を獲物にしていた。後期旧石器時代の芸術作品は、ほとんどがこの時期のもので、ラスコーやアルタミラのような、すばらしい洞窟絵画 (⇨ p.476〜477) がある遺跡は、1 年のうちの決まった時期に人々が集まる場所だったと思われる。

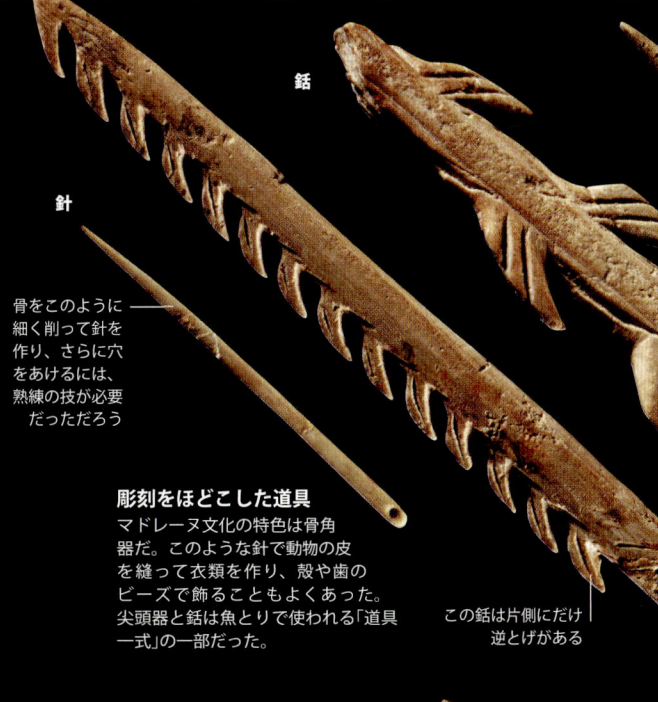

銛 / 槍先形尖頭器 / 針

骨をこのように細く削って針を作り、さらに穴をあけるには、熟練の技が必要だっただろう

彫刻をほどこした道具
マドレーヌ文化の特色は骨角器だ。このような針で動物の皮を縫って衣類を作り、殻や歯のビーズで飾ることもよくあった。尖頭器と銛は魚とりで使われる「道具一式」の一部だった。

この銛は片側にだけ逆とげがある

後ろ向きのとげがついているので銛が肉に引っかかり、はずれるのを防いだ

トナカイの頭

凝った彫りこみがあるので、ふだん使っていたのではなく、儀式用だったと思われる

複雑なデザイン
マドレーヌ文化では、もち運びできるものに細工をした美術品がしばしば見られる。この骨のように、トナカイや魚類など、ふだん獲物にしている動物の姿を彫刻した例が多い。

投げ槍器
細かな彫刻をしたこの象牙はフランスのブリュニケルで見つかった。年代は 1 万 4000 年前あたりで、2 頭のトナカイ (マドレーヌ文化の人々が好んで獲物にした動物) が彫りこまれている。これは「投槍器」、つまり槍を投げる道具だ。投槍器を使うと、槍が飛ぶ距離を 100m までのばせるので、体が大きくて危険な動物が相手でも、安全に仕留めることができた。

旧石器時代の洞窟芸術

ヨーロッパでは、絵が描かれた洞窟が350以上見つかっている。おもにフランスとスペインだが、イタリアやイギリス、ロシアのウラル地方でも発見された。大部分は1万8000年前あたりに描かれたようだが、現生人類がヨーロッパに到着した直後にあたる、4万年前のものもありそうだ。

アルタミラ

アルタミラ洞窟はスペイン北部の町サンティリャナ・デル・マルの近くにある。この遺跡は1879年にアマチュア考古学者マルセリノ・サンス・デ・サウトゥオラの9歳になる娘が発見し、バイソンの絵がたくさん描かれていることで有名になった。壁画の保存状態があまりにもよいので、最初は、多くの人々がにせ物だと思っていた。本物だということが受けいれられたのは1902年になってからだ。洞窟には大勢の人が押しかけ、壁画が傷む恐れが生じたため、2001年に近くで複製が公開された。

◀ 狩猟のまじない
この雌鹿のように、獲物になる動物が詳細に描かれているところから、洞窟絵画は「狩猟の呪術」だったのではないかと考える考古学者もいる。

◀ みごとなバイソンの絵
洞窟壁画の画家たちは、黄土や赤鉄鉱、炭など、天然の顔料を使って動物の姿を描いた。実物らしく見えるように、壁面の形を利用していることも多い。

ショーヴェ

フランス南部のショーヴェ洞窟は、1994年に洞窟探検家によって発見された。ここには、知られているかぎり最古の洞窟芸術と思われる作品がある。年代は3万年以上前かもしれない。描かれているのはライオン(⇨左)やマンモス、サイなどだが、半分女性で半分バイソンの有名な絵から、呪術師が魔術や儀式のために描いたのではないかという意見も考古学者のなかから出ている。一方で、そこまで限定されたものではなく、2万年以上の長い期間にわたって老若男女が描いたのだという意見もある。洞窟芸術は1つの解釈だけでは説明できず、洞窟によってさまざまに異なる意味があるようだ。

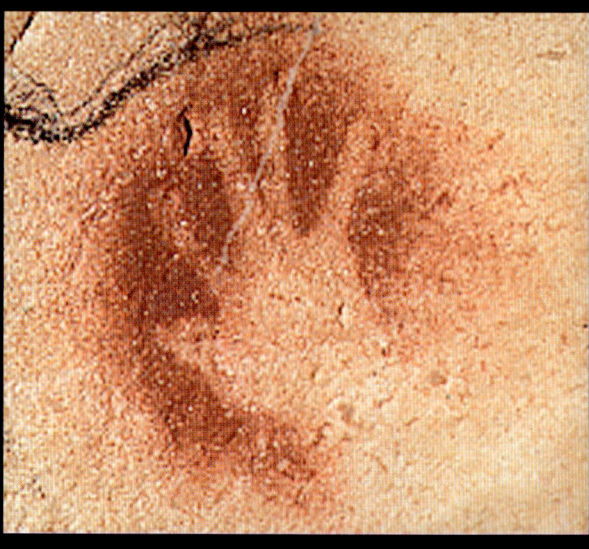

◀ ライオンの壁画
ここに描かれているライオンのような捕食者は、バイソンやウマのような獲物に比べると洞窟絵画に登場する例が少ない。しかし、ショーヴェ洞窟はクマ、ヒョウ、ハイエナなど、捕食者の絵があることで有名だ。

手形のステンシル ▶
ショーヴェ洞窟の壁画には、手形の染め模様が多く見られる。たぶん洞窟の壁に手を押しつけて、そのまわりに液状の顔料を吹管で吹きつけたのだろう。

ラスコー

有名なラスコー遺跡はフランス南西部のドルドーニュ地方にある。およそ2000の洞窟画が描かれており、年代は1万6000年ほど前のマドレーヌ期にあたるようだ。この遺跡は1940年に犬をつれた十代の少年4人が発見し、1948年に一般公開された。しかし、アルタミラ遺跡と同様、大勢の見物人がおとずれて絵が傷んだため、1983年に複製の洞窟が作られた。現在、本物の洞窟に入ることが許されているのはごく少数の考古学者だけで、それも、絵の損傷がこれ以上進まないように、短い期間にかぎられている。

◀ 多作の画家
この「雄牛の間」から、ラスコーの壁面にぎっしり絵が描かれていたことがわかるだろう。上の絵の雄鹿群は、この写真の中央にいる人物の頭近くに写っている。

▲ 黄土色の雄鹿たち
大半の洞窟芸術は動物を1頭ずつ描いたもので、複数の絵が接近していても、描かれた時期は異なる。

壮大なスケール
ラスコー洞窟の「雄牛の間」には、知られているかぎり最大の洞窟画がいくつか見られる。壁に跡が残っているので、洞窟内の高い場所に絵を描くために足場を組んだことがわかる。

氷河期が過ぎて

中石器時代(「新旧両石器時代の中間の時代」)は、氷河時代が終わってから農耕が広まるまでの時代を指す。この期間に人間社会は大きく変化し、めざましい発展をとげた。

変わりゆく世界

中石器時代には環境がどんどん変化していた。氷床が後退して海面が上昇し、氷が消えた北方へ人類集団が広がった。大型陸生哺乳類はまだ生息していたが、森林が拡大したため、人類の食べ物は魚介類や水鳥、食用植物が中心になっていった。海岸や内陸湖の近くには1年を通して人類が居住していた場所があり、枝を編んで作った魚捕り用のわなのかけらが、網や繊維素材、より糸などといっしょに見つかるときがある。木製の舟やスキー板の一部が出てくることさえある。この時期に作られた大きな共同墓地も発見されている。埋葬のしかたには、ていねいに作られた数多くの副葬品がそえられている例もあれば、もっと質素な例もある。ここから推測すると、中石器時代の人類集団では階層化が進み、一部の人間が他の人間より高い地位を享受していたらしい。

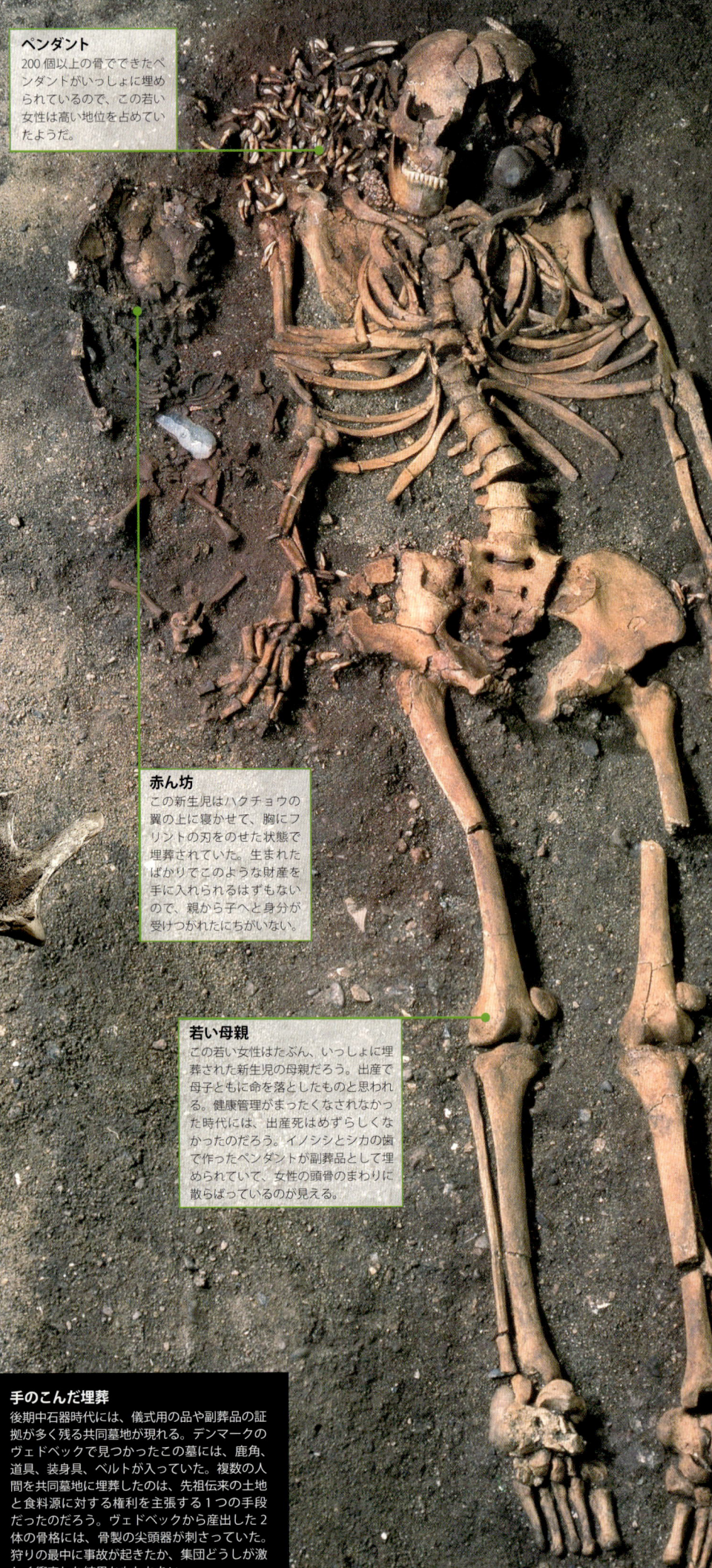

ペンダント
200個以上の骨でできたペンダントがいっしょに埋められているので、この若い女性は高い地位を占めていたようだ。

赤ん坊
この新生児はハクチョウの翼の上に寝かせて、胸にフリントの刃をのせた状態で埋葬されていた。生まれたばかりでこのような財産を手に入れられるはずもないので、親から子へと身分が受けつがれたにちがいない。

若い母親
この若い女性はたぶん、いっしょに埋葬された新生児の母親だろう。出産で母子ともに命を落としたものと思われる。健康管理がまったくなされなかった時代には、出産死はめずらしくなかったのだろう。イノシシとシカの歯で作ったペンダントが副葬品として埋められていて、女性の頭骨のまわりに散らばっているのが見える。

シカの頭蓋にあけられた穴

シカの頭蓋帽
このアカシカ製の頭蓋帽はイングランド北部のスター・カー遺跡から産出した。シカの頭蓋に穴をあけて、人間の頭にあうようにしている。狩人がこれをかぶって獲物にしのびよったか、あるいは、狩りの成功を願ったり、殺されたシカの霊をしずめる儀式で使用したのではないかといわれている。

逆とげのある尖頭器
中石器時代の技術は、小さな石刃、骨や角でできた尖頭器、釣り針、銛が基盤になっている。スター・カー遺跡で見つかったこの逆とげつきの尖頭器もその1つだ。これらには規格性があり、槍や矢につけて漁労や狩猟の道具にした。尖頭器をつけた矢を弓で引くこともあった。スター・カー遺跡ではアカシカやノロジカ、エルク、イノシシの骨が見つかっている。なかには、細石器が刺さったままの骨が出てきた場所もある。

手のこんだ埋葬
後期中石器時代には、儀式用の品や副葬品の証拠が多く残る共同墓地が現れる。デンマークのヴェドベックで見つかったこの墓には、鹿角、道具、装身具、ベルトが入っていた。複数の人間を共同墓地に埋葬したのは、先祖伝来の土地と食料源に対する権利を主張する1つの手段だったのだろう。ヴェドベックから産出した2体の骨格には、骨製の尖頭器が刺さっていた。狩りの最中に事故が起きたか、集団どうしが激しく衝突した結果かもしれない。

最初の村人

中東では、中石器時代より「亜旧石器時代」という用語のほうがよく使われる。亜旧石器時代の人々も狩猟や採集で食物を得ていたが、1年の大半を同じ場所で過ごし、半地下式で1部屋だけの円形住居に住んだ。時とともに、その地域の野生穀類を食べる割合が増えていったため、集落の規模が大きくなり、のちの新石器文化にかなり近くなる。しかし、粘土を焼いたあとはほとんど見られない。この時期は「先土器新石器時代」と呼ばれる。この時代の建物は円形ではなく四角形で、もっと大きく（ときには2階建ての高さがあり）、石灰が分厚く塗られている。ビーズ作りなど、工芸品の製作に使う専用の作業場もあった。水盤や壇、彫刻をほどこした「立台」がある建物は、宗教儀式に使われたのだろう。これらは、知られているかぎり最古の定住農村で、なかには数千人が住んでいた村もある。これが現在まで続く都市生活のはじまりだった。

中石器時代の貝塚
デンマーク東部のグレスボー近くにあるこの遺跡のように、中石器時代の貝塚が積みかさなっているところから、この時期には、人類集団が同じ場所に長く居住するようになり、地域共同体を作りはじめていたことがわかる。貝塚の中心はカキやイガイ、巻き貝類の山で、それに動物の骨や、骨角器、フリント製品が混じっている。こうした遺跡は生ゴミの捨て場だったらしく、中石器時代の人々の生活について多くの考古学的情報が得られる。

重要な遺跡
レペンスキ・ヴィール

セルビアのドナウ河畔に位置するレペンスキ・ヴィール遺跡は、かなりの規模の村落で、およそ8000年前から6000年前まで人が住んでいた。ここは、狩猟採集生活から農耕経済へ徐々に移行していったようすがわかる、数少ない遺跡の1つだ。村にはていねいに建てられた木の家々があり、みがきあげられた石灰岩の床が黄土で赤く色づけされていることもある。家屋のつくりは台形状が標準で、どの家にも、屋内の中央に大きな石のブロックを埋めて作った炉床があった。村人の食べ物は川の魚だったようだ。村の近くでドナウ川が湾曲し、魚を捕るのにうってつけの場所になっていたからだ。こうした生活が宗教の基盤になったのではないかといわれている。

奇妙な彫刻
多くの家の炉辺には、魚や半魚人の頭の彫刻が置かれていた。こうした習慣が広範囲に見られるのは、なんらかの宗教組織ができていたからではないかと思われる。これらの彫刻は豊漁を願うために置かれた「川の神」だと考えられている。

エリコの壁
イスラエルのエリコにあるこの壁や塔は、およそ1万1000年前に建設された。塔は少なくとも高さ8.5m、幅8mはある。以前は、集落を攻撃から守るために造られたと考えられていたが、今は、壁は洪水を防ぐための防壁で、塔は神殿だったと見られている。

人物伝
キャスリーン・ケニヨン

キャスリーン・ケニヨン（1906〜78）はエリコ遺跡の発掘調査でよく知られ、亜旧石器時代の重要性を広く知らしめるのに大きく貢献した。また、ロンドン大学に考古学研究所を設立するのに尽力し、のちに同研究所の所長に就任する。1951年、エルサレムのイギリス考古学研究所の名誉所長となり、1973年にデイムの称号を与えられた。

装飾をほどこした頭骨
手のこんだ埋葬は先土器新石器文化の特徴だ。多くの人が家の下に埋葬され、イスラエルのエリコで産出したこの頭骨のように、頭骨を取りはずして石膏を塗ったり、彩色したり、土瀝青などで表面をおおった例も見られる。装飾をほどこした頭骨を小さな集団や「仲間」ごとにまとめて飾り、亡くなった祖先を崇めたのだろう。

顔に念入りに色を塗り、目のまわりに瀝青でラインを引き、緑色の粉をかけている

上塗りをした像
ヨルダンのアイン・ガザルでは、9000年前の像がたくさん産出している。これらの像は廃屋の床下の穴にていねいに埋められていた。頭と肩だけの像や全身像、頭が2つあるものもある。大きさは実物の半分くらいで、アシの骨組みに石膏の上塗りがほどこされている。型にはまった作りかたで、顔の細かな部分まで丹念に彩色されている。エリコ遺跡でも同じような像が見つかっていて、祖先か神の象徴として儀式の際に飾ったものと思われる。

用語解説

※英語またはラテン語表記を併記してあります。

[ア行]

アウストラロピテクス類　australopithecine
絶滅したヒト族のうち、アウストラロピテクス属（Australopithecus）に含まれる全種類。420万年前から200万年前の数種が知られている。

アエトサウルス類　aetosaurs
三畳紀の植物食爬虫類。ワニ類の類縁動物だった可能性がある。背中に防御用の装甲板ととげをもつ。

圧縮化石　compression fossil
平らに押しつぶされて、もとの外部構造がわかりにくくなった化石。

アフリカ獣　Afrotheria
哺乳類の幅広いグループで、はじめは無関係だと思われていたが、現在では、アフリカ大陸が孤立していたときに1つの祖先から進化したと考えられている。ゾウ類、マナティ類、ツチブタ類のほかに、もっと小型のさまざまな動物が含まれる。

アミノ酸　amino acid
タンパク質の「基礎単位」で、すべての生物にとって欠かせない小さな分子。20種類ほどある。

RNA〔リボ核酸〕　RNA
DNAに似た構造をもち、細胞内で大事な役割を果たすが、一部のウィルス類をのぞいて、生物の主要な遺伝情報の保存には使われない。

アンモノイド類　ammonoids
遊泳性頭足類の絶滅グループで、大部分はうずまき型の殻と隔壁で仕切られた室をもつ。アンモナイト類やセラタイト類、ゴニアタイト類などを含む。⇨頭足類、オウムガイ類

維管束　vascular bundle
維管束植物の茎内を縦方向につらぬく束状の組織で、水や食物の通路となる。

維管束植物　vascular plants
水や養分を体の各部分に行きわたらせる、特殊な組織をもつ植物。コケ類をのぞくほとんどの陸生植物は維管束植物。⇨コケ類、ヒカゲノカズラ植物、真葉植物

生きた化石　living fossil
何百万年以上もほとんど変化していない種、あるいは、大半の仲間が絶滅した分類群で現在まで生き残った種類。

イチョウ類　Ginkgoales/ginkgos
被子植物ではない種子植物のグループで、現生種は1種（イチョウ、Ginkgo biloba）だけだが、絶滅種は数多い。伝統的な分類では「裸子植物」に入れられる。

羽状　pinnate
植物の複葉で、葉の中肋の両側に小葉が規則正しく並んだ状態。⇨小葉、中肋

腕渡り　brachiation
テナガザルのような類人猿によく見られる移動方法。両腕でぶら下がり、体をゆらしながら樹間を移動する。

ウニ類　echinoids
現生種、絶滅種を含む棘皮動物のグループ。英語では sea urchins とも表記される典型的なウニ類は、球形の体に長いトゲをもち、下面についた口で藻類を食べる。巣穴を掘ってもぐる種類も多い。

羽片　pinna
植物で、羽状複葉の1片、あるいは第1次の分裂片。⇨小葉、羽状

ウミツボミ類　blastoids
絶滅した棘皮動物で古生代に生息。ろ過摂食者。⇨棘皮動物

ウミユリ類　crinoids
柄をもつろ過摂食の棘皮動物で、英語では sea lilies ともいう。ウミシダ類という柄のない種類をのぞいて、現生種のウミユリ類はおもに深海にすむ。⇨棘皮動物

エディアカラ動物群　Ediacaran fauna
カンブリア紀より前に生息していた、体のやわらかい無脊椎動物。オーストラリアのエディアカラ・ヒルズで最初に化石が見つかった。

エンボロメリ類　embolomeres
石炭紀に生息していた大型の水生両生類で、羊膜類の祖先かもしれない。⇨羊膜類

オウムガイ類　nautiloids
軟体動物のうち、現生種のオウムガイ（Nautilus）と数多くの絶滅種を含む頭足類のグループ。らせん状の外殻の内部には、気体の入った室があり、水中で体を軽くする役目を果たす。

雄型〔キャスト〕　cast (the filling of a mould)
雌型の内部を埋めたもの。

オゾン層　ozone layer
大気の上のほうにある、オゾン（3つの酸素原子が結びついた分子）濃度が高い層。オゾンは、生物にとって有害な紫外線を吸収する。

温室効果　greenhouse effect
地表が放出する熱が、水蒸気、二酸化炭素、メタンといった、大気中に存在するある種のガスに吸収され、平均気温を上昇させること。

[カ行]

外骨格　exoskeleton
動物の外側にある骨格。外骨格は体を支えると同時に保護する機能ももつ。

外套膜　mantle
軟体動物がもつ組織で、体表から広がり、殻を分泌する。⇨軟体動物

カイトニア類　Caytoniales
絶滅した種子植物で、4つに分かれた掌状の葉が特徴。肉質の小さな果実状の構造に種子が入っている。

海綿類　sponges
海生無脊椎動物の大きなグループ（門）。構造は非常に単純で、水流をおこして体内に通し、小さな粒子をこし取って食べる。筋肉も神経細胞もない。小さくてかたい骨片でできた骨格をもつものが多い。

化学合成　chemosynthesis
特殊な微生物が、硫化水素のような天然の化学物質をエネルギー源として食物を得ること。

下顎骨、（節足動物の）大あご　mandible
脊椎動物の下あご、あるいは（複数形で）節足動物の口器でかみつく部分。

殻　valve
軟体動物や腕足類の殻。とくに、複数に分かれた殻の1片。⇨二枚貝類

隔壁　septum（複数 septa）
動物の体内にある仕切り。

花軸、葉軸　rachis
葉や花部の中央軸もしくは中肋。⇨中肋

火成岩　igneous rock
地球の深部からわきあがったマグマが、かたまってできた岩石。

顆節類　condylarths
おもに古第三紀の地層から見つかる絶滅哺乳類。現生種の有蹄類に似た植物食の種類も見られるが、近縁関係にはない。

花虫類　anthozoans
イソギンチャク類と大半の現生サンゴ類を含む刺胞動物の1グループ。⇨刺胞動物、サンゴ

還元環境　reducing conditions
酸素濃度が低い状態で、動植物化石の保存に適していることがある。

完新世　Holocene
第四期でもっとも新しい世。1万1700年前から現在まで。⇨更新世

紀　period
代をさらに分けた地質年代区分。たとえば、中生代のなかのジュラ紀など。

気孔　stomata（単数 stoma）
ほとんどの植物の表面にある小孔で、とりわけ葉の裏側に見られ、ガス（とくに酸素、二酸化炭素、水蒸気）が出入りする通路となる。⇨孔辺細胞

基質　matrix
生物を支える基盤になったり、生物を包みこんでいる物質。

汽水性の　brackish
塩分が淡水より多いが、ふつうの海水より少ない。

キチン　chitin
おもに炭水化物からなる複雑な物質で、昆虫類など節足動物の体を包む丈夫な外被（外骨格）を形成する。菌類にも見られる。

奇蹄類　perissodactyls
指が奇数のひづめをもつ哺乳類。ウマ類、サイ類、バク類を含む。⇨偶蹄類

キノドン類〔犬歯類〕　cynodonts
ペルム紀後期に出現した、進化した単弓類の1グループ。⇨単弓類

鋏角類　chelicerates
クモ形類（クモ類とその仲間）をはじめ、多くの種類を含む節足動物のなかの大きなグループ。絶滅した広翼類もここに分類される。はさみをくっつけたような、鋏角と呼ばれる構造が特徴。

共進化　coevolution
複数の異なる生物が同時に進化し、たがいに対してどんどん適応していくこと。被子植物と授粉媒介者のミツバチの相互適応はその一例。

暁新世　Paleocene
新生代最初の紀である古第三紀の1番目の世。6550万年前から5580万年前まで。

共生　symbiosis
2つの種が密接な関係をもって生活すること。とくに両方が利益を得る場合に用いられる語。

共通の祖先　common ancestor
分析対象の種すべてのもとになったと思われる祖先種。

恐竜類　dinosaurs
三畳紀に現れ、ジュラ紀には陸上生物のなかで優位に立ち、白亜紀末に（子孫である鳥類をのぞいて）絶滅した爬虫類グループ。⇨鳥盤類、竜盤類、主竜類

481 | 用語解説

棘魚類　acanthodians
シルル紀から（場合によってはオルドヴィス紀にも）生息し、ペルム紀に絶滅した、あごをもつ魚類。

棘皮動物　echinoderms
ヒトデ類、ウニ類、ウミユリ類のほか、数多くの絶滅種を含む、海生無脊椎動物の大きなグループ（門）。皮ふの下に石灰質の保護板をもち、現生種は放射相称形を示す。

魚竜類、イクチオサウルス類　ichthyosaurs
三畳紀に出現した海生爬虫類。捕食者で、大半が、現在のイルカ類やマグロ類と同じように、速いスピードで獲物を追いかけるのに向いた流線形の体をしていた。白亜紀が終わる前に絶滅。

鰭竜類　sauropterygians
半水生および完全な水生の爬虫類で、三畳紀から白亜紀末まで生息していた多様なグループ。よく知られているものに、首の長いプレシオサウルス類と、首が短くて頭が大きいプリオサウルス類がいる。ノトサウルス類のような初期の種類にはまだ脚があったが、あとから出てくる鰭竜類では、四肢がヒレ足に変化している。

菌類　fungi
界という大きな単位でまとめられる生物の1群で、キノコ、カビのほか、数多くの種を含む。典型的な菌類の「体」は小さな糸の網状組織でできている。キノコなどは、胞子をまき散らすために特別に生じた「子実体」という構造。⇒地衣類

空椎類　lepospondyls
多様で小型の絶滅両生類で、石炭紀からペルム紀に広く分布していた。水生と陸生、両方の種類を含む。⇒切椎類

偶蹄類　artiodactyls
偶数に割れたひづめをもつ哺乳類。ブタ類、ラクダ類、カバ、キリン類、シカ類、ウシ類、ヒツジ類、アンテロープ類など。⇒反芻動物、奇蹄類

クジラ類　cetaceans
クジラ類とイルカ類を含む哺乳類のグループ。古第三紀に偶蹄類の祖先から進化。⇒偶蹄類

グネツム類　Gnetales
被子植物ではない種子植物で、外見がさまざまに異なる。現生種、絶滅種を含み、伝統的な分類では「裸子植物」とされる。

首長竜類、プレシオサウルス類　plesiosaurs
⇒鰭竜類

クモ形類　arachnids
クモ類、サソリ類などを含む、鋏角類の節足動物。

クレード　clade
ある祖先から進化したすべての子孫からなる種の集団。たとえば哺乳類はクレードだが、爬虫類は、鳥類を含めなければクレードではない。なぜなら、鳥類は爬虫類である恐竜の子孫だからだ。分岐論は、他の条件が入りこむのを避け、クレードだけを用いて生物を分類しようとする分類理論。

形態属　form genus
生物の全体ではなく、一部（種など）に対して与えられた学名。化石資料によく出てくるものにつけられる。植物化石は断片的で、たがいのつながりがわかりにくいことが多いため、形態属で分類すると都合がよい。

系統　lineage
進化系統樹の枝。ある種、もしくはグループと、その祖先を出発点までさかのぼって含めたもの。⇒クレード

齧歯類　rodents
非常に多様な哺乳類のグループで、ものをかじるように特殊化した前歯（門歯）が特徴。ハツカネズミ類、クマネズミ類、リス類、ビーヴァー類、ヤマアラシ類など、多くの種類を含む。

ゲノム　genome
動物など、ある生物がもつすべての遺伝子を1組分そろえたもの。

原猿類　prosimians
小型で尾のあるサル類や類人猿ほど「進化して」いないと考えられる霊長類。現生種にはキツネザル類、ガラゴ類、メガネザル類が含まれる。

原核生物　prokaryotes
真核生物に比べて個々の細胞が小さく、構造が単純で、はっきりと区別できる核をもたない、細菌のような生物。⇒真核生物、細菌、古細菌

原生生物　protists
おもに微小な真核生物で、幅広い種類を含み、類縁関係がないことも多いが、伝統的な分類では1つの界にまとめられてきた。たいていは単細胞で、植物性のもの（藻類）と動物性のもの（原生動物）を両方とも含む。非公式な定義では、他の界に分類されていない真核生物はすべて含まれる。⇒真核生物、藻類、原生動物

原生動物　protozoa
動物性の単細胞生物。大半が微小で、ほぼすべての生息地に広く分布し、自由生活や寄生生活を送る。たくさんの種があり、さまざまな下位グループに分けられるが、すべてが近い関係にあるわけではない。⇒原生生物

顕生代　Phanerozoic
地球の歴史の大きな区分で、もっとも新しい時代。カンブリア紀から現在まで。

原裸子植物　progymnosperms
胞子を作る絶滅植物で、現在の種子植物のものに似た木質組織をもつ。⇒木質植物

鉱化　permineralization
生物のかたい組織のすきまに鉱物が入りこむが、かたい組織そのものには置きかわらない化石化作用。⇒石化

甲殻類　crustaceans
おもに海生の多様な節足動物グループで、カニ類、大型エビ類、小型エビ類、蔓脚類や、プランクトンなど、もっと小型の種類も含む。

光合成　photosynthesis
植物、藻類、シアノバクテリアが、葉緑素でとらえた太陽エネルギーを使って、二酸化炭素と水からエネルギーを含む食物分子を作る過程。

硬骨魚類　osteichthyans
あごのある魚類で最大のグループ。条鰭類と肉鰭類からなる。英語ではbony fishともいう。

更新世　Pleistocene
第四紀で1番目の世。258万8000年前から1万1700年前まで。

後生動物　metazoa
海綿動物をのぞく、すべての多細胞動物を含むグループ。海綿動物は体のつくりがもっとも単純だと考えられている。

酵素　enzyme
生体内で特定の化学反応を促進する、さまざまな分子（タンパク質が主体）。

孔辺細胞　guard cell
ふくらんだりちぢんだりして植物の気孔を開閉する細胞。⇒気孔

口面　oral surface
口が位置している側の体表面。⇒反口面

広翼類　eurypterids
水生で捕食性の節足動物で、絶滅した種類。ウミサソリ類ともいう。オルドヴィス紀からペルム紀に生息。⇒鋏角類

甲羅　carapace
カメ類の背甲。カニ類や大型エビ類など、他の動物の体をおおう保護用の甲殻についてもいう。

古気候学　palaeoclimatology
以前の気候の研究。

呼吸　respiration
(1) 外呼吸 (2) 細胞呼吸。細胞内で食物分子を分解してエネルギーを得る生化学的過程。通常は、食物分子を酸素と結びつけることによって行われる。

コケムシ類　bryozoans
英語ではmoss animalsともいう。付着性の小さな個体が集まってコロニーを作る、ろ過摂食の無脊椎動物。

コケ類〔蘚苔類〕　bryophytes
蘚類、苔類、ツノゴケ類の3群からなる、おもに小型の陸生植物の総称。水分を通すように特殊化した（維管束）組織をもたない。⇒蘚類、苔類、ツノゴケ類、維管束植物

古細菌〔アーキア〕　Archaea
かつては細菌といっしょに分類されていたが、現在では独自の界としてあつかわれる、単細胞の微細な原核生物。厳しい環境で繁殖することで知られている。⇒細菌、原核生物

古生態学　palaeoecology
過去の地質時代における生態や環境の研究。

固着性の　sessile
動物がものの表面に付着したまま、動きまわれない状態。とくに柄状部なしに付着している場合に用いられる語。⇒定着性の

個虫　zooid
サンゴ類、筆石類、コケムシ類のように、群体を構成する動物の各個体。

骨片　ossicles
骨質など、かたい組織でできた小片で、いくつも集まって骨格を支える。一部の動物で見られる。

コノドント動物　conodont animals
ウナギに似た海生の絶滅動物。かたい部分（コノドントと呼ばれる歯状の小さな内部構造）はかなり前から知られていて、研究もされていたが、動物の体全体が見つかるようになったのは1980年代以降。カンブリア紀から三畳紀に生息していた。現在では、脊索動物と考えられている。原始的な脊椎動物だった可能性もある。⇒脊索動物

固有生物、固有種、固有の　endemic
ある地域にだけ自然に分布する種（形容詞としても使われる）。

コロニー、群体　colony
動物のコロニーは、アリのように、ばらばらの個体が共同作業をする場合もあれば、多くのサンゴに見られるように、生きた組織の繊維で個体どうしが結びついている場合もある。1つの群体を構成する個体のあいだに、採餌、生殖、防御など、役割の分化が見られるときは、全体として1つの動物のような働きをする。

根茎　rhizome
地下をはう茎。植物にとって、無性生殖による分布や、越冬、食物貯蔵の手段になる。⇒無性生殖の

[サ行]

細菌〔バクテリア〕　bacteria
単細胞の原核微生物。あらゆる生息地にたくさん存在し、自由生活や寄生生活を送る。⇒原核生物、古細菌

萼　calice
サンゴの骨格の上部。

サンゴ　coral
海底や礁に付着して生活する各種の刺胞動物。真のサンゴ類は花虫綱に属し、石灰質の骨格を分泌する。単生のものもあれば、コロニーを作る種類もある。⇒刺胞動物

サンゴ個体〔サンゴポリプ骨格〕　corallite
個々のサンゴ虫の骨格。

サンゴ体　corallum
サンゴ個体からなる、群体サンゴの骨格。⇒サンゴ個体

三葉虫類　trilobites
きわめて多様な海生節足動物の絶滅グループ。ペルム紀末に絶滅。

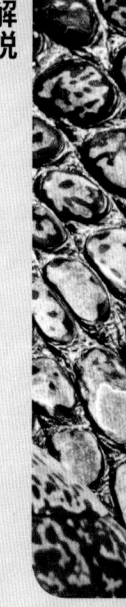

用語解説

シアノバクテリア　cyanobacteria
バクテリアに近い微生物で、光合成を行う。藍藻類とも呼ばれる。

四肢動物　tetrapods
四肢をもつ脊椎動物で、両生類、爬虫類、鳥類、哺乳類が含まれる。

始新世　Eocene
古第三紀で2番目の世。暁新世と漸新世のあいだに位置し、5580万年前から3390万年前まで続いた。

沈み込み　subduction
海洋プレートが別の構造プレートとぶつかって、その下にもぐりこむとき、海洋の地殻が深部へ押しこまれていく現象。⇨プレートテクトニクス

自然選択　natural selection
ある個体群のなかで、環境に対してもっとも適応度の高い個体が選ばれ、適応度の低いものが除去される、進化の過程(この場合の「適応度」とは、子孫を残すチャンスを増やすような特質の全体)。適応度は一部、遺伝するので、その結果、時間がたつと個体群や種は遺伝的に変化し、(他の条件が同じであれば)環境により適した状態になる。

シダ種子類　pteridosperms
さまざまな種類を含む種子植物のグループ。メドゥロサ類やカイトニア類のように、大きく異なる植物がここに分類されてきた。これらは進化上の関係も多様。

シダ種子類　seed ferns
絶滅した種子植物でシダ類に似た葉をもつが、種子植物に分類される数グループの総称。⇨ベネティテス類、カイトニア類、メドゥロサ類

シダ植物　pteridophytes
種子ではなく胞子で繁殖する、種々雑多な維管束植物のグループ。現生シダ植物には、シダ類、ヒカゲノカズラ類、トクサ類が含まれる。これらの植物は、進化上の関係も多様だ。

シダ類　ferns
花を咲かせない維管束植物のグループで、種子ではなく、胞子で繁殖する。地下茎から葉を生じることが多いが、樹木になるほど大きな種類もある。⇨真葉植物

刺胞動物　cnidarians
おもに海生の無脊椎動物からなる大きなグループ(門)で、単純な体をもち、唯一の開口部(口)のまわりに、刺胞のついた触手が生えている。⇨花虫類、鉢クラゲ類、ヒドロ虫類、サンゴ

尺骨　ulna
前腕を構成する2本の主要な骨の1つ。

獣脚類　theropods
二足歩行の恐竜の大きなグループで、ティラノサウルス・レックスのように有名な上位捕食者のほか、小型の種をたくさん含む。

獣弓類　therapsids
絶滅した陸生脊椎動物で、哺乳類の直接の祖先を含む。単弓類の下位グループ。⇨単弓類

収れん進化　convergent evolution
近い関係にない生物どうしが、類似の環境や生態的地位に適応した結果、よく似た外見に進化する現象。たとえば、オーストラリアにすむ有袋類のフクロマウスは、他地域のネズミ類に見かけは似ているが、類縁関係はない。

十腕類、十脚類　decapods
(1) ツツイカ類とコウイカ類を含む頭足類の1グループ。(2) カニ類、大型エビ類、およびその類縁動物を含む甲殻類の1グループ。文字通りの意味は「10本足」で、それぞれ、イカ類では腕、カニ類と大型エビ類では脚の数をあらわす。

種形成　speciation
新しい種ができること。

種子植物　seed plants
単純な胞子とはまったく異なる種子によって繁殖する植物。⇨シダ種子類、裸子植物、被子植物、胞子

出芽　budding
動物学用語で、個体の体の一部が成長して新しい個体ができること。

出水管　exhalent siphon
多くの二枚貝にある突きでた管で、体内を循環した水がここを通って出ていく。⇨入水管

種分岐　species divergence
共通の祖先から現れた複数の種のあいだで、時とともに違いが増していくこと。

主竜類　archosaurs
恐竜類、翼竜類、ワニ類と鳥類を含む爬虫類の大きなグループ。三畳紀に出現。⇨鱗竜類

小羽片　pinnule
植物で、二回羽状複葉のいちばん最後の裂片。⇨小葉

条鰭類　actinopterygians
現生魚類の大多数を含む、硬骨魚類の大きなグループ。英語では ray-finned fish ともいう。知られているかぎり最古の化石はシルル紀のもの。⇨硬骨魚類、真骨類

小歯状突起　denticle
サメ類などの皮ふにある小さな歯状突起。

掌状　palmate
小葉に分かれた葉が、葉の根もとから手の指のように広がった状態。

蒸発岩〔蒸発残留岩〕　evaporite
ふつうはさまざまな種類の塩分を含む堆積物で、塩水の蒸発によって作られる。

上皮　epithelium
動物の体の器官や組織の表面をおおう細胞層。

小葉　leaflet
複数の部分に分かれる葉の1片。⇨掌状、羽片、羽状、小羽片

シリカ／ケイ酸塩　silica/silicate
シリカは化合物の二酸化ケイ素。二酸化ケイ素からなる鉱物の石英は、砂の主成分。ケイ酸塩は、ケイ素と酸素の化合物がさまざまな金属原子と結びついたもの。

尻ビレ　anal fin
一部の魚類で肛門の近くにある小さなヒレ。

進化　evolution
現在の定義を簡単に説明すると、進化とは、同種の生物の個体群において、前の世代と次の世代のあいだで平均的な遺伝子構成が変わることを意味する。こうした遺伝的変化は無原則ではなく、たいていは自然選択の結果としておきる。また、時間をかけて作用することから、地球上に多種多様な生物種が存在する理由も説明できる。よく耳にする「進化論」の基盤にあるのはこのような考えかたで、さまざまな証拠によって裏づけられている。⇨自然選択

真核生物　eukaryotes
遺伝物質を含む核が核膜ではっきり分離された、複雑な構造の細胞をもつ生物。すべての動植物と菌類、さらに単細胞の微生物種を数多く含む。⇨原核生物、原生生物

新口動物〔後口動物〕　deuterostomes
動物界の大きな部門で、発生の途中で胚に2つ目の穴ができ、口になる動物。(最初の穴は肛門になる。)たがいに関係のある1つの「スーパーグループ」を構成し、棘皮動物、脊索動物(脊椎動物を含む)、および筆石類を含むと考えられている。

真骨類　teleosts
硬骨魚類の条鰭類に含まれる進化したグループで、現生種の魚類の大半がここに分類される。

真獣類　eutherians
胎児が母親の子宮内で胎盤を通して栄養を受けとり、比較的進んだ段階まで成長する哺乳類。有袋類と単乳類をのぞく、すべての現生哺乳類を含む。

真正双子葉植物　eudicots
英語では eudicotyledons ともいう。被子植物で最大のグループ。なじみのある花や樹木の種が数多く含まれる。⇨被子植物

真正モクレン類　eumagnoliids
被子植物の進化の初期に枝分かれしたと考えられるグループで、原始的な被子植物の特徴を残している。モクレン類やクスノキ類を含む。

新石器時代　Neolithic
石器時代の最後の期間。年代は世界各地で異なり、農耕生活への移行と、陶器製造のような新技術を特徴とする。

心皮　carpel
花の雌性生殖器で、未受精の種子や、受精後の種子をなかに含み、保護している。

針葉樹〔球果植物〕　conifers
被子植物ではない種子植物のグループで、樹木が多い。マツ類、モミ類、セコイア類、イトスギ類のほか、さまざまな現生種、絶滅種が含まれる。

真葉植物　euphyllophytes
維管束植物を構成する2つの主要な下位グループの1つ。葉脈が多く、複雑な葉をもつすべての陸生植物を含む。すべての種子植物、シダ類、トクサ類。本書などで、原始的な真葉植物というときは、真葉植物の初期の系統で、このグループの主要な下位区分のどこにも分類されないものを指す。⇨ヒカゲノカズラ植物、維管束植物

水管系　water vascular system
棘皮動物の体に特有の構造で、管内を満たす水が動くことで機能する。先端に小さな管足が突きでていることが多い。「管足」という名前ではあるが、動物の種類によっては歩行だけでなく、食べ物をとらえるなど、他の目的にも使われることがある。⇨棘皮動物

ストロマトライト　stromatolites
薄い層から形成される大きくてかたいドーム状の構造で、シアノバクテリアが何世代もかけて作りあげる。浅い水中にできることが多い。ストロマトライト化石は、地球最古の化石に数えられる。

世　epoch
紀の下位区分にあたる地質年代区分の単位。たとえば、古第三紀のなかの始新世など。

生痕化石　trace fossil
生物そのものではなく、生物の行動の痕跡を保っている化石。たとえば、恐竜の足跡など。

生殖板　genital plate
ウニ類の外骨格の一部で、卵や精子を放出する小さな穴がある。

性選択　sexual selection
自然選択の一種。性選択では、配偶者を得て繁殖するのに絶対有利というだけで、ある特徴が発達する。それ以外の面では不都合に思える特徴が進化することもある。クジャクの雄の尾はその1例。

成層　bedding
堆積岩が積みかさなって層をなすこと。または、岩石の積みかさなり方。

生態系　ecosystem
生物群集を、まわりの自然環境との相互作用もあわせてとらえたもの。

生態的地位〔ニッチ〕　niche
大まかにいえば、生物が果たす生態的「役割」(たとえば「樹上にすむ夜行性で昆虫食の小型動物」など)。

性的二形　sexual dimorphism
1つの種内で、雄と雌の見かけが明らかに異なる状態。

生物多様性　biodiversity
ある時期やある場所に多種多様な生物が見られること。その度合いは種の数で測られることが多いが、他の計測方法もある。

石化　petrifaction
英語では petrification ともいう。生物の細かな構造が鉱物質に置きかわる化石化作用。非常に細かな部分まで保存されることがある。⇨鉱化

脊索動物　chordates
すべての脊椎動物と、頭索動物など、脊椎動物と近い関係にある無脊椎動物を含む大きな

動物グループ（門）。脊索という棒状で軟骨様の支持器が背中に沿って走っていることから名づけられた。⇨頭索動物

脊椎動物　vertebrates
背骨をもつ動物。魚類、両生類、爬虫類、鳥類、哺乳類が含まれる。背骨を作る要素（脊椎骨）はふつう硬骨でできているが、軟骨の場合もある。脊椎動物は頭骨（頭蓋）をもつ点や、内臓の配置など、明らかな特徴を他にもたくさん共有している。⇨脊索動物

石灰質の　calcareous
無機物の炭酸カルシウムからなる、あるいは炭酸カルシウムを含む。

節足動物　arthropods
関節肢とかたい外骨格をもつ無脊椎動物の大きなグループ（門）。甲殻類、昆虫類、鋏角類、三葉虫類など。

切椎類　temnospondyls
石炭紀から三畳紀まで広く分布していた絶滅両生類の多様なグループで、白亜紀まで存続した。ワニに似た巨大な種類もいた。⇨空椎類

セルロース　cellulose
植物組織の主成分をなす炭水化物。

鮮新世　Pliocene
新第三紀で2番目の世。533万2000年前から258万8000年前まで。

漸新世　Oligocene
古第三紀で3番目に位置する最後の世。3390万年前から2303万年前まで。

尖頭、咬頭　cusp
2つの曲面が出合う先端。とくに、歯の咬合面についていう。

繊毛　cilia（単数 cilium）
ある種の細胞の表面にある微細な毛状突起で、振り子状に動く。水流をおこしたり、微小な生物では移動するのに使われる。

蘚類　mosses
丈の低い、陸生もしくは淡水生の植物で、クッションのような形に密生することが多い。維管束はない。⇨コケ類、維管束植物

双弓類　diapsids
爬虫類の大きな部門で、頭骨の両側に2つの穴があることが名前の由来。主竜類（恐竜類、鳥類、ワニ類、翼竜類を含む）と鱗竜類（トカゲ類、ヘビ類、首長竜類など）は双弓類の主要グループ。

総鰭類　lobe-fins
⇨肉鰭類

層序学　stratigraphy
地殻に含まれる地層（堆積岩の層）の順序やたがいの位置関係を研究する、地質学の一分野。

藻類　algae（単数 alga）
おもに水生で、光合成により独立栄養生活をする、単純な植物性の生物。すべてが近縁というわけではなく、さまざまな種類を含む。大きめの海藻類のほかに、単細胞の「植物」プランクトンもここに分類される。⇨光合成

シアノバクテリア、原生生物

側爬虫類　parareptiles
真正爬虫類ではなかったと考えられている、羊膜類の絶滅群。メソサウルス類など、いくつかのグループが含まれる。

側葉、肋　pleurae（単数 pleura）
三葉虫類の胸節の側部。

ゾステロフィルム類　zosterophylls
絶滅した原始的な維管束植物。ヒカゲノカズラ類とともにヒカゲノカズラ植物に分類される。知られているかぎり最古の陸生植物の1つ。単純で、通常は葉のない茎をもつ。⇨ヒカゲノカズラ植物

ソテツ類　cycads
被子植物ではない種子植物で、ヤシ類に見かけが似ているが、繁殖方法がかなり異なり、球果に種子と花粉を生じる。

[タ行]

代　era
累代の下位区分にあたる地質年代の単位で、代はさらに紀へ分けられる。たとえば、顕生代のなかの古生代など。

第三紀　Tertiary
かつての名称で、新生代の最初の紀。6550万年前から180万年前まで。古第三紀と新第三紀を併せた名称。

堆積岩　sedimentary rock
水や風、火山活動などによって運ばれてきた小さな粒子が堆積し、かたまってできた岩石。

帯線　fasciole
一部のウニ類で、殻の外側にある帯状の構造。帯線に見られる小さな粒は、生きていたときに細かいとげがついていた場所で、この特殊なとげを使って水流をおこした。

対比（岩石の）　correlation (of rocks)
離れた地域の岩石を（化石の比較などによって）関連づけ、同時代の岩石かどうかを判定すること。

大陸棚　continental shelf
大陸周縁の比較的浅い海底。大陸棚の外縁から海底が急勾配になり、深海底に達する。

苔類　liverworts
小型で丈の低い、陸生もしくは淡水生の植物。平らに広がることが多いが、裂片状の葉をつけるときもある。維管束組織はなく、やはり「非維管束」植物である蘚類、ツノゴケ類とともに「コケ類」に分類される。⇨コケ類、維管束植物

多丘歯類　multituberculates
初期哺乳類の絶滅したグループで、齧歯類に似たものが多い。ジュラ紀から古第三紀までの地層から見つかる。

多足類　myriapods
たくさんの脚をもつ節足動物で、ヤスデ類やムカデ類を含む。

単弓類　synapsids
羊膜類の四肢動物が進化する際に、初期段階で枝分かれし、やがて哺乳類を生じた大きなグループ（以前は、「哺乳類型爬虫類」と呼ばれていた）。⇨羊膜類、四肢動物

単孔類　monotremes
卵を産む哺乳類で、カモノハシとハリモグラが含まれる。哺乳類の繁殖方法は、もとはこのような卵生だったと思われる。

単子葉植物　monocots
英語では monocotyledons ともいう。被子植物の一群で、イネ科、ラン科、ユリ科、ヤシ科など、数多くの種類が見られる。1つの種子のなかに子葉が1つしか含まれないのが特徴。大半の単子葉植物は、葉脈が平行に走っている。⇨被子植物

担胞子体　sporophore
胞子をつけている構造。

地衣類　lichens
菌類と藻類の共生体。多くの種類があり、たいていは岩や木の枝などに、かたまって生育する。

チェカノウスキア類　czekanowskialeans
中生代の絶滅した種子植物。細かく分かれた、独特の細長い葉が短枝に多く見られる。

中央海嶺（大洋−）　mid-ocean ridge
深海の海底を走る海底山脈。地球の深部から噴出する溶けた岩石によって新しい海洋地殻が作られる場所。

中手骨　metacarpals
ヒトの手の、手首と指のあいだの骨。他の動物の対応する骨についてもいう。

中新世　Miocene
新第三紀で最初の世。2303万年前から533万2000年前まで。

中枢捕食者　keystone predator
いなくなった場合、生態系に劇的な変化（たとえば、それまでの餌動物が急増するなど）がおきるような捕食者。

中生代　Mesozoic
累代の顕生代2番目の代。三畳紀のはじめから白亜紀の終わりまで。

中肋　midrib
葉の中央脈（葉柄を含む）。

頂盤　apical disc
ウニ類の外骨格の一部。たいていは上面に位置し、肛門を囲む。

鳥盤類　ornithischians
恐竜類を構成する2大グループのうちの1つ。文字通りの意味は「鳥型の腰をもつ」。剣竜類、イグアノドン類、鎧竜類、角竜類を含む。⇨竜盤類

長鼻類　proboscidians
ゾウ類とマンモス類が属しているグループで、ものをつかむことのできる長くてしなやかな鼻が特徴。⇨アフリカ獣

ツノゴケ類　hornworts
小さく、丈の低い陸生植物で、おもに湿った場所に生える。伝統的な分類では、やはり「非維管束」植物の蘚類、苔類とともにコケ類に入れられる。⇨コケ類、維管束植物

ディアデクテス形類　diadectomorphs
絶滅した四肢動物のグループで、最古の羊膜類か、羊膜類の近縁動物と考えられている。⇨羊膜類

DNA（デオキシリボ核酸）　DNA
小さな単位からできた非常に長い分子。すべての生物の細胞内に見られる。小さな単位の配列で、個々の生物の遺伝情報（遺伝子）を「記録する」。

ディキノドン類〔双牙類〕　dicynodonts
2本の牙と丸みをおびたくちばしをもつ植物食の獣弓類。⇨獣弓類

定着性の　sedentary
蠕虫類などの動物に見られる、1カ所にとどまる習性。⇨固着性の

頭胸部　cephalothorax
頭部と胸部がはっきり分かれていない節足動物の前体部。

橈骨　radius (bone)
前腕を構成する2本の主要な骨の1つ。

頭索動物　cephalochordates
小型の海生無脊椎動物。脊椎動物の進化を解明するうえで注目される。ナメクジウオという現生種はろ過摂食者で、浅海底にもぐっているが、魚類のように泳ぎもする。やわらかい体をしているため、めったに化石にはならない。⇨脊索動物

頭足類　cephalopods
進化した軟体動物で、現生種のイカ類やタコ類、大部分が絶滅したオウムガイ類、完全に絶滅したアンモナイト類とベレムナイト類を含む。

トクサ類　sphenophytes
horsetails という名でも知られる維管束植物で、地上茎には節があり、そこから小さなウロコ状の葉がついた小枝が輪生する。現生種は少ないが、絶滅種は数多く、なかには中型の樹木ほどの大きさに育ったものもある。

[ナ行]

内型　internal mould
生物の体の一部、たとえば殻などの内側を鉱物が満たし、実物が消えたあとに残った印象化石。

軟骨　cartilage
脊椎動物の体内に見られる、タンパク質を主成分とする丈夫な組織。サメ類とその類縁動物では、軟骨で骨格ができている。その他の脊椎動物では、関節などの部位に軟骨が生じる。

軟骨魚綱　chondrichthyans
現生種のサメ類やエイ類と、たくさんの絶滅種を含む魚類の大グループ。硬骨ではなく、

軟骨で骨格ができている。

軟骨魚類　cartilaginous fish
⇨軟骨魚綱

軟体動物　molluscs
腹足類、二枚貝類、頭足類などを含む無脊椎動物の大きなグループ（門）。体がやわらかく、たいていかたい殻をもつ。ただし、一部の下位グループは、進化の過程で殻を失っている。

軟泥　ooze
深海底の堆積物で、浮遊性微生物遺骸の骨格を大量に含む。⇨プランクトン

肉鰭類　sarcopterygians
ほとんどが絶滅した魚類の1群で、基部が肉質の、たくましいヒレが体の前後に1対ずつついている。総鰭類とも呼ばれ、シルル紀に出現。現生種の肺魚とシーラカンスも含む。⇨硬骨魚類、四肢動物

肉茎　pedicle
腕足類が基質に付着するために使う、しなやかな柄。

肉食動物　carnivore
(1) 肉を食べる動物。(2) ネコ類、イヌ類、クマ類、イタチ類、ハイエナ類、アライグマ類、マングース類を含む、食肉目の哺乳類。

肉歯類　creodonts
絶滅した肉食哺乳類で、現在の食肉類に似た生態的役割を果たした。始新世と漸新世に勢力をもった捕食者。

二酸化炭素　carbon dioxide
大気中に含まれるガス（炭素原子1つと酸素原子2つの化合物）で、燃焼や火山活動、生物の呼吸などで放出される。植物が光合成を行うときには、逆に、大気中から二酸化炭素が除去される。⇨呼吸

二枚貝類　bivalves
ハマグリ、イガイ、カキなど、蝶番でつながった2枚の殻をもつ軟体動物。大半の種は動きが遅いか、まったく動かず、ろ過摂食を行う。⇨軟体動物

入水管　inhalent siphon
多くの二枚貝類にある突きでた管。ここを通って水が殻内に取りこまれ、酸素や食物の粒子も供給される。⇨出水管

熱水噴出口　hydrothermal vent
海底の火山活動がさかんな地域にある割れ目で、化学物質を含んだ熱水が噴出する場所。おもに中央海嶺に見られる。

ノエゲラティア類　noeggerathians
分類がむずかしい絶滅植物の一群。トクサ類やシダ類と結びつけられていたが、最近の研究によると、原裸子植物のほうに近いようだ。

ノトサウルス類〔偽竜類〕　nothosaurs
⇨鰭竜類

[ハ行]

爬形類　reptilomorphs
すべての羊膜類と、羊膜類にもっとも近いと思われる、爬虫類に似た両生類を含む四肢動物のグループ。

鉢クラゲ類　scyphozoans
クラゲを含む刺胞動物の1グループ。⇨刺胞動物

爬虫類　reptiles
(1) 伝統的な分類体系では、鳥類と哺乳類以外の羊膜類はすべて爬虫類とされていた。トカゲ類、ヘビ類、カメ類、ワニ類を含む現生爬虫類は、変温動物ということでもひとまとめにされるが、これは恐竜のような絶滅した爬虫類すべてにあてはまるわけではない。したがって、変温性では爬虫類を定義できない。(2) 共通の祖先を重視する現代の分類では、爬虫類と定義される範囲はもっと狭く、とくに単弓類（哺乳類の祖先にあたる）はのぞかれる。一方、鳥類は恐竜の子孫なので、厳密にいえば、今は爬虫類に数えられる。⇨分岐論、単弓類

腹ビレ　pelvic fins
ほとんどの魚類の下面にある1対のヒレ。

パラントロプス類　paranthropine
絶滅したヒト族のパラントロプス属に分類される全種類。270万年前から120万年前の地層に化石が含まれていた。

バリノフィトン類　barinophytes
ゾステロフィルム類の下位グループにあたる絶滅植物だが、1つの胞子嚢に大きさの違う2種類の胞子が生じる点が他と異なる。⇨ゾステロフィルム類、胞子、胞子嚢

反口面　aboral surface
ウニ類などの体で、口と反対側の面。⇨口面

板歯類　placodonts
三畳紀に生息していた海生爬虫類で、殻をもつ軟体動物などを食べていた。

反芻動物　ruminants
偶数に割れたひづめをもつ哺乳類（偶蹄類）の下位グループで、特殊化した4室の胃でかたい植物を消化する。ウシ類、ヒツジ類、アンテロープ類、シカ類、キリン類を含むが、ブタ類とカバ類は含まれない。

板皮類　placoderms
あごのある魚類の絶滅グループで、デヴォン紀に広く分布していた。骨質の「装甲」で皮ふが保護されていた。

ヒカゲノカズラ植物　lycophytes
ヒカゲノカズラ類とゾステロフィルム類を含む維管束植物の一群。ヒカゲノカズラ類には現在のヒカゲノカズラのほか、数多くの絶滅種が含まれ、石炭紀の森で巨大な樹木に育った種類もある。ヒカゲノカズラ植物は、きわめて単純なウロコ状の葉をつけるところが、他の維管束植物（真葉植物）と異なる。⇨真葉植物、維管束植物、ゾステロフィルム類

ヒカゲノカズラ類　clubmosses
⇨ヒカゲノカズラ植物

微化石　microfossil
顕微鏡でしか見えないような、非常に小さな化石。

被子植物　angiosperms
目立つ花を咲かせるすべての植物を含むグループ。心皮と呼ばれる構造に包まれて守られながら種子が成長する点が、他の種子植物と異なる。種子を包む部分は成熟して果実となる。⇨真正双子葉植物、真正モクレン類、単子葉植物

ヒト科　hominids
人類、チンパンジー、ゴリラと、いちばん新しい共通の祖先、そして絶滅した類縁動物を含む霊長類の下位グループ。オランウータン、テナガザル、小型で尾のあるサル類は含まない。

ヒト族　hominins
ヒト科の下位グループで、人類と絶滅した祖先、および類縁動物を含み、人類につながる系統がチンパンジー類につながる系統と分かれた時点までさかのぼる。

ヒドロ虫類　hydrozoans
刺胞動物の1群で、微小なポリプをもつ群体性の小さな種がたくさん含まれる。サンゴ礁の形成で重要な役割を果たすものもあれば、カツオノエボシのように浮遊する種類もある。⇨刺胞動物、ポリプ

氷河時代　ice age
地表の温度が現在よりはるかに低く、氷に広くおおわれていた時代。

表皮　epidermis
動物の皮ふでいちばん外側の層。植物の体表面をおおうもっとも外側の細胞層。

貧歯類　edentates
おもに南アメリカにすむ哺乳類で、真獣類のめずらしいグループ（「歯がない」というのが文字通りの意味）。アルマジロ類、ナマケモノ類、アリクイ類を含む。

フィトサウルス類　phytosaurs
ワニに似た水生爬虫類で、三畳紀によく見られた。

複眼　compound eye
小さな眼が集まってできた眼。節足動物などに見られる。

腹足類　gastropods
海生、淡水生、陸生の巻き貝類やナメクジ類を含む軟体動物の多様な一群。⇨軟体動物

付属肢　appendage
（とくに節足動物の）肢状構造。脚、エラ、遊泳器官などに変化していることがある。

蓋　operculum
動物学でさまざまな用いられかたをする用語。すべて、ラテン語の語源である「おおい」や「蓋」に関係している。巻き貝類の多くが殻に閉じこもるときに使う、角質もしくは石灰質の円板は「蓋」、硬骨魚類やオタマジャクシのエラをおおう扁平なひだは「鰓蓋」という。

筆石類　graptolites
群体を作る浮遊性の無脊椎動物で、絶滅したグループ。小さな個体が集まって、かたい骨格に支えられた細長いコロニーに成長することが多い。

フラグモコーン、閉錐　phragmocone
頭足類の殻の隔壁がある部分。

プランクトン〔浮遊生物〕　plankton
開けた水域にすむが、遊泳能力がほとんどない（あるいは、まったく泳げない）ため、水に流されるまま浮遊している生物（動物、植物、もしくは微生物）。ほとんどのプランクトンは小さいが、クラゲのように大きめの種類も含まれる。

プリオサウルス類　pliosaurs
⇨鰭竜類

プレートテクトニクス　plate tectonics
地殻とそのしたにある岩石は、構造プレートと呼ばれるいくつかのかたい岩板に分かれている。このプレートどうしの動きによっておきるさまざまな現象。

吻殻類　rostroconchs
絶滅した軟体動物で、古生代に生息した。二枚貝類に見かけが似ているが、近縁ではない。⇨二枚貝類、軟体動物

分岐論　cladistics
⇨クレード

分類学、分類　taxonomy
生物を分類する学問。ある特定の生物グループを科学的に研究して得られた分類図式についてもいう。

分類群　taxon
分類体系の一部を構成する生物グループに名前をつけたもの。

閉殻筋〔閉介筋〕　adductor muscle
二枚貝類の殻など、2つの構造を引きよせて閉じる筋肉。

平胸類〔走鳥類〕　ratites
飛べない鳥類。ダチョウ、エミュー、レア、キーウィなどの現生種と、類縁関係のある絶滅種を含む。

ベネティテス類　bennettitaleans
絶滅した種子植物。葉や育ちかたなどの外観はソテツ類に似ているが、近縁ではない。⇨種子植物

ベレムナイト類　belemnites
イカ類と類縁関係のある絶滅動物。たいていは葉巻型の細長い内殻をもつ。内殻の化石はジュラ紀と白亜紀の岩石から豊富に見つかる。⇨頭足類

変成岩　metamorphic rock
地下で自然界の熱や圧力を受け、新しい種類に変化した岩石。たとえば大理石は、石灰岩が変成作用を受けてできたもの。

ペントキシロン類　Pentoxylales
中生代の種子植物で絶滅したグループ。インド、オーストラリア、ニュージーランドで化石が見つかっている。一部のベネティテス類に似た葉をもつ。⇨ベネティテス類

485 | 用語解説

鞭毛 flagellum（複数 flagella）
ある種の細胞がもつ毛状の微細な構造で、むちのように動かすことができる。繊毛に似ているが、もっと長い。

捕握器、鰭脚、交尾器 claspers
一部の昆虫類や軟骨魚類の雄に見られる付属肢で、交尾の際にこれで雌をつかむ。

胞 theca（複数 thecae）
筆石類で、個虫が入っている有機物の管。⇨筆石類、個虫

縫合 suture
殻や骨など、動物の体のかたい部分を接合する、動かない継ぎ目。アンモノイド類の内型では、内部を仕切る隔壁と、殻の内壁のあいだにある継ぎ目に縫合線が見られる。

放散（進化的放散） radiation (evolutionary)
新たな適応の結果、新しく進化した種類が大量に出現すること。

胞子 spore
たいていは微小な構造で、植物（種子植物以外）、菌類、およびたくさんの微生物に生じる。大量に作られることが多い。胞子は単独で新個体になることができ、ふつうは風や水などによって広まる。有性生殖でも、無性生殖でも形成される。

胞子嚢 sporangium（複数 sporangia）
胞子を生じる構造。種子植物以外の植物と、菌類に見られる。

放射相称 radial symmetry
生物の体が、車輪のスポークに似た相称構造をとること。ウニ類やヒトデ類に見られる。

放射年代測定 radio-dating
自然界に生じる放能を測定して、岩石などの物質の年代を推測すること。

包葉〔苞〕 bract
1つの花、あるいは頭状花序の付け根に出る変化した葉。小さくてウロコ状のものもあれば、大きくて花弁状のもの、ふつうの葉と見かけが変わらないものもある。

歩帯 ambulacra
棘皮動物の体表にある5つの細長い部分。ここから水管系が突きでている。⇨水管系

哺乳類 mammals
恒温性の脊椎動物で、母乳で子どもを育てる。皮ふが体毛におおわれているのが特徴。三畳紀に単弓類の祖先から進化。⇨単弓類

ポリプ polyp
イソギンチャクやサンゴ虫を含めて、刺胞動物の多くに見られる体制。たいていは筒状で、基部で他のものに付着する。体の頂部に触手に囲まれた開口部（口）が1つだけある。⇨刺胞動物

[マ行]

窓 fenestra
頭骨の側面や、個々の骨にあいた穴。

無顎類 agnathans
あごのない魚類。現生種のヤツメウナギ類と数多くの絶滅種を含む。

無弓類 anapsids
頭骨の眼窩後方に穴がない爬虫類。

無性生殖の asexual
性と関係のない生殖。無性生殖の例としては、体の分裂や断片分離によって新しい個体を作る場合や、特殊な無性構造を形成して分散を進める場合（無性の胞子など）があげられる。

無脊椎動物 invertebrate
背骨のない動物。つまり脊椎動物をのぞくすべての動物。

メドゥローサ類 medullosans
シダに似た葉をもち、しばしば肉質の大きな種子をつける、絶滅した種子植物。

木質植物 lignophytes
特殊な木質組織を生じる維管束植物。種子植物のほか、原裸子植物としてしばしばひとまとめにされる絶滅した類縁植物を含む。⇨原裸子植物

モササウルス類 mosasaurs
白亜紀の海生爬虫類。オオトカゲ類の近縁動物と考えられる。

模式種 type species
属の基準となる種で、属名のもとになる。あとで分類が変更されたとしても、最初の属名はいつまでも残る。

門 phylum（複数 phyla）
動物界の伝統的な分類で、いちばん上の区分。軟体動物、節足動物、脊索動物などが門にあたる。

[ヤ行]

有爪動物 lobopods
はって移動する、節足動物に似た軟体の無脊椎動物で、見かけはイモムシに近い。現生種のカギムシのほか、たくさんの絶滅種を含み、カンブリア紀以前までさかのぼることができる。

有胎盤類の哺乳類 placental mammals
⇨真獣類

有袋類 marsupials
発生の早い段階で子どもを産む哺乳類で、たいていは母親の体外にある袋のなかで成長し続ける。カンガルー類、オポッサム類のほか、現生種、絶滅種を数多く含む。

葉腋 axil
植物の一部、たとえば葉などが軸に付着している箇所の上部。

羊膜卵 amniotic egg
爬虫類、鳥類、初期の哺乳類が産んだ卵。

羊膜類 amniotes
殻に包まれた卵を産む、もしくはそのような祖先をもつ陸生脊椎動物（四肢動物）。爬虫類、鳥類、哺乳類を含む。⇨両生類、四肢動物

葉緑体 chloroplast
光合成を行う植物や藻類の細胞内にある小器官。

翼竜類 pterosaurs
恐竜と類縁関係にある飛行性爬虫類で、前肢のあいだに皮ふが張って翼ができている。三畳紀に出現し、白亜紀末に絶滅した。

[ラ行]

ラウイスクス類 rauisuchians
恐竜に似ているが、実際はワニのほうに近い爬虫類。恐竜が出現する前の三畳紀に広く分布し、三畳紀が終わる前に絶滅した。

裸子植物 gymnosperms
真正被子植物ではない種子植物の数グループを指す総称。文字通りの意味は「裸の種子」で、被子植物と違って、心皮と呼ばれる構造に種子が完全に包みこまれてはいない。⇨針葉樹、ソテツ類、イチョウ類、グネツム類、原裸子植物

リフトヴァレー〔大地溝〕 rift valley
プレートテクトニクス活動の結果、広範囲にわたって、まわりの地域より落ちこんだ土地。

竜脚形類 sauropodomorphs
恐竜類の1グループで、有名な竜脚類を含む。竜脚類は、長い首と長い尾をもつ巨大な植食恐竜で、過去最大の陸上動物だった。その他の竜脚形類はもっと小型で、初期の種のなかには二足歩行のものもいた。

竜盤類 saurischians
恐竜の2大区分のうちの1つ。獣脚類と竜脚形類という2つのグループに大きく分けられる。「竜盤類」とは「トカゲ型の腰をもつ」という意味。⇨鳥盤類

両生類 amphibians
(1) 現生種のカエル類とサンショウウオ類、およびその直接の祖先を含む脊椎動物のグループ。(2) 広義には、羊膜卵をもつように進化しなかったため、繁殖の際に水中へ戻る必要があるすべての四肢動物。広義の両生類には多種多様な絶滅種が含まれる。⇨空椎類、切椎類、羊膜類、四肢動物

緑藻類 green algae
比較的単純な水生植物で、一部の微小なプランクトンと海藻類を含む。多くの種が淡水にすむ。⇨植物、藻類

リンコサウルス類 rhynchosaurs
主竜類と関係のある植物食の爬虫類。三畳紀にのみ生息。⇨主竜類

鱗竜類 lepidosaurs
現生種のトカゲ類、ヘビ類と、首長竜類のようなさまざまな絶滅種を含む爬虫類の一群。⇨主竜類

累代 eon
地質年代区分のいちばん上に位置する最大の単位。

霊長類 primates
小型で尾のあるサル類、類人猿、人類と、もっと原始的な各種の原猿類を含む、哺乳類の1群。典型的な特徴としては、物をつかめる手と、両方とも前を向いた眼があげられる。⇨原猿類

ろ過摂食 filter feeding
まわりの環境から食物の微粒子を集めて分離し、摂食すること。食物の粒子が水中に浮遊しているときは、懸濁物食ともいう。泥や砂のなかから小さな粒子をこし取る場合は、堆積物食という。

[ワ行]

ワニ形類 crocodylomorphs
⇨ワニ類

ワニ類 crocodilians
現生種のクロコダイル類、アリゲーター類と、両者にとって直前の祖先を含むグループ。絶滅した仲間とともにワニ形類を構成し、主竜類に分類される。⇨主竜類

ワムシ類 rotifers
多細胞の微小な無脊椎動物で、海水にも淡水にもすみ、さまざまな生活様式が見られる。

腕足類 brachiopods
海生無脊椎動物の大きなグループ（門）。英語では lamp shells ともいう。2枚の殻をもつため、外見は二枚貝類に似ているが、類縁関係はない。現生種もいくらかいるが、古生代と中生代にはもっと豊富で多様だった。

恐竜リスト

現在わかっている恐竜の属名（ただし鳥類はのぞく）をすべて並べて、簡単な説明を加えた。属の数は800を超える。左の表は恐竜のグループどうしの関係を示している。恐竜類はまず竜盤目と鳥盤目に大きく分けられる。

分類表

- 恐竜類
  - 竜盤目
    - ヘレラサウルス科
    - 竜脚形類
      - マッソスポンデュルス科
      - プラテオサウルス類
      - 竜脚類
        - ウルカーノドン科
        - マメンチサウルス科
        - ケティオサウルス科
        - ディプロドクス上科
          - ルーバーチーサウルス科
          - ディクラエオサウルス科
          - ディプロドクス科
        - マクロナリア類
          - ブラキオサウルス科
          - ティタノサウルス類
    - 獣脚類
      - コエロフィシス科
      - ディロフォサウルス科
      - ケラトサウルス類
        - ケラトサウルス科
        - アベリサウルス上科
          - ノアサウルス科
          - アベリサウルス科
      - テタヌラ類
        - スピノサウルス上科
          - メガロサウルス科
          - スピノサウルス科
            - バリオニクス亜科
            - スピノサウルス亜科
        - アロサウルス上科
          - シンラプトル科
          - カルカロドントサウルス科
        - コエルロサウルス類
          - ティラノサウルス上科
            - ティラノサウルス科
          - オルニトミモサウルス類
            - オルニトミムス科
          - コンプソグナトゥス科
          - マニラプトル類
            - アルヴァレズサウルス科
            - テリジノサウルス上科
            - オヴィラプトロサウルス類
              - カエナグナトゥス科
              - オヴィラプトル科
            - デイノニコサウルス類
              - トロオドン科
              - ドロマエオサウルス科
                - ウネンラギア亜科
                - ミクロラプトル亜科
                - ヴェロキラプトル亜科
                - ドロマエオサウルス亜科
            - 鳥群
              - スカンソリオプテリクス科
  - 鳥盤目
    - ヘテロドントサウルス科
    - 装盾［武装恐竜類］
      - 剣竜類
        - ステゴサウルス科
      - 鎧竜類
        - ノドサウルス科
        - ポラカントゥス科
        - アンキロサウルス科
    - 角脚類
      - 鳥脚類
        - イグアノドン類
          - ラブドドン科
          - ドリュオサウルス科
          - カンプトサウルス科
          - ハドロサウルス科
            - ハドロサウルス亜科
            - ランベオサウルス亜科
      - 周飾頭類
        - 厚頭竜類
          - パキケファロサウルス科
        - 角竜類
          - チャオヤンゴサウルス科
          - レプトケラトプス科
          - プロトケラトプス科
          - ケラトプス科
            - カスモサウルス亜科
            - セントロサウルス亜科

属リスト

アヴァケラトプス Avaceratops 白亜紀／アメリカ合衆国／小型角竜類―ケラトプス科。セントロサウルス亜科という見かたが多い。吻部は上下幅が広く、襟飾りに穴がなく、額の角が短くてカーブしている。

アウィアテュランニス Aviatyrannis ジュラ紀／ポルトガル／小型獣脚類―ティラノサウルス上科。腰の骨をもとに命名。最初はストケソサウルスとして同定された。

アウィペス Avipes 三畳紀／ドイツ／小型爬虫類。足の骨の一部をもとに命名。最初は獣脚類のものだと思われていたが、まちがいなく恐竜の骨だとはいいきれない。

アウィミムス Avimimus 白亜紀／モンゴル／小型のオヴィラプトロサウルス類。頭骨は上下に厚みがあり、歯がない。ほかのオヴィラプトロサウルス類と同様、鳥類のような羽毛があっただろう。

アウカサウルス Aucasaurus 白亜紀／アルゼンチン／アベリサウルス科。カルノタウルスと近縁。頭は短くて上下幅が広く、まっすぐな形をした独特の腕に短い指がついている。

アウストラロドクス Australodocus ジュラ紀／タンザニア(アフリカ)／竜脚類―ディプロドクス科。最初はまちがってバロサウルスとして同定された。

アウストロサウルス Austrosaurus 白亜紀／オーストラリア／竜脚類。くわしいことは不明。数個体の椎骨と四肢骨が見つかっている。ティタノサウルス類ではないかと思われる。

アウストロラプトル Austroraptor 白亜紀／アルゼンチン／大型マニラプトル類。吻部がひときわ長い。ウネンラギアに近縁と思われる。

アウブリソドン Aublysodon 白亜紀／北アメリカ／小型のティラノサウルス類。最初は変わった種類の恐竜だと思われていたが、今は、育ちきっていないティラノサウルスだという見かたが大半である。

アウロラケラトプス Auroraceratops 白亜紀／中国／小型角竜類。吻部は短くて幅広。顔とあごの部分にしわのよった骨があるのが特徴。

アエオロサウルス Aeolosaurus 白亜紀／アルゼンチン／ティタノサウルス類。2種が命名されている。

アエピサウルス Aepisaurus 白亜紀／フランス／竜脚類。腕の骨しか見つかっていなかったが、それも消失。

アエロステオン Aerosteon 白亜紀／アルゼンチン／獣脚類―アロサウルス上科。骨格の一部が見つかっている。アロサウルスに似ているが、含気骨の数が驚くほど多い。

アカントフォリス Acanthopholis 白亜紀／イギリス／鎧竜類。ふぞろいの骨や装甲板のかけらなど、断片的な遺骸だけで、固有の特徴が見られないため、他の鎧竜の骨と区別できない。

アギリサウルス Agilisaurus ジュラ紀／中国／小型の鳥盤類。二足歩行。もとは鳥脚類に分類されていたが、現在ではもっと原始的と見なされている。

アキレサウルス Achillesaurus 白亜紀／アルゼンチン／アルヴァレズサウルス科(モノニクスと同じグループ)。くわしいことはわかっていない。他の仲間と同じように、大きな親指と短い腕をもっていたと思われる。

アキロバートル Achillobator 白亜紀／モンゴル／大型のドロマエオサウルス科。ユタラプトルに似ている。典型的なドロマエオサウルス類なら後方へ向いている恥骨が、下へ向いている。

アグジャケラトプス Agujaceratops 白亜紀／アメリカ合衆国／ケラトプス科。もとはカスモサウルス属の新種とされていた。額に長い角があり、長い襟飾りがぴんと立っている。

アグスティニア Agustinia 白亜紀／アルゼンチン／竜脚類。めずらしい竜脚類で、背中に沿って丈の高いとげが並んでいる。

アグノスフィテュス Agnosphitys 三畳紀／イギリス／原始的な恐竜。くわしくはわかっていない。恐竜ではないかもしれない。

アクロカントサウルス Acrocanthosaurus 白亜紀／アメリカ合衆国／大型獣脚類―アロサウルス上科。頭骨が大きく、背中にそってたくましい突起がある。

アケロウサウルス Achelousaurus 白亜紀／アメリカ合衆国／ケラトプス科。エイニオサウルスやパキリノサウルスと近縁。鼻の角が前へカーブしながら、鼻先のほうへ突きでている。

アジアケラトプス Asiaceratops 白亜紀／ウズベキスタン／角竜類。頭骨の断片、歯、その他の骨をもとに命名されたが、他の角竜類のものと明確に区別できない。

アジアトサウルス Asiatosaurus 白亜紀／中国／竜脚類。ブラキオサウルス類やカマラサウルス類のものに似た、2本の大きな歯をもとに命名。

アジアメリカナ Asiamericana 白亜紀／ウズベキスタン／獣脚類。命名のもとになった歯は最初、スピノサウルス科か魚類のものと思われていた。ほかの獣脚類の歯とはっきり見わけられず、リチャードエステシアの可能性もある。

アシュロサウルス Asylosaurus 三畳紀／イギリス／原始的な小型竜脚形類。もとはテコドントサウルス属に入れられていたが、上腕骨の形が違うといわれる。体は軽いつくりで、雑食性。二足歩行もしくは四足歩行。

アストロドン Astrodon 白亜紀／アメリカ合衆国／竜脚類―マクロナリア類。へら状の小さな歯をもとに命名。プレウロコエルスと同じだという意見も多い。

アダサウルス Adasaurus 白亜紀／モンゴル／小型マニラプトル類―ドロマエオサウルス科。後肢が力強く、足指についているカマ状のかぎ爪はたいてい小さめ。

アダマンティサウルス Adamantisaurus 白亜紀／ブラジル(南アメリカ)／ティタノサウルス類。尾椎骨しか見つかっていないので、詳細は不明。名前の由来はアダマンティナ層。

アッリノケラトプス Arrhinoceratops 白亜紀／カナダ／ケラトプス科―カスモサウルス亜科。サイほどの大きさで、長い襟飾りがある。吻部は短くて上下幅が広い。鼻の角は非常に短く、額の角は長くて前方へカーブしている。

アデオパッポサウルス Adeopapposaurus ジュラ紀／ブラジル／竜脚形類。4体の化石が見つかっている。最初はマッソスポンデュルスのものとされていた。

アトラサウルス Atlasaurus ジュラ紀／モロッコ／竜脚類。変わった特徴はあるが、くわしいことはわからない。異常に丈の高い椎骨をもつ。

アトラスコプコサウルス Atlascopcosaurus 白亜紀／オーストラリア／小型鳥脚類。二足歩行。頭骨と歯をもとに命名。ヒプシロフォドンに似ているといわれることが多い。

アトラントサウルス Atlantosaurus ジュラ紀／アメリカ合衆国／竜脚類。見つかっている化石からは正確な同定ができない。アパトサウルス属かカマラサウルス属かもしれない。

恐竜リスト

アトロキラプトル Atrociraptor 白亜紀／カナダ／マニラプトル類―ドロマエオサウルス科。上下幅の広い頭骨と大きくそりかえった歯が見つかっている。

アナサジサウルス Anasazisaurus 白亜紀／アメリカ合衆国／ハドロサウルス科。吻部は上下幅が広い。グリュポサウルスかクリトサウルスと同一と見る専門家が多い。

アナトティタン Anatotitan 白亜紀／北アメリカ／大型のハドロサウルス科―ハドロサウルス亜科。カモのようなくちばしのついた、特別長いあごをもつ。エドモントサウルスにそっくりなので、エドモントサウルス属に入れるべきだと考える専門家もいる。

アナビセティア Anabisetia 白亜紀／アルゼンチン／小型鳥脚類。二足歩行。化石の数は多く、数体が見つかっている。

アニクソサウルス Aniksosaurus 白亜紀／アルゼンチン／コエルロサウルス類。類縁関係は不明。前足のかぎ爪が頑丈で、腕と後肢の骨は比較的たくましい。

アニマンタルクス Animantarx 白亜紀／アメリカ合衆国／中型の鎧竜類―ノドサウルス科。部分頭骨を含む標本が１体だけ見つかっている。頭蓋骨頂部がドーム状で、眼の背後に小さな角がある。

アノプロサウルス Anoplosaurus 白亜紀／イギリス／鎧竜類。さまざまな化石（大半が椎骨と装甲板）に使われている名前。正確に同定できるものはない。

アパトサウルス Apatosaurus ジュラ紀／アメリカ合衆国／竜脚類―ディプロドクス上科。長いムチのような尾をもつ。首の幅が広く、四肢が太くて、たくましい。確認されている数種のうち、１種は最初、ブロントサウルスと名づけられていた。

アパトドン Apatodon ジュラ紀／アメリカ合衆国。こわれた椎骨の一部に対してつけられていた名前。現在はなくなっている。最初はブタのあごの化石とされていた。

アパラチオサウルス Appalachiosaurus 白亜紀／北アメリカ／ティラノサウルス上科。ティラノサウルス科と近い関係にあり、細かい部分しか違わない。

アブリクトサウルス Abrictosaurus ジュラ紀／南アフリカ／ヘテロドントサウルス科。のこぎりのような切れこみのある牙状の歯をもつ。類縁関係にあるヘテロドントサウルスなどに比べて、腕は短い。

アフロウェーナートル Afrovenator 白亜紀／ニジェール／獣脚類―スピノサウルス上科。エウストレプトスポンデュルスと近縁。頭骨は長く、眼の前方に丸みをおびた低い角がある。

アブロサウルス Abrosaurus ジュラ紀／中国／竜脚類。すばらしい保存状態の頭骨が見つかった。吻部は上下幅が広く、鼻孔にあたる骨の開口部が非常に大きい。原始的なマクロナリア類かもしれない。

アベリサウルス Abelisaurus 白亜紀／アルゼンチン／大型獣脚類。頭骨は上下に厚みがあり、丸みをおびている。アベリサウルス科のなかではもっとも早い時期に確認された。

アマゾンサウルス Amazonsaurus 白亜紀／ブラジル／竜脚類。ディプロドクス上科と思われるが、くわしいことは不明。アマゾン地方で初めて命名された恐竜。

アマルガサウルス Amargasaurus 白亜紀／アルゼンチン／竜脚類―ディプロドクス上科。首の骨から長い骨質のとげが上や後ろへ向かって生えている姿が眼を引く。タンザニアのディクラエオサウルスと近縁。

アマルガティタニス Amargatitanis 白亜紀／アルゼンチン／ティタノサウルス類。椎骨、四肢骨、肩甲骨が見つかった。肩甲骨は幅が広くて平らで、大腿骨の骨頭部は並はずれて大きい。

アミュグダロドン Amygdalodon ジュラ紀／アルゼンチン／竜脚類。歯、椎骨、腰の骨と四肢骨が見つかっている。楕円形の歯がイギリスの竜脚類カルディオドンのものに似ている。

アムーロサウルス Amurosaurus 白亜紀／ロシア／ハドロサウルス科。頭骨の一部をもとに記載されたが、今では数多くの化石が見つかっている。

アムトサウルス Amtosaurus 白亜紀／モンゴル／鳥盤類。頭骨の化石をもとに命名。従来の分類ではアンキロサウルス科とされてきたが、この同定には裏づけがない。

アラゴサウルス Aragosaurus 白亜紀／スペイン／竜脚類。椎骨、腰の骨、後肢の骨が見つかっている。

アラシャサウルス Alxasaurus 白亜紀／モンゴル／中型獣脚類。首が長く、四肢骨や足部の構造からすると、走るスピードはあまり速くなかったようだ。

アラスカケファレ Alaskacephale 白亜紀／アラスカ／厚頭竜類。頭骨の断片をもとに命名。

アラモサウルス Alamosaurus 白亜紀／アメリカ合衆国／竜脚類。白亜紀の北アメリカにいた唯一のティタノサウルス類で、南アメリカかアジアから移りすんだ、というのが典型的な見かた。

アラロサウルス Aralosaurus 白亜紀／カザフスタン／ハドロサウルス科―ハドロサウルス亜科。吻部は上下幅が広く、眼の前方に大きなかぎ形のトサカがついている。北アメリカのグリュポサウルスに見かけが似ていただろう。

アリオラムス Alioramus 白亜紀／モンゴル／中型のティラノサウルス科恐竜。吻部は長くて丈が低く、上面に小さな角が並んでいる。

アリストサウルス Aristosaurus ジュラ紀／南アフリカ／小型竜脚形類。あごの骨の断片を含む未成熟個体の部分骨格をもとに命名された。マッソスポンデュルスと同じ恐竜だろうというのが一般的な見かた。

アリストスクス Aristosuchus 白亜紀／イギリス／小型獣脚類。椎骨と腰の骨をもとに命名。コンプソグナトゥスの同じ場所にある骨に形が似ている。

アルヴァレズサウルス Alvarezsaurus 白亜紀／アルゼンチン／獣脚類。ほっそりした体。アルヴァレズサウルス科のマニラプトル類で最初に命名された。

アルウォーカーリア Alwalkeria 三畳紀／インド／原始的な竜盤類。くわしいことはわからない。鼻先の歯と後方の歯のあいだに短いすきまがある。

アルカエオケラトプス Archaeoceratops 白亜紀／中国／小型角竜類。部分骨格が２体発見されている。ほっそりとした四肢と幅の狭いかぎ形のくちばしをもち、二足歩行だったと思われる。

アルカエオドントサウルス Archaeodontosaurus ジュラ紀／マダガスカル／竜脚類。下あごしか見つかっていない。ほとんどの竜脚類に比べて、歯が原始的。

アルカエオルニトイデス Archaeornithoides 白亜紀／モンゴル／小型獣脚類。なぞに包まれた恐竜で、見つかった頭骨一つには中生代の哺乳類にかじられたらしい跡がある。以前は、ティラノサウルス科の恐竜で、生まれたばかりの赤ん坊ではないかと考えられていた。

アルカエオルニトミムス Archaeornithomimus 白亜紀／中国／オルニトミモサウルス類―オルニトミムス科　数多くの骨が見つかった。最初はオルニトミムス属の一種として命名された。他の仲間に比べて、足の骨が頑丈にできている。

アルギロサウルス Argyrosaurus 白亜紀／アルゼンチン／大型のティタノサウルス類。くわしいことはわからない。前肢の骨と椎骨が見つかっている。腕の骨が太いが、前足の骨は長い。

アルゴアサウルス Algoasaurus ジュラ紀か白亜紀／南アフリカ／竜脚類。見つかった骨は数個で、他の恐竜との類縁関係ははっきりわからない。

アルスタノサウルス Arstanosaurus 白亜紀／カザフスタン／ハドロサウルス科。くわしいことは不明。命名のもとになった部分頭骨は、ほかのハドロサウルス科のものと区別がつかない。

アルゼンチノサウルス Argentinosaurus 白亜紀／アルゼンチン／巨大なティタノサウルス類。椎骨と四肢の骨が見つかっている。椎骨どうしのつながりが、一方が他方にはまりこむ釘状関節になっていて、大半のティタノサウルス類より原始的。

アルティスピナクス Altispinax 白亜紀／ドイツ／獣脚類。歯が１個見つかっていただけだが、それも消失。アルティスピナクスという名前はその後まちがってベックルスピナクスにつけられた。

アルティリヌス Altirhinus 白亜紀／モンゴル／鳥脚類―イグアノドン類。鼻域が大きくふくらんでいる。親指に小さなスパイクがあり、イグアノドンに似ている。

アルバータケラトプス Albertaceratops 白亜紀／カナダ／ケラトプス科―きわめて原始的なセントロサウルス亜科。セントロサウルス亜科の他の恐竜とは違って、額の角が長い。

アルバートサウルス Albertosaurus 白亜紀／北アメリカ／ティラノサウルス科。有名な恐竜で、眼の前方に三角形の角があり、腕がずいぶん短い。

アルバートニクス Albertonykus 白亜紀／カナダ／モノニクスと同じグループ。数個体から腕や後ろ脚の化石が見つかっている。体長は１m未満。

アレクトロサウルス Alectrosaurus 白亜紀／モンゴル／中型のティラノサウルス科恐竜。後肢がほっそりとしている。

アレトペルタ Aletopelta 白亜紀／アメリカ合衆国／鎧竜類。背中はモザイク状の装甲板でおおわれ、肩から上へ向かって長いとげが突きでている。

アロコドン Alocodon ジュラ紀／ポルトガル／鳥盤類。見つかったのは歯だけ。

アロサウルス Allosaurus ジュラ紀／アメリカ合衆国、ポルトガル／獣脚類―アロサウルス上科。最初の発見地はアメリカ合衆国だが、現在はポルトガルでも見つかる。眼の前方に三角形の角がある。数種が命名されている

アンキオルニス Anchiornis ジュラ紀／中国／小型マニラプトル類。羽毛がある。保存状態のよい部分骨格が見つかっている。後ろ足の第２指はもちあげられた状態だった。最初は始祖鳥に近縁の鳥類として記載された。

アンキケラトプス Anchiceratops 白亜紀／カナダ／ケラトプス科。大きさはサイぐらい。吻部が長く、額に長い角が生えている。襟飾りは長くて長方形。

アンキサウルス Anchisaurus ジュラ紀／北アメリカ／小型竜脚形類。鼻先がとがっている。

アンキロサウルス Ankylosaurus 白亜紀／北アメリカ／巨大な鎧竜類―アンキロサウルス科。幅の広い体をとげや装甲板がおおい、尾の先に骨質のこん棒がついている

アンセリミムス Anserimimus 白亜紀／モンゴル／オルニトミモサウルス類―オルニトミムス科。同グループの仲間に比べて、手のかぎ爪がまっすぐで、下面が平らになっている。

アンタルクトサウルス Antarctosaurus 白亜紀／アルゼンチン／巨大な竜脚類。たぶんティタノサウルス類。上から見ると、下あごが長方形。

アンタルクトペルタ Antarctopelta 白亜紀／南極大陸／鎧竜類。たぶんノドサウルス科。眼の上から横向きに小さな角が突きでている。

アンデサウルス Andesaurus 白亜紀／アルゼンチン／原始的なティタノサウルス類。最初はアルゼンチノサウルスに近縁と見られていた。椎骨、四肢骨、腰の骨が見つかっている。

アンテトニトゥルス Antetonitrus 三畳紀／南アフリカ／原始的な竜脚類と近縁。前足は重みにたえるように特殊化しているが、まだ物をつかむことができる。

アントロデムス Antrodemus ジュラ紀／アメリカ合衆国／獣脚類。命名のもとになった化石は断片で、正確な同定ができないが、おそらくアロサウルスのものと思われる。

アンフィコエリアス Amphicoelias ジュラ紀／アメリカ合衆国／竜脚類。ディプロドクスに似た原始的なディプロドクス上科だという考えかたが一般的。１つの種は最大の竜脚類かもしれない。

アンペロサウルス Ampelosaurus 白亜紀／フランス／ティタノサウルス類。標本の数が多く、たくさんの骨が発見されている。背中に数種類の装甲があった。

アンモサウルス Ammosaurus ジュラ紀／アメリカ合衆国／原始的な小型竜脚形類。アンキサウルスと同一という説もある。

イーメノサウルス Yimenosaurus ジュラ紀／中国／竜脚形類。くわしいことは不明。数個体の化石が見つかった。頭骨はずいぶん短くて、丈が高い。

イオバリア Jobaria 白亜紀／ニジェール／竜脚類。すばらしい化石が数多く見つかっている。頭骨は、吻部に厚みがあり、大きな鼻孔があいている。この時代としては原始的なタイプ。

イグアノドン Iguanodon 白亜紀／ヨーロッパ／大型イグアノドン類―イグアノドン科。この名前は、ベルギーで最初に見つかった、大きくずっしりとした種にだけ使われる。大きなスパイク状の親指と、上下幅が広くて大きな頭骨をもつ。

イサノサウルス Isanosaurus 三畳紀／タイ／竜脚類。このグループでは最初期の恐竜。椎骨、肋骨、肩と腰の骨が見つかっている。大腿骨がたくましく、ずっしりとした体で、四足歩行だった。

イシサウルス Isisaurus 白亜紀／インド／めずらしいティタノサウルス類。最初はティタノサウルス属の１種として同定された。数多くの化石が見つかっている。頸椎骨が短くて、肩の位置が高く、四肢が細い。

イシャノサウルス Yixianosaurus 白亜紀／中国／獣脚類―マニラプトル類。謎に包まれた恐竜。羽毛のついた細い腕が１対だけ見つかった。類縁関係はわからない。

イスキサウルス Ischisaurus 三畳紀／アルゼンチン／捕食性の竜盤類。ヘレラサウルスと同じ恐竜であることはほぼ確実。

イスキロサウルス Ischyrosaurus ジュラ紀／イギリス／竜脚類―マクロナリア類。上腕の骨が１個だけ見つかった。ブラキオサウルス類のものかもしれない。

イッリタートル Irritator 白亜紀／ブラジル／スピノサウルス科。みごとな頭骨が見つかったが、最初は翼竜類に似せるために手が加えられていた。ワニ類のものに似た長いあごをもつ。額には骨質のトサカがある。

イノサウルス Inosaurus 白亜紀／ニジェール／獣脚類。情報が少なく、くわしいことはわからない。椎骨と脛骨の断片をもとに命名。

イリオスクス Iliosuchus ジュラ紀／イギリス／小型獣脚類。情報が少ない。メガロサウルスと同じ岩石層から発見された。腰の骨と、脚の骨の一部かもしれない化石しか見つかっていない。

イロケレシア Ilokelesia 白亜紀／アルゼンチン／中型のアベリサウルス類。頭骨の断片、椎骨、前足と後ろ足の指の骨が見つかった。眼の上に骨質の棚状構造が張りだしている。

インキシウォサウルス Incisivosaurus 白亜紀／中国／原始的なオヴィラプトロサウルス類。すばらしい保存状態の頭骨が見つかった。あごの先端に齧歯類のように突きでた歯がある。

インゲニア Ingenia 白亜紀／モンゴル／オヴィラプトロサウルス類―オヴィラプトル科。頭骨は丸みをおび、トサカはない。前足の指が短い。オヴィラプトルの１グループであるインゲニア亜科でもっとも有名な恐竜。

インドサウルス Indosaurus 白亜紀／インド／大型獣脚類。今はアベリサウルス科と考えられている。頭蓋骨頂部が分厚いが、このグループの一部に見られるような角や骨質の突起がない。

インドスクス Indosuchus 白亜紀／インド／アベリサウルス科。部分的な脳頭蓋が３個見つかっている。以前は鎧竜類かティラノサウルス科のものとされていた。たぶん、アルゼンチンのアベリサウルスに似ていただろう。

インロング Yinlong ジュラ紀／中国／小型で原始的な角竜類。すばらしい頭骨が見つかった。吻部が短く、頭の後部に骨質の突起がある。表面に独特のでこぼこがある骨が頭部に見られる。

ヴァーリラプトル Variraptor 白亜紀／フランス／マニラプトル類。ドロマエオサウルス科のものと思わ

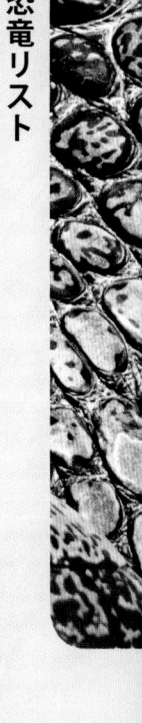

れる椎骨などの化石が見つかった。この化石は最初、エロプテリクスのものとして同定されていた。

ウァルドサウルス Valdosaurus 白亜紀／イギリス／鳥脚類―イグアノドン類。二足歩行。ドリオサウルスと近縁。名前のもとになった大腿骨は最初、ドゥリュオサウルス属の新種として同定された。

ウァルドラプトル Valdoraptor 白亜紀／イギリス／獣脚類。見つかったのは不完全な足の骨だけで、最初は鎧竜類のものとして同定されていた。アロサウルス上科かもしれない。

ウィタクリドリンダ Vitakridrinda 白亜紀／パキスタン／獣脚類。断片的な四肢骨、椎骨、歯、吻部かもしれない骨が見つかった。

ウェーラフローンス Velafrons 白亜紀／メキシコ／ハドロサウルス科。ヒパクロサウルスやコリトサウルスと近縁で、丸みをおびた板状のトサカももっていた。頭骨後部にある骨質の棒状構造はアーチ形だが、類縁関係のあるほかの種類ではまっすぐな形をしている。

ウェクティサウルス Vectisaurus 白亜紀／イギリス／鳥脚類―イグアノドン類。椎骨をもとに命名。マンテリサウルスと同じ恐竜だという見かたが一般的。ドゥリュオサウルス科に似た小型の恐竜だという説も出ている。

ウェネーノサウルス Venenosaurus 白亜紀／アメリカ合衆国／竜脚類―マクロナリア類。原始的なティタノサウルス類の可能性がある。ブラキオサウルスに似ていただろう。ただし大きさは半分くらいだった。椎骨、四肢骨、肋骨が見つかっている。

ウエルホサウルス Wuerhosaurus 白亜紀／中国／剣竜類。長くて丈が低い装甲板をもつ。2種が見つかった。ステゴサウルス属に含まれるという意見もある。

ウェロキサウルス Velocisaurus 白亜紀／アルゼンチン／小型獣脚類。細長い足の骨だけが見つかった。たぶんマシアカサウルスと類縁関係があるノアサウルス科のアベリサウルス類だろう。

ウェロキペス Velocipes 三畳紀／ポーランド。足の骨の一部をもとに命名。ふつうは獣脚類と見られるが、正確な同定はできず、恐竜ですらないかもしれない。

ヴェロキラプトル Velociraptor 白亜紀／モンゴル／ドロマエオサウルス科。吻部は丈が低く、上面にくぼみがある。すばらしい標本が複数、見つかっている。そのうち1つは、プロトケラトプスと戦っている状態のまま保存されていた。

ウォルゲットスクス Walgettosuchus 白亜紀／オーストラリア／獣脚類。尾椎骨1個をもとに命名。

ウグロサウルス Ugrosaurus 白亜紀／アメリカ合衆国／角竜類。吻部の一部と鼻の角りが見つかった。最初は、鼻に角のかわりにこぶ状の突起があるのが固有の特徴だと思われていたが、今は、トリケラトプス属の一種という見かたが大半を占めている。

ウダノケラトプス Udanoceratops 白亜紀／ウズベキスタン／角竜類。部分的な頭骨と骨格が見つかった。吻部がずいぶん短くて、上下に厚みがある。吻部にある低めの隆起は、鼻の角ができるきざしだろう。

ウナユサウルス Unaysaurus 三畳紀／ブラジル／中型竜脚形類。頭骨を含む部分骨格が見つかった。プラテオサウルスと近縁。

ウネンラギア Unenlagia 白亜紀／アルゼンチン／マニラプトル類。鳥に似た腕をもつ。ラホナヴィスやブイトレラプトルと近縁。すべてドロマエオサウルス科ウネンラギア亜科に属している。

ウベラバティタン Uberabatitan 白亜紀／ブラジル／ティタノサウルス類。頚椎、背椎、尾椎、腰の骨と四肢骨を含む、3個体の化石が見つかった。

ウラガサウルス Wulagasaurus 白亜紀／中国／ハドロサウルス科―ハドロサウルス亜科。このグループでもっとも原始的な恐竜の1つかもしれない。あごが非常に細長い。

ウルカーノドン Vulcanodon ジュラ紀／ジンバブエ／原始的な竜脚類。足の指に平爪に近い形をしたずらしいかぎ爪がある。足の第1指は、もっと進化した竜脚類のように太くなってはいない。

ウルトラサウルス Ultrasaurus 最初はウルトラサウロスに対して用いられた名前だが、韓国で白亜紀の地層から見つかった竜脚類にも同じ名前がつけられていた。韓国の化石は腕の骨と椎骨のみ。

ウルトラサウロス Ultrasauros ジュラ紀／アメリカ合衆国／竜脚類。椎骨などをもとにつけられていた名前。以前は巨大なブラキオサウルス類の骨だと思われていたが、今は、ディプロドクス上科のスーパーサウルスの骨だと見られている。

ウルバコドン Urbacodon 白亜紀／ウズベキスタン／マニラプトル類―トロオドン科。あごと、ぎざぎざの切れこみがない歯が見つかった。トロオドンのようなトロオドン科の恐竜に比べて歯の数が少なく、シノルニトイデスのような小型の種類と同じくらいの大きさをしている。

ウンクィロサウルス Unquillosaurus 白亜紀／アルゼンチン／獣脚類。腰の骨が1つだけ見つかった。独特の形をした骨で、他の恐竜のものとは異なるように思われる。大型のマニラプトル類ではないかという意見が研究者のあいだから出ている。

エイニオサウルス Einiosaurus 白亜紀／アメリカ合衆国／ケラトプス科―セントロサウルス亜科。スティラコサウルスと近縁。鼻の角が前方へ曲がっている。襟飾りの頂部から後ろへ2本のとげが突きでている。

エウオプロケファルス Euoplocephalus 白亜紀／北アメリカ／鎧竜類。アンキロサウルスと近縁だが、そこまで大きくない。きわめて保存状態のよい標本がいくつか見つかった。後ろ足には指が3本しかなく、尾に骨質の大きなこん棒がついている。

エウカメロトゥス Eucamerotus 白亜紀／イギリス／竜脚類。見つかった椎骨には、ジュラ紀のブラキオサウルスのものに似たところがたくさんある。

エウクネメサウルス Eucnemesaurus ジュラ紀／南アフリカ／竜脚類。以前は捕食者の骨と同じ紀と見なされ、アリワリア・レックスという名前で知られていた。アルゼンチンのリオハサウルスと近縁。

エウケルコサウルス Eucercosaurus 白亜紀／イギリス。さまざまな鳥脚類の椎骨につけられた古い名称。かつては鎧竜類のものと考えられていた。

エウスケロサウルス Euskelosaurus 三畳紀／南アフリカ／竜脚形類。椎骨と四肢骨が見つかったが、同じ岩石層から発掘されたほかの竜脚類のものとはっきり区別できない。

エウストレプトスポンディルス Eustreptospondylus ジュラ紀／イギリス／獣脚類―スピノサウルス上科。海成堆積層から、すばらしい状態の部分骨格が見つかった。ニジェールのアフロウェーナートルやフランスのデュブルイユオサウルスと近縁。

エウヘロプス Euhelopus 白亜紀／中国／竜脚類。ひときわ長い首と、短くて上下幅の広い頭骨をもつ。スプーン形の頑丈な歯が生えている。かつてはマメンチサウルスと近縁だと考えられていたが、今は、ティタノサウルス類と類縁関係のあるマクロナリア類ではないかと見られている。

エウロニュコドン Euronychodon 白亜紀／ポルトガル／小型のマニラプトル類。見つかったのは歯だけで、ドロマエオサウルス科やトロオドン科のものともされることもある。

エウロパサウルス Europasaurus 白亜紀／ドイツ／かなり小型の竜脚類―マクロナリア類。頭骨にアーチ形をした骨質のトサカがある。おとなでもウシほどの大きさしかない。

エオカルカリア Eocarcharia 白亜紀／ニジェール／アロサウルス上科―カルカロドントサウルス科。アクロカントサウルスに近縁で、頭骨の形も似ている。骨質の大きな隆起が頭骨にある。

エオクルソル Eocursor 三畳紀／南アフリカ／小型の鳥盤類。二足歩行。鳥盤類の恐竜の大半と違って、前肢が長く、しっかりとものをつかむことができた。

エオケラトプス Eoceratops 白亜紀／カナダ／ケラトプス科。かつては独特のカスモサウルス亜科だと考えられていたが、今は、カスモサウルスと同じだという見かたが一般的。

エオテュランヌス Eotyrannus 白亜紀／イギリス／獣脚類―ティラノサウルス上科。3本の指がついた長い前肢をもつ。吻部の上面の骨が分厚く、融合している場合があったから、かむ力がずいぶん強かっただろう。

エオトリケラトプス Eotriceratops 白亜紀／カナダ／巨大な角竜類。トリケラトプスに似ているが、襟飾り、頬の部分、吻部の細部が異なる。トロサウルス、ネドケラトプス、トリケラトプスと近縁。

エオブロントサウルス Eobrontosaurus ジュラ紀／アメリカ合衆国／竜脚類。最初はアパトサウルスに近縁のディプロドクス上科と思われていたが、その後、カマラサウルス類と見られるようになった。

エオマメンチサウルス Eomamenchisaurus ジュラ紀／中国／竜脚類。椎骨、腰と後肢の骨を含む、断片的な化石が見つかっている。

エオラプトル Eoraptor 三畳紀／アルゼンチン／小型の捕食者。二足歩行。短い腕、木の葉形とそり返った形の両方を含む歯の化石が見つかっている。すべての恐竜のなかでもっとも原始的な種類に入るかもしれない。

エオランビア Eolambia 白亜紀／アメリカ合衆国／鳥脚類―イグアノドン類。最初は初期のハドロサウルス科という同定だったが、今はアルティリヌスに近縁と考えられている。

エキノドン Echinodon 白亜紀／イギリス／ごく小型のヘテロドントサウルス科。あごと頭骨の断片が見つかっている。このグループで白亜紀の地層から見つかったのはごくわずか。

エクイジュブス Equijubus 白亜紀／中国／鳥脚類―イグアノドン類。ハドロサウルス科と近縁。吻部は短く、下向きに曲がっている。頭骨後部にずいぶん大きな穴がある。

エクリクシナトサウルス Ekrixinatosaurus 白亜紀／アルゼンチン／大型獣脚類―アベリサウルス科。発掘場所の岩石を爆破したあと、なかから部分骨格が見つかった。

エジプトサウルス Aegyptosaurus 白亜紀／エジプト／竜脚類。化石は第2次世界大戦で破壊された。

エシャノサウルス Eshanosaurus ジュラ紀／中国。議論を呼んでいる恐竜。最初はテリジノサウルス上科として同定されたが、もしそれが本当なら、このグループで最古のメンバーということになる。

エドマーカ Edmarka ジュラ紀／アメリカ合衆国／大型獣脚類―メガロサウルス科。頭骨の断片、肩と腰の骨、肋骨が見つかった。おそらく、トルウォサウルスと同じ恐竜。

エドモントサウルス Edmontosaurus 白亜紀／北アメリカ／大型のハドロサウルス科。カモのようなくちばしがついた長い頭骨と、たくさんの歯をもつことで有名。

エドモントニア Edmontonia 白亜紀／北アメリカ／大型の鎧竜類―ノドサウルス科。肩から前や外に向けて大きなとげが突きでていた。数種が知られている。

エパクトサウルス Epachthosaurus 白亜紀／アルゼンチン／ティタノサウルス類。椎骨と骨盤の骨の断片が見つかった。原始的なティタノサウルス類ではないかといわれている。巨大なアルゼンチノサウルス類に似た箇所がいくつかある。

エパンテリアス Epanterias 白亜紀／北アメリカ／獣脚類―アロサウルス上科。体の大きなアロサウルスだという見かたが一般的。

エピデクシプテリクス Epidexipteryx ジュラ紀／中国／獣脚類。中国白亜紀のエピデンドロサウルスと近縁。頭骨は短くて丈が高く、尾の先に非常に長い帯状の構造が4本ついている。

エピデンドロサウルス Epidendrosaurus 白亜紀／中国／ごく小型の獣脚類。未成熟の標本しか見つかっていない。前肢が非常に長く、第3指がきわだって長い。

エフラアシア Efraasia 三畳紀／ドイツ／中型の竜脚形類。セッロサウルスやプラテオサウルスと混同されることが多い。標本がいくつか見つかっている。類縁関係にあるこうした恐竜に比べて首が短く、腕が長い。

エマウサウルス Emausaurus ジュラ紀／ドイツ／原始的な小型装盾類。頭骨は幅が広く、背面と側面に装甲があった。

エラフロサウルス Elaphrosaurus ジュラ紀／タンザニア／ケラトサウルス類。アベリサウルス科と近縁。非常に長い首と細長い脚をもち、足が速かったと思われる。頭骨は見つかっていない。

エルケトゥ Erketu 白亜紀／モンゴル／竜脚類。エウヘロプスと近縁。首の骨が非常に長く、ほっそりしている。首が胴体の2倍ほど長かったと思われる。

エルミサウルス Elmisaurus 白亜紀／モンゴル／マニラプトル類。一部がくっついた足の骨が見つかった。オヴィラプトロサウルス類のカエナグナトゥス科に分類されている。北アメリカでも、エルミサウルスと同定される標本が発見されている。

エルリアンサウルス Erliansaurus 白亜紀／中国／マニラプトル類―テリジノサウルス上科。きれいに保存された腕の骨をもとに命名。

エルリコサウルス Erlikosaurus 白亜紀／モンゴル／テリジノサウルス上科。木の葉形の歯と、幅広い胴体をもつ。足の幅も広く、大きくて幅の狭いかぎ爪がついていた。

エレクトプス Erectopus 白亜紀／フランス／獣脚類。情報が少ない。後肢、前肢、頭骨をもとに命名。最近になって、アロサウルス上科ではないかという意見が出ている。

エロプテリクス Elopteryx 白亜紀／ルーマニア／獣脚類。見つかったのは断片で、情報が不足している。飛べない鳥かトロオドン科恐竜かもしれない。

エンバサウルス Embasaurus 白亜紀／カザフスタン／獣脚類。見つかったのは数個の椎骨で、正確な同定はできないと考えられている。

オヴィラプトル Oviraptor 白亜紀／モンゴル／マニラプトル類。歯がない。くわしいことはわからないが、ほかのオヴィラプトル科の大半に比べて、頭骨の丈が低くて前後に長かった。かつてオヴィラプトルとされていた標本の多くは、現在は違う名前に変えられている。

オウラノサウルス Ouranosaurus 白亜紀／ニジェール／鳥脚類―イグアノドン類。背中に丈の高いとげがあったことで有名。これを支えにした帆かこぶがあったと思われる。

オームデノサウルス Ohmdenosaurus ジュラ紀／ドイツ／原始的な竜脚類。足首の骨しか見つかっておらず、情報不足。ウルカーノドンと近縁だとされることもあるが、類縁関係ははっきりしない。

オスニエリア Othnielia ジュラ紀／アメリカ合衆国／鳥盤類。断片的な化石をもとに命名。かつてオスニエリアとされていた状態のいい骨格は、オスニエロサウルスという名前に変更せざるを得なかった。

オスニエロサウルス Othnielosaurus ジュラ紀／アメリカ合衆国／小型の鳥盤類。二足歩行。走るのが速かったと思われる。

オズラプトル Ozraptor ジュラ紀／オーストラリア／獣脚類。見つかったのは不完全な脛骨だけ。アベリサウルス類のものかもしれない。

オトゴサウルス Otogosaurus ジュラ紀／中国／竜脚類。足と腰の骨が見つかった。

オニコサウルス Onychosaurus 白亜紀／ルーマニア／鳥盤類。歯の化石につけられた名前。ステゴサウルスに近縁のものと思われたが、現在は、ラブドドン科の歯と考えられている。たぶんザルモクセスのものだろう。

オピストコエリカウディア Opisthocoelicaudia 白亜紀／モンゴル／ティタノサウルス類。幅が広く、丸みをおびた胴体と、がっしりした太い四肢をもつ。頭骨は見つかっていないが、ネメグトサウルスと同じ恐竜だという見かたもときどき出ている。

オプロサウルス Oplosaurus 白亜紀／イギリス／竜脚類。見つかったのは1本の歯だけ。スプーン形の大きな歯で、歯冠がひどくすり減っている。

オメイサウルス Omeisaurus ジュラ紀／中国／竜脚類。驚くほど首が長い。たぶんマメンチサウルスと近縁。尾の先に骨質のこん棒があったといわれる。

オリゴサウルス Oligosaurus 白亜紀／オーストリア／鳥脚類。古い名称。現在はラブドドンと同じだとするのが一般的。

489 恐竜リスト

オリュクトドロメウス　Oryctodromeus　白亜紀／アメリカ合衆国／小型鳥脚類。二足歩行。巣穴のなかで発見された。頭骨と腕の骨に見られるさまざまな特徴から、穴を掘るのがうまかったと思われる。オロドロメウスやゼピュロサウルスと近縁。

オルコラプトル　Orkoraptor　白亜紀／アルゼンチン／コエルロサウルス類。謎に満ちた恐竜で、頭骨、歯、椎骨、後肢の断片が見つかった。類縁関係は不明。

オルトゴニオサウルス　Orthogoniosaurus　白亜紀／インド／獣脚類。歯の断片につけられた名前。

オルトメルス　Orthomerus　白亜紀／オランダ、ウクライナ／ハドロサウルス科。古い名称。テルマトサウルスと同じだといわれることが多い。

オルナトトルス　Ornatotholus　白亜紀／北アメリカ／厚頭竜類。頭蓋骨頂部の一部が見つかった。ステゴケラスの若い標本かもしれない。

オルニトタルスス　Ornithotarsus　白亜紀／アメリカ合衆国／ハドロサウルス科。後肢の骨の一部につけられていた名前。

オルニトデスムス　Ornithodesmus　白亜紀／イギリス／マニラプトル類。ドロマエオサウルス科と思われるが、情報不足。見つかったのは腰の骨のあいだにある椎骨のみ。

オルニトプシス　Ornithopsis　白亜紀／イギリス／竜脚類—マクロナリア類。保存状態の悪い椎骨しか見つかっておらず、ほとんどにもわからない。

オルニトミムス　Ornithomimus　白亜紀／北アメリカ／オルニトミモサウルス類—オルニトミムス科。ほっそりとした長い前肢と、長い首、鳥に似た歯のない頭骨をもつ。

オルニトミモイデス　Ornithomimoides　白亜紀／インド／獣脚類。命名のもとになった椎骨は、マジュンガサウルスに似たアベリサウルス科のものかもしれない。最初は、オルニトミモサウルス類に似た獣脚類だと考えられていた。

オルニトメルス　Ornithomerus　白亜紀／オーストリア／鳥盤類。四肢骨につけられた古い名称。現在はラブドドンだと考えられている。

オルニトレステス　Ornitholestes　ジュラ紀／アメリカ合衆国／小型のコエルロサウルス類。完全に近い頭骨など、状態のいい化石が見つかっている。

オロサウルス　Orosaurus　三畳紀／南アフリカ／大型の竜脚形類。エウスケロサウルスやプラテオサウラヴスと同じだと考えられている。

オロドロメウス　Orodromeus　白亜紀／アメリカ合衆国／小型鳥脚類。二足歩行。標本がいくつか見つかっている。ヒプシロフォドンに似た恐竜と思われてきた。この恐竜のものと思われた卵の化石は、実際はトロオドンのものだった。

オロロティタン　Olorotitan　白亜紀／中国／ハドロサウルス科—ランベオサウルス亜科。特徴のある恐竜。首が長く、扇形の大きなトサカが頭骨から後方へ張りだしている。

ガーゴイレオサウルス　Gargoyleosaurus　ジュラ紀／アメリカ合衆国／小型の鎧竜類。初期のアンキロサウルス科だった可能性がある。吻部は長くて幅が狭く、頭骨に骨質のこぶと角がある。

カーン　Khaan　白亜紀／モンゴル／オヴィラプトロサウルス類—オヴィラプトル科。完全に近い骨格が見つかった。吻部は短くて丸みをおび、トサカはない。鼻の穴が水平に並んでいる。コンコラプトルに似ている。

カイチャンゴサウルス　Kaijiangosaurus　ジュラ紀／中国／獣脚類。情報が少ない。命名のもとになった椎骨は、通常、メガロサウルス類のものといわれている。

カウディプテリクス　Caudipteryx　白亜紀／中国／小型のオヴィラプトル類。鳥類以外でははっきりとした羽毛をもつ恐竜。鳥類以外の発見例としては最初期のもの。尾が短く、後肢が長い。頭骨は短くて高さがあり、あごの先端にだけ歯が生えている。

カエナグナタシア　Caenagnathasia　白亜紀／ウズベキスタン／ごく小さなオヴィラプトロサウルス類。下あごの一部しか見つかっていない。鳥類以外の獣脚類で最小級。

カエナグナトゥス　Caenagnathus　白亜紀／カナダ／オヴィラプトロサウルス類。下あごの骨をもとに命名。以前は、飛べない巨大な鳥のものだと思われていた。現在は、キロステノテスと同じ恐竜だと見られることが多い。

カクル　Kakuru　白亜紀／オーストラリア／獣脚類。命名のもとになった脛骨の末端部分は、宝石のオパールに変わっている。脛骨全体は細長かったと思われる。

ガストニア　Gastonia　白亜紀／アメリカ合衆国／鎧竜類。細部にイギリスのポラカントゥスに似たところがある。頭骨と、数体の部分骨格が見つかっている。

ガスパリニサウラ　Gasparinisaura　白亜紀／アルゼンチン／小型鳥脚類。二足歩行。標本がいくつか見つかっている。吻部が短く、とがっている。

カスモサウルス　Chasmosaurus　白亜紀／北アメリカ／ケラトプス科。大きな穴のあいた、長方形の長い襟飾りをもつ。いろいろな種があり、吻部の長さや額の角がそれぞれに異なっている。

カセオサウルス　Caseosaurus　三畳紀／アメリカ合衆国。ヘレラサウルスと同じだという意見もあるが、原始的な竜盤類で類縁関係ははっきりしないという意見もある。チンデサウルスと同じかもしれない。恐竜ではないかもしれないという研究者もいる。

ガソサウルス　Gasosaurus　ジュラ紀／中国／中型獣脚類。最初はメガロサウルス類という同定だった。

カタルテサウラ　Cathartesaura　白亜紀／アルゼンチン／ディプロドクス上科—ルーバーチーサウルス科。椎骨と肩、腰の骨、四肢骨が見つかっている。中型の恐竜でリマイサウルスやルーバーチーサウルスと類縁関係がある。

カッステルンベルギア　Chassternbergia　白亜紀／北アメリカ／鎧竜類—ノドサウルス科。専門家の大多数が、エドモントニアと同じだと考えている。

カテトサウルス　Cathetosaurus　ジュラ紀／アメリカ合衆国／竜脚類—マクロナリア類。カマラサウルスと同じだという意見が一般的。最初は、カマラサウルスとは椎骨の特徴が違うといわれていた。

カマラサウルス　Camarasaurus　ジュラ紀／アメリカ合衆国／竜脚類。首はやや短めで力強く、頭骨は短くて上下に厚みがある。数種に分類される標本がたくさん見つかっている。すべての竜脚類のなかでもっともよく知られている恐竜だろう。

カムノリア　Cumnoria　ジュラ紀／イギリス／鳥脚類—イグアノドン類。カムプトサウルスの一種という見かたがよくされるが、頭骨の形が違う。椎骨、四肢骨、頭骨の断片が見つかっている。

カラモサウルス　Calamosaurus　白亜紀／イギリス／小型獣脚類。見つかっているのは頸椎骨が2個だけ。ディロンに似たティラノサウルス上科だったかもしれない。

カラモスポンデュルス　Calamospondylus　白亜紀／イギリス／小型獣脚類。謎に包まれた恐竜で、腰の一部しか見つかっておらず、今は消失している。これまで発見されたなかでもっとも古い小型獣脚類の1つ。

ガリミムス　Gallimimus　白亜紀／モンゴル／大型のオルニトミモサウルス類—オルニトミムス科。ストルティオミムスに似ているが、四肢の大きさの比率と、頭骨の形が異なる。

ガルヴェオサウルス　Galveosaurus　ジュラ紀か白亜紀／スペイン／竜脚類。ケティオサウルスに近縁という意見もあるが、巨大なトゥリアサウルスに近いという者もいる。

カルカロドントサウルス　Carcharodontosaurus　白亜紀／アフリカ／巨大な獣脚類—アロサウルス上科。頭骨は巨大で上下幅が広いが、大きな穴があいているため軽量なつくりになっている。アフリカ北部で2種が見つかっている。

カルディオドン　Cardiodon　ジュラ紀／イギリス／竜脚類。歯が1つ見つかっただけで、謎に満ちた恐竜。ケティオサウルスのものだという見かたが多い。

ガルディミムス　Garudimimus　白亜紀／モンゴル／オルニトミモサウルス類。歯がない。角があったと（まちがって）いわれることが多い。ほかの「ダチョウ」恐竜の大半に比べて、後ろ足の幅が広くて短い。

カルノタウルス　Carnotaurus　白亜紀／アルゼンチン／獣脚類—アベリサウルス科。有名な恐竜。短くて上下幅のある吻部と角はよく知られている。角は丸みをおびていて分厚い。見つかっている唯一の標本には皮ふの痕跡がある。

カロヴォサウルス　Callovosaurus　ジュラ紀／イギリス／鳥脚類—イグアノドン類。1本の大腿骨をもとに命名。ドリュオサウルス科かもしれない。

カロノサウルス　Charonosaurus　白亜紀／中国／巨大なハドロサウルス科—ランベオサウルス亜科。たくさんの化石が見つかっている。パラサウロロフスと近縁。

カロンガサウルス　Karongasaurus　白亜紀／マラウィ／ティタノサウルス類。見つかっているのは下あごと数本の歯だけ。

カングナサウルス　Kangnasaurus　白亜紀／南アフリカ／鳥脚類—イグアノドン類。1本の歯をもとに命名。その後、椎骨と後肢の骨を含む化石が見つかり、のちに、同じ恐竜のものと判断された。

カンタスサウルス　Qantassaurus　白亜紀／オーストラリア／鳥盤類。カンタス航空にちなんだ名前。たぶん小型で敏捷な二足歩行の恐竜で、腕が短かった。ヒプシロフォドンに似た姿だったと推測されることが多い。

カンピュロドニスクス　Campylodoniscus　白亜紀／アルゼンチン／竜脚類。たった1つの部分頭骨をもとに命名。最初はカンピュロドンという名前だった。正確な同定はできていない。ティタノサウルス類の骨ではないかという専門家もいる。

カムプトサウルス　Camptosaurus　ジュラ紀／アメリカ合衆国／鳥脚類—イグアノドン類。数種に分類される標本がたくさん見つかった。ずっしりとした胴体に、頑丈な後肢、短い腕をもつ。指は太く、親指に円錐形の大きなかぎ爪がついている。

キオノドン　Cionodon　白亜紀／アメリカ合衆国／ハドロサウルス科。あごの一部につけられた古い名称。正確な同定はできない。

ギガノトサウルス　Giganotosaurus　白亜紀／アルゼンチン／巨大な獣脚類—アロサウルス上科。マプサウルスと近縁。上下幅の広い吻部に骨質のこぶが並んでいる。知られているかぎり最級の獣脚類で、ティラノサウルスと同じくらいの大きさだった。

ギガントサウルス　Gigantosaurus　ジュラ紀／イギリス。竜脚類の化石につけられていた名前。化石の正確な同定ができないため、この名前はほとんど使われない。

ギガントスケルス　Gigantoscelus　三畳紀／南アフリカ／竜脚形類。エウスケロサウルスと同じだという考えかたが広まっている。

ギガントスピノサウルス　Gigantspinosaurus　ジュラ紀／中国／剣竜類。このグループでもっとも原始的な種類に入るかもしれない。つけねがしっかりした大きなとげが肩から突きでている。

ギガントラプトル　Gigantoraptor　白亜紀／モンゴル／巨大なオヴィラプトロサウルス類。体高は3m近かった。後肢が細長く、腕はどのオヴィラプトロサウルス類のものよりも長い。

キティパティ　Citipati　白亜紀／モンゴル／オヴィラプトル科、最初はオヴィラプトルと同じだと考えられていた。一部の標本は、卵の入った巣の上にのったまま保存されていた。

キャメロティア　Camelotia　三畳紀／イギリス／大型竜脚形類。南アフリカのメラノサウルスと類縁関係があるという意見も出ている。後肢の骨などが見つかった。

キャンポサウルス　Camposaurus　三畳紀／アメリカ合衆国／獣脚類—コエロフィシス上科。くわしいことは不明。後肢の骨の断片が見つかっている。

ギュポサウルス　Gyposaurus　ジュラ紀／南アフリカ／原始的な竜脚形類。マッソスポンデュルスだという見かたが一般的。

ギラファティタン　Giraffatitan　ジュラ紀／タンザニア／ブラキオサウルス類。頭にアーチ形のトサカがあり、前肢が長いことで有名。一般に行きわたっている考えでは、ブラキオサウルス属に入れられる。

ギルモアオサウルス　Gilmoreosaurus　白亜紀／モンゴル／ハドロサウルス科。頭骨や、数個体の化石が見つかっている。バクトロサウルスと同じかもしれない。

キロステノテス　Chirostenotes　白亜紀／北アメリカ／大型のオヴィラプトロサウルス類。前肢が長く、ほっそりとしている。通常はカエナグナトゥス科に入れられる。カエナグナトゥスと同じだという意見もあり、議論はまだ続いている。

キンシウサウルス　Qingxiusaurus　白亜紀／中国／ティタノサウルス類。椎骨、胸部と前肢の骨が見つかった。椎骨についているとげは特徴があり、舟をこぐ「櫂」のような形だった。上腕骨は幅広で、筋肉が付着する部分が大きい。

キンデサウルス　Chindesaurus　三畳紀／アメリカ合衆国／竜盤類。見つかっているのは断片。ヘレラサウルス科ではないかという意見もあるが、原始的な竜盤類という見かたが一般的。

グアイバサウルス　Guaibasaurus　三畳紀／ブラジル／原始的な竜盤類。二足歩行。初期の獣脚類ではないかといわれる。後肢の骨、椎骨、肩と腰の骨が見つかっている。

クアエシトサウルス　Quaesitosaurus　白亜紀／モンゴル／ティタノサウルス類。見つかったのは頭骨の一部だけ。ネメグトサウルスによく似ている。

グアンロング　Guanlong　ジュラ紀／中国／獣脚類—ティラノサウルス上科。すばらしい標本が見つかった。頭骨から上と後ろへ向かって奇妙な骨質のトサカが突きでている。

クイルメサウルス　Quilmesaurus　白亜紀／アルゼンチン／獣脚類。くわしいことはわからない。脚の骨の一部をもとに命名。

クセノタルソサウルス　Xenotarsosaurus　白亜紀／アルゼンチン／獣脚類。後肢が見つかった。アベリサウルス科という見かたがふつうになっている。

クセノポセイドン　Xenoposeidon　白亜紀／イギリス／中型竜脚類。めずらしい種類で、きわだった特徴をもつ椎骨が1本だけ見つかった。

クライトンサウルス　Crichtonsaurus　ジュラ紀／中国／中型の鎧竜類。『ジュラシック・パーク』の著者マイケル・クライトンにちなんだ名前。見つかったのは下あごの一部、椎骨、四肢骨と肩の骨の断片。

グラウィトルス　Gravitholus　白亜紀／カナダ／厚頭竜類。頭蓋骨頂部がずいぶん厚く、ずっしりとしていて、脳函が小さい。ステゴケラスではないかという意見もある。

クラオサウルス　Claosaurus　白亜紀／アメリカ合衆国／小型のハドロサウルス科。見つかった部分骨格は最初、ハドロサウルスとして同定された。あごの骨の小さなかけら以外、頭骨は見つかっていない。

グラキアリサウルス　Glacialisaurus　ジュラ紀／南極大陸／竜脚形類。クリオロフォサウルスの近くで発見された。マッソスポンデュルスに近縁と思われる。足の一部などが見つかっている。

グラキリケラトプス　Graciliceratops　白亜紀／モンゴル／小型の角竜類。最初は、ミクロケラトプスという同定だった。骨質の襟飾りのふちがずいぶんほっそりとしている。

グラキリラプトル　Graciliraptor　白亜紀／中国／小型のマニラプトル類—ドロマエオサウルス科。頭骨、歯、四肢骨、椎骨が見つかっている。ミクロラプトルやシノルニトサウルスと近縁かもしれない。

クラスペドドン　Craspedodon　白亜紀／ベルギー／鳥盤類。見つかったのは歯だけ。長いあいだ、鳥脚類だと思われていたが、実は角竜類かもしれない。

クラスモドサウルス　Clasmodosaurus　白亜紀／アルゼンチン／竜脚類。はっきりと識別できない歯をもとに命名。

クラタエオムス　Crataeomus　白亜紀／オーストリア／小型の鎧竜類。ストルティオサウルスと同じだという見かたが一般的。

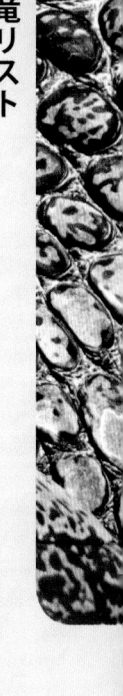

クラテロサウルス Craterosaurus 白亜紀／イギリス／剣竜類。見つかったのは椎骨1個で、最初はトカゲの頭骨として同定された。

クラメリサウルス Klamelisaurus ジュラ紀／中国／竜脚類。謎に満ちた恐竜。16個の頸椎骨からなる長い首と、幅が広いへら状の歯をもつ。類縁関係はまだ確定できていないが、オメイサウルスに似ていたかもしれない。

クリオロフォサウルス Cryolophosaurus ジュラ紀／南極大陸／獣脚類。今まで南極大陸で見つかった恐竜としてはもっとも状態がよい。奇妙なトサカがついている。ディロフォサウルスと近縁。

クリスタトゥサウルス Cristatusaurus 白亜紀／ニジェール／獣脚類—スピノサウルス科。最初はバリオニクスだといわれたが、今はスコミムスに分類されるという意見も出ている。吻部の先端しか見つかっていない。

クリトサウルス Kritosaurus 白亜紀／北アメリカ／ハドロサウルス科—ハドロサウルス亜科。グリポサウルスによく似ているので、同じ恐竜だと考える専門家もいる。

クリプトサウルス Cryptosaurus ジュラ紀／イギリス／鎧竜類。長いあいだ、クリプトドラコという名前で知られていた。大腿骨をもとに命名。ホプリトサウルスに似たポラカントゥス科ではないかという説が出ている。

グリューポサウルス Gryposaurus 白亜紀／北アメリカ／ハドロサウルス科。吻部は上下幅が広く、眼の前に骨質の隆起がある。そのため「わし鼻」のような外見になっている。たぶんクリトサウルスと同じ恐竜。

クリプトウォランス Cryptovolans 白亜紀／中国／小型のマニラプトル類—ドロマエオサウルス科。脚に現生鳥類型の長い羽毛がある。ミクロラプトルだと考える者が多い。

グリュプトドントペルタ Glyptodontopelta 白亜紀／アメリカ合衆国／鎧竜類。情報がとぼしい。独特の形をした装甲板をもとに命名された。

クリュプトプス Kryptops 白亜紀／ニジェール／アベリサウルス科。ルゴプスのものに似た頭骨の化石が見つかった。吻部は鋭くなくて上下に厚みがあり、骨質板に一部おおわれている。

グリュポニクス Gryponyx ジュラ紀／南アフリカ／竜脚形類。マッソスポンデュルスと同じだという見かたが一般的。

クルケラトプス Kulceratops 白亜紀／ウズベキスタン／角竜類。情報がとぼしい。部分頭骨をもとに命名されたが、ほかの角竜類のものとはっきり区別できないので、この名前はめったに使われない。

クレオサウルス Creosaurus ジュラ紀／アメリカ合衆国／大型獣脚類—アロサウルス上科。現在では、アロサウルスと同じ動物だという見かたがほとんど。

グレッスリュオサウルス Gresslyosaurus 三畳紀／ドイツ／竜脚形類。命名のもとになった化石は、現在では、プラテオサウルスのものだという見かたがふつうになっている。

ケートラニサウルス Khetranisaurus 白亜紀／パキスタン／ティタノサウルス類。尾椎骨1個をもとに命名。パキサウルスやスライマニサウルスに近縁の恐竜といわれる。

ケティオサウリスクス Cetiosauriscus ジュラ紀／イギリス／竜脚類。部分骨格が見つかっている。ディプロドクス上科だと見られることが多いが、実際は中国のマメンチサウルスと類縁関係があるかもしれない。

ケティオサウルス Cetiosaurus ジュラ紀／イギリス／竜脚類。良好な保存状態で見つかった最初の竜脚類。多くの種が命名されたが、一部はその後、ディプロドクス上科やブラキオサウルス類など、種類の異なる竜脚類であることがわかった。

ゲニュオデクテス Genyodectes 白亜紀／アルゼンチン／獣脚類。あごの一部と歯が見つかった。メガロサウルス類やアロサウルス類、あるいはアベリサウルス類かもしれないという議論が長年続いていたが、最近になって、ケラトサウルスに近縁という説が出ている。

ゲヌサウルス Genusaurus 白亜紀／フランス／獣脚類。腰と後肢の骨が見つかっている。最初は、ほかの仲間よりあとまで生きのびたコエロフィシス上科ではないかといわれたが、そうではなくて、アベリサウルス類かもしれない。

ケブサウルス Chebsaurus ジュラ紀／アルジェリア／中型竜脚類。頭骨の一部を含む部分骨格が見つかった。

ケラシノプス Cerasinops 白亜紀／アメリカ合衆国／小型の角竜類。短い骨質の襟飾りをもつ。上あごの前方に牙状の歯が2対生えている。北アメリカにすんでいたほかの角竜類と違って、二足歩行ができたのではないかと考えられている。

ケラトサウルス Ceratosaurus ジュラ紀／アメリカ合衆国、ポルトガル、もしかするとタンザニアも／獣脚類。鼻に角が1本、両眼の上にも三角形の角がある。歯が際立って長く、背骨にそって小さな装甲板が並んでいる。

ケラトニクス Ceratonykus 白亜紀／モンゴル／アルヴァレズサウルス科。モノニクスやシュヴウイアと類縁関係があり、完全に近い頭骨などが見つかっている。ほかのアルヴァレズサウルス科と同様、アリを食べるように特殊化した獣脚類だったようだ。

ケラトプス Ceratops 白亜紀／北アメリカ。ケラトプス科の化石（角と、頭骨後部の断片）につけられていた古い名称。もとになった化石は、ほかのケラトプス科のものとはっきり区別できない。

ゲラノサウルス Geranosaurus ジュラ紀／南アフリカ／ヘテロドントサウルス科。見つかったのは、あごの骨。ほかのヘテロドントサウルス科のものとはっきり区別できない。

ケルベロサウルス Kerberosaurus 白亜紀／ロシア／ハドロサウルス科—ハドロサウルス亜科。化石が山ほど見つかった。プロサウロロフスやサウロロフスに近縁と考えられている。

ケルマイサウルス Kelmayisaurus ジュラ紀／中国／獣脚類。頭骨と下あご骨をもとに命名。正確な類縁関係はわからないが、メガロサウルス類に似た種類だという意見が多い。

ケントロサウルス Kentrosaurus ジュラ紀／タンザニア／中型の剣竜類。尾と腰の部分に長いとげがあり、肩からも長いとげが突きでている。

コウタリサウルス Koutalisaurus 白亜紀／スペイン／ハドロサウルス科。細長い下あごをもとに命名。最初はパララブドドンのものと思われた。あごの前方のくちばしと、奥の歯のあいだにはさまれた、歯のない部分がずいぶん長い。

コエルルス Coelurus ジュラ紀／アメリカ合衆国／小型のコエルロサウルス類。オルニトレステスと混同されることが多い。類縁関係にあるほかの種類とは違って、第4指のなごりがある。

コエルロイデス Coeluroides 白亜紀／インド／小型獣脚類。見つかった尾椎骨はコエルロサウルス類のものだと推測されていたが、今はアベリサウルス類のものであることがわかっている。

コエロフィシス Coelophysis 三畳紀／アメリカ合衆国ニューメキシコ州／獣脚類。標本が山ほど見つかっている。体のつくりは軽く、吻部が細長くて上下幅が狭い。

ゴジラサウルス Gojirasaurus 三畳紀／アメリカ合衆国／獣脚類—コエロフィシス上科。椎骨、四肢骨、歯が見つかった。日本の怪獣映画に出てくる「ゴジラ」にちなんだ名前。

コタサウルス Kotasaurus ジュラ紀／インド／原始的な竜脚類。

コパリオン Koparion ジュラ紀／アメリカ合衆国／小型獣脚類。ぎざぎざのある歯1本をもとに命名。最初はトロオドン科ではないかといわれたが、その可能性は低い。

ゴビケラトプス Gobiceratops 白亜紀／モンゴル／角竜類。長さが4cmもない、ごく小さな頭骨をもとに命名。バガケラトプスに近縁だといわれるが、たぶんバガケラトプスの子どもだろう。

ゴビサウルス Gobisaurus 白亜紀／モンゴル／鎧竜類—アンキロサウルス科。完全な頭骨などが見つかった。眼窩と鼻孔が大きく、吻部はやや狭い。アンキロサウルス科なら、通常は頭骨に装甲があるはずだが、この恐竜にはそのような構造がない。

ゴビティタン Gobititan 白亜紀／中国／ティタノサウルス類。椎骨と後肢の骨が見つかった。大半のティタノサウルス類に比べて尾が長かったようだ。このグループの原始的なメンバーだろう。

ゴヨケファレ Goyocephale 白亜紀／モンゴル／厚頭竜類。頭部が平ら。部分頭骨をはじめ、さまざまな骨が見つかった。厚頭竜類全体のなかではきわめて原始的な種類という見かたがふつうになっている。

コリトサウルス Corythosaurus 白亜紀／北アメリカ／ハドロサウルス科—ランベオサウルス亜科。頭部は上下幅が狭く、丸みをおびた板状のトサカがついている。みごとな標本が見つかっている。皮ふが保存されていたものもある。

ゴルゴサウルス Gorgosaurus 白亜紀／北アメリカ／大型のティタノサウルス科。長いあいだ、アルバートサウルスやダスプレトサウルスと混同されていた。ほかのティラノサウルス科に比べて眼窩が丸い。

コレピオケファレ Colepiocephale 白亜紀／カナダ／厚頭竜類の一種。ドーム状の頭をもつ。以前はステゴケラスの一員と考えられていた。ステゴケラスとは違って、後頭部に骨質のでっぱりがない。

コロラディサウルス Coloradisaurus 三畳紀／アルゼンチン／竜脚形類。最初はコロラディアと命名された。吻部が短く、三角形をしている。マッソスポンデュルスと近縁。

コンコラプトル Conchoraptor 白亜紀／モンゴル／オヴィラプトル科。吻部は上下幅が広く、丸みをおびている。インゲニアやカーンと近縁。

ゴンシャノサウルス Gongxianosaurus ジュラ紀／中国／原始的な竜脚類。くわしいことはわからない。部分頭骨を含むたくさんの骨が見つかっているが、情報不足。

コンドラプトル Condorraptor ジュラ紀／アルゼンチン／獣脚類。見つかったのは不完全な骨格で、椎骨、腰と後肢の骨が含まれている。スピノサウルス上科か、このグループの近縁動物かもしれない。

コンドロステオサウルス Chondrosteosaurus 白亜紀／イギリス／竜脚類。正確な情報がない。カマラサウルスに似ているという同定だったが、ブラキオサウルス類かティタノサウルス類かもしれない。

ゴンドワナティタン Gondwanatitan 白亜紀／ブラジル／ティタノサウルス類。アエオロサウルスと同じではないかという専門家もいる。尾の骨の後方関節面がハート形になっているのが特徴。

ゴンブサウルス Gongbusaurus ジュラ紀／中国／小型の鳥盤類。二足歩行。命名のもとになった歯は、ほかの鳥盤類のものとはっきり区別できない。

コンプソグナトゥス Compsognathus ジュラ紀／ドイツ、フランス／小型獣脚類。ほっそりとした体で、後肢がより長く、尾が非常に長い。以前は、指が2本しかないと思われていたが、今はそう断言はできない。

コンプソスクス Compsosuchus 白亜紀／インド／獣脚類。首の骨が見つかっているが、詳細は不明。最近の研究では、マシアカサウルスに似たアベリサウルス類ではないかと推測されている。

サイオフィタリーア Theiophytalia ジュラ紀／北アメリカ／鳥脚類。ほおに角状のこぶがある。この頭骨は長年のあいだ、まちがってカンプトサウルスのものとされていた。

サイカニア Saichania 白亜紀／モンゴル／鎧竜類—アンキロサウルス科。すばらしい化石が見つかった。四肢骨が頑丈で、短くて厚みのある頭骨を、ふくらんだ形の装甲板がおおっている。頭骨の後部から湾曲した角が突きでている。

サウロファガナクス Saurophaganax ジュラ紀／アメリカ合衆国／大型獣脚類—アロサウルス上科。アロサウルス属の巨大な種であるという説も出ている。

サウロプリテス Sauroplites 白亜紀／中国／鎧竜類。くわしいことは不明。装甲板、肋骨、腰の骨かもしれない化石をもとに命名。アンキロサウルス科だという意見もある。もしかするとシャモサウルスと同じかもしれない。

サウロペルタ Sauropelta 白亜紀／アメリカ合衆国／大型の鎧竜類—ノドサウルス科。尾が長く、体は小さな装甲板におおわれていた。首と肩には長いとげがある。

サウロポセイドン Sauroposeidon 白亜紀／アメリカ合衆国／巨大なブラキオサウルス類。ブラキオサウルスと近縁。長い頸椎骨4個が見つかった。全体の大きさはわからないが、ブラキオサウルスより大きかっただろう。

サウロルニトイデス Saurornithoides 白亜紀／中国／大型のマニラプトル類—トロオドン科。部分的な頭骨と骨格が見つかり、2種が確認されている。眼窩が大きく、たくさんの歯がびっしり並んでいた。

サウロルニトレステス Saurornitholestes 白亜紀／北アメリカ／ドロマエオサウルス科。頭骨の断片などをもとに命名。たいていは、ヴェロキラプトルと類縁関係があるという見かたをされる。

サウロロフス Saurolophus 白亜紀／北アメリカ、モンゴル／ハドロサウルス科。頭骨のてっぺんから後ろ向きに、なかに空所のない骨質のトサカが突きでていた。

サトゥルナリア Saturnalia 三畳紀／ブラジル／小型で原始的な竜脚形類。二足歩行も四足歩行も行い、雑食性だったと思われる。

サパラサウルス Zapalasaurus 白亜紀／アルゼンチン／竜脚類—ディプロドクス上科。椎骨、腰と後肢の骨が見つかった。

サハリヤニア Sahaliyania 白亜紀／中国／ハドロサウルス科—ランベオサウルス亜科。下あごが下へ向かって湾曲し、スコップ形をしている。頭蓋骨頂部に深いくぼみがある。

ザプサリス Zapsalis 白亜紀／北アメリカ／獣脚類。ぎざぎざの切れこみがある1本の小さな歯をもとに命名。現在は、パロニュコドンだと考えられている。

サルコサウルス Sarcosaurus ジュラ紀／イギリス／獣脚類。断片的な化石が見つかっている。かつてはケラトサウルスと類縁関係のある小型種だと思われていたが、たぶんコエロフィシス上科だろう。

サルコレステス Sarcolestes ジュラ紀／イギリス／鎧竜類。見つかったのは不完全なあごの化石。

サルタサウルス Saltasaurus 白亜紀／アルゼンチン／ティタノサウルス類。このグループでもっとも有名な恐竜の1つ。背中とわきは小さな装甲板におおわれている。

ザルモクセス Zalmoxes 白亜紀／ルーマニア／鳥脚類—イグアノドン類。数多くの化石が見つかった。頑丈で幅が広い頭骨、幅の狭いくちばし、ずんぐりとした胴体をもつ。

サンタナラプトル Santanaraptor 白亜紀／ブラジル／小型獣脚類。腰と後肢の骨が、皮ふの断片とともに見つかった。ティラノサウルス上科の可能性がある。

サンパサウルス Sanpasaurus ジュラ紀／中国。竜脚類と鳥脚類の遺骸が入りまじった状態の化石をもとに命名。現在、この名前は一般には使われていない。

シャムオサウルス Siamosaurus 白亜紀／タイ／獣脚類。スピノサウルス科のものと思われる歯が見つかった。

シーシンギア Shixinggia 白亜紀／中国／オヴィラプトロサウルス類。腰と後肢の骨、椎骨が見つかった。

シーダーペルタ Cedarpelta 白亜紀／アメリカ合衆国／大型の鎧竜類。頭骨2つを含む化石が見つかった。最初は、初期のアンキロサウルス科でアジア東部のゴビサウルスやシャモサウルスに近縁と見られていた。

シーダイサウルス Shidaisaurus ジュラ紀／中国／獣脚類。椎骨、肋骨、四股骨、肢帯が見つかっている。スピノサウルス上科かもしれない。

シーダロサウルス Cedarosaurus 白亜紀／アメリカ合衆国／中型竜脚類—マクロナリア類。見つかっているのは部分骨格。前肢の骨がずいぶん細長い。

恐竜リスト

ブラキオサウルスやギラファティタンに見かけが似ていただろう。

シードロレステス Cedrorestes 白亜紀／アメリカ合衆国／鳥脚類—イグアノドン類。見つかっているのは、おもに後肢と骨盤の骨。

ジェホロサウルス Jeholosaurus 白亜紀／中国／小型の鳥脚類。二足歩行。状態のいい化石が見つかっている。最初は鳥脚類と思われていた。現在の見かたでは、鳥脚類の系統樹上のもっとも原始的な場所に位置している。

シェンゾウサウルス Shenzhousaurus 白亜紀／中国／小型で原始的なオルニトミモサウルス類。吻部は長くて上下幅が狭く、下あごの先端に円錐形の歯が生えている。

シギルマッササウルス Sigilmassasaurus 白亜紀／獣脚類／北アフリカ。頸椎骨をもとに命名。本当はカルカロドントサウルスのものだと考える専門家もいる。

シヌソナスス Sinusonasus 白亜紀／中国／マニラプトル類—トロオドン科。腕、肩帯、椎骨の一部がないだけで、関節のつながった骨格が見つかった。トロオドン科としては歯が比較的大きく、吻部の上面にそって分厚い骨がある。

シノウェーナートル Sinovenator 白亜紀／中国／小型のマニラプトル類。トロオドン科ではないかというのが大方の見かた。たくさんの歯がびっしり並んだ短い吻部をもつ。

シノカリオプテリクス Sinocalliopteryx 白亜紀／中国／獣脚類。シノサウロプテリクスと近縁。ただし、もっと大きい。胃の内容物から、ほかの獣脚類を食べていたことがわかった。

シノコエルルス Sinocoelurus ジュラ紀／中国／獣脚類。正確な同定ができない歯をもとに命名。この歯は湾曲していてぎざぎざの切れこみがある、獣脚類によく見られるタイプ。

シノサウルス Sinosaurus 三畳紀かジュラ紀／中国／獣脚類。くわしいことは不明。頭骨、歯、いくつかの部分骨格は竜脚形類のものに見えるが、頭骨のほうの類縁関係ははっきりしない。

シノサウロプテリクス Sinosauropteryx 白亜紀／中国／コンプソグナトゥス科。大きな親指と長い尾をもち、鳥の羽毛に似た原羽毛におおわれていた。

シノルニトイデス Sinornithoides 白亜紀／モンゴル／マニラプトル類—トロオドン科。ほっそりとしていて四肢が長い。体長は1mほどしかない。1体の標本は、まるで寝ているように丸まった状態で保存されていた。

シノルニトサウルス Sinornithosaurus 白亜紀／中国／マニラプトル類—ドロマエオサウルス科。大量の羽毛とともに保存されている。頭骨の表面がざらざらしているのが特徴。

シノルニトミムス Sinornithomimus 白亜紀／中国／オルニトミモサウルス類—オルニトミムス科。数体の標本がいっしょに見つかった。どうやら群れを作っていたようだ。

シミリカウディプテリクス Similicaudipteryx 白亜紀／中国／オヴィラプトロサウルス類。カウディプテリクスによく似ている。ごたまぜになった骨格1体が見つかった。

ジャイノサウルス Jainosaurus 白亜紀／インド／ティタノサウルス類。頭骨などの化石が見つかっている。インドのティタノサウルス類の大半と比べて、四肢骨が大きくて細長い。

シャオサウルス Xiaosaurus ジュラ紀／中国／小型の鳥盤類。二足歩行。あごの骨、椎骨、四肢骨が見つかった。最初はヒプシロフォドンに似ていると思われていたが、おそらく鳥脚類とはまったく異なるだろう。

シャナグ Shanag 白亜紀／モンゴル／小型のマニラプトル類—ドロマエオサウルス科。部分頭骨が見つかった。吻部は上下幅が狭く、鳥類に似ている。ミクロラプトルのような中国産のドロマエオサウルス科と近い関係にあったようだ。

ジャバルプリア Jubbulpuria 白亜紀／インド／小型獣脚類。命名のもとになった椎骨は最初、コエロサウルス類のものとされたが、今は、アルゼンチンのリガブエイノに似た小型のアベリサウルス類であることがわかっている。

シャモサウルス Shamosaurus 白亜紀／モンゴル／大型の鎧竜類—アンキロサウルス科。頭骨2つと、部分骨格が1体見つかった。アンキロサウルス科の多くの恐竜と違って、吻部の幅が狭く、眼窩が比較的大きい。

シャモティランヌス Siamotyrannus 白亜紀／タイ／獣脚類。腰の骨と椎骨が見つかった。最初はティラノサウルス上科という同定だったが、アロサウルス上科の可能性のほう。

シャンシーア Shanxia 白亜紀／中国／鎧竜類。幅の広い頭骨が見つかった。頭骨の後縁から三角形の角が突きでている。

シャンシャノサウルス Shanshanosaurus 白亜紀／中国／ティラノサウルス科。かつてはめずらしい矮小形だと考えられていたが、今は、タルボサウルスの子どもという見かたが一般的。

ジャンシャノサウルス Jiangshanosaurus 白亜紀／中国／ティタノサウルス類。くわしいことはわからない。椎骨、肩と腰の骨、大腿骨の断片が見つかっている。肩甲骨は特徴があり、基部が大きくて幅が広い。

ジャンチュノサウルス Jiangjunosaurus 白亜紀／中国／剣竜類。部分頭骨と首、プレートがいくつか見つかっている。首にダイヤモンド形の小さなプレートがあり、あごの先端が大きく下へカーブしている。

シャントゥンゴサウルス Shantungosaurus 白亜紀／中国／巨大なハドロサウルス科—ハドロサウルス亜科。竜脚類以外では最大級の恐竜。

シャンヤンゴサウルス Shanyangosaurus 白亜紀／中国／獣脚類。くわしいことは不明。椎骨、肩甲骨、四肢骨が見つかった。

シュアンハノサウルス Xuanhanosaurus ジュラ紀／中国／獣脚類。椎骨と頑丈な前肢骨が見つかった。メガロサウルス類かメガロサウルス類と近縁だと見られることが多い。

シュアンホアケラトプス Xuanhuaceratops ジュラ紀／中国／原始的な角竜類。チャオヤンサウルスと近縁。数個体の化石が見つかった。吻部が短くて上下の幅が広く、上あごの先端近くに牙状の歯が1対だけ生えている。

シュアンミャオサウルス Shuangmiaosaurus 白亜紀／中国／鳥脚類—イグアノドン類。頭部の骨につけられた名前。ハドロサウルス科の祖先にきわめて近いように思われる。

シュヴウイア Shuvuuia 白亜紀／モンゴル／アルヴァレズサウルス科。鳥類に似た頭骨をもち、ぎざぎざの切れこみがない小さな歯がたくさん生えている。眼が大きい。

シュノサウルス Shunosaurus ジュラ紀／中国／竜脚類。たくさんの標本が見つかっている。吻部は上下幅が広く、鼻孔が大きい。めずらしいことに、尾の先に骨質のこん棒がついている。

シュムフュロフス Symphyrophus ジュラ紀／アメリカ合衆国。椎骨や、ほかの断片をもとにつけられた古い名称。ワニ類の骨もまじっているようだが、恐竜の骨については、今はカンプトサウルスのものだという見かたが一般的。

ジュラウェーナートル Juravenator ジュラ紀／ドイツ／ゾルンホーフェン石灰岩／小型獣脚類。ほぼ完全で、関節のつながった骨格が見つかった。皮ふのあとかたも残っていた。コンプソグナトゥス科と類縁関係があるかもしれない。

シルウィサウルス Silvisaurus 白亜紀／アメリカ合衆国／鎧竜類—ノドサウルス科。頭骨はナシの実のような形で、首と肩に長いとげが並んでいる。

シルオサウルス Siluosaurus ジュラ紀／中国／鳥脚類。見つかったのは木の葉形の歯だけ。ヒプシロフォドンに似た小型の種類だというのがこれまでの見かた。

シルモサウルス Syrmosaurus 白亜紀／モンゴル／アンキロサウルス科。見つかった頭骨の断片は、今はピナコサウルスのものだと考えられている。

ジンギスカーン Jenghizkhan 白亜紀／モンゴル。巨大なティラノサウルス科につけられていた名前だが、今は、タルボサウルスと同じ恐竜だという見かたが広まっている。

シンジアンゴウェーナートル Xinjiangovenator 白亜紀／中国／獣脚類。最初はファエドロサウルスに含められた。後肢にバガラアタンと同じ特徴が見られる。

ジンシャノサウルス Jingshanosaurus ジュラ紀／中国／竜脚形類。ユンナノサウルスに酷似している（同じ恐竜かもしれない）という専門家もいる。

ジンフェンゴプテリクス Jinfengopteryx ジュラ紀／中国／小型獣脚類—マニラプトル類。たくさんの歯がぎっしりとつまっている。最初は鳥類かと思われたが、トロオドン科の可能性が高い。

シンラプトル Sinraptor ジュラ紀／中国／獣脚類—アロサウルス上科。すばらしい化石が見つかっている。ヤンチュアノサウルスと近縁だが、頭骨がもっと長くて上下幅が狭く、顔の骨の側面に小さなくぼみがある。

スーチュアノサウルス Szechuanosaurus ジュラ紀／中国／獣脚類。歯の化石をもとに命名。アロサウルス上科の部分骨格で、スーチュアノサウルスとして同定されたものもある。

スーパーサウルス Supersaurus ジュラ紀／アメリカ合衆国／巨大な竜脚類—ディプロドクス上科。アパトサウルスと近縁だといわれる。首が非常に長い。

スウワッセア Suuwassea ジュラ紀／アメリカ合衆国／竜脚類—ディプロドクス上科。アパトサウルスと近縁。このグループでは中型。

スカンソリオプテリクス Scansoriopteryx 白亜紀／中国／ごく小型の獣脚類。エピデンドロサウルスに似ている。前足が非常に長く、第3指が長い。知られている唯一の標本は未成熟の個体。

スキピオニクス Scipionyx 白亜紀／イタリア／獣脚類。見つかったのは未成熟の個体の部分骨格のみ。長い歯と大きな前足から、すでに自立していたのではないかと思われる。

スクテロサウルス Scutellosaurus ジュラ紀／アメリカ合衆国／小型の装盾類。このクレードでもっとも原始的な種類に数えられる。尾が長く、背中とわきに装甲板が並んでいる。

スケリドサウルス Scelidosaurus ジュラ紀／イギリス／原始的な装盾類。首、胴体、尾に装甲板が並び、頭の後ろから角ととげが突きでている。

スコサウルス Suchosaurus 白亜紀／イギリス。歯をもとに命名。長いあいだワニ類のものだと思われていたが、今は、バリオニクスか、バリオニクスに類似した獣脚類のものと見られている。

スコミムス Suchomimus 白亜紀／ニジェール／スピノサウルス科。数多くの化石が見つかっている。ワニに似た長い頭骨をもち、バリオニクスによく似ている。

スコルピオウェーナートル Skorpiovenator 白亜紀／アルゼンチン／アベリサウルス科。関節のつながった、すばらしい骨格が見つかった。顔の上下幅がずいぶん大きく、丸みをおびている。近縁関係にあるカルノタウルスがもっているような角がない。

スコロサウルス Scolosaurus 白亜紀／カナダ／鎧竜類—アンキロサウルス科。完全に近い、すばらしい骨格をもとに命名。エウオプロケファルス属という見かたが一般的。

スズウサウルス Suzhousaurus 白亜紀／中国／マニラプトル類—テリジノサウルス上科。このグループのほかの恐竜と同様、腹部が幅広で、前足に草刈りがまのような長いかぎ爪がある。

スタウリコサウルス Staurikosaurus 三畳紀／ブラジル／竜盤類。二足歩行。もっと大きなヘレラサウルスと近縁。尾は細長く、腰は原始的。

スティラコサウルス Styracosaurus 白亜紀／北アメリカ／ケラトプス科—セントロサウルス亜科。襟飾りの後部から角が突きでている。セントロサウルスと近縁。

ステゴケラス Stegoceras 白亜紀／北アメリカ／小型の厚頭竜類。おとなは頭蓋骨頂部が分厚くて丸みをおびていた。頭骨の後部から骨質の棚状構造が張りだしている。

ステゴサウリデス Stegosaurides 白亜紀／中国／装盾類。くわしいことは不明。不完全な椎骨と装甲の断片をもとに命名。鎧竜類というのが通常の見かた。

ステゴサウルス Stegosaurus ジュラ紀／アメリカ合衆国、ポルトガル（中国にもいたという説もある）／剣竜類。もっとも有名な剣竜類。ダイヤモンド形の大きな板をもち、尾の先には4本のとげが生えていた。

ステゴペルタ Stegopelta 白亜紀／アメリカ合衆国／鎧竜類—ノドサウルス科。部分骨格をもとに命名。ノドサウルスと同じかもしれない。

ステッロロフス Sterrholophus 白亜紀／北アメリカ／ケラトプス科。古い名称。正確な同定はできないが、おそらくトリケラトプスだろう。

ステノトルス Stenotholus 白亜紀／北アメリカ／厚頭竜類。命名のもとになった頭骨の断片は、今はステュギモロクのものと考えられている。

ステノニュコサウルス Stenonychosaurus 白亜紀／カナダ／マニラプトル類—トロオドン科。今は、トロオドンだという見かたが一般的。

ステノペリクス Stenopelix 白亜紀／ドイツ／小型の鳥盤類。骨格の後部が見つかった。たぶん厚頭竜類だろう。

ステファノサウルス Stephanosaurus 白亜紀／北アメリカ／ハドロサウルス科—ランベオサウルス亜科。たぶんランベオサウルスと同じだろう。

ステュギウェーナートル Stygivenator 白亜紀／北アメリカ／ティラノサウルス科。吻部の一部と下あごをもとに命名。未成熟のティラノサウルスであることはほぼ確実。

ステュギモロク Stygimoloch 白亜紀／北アメリカ／厚頭竜類。パキケファロサウルスに比べると、頭骨のドームが低く、とげが長い。パキケファロサウルスの子どもだろう。

ストークソサウルス Stokesosaurus ジュラ紀／アメリカ合衆国、イギリス／獣脚類—ティラノサウルス上科。最初は腰の骨をもとに命名されたが、今は骨格のいろいろな場所の化石が見つかっている。

ストームバーギア Stormbergia ジュラ紀／南アフリカ、レソト／原始的な鳥盤類。標本が数体見つかっている。そのなかには以前レソトサウルスとして同定されていたものもある。

ストルティオサウルス Struthiosaurus 白亜紀／フランス、オーストリア、ルーマニアを含む、ヨーロッパ各地／小型の鎧竜類—ノドサウルス科。数種が知られている。島にすむ矮小形の可能性がある。

ストルティオミムス Struthiomimus 白亜紀／北アメリカ／オルニトミモサウルス類—オルニトミムス科。第3指がずいぶん細い。オルニトミムスによく似ている。

ストレプトスポンデュルス Streptospondylus ジュラ紀／フランス。獣脚類の骨につけられた古い名称。海生ワニ類の化石とまちがえられていた。

ズニケラトプス Zuniceratops 白亜紀／アメリカ合衆国／中型の角竜類。襟飾りをもち、額に長い角があるが、鼻に角はない。

ズパユサウルス Zupaysaurus 三畳紀／アルゼンチン／中型獣脚類。ディロフォサウルスと同じように、吻部に並んでついた1対のトサカがある。

スピノサウルス Spinosaurus 白亜紀／アフリカ北部／巨大な獣脚類—スピノサウルス科。ワニに似た長い頭骨と、ぎざぎざの切れこみがない円錐形の歯をもつ。椎骨に丈の高い骨質のとげがある。最大の獣脚類かもしれない。

スピノストロフェウス Spinostropheus 白亜紀／ニジェール／獣脚類。頸椎などの化石が見つかった。最初はエラフロサウルスという同定だった。アベリサウルス類のようなケラトサウルス類と近縁。

スファエロトルス Sphaerotholus 白亜紀／アメリカ合衆国／厚頭竜類。ドーム型の頭骨をもつ。小さな骨質のこぶが頭骨の後部を飾っている。プレノケファレと同じだという専門家もいる。

恐竜リスト

スフェノスポンディルス Sphenospondylus 白亜紀／イギリスのイングランド地方、鳥脚類—イグアノドン類。椎骨の化石につけられた旧称。ふつうはイグアノドンの骨と見なされる。ただし、たくさんの化石をひっくるめてイグアノドンと呼んでいたときの分類にもとづく。

スライマニサウルス Sulaimanisaurus 白亜紀／パキスタン／ティタノサウルス類。命名のもとになっているのは、固有の特徴があるといわれる不完全な尾椎。パキサウルスやケートラニサウルスと近縁の竜脚類だという主張がなされている。

セイスモサウルス Seismosaurus ジュラ紀／アメリカ合衆国／巨大な竜脚類—ディプロドクス上科。今はディプロドクスと考えられている。最初は、最長の竜脚類だといわれたが、最近になって体長約30mまで下方修正された。

セギサウルス Segisaurus 三畳紀／アメリカ合衆国／小型獣脚類。たぶんコエロフィシスと近縁。かつては、骨のなかにすきまがないという、まちがった見かたをされていた。

セグノサウルス Segnosaurus 白亜紀／モンゴル／大型のマニラプトル類—テリジノサウルス上科。胴体の幅が広い。下あご骨のあご先が下へ向かって湾曲している。

セケルノサウルス Secernosaurus 白亜紀／アルゼンチン／ハドロサウルス科。くわしいことは不明。脳頭蓋をはじめ、わずかな骨が見つかっている。グループ内での類縁関係ははっきりしない。南アメリカで発掘されたハドロサウルス科はわずかだが、そのうちの１つ。

セッロサウルス Sellosaurus 三畳紀／ドイツ／竜脚形類。プラテオサウルスと同じ恐竜であることはほぼ確実。プラテオサウルス属でもっとも有名な種に比べると、吻部の上下幅が狭く、首が短い。

ゼピュロサウルス Zephyrosaurus 白亜紀／北アメリカ。通常は、ヒプシロフォドンに似た恐竜という見かたをされる。ほおに骨質のでこぼこがあり、小さな牙状の歯をもつ。

セレンディパケラトプス Serendipaceratops 白亜紀／オーストラリア／鳥盤類。腕の骨が見つかった。小型の角竜類ではないかといわれるが、これは疑わしい。

セントロサウルス Centrosaurus 白亜紀／北アメリカ／ケラトプス科。襟飾りが短い角竜類で、大きさはサイくらい。鼻の角が長い。スティラコサウルスと近縁。

ソニドサウルス Sonidosaurus 白亜紀／中国／ティタノサウルス類。椎骨、肋骨、骨盤が見つかった。白亜紀のアジアでティタノサウルス類が数を増やし、多様化していたことを示す標本はいくつかあるが、そのうちの１つ。

ソノラサウルス Sonorasaurus 白亜紀／アメリカ合衆国／竜脚類—マクロナリア類。椎骨、肋骨、後肢と腰の骨が見つかった。

ターシャンプサウルス Dashanpusaurus ジュラ紀／中国／竜脚類。見つかったのは椎骨、腰と後肢の断片で、はっきりとしたことは不明。標本がいくつか同定されている。

ターティタウルス Tatisaurus ジュラ紀／中国／小型の鳥盤類。下あごが見つかった。スケリドサウルスのものに似ているようだという意見もある。本当の類縁関係ははっきりしない。

ダアノサウルス Daanosaurus ジュラ紀／中国／竜脚類—マクロナリア類。ベルサウルスに似ているようだといわれる。どちらも子どもの遺骸であるため、似ているのかもしれない。

タヴェイロサウルス Taveirosaurus 白亜紀／ポルトガル／鳥盤類。歯が見つかった。厚頭竜類か鎧竜類のものではないかといわれる。

ダケントゥルールス Dacentrurus ジュラ紀／イギリスのイングランド地方、スペイン、ポルトガル／大型の剣竜類。腰と尾に長いとげがあった。

ダコタドン Dakotadon 白亜紀／北アメリカ／鳥脚類—イグアノドン類。見つかったのは部分頭骨。最初はイグアノドンの一種といわれたが、ずいぶん違う。

ダシアティタン Daxiatitan 白亜紀／中国／ティタノサウルス類。頸椎と大腿骨が見つかっている。

タスタウィンサウルス Tastavinsaurus 白亜紀／スペイン／竜脚類—マクロナリア類。数多くの骨が見つかった。アメリカ合衆国のウェネーノサウルスと近縁だろう。

ダスプレトサウルス Daspletosaurus 白亜紀／北アメリカ／ティラノサウルス科。近い仲間のアルバートサウルスやゴルゴサウルスより、体のつくりがずっしりしているといわれることが多い。ティラノサウルスと違って、眼の前方に三角形の短い角がある。

タゾウダサウルス Tazoudasaurus ジュラ紀／モロッコ／比較的小型で原始的な竜脚類。数個体の骨が見つかった。ウルカーノドンと共通した特徴をもつ。

ダトウサウルス Datousaurus ジュラ紀／中国／竜脚類。標本が２つ見つかっている。頭骨が頑丈で上下に厚みがあり、へら状の丈夫な歯が生えている。最初はカマラサウルスと近縁だと考えられていた。

タニウス Tanius 白亜紀／中国／ハドロサウルス科。くわしいことは不明。部分頭骨、椎骨、四肢骨などの化石が見つかった。椎骨に丈の高いとげがあり、上腕骨が頑丈で、トサカはない。

ダニュービオサウルス Danubiosaurus 白亜紀／オーストリア／鎧竜類—ノドサウルス科。ストルティオサウルスだという説が広まっている。

タニュコラグレウス Tanycolagreus ジュラ紀／アメリカ合衆国／小型獣脚類。状態のよい部分骨格が見つかった。外見はコエルルスに似ているが、ティラノサウルス上科と近縁の可能性がある。

タニュストロスクス Tanystrosuchus 三畳紀／ドイツ。尾椎骨に与えられた古い名称。コエロフィシスのものではないかという意見がときどき出される。

タラスコサウルス Tarascosaurus 白亜紀／フランス／獣脚類。アベリサウルス科ではないかといわれる。大腿骨の一部をもとに命名。

タラルルス Talarurus 白亜紀／モンゴル／鎧竜類—アンキロサウルス科。数体の標本が見つかった。頭骨の幅が広く、後ろ足にそれぞれ４本の指がある。

タルキア Tarchia 白亜紀／モンゴル／巨大な鎧竜類—アンキロサウルス科。頭の上面に丸くふくらんだ形の装甲板、後部に湾曲した角がある。

タルボサウルス Tarbosaurus 白亜紀／アジア／巨大なティラノサウルス科。ティラノサウルスに似ているが、頭骨がもっと細く、つくりもそれほどずっしりしていない。ティラノサウルスよりアリオラムスやダスプレトサウルスのほうに近いかもしれない。

タレンカウエン Talenkauen 白亜紀／アルゼンチン／鳥脚類—イグアノドン類。二足歩行。関節のつながった部分骨格が見つかった。頭骨が小さく、肋骨に板状の拡張部がある。

タワサウルス Tawasaurus ジュラ紀／中国。部分頭骨をもとに命名。かつては二足歩行の鳥盤類だと考えられていたが、本当は竜脚形類の赤ん坊。

タンヴァイオサウルス Tangvayosaurus 白亜紀／ラオス／竜脚類。部分骨格が２体見つかった。たぶん原始的なティタノサウルス類。

ダンダコサウルス Dandakosaurus ジュラ紀／インド／獣脚類。骨盤の骨が見つかっているが、情報が足りない。たぶんケラトサウルス類だろう。

チアユサウルス Chiayusaurus 白亜紀／中国／竜脚類。正確な同定ができない１本の歯をもとに命名。アジアトサウルスと同じものだという意見も出ている。

チアリンゴサウルス Chialingosaurus ジュラ紀／中国／剣竜類。前肢の骨がほっそりしていたといわれる。見つかっている唯一の標本は子どものもの。

チアンゼノサウルス Tianzhenosaurus 白亜紀／中国／中型の鎧竜類—アンキロサウルス科。サイカニアに酷似しているが、ピナコサウルスにも近いだろう。

チウタイサウルス Jiutaisaurus 白亜紀／中国／竜脚類。よくわからない恐竜。関節のつながった一連の尾椎骨が見つかったが、グループを特定できない。椎骨に固有の特徴がいくつかあるといわれた。

チャオヤングサウルス Chaoyangsaurus ジュラ紀／中国／小型で原始的な角竜類。部分頭骨と頸椎、前肢の骨が見つかっている。上あごの先端に牙状の歯が２対あり、上あごのくちばしのふちがぎざぎざになっている。

チャンチュンサウルス Changchunsaurus 白亜紀／中国／小型の鳥脚類。二足歩行。よくわからない。記載者は鳥脚類ではないかと考えている。吻部が長くてとがっている。ほおの横に小さな骨質のかたまりがある。

チュアンジエサウルス Chuanjiesaurus ジュラ紀／中国／竜脚類。マメンチサウルスに近縁という説もある。尾椎骨はベルサウルスのものに似ている。

チュアンドンゴコエルルス Chuandongocoelurus ジュラ紀／中国／獣脚類。タンザニアのエラフロサウルスの骨に似た、断片的な化石が見つかっている。

チューチョンゴサウルス Zhuchengosaurus 白亜紀／中国／巨大な鳥脚類—ハドロサウルス科。情報が不足している。

チュブティサウルス Chubutisaurus 白亜紀／アルゼンチン／竜脚類。椎骨と四肢骨が見つかった。ブラキオサウルス類かティタノサウルス類ではないかという専門家もいる。

チュンキンゴサウルス Chungkingosaurus ジュラ紀／中国／小型の剣竜類。部分頭骨と装甲の断片が見つかっている。腰の骨から、ほかの剣竜類と区別できる。

チョーチャンゴサウルス Zhejiangosaurus 白亜紀／中国／鎧竜類。詳細は不明。ノドサウルス科ではないかという意見がある。椎骨、腰の骨、後肢の骨が見つかった。

チョンユアンサウルス Zhongyuansaurus 白亜紀／中国／鎧竜類。保存状態のよい化石が見つかった。最初はノドサウルス科ではないかといわれたが、シャモサウルスと近い関係にあるアンキロサウルス科かもしれない。

チランタイサウルス Chilantaisaurus 白亜紀／中国／獣脚類。スピノサウルス上科のものかもしれない化石の断片。

チンシャーキアンゴサウルス Chinshakiangosaurus ジュラ紀／中国／竜脚類。数個の骨をもとに記載されたが、その大半はなくなっている。あごの骨から推測すると、肉質のほおがあったようだ。

チンタオサウルス Tsintaosaurus 白亜紀／中国／ハドロサウルス科。奇妙な恐竜。一角獣のように前方に突きでたトサカをもつことで有名。

チンチョウサウルス Jinzhousaurus 白亜紀／中国／鳥脚類—イグアノドン類。すばらしい化石が見つかっている。

チンリンゴサウルス Qinlingosaurus 白亜紀／アジア／竜脚類。椎骨と腰の骨が見つかった。

ツァーガン Tsaagan 白亜紀／モンゴル／マニラプトル類—ドロマエオサウルス科。ヴェロキラプトルに似ているが、頭骨はもっと上下に厚みがあって、頑丈。

ツァガンテギア Tsagantegia 白亜紀／モンゴル／鎧竜類—アンキロサウルス科。見つかったのは頭骨のみ。ほかのアンキロサウルス科とは違って、頭骨のてっぺんにある装甲板がはっきりとしたモザイク模様を描いていない。

ツーコンゴサウルス Zigongosaurus ジュラ紀／中国／竜脚類。首が長い。マメンチサウルスと同じだという意見が多い。

ツーチョンゴサウルス Zizhongosaurus ジュラ紀／中国／原始的な竜脚類。くわしいことは不明。バラパサウルスと類縁関係があるのではないかといわれる。

ティエンシャノサウルス Tienshanosaurus ジュラ紀／中国／竜脚類。情報がとぼしい。

ティエンユロング Tianyulong 白亜紀／中国／ヘテロドントサウルス科。一部の獣脚類に見られるような体毛状や羽毛状の構造におおわれた、すばらしい部分骨格が見つかった。

ディクラエオサウルス Dicraeosaurus ジュラ紀／タンザニア／竜脚類—ディプロドクス上科。首が比較的短く、背中に沿って丈の高い骨質の隆起が走っている。アマルガサウルスやブラキトラケロパンと近縁。

ディクロニウス Diclonius 白亜紀／北アメリカ。ハドロサウルス科の歯につけられていた古い名称。

ティコステウス Tichosteus ジュラ紀／アメリカ合衆国／鳥脚類。見つかったのは椎骨のみ。鳥脚類という見かたが多い。

ティタノサウルス Titanosaurus 白亜紀／インド／竜脚類。尾の骨をもとに命名。その後、世界中から同じような骨が見つかり、この名前があてられた。今はもうこの名前は広く使われてはいない。

ディダノドン Didanodon 白亜紀／カナダ／ハドロサウルス科—ランベオサウルス亜科。命名のもとになった歯は、現在は、ランベオサウルスのものという考え方が一般的。

テイヌロサウルス Teinurosaurus ジュラ紀／フランス／獣脚類。たった１個の尾椎骨をもとに命名されたが、それもその後、消失。

ディネイロサウルス Dinheirosaurus ジュラ紀／ポルトガル／竜脚類。椎骨、肋骨、四肢骨が見つかった。最初はロウリニャサウルスのものと思われていた。たぶんディプロドクス上科。

ディノケイルス Deinocheirus 白亜紀／モンゴル／巨大な獣脚類。見つかったのは長い腕と３本指の前足だけ。ゆるめのカーブを描く幅広のかぎ爪から推測すると、狩りだけで生活していたのではなさそうだ。

ディノドクス Dinodocus 白亜紀／イギリス／竜脚類。くわしいことはわからない。四肢骨と骨盤の骨が見つかっているが、最初は大型の首長竜類のものと思われていた。

デイノニクス Deinonychus 白亜紀／アメリカ合衆国／ドロマエオサウルス科。このグループのほかの恐竜と同様、前足が長く、後ろ足の第２指に湾曲した大きなかぎ爪がついていた。群れで狩りをしたと考える研究者もいる。

ディプロドクス Diplodocus ジュラ紀／アメリカ合衆国／巨大な竜脚類—ディプロドクス上科。長い首で有名。尾は頑丈でたくましく、先端がむちのように細くなっている。

ディプロトモドン Diplotomodon 白亜紀／北アメリカ。見つかったのは、ぎざぎざの刻みがある歯が１つ。ティラノサウルス上科のドリプトサウルスのものかもしれない。

ティミムス Timimus 白亜紀／オーストラリア／獣脚類。見つかったのは脚の骨が２つだけで、はっきりわからない。最初はオルニトミモサウルス類として同定されたが、これはもう正しい同定だとは思われていない。アベリサウルス類かもしれない。

ディモドサウルス Dimodosaurus 三畳紀／ドイツ。竜脚形類の化石につけられていた古い名称。たぶんプラテオサウルスと同一。

ティラノサウルス Tyrannosaurus 白亜紀／北アメリカ／巨大な獣脚類—ティラノサウルス科。ほかの部分の骨が広く、どっしりとしたつくりの頭骨と、２本指の短い前肢で有名。ティラノサウルス科で最大の恐竜で、獣脚類のなかでも最大級。

ディロフォサウルス Dilophosaurus ジュラ紀／アメリカ合衆国、中国／中型獣脚類。ほっそりとした体型。２つ目の種は中国で見つかった。頭に板状のトサカが１対ついていることで有名。

ディロング Dilong 白亜紀／中国／小型の原始的なティラノサウルス上科。前足に指が３本あり、鳥の羽根に似た原羽毛が生えていた

テウエルチェサウルス Tehuelchesaurus ジュラ紀／アルゼンチン／竜脚類。見つかった部分骨格といっしょに皮ふのあとかたも保存されていた。オメイサウルスに似ていたかもしれない。

テクサセテス Texasetes 白亜紀／アメリカ合衆国／鎧竜類。頭骨の断片、四肢骨、装甲板などの骨が見つかった。たぶんノドサウルス科。パウパウサウルスと同じかもしれないという意見もある。

テクノサウルス Technosaurus 三畳紀／アメリカ合

衆国／小型の恐竜。頭骨の断片に対してつけられた名前。最初はファブロサウルスに似た鳥盤類だとされた。命名のもとになった化石には2種類の恐竜が含まれている。一部は小型の鳥盤類のもので、残りは竜脚形類のもの。

テコエルルス Thecocoelurus 白亜紀／イギリス。不完全な頸椎骨が1つだけ見つかった。

テコスポンデュルス Thecospondylus 白亜紀／イギリス／中型の恐竜。砂岩でできた仙骨（腰の骨のあいだにある融合した椎骨）のキャストだけが見つかった。

テコドントサウルス Thecodontosaurus 三畳紀かジュラ紀／イギリス／小型で原始的な竜脚形類。分離した骨がたくさん見つかった。たぶん雑食性で、二足歩行ができたが、四足歩行もしただろう。

テスケロサウルス Thescelosaurus 白亜紀／北アメリカ／中型鳥脚類。二足歩行。かつては（まちがって）背中に装甲板をもつと思われていた。腕が短くて、くちばしが狭く、木の葉形の頬歯がある。

テスペシウス Thespesius 白亜紀／アメリカ合衆国／ハドロサウルス科。見つかったのは椎骨と足指の骨が1つだけ。この名前はもう使われていない。

テノントサウルス Tenontosaurus 白亜紀／アメリカ合衆国／鳥脚類—イグアノドン類。長い尾をもつ。四肢の大きさの比率から推測すると、四足歩行だったようだ。

デュオプロサウルス Dyoplosaurus 白亜紀／カナダ／鎧竜類—アンキロサウルス科。骨質のこん棒がついた尾をはじめ、さまざまな骨が見つかっている。エウオプロケファルスと同じだとするのが一般的。

デュサロトサウルス Dysalotosaurus ジュラ紀／タンザニア／中型鳥脚類—イグアノドン類。ドゥリュオサウルスと同じだといわれることが多いが、頭骨の形など、細かな部分が異なる。

デュスガヌス Dysganus 白亜紀／北アメリカ／鳥盤類。歯の化石につけられた古い名称。命名されているは数種で、ほとんどがケラトプス科に分類された。ほかのケラトプス科とはっきり区別できる歯ではない。

デュストロファエウス Dystrophaeus ジュラ紀／北アメリカ／竜脚類。前肢の骨と肩甲骨が見つかっている。ケティオサウルス科かディプロドクス上科ではないかといわれるが、類縁関係はいまだにわからない。

デュスロコサウルス Dyslocosaurus ジュラ紀か白亜紀／北アメリカ／竜脚類。なぞに満ちた恐竜で、ディプロドクス上科かもしれないという意見もあれば、ティタノサウルス類ではないかという意見もある。

デュブレウィロサウルス Dubreuillosaurus ジュラ紀／フランス／獣脚類—メガロサウルス科。エウストレプトスポンデュルスと近縁。海の近くで堆積した地層から化石が見つかった。

テュランノティタン Tyrannotitan 白亜紀／アルゼンチン／大型のアロサウルス上科。体のつくりががっしりとしている。下ごとほおの骨を含む部分骨格が見つかった。カルカロドントサウルス科と近縁。

テュロケファレ Tylocephale 白亜紀／モンゴル／厚頭竜類。不完全な頭骨が見つかった。この頭骨には、丸みをおびた丈の高いドームがあり、後部から棚状構造が張りだしていた。たぶんステゴケラスに見かけが似ていただろう。

テユワス Teyuwasu 三畳紀／ブラジル。後肢骨の一部をもとに命名。類縁関係ははっきりしない。恐竜ですらないかもしれない。

テリジノサウルス Therizinosaurus 白亜紀／アジア／巨大なテリジノサウルス上科。巨大な腕でよく知られている。前足のかぎ爪は細くく、70cmを超える。この恐竜のものと思われる後肢も見つかった。

デルタドロメウス Deltadromeus 白亜紀／モロッコ／大型獣脚類。後肢がほっそりしている。最初は原始的なコエルロサウルスという同定だったが、今は、マシアカサウルスやヴェロキサウルスと類縁関係のあるアベリサウルス類だと考えられている。

テルマトサウルス Telmatosaurus 白亜紀／ルーマニア／原始的なハドロサウルス科。数多くの化石が見つかった。ハドロサウルス科の大半の恐竜よりも小さい。島にすむ矮小形だったようだ。

デンヴァーサウルス Denversaurus 白亜紀／北アメリカ／鎧竜類—ノドサウルス科。ほとんどの専門家がエドモントニアのものだと考えているが、頭骨の形が違うともいわれる。

テンダグリア Tendaguria ジュラ紀／タンザニア／竜脚類。めずらしい種類。ほかの竜脚類のものとはずいぶん違う、幅広の椎骨をもとに命名。

テンチサウルス Tianchisaurus ジュラ紀／中国／鎧竜類。最初は映画『ジュラシック・パーク』にちなんでジュラッソサウルスという名前で知られていた。ほかの鎧竜類とはっきり区別できない。

トゥーラノケラトプス Turanoceratops 白亜紀／アジア／角竜類。北アメリカ以外で見つかった唯一のケラトプス科。額に長い角があるが、鼻にはない。

トゥグルサウルス Tugulusaurus 白亜紀／中国／小型のコエルロサウルス類。部分骨格が見つかった。尾椎骨は幅が広い。指と脛骨をもとに、ほかの獣脚類と区別できる。

トゥチャンゴサウルス Tuojiangosaurus ジュラ紀／中国／剣竜類。部分骨格が見つかった。ステゴサウルスと近縁だが、装甲板がもっと長くて薄く、尾のとげが多い。頭骨の頂部の幅がずいぶん広い。

ドゥラコーニクス Draconyx ジュラ紀／ポルトガル／鳥脚類—イグアノドン類。詳細は不明。断片がいろいろ見つかっている。歯と大腿骨はカンプトサウルスのものに似ている。

ドゥリアウェーナートル Duriavenator ジュラ紀／イギリス／メガロサウルス科。メガロサウルス属の一種という、まちがった同定が長いあいだ続いていた。発見された頭部の骨には、独特の穴やくぼみがある。

トゥリアサウルス Turiasaurus ジュラ紀か白亜紀／スペイン／巨大な竜脚類。体はアルゼンチノサウルスと同じくらいかもっと大きかったかもしれない。部分頭骨、前肢、椎骨などの化石が見つかった。竜脚類の新グループであるトゥリアサウリア類に分類された。

ドゥリュオサウルス Dryosaurus ジュラ紀／アメリカ合衆国／中型鳥脚類—イグアノドン類。ドリオサウルス科でもっとも有名な恐竜の1つ。頭骨は短くて上下に厚みがあり、歯のないくちばしをもつ。前肢は短くて細く、小さな前足がついている。

ドゥリュプトサウルス Dryptosaurus 白亜紀／北アメリカ／大型獣脚類。いろいろな断片が見つかっている。ティラノサウルス科ではないかという意見が最近出ている。ティラノサウルス上科のなかのティラノサウルス科に比べて、腕が長かったようだ。

ドゥリュプトサウロイデス Dryptosauroides 白亜紀／インド／獣脚類。見つかっているは椎骨だけ。アベリサウルス科のものと見られるが、このグループのほかの恐竜とはっきり区別できない。

トチサウルス Tochisaurus 白亜紀／モンゴル／マニラプトル類—トロオドン科。非常に長くほっそりとした足の骨だけが見つかった。

ドラヴィドサウルス Dravidosaurus 白亜紀／インド。白亜紀の遅い時期まで生きのびた唯一の剣竜類だと、かなり前からいわれているが、異論も多い。恐竜の化石ですらないかもしれない。

ドラコベルタ Dracopelta ジュラ紀／ポルトガル／鎧竜類。最古級の鎧竜類。体長は3m未満。肋骨、椎骨、装甲板が見つかっている。

ドラコレックス Dracorex 白亜紀／北アメリカ／厚頭竜類。頭骨のドームが小さい。大きな骨質のとげとこぶが、ドームの側面と吻部の表面をおおっていた。成長途中のパキケファロサウルスかもしれない。

トリケラトプス Triceratops 白亜紀／北アメリカ／巨大なケラトプス科—カスモサウルス亜科。襟飾りが短い種類。現在のところ、2種が確認されている。この2種は吻部の長さ、体の大きさなどの特徴が異なる。

ドリコスクス Dolichosuchus 三畳紀／ドイツ／獣脚類—コエロフィシス上科。脚の骨1本をもとに命名。ほかのコエロフィシス上科のものとはっきり区別できない。

トリゴノサウルス Trigonosaurus 白亜紀／ブラジル／ティタノサウルス類。2個体の椎骨と、腰の骨が見つかった。頸椎骨が非常に長い。

トリムクロドン Trimucrodon ジュラ紀／ポルトガル／ごく小型の鳥盤類。見つかったのは木の葉形の歯だけ。

ドリンカー Drinker ジュラ紀／北アメリカ／小型の鳥盤類。頬歯にあらいぎざぎざの切れこみがある。くちばしは幅が狭く、上あごの先に牙状の歯が生えている。

トルヴォサウルス Torvosaurus ジュラ紀／アメリカ合衆国、ポルトガル／大型獣脚類—メガロサウルス科。たぶんメガロサウルスをもっとずっしりとしたつくりにした感じだっただろう。

トルニエリア Tornieria ジュラ紀／タンザニア／竜脚類—ディプロドクス上科。長いあいだ、アフリカにいたバロサウルス属の一種と考えられていた。後肢や尾椎のつくりがもっとずっしりとしているところが、バロサウルスやディプロドクスと異なる。

トロオドン Troodon 白亜紀／北アメリカ／マニラプトル類—トロオドン科。以前はステノニコサウルスという名前で知られていた。ほっそりとした脚と幅の狭い頭骨をもつ。

ドロードン Dollodon 白亜紀／ベルギー／鳥脚類—イグアノドン類。長いあいだイグアノドンとまちがえられ、その後はマンテリサウルスと混同されていた。長いあごをもつほっそりとしたイグアノドン類。

トロサウルス Torosaurus 白亜紀／北アメリカ／巨大なケラトプス科—カスモサウルス亜科。トリケラトプスと類縁関係があるが、襟飾りがもっと長く、丸い穴があいている。額の角が長く、鼻の角は短い。

ドロマエオサウルス Dromaeosaurus 白亜紀／北アメリカ／マニラプトル類—ドロマエオサウルス科。ヴェロキラプトルのような、同グループのほかの恐竜に比べて、頭骨の上下幅が広く、頑丈にできている。

ドロマエオサウロイデス Dromaeosauroides 白亜紀／デンマーク／中型のマニラプトル類。北アメリカのドロマエオサウルスのものに似た歯が見つかっている。

ドロミケイオミムス Dromiceiomimus 白亜紀／北アメリカ／オルニトミムス科。ストルティオミムスによく似ているため、同じ恐竜だと考える専門家もいる。

ドロミケオサウルス Dromicosaurus ジュラ紀／南アフリカ／竜脚形類。椎骨と四肢骨の断片をもとに命名。今は、マッソスポンデュルスと同じだという考えが一般的。

ドンベイティタン Dongbeititan 白亜紀／中国／竜脚類—マクロナリア類。ブラキオサウルス類やティタノサウルス類と近縁。中国で、羽毛をもつ獣脚類が埋まっていたのと同じ堆積層から、部分骨格が見つかった。

トンヤンゴサウルス Dongyangosaurus 白亜紀／中国／竜脚類—マクロナリア類。背中と尾の椎骨が見つかった。これらの椎骨にはめずらしい特徴があり、側部に支柱と空所が見られる。

ナアショイビトサウルス Naashoibitosaurus 白亜紀／アメリカ合衆国／ハドロサウルス科。吻部は上下に厚みがあり、鼻に骨質のトサカがついている。

ナーノサウルス Nanosaurus ジュラ紀／アメリカ合衆国／小型の鳥盤類。正確な同定ができない化石をもとに命名。オスニエロサウルスは最初、ナーノサウルスに含まれていた。

ナイオブレーラサウルス Niobrarasaurus 白亜紀／アメリカ合衆国／鎧竜類—ノドサウルス科。最初はヒエロロサウルスという名前で知られていた。海成堆積物から部分骨格が見つかった。

ナノテュランヌス Nanotyrannus 白亜紀／北アメリカ／小型のティラノサウルス類。めずらしい矮小形だという説もあれば、未成熟のティラノサウルスという説もある。

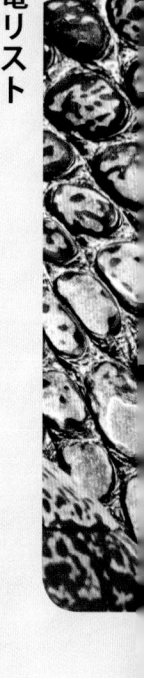

ナンシウンゴサウルス Nanshiungosaurus 白亜紀／中国／テリジノサウルス上科。椎骨と腰の骨が見つかった。最初は竜脚類とまちがえられていた。

ナンニンゴサウルス Nanningosaurus 白亜紀／中国／ハドロサウルス科。もっとも原始的なランベオサウルス亜科の1つではないかという意見がある。見つかった遺骸には不完全な頭骨の化石が含まれていた。

ナンヤンゴサウルス Nanyangosaurus 白亜紀／中国／鳥脚類—イグアノドン類。ハドロサウルス科と近縁。

ニジェールサウルス Nigersaurus 白亜紀／ニジェール／小型の竜脚類—ディプロドクス上科。頭骨のほかの部分に比べて口の幅が広い。歯がたくさんある。

ニッポノサウルス Nipponosaurus 白亜紀／ロシアのサハリン島／ハドロサウルス科。板状の頭骨をもち、ヒパクロサウルスに似ている。

ヌクウェバサウルス Nqwebasaurus 白亜紀／南アフリカ／コエルロサウルス類。親指の骨がかなり頑丈。コンプソグナトゥス科と類縁関係があるかもしれない。

ヌテテス Nuthetes 白亜紀／イギリス／獣脚類。見つかったのはごく小さな歯とあごの断片だけ。

ネイモンゴサウルス Neimongosaurus 白亜紀／中国／テリジノサウルス上科。下あご、四肢骨、椎骨が見つかっている。セグノサウルスによく似ていただろう。

ネウケンサウルス Neuquensaurus 白亜紀／アルゼンチン／ティタノサウルス類。尾椎と四肢骨をもとに命名。サルタサウルスと同じだという専門家もいる。

ネウケンラプトル Neuquenraptor 白亜紀／アルゼンチン／マニラプトル類—ドロマエオサウルス科。たぶんウネンラギアと近縁。

ネオウェーナートル Neovenator 白亜紀／イギリス／アロサウルス上科。カルカロドントサウルス科でもっとも原始的な種類だということが最近わかった。湾曲した吻部をもつ。吻部の上面には骨質のトサカが1対ある。

ネオソドン Neosodon ジュラ紀／フランス／竜脚類。たった1本の大きな歯につけられた古い名前。スペインのトゥリアサウルスに似た竜脚類のものかもしれない。

ネッドコルバーティア Nedcolbertia 白亜紀／アメリカ合衆国／小型獣脚類。数個体が見つかった。たぶん原始的なコエルロサウルス類。

ネドケラトプス Nedoceratops 白亜紀／アメリカ合衆国／ケラトプス科—カスモサウルス亜科。見つかったのは頭骨1個だけ。トリケラトプスによく似ているが、襟飾りに穴がある。

ネメグトサウルス Nemegtosaurus 白亜紀／モンゴル／ティタノサウルス類。ほっそりとした歯をもつ。見つかったのは頭骨だけ。最初は、遅い時期まで生きのびたディプロドクス上科だと考えられていた。

ネメグトマイア Nemegtomaia 白亜紀／モンゴル／マニラプトル類—オヴィラプトル科。最初はネメグティアという名前だった。頭骨の前方に丈の高い中空のトサカがあり、キティパティに似ている。

ノアサウルス Noasaurus 白亜紀／アルゼンチン／小型獣脚類。最初は、後ろ足のかぎ爪をもちあげた、ドロマエオサウルス科に似た恐竜だと思われていた。今は、アベリサウルス類であることがわかっている。

ノドケファロサウルス Nodocephalosaurus 白亜紀／北アメリカ／アンキロサウルス科。丸みをおびた小さな装甲板が頭をおおっている。

ノトケラトプス Notoceratops 白亜紀／アルゼンチン。情報がとぼしい。かつては南アメリカで唯一の角竜類と考えられていた。断片しか見つかっていない。

ノドサウルス Nodosaurus 白亜紀／北アメリカ／鎧竜類—ノドサウルス科。帯状の装甲が胴体をおおった姿で描かれることが多い。ほかのノドサウルス科の大半と同様、首と肩に長いとげがあっただろう。

恐竜リスト

ノトヒプシロフォドン Notohypsilophodon 白亜紀／アルゼンチン／鳥脚類。椎骨と四肢骨が見つかった。類縁関係ははっきりせず、情報が不足している。

ノトロニクス Nothronychus 白亜紀／アメリカ合衆国／テリジノサウルス上科。長い腕、幅の広い胴体、横幅のある足をもつ。骨の一部は最初、まちがって角竜類のズニケラトプスのものされていた。

ノプシャスポンデュルス Nopcsaspondylus 白亜紀／アルゼンチン／竜脚類―ディプロドクス上科。特徴のある椎骨をもとに命名されたが、現在は消失。

ノミンギア Nomingia 白亜紀／モンゴル／オヴィラプトロサウルス類。腰、椎骨、脚の骨が見つかった。尾の先の椎骨は融合している。扇形に並んだ羽毛を支えたのかもしれない。

パーオサウルス Parrosaurus 白亜紀／アメリカ合衆国／ハドロサウルス科。見つかった椎骨と頭骨には最初、ネオサウルスという名前がつけられていた。ヒプシベマと同じだという意見がときどき出される。

パークソサウルス Parksosaurus 白亜紀／カナダ／小型鳥脚類。二足歩行。不完全な頭骨と骨格が見つかっている。もっと有名なヒプシロフォドンに比べて、吻部が長くて歯が多く、後肢の骨が頑丈。

バイノケラトプス Bainoceratops 白亜紀／モンゴル／角竜類。プロトケラトプスと同じくらいの大きさ。脊柱の一部がもとになっているが、プロトケラトプスに見られる変異の範囲内だという意見もある。

バイロノサウルス Byronosaurus 白亜紀／モンゴル／マニラプトル類―トロオドン科。吻部が細長く、たくさんの歯がある。

パウパウサウルス Pawpawsaurus 白亜紀／アメリカ合衆国／鎧竜類―ノドサウルス科。頭骨などの骨が見つかった。吻部が長く、ほお広い。頭骨のてっぺんにこぶ状の装甲がある。テクサセテスではないかという意見もある。

バウルティタン Baurutitan 白亜紀／ブラジル／ティタノサウルス類。尾椎骨などの化石が見つかっている。

バガケラトプス Bagaceratops 白亜紀／モンゴル／小型角竜類。数多くの標本が見つかった。襟飾りが短く、鼻に丈の低い角がある。

バガラアタン Bagaraatan 白亜紀／モンゴル／中型のコエルロサウルス類。下あごの上下幅が広く、後肢は細い。原始的なティラノサウルス上科の可能性がある。

パキケファロサウルス Pachycephalosaurus 白亜紀／北アメリカ／大型の厚頭竜類。頭骨のドームが分厚く、丸みをおびている。

パキサウリスクス Pachysauriscus 三畳紀／ドイツ／竜脚形類。古い名称。見つかったものは、現在ではプラテオサウルスのものという見かたが一般的。

パキサウルス Pakisaurus 白亜紀／パキスタン／ティタノサウルス類。保存状態の悪い不完全な尾椎につけられた名前。

パキスポンデュルス Pachyspondylus ジュラ紀／南アフリカ／竜脚形類。古い名称。マッソスポンデュルスではないかと思われる。

パキリノサウルス Pachyrhinosaurus 白亜紀／北アメリカ／大型のケラトプス科―セントロサウルス亜科。吻部に大きくて分厚い骨質のこぶがあり、襟飾りにはとげが生えている。アケロウサウルスと近縁。

バクトロサウルス Bactrosaurus 白亜紀／中国／ハドロサウルス科。たくさんの標本が見つかっている。トサカのない原始的なハドロサウルス科だというのがおおかたの見かた。

ハグリュフス Hagryphus 白亜紀／アメリカ合衆国／オヴィラプトロサウルス類。細長い前足、手首、腕の骨の一部が見つかった。最大級のオヴィラプトロサウルス類で、キロステノテスに似ていただろう。

パタゴサウルス Patagosaurus ジュラ紀／アルゼンチン／竜脚類。一般には受けいれられていない意見では、イギリスのケティオサウルスと近縁。数個体が見つかっている。

パタゴニクス Patagonykus 白亜紀／アルゼンチン／比較的大型のアルヴァレズサウルス科。前肢と後肢の骨を含む部分骨格が見つかった。前肢は短く、頑丈で、親指に大きなかぎ爪がある。

ハドロサウルス Hadrosaurus 白亜紀／アメリカ合衆国／ハドロサウルス科。北アメリカで初めて命名された恐竜の1つ。

パノプロサウルス Panoplosaurus 白亜紀／北アメリカ／鎧竜類―ノドサウルス科。エドモントニアに似ているが、吻部がもっと短く、頭骨は幅が広くて、より丸みをおびている。エドモントニアとは違って、肩から長いとげが出てはいなかったようだ。

バハリアサウルス Bahariasaurus 白亜紀／アフリカ北部／獣脚類。くわしいことは不明。さまざまな断片が見つかっている。その一部はデルタドロメウスかカルカロドントサウルスのものかもしれない。

ハプロカントサウルス Haplocanthosaurus ジュラ紀／アメリカ合衆国／竜脚類。2種に分類される化石がある。頭骨は見つかっていない。

パラエオスキンクス Palaeoscincus 白亜紀／北アメリカ／鳥盤類。北アメリカでもっとも早く命名された恐竜の1つ。記載のもとになった1本の歯は、エドモントニアかパノプロサウルスのようなノドサウルス科のものと思われる。

パラエオプテリクス Palaeopteryx ジュラ紀／アメリカ合衆国／小型獣脚類。命名のもとになった脚の骨は、鳥類のものではないかといわれている。

パラサウロロフス Parasaurolophus 白亜紀／北アメリカ／ハドロサウルス科―ランベオサウルス亜科。管状のトサカがある。一部の種ではトサカが湾曲しているが、ほぼまっすぐのトサカをもつものも見られる。

バラパサウルス Barapasaurus ジュラ紀／インド／原始的な竜脚類。四肢がずいぶん長い。イギリスのケティオサウルスと近縁ではないかという専門家もいる。

パララブドドン Pararhabdodon 白亜紀／スペイン／ハドロサウルス科。数多くの化石が見つかっている。はじめはまちがって、ラブドドンに似たイグアノドン類のものとされていた。

パラリティタン Paralititan 白亜紀／エジプト／巨大なティタノサウルス類。マングローブだった場所の堆積層から見つかった。アルゼンチノサウルスに似ている。

パラントドン Paranthodon 白亜紀／南アフリカ／剣竜類。見つかったのは吻部の一部のみで、最初は恐竜ではない爬虫類のものとされていた。

バリオニクス Baryonyx 白亜紀／イギリス、スペイン、ドイツ、ポルトガル／獣脚類―スピノサウルス上科。ワニ類に似た頭骨と力強い前肢をもつ。最初の発見地はイギリス。

パルウィクルソル Parvicursor 白亜紀／モンゴル／ごく小型のアルヴァレズサウルス科。後肢が非常に細長い。数多くの椎骨、後肢の骨など、骨格の一部が見つかった。アリを食べるように特殊化していたと思われる。

パルクシサウルス Paluxysaurus 白亜紀／アメリカ合衆国／竜脚類―マクロナリア類。4体の化石が見つかった。ブラキオサウルスやギラファティタンと近縁かもしれない。

バルスボルディア Barsboldia 白亜紀／モンゴル／ハドロサウルス科。椎骨、肋骨、腰の骨が見つかった。椎骨に丈の高いとげがあり、ランベオサウルス亜科ではないかといわれる。

バルチサウルス Balochisaurus 白亜紀／パキスタン／竜脚類。不完全な椎骨がいろいろ見つかった。ティタノサウルス類で、マリーサウルスに近縁だといわれる。

ハルティコサウルス Halticosaurus 三畳紀／ドイツ／獣脚類。命名のもとになったのは不完全な遺骸で、コエロフィシス上科のリリエンシュテルヌスのものだという見かたが一般的。

ハルピュミムス Harpymimus 白亜紀／モンゴル／オルニトミムス科。下あごに円錐状の歯が6本生えていた。ほかのオルニトミムス科と違って、後ろ足に小さな第1指がまだあり、前足の親指はほかの2本の指より短い。

バロサウルス Barosaurus ジュラ紀／アメリカ合衆国／竜脚類―ディプロドクス上科。ディプロドクスと類縁関係にあるが、首の骨がさらに長くて細い。ディプロドクスよりも首は樹木のかなり高いところまで届いただろう。

バロニュコドン Paronychodon 白亜紀／北アメリカ／獣脚類。ぎざぎざの切れこみがない小さな歯が1本だけ見つかった。その後ほかの歯も発見され、パロニュコドンとして分類された。たぶん小型のマニラプトル類のものだろう。

ハンガロサウルス Hungarosaurus 白亜紀／ハンガリー／中型の鎧竜類―ノドサウルス科。4体の標本とたくさんの骨が見つかっている。頭骨後部に骨質の隆起があり、腰の部分を大きな骨質板がおおっている。この骨質板から上に向かって2本のとげが突きでている。

ハンスズーエシア Hanssuesia 白亜紀／北アメリカ／厚頭竜類。ドーム型の頭骨をもつ。長いあいだステゴケラス属に入れられていた。頭骨のドームは前部が幅広で平たく、後部のでっぱりが縮小している。

パンティドラコ Pantydraco 三畳紀／イギリス／小型竜脚形類。最初はテコドントサウルスの一種として分類されていた。体のつくりが軽い。

バンビラプトル Bambiraptor 白亜紀／アメリカ合衆国／小型のマニラプトル類―ドロマエオサウルス科。サウロルニトレステスやアトロキラプトルと近縁。

パンファギア Panphagia 三畳紀／アルゼンチン／原始的な竜脚形類。たぶんテコドントサウルスと近縁。エオラプトルに似ている。歯から推測すると、雑食性だったようだ。

ピアトニツキサウルス Piatnitzkysaurus ジュラ紀／アルゼンチン／獣脚類。部分骨格が2体見つかったが、その両方に頭部の骨が含まれている。

ピヴェットーサウルス Piveteausaurus ジュラ紀／フランス／獣脚類。脳頭蓋の一部が見つかった。これはふつう獣脚類のものと見なされる。

ビエノサウルス Bienosaurus ジュラ紀／中国／装盾類。最初はスケリドサウルスに近縁ではないかといわれていた。下あごと頭蓋骨頂部の一部が見つかっている。

ヒエロサウルス Hierosaurus 白亜紀／アメリカ合衆国／鎧竜類。命名のもとになった装甲板は、ほかの鎧竜類のものとはっきり区別できない。

ピサノサウルス Pisanosaurus 三畳紀／アルゼンチン／鳥盤類。このグループでもっとも原始的かもしれない。ほかの鳥盤類と違って、恥骨が前方を向いていたようだ。

ヒストリアサウルス Histriasaurus 白亜紀／クロアチア／竜脚類―ディプロドクス上科―レバーチーサウルス科。椎骨が見つかったが、くわしいことは不明。

ビッセクティペルタ Bissektipelta 白亜紀／ウズベキスタン／アンキロサウルス科。脳頭蓋と装甲板しか見つかっていない。

ピテクンサウルス Pitekunsaurus 白亜紀／アルゼンチン／ティタノサウルス類。頭骨の化石を含む部分骨格が見つかった。リンコンサウルスと近縁ではないかといわれる。

ピナコサウルス Pinacosaurus 白亜紀／モンゴル／アンキロサウルス科。たくさんの標本が見つかり、2種が確認されている。吻部は短くて上下の幅が広く、頭骨後部に角が生えている。鼻孔の近くに、ほかにも開口部がある。

ヒパクロサウルス Hypacrosaurus 白亜紀／北アメリカ／ハドロサウルス科―ランベオサウルス亜科。コインに似て、丸みをおびた骨質のトサカをもつ。椎骨に丈の高い骨質のとげがついているため、背中に沿って目立つ隆起があっただろう。

ビハリオサウルス Bihariosaurus 白亜紀／ルーマニア／鳥脚類―イグアノドン類。くわしいことは不明。カンプトサウルスに似ているという意見もある。

ヒプシベマ Hypsibema 白亜紀／アメリカ合衆国／ハドロサウルス科。以前は竜脚類という同定だった。見つかった遺骸は断片で、ほかのハドロサウルス科のものと区別できないと見なされている。

ヒプシロフォドン Hypsilophodon 白亜紀／イギリス、スペイン、ポルトガル／小型鳥脚類。二足歩行。幅の狭いくちばしをもつ。上あごに小さな牙があり、頬歯は木の葉形。

ヒプシロフス Hypsirophus ジュラ紀／アメリカ合衆国／剣竜類。見つかった化石は不完全で、ほかの剣竜類のものとはっきり区別できない。ステゴサウルスと同じだという見かたがふつうになっている。

ヒプセロサウルス Hypselosaurus 白亜紀／フランス／竜脚類。数多くの骨に与えられた名前。ヒプセロサウルスのものとされる卵がたくさんあるが、確かかどうかはわからない。

ピューロラプトル Pyroraptor 白亜紀／フランス／マニラプトル類。断片的な遺骸が見つかった。ドロマエオサウルス科ではないかといわれる。

ピュクノネモサウルス Pycnonemosaurus 白亜紀／ブラジル／獣脚類。くわしいことは不明。椎骨、四肢骨の断片、歯が見つかった。たぶんアベリサウルス科。

ヒラエオサウルス Hylaeosaurus 白亜紀／イギリス／アンキロサウルス科。ポラカントゥスと近縁かもしれない。首と肩の部分から長いとげが突きでている。記載された時期がもっとも早い恐竜の1つ。

ファーブロサウルス Fabrosaurus ジュラ紀／レソト。下あごの一部につけられていた名前。

ファエドロロサウルス Phaedrolosaurus 白亜紀／中国／獣脚類。1本の歯をもとに命名。最初はデイノニクスのものに似ているという見かたをされていた。

フアクシアグナウトス Huaxiagnathus 白亜紀／中国／小型獣脚類―コンプソグナトゥス科。シノサウロプテリクスに似ている。関節のつながった完全に近い骨格が見つかった。

ファベイサウルス Huabeisaurus 白亜紀／中国／大型竜脚類。歯、がっしりとした四肢骨、椎骨が見つかっている。たぶんティタノサウルス類。

フアヤンゴサウルス Huayangosaurus ジュラ紀／中国／もっとも原始的な剣竜類の1つ。眼の上に小さな角が生えている個体もある。

ファルカリウス Falcarius 白亜紀／アメリカ合衆国／マニラプトル類。首が長い。テリジノサウルス上科のきわめて原始的な種と思われる。あごの先端に大きな歯が生えている。

ブイトレラプトル Buitreraptor 白亜紀／アルゼンチン／マニラプトル類―ドロマエオサウルス科。ほぼ完全な骨格が見つかっている。吻部は非常に長くて丈が低い。ウネンラギアと近縁。

フィロドン Phyllodon ジュラ紀／ポルトガル／鳥盤類。あごの断片と数多くの小さな歯をもとに命名。ヒプシロフォドンに似た小型鳥脚類というのが一般に広まっている見かた。

プウィアンゴサウルス Phuwiangosaurus 白亜紀／タイ／竜脚類。数多くの骨が見つかっている。その一部は子どものもの。ティタノサウルス類のように思われる。ネメグトサウルスと近縁かもしれない。

フェルガナサウルス Ferganasaurus 白亜紀／キルギスタン／竜脚類。詳細は不明。見つかったのは肋骨、骨盤と後肢の骨。前足の骨が短く、骨盤はがっしりしている。

フェルガノケファレ Ferganocephale 白亜紀／キルギスタン／鳥盤類。見つかっているのは歯だけ。最初は厚頭竜類のものではないかといわれたが、この推測は疑わしい。

プエルタサウルス Puertasaurus 白亜紀／アルゼンチン／巨大なティタノサウルス類。幅の広い巨大な椎骨が見つかっている。

フォルクハイメリア Volkheimeria ジュラ紀／アルゼンチン／竜脚類。部分骨格が見つかった。

プキョンゴサウルス Pukyongosaurus 白亜紀／韓国／竜脚類。くわしいことは不明。椎骨、肋骨、四肢骨が見つかっている。

フクイサウルス Fukuisaurus 白亜紀／日本／鳥脚類—イグアノドン類。下あごは上下幅がかなり広いが、それを別にすると、イグアノドンに似た特徴がたくさんある。

フクイラプトル Fukuiraptor 白亜紀／日本／中型獣脚類—アロサウルス科。カーブした大きなかぎ爪をもつため、最初はまちがってドロマエオサウルス科とされていた。

ブゲナサウラ Bugenasaura 白亜紀／北アメリカ／鳥脚類。二足歩行。部分頭骨と後肢などのものが見つかっている。最初はテスケロサウルスのものと思われていた。

プシッタコサウルス Psittacosaurus 白亜紀／アジア東部／原始的な角竜類。頭骨は短くて上下幅が広く、ほおが外へ張りだしている。ある標本では、尾に羽柄状の長い体繊維があった。

フスイサウルス Fusuisaurus 白亜紀／中国／竜脚類。最近命名された竜脚類のうちの1つ。ほかにも竜脚類がいくつか命名されていて、中国にブラキオサウルス類とティタノサウルス類がたくさんいたことがわかる。

フタロンコサウルス Futalognkosaurus 白亜紀／アルゼンチン／巨大なティタノサウルス類。体長30mをこえる。メンドザサウルスと近縁。

フディエサウルス Hudiesaurus ジュラ紀／中国／竜脚類。大きな椎骨をもとに命名。同じ種類と思われる小さめの個体がもう1つ見つかった。前肢の骨と歯が含まれていたが、本当に同じ恐竜だという確かな証拠はない。

プテロスポンデュルス Pterospondylus 三畳紀／ドイツ／獣脚類—コエロフィシス上科。名前のもとになった1個の椎骨は、プロコンプソグナトゥスのものだという考え方がふつうになっている。

プテロペリュクス Pteropelyx 白亜紀／アメリカ合衆国／ハドロサウルス科。断片的な化石につけられた旧称。化石の一部はコリトサウルスのものだろう。

ブラーフィーサウルス Brohisaurus ジュラ紀／パキスタン／竜脚類。四肢骨の断片をもとに命名。白亜紀のケートラニサウルスやパキサウルスに似たティタノサウルス類のものと考えられている。

ブラキオサウルス Brachiosaurus ジュラ紀／アメリカ合衆国／巨大な竜脚類。肩の位置が高く、腕と首が長いことで有名。

ブラキケラトプス Brachyceratops 白亜紀／北アメリカ／角竜類—ケラトプス科。未成熟個体の化石が数体いっしょに見つかったのが最初。

ブラキトラケロパン Brachytrachelopan ジュラ紀／アルゼンチン／小型のディプロドクス上科—ディクラエオサウルス科。関節のつながった部分頭骨が見つかった。非常に短い頸椎骨でできた、短い首をもつ。

ブラキポドサウルス Brachypodosaurus 白亜紀／インド／議論の余地がある恐竜。鎧竜のものらしい腕の骨しか見つかっていない。ほかの鎧竜の骨と区別できるような特徴がない。

ブラキロフォサウルス Brachylophosaurus 白亜紀／北アメリカ／ハドロサウルス科—ハドロサウルス亜科。吻部は上下に厚みがあり、眼の上のほうに後ろへ向かって突きでた板状のトサカがある。

ブラキロフス Brachyrophus ジュラ紀／アメリカ合衆国／鳥脚類。カンプトサウルスと同じという見かたが一般的だが、最初は竜脚類として同定された。

プラダニア Pradhania 三畳紀／インド／中型竜脚形類。頭骨の断片、椎骨、前足の一部が見つかった。頭部の骨の1つは、内面に骨質の隆起がある。

プラティケラトプス Platyceratops 白亜紀／モンゴル／小型の角竜類。完全に近い頭骨が見つかった。吻部は短くて上下に厚みがある。襟飾りは短い。鼻に円錐形の小さな角が生えている。バガケラトプスだという説も出ている。

プラテオサウラウス Plateosauravus 三畳紀／南アフリカ／大型竜脚形類。最初はまちがってプラテオサウルスに入れられ、のちにエウスケロサウルスに入れられた。四肢骨と腰の骨、不完全な椎骨をもとに命名。

プラテオサウルス Plateosaurus 三畳紀／ヨーロッパ／原始的な竜脚形類。もっとも有名な竜脚形類の1つ。たくさんの標本と種が見つかっている。頭骨の形、大きさ、長さの比率が違うので、数種を確認できる。

ブラデュクネメ Bradycneme 白亜紀／ルーマニア／マニラプトル類。すねの骨の端だけしか見つかっていない。

プラニコックサ Planicoxa 白亜紀／アメリカ合衆国／鳥脚類—イグアノドン類。数個体の骨盤と後肢の骨が見つかった。2種が命名されている。

プリオドントグナトゥス Priodontognathus ジュラ紀か白亜紀（はっきりしない）／イギリス／鎧竜類。見つかったのは頭部の骨1個と歯だけ。最初はイグアノドンのものと思われたが、ノドサウルス科かもしれない。

ブリカナサウルス Blikanasaurus 三畳紀／南アフリカ／原始的な竜脚類。見つかっている標本は2つで、後肢の骨のみ。

フルグロテリウム Fulgurotherium 白亜紀／オーストラリア／鳥脚類。ヒプシロフォドンに近縁というのが典型的なとらえ方。

フルサンペス Hulsanpes 白亜紀／モンゴル／小型マニラプトル類。ドロマエオサウルス科ではないかといわれることがある。足の骨の一部しか見つかっていない。

ブルハトカヨサウルス Bruhathkayosaurus 白亜紀／インド／竜脚類。くわしいことは不明。巨大な脛骨と前肢、腰の骨、椎骨が見つかっている。最大級の竜脚類だったかもしれない。

ブレウィケラトプス Breviceratops 白亜紀／モンゴル／角竜類。プロトケラトプスに酷似しているので、最初はプロトケラトプス属に入れられた。バガケラトプスと同じだという意見もある。

プレウロコエルス Pleurocoelus 白亜紀／アメリカ合衆国／竜脚類—マクロナリア類。断片が見つかった。アストロドンと同じで、ブラキオサウルスに似た小型の種類というみかたがふつうになっている。

プレウロペルトゥス Pleuropeltus 白亜紀／オーストリア。頭骨、装甲板などの、断片的な化石をもとにつけられた旧称。かつてはカメ類と思われていたが、現在はストルティオサウルスだと考えられている。

プレノケファレ Prenocephale 白亜紀／モンゴル／厚頭竜類。顔が短く、頭骨に丸みをおびた丈の高いドームがある。頭骨の後部に大きな骨質の突起がある。

プレノケラトプス Prenoceratops 白亜紀／北アメリカ／原始的な角竜類。数個体がいっしょに見つかった。頭部は長くて丈が低く、鼻先から鼻の穴までの距離がふつうより離れている。レプトケラトプスと近縁。

フレングエリサウルス Frenguellisaurus 三畳紀／アルゼンチン／ヘレラサウルス科。二足歩行。ヘレラサウルスと同じだという見かたが一般的。

プロケネオサウルス Procheneosaurus 白亜紀／北アメリカ／ハドロサウルス科—ランベオサウルス亜科。たぶんランベオサウルスの子ども。

プロケラトサウルス Proceratosaurus ジュラ紀／イギリス／獣脚類。見つかったのは頭骨だけ。頭骨のてっぺんは欠けているが、吻部の上面に突起があった。最古級のコエルロサウルス類。

プロコンプソグナトゥス Procompsognathus 三畳紀／ドイツ／小型獣脚類。コエロフィシスと類縁関係があると思われる部分骨格が見つかった。この種の頭骨と考えられている化石に対して、ワニ類のものだという反論も出ている。

プロサウロロフス Prosaurolophus 白亜紀／北アメリカ／大型のハドロサウルス科—ハドロサウルス亜科。2種に分類される化石が見つかった。両眼のあいだに、丸みのある骨質のこぶがもりあがっている。頭が大きい。

プロデイノドン Prodeinodon 白亜紀／獣脚類／モンゴル。正確に同定できなかった1本の歯をもとに命名。ほかにも、この恐竜のものといわれる歯や四肢骨の断片が見つかった。

プロトアルカエオプテリクス Protarchaeopteryx 白亜紀／中国／マニラプトル類。羽毛もいっしょに保存されていた。インキシウォサウルスに似ていると考えられている。

プロトイグアノドン Protiguanodon 白亜紀／モンゴル／角竜類。現在は、プシッタコサウルス属の一種という見かたが広く受けいれられている。

プロトグナトサウルス Protognathosaurus ジュラ紀／中国／竜脚類。下あご骨の一部が見つかった。最初につけられた名前はプロトグナトゥスだった。

プロトケラトプス Protoceratops 白亜紀／モンゴル／原始的な角竜類。吻部は上下に厚みがあり、くちばしは幅が狭い。牙状の歯が2対ある。襟飾りは短く、立っている。

プロトハドロス Protohadros 白亜紀／北アメリカ／鳥脚類—イグアノドン類。下あごは上下幅が大きく、スコップ形をしている。くちばしは下へ向かって湾曲している。

プロバクトロサウルス Probactrosaurus 白亜紀／中国／鳥脚類—イグアノドン類。頭骨の見かけはイグアノドンに似ている。ハドロサウルス科と類縁関係がある。3種が命名されている。

ヘイシャンサウルス Heishansaurus 白亜紀／中国／鳥盤類。謎の多い恐竜で、頭骨の断片しか見つかっていない。当初は厚頭竜類ではないかといわれていたが、その後、鎧竜類と考えられるようになった。

ペイシャンサウルス Peishansaurus 白亜紀／中国／鳥盤類。下あごと1本の歯をもとに命名。鎧竜類だという見かたがふつうになっているが、正確な類縁関係はまだ確認できていない。

ベイピャオサウルス Beipiaosaurus 白亜紀／中国／テリジノサウルス上科。鳥の羽根に似た「原羽毛」が体全体をおおっていたが、これもいっしょに保存されていた。きわめて原始的なテリジノサウルス上科。

ペクティノドン Pectinodon 白亜紀／北アメリカ／マニラプトル類。見つかった歯はトロオドン科のものと考えられている。たぶんトロオドンだろう。

ヘシンルサウルス Hexinlusaurus 白亜紀／中国／小型の鳥盤類。二足歩行。部分頭骨と歯が見つかっている。眼窩の上と背後にくぼみがある。

ヘスペロサウルス Hesperosaurus ジュラ紀／アメリカ合衆国／剣竜類。ステゴサウルスより頭骨が短くて幅が広い。装甲板は丈が低くて前後に長い。ステゴサウルス属の一部だと考える研究者もいる。

ヘスペロニクス Hesperonychus 白亜紀／カナダ／ごく小型のドロマエオサウルス科。北アメリカではじめてミクロラプトル亜科であることが確認された恐竜。かぎ爪と腰の骨が見つかった。長い羽毛がある。

ベタスクス Betasuchus 白亜紀／オランダ／獣脚類。命名のもとになっているのは1本の大腿骨の一部。最初はメガロサウルスと名づけられた。アベリサウルス科かもしれない。

ベックルスピナクス Becklespinax 白亜紀／イギリス／獣脚類。見つかっているのは骨棘のとげがついた3つの椎骨のみ。とげは丈が高くて頑丈。背中から腰にかけて低めの帆があったかもしれない。

ベッルサウルス Bellusaurus 白亜紀／中国／竜脚類。未成熟個体の骨格が見つかった。ティタノサウルス類として同定されているが、イョバリアに近い原始的なマクロナリア類とも見られている。

ヘテロサウルス Heterosaurus 白亜紀／フランス／鳥脚類。見つかっているのは断片的な化石で、情報がとぼしい。現在は、イグアノドンかマンテリサウルスだという見かたが一般的。

ヘテロドントサウルス Heterodontosaurus ジュラ紀／南アフリカ／鳥盤類—ヘテロドントサウルス科。この科でもっとも有名な恐竜。後ろ脚が長く、あごの前方に牙状の歯があり、ものをつかむことのできる長い前足をもつ。

ペドペンナ Pedopenna ジュラ紀か白亜紀／中国／小型のマニラプトル類。鳥類と近縁。見つかったのは、長い羽毛のついた後肢のみ。

ペネロポグナトゥス Penelopognathus 白亜紀／モ

ンゴル／鳥脚類—イグアノドン類。下あご骨をもとに命名。この骨はやや長めで直線的。

ヘプタステオルニス Heptasteornis 白亜紀／ルーマニア／獣脚類—マニラプトル類。脛骨の端が一部、残っている。最初は巨大なフクロウだと思われていた。アルヴァレスサウルス科かオヴィラプトロサウルス類ではないかといわれる。

ヘユアンニア Heyuannia 白亜紀／中国／小型のオヴィラプトロサウルス類—オヴィラプトル科。頭骨は短くて上下の幅が広く、トサカはない。首が長い。

ベルベロサウルス Berberosaurus ジュラ紀／モロッコ／獣脚類。最初は原始的なアベリサウルス類ではないかといわれた。竜脚類のタゾウダサウルスのすぐそばで発見された。

ペレカニミムス Pelecanimimus 白亜紀／スペイン／原始的なオルニトミモサウルス類（ダチョウ恐竜）。頭骨は細長く歯が200本以上ある。この数はどの獣脚類よりも多い。

ペレグリニサウルス Pellegrinisaurus 白亜紀／アルゼンチン／ティタノサウルス類。最初はまちがってエパクトサウルスとされていた。背中と尾の椎骨が見つかっている。背中の椎骨のなかに、ひときわ幅が広いものがある。

ヘレラサウルス Herrerasaurus 三畳紀／アルゼンチン／竜盤類。大型で二足歩行の肉食竜。頭骨は上下に厚みがあり、長い歯が生えている。内側の3本の指にカーブした大きなかぎ爪がある。竜盤類の1グループであるヘレラサウルス科で、もっとも有名な恐竜。

ペロロサウルス Pelorosaurus 白亜紀／イギリス／竜脚類。比較的まっすぐな形をした大きな腕の骨と尾の骨の一部をもとに命名。ブラキオサウルスに似ていたかもしれない。

ペロロプリテス Peloroplites 白亜紀／アメリカ合衆国／鎧竜類—ノドサウルス科。部分頭骨などの化石が見つかった。下あごはずっしりとしたつくりで、ほかのノドサウルス科と比べると下腕骨の湾曲が少ない。

ペンタケラトプス Pentaceratops 白亜紀／北アメリカ／大型から巨大なケラトプス科。完全な頭骨を含めて、すばらしい化石が見つかった。襟飾りは大きく、立っている。額には長い角がある。

ポエキロプレウロン Poekilopleuron ジュラ紀／フランス／獣脚類—スピノサウルス上科。メガロサウルスと近縁。

ポドケサウルス Podokesaurus 三畳紀／アメリカ合衆国／小型獣脚類—コエロフィシス上科。数多くの断片が見つかったが、現在は消失。コエロフィシスに似ている。

ボトリオスポンデュルス Bothriospondylus ジュラ紀／イギリス／竜脚類。椎骨をもとにつけられた古い名称。正確な同定ができないので、この名前はめったに使われない。

ボナティタン Bonatitan 白亜紀／アルゼンチン／小型のティタノサウルス類。頭骨を含む化石がたくさん見つかっている。ティタノサウルス類としては頸椎骨がずいぶん長い。

ボニタサウラ Bonitasaura 白亜紀／アルゼンチン／小型のティタノサウルス類。めずらしい恐竜で、あごの骨の両側にある歯のないスペースが、ギロチンの刃のような構造を作っていて、植物を切りきざむのに使われたようだ。

ポネロステウス Poneroteus 白亜紀／チェコ共和国。保存状態の悪い標本1つにつけられた名前。脛骨の内形雄型と思われる。

ホプリトサウルス Hoplitosaurus 白亜紀／アメリカ合衆国／鎧竜類。命名のもとになったのは、椎骨、四肢骨、肋骨など。ポラカントゥスと近縁だという説もある。

ホプロサウルス Hoplosaurus 白亜紀／オーストラリア／鎧竜類。ストルティオサウルスと同じだという見かたが一般的。

ホマロケファレ Homalocephale 白亜紀／モンゴル／厚頭竜類。頭蓋骨頂部が平らで、小さな骨質のこぶが並んでいる。

恐竜リスト

ポラカントイデス Polacanthoides 白亜紀／イギリス／鎧竜類。古い名称。見つかった骨の大半はポラカントウスかヒラエオサウルスのもの。

ポラカントウス Polacanthus 白亜紀／イギリス／鎧竜類。くっつきあって1枚になった装甲板が腰の部分をおおい、尾の両側から三角形のとげが突きでている。ヒラエオサウルスと同じ恐竜だという、まちがったとらえ方をされることがよくある。

ポリュオドントサウルス Polyodontosaurus 白亜紀／北アメリカ／マニラプトル類。命名のもとになった下あごは最初、大型のトカゲ類のものと思われていたが、その後、トロオドン科として同定された。トロオドンと同じ恐竜であることはほぼ確実。

ポリュオナクス Polyonax 白亜紀／北アメリカ／ケラトプス科。古い名称。見つかった化石はトリケラトプスのもののようだ。

ホルタロタルスス Hortalotarsus ジュラ紀／南アフリカ／竜脚形類。マッソスポンデュルスと同じ恐竜だという意見が多い。

ボレアロサウルス Borealosaurus 白亜紀／中国／ティタノサウルス類。尾椎骨しか見つかっていない。この尾椎骨は、オピストコエリカウディアのものと同じように、後ろ側がくぼんでいる。

ボロゴヴィア Borogovia 白亜紀／モンゴル／マニラプトル類—トロオドン科。後肢の部分が見つかっている。第2指についた大きな爪は、ほかのトロオドン科のほど曲がっていない。

ホワンホーティタン Huanghetitan 白亜紀／中国／竜脚類。ブラキオサウルス類やティタノサウルス類と近縁。肋骨が長いので、胴体の上下幅はずいぶん大きかっただろう。

ホンシャノサウルス Hongshanosaurus 白亜紀／中国／角竜類。プシッタコサウルスに近縁だが、頭骨の幅が狭く、上下の厚みもあまりない。

マーショサウルス Marshosaurus ジュラ紀／アメリカ合衆国／中型獣脚類。腰の骨や断片的な化石が見つかっている。

マイアサウラ Maiasaura 白亜紀／北アメリカ／ハドロサウルス科。巣、卵、赤ん坊がいっしょに発見されたことで有名。200をこす標本が見つかっている。眼のすぐ前方に骨質のトサカがあり、吻部は上下幅が狭くて下を向いている。

マイエレンサウルス Muyelensaurus 白亜紀／アルゼンチン／竜脚類—マクロナリア類。椎骨、ほっそりとした四肢骨、部分頭骨が見つかった。リンコンサウルスと近縁。

マグニロストリス Magnirostris 白亜紀／モンゴル／角竜類。つぶれた頭骨が見つかった。額と鼻に小さな角がある。バガケラトプスだという意見もある。

マグノサウルス Magnosaurus ジュラ紀／イギリス／獣脚類。情報がとぼしい。メガロサウルスかエウストレプトスポンデュルスではないかといわれるが、現在のところは、まったく別だと考えられている。

マクルロサウルス Macrurosaurus 白亜紀／イギリス／竜脚類。椎骨など、不十分な化石しか見つかっていない。一部はティタノサウルス類のものだが、はっきりと識別できない。

マクログリュフォサウルス Macrogryphosaurus 白亜紀／アルゼンチン／やや大型の鳥脚類—イグアノドン類。二足歩行。肋骨のふちがつば状に拡大している。タレンカウエンと近縁ではないかといわれる。

マクロドントフィオン Macrodontophion ジュラ紀／ウクライナ。1本の歯につけられていた古い名称。獣脚類のものという見かたが多かった。今は消失してしまったらしい。恐竜とはまったく異なる動物のものだったかもしれない。

マクロファランギア Macrophalangia 白亜紀／カナダ／コエルロサウルス類。命名のもとになった足の骨は、かつてはオルニトミムス科のものだと考えられていたが、今は、カエナグナトゥス類のオヴィラプトロサウルス類のものであることがわかっている。キロステノスだという考えかたが一般的。

マシアカサウルス Masiakasaurus 白亜紀／マダガスカル／小型のアベリサウルス類。すばらしい化石が見つかった。頭骨には奇妙な特徴があり、あごの先から歯が外へ突きでている。この前歯は奥歯より長い。

マジャーロサウルス Magyarosaurus 白亜紀／ルーマニア／小型のティタノサウルス類。数多くの骨と装甲板が見つかった。島にすむ矮小形だったようだ。

マシャカリサウルス Maxakalisaurus 白亜紀／ブラジル／ティタノサウルス類。椎骨、肋骨、四肢骨など、さまざまな骨が見つかった。吻部の骨の一部から、ほっそりとした鉛筆形の歯をもっていたことがわかる。

マジュンガサウルス Majungasaurus 白亜紀／マダガスカル／アベリサウルス科。みごとな化石が見つかった。額に大きな骨質のこぶがあり、脚は頑丈。

マジュンガトルス Majungatholus 白亜紀／マダガスカル。頭蓋骨頂部につけられていた旧称。最初は厚頭竜類のものと考えられていたが、今は、アベリサウルス科のマジュンガサウルスのものという見かたが一般的。

マッソスポンデュルス Massospondylus ジュラ紀／南アフリカ／竜脚形類。胚や未成熟の個体を含めて、数多くの標本が見つかっている。南北アメリカの標本はマッソスポンデュルスとして同定されているが、これには異論もある。

マノスポンデュルス Manospondylus 白亜紀／アメリカ合衆国。保存状態の悪い尾椎骨につけられた古い名称。たぶんティラノサウルスのもの。

マハーカーラ Mahakala 白亜紀／モンゴル／小型のマニラプトル類—ドロマエオサウルス科（体長1m未満）。頭蓋骨頂部が丸みをおび、眼窩は非常に大きい。

マプサウルス Mapusaurus 白亜紀／アルゼンチン／大型のアロサウルス上科。ギガノトサウルスと近縁。

マメンチサウルス Mamenchisaurus ジュラ紀／中国／竜脚類。驚くほど長い首で有名。たくさんの標本が見つかっている。命名された種も数多い。

マラウィサウルス Malawisaurus 白亜紀／マラウィ（アフリカ）／ティタノサウルス類。大量の資料が見つかっている。頭の骨から推測すると、吻部が短く上下に厚みがあったようだ。

マラルグエサウルス Malarguesaurus 白亜紀／アルゼンチン／竜脚類。尾椎、四肢骨の断片、肋骨が見つかっている。

マリーサウルス Marisaurus 白亜紀／パキスタン／ティタノサウルス類。歯をもとに命名。そのほかにも、部分頭骨や後肢の骨などで、ここに分類される化石がある。

マルマロスポンデュルス Marmarospondylus ジュラ紀／イギリス。竜脚類の椎骨につけられていた旧称。この標本は、以前はボトリオスポンデュルスとして同定されていた。

マレーエフス Maleevus 白亜紀／モンゴル／アンキロサウルス科。命名のもとになった頭骨は最初、シルモサウルスに分類されていた。ほかのアンキロサウルス科とはっきり区別できない。

マレエフォサウルス Maleevosaurus 白亜紀／アジア／ティタノサウルス科。はじめは独特の矮小形にちがいないと考えられていたが、今は、未成熟のタルボサウルスという見かたが一般的。

マンチュロサウルス Mandschurosaurus 白亜紀／中国／ハドロサウルス科。見つかった断片は最初、トラコドンのものと思われていた。

マンテリサウルス Mantellisaurus 白亜紀／イギリス／鳥脚類—イグアノドン類。長いあいだ、イグアノドンとして分類されていたが、イグアノドンより腕が短くて、吻部の上下幅が狭い。

ミクロウェーナートル Microvenator 白亜紀／アメリカ合衆国／小型のオヴィラプトロサウルス類。未成熟の標本が1つだけ見つかった。最初はデイノニクスの化石とまちがえられていた。下あごは上下幅が広く、歯がない。

ミクロケラトゥス Microceratus 白亜紀／中国／小型の角竜類。長いあいだミクロケラトプスとして知られていた。ほかの角竜類とはっきり区別できない。

ミクロコエルス Microcoelus 白亜紀／アルゼンチン／ティタノサウルス類。古い名称。今は、装甲をもつティタノサウルス類のサルタサウルスと考えられている。

ミクロパキケファロサウルス Micropachycephalosaurus 白亜紀／中国／小型の鳥盤類。最初は厚頭竜類として同定された。正確な類縁関係は不明。

ミクロハドロサウルス Microhadrosaurus 白亜紀／中国／ハドロサウルス科。未成熟の個体のあごにつけられた名前。最初はエドモントサウルスに似た、ごく小型の種類だと思われていた。この名前はもう使われていない。

ミクロラプトル Microraptor 白亜紀／中国／ごく小型のマニラプトル類—ドロマエオサウルス科。腕と後肢に長い羽毛があり、滑空できたと思われる。

ミノタウラサウルス Minotaurasaurus 白亜紀／モンゴル／鎧竜類—アンキロサウルス科。頭骨しか見つかっていない。四角形のくちばしと、頭骨後部に長い角をもつ。

ミムーアラペルタ Mymoorapelta ジュラ紀／アメリカ合衆国／小型の鎧竜類。ポラカントゥスに近縁という説もある。骨質の装甲が腰をおおっていた。

ミラガイア Miragaia ジュラ紀／ポルトガル／剣竜類。ダケントゥルールスと近縁。17個の頸椎骨でできた長い首をもつ。この数はたいていの竜脚類より多い。

ミリスキア Mirischia 白亜紀／ブラジル／小型獣脚類。わかっているのはブラジルで見つかった腰と後肢の骨だけ。コンプソグナトゥスに似ていたかもしれない。

ミンミ Minmi 白亜紀／オーストラリア／小型の鎧竜類。尾の両側から三角形の装甲板が突きでている。吻部は上下幅が広く、眼窩が大きい。

ムススサウルス Mussaurus 三畳紀／アルゼンチン／竜脚形類。卵、生まれたばかりの赤ん坊、子ども、おとなの化石が見つかっている。おとなの見かけはプラテオサウルスに似ている。

ムッタブラサウルス Muttaburrasaurus 白亜紀／オーストラリア／鳥脚類。吻部は上下幅が広く、ふっくらしている。ほかの骨が分厚くて頑丈なので、かたい植物をかみ切ることができただろう。

メイ Mei 白亜紀／中国／小型獣脚類—トロオドン科。丸くなって腕の下に頭を突っこみ、眠った姿で保存されていたことで有名。

メガプノサウルス Megapnosaurus ジュラ紀／ジンバブエ、アメリカ合衆国／獣脚類—コエロフィシス上科。以前はシンタルススと呼ばれていた種に対してつけられた名前。コエロフィシスに酷似しているので、同じ恐竜だという意見が大半をしめている。

メガラプトル Megaraptor 白亜紀／アルゼンチン／大型獣脚類。議論の余地がある恐竜。最初は、後ろ足にカーブした大きなかぎ爪をもつ大型コエルロサウルス類と考えられていた。このかぎ爪は、今は、前足のものと見られている。

メガロサウルス Megalosaurus ジュラ紀／イギリス／獣脚類—スピノサウルス上科。たくさんの骨が見つかったが、複数の動物が含まれているかもしれない。最初に命名された恐竜。

メトリアカントサウルス Metriacanthosaurus ジュラ紀／イギリス／獣脚類。断片的な遺骸が見つかったが、中国のヤンチュアノサウルスやシンラプトルに明らかに似ている。

メラノロサウルス Melanorosaurus 三畳紀／南アフリカ／大型竜脚形類。四足歩行。竜脚類の起源に近い。四肢骨が大きく、ずっしりとしている。

メンドササウルス Mendozasaurus 白亜紀／アルゼンチン／ティタノサウルス類。四肢骨、装甲板、そのほかの骨が見つかった。尾の装甲板のなかには、異常に大きく、円錐形をしたものがある。

モクロドン Mochlodon 白亜紀／オーストリア／鳥脚類—イグアノドン類。ラブドドンおよびザルモクセスのものに似た椎骨とあごの骨をもとに命名。

モノクロニウス Monoclonius 白亜紀／北アメリカ／角竜科。さまざまな化石につけられた旧称。その大半は、じつはセントロサウルスのもの。

モノニクス Mononykus 白亜紀／モンゴル／小型のマニラプトル類—アルヴァレズサウルス科。アルヴァレズサウルス科の恐竜でもっともよく知られている。長い後ろ脚と長い首、短くて力強い前肢をもつ。

モノロフォサウルス Monolophosaurus ジュラ紀／中国／中型獣脚類。アロサウルス上科だという意見もある。頭骨のてっぺんにそって、中空のめずらしいトサカをもつ。

モリノサウルス Morinosaurus ジュラ紀／フランス／竜脚類。見つかったのは1本の歯だけ。イギリスのペロロサウルスと同類とされることもあるが、正体は今もなぞ。

モロサウルス Morosaurus ジュラ紀／アメリカ合衆国／竜脚類—マクロナリア類。カマラサウルスと同じ恐竜であることはほぼ確実。

モンコノサウルス Monkonosaurus ジュラ紀／チベット／剣竜類。くわしいことは不明。腰の骨と、わずかばかりの椎骨、装甲板が3つ見つかっている。装甲板はステゴサウルスのものに似ている。

モンゴロサウルス Mongolosaurus 白亜紀／モンゴル／竜脚類。よくわかっていないアジアの恐竜。見つかったのは椎骨と歯だけ。

モンタノケラトプス Montanoceratops 白亜紀／北アメリカ／角竜類。レプトケラトプスと近縁。鼻に小さな角があり、ひづめのかわりにかぎ爪が生えている。

ヤーヴァーランディア Yaverlandia 白亜紀／イギリス。議論を呼んでいる恐竜。頭蓋骨頂部の一部だけが見つかった。最初は厚頭竜類として同定されたが、獣脚類かもしれない。

ヤクサルトサウルス Jaxartosaurus 白亜紀／カザフスタン／ハドロサウルス科。歯のないあごの骨をもとに命名。ほかのハドロサウルス科のあごとはっきり区別できないので、現在、この名前は使われない。

ヤネンシア Janenschia ジュラ紀／タンザニア／竜脚類。命名のもとになった四肢骨は、最初、トルニエリアのものと考えられていた。腕の骨が頑丈なので、ティタノサウルス類で、かつ、このグループでは最古級の恐竜ではないかと思われる。

ヤマケラトプス Yamaceratops 白亜紀／モンゴル／小型で原始的な角竜類。部分頭骨が見つかった。短い骨質の襟飾りをもつ。ほおの幅が広く、張りだしている。

ヤレオサウルス Yaleosaurus ジュラ紀／アメリカ合衆国／原始的な竜脚形類。現在はアンキサウルスと同じだと考えられている。

ヤンチュアノサウルス Yangchuanosaurus ジュラ紀／中国／大型獣脚類—アロサウルス上科。シンラプトルと近縁。頭骨は短くて上下に厚みがあり、背中にそって丈の高い骨質の隆起がある。

ヤンドゥサウルス Yandusaurus ジュラ紀／中国／小型の鳥盤類。二足歩行。鳥脚類だといわれることが多いが、最近になって、このグループに入れられないことがわかった。

ユアンモウサウルス Yuanmousaurus ジュラ紀／中国／竜脚類。くわしいことは不明。見つかったのは不完全な化石だが、エウヘロプスと近縁だという説も出ている。

ユインタサウルス Uintasaurus ジュラ紀／アメリカ合衆国／竜脚類。ユタ州のユインタ郡にちなんだ名前。カマラサウルスと同じだという見かたが広まっている。

ユーティコサウルス Iuticosaurus 白亜紀／イギリス／竜脚類。見つかったのは分離した尾椎骨だけ。最初はティタノサウルスのものと思われていた。ティタノサウルス類のものではあるが、それ以外に、これといった情報はない。

ユタラプトル Utahraptor 白亜紀／アメリカ合衆国／巨大なドロマエオサウルス科。体の大きさはデイノニクスの2倍以上。最初は、前足に巨大なかぎ爪があると思われていた。

ユンナノサウルス Yunnanosaurus ジュラ紀／中国／竜脚形類。ほっそりとして幅の狭い歯をもつ。頭骨の上面にこぶが並んでいる。

496 恐竜リスト

恐竜リスト

ラーナサウルス *Lanasaurus* ジュラ紀／南アフリカ／ヘテロドントサウルス科。あごの骨の一部をもとに命名されたが、リコリヌスだという考えかたが一般的。

ラエウィスクス *Laevisuchus* 白亜紀／インド／小型獣脚類。命名のもとになった椎骨は、かつてはコエルロサウルス類のものと考えられていたが、今は、アベリサウルス類のものと見られている。

ラオサウルス *Laosaurus* ジュラ紀／アメリカ合衆国／鳥盤類。断片的な遺骸しか見つかっておらず、はっきりとした同定ができない。

ラジャサウルス *Rajasaurus* 白亜紀／インド／大型のアベリサウルス科。1個体の骨が数多く見つかった。後肢ががっしりとしていて、額に分厚い骨質のこぶがある。

ラディノサウルス *Rhadinosaurus* 白亜紀／オーストリア。くわしいことは不明。四肢骨、椎骨、そのほかの断片が見つかった。恐竜ですらないかもしれない。

ラパトール *Rapator* 白亜紀／オーストラリア／獣脚類。なぞに満ちた恐竜。見つかったのは前足の骨が1本だけ。

ラパラントサウルス *Lapparentosaurus* ジュラ紀／マダガスカル／竜脚類。数個体の化石が見つかっている。最初はボトリオスポンデュルスのものと考えられていた。

ラブドドン *Rhabdodon* 白亜紀／ルーマニア、フランス、オーストリア、スペイン、ハンガリー／中型鳥脚類。幅の広い胴体をもつ植物食恐竜で、あごの骨がたくましい。ザルモクセスと類縁関係がある。

ラプラタサウルス *Laplatasaurus* 白亜紀／アルゼンチン／ティタノサウルス類。見つかった尾椎と四肢骨は、ティタノサウルスとして同定された化石と混同していっしょに扱われていた。

ラブロサウルス *Labrosaurus* ジュラ紀／アメリカ合衆国。獣脚類の化石につけられた古い名称。アロサウルスのものだという見かたが一般的だが、確かなことはわからない。

ラペトサウルス *Rapetosaurus* 白亜紀／マダガスカル／中型のティタノサウルス類。すばらしい化石が見つかった。杭状の細い歯をもつネメグトサウルスと近縁。

ラボカニア *Labocania* 白亜紀／アメリカ合衆国／獣脚類。なぞの多い恐竜。頭蓋骨頂部の一部などをもとに命名。最初はティラノサウルス科と類縁性があるのではないかといわれたが、アベリサウルス類かもしれないという意見もある。

ラホナヴィス *Rahonavis* 白亜紀／マダガスカル／小型のマニラプトル類。前肢と後肢の骨などが見つかった。長い腕をもち、たぶん飛行か滑空ができただろう。ウネンラギアと近縁。

ラマケラトプス *Lamaceratops* 白亜紀／モンゴル／小型の角竜類。襟飾りが短く、鼻に円錐形の小さな角がある。バガケラトプスかバガケラトプスに近縁の恐竜ではないかといわれる。

ラメタサウルス *Lametasaurus* 白亜紀／インド。ティタノサウルス類、鎧竜類、アベリサウルス類のものとして同定された、さまざまな断片に対してつけられた名前。

ラヨソサウルス *Rayososaurus* 白亜紀／アルゼンチン／竜脚類—ディプロドクス上科。最初はルーバーチーサウルス科として同定されていた。ルーバーチーサウルス科のほかの恐竜と同様、肩甲骨の形に特徴がある。

ランチョウサウルス *Lanzhousaurus* 白亜紀／中国／大型鳥脚類—イグアノドン類。部分骨格が見つかった。木の葉形をした、ずいぶん大きな頬歯をもつ。

ランプルーサウラ *Lamplughsaura* ジュラ紀／インド／原始的な竜脚類。頭骨を含めて、大量の化石が見つかっている。歯にあらい切れこみがあり、親指に、あまり湾曲していないかぎ爪が生えている。

ランベオサウルス *Lambeosaurus* 白亜紀／北アメリカ／大型のハドロサウルス科—ランベオサウルス亜科。頭に四角いトサカがあり、鼻先の方向へ張りだしている。一部の個体には、トサカから後ろへ突きでたとげがある。

リアレナサウラ *Leaellynasaura* 白亜紀／オーストラリア／小型鳥脚類。二足歩行。ヒプシロフォドンに似ているというとらえ方をよくされるが、断片的な化石しか見つかっていない。

リオハサウルス *Riojasaurus* 三畳紀／アルゼンチン／大型竜脚形類。ずんぐりとした体で、四肢骨が頑丈。

リガバエイノ *Ligabueino* 白亜紀／アルゼンチン／ごく小型の獣脚類。椎骨、後肢と腰の骨が見つかった。小さなアベリサウルス類と考えられている。

リガブエサウルス *Ligabuesaurus* 白亜紀／アルゼンチン／大型のティタノサウルス類。椎骨、四肢骨、頭骨などの化石が見つかっている。前肢が長く、ブラキオサウルス類に似たプロポーションだったようだ。

リチャードエステシア *Richardoestesia* 白亜紀／北アメリカ、ヨーロッパ、アジア／獣脚類。最初は北アメリカで見つかった歯とあごをもとに命名されたが、のちにヨーロッパやアジアからも発見の報告がなされた。類縁関係ははっきりしない。

リマイサウルス *Limaysaurus* 白亜紀／アルゼンチン／竜脚類—ディプロドクス上科。最初はラヨソサウルス属に含められていた。

リャオケラトプス *Liaoceratops* 白亜紀／中国／小型で原始的な角竜類。完全な頭骨が見つかった。丸みをおびた短い襟飾りをもつ。上あごの先に円柱状の歯が3本生えている。以前はプシッタコサウルス科に特有と考えられていた特徴をもつ。

リャオニンゴサウルス *Liaoningosaurus* 白亜紀／中国／鎧竜類。体長40cmにも満たない、未成熟の小さな骨格が見つかった。腹部に装甲板がある。

リュコリヌス *Lycorhinus* ジュラ紀／南アフリカ／ヘテロドントサウルス科。命名のもとになったあごは最初、哺乳類の類縁動物で初期の種類だと考えられていた。かつてラーナサウルスと名づけられていた化石はここに分類される、という意見が多い。

リライノサウルス *Lirainosaurus* 白亜紀／スペイン／竜脚類。四肢骨、椎骨、歯などが数個体分、見つかっている。ティタノサウルス類だという見かたが一般的で、ヨーロッパ産のこのグループとしてはもっともよく知られている恐竜の1つ。

リリエンステルヌス *Liliensternus* 三畳紀／ドイツ／大型獣脚類—コエロフィシス上科。2個体の化石が見つかった。最初はハルティコサウルスに分類されていた。ディロフォサウルスと類縁関係がありそうなので、頭に骨質のトサカを1対つけた姿で復元されることがある。

リンコンサウルス *Rinconsaurus* 白亜紀／アルゼンチン／小型のティタノサウルス類。3個体から骨が見つかった。めずらしいことに、尾椎骨の関節のしかたにさまざまな種類が見られる。たとえば、前方の関節面が凸面になっているものもあれば、後方が凸面になっているもの、両方とも凸面になっているものもある。

リンチェニア *Rinchenia* 白亜紀／モンゴル／オヴィラプトロサウルス類—オヴィラプトル科。過去にはまちがってオヴィラプトルとされたことが何度もあった。頭骨のてっぺんに、丸みをおびた丈の高いトサカがある。

ルアンチュアンラプトル *Luanchuanraptor* 白亜紀／中国／マニラプトル類—ドロマエオサウルス科。椎骨、腕の骨、頭骨などが見つかっている。

ルーバーチーサウルス *Rebbachisaurus* 白亜紀／アフリカ／竜脚類—ディプロドクス上科。初めて見つかった場所はモロッコで、ルーバーチーサウルス科のなかで最初に命名された。数多くの椎骨と四肢骨が見つかっている。

ルーフェンゴケファルス *Lufengocephalus* ジュラ紀／中国／竜脚形類。ルーフェンゴサウルスと同じ恐竜だという説が一般的になっているので、現在、この名前は使われない。

ルーフェンゴサウルス *Lufengosaurus* ジュラ紀／中国／中型の竜脚形類。数個体の化石が見つかった。マッソスポンデュルスと近縁。ほおと吻部に、らしい骨質のこぶがある。

ルーヤンゴサウルス *Ruyangosaurus* 白亜紀／中国／大型竜脚類。椎骨と、長さが1mを超す脛骨が見つかった。

ルーレイア *Ruehleia* 三畳紀／ドイツ／竜脚形類。頭はないが完全に近い骨格が見つかった。手首の骨が複雑。

ルコウサウルス *Lukousaurus* ジュラ紀／中国。くわしいことは不明。部分頭骨が見つかっている。眼の前から上のほうへ小さな角が突きでている。ケラトサウルス類かコエロフィシス類ではないかという意見もあるが、恐竜ではないかもしれない。

ルゴプス *Rugops* 白亜紀／ニジェール／獣脚類—アベリサウルス科。頭骨は短くて上下に厚みがある。顔の横に独特のざらざらした感触があるので、角質の組織でおおわれていたのではないかと思われる。

ルシタノサウルス *Lusitanosaurus* ジュラ紀／ポルトガル／鳥盤類。歯のついた部分的な吻部をもとに命名。最初はスケリドサウルスに近縁といわれたが、原始的な装甲類かもしれない。

ルソティタン *Lusotitan* ジュラ紀／ポルトガル／竜脚類—マクロナリア類。部分骨格などの遺骸が見つかっている。最初はブラキオサウルスと考えられていた。腕の骨が細長い。

ルルドゥサウルス *Lurdusaurus* 白亜紀／ニジェール／鳥脚類—イグアノドン類。非常に大きく、ずっしりとしたつくりの部分骨格と頭骨が見つかった。スパイク状の親指があるがっしりとした腕をもつ。胴体は幅が広く丸々としている。

レイプサノサウルス *Leipsanosaurus* 白亜紀／オーストリア／鎧竜類。現在の一般的な見かたでは、ノドサウルス科の小さな恐竜であるストルティオサウルスと同じだとされている。

レクソウィサウルス *Lexovisaurus* ジュラ紀／イギリス／剣竜類。フランスでも発見されたという報告がある。遺骸はほかの剣竜類のものとはっきり区別できない。状態がもっともよい標本はローリーカートサウルスという名前に変更された。

レグノサウルス *Regnosaurus* 白亜紀／イギリス／装盾類。見つかったのはあごの骨の断片のみ。剣竜類のものではないかといわれたが、現在のところ、この推測は疑わしい。

レソトサウルス *Lesothosaurus* ジュラ紀／レソト／小型の鳥盤類。二足歩行。もっとも原始的な鳥盤類というのが典型的な見かた。装盾類と近い関係にあるかもしれない。

レッセムサウルス *Lessemsaurus* 三畳紀／アルゼンチン／原始的な竜脚形類。南アフリカのアンテトニトルスと近縁。関節のつながった一連の椎骨をもとに命名。

レプトケラトプス *Leptoceratops* 白亜紀／北アメリカ／角竜類。標本がいくつか見つかっている。頭骨の割合が大きく、骨質の短い襟飾りがある。前足と後ろ足の指に（ひづめではなく）かぎ爪があった。

レプトスポンデュルス *Leptospondylus* ジュラ紀／南アフリカ／竜脚形類。古い名称で、マッソスポンデュルスという説が一般的。

ロウリニャサウルス *Lourinhasaurus* ジュラ紀／ポルトガル／竜脚類。数個体分の化石が見つかった。最初はまちがってアパトサウルスとされていたが、のちにカマラサウルス類と考えられるようになった。類縁関係はわからない。

ロウリニャノサウルス *Lourinhanosaurus* ジュラ紀／ポルトガル／獣脚類—アロサウルス上科。部分骨格が見つかった。シンラプトル科だと考えられている。

ロエトサウルス *Rhoetosaurus* ジュラ紀／オーストラリア／竜脚類。椎骨やさまざまな断片が見つかった。長いあいだ、ケティオサウルスと近縁だとされていたが、たぶん竜脚類だろう。

ローリーカートサウルス *Loricatosaurus* ジュラ紀／イギリス／剣竜類。最初はレクソウィサウルスの標本とされていた。尾に長いとげがある。

ロカサウルス *Rocasaurus* 白亜紀／アルゼンチン／ティタノサウルス類。椎骨、後肢と骨盤の骨が見つかった。

ロシラサウルス *Losillasaurus* ジュラ紀か白亜紀／スペイン／竜脚類。部分骨格が見つかっている。最初はディプロドクス上科ではないかといわれたが、そうではなく、ケティオサウリスクスやマメンチサウルスと類縁関係がありそうだ。

ロダノサウルス *Rhodanosaurus* 白亜紀／フランス／鎧竜類—ノドサウルス科。見つかった化石は正確な同定ができない。ストルティオサウルスのものかもしれない。

ロフォストロフェウス *Lophostropheus* 三畳紀／フランス／獣脚類—コエロフィシス上科。椎骨と腰の骨をもとに、最初はハルティコサウルスとして、のちにリリエンステルヌスの一種として同定された。首の骨が細長い。

ロフォロトン *Lophorhothon* 白亜紀／アメリカ合衆国／ハドロサウルス科。部分頭骨などが見つかった。たぶん非常に原始的なハドロサウルス亜科だろう。

ロリコサウルス *Loricosaurus* 白亜紀／アルゼンチン。装甲板につけられた名前。最初は鎧竜とされたが、今は竜脚類のティタノサウルス類と見られている。もしかするとサルタサウルスかもしれない。

ロンコサウルス *Loncosaurus* 白亜紀／アルゼンチン。よくわからない恐竜。大腿骨の断片と歯をもとに命名。骨は鳥脚類のものだが、ほかの種とはっきり区別できない。

ロンゴサウルス *Longosaurus* 三畳紀／アメリカ合衆国／獣脚類—コエロフィシス上科。腰の骨をもとに命名。ある専門家はコエロフィシスとは明らかに異なるというが、今は、コエロフィシスと考えられている。

ワキノサウルス *Wakinosaurus* 白亜紀／日本／獣脚類。1本の歯をもとに命名。正確な同定はできず、この名前はあまり使われない。

ワンナノサウルス *Wannanosaurus* 白亜紀／中国／小型の厚頭竜類。体長は1m未満。頭蓋骨頂部の一部と椎骨、四肢骨が見つかった。上腕骨が縦方向に大きく湾曲している。

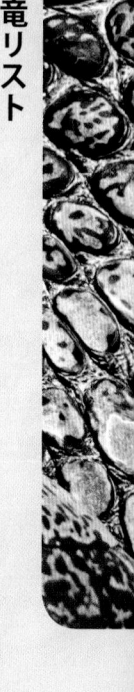

索引

[ア]

アークティカ　56
アードレイ採石場(イギリス)　38
アーレニアン　44
アイスマン(エッツィ)　34
アイダ　385
アイフェリアン　45
アイベックス　466
アイルランドヘラジカ　439
アイン・ガザル(ヨルダン)　479
アヴァロニア大陸　96
アウィテルメッスス　303
アウカサウルス　320
アウストラロキシロン　176
アウストラロドクス　270
アウストラロピテクス　388, 389, 444
アウストラロピテクス・アナメンシス　445, 448
アウストラロピテクス・アファレンシス　445, 448, 450-451
アウストラロピテクス・アフリカヌス　445, 449
アウストラロピテクス・バルエルガザリ　445, 448
アウトガス　17
アエギアロルニス科　377
アエトサウルス　206, 212, 244
アエロニアン　45
アオザメのグループ　308
アカエイ　377
アガシー, ルイ　375, 407
亜寒帯林　390
アカントステガ　128, 129, 138, 139, 165
アカントデース　162, 183
亜旧石器時代　479
アクィタニアン　45
アクキガイ　426
アクチノクリニテス　160
握斧　459, 461, 463, 467
アグラオフィトン　112, 113, 115
アクリターク　43, 59, 83
アクロカントサウルス　319
アケボノスギ　364
アケル　395
アケロウサウルス　352

あご　68, 106, 310, 311, 321, 357, 439, 448, 452, 453, 464
アザラシ　209, 404, 407
足(肢)　28, 128, 129, 251, 255, 269, 340, 357, 431, 447
アジアノロバ　438
アジア・ヒロハシ　21
アシカ　28, 29, 404, 407
足首の骨　129, 206, 207
アシュール型(石器)　459, 461
アスタルテ　399
アスタルテ・ムタビリス　399
アステロキシロン　112, 113, 118
アステロフィリテス・エキセティフォルミス　148
アストラスピス　92, 93
アストロヒップス　412
アスピデッラ　61, 62
アスファオ, ブルハニ　448
アズマニシキガイ　425
アスレタ　370
アゾラ　287
アタプエルカ(スペイン)　462, 463
圧縮化石　35
アッシュフォール化石層(アメリカ)　409
アッセリアン　44
アッテンボロー, デイヴィッド　129
アテレアスピス　107, 131
アデロスポンデュルス類　182
アトゥリア　369
アトランティカ　56
アトリパ　102
アナスピダ類　92, 106
アナダラ　400
アナバリテス　69
アニシアン　44
アニング, メアリー　42, 251, 253
アネウロフィトン　121
アノマロカリス　77
アノモザミテス　231
アパテオン　166
アパトサウルス　42, 270
アパラチア山脈　66
アピオクリニテス　241
アプチアン　45
アフリカ　43, 458, 459, 468, 470, 471

アベリサウルス　321
アマツバメ科　377
アマモ　116
アマルガサウルス　332
アミノ酸　26
アムシウム　400
アムフィドンテ　301
アムフィバムス　162, 166-167
アムブリュステギィウム　420
アメーボゾア　59
アメリカスギ　293
アメリカ菩提樹　35
アラウカリア(科)　198, 289, 292
アラゴナイト　34, 35
アラリア　294
アラリオプソイデス　294
アランダスピス(類)　30, 92, 93
アリオラムス　324
アリクイ　382
アリゲーター類　244, 304, 312
アルカエアントス　294
アルカエオカラミテス　113
アルカエオゲリュオン　396
アルカエオプテリス　120
アルカエフルクトゥス　294
アルキテクトニカ　300
アルキミュラクリス　161
アルキメデス　157
アルクササウルス　326
アルクティコポラ　203
アルクトドゥス　434
アルケゴサウルス　182, 183
アルケゴヌス　161
アルケロン　310
アルコマイヤ　204
アルスアガ, ホアン=ルイス　462
アルゼンタウィス　406
アルゼンチノサウルス　319, 332
アルダネッラ　69
アルタミラ(スペイン)　475, 476
アルチンスキアン　44
アルディピテクス　444, 448
アルディピテクス・カダバ　444, 448
アルディピテクス・ラミドゥス　445, 448
アルヌス　392
アルヌス・ケクロピイフォリア　392
アルバートサウルス　321

アルバレズサウルス　320
アルビアン　45
アルプス　388
アルマジロ　433
アレトプテリス　144, 151
アレムサゲド, ゼラセナイ　451
アロサウルス　207, 245, 261, 278
アロデスムス　407
アンギオプテリス　421
アンキサウルス　265
アンキロサウルス　245, 278, 334, 335, 337
アングィッラ(ウナギ)　377
アングスティフォリア　232
アンデサウルス　319
アンドゥレオレピス　107
アントラコサウルス類　168
アンドリューサルクス　381
アンドリュース, ロイ=チャップマン　381
アンドレアエア　421
アンドロストロブス　229
アンヌラリア　144, 147, 148
アンハングエラ　314
アンフィキオン　413
アンブロケトゥス　385
アンボニュキア　87
アンモナイト　35, 39, 234, 237, 296, 298, 299, 368
アンモニア　17
アンモノイド　125, 158, 178, 180, 202, 203, 204, 234, 296
アンモライト　35

[イ]

イアペタス海(岸)　66, 82, 96, 110
イースト・カークトン(スコットランド)　162, 168
イゥーレサニテス　180
イエティ　439
イガイ　424
イガゴヨウマツ　365
イカロニクテリス　381
生きた化石　28, 39, 70, 209, 310, 364, 396

イギリス海峡　416
イグアノドン（類）　245, 278, 305, 338, 339
イクチオサウルス　244, 251, 252, 253
イクチオステガ　128, 129, 138, 139
イクチオルニス　355
異甲類　30, 96, 128, 130
イサストレア　236
イザリウオ　128
イシサンゴ類　202, 234, 235, 368
イスキオドゥス　246
イスクナカントゥス　135
異節類　433
イソエテス　144
イソロフセッラ　87
イタボガキ　399
イタヤガイ　305, 424, 425, 428
イチイ　226
1日の長さの変化　18
イチョウ（類）　39, 177, 198, 201, 225, 226, 232, 233, 285, 364
イッリタートル　318, 319
遺伝学　27, 28, 29
遺伝子　27, 28, 30
イヌ（科）　374, 381
イノシシ　466, 478
イベロメソルニス　355
イモリ（アシナシ）　247
イリジウム　32, 282, 360, 368
イルカ　27, 30, 404, 405
イワヒバ　118, 227
インゲニア　327
隕石　12, 14, 15, 32
インデュライン, ミゲル　463
インドゥアン　44
インドネシア（化石の産出地）　259, 473
インドリコテリウム　409

[ウ]

ウ　405
ウァースム　398
ヴァイゲルタスピス　130
ウァラノプス　186–187
ヴァランギニアン　45
ヴィーナス像　474
ヴィヴィパルス　398
ヴィゼアン　44
ウィリアムソニア　230, 231
ウィルソン, ツゾー　76
ウィワクシア　72
ウィンケレステス　356
ウインジャナ渓谷（オーストラリア）　111

ウインタテリウム　380
ウェイクセリア　286
ヴェーゲナー, アルフレート　21, 186
ヴェガウィス　355
ウェスティナウティルス　157
ウェストロティアーナ　162, 168
ヴェドベック（デンマーク）　478
ウェヌス　429
ウェネリコル　370
ウェラフロンス　345
ウェルウィッチア　285, 289, 290–291
ウェルテブラリア・インディカ　176
ウェルトリキア　231
ヴェルナー, アブラハム　44
ウェルメトゥス　427
ヴェロキサウルス　320
ヴェロキラプトル　207, 304, 326, 330, 331
ウェントゥリクリテス　297
ヴェンドゾア　60
ウェンロック・エッジ（イギリス）　101
ウォラティコテリウム　356
ウォルコット, チャールズ　42, 74, 77, 92
ヴォルツィア　198, 201, 226, 294
ウォルポフ, ミルフォード　470
ウォレス, アルフレッド=ラッセル　21, 28
ウォレス線　21
ウォンバット　25, 430
ウキアピンギアン　44
ウサギ　374, 382, 404
ウシ　404
ウジタ　399
ウッドクリヌス　160
ウッルマンニア　177, 292
ウトレクチア　153
ウナギ　377
ウニ　39, 241, 242, 372, 429
ウニ類　202, 234, 242, 296, 302, 303, 368, 372, 396, 400, 401, 424, 429
ウネウラシマガイ　399
ウマ類　382, 383, 404, 412, 430, 438
ウミエラ　61
ウミグモ　35
ウミケムシ　157
ウミサソリ　100, 122
ウミツボミ類　154, 160, 180
海の大型動物　404
海の生態系　100, 154, 305
海の爬虫類　244, 251, 255, 304, 308
ウミユリ　100, 101, 103, 126, 154, 160, 205, 240, 241, 296, 302, 305
ウラジロ　287
ウラル山脈　142, 172
ウラン　13
雨林　172, 173, 362
ウルカーノドン　266

ウルムス　393
ウロコの起源　92
ウロデンドロン　145

[エ]

エイニオサウルス　352–353
エヴェレスト　83
エウオムファルス　35
エウステノプテロン　136–137, 138–139
エウストレプトスポンディルス　260
エウディモルフォドン　216–217
エウパネロプス　106
エウパルケリア　212
エウプローオプス　161
エウロタマンドゥア　382
エーオテュリス　191
エオエントフサリス　59
エオカエキリア　247
エオクルソル　220
エオシミアス　385
エオダルマニティナ　88
エオヒップス　382
エオマイア　305, 357
エオミス　382
エオラプトル　207, 216–217
エキノキマエラ　164
エキノキュアムス　429
エクイセトゥム属（スギナ）　113
エクウス　404, 412, 438
エクスカリバー（石器）　463
エクタシアン　44
エクマトクリヌス　71
エゾバイ　424
エゾボラ　425
枝角　430, 439, 472
エダフォサウルス類　182, 188, 191
エックサッラスピス　104
X線　35
エッセクセラ　155
エッフィギア　214, 215
エッリプソケファルス　70, 76
エディアカラ　44
エディアカラ動物群（オーストラリア）　60, 62, 63, 70
エディアカラ・ヒルズ（オーストラリア）　43, 60, 63
エドモントサウルス　304, 340, 341
エドモントニア　335
エナリアルクトス　407
エナンティオルニス　355
エピオルニス類　430, 431
エフェドラ　421
エフラアシア　218

エムシアン　45
エラスモサウルス　310
エラティデス　233
エリオットスミシィア　187
エリオフォルム　422
エリオプス　182, 184–185
エリコの壁（イスラエル）　479
エリュマ　243
エルキンシア　121
エルピストステゲ　139
エルラシア　76
エレーラ, ヴィクトリーノ　216
エンクリヌス　205
エンクリヌルス　104
エンドケラス　86
エントフサリス　59
エンボロメリ類　162, 163

[オ]

オヴィラプトル　39, 304, 328–329
オヴィラプトロサウルス（類）　327
黄鉄鉱　33, 35
オウムガイ　100, 368, 369
オウラノサウルス　338
大型動物　430, 473
大型類人猿　442, 443
オーク　284, 390, 394
オオシモフリエダシャク　27
オーストラリア　21, 43, 471, 473
オオツノヒツジ　190, 404
オーテリヴィアン　45
オオトカゲ　431
オオナマケモノ　434
オオモア　432
オーリニャック文化　472
オールド・レッドサンドストーン　110, 135
オーロラ　17
オキーフ, ジョージア　214
オキシエナ　374
オクスフォーディアン　44
押し型　35
雄型　35
オステオストラカンス類　92
オステオレピス　139
オストレア　399
オスニエロサウルス　279
オズボーン, ヘンリー=F　262
オスムンダ　228, 363
オゾン　17, 32
オットイア　71
オドナタ　243
オドントケリス　208, 250

オドントプテリス 152, 153
オニキウム 287
オニキオプシス 287
オニコブシ 398
オニビシ 422
オパビニア 73
オピストコエリカウディア 333
オフィアコドン 163, 168, 169
オフィアラクナ・インクラッサタ 104
オフィオライト 18
オフィデルペトン 162
オプティウス・エロンガトゥス 306
オポッサム 305, 357
オランウータン 413, 439, 442, 443
オリクテロプス 413
オリゴカルピア 175
オルステンの節足動物 69
オルティス類腕足類 84
オルドヴィス紀 33, 45, 80-93, 96, 202
オルドヴィス紀の大量絶滅 84, 96
オルドゥヴァイ峡谷（タンザニア） 43, 444, 453, 455, 458
オルドゥワン石器 455, 459, 461
オルトグラプトゥス 89
オルトニュボケラス 87
オルニトケイルス 314-315
オルニトスクス 212, 213
オルニトミムス 326, 327
オルニトミモサウルス 215
オルニトレステス 262
オルビキュラリス 151
オルビリンキア 298
オレオドント 384
オレヌス 76
オレネキアン 44
オレネッルス 76
オレンジヒキガエル 33
オロシリアン 44
オロバテス 186
オロリン・トゥゲネンシス 444, 446
オンコリテス 145
温室効果ガス 24, 25, 52
温帯雨林 225
温帯林 390, 418

[カ]

科 30
ガ 27, 285
ガーゴイルオサウルス 278
カーニアン 44
ガーパイク 308
貝（貝殻） 30, 31, 124, 305, 429
カイエンタケリス 244, 250

カイエンタ層 250
海王星 15
海牛類 404
海産巻き貝 426, 427
海水 18, 23
海鳥 430
貝塚 479
カイトニア 198, 226, 229
海面低下 178
海綿類（動物） 58, 59, 62, 70, 71, 85, 101, 122, 123, 164, 165, 235, 297
海洋 18, 19, 20, 23, 24, 32, 33, 39, 52, 56, 66, 82, 110, 142, 172, 196, 360, 388, 416
海洋火山 21
海洋地殻 17, 18, 19, 20
海洋プレート 20, 21
海洋無脊椎動物 178, 202
海洋流（海流） 24, 96
貝類 23, 34, 35, 427
カイロウドウケツ 123
ガウアー半島（イギリス） 22
ガヴィアル 405
ガヴィアロスクス 405
カウディプテリクス 304, 330
カエデ 294, 390, 395
カエル 163, 166, 167, 206, 208, 262
化学化石 34
カキ 202, 238, 301, 399
カギムシ 73
核 16
核酸 26
学習行動 455
角竜類 282, 283, 296
花崗岩 13, 56
カコプス 182
カサガイ 424
カザフスタン 66
火山 20, 21, 32, 52, 82, 206, 282, 296
火山列島 20
カシモーヴィアン 44
ガストニア 334
カストル・カナデンシス 430
ガストルニ 378, 379
カストロイデス 430, 433
カスモサウルス 350
カセア類 187, 191
火星 15
火成岩 13, 44
化石 12, 13, 21, 23, 33, 34, 35, 39, 42, 43
化石雨林 296
化石森林国立公園（アリゾナ） 34, 198, 221
化石の再結晶 35
ガゼル 404
仮想の化石 35

ガソサウルス 260
ガダリューピアン 44
花虫類 71, 85, 101, 102, 123, 124, 155, 156, 179, 235, 236, 425
滑空動物 356
カッリプテリス 177
カテニポーラ 85
カナダ（化石の産出地） 42
カニ 303, 368, 373, 396
カニクサ 363
カニス・ディルス 434
カバノキ 392
カピタニアン 44
カフゼ（イスラエル） 469, 471, 472
カブトガニ 243
カプトリヌス 184, 186
花粉 39, 98, 151, 201, 226, 229, 231, 284, 285
花粉（化石） 34
花粉媒介 226, 283
花粉粒 144, 150, 285, 418, 423
カマ 371
ガマ 395
カマエデンドゥロン 121
カマラサウルス 270, 271
カムプトサウルス 278-279
カメ 163, 206, 208, 244, 250, 310, 377
カモ 355
カモノハシ 29, 340, 341, 357
カモノハシ恐竜 340, 341
カモメ 29
カラ 419
殻 204, 369, 370
カラウルス 247
ガラゴ 30, 442
カラザース, ウィリアム 114
ガラス海綿 85, 123, 297
カラミテス 142, 144, 148
狩り（狩猟） 466, 474, 475
カリコテリウム 410-411
カリップス 412
カリプテリディウム 152
ガリミムス 326, 327
カリメネ 105
カリュメネラ 90
カルー（南アフリカ） 13, 33, 43, 173, 196, 212
カルカロクレス 405
カルカロドン 34, 319, 404, 405
カルカロドントサウルス 319
カルケニア 232-233
ガルゲンベルク（オーストリア） 472
カルサイト 34, 35
カルディオラ 103
カルニア 61, 62
カルニオディスクス 61

カルノコニテス 289
カルノタウルス 320, 321
カルボニコラ 159
カルメル山（イスラエル） 472
カルメル洞窟群（イスラエル） 472
ガレアスピス類 92, 106
カレドニア山脈 110
カロヴィアン 44
感覚器官 164
カンガルー 305, 430
環境 39
カンザシゴカイ 369
カンジ（チンパンジー） 455
完新世 45
カンスゲ 422
ガンスス 355
岩石 12, 13, 16, 17, 18, 19, 21, 22, 23, 37, 38, 44, 45, 52, 192
岩石彫刻 475
関節 206, 207, 242
岩相層序学 44, 45
カンネメイリア 221
カンパニアン 45
間氷期 22, 23, 25
カンブリア紀 39, 45, 64-79, 202
ガンフリンティア 59
ガンフリント・チャート（カナダ） 42, 58

[キ]

偽化石 62
キカデオイデア 285, 288, 289
ギガノトサウルス 319
ギガントピテクス 439
ギガントプテリス（類） 174, 177
鰭脚類 407
キクロプテリス 151
気孔 113
気候 22, 23, 24, 25, 52, 57, 67, 83, 97, 111, 143, 173, 197, 225, 283, 361, 389, 417, 418, 424, 458
キジ類 355
キステケファルス 192
「キステケファルス」群集帯 192
キスラリアン 44
季節 23
キダリス 396
ギッソクリヌス 103
キツネザル 30, 442
奇蹄類 374, 404, 410-411
キノグナトゥス 21, 221
キノドン類 182, 191, 207, 221, 225
牙 211, 412, 437
キバタン 21

偽浮遊生活　240
キマトセラス　298
キメウ,カモヤ　456
キヤン　430
キュヴィエロニウス　438
球窩関節　242
旧世界ザル　442
キュクロカリュア　367
キュクロスファエロマ　35
キュクロピュゲ　89
キュクロメドゥーサ　60, 62
キュリンドロテウティス　238–239
暁始生代　44
共進化　28
暁新世　45
器用な唇　409
恐竜　33, 34, 38, 39, 206, 207, 216–221, 224, 244, 258, 259, 304, 305, 316–354
棘魚類　106, 107, 129, 183
棘鮫　129
極地　22–25
キョクチチョウノスケソウ　23
棘皮動物　34, 70, 72, 87, 103, 104, 126, 154, 160, 180, 234, 240–242, 372
巨大恐竜の時代　245
魚類　30, 32, 36–37, 43, 68, 78–79, 92–93, 106, 107, 110, 122, 128, 129, 130–139, 154, 162, 183, 208, 246–249, 304, 375–377, 396, 405
キラウエア　21
鰭竜類　209, 251, 310
キリン　404
キロステノテス　327
ギンカガミ　376
キンギイ　76
ギンコ(イチョウ)　232
ギンコ・ビロバ　39, 226, 232, 285
ギンザメ　246
金星　14, 15
キンデサウルス　214, 217
キンメリア　196, 197
キンメリッジアン　44
菌類　31, 114

[ク]

グアナコ　404
グアロスクス　212
グアンロン　262, 321
空椎類　162, 163, 166, 167, 182, 185
偶蹄類　374, 384–385, 404
クービフォラ(ケニア)　456
グールド,S・J　29
クエルクス　394

ククザラコケムシ　236
草　395, 404, 421
クシファクティヌス　308
クシュロイウルス　161
クジラ(類)　28, 30, 374, 385, 404
クスノキ科　294
グゼーリアン　44
クセナカントゥース　183, 184
クセノディスクス　180
クセノフォラ　369
クックソニア　98, 99, 100, 112
掘足類　302
クニングハミア　233
グネツム(類)　226, 285, 421
首長竜類の絶滅　296
クプラドゥリア属　396
クプレッソクリニテス　126
クマ　430, 434
クモ形類　161
クモヒトデ　104, 241
グラヴェット文化　474
クラクトン・オン・シー(イギリス)　463
クラクトンの槍　463
クラゲ　62, 155
クラシーズ川洞窟(南アフリカ)　468, 471
クラッグ沈積物　396
クラッサテッラ　371
クラッシギリヌス　162, 165
クラドキシロン　119
クラドフレビス　200, 228
クラニア　297
グランド・キャニオン　46–47, 250
グラン・ドリナ(スペイン)　462
グリーン・リヴァー　42, 374, 375
クリオジェニアン　44
クリオロフォサウルス　259
グリキメリス　371
クリノカルディウム　428
グリファエア　238
グリプトドン　430, 433
クリペウス　241
クリマティウス　107
クリトサウルス・インクルウィマヌス　343
グリュプトストゥロブス　367, 391
グリュポサウルス　343
クルーガー国立公園(南アフリカ)　53
クルキア　229
クルロタルサル足首　206
クルロタルシ類　244
グレイケニア　287
ククレーター　14, 32
グレスボー(デンマーク)　479
クレタケア　294
クレトクシュリナ　308

クレドネリア　295
クローヴィス型尖頭器　470, 473
クロール,ジェームズ　23
クロクタ　435
クロゴケ　421
クロコダイル類　244, 245, 312, 405
グロッソプテリス　21, 42, 172, 174, 176
クロノサウルス　310–311
クロマニョン人　469
クングーリアン　44

[ケ]

珪藻　34
K–T境界　32
系統発生的分類　30, 31
ゲイニトジア　294
ケイラカントゥス　135
ケイロセラス　126
ケイロレピス　129, 135, 226, 284, 294
ゲオサウルス　255
毛サイ　33, 438
ゲジゲジ　402–403
ケツァルコアトルス　216, 245, 313, 314
欠脚類　162, 163
月桂樹　284
結晶　35
齧歯類　374, 380, 404, 407
ケナガマンモス　417, 430, 436–437
ケニアントロプス　444, 445, 449
ケニアントロプス・プラティオプス　445, 449
ケニヨン,キャスリーン　479
ケバエ　396
ケバラ洞窟　466–467
ケファラスピス　106, 128, 131
ゲムエンディナ　132
ケラストデルマ　428
ケラトガウルス　407
ケラトサウルス　245, 260, 262
ケラトプス類　304, 305, 346–351
ゲルウィッレッラ　301
ケルキディフィルム　295
原猿類　442
原核細胞　58
顕花植物　284
嫌気性細菌　52
嫌気生物　17, 52
言語　463, 465
犬歯　406, 435
剣歯虎　374, 417, 435
原始的な種子植物　113, 121, 144, 149, 174, 198
原始的な真正葉状植物　113, 144

原始的な陸生植物　117
現生硬骨海綿　101
原生生物の分類　31
顕生代　44, 45
原生代　44, 54–63
原生動物　26, 58
ケントロサウルス　276, 277
玄武岩　19, 20, 21, 172–173, 282

[コ]

コアラ　430
コアリクイ　382
紅海　20, 83
甲殻類　70, 161, 234, 368, 373, 424, 429
後期旧石器時代　475
光合成　26, 56
硬骨魚　304, 305, 306, 307
孔子鳥　354
厚歯二枚貝類　296, 302
後獣類　357
更新世　45, 430
紅藻(類)　57, 59
構造プレート　18, 19, 20, 21
甲虫　39, 226, 424
公転周期　23
厚頭竜類　354
鉱物　34, 35, 37
コウモリ　27, 374, 381
広翼類　122, 154
コエノチュリス　203
コエロフィシス　196, 207, 214
ゴーゴー累層(オーストラリア)　43, 129
ゴースティアン　45
コープ,エドワード=ドリンカー　310
ゴーラム洞窟(ジブラルタル)　467
国際層序年代表　45
コクレオサウルス　166
コケムシ(類)　84, 85, 86, 102, 154, 157, 178, 179, 203, 234, 236, 297, 396–398
コケ類　145, 199, 227, 419, 420
古原生代　44, 56
古細菌　17, 31, 52
古始生代　44
ゴジラサウルス　218
古生代　44, 45, 202
古第三紀　45, 358–385
古大西洋　224
古地磁気の磁場　17
骨格　27, 34, 68, 92
骨甲類　30, 128, 131, 162
コッコステウス　128, 132, 133, 134
コッコリス　282, 296
コッコリソフォア　282

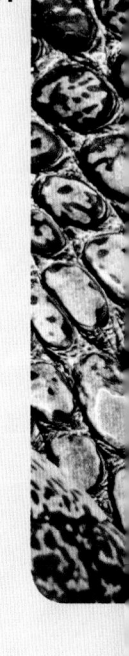

ゴッシズ・ブラフ(オーストラリア) 32
コッテスウォルディアエ 241
ゴットランド島(スウェーデン) 97
コットンウッド 393
コットングラス 422
骨盤 207, 447, 465
古テティス海 143, 196
コテュロリュンクス 191
コニアシアン 45
ゴニアタイト 126, 154, 158-159, 180
ゴニオテュリス 236
ゴニオフルム 102
コニビア, ウィリアム 251
コノカルディウム 159
コノドント 92
古杯類 70, 71
琥珀 34, 42, 396, 402-403
ゴビ砂漠 43
コプロライト 34
コムプソグナトゥス 263
コモドオオトカゲ 431
コリストスペルム 198, 200
コリトサウルス 33, 344-345
コリマ川(ロシア) 43
古竜脚類 218, 219
コリュルス 422
ゴリラ 442, 443, 447
ゴルゴサウルス 321
コルダイテス 144, 153, 174
コルビキュラ 428
コレオプレウルス・パウキトゥベルクラトゥス 396
コレディウム 179
コレピオケファレ 354
コロラド川(アメリカ) 46-47
コロリダサウルス 265
コロンビア大陸 56
コンステッラリア 85
昆虫 28, 42, 122, 226, 362, 366, 396
コンドル 432
ゴンドワナ大陸 21, 42, 66, 67, 82, 83, 90, 96, 97, 110, 111, 142, 143, 154, 172, 173, 196, 200
ゴンフォテリウム(類) 413, 438
コンプソグナトゥス 326
コンプトニア 394
コンフュシウスオルニス 354

[サ]

サープコヴィアン 44
サイ 33, 382-383, 404, 408-409, 430, 438, 473
ザイオン国立公園(アメリカ) 224, 250

鰓弓 106
細菌 52, 56, 58
再結晶 35
歳差運動 23
最終氷期最盛期 475
細石器 478
臍帯 129
細胞 27, 98, 112, 113
サウドニア 117
サウリクティス 208
サウロペルタ 334
サカマキエゾボラ 425
砂岩 12, 67, 110
サクマーリアン 44
サゲノプテリス 229
サソリ 105, 154
サトイモ科 284
ザトウムシ 154
サトゥルナリア 218
サニア 289
サバリテス 367
サバンナ 389
サピンドゥス 395
ザフレントイデス 155
サヘラントロプス・チャデンシス 444, 446, 461
ザミテス 231
サメ 17, 128, 183, 246, 304, 305, 404, 405, 407
サメの歯の化石 34
ザラムブダレステス 357
サル 442
サルウィニア 287
ザルガイ 400, 428
サルコスクス 312
サルタサウルス 333, 334
サルパ 31
サルファースプリングズ(オーストラリア) 53
サンアンドレアス断層 21
酸化鉄 16
サンギラン発掘地(ジャワ島) 459
ザンクリアン 45
サンゴ 35, 85, 100, 101, 102, 122, 123, 124, 154, 155, 156, 179, 202, 234, 235, 368, 397, 425
サンゴ礁 18, 33, 83, 100, 368, 397
サンゴ状のクラッグ(イギリス) 396
サンショウウオ 247
サンショウモ 287
三畳紀 44, 194-221
三畳紀の大量絶滅 202, 206, 244
サンジョルジョ山動物相(スイス・イタリア) 197
サンス・デ・サウトゥオラ, マルセリノ 476

酸性雨 32, 296, 305
酸素 17, 23, 24, 26, 32, 52, 56, 58, 154, 172
酸素同位体 23
サンタナ(ブラジル) 42
サンタナラプトル 321
サントニアン 45
三葉虫 39, 70, 76, 84, 88-91, 100, 104, 105, 122, 127, 161, 181
三葉虫の絶滅 202
三葉虫のとげ 104
三葉虫の眼 88

[シ]

シアノバクテリア(藍藻) 17, 18, 53, 57, 58, 59, 68, 145
シーフォーゴーヌキテス 69
シーモアイア 184, 185
シーラカンス 36, 37, 111, 129
シヴァピテクス 413, 442
ジヴェーティアン 45
シェインウッディアン 45
ジェラシアン 45
シェラン島(デンマーク) 368
シカ 33, 404, 417, 430, 439, 478
紫外線光 17
シカの頭蓋帽 478
磁気層序区分 44, 45
シギラリア 146
シザステル(ブンブクチャガマ) 400
四肢動物(四足類) 28, 29, 34, 138, 139, 162, 165, 168
四肢動物の起源 128, 129
四肢動物の進化 106, 128, 162, 163
四肢動物様魚類 136, 137, 139
地震 16, 21
始新世 45, 361, 362, 397
沈み込み帯 18
始生代 44, 50-53
自然選択 27
四足類の卵 29
始祖鳥 43, 251, 256, 264-265, 304, 305, 354, 355
シゾドス 178
シダ(類) 23, 113, 144, 149, 150, 154, 174-177, 198, 200, 226-229, 284-288, 362, 363, 390, 418, 421
示帯化石 105
シダ種子類 38, 111, 142, 151, 152, 154, 177, 197, 224
シッカーポイント(スコットランド) 12
シデリアン 44
シナノキ 423

シナントロプス・ペキネンシス(北京原人) 459
シネムリアン 44
シノコノドン 279
シノサウロプテリクス 263, 326-327
シノデルフュス 357
磁場 16, 17, 45
指背歩行 443, 447
指標種 39
シフォニア 297
シフォノフュッリア 155
ジブラルタル海峡 389
シベリア(大陸) 66, 82, 96, 111, 172, 196
シベリア・トラップ 173
脂肪 26
四放サンゴ 122, 123, 124, 154
刺胞動物 62, 69
シマウマ 430, 438
シマ・デル・エレファンテ(スペイン) 458
シマ・デ・ロス・ウエソス(スペイン) 463
シモスクス 312
シャークトゥース・ヒル(アメリカ) 407
シャーク湾(オーストラリア) 53, 56
ジャクソニ 180
シャジクモ 419
斜層理 12, 67
シャテルペロン文化遺跡 472
ジャワ原人 459, 460
種 28, 30, 39, 162, 443
獣脚類 38, 207, 216-218, 245, 258-265, 275, 304, 316-330, 354, 355, 377-379, 431, 432
獣脚類の進化 207
獣弓類 221
周口店(中国) 459
ジュゴン 404
呪術師 476
受精(体内) 129
出アフリカ説 470
シュトローマー・フォン・ライヘンバッハ, エルンスト 316, 317
『種の起原』 28, 264, 265
種の共進化 28
シュノサウルス 266
種の進化 29
種の絶滅 29, 32, 33
種の分類 30, 31
種の放散 84, 162
樹木(木) 35, 113, 119-120, 144-151, 176, 199, 201, 288, 289, 292-295, 362, 364, 365, 390-395, 422, 423
樹木の進化 119, 120
ジュラ紀 44, 222-279
ジュラシック・コースト(イギリス) 42, 237

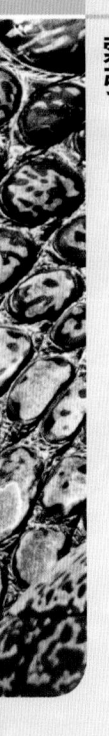

主竜類　206, 207, 212-215, 244	人類の風景　418	ストルティオミムス　215, 326, 327	石炭鉱床　142, 143, 225
狩猟(狩り)　466, 474, 475		ストロフォメナ　84, 179, 202	石炭堆積層　111
シュリンゴポーラ　156		ストロマトポラ　100, 101	石炭の時代　162
順応性　27	[ス]	ストロマトライト　18, 52, 53, 56, 58, 202	脊椎　251, 259, 268, 269, 338, 431, 438
礁　178, 234		スニュ, ブリジット　446	脊椎動物　31, 33, 78-79, 92-93, 106-107,
ショウガ　284	巣　39	スノーボール・アース(全球凍結)　25,	128-139, 162-169, 182-193, 206-221,
条鰭類　97, 107, 128, 129, 135, 176, 208,	水蒸気　17, 24	57, 60	244-279, 304-357, 374-385, 404-413,
247, 375-377	彗星　15	スピノアエクアリス　169	430-439
ショウジョウガイ　301	水星　14, 15	スピノサウルス　260, 316, 317, 318-319,	脊椎動物の進化　78, 92, 182, 206
小進化　29	水生シダ　285	338	セグロカモメ　29
蒸発残留岩　178	水素　14, 17	スピリファー(類)　122, 124	セコイア　293, 365, 391
小惑星　32, 282	水陸両生　163	スピリフェリナ　236	セコイアオスギ　391
ショーヴェ洞窟(フランス)　476	スイレン　284, 294	スファグヌム　420	セコイアデンドロン　293
ジョギンズの化石の崖(カナダ)　42, 169	スーパーサウルス　270	スフール(イスラエル)　469, 472	石灰岩　18, 22, 39, 44, 67, 97, 101, 142,
触手冠　102, 124	スーム・シェイル(頁岩/南アフリカ)　43	スフェノスクス　207, 216, 244, 245, 254	224, 282, 368
食虫動物　379	スウァッセア　270	スフェノフィルム　147	石核調整技法(石器)　466
植物　26, 33, 98-99, 100, 112-121, 144-	スカウメナキア　136	スフェノプテリス　149	石器　454, 455, 459, 461, 463,
153, 162, 174-177, 198-201, 226-233,	スカフィテス　298-299	スプヒュラコドン　382	466-467, 472, 473, 474, 475
284-295, 362-367, 390-395, 418-423	スキアエヌルス　375	スプランケオラタ　301	節頸類　128, 133
植物の化石化　35	スキアドフィトン　117	スプリッギナ　63	舌骨(ネアンデルタール人)　465
植物の共進化　28	スキザエオプシス　288	スプリッグ, レジナルド(レッグ)　43, 63	摂食痕　62
植物の進化　27	スクアリコラクス　308	スポンデュルス　301	節足動物　69, 70, 82, 84, 88-91, 100, 105,
植物の分類　31	スクティゲラ　402-403	スミス, ウィリアム　44	154, 161, 162, 181, 243, 303, 373, 424
植物プランクトン　68	スクテラ　400	スミロドン　406, 430, 435	切椎類　162, 166-167, 182, 183, 184, 206,
徐星　43	スクテロサウルス　271	スモーキー・ヒル(アメリカ)　282	208-209
ジョハンソン, ドナルド　450, 451	スクトサウルス　186	スリッパサンゴ　123	絶滅　172, 178, 202, 206, 244, 305, 430,
シリカ　34, 35	スクレロケファルス　184		467, 473
ジルコン　19, 52	スゲ　362, 422		セッリティリス　297
シルル紀　45, 94-107	スケリドサウルス　271	[セ]	ゼナスピス　131
シロスジフジツボ(バラヌス)　429	スコミムス　318		ゼニゴケ　419
進化　27, 28, 29, 30, 68, 70, 84	スズカケノキ　365	斉一説　12	セノマニアン　45
真核生物　30, 31, 58	スズメ(イエスズメ)　29	セイウチ　404, 407	セミカッシス　399
新原生代　44, 57	スター・カー遺跡(イギリス)　478	星雲説　14, 15	セラーギネラ　147, 227
新始生代　44	スタークフォンテイン(南アフリカ)　43	生痕化石　34	セラヴァリアン　45
ジンジャントロプス　453	スタウリコサウルス　217	生殖　26, 129, 163	セラタイト　204
真珠貝の化石　35	スタキュオタックスス　201	セイスモサウルス　268	セラタイト・アンモノイド　180, 202, 203
真正後生動物　62	スタゴノレピス　212	生層位学　44	セランディアン　45
真正細菌　31, 53, 58	スタテリアン　44	清掃動物　39	ゼルコヴァ(ケヤキ)　393
真正双子葉植物(類)　284, 285, 362	スティギモロク　354	ゼィッレリア　149	セレノ, ポール　216
新生代　45	スティグマリア・フィコイデス　145	生物多様化　84	セレノペルティス　90-91
真正爬虫類　168, 186	スティラコサウルス　351	生物の分類　30, 31	先カンブリア時代　44, 60
真正モクレン類　285	スティルリープールチャート(オーストラ	生命　21, 26, 27, 28, 33	染色体　27
真正葉状植物　113, 119, 144	リア)　53	生命の起源　58	漸新世　45, 396
新世界ザル　442	ステゴケラス　354	生命の進化　27	蠕虫　71, 72, 157, 369
新石器時代　34, 479	ステゴサウルス　245, 272-273, 274-277	生命の「爆発」　70	セントヘレナ山　82
新第三紀　45, 386-413	ステゴマストドン　438	セイヨウカジカエデ　395	セントロサウルス　350, 351, 352
心皮　284, 285, 294	ステタカントゥス　130, 164	セイヨウゼンマイ　421	ゼンマイ　363
針葉樹　120, 153, 174, 177, 197, 198, 201,	ステニアン　44	セイヨウボダイジュ　423	前裸子植物　113, 120, 121, 152
225, 226, 233, 284, 285, 289, 292-294,	ステネオサウルス　254	世界遺産登録地　42, 43	センリョウ科　284
362, 364, 365, 390, 391, 418	ステノニコサウルス　330	世界地図　56-57, 66-67, 82-83, 96-97,	
シンラプトル　262	ステノプテリギウス　34, 252-253	110-111, 142-143, 172-173, 196-197,	
森林　110, 122, 154, 172, 198, 225, 234,	ステノミルス　408	224-225, 282-283, 360-361, 388-389,	[ソ]
362, 390	ステファノセラス　237	416-417	
人類　440-479	ストラパロッルス　159	脊索動物　30, 31, 78	ゾウ　430, 437, 438
人類新世　417	ストリンガー, クリス　467, 470, 471	石炭紀　44, 140-169	双弓類　163, 169
人類の移動　458, 459, 470, 471			

総鰭類　128
草原　388, 390, 404
装甲板　334, 335, 337
造山活動　20
装盾類　271
双子葉植物　390
草食動物　182, 404
藻類　34, 57, 58, 59, 60, 61, 62, 68, 69, 72, 84, 98, 99, 100, 112, 114, 126, 139
属　30
ゾステラ（アマモ）　116
ゾステロフィルム　112, 116-118
ソテツ（類）　174, 198, 201, 225, 226, 229, 284, 285
ソテツシダ類　144, 152
ソリクリメニア　125
ソリュートレ型石器の尖頭器　470, 475
ゾルンホーフェン（ドイツ）　43, 251
ソロ川流域（インドネシア）　459

[タ]

ダーウィディア　422
ダーウィニウス　385
ダーウィン , チャールズ　27, 28, 29, 265
ダート , レイモンド　449, 453
ダードル・ドア（イギリス）　224
ターブランチ , ガート　452
ダーリウィリアン　45
ダイアウルフ　430, 434
体化石　34
大気　17, 23, 24
大孔（大後頭孔）　447
大酸化事象　52
大山舗累層　274, 275
大進化　29
体制　78, 215
大西洋　360, 389, 470
大西洋中央海嶺　20, 21
堆積岩　12, 13, 44, 196
堆積岩と化石化　34-37
大絶滅　82, 96, 178, 182, 244, 282, 296
大腿骨　447
体内受精　129
ダイナソー・クォーリー（アメリカ）　40
胎盤　163
ダイヤモンド　17
太陽系　14, 15
太陽の放射　23, 417
太陽風　17
第四紀　45, 414-439
大陸　18, 19, 20, 21, 82, 84, 110, 142, 172, 196, 224, 282, 360, 388, 416
大陸移動説　21, 186

大陸プレート　20, 21
大量絶滅　32, 33, 84, 102, 122
苔類　145, 419
タウマトプテリス　200
タウング・チャイルド　449
タエニオプテリス　289
多丘歯類（マルティス）　356
タクシテス　365, 391
タクソディウム　391
ダクティリオセラス　237
タケノコガイ　399
ダコサウルス　255
ダコタ砂岩（アメリカ）　284, 294
ダスプレトサウルス　312, 321, 324
タゾウダサウルス　266
多足類　122
「多地域」進化説　470
ダチョウ　28, 355
タッリテス　145
ダニアン　45
ダニアン階（デンマーク）　368
タニシ　398
タニストロフェウス　210-211
ダニ類　122, 154
タネティアン　45
タマキビガイ　426
卵　29, 39, 163, 328-329, 342, 431
タムナステリア　235
タムノポーラ　179
多毛類蠕虫　369
タルボサウルス　324-325
ダルマニティナ　90
炭化　35
単弓類　163, 168, 169, 182, 187, 188-193, 220, 221
単弓類の絶滅　206
単弓類の足跡　212
単孔類　29, 357
タンザニア（化石の産出地）　43
炭酸カルシウム　18, 23, 37, 235
炭酸マグネシウム　18
単子葉植物　284, 285, 395
単子葉類　362
炭水化物　26
淡水性ウナギ　377
炭素　24, 26, 35
断続平衡説　29
蛋白質　26

[チ]

チェカノウスキア（類）　232
地殻　12, 17, 19
地下水　35

置換化石　35
地球　12, 18, 19, 20, 21, 22, 23, 45, 47, 416, 417
地球温暖化　32, 197, 416
地球の核　16
地球の形成　14
地質学　12, 13
地質図　44
地質年代区分　44-45
地上性ナマケモノ　430, 434
地中海海盆　389
チチュルブ・クレーター（メキシコ）　32, 282
窒素　17, 26, 52
チャート　42, 58, 68
着生植物　143, 362
チャティアン　45
チャンシンギアン　44
中原生代　44, 57
中国（化石の産出地）　43, 459, 473
中始生代　44
中新世　45
中生代　33, 44, 45, 305
中石器時代　478, 479
チューロニアン　45
鳥脚類　278, 305, 338, 339
澄江動物群（中国）　70, 78
彫刻　472, 474, 475
潮汐　18
チョウチン貝　102
鳥盤類　207, 220, 245, 271-279, 314, 315, 334-354
長鼻類　385, 430
鳥類　206, 207, 305, 405, 430
チリマツ　174, 177, 226, 289, 292
チンパンジー　27, 32, 282, 442, 443、455

[ツ]

月　15, 18, 23
月の石　15
月の形成　15
ツキヒガイ　400
ツゲ　284
ツタノハガイ　424
ツチブタ　413
ツツジ科　284
角　439
ツノガイ　302
ツノサンゴ　123
ツノハシバミ　422
ツルシノブ　363
ツンドラ　418

[テ]

手　326, 338, 341
ディアデクテス　186
ディアトリマ　378-379
DNA　26, 27, 30, 53, 443, 464, 465, 470
ディイクトドン　33, 192, 193
ティーリオカーリス　161
ディオニトカルピディウム　201
テイオフタリア　278
ディキカ・ベビー　450, 451
「ディキノドン」群集帯　192
ディキノドン類　191, 192, 220, 221
ティクターリク　128, 129, 138, 139
ディクラエオサウルス　270, 332
ディクロイディウム　200-201
ディケラテリウム　382
ディスカリス　117
ディスコーセッラ　165
ディスコサウリスクス　184, 185
ティタノサウルス　270, 332-334
ティタノボア　377
泥炭　144
泥炭ゴケ　420
ディッキンソニア　62
ディックソノステウス　132
ディディモグラプトゥス　89
ティト・ギガンテア　407
ティトニアン　45
ディトモピュゲ　181
デイノガレリックス　407
ディノケファルス類　190
デイノスクス　312
デイノテリウム　412
デイノニクス　304, 331, 339
ディノヒップス　438
ディノルティス　86
テイノロフォス　357
底盤　56
ディフュドントサウルス　208, 209
ディプロカウルス　182, 184, 185
ディメトロドン　169, 188-189
ディモルフォドン　255
ティラコスミルス　406
ティラノサウルス　207, 262, 283, 304, 312, 319, 321, 322-323, 324, 349
ティラノサウルスの頭骨　255, 321, 322
ティラノサウルスの発見　304, 323
ティラノサウルス・レックス　34, 213, 323
ティリア　423
ディロフォサウルス　250, 258, 259
ディロング　321
ティンギア　177
ディングル半島（アイルランド）　96

デヴォン紀　18, 45, 108–139, 110–127
デヴォン紀の大量絶滅　122
デカントラップス　282
テキサス赤色層(アメリカ)　184
適者生存　27
テクトカリュア　392
テコスミリア　35, 235
テコドントサウルス　218
デシャイエジテス　298
テタヌラ類　245
テッレストリスクス　216, 254
テティス海　24, 224, 282, 360, 388
テノントサウル　338, 339
テムノキダリス　302–303, 372
テュファ　395
デュブレウイロサウルス　260
デュボワ, ウジェーヌ　460
テラトルニス　432
テリジノサウルス　326
テリチアン　45
デルトブラストゥス　180
テレオケラス　408, 409
テレディナ　372
テレド属　368, 372
テレブラ　399
テロードゥス　106, 107
田園(中国)　473
天王星　15
テンプスキア　286
デンマーク白亜層(化石の産出地)　368

[ト]

トアルシアン　44
ドイツ(化石の産出地)　43
同位体　23
導管細胞　98, 112, 113
洞窟絵画・芸術　475, 476, 477
トゥゲン・ヒルズ(ケニア)　446
頭骨　207, 210, 211, 268, 278, 443, 447, 452
頭索動物　78, 79
陸山沱(中国)　43
董枝明　275
頭足類　100, 102, 154, 157, 158, 178, 180, 204, 234, 238, 239, 298, 369
トウチャンゴサウルス　274–275
トウヒ　365
トゥビカウリス　175
動物界　30, 31
動物の分類　30, 31
動物プランクトン　68
ドゥマニシ(グルジア)　458

ドゥラニア　394
トゥリアルトゥルス　89
トゥリウィア　427
トゥリオニクス　309
トゥリゴノカルプス　150
トゥリスティコプテルス　136, 137, 138, 139
トゥリテラ　368
トゥリナクソドン　221
トゥリヌクレウス　89
トゥリブラキディウム　63
トゥリリテス　300
トゥリロフォスクス　431
トゥルカナ湖(ケニア)　449
トゥルカナ・ボーイ　456, 457
トゥルネージアン　44
「トゥロピドストマ」群集帯　192
トゥロペオグナトゥス　314
ドゥンクレオステウス　134
ドゥンバレッラ　159
ドーヴァーの白い崖　282
ドーソン, ジョン＝ウィリアム　114
トカゲの尻　269
トクサ(類)　113, 144, 147, 148, 227, 284
トクソドン　432
土星　15, 23
突然変異　27, 30
トッリドノフクス　59
トディーテス　228
トナカイ　430, 475
トナカイ・ハンター　475
トニアン　44
トマグノストゥス　76
ドミニカの琥珀　42
トムソン, ウィリアム　45
ドメイン(域)　30, 31
ドライ・フォール(アメリカ)　25
ドラコレクス　354
トラパ(ヒシ)　422
ドリオサウルス　278, 279
ドリオピテクス　413
トリケラトプス　304, 305, 348, 349
トリゴノタービ類　122
鳥の共進化　28
鳥の進化　304, 305
鳥の分類　30
トリュペピス　92
トルウォサウルス　245
トルトニアン　45
ドルニ・ヴェストニーチェ(チェコ)　474
トルニエリア　270
ドレパナスピス　130
ドレパノレピス　292, 293
トレマドキアン　45
トロオドン　43, 330–331
ドロマエオサウルス(類)　330, 331

トンボ(類)　26, 154, 243

[ナ]

ナイアガラの白雲岩(アメリカ)　96
ナイティア　375
ナガニシ　427
ナットクラッカーマン(クルミ割り男)　453
ナトルスティアナ　286
ナメクジウオ　31, 78
南極　23, 25, 42, 96, 174, 259, 361, 388, 389
南極横断山地　259
ナンキョクブナ　394
軟骨魚類　106, 130, 162, 164, 183, 246, 304, 308, 377, 405
軟組織　37
軟体動物　34, 35, 68, 69, 72 159, 178, 234
南蹄類　432

[ニ]

肉鰭類　106, 128, 129, 135–139
肉茎　425
肉食動物　182, 374, 430
肉歯類　374, 381
ニコティアナエフォリア　177
二酸化炭素　17, 26, 32, 67, 83, 111, 143, 173, 197, 225, 283, 361, 389, 417
ニシン(類)　375
二足歩行　447
ニッパ(ニッパヤシ)　367
ニッポノサウルス　345
二分裂　26
二枚貝(類)　39, 72, 84, 87, 100, 103, 154, 159, 178, 180, 202, 234, 239, 296, 301, 302, 368, 370–372, 396, 399, 400, 424, 428, 429
ニムラヴス科　374
ニューアーク層群赤色河床(アメリカ)　196
ニルソニア　229
ニレ　393
ニンフォングラシル　35

[ヌ]

ヌーナ　56
ヌタウナギ　78, 92
ヌマスギ　226, 293, 365, 391

[ネ]

ネアンデルタール人　462–467, 469
　→ホモ・ネアンデルターレンシス
ネウクェンサウルス　320
ネウロプテリス属　35, 144, 151
ネオケラトドゥス　129
ネオヒボリテス・ミニムス　296
ネクトリデア　182
ネコ類　374
ネズミイルカ　404
ネズミ科　404
熱河　43
熱帯雨林　18, 22, 111, 172, 361, 362
熱帯林　33, 362
ネメグトバアタル　356
年代層序区分　44
年代測定　13, 45
年代の決定　39

[ノ]

脳　450, 451, 454, 455, 460, 461
脳サンゴ　397
ノエグラティア　152, 153, 177
ノーフォーク島マツ　174, 198
ノーリアン　44
ノトサウルス類　209
ノドサウルス類　334, 335
ノトファグス　394

[ハ]

歯　34, 92, 106, 182, 213, 261, 269, 271, 308, 321, 322, 330, 341, 374, 384, 405, 406, 413, 433, 434, 435, 436, 438, 439, 452, 453, 454, 464
バージェス・シェイル(カナダ)　42, 67, 70, 74
ハースト・イーグル　430
パーチ科　375
バーバートン緑色岩帯　19, 52
パープル・ムーア・グラス　421
胚　59, 129, 265
ハイエナ　39, 435
バイエラ　201
肺魚　110, 129, 135, 136
ハイコウイクチス　78, 79
バイソン　404, 476
ハイデルベルク人　417
　→ホモ・ハイデルベルゲンシス

ハイノキ科 394
パイビアン 45
ハイレ=セラシエ, ヨハネス 448
バウア, ジョージ 210
ハウスマンニア 288-289
パウンドストーンズ 241
ハエ 197, 226, 402-403
パキケファロサウルス 354
パキコルムス類 246
パキプレウロサウルス 209
バキュリテス 300
パキリノサウルス 352
白亜紀 25, 32, 33, 39, 45, 280-357, 360
白亜紀後期の白亜層(チョーク) 368
白亜紀の大量絶滅 282, 296, 305, 368
白雲岩(アメリカ) 96
バク(類) 28, 404, 410
ハシキンメ 306
バシュキーリアン 44
バジョシアン 44
ハス 284
ハチ 28, 285, 362
鉢クラゲ 155
ハチドリ 28
爬虫類 30, 154, 163, 168, 186, 251-253
爬虫類の進化 163
爬虫類の分類 30
バッカー, ロバート 217
バックランド, ウィリアム 259
発散と収束(プレートテクトニクス) 20, 21
ハットン, ジェームズ 12
バトニアン 44
ハトノキ 422
ハドロサウルス類 305, 330, 343, 345
花 282-284
花の進化 285
パナマ地峡 388
羽 34, 74, 120, 142, 264-265, 304, 305, 326-327, 330, 331, 332, 354, 396
羽の進化 304
歯の化石 25
バフェテス類 162, 165
パラエオカルピッリウス 373
パラエオグナトゥス 355
パラエオコマ 241
バラ科 23
パラカルキノソマ 105
バラグワナチア 99
パラケラテリウム 409
パラサウロロフス 342
パラスクス 212
パラドキシデス 76
バラヌス 429
バラネルペトン 166, 168
バラパサウルス 266

パラレユルス 127
パラントドン 275, 277
パラントロプス 444, 449, 452, 453
パラントロプス・エチオピクス 445, 452, 461
パラントロプス・ボイセイ 445, 453, 461
パラントロプス・ロブストゥス 445, 452, 461
ハリエステス・ダソス 35
バリオニクス 318, 319
ハリネズミ 407
ハリモグラ 357
パルウァンコリナ 63
パルカ 114
ハルキエリア 69
ハルキゲニア 73
バルティカ 66, 82, 96, 110
バルトニアン 45
パレイアサウルス 186
パレオカスター 192, 408
パレオチリス 168
パレオラグス 382
バロサウルス 270
ハンカチノキ 422
バンギオモルファ 57, 59
バンクシア 367
バンクシアエフュッルム 367
パンゲア 142, 143, 172, 173, 178, 186, 196, 197, 206, 224, 282
板形動物 62
半索動物 105
パンサラッサ海 56, 66, 82, 96, 142, 173, 196
反芻動物 384-385, 404
ハンスズーエシア 354
パンテラ 435
パンデリクテュス 128, 137, 138
ハンノキ 392
板皮類 106, 110, 128, 129, 132-134
盤竜類 187, 188, 189, 191

[ヒ]

ピアセンジアン 45
ビーヴァー 408, 430, 433
ビーグル号(海軍測量船) 28
ヒエニア 119
ヒエノドン 374, 381
ピエロラピテクス 442
ヒオリテス 70, 71
ピカイア 78, 79
ヒカゲノカズラ植物 98, 118, 121, 145, 146, 147, 199, 227, 286, 420

ヒカゲノカズラ類 98, 99, 112, 116, 118, 122, 144, 145-147, 154, 168, 199, 362, 418, 420
東アジア 473
ピクーニャ 404
ピケア 365
ヒケテスワーム 123
飛行膜 27
尾索類 31
ヒシ 422
被子植物 284, 285, 294, 295, 362, 365-367, 390, 391-395, 418, 422, 423
飛翔動物 374
微小有殻化石群 66, 68, 70, 71
微生物 34, 53, 58-59, 68-69
ピックフォード, マーティン 446
ビッグフット 439
ヒップリテス 302
ヒッポポリドゥラ 425
蹄の進化 383
ピティオストロブス 292
ピテカントロプス・エレクトゥス 460
人食い 462
ヒト上科 404, 442-443
ヒト族 444, 445, 458, 459, 461, 462
ヒト属 416, 444, 450, 454-456, 458, 469
ヒトデ 241
火の使用 461
ヒパクロサウルス 345
ヒバリガイ 239
ビビオ・マクラトゥス 396
ヒプシロフォドン 278, 338, 339
ビフルストゥラ 398
ヒボドゥス 246
ヒマラヤ 20, 24
ヒメウ 405
ヒメヤナギゴケ 420
ヒューバー, フランシス 114
ヒュドノケラス 123
ヒュネーリア 136
ヒュペロダペドン 210-211
ヒュメナエア 392
ピュロコックス・フリオスス 17
ヒュンメル, ユルゲン 267
氷河期(時代) 22, 23, 25, 360, 389
氷河作用 22, 23, 25, 32, 33, 52, 57, 60, 83, 84, 97, 143, 154, 173, 178, 361, 389, 416, 417, 418, 475
氷冠 361, 389
氷原 369
氷床 23, 143, 361, 388, 389, 416, 417, 418
氷礫(ドロップストーン) 22
漂礫岩 173
ヒラコテリウム 382
ビルケニア 106, 107
ヒルナンティアン 45

ピルバラ地域(オーストラリア) 52, 53
ヒルムシロ 362
ヒレ 31, 36, 79, 93, 106, 107, 128-130, 135, 137, 162, 182, 183, 251
ヒロノムス 168, 169
微惑星体 14, 15
微惑星大衝突 52

[フ]

ファースト・ファミリー 450
ファグス(ブナ) 393
ファコプス 127
ファブリシウス, オットー 424
ファボシテス 101
ファメニアン 45
フアヤンゴサウルス 274-275
ファラクロコラックス(ウ) 405
ファリンゴレピス 106
ファルカトゥス 164
フィッシデンタリウム 302
フィトサウルス類 206, 212, 244
フィリップスアストゥレア 124
フィロセラス 238
フィロセラス類・アンモノイド類 203
プーストゥリフェール 204
フェネステッラ 178, 179
フォッスンデキマ 157
フォラドミア 371
腹足類 159, 296, 300, 305, 369, 370, 398, 399
プグナックス 157
フクロライオン 430, 431
フサシダ 229, 288
プサロニウス 144, 148, 421
プサロレピス 106
プサンモステウス類 128, 130
プシッタコサウルス 346-347
フジツボ 429
フシヌス 427
プシュグモフィルム 177
プシロフィトン 99, 113, 119
プセウドクテニス 229
プセウドクリニテス 103
ブタ 404
プッピゲルス 377
筆石類 84, 89, 96, 100, 105
プティロディクテュア 102
プティロフィルム 231
プテュクトドゥス類 132
プテュコマレトエキア 124
プテラスピス(類) 128, 130
プテラノドン 312
プテリクティオデス 134

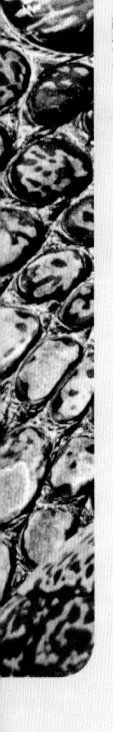

プテロダクティルス 258	プロコンスル 413, 442	ベネティテス類 198, 225, 226, 230, 231, 285, 288	ポストスクス 207, 213
ブナ 390, 393, 394	プロサリルス 247	ヘビ 28, 377	ホソバトウゲシバ 420
フナクイムシ 368, 372	プロダクタス 157, 179	ヘミキダリス 242	ボックスグローヴ遺跡(イギリス) 463
フペルジア 420	プロテロギュリヌス 163, 168	ヘラクレスオオカブトムシ 27	ホッリドニア 179
不変の保存 34	プロテロスクス 211	ヘラジカ(アイルランド) 439	ポドカルピウム 392
プラーギアン 45	プロトクレプシュドゥロプス 169	ペラノモドン 192–193	ポドカルプス 365
プラエヌクラ 87	プロトケラトプス 328, 350	ベラントセア 164	ポドザミテス 233
ブラキオサウルス 218, 245, 266, 267, 270	プロトコノドント 68	ベリアシアン 45	ポトニエア 151
プラギオザミテス 152	プロトスクス 250, 254	ヘリウム 14, 17	ボトリオレピス 134
ブラキフィルム 292	プロトステガ 310	ヘリオバティス 377	哺乳綱(分類) 30
ブラキロフォサウルス 342	プロトスポンギア 59	ヘリオフィラム 123	哺乳類 29, 163, 182, 206, 221, 245, 305, 356, 357, 374, 404, 407, 430,
フラグミテス(ヨシ) 395	プロトタキシーテス 114	ヘリオリテス 101	骨 92, 466, 474, 475
プラケリアス 220–221	プロトバリノフィトン 118	ペリカン類 405	ポプルス(ポプラ) 35, 393
プラコドゥス 209	プロトプテラスピス 130	ペリコサウルス類 169	ホプロプテリュクス 306–307
プラコドン類 209	プロトプテルス 129	ヘリコプラクス 72	ボヘミエッラ 72
プラタナス 284, 365	プロトブレクヌム 175, 177	ヘリックス 427	ホメオサウルス 34
ブラチナ渓谷(オーストラリア) 57	プロトヘルトジーナ 68, 69	ペリト・モレノ氷河(アルゼンチン) 417	ホメオリンキア 237
ブラック・スカル(黒い頭骨) 452	プロトロヒップス 382–383	ペリパトウス 70	ホメリアン 45
ブラックスモーカー 53	ブロニャール, アドルフ 176	ヘルクリーク層(アメリカ) 304, 323	ホモ・アンテセソール 445, 461, 462
プラテオサウルス 218, 219, 265	プロミッスム 43	ペルム紀 44, 170–193	ホモ・エルガステル 456–458, 460, 461, 462, 463
プラテュストロフィア 86	フロリッサンティア 366	ペルム紀の大量絶滅 32, 33, 172, 182, 202, 206	ホモ・エレクトウス 445, 456, 457, 459, 460, 461, 462, 463, 470, 473
ブランキオサウルス 166–167	フロレス人 473	ペルモフォルス 180	ホモ・ゲオルギクス 458
ブランキオストーマ 78	ブロントテリウム類 360, 361, 374, 384	ベレムナイト類 296, 300, 368	ホモ・サピエンス 443, 445, 456, 461, 464, 467 468, 469, 470, 471, 474–479
プランクトン 68, 84, 224, 305, 424	ブロンボス洞窟 468, 471	ベレムニテラ 300	ホモ・サピエンス・イダルトゥ 468
プリアボニアン 45	吻殻類 159	ヘレラサウルス 207, 216, 217	ホモ・ネアンデルターレンシス 23, 445, 461, 462, 463, 464–467, 469, 472
プリーンスバッキアン 44	分岐学 31	ベレロフォン 159	ホモ・ハイデルベルゲンシス 445, 461, 462–463
プリオヒップス 412	分子時計 30	ペロニデッラ 235	ホモ・ハビリス 445, 454, 455, 456, 461
プリオプラテカルプス 311	糞石 34	ペンシルヴァニア亜紀 44	ホモ・フロレシエンシス 473
プリドリ 45, 97	ブンブク(類) 296	変成岩 12, 13	ホモ・リーキイ 468
プリマプス 377	ブンブクウニ 372	ペンタクリニテス 240–241	ホモ・ルドルフェンシス 445, 449, 454, 455, 461
ブリュネ, ミシェル 448	ブンブクチャガマ 400	ペンタケラトプス 350	ホモ・ローデシエンシス 462, 468
ブリランソー, アベル 448	分類 31	ペンタステリア 241	ホヤ貝 31
フリント打製技術 466, 467		ペンタメルス 102	ホラアナグマ 417
ブルーム, ロバート 43, 449		ペントキシロン 289	ホラアナハイエナ 435
ブルディガリアン 45	[ヘ]	ペントレミテス 160, 180	ホラガイ 34
フレウランティア 136		片麻岩 13	ポラスピス 92
プレウロサウルス 251			ポラナ 395
プレウロディクテュウム 123	ペインテッド砂漠(アメリカ) 13		ホルネオフィトン 116
プレウロトマリア 126, 239	ベーリング海峡 471	[ホ]	ホロプテュキウス 136–137, 139
プレウロドン 251	ベーリンジア 471		ホワイト, C・A 203
プレウロミア 239	ベールゼブフォ 308		ホワイト, ティム 448, 468
プレウロメイア 199, 286	北京原人 459, 460	帆 189, 191	ホワッチーリア 162, 165
プレートテクトニクス 18, 19, 20, 21	ヘクサゴノカウロン 199	ボイズ, チャールズ 453	
プレオフリュヌス 161	ペコプテリス 144, 148	縫合線 204	
ブレクヌム属 175	ヘザー 284	胞子 34, 98, 116, 118	
フレゲトンチア 166	ヘスペロキオン 381	放射虫 68	[マ]
プレジアダピス 380, 442	ヘスペロルニス 282, 355	放射年代測定 13, 39, 45	
プレシオサウルス類 244, 251, 253, 310	ペタルラ・ギガンテア 243	紡錘形の貝 427	
プレスビオルニス 355, 379	ペタロドゥス類 164	ボウマニテス 147	
プレフロリアニテス 203	ヘッスラーイデス 161	ポエキロプレウロン 260	マーシュ, オスニエル 278, 310
プロイエタイア 72	ヘッタンギアン 44	ポー川デルタ地帯(イタリア) 416	マーストリヒシアン 45
プロカプロラグス 382	ペデルペス 162, 165	ホオズキガイ 110, 202, 425	
プロキュノスクス 182, 191	ヘテロドントサウルス(類) 271	歩行跡 82, 451, 473	
プロケラトサウルス 262	ベトゥラ 392	捕食動物 234	
プロコプトドン 430	ペドラ・フラダ(ブラジル) 473		
プロコロフォン類爬虫類 210	ヘニッヒ, ヴィリ 31		

マイアサウラ 305, 342
マイクハネッラ 68, 69
埋葬 467, 469, 472, 474, 478, 479
マイマイ 427
マイルカ科 30
マイルカ属 30
マウルディニア 294
マカイロドゥス 435
巻き貝 426, 427
マグノリア 391
マグマ 17, 21
枕状溶岩 18, 19, 53
マクルリテス 87
マクロナリア類 270
マクロネウロプテリス 151
マクロポーマ 129
マゲッラニア 425
マジュンガサウルス 321
マストドン 412, 413, 430, 438
マストドンサウルス 206, 208
マツ(類) 174, 176, 177, 285, 292, 365
マッキー, ウィリアム 115
マックギニテア 365
マッソスポンディルス 265
マッレラ 63, 70, 74–75
マテルピスキス・アッテンボローイ 129
マナティー 404
マニラプトル類 264, 331
マムート 438
マムムゥトゥス 437
マメンチサウルス 266
マラスクス 212
マラッティア 421
マリオプテリス 152
マルシァンティア 419
マルスダレガイ 429
マルスピテス 302
マロキュスティテス 87
マングローブ 362
マンゴ湖(オーストラリア) 471, 473
マンサク 284
マントル 16, 17, 18, 19, 20
マンモス 25, 33, 417, 430, 436, 437, 472, 473, 474

[ミ]

ミアキス科 374
ミーコセラス 203
ミオヒップス 383
ミオフォレラ 35, 239
ミオプロスス 38, 375
ミグアシャ国立公園(カナダ) 136, 139
ミクソサウルス 210

ミクラステル 296, 303
ミクロサウルス類 182
ミクロブラキス 167
ミクロラプトル 43, 304, 332
ミゲロン 463
ミシシッピ亜紀 44, 142
ミズキ科 392
ミズゴケ 420, 422
ミスジタニシ 398
ミズニラ 118, 144, 286
水辺の鳥 355
ミセス・プレス 449
ミッシング・リンク 444, 449
ミトコンドリアのDNA 465
南アフリカ 43, 468, 471
ミナロデンドロン 118
ミランコヴィッチ, ミルティン 23
ミランコヴィッチ・サイクル 23, 24
ミリオバティス 405
ミロクンミンギア 78, 79, 239
ミンミ 334

[ム]

ムヴィアス, ハラム 459
ムヴィアス・ライン 459
ムーンフィッシュ 376
無顎類 79, 92, 93, 106, 107, 128, 130, 131
ムカシトカゲ 208, 209, 251
ムクロジ 395
ムクロスピリファー 124
ムササビ 332, 356
ムスティエ型 466
ムステリアン(石器) 466, 467
無性生殖 26
無脊椎動物 60–63, 70–77, 84–91, 100–105, 122–127, 154–161, 178–181, 202–205, 234–243, 296–303, 368–373, 396–403, 424–429
無脊椎動物の絶滅 33
無脊椎動物の分類 31
ムッタブラサウルス 339
ムルキソニア 126
ムルティスポランギィウム 121
ムレックス 426

[メ]

眼 88, 127
メアンドゥリナ 397
メアンドゥロポラ 397

メイ 43
冥王代 44
メイソン, ロジャー 61
メーネ 376
メガケロプス 384
メガスファエラ 59
メガゾストロドン 279
メガラニア 431
メガラプテリクス 432
メガロケファルス 162, 165
メガロケロス・ギガンテウス(オオツノジカ) 430
メガロケロス 439
メガロサウルス 245, 258, 259, 260
メキシコ湾流 24
メギストテリウム 374
メコスクス 431
メジリヒ(ウクライナ) 474
雌型 35
メソサウルス 21, 186
メソタルサル足首 207
メソヒップス 383
メソリムルス 243
メソレオドン 384
メタセコイア 364, 367, 391
メタン 17, 24, 52
メッシニアン 45
メッセル・ピット(ドイツ) 43
メドゥシニテス 61
メドゥローサ 144, 150, 151, 152
メトポサウルス 208
メトリオリンクス類 244, 245, 255
メノケラス 408
メラノキュリッツリウム 59
メリキップス 412
メンフクロウ 407

[モ]

藻 31, 282, 296, 303, 368
モア 430
毛顎動物 69
モウコノウマ 430, 438
モエリテリウム 385
目(分類) 30
木星 15, 23
木生シダ類 154, 174, 286
木炭 35
モクレン 283, 284, 285, 294, 391
モササウルス 304, 310–311
モスコヴィアン 44
モスコプス 190–191
モディオルス 239
モノアラガイ 426

モノグラプトゥス 105
モノフィリテス 203
モノロフォサウルス 258–259
森 390
モリソン層(アメリカ) 42, 224, 245
モリニア 421
モルガヌコドン 221
モルテノ植物相(南アフリカ) 198
モルトニセラス 298
門(分類) 30
モンゴル 43
モンスーン 24
モンテ・ベルデ遺跡(チリ) 470
モンテ・ボルカ(イタリア) 376, 377

[ヤ]

ヤギ 404
ヤシ 201, 284, 367, 395
ヤスデ 100, 154, 161
ヤツメウナギ 78, 92
山火事 154
ヤマドリゼンマイ 363
ヤマモモ 394
ヤモイティウス 106
槍 463, 473, 474, 475

[ユ]

有殻アメーバ 59
有孔虫 23
有孔虫類(プランクトンの化石) 424
有窓コロニー 179
有胎盤類の哺乳類 221, 279, 305, 356, 357, 379–385, 407–413, 432–439
有袋哺乳類 406, 410, 430, 473
有袋類 282, 357
有蹄哺乳類(有蹄動物) 374, 404
ユウトレフォセラス 237
ユーラメリカ大陸 142, 143
ユエロフイクヌス 62
床板サンゴ 100, 122, 154, 156
ユカタン半島(メキシコ) 32, 282, 296, 305
ユプレシアン 45
ユリノキ 418

[ヨ]

溶岩 13, 15, 18, 19, 20, 32, 53

楊 鍾健(C・C・ヤング) 275
葉足動物 70
羊膜類 162, 163, 210
葉緑素 26
ヨーロッパ 458, 469, 472, 474–475
ヨーロッパ・ホタテガイ 428
翼足類 368
翼竜類 27, 206, 216–217, 245, 255–257, 258, 312–315
翼竜類の絶滅 33, 296
ヨルディア・アルクティカ 424
ヨルディア海 424

[ラ]

ライエル, チャールズ 12
ライオン 430, 431, 476
ライオン人の小像 472
ライニー・チャート(スコットランド) 42, 110, 111, 112, 113, 115, 122
ライム・リージス(イギリス) 234, 251, 253
ラウイスクス類 207, 213, 214, 216, 244
ラウターブルンネン渓谷(スイス) 22
ラエウィトリゴニア 239
ラガール・ヴェーリョ(ポルトガル) 467
ラクダ 404, 408
ラ・グラヴェット遺跡(フランス) 474
ラゲルペトン 212
ラ・コット・ド・サン・ブレラード (イギリス・ジャージー島) 466
ラザフォード, アーネスト 45
裸子植物 153, 201, 289, 292, 421
ラスコー(フランス) 475, 477
ラディニアン 44
ラティメリア・カルムナエ 129
ラテン語名 30
ラドフォーディアン 45
ラドロウ 45, 97
ラフィー, スレンダー 306
ラフィネスクイナ 86
ラプウォルトゥラ 104
ラブディノポラ 89
ラ・ブレア・タール・ピッツ(アメリカ) 42, 434
ラペトサウルス 332–333
ラマ 404
ラ・マドレーヌ岩窟(フランス) 475
ラマピテクス 413
ラムフォドプシス 132
ラリオサウルス 209
ランギアン 45
ラングカミア 200
藍藻 17, 18
ランドヴェリ 45, 96
ランフォリンクス 256–257
ランベオサウルス(類) 343, 345

[リ]

リアレナサウラ 338
リーキー, ミーヴ 448, 449
リーキー, メアリー 453, 457
リーキー, リチャード 456, 457
リーキー, ルイス 453, 457
リーズィクティス 246
リヴァーズレイ 43
リオ・コロラド層(アルゼンチン) 320
リオハルペス 127
リオプレウロドン 251
リギノプテリス・オルドハミア 149
リコフィテス 118
リス 404
リストロサウルス 21, 33, 42, 200, 206, 220
リソスフェア 18, 20, 24
リソロフス類 163, 182
リットリナ 426
リトストロティアン類 332
リトセラス 238
リニア(類) 98, 99, 111, 112, 113, 115
リニア加速器 45
リヌパルス 373
リネスクス 13
リベックリウム 243
リマユサウルス 319
リムナエア 426
リムルス 243
リヤシアン 44
硫化鉄 53
竜脚類 245, 266–270, 319, 320, 332, 334
竜脚形類 218–219, 245, 265–271, 332–333, 334
竜骨山(中国) 459
竜盤類 207
リュウビンタイモドキ 421
リュギノプテリス類 144, 152
リュゴディウム 363
両生類 33, 128, 154, 166, 167, 183, 184, 208, 247, 308
猟鳥 355
遼寧省 304
緑藻類 59
リリエンシュテルヌス 218
リリオフィルム 294
リングラ 70, 72
リングレラ 72
リンコサウルス 206, 210, 211
リンコネラ類の腕足類 124, 179, 202, 234, 298
リン酸カルシウム 92
リンネ, カール 30
リンネ式階層分類 30, 31
鱗竜類 208–209, 251, 310–311, 377

[ル]

類人猿 404, 413, 430, 439, 442, 443
類人猿霊長類 385
ルーシー 450
ルーフェンゴサウルス 265
ルテティアン 45
ルナスピス 132
ルヌリテス 297

[レ]

レイク海 96, 142
霊長類 374, 385, 413, 442, 447, 455
レイヨウ 404
レヴァント地方 471
レーティアン 44
レクティフェネステッラ 179
レソトサウルス 271
裂肉歯 374
レティオリテス 100
レナリア 116
レピソステウス 308
レピドシレン 129
レピドストロブス・オリュリ 145
レピドストロボフュッルム 145
レピドテス 248–249
レピドデンドロン 118, 144, 145, 146, 147
レプタエナ 102
レプティクティス 379
レプトストロブス・ルンドブラディアエ 232
レプトメリックス 384–385
レプトレピデス 247
レペノマムス 356
レペンスキ・ヴィール(セルビア) 479
レリミア 121
レンズ 127
レンセレリイナ 124

[ロ]

ロウェニア 372
ローディアン 44
ローマー, アルフレッド 162
ローマーの空白 162
ローラシア 224, 225
ローレンシア 66, 82, 83, 96, 110, 111
ロガネリア 106, 107
ロシア(化石の産出地) 43
ロッキー山脈 360
ロックソンマ類 162
ロック・ド・セール(フランス) 475
ロディニア 56
ロトゥラリア 369
ロトサウルス 216
ロバ 430, 438
ロビニア 362
ロピンギアン 44, 173
ロブスター 234, 243, 368, 373, 396
ロベルティア 191
ロホコヴィアン 45
ロリカトサウルス 275
ロリス 442
ロルフォステウス 133
ロンコプテリス 200
ロンドン粘土層の植物相(イギリス) 362

[ワ]

ワーディアン 44
惑星の形成 14, 15
ワタスゲ 422
ワッティエザ 119
ワニ形類 166, 206, 244, 255, 304, 312
ワニ類 206, 207, 208, 304, 431
ワルキア 153, 294
腕足類 39, 70, 72, 82, 86, 97, 102, 124, 157, 178, 179, 202, 203, 234, 236, 297, 298, 305, 425

[ン]

ンゲネオ, バーナード 455

(五十音順)

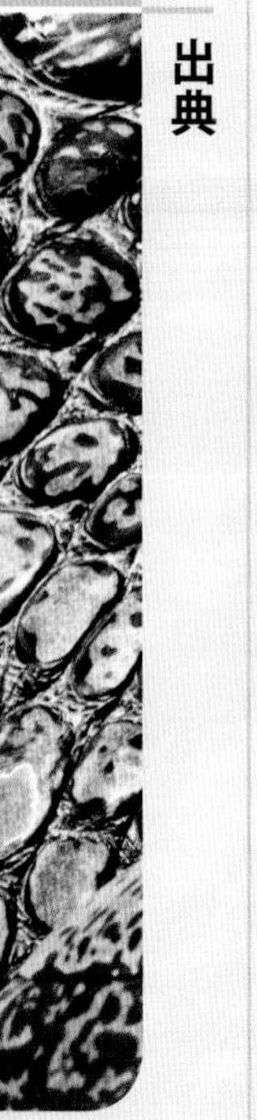

出典

Dorling Kindersley would like to thank the following people for their help in the preparation of this book: Anushka Mody for additional design help; Regina Franke at DK Verlag and Riccie Janus for help with setting up photo shoots in Germany; Roger Jones for access to his fossil collection; Dr Charles Wellman at Sheffield University for plant spore images; and Steve Willis and Mel Fisher for colour work.

Many thanks go to the following for access to their fossil collections for photography: Else Marie Friis, Kamlesh Khullar, Steve McLoughlin and the rest of the team at Naturhistoriska riskmuseet, Stockholm; Doris Von Eiff and all the staff at Senckenberg Forschungsinstitute u. Naturmuseen, Frankfurt; Kirsten Andrews-Speed, Eliza Howlett, Monica Price, Derek Siveter, Malgosia Nowak-Kemp, and Tom Kemp at Oxford University Museum of Natural History; Bob Owens, Caroline Buttler, and John Cope at Amgueddfa Cymru – National Museum Wales.

Sources for the illustrations listed below are as follows: **p.23** Oxygen isotopes diagram: Simon Lamb and David Sington, *Earth Story*, p.149; **p.24** Rain, altitude, and leaf types diagram: Simon Lamb and David Sington, *Earth Story*, p.137; **p.29** House Sparrow size map: http://evolution.berkeley.edu/evosite/evo101/IVB1aExamples.shtml; **p.38** Dinosaur locomotion: http://www.nature.com/nature/journal/v415/n6871/full/415494a.html; **p.78** Non-vertebrate and vertebrate diagram: F. Harvey Pough, Christine M. Janis, John B. Heiser, *Vertebrate Life* – seventh edition, p.25; **p.92** Dermal plate development in fish: L.B. Tarlo, *The Downtonian Ostracoderm Corvaspis kingi Woodward, with notes on the development of dermal plates in the Heterostrachi*; **p.100** Tabulate corals diagram: http://faculty.cns.uni.edu/~groves/LabExercise09.pdf; **p.104** Rolled trilobite diagram: http://www.trilobites.info/enrollment.htm; **p.106** Jaw development, F. Harvey Pough, Christine M. Janis, John B. Heiser, *Vertebrate Life* – seventh edition, p.57; **p.112** Water conducting cells diagram: Wilson N. Stewart and Gar W. Rothwell, *Paleobotany and the Evolution of Plants*, p.86; **p.121** Elkinsia cross-section: Wilson N. Stewart and Gar W. Rothwell, *Paleobotany and the Evolution of Plants*; **p.123** *Heliophyllum* diagram: http://faculty.cns.uni.edu/~groves/LabExercise09.pdf; **p.164** *Falcatus*: after illustration in Fossil fishes of Bear Gulch, 2005 by Richard Lund and Eileen Grogan; **p.179** *Fenestella* artwork: http://www.kgs.ku.edu/Extension/fossils/bryozoan.html; **p.202** Ammonoid sutures diagram: http://faculty.cns.uni.edu/~groves/LabExercise09.pdf; **p.234** *Magellania*: E.N.K. Clarkson, Invertebrate Palaeontology and Evolution, p.159; **p.294** *Archaeanthus*, Wilson N. Stewart and Gar W. Rothwell, *Paleobotany and the Evolution of Plants*, p.448; **p.304** Feather evolution: http://www.nature.com/nature/journal/v420/n6913/fig_tab/nature01196_F5.html; **p.424** Scallop anatomy: http://www.fao.org/docrep/007/y5720e/y5720e07.htm; **p.425** *Magellania* pedicle: E.N.K. Clarkson, *Invertebrate Palaeontology and Evolution*.

Plate Tectonic and Paleogeographic Maps on pages 56–57, 66–67, 82–83, 96–97, 110–11, 142–43, 196–97, 224–25, 282–83, 360–61, 388–89, 416–17 by C.R. Scotese, © 2007, PALEOMAP Project (www.scotese.com)

The publisher would like to thank the following for their kind permission to reproduce their photographs:

(Key: a-above; b-below/bottom; c-centre; f-far; l-left; r-right; t-top)

6 Alamy Images: Louis Champion (tl). **Ardea:** Pat Morris (cra/Cambrian). **Corbis:** Michael Freeman (crb/Devonian); Layne Kennedy (cra/Archean); Kevin Schafer (br/Carboniferous). **Getty Images:** Art Wolfe (tc). **Photolibrary:** Iain Sarjeant (cra/Proterozoic). **Science Photo Library:** Hervé Conge, ISM (crb/Silurian); Paul Whitten (cr/Ordovician).
7 Alamy Images: WaterFrame (clb/Paleogene). **Corbis:** Micha Pawlitzki / zefa (bl/Quaternary) (cla/Jurassic). **DK Images:** Natural History Museum, London (cla/Permian). **Getty Images:** Peter Chadwick / Gallo Images (tc); Ralph Lee Hopkins / National Geographic (cla/Triassic); Louie Psihoyos / Science Faction (cl/Cretaceous). **Photolibrary:** Tam C. Nguyen (clb/Neogene).
8–9 Corbis: Michael S. Yamashita.
10–11 Alamy Images: Louis Champion.
12 Anne Burgess: (bl). **Corbis:** Hulton-Deutsch Collection (cb). **DK Images:** Satellite Imagemap Copyright © 1996-2003 Planetary Visions (br). **Science Photo Library:** Bernhard Edmaier (cl); Dirk Wiersma (clb).
12–13 Getty Images: Ralph Lee Hopkins / National Geographic (tc).
13 Corbis: Jonathan Blair (cr). **DK Images:** Natural History Museum, London (tr).
14 Corbis: Bettmann / Mariner 10 (crb); NASA / CXC / GSFC / U. Hwang / EPA (cb). **Getty Images:** Stocktrek Images (cl). **NASA:** JPL (cr/Venus).
15 NASA: (crb).
16 Alamy Images: Blue Gum Pictures (b).
17 Getty Images: Johnny Johnson / The Image Bank (tr). **Martina Menneken:** (bl). **Science Photo Library:** Michael Abbey (bc); Eye of Science (bc/archaea).
18 Corbis: image100 (tr); David Pu'u (ca). **Bradley R. Hacker :** (br).
19 Corbis: Roger Ressmeyer (br).
20 Corbis: Image Plan (br). **Getty Images:** Astromujoff (ca).
20–21 Corbis: Arctic-Images (tc).
21 Corbis: Lloyd Cluff / Comet (cb); George D. Lepp (br/green broadbill); Jochen Schlenker / Robert Harding World Imagery (br/cockatoo); Jim Sugar / Comet (tr). **DK Images:** University Museum of Zoology, Cambridge (bl); Natural History Museum, London (clb) (bc).
22 Corbis: Chinch Gryniewicz / Ecoscene (t); Douglas Pearson / Flirt (b). **Paul F. Hoffman:** (ca).
23 Corbis: Tony Wharton / Frank Lane Picture Agency (tl). **Science Photo Library:** (br); British Antarctic Survey (cl); Andrew Syred (tr).
25 Corbis: Catherine Karnow (t); Michael T. Sedam (crb). **DK Images:** Natural History Museum, London (crb/fossil mammoth tooth).
26 Corbis: Philip Gould (tr); Elisabeth Sauer / zefa (ca). **Science Photo Library:** M.I. Walker (cra).
27 Corbis: Michael & Patricia Fogden (bl). **DK Images:** Robert L. Braun – modelmaker (crb); Natural History Museum, London (tl/bones). **Science Photo Library:** Michael W. Tweedie (cl).
28 Corbis: Michael & Patricia Fogden (cla) (bc); Martin Harvey (c). **DK Images:** Oxford Scientific Films (cb). **Getty Images:** Bob Thomas / Popperfoto (ca). **Science Photo Library:** Photo Researchers (cra).
29 Corbis: Stephen Frink (bl). **Getty Images:** Wally McNamee (br); Steve Winter / National Geographic (tr). **naturepl.com:** Dave Watts (cla).
30 Corbis: DLILLC (crb/dolphin photo) (cra/dolphin photo); Jeffrey L. Rotman (cra/dolphin and calf).
32 Corbis: Jonathan Blair (tr) (cra); Frans Lanting (b). **Science Photo Library:** Mark Pilkington / Geological Survey of Canada (ca).
33 Corbis: Jonathan Blair (cb) (clb); Michael & Patricia Fogden (crb). **Science Photo Library:** George Bernard (ftr).
34 Corbis: Jonathan Blair (cl); George H.H. Huey (cra); Vienna Report Agency (ca). **DK Images:** Natural History Museum, London (bc). **Royal Saskatchewan Museum:** (clb). **Science Photo Library:** Steve Gschmeissner (cr).
35 Corbis: Jonathan Blair (bl); Layne Kennedy (ca). **DK Images:** Rainbow Forest Museum, Arizona (ca/petrified log); Natural History Museum, London (tl). **Derek Siveter:** (br/nymphon and haliestes).
36 DK Images: Natural History Museum, London (bl). **Mark V. Erdmann:** (clb/living coelacanth).
38 Corbis: Louie Psihoyos (r/main image); Visuals Unlimited (cla). **Oxford University Museum of Natural History:** (clb).
39 DK Images: Natural History Museum, London (cl). **Getty Images:** J. Sneesby / B. Wilkins (br).
40–41 Corbis: Louie Psihoyos.
42–45 Alamy Images: Louis Champion.
45 Science Photo Library: James King-Holmes (tc); Dr Ken Macdonald (cra).
46–47 Alamy Images: Phil Degginger.
48–49 Getty Images: Art Wolfe.
50–51 Corbis: Layne Kennedy.
52 Martin Brasier: (cr). **Getty Images:** Peter Hendrie / Photographer's Choice (cl); Carsten Peter / National Geographic (bl).
52–53 Corbis: Layne Kennedy.
53 Martin Brasier: (b/all 3 images). **naturepl.com:** Doug Perrine (t). **Science Photo Library:** B. Murton / Southampton Oceanography Centre (cl).
54–55 Photolibrary: Iain Sarjeant (main).
56–63 Photolibrary: Iain Sarjeant (sidebars).
56–57 Photolibrary: Iain Sarjeant (b/background).
56–57 Plate Tectonic and Paleogeographic Map C.R. Scotese, © 2007, PALEOMAP Project (www.scotese.com).
56 Alamy Images: Randy Green (tr). **Getty Images:** O. Louis Mazzatenta / National Geographic (cl).
57 Alamy Images: Blue Gum Pictures (ca); David Wall (cra). **Corbis:** Jonathan Blair (bl); Kazuyoshi Nomachi (tl) (b/background).
58 Photolibrary: Iain Sarjeant (t/microscopic lettering).
60 J. Gehling, South Australian Museum: (clb). **Photolibrary:** Iain Sarjeant (t/invertebrates lettering).
61 © Leicester City Museums Service: (tr).
63 J. Gehling, South Australian Museum: (ca).
64–65 Ardea: Pat Morris (main).
66–79 Ardea: Pat Morris (sidebars).
66–67 Ardea: Pat Morris (b/background).
66–67 Plate Tectonic and Paleogeographic Map C.R. Scotese, © 2007, PALEOMAP Project (www.scotese.com).
66 Corbis: Yann Arthus-Bertrand (tr); David Muench (cl). **The Natural History Museum, London:** (br).
67 Alamy Images: All Canada Photos (cra). **Getty Images:** O. Louis Mazzatenta / National Geographic (clb/Burgess Shale); Dr. Marli Miller / Visuals Unlimited (cla/evaporite). **The Natural History Museum, London:** (bc). **Science Photo Library:** Jonathan A. Meyers (tl) (b/background).
68 Ardea: Pat Morris (t/microscopic lettering). **Martin Brasier:** (cb).
69 David Siveter (University of Leicester): (br) (b/background).
70 Ardea: Pat Morris (t/invertebrates lettering). **John Cope:** (cra). **Getty Images:** O. Louis Mazzatenta / National Geographic (cl).
71 Science Photo Library: Alan Sirulnikoff (cra).
72 Getty Images: O. Louis Mazzatenta / National Geographic (cr). **The Natural History Museum, London:** (tc).
74 Alamy Images: All Canada Photos / T. Kitchin & V. Hurst (bl). **The Natural History Museum, London:** (cla).
77 Alamy Images: Kevin Schafer (t). **US Geological Survey:** (br).
78 Ardea: Pat Morris (t/vertebrates lettering). **Natural Visions:** (br).
80–81 Science Photo Library: Paul Whitten (main).
82–93 Science Photo Library: Paul Whitten (sidebars).
82–83 Plate Tectonic and Paleogeographic Map C.R. Scotese, © 2007, PALEOMAP Project (www.scotese.com).
82–83 Science Photo Library: Paul Whitten (b/background).
82 Corbis: Gary Braasch (cl). **Ken McNamara:** (tr).
83 Corbis: Stephen Frink (tl/smaller image); Galen Rowell (cra). **Getty Images:** Jeff Rotman (tl).
84 DK Images: Natural History Museum, London (cla) (b/background). **Science Photo Library:** Paul Whitten (t/invertebrates lettering) (b/background).
92 Science Photo Library: Paul Whitten (t/vertebrates lettering).
94–95 Science Photo Library: Hervé Conge, ISM (main).
95 DK Images: Natural History Museum, London (cra).
96–107 Science Photo Library: Hervé Conge, ISM (sidebars).
96–97 Science Photo Library: Hervé Conge, ISM (b/background).
96–97 Plate Tectonic and Paleogeographic Map C.R. Scotese, © 2007, PALEOMAP Project (www.scotese.com).
96 Corbis: Free Agents Limited (tr); Wilfried Krecichwost / zefa (cl).
97 Corbis: Christophe Boisvieux (ca). **DK Images:** Natural History Museum, London (clb). **Getty Images:** Medioimages / Photodisc (tl). **Science Photo Library:** Sinclair Stammers (cra) (t/plants lettering).
98 Science Photo Library: Hervé Conge, ISM (b/background).
99 DK Images: Natural History Museum, London (t). **100 Alamy Images:** Maximilian Weinzierl (clb). **Science Photo Library:** Hervé Conge, ISM (t/invertebrates lettering).
101 Alamy Images: David Bagnall (br). **Patrick L. Colin, Coral Reef Research Foundation:** (cra). **The Natural History Museum, London:** (crb).
104 Jan Hartmann: (tc) (b/background).
106 Science Photo Library: Hervé Conge, ISM (t/vertebrates lettering).
108–109 Corbis: Michael Freeman (main).
110–139 Corbis: Michael Freeman (sidebars).
110–111 Corbis: Michael Freeman (b/background).
110–111 Plate Tectonic and Paleogeographic Map C.R. Scotese, © 2007, PALEOMAP Project (www.scotese.com).
110 DK Images: Natural History Museum, London (clb) (cb). **Getty Images:** Image Source (tr); Dr. Marli Miller / Visuals Unlimited (cl). **Ken McNamara:** (clb/fish).
111 Alamy Images: Phil Lyon / Sylvia Cordaiy Photo Library Ltd (cra). **DK Images:** Natural History Museum, London (clb). **Science Photo Library:** Sinclair Stammers (tl).
112 Corbis: Michael Freeman (t/plants lettering). **Science Photo Library:** Hervé Conge, ISM (b/background).
112–113 Corbis: Michael Freeman (b/background).
113 Science Photo Library: Dr Jeremy Burgess (cla).
114 Courtesy of the Smithsonian Institution – Photo by Carol Hotton: (cla).
115 Science Photo Library: Sinclair Stammers (tr) (b/background).
122 Corbis: Michael Freeman (t/invertebrates lettering). **From** *"The Biota of Early Terrestrial Ecosystems: The Rhynie Chert"* **(www.abdn.ac.uk/rhynie/intro.htm) , © University of Aberdeen:** (cra).
123 Corbis: Jeffrey L. Rotman (cr).
127 DK Images: Royal Museum of Scotland, Edinburgh (cla).
128 Corbis: Michael Freeman (t/vertebrates lettering); Stephen Frink (cb).
128–129 Corbis: Michael Freeman (b/background).
129 AAP Image : Museum Victoria (crb). **DK Images:** Courtesy of the University Museum of Zoology, Cambridge, on loan from the Geological Museum, University of Copenhagen (fcla).
139 Alamy Images: Yves Marcoux / First Light (cl).
140–141 Corbis: Kevin Schafer (main).
142–168 Corbis: Kevin Schafer (t/plants lettering))sidebars).
142–143 Plate Tectonic and Paleogeographic Map C.R. Scotese, © 2007, PALEOMAP

Project (www.scotese.com).
142–143 Corbis: Kevin Schafer (b/background).
142 DK Images: Natural History Museum, London (bl) (br). **Getty Images:** Peter Essick / Aurora (cl); Travel Ink / Gallo Images (tr).
144 Corbis: Kevin Schafer (b/background). **DK Images:** Natural History Museum, London (cl).
145 Corbis: Kevin Schafer (tr).
149 Alamy Images: blickwinkel / Ziese (cra). **Corbis:** Ashley Cooper (tl). **DK Images:** Natural History Museum, London (cb) (bl). **Valdosta State University :** Paleothyris cast obtained from Robert Carroll of McGill University's Redpath Museum; displayed on http://.fossils.valdosta.edu (bl).
151 DK Images: Natural History Museum, London (cla).
154 Alamy Images: Steffen Hauser / botanikfoto (cl) (b/background). **Corbis:** Kevin Schafer (t/invertebrates lettering).
161 Alamy Images: The Natural History Museum (cla). **Collection of the Illinois State Museum:** (fcr).
162–163 Corbis: Kevin Schafer (b/background).
163 Corbis: Anthony Bannister / Gallo Images (cra).
164 Eileen Grogan / Richard Lund, The Bear Gulch Project: Carnegie Museum of Natural History, St Joseph's University (bl) (tl).
165 Eileen Grogan / Richard Lund, The Bear Gulch Project: Carnegie Museum of Natural History, St Joseph's University (tc). **DK Images:** Natural History Museum, London (cl). **© Hunterian Museum & Art Gallery, University of Glasgow:** (cr).
166 Alamy Images: John Cancalosi (bl). **Roger Jones Collection:** (tc).
168 DK Images: Royal Museum of Scotland, Edinburgh (cl). **Craig Slawson:** Geoconservation UK (cb). **Valdosta State University :** Paleothyris cast obtained from Robert Carroll of McGill University's Redpath Museum; displayed on http://.fossils.valdosta.edu (b).
169 Getty Images: Alan Marsh / First Light (cra).
170–171 DK Images: Natural History Museum, London (main).
171 DK Images: Natural History Museum, London (crb).
172–193 DK Images: Natural History Museum, London.
172 DK Images: Natural History Museum, London (br). **Getty Images:** Anthony Boccaccio (cl). **Photolibrary:** Oxford Scientific (OSF) / Konrad Wothe (tr).
172–173 DK Images: Natural History Museum, London (b/background).
173 DK Images: Natural History Museum, London (bl). **Getty Images:** Michael Fay / National Geographic (tl). **Jon Ranson, NASA Goddard Space Flight Center:** (cra).
174 Corbis: James L. Amos (cr) (t/plants lettering). **DK Images:** Natural History Museum, London (b/background). **FLPA:** Krystyna Szulecka (cl).
178 Corbis: Jonathan Blair (clb) (b/background) (t/invertebrates lettering). **DK Images:** Natural History Museum, London (cra).
182 DK Images: Natural History Museum, London (b/background).
183 Andrew Milner: (b).
184 Corbis: Jack Goldfarb/Design Pics (cla).
184–185 Alamy Images: WaterFrame (bc). **DK Images:** Natural History Museum, London (t).
185 DK Images: Natural History Museum, London (cra). **Getty Images:** Ken Lucas / Visuals Unlimited (br).
186 Corbis: Martin Schutt / DPA (cla). **DK Images:** University Museum of Zoology, Cambridge (clb). **Getty Images:** Hulton Archive (c). **Andrew Milner:** (tc)
188 DK Images: Natural History Museum, London (tl).
189 Corbis: Lester V. Bergman (ca). **Getty Images:** Ken Lucas / Visuals Unlimited (tr).
190 Corbis: W. Perry Conway (t).
191 DK Images: Natural History Museum, London (cr). **Henssen PalaeoWerkstatt , www.palaeowerkstatt.de:** (br).
194–195 Getty Images: Ralph Lee Hopkins / National Geographic (main).
195 DK Images: Natural History Museum, London.
196–221 Getty Images: Ralph Lee Hopkins / National Geographic (sidebands).
196–198 Getty Images: Ralph Lee Hopkins / National Geographic (b/background).
196–197 Plate Tectonic and Paleogeographic Map C.R. Scotese, © 2007, PALEOMAP Project (www.scotese.com).
196 Corbis: Rose Hartman (tr). **DK Images:** Natural History Museum, London (br) (bl) (clb) (crb). **Paul Olsen:** (cl).
197 Corbis: Fridmar Damm / zefa (cra); Martin B. Withers / Frank Lane Picture Agency (tl).
198 Corbis: George H.H. Huey (cl). **Getty Images:** Ralph Lee Hopkins / National Geographic (t/plants lettering).
199 DK Images: Natural History Museum, London (tr) (t).
200 DK Images: Natural History Museum, London (cb).
200–201 DK Images: Natural History Museum, London (c).
202 Getty Images: Ralph Lee Hopkins / National Geographic (invertebrates lettering) (b/background).
203 Dr Hans Arene Nakram, University of Oslo: (tl).
206–207 Getty Images: Ralph Lee Hopkins / National Geographic (b/background).
207 Museum of Texas Tech University: (cla).
208 Giuseppe Buono (http://fossilspictures.wordpress.com/ and http://paleonews.wordpress.com/): (cla). **Dr Rainer Schoch / Staatliches Museum für Naturkunde:** (tc).
209 DK Images: Royal Tyrrell Museum of Palaeontology, Alberta, Canada (br).
210 DK Images: Natural History Museum, London (bl) (c).
211 DK Images: Institute of Geology and Palaeontology, Tubingen, Germany (ca); Natural History Museum, London (tl).
212 Corbis: Jonathan Blair (cra).
213 Museum of Texas Tech University: (tr).
217 Corbis: Louie Psihoyos (bc/Bob Bakker).
219 DK Images: Institute of Geology and Palaeontology, Tubingen, Germany (clb) (cla).
221 DK Images: Natural History Museum, London (cr).
222–223 DK Images: Natural History Museum, London (main).
223 DK Images: Natural History Museum, London (crb).
224–279 DK Images: Natural History Museum, London (sidebands).
224–225 Plate Tectonic and Paleogeographic Map C.R. Scotese, © 2007, PALEOMAP Project (www.scotese.com).
224 Corbis: Tom Bean (tr) (clb/flower). **DK Images:** Natural History Museum, London (bl) (bc). **Getty Images:** Jeff Foott / Discovery Channel Images (cl). **Science Faction Images:** Louie Psihoyos (tr/dinosaur tracks).
224–226 DK Images: Natural History Museum, London (b/background).
225 Corbis: Theo Allofs (cra). **DK Images:** Natural History Museum, London (clb) (bl). **Getty Images:** Fumio Tomita / Sebun Photo (tl).
226 Corbis: David Spears / Clouds Hill Imaging Ltd. (cr). **DK Images:** Natural History Museum, London (t/plants lettering). **Science Photo Library:** Dee Breger (clb).
227 Getty Images: Kevin Schafer / Photographer's Choice (bc).
228 DK Images: Natural History Museum, London (bl).
230 DK Images: Natural History Museum, London (cla).
234 Corbis: Derek Hall / Frank Lane Picture Agency (cl) (b/background). **DK Images:** Natural History Museum, London (t/invertebrates lettering).
237 DK Images: Natural History Museum, London (clb/shells).
243 Corbis: Douglas P. Wilson / Frank Lane Picture Agency (bl). **Photoshot:** Ken Griffiths / NHPA (cra).
244–245 DK Images: Natural History Museum, London (b/background).
247 Corbis: Kevin Schafer (crb).
250 Photolibrary: Rich Reid / National Geographic (bl).
251 Corbis: Naturfoto Honal (cla).
253 Science Photo Library: D.J.M. Donne (tr).
255 DK Images: Robert L. Braun – modelmaker (crb).
261 DK Images: Staatliches Museum für Naturkunde, Stuttgart (tc); American Museum of Natural History (tr).
262 Corbis: Bettmann (cr).
264 DK Images: Natural History Museum, London (br).
265 Corbis: Louie Psihoyos (bl); University of the Witwatersrand / EPA (crb).
266 The Natural History Museum, London: (crb).
267 DK Images: Natural History Museum, London (bl). **© Frank Luerweg, Uni Bonn:** (cra).
270 DK Images: Carnegie Museum of Natural History, Pittsburgh (cla).
274 DK Images: Leicester Museum (clb). **Martin Williams:** (cla).
274–275 DK Images: Natural History Museum, London (bc).
275 Martin Williams: (br).
278 Visuals Unlimited, Inc.: Ken Lucas (cra).
279 Visuals Unlimited, Inc.: Albert Copley (bl).
280–281 Getty Images: Louie Psihoyos / Science Faction (main). **Science Photo Library:** Andrew Syred (tr).
282–285 Getty Images: Louie Psihoyos / Science Faction (b/background).
282–357 Getty Images: Louie Psihoyos / Science Faction.
282–283 Plate Tectonic and Paleogeographic Map C.R. Scotese, © 2007, PALEOMAP Project (www.scotese.com).
282 DK Images: Natural History Museum, London (clb) (br). **Getty Images:** Don Klumpp / Photographer's Choice (ftr); Panoramic Images (cl).
283 DK Images: Natural History Museum, London (clb) (bc) (bl). **Getty Images:** Travel Ink / Gallo Images (tl); Eric Van Den Brulle (cra).
284 Getty Images: Louie Psihoyos / Science Faction (t/plants lettering). **© Sharon Milito, Paleotrails Project:** (crb).
286 Alamy Images: Scenics & Science (bl). **Photolibrary:** Phototake Science (cla).
287 DK Images: Natural History Museum, London (cra).
289 DK Images: Royal Museum of Scotland, Edinburgh (cb); Natural History Museum, London (b/araucaria). **Barry Thomas:** (crb/*Araucaria*).
290–291 Alamy Images: Bildarchiv Friedrichsmeier / FAN travelstock.
292 DK Images: Natural History Museum, London (tr).
293 Ardea: John Mason. **DK Images:** Natural History Museum, London .
294 DK Images: Natural History Museum, London (bl). **Getty Images:** Jonathan Blair / National Geographic (cr).
295 DK Images: Royal Tyrrell Museum of Palaeontology, Alberta, Canada (b) (b/background).
296 Getty Images: Louie Psihoyos / Science Faction (t/invertebrates lettering).
301 Corbis: Lawson Wood (bl).
304 Getty Images: Louie Psihoyos / Science Faction (t/vertebrates lettering).
304–305 Getty Images: Louie Psihoyos / Science Faction (b/background).
305 DK Images: Natural History Museum, London (cla).
306 Alamy Images: Michael Patrick O'Neill (bl).
306–307 DK Images: Natural History Museum, London.
308 Alamy Images: Danita Delimont (crb). **Getty Images:** George Grall / National Geographic (crb/gar fish).
310 Corbis: Louie Psihoyos / Science Faction (cl).
312 Yale University Peabody Museum Of Natural History: (bl).
316 Bayerische Staatssammlung für Paläontologie und Geologie, München (cb).
318 DK Images: Natural History Museum, London (tr).
319 Alamy Images: Javier Etcheverry (cra/giganotosaurus). **DK Images:** Natural History Museum, London (tl). **Ryan Somma:** (b).
321 DK Images: Robert L. Braun – modelmaker (tl); Natural History Museum, London (bl) (cra). **Getty Images:** Ira Block / National Geographic (tr).
324 Corbis: Paul Vicente / EPA (bl).
328–329 DK Images: Natural History Museum, London; Natural History Museum, London (ca).
330 DK Images: Royal Tyrrell Museum of Palaeontology, Alberta, Canada (cra).
331 Corbis: Louie Psihoyos / Science Faction (cla); Kevin Schafer (br). **DK Images:** Peabody Museum of Natural History, Yale University (tl); Luis Rey – modelmaker (fcra). **Getty Images:** Louie Psihoyos / Science Faction (cra).
332 Getty Images: Ira Block / National Geographic (bl); Spencer Platt (cla).
334 DK Images: Queensland Museum, Brisbane, Australia (clb).
335 DK Images: Royal Tyrrell Museum of Palaeontology, Alberta, Canada (tr); Peter Minister (b).
338 DK Images: Natural History Museum, London (br) (tl). **Getty Images** (cl).
342 DK Images: Royal Tyrrell Museum of Palaeontology, Alberta, Canada (tr/skull) (c).
343 DK Images: Royal Tyrrell Museum of Palaeontology, Alberta, Canada (b).
345 DK Images: American Museum of Natural History (br).
350 DK Images: American Museum of Natural History (ca). **Getty Images:** Louie Psihoyos / Science Faction (cr).
351 DK Images: American Museum of Natural History.
354 DK Images: Royal Tyrrell Museum of Palaeontology, Alberta, Canada (bl/skeleton and skull). **Getty Images:** O. Louis Mazzatenta / National Geographic (br).
355 DK Images: American Museum of Natural History (c). **Hai-lu You:** (tr).
356 Corbis: Peter Foley / EPA (tr); Joe McDonald (cra). **MENG Jin:** ZHANG Chuang and XING Lida (illustrators) (ca).
357 DK Images: American Museum of Natural History (br). **Getty Images:** Nicole Duplaix / National Geographic (cla). **Steve Morton:** Museum Victoria / Monash University (tl).
358–359 Alamy Images: WaterFrame (main).
360–413 Alamy Images: WaterFrame (sidebands).
360–361 Plate Tectonic and Paleogeographic Map C.R. Scotese, © 2007, PALEOMAP Project (www.scotese.com).
360 Steve Brusatte and Nicole Lunning: (tr/Gubbio). **Corbis:** Momatiuk–Eastcott (tr). **DK Images:** Natural History Museum, London (bc)
(fbr). **Getty Images:** Bill Hatcher / National Geographic (cl).
361 Alamy Images: JTB Photo Communications, Inc. (tl). **DK Images:** Natural History Museum, London (clb) (bl). **Getty Images:** Kim Westerskov (cra) (t/plants lettering).
362 Alamy Images: WaterFrame (b/background). **Corbis:** image100 (clb). **Science Photo Library:** Maurice Nimmo (cra); Maria and Bruno Petriglia (ca).
367 Corbis: Frans Lanting (cl). **DK Images:** Natural History Museum, London (bl) (bc).
368 Alamy Images: WaterFrame (t/invertebrates lettering). **SeaPics.com:** James D. Watt (clb).
372 Getty Images: Richard Herrmann / Visuals Unlimited (br) (t/vertebrates lettering).
374 Alamy Images: WaterFrame (b/background). **Corbis:** Jonathan Blair (cl). **DK Images:** Natural History Museum, London (crb).
375 Corbis: Radius Images (clb); Visuals Unlimited (br).
377 Ray Carson –UF Photography: (crb). **DK Images:** Natural History Museum, London (ca) (br) (clb).
379 Ryan Somma: (br).
380 DK Images: Natural History Museum, London (cla).
381 Corbis: Bettmann (tl). **DK Images:** Natural History Museum, London (cla). **Getty Images:** Kevin Schafer / Visuals Unlimited (br). **Ryan Somma:** (crb).
382 Corbis: Michael & Patricia Fogden (cla). **DK Images:** Natural History Museum,

London (cra). **Hessisches Landesmuseum Darmstadt:** Photo: Wolfgang Fuhrmannek. Hessisches Landesmuseum Darmstadt. (tc). Dr Kent A. Sundell, owner – Douglas Fossils (www.douglasfossils.com): (bc).
383 Corbis: Kevin Schafer (tr). **DK Images:** Natural History Museum, London (tl/skulls and foot).
384 Getty Images: Johnny Sundby / America 24-7 (tl).
385 DK Images: Natural History Museum, London (crb). **Getty Images:** Stan Honda / AFP (tc).
386–387 Photolibrary: Tam C. Nguyen (main).
387 DK Images: Natural History Museum, London (tr).
388–389 Photolibrary: Tam C. Nguyen (b/background).
388–389 Plate Tectonic and Paleogeographic Map C.R. Scotese, © 2007, PALEOMAP Project (www.scotese.com).
388 Corbis: (cl); Wolfgang Deuter / zefa (tr). **DK Images:** Natural History Museum, London (br).
389 DK Images: Natural History Museum, London (bl) (br). **Getty Images:** Thomas Dressler / Gallo Images (cra/left image); Joseph Sohm – Visions of America / Photodisc (tl); Space Frontiers / Hulton Archive (cra).
390 Corbis: Mike Grandmaison (cra). **Getty Images:** Joseph Sohm – Visions of America / Stockbyte (clb) (t/plants lettering). **Photolibrary:** Tam C. Nguyen (b/background).
391 Corbis: David Muench (tc/taxodium).
394 DK Images: Natural History Museum, London (clb) (br/Palmoxylon).
395 DK Images: Natural History Museum, London (cra/porana) (b/background).
396 Photolibrary: Tam C. Nguyen (t/invertebrates lettering).
397 Getty Images: David Wrobel / Visuals Unlimited (cra).
398 Alamy Images: John T. Fowler (br).
402–403 Alamy Images: Phil Degginger.
404 DK Images: Natural History Museum, London (ca) (cb) (b/background). **Photolibrary:** Tam C. Nguyen (t/vertebrates lettering).
405 Bone Clones, Inc.: (bl). **Corbis:** Louie Psihoyos (cla). **DK Images:** Natural History Museum, London (tr) (clb).
406 DK Images: Natural History Museum, London (ca).
407 Nicholas D. Pyenson: Paleontologists from the San Diego Natural History Museum (cb). **Valley Anatomical Preparations, Inc.:** (bl).
408 Agate Fossil Beds National Monument: (tl). **Mira Images:** Phil Degginger c/o Mira.com (clb). **Ryan Somma:** (tc) (bc).
409 Ashfall Fossil Beds / University of Nebraska State Museum: (tr); Natural History Museum, London (br). **DK Images:** American Museum of Natural History (tl). **Photolibrary:** Steve Turner / Oxford Scientific (OSF) (fbr).
412 DK Images: Natural History Museum, London (br).
413 DK Images: Natural History Museum, London (cl) (bl) (clb) (t).
414–415 Corbis: Micha Pawlitzki/zefa (main).
416–439 Corbis: Micha Pawlitzki / zefa (sidebands).
416–418 Corbis: Micha Pawlitzki / zefa (b/background).
416–417 Plate Tectonic and Paleogeographic Map C.R. Scotese, © 2007, PALEOMAP Project (www.scotese.com).
416 DK Images: Natural History Museum, London (bl/both skulls on the left). **Getty Images:** William Albert Allard / National Geographic (tr); Vilem Bischof / AFP (br); Stocktrek Images (cl).
417 Corbis: Momatiuk–Eastcott (tl). **DK Images:** Natural History Museum, London (bc). **Getty Images:** PhotoLink / Photodisc (cra). **Science Photo Library:** Javier Trueba / MSF (tl).
418 Corbis: Craig Aurness (crb); Wayne Lawler / Ecoscene (cra) (b/background); Micha Pawlitzki / zefa (t/plants lettering). **Science Photo Library:** David Scharf (cl).
419 Alamy Images: Walter H. Hodge / Peter Arnold, Inc. (br).
420 Alamy Images: blickwinkel / Koenig (bc).
421 Photo Biopix.dk: J.C. Schou (cla). **Getty Images:** DEA / RANDOM / De Agostini Picture Library (bl). **Wikimedia Commons:** Kahuroa (tr).
422 Alamy Images: Marek Piotrowski (tr). **Corbis:** Stuart Westmorland (tc).
423 Science Photo Library: Eye of Science (clb).
424 Ardea: Steve Hopkin (clb) (b/background). **Corbis:** Micha Pawlitzki / zefa (t/invertebrates lettering).
426 The Natural History Museum, London: (cla).
427 Corbis: Ken Wilson / Papilio (bc).
428 Getty Images: David Wrobel / Visuals Unlimited (c).
430 Corbis: Micha Pawlitzki / zefa (vertebrates lettering) (b/background). **Getty Images:** Tom Walker / The Image Bank (crb); American Museum of Natural History (tr).
431 DK Images: Natural History Museum, London (crb) (tc). **Image courtesy of DigiMorph.org:** (bc).
432 DK Images: Natural History Museum, London (c/foot) (cr). **The Natural History Museum, London:** (b).
433 DK Images: Natural History Museum, London (cra) (tr). **Getty Images:** Theo Allofs / Photonica (br).
434 Corbis: Ted Soqui (crb). **DK Images:** Down House / Natural History Museum, London (cra). **photo by David K. Smith:** Arctodus simus specimen from The Mammoth Site, Hot Springs, South Dakota (clb).
435 DK Images: Natural History Museum, London (cr).
437 DK Images: National Museum of Wales (br).
438 DK Images: Natural History Museum, London (t/mastodon bones).
439 DK Images: Rough Guides / Simon Bracken (bl); Natural History Museum, London (tr) (br).
440–441 Getty Images: Peter Chadwick / Gallo Images.
442 DK Images: Natural History Museum, London (tr). **Getty Images:** Lluis Gene / AFP (cra) (cla).
442–479 Getty Images: Peter Chadwick / Gallo Images.
443 Corbis: Waltraud Grubitzsch / EPA (cl). **DK Images:** University College, London (tl). **Falling Pixel Ltd.:** Oleg Belobabov (bl).
444 Corbis: Wolfgang Kaehler (cl).
445 Alamy Images: Kolvenbach (tl). **The Natural History Museum, London:** (cla/homo habilis). **Science Photo Library:** Javier Trueba / MSF (tr).
446 Camera Press: Marc Deville / Gamma (br/Orrorin tugenensis fossil bones). **Getty Images:** Alain Beauvilain / AFP (cr).
447 Corbis: Natural Selection Ralph Curtin / Design Pics (cr).
448 Professor Michel Brunet: M.P.F.T. (bc). www.skullsunlimited.com: (bl/& clb). **Stone Age Institute:** Dr. Sileshi Semaw (project director) (ca); Dr. Scott Simpson (project palaeontologist) (tr).
449 Alamy Images: Kolvenbach (br). **Getty Images:** Richard du Toit / Gallo Images (bl). **Science Photo Library:** John Reader (cr); Sinclair Stammers (tr).
450 Science Photo Library: John Reader (bl).
450–491 Getty Images: Peter Chadwick / Gallo Images (sidebars).
451 Getty Images: Vilem Bischof / AFP (bl). **Science Photo Library:** John Reader (r). **Paul Szpak:** (cl).
452 Alamy Images: Natural History Museum, London (br). **Science Photo Library:** John Reader; Javier Trueba / MSF (clb).
453 Corbis: Brian A. Vikander (ca). **DK Images:** Natural History Museum London (crb). **The Natural History Museum, London:** (cra). **Science Photo Library:** Des Bartlett (tr).
454 The Natural History Museum, London: (tr) (b).
455 Corbis: Ric Ergenbright (cla). **naturepl.com:** Karl Ammann (bl).
456 Alamy Images: John Warburton-Lee Photography (br).
457 Alamy Images: Marion Kaplan (br). **Getty Images:** Chris Johns / National Geographic (tr).
458 Getty Images: Kenneth Garrett / National Geographic (clb) (c); Paul Joynson Hicks / Gallo Images (b).
459 Alamy Images: Danita Delimont / Kenneth Garrett (cb) (bc). **Getty Images:** STR / AFP (tr). **The Natural History Museum, London:** (cla) (crb).
460 Copyright NNM, Leiden, The Netherlands:
461 Alamy Images: Chris Howes / Wild Places Photography (br). **DK Images:** Natural History Museum, London (crb). **Getty Images:** Peter Chadwick / Gallo Images (cr).
462 Science Photo Library: Javier Trueba / MSF (cla) (bl) (clb).
463 The Natural History Museum, London: (fbr); The Boxgrove Project (br) (tl/insert). **Science Photo Library:** Javier Trueba / MSF (c) (bl) (clb) (tl).
464 Science Photo Library: John Reader (cl).
465 Bone Clones, Inc.: (r). **Science Photo Library:** Volker Steger (bl).
466 Getty Images: Alvis Upitis / The Image Bank (ca). **The Natural History Museum, London:** Janos Jurka (bl).
466–467 DK Images: Natural History Museum, London (cb).
467 Getty Images: Travel Ink / Gallo Images (cr) (tl/backed knife). **The Natural History Museum, London:** (tc).
468 Getty Images: Ira Block / National Geographic (bl); Azuhiro Nogi / AFP (cb); Anna Zieminski / AFP (br). **The Natural History Museum, London:** (tr).
469 The Natural History Museum, London: (r/skulls). **Science Photo Library:** Pascal Goetgheluck (l).
470 Science Photo Library: Alain Pol, ISM (bl).
471 Getty Images: Jim Watson / AFP (b).
472 akg-images: (br); Herbert Kraft (bl); Erich Lessing (bc). **Corbis:** Hanan Isachar (tr). **Science Photo Library:** Pascal Goetgheluck (ca).
473 Corbis: Michael Amendolia (cla); Ricardo Azoury (cra); Beawiharta / Reuters (ftr); Handout / Reuters (tr); Warren Morgan (crb). **DK Images:** Natural History Museum, London (bl).
474 Corbis: Gianni Dagli Orti (crb); Gustavo Tomsich (bl). **DK Images:** Natural History Museum, London (br). **The Natural History Museum, London:** (ca). **Science Photo Library:** RIA NOVOSTI (tr).
475 The Bridgeman Art Library: Musée des antiquités nationales, St Germain-en-Laye, France / Lauros / Giraudon (tc); Gianni Dagli Orti / The Picture Desk Limited (bl). **Corbis:** Gianni Dagli Orti (cla) (cr). **The Natural History Museum, London:** (br).
476 akg-images: Erich Lessing (cla). **French Ministry of Culture and Communication, Regional Direction for Cultural Affairs – Rhône-Alpes region – Regional department of archaeology:** (bl). **Getty Images:** AFP (br); Robert Frerck (cra).
477 Corbis: Gianni Dagli Orti (cr). **Getty Images:** Sisse Brimberg / National Geographic (cla); Ralph Morse (tr).
478 The Trustees of the British Museum: (cl). **National Museum Of Denmark:** Lennart Larsen (r). **The Natural History Museum, London:** (bl).
479 Alamy Images: INTERFOTO Pressebildagentur (bl). **Ancient Art & Architecture Collection:** Ronald Sheridan (br) (ca). **Corbis:** Bettmann (cr). **Torben Dehn, Heritage Agency of Denmark:** (tl). **Getty Images:** The Bridgeman Art Library (clb) (cb). **480–512 Getty Images:** Art Wolfe (sidebars).

All other images © Dorling Kindersley
For further information see:
www.dkimages.com

生物の進化 大図鑑

2010年10月30日　初版発行
2017年10月30日　　8刷発行

監　　　修	マイケル・J・ベントン他
日本語版総監修	小畠郁生
翻　　　訳	池田比佐子・石井克弥・岩田齋肇・黒田眞知・竹田純子・松溪裕子・森冨美子（株式会社 オフィス宮崎）
日本語版編集	株式会社 オフィス宮崎（小西道子・城登美子・杉田真理子・柳嶋覚子）
DTP・デザイン	関川一枝
装　　幀	岩瀬聡
発　行　者	小野寺優
発　行　所	株式会社 河出書房新社

〒151-0051　東京都渋谷区千駄ヶ谷2-32-2
電話　03-3404-1201（営業）　03-3404-8611（編集）
http://www.kawade.co.jp/

落丁・乱丁本はお取替えいたします。
Printed and bound in China
ISBN 978-4-309-25238-4